유기농업기능사
필기+실기

시대에듀

편·저·자·약·력

김현민

원예학을 전공하고 고등학교에서 식물자원·조경을 가르치고 있다.

끝까지 책임진다! 시대에듀!

QR코드를 통해 도서 출간 이후 발견된 오류나 개정법령, 변경된 시험 정보, 최신기출문제, 도서 업데이트 자료 등이 있는지 확인해 보세요! **시대에듀 합격 스마트 앱**을 통해서도 알려 드리고 있으니 구글 플레이나 앱 스토어에서 다운받아 사용하세요. 또한, 파본 도서인 경우에는 구입하신 곳에서 교환해 드립니다.

편집진행 윤진영·장윤경 | **표지디자인** 권은경·길전홍선 | **본문디자인** 정경일·심혜림

※ 이 책은 저작권법에 의해 보호를 받는 저작물이므로 동영상 제작 및 무단전재와 복제를 금합니다.

PREFACE

유기농업기능사 자격시험을 준비하며 어디서부터 시작해야 할지 고민했던 적이 있으셨을 겁니다. 그 막막함 속에서도 이 책을 집어 든 지금, 여러분은 이미 중요한 첫발을 내디뎠습니다.

무단뽀 유기농업기능사 필기+실기+무료동영상은 NCS(국가직무능력표준)를 기반으로한 최신 출제기준을 충실히 반영하여 방대한 시험 범위 속에서 핵심을 짚고, 합격에 한 걸음 더 가까이 갈 수 있게 필기와 실기(필답형)를 한 권에 모두 담아 알차게 구성하였습니다.

PART 01에서는 필기 핵심이론과 이를 기반으로 한 빈출문제를 담아 시험의 기본기를 다질 수 있도록 구성했습니다. PART 02에서는 최근 출제경향을 분석한 기출문제를 통해 자주 출제되는 유형과 문제풀이 노하우를 익힐 수 있습니다. 실제 시험과 가까운 감각을 경험해 보시길 바랍니다.

PART 03은 실기(필답형) 시험 준비를 위한 핵심이론과 기출복원문제로 구성하였습니다. 깊이 있는 학습을 통해 논리적이고 명확한 답안을 작성하는 연습을 돕고, 실제 시험을 철저히 복원한 기출복원문제를 통해 마지막까지 빈틈없이 준비할 수 있습니다.

또한 부록에서는 필답형에 자주 출제되는 내용을 암기할 수 있도록 유기농업 관련 법령을 담았습니다.

이 책은 단순한 시험 대비를 넘어, 유기농업에 대한 깊은 이해와 실무 역량을 겸비한 전문가로 성장할 수 있도록 설계되었습니다. 자격증 취득이라는 목표를 넘어 유기농업의 진정한 가치를 발견하는 시간이 되길 바랍니다. 여러분의 도전과 노력이 반드시 합격이라는 결실을 맺기를 진심으로 기원합니다. 끝까지 포기하지 마세요! 합격의 기쁨과 함께 여러분의 새로운 시작을 응원합니다!

편저자 김현민

  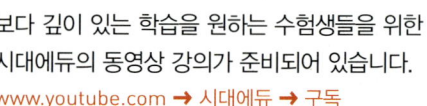

보다 깊이 있는 학습을 원하는 수험생들을 위한 시대에듀의 동영상 강의가 준비되어 있습니다.
www.youtube.com ➜ 시대에듀 ➜ 구독

유기농업기능사 시험의 모든 것

유기농업기능사란?

유기농업 분야의 입지선정, 작목선정, 경영여건분석, 환경분석 등을 기획하고, 윤작체계 및 자재의 선정, 토양비옥도 및 병해충 방지, 시비 방법 선정, 사료 확보 등 생산, 축사설계, 축사분뇨처리업무와 유기농산물 원료의 가공 · 포장 · 유통 직무를 수행한다.

시험일정

구분	필기 원서접수	필기시험	필기합격 (예정자) 발표	실기 원서접수	실기시험	최종합격자 발표일
제1회	1.6~1.9	1.20~1.24	1.30	2.2~2.5	3.14~4.1	4.17
제2회	3.16~3.20 ※3.18 제외	4.4~4.9	4.22	4.27~4.30	5.30~6.14	7.3
제3회	6.8~6.11	6.27~7.2	7.15	7.27~7.30	8.29~9.16	10.8
제4회	8.24~8.27	9.16~9.21	10.7	10.12~10.15	11.14~12.2	12.18

※ 상기 시험일정은 시행처의 사정에 따라 변경될 수 있으니, 큐넷 홈페이지(www.q-net.or.kr)에서 확인하시기 바랍니다.

시험 관련 세부정보

❶ **시행처** : 한국산업인력공단

❷ **시험과목**
- 필기 : 유기작물재배, 토양관리, 유기농업 일반
- 실기 : 유기농산물 재배 실무

❸ **검정방법**
- 필기 : 객관식 4지 택일형, 60문항(1시간)
- 실기 : 필답형 20문제 내외(2시간)

❹ **합격기준**(필기 · 실기) : 100점을 만점으로 하여 60점 이상

연도별 합격자 현황

검정현황

구분		2018	2019	2020	2021	2022	2023	2024
필기	응시자	4,228	5,268	4,163	5,491	4,507	5,617	5,260
	합격자	2,486	3,080	2,627	3,299	2,514	3,056	2,761
실기	응시자	2,399	3,086	2,516	3,338	3,068	3,647	2,919
	합격자	2,293	2,986	2,474	2,676	1,075	3,094	2,191

필기시험

응시자 / 합격자 / 합격률

58.8% 58.5% 63.1% 60.1% 55.8% 54.4% 52.5%

실기시험

응시자 / 합격자 / 합격률

95.6% 96.8% 98.3% 80.2% 35% 84.8% 75.1%

유기농업기능사 출제기준

출제기준(필기)

필기과목명	주요항목	세부항목	세세항목	
유기작물 재배, 토양관리, 유기농업 일반	유기재배 준비	유기농업 환경 분석	• 유기농업의 정의와 목적 • 유기농산물의 생산, 저장, 유통, 판매 현황	
		생산계획 수립	• 유기재배 입지 선택 및 재배 방법 • 오염원 파악 및 관리 • 종자관리	• 생육 특성과 기상 특성 • 유기농업 전환기 계획
		생산체계 수립	• 작부체계 수립 • 품종의 개념 및 유지 방법	• 재배환경 관리 • 육종 방법
		영농일지	• 영농일지 필수 기록 항목	• 기록 보존 기간
	유기재배 토양관리	토양의 특성	• 토양의 물리적 성질 • 토양의 생물학적 성질	• 토양의 화학적 성질
		토양 검정	• 분석용 토양시료 채취 및 분석 • 토양 검정 시스템 활용	• 토양 특성 평가
		퇴비 제조	• 퇴비 원료 선택 • 퇴비 품질 평가	• 퇴비 제조 • 퇴비 보관 및 관리
		토양관리	• 토양 양분, 비옥도 및 수분 관리	• 토양 생물의 종류, 특성, 기능 및 활용
		토양 보전관리	• 토양 침식의 원인 및 대책	• 토양 오염의 원인 및 대책
	유기생육 관리	비배관리	• 밑거름 선택 및 사용법	• 웃거름 선택 및 사용법
		생육단계별 관리	• 수분관리 • 파종·육묘 및 이식	• 정지 및 적과 • 재식 밀도 관리
		재배환경관리	• 대기조성 관리 • 광 관리 • 유기재배 시설관리	• 온도관리 • 춘화처리, 일장효과 등 상적발육 관리
		생육진단 처방	• 작물별, 생육단계별 생육상태 진단 • 생육환경의 변화, 기상재해 대응	• 양분 결핍에 따른 처방
	유기재배 잡초관리	잡초관리	• 잡초 특성	• 잡초 방제 방법 및 기술
	유기재배 병충해 관리	병충해 관리	• 경종적 방법 • 병충해 예방의 기계적, 물리적, 생물학적 방법 • 병충해 증상 및 진단 • 병충해 방제의 기계적 물리적, 생물학적 방법	
	유기재배 수확관리	수확 및 저장	• 수확시기 결정 • 허용물질 종류 및 특성	• 저장 방법 및 환경 관리
		판매관리	• 유기농산물 선별 포장 • 적정 유통 경로	• 인증 기준 및 표시

필기과목명	주요항목	세부항목	세세항목		
유기작물 재배, 토양관리, 유기농업 일반	유기재배 농자재 제조 관리	유기농업 허용물질 관리	• 토양 양분관리 허용물질 선택 및 활용 • 병해충관리 허용물질 선택 및 활용	• 유기농업자재 종류 및 특징	
		제조 및 이용 방법	• 제조 시 사용 가능 조건 및 이용방법		
	유기축산	유기축산 일반	• 우리나라 유기축산 현황	• 사육방법과 사육환경	
		유기축산의 사료 생산 및 급여	• 유기축산사료의 조성, 종류, 및 특징 • 유기축산사료의 배합, 조리, 가공방법 • 유기축산사료의 급여		
		유기축산의 질병 예방 및 관리	• 가축 위생	• 가축전염병 등 질병예방 및 관리	
		유기축산의 사육시설	• 사육시설, 부속설비, 기구 등의 관리		
		유기축산 품질 인증관리	• 유기축산물 출하관리 • 적정 유통경로	• 유기축산 인증기준 및 표시	

출제기준(실기)

실기과목명	주요항목	세부항목	
유기농산물 재배 실무	유기재배 준비	• 유기농업 환경 분석하기 • 작부체계 수립하기	• 생산계획 수립하기
	유기재배 토양관리	• 토양 검정하기 • 토양관리하기	• 퇴비 선택하기
	유기재배 생육관리	• 거름주기 • 생육진단 처방하기	• 생육단계별 관리하기
	유기재배 잡초관리	• 잡초 조사하기 • 밭잡초 관리하기	• 논잡초 관리하기
	유기재배 수확관리	• 수확하기 • 판매 관리하기	• 저장하기
	유기재배 농자재 제조	• 유기농업 자재 활용하기	• 토양 양분관리 자재 제조하기
	유기재배 병해관리	• 병해 예방하기 • 병해 방제하기	• 병해 진단하기
	유기재배 충해관리	• 충해 예방하기 • 해충 방제하기	• 충해 진단하기
	유기축산	• 유기축산 이해하기	

CBT 응시 요령

MOODANBBO

기능사 종목 전면 CBT 시행에 따른

CBT 완전 정복!

"CBT 가상 체험 서비스 제공"

한국산업인력공단
(http://www.q-net.or.kr) 참고

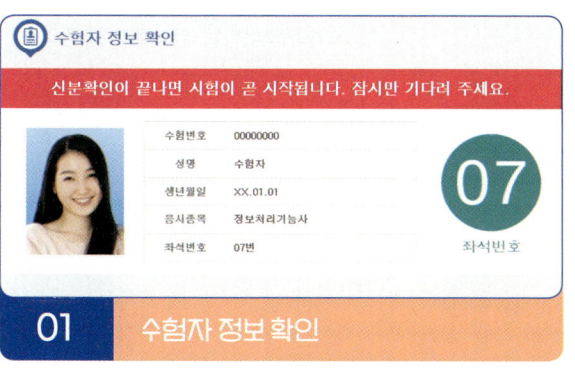

01 수험자 정보 확인

시험장 감독위원이 컴퓨터에 나온 수험자 정보와 신분증이 일치하는지를 확인하는 단계입니다. 수험번호, 성명, 생년월일, 응시종목, 좌석번호를 확인합니다.

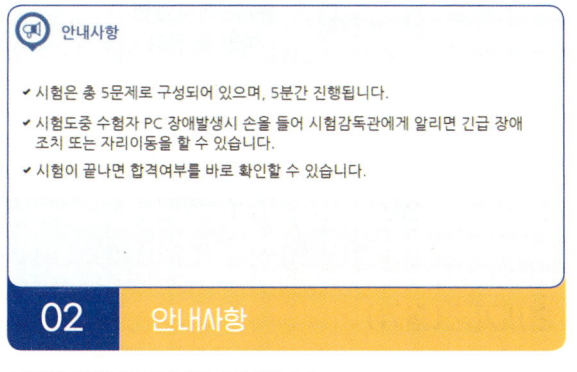

02 안내사항

시험에 관한 안내사항을 확인합니다.

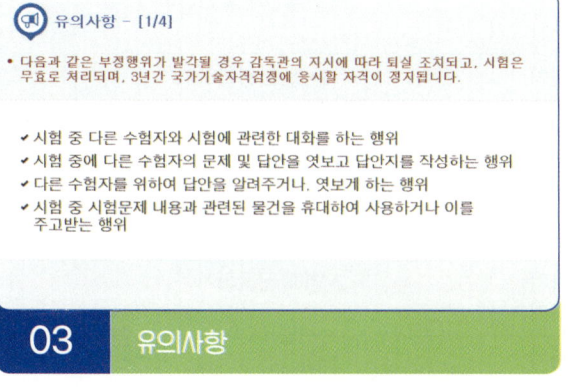

03 유의사항

부정행위에 관한 유의사항이므로 꼼꼼히 확인합니다.

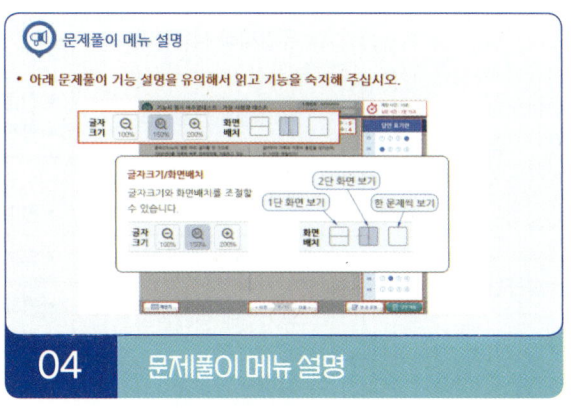

04 문제풀이 메뉴 설명

문제풀이 메뉴의 기능에 관한 설명을 유의해서 읽고 기능을 숙지해 주세요.

FORMULA OF PASS · SDEDU.CO.KR

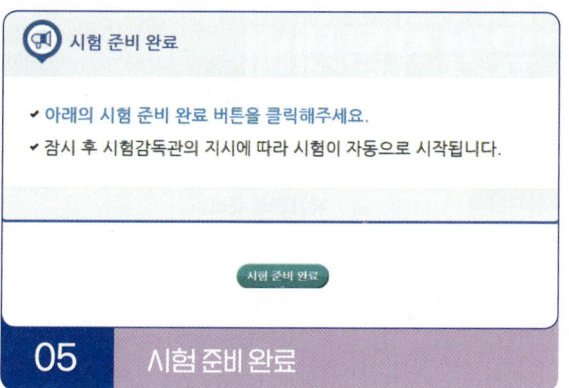

05 시험 준비 완료

시험 안내사항 및 문제풀이 연습까지 모두 마친 수험자는 시험 준비 완료 버튼을 클릭한 후 잠시 대기합니다.

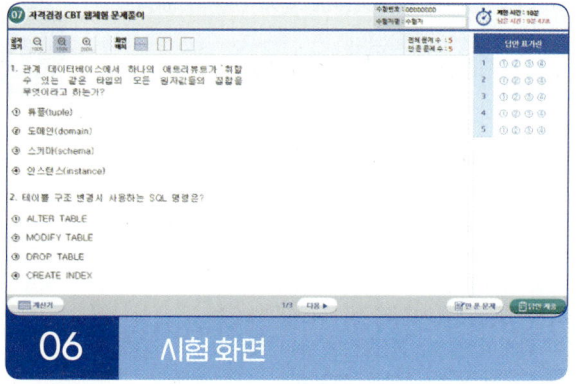

06 시험 화면

시험 화면이 뜨면 수험번호와 수험자명을 확인하고, 글자크기 및 화면배치를 조절한 후 시험을 시작합니다.

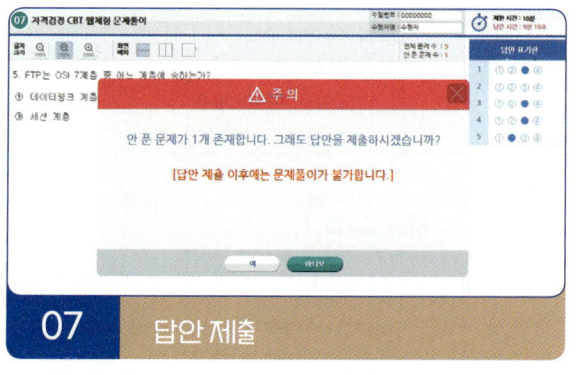

07 답안 제출

[답안 제출] 버튼을 클릭하면 답안 제출 승인 알림창이 나옵니다. 시험을 마치려면 [예] 버튼을 클릭하고 시험을 계속 진행하려면 [아니오] 버튼을 클릭하면 됩니다. 답안 제출은 실수 방지를 위해 두 번의 확인 과정을 거칩니다. [예] 버튼을 누르면 답안 제출이 완료되며 득점 및 합격여부 등을 확인할 수 있습니다.

CBT 완전 정복 Tip

내 시험에만 집중할 것
CBT 시험은 같은 고사장이라도 각기 다른 시험이 진행되고 있으니 자신의 시험에만 집중하면 됩니다.

이상이 있을 경우 조용히 손을 들 것
컴퓨터로 진행되는 시험이기 때문에 프로그램상의 문제가 있을 수 있습니다. 이때 조용히 손을 들어 감독관에게 문제점을 알리며, 큰 소리를 내는 등 다른 사람에게 피해를 주는 일이 없도록 합니다.

연습 용지를 요청할 것
응시자의 요청에 한해 연습 용지를 제공하고 있습니다. 필요시 연습 용지를 요청하며 미리 시험에 관련된 내용을 적어놓지 않도록 합니다. 연습 용지는 시험이 종료되면 회수되므로 들고 나가지 않도록 유의합니다.

답안 제출은 신중하게 할 것
답안은 제한 시간 내에 언제든 제출할 수 있지만 한 번 제출하게 되면 더 이상의 문제풀이가 불가합니다. 안 푼 문제가 있는지 또는 맞게 표기하였는지 다시 한 번 확인합니다.

01 제1과목 재배원론

CHAPTER 01 유기농업재배

제1절 | 유기재배 준비

1. 유기농업의 정의

(1) 유기농업의 정의와 목적

① 우리나라의 유기농업의 정의 : 농약과 화학비료를 전혀 사용하지 않고 유기물과 자연광석, 미생물 등 자연적인 자재만을 사용하는 농업을 말한다.
② 세계 유기농업의 정의 : 국제유기농업운동연맹(IFOAM)은 제16차 총회(2008년, 이탈리아)에서 유기농업의 정의를 채택하였다.

> 유기농업이란 토양, 생태계, 사람의 건강을 지속가능하게 하는 생산체계이다. 유기농업은 부정적 영향을 끼치는 농자재의 사용을 지양하고 생태계의 작용, 생물 다양성과 지역조건에 적응하는 순환에 의존한다. 유기농업은 전통과 혁신, 과학을 결합하여 공유하는 환경에 유익하고, 관련된 모든 생물과 인간 사이의 관계가 공정하고 삶의 질을 높이는 것을 추구한다.

• 경제적 안정 도모
• 지역 자원의 활용
• 농업의 지속가능성 창출

더 알아보기

사용 시 특별한 형식이 필요

• 하늘이 내린 한약 : 쌀겨, 깻묵, 과실 등을 혼합하여 숙성시킨 것으로 유기질 비료로 사용, 사일리지 등을 이용하여 만든 것
• 비닐멀칭 재배
• 녹비식물의 이용, 퇴비 등 유기물 시용
• 천적의 활용
• 동물의 피해 차단

TIP

대표적인 토양 내 양분
질소의 경우, K, Cl, Mg, Na, K 등

TIP

사용하기 쉬운 농도 장해 증상
• 생육이 저하하지 않으나 수량이 작다.
• 엽이 가장자리가 말리기도 한다.
• 꽃과 과실이 적게 맺힌다.

예제

01 경종적인 대책으로 옳지 않은 것은?
① 사질 토양은 경운을 깊게 하는 것이 좋다.
② 유기질비료가 자연비료로서 화학비료를 대체한다.
③ 유기질비료 공급 시 자연상태의 미생물류를 유입한다.
④ 대기 중 탄산가스 농도가 적어져야 작물 공급이 풍부해진다.

02 시설재배지에서 일어날 수 있는 염류집적의 원인으로 가장 옳은 것은?
① 강수량 부족으로 지표에서 표면 유실된다.
② 시설 내에서 증산작용이 많아 염류가 축적된다.
③ 비료 주기가 추가되어 공기에 토양 속 양분이 부족해진다.
④ 작물 정식량이 낮아져 이용률이 많아 전식된다.

FORMULA OF PASS · SDEDU.CO.KR

PART 02 과년도 + 최근 기출복원문제

2025년 제1회 최근 기출복원문제

과년도 + 최근 기출복원문제

최근에 출제된 기출문제를 복원하여 출제경향을 파악하고 새롭게 출제된 문제의 유형을 익혀 처음 보는 문제들도 모두 맞힐 수 있도록 하였습니다.

다음 중 이산화탄소의 일반적인 대기조성의 함량은?

① 약 3.5ppm
② 약 35ppm
③ 약 350ppm
④ 약 3,500ppm

해설
대기 중 이산화탄소 농도 : 0.03%(350ppm)

04 포장용수량과 흡수계수 사이의 토양수분을 뜻하는 것으로 소공극에서 중력에 저항하여 유지되며 작물이 주로 이용하는 수분은?

① 결합수
② 흡습수
③ 모관수
④ 중력수

⑥ 해설
상세한 해설을 통해 핵심이론에서 학습한 중요 개념과 내용을 한 번 더 확인할 수 있습니다.

⑥ 해설
토양수분의 종류
• 결합수(pF 7.0 이상) : 점토광물에 결합되어 있어 작물 이용 불가능
• 흡습수(pF 4.5 이상) : 비액상의 수분으로 유동이 어려운 수분
• 모관수(pF 2.7~4.5) : 유동성이 있으며 작물이 유용하게 이용하는 수분

실기(필답형)
시험에 꼭 나오는 핵심이론만 이해하기 쉽게 정리하였습니다.

제2절 | 유기재배 토양관리

토양 검정하기

• **토양의 이해**

① 토양의 구성 : 토양은 고상(solid), 액상(liquid), 기상(gas)으로 나누며, 이를 토양의 3상이라고 한다. **⑦ 기출 ★★★**

㉠ 고상 : 광물입자(토양입자)와 미생물, 동식물의 유기체 등의 유기물로 이루어진 고체이다.

㉡ 액상 : 고상 사이의 공극을 채우고 있는 수분이다.

공기 20~30%(25%) / 무기물(광물) 45% / 물 20~30%(25%) / 유기물 5% — 토양의 3상, 공극, 토양고체

⑦ 기출 표시
필답형 기출문제로 출제되었던 이론에는 **기출 ★★★** 표시로 보다 효율적인 학습이 이루어질 수 있도록 하였습니다.

CHAPTER 01

허용물질 (농림축산식품부 소관 친환경농어업 육성 및 유기식품 등의 관리 · 지원에 관한 법률 시행규칙 [별표 1])

유기농업 관련 법령
자주 출제되는 관련 법령 내용을 암기할 수 있도록 부록으로 구성하였습니다.

ㅣ. 유기식품 등에 사용 가능한 물질

① 유기농산물 및 유기임산물

㉠ 토양개량과 작물생육을 위해 사용 가능한 물질

사용 가능 물질	사용 가능 조건
• 농장 및 가금류의 퇴구비(堆廐肥 : 볏짚, 낙엽 등 부산물을 부숙(썩혀서 익히는 것)하여 만든 퇴비 및 축사에서 나오는 두엄] • **퇴비화된 가축배설물** • 건조한 농장 퇴구비 및 탈수한 가금류의 퇴구비 • 가축분뇨를 발효시킨 액상의 물질	• 국립농산물품질관리원장이 정하여 고시하는 유기산물 및 유기임산물 인증기준의 재배방법 중 가축분뇨를 원료로 하는 퇴비 · 액비의 기준에 적합할 것 • 가축분뇨를 발효시킨 액상의 물질은 유기축산물 또는 무항생제축산물 인증농장, 경축순환농법(친환경농업을 실천하는 자가 경종과 축산을 겸업하면서 각각의 부산물을 작물재배 및 가축사육에 활용하고, 경종작물의 퇴비소요량에 맞게 가축사육 마릿수를 유지하는 형태의 농법) 등 친환경 농법으로 가축을 사육하는 농장 또는 동물보호법에 따른 동물복지축산농장 인증을 받은 농장에서 유래한 것만 사용하고, 비료관리법에 따른 공정규격설정 등의 고시에서 정한 가축분뇨발효액의 기준에 적합할 것

⑧ 별색 표시
최근 출제되었던 내용에는 별색 표시를 하여 중요한 내용을 우선 암기할 수 있도록 하였습니다.

이 책의 목차 & 학습플랜

MOODANBBO

PART 01	핵심이론

			학습플랜 체크란
CHAPTER 01	유기작물재배	002	☑ 1월 1일, 1회독
CHAPTER 02	토양관리	046	☐
CHAPTER 03	유기농업 일반	106	☐

PART 02	과년도+최근 기출복원문제

2016년	과년도 기출문제	230	☐
2017년	과년도 기출복원문제	265	☐
2018년	과년도 기출복원문제	288	☐
2019년	과년도 기출복원문제	312	☐
2020년	과년도 기출복원문제	336	☐
2021년	과년도 기출복원문제	358	☐
2022년	과년도 기출복원문제	382	☐
2023년	과년도 기출복원문제	406	☐
2024년	과년도 기출복원문제	430	☐
2025년	최근 기출복원문제	453	☐

PART 03	실기(필답형)

CHAPTER 01	핵심이론	480	☐
CHAPTER 02	과년도+최근 기출복원문제	573	☐

부 록	유기농업 관련 법령

CHAPTER 01	허용물질	726	☐
CHAPTER 02	인증기준의 세부사항	734	☐

PART 01
핵심이론

CHAPTER 01	유기작물재배
CHAPTER 02	토양관리
CHAPTER 03	유기농업 일반

CHAPTER 01 유기작물재배

기출 키워드

유기농업의 정의, 국제유기농업운동연맹(IFOAM), 유기농업의 목적, 생력재배, 농산물 유통의 특성, 유기농산물 유통의 특성

국제유기농업운동연맹(IFOAM : International Federation of Organic Agriculture Movements) 전 세계 116개국의 850여 단체가 가입한 세계 최대 규모의 유기농업운동단체이다.

TIP

세계 최초 유기농업 연구자
영국의 앨버트 하워드(Albert G. Howard)는 세계 최초로 유기농업을 연구하여 실천하고 이론적으로 학문의 체계를 수립하였다.

제1절 | 유기재배 준비

1. 유기농업환경 분석

(1) 유기농업의 정의와 목적

① 우리나라 유기농업의 정의 : 농업 생태계의 건강에 초점을 두고 생태환경보전의 실천 및 과정 중심으로 전환하여 본질적인 친환경농업을 실천하고자 한다.

> **유기농업의 정의(친환경농어업 육성 및 유기식품 등의 관리·지원에 관한 법률 제2조)**
> '친환경농어업'이란 생물의 다양성을 증진하고, 토양에서의 생물적 순환과 활동을 촉진하며, 농어업 생태계를 건강하게 보전하기 위하여 합성농약, 화학비료, 항생제 및 항균제 등 화학자재를 사용하지 아니하거나 사용을 최소화한 건강한 환경에서 농산물·수산물·축산물·임산물(이하 '농수산물')을 생산하는 산업을 말한다.

② 세계 유기농업의 정의 : 국제유기농업운동연맹(IFOAM)은 오랜 논의를 거쳐 제16차 총회(2008년, 이탈리아)에서 유기농업의 정의를 채택하였다.

③ 유기농업의 목적
  ㉠ 경제적 목적
   • 지역 자원의 활용
   • 충분하고 지속적인 생산
   • 저투입 및 외부 자원 투입의 최소화
   • 경제적 활력 유지 및 부가 가치로 인한 경제성 확보
  ㉡ 사회적 목적
   • 공정한 교역 및 식량 공급의 확보
   • 지역 자원의 보존 및 지역사회 문화의 존중
   • 안전하고 우수한 농산물 생산
   • 지역 요구의 충족 및 여성의 역할 확보
  ㉢ 생태적 목적
   • 동물복지의 실천
   • 생태계 균형 및 생물학적 다양성 유지
   • 화학적 오염 방지를 통한 토양의 비옥도 향상 및 깨끗한 수질 유지

2 | PART 01 핵심이론

더 알아보기

생력재배

- 유기농업에서도 생력재배의 기법을 도입하면 유기농업의 원칙과 조화롭게 적용하여 농약과 화학비료를 사용하지 않으면서도 효율성을 높일 수 있다.
- 생력재배는 재배 과정에서 노동력을 절감하여 인건비를 낮춤으로써 생산성을 높이는 것을 말한다. 농기계의 사용, 자동화 시설, 제초제의 사용, 재배 경영 방법의 개선 등을 통해 이루어진다.
- 생력재배의 효과 : 노동시간 절감, 단위수량 증대, 재배면적 증대, 작부체계 개선, 농업경영 개선 등
  ※ 단점 : 노동력 절감에 따른 비용감소분이 농구비의 상승을 가져온다.
- 생력기계화재배의 전제조건
  - 경지정리
  - 집단재배, 공동재배
  - 잉여노력의 수익화
  - 제초제의 이용
  - 적응재배 체계의 확립
  - 국가적인 보조와 지도의 필요, 지도자 양성, 시설 및 기계에 대한 보조 등
- 기계화적응재배 : 벼의 집단재배
- 기계화재배 종류 : 맥류의 드릴파재배(세조파재배), 휴립광산파재배, 전면전층파재배 등

생력재배(省力栽培)
노동력의 부족으로 인한 농가의 어려움을 극복하기 위한 재배 방법

드릴파재배
밭에 골을 좁게 만들어 종자를 여러 줄로 심는 기계 파종법으로 종자가 균등하게 배치되어 잎이 빛을 받는 능률을 높이고 촘촘히 심을 수 있어 수확량이 증가한다.

휴립광산파(畦立廣散播)재배
재배지 전면에 종자를 뿌린 후 배수구를 설치하는 파종 방법

예제

01 다음 중 유기농업의 정의 및 의의로 옳은 것은?

① 유기농업은 유기전환기재배, 무농약재배, 저농약재배를 포함한다.
② 유기농업은 생물의 다양성, 생물학적 순환, 토양의 생물학적 활성을 포함하여 농업 생태계의 건강을 증진, 향상하려는 총체적인 생산관리 체계를 말한다.
③ 유기농업은 유기질 비료를 많이 투입하여 농산물을 생산하는 농업생산 방식이다.
④ 유기농업은 화학비료, 유기합성농약을 사용하지 않으므로 유기물을 가능한 한 많이 투입하여야 한다.

02 다음 유기농업이 추구하는 내용에 관한 설명으로 거리가 먼 것은?

① 환경생태계의 보호
② 생물학적 생산성의 최적화
③ 멸종위기종의 보호
④ 토양 쇠퇴와 유실의 최소화

03 생력기계화재배의 전제조건으로 올바른 것은?

① 개인재배
② 잉여노력 배제
③ 제초제 불용
④ 경지정리

CHAPTER 01 유기작물재배 | **3**

> **해설**
>
> **01** 유기농업은 생물의 다양성, 생물학적 순환, 토양의 생물학적 활성을 포함하여 농업 생태계의 건강을 증진, 향상하려는 총체적인 생산관리 체계를 말한다.
>
> **02** 유기농업의 추구 내용
> - 환경생태계의 보호
> - 토양 쇠퇴와 유실의 최소화
> - 환경오염의 최소화
> - 생물학적 생산성의 최적화
> - 자연환경의 우호적 건강성 촉진
>
> **03** 기계화재배의 전제조건 : 경지정리, 집단재배, 공동재배, 잉여 노력의 수익화, 제초제의 이용 등
>
> 정답 01 ② 02 ③ 03 ④

(2) 유기농산물의 생산, 저장, 유통, 판매 현황

① 생산 및 저장 현황

ㄱ 우리나라의 지난 10년 동안 친환경농산물 생산 현황은 저농약 인증 폐지 등으로 농가 수, 면적 등이 2018년까지 꾸준히 감소하였으나 이후 증가하는 추세를 보였다.

ㄴ 유기농산물의 생산량은 2018년 이후 꾸준히 증가하여, 2021년까지 증가세를 보이다가 이후 곡류 중심의 감소로 약 26% 줄었으며, 2024년 기준 전체 생산량도 하락세를 보였다.

② 유통 및 판매 현황

ㄱ 농산물 유통의 특성

- 계절적 편재성 : 특정 계절에만 생산되는 농산물의 특성으로 인해 가격 변동이 크고 저장 · 유통이 어렵다.
- 부피와 중량성 : 농산물은 부피가 크고 무거운 편이므로 저장 · 보관 시 많은 면적과 공간을 차지하고, 운송에 비용이 많이 든다.
- 부패성 : 농산물은 유기물로 부패 · 손상되기 쉽다.
- 양과 질의 불균일성 : 생산 장소 및 토양에 따라 생산량과 품질이 달라 표준화 및 규격화가 어렵다.
- 수요 · 공급의 비탄력성 : 적정 물량에서 약간의 과부족이 생겨도 가격의 등락 폭이 크다.
- 높은 유통비용 : 농산물의 지역적 특화로 산지가 분산적이고, 유통경로가 여러 단계이므로 유통비용이 많이 든다.

ㄴ 유기농산물 유통의 특성

- 대체로 일반 농산물에 비해 외관상 품질이 떨어지고, 낮은 수량과 많은 노동력을 투입하여 상대적으로 가격이 높다.

 TIP

과거에는 친환경농산물 인증이 저농약 · 무농약 · 유기농으로 구분되었으나, 현재는 제도 개편으로 저농약 인증이 폐지되고 무농약 · 유기농만 유지되고 있다.

TIP

2024년 기준
- 가장 많이 생산된 작물 : 특용작물, 채소류
- 유기농산물 비중이 높은 작물 : 곡류, 과실류

비탄력성
가격이 변해도 수요나 공급이 크게 변하지 않는 상태

• 다품목 소량 판매를 주로 하며, 유통경로가 다양하다.
ⓒ 친환경농산물 유통경로
    • 생산자 출하단계 : 생산자가 친환경농산물을 생산하여 판매하는 단계
    • 중간 유통단계 : 중간 유통업체, 지역농협, 도매시장, 가공업체
    • 소매단계 : 생협, 친환경전문점, 대형유통업체, 학교급식, 일반소매점, 직거래 등

③ 판매 현황
    ㉠ 친환경농산물의 온·오프라인 소매 판매장 수는 매년 증가세를 보이고 있다.
    ㉡ 주요 품목 중 과채류가 가장 많았으며 버섯류, 엽경채류 순으로 판매되었다.

> **TIP**
>
> **농부의 역설**
> 풍년이 들어 농산물의 수확량이 늘어나면 가격이 급락해 농가 소득이 줄고, 흉년이 들어 수확량이 줄어들면 가격이 급등해 농가 소득이 늘어나는 현상을 말한다.

예제

01 농산물 유통 시 고려해야 하는 특성이 아닌 것은?
① 계절에 따른 생산물의 변동성
② 농산물 자체의 부패 변질성
③ 전국적으로 분산되어 생산되는 분산성
④ 짧은 유통경로로 인한 낮은 유통 마진율

02 우리나라 농산물 유통경제의 특성과 거리가 먼 것은?
① 공급자는 영세하고 다수이다.
② 지역적 특화, 산지 분산적이다.
③ 표준화, 규격화, 등급화가 용이하다.
④ 일상 필수품으로 구매 빈도가 높다.

03 유기농산물 유통 및 판매에 대한 설명으로 옳지 않은 것은?
① 유기농산물은 일반 농산물보다 가격이 저렴하다.
② 유기농산물은 생산비용이 높고 공급량이 한정적이다.
③ 유기농산물은 일반 농산물에 비해 외관상 품질이 떨어지기도 한다.
④ 유기농산물에 대한 수요는 증가하는 추세이다.

해설

01 ④ 농산물은 유통경로가 여러 단계로 긴 특징이 있으며, 유통비용이 많이 든다.

02 우리나라 농산물 유통의 특성
    • 계절적 편재성   • 부피와 중량성
    • 부패성   • 양과 질의 불균일성
    • 수요·공급의 비탄력성   • 긴 유통경로로 인한 높은 유통비용
    • 표준화 및 규격화의 어려움

03 ① 유기농산물은 생산비용이 높고 공급량이 한정적이므로 일반 농산물보다 가격이 비싸다.

정답 01 ④   02 ③   03 ①

기출 키워드

호온성 작물, 호냉성 작물, 유기재배 입지

TIP

우리나라는 고온다습한 장마철로 인해 병해충의 발생이 쉽다.

호온성(好溫性)

20℃ 이상 온도가 높거나 더운 환경에서 잘 자라는 성질

호냉성(好冷性)

20℃ 이하의 온도에서 살아갈 수 있는 성질

2. 생산계획 수립

(1) 유기재배 입지 선택 및 재배 방법

① 지역의 농업 여건 분석

㉠ 기후환경 조사·분석

㉡ 토양환경 조사

㉢ 물환경 조사

② 작물의 선택과 유기재배

㉠ 벼의 유기재배

- 농민의 수가 절대적으로 부족하여 일손이 많이 필요한 유기재배의 노동력을 조달하기가 쉽지 않다.
- 담수상태로 재배하는 벼는 잡초관리가 용이하고, 공공기관 및 민간에서의 연구 덕분에 유기재배 기술이 발전하고 있다.

㉡ 원예작물의 유기재배

- 유기재배에 적합한 채소류는 생육기간이 짧다.
- 작물 선택은 지역에 적합한 기후 조건과 재배작물의 적온을 고려해야 한다.

    예 남부 해안지역 : 호온성 작물, 고랭지 지역 : 호냉성 작물

호온성 작물	• 높은 온도를 좋아하는 작물로 유기재배가 쉽지 않다. • 고추, 토마토, 가지, 오이, 참외, 호박, 수박 등
호냉성 작물	• 낮은 온도를 좋아하는 작물로 유기재배가 용이하다. • 배추, 상추, 시금치, 무, 당근, 딸기 등

㉢ 유기작물의 시설재배와 노지재배

- 우리나라는 겨울이 있어 시설재배가 불가피하지만 지역 기후에 맞는 작물을 선택하여 유기재배하려고 노력하고 있다.
- 제철 작물은 고유한 향과 맛이 살아 있으며 노지에서 재배하면 영양학적으로도 시설작물에 비해 월등하며 오랜 세월 동안 자연환경에 적응해 왔기 때문에 기상재해는 물론 병해충에 대한 저항력도 강하다.

예제

유기재배에 유리한 입지를 선택하기 위해 조사·분석해야 할 항목이 아닌 것은?

① 기후환경

② 토양환경

③ 수질환경

④ 번식환경

해설

지역의 기후, 토양, 수질 등의 입지 조건을 조사·분석하여 유기재배에 유리한 입지를 선택한다.

정답 ④

(2) 생산계획 수립을 위한 작물의 이해

① 작물과 재배의 개념

   ㉠ 작물 : 이용성과 경제성이 높아서 사람의 재배 대상이 되어있는 식물

   ㉡ 재배 : 사람이 특정 목적을 가지고 경지에 작물을 길러 수확을 올리는 경제적인 영위 체계

   ㉢ 작물 수량의 삼각형 : 일정한 면적에서 최대의 수량을 올리기 위해서는 작물의 유전성, 환경조건, 재배기술이 유기적으로 관계한다.

② 농경의 발상지와 작부방식의 변천

   ㉠ 농경의 발상지

     • 큰 강의 유역 : De Candolle(1884)

     • 산간부 : N. T. Vavilov(1926)

     • 해안지대 : P. Dettweliler(1914)

   ㉡ 작부방식의 변천 : 이동경작(화전 및 대전법) → 휴한농법(3포식 농법) → 콩과 작물의 순환농법(개량3포식 및 윤작) → 자유 경작(순환농법, 자유작)

③ 작물의 분화 과정

유전적 변이 → 도태와 적응 → 순화 → 격리(고립)

   ㉠ 유전적 변이 : 분화의 첫 단계로 자연교잡과 돌연변이에 의해 유전적 변이가 생긴다.

   ㉡ 도태와 적응

     • 도태 : 유전적 변이로 생긴 새로운 유전형 중 환경에서 견디지 못하는 종은 도태된다.

     • 적응 : 새로운 유전형이 환경에 견디고 남아서 적응한다.

   ㉢ 순화 : 적응한 종들이 특정 환경에서 오래 생육하게 되면 그 조건에 더욱 잘 적응한다.

   ㉣ 격리(고립) : 유전적 안정 상태를 유지하려면 상호 간에 유전적 교섭이 생기지 않아야 한다.

④ Vavilov의 유전자중심설(지리적 미분법)

   ㉠ 작물의 발상 중심지에는 변이가 다수 축적되어 있으며 우성형질을 보유하는 형이 많다.

   ㉡ 지리적으로 중심지에서 멀리 떨어질수록 우성형질이 점점 탈락한다.

   ㉢ 2차 중심지에는 열성형질을 보유하는 형이 많다.

기출 키워드

작물 수량의 삼각형, 농경의 발상지, 작부방식의 변천, 작물의 분화 과정, 유전자중심설, 린네의 이명법, 공예작물, 녹비작물, 내산성 작물, 중경작물, 동반작물

[작물 수량의 삼각형]

바빌로프(Nikolai Vavilov)
'작물기원중심지' 이론을 정립하고, 세계 최초의 유전자원은행을 설립하여 현대 농업유전학·육종학·식량안보 체계의 기초를 세운 인물

㉣ 작물의 기원지는 8개 지역으로 나뉜다.

중국	6조보리, 조, 피, 메밀, 콩, 팥, 파, 인삼, 배추, 자운영, 동양배, 감, 복숭아 등
인도·동남아시아	벼, 참깨, 사탕수수, 모시풀, 왕골, 오이, 박, 가지, 생강 등
중앙아시아	귀리, 기장, 완두, 삼, 당근, 양파, 무화과 등
코카서스·중동	2조 보리, 보통 밀, 호밀, 유채, 아마, 마늘, 시금치, 사과, 서양배, 포도 등
지중해 연안	완두, 유채, 사탕무, 양귀비, 화이트클로버, 티머시, 오처드그라스, 무, 순무, 우엉, 양배추, 상추 등
중앙아프리카	진주조, 수수, 강두(광저기), 수박, 참외 등
멕시코·중앙아메리카	옥수수, 강낭콩, 고구마, 해바라기, 호박 등
남아메리카	감자, 땅콩, 담배, 토마토, 고추 등

예제

01 식물의 분화 과정을 순서대로 옳게 나열한 것은?

① 유전적 변이 – 도태와 적응 – 순화 – 격리
② 도태와 적응 – 유전적 변이 – 순화 – 격리
③ 순화 – 격리 – 유전적 변이 – 도태와 적응
④ 적응 – 순화 – 유전적 변이 – 도태와 격리

02 기원지로서 원산지를 파악하는데 근간이 되는 학설은 유전자중심설이다. Vavilov의 작물의 기원지에 해당하지 않는 곳은?

① 지중해 연안
② 인도, 동남아시아
③ 남부아프리카
④ 코카서스, 중동

해설

01 작물의 분화 과정 : 변이 발생 → 도태와 적응 → 순화 → 격리(고립)

02 Vavilov의 작물의 기원지 : 중국, 인도·동남아시아, 중앙아시아, 코카서스·중동, 지중해 연안, 중앙아프리카, 멕시코·중앙아메리카, 남아메리카

정답 01 ① 02 ③

⑤ 작물의 분류

　㉠ 식물학적 분류(린네의 이명법)

　　• 작물들이 서로 얼마나 가깝고 먼 관계인지의 유연관계를 알 수 있다.

　　• 같은 과에 속하는 작물 사이에서는 자생 환경조건이 비슷하고 접목도 가능하다.

　　• 이명법의 주요 내용

　　　- 스웨덴의 생물학자 린네가 창안한 학명 명명법이다.

　　　- 식물의 학명은 세계 공통으로 사용된다.

　　　- '속명 + 종명 + 명명자'를 라틴어로 표기하며 속명의 첫 글자는 대문자로 쓰고 종명의 첫글자는 소문자로 쓴다.

　　　- 인쇄물의 경우 속명과 종소명은 이탤릭체로 쓰며 명명자의 이름은 정체로 쓴다.

　　　- 이탤릭체를 사용할 수 없을 때는 밑줄을 긋는다.

　　　- 명명자의 이름은 생략하거나 간단히 첫 글자만 사용한다.

> **린네(Carl von Linne)**
> 스웨덴의 식물학자로 '종-속-과-목-강-문-계'로 나타내는 생물 분류 단계를 제안한 현대 생물 분류학의 아버지이다. 수많은 생물들의 학명을 지어냈으며, 속명-종명을 쓰는 이명법을 확립하였다.

> **벼의 학명**
> *Oryza* *sativa* L.
> 속명　종명　명명자

예제

2명법에 의한 학명(學名)의 설명으로 옳은 것은?

① 과명과 속명을 함께 표시한 것이다.

② 영어를 사용하고 라틴체로 쓴다.

③ 용도에 따른 식물분류의 기본으로 활용된다.

④ 식물의 학명은 세계 공통으로 쓰인다.

해설

린네가 1753년 발간한 국제식물명명규약에 따라서 식물명을 붙이는 방법으로, 학명은 세계에서 통용된다.

정답 ④

　㉡ 용도에 따른 분류

식용작물	• 미곡 : 논벼, 밭벼 등 • 맥류 : 보리, 밀, 귀리, 라이보리 등 • 잡곡 : 조, 기장, 피, 수수, 율무, 옥수수, 메밀 등 • 두류 : 콩, 팥, 까치콩, 완두, 잠두, 땅콩, 녹두 등 • 서류 : 고구마, 감자, 카사바, 토란 등
공예작물	• 유료작물 : 참깨, 땅콩, 유채, 해바라기 등 • 섬유작물 : 목화, 아마, 삼, 왕골, 모시풀, 수세미, 닥나무 등 • 당료작물 : 사탕무, 사탕수수 등 • 전분작물 : 옥수수, 감자, 고구마 등

> **공예작물**
> 각종 공업 원료에 쓰이거나 많은 가공과정을 거쳐야 쓰일 수 있는 작물

TIP

가장 보편적으로 사용되는 작물의 분류법은 용도에 의한 분류이다.

TIP

제충국(除蟲菊)
벌레를 쫓는 국화라는 뜻을 가진 식물로 꽃에 살충 성분인 피레트린(pyrethrin)이 함유되어 있어 천연 살충제로 활용된다. 그 외에도 피를 맑게 하거나 소화를 돕는 등의 약용 효과가 있다.

TIP

과수류의 분류(과육 부위)
- 인과류 : 꽃턱이 발달
- 준인과류 : 씨방이 발달하여 씨방벽이 과육
- 핵과류 : 내과피가 핵을 이루고 중과피가 과육
- 장과류 : 씨방이 발달하여 과피 전체가 과육
- 견과류 : 외피가 단단하고 떡잎이 식용 부위

사료작물		• 벼과 : 옥수수, 호밀, 티머시, 오처드그라스 등 • 콩과 : 알팔파, 클로버 등
비료작물 (녹비작물)		자운영, 토끼풀, 베치, 자주개자리, 풋베기콩, 풋베기 완두, 루핀 등, 유채, 메밀, 호밀 등
약용작물		제충국, 박하, 호프 등
기호작물		차, 담배 등
원예작물	채소류	• 과채류 : 오이, 호박, 고추, 토마토, 딸기, 수박 등 • 협채류 : 완두, 강낭콩, 동부 등 • 근채류 : 무, 순무, 당근, 고구마, 감자, 토란, 마 등 • 경엽채류 : 배추, 양배추, 셀러리, 파, 양파, 마늘 등
	과수류	• 인과류 : 배, 사과, 비파 등 • 핵과류 : 복숭아, 자두, 살구, 앵두 등 • 장과류 : 포도, 딸기, 무화과 등 • 견과류 : 밤, 호두 등 • 준인과류 : 감, 귤 등
	화훼류	장미, 국화, 코스모스, 달리아, 난초, 철쭉, 동백 등

ⓒ 생태적 분류

생존연한에 따른 분류	• 1년생 작물 : 봄에 파종하여 그해 안에 성숙하는 작물 예 벼, 콩, 옥수수 등 • 월년생 작물 : 가을에 파종하여 그 다음 해 초여름에 성숙하는 작물 예 가을보리, 가을밀 등 • 2년생 작물 : 봄에 파종하여 그 다음 해에 성숙하는 작물 예 무, 사탕무 등 • 다년생 작물 : 생존연한과 경제적 이용연한이 여러 해인 작물 예 호프, 아스파라거스, 영년목초류 등
생육계절에 따른 분류	• 여름작물 : 봄에 파종하여 여름을 중심으로 생육하는 1년생 작물 • 겨울작물 : 가을에 파종하여 이듬해 늦봄이나 초여름에 수확하는 생육기가 주로 겨울인 작물 예 보리, 밀, 유채, 완두 등
생육적온에 따른 분류	• 저온작물 : 맥류, 감자 등 • 고온작물 : 벼, 옥수수 등 • 열대작물 : 고무나무, 카사바 등 • 한지형 목초 : 티머시, 알팔파 등 • 난지형 목초 : 버뮤다그래스 등
생육형에 따른 분류	• 주형 작물 : 식물체가 포기를 형성하는 작물 예 벼, 맥류 등 • 포복형 작물 : 줄기가 땅을 기어 지표를 덮는 작물 예 고구마, 화이트클로버 등
저항성에 따른 분류	• 내냉성 작물 : 저온에 잘 견디는 작물 예 순무, 완두 등 • 내산성 작물 : 산성토양에 강한 작물 예 감자, 귀리, 호밀 등 • 내건성 작물 : 가뭄에 강한 작물 예 조, 수수 등 • 내습성 작물 : 습기에 강한 작물 예 벼, 연, 미나리 등 • 내염성 작물 : 염분이 많은 토양에 강한 작물 예 사탕무, 옥수수 등 • 내한성 작물 : 추위에 잘 견디는 작물 예 밀, 보리 등

㉣ 재배·이용에 따른 분류

작부방식에 따른 분류	• 논작물(벼)과 밭작물(콩, 옥수수) • 앞 작물(간작을 할 때 먼저 심어 수확하는 작물)과 뒷 작물(간작 시 뒤에 심는 작물) • 주작물(한 포장에 두 작물을 동시에 재배할 때 경제적 비중이 높은 작물)과 부작물 • 중경작물 : 재배하면 잡초가 크게 경감되는 작물 예 옥수수 등 • 휴한작물 : 휴한 대신 재배하면 지력이 좋아지는 작물 예 클로버(콩과) • 윤작작물 : 중경작물이나 휴한작물처럼 작부체계에 필요한 작물 • 동반작물 : 서로 도움이 되는 특성을 지닌 두 가지 작물 예 당근-양파(해충 억제), 귀리-알팔파(물리적 보호) • 대파작물 : 주 작물을 수확할 수 없게 되었을 때 주작물 대신 파종하여 재배하는 작물 예 메밀 등 • 구황작물 : 기후가 불순한 흉년에도 비교적 안전한 수확을 얻을 수 있는 작물 예 고구마, 감자, 조, 피, 기장, 메밀 등
경영면에 관련된 분류	• 자급작물 : 농가에서 소비하기 위하여 재배하는 작물 • 환금작물 : 판매하기 위하여 재배하는 작물 • 경제작물 : 환금작물 중에서도 수익성이 높은 작물
토양보호와 관련된 분류	• 피복작물 : 잔디류처럼 토양을 덮는 작물 • 토양보호작물 : 토양침식을 막아주는 작물
사료작물의 용도에 따른 분류	• 청예작물 : 사료작물 중에서 풋베기하여 생초로 이용하는 작물 • 건초작물 : 예취 후 건조하여 건초로 이용하기 알맞은 작물 • 사일리지작물 : 생초를 젖산 발효시켜 사일리지를 제조하는 데 적합한 작물 • 방목작물 : 가축을 방목하여 기르는 데 적합한 작물

중경(中耕)
작물의 생육 도중에 작물 사이의 토양을 가볍게 긁어주는 작업

[동반작물(농사로)]

구황(救荒)
흉년 등으로 인해 기근(식량이 부족한 상황)이 심할 때 굶주림에서 벗어나도록 도움을 주는 것

사일리지(silage)
수분함량이 많은 생초를 주재료로 하여 만든 가축의 먹이로, 저장 탱크에 넣어 발효시킨 후 생초를 구할 수 없는 한겨울에 사료로 이용한다. 예 옥수수, 수수, 해바라기, 청예콩 등

예제

01 용도에 따른 작물의 분류로 틀린 것은?

① 식용작물 – 벼, 보리, 밀
② 공예작물 – 옥수수, 녹두, 메밀
③ 사료작물 – 호밀, 순무, 돼지감자
④ 원예작물 – 배, 오이, 장미

02 다음 작물 중 산성토양에 대한 저항성이 강한 작물은?

① 보리   ② 고구마   ③ 옥수수   ④ 감사

03 다음 중 (   ) 안에 알맞은 내용은?

> 서로 도움이 되는 특성이 있는 두 가지 작물을 같이 재배할 때 이 두 작물을 (   )이라고 한다.

① 중경작물   ② 보호작물   ③ 흡비작물   ④ 동반작물

해설

01 공예작물 : 담배, 인삼, 깨, 유채 등

02 ④ 감자는 산성토양에 강한 내산성 작물이다.

정답 01 ②   02 ④   03 ④

📖 **TIP**

사료작물의 종류
• 청예작물 : 옥수수, 수수, 피, 호밀, 알팔파, 화이트클로버, 크림슨클로버, 칡, 자운영 등
• 건초작물 : 알팔파, 티머시, 귀리 등

기출 키워드

과수재배 시 평지와 경사지의
특징, 우리나라 기후의 특성

경반층(硬盤層)
쟁기가 닿는 부위에 굳어진 토층
으로 뿌리 신장과 수분 이동을 제한

재식열(栽植列)
나무가 줄지어 심어진 선

집수구(集水溝)
빗물, 관개수를 모아주는 도랑

(3) 생육 특성과 기상 특성

① 생육 특성

㉠ 과수의 생육 특성을 고려한 입지 선택

구분	장점	단점
평지	• 과수원 관리의 편리 • 비옥한 토양 • 깊은 토심	• 서리 피해 • 배수불량(병해충 발생 위험) • 착생 불량
경사지	• 배수 양호 • 일조량이 충분 • 동해의 우려가 적음	• 표토가 얕고 척박지가 많음 • 기계화 작업 불리 • 경사지에 따라 피해 양상이 다양

㉡ 평지는 배수가 불량하므로 지하수위와 두둑을 높여준다.

㉢ 경사지는 경사 각도를 낮추고 수직 배수로를 설치한다.

㉣ 논에 과수원을 조성하고자 할 때는 경반층이 없는 곳에 한다.

㉤ 경사지는 재식열 또는 중간의 작업로를 따라 집수구를 설치한다.

② 기상 특성

㉠ 우리나라의 기후의 특징

• 우리나라는 지리적으로 온대성 기후대에 속하여 사계절이 뚜렷하다.

• 여름(고온다습)과 겨울(한랭한 대륙 고기압의 영향으로 한파와 건조)의
기후적 특성이 뚜렷하고 봄과 가을에는 이동성 고기압의 영향으로 건조한
날이 많다.

• 최근에는 봄과 가을에 미세먼지의 영향이 심해지고 있으며 전 지구적인
기상이변이 심하게 발생하고 있다.

㉡ 지역의 기후환경

• 기후 변동의 폭이 커지는 요즘에는 유기재배를 위해 지역의 기상환경을
미리 조사하여 파악해야 한다.

• 농업 기상재해 지도를 통해 지역별로 냉해, 동해, 상해 등의 기상에 의한
피해를 작물별로 확인할 수 있다.

예제

01 유기재배 시 우리나라 기후의 특징이 아닌 것은?

① 사계절이 뚜렷하다.

② 우리나라는 지리적으로 온대성 기후에 속한다.

③ 최근에는 봄과 가을에 미세먼지의 영향이 심해지고 있다.

④ 여름철은 고온다습하고 겨울철은 한랭한 대륙 고기압의 영향으로 비가 많이 온다.

02 지형을 고려하여 과수원을 조성하는 방법을 설명한 것으로 옳은 것은?

① 평탄지에 과수원을 조성하고자 할 때는 지하수위와 두둑을 낮추는 것이 유리하다.
② 경사지에 과수원을 조성하고자 할 때는 경사 각도를 낮추고 수평 배수로를 설치하는 것이 유리하다.
③ 논에 과수원을 조성하고자 할 때는 경반층을 확보하는 것이 유리하다.
④ 경사지에 과수원을 조성하고자 할 때는 재식열 또는 중간의 작업로를 따라 집수구를 설치하는 것이 유리하다.

해설

01 ④ 여름(고온다습)과 겨울(한랭한 대륙 고기압의 영향으로 한파와 건조)의 기후적 특성이 뚜렷하고 봄과 가을에는 이동성 고기압의 영향으로 건조한 날이 많다.

02 경반층은 유기물, 규산 등의 물질이 집적하여 굳어진 토층으로 뿌리 신장과 이동을 제한하는 물리적 특징이 있어서 과수의 생육에 좋지 않다. 평탄지에서는 배수가 불량하므로 두둑을 높이는 것이 좋고, 뚜렷한 경사지인 경우 경사각을 낮추고 수직 배수구를 설치하는 것이 유리하다.

정답 01 ④ 02 ④

(4) 오염원 파악 및 관리

① 오염원 파악

- ㉠ 생활오염 : 농촌 거주민들의 의식주 생활에서 발생하는 것으로 음식물 쓰레기와 각종 폐생활용품인 비닐, 플라스틱 봉지, 폐가전제품과 포장재 등이 있다.
- ㉡ 농업 투입재 오염 : 각종 영농자재(농약, 비료 등)의 사용과정과 사용 후 발생하는 것으로, 각종 폐비닐과 폐포장재, 용기, 사용한 포트, 폐시설 기자재, 버섯 폐지 등 매우 다양하다.
- ㉢ 농산물 생산과정 오염 : 축산분뇨가 대표적이다.

② 오염물질

- ㉠ 대기오염 : 일산화탄소 등 대기오염물질, 사이안화수소 등 특정 대기 유해물질 이외 분진 등
- ㉡ 수질오염 : 구리와 그 화합물, 6가크로뮴(크롬) 화합물 등 수질오염물질, 농약, 폐기물, 오수·분뇨, 가축분뇨, 8개 중금속 기준, 유기물질 등
- ㉢ 토양오염 : 토양오염 및 잔류성 오염물질, 비료·농약 과용, 폐기물 방치와 매립
- ㉣ 악취 : 악취물질 등
- ㉤ 생활 쓰레기, 지정 폐기물 등

기출 키워드

오염물질의 종류, 토양오염 우려기준물질

📖 **TIP**

토양오염물질 23종(토양환경보전법 시행규칙 [별표 1])
수은(Hg), 납(Pb), 6가크로뮴, 아연(Zn), 카드뮴(Cd), 구리(Cu), 비소(As), 니켈(Ni), 플루오린, 유기인화합물, 폴리클로리네이티드비페닐, 시안, 페놀, 벤젠, 톨루엔, 에틸벤젠, 크실렌(BTEX), 석유계 총탄화수소(TPH), 트라이클로로에틸렌(TCE), 테트라클로로에틸렌(PCE), 벤조(a)피렌, 1,2-디클로로에탄, 다이옥신 등

> **TIP**
>
> **중금속의 오염**
> • 토양 중 카드뮴(Cd)이 3ppm 이상이면 오염된 토양이 된다.
> • 수은(Hg)이 인체에 축적되면 미나마타병, 카드뮴은 이타이이타이병이 발생한다.
> • 토양 중 구리(Cu)가 150ppm 이상이면 맥류에서 생육장애가 나타난다.
> • 논에서 비소(As) 함량이 10ppm을 넘으면 수량이 감소한다.

③ 종합대책 수립

    ㉠ 배출 오염원 : 배출원이 공공시설일 경우 담당 기관에 정화시설 등 오염경감 시설 설치를 건의한다.

    ㉡ 오염 차단 조치 : 토양오염 정도에 따라 개량 또는 복원 계획을 세워 적용한다.

    ㉢ 농작물 피해 조치 : 오염물질이 식품안전성에 문제가 있는지 검토하여 위험성이 있다고 예상되면 즉시 폐기 처분하고 농작물의 피해를 줄이기 위해 생육 촉진 대책도 함께 수립하여 진행한다.

예제

01 물감의 색소, 직물이나 피혁공장의 폐수 등에 함유되어 있는 토양오염물질로 밭 상태보다는 논 상태에서 해작용이 큰 물질은?

① 비소　　　　　② 사이안　　　　　③ 페놀　　　　　④ 아연

02 토양오염 우려기준물질에 포함되지 않는 것은?

① Cd　　　　　② Al　　　　　③ Hg　　　　　④ As

해설

01 비소(As)
  • 광산의 배수, 물감의 색소, 작물이나 피혁공장의 폐수 등에 함유되어 있어 이들이 관개수 중에 함유되어 있으면 토양이 오염된다.
  • 살균제, 살충제, 제초제, 살서제 등과 같은 농약 중에도 비소가 함유되어 있다.

02 토양오염물질 23종(토양환경보전법 시행규칙 [별표 1])
수은(Hg), 납(Pb), 6가크로뮴, 아연(Zn), 카드뮴(Cd), 구리(Cu), 비소(As), 니켈(Ni), 플루오린, 유기인화합물, 폴리클로리네이티드비페닐, 시안, 페놀, 벤젠, 톨루엔, 에틸벤젠, 크실렌(BTEX), 석유계 총탄화수소(TPH), 트라이클로로에틸렌(TCE), 테트라클로로에틸렌(PCE), 벤조(a)피렌, 1,2-디클로로에탄, 다이옥신 등

정답 01 ①　02 ②

> **기출 키워드**
>
> 재배포장의 전환기간, 전환기간 생략 대상

(5) 유기농업 전환기 계획

① 유기농업 전환 계획의 의의

    ㉠ 관행농업에서 유기농업으로의 전환은 단순히 합성농약이나 화학비료를 천연물질로 대체하는 것만을 의미하지 않기 때문에 유기농업으로의 전환이 쉽지 않다.

    ㉡ 유기농업 실천의 근본적인 실천을 위해서는 기본 3~5년, 길게는 10년을 내다보고 준비하는 것이 필요하다.

② 유기농산물의 전환기간(유기식품 및 무농약농산물 등의 인증에 관한 세부실시요령 [별표 1])

　㉠ 재배포장의 전환기간 : 유기농산물을 처음 수확하기 전 3년의 기간 동안 법령에 제시한 재배 방법을 준수한 구역

　㉡ 전환기간 인정 시점 : 인증기관의 감독이 시작된 시점부터

　㉢ 전환기간의 생략 대상

　　• 생략 대상(토양에 직접 심지 않는 작물) : 싹을 직접 틔워 먹는 농산물, 어린잎채소, 버섯류

　　• 생략 대상의 충족해야 할 요건

　　　－ 토양오염우려기준을 초과하지 않을 것

　　　－ 합성농약 성분이 검출되지 않을 것

　　　※ 단, 배지 원료에서 0.01mg/kg 이하인 경우 예외 인정

　　　－ 산림 등 자연상태에서 자생하는 형태로 조성되어야 할 것

　　　－ 허용물질 등 유기농산물 인증기준에 맞게 생산된 것

　㉣ 전환기간 인정이 가능한 재배포장

　　• 외국정부 또는 IFOAM의 유기기준에 따라 인증받은 재배지

　　• 산림 등 식용식물의 자생지(허용물질 외의 자재가 3년 이상 사용되지 않은 재배지)

> **TIP**
>
> 유기농산물의 재배포장은 최근 1년간 인증기준 위반으로 인증취소처분을 받은 재배지가 아니어야 한다.

예제

유기농산물 재배포장의 전환기간에 관한 내용이다. (가)에 알맞은 내용은?

재배포장은 유기농산물을 처음 수확하기 전 (가)년 이상의 전환기 동안 재배 방법을 준수한 구역이어야 한다. 다만, 토양에 직접 심지 않는 작물(싹을 틔워 직접 먹는 농산물, 어린잎채소 또는 버섯류)의 재배포장은 전환기간을 적용하지 아니한다.

① 1　　　　② 2　　　　③ 3　　　　④ 5

해설
유기농산물 – 재배포장, 용수, 종자(유기식품 및 무농약농산물 등의 인증에 관한 세부실시 요령 [별표 1])

정답 ③

> **TIP**
>
> **유기축산에서의 전환기간이 필요한 경우**
> • 관행농장이 유기농장으로 전환할 경우
> • 유기가축이 아닌 가축을 유기농장에 입식할 경우

---

(6) 종자관리

① 유기종자 선택하기

　㉠ 유기종자란 유기자재만을 이용하여 생산하고 채종된 종자를 말한다.

　㉡ 국내는 아직 유기종자에 대한 인증(표시)제도가 확립되지 않았으며, 국제기준(IFOAM, Codex)을 준용하고 있다.

> **기출 키워드**
>
> 유기종자, 우량종자의 조건, 유기종자의 인증기준, 종자 정선, 물리적 소독 방법, 냉수온탕침법, 온탕침법, 자식성작물, 타식성작물, 유전적 퇴화, 생리적 퇴화, 병리적 퇴화, 채종 시 종자 퇴화를 위한 대책, 황숙기, 단명종자, 상명종자, 장명종자, 종자의 저온저장, 유기성의 훼손기작

Codex 위원회(국제식품규격위원회, Codex Alimentarius Commission)
유엔식량농업기구(FAO)와 세계보건기구(WHO)가 공동 설립한 국제 정부 간 기구로, 전 세계적으로 통용될 수 있는 식품기준과 규격을 제정·관리하는 역할을 담당한다.

ⓒ 품종의 순도 유지가 비교적 쉬운 자식성, 영양번식성 작물의 유기종자 확보 방법
- 개별적인 인증자에 의한 자가채종
- 단체(작목반)에서의 유기채종포 조성
- 유기인증자(인증 사업자) 상호 간의 종자 교류

ⓔ 종자 갱신이 필요한 경우 유기종자의 확보 방법 : 공공 종자 공급 체계에 따라 미리 유기종자 또는 무처리(미소독) 종자를 신청하여 구입

ⓜ 유기 또는 무처리종자를 구할 수 없는 경우
- 구입할 수 없는 증빙을 마련
- 우리나라의 유기농산물 인증 체계에서는 유기종자를 구하기 어려워 시판되는 일반 종자(관행 생산 후 소독된 종자)에 대해 인증기관으로부터 '종자 사용 승인'을 받아서 사용할 수 있다.

TIP

국제유기농업운동연맹(IFOAM)의 유기종자에 대한 규정
유기농업에서 유기종자를 사용하는 것이 원칙이며, GMO 종자나 화학적으로 처리한 종자를 사용할 수 없다. 다만 일반적인 방법으로 유기종자를 구할 수 없을 때는 예외로 한다.

예제

01 유기재배에 사용이 가능한 종자에 대한 설명 중 틀린 것은?
① 관행으로 재배한 종자는 승인 없이 사용이 가능하다.
② 유기재배로 생산한 종자는 승인 후 사용이 가능하다.
③ 무농약재배로 생산한 종자는 유기합성농약으로 종자 소독을 하지 말아야 한다.
④ 유기재배로 생산한 종자는 농약 잔류가 없어야 한다.

02 우량종자가 갖추어야 할 조건으로 옳지 않은 것은?
① 우량품종에 속하는 종자
② 유전적으로 순수하고 이형 종자가 섞이지 않은 종자
③ 충실하게 발달하여 생리적으로 좋은 종자
④ 절화의 수명이 짧고, 수송·저장력이 좋은 종자

해설
01 ① 관행으로 재배한 종자는 유기농산물 재배에 사용하려면 승인 후 사용 가능하다.
02 ④ 절화의 수명이 길어야 한다.

정답 01 ① 02 ④

TIP

우량종자의 조건
- 우량품종에 속하는 종자
- 유전적으로 우수한 종자(이형종자가 섞이지 않은 종자)
- 잡초, 이물질이 섞이지 않은 종자
- 충실하게 발달한 종자
- 발아력이 건전한 종자
- 병해충에 감염되지 않은 종자

② 유기종자 인증기준(유기식품 및 무농약농산물 등의 인증에 관한 세부실시요령 [별표 1])
ⓐ 종자·묘는 최소한 1세대 또는 다년생인 경우 두 번의 생육기 동안 유기농산물 인증기준에 따라 재배한 식물로부터 유래된 것을 사용하여야 한다.
ⓑ 인증사업자가 ⓐ의 요건을 만족시키는 종자·묘를 구할 수 없음을 인증기관에게 증명할 수 있는 경우, 인증기관은 다음 순서에 따라 허용할 수 있다.
- 우선적으로 합성농약으로 처리되지 않은 종자 또는 묘의 사용

• 허용물질 이외의 물질로 처리한 종자 또는 묘(육묘 시 합성농약이 사용된 경우 제외)의 사용

ⓒ 종자는 유전자변형농산물을 사용할 수 없다.

> **합성농약으로 처리되지 않은 종자**
> 종자를 소독하기 위해 합성농약으로 분의(가루묻힘), 도포, 침지(약제에 담금) 등의 처리되지 않은 종자

> **유전자변형농산물(GMO)**
> 유전공학기술을 이용하여 특정 유전자를 인위적으로 분리·결합한 뒤 기존 작물보다 생산성, 병해충 저항성, 저장성 등 새로운 특성을 갖도록 개발한 농산물

더 알아보기

국내 유기종자(묘)의 인증허용기준과 증빙 자료 및 국내 규정

• 유기농 사업자는 국립농산물품질관리원 요령으로 시행되는 유기종자(묘)의 인증심사 시 적용되는 기준을 사용 전에 검토를 거치고 영농 기록장에 기록으로 남겨 둔다. 인증기관에서는 심사 시 이를 검토하여 종자(묘) 사용 승인서를 발급한다.

• 자가채종한 유기종자 : 유기 인증에 맞는 채종 관리를 하였음을 확인하므로 영농 기록으로 작성해 둔다. 구입한 유기종자의 경우에는 구입한 농가의 유기농 인증서 사본 또는 농가나 업체로부터 유기농종자(종묘) 거래 내역서 등을 서류로 받아 두어 인증심사에 대비한다.

• 유기합성농약을 처리하지 않은 종자(미소독 종자) : 유기종자를 구할 수 없다는 증빙 자료를 준비해 둔다. 전화나 서류로 2개 기관 이상에 문의한 결과를 영농일지에 기록하고 인증기관으로부터 사용 승인을 받는다.

• 관행 방식으로 생산된 보급종 : ① 유기(무농약)종자를 구입할 수 없고 ② 미소독 종자[유기합성농약으로 처리되지 않은 종자(묘)]를 구할 수 없는 경우 증빙 자료를 마련하고 영농일지에 기록한 후 인증기관으로부터 사용 승인을 받는다.

• 일반적으로 종자 보호권이 설정된 품종 및 잡종 종자(F_1)는 자가채종할 수 없으므로 공급기관이나 종묘 회사로부터 문의하여 사용 가능 여부를 구한다.

예제

01 유기농업에서 사용해서는 안 되는 품종은?

① 재래품종
② 유전자변형 품종
③ 유기재배된 종자
④ 내병성이 강한 품종

02 유기농업에서 종자를 선정할 때 적합하지 않은 것은?

① 건실한 종자
② 유기종자
③ 화학약제로 소독한 종자
④ 오염되지 않은 고품질 종자

03 유기종자의 조건으로 거리가 먼 것은?

① 병충해 저항성이 높은 종자
② 병해충 예방을 위해 합성농약으로 분의 소독한 종자
③ 농약으로 종자 소독을 하지 않은 종자
④ 유기농법으로 재배한 작물에서 채종한 종자

해설

02 화학약제로 소독할 경우 유기종자로 사용할 수 없다.

03 합성농약으로 처리된 종자는 유기재배에 사용이 불가능하다.

정답 01 ② 02 ③ 03 ②

종자 정선
얻어진 종자의 불순물을 제거하고 충실한 종자만 선별하는 방법

TIP

관행농업에서 종자소독
종자 외부에 병균이 부착해 있는 것은 화학적 소독을, 병균이 종자 내부에 들어있는 것은 물리적 소독을 한다. 바이러스는 종자소독으로 방제가 어렵다. 화학적 소독에는 농약의 수용액에 담가 처리하는 침지소독과 농약분말을 종자에 묻게 하는 분의소독이 있다.

③ 종자 정선의 종류
  ㉠ 바람을 이용한 정선
  ㉡ 메시(mesh)망을 이용한 정선
  ㉢ 색채 선별기를 이용한 정선
  ㉣ 벨트 선별기를 이용한 정선

④ 유기종자의 소독
  ㉠ 물리적 소독(열처리)
    • 냉수온탕침법 : 15℃/1시간 침지 후 50~58℃/10~30분(맥류의 깜부기병 방제)
    • 건열처리 : 60~70℃/1~7일
    • 온탕침법 : 50~60℃/10~30분
  ㉡ 허용물질에 의한 소독
    • 석회 유황
    • 목초액
  ㉢ 생물학적 소독 : 유해 미생물에 대한 길항 미생물과 유도 저항성을 촉진시키는 미생물로 소독하는 방법으로 길항 미생물에 간균(*Bacillus* sp.)이나 트리코데르마(*Trichoderma* sp.) 등을 많이 이용한다.

더 알아보기

유기볍씨 소독하기
• 벼 종자 소독의 필요성과 효과 : 볍씨의 발아와 초기 생육에 필요한 양분은 배유에 의존하는데 충실히 여물어서 배유가 크고 무거운 것이 좋다.
• 종자의 소독 이전 작업 : 충실한 볍씨 고르기(소금물가리기)
• 처리 방법과 순서 : 건조된 볍씨를 건열로 처리하는 방법과 뜨거운 물에 볍씨를 일정 시간 동안 담가 주었다가 다시 습열 처리하는 방법이 있다.
  – 냉수온탕침법 : 볍씨를 15℃ 정도의 냉수에 1~2시간 동안 담근 후 58℃ 온탕에 15분간 침지하여 소독하는 방법이다.
  – 온탕침법 : 마른 볍씨를 그대로 60℃ 온수에 10분간 또는 65℃ 온수에 7분간 담가 소독하는 방법이다. 온탕 소독이 끝나자마자 찬물에 넣어서 모든 종자의 열을 제거해 주어야 볍씨가 열상을 입지 않는다.

예제

01 다음 중 물리적 종자 소독 방법이 아닌 것은?
① 냉수온탕침법
② 건열처리
③ 온탕침법
④ 분의소독법

02 벼 종자 소독 시 냉수온탕침법을 실시할 때 가장 알맞은 물의 온도는?
① 약 30℃ 정도
② 약 35℃ 정도
③ 약 43℃ 정도
④ 약 55℃ 정도

해설

01 분의소독법은 농약 분말을 종자에 묻혀 소독하는 방법으로 화학적 종자 소독 방법에 해당한다.

02 친환경 종자 소독 방법인 냉수온탕침법은 15~20℃ 냉수에 1시간 침지 후 약 58℃ 온탕에 15분 간 침지소독하여 키다리병을 방제할 수 있다.

정답 01 ④ 02 ④

⑤ 자가채종

　㉠ 자가채종을 위한 자식성·타식성 종자

- 자식성(자가수정) 작물 : 자가수분에 의한 수정을 뜻하며 교잡률 4% 이하 이다. 자연상태에서 개화하여 채종이 가능하다.
- 타식성(타가수정) 작물 : 타가수정을 원칙으로 하는 작물로 개화 시에 봉지 씌우기나 망실에 격리시켜 교잡을 막아 인공수분을 해주어야 하며, 품종 유지와 증식에 세심한 주의가 필요하다.

자식성(자가수정) 작물	벼, 보리, 밀, 콩, 강낭콩, 완두, 깨, 상추, 토마토 등
타식성(타가수정) 작물	• 자웅동주 : 옥수수, 수박, 오이, 호박 등 • 자웅이주 : 시금치, 아스파라거스 등

　㉡ 주요 종자별 채종 시기

- 채종 : 작물의 종자를 채취하는 기술
- 채종 시기의 결정
  - 손톱으로 눌러도 모양이 변하지 않을 정도
  - 종자의 수분함량 기준
- 종자를 포함한 식물체 상태로 예취 후 건조 과정을 추가로 거치는 경우가 대부분이며 수확과 동시에 탈곡이 가능한 경우도 있다. 따라서 채종 시기 는 온전한 종자를 얻는 시기와 불일치하는 경우가 대부분이다.
- 탈종(탈곡) 이후에도 추가적인 건조 과정이 필요한 경우가 많다.

벼과 작물	• 탈곡 시 종자가 물리적 피해를 입지 않는 수분함량으로 한다. • 벼나 보리는 황숙기인 수분함량 17~23%, 밀은 16~19%, 귀리는 19~21%가 적당하다.
콩	• 수분함량 14~16%일 때가 수확 적기이지만, 낙엽이 지고 콩깍지가 말랐을 때 콩대를 미리 베어서 안전한 곳에서 건조한 후에 탈곡하면 예기치 못한 수확기 강우 피해를 예방할 수 있다. • 과도하게 마른 상태에서는 탈곡 시 종자(종피)가 잘 깨져서 상처가 날 수 있다.
옥수수	• 포엽이 황변하고 종실이 단단하게 되어 깨지지 않게 되었을 때가 알맞다. • 옥수수의 경우에는 보통 수분함량 20~25%에서 수확하지만, 이삭째로 바람이 잘 통하는 곳에 매달아 추가로 건조할 수 있으므로 30%에서 수확하여도 된다.

📖 TIP

채종포의 선정 시 고려 사항
- 기상조건과 토양 : 기온, 강우가 적은 곳, 일장, 토양
- 채종포의 환경 : 중산간지 대, 단일 품종의 포장

📖 TIP

등숙 단계
- 화곡류 : 유숙기, 호숙기, 황숙기, 완숙기, 고숙기로 구분하며, 황숙기가 채종적기 이다.
- 배추과(채소류) : 백숙기, 녹숙기, 갈숙기, 고숙기로 구분하며, 갈숙기가 채종적기 이다.

CHAPTER 01 유기작물재배 | **19**

종자의 퇴화

생산력이 우수한 종자가 재배횟수가 지날수록 생산력이 떨어지고 품질이 나빠지는 현상

더 알아보기

채종재배 시 종자 퇴화의 유형과 퇴화 방지 대책

• 퇴화의 증상
  - 효소 활성의 저하
  - 호흡 저하
  - 종자침출액의 증가
  - 유리지방산의 증가

• 퇴화의 유형

구분	원인	방지
유전적 퇴화 : 품종의 균일성, 순도 저하	• 자연돌연변이, 자연 교잡 • 이형 종자의 기계적 혼입 • 미고정 형질의 분리 • 자식약세, 근교약세 • 역도태	• 격리재배 : 자연 교잡 방지 • 이형 종자 혼입 방지 : 낙수 제거, 채종포 제거, 종자 수확과 조제 시 주의, 완숙 퇴비 사용, 이형 종자의 철저한 도태 등
생리적 퇴화 : 생리적으로 열세, 품종 성능 저하	토양, 기상, 생물환경 등의 재배환경 및 재배 조건	• 적절한 채종지 선정 [예] 감자 : 고랭지 • 재배 조건 개선 : 재배시기 조절, 착과 수 제한, 종자의 선별
병리적 퇴화	–	• 무병주 채종 • 종자 소독 • 이병주의 제거

• 채종재배에서 종자의 퇴화를 방지하기 위한 대책
  - 고랭지 재배 : 씨감자의 생산
  - 격리포장에서 생산 : 옥수수, 배춧과 작물의 유전적 퇴화 방지
  - 과도하게 비옥하거나 척박한 토양 피하기 : 벼, 맥류
  - 밀식 및 질소비료의 과다 방지 : 도복 및 병해 방지
  - 종자 소독 : 종자전염 및 병해충을 방지

예제

01 타가수정 작물끼리 묶인 것은?

① 옥수수, 오이　　　　　　　　② 벼, 밀

③ 완두, 토마토　　　　　　　　④ 상추, 콩

02 화곡류의 채종 적기는?

① 백숙기　　　　　　　　　　② 갈숙기

③ 녹숙기　　　　　　　　　　④ 황숙기

03 종자의 퇴화 증상이 아닌 것은?

① 효소 활성의 저하　　　　　② 호흡 저하

③ 종자침출액의 감소　　　　　④ 유리지방산의 증가

04 종자의 퇴화 원인 중 품종의 균일성과 순도에 가장 크게 영향을 미치는 것은?

① 생리적 퇴화　　　　　　　② 유전적 퇴화

③ 병리적 퇴화　　　　　　　④ 재배적 퇴화

[해설]

01	자식성(자가수정) 작물	벼, 보리, 밀, 콩, 강낭콩, 완두, 깨, 상추, 토마토 등
	타식성(타가수정) 작물	옥수수, 수박, 오이 등

02 채종 적기
- 화곡류 : 황숙기
- 십자화과 채소류 : 갈숙기

03 퇴화의 증상
- 효소 활성의 저하
- 종자침출액의 증가
- 호흡 저하
- 유리지방산의 증가

04 유전적 퇴화 : 품종의 균일성, 순도 저하

[정답] 01 ① 02 ④ 03 ③ 04 ②

⑥ 종자 저장

　㉠ 종자의 수분함량

　　• 14% 이상 : 종자에서 곰팡이 발생

　　• 18% 이상 : 열 발생

　　• 장기 저장 시, 단기 저장보다 2~3% 더 낮게 건조한다.

> **더 알아보기**
>
> **안전한 장기 저장을 위한 수분의 최대함량**
> 보리, 귀리, 옥수수(13%), 벼, 밀, 수수(12%), 콩(11%), 시금치(8%), 비트, 근대(7.5%), 강낭콩, 완두, 당근(7%), 가지(6%), 토마토(5.5%), 배춧과(5%), 고추(4.5%)

　　※ 종자의 저장은 수분(습도)함량을 낮추고, 온도를 낮추는 것이 가장 중요하다.

　㉡ 종자의 수명

　　• 단명종자 : 메밀, 양파, 고추, 파, 당근, 땅콩, 콩, 상추 등

　　• 상명종자 : 벼, 보리, 완두, 당근, 양배추, 밀, 옥수수, 귀리, 수수 등

　　• 장명종자 : 클로버, 알팔파, 잠두, 수박, 오이, 박, 무, 가지, 토마토 등

　㉢ 종자의 저장 방법에 따른 고려사항

　　• 21~27℃에서 해충의 활동력이 가장 왕성하다.

　　• 상온저장 : 전통적인 종자 보관법으로 다음 해에 사용할 종자를 매년 생산한다는 조건에서 유효하며, 수분함량을 15% 이하로 하고 바람이 잘 통하는 그늘에 저장한다.

　　• 저온저장 : 저온 시설에 저장하는 방법으로 보존 기간을 5년 이상 늘릴 수 있다. 저온(10℃ 이하), 저습 조건(40% 이하)이 중요

　　• 여름철 수확한 종자의 저장 : 밀, 보리, 무, 배추는 고온다습으로 인해 부패하거나 해충이 발생하므로 충분히 건조하여 저습한 곳에 저장하고 많은 양을 적재하지 않는다.

종자의 수명
종자가 발아력을 보유하고 있는 기간

TIP

종자의 수명에 따라, 실온에 저장하였을 때 2년 이내 발아력을 잃는 종자를 단명종자, 3~5년간 활력을 유지하는 상명종자, 5년 이상 활력을 가지는 장명종자 및 난저장성 종자로 구분한다.

ㄹ 저장 중 해충 관리 방법

• 해충과 새의 출입을 막을 수 있는 시설과 주기적 통풍을 하여 제습한 조건을 만들어 준다.

• 관행종자와 유기종자를 함께 저장할 때는 구분이 가능하도록 팻말을 설치한다.

※ 유기성 훼손 방지
  • 유기성의 개념 : 유기적 온전성 또는 유기적 순수성을 뜻한다.
  • 유기성의 훼손 기작 : 비산, 유입, 혼입, 잔류
  • 유기성 훼손 유형 : 물, 강우, 바람, 토양, 농자재, 종묘, 시설, 농기구

예제

다음 작물 중에서 수명이 짧은(1~2년) 단명종자에 속하는 식물은?

① 알팔파   ② 양파   ③ 가지   ④ 수박

해설

① · ③ · ④ 알팔파, 가지, 수박 : 장명종자
단명종자 : 메밀, 양파, 고추, 파, 당근, 땅콩, 콩, 상추 등

정답 ②

기출 키워드

식물학상 종자·과실, 종자의 발달, 배유종자, 무배유종자, 종자의 구조, 종자 품질의 내외적 조건, 종자의 진가, 발아·출아·맹아, 발아의 필수조건, 호광성·혐광성·광무관계 종자, 종자의 발아 순서, 발아시, 발아기, 발아율, 발아세, 발아전, 테트라졸륨(TTC) 검정법, 종자 발아를 위한 생육 촉진 처리, 최아, 프라이밍, 펠릿종자, 종자 코팅

아마
줄기에서 섬유를 추출해 옷감이나 린넨, 천 등을 제작하는 작물

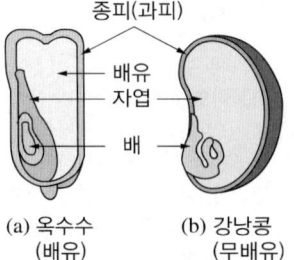

(a) 옥수수   (b) 강낭콩
  (배유)   (무배유)

[배유종자와 무배유종자]

(7) 종자의 이해

① 종자의 분류

ㄱ 형태상 분류

• 식물학상 종자 : 두류(콩, 팥, 완두, 녹두 등), 평지(유채), 담배, 아마, 목화, 참깨 등

• 식물학상 과실

과실이 나출된 것	밀, 쌀보리, 옥수수, 메밀, 호프, 삼, 차조기, 박하, 상추, 우엉, 쑥갓, 미나리 등
과실이 이삭(영)에 싸여 있는 것	벼, 겉보리, 귀리 등
과실이 내과피에 싸여 있는 것	복숭아, 자두, 앵두 등

ㄴ 배유의 유무에 따른 분류

배유종자	배유에는 양분이 저장되어 있고 잎, 생장점, 줄기, 뿌리의 어린 조직이 모두 구비되어 있다. 예 가짓과, 벼과, 백합과 등
무배유종자	저장양분이 자엽에 저장되어 있고 배는 유아, 배축, 유근의 세 부분으로 형성되어 잎, 생장점, 줄기, 뿌리의 어린 조직이 구비되어 있다. 예 배추과, 박과, 콩과 등

ㄷ 저장물질에 따른 분류

• 전분종자 : 미각류(미곡, 맥류, 잡곡 등) 등

• 지방종자 : 참깨, 들깨 등

22 | PART 01 핵심이론

② 종자의 형태와 구조

　㉠ 종피(씨껍질)

　　• 종자를 감싸는 보호 기관으로 종자 발아에 필요한 각종 효소가 저장되어 있다.

　　• 생장조절물질이 함유되어 있어 발아를 촉진·억제한다.

　㉡ 배유(씨젖)

　　• 발아에 필요한 양분이 저장되어 있으며 저장양분은 발아 후 본잎이 생겨 독립적으로 양분을 만들 때까지 이용한다.

　　• 씨젖이 없는 것은 떡잎이 잘 발달하여 씨젖의 역할을 대신한다.

　㉢ 배(씨눈)

　　• 씨껍질이나 씨젖의 도움을 받아 식물 개체로 발달한다.

　　• 잎, 생장점, 줄기, 뿌리가 될 조직들이 모두 씨눈에 갖춰져 있다.

　　• 자라서 줄기가 될 부분은 유아, 뿌리가 될 부분을 유근이라 한다.

TIP

식물학상종자와 과실의 차이점
식물학상 종자는 새로운 식물체를 형성하는 배와 배유, 종피를 포함한 구조이고, 과실은 그 종자를 보호하고 퍼뜨리기 위해 수정된 자방과 부속기관이 발달한 구조이다.

TIP

종자의 발달
• 씨방벽 → 과피(열매껍질)
• 성숙한 씨방 → 과실(열매)
• 주피(껍질켜) → 종피(씨껍질)
• 주심 → 내종피
• 밑씨 → 종자

예제

01 다음 중 식물학상 과실이 나출된 식물은?

① 겉보리　　　　② 귀리　　　　③ 벼　　　　④ 쌀보리

02 비트의 주심(珠心)이 발달하여 형성된 것으로 양분을 저장하는 것은?

① 배　　　　② 배유　　　　③ 외배유　　　　④ 자엽

03 다음 중에서 배유종자가 아닌 작물은?

① 보리　　　　② 율무　　　　③ 옥수수　　　　④ 녹두

04 종자의 순도가 90%, 100립중이 20g, 수분함량이 15%, 발아율이 80%일 때 종자의 진가(용가)는?

① 13.5　　　　② 18　　　　③ 30　　　　④ 72

해설

01 • 식물학상 과실이 나출된 작물 : 밀, 보리, 옥수수, 메밀, 호프 등
　　• 과실이 이삭(영)에 싸여 있는 작물 : 벼, 겉보리, 귀리 등

02 비트는 주피 조직의 일부인 주심이 발달하여 외배유를 형성하고 양분을 저장한다.

04 종자의 진가(%) = (순도 × 발아율) ÷ 100
　　　　　　　　　 = (90 × 80) ÷ 100
　　　　　　　　　 = 72

정답 01 ④　02 ③　03 ④　04 ④

종자의 진가(용가)

종자의 이용가치를 뜻하며, 발아율과 순도에 의해 결정된다. 종자의 진가가 높을수록 우량종자이다.

TIP

종자의 진가(용가)

$$\frac{\text{발아율(\%)} \times \text{순도(\%)}}{100}$$

③ 종자의 품질

외적 조건	내적 조건
• 순도 • 크기와 중량 • 빛깔과 냄새 • 수분함량(낮을수록 좋다) • 건전도	• 유전성 • 발아력[종자의 진가(용가)에 의해 결정] • 병해충

④ 종자의 발아

㉠ 발아와 출아

- 발아 : 종자에서 유아, 유근이 출현하는 것
- 출아 : 토양에 파종했을 때 발아한 새싹이 지상으로 출현하는 것
- 맹아 : 아카시아 등과 같은 목본식물에서 지상부의 눈이 벌어져서 새싹이 움트거나 지하부의 새싹이 지상부로 자라나는 현상

㉡ 발아의 조건

※ 발아의 필수조건 : 수분, 산소, 온도

- 외적 조건
  - 수분 : 종자에 수분이 흡수되면 효소가 활성화하여 씨젖이나 떡잎에 저장된 양분을 분해하여 씨눈에 공급하게 된다.
  - 산소 : 많은 종자는 산소가 충분히 공급되어 호기호흡이 잘 이루어져야 발아가 잘 된다.
  - 온도 : 최저온도 0~10℃, 최적온도 20~30℃, 최고온도 35~50℃
  - 광

호광성 종자	담배, 상추, 피튜니아, 베고니아, 금어초, 잡초, 대부분의 목초 종자 등
혐광성 종자	토마토, 가지, 오이, 호박, 대부분의 백합과 식물 등
광무관계 종자	화곡류, 옥수수, 콩과 식물 등

- 내적 조건 : 유전성의 차이, 종자의 성숙도, 종자의 휴면 여부 등

㉢ 종자의 발아 순서 : 물의 흡수 → 효소의 활성 → 저장 양분의 분해 및 재합성 → 눈의 생장 개시 → 껍질의 열림 → 어린싹, 어린뿌리의 출현

지상 발아	발아 중에 떡잎이 땅 위로 나와 발아하는 것 예 콩, 소나무 등
지하 발아	발아 중에 떡잎이나 떡잎처럼 양분을 저장하고 있는 기관이 지하에 남아 있게 되는 것 예 완두, 화본과 작물 등

㉣ 종자의 발아 조사

- 발아율 : 파종한 개체수 중 발아한 종자 백분율

$$발아율(\%) = \frac{발아한\ 종자\ 수}{사용된\ 종자\ 수} \times 100$$

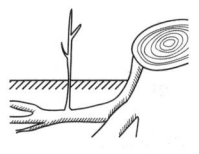

[맹아(萌芽)]

TIP

발아 시 수분 흡수량

벼 23%, 밀 30%, 쌀보리 50%, 콩 100%

[지상 발아(덩굴강낭콩)]

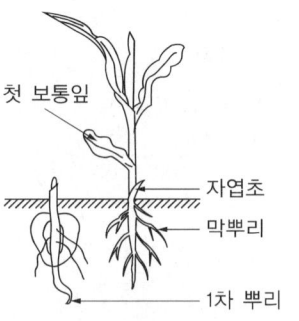

[지하 발아(옥수수)]

- 발아세 : 일정한 시일 내의 발아율

$$발아세(\%) = \frac{예정 \ 일수 \ 내에 \ 발아한 \ 종자 \ 수}{사용된 \ 종자 \ 수} \times 100$$

- 발아시 : 파종된 종자 중 최초의 1개체가 발아한 날
- 발아기 : 전체 종자 수의 약 50%가 발아한 날
- 발아전 : 종자의 대부분(약 80%)이 발아한 날
- 발아일수 : 파종기부터 발아기까지의 일수
- 평균발아일수

$$평균발아일수 = \frac{(파종일부터의 \ 일수 \times 그날의 \ 발아 \ 개체수)의 \ 합계}{발아 \ 총 \ 개체수}$$

ⓜ 종자 발아력의 간이검정법
- 테트라졸륨(TTC) 검정법 : 배의 환원력에 의하여 활력이 있는 종자의 배와 유아의 단면이 적색으로 착색된다.
- 전기전도도 검사법

TIP

테트라졸륨검사(TTC 검정법)
종자 활력을 검사하는 방법으로 단면을 자른 종자를 1% TTC 수용액에 침지한다.

예제

01 종자의 품질을 지배하는 내적 조건이 아닌 것은?

① 유전성　　　　　　　② 순도
③ 발아력　　　　　　　④ 병해충

02 종자 발아의 필수조건 3가지가 올바르게 짝지어진 것은?

① 온도, 수분, 산소　　② 수분, 비료, 빛
③ 수분, 온도, 빛　　　④ 온도, 미생물, 수분

03 발아 기간을 발아시, 발아기, 발아전으로 구분할 때 발아전에 대한 설명으로 옳은 것은?

① 파종된 종자 중 최초의 1개체가 발아한 날
② 전체 종자 수의 50%가 발아한 날
③ 파종된 종자 중 최초의 1개체가 발아하기 전날
④ 전체 종자 수의 80% 이상이 발아한 날

해설

01 종자 품질의 내적 조건 : 유전성, 발아력, 병해충
02 종자 발아의 필수조건 : 수분, 산소, 온도
03 ① 발아시, ② 발아기

정답 01 ②　02 ①　03 ④

TIP

발아촉진물질
옥신, 지베렐린, 에틸렌, 질산화합물, 티오요소, 과산화수소

최아
재촉할 최(催), 싹 아(芽), 즉 인위적으로 싹을 틔우는 시기를 촉진하는 것

종자프라이밍(seed priming)
프라이밍(priming)은 사전 준비, 예비처리라는 뜻으로 발아 성능을 개선하기 위해 파종 전 종자를 미리 수분이나 화학적으로 처리하는 과정을 말한다.

TIP

종자처리의 종류
- 종자소독
- 침종
- 종자의 생육 촉진처리
- 종자 코팅
- 훈증처리

⑤ 종자의 발아를 위한 생육 촉진 처리
　㉠ 최아 : 발아와 생육을 촉진할 목적으로 종자의 싹을 약간 틔워서 파종하는 것을 뜻한다.
　㉡ 프라이밍 : 파종 전에 수분을 가하여 종자가 발아에 필요한 생리적인 준비를 갖추게 함으로써 발아의 속도와 균일성을 높이려는 것이다.
　㉢ 전발아처리 : 포장 발아를 100%로 만들기 위한 방법으로 겔 상태의 용액 내에 먼저 특수 처리를 하거나 발아 종자를 넣어 이 겔을 특수 기계를 이용하여 파종하는 방법이다.
　㉣ 종자의 경화 : 파종 전의 종자에 흡수·건조 과정을 반복하여 초기 발아 과정에서 흡수를 조장하는 것을 말한다.
　㉤ 과산화물 : 과산화물은 물속에서 분해되며 산소를 방출함으로써 물속의 용존산소를 증가시켜 종자의 발아 및 유묘의 생육을 증진시킨다.
　㉥ 저·고온처리 : 종자의 발아촉진을 위해 흡수한 종자를 5~10℃의 저온에 7~10일 정도 처리하거나 벼 종자의 경우 50℃로 예열한 뒤 물 또는 질산칼륨에 24시간 침지하기도 한다.
　㉦ 박피 제거 : 강산이나 강알칼리성 용액에 종자를 담가 종피의 일부를 녹여줌으로써 경실 종피를 약화시켜 발아를 촉진시킨다.
⑥ 종자 코팅 : 종자에 특수 물질을 덧씌워 주는 것으로 기계 파종 시 취급이 유리한 종자 코팅은 처리되는 정도에 따라 필름 코팅, 종자 코팅, 종자 펠릿으로 구분한다.
　㉠ 필름 코팅 : 친수성 중합제에 농약이나 색소를 혼합하여 종자 표면에 엷게 덧씌워 주는 것이며, 주된 목적은 농약을 종자에 분의 처리할 때 농약의 피해를 방지하기 위함이다.
　㉡ 종자 코팅 : 코팅의 크기를 필름 코팅보다 약간 크게 처리한 것으로 농약이나 양분을 첨가할 수 있다.
　㉢ 종자 펠릿 : 담배와 같이 종자가 매우 미세하여 기계 파종이 어려울 경우 종자를 크게 만드는 것을 말한다.
⑦ 훈증 처리
　㉠ 종자를 저장하거나 운송할 때 해충의 번식을 방지하기 위해 사용하는 훈증제는 고체, 액체, 가스 상태인 것으로 나뉜다.
　㉡ 훈증제는 가격이 싸고, 증발하기 쉬우며 확산이 잘되고 종자 활력에 영향을 끼치지 않으면서 불연성이 좋아야 하고, 인축에 해가 없어야 한다.

예제

01 저장 시 종자 소독 훈증제가 구비해야 할 조건으로 틀린 것은?

① 공기보다 가벼워야 한다.
② 증발이 쉬워야 한다.
③ 가격이 싸야 한다.
④ 불연성이어야 한다.

02 종자 코팅의 목적과 거리가 먼 것은?

① 종자의 휴면타파를 위함이다.
② 기계 파종 시 취급이 유리하다.
③ 종자 소독이 가능하다.
④ 종자의 품위를 향상할 수 있다.

03 종자가 매우 미세하거나 표면이 매우 불균일하여 손으로 다루거나 기계 파종이 어려울 경우 종자 표면에 화학적으로 불활성의 고체 물질을 피복하여 종자를 크게 만드는 것은?

① 프라이밍코팅
② 필름 코팅
③ 종자 펠릿
④ 테이프 종자

해설

01 ① 공기보다 무거워야 한다.

02 ① 파종을 용이하게 하고, 종자의 품위를 향상시켜 생육을 촉진하며 병충해 방지를 위해서 종자 코팅을 한다.

03 ③ 펠릿 종자를 만드는 가장 큰 목적은 미세 종자의 파종을 쉽게 하기 위함이다.

정답 01 ① 02 ① 03 ③

⑧ **종자의 휴면** : 성숙한 종자가 적당한 발아 조건에서 일정기간 동안 발아하지 않은 상태

ㄱ 휴면의 형태

• 자발적 휴면(진정휴면) : 외적 환경조건은 발아에 적당할 때 내적 원인에 의한 휴면

• 타발적 휴면(강제휴면) : 외적 환경조건에 의해 유발되는 휴면

ㄴ 자발적 휴면의 원인

경실	종피가 수분의 투과를 저해하기 때문에 장기간 발아하지 않은 종자이다. 예 화이트클로버, 레드클로버, 알팔파, 자운영 등
종피의 불투기성	종피가 산소 흡수를 저해하고 이산화탄소가 축적되어 휴면한다. 예 귀리, 보리 등
종피의 기계적 저항	종피의 기계적 저항으로 배가 함수 상태로 휴면한다. 예 잡초 종자

기출 키워드

자발적 · 타발적 휴면, 경실, 불투기성, 발아억제물질, 기계적 저항, 배의 미숙, 휴면타파, 휴면연장

> **TIP**
>
> 미나리아재비과(*Ranunculac-ae*)에는 아네모네, 델피니움, 라넌큘러스 등 화훼작물이 있으며, 대부분 배가 완전히 성숙하지 못한 상태여서 수확 직후에 발아가 잘 되지 않는다.

배의 미숙	종자가 모주를 이탈할 때 배가 미숙 상태여서 발아를 하지 못한다. 수개월이 경과하면 배가 완전히 발육하고 또 필요한 생리적 변화를 완성하여 발아할 수 있게 되는데 이를 후숙이라 한다. 예 미나리아재비과, 장미과 식물 등
발아억제물질	과피에 존재하는 발아억제물질로 인한 휴면으로, 종자를 물에 씻거나 과피를 제거하면 발아한다. 예 벼, 순무 등
배 휴면	발아에 필요한 외적 조건을 주어도 발아하지 않는 경우로, 배 자체의 생리적 원인에 의해 일어나는 휴면이다.

ⓒ 휴면타파

물리적 휴면 타파	기계적 처리	• 작으면서 껍질이 두꺼운 종자 : 모래와 섞어 마찰 • 핵과류 : 핵층을 파괴하여 수분의 흡수 돕기 • 고구마 종자 : 씨눈의 반대편에 상처를 내어 파종
	온도 처리	• 장미, 상추, 알팔파 종자 : 저온처리 • 야자류 : 75~80℃ 온탕처리
	수세 및 침지	• 당근, 우엉 등 씨껍질에 발아억제물질이 있는 경우 : 1~1.5일 물에 담근 후 파종 • 핵과류 : 4~5일 물에 담근 후 파종
화학적 휴면 타파	화학 약품	• 껍질이 단단(오크라)하거나 털이 많은(목화) 종자 : 진한황산 • 화본과 목초 종자 : 질산염 0.1~0.2% 수용액 처리 • 구연산, 수산화나트륨, 알코올, 과산화수소를 사용
	생장 조절제	• 양상추, 담배, 용담 : 지베렐린 수용액에 담근 후 파종 • 양상추, 땅콩 등 : 사이토키닌 및 에스렐 수용액

ⓔ 휴면연장과 발아 억제

- 온도 조절 : 발아가 억제되고 동결도 하지 않는 저온에 저장한다.
- 약제처리 : MH-30 처리
- 방사선 조사 : 감자, 당근, 양파, 밤 등은 방사선 조사 시 발아가 억제된다.

> **MH-30(Maleic Hydrazide)**
>
> 미국에서 최초로 개발된 합성 생장 억제제로 수확 후 종자나 구근·괴경의 발아를 억제하여 저장성을 향상시키는 데 사용한다. 하지만 유기농업에서는 화학적 처리제를 사용할 수 없으므로 대체 방안으로 저온저장고를 활용한다.

예제

01 외적 조건이 종자의 발아에 적합하여도 내적 원인에 의하여 발아할 수 없는 상태는?

① 강제휴면　　　　　　　　② 상대휴면
③ 자발휴면　　　　　　　　④ 타발휴면

02 다음 중 종자의 자발적 휴면(진정한 휴면)의 원인이 아닌 것은?

① 수분 부족
② 생장 산소의 부족
③ 배의 미숙
④ 종피의 불투수성

03 경실종자의 휴면타파 방법이 아닌 것은?

① 종자 소독약 처리
② 씨껍질의 손상
③ 습열처리
④ 저온처리

04 호광성 종자의 휴면을 타파하여 발아촉진을 하고자 할 때 사용되는 것은?

① MH-30
② 감마선
③ 에틸렌
④ 지베렐린

[해설]

02 자발적 휴면의 원인은 주로 종자의 내부 생리적 특성과 관련 있고 수분 부족은 외부 환경에 의한 강제 휴면에 해당한다.

03 경실 종자의 휴면타파 방법으로는 씨껍질에 상처를 내거나 온도·수분을 조절하여 습열 처리를 하는 방법 또는 일정 기간 저온에 노출시키는 방법 등이 있다.

04 호광성 종자는 지베렐린 수용액에 담근 후 파종하면 발아가 촉진된다.

정답 01 ③ 02 ① 03 ① 04 ④

(8) 영양번식

① 영양번식의 장점

㉠ 종자번식이 어려운 작물의 번식 수단이 된다.

㉡ 우량한 유전 특성을 쉽게 영속적으로 유지할 수 있다.

㉢ 종자번식보다 생육이 왕성하다.

㉣ 접목을 하면 수세 조절, 환경 적응성 증대, 병해충 저항성 증대, 결과 촉진, 품질향상 등을 기대할 수 있다.

② 영양번식의 종류

㉠ 분주(포기나누기)

• 어미 식물에서 발생하는 흡지를 뿌리가 달린 채로 분리하여 번식시키는 방법이다.

• 박하, 모시풀, 작약, 나무딸기, 석류나무 등을 주로 분주하며, 이른 봄 싹이 트기 전에 실시하는 것이 좋다.

㉡ 취목(휘묻이)

• 가지를 어미 식물에서 분리시키지 않은 채 흙에 묻거나 그 밖에 적당한 조건을 주어 발근시킨 다음 잘라서 독립적으로 번식시키는 방법이다.

• 묻어서 떼는 성토법(세워묻어떼기), 포도, 양앵두, 나무딸기 등 긴 가지를 여러 곳 묻는 당목취법과 줄기 끝 한 곳만 묻어 한 개체만 번식하는 선취법, 관상 수목(고무나무 등)에 실시하는 고취법(높이떼기)이 있다.

기출 키워드

영양번식의 장점, 분주, 취목, 삽목, 접목

[분주(포기나누기)]

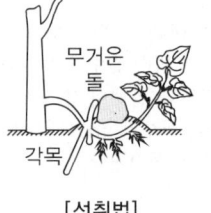

[성토법]

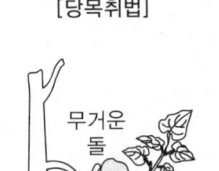

[당목취법]

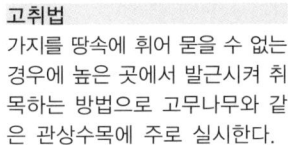

[선취법]

고취법

가지를 땅속에 휘어 묻을 수 없는 경우에 높은 곳에서 발근시켜 취목하는 방법으로 고무나무와 같은 관상수목에 주로 실시한다.

CHAPTER 01 유기작물재배 | **29**

ⓒ 삽목(꺾꽂이)
- 어미 식물에서 분리한 영양체의 일부를 알맞은 곳에 심어서 발근시켜 독립 개체로 번식시키는 방법이다.
- 삽목 부위에 따라 근삽(땅두릅, 자두, 앵두, 사과나무 등), 엽삽(베고니아, 펠라고늄 등), 지삽(포도, 무화과 등) 등으로 나뉜다.

ⓔ 접목(접붙이기)
- 두 가지 식물의 영양체를 형성층이 서로 유착되도록 접함으로써 생리작용이 원활하게 교류되면 독립 개체가 형성되는 방법이다.
- 접목의 윗부분을 접수, 아래부분을 대목이라 한다.
- 눈접과 가지접(깎기접, 짜개접, 맞접, 삽접 등)이 있다.
- 결과 연한 단축, 수세 조절, 환경 적응성 증대, 병해충 저항성 증대, 결과 향상, 수세 회복 등의 장점이 있다.

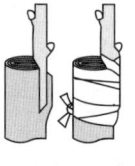

[깎기접(절접)] [짜개접]

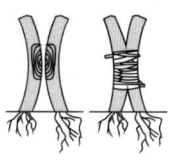
[눈접] [맞접]

📖 **TIP**

박과 채소 접목의 장단점
- 토양전염성 병(덩굴쪼김병 등)의 발생을 억제한다.
- 흡비력이 강해지며 과습에 대한 저항성이 증대되어 품질이 향상된다.
- 저온, 고온 등 불량한 환경에 대한 내성이 증대된다.
- 질소 과다 흡수가 우려되고, 기형과 발생이 많아진다.
- 흰가루병에 취약해지며 당도가 떨어진다.

예제

01 다음의 묘목 번식 방법 중 주로 잎을 이용한 삽목에 의해 번식하는 종류는?
① 베고니아, 펠라고늄
② 감, 사과, 포도
③ 양앵두, 자두, 포도
④ 뽕나무, 포도, 양앵두

02 접목재배의 특징이 아닌 것은?
① 수세 회복
② 병해충 저항성 증대
③ 환경 적응성 약화
④ 종자 번식이 어려운 작물 번식 수단

해설

01 삽목에 의해 번식하는 종류
- 근삽 : 땅두릅, 자두, 앵두, 사과나무 등
- 엽삽 : 베고니아, 펠라고늄 등
- 지삽 : 포도, 무화과 등

정답 01 ① 02 ③

3. 생산체계 수립

(1) 작부체계 수립

① 작부체계의 중요성

ㄱ. 작부체계 : 일정한 포장에서 몇 종류의 작물을 해마다 바꾸어 재배하거나 또는 같은 해에 여러 작물을 조합·배열하여 함께 재배하는 방식을 말한다.

ㄴ. 작부체계의 중요성(효과)

- 지력의 유지와 증강
- 병충해 및 잡초 발생의 감소
- 농업 노동의 효율적 배분과 잉여 노동의 활용
- 경지이용도 제고
- 종합적인 수익성 향상 및 안정화 도모
- 농업 생산성 향상 및 생산의 안정화

② 돌려짓기(윤작)

ㄱ. 한 장소에서 2가지 이상의 작물을 돌려가며 재배하는 농업방식이다.

ㄴ. 돌려짓기 방식

- 순 3포식 : 포장을 3등분하여 경지의 2/3은 춘파 곡물로 재식, 나머지 1/3은 휴한하는 방법

| 예 | 밀(식량) | 보리(식량) | 휴한 |

- 개량 3포식 : 3포식 농법의 휴한지에 클로버 등의 콩과 녹비작물을 재배하여 지력 증진을 도모하는 방법

| 예 | 밀(식량) | 보리(식량) | 클로버(녹비) |

- 노포크식 : 영국의 Norfolk지방에서 발생한 윤작법으로 식량과 가축사료를 생산하면서 지력을 유지하고 중경효과까지 얻는 방법

| 예 | 밀(식량) | 순무(사료, 중경) | 보리(사료) | 클로버(녹비, 사료) |

기출 키워드

작부체계의 중요성, 돌려짓기(윤작), 3포식 농법, 윤작의 효과, 번갈아짓기(교호작), 답전윤환, 우리나라의 이모작

TIP

그 외 작부체계

- 대전법 : 개간한 토지에 몇 해 동안 작물을 재배하고, 그 후 지력이 소모되면 경지를 떠나 다른 토지를 개간하여 작물을 재배하는 방법
- 휴한농법 : 정착농업 이후에 지력감퇴를 방지하기 위해 농경지의 일부를 몇 년에 한 번씩 휴한하는 작부방식 예 3포식 농법
- 자유식 : 시장의 경기상황에 따라 작목을 수시로 바꾸는 재배방식

CHAPTER 01 유기작물재배 | **31**

다비작물
거름을 많이 주어야 수확이 많은 작물로 옥수수, 고추, 순무 등이 있다. 순무를 재배하면 남은 비료성분이 토양에 많이 남아 '잔비효과'가 나타난다.

기지현상
같은 땅에 같은 작물을 계속 재배하는 경우 현저한 생육장해가 나타나는 현상

📖 **TIP**

콩과 작물의 질소고정
콩과 작물의 뿌리에 공생하는 뿌리혹박테리아(근류균)는 대기 중 질소(N_2)를 암모니아(NH_3)와 같이 식물이 흡수할 수 있는 형태로 전환한다. 이 과정을 통해 고정된 질소는 주변 작물의 성장에 활용되어 비료 없이도 토양 내 질소 함량을 높이고 비옥도를 자연스럽게 개선한다.

ⓒ 돌려짓기에서의 작물 선택
- 용도의 균형을 위해서는 주작물이 특수하더라도 식량과 사료의 생산이 병행되는 것이 좋다.
- 지력 유지를 위하여 콩과 작물이나 다비작물을 반드시 포함한다.
- 잡초 경감을 위해서는 중경작물이나 피복작물을 포함하는 것이 좋다.
- 토지 이용도를 높이기 위하여 여름작물과 겨울작물을 결합한다.
- 토양 보호를 위하여 피복작물이 포함되도록 한다.
- 기지현상을 회피하도록 작물을 배치한다.
  - 예 벼과 작물과 콩과 작물, 근경작물의 교대 배치

ⓓ 돌려짓기의 효과
- 지력의 유지·증강
  - 질소고정 : 클로버(콩과 작물)는 공중질소를 고정
  - 잔비량 증가 : 감자, 순무(다비작물) 등
  - 토양구조 개선 : 입단 형성(근채류, 알팔파, 레드클로버 등)을 조장
  - 토양유기물 증대 : 녹비작물, 콩과 작물, 목초류 등
  - 구비 생산 증대 : 사료작물을 재배하면 구비의 생산이 많아져 지력을 증진
- 토양보호 : 피복작물이 토양침식을 방지
- 기지 회피 : 벼과 목초는 토양선충을 경감
- 병해충, 잡초의 경감 : 중경작물, 피복작물은 잡초를 경감
- 수량 증대
- 토지 이용도의 증대 : 여름작물과 겨울작물 또는 곡실과 청예작물로 결합함으로써 경지이용률 향상
- 노동력분배의 합리화
- 농업경영의 안정성 증대

③ **사이짓기(간작)** : 한 가지 작물이 생육하고 있는 줄 사이에 다른 작물을 재배하는 것이며 생육의 일부 기간만 같이 자라게 된다.

④ **섞어짓기(혼작)**
- ㉠ 생육 기간이 거의 같은 두 종류 이상의 작물을 동시에 같은 포장에 섞어서 재배하는 방법이다.
  - 예 콩밭에 옥수수 재배 등
- ㉡ 두 작물의 여러 가지 생태적 특성에 의해 따로 재배하는 것보다 전체 수량이 많을 때 의미가 있다.
- ㉢ 병해충 방제와 기계화가 어려운 단점이 있다.

⑤ 번갈아짓기(교호작)

  ㉠ 생육 기간이 비슷한 작물을 번갈아 배열하여 재배하는 방식이다.

    예 콩 두 이랑에 옥수수 한 이랑재배 등

  ㉡ 공간의 이용률을 높이고 지력을 유지하며 생산물을 다양화할 수 있다.

⑥ 둘레짓기(주위작)

  ㉠ 포장 주위에 포장 내의 작물과 다른 작물들을 재배하는 것을 말한다.

    예 논두렁콩 등

  ㉡ 포장 주위의 공간을 생산에 이용하는 것이 주목적이며 방풍효과 및 토양보호
    의 효과가 있다.

⑦ 답전윤환

  ㉠ 논을 몇 해마다 논 상태와 배수한 밭 상태로 돌려가면서 이용하는 것을
    말한다.

  ㉡ 답전윤환의 효과

    • 지력 증강 : 밭 기간 동안은 논 기간에 비해 토양의 입단화와 건토효과가
      진전되고 미량요소 등의 용탈이 적으며 환원성의 유해물질의 생성이 억제
      되고 채소나 콩과 목초는 토양을 비옥하게 하여 지력이 증강된다.

    • 기지의 회피 : 벼를 재배하다가 채소를 재배하면 채소의 기지현상이 회피
      된다.

    • 잡초의 감소 : 담수상태에서는 건생잡초의 발생이 줄어들고 배수 상태에서
      는 습생잡초의 발생이 경감된다.

    • 벼의 수량 증가 : 클로버 등을 2~3년 재배하다가 벼를 재배하면 벼 수량이
      30%가량 늘고 질소질비료의 시용량이 절반 이하로 절약된다.

> **TIP**
>
> **건토효과**
> 논토양을 일시적으로 건조시
> 킨 후 다시 담수하면 미생물의
> 활동이 촉진되어 작물이 잘 자
> 라고 수확량이 증가하는 현상
> 이다. 이 과정에서 생성되는
> 암모니아는 벼의 뿌리 발달과
> 비료효과를 높이는 데 중요한
> 역할을 한다.

더 알아보기

우리나라 대표적인 돌려짓기 작물

여름작물	여름작물
옥수수, 감자, 고구마	옥수수, 참깨, 콩
옥수수, 감자, 고구마, 참깨	가을작물
	배추, 무, 상추, 당근, 브로콜리, 열무
벼, 옥수수, 감자, 고구마	겨울작물
	보리, 밀, 마늘, 양파, 시금치

CHAPTER 01 유기작물재배 | **33**

예제

01 작부체계의 특성으로 옳지 않은 것은?

① 지력의 감소
② 병충해 및 잡초 발생의 감소
③ 농업 노동의 효율적 배분과 잉여 노동의 활용
④ 종합적인 수익성 향상 및 안정화 도모

02 다음 중 경작지 전체를 3등분하여 매년 1/3씩 경작지를 휴한(休閑)하는 작부방식은?

① 3포식 농법
② 이동경작농법
③ 자유경작농법
④ 4포식 농법

03 윤작의 효과가 아닌 것은?

① 지력의 유지 및 증강
② 토양유기물 증대
③ 잡초 증가
④ 수량 증대

04 작부체계별 특성에 대한 설명으로 틀린 것은?

① 단작은 많은 수량을 낼 수 있다.
② 윤작은 경지의 이용 효율을 높일 수 있다.
③ 혼작은 병해충 방제와 기계화 작업에 효과적이다.
④ 단작은 재배나 관리 작업이 간단하고 기계화 작업이 가능하다.

05 우리나라의 이모작 형태 중 여름작물-여름작물 형태로 재배하는 작물이 아닌 것은?

① 담배-콩
② 마늘-배추
③ 감자-배추
④ 풋옥수수-배추

해설

01 ① 지력의 유지와 증강을 위해 실시한다.

02 3포식 농법 : 경작지의 2/3에는 추파 또는 춘파의 곡류를 심고 1/3은 휴한하는 농법

03 윤작의 효과 : 지력의 유지·증강, 토양 보호, 기지 회피, 병해충의 경감, 잡초의 경감, 수량 증대, 토지 이용도의 증대, 노력 분배의 합리화, 농업경영의 안정성 증대 등

04 혼작은 생육 기간이 거의 같은 두 종류 이상의 작물을 동시에 같은 포장에 섞어서 재배하는 것으로 기계화, 병해충 방제에 어려움이 있다.

정답 01 ① 02 ① 03 ③ 04 ③ 05 ②

단작
같은 장소에서 한 시기에 한 가지 작물만을 재배하는 농법

이모작
동일한 농장에서 1년 동안 두 종류의 작물을 서로 다른 시기에 재배하는 농법

기출 키워드
이어짓기(연작), 기지현상, 작물·과수의 기지 정도

(2) 연작과 기지

① 이어짓기(연작) : 같은 포장에 같은 종류의 작물을 계속해서 재배하는 것
② 기지현상 : 연작을 할 때 생육이 뚜렷하게 나빠지는 현상
　　㉠ 기지현상의 원인
　　　• 연작에 따라 특정 양분의 소모

- 양분의 집적
- 토양 물리성 악화
- 유독물질의 축적
- 토양선충, 토양전염성 병해

ⓛ 기지현상의 대책 : 윤작(돌려짓기), 담수처리, 토양소독, 유독물질의 제거, 객토 및 환토, 접목, 지력 배양 등

ⓒ 작물의 기지 정도

연작의 해가 작은 작물	벼, 맥류, 조, 수수, 옥수수, 고구마, 삼, 담배, 무, 당근, 양파, 호박, 연, 순무, 뽕나무, 아스파라거스, 토당귀, 미나리, 딸기, 양배추, 사탕수수, 꽃양배추, 목화 등
1년 휴작 작물	시금치, 콩, 파, 생강, 쪽파 등
2년 휴작 작물	마, 오이, 감자, 땅콩, 잠두 등
3년 휴작 작물	참외, 토란, 쑥갓, 강낭콩 등
5~7년 휴작 작물	수박, 토마토, 가지, 고추, 완두, 사탕무, 레드클로버, 우엉 등
10년 이상 휴작 작물	인삼, 아마 등

ⓔ 과수의 기지 정도

기지가 문제 되는 과수	복숭아나무, 무화과나무, 감귤류, 앵두나무 등
기지가 나타나는 정도의 과수	감나무 등
기지가 문제가 되지 않는 과수	사과나무, 포도나무, 자두나무, 살구나무 등

> **TIP**
>
> **기지현상**
> 연작하면 알팔파, 토란 등은 석회를 많이 흡수하여 결핍증을 나타내기 쉬우며, 시설재배 시 다비연작으로 작토층에 염류가 과잉 집적된다. 또한 화곡류와 같은 천근성 작물을 연작하면 토양의 물리성이 악화되고 특정 잡초가 번성하게 된다.

예제

01 기지현상의 대책으로 옳지 않은 것은?

① 토양소독을 한다.
② 시설재배를 한다.
③ 담수한다.
④ 새 흙으로 객토한다.

02 다음 중 이어짓기에 의한 피해가 다른 작물에 비해 큰 것은 어느 것인가?

① 벼   ② 맥류
③ 옥수수   ④ 인삼

해설

01 기지현상의 대책
- 윤작
- 토양소독
- 객토 및 환토
- 지력배양
- 담수처리
- 유독물질의 제거
- 접목

02 10년 이상 휴작이 필요한 작물 : 아마, 인삼 등

정답 01 ②   02 ④

CHAPTER 01 유기작물재배 | **35**

기출 키워드

품종의 개념, 우량품종의 조건, 신품종의 구비조건, 품종의 특성 유지 방법, 종자의 증식체계

TIP

우량품종의 조건
균일성, 우수성, 영속성

TIP

신품종의 조건
구별성, 균일성, 안정성

(3) 품종의 개념 및 유지 방법

① 품종의 개념

ㄱ 작물의 기본 단위이면서 재배적 단위이다.

ㄴ 작물의 형태적·생태적·생리적 요소를 형질이라 하고, 품종의 형질이 다른 품종과 구별되는 특징을 특성이라고 한다.

ㄷ 작물의 재배·이용상 중요한 형질은 생산성, 품질, 저항성, 적응성 등으로 나눌 수 있으며 품종에 따라 고유한 특성을 가진다.

ㄹ 품종은 그 유래에 따라 재래종과 육성종으로 구분한다.

② 우량품종의 조건

ㄱ 균일성 : 그 품종의 특별한 성질이 같은 품종의 모든 식물에 고르게 나타나는 것을 뜻한다.

ㄴ 우수성 : 재배적 특성이 종합적으로 우수하다는 것을 말한다.

ㄷ 영속성 : 균일하고 우수한 특성이 대대로 변하지 않고 유지되는 것으로, 유전질이 고정되어 있어야 쉽게 퇴화하지 않고 특성이 오래 지속된다.

③ 품종의 육성

ㄱ 작물의 우량품종은 육종을 통해 유전변이 중에서 우량한 개체를 선발하여 신품종으로 육성한다.

ㄴ 육종 방법 : 변이를 얻는 방법에 따라 분리육종, 교배육종, 돌연변이육종, 배수성육종, 형질전환육종 등으로 구분한다.

ㄷ 품종의 육성 단계

• 제1단계 : 재래품종에서 우수한 개체를 선발하여 우량품종 육성

• 제2단계 : 재래품종의 우량 형질을 조합하여 신품종을 육성

• 제3단계 : 유전적으로 거리가 먼 원연품종 또는 다른 생물종으로부터 유용 유전자를 도입하여 재래품종에는 없는 새로운 형질을 지닌 신품종

④ 신품종의 구비조건(DUS)

ㄱ 구별성(distinctness) : 한 가지 이상의 특성이 기존의 알려진 품종과 뚜렷이 구별되는 것

ㄴ 균일성(uniformity) : 특성이 재배·이용상 지장이 없도록 균일한 것

ㄷ 안정성(stability) : 세대를 반복해서 재배하여도 특성이 변하지 않는 것

⑤ 신품종을 보호 품종으로 보호받는 방법

ㄱ 신품종에 대해 국가기관(국립종자관리소)에 품종보호권을 설정·등록하면 그 신품종은 보호품종이 되어 일정 기간 법적 보호를 받는다.

ㄴ 신규성, 구별성, 균일성, 안정성 및 고유한 품종 명칭 등 품종보호 요건을 갖추어야 한다.

⑥ 품종의 유지
　　㉠ 개체 집단선발 : 유망집단에 대하여 품종별로 1본식이나 1립파 재배하여 이형 개체를 제거한 후 품종 고유의 특성을 구비한 개체만을 선발하여 집단 채종을 한다.
　　㉡ 계통 집단선발 : 개체선발과 계통재배를 통하여 품종의 특성을 유지한다. 1년째는 품종의 특성을 완전히 구비한 개체들을 선발하고, 2년째는 선발된 개체를 계통 재배하여 순계를 선발한다.
　　㉢ 주보존 : 영양번식으로 인해 특정 품종의 특성을 유지한다.
　　㉣ 격리재배 : 타식성 식물은 자연교잡으로 인해 품종이 퇴화할 위험이 있으므로 격리재배해야 한다.

> **TIP**
>
> **품종의 특성을 유지하는 재배 방법**
> 주보존, 격리재배, 원원종재배

⑦ 품종의 퇴화 : 유전적·생리적·병리적 원인에 의해 유전적 순수성이 감퇴하고 품종의 고유한 특성이 변하는 것을 말한다.
　　㉠ 유전적 퇴화 : 이형 유전자형 분리, 돌연변이, 이형 종자의 기계적 혼입 등
　　㉡ 생리적 퇴화 : 기상이나 토양 등의 환경조건 및 재배 조건 등이 식물생육에 영향을 끼쳐 우수성이 저하
　　㉢ 병리적 퇴화 : 바이러스 등 종자전염으로 인한 병해 등

⑧ 종자 갱신 : 주요 농작물의 새 품종이나 기존 우량품종의 퇴화를 방지하면서 체계적으로 증식시키며, 퇴화를 방지하기 위해 연 단위로 원종포나 채종포에서 생산된 우량종자로 바꾸어 재배한다.

⑨ 종자 증식 체계

기본식물		원원종		원종		보급종
농촌진흥청 신품종의 기본 종자 양성포에서 생산	⇨	농업기술원 기본식물을 증식 원원종포에서 생산	⇨	원종 생산 기관 원원종을 재배 원종포에서 생산	⇨	국립종자원 원종을 증식 채종포에서 수확 농가에 보급

> **TIP**
>
> 기본식물포
> ↓ 기본식물종자 (농업진흥청)
> 원원종포
> ↓ 원원종 (도농업기술원)
> 채종포
> ↓ 보급종(종자보급소)
> 시판종자

　　㉠ 종자의 퇴화를 방지하고 종자를 증식하기 위해 종자 증식 체계를 수립하여 품종특성이 유지될 수 있도록 관리해야 한다.
　　㉡ 종자 생산 포장의 채종량은 보통재배에 비하여 원원종포 50%, 원종포 80%, 채종포 100%가 되도록 계획·관리한다.

예제

01 다음 중 품종에 대한 설명으로 가장 적당한 것은?
① 작물의 재배 또는 이용상 동일한 특성을 나타내며, 서로 다른 단위로 취급되는 개체군
② 작물의 재배 또는 이용상 서로 다른 특성을 나타내며, 동일한 단위로 취급되는 개체군
③ 작물의 재배 또는 이용상 서로 다른 특성을 나타내며, 서로 다른 단위로 취급되는 개체군
④ 작물의 재배 또는 이용상 동일한 특성을 나타내며, 동일한 단위로 취급되는 개체군

02 우량품종의 특성 중 하나로 균일하고 우수한 특성이 대대로 변하지 않고 유지되는 것을 말하는 특성은?

① 영속성 　　　　　　　　　② 균일성
③ 우수성 　　　　　　　　　④ 일정성

03 다음 중 품종보호 요건에 해당되지 않는 것은?

① 구별성 　　　　　　　　　② 우수성
③ 안정성 　　　　　　　　　④ 균일성

04 품종의 특성 유지 방법이 아닌 것은?

① 집단재배 　　　　　　　　② 격리재배
③ 원원종재배 　　　　　　　④ 영양번식에 의한 보존재배

05 우량종자의 증식 체계로 옳은 것은?

① 기본식물 → 원원종 → 원종 → 보급종
② 기본식물 → 원종 → 원원종 → 보급종
③ 원원종 → 원종 → 기본식물 → 보급종
④ 원원종 → 원종 → 보급종 → 기본식물

> **해설**
>
> **02** 균일성 : 특성이 재배 및 이용에 지장이 없도록 균일한 것
>
> **03** 품종보호 요건
> - 신규성 　　　　　　　　• 균일성
> - 품종 고유 명칭 　　　　• 구별성
> - 안정성
>
> **04** 유망집단에 대하여 품종별로 1본식이나 1립파 재배하여 전 생육 과정을 면밀히 관찰하거나 이형 개체를 제거한 후 품종 고유의 특성을 구비한 개체만을 선발하여 집단 채종을 한다.
>
> **정답** 01 ④　02 ②　03 ②　04 ①　05 ①

(4) 육종 방법

① 육종 과정

> 육종목표 설정 → 육종재료 및 육종 방법 결정 → 변이 작성 → 우량계통 육성 → 생산성 검정 → 지역 적응성 검정 → 신품종 결정 및 등록 → 종자 증식 → 신품종 보급

ㄱ 육종목표 설정 : 기존 품종이 지닌 결점의 보완, 농업인과 소비자의 요구, 미래의 수요 등에 부합하는 형질의 특성을 구체적으로 정한다.

ㄴ 육종재료 및 육종 방법 결정 : 대상 작물의 생식 방법과 목표 형질의 유전 양식을 알고 육종목표에 적합한 육종재료와 방법을 결정한다.

기출 키워드

멘델의 법칙, 집단육종, 여교배, 단교배, 3원교배, 다계교배, 잡종강세육종, 돌연변이 육종

TIP

육종의 단계
- 변이탐구와 변이창성 : 유전적 변이를 찾거나 만들어내는 단계
- 변이 선택과 고정 : 우수개체를 선발하고 안정된 유전형으로 고정
- 종자 증식과 종자보급 : 고정된 품종의 종자를 늘리고 농가에 보급

ⓒ 변이 작성 : 자연변이, 인공교배, 돌연변이 유발, 염색체 조작, 유전자전환 등 인위적인 방법을 사용한다.

ⓔ 우량계통 육성 : 변이가 만들어지면 반복적인 선발을 통해 우량계통을 육성하는 데 여러 해가 걸리고 많은 계통을 재배할 포장과 특성 검정을 위한 시설, 인력, 경비가 필요하다.

ⓜ 생산성 검정

ⓗ 지역 적응성 검정 : 육성한 우량계통은 생산성 검정과 지역 적응성 검정을 거쳐 신품종으로 결정한다.

ⓢ 신품종 보급 : 신품종은 국가기관에 등록하고, 종자 증식 체계에 의하여 보급 종자를 생산하며, 종자 공급 절차에 따라 농가에 공급한다.

도입육종법
다른 나라로부터 새로운 품종을 도입하여 실제로 재배에 쓰거나 육종의 재료로 쓰는 방식

예제

멘델(Mendel)의 유전법칙과 거리가 먼 것은?

① 독립의 법칙　　　　　　② 최소의 법칙
③ 우열의 법칙　　　　　　④ 분리의 법칙

해설

멘델의 유전법칙 : 우열의 법칙, 분리의 법칙, 독립의 법칙

정답 ②

---

② 작물의 육종 방법

㉠ 자식성 작물 육종

• 분리육종 : 재래종 집단에서 우량한 유전자형을 분리하여 품종으로 육성하는 것
　－ 자식성 작물의 분리육종 : 개체선발
　－ 타식성 작물의 분리육종 : 집단선발
　　예 순계선발, 집단선발, 계통집단선발, 성군집단선발, 영양계 분리

• 교배육종(교잡육종) : 재래종 집단에서 우량한 유전자형을 선발할 수 없을 때, 인공교배로 새로운 유전변이를 만들어 신품종을 육성하는 육종 방법

계통육종	• 인공교배를 한 번 하여 F_1을 만들고 F_2부터 매세대 개체선발과 선발 개체의 계통재배 및 계통선발을 반복하면서 우량한 유전자형의 순계를 육성하는 방법이다. • 육종효과가 빨리 나타나지만 시간, 노력, 경비가 많이 든다.
집단육종	• 잡종초기세대($F_2 \sim F_4$)에는 선발하지 않고 혼합채종과 집단재배를 반복하여 집단의 동형접합체가 80% 정도 된 후, 후기세대($F_5 \sim F_6$)에서 개체선발과 계통재배하여 순계를 육성하는 육종 방법이다. • 유용유전자를 상실할 염려가 적고 잡종집단의 취급이 편리하며 선발에 노력이 적게 든다. • 육종규모가 크고 육종연한이 길다는 단점이 있다.

TIP

유전양식 : 멘델(Mendel)의 법칙

• 우열의 법칙 : 서로 대립하는 형질인 우성형질과 열성형질이 있을 때 우성형질만이 드러난다.
• 분리의 법칙 : 순종을 교배한 잡종1대를 자가교배했을 때 우성과 열성이 나뉘어 나타난다.
• 독립의 법칙 : 서로 다른 염색체에 있는 비대립유전자들이 독립적으로 발현한다.

순계(pure line)
동일한 유전자형으로 된 집단을 말하며 순계 내에서의 선발은 효과가 없다.

TIP

집단육종법의 장점

• 선발개체의 후대에서 분리가 적다.
• 잡종집단의 취급이 용이하다.
• 자연선택을 유리하게 이용할 수 있다.
• 많은 조합 취급이 가능하다.
• 유용유전자를 상실할 염려가 적다.

CHAPTER 01 유기작물재배 | **39**

> **TIP**
>
> **교잡육종법의 이론적 근거**
> 멘델의 유전법칙을 근거로 하여 교잡을 통해 2가지 이상의 품종이 가지고 있는 장점들을 한 개체에 모을 수 있다.

> **TIP**
>
> 여교배육종은 반복친의 특성을 충분히 회복해야 한다.

파생계통육종	• 계통육종과 집단육종을 절충한 방법이다. • F_2(또는 F_3)에서 질적형질에 대하여 개체선발하여 파생계통을 만들고, 파생계통별로 집단재배한 다음 $F_5 \sim F_6$ 세대에 양적형질을 개체선발하는 방법이다.
1개체 1계통 육종	• $F_2 \sim F_4$세대에는 매세대 모든 개체로부터 1립씩 채종하여 집단재배를 하고 F_4 각 개체별로 F_5 계통재배를 하는 육종 방법이다. • 계통육종과 집단육종의 이점을 모두 살릴 수 있다.
여교배육종	• $(A \times B) \times A$, $A \times (A \times B)$ 또는 $(A \times B) \times B$, $B \times (A \times B)$ • 양친 A와 B를 교배한 F_1을 양친 중 어느 하나와 다시 교배하는 육종 방법이다. • 우량품종이 가지고 있는 한두 가지 결점을 개량하는 데 효과적이다. • 효과가 확실하고 재현성이 높으며 육종환경에 구애받지 않는다. • 목표 형질 외에 다른 형질을 기대하기 어렵다.

ⓒ 타식성 작물 육종
- 집단선발 : 기본집단에서 우량개체를 선발하고 혼합채종하여 집단 재배하고, 집단 내의 우량개체 간에 타가수분을 유도함으로써 품종을 개량한다. 계통집단선발은 우량개체를 계통재배하고, 그중 선발한 우량계통을 혼합채종하여 집단(품종)을 개량하는 방법으로 육종효과가 확실하다.
- 순환선발 : 우량개체를 선발하고 상호교배함으로써 집단 내에 우량유전자의 빈도를 높여가는 육종 방법이다. 단순순환선발, 상호순환선발이 있다.
- 합성품종 : 여러 개의 우량계통을 격리포장에서 자연수분 또는 인공수분으로 다계교배된 품종을 말한다. 합성품종은 여러 계통이 관여된 것이기 때문에 높은 잡종강세가 나타난다.

> **더 알아보기**
>
> **교배양식**
>
> | 단교배 | $A \times B$ | 서로 다른 두 품종(계통)교배로 세포질의 유전 여부를 알 수 있다. |
> |---|---|---|
> | 3원교배 | $(A \times B) \times C$ | F_1과 제3의 품종(계통)을 교배하는 것이다. |
> | 검정교배 | A가 열성친일 때 $(A \times B) \times A$ 또는 $A \times (A \times B)$ | 여교배 중에서 양친 중 열성친과 교배하는 경우로, 검정교배를 하면 F_1의 유전자형을 알 수 있다. |
> | 복교배 | $(A \times B) \times (C \times D)$ | 서로 다른 교배조합의 F_1끼리 교배하는 것으로 서로 다른 4개의 품종(계통)이 관여한다. |
> | 다계교배 | $[(A \times B) \times (C \times D)] \times E \times F \cdots$ | 여러 개의 품종(계통)이 참여하는 경우를 말한다. |

③ 주요 육종 종류별 특징
ⓐ 잡종강세육종(1대잡종육종)
- 잡종강세 현상이 왕성하게 나타나는 1대잡종을 품종으로 이용하는 육종 방법으로 옥수수, 배추, 무 등 타식성 작물에서 이용되며 채종량이 많은 박과나 가짓과 채소에서 널리 쓰이고 있다.

- 종자 가격이 비싸지만, 다수확성, 균일성, 강건성, 내병성 등이 강하기 때문에 농가에서 많이 이용한다.
- 잡종강세가 큰 교배조합 선발과 1대잡종 종자를 대량 생산할 수 있는 채종 기술이 필요하다.
- 1대잡종 품종을 육성하는 방법 : 단교배, 3원교배, 복교배
- 1대잡종 종자를 생산하는 방법
  – 인공교배 : 수박, 오이, 호박, 멜론, 토마토 가지, 참외 등
  – 자가불화합성 : 배추, 양배추, 무 등
  – 웅성불임성 : 고추, 양파, 당근, 파, 양파, 옥수수, 벼, 상추 등
ⓒ 돌연변이육종
- 어버이에게 없던 형질이 유전자의 변화로 나타나는 현상을 이용한다.
- 기존 품종에 돌연변이 유발원(X선, 감마선 등의 방사선이나 화학물질)을 처리하여 인위적 돌연변이를 유발시키고, 새롭게 나타난 변이체를 골라 신품종으로 육성한다.
ⓒ 배수체육종
- 염색체의 수를 늘리거나 줄임으로써 생겨나는 변이를 육종에 이용한다.
- 배수체를 만들기 위해 세포분열이 왕성한 생장점에 콜히친(colchicine)을 처리한다.

예제

01 지방종이나 재래종과 같은 자연집단을 대상으로 기존의 유용한 변이를 선발하여 품종으로 육성하는 육종 방법은?

① 도입육종법
② 분리육종법
③ 집단육종법
④ 계통육종법

02 다수성 품종을 육종하기 위하여 집단육종법을 적용하고자 한다. 이때 집단육종법의 장점으로 옳은 것은?

① 잡종강세가 강하게 나타난다.
② 선발개체의 후대에서 분리가 적다.
③ 우량형질의 자연도태가 거의 없다.
④ 세대별 유지하는 개체수가 적은 편이다.

03 여교배육종에 대해 바르게 설명한 것은?

① 3개 이상의 교배친이 필요하다.
② 반복친의 특성을 충분히 회복해야 한다.
③ 타가수분 작물만 가능하다.
④ 4배체 식물이 유리하다.

TIP

1대잡종 종자의 생산
종자 생산 시 인공교배가 기본이지만 자가불화합성이나 웅성불임성을 이용하면 자가수분을 막고 타가수분만 일어나도록 하여 고순도의 잡종 종자를 대량·효율적으로 생산할 수 있다.

인공교배
인위적으로 수분을 수행하여 원하는 1대잡종 종자를 얻는 방법

자가불화합성 작물
꽃가루가 암술머리에 떨어져도 유전적으로 자기 꽃가루를 인식하여 수정이 이루어지지 않기 때문에 반드시 타가수분만으로 번식이 가능한 작물

웅성불임성 작물
수술(꽃밥)이 퇴화하거나 기능을 상실하여 꽃가루를 만들지 못해 자가수분은 불가능하고 타가수분만 가능한 작물

콜히친
알칼로이드(독성물질) 물질로, 식물의 세포분열 중 방추사 형성을 억제하여 염색체가 분리를 억제하여 염색체 수가 2배로 증가하는 배수체를 유도한다.

04 교배 방법의 표현으로 틀린 것은?

① 단교배 : A×B
② 여교배 : (A×B)×A
③ 3원교배 : (A×B)×C
④ 복교배 : A×B×C×D

05 일대잡종(F_1) 품종이 갖고 있는 유전적 특성은?

① 잡종강세
② 근교약세
③ 원원교잡
④ 자식열세

형질전환
외래의 유전자를 기주생물체의 염색체에 삽입, 발현시켜 기주생물체가 새로운 형질을 갖도록 하게 하는 방법

06 유기재배 농가에서 사용하지 말아야 할 종자는 어떤 육종 기술에 의해 생산된 것인가?

① 교잡육종
② 계통분리육종
③ 잡종강세육종
④ 형질전환육종

07 어버이에게 없던 형질이 유전자의 변화에 의해 나타나는 현상을 이용한 육종 방법은?

① 교잡육종법
② 배수체육종법
③ 잡종강세육종법
④ 돌연변이육종법

해설

02 집단육종법의 장점
• 선발개체의 후대에서 분리가 적다.
• 잡종집단의 취급이 용이하다.
• 자연선택을 유리하게 이용할 수 있다.
• 많은 조합 취급이 가능하다.
• 유용유전자를 상실할 염려가 적다.

03 여교배육종법이란 양친 A와 B를 교배한 F_1을 양친 중 어느 하나와 다시 교배하는 육종 방법이다.

04 ④ 복교배 : (A×B)×(C×D)

05 잡종강세육종법
잡종강세 현상이 왕성하게 나타나는 1대잡종을 품종으로 이용하는 육종법이다.

06 종자는 유기농산물 인증기준에 맞게 생산 관리된 종자를 사용해야 하며, 유전자변형농산물인 종자를 사용하지 아니하여야 한다.

07 기존 품종에 돌연변이 유발원(X선, 감마선 등의 방사선이나 화학물질)을 처리하여 새롭게 나타난 변이체를 골라 신품종으로 육성한다.

정답 01 ② 02 ② 03 ② 04 ④ 05 ① 06 ④ 07 ④

4. 영농일지

(1) 영농일지 필수 기록 항목

① 영농일지(경영 관련 자료)에 반드시 기재할 사항(친환경농어업 육성 및 유기식품 등의 관리·지원에 관한 법률 시행규칙 [별표 5])

구분		경영 관련 자료
생산자	농산물·임산물	• 재배포장의 재배 사항을 기록한 자료 : 품목명, 파종·식재일, 수확일 • 농산물·임산물 재배포장에 투입된 토양개량용 자재, 작물 생육용 자재, 병해충 관리용 자재 등 농자재 사용 내용을 기록한 자료 : 자재명, 일자별 사용량, 사용목적, 사용 가능한 자재임을 증명하는 서류 • 농산물·임산물의 생산량 및 출하처별 판매량을 기록한 자료 : 품목명, 생산량, 출하처별 판매량 • 합성농약 및 화학비료의 구매·사용·보관에 관한 사항을 기록한 자료 : 자재명, 일자별 구매량, 사용처별 사용량·보관량, 구매 영수증
	축산물 (양봉의 산물·부산물을 포함)	• 가축입식 등 구입사항과 번식에 관한 사항을 기록한 자료 : 일자별 가축 구입 마릿수·번식 마릿수, 가축연령 및 가축 인증에 관한 사항 • 사료의 생산·구입 및 공급에 관한 사항을 기록한 자료 : 사료명, 사료의 종류, 일자별 생산량·구입량·공급량, 사용 가능한 사료임을 증명하는 서류 • 예방 또는 치료 목적의 질병관리에 관한 사항을 기록한 자료 : 자재명, 일자별 사용량, 사용 목적, 자재구매 영수증 • 동물용의약품·동물용의약외품 등 자재구매·사용·보관에 관한 사항을 기록한 자료 : 약품명, 일자별 구매·사용량·보관량, 구매 영수증 • 질병의 진단 및 처방에 관한 자료 : 수의사법에 따라 발급받은 진단서 또는 발급·등록된 처방전 • 퇴비·액비의 발생·처리 사항을 기록한 자료 : 기간별 발생량·처리량, 처리 방법 • 축산물의 생산량·출하량, 출하처별 거래 내용 및 도축·가공업체에 관하여 기록한 자료 : 일자별 생산량, 일자별·출하처별 출하량, 일자별 도축·가공량, 도축·가공업체명
제조·가공 및 취급자		• 원료·재료로 사용한 농축산물·가공식품·비식용가공품의 입고·사용·보관에 관한 사항을 기록한 자료 : 원료·재료명, 일자별 입고량·사용량·보관량, 공급자 증명서 • 제조·가공 및 취급에 사용된 식품첨가물 및 가공보조제 사용 내용을 기록한 자료 : 자재명, 일자별 사용량, 사용 목적, 사용 가능한 물질임을 증명하는 서류 • 인증품의 생산 및 출하처별 판매량 : 품목명, 일자별 생산량, 일자별·거래처별 판매량 • 인증품의 취급(저장, 포장, 운송, 수입 또는 판매) 과정에 대한 자료

② 세부정보 기록 사항

　㉠ 재배 필지 정보 : 소재지와 지번, 각 필지별 면적

　㉡ 토양관리 정보 : 윤작 계획, 콩과 작물, 녹비작물 등의 파종량과 파종 시기 및 토양에 환원하는 방법과 시기

　　㉖ 5월 1일 : 자운영 갈아 넣기

기출 키워드

영농일지, 경영 관련 자료, 세부정보 기록 사항, 품목별 자료의 기록기간, 기록 보존기간

TIP

유기식품 등의 인증을 받으려는 자는 인증신청서에 서류를 첨부하여 지정받은 인증기관에 제출해야 한다.

1. 인증품 생산계획서 또는 인증품 제조·가공 및 취급 계획서
2. 경영 관련 자료(영농일지)
3. 사업장의 경계면을 표시한 지도
4. 유기식품등의 생산, 제조·가공 또는 취급에 관련된 작업장의 구조와 용도를 적은 도면
5. 친환경농업에 관한 교육 이수 증명자료

ⓒ 대표 작물 및 종자(묘) 정보

- 각 필지별 품목명 : 인증 신청 시 기재한 작물명 이외의 품목은 동일한 필지에 생산하여도 인증 농산물로 인정받을 수 없다.
- 종자 : 유기종자 사용(단, 구할 수 없는 상황이 인정되는 경우 일반 종자 사용 가능)
- 종자(묘)의 종류별 기록 내용

유기 종자	자가채종	필요시 잔류농약 분석 등으로 하고 영농일지에 반드시 기록한다. 다만, 농가에서 채종이 불가능한 품종의 경우는 그 사유가 타당하면 인증되므로 기록한다.
	유기종자 구입	구입처와 거래 내역을 확인할 수 있도록 기록하며, 구입 당시의 유기종자의 인증 유효기간 등을 기록한다.
유기합성농약으로 처리하지 않은 종자		유기 종자(묘)를 구입할 수 없었다는 증명 자료를 인증기관에 제출한 뒤 승인 여부를 기록한다.
보급종 또는 일반 종자		유기 합성 농약으로 처리되지 않은 종자(묘)를 구입할 수 없었던 내용을 인증기관에 제출하여 승인 여부를 기록한다.

ⓔ 농작업 정보 : 재배포장 조성, 종자(묘) 파종 및 정식, 비배관리, 병해충관리, 잡초관리, 수확

ⓜ 생산량 및 판매 정보 : 생산량과 출하처, 출하처별 판매량, 인증 농산물의 판매처별 농가수취가격 및 판매액

ⓗ 유기농자재 사용 내역 정보

자가 제조 농자재의 사용 내역	제조하는 원료 또는 재료가 허용물질 목록 이외의 것이 아닌지를 확인하고, 제조 방법, 사용 방법, 사용량 등을 구체적으로 기록한다.
시판 유기농자재의 사용 내역	공시를 받은 제품인지를 확인한 뒤 사용 방법 및 유의사항 등을 정확하게 지켜 사용하여야 하며, 상품명과 제조원, 유통 기한, 사용 목적 및 방법, 사용량 등을 구체적으로 기록한다.

TIP

농작업 정보
- 재배포장 조성 : 경운 및 정지, 고랑(이랑) 조성 등 포장 조성 및 시기
- 종자(묘) 파종 및 정식 : 상토 준비, 종자의 파종 및 육묘 방법, 정식 시기 등
- 비배관리 : 비배관리를 위한 방법(퇴비 살포 등) 및 시기 등
- 병해충 관리 : 병해충 예방과 방제를 위한 방법과 시기 등
- 잡초관리 : 멀칭 등 잡초 억제, 기계적·물리적 방법 등
- 수확 : 재배한 농산물의 수확 시기 및 수확량 등

예제

01 유기농산물 인증 신청 시 생산자가 영농일지에 필수로 기록해야 하는 항목이 아닌 것은?

① 출하처별 판매량
② 화학비료 구매 영수증
③ 재배포장에 투입된 자재명
④ 저장, 포장 등 취급 과정에 대한 자료

02 영농일지에 작성할 종자의 기록 내용 중 틀린 것은?

① 유기종자를 자가채종할 경우 잔류농약 분석 자료를 반드시 기록한다.
② 유기종자를 직접 구입 시 구입처와 거래 내역을 기록한다.
③ 유기종자를 구입할 수 없었다는 증명 자료를 제출하여 유기합성농약으로 처리하지 않은 종자를 사용한다는 승인 여부를 기록한다.
④ 보급종 또는 일반 종자는 유기재배에 사용할 수 없으므로 기록할 필요가 없다.

해설

01 ④ 저장, 포장 등 취급 과정에 대한 자료는 필수 기록 항목이 아니다.

02 ④ 유기합성농약으로 처리되지 않은 종자(묘)를 구입할 수 없었던 내용을 인증기관에 제출하여 승인 여부를 기록하면 보급종 및 일반 종자도 사용 가능하다.

정답 01 ④ 02 ④

(2) 기록 보존기간

① 자료의 기록기간(친환경농어업 육성 및 유기식품 등의 관리·지원에 관한 법률 시행규칙 [별표 5])

구분		기록기간
생산자	농산물·임산물	규정에 따른 자료의 기록기간은 최근 2년간(무농약농산물의 경우에는 최근 1년간)으로 하되, 재배품목과 재배포장의 특성 등을 고려하여 국립농산물품질관리원장이 정하는 바에 따라 3개월 이상 3년 이하의 범위에서 그 기간을 단축하거나 연장할 수 있다.
	축산물 (양봉의 산물· 부산물을 포함)	규정에 따른 자료의 기록기간은 최근 1년간으로 하되, 가축의 종류별 전환기간 등을 고려하여 국립농산물품질관리원장이 정한 바에 따라 그 기간을 단축하거나 연장할 수 있다.
제조·가공 및 취급자		규정에 따른 자료의 기록기간은 최근 1년간으로 한다. 다만, 신설된 사업장으로서 농축산물·가공식품·비식용가공품의 취급기간이 1년 미만인 경우에는 인증심사가 가능한 범위(1개월 이상의 기간)에서 기록기간을 단축하거나 연장할 수 있다.

② 기록 보존기간(친환경농어업 육성 및 유기식품 등의 관리·지원에 관한 법률 시행규칙 제20조 제2항) : 인증사업자는 법에 따라 인증심사와 관련된 다음의 자료 및 서류를 그 생산연도의 다음 해부터 2년간 보관해야 한다.

ⓒ 인증심사와 관련된 유기식품 등의 원료 또는 재료, 자재의 사용에 관한 자료 및 서류

ⓒ 인증품의 생산, 제조·가공 또는 취급하여 판매한 실적에 관한 자료 및 서류

예제

유기농산물의 인증 신청 시 기록물 보존기간 중 옳은 것은?

① 생산연도부터 1년간   ② 생산연도부터 2년간
③ 생산연도 다음 해부터 1년간   ④ 생산연도 다음 해부터 2년간

해설

인증 신청을 하려는 농지에서 인증기준에 적합한 재배관리를 했다는 것을 증빙할 수 있도록 기록·관리를 하며 생산연도 다음 해부터 2년간 보관해야 한다.

정답 ④

TIP

영농 기록에서 우선적으로 기록해야 할 것은 유기농산물을 재배하는 농지에 대한 정확한 정보(재배 필지-소재지와 지번, 각 필지별 면적 등)를 통해 농작업이나 토양관리 방법 등이 각 필지별로 관리될 수 있도록 하여야 한다.

TIP

경영 관련 자료(영농일지)에 반드시 기재할 사항은 친환경농어업법 시행규칙 [별표 4]에서 정하고 있으며, 특별한 양식이 있는 것은 아니다. 따라서 일반적으로는 지자체나 인증기관에서 작성·배포하는 영농일지를 사용하는 경우가 많다.

CHAPTER 02 토양관리

기출 키워드

토양의 3상, 토성의 분류, 토성 삼각도표, 구상(입상), 주상, 괴상, 판상, 단립구조, 입단구조, 입단 형성의 촉진과 파괴, 토양공극, 대공극, 소공극, 토양 통기의 촉진 방법, 용적밀도, 토양온도, 토양색

[토양 무기 입자의 크기]

점토 미사 고운 모래 | 0.5mm | 거친 모래

[토성삼각도(미국농무성법)]

점토 함량(%) 미사 함량(%) 모래 함량(%)

제1절 | 유기재배 토양관리

1. 토양의 특성

(1) 토양의 물리적 성질

① 토성

㉠ 토양의 3상 : 고상(50%), 액상(25%), 기상(25%)

㉡ 토양의 무기 입자는 크기에 따라 자갈(gravel), 모래(sand), 미사(silt), 점토(clay)로 구분하며, 자갈을 제외한 이들의 입경 조성 비율에 따라 결정되는 토양의 종류를 토성이라고 한다.

㉢ 토성의 분류

• 일본농학회 : 세토 중 점토 함량에 따른 토성 분류

토성의 명칭	세토 중의 점토 함량(%)
사토(sand)	12.5 이하
사양토(sandy loam)	12.5~25
양토(loam)	25~37.5
식양토(clay loam)	37.5~50
식토(clay)	50 이상

• 미국농무성법 : 자갈을 제외한 입자의 지름이 2mm 이하로 된 무기 입자인 모래, 미사, 점토의 함량이 토성삼각도표에서 만나는 점으로 토성명이 결정된다.

> **더 알아보기**
>
> **토양에서 한발 피해가 큰 순서**
> • 미사질양토 : 보수력이 낮아 수분 손실이 빨라 한발 피해가 가장 심각하며 관개가 어렵거나 가뭄이 길어지면 치명적이다.
> • 식양토 : 물 침투는 느리지만 수분 저장은 좋은 편이며 가뭄이 심해지면 토양 갈라짐으로 인해 물 흡수가 더욱 어려워져 피해가 발생한다.
> • 양토 : 적절한 보수력과 배수력을 가져 상대적으로 피해가 덜하지만, 장기적인 가뭄 시에는 피해가 발생할 수 있다.

예제

01 토양의 입경 조성에 따른 토양의 분류를 뜻하는 것은?

① 토양의 화학성
② 토성
③ 토양통
④ 토양의 반응

02 다음 중 토성을 구분하는 기준은?

① 모래와 물의 함량 비율
② 부식의 함량 비율
③ 모래, 부식, 점토, 석회의 함량 비율
④ 모래, 미사, 점토의 함량 비율

03 다음 중 점토가 가장 많이 들어 있는 토양은?

① 식양토
② 식토
③ 양토
④ 사양토

해설

02 토성 : 모래, 미사, 점토의 상대적 함량비를 분석하여 토성명을 결정한다.

03 점토의 함량
식토 > 식양토 > 양토 > 사양토 > 사토

정답 **01** ② **02** ④ **03** ②

② 토양의 구조

㉠ 모양에 따른 분류

• 구상구조(입상)

– 토양동물의 활동이 많은 토양으로 유기물이 많은 표층토(깊이 30cm 이내)에 발달한다.

– 작물생육에 가장 적합한 구조로 입단의 모양은 구형이고 결합이 약해 쉽게 부서진다.

– 수분 침투는 양호하고, 배수성과 통기성이 가장 좋다.

• 주상구조

– 원주상 : 나트륨이온(Na^+)이 많은 토양 B층에서 발달한다.

– 각주상 : 건조 또는 반건조한 심층토에서 발달한다.

– 우리나라 해성토의 심토에서 발견되며, 수분 침투 및 배수성과 통기성은 양호한 편이다.

TIP

토양을 모양에 따라 분류할 때는 구상, 괴상, 판상 및 주상의 4가지 기본형이 있다.

[입상]

[원주상]　　　[각주상]

CHAPTER 02 토양관리 | **47**

- 괴상구조
  - 가로와 세로의 크기가 거의 같으며 점토가 많은 B층에서 흔히 볼 수 있다.
  - 배수와 통기성이 양호한 심층토에서 발달하며, 입단 간 거리는 5~50mm이고 수분 침투는 양호하다.
  - 밭토양과 산림의 하층토에 많이 분포한다.
  - 불규칙한 6면체 구조로 각이 있으면 각괴, 각이 없고 완만하면 아각괴상이다.
- 판상구조
  - 표층토에 발달하며 토양생성 과정 또는 인위적 요인으로 형성된다.
  - 논토양 하층으로 접시 모양 또는 수평 배열의 구조이다.
  - 모재의 특성이 그대로 유지되며 오랜 경운으로 특정 깊이에 점토가 집적되고 다져져 생성된다.
  - 용적밀도가 크고 공극률이 매우 낮으며 수분 침투 및 배수성과 통기성 모두 불량하여 뿌리의 생장에 불리하다.

[각괴상]   [아각괴상]

[판상]

예제

01 수평 배열의 토괴로 구성된 구조이며, 투수성에 가장 불리한 토양구조는?

① 판상   ② 입상
③ 주상   ④ 괴상

02 토양구조에 대한 설명으로 옳은 것은?

① 구상구조는 주로 유기물이 많은 표층토에서 발달한다.
② 주상구조는 모재의 특성을 그대로 간직하고 있는 것이 특징이며, 물이나 빙하의 아래에 위치하기도 한다.
③ 괴상구조는 건조 또는 반건조 지역의 심층토에 주로 지표면과 수직한 형태로 발달한다.
④ 판상구조는 배수와 통기성이 양호하며, 뿌리의 발달이 원활한 심층토에서 주로 발달한다.

해설

01 판상구조
오랫동안 토양을 얕게 경운하는 경우 점토 입자가 작토층 밑으로 이동·집적되어 다져지면서 수분이 하향 이동하여 뿌리의 생장을 불량하게 한다.

02 ② 주상구조는 가로·세로의 크기가 크게 다르고, 우리나라 해성토의 심토에서 발견된다.
③ 괴상구조는 다면체이고 가로와 세로의 크기가 거의 같으며, 점토가 많은 B층에서 흔히 볼 수 있다.
④ 판상구조는 투수성이 불량하여 혼답을 형성하고, 산림토양이나 논토양의 하층토에서 흔히 발견할 수 있다.

정답 01 ①   02 ①

ⓒ 발달 정도에 따른 분류
- 단립구조(홑알구조)
  - 토양을 구성하고 있는 입자들이 하나하나 흩어져 있는 상태로 일반적으로 대공극이 많다.
  - 통기성·투수성이 우수하고, 양분과 수분보유력이 낮다.
- 입단구조(떼알구조)
  - 토양의 작은 단일 입자가 모여 이차적 입자로 집합해 하나의 입단으로 만들어진 구조이며 대공극과 소공극이 고르게 분포한다.
  - 투수성·통기성이 양호하고, 양분과 수분의 유지·보유력이 우수하다.
  - 유기물이 많은 표층토와 석회가 많은 토양에서 관찰할 수 있다.

(a) 홑알구조 (b) 떼알구조
[토양의 구조]

더 알아보기

입단 형성의 촉진과 파괴

촉진	• 경운 : 너무 잦은 경운은 입단을 파괴한다. • 유기물 시용 : 퇴비, 녹비 시용 시 미생물의 생장과 번식이 왕성해져 균류 등의 균사 증가로 토양 입자가 결속한다. 유기물이 분해되면서 발생하는 탄산가스가 점토 입자를 단단하게 굳혀서 입단 형성을 돕는다. • 석회 시용 : 석회의 칼슘이온(Ca^{2+})이 나트륨이온(Na^+)을 치환해 입자를 결합시켜 입단을 조성한다. 또한 토양미생물의 생육환경 개선, 유기물 분해를 촉진시켜 입단 조성에 도움을 준다. • 토양의 건조와 동결 : 수분이 적당하고 점토 함유량이 많은 토양에서 저온에 의한 동결은 입단을 조성한다. 점토와 수분이 많은 토양에서 동절기에 배수 또는 이랑을 만들어 수분 조절 후 동결시키면 입단 형성 조장 효과가 있다. • 식물재배 　- 잔뿌리가 많은 식물 : 뿌리가 토양을 분할하고, 미생물 활동 촉진 　- 심근성 식물 : 심토까지 유기물 분해, 공기의 통로 역할 　- 콩과 작물 : 알팔파, 클로버 등 입단화에 큰 역할 　- 윤작 : 근부의 발육 형태가 서로 다른 작물 재배로 입단구조 유지(뿌리의 발달 범위, 깊이가 달라서 효과적이다.) • 토양 피복 : 피복재나 피복작물의 재배 • 토양개량제[크릴륨(krilium), acrylic acid, soil, 소이락, A-22, CMC]의 사용
파괴	• 과다한 수분 : 물이 입단에 들어가 공극을 채우므로 급격히 팽창되어 사이가 좁아지고, 공기는 한 번에 배출되면서 입단구조가 파괴된다. • 과다한 비 : 강한 빗방울이 토양을 때리는 힘으로 공극이 메워져 입단이 파괴된다. • 강풍 : 바람에 날린 모래가 표토를 타격하여 점토 손실로 입단이 파괴된다. • 과다한 경운 : 통기성이 좋아지면서 부식의 분해가 촉진되어 입단을 형성하고 있던 부식의 부피가 작아지거나 소모된다. • 온도의 변화 : 온도 변화는 입단의 팽창 또는 수축 상태 반복으로 입단구조가 파괴된다. • 나트륨에 의한 파괴 : 나트륨 이온(Na^+)은 점토의 결합을 파괴시킨다.

TIP

심근성 작물
뿌리가 땅속 깊은 곳까지 뻗어들어가는 작물로, 토양의 물리성을 개선하고 심토의 수분과 양분들을 흡수하여 작물의 생육을 향상시킬 수 있다. 벼, 보리, 밀, 호밀, 귀리, 기장, 가지, 옥수수, 콩, 고구마 등이 있다.

토양개량제
토양을 입단화하여 물리적 성질을 개선하는 것을 목적으로 토양에 시용되는 자재

예제

01 유기농업의 실행을 위해 홑알구조에서 떼알구조(입단구조)로 구조를 변경하였을 때 이점으로 옳지 않은 것은?

① 배수력이 좋다.
② 공기 유통이 좋다.
③ 토양수분의 공급이 좋다.
④ 보수력이 나빠져 작물생육에 좋다.

02 토양 입자의 입단화(粒團化)를 가장 촉진하는 것은?

① Na^+ ② Ca^{2+}
③ K^+ ④ NH_4^+

해설

01 떼알구조는 틈새가 많아 보수력이 크고 공기의 유통이 좋아 작물의 생육에 있어 바람직하다.

02 칼슘이온(Ca^{2+})은 토양 입자들을 결합시키는 역할을 하여 입단화를 촉진한다.

정답 01 ④   02 ②

③ 토양공극

  ㉠ 토양 입자 사이의 빈 공간으로 토양의 3상 중 액상과 기상을 말한다.

  ㉡ 토양 전체용적의 30~50%를 차지하며 공기의 유통과 수분 저장 및 이동통로가 된다.

  ㉢ 사토는 공극의 크기가 크고 연속적이어서 공기 이동과 유통이 빠른 반면 식토는 공극의 양은 많지만 크기가 작아 물의 이동이 어렵다.

  ㉣ 토양공극의 종류

    • 대공극(비모세관공극, 비모관공극)

      – 간격이 넓어 공기가 드나드는 통로이다.

      – 수분이 충분히 채워지고 공급이 중단되면 중력에 의해 배수되면서 다시 공간으로 남는다.

    • 소공극(모세관공극, 모관공극)

      – 작은 입자 간 모세관현상에 의해 유지되는 수분을 보유하거나 이동하는 통로로 수용성 양분의 흡착·보유에 관여한다.

TIP

토양공극률

$$1 - \left(\frac{용적밀도}{토양의\ 입자밀도} \right)$$

예 우리나라 토양의 입자밀도는 $2.65g/cm^3$이고, 용적밀도가 $1.33g/cm^3$이므로 토양의 공극률은 $1 - \left(\frac{1.33}{2.65} \right)$ $= 0.5$, 즉 토양의 공극률은 50%이다.

더 알아보기

토양의 통기를 촉진하는 방법
- 토양처리
  - 저습지의 경우 지반을 높이고 배수 작업을 추가한다.
  - 유기물, 석회, 토양개량제 등을 시용하여 토양입단을 조성한다.
  - 지반이 단단한 토양은 깊이갈이를 실시한다.
  - 식질 토양을 개량하기 위해 세사 등으로 객토한다.
- 재배적 조치
  - 파종 시 종자 위에 미숙퇴구비를 두껍게 덮지 않는다.
  - 답전윤환재배를 한다.
  - 벼농사에서는 간단관개(물걸러대기)를 한다.
  - 과습한 밭에서는 휴립휴파, 중습답에서는 휴립재배를 한다.
  - 중경을 통해 통기성을 제고한다.

TIP

경운은 잡초를 제거하고 토양의 깊은 곳까지 통기와 투수성을 개선하여 양분의 유효화를 돕지만, 잦은 경운은 토양의 입단구조를 파괴하고 물리성을 저하시켜 작물의 생육을 저해하게 된다.

예제

01 다음 중 공극량이 가장 적은 토양은?

① 용적밀도가 높은 토양
② 수분이 많은 토양
③ 공기가 많은 토양
④ 경도가 낮은 토양

02 유효수분을 보유하는 보수 역할을 주로 담당하는 공극은?

① 대공극   ② 기상공극
③ 모관공극   ④ 배수공극

03 토양공기 조성을 개선하는 방법으로 거리가 먼 것은?

① 심경   ② 입단 조성
③ 객토   ④ 빈번한 경운

해설

01 토양공극
토양의 액상과 기상을 합쳐 부르는 말로, 미세한 입자는 밀착되지 않기 때문에 공간이 생성되고 공극이 유지되어 보수력이 높지만, 공기와 물의 이동이 어렵다.

02 • 비모관공극(대공극, 입단과 입단 사이) : 배수구 역할과 공기의 유동
　　• 모관공극(소공극, 입자와 입자 사이) : 식물이 이용할 수 있는 유효수분을 보유

03 경운은 잡초를 제거하고 토양의 깊은 곳까지 통기와 투수성을 개선하여 양분의 유효화를 돕지만, 잦은 경운은 토양의 입단구조를 파괴하고 물리성을 저하시켜 작물의 생육을 저해하게 된다.

정답 01 ①　02 ③　03 ④

CHAPTER 02 토양관리 | **51**

④ 용적밀도(부피밀도, 가밀도, 가비중)
　㉠ 건조 토양의 질량을 그 토양이 차지하는 부피로 나눈 값이다.

$$용적밀도(g/cm^3 \text{ 또는 } mg/m^3) = \frac{건조\ 토양의\ 질량}{토양의\ 전체\ 부피}$$

　㉡ 점토 함량이 증가하면 용적밀도가 감소하고, 모래 함량이 증가하면 용적밀도가 증가한다.

[토성별 용적밀도 및 공극량]

토성	용적밀도(g/cm³)	공극량
사토	1.6	40
사양토	1.5	43
양토	1.4	47
미사질양토	1.3	50
식양토	1.2	55
식토	1.1	58

　㉢ 용적밀도의 중요성
　　• 토양의 공극률 : 용적밀도는 토양 입자들 사이의 공극률을 반영하므로 공극률이 높은 토양은 물과 공기가 잘 통과할 수 있어 식물 뿌리의 생장에 유리하다.
　　• 토양의 물리적 성질 : 용적밀도가 높을수록 토양이 압축되어 물과 공기의 이동이 어렵다.
　　• 농업 및 조경 : 작물 선택, 관개 및 비료 사용 계획을 세울 때 중요한 정보로 사용된다.
　㉣ 용적밀도를 낮추는 방법
　　• 수분이 적당할 때 경운 : 종자가 발아 후 수분을 흡수하고 호흡하여 뿌리가 뻗는 데 도움이 된다.
　　• 토양개량제(코코피트, 석회고토) 사용
　　• 유기질 비료 시용 : Ca^{2+}는 양전하를 띠고, 토양은 음전하를 띠기 때문에 Ca^{2+} 주변으로 토양이 달라붙어서 떼알을 형성하게 된다.
　　• 이랑 만들기 : 통기성과 배수성이 좋아져 발아와 뿌리 생육에 유리하다.
　　• 돌려짓기
　　• 무경운재배 : 토양구조를 보호하고, 용적밀도가 낮아지는 데 도움을 준다.

TIP

토양의 용적밀도와 공극량의 관계
• 용적밀도 감소 → 공극량 증가 → 배수성과 통기성 좋아짐
• 용적밀도 증가 → 공극량 감소 → 배수성과 통기성 나빠짐

예제

01 용적밀도가 크고 공극량이 작은 토성은?

① 식토   ② 양토

③ 사토   ④ 사양토

02 토양의 용적밀도를 측정하는 가장 큰 이유는?

① 토양의 산성 정도를 알기 위해

② 토양의 구조발달 정도를 알기 위해

③ 토양의 양이온교환용량 정도를 알기 위해

④ 토양의 산화·환원 정도를 알기 위해

해설

01 토양 공극량이 많은 순

식토 > 식양토 > 미사질 > 양토 > 사양토 > 사토

02 용적밀도를 측정하는 이유

• 토양의 구조와 공극률 파악

• 배수 및 수분 보유 능력 평가

• 토양침식 및 압축 저항성

• 농업 및 조경 계획

• 환경 모니터링 및 복원

정답 01 ③ 02 ②

⑤ 토양온도

    ⑦ 토양의 열원은 주로 태양광선으로, 일사량, 기온, 풍속 등의 외적 요인과 토양의 비열, 열전도도와 같은 내적 요인에 의해 시간적·계절적으로 변하지만, 깊이에 따른 변화폭은 감소한다.

    ⑥ 토양온도는 토양생성작용, 식물의 생육과 토양미생물 활동에 중요한 요소로 식물의 생육 단계에 따라 최적온도가 다르다.

    ⓒ 토양비열은 토양 1g을 1℃ 올리는 데 소요되는 열량으로 물이 1이고 무기성분은 더 낮다.

    ⓔ 토양의 수분함량이 많으면 이른 봄에 온도 상승이 어려워지고, 늦은 가을에는 온도가 쉽게 안 내려간다.

    ⓜ 토양온도와 토양미생물과의 관계

        • 온도가 높으면 미생물의 활동이 왕성하고, 유기물의 신속한 분해, 부식 함량과 가용성 양분의 증가가 이루어진다.

        • 온도가 낮으면 유기물의 집적, 뿌리 호흡 감소, 뿌리 세포 원형질 유동 감소, 생리 대사 감소, 수분흡수 감소 등이 나타난다.

TIP

물의 비열은 광물입자보다 5배 많아 토양 내 수분함량이 증가하면 토양의 온도변화는 그만큼 어려워진다.

TIP

토양온도의 조절

• 지표면에 흡수되는 태양열을 조절하거나 토양표면에 방출되는 양을 조절한다.

• 관개 혹은 배수를 한다.

• 유기물 함량이 많으면 토양색이 암색으로 변해 태양열을 더 흡수할 것 같지만 그렇지만은 않다. 보수력이 커져 토양의 수분함량이 많아져 비열이 커지므로 태양열을 더 흡수해도 온도가 쉽게 올라갈 수 없다.

• 플라스틱 멀칭을 통해 토양온도를 조절할 수 있다.

CHAPTER 02 토양관리 | **53**

⑥ 토양색

㉠ 토양을 분류하는 중요한 기준이 되며, 직접 측정하기 어려운 토양 풍화 과정이나 성질을 간접적으로 알아내는 데 이용된다.

㉡ 토양의 색을 결정하는 주요 물질 : 유기물(부식)과 산화철
• 고도로 분해된 유기물을 많이 함유한 토양은 흑색 또는 갈색을 띤다.
• 부식의 함량이 많을수록 암흑색을 띠고, 부식 함량이 적을 경우 주로 산화철 종류에 의해 적색, 황색, 황갈색, 회색, 청회색 등으로 달라진다.

㉢ 토양색 표시 방법
• Munsell 표기법 : 색의 형상, 구름 모양의 침전물 등 3가지 속성(색상, 명도, 채도)으로 나타낸다.
• 표시형식 : 색상 명도/채도

📖 **TIP**

토양색 표시
예 5YR 3/3
Yellow와 Red가 5 : 5로 섞였으며, 명도가 3, 채도가 3 정도의 토양색을 띤다.

예제

01 토양온도에 대한 설명으로 틀린 것은?
① 토양의 열원은 주로 태양광선이며, 습윤열, 유기물 분해열 등이 있다.
② 토양온도는 토양유기물의 분해 속도와 양에 미치는 영향이 매우 커서 열대토양의 유기물 함량이 높은 이유가 된다.
③ 토양비열은 토양 1g을 1℃ 올리는 데 소요되는 열량으로 물이 1이고 무기성분은 이것보다 더 낮다.
④ 토양온도는 토양생성작용, 토양미생물의 활동, 식물생육에 중요한 요소이다.

02 토양의 색에 대한 설명으로 틀린 것은?
① 토색을 보면 토양의 풍화 과정이나 성질을 파악하는 데 큰 도움이 된다.
② 착색 재료로는 주로 산화철은 적색, 부식은 흑색/갈색을 나타낸다.
③ 신선한 유기물은 녹색, 적철광은 적색, 황철광은 황색을 나타낸다.
④ 토색 표시법은 Munsell의 토색첩을 기준으로 하며, 3속성을 나타내고 있다.

해설

01 토양온도가 높아지면 토양유기물의 분해가 가속화되어 토양의 유기 탄소 함량이 감소하고, 토양 내 영양소의 가용성이 증가하게 된다. 단기적으로 식물 성장에 유리할 수 있지만, 장기적으로는 토양 비옥도에 부정적인 영향을 미칠 수 있다.

02 ③ 고도로 분해된 유기물을 많이 함유한 토양은 흑색 또는 갈색을 띠고, 산화철 광물이 풍부하면 적색을 띤다.

정답 01 ② 02 ③

(2) 토양의 화학적 성질

① 토양의 무기양분

ㄱ 필수원소 : 작물의 생육에 필수적인 원소를 말하며 다량원소, 미량원소가 있다.

ㄴ 다량원소(9가지) : 탄소(C), 산소(O), 수소(H), 질소(N), 인(P), 칼륨(K), 칼슘(Ca), 마그네슘(Mg), 황(S)

ㄷ 미량원소(7가지) : 철(Fe), 구리(Cu), 아연(Zn), 망가니즈(Mn), 붕소(B), 몰리브덴(Mo), 염소(Cl)

C, H, O	• 식물체의 대부분(90~98%)을 구성하고 있다. • 광합성에 의하여 생성된 탄수화물, 지방, 단백질, 핵산, 엽록소의 구성원소로 식물체의 골격을 형성한다.
질소(N)	• 엽록소, 단백질(효소), 핵산 등의 구성성분이다. • 작물에 흡수 형태 : NO_3^-(질산태), NH_4^+(암모니아태)
인(P)	• 세포핵(핵산), 세포막(인지질), 분열조직, 효소, ATP 등의 구성성분으로 광합성에 관여한다. • 흡수 형태 : $H_2PO_4^-$, HPO_4^{2-}
칼륨(K)	• 효소반응의 활성제, 체내 구성 물질은 아니지만 뿌리, 잎의 선단, 생장점에 다량 함유되어 있다. • 세포 내의 수분공급을 도와주고 공변세포에서 증산에 따른 수분상실을 조절하여 세포의 팽압을 유지한다.
칼슘(Ca)	• 세포막 중 중간막(펙틴과 결합 형태)의 주성분으로 분열조직의 생장과 뿌리 끝 발육에 반드시 필요하다. • 단백질의 합성과 물질 전류에 관여, NO_3^-의 흡수·이용을 촉진한다. 체내 유기산(독성)을 중화, 알루미늄(Al)의 과잉 흡수를 억제한다.
마그네슘(Mg)	효소와 활성화를 도와주며 엽록소의 구성 원소로 잎에 다량 함유되어 있으며 체내 이동이 용이하다.
황(S)	• 단백질, 효소, 아미노산 등의 구성성분으로 엽록소 형성에 관여한다. • 황의 요구도가 크고 함량이 많은 작물 : 양배추, 파, 양파, 마늘, 아스파라거스
붕소(B)	• 세포벽 강화와 생식기관 발달에 관여한다. • 흡수 형태 : H_3BO_3
염소(Cl)	• 광합성과 삼투압 조절에 중요하다. • 흡수 형태 : Cl^-

② 점토광물

ㄱ 토양의 무기성분은 주로 암석이 풍화되어 생기는데, 입자가 크고 표면전하가 없는 자갈, 모래, 미사 등의 1차 광물과 입자가 작고 표면전하가 있는 점토인 2차 광물로 구분한다.

ㄴ 2차 광물의 점토를 점토광물이라 하며 암석이 풍화되는 과정에서 규소와 알루미늄 등과 재결합한다.

ㄷ 점토광물은 일정한 구조를 갖는 결정질과 무정형인 비정질로 나뉜다.

기출 키워드

필수원소, 다량원소, 미량원소, 카올리나이트군, 일라이트군, 몬모릴로나이트군, 토양교질(콜로이드)의 개념, 양이온교환용량(CEC)의 개념, 양이온교환용량의 토성별·점토광물별 크기, 양이온교환용량을 높이는 방법, 교환성(치환성) 염기, 염기포화도의 개념, 염기포화도의 계산 공식, 토양반응(pH), 산성토양에 대한 작물의 적응성, pH 조건에 따른 인산의 이온 형태, 산성·알칼리토양에서의 장해, 산성토양의 원인, 토양의 개량, 토양 pH와 미생물과의 관계

TIP

규소(Si), 알루미늄(Al), 나트륨(Na), 아이오딘(I), 코발트(Co) 등은 필수원소는 아니지만 식물체 내에서 검출되며 특히 규소는 벼 등 화곡류에서 중요한 역할을 한다.

TIP

비료의 3요소
질소(N), 인산(P), 칼륨(K)

TIP

붕소의 결핍증상
• 분열조직에 괴사가 일어나고 수정, 결실이 나빠진다.
• 콩과 작물의 근류 형성 및 질소고정이 저해된다.
• 사과의 축과병, 사탕무의 속썩음병, 순무의 갈색 속썩음병, 셀러리의 줄기쪼김병, 담배의 끝마름병, 알팔파의 황색병, 꽃양배추의 갈색병 등

[점토광물의 구분]

ⓒ 점토광물의 종류 : 규산판과 알루미늄판 구성에 따라 분류되며 수분 흡수 능력에 따른 팽창성에 따라 비팽창형(물을 흡수하더라도 부피 변화가 없음)과 팽창형(물 흡수 시 부피 변화 있음)으로 구분된다.

1:1 격자형 광물		카올리나이트(kaolinite), 할로이사이트(halloysite)
2:1 격자형 광물	비팽창형	일라이트(illite)
	팽창형	버미큘라이트(vermiculite), 몬모릴로나이트(montmorillonite), 바이델라이트(beidellite), 사포나이트(saponite), 논트로나이트(nontronite)
2:2 격자형 광물		클로라이트(chlorite)

ⓜ 결정질 점토광물의 특징

카올리나이트군	• Si 4면체층과 Al 8면체층이 1:1 격자로 결합된 광물이다. • K 함량이 많은 장석이 염기물질의 신속한 용탈작용을 받았을 때 가장 먼저 생성된다. • 동형치환이 거의 발생하지 않는 광물로 우리나라 토양에 가장 많이 존재하며, 비팽창형이다.
일라이트군	• Si층 사이에 K 이온이 존재하며 규소판에 있는 Si가 Al로 가장 많이 치환되어 있는 광물이다. • 비팽창형의 2:1 격자 광물이며 음전하의 부족한 양을 채우기 위하여 결정 단위 사이에 K가 고정되어 있다.
몬모릴로나이트군	• 2:1의 대표적인 8면체 점토광물로 Al의 1/6 정도가 Mg와 동형치환된 광물로 중간결합이 약해 물이 흡착될 경우 가장 많이 팽창한다. • 강우 시 유거수에 의한 침식이 가장 잘 일어나는 팽창형 광물이다. • 염화암모늄 같은 강산염의 NH_4^+ 이온 첨가 시 토양의 단위치환용량에 대한 NH_4^+ 흡착량이 크다.

TIP

점토광물은 얇은 층이 쌓여있는 구조로, 사면체층(실리콘이 중심인 층)과 팔면체층(알루미늄이나 마그네슘이 중심인 층)이 조합해서 여러 겹 쌓여있다.

1:1 격자형 광물

사면체와 팔면체가 한 층씩 조합해서 만들어진 광물

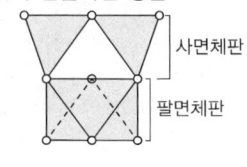

동형치환

점토광물이 기존 구조는 그대로 유지하면서 중심이온이 비슷한 크기의 다른 이온으로 치환되는 현상 예 규산(Si) 4면체 구조에서 중심원소 Si가 Al로 치환

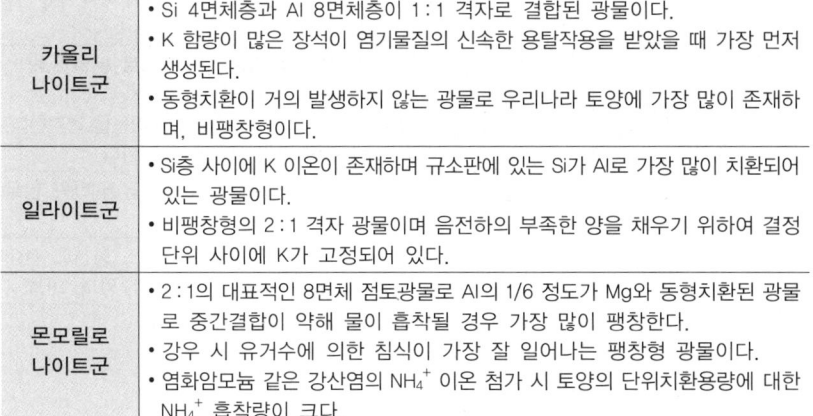

● : Si   ○ : O

[규산 4면체]

예제

01 작물생육에 필요한 미량원소에 해당하는 것은?

① K   ② N   ③ B   ④ Mg

02 작물에 광합성과 수분상실의 제어 역할을 하고, 결핍되면 생장점이 말라 죽고 줄기가 약해지며 조기낙엽현상을 일으키는 필수원소는?

① K   ② P   ③ Mg   ④ N

03 식물체에 흡수되는 무기물의 형태로 틀린 것은?

① NO_3^- ② $H_2PO_4^-$ ③ B   ④ Cl^-

04 우리나라 토양에 가장 많이 분포한다고 알려진 점토광물은?

① 카올리나이트 　　　　　　② 일라이트
③ 버미큘라이트 　　　　　　④ 몬모릴로나이트

05 점토광물의 규소판에 있는 규소가 알루미늄으로 가장 많이 치환되어 있는 광물은?

① 일라이트 　　　　　　　② 클로라이트
③ 카올리나이트 　　　　　　④ 몬모릴로나이트

06 토양을 구성하는 주요 점토광물은 결정 격자형에 따라. 그 형태가 다르다. 다음 중 1 : 1형(비팽창형)에 속하는 점토광물은?

① illite 　　　　　　　② montmorillonite
③ kaolinite 　　　　　　④ vermiculite

07 다음 중 2 : 2 규칙형 광물은?

① chlorite 　　　　　　　② halloysite
③ kaolinite 　　　　　　④ vermiculite

> 카올리나이트
> 1 : 1 격자형 광물로 층 사이가 거의 벌어지지 않아 물을 잘 머금지 않고 흙이 팽창하지 않으며 안정적이고 단단한 구조이다.

해설

01 작물의 필수원소 16가지
　• 다량원소 : C, H, O, N, K, Ca, Mg, P, S
　• 미량원소 : Fe, Cl, Mn, Zn, B, Cu, Mo

02 칼륨(K)
　• 광합성, 탄수화물 및 단백질 형성, 세포 내의 수분공급, 증산에 의한 수분상실의 제어 등의 역할을 하며, 여러 가지 효소반응의 활성제로서 작용한다.
　• 결핍되면 생장점이 말라 죽고, 줄기가 연약해지며, 잎의 끝이나 둘레가 누렇게 변하고 결실이 저해된다.

03 ③ 붕소는 H_3BO_3 또는 BO_3^-로 흡수된다.

04 우리나라 토양의 경우 카올리나이트와 할로이사이트 등 카올린 광물이 가장 많이 존재한다.

06 ① · ② · ④ illite, montmorillonite, vermiculite : 2 : 1형

07 2 : 2 규칙형 광물 : 점토광물의 구조에서 2개의 사면체층(silica tetrahedral layer)과 2개의 팔면체층(octahedral layer)으로 구성된 광물

답 01 ③　02 ①　03 ③　04 ①　05 ①　06 ③　07 ①

③ 양이온교환용량(양이온치환용량, CEC ; cation exchange capacity)
　㉠ Ca^{2+}, Mg^{2+}, K^+, Na^+ 등과 같은 양이온을 교환할 수 있는 능력을 말하며 $cmol_c/kg$으로 표시한다.
　㉡ CEC가 크다는 것은 작물생육에 필요한 영양성분이 많다는 것이다.
　　※ 유효양분 보유량이 많음 = 비료성분 이용효율이 큼 = 토양 완충능 커짐

토양교질
콜로이드(colloid)라고도 하며, 어떤 물질이 미세한 응집 상태로 다른 물질 속에 분산된 것을 말한다.

ⓒ CEC는 점토광물의 종류, 점토의 함량이나 유기물의 함량에 따라 다르다.
- 토성의 CEC 크기 : 식토 > 식양토 > 미사질식양토 및 양토 > 미세사양토 > 사토
- 점토광물의 CEC 크기 : 부식(humus) > 몬모릴로나이트(montmorillonite) > 카올리나이트(kaolinite) > 일라이트(illite)
- 양이온의 CEC : $Th^{4+} > H^+, Al^{3+} = La^{3+} > Ba^{2+} = Sr^{2+} > Ca^{2+} > Mg^{2+} = Cs^+ > Rb^+ > NH_4^+ = K^+ > Na^+$
- 양이온교환용량을 높이는 관리 대책
  - 유기물 시용
  - 점토 함량이 높은 토양으로 개량
  - 석회질 비료의 시용, 근류균의 첨가 등

예제

01 토양 CEC의 뜻으로 옳은 것은?
① 토양산도　　　　　　　　　　　② 토양수분
③ 양이온교환용량　　　　　　　　④ 토양유기물 용량

02 다음 중 양이온치환용량이 가장 큰 것은?
① 부식(humus)
② 카올리나이트(kaolinite)
③ 몬모릴로나이트(montmorillonite)
④ 버미큘라이트(vermiculite)

03 다음 중 양이온치환능력이 가장 큰 것은?
① H^+　　　　　　② Ca^{2+}　　　　　③ Na^+　　　　　④ K^+

04 토양용액 중 유리 양이온들의 농도가 모두 일정할 때 확산이중층 내부로 치환 능력이 가장 낮은 양이온은?
① Al^{3+}　　　　　② Ca^{2+}　　　　　③ Na^+　　　　　④ K^+

해설

02 양이온교환용량의 크기
부식(100~300) > 버미큘라이트(80~150) > 몬모릴로나이트(60~100) > 클로라이트(30) > 카올리나이트(3~27)

03 양이온치환능력 순위 : $H^+ > Ca^{2+} > K^+ > Na^+$

04 양이온치환능력 순위 : $Al^{3+} > Ca^{2+} > K^+ > Na^+$

정답 01 ③　02 ①　03 ①　04 ③

④ 염기포화도와 음이온 치환

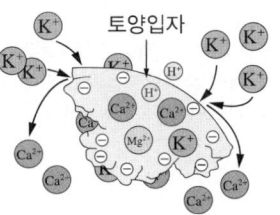

[토양 콜로이드입자 표면에서 일어나는 양이온교환 반응]

㉠ 토양 콜로이드입자 표면에 흡착된 양이온은 염기성인 Ca^{2+}, Mg^{2+}, K^+, Na^+ 등과 산성인 H^+, Al^{3+} 등이 있으며 염기성 이온들을 교환성 염기(치환성 염기)라 한다.

  ※ 토양 콜로이드입자 표면에는 모든 양이온이 흡착될 수 있지만 우리나라처럼 비가 많이 오는 곳은 H^+와 Ca^{2+}가 가장 많고 K^+, Na^+는 적다.

㉡ 교환성 염기는 토양을 알칼리화하는 경향이 있고, 교환성 수소이온 H^+는 토양을 산성화하는 경향이 있다.

㉢ 염기포화도는 교환성 염기의 총량 혹은 양이온교환용량에 대한 교환성 염기의 양을 말한다.

$$염기포화도 = \frac{교환성\ 염기의\ 총량}{양이온치환용량} \times 100$$

㉣ 염기포화도는 pH와 비례하여 토양의 염기포화도가 높을수록 알칼리성, 낮을수록 산성이 된다.

㉤ 염기포화도가 높을수록 완충력도 향상한다.

㉥ 우리나라 논토양의 염기포화도는 평균 52%, 양이온치환용량은 11me/100g 정도이다.

TIP

이형치환
점토광물이 형성될 때 광물구조 내의 규소나 알루미늄 등의 고정된 양이온 자리에 원래보다 전하가 낮은 다른 양이온이 치환되어 들어가는 현상으로, 이때 발생한 음전하는 영구전하가 되어 양이온교환능력(CEC)을 결정하는 주요한 원인이 된다.

예제

01 염기포화도에 대한 설명으로 옳지 않은 것은?

① pH와 비례적인 상관관계가 있다.
② 염기포화도가 증가하면 완충력도 증가하는 경향이다.
③ (교환성 염기의 총량/양이온교환용량)×100이다.
④ 우리나라 논토양의 염기포화도는 대략 80% 내외이다.

02 양이온치환용량(CEC)이 10cmol(+)/kg인 어떤 토양의 치환성 염기의 합계가 6.5cmol(+)/kg이라고 할 때, 이 토양의 염기포화도는?

① 13%   ② 26%
③ 65%   ④ 85%

해설

01 ④ 우리나라 논토양의 염기포화도는 평균 52%, 양이온치환용량은 11me/100g 정도이다.

02 염기포화도 $= \dfrac{교환성\ 염기의\ 총량}{양이온치환용량} \times 100 = \dfrac{6.5}{10} \times 100 = 65\%$

정답 01 ④   02 ③

pH

수소이온(H^+) 역수의 대수치(log)를 취한 것으로 수소이온의 농도를 말한다.

TIP

산성토양에 대한 적응성

강한 작물	벼, 밭벼, 귀리, 루핀, 토란, 아마, 기장, 땅콩, 감자, 봄무, 호밀, 수박 등
약한 작물	자운영, 알팔파, 콩, 팥, 시금치, 사탕무, 셀러리, 부추, 양파 등

---

⑤ 토양반응(pH ; Potential of Hydrogen ion)

　㉠ 토양반응은 토양용액의 산성, 중성 또는 알칼리성 정도를 나타내는 화학적 성질로, pH로 표시하며, 토양 내 염기 포화율이 높을수록 알칼리성이 되고 낮을수록 산성이 된다.

　㉡ 토양의 pH는 토양 중 양분의 가급도, 양분의 흡수, 미생물의 활동 등에 영향을 준다.

　㉢ 작물생육에 적합한 토양의 pH는 6~7 범위(약산성~중성)가 가장 알맞으며 pH 5 이하(산성)나 pH 9 이상(강알칼리성)은 작물생육에 불리하다.

　㉣ 강산성 토양에서 작물의 양분 흡수와 생리작용은 H^+에 의해 장해를 받는다.

　㉤ pH와 식물양분의 가급도 : 토양 중 작물 양분의 가급도는 중성~미산성에서 가장 높다.

　　• pH가 낮은 산성토양에서의 장해
　　　– 가급도 감소 : P, Ca, Mg, B, Mo(가급도가 감소되어 작물생육에 불리)
　　　– 가급도 증가 : Al, Cu, Zn, Mn, Fe(이온 자체의 독성 때문에 용해도가 증가하여 작물생육에 불리)

　　• pH가 높은 알칼리토양에서의 장해
　　　– Fe, Zn, Mn, P의 결핍 : pH가 높을 때 필수원소는 수산화물 등으로 불용화되고, P는 인산칼슘으로 침전되어 석회질 토양, 석회 과잉 투입 토양에서 문제가 된다.
　　　– Mo의 과잉 흡수
　　　– B의 결핍과 과잉 : pH가 높을 때 토양의 산화철이나 산화알루미늄으로 고정되므로 석회 과잉 투입 토양에서는 B 결핍 발생이 우려된다. 그러나 석회질 토양이나 알칼리 토양, 염류 토양에서는 용탈이 없으므로, B가 과잉되어 과잉장해를 받을 수도 있다.
　　　– K, Mg, Ca의 결핍 : 석회 과잉 투입 토양에서는 상대적으로 K, Mg의 상대적 비율이 낮아져 결핍이 문제가 된다.

　㉥ pH와 미생물
　　• 토양유기물 분해, 공중질소를 고정하는 박테리아는 중성토양을 좋아한다.
　　• 곰팡이는 산성토양에서 잘 번식한다.
　　• 사물(죽은 유기물) 기생을 하는 곰팡이는 유기물을 최초로 분해하고, 활물(살아있는 생물체) 기생을 하는 곰팡이는 대부분 병원균으로 작용한다.
　　• 강산성 · 강알칼리성은 점토와 부식을 분산시켜 토양입단을 저해한다.

Ⓢ 산·알칼리 토양

• 산성토양

산성토양의 원인	• 토양 중 미생물의 호흡으로 생성된 탄산가스와 토양수의 중탄산 농도가 높아서 물이 상층에서 하층으로 침투하면 표층토에 있는 염기 성분은 유실되고 토양 중의 H^+이 흡착되면 토양은 점차 산성화됨 • 강우에 의한 용탈 • N과 S의 산화 • 유기물 분해에 의한 유기산 생성 • $CO_2 + H_2O$에 의한 탄산(H_2CO_3) 생성 • 산성비료(황산암모늄, 염화칼륨, 황산칼륨, 인분뇨, 녹비 등)의 연용
산성토양에 의한 작물생육 영향	• 양분의 결핍 : Ca, Mg, B의 심한 용탈로 식물에서 결핍 증상 • 가용성 Al의 피해 : 점토광물을 구성하던 Al의 일부가 용해되어 토양의 인산과 결합해 불용성이 되고 인산 결핍이 촉진됨 • 토양미생물의 작용 약화 • 유해이온(Al, Cu, Pb, Zn) 등의 용출
산성토양의 개량	• 석회 시용 • 유기물 시용 • 생리적 산성비료(유안, 염화칼리 등)의 연용 회피 • 객토

• 알칼리토양과 염류토양

알칼리토양의 원인	해안지역, 바닷물 침투 지역, 간척지 등
알칼리토양의 개량	• 염류의 빠른 제거 위해 효과적인 토양 배수 체계가 필수적이다. • 가용성 염류와 Na 제거를 위한 Ca 염 첨가 • 서고나 석회석의 분말 첨기 • 황의 분말 첨가를 통해 황산이 생성되면 염류와 차환되어 pH와 물리적 상태가 좋아진다.

📖 TIP

pH 조건에 따른 인산(P)의 이온 형태

인산(H_3PO_4)은 토양의 pH에 따라 이온화 형태가 $H_2PO_4^-$(인산이수소이온), HPO_4^{2-}(인산수소이온), PO_4^{3-}(인산이온)으로 달라진다.

pH 2.1	H_3PO_4와 $H_2PO_4^-$ 이 1:1로 존재
pH 4~7	주로 $H_2PO_4^-$ 형태로 존재
pH 7.2	$H_2PO_4^-$와 HPO_4^{2-} 가 1:1로 존재
pH 12.3	HPO_4^{2-}와 PO_4^{3-} 이 1:1로 존재

따라서, pH가 낮을수록(강산성) 수소이온(H^+)이 더 많이 결합된 형태로 존재하며, pH가 높아지면(강염기성) 수소가 점차 해리되어 더 높은 음전하를 가진 형태로 전환된다.

예제

01 토양반응과 가장 밀접한 관계가 있는 것은?

① 염기 포화율　　　　　　　② 토양의 색
③ 토양구조　　　　　　　　④ 토성

02 토양 pH의 중요성이라고 볼 수 없는 것은?

① 토양 pH는 무기성분의 용해도에 영향을 끼친다.
② 토양 pH가 강산성이 되면 Al과 Mn이 용출되어 이들 농도가 높아진다.
③ 토양 pH가 강알칼리성이 되면 작물생육에 불리하지 않다.
④ 토양 pH는 중성 부근에서 식물양분의 흡수가 쉽다.

03 토양 pH가 4~7일 때 가장 많은 인산 형태는?

① PO_4^{3-}　　　　　　　　② HPO_4^{2-}
③ $H_2PO_4^-$　　　　　　　　④ H_3PO_4

04 토양이 알칼리성을 나타낼 때 용해도가 높아져 작물의 과잉 흡수를 나타낼 수 있는 성분은?

① Mo   ② Cu
③ Zn   ④ H

05 토양이 산성화될 때 발생되는 생물학적 영향으로 틀린 것은?

① 알루미늄 독성으로 인해 식물의 뿌리 신장을 저해한다.
② 철의 과잉 흡수로 벼의 잎에 갈색의 반점이 생긴다.
③ 망가니즈 독성으로 인해 식물 잎의 만곡현상을 야기한다.
④ 칼륨의 과잉 흡수로 인해 줄기가 연약해진다.

06 산성토양의 개량 및 재배대책이 아닌 것은?

① 석회 시용   ② 유기물 시용
③ 적황색토 객토   ④ 내산성 작물 재배

07 다음 중 pH와 토양미생물과의 관계에 대한 설명으로 틀린 것은?

① 공중질소를 고정하는 박테리아는 중성토양에서 잘 활동한다.
② 곰팡이류는 산성토양에서 잘 번식한다.
③ 점토와 부식을 분산시켜 토양입단을 저해하는 조건은 중성 토양이다.
④ 사물 기생하는 곰팡이는 유기물을 최초로 분해하고 활물 기생을 하는 곰팡이는 대부분 병원균으로 작용한다.

해설

01 토양반응
토양용액이 나타내는 산성, 중성 또는 알칼리성 정도를 의미하며, 포화율이 높을수록 알칼리성이 되고 낮을수록 산성이 된다.

02 ③ 토양 pH가 강알칼리성이 되면 B, Fe, Mn 등의 용해도가 감소하여 작물생육에 불리해진다.

04 pH가 높은 알칼리토양에서의 장해
- Fe, Zn, Mn, P, K, Mg, Ca의 결핍
- Mo의 과잉 흡수

05 산성토양에서 발생되는 생물학적 영향
- 철, 알루미늄, 망가니즈(망간) 등의 가용성이 높아져 과잉 흡수가 문제 된다.
- 칼륨, 칼슘, 마그네슘, 몰리브덴 등의 가용성이 낮아져 흡수가 억제된다.
- 인산은 철, 알루미늄과 결합하여 불용화된다.

06 ③ 적황색토는 산성토양이다.

07 ③ 강산성·강알칼리성은 점토와 부식을 분산시켜 토양입단을 저해한다.

정답 01 ①   02 ③   03 ③   04 ①   05 ④   06 ③   07 ③

TIP

- 토양미생물은 대부분 세포액의 산도가 pH 7 정도로, 중성 범위에서 가장 잘 자란다.
- 세균과 방선균은 진균보다 산에 견디는 힘이 약하며 pH 5 이하에 잘 자라는 것은 거의 없다.
- 진균은 산림지나 유기질토양에서 pH 3과 같은 낮은 산도에서 활동한다.

(3) 토양의 생물학적 성질

① **토양미생물** : 박테리아, 곰팡이, 원생동물, 바이러스 등이 대표적이며 유기물 분해, 영양소 순환, 병원균 억제 등의 다양한 기능을 한다.

② **토양유기물**

  ㉠ 토양유기물은 미생물의 주요 에너지원이며 유기물 함량이 높은 토양은 미생물 활동이 활발하다.

  ㉡ 토양구조 개선, 보수력 증대, 영양소 공급 등의 기능을 한다.

③ **뿌리 미생물 상호작용** : 근권(뿌리 주변의 토양)은 미생물 밀도가 높은 영역으로, 식물은 뿌리를 통해 미생물과 상호작용하며 필요한 영양소를 얻고 병원균으로부터 보호받는다.

④ **토양생물의 활동** : 지렁이, 개미, 벌레 등의 토양생물은 토양을 물리적으로 변화시키고 유기물을 분해하며, 토양구조를 개선하고 통기성을 증가시키는 등 토양 생태계의 동적 균형을 유지하는 데 중요한 역할을 한다.

⑤ **토양 효소 활성**

  ㉠ 토양 내 미생물과 뿌리에서 분비되는 효소는 유기물 분해, 영양소 가용화 등 다양한 생화학적 반응을 촉진한다.

  ㉡ 효소 활성이 높을수록 토양의 생물학적 활동이 활발하다는 것을 의미한다.

⑥ **유익한 미생물과 병원균의 균형** : 유익한 미생물은 병원균의 성장을 억제하고, 식물의 면역력을 높여 주는데 이 균형이 깨지면 식물병이 발생할 수 있다.

⑦ **질소고정** : 일부 미생물(리조비움)은 대기 중의 질소를 고정시켜 작물이 이용하도록 한다.

기출 키워드

토양생물, 질소고정

TIP

토양생물 중 작물생육에 적합한 토양조건의 지표 : 지렁이

TIP

리조비움(*Rhizobium*)
콩과식물 뿌리에 공생하는 질소고정 세균

예제

토양의 생물학적 성질에 대한 설명으로 옳지 않은 것은?
① 뿌리 미생물의 상호작용을 통해 필요한 영양소를 얻고 병원균으로부터 보호받는다.
② 리조비움과 같은 일부 미생물을 통해 대기 중의 질소를 고정한다.
③ 토양의 미생물 활동은 토양유기물 생성을 억제하여 보수력을 증대시킨다.
④ 지렁이, 개미의 토양 동물은 토양구조를 개선하고 통기성을 증가시킨다.

해설
③ 토양유기물은 미생물의 주요 에너지원이며 유기물 함량이 높은 토양은 미생물 활동이 활발하며, 토양구조 개선, 보수력 증대, 영양소 공급 등을 한다.

정답 ③

기출 키워드

회색화, 라토졸화, 석회화, 포드졸화, 토양 단면의 구조, 화성암, 퇴적암, 변성암

TIP

토양생성작용은 모재가 기후·식생·지형·시간의 영향을 받아 토양층이 발달하는 과정으로, 회색화, 라토졸화, 석회화, 포드졸화 등의 작용으로 토양이 생성된다.

(4) 토양의 생성작용과 토양 단면

① 토양의 생성작용

㉠ 회색화 작용(gleization) : 한랭습윤한 지역 중 저습지나 지하수위가 높아 배수가 불량한 곳에 환원상태가 되어 산소 부족 환경에서 토양이 회색 또는 청회색으로 변하는 과정이다.

㉡ 라토졸화 작용(laterization) : 열대·아열대 지역에서 철과 알루미늄 산화물이 잔류하며 붉은 토양이 형성되는 과정이다.

㉢ 석회화 작용(calcification) : 강우량이 적은 건조 지역에서 탄산칼슘이 축적되는 과정으로 포화된 부식이 많고 무기성분도 많은 중성토양, 농경지로 이용된다.

㉣ 포드졸화 작용(podzolization) : 산성 부식질 영향으로 토양 중의 철과 알루미늄이 유기물과 결합하여 용탈되어 하층에 재집적되어 표백된 층을 형성한다.

[토양의 생성작용]

구분	특징	발생 환경
회색화	• 산화환원전위가 낮다. • 유기질 함량이 많고 산소가 부족하여 작물생육이 불량하다. • 철(Fe^{2+})이 용탈된다.	• 습답 • 이탄토 • 흑이탄토 • 논 등 물이 정체된 지역
라토졸화	• 이산화규소가 가용성이 되어 용탈된다. • 철과 알루미늄 산화물이 토양 속에 집적되어 적색을 띤다. • CEC는 낮고 양분의 함유량도 낮다. • 토양구조가 잘 발달하여 투수성이 좋다. • 토성은 점질토이지만 접착성이 낮다.	고온다습한 열대우림 지역
석회화	• 석회층(caliche)을 형성하고, 흰색 반점이 나타난다. • 토층 내에 교질물의 이동이 없고 무기양분도 용탈되지 않는다.	• 건조 지역 • 초원 지대
포드졸화	• 상층 회백색(용탈층), 하층 적갈색(집적층) • 철, 알루미늄 산화물이 재침전된다.	• 침엽수림(한랭습윤지대) 지역 • 냉온대 모래질 토양 • 투과성이 좋은 사질토, 염기가 적은 사암이나 화강암 지대

예제

01 토양 단면상에서 확연한 용탈층을 나타나게 하는 토양생성작용은?

① 회색화 작용(gleization)
② 라토졸화 작용(laterization)
③ 석회화 작용(calcification)
④ 포드졸화 작용(podzolization)

02 지하수면이 높거나 토층 중에 물이 장기간 정체되는 조건하에서 일어나기 쉬우며, 물에 포화된 토양 중의 유리 산화철이 강하게 환원되어 토양은 청회색 또는 회녹색을 띠는 토양생성작용은?

① 철·알루미늄 집적작용
② podzol화 작용
③ glei화 작용
④ siallit화 작용

해설

01 포드졸은 상부층의 철과 알루미늄이 유기물과 결합하여 하층으로 이동하므로 용탈층과 집적층을 갖게 된다.

02 한랭습윤한 지역 중 저습지나 지하수위가 높아 배수가 불량한 곳에 환원상태가 되어 산소 부족 환경에서 토양이 회색 또는 청회색으로 변하는 과정이다.

정답 01 ④ 02 ③

② 토양 단면의 구조

구분	특징
O층(유기물층)	부패한 물과 동물의 잔해로 구성된 유기물로 표면에 존재하며, 식물 성장에 중요한 역할
A층(표토층)	유기물과 미네랄이 혼합된 층으로 식물 뿌리가 자주 발견되며, 입단구조가 잘 발달되어 있고 물과 공기의 순환이 잘 이루어짐
E층(최대용탈층)	위아래층보다 조립질이고 물에 의해 이온과 미네랄이 용탈되어서 물리적으로 비옥도가 낮고 강수량이 많은 지역일수록 발달
B층(집적층)	상부토층에서 씻겨내려간 철과 알루미늄의 산화물이 용탈 후 집적되어 생성되는 층으로 물과 미네랄이 침착
C층(모재층)	무기물층으로 아직 토양생성작용을 받지 않은 퇴적물이나 암석이 주를 이루는 모재층
R층(암석층)	변하지 않은 기본 암석이 자리 잡는 층

[토양 단면의 구조]

예제

01 토양 단면도에서 O층에 해당되는 것은?

① 모재층
② 집적층
③ 용탈층
④ 유기물층

02 토양 층위를 지표부터 지하 순으로 옳게 나열한 것은?

① R층 → A층 → B층 → C층 → O층
② O층 → A층 → B층 → C층 → R층
③ R층 → C층 → B층 → A층 → O층
④ O층 → C층 → B층 → A층 → R층

정답 01 ④ 02 ②

③ 토양의 모재

㉠ 화성암

화학적 분류			염기성암 (고철질암)	중성암	산성암 (규장질암)
조직적 분류		규산(SiO_2)함량	적음 ← 52% — 66% → 많음		
	생성 깊이	결정 크기 / 색	어두운색 (Ca, Fe, Mg) ← 중간색 → 밝은색 (Na, K, Si)		
화산암	지표 밑	반상조직 (결정 크기↓)	현무암	안산암	유문암
반심성암	중간	반상조직	휘록암	반암(섬록반암)	석영반암
심성암	깊은 심부	입상조직 (결정 크기↑)	반려암	섬록암	화강암

㉡ 퇴적암

쇄설성 퇴적암	• 역암 : 자갈 크기의 입자 • 사암 : 모래 크기의 입자 • 이암 : 점토 크기의 미세 입자로 되어 층리가 발달
화학적 퇴적암	• 석회암 : 주로 탄산칼슘($CaCO_3$)으로 구성 • 암염 : 바닷물 증발로 형성된 염화나트륨($NaCl$)으로 구성 • 처트 : 규산(SiO_2)이 침전되어 형성된 암석
유기적 퇴적암	• 석탄 : 식물의 유기물이 압력을 받아 형성 • 초크 : 해양 생물의 석회질 껍데기가 쌓여 형성 • 코퀴나 : 조개껍질 등 유기물이 결합된 암석

㉢ 변성암 : 화성암, 퇴적암이 열과 압력을 받아 성질이 변한 암석으로 광물의
조성과 구조가 변한다.

• 화강암 → 편마암
• 석회암 → 대리암

모암
풍화 이전의 암석을 뜻하며 크게 화성암, 변성암, 퇴적암으로 구분한다.

TIP

화성암의 주성분 광물(7종)
석영, 장석, 운모, 각섬석, 휘석, 감람석, 준장석

TIP

퇴적암
무게로는 암석권의 5%에 불과하지만, 지표면의 약 75%를 덮고 있다.

예제

암석의 종류 중 화성암에 해당하는 것은?

① 사암   ② 혈암
③ 안산암   ④ 석회암

해설

암석의 분류
• 화성암 : 화강암, 섬록암, 안산암, 현무암 등
• 수성암 : 응회암, 사암, 혈암, 점판암, 석회암 등
• 변성암 : 편마암, 대리석, 편암, 사문암 등

정답 ③

(5) 풍화산물

① 풍화산물은 암석이 물리적·화학적·생물학적 풍화를 통해 분해되어 생성된 최초의 부산물을 말한다.

   ㉠ 구성 요소 : 점토광물, 산화물, 유기물, 용해된 이온 등

   ㉡ 이동 여부에 따른 분류

     • 잔적토
       – 풍화산물이 이동하지 않고 제자리에 남아 축적된 토양이다.
       – 모암(부모 암석)과 성질이 비슷하다.
       – 주로 열대지방처럼 강한 풍화가 일어나는 지역에서 형성된다.
       – 점토, 산화철, 산화알루미늄의 함량이 많아진다.
     • 운적토
       – 풍화산물이 바람, 물, 빙하, 중력 등으로 이동하여 다른 장소에 퇴적된 토양이다.
       – 모암의 성질과는 다르다.

기출 키워드

풍화산물, 운적토의 종류, 붕적토, 층적토, 선상회토, 물리적 풍화, 화학적 풍화, 생물적 풍화

TIP

잔적토와 운적토의 차이점
생성된 장소에 따라 입자의 특징에 차이가 있다. 잔적토는 풍화가 일어난 암석이 제자리에 남아 모암의 성질이 그대로 반영되어 각진 입자를 가지고, 운적토는 원래 장소에서부터 운반되어 다른 곳에 퇴적된 토양으로 둥근 입자를 가진다.

[운적토의 종류]

구분	이동 매체	예시
붕적토	중력	산사태로 경사면 아래에 쌓인 토양이 있다. 중력의 영향으로 운반되어 비교적 급경사의 산록 경사지에 형성되며 붕적 모재로부터 생성된 토양을 뜻한다.
충적토	물	하수, 홍합지(하천의 홍수에 의한 범람), 삼각주, 하안단구지 등이 있다.
풍적토	바람	사막 지역의 모래 언덕이 대표적이다. 바람에 의하여 운적되는 재료와 형태에 따라 사구, 화산회, 그리고 뢰스(loess) 등으로 구분된다.
선상퇴토	중력 + 물(하천)	한탄강 유역, 인더스강 선상지, 네바다주 데스밸리 등이 대표적인 선상지이다.
빙하토	빙하	빙하가 유동하면 이에 섞여 있던 풍화물은 빙하의 계속적인 유동과 빙하가 녹아서 흐르는 물에 의하여 운반·퇴적된다.

CHAPTER 02 토양관리 | **67**

② 풍화의 종류

풍화의 유형	특징	예시
물리적 풍화	화학적 성질 변화 없음	• 온도의 변화 : 열팽창과 수축으로 균열 발생, 동결과 융해 • 압력 해방 : 암석 위에 덮여 있던 압력이 감소하여 갈라짐 • 마찰과 충격 : 바람, 물, 빙하에 의한 암석의 마모, 침식, 운반, 퇴적
화학적 풍화	성분 변화, 새로운 물질 생성	• 산화 : 산소와 반응하여 금속 성분이 산화 예 철→녹 • 가수분해 : 물과 반응하여 광물의 화학 구조가 변함 예 장석→점토 • 용해 : 물이나 산성 용액에 의해 광물이 녹음 예 석회암이 빗물에 녹음 • 탄산화 : 이산화탄소와 반응하여 탄산염 형성 예 탄산칼슘 분해
생물적 풍화	물리·화학적 풍화의 복합	• 식물 뿌리 : 암석 틈새에 자라면서 암석을 깨트림 • 미생물 활동 : 미생물이 황화물을 산화하고 황산을 생성하여 암석의 분해를 촉진 • 동물 활동 : 굴을 파거나 이동하면서 암석 파쇄 • 지의류 및 이끼 : 표면에 달라붙어 화학적 변화 유도

예제

01 운적토는 풍화물이 중력, 풍력, 수력, 빙하력 등에 의하여 다른 곳으로 운반되어 퇴적하여 생성된 토양이다. 다음 중 운적토양이 아닌 것은?

① 붕적토
② 선상퇴토
③ 이탄토
④ 수적토

02 토양이 자연의 힘으로 다른 곳으로 이동하여 생성된 토양 중 중력의 힘에 의해 이동하여 생긴 토양은?

① 정적토
② 붕적토
③ 빙하토
④ 풍적토

03 석회암지대의 천연동굴은 사람이 많이 드나들면 호흡에서 나오는 탄산가스 때문에 훼손이 심화될 수 있다. 천연동굴의 훼손과 가장 관계가 깊은 풍화작용은?

① 가수분해(hydrolysis)
② 산화작용(oxidation)
③ 탄산화 작용(carbonation)
④ 수화작용(hydration)

04 암석의 물리적 풍화작용 요인으로 볼 수 없는 것은?

① 공기
② 물
③ 온도
④ 용해

해설

01 운적토 : 풍화 생성물이 옮겨 쌓여서 된 토양으로 붕적토, 선상퇴토(부채꼴), 하성충적토(수적토), 풍적토 등이 있다.

03 탄산화 작용은 대기 중의 이산화탄소가 물에 용해 되어 일어난다. 물에 산이 가해지면 암석의 풍화 작용이 촉진된다.

04 ④ 용해는 화학적 풍화작용 요인이다.

정답 01 ③　02 ②　03 ③　04 ④

2. 토양 검정

(1) 분석용 토양시료 채취 및 분석

① 토양 검정의 목적 : 종자 파종 또는 모종 심기 전에 토양의 양분 상태를 미리 파악하여 작물이 필요로 하는 양분의 적정량을 사용하기 위한 것으로 1년에 1회 이상 검정한다.

② 토양시료 채취

  ㉠ 시료 채취 시기

   • 시비량 결정을 위한 토양 검정 : 작물 수확 후부터 다음 작물 재배 전에 퇴비, 토양개량제 및 비료를 사용하지 않은 상태에서 토양시료를 채취한다.

   • 토양양분 함량의 연차 간 변화 비교 : 매년 토양 분석 결과를 비교하고자 할 경우 몇몇 분석 항목은 시기에 따라 달라지기 때문에 매년 같은 시기에 시료를 채취해야 한다.

  ㉡ 시료 채취 지점 선정

   • 평탄지 : 평지는 필지를 대표하는 시료를 채취하기 위하여 Z자형이나 W자형으로 지점 선정

   • 경사지 : 경사지에서는 상부, 중부, 하부로 나누어 2점 또는 그 이상의 지점 선정

  ㉢ 시료 채취 방법 : 토양시료 채취기(soil auger)를 이용하여 표토를 1cm 정도 걷어 내고 10지점 이상을 선정하여 채토량이 1~2kg 정도가 되도록 한다.

   • 논과 밭토양 : 일년생 작물(벼, 고추, 토마토, 감자 등)은 뿌리가 대부분 토심 0~15cm 내외의 경작층에 분포하므로 이를 부피 비율로 균등하게 채취한다.

   • 과수원 토양 : 뿌리 분포가 가장 많은 0~30cm의 흙을 채취하며 토양시료 채취 깊이를 표토(0~20cm)와 심토(21~40cm)로 구분하여 시료를 각각 채취하기도 한다.

재배포장 시료 수거 방법(유기식품 및 무농약농산물 등의 인증에 관한 세부실시요령 [별표 2])
• 재배포장의 토양은 대상 모집단의 대표성이 확보될 수 있도록 Z자형 또는 W자형으로 최소한 10개소 이상의 수거 지점을 선정하여 수거한다.
• 시료 수거는 신청인, 신청인 가족(단체인 경우에는 대표자나 생산관리자, 업체인 경우에는 근무하는 정규직원을 포함) 참여하에 인증심사원이 직접 수거하여야 한다. 다만, 관계 공무원 등 국립농산물품질관리원장이 인정하는 사람이 수거하는 경우에는 그 예외를 인정한다.
• 시료 수거량은 시험연구기관이 정한 양으로 한다.
• 시료 수거 과정에서 시료가 오염되지 않도록 적정한 시료수거 기구 및 용기를 사용한다.
• 수거한 시료는 신청인, 신청인 가족(단체인 경우에는 대표자나 생산관리자, 업체인 경우에는 근무하는 정규직원을 포함) 참여하에 봉인 조치하고, 시료수거확인서를 작성한다.
• 인증심사원은 검사의뢰서를 작성하여 수거한 시료와 함께 지체없이 검사기관에 송부하고, 친환경인증관리 정보시스템에 등록하여야 한다.

기출 키워드

토양 검정의 목적, 토양시료의 채취 시기·지점·방법, 항목별 토양 검정 결과

TIP

논·밭·과수원 등의 일반 농업 목적의 토양 검정은 시·군 농업기술센터에서 실시한다.

[토양시료 채취 방법(흙토람)]

③ 토양시료 분석 의뢰

㉠ 시료 준비 : 그늘에서 자연 상태로 건조하며 특히, 이물질이 혼입되지 않도록 주의해야 한다. 신속하고 골고루 마르게 하려면 1~2일에 한 번씩 뒤집어 준다.

㉡ 분석용 시료 조제 : 밭토양은 봄·가을 기온 조건에서 7일 정도 건조한다.

㉢ 시료 분쇄 : 건조된 시료는 나무 또는 고무망치(금속성 망치 사용 금지)를 이용하여 잘게 부순 후 2mm 체를 통과한 것으로 사용한다.

㉣ 시료 봉투 기록 : 조제된 시료는 깨끗한 비닐에 500g 정도 담고 시료 봉투에는 경작자, 필지의 지번, 재배작물명, 시료 채취 날짜 등을 상세히 기록해서 분석을 의뢰한다.

④ 비료 사용 처방서 분석하기

㉠ 농업 형태에 따른 토양 검정 결과 항목 비교

농업 형태	관행농업	유기농업
공통 항목	• 경지 현황 • 토양 검정 결과 • 담당자 의견	
추가 항목	비료 사용 처방서(화학비료와 유기질 비료를 함께 사용할 수 있는 비료 추천량이 있음)	유기자재 처방서(화학비료를 배제한 유기 자재 추천량만 있음)

㉡ 공통 항목

• 경지 현황 : 재배 작물, 면적, 경작지 소재지, 토양 유형, 토성, 토양통, 배수 등급 및 토양 특성 등

• 토양 검정 결과 : 토양의 산도(pH), 유기물 함량, 유효 인산, 치환성 양이온(칼륨, 칼슘, 마그네슘) 등 토양 분석값과 작물재배 시 필요한 양분의 적정 범위에 관한 정보

📖 **TIP**

토양 검정 결과값
• 경지현황 : 토양의 물리적 특성(토양 유형, 토성, 토양통, 배수 등급, 토양의 특성)
• 토양 검정 결과 : 토양의 산도, 유기물, 유효인산, 치환성양이온, 전기전도도
• 비료 추천량과 유기자재 추천량

예제

01 친환경농축산물 및 유기식품 등의 인증에 관한 세부실시요령에 따라 친환경농산물 인증심사 과정에서 재배포장 토양 검사용 시료 채취 방법으로 옳은 것은?

① 채취하는 토양은 모집단의 대표성이 확보될 수 있도록 S자형 또는 Z자형으로 채취한다.
② 토양시료 채취 지점은 재배필지별로 최소한 5개소 이상으로 한다.
③ 시료 수거량은 시험연구기관이 검사에 필요한 수량으로 한다.
④ 토양시료 채취는 인증 심사원 입회하에 인증 신청인이 직접 채취한다.

02 토양시료 채취 시 깊이 파야 하는 순서대로 나열한 것은?

① 사과나무 – 상추 – 벼
② 사과나무 – 벼 – 상추
③ 상추 – 벼 – 사과나무
④ 벼 – 상추 – 사과나무

03 다음 중 토양 검정 결과에 포함되지 않는 내용은 무엇인가?

① 양이온교환능력
② 염류 농도
③ 유기물 함량
④ 토양온도

[채취 지점의 선정]

해설

01 ① 채취하는 토양은 Z자형 또는 W자형으로 채취한다.
   ② 토양시료 수거 지점은 최소한 10개소 이상으로 한다.
   ④ 시료 수거는 신청인, 신청인 가족(단체인 경우에는 대표자나 생산관리자, 업체인 경우에는 근무하는 정규직원을 포함) 참여하에 인증심사원이 직접 수거하여야 한다.

02 토양시료 채취 깊이

작물명	토양시료 채취 깊이
사과나무	가지 끝 안쪽 10cm 지점 토양 20~30cm
벼	18cm
상추	15cm

03 토양 검정 결과에 포함되는 내용으로 pH, 유기물 함량, 유효인산, 치환성양이온, 전기 전도도, 유효규산 등이 있다.

정답 01 ③ 02 ② 04 ④

CHAPTER 02 토양관리 | **71**

(2) 논토양의 특징

① 토층분화

　　㉠ 산화층 : 논토양의 윗층인 산화층은 소비되는 산소량보다 공급되는 산소량
　　　이 많아지면서, 산화제2철(Fe^{3+})로 적갈색을 띤다.

　　㉡ 환원층 : 산화제1철(Fe^{2+})로 청회색을 띤다.

　　※ 담수로 인해 연작장해가 없으며 유기물 분해가 왕성할 때, 논물에 공급되는 산소보다
　　　미생물이 소비하는 산소량이 많으면 전층은 환원상태가 된다.

② 질소의 고정 : 논에 질소고정 남조류가 번식하면 햇볕을 받아 대기 중의 질소를
　　고정하여 표면 산화층에 질소를 공급한다.

③ 탈질작용과 심층시비

　　㉠ 질산화 작용(nitrification) : 산소의 공급이 충분한 환경, 즉 논토양의 산화
　　　층에 암모늄태 질소(NH_4^+)를 시비하면 아질산태 질소(NO_2^-)를 거쳐 질산태
　　　질소(NO_3^-)가 된다.

　　㉡ 탈질작용(denitrification) : 질산태 질소(NO_3^-)는 산소가 부족한 혐기성
　　　조건에서 탈질균에 의해 아질산염(NO_2^-), 아질산화질소(N_2O)를 거쳐 질소
　　　가스(N_2)로 환원되어 대기 중으로 휘산된다.

　　㉢ 심층시비 : 논토양에서 암모늄태 질소를 환원층에 시용하면 토양에 잘 흡착
　　　되므로 비효가 오래 지속된다.

　　㉣ 전층시비 : 논을 갈기 전 논 전면에 암모늄태 질소를 미리 뿌린 다음 로터리
　　　작업 등으로 작토의 전층(대부분이 환원층)에 섞이도록 한다.

④ 인산의 유효화 : 담수 시, 환원상태가 되면 인산이 알루미늄, 철과 결합하여
　　유효화되어 쉽게 흡수된다.

⑤ 유기태 질소의 무기화 : 벼가 그대로 이용할 수 없는 유기태 질소를 논토양의
　　혐기성 미생물에 의해 무기화가 촉진되어 다량의 암모늄태질소가 생성된다.

　　㉠ 알칼리효과 : 토양에 알칼리나 산을 첨가하여 토양반응을 바꾼 다음에 담수
　　　하면 유기태 질소의 무기화가 촉진된다.

　　㉡ 건토효과 : 토양이 건조하면 미생물이 분해하기 쉬운 형태로 되는데 여기에
　　　물을 공급하면 미생물의 활동이 촉진되어 다량의 암모니아가 생성된다.

　　㉢ 지온 상승효과 : 한여름 논토양의 지온이 높아지면 유기태 질소의 무기화가
　　　촉진된다.

기출 키워드

논토양의 특징, 토층분화의 개
념, 질산화 작용, 탈질작용, 심
층시비, 전층시비, 인산의 유효
화, 유기태 질소의 무기화 종
류, 건토효과, 알칼리효과

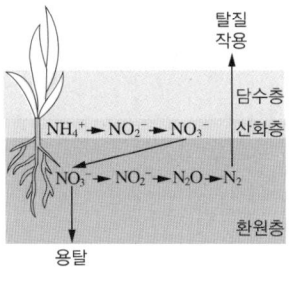

예제

01 논토양의 일반적인 특성이 아닌 것은?

① 토층의 분화가 발생한다.
② 조류에 의한 질소공급이 있다.
③ 연작장해가 있다.
④ 양분의 천연공급이 있다.

02 다음 중 논토양의 특성으로 옳지 않은 것은?

① 호기성 미생물의 활동이 증가한다.
② 담수하면 토양은 환원상태로 전환된다.
③ 담수 후 대부분의 논토양은 중성으로 변한다.
④ 토양용액의 전도도는 처음에는 증가하다가 최고에 도달한 후 안정된 상태로 낮아진다.

해설

01 ③ 연작장해는 밭토양에서 일어나기 쉽다.

02 논토양은 담수하면 대기 중에서 토양으로의 기체 공급이 저하되므로 담수 후 수 시간 내에 토양 내 산소가 호기성 미생물에 의해 완전히 소모되며 산소가 부족한 조건하에서 호기성 미생물의 활동이 정지되고 혐기성 미생물의 호흡작용이 우세하여 혐기성 미생물의 활동이 증가한다.

정답 01 ③ 02 ①

(3) 밭토양의 특징

① 밭 면적 중 74%가 곡간지와 구릉지 및 산록지에 있다.
② 침식을 많이 받아 토양의 유실과 비료 성분의 용탈이 심하므로 대부분 지력이 낮아 저위생산성 토양이 많다.
③ 관개수에 의한 양분의 천연 공급이 없고, 빗물에 의한 양분 유실이 심하다.
④ 밭은 논에 비해 한발피해가 심하다.
⑤ 작황의 불안정과 연작에 의한 생육장해가 일어나기 쉽고, 유사 작물을 계속 재배하면 특정 양분이 과다흡수되거나 시비된 비료 성분이 과잉축적되어 심한 불균형을 초래하기도 한다.
⑥ 토성별 분포를 볼 때 세립질 토양이 많다.

기출 키워드

밭토양의 특징, 논·밭토양의 차이점, 산화-환원전위(Eh)의 개념

곡간지(曲間地)
산과 산 사이의 골짜기의 땅

구릉지(丘陵地)
산보다 낮고 완만한 땅

산록지(山麓地)
산기슭

TIP

밭 토양의 종류
- 보통밭
- 사질밭
- 미숙밭
- 중점밭
- 고원밭
- 화산회밭

산화-환원전위(Eh)
- 화학반응에서 물질이 전자를 잃고 산화되거나 전자를 얻어 환원되려는 경향의 강도를 나타낸다.
- 산화-환원 반응은 동시에 일어나며, 토양의 산화-환원정도를 나타낼 때 Eh로 표시하고, 산화될수록 Eh는 높아지고 환원될수록 Eh는 낮아진다.

[논·밭토양의 차이]

구분	논토양	밭토양
색깔	청회색, 회색	황갈색, 적갈색
산화물, 환원물의 존재	환원물(N_2, H_2S 등)	산화물(NO_3, SO_4)
산화환원상태	담수로 인한 위쪽은 산화상태, 아래쪽은 환원상태	산화상태
양분 공급	관개수에 녹아 들어오는 천연 공급이 많다.	빗물로 인한 양분의 유실이 많다.
산화환원전위(Eh)	높음	낮음
토양 pH	담수할 때 중성이 된다.	대개 산성을 나타낸다.
양분 존재 형태의 차이	• 혐기성균의 활동 • 질산 → N_2(탈질작용으로 휘산되어 이용불가) • SO_4^{2-} → S 또는 H_2S • Fe^{3+} → Fe^{2+}	• 호기성균의 산화작용 • 암모니아 → 질산 • Fe^{2+} → Fe^{3+} • 황 → SO_4^{2-}

예제

01 논토양은 밭토양에 비해 어두운 색깔을 띤다. 그 주된 이유는 무엇인가?

① 유기물 함량 차이   ② 산화환원 특성 차이
③ 토성의 차이   ④ 재배작물의 차이

02 밭토양조건보다 논토양조건에서 양분의 유효화가 커지는 대표적 성분은?

① 질소   ② 인산
③ 칼리   ④ 석회

03 밭토양과 비교한 논토양의 특징이 될 수 있는 것은?

① 토양침식성이 크다.   ② 양분의 천연공급량이 많다.
③ 연작의 장해가 크다.   ④ 미량요소 결핍이 심하다.

04 우리나라 밭토양의 일반적인 특성이 아닌 것은?

① 곡간지 및 산록지와 같은 경사지에 많이 분포되어 있다.
② 토성별 분포를 보면 세립질 토양이 조립질 토양보다 많다.
③ 저위생산성인 토양이 많다.
④ 밭토양은 환원상태이므로 유기물의 분해가 논토양보다 빠르다.

해설

02 ② 논토양에서 담수 후 환원상태가 되면 인산 알루미늄·인산철 등이 유효화한다.

03 밭은 논에 비하여 물이나 바람에 의한 침식의 위험이 있고, 관개의 기회가 거의 없어 양분의 천연공급량도 거의 없다.

04 ④ 밭토양은 산화상태이기 때문에 유기물의 분해가 논에서보다 빠르다.

정답 01 ②   02 ②   03 ②   04 ④

(4) 토양별 특성 및 개량 방법

① 논토양별 특성 및 개량 방법

구분	특성	개량 방법
사질논	• 모래가 많아 물 빠짐이 심하고 양분 용탈도 크며, 가뭄에 취약하고, 유기물 분해가 빨라 지력 쇠퇴가 심하여 척박하다. • 생육 후기에 양분이 급격히 부족해진다.	• 점토 함량이 25% 이상인 양질의 붉은 산 흙을 객토 • 객토 후 석회질 비료 및 완숙 퇴비 시비
미숙논	야산을 새로 개간하여 논으로 이용 시 높은 곳의 토양이 깎여서 미숙논이 생기는데 유기물 함량 및 양분이 부족하며, 토양구조 발달이 미약하여 생산성이 낮다.	• 심경 • 유기물 시용 • 석회 시용
습논	• 지하수위가 표면으로부터 50cm 미만이다. • Fe^{3+}, Mn^{4+}가 환원 작용을 받아 Fe^{2+}, Mn^{2+}가 된다. • 미숙유기물이 혐기적으로 분해되어 유기산을 생성 후 집적되어 뿌리의 생장과 흡수작용에 장해를 준다. • 한여름 고온기에는 유기물 분해가 왕성하여 심한 환원상태이고, 황화수소 등의 유해한 환원성 물질이 생성·집적되어 뿌리가 상한다. • 지온 상승효과로 지력질소가 공급되는데 이는 후기에 질소 과다로 이어져 추락현상을 유발한다.	• 암거배수 • 유해물질을 제거 • 철분 등의 보급을 위해 객토 • 석회 시비를 통해 산성 중화 • 이랑재배 • 질소의 시비량을 줄이기 • 완숙된 퇴비를 시용
간척지 (염해지) 논	• 토양의 염분 농도가 0.1% 이상이면 재배가 어렵다. • 점토가 과다하고 나트륨이온이 많아 토양의 투수성이 나쁘다. • 염분과 황화물의 해작용으로 투수성이 매우 불량하여 전층 기계경운을 하거나 잦은 경운은 토양생태계를 파괴할 수 있어 적절하지 않다. • 지하수위가 높아 쉽게 환원상태가 되면 황화수소(H_2S)가 생긴다. • 특이산성토로 해면 아래의 황화물이 산화 과정을 거쳐 황산이 되는데 이 황산이 토양을 강산성으로 만든다.	• 관배수 시설을 통한 염분과 황산 제거 • 석회를 사용하여 산성 중화 • 석고, 토양개량제, 생고 등을 사용하여 토양의 물리성 개선 • 염생식물을 심어 염분을 흡수하게 한 뒤 제거 • 염분 제거를 위해 담수법, 명거법, 여과법 실시 • 내염재배 실시
노후답	• 환원층에서 철분이 많을 때는 벼 뿌리가 적갈색인 산화칼슘의 두꺼운 피막을 형성한다. • Fe, Mn, K, Ca, Mg, Si, P 등이 작토에서 용탈되어 결핍된 논토양이다. • 담수하의 작토 환원층에서 Fe, Mn이 환원되어 녹기 쉬운 형태로 된다. • 담수하의 작토 환원층에서 황산염이 환원되어 황화수소가 생성된다.	• 객토(철분, 점토가 많은 붉은 산 흙) • 심경 • 함철자재의 사용 • 규산질 비료의 시비 • 저항성 품종 선택 • 조기재배 • 무황산근 비료 시비 • 덧거름 중점 시비(후기 영양 확보) • 엽면시비

기출 키워드

논·밭토양별 특성 및 개량 방법, 노후답, 습답, 간척지답, 미숙밭, 중점밭

추락현상

봄, 여름에는 생육이 양호하였으나 가을이 되면서 깨씨무늬병 등의 병해충 발생이나 영양분 부족으로 인해 수확량이 급감하는 현상

📖 **TIP**

간척지논에 석고를 시비하는 이유

석고는 칼슘을 공급하고 염류를 제거하여 토양개량제로서의 역할을 한다.

📖 **TIP**

노후답

물을 담수한 논은 산소가 부족하여 환원상태가 된다. 환원층에서는 황산염이 환원되어 황화수소(H_2S)가 생성되면 특유의 부패냄새가 나고, 규산이 용탈되어 결핍된다. 또한 작토층의 철은 미생물에 의해 Fe^{3+}에서 Fe^{2+}로 환원되어 이동성이 매우 높아지며, 이 상태의 Fe^{2+}와 Mn^{2+}가 아래로 이동해 산화층에 도달하면 각각 Fe^{3+}, Mn^{4+} 형태로 다시 산화되어 축적된다.

객토(客土)

토양환경이 나쁜 농경지의 지력 (땅의 힘)을 높이기 위해 다른 곳 에서 흙을 가져와 표토(맨 위 흙 층)에 섞는 작업

등고선 재배

경사진 밭에서 등고선과 평행하 게 이랑을 만들어 작물을 심는 토 양보전 농업기술로, 빗물로 인한 토양 유실을 효과적으로 줄여준다.

② 밭토양별 특성 및 개량 방법

구분	특성	개량 방법
사질밭	모래 또는 자갈이 많은 하천 유역, 선상지, 곡간지에 주로 분포하며 양분과 수분을 지니는 힘이 적어 가뭄에 취약하다.	• 점토 함량이 높은 신선한 토양 으로 객토하고 토양 검정을 통 해 부족한 양분을 확인한다. • 석회질 비료 및 유기물 시용 대책을 세워 토양의 입단 조성 을 해주며, 휴한기에는 녹비작 물을 재배하면 지력 퇴화 방지 에 도움이 된다.
중점밭	• 점토 함량이 많아 양분과 수분을 지니는 힘은 강하지 만, 습해 우려가 있고 가뭄이 오래되면 땅이 딱딱하게 굳어지는 결점으로 인해 뿌리 활력이 떨어져 생산력 이 낮다. • 심근성 작물 또는 영년생 작물을 재배하면 과습이 문제가 되므로 배수 시설이 필요하다.	모래흙으로 객토하여 통기성과 투수성을 개선해야 한다.
미숙밭	오랜 기간 작물을 재배하지 않았던 산지를 개간하여 경작 연수가 짧아 토층 분화가 미약하며, 유기물, 유효 인산, 칼륨, 석회 등 양분이 부족하다.	• 토성에 맞도록 개량하며, 비 옥도 향상은 토양 검정 결과를 반영하여 부족한 성분을 보충 해 주어야 한다. • 토양 pH가 낮은 토양은 석회 검정량에 근거하여 연차 간 석 회질 비료를 계획에 맞게 시용 해야 한다.
고원밭	• 해발이 높은 곳에 있는 밭으로 평지보다 기온이 낮아 여름철 배추, 무 재배가 많다. • 평지에 비해 지온이 낮아 유기물 분해가 느려 비교적 비옥한 토양이 많다. • 여름작물 재배가 대부분으로 나지 상태로 있는 일수 가 많다. • 일부 지역은 경사가 심해 비가 집중되는 장마철에 토양 및 양분 유실량이 많다.	• 등고선 재배를 한다. • 휴한기에는 피복작물을 재배 하여 토양침식 및 지력 저하를 방지해야 한다.

예제

01 사질의 논토양을 객토할 경우 가장 알맞은 객토 재료는?

① 점토 함량이 많은 토양

② 규산 함량이 많은 토양

③ 부식 함량이 많은 토양

④ 산화철 함량이 많은 토양

02 습답의 특징으로 볼 수 없는 것은?

① 지하수위가 표면으로부터 50cm 미만이다.

② 유기산이나 황화수소 등 유해 물질이 생성된다.

③ Fe^{3+}, Mn^{4+}가 환원 작용을 받아 Fe^{2+}, Mn^{2+}가 된다.

④ 칼륨 성분의 용해도가 높아 흡수가 잘 되나 질소 흡수는 저해된다.

03 간척지 토양의 특성에 대한 설명으로 틀린 것은?

① Na^+에 의하여 토양 분산이 잘 일어나서 토양공극이 막혀 수직배수가 어렵다.
② 토양이 대체로 EC가 높고 알칼리성에 가까운 토양반응을 나타낸다.
③ 석고($CaSO_4$)의 시용은 황산기(SO_4^{2-})가 있어 간척지에 시용하면 안 된다.
④ 토양유기물의 시용은 간척지 토양의 구조 발달을 촉진시켜 제염효과를 높여준다.

04 밭토양의 유형별 분류에 속하지 않는 것은?

① 고원밭   ② 미숙밭
③ 특이중성밭   ④ 화산회밭

05 개간지 미숙밭토양의 개량 방법과 가장 거리가 먼 것은?

① 유기물 증시   ② 석회 증시
③ 인산 증시   ④ 철, 아연 증시

> **해설**
>
> **01** 사질논은 점토 함량이 25% 부근에 이르도록 점토 함량이 높은 식양토나 식토를 객토하여야 한다.
>
> **02** ④ 벼 생육 후기에 질소 과다로 도복・병해가 유발된다.
>
> **03** 석고($CaSO_4$)는 황산기(SO_4^{2-})가 포함되어 있지만, 석고는 칼슘 이온을 제공하여 나트륨 이온과 교환반응을 일으키고, 나트륨은 물에 잘 용해되어 토양에서 제거될 수 있다. 간척지에서 석고 시용은 제염에 도움을 준다.
>
> **04 밭토양의 유형** : 보통밭, 사질밭, 중점밭, 미숙밭, 고원밭, 화산회밭
>
> **정답** 01 ① 02 ④ 03 ③ 04 ③ 05 ④

---

(5) 토양 검정 시스템 활용

① 토양환경정보시스템

　㉠ 농촌진흥청 국립농업과학원에서 공식 전자정부 누리집(흙토람, https://soil.rda.go.kr)을 운영하고 있다.

　㉡ 누리집에서 확인할 수 있는 정보

- 비료사용처방
- 토양 검정정보
- 농경지화학성
- 토양특성
- 작물별 토양적성도
- 토양수분정도
- 토양물리성 현장진단
- 토양 통계

> 📖 **TIP**
>
> **내염재배 방법**
> - 내염성 작물(사탕무, 유채, 양배추, 목화 등) 선택
> - 조기재배, 휴립재배 실시
> - 논물을 말리지 않고 자주 환수
> - 석회, 규산석회, 규회석 사용
> - 황산근을 가진 비료 사용 자제

> 📖 **TIP**
>
> **미숙밭**
> 오랜 기간 작물을 재배하지 않았던 산지를 개간하여 경작 연수가 짧아 토층 분화가 미약하며, 유기물, 유효인산, 칼륨, 석회 등 양분이 부족하다.

> **기출 키워드**
>
> 비료 성분량 계산식, 퇴비 시용량 계산식

[비료사용처방(흙토람)]

② 비료사용처방 조회하기

㉠ 조회 방법

• 지역과 작물 및 지번을 선택한다.

• 유기자재 처방과 일반 처방 중 선택하여 조회한다.

• 조회한 지역의 화학성 평균치가 나타난다.

• 항목은 다음과 같다.

pH (1:5)	유기물 (g/kg)	유효인산 (mg/kg)	치환성 양이온(cmol$^+$/kg)			전기전도도 (dS/m)	유효규산 (mg/kg)
			칼륨	칼슘	마그네슘		

㉡ 일반 처방

• 성분량(N, P, K)을 밑거름과 웃거름으로 구분하여 추천량(요소, 용성인비, 염화칼륨)과 복합비료 추천 순위, 석회질비료, 혼합가축분퇴비 처방이 조회된다.

• 비료의 성분량과 실량을 확인한다.

– 질소질 비료 : 요소 46%

– 인산질 비료 : 용성인비 21%

– 칼리질 비료 : 염화칼륨 60%

㉢ 유기자재 처방

• 밑거름과 웃거름이 합쳐진 성분량과 이미 투입된 유기자원 및 앞으로 투입될 유기자원을 선택하면 각각의 유기자원에 맞는 N 함량(%), C/N율, 수분 함량(%)이 조회된다.

• 작물이 필요로 하는 질소량을 전량 퇴비로 대체하고자 할 때 적용할 수 있는 퇴비 시용량 산출 방법은 다음과 같다.

$$\text{퇴비 시용량(kg/10a)} = \frac{\text{질소 시비량(kg/10a)}}{\text{퇴비 중 질소 함량(\%)}} \times 100$$

TIP

비료 성분량 산출 방법

비료 성분량(kg)

$= \dfrac{\text{보증성분 함량(\%)}}{100}$

$\times$ 비료 실량

예 요소비료의 질소 보증성분량이 46%일 때, 요소비료 1포(20kg)가 함유한 질소 성분량은 얼마인가?

비료 성분량(kg)

$= \dfrac{46}{100} \times 20kg$

$= 9.2kg$

더 알아보기

시비의 원리와 시비량 계산하기

• 시비의 원리

– 최소양분율 : 리비히가 주장한 내용으로 양분 중에서 필요량에 대해 공급이 가장 적은 양분에 의하여 작물생육이 제한되는데 이 양분을 최소양분이라 하며, 최소양분의 공급량에 의해 작물의 수량이 지배되는 원리이다.

– 수량점감의 법칙 : 비료 시용량이 일정 한계 내에서는 수량의 증가량이 크지만, 비료 시용량이 어느 한계 이상으로 많아지면 수량의 증가량이 점점 줄어들다가 마침내 시비량이 증가해도 수량은 증가하지 못하는 상태에 도달하는 현상이다.

- 시비량
  - 시비량의 결정요인 : 토양의 비료 성분, 작물의 비료 흡수량, 유실량 등
  - 표준시비량 : 작물과 재배환경, 재배 목적과 품종, 재배시기 등에 따라 비료의 양이 달라지므로 그 지역의 각 작물재배에 평균적으로 적용될 수 있는 시비량을 말한다.
  - 시비량의 이론적 계산법

$$시비량(kg) = \frac{비료요소\ 흡수량(kg)}{비료요소\ 흡수율(\%)} - 천연공급량(kg)$$

예제

01 작물재배 시 300평당 전생육기간에 필요한 질소 성분량이 10kg일 때, 질소가 5%인 혼합유박은 몇 kg을 사용해야 하는가?

① 200kg　　　　　　　　　② 300kg
③ 350kg　　　　　　　　　④ 400kg

02 요소비료의 질소 보증성분량이 46%일 때, 요소비료 1포(20kg)가 함유한 질소 성분량은 얼마인가?

① 6.2kg　　　　　　　　　② 3.2kg
③ 9.2kg　　　　　　　　　④ 15.5kg

> **TIP**
>
> **비료의 성분량과 실량**
> - 질소질 비료 : 요소 46%
> - 인산질 비료 : 용성인비 21%
> - 칼리질 비료 : 염화칼륨 60%

03 작물이 필요로 하는 질소량을 전량 퇴비로 대체하고자 할 때 적용할 수 있는 퇴비 시용량 산출식으로 옳은 것은?

① $\dfrac{질소\ 시비량(kg/10a)}{퇴비\ 중\ 질소\ 함량(\%)} \times 100$

② $\dfrac{퇴비\ 중\ 질소\ 함량(\%)}{질소\ 시비량(kg/10a)} \times 100$

③ $\dfrac{비료요소\ 흡수율 - 천연공급량}{비료요소\ 흡수량}$

④ $\dfrac{비료요소\ 흡수량 - 천연공급량}{비료요소\ 흡수율}$

04 이론적인 단위 면적당 시비량을 계산하기 위해 필요한 요소가 아닌 것은?

① 비료요소 흡수량　　　　　② 목표 수량
③ 천연공급량　　　　　　　④ 비료요소 흡수율

05 리비히가 주장하였으며 생산량은 가장 소량으로 존재하는 무기성분에 의해 지배받는다는 이론은 무엇인가?

① 최소양분율　　　　　　　② 유전자중심설
③ C/N율　　　　　　　　　④ 하디-바인베르크법칙

해설

01 혼합유박의 질소 함량이 5%이므로, $\dfrac{10 \times 100}{5} = 200kg$

02 비료 성분량(kg) $= \dfrac{\text{보증성분 함량(\%)}}{100} \times$ 비료 실량

$\quad = \dfrac{46}{100} \times 20kg$

$\quad = 9.2kg$

03 작물이 필요로 하는 질소량을 전량 퇴비로 대체하고자 할 때 적용할 수 있는 퇴비 시용량(kg/10a)은 $\dfrac{\text{질소 시비량(kg/10a)}}{\text{퇴비 중 질소 함량(\%)}} \times 100$이다.

04 시비량의 이론적 계산법

시비량(kg) $= \dfrac{\text{비료요소 흡수량(kg)}}{\text{비료요소 흡수율(\%)}} -$ 천연공급량(kg)

05 **최소양분율** : 최소양분의 공급량에 의해 작물의 수량이 지배되는 원리이다.

정답 01 ① 02 ③ 03 ① 04 ② 05 ①

3. 퇴비 제조

(1) 퇴비 원료 선택

① 농산부산물

㉠ 곡류(볏짚, 왕겨, 쌀겨, 보리짚, 밀짚, 싸라기), 두류 및 유지류(콩대, 깻대, 땅콩대, 참깨, 들깨, 유박 등), 기타(옥수수대, 고춧대, 전정 가지, 버섯배지 등) 등이 있다.

㉡ 비료 성분의 가치는 낮고 탄질비(C/N율)는 높은 편이다.

㉢ 볏짚의 탄질비는 대략 60~70 정도이고 퇴비화 과정을 거치지 않으며 정식 초기에 일시적 질소기아현상이 나타날 수 있다.

㉣ 토양의 물리성을 개선하며 시설재배지에서 염류집적 피해를 경감시킨다.

㉤ 왕겨는 수분흡수가 쉽지 않고, 미생물에 의해 분해되는 시간도 많이 소요되므로 마쇄 또는 팽연화 가공 과정을 거쳐 사용한다.

② 임산부산물

㉠ 나뭇재, 낙엽, 수피, 야생초, 이탄, 토탄, 갈탄 등이 있으며 톱밥은 흡습성, 통기성 등이 우수하여 퇴비 보조제로 많이 사용한다.

㉡ 톱밥은 탄질비가 500~1,000으로 높아서 분해가 늦고 비료 성분이 적어 비료로써 가치가 낮지만, 가축분뇨와 같이 수분을 많이 지닌 퇴비 원료의 수분조절제 및 탄소 공급원으로 사용된다.

기출 키워드

퇴비 원료의 종류, 왕겨, 볏짚, 톱밥, 가축분뇨의 양분 함량이 높은 순

탄질비(C/N율)

• 유기물 중 탄소(C)와 질소(N)의 함량비로, 적절한 비율을 유지해야 미생물 활동이 원활히 이루어지고 양질의 퇴비를 생산할 수 있다.

• 퇴비화에 적합한 탄질비는 30 내외이고 낮거나 높으면 퇴비화 속도가 지연된다.

이탄(peat)

피트라고도 하며, 화본과 식물이나 수목질의 유기물이 퇴적되어 부분적으로 분해·변질된 것

③ 가축분뇨

　　㉠ 퇴비 원료로 널리 활용되어 온 유용한 유기자원으로, 농산부산물 및 임산부
　　　산물에 비해 비료 성분이 많고 탄질비도 낮은 편이다.

　　㉡ 퇴비와 액비는 유기농 축산물, 무항생제 축산물 인증을 받은 농장 또는
　　　경축순환농법으로 사육한 농장에서 유래한 것을 완전히 부숙하여 사용해야
　　　한다.

　　㉢ 양분 함량이 높은 순서 : 계분 > 돈분 > 우분

④ 수산부산물

　　㉠ 생선을 그대로 말리거나 기름을 짠 찌꺼기를 말려 사용하며, 질소, 인산,
　　　칼륨을 함유하고 있어 밑거름으로 주로 사용한다.

　　㉡ 어분, 해초 찌꺼기, 게 껍데기 등이 있다.

⑤ 골분 : 동물의 생뼈를 그대로 분쇄하거나 증기로 찐 다음 분쇄해서 가루로 만들
　　어 사용하며, 칼륨이 거의 없는 것이 특징이다.

예제

01 임산부산물이 아닌 것은?

① 싸라기　　　　　　　　　② 야초류
③ 토탄　　　　　　　　　　④ 낙엽

02 유기재배 시 퇴비 원료에 대한 설명으로 옳지 않은 것은?

① 볏짚의 탄질비는 높아 정식 초기에 일시적 질소기아현상이 나타날 수 있다.
② 톱밥은 분해가 늦고 비료 성분이 적어 비료로써는 가치가 낮지만 수분 조절제로 사용
　된다.
③ 가축분뇨는 관행적으로 사육한 농장에서 유래한 것을 사용하여도 무방하다.
④ 어분, 해초 찌꺼기 등 수산부산물도 퇴비 원료로 사용이 가능하다.

해설

01　① 싸라기는 농산부산물에 해당한다.

02　③ 퇴비와 액비는 유기농 축산물, 무항생제 축산물 인증을 받은 농장 또는 경축순환농법으로 사육한
　　　농장에서 유래한 것을 완전히 부숙하여 사용해야 한다.

정답 01 ①　　02 ③

---

(2) 퇴비 제조

① 퇴비 만들기

유기물원 수집	혼합 및 야적	퇴적	후숙
볏짚, 수피, 쌀겨, 깻묵 등	질소 1% 조절, 수분 60% 호기발효	뒤집기 : 2주 간격 퇴적 기간 : 12~14주	2~4주 야적

TIP

상품가치가 없는 잡어, 생선 부산물을 이용하여 농가에서 생선액비를 자가제조 할 수 있는데, 당밀과 혼합해 상온에서 1년 이상 발효시켜야 사용이 가능하다.

싸라기
부스러진 쌀알

기출 키워드

퇴비화 과정, 발열단계, 감열단계, 숙성단계, 퇴비화 촉진 방법, 퇴비화의 중요 인자, 탄질비(C/N비), 질소기아현상

㉠ 퇴비화 과정은 볏짚류, 가축분, 식물 유체 등과 같은 신선 유기물이 미생물에 의하여 분해되어 작물이 이용할 수 있도록 분해하는 것을 말한다.

㉡ 유기물이 분해되는 과정에서 탄질비, 수분, 온도 등에 의해 분해되는 기간이 달라진다.

㉢ 탄소는 분해되어 미생물의 에너지원으로 쓰이고, 질소는 영양원으로 이용되면서 미생물 번식이 지속된다.

㉣ 어느 정도 기간이 지나면 탄질비가 낮아진다.

㉤ 분해 과정에서 생성되는 유해물질이 없어지는 단계에 이르면 퇴비화가 완료되었다고 한다.

㉥ 이 과정을 부숙화라고 하며, 부숙화가 거의 끝난 단계를 완숙이라고 한다.

② **퇴비화 과정**

㉠ 발열단계
- 퇴비더미를 쌓은 후 박테리아에 의하여 유기물 분해가 시작되고, 그 과정에서 방출되는 에너지로 온도가 상승하게 된다.
- 온도가 60~70℃까지 상승하면 2~3주 지속된다.
- 고온에 의하여 병원균과 잡초 뿌리, 종자가 사멸한다.
- 발열 과정 전반에 걸쳐 수분 요구량이 매우 높다.
- 온도가 높아질수록 pH가 증가한다.
- 산소가 충분히 공급되어야 박테리아가 증식하고, 부족하면 악취가 난다.
- 분해 과정의 대부분이 이 시기에 이루어진다.

㉡ 감열단계
- 유기물의 분해가 어느 정도 진행되면 퇴비더미의 온도는 서서히 낮아져 25~45℃를 유지하게 된다.
- 온도가 낮아져 곰팡이가 정착하기 시작하면 줄기, 섬유질, 목질부와 같은 분해되기 어려운 물질들의 분해가 시작된다.
- 리그닌과 같은 난분해성 유기물만 남게 되어 분해 속도가 느려지고 온도는 더이상 올라가지 않는다.

㉢ 숙성단계
- 무기물과 부식산, 항생물질로 구성되며, 붉은두엄벌레 등의 토양생물이 서식하게 된다.
- 부숙이 진행됨에 따라 퇴비 고유의 냄새가 난다.
- 퇴비화가 완료되면 퇴비는 처음 부피의 반으로 줄어들고 어두운 빛깔(암갈색 또는 흑갈색)을 띤다.
- 장기간 숙성 과정에서 적은 양의 수분을 요구한다.

📖 **TIP**

퇴비화 과정
발열 → 감열 → 숙성

리그닌(lignin)
식물의 목질부에 다량으로 포함되어 있는 세포벽 구성 물질

예제

01 퇴비화 과정 중 발열단계에 대한 설명으로 옳지 않은 것은?

① 퇴비화의 첫 번째 단계로 퇴비 두엄을 쌓은 후 박테리아에 의해 유기물이 분해된다.

② 온도가 60~70℃까지 상승하게 되며 2~3주 정도 지속된다.

③ 무기물과 부식산, 항생물질로 구성되며 붉은두엄벌레와 기반의 토양생물이 서식하게 된다.

④ 이 단계에 수분 요구량이 가장 높다.

02 퇴비화 과정에서 숙성단계의 특징이 아닌 것은?

① 퇴비더미는 무기물과 부식산, 항생물질로 구성된다.

② 붉은두엄벌레와 그 밖의 토양생물이 퇴비 더미 내에서 서식하기 시작한다.

③ 장기간 보관하게 되면 비료로서의 가치는 떨어지지만, 토양개량제로서의 능력은 향상된다.

④ 발열 과정에서 더욱 많은 양의 수분을 요구한다.

해설

01 ③ 붉은두엄벌레는 숙성단계에 서식하기 시작한다.

02 숙성단계는 발열 과정이 끝나고 퇴비가 최종적으로 안정화되는 단계로, 발열이 줄어들고 수분의 요구량은 상대적으로 낮다.

정답 01 ③   02 ④

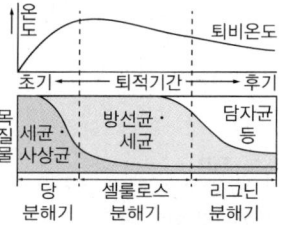

[퇴비 부숙 과정 중의 미생물상 변화]

③ **퇴비화 촉진 방법**

ㄱ 부숙이 완료된 퇴비를 혼용한다.

ㄴ 퇴비원의 함수율은 60% 전후, 탄질비는 20~30으로 조절하고 공기를 50m³/톤/일 공급해 주며, 퇴비더미의 온도가 70℃를 넘지 않도록 한다.

ㄷ 2가지 이상의 원료를 혼합하여 사용하면 퇴비화 기간을 단축할 수 있다.

ㄹ 자연 퇴적식은 퇴비더미의 높이를 60cm 이상, 기계식 퇴비화 장치는 200cm 정도가 적당하다.

ㅁ 송풍기기가 없으면 가축분 등 수분함량이 많은 재료를 퇴비화할 때 톱밥, 수피(나무껍질), 왕겨와 같은 조직이 거친 재료와 충분히 혼합하여 퇴비더미 내 자연 통기가 되도록 할 필요가 있다.

④ **퇴비화 중요 인자**

ㄱ 탄질비(C/N율)

• 유기물 중 탄소(C)와 질소(N)의 함량비로, 적절한 비율을 유지해야 미생물 활동이 원활히 이루어지고 양질의 퇴비를 생산할 수 있다.

• 퇴비화에 적합한 탄질비는 30 내외이고 낮거나 높으면 퇴비화 속도가 지연된다.

TIP

퇴비의 중요 인자
탄질비, 수분함량, 통기성, 온도, pH

> **TIP**
>
> **탄질비가 높은 순서**
> 톱밥 > 쌀보리짚 > 밀짚 > 볏짚
> > 옥수숫대 > 콩대 > 퇴비 =
> 클로버 > 사상균 > 방선균 >
> 세균

- 가축분을 주원료로 사용하여 퇴비를 만들 때 수분 조절과 탄질비 조절을 위해 보조재료로 톱밥을 가장 많이 활용한다.
- 리그닌 함량이 많은 톱밥은 분해가 어려워 퇴비 제조 시 퇴비화 속도가 늦어지며 양분 함량도 상대적으로 낮아진다.
- 적정 탄질비를 유지하면 퇴비가 완숙되며, 질소기아현상이나 악취 발생을 방지할 수 있다.

> **더 알아보기**
>
> **질소기아현상**
> - 토양은 유기물의 탄질비에 따라 식물의 생장이 달라지기 때문에 작물별 시비량 결정에 중요한 기준이 된다.
> - 작물에 적당한 유기물의 탄질비 범위는 평균 12이다.
>
> $$탄질비 = \frac{탄소화합물(C)의\ 함량}{질소화합물(N)의\ 함량}$$
>
> - 질소기아현상이란 탄질비가 높은 유기물을 비료로 사용했을 때, 이를 분해하려는 토양미생물이 토양 내 기존의 질소를 흡수하게 되고 작물이 이용할 수 있는 질소가 부족해져 일시적인 질소 결핍 증상이 나타나는 것이다.
>
> | 탄질비 | 특징 |
> |---|---|
> | 20 이하 | • 무기태 질소가 증가하며 무기화 작용이 우세한다.
• 질소의 무기화로 생성된 암모늄이온(NH_4^+)은 식물의 양분으로 이용된다.
• 분해 속도는 빠르다.
예 가축분뇨, 알팔파 등 |
> | 20~30 | 양방향으로 균형이 맞고, 분해 속도는 중간이다. 예 호밀 껍질 등 |
> | 30 이상 | • 미생물에 의해 질소가 고정되면서 무기태 질소의 감소 또는 고갈이 진행되어 질소기아현상이 나타난다.
• 분해 속도는 느리다.
예 톱밥, 밀짚, 옥수수대 등 |

ⓛ 수분함량

- 퇴적 초기에는 60~70% 정도가 적당하다.
- 강제로 공기를 주입하는 시설이 갖춰진 곳에는 수분함량이 70%여도 퇴비화가 잘 되지만 통기성이 불량한 곳은 오히려 수분함량이 50% 정도일 때 퇴비화 속도가 빨라진다.
- 수분함량에 따른 퇴비화 속도
  - 수분함량이 40% 이하 : 퇴비화 속도 매우 늦어짐
  - 수분함량이 70% 이상 : 퇴비화 속도가 늦어짐과 동시에 혐기 상태가 되어 악취 발생

- 퇴비화 기간 중 발열에 의해 수분함량이 40% 이하로 낮아지면 물을 보충해야 한다.
- 퇴비 제조 시 수분 조절을 위한 재료 순[톱밥 대비 상대적 수분 흡수율(%)] : 절단 볏짚(119) > 톱밥(100) > 팽화 왕겨(96) > 버미큘라이트(81) > 왕겨(49)

ⓒ 통기성
- 퇴비화는 호기성 미생물에 의해 유기물이 분해되는 과정이며 산소공급이 원활해야 한다.
- 공기 공급량은 퇴비의 퇴적 규모에 따라 달라진다.
  - 공기 공급량 과다 : 퇴비더미의 수분이 급격히 줄어 건조되어 퇴비화 지연
  - 공기 공급량 저조 : 혐기 조건이 되어 악취 및 퇴비화 지연
- 퇴비더미의 통기성은 퇴비 원료의 특성과 밀접하다.
- 가축분(입자가 작고 수분함량이 많은 원료) : 톱밥 또는 팽연화 왕겨 등의 재료를 혼합하여 수분 조절과 통기성을 확보한다.

ⓓ 온도
- 퇴비의 온도는 퇴비 재료를 쌓은 후 시간 경과에 따라 미생물 활성이 촉진되면서 상승한다.
- 퇴비더미가 크고 원활한 공기 주입 조건에서는 최고온도 70~80℃까지 오른다.
- 유기물 분해에 적당한 온도 : 45~65℃
  - 65℃ 이상 : 미생물 활성 저하
  - 퇴비 부숙 기간(15일 정도) 중 필요한 최소의 온도 : 55℃

ⓔ pH
- 퇴비의 적정 pH : 6.5~8.0
- 퇴비화 진행 시 pH 변화 요인 : 유기태 질소의 암모니아화 작용
  - 암모니아화 작용이 원활한 시기 : pH 상승(pH 8.5)
  - 퇴비화 후기(암모니아화 작용이 미미해지는 시기) : pH 하락(pH 7.5)
- 퇴비더미의 pH가 높고 장기간 지속 시 : 암모니아 휘산이 많아져 질소 손실 상승

팽화(puffing)
고온과 고압으로 가열한 뒤 순간적으로 감압시켜 부풀린 것으로, 다공성으로 변하고 성질도 크게 달라진다.

TIP

퇴비화 과정에서 pH
- 초기 단계 : 단백질 분해 → 암모니아 발생 → pH 급상승(알칼리성)
- 중기~후기 단계 : 질산화 진행 → H^+ 발생 → pH 하강(중성~약산성)
- 완숙 퇴비 : 대체로 중성 수준으로 안정

예제

01 퇴비 생산 시 퇴비 부숙 기간(15일 정도) 중 필요한 최소의 온도는?

① 55℃

② 65℃

③ 75℃

④ 85℃

02 탄질비가 높은 순서대로 바르게 나열된 것은?

① 톱밥 > 쌀보리짚 > 밀짚 > 알팔파
② 밀짚 > 톱밥 > 쌀보리짚 > 알팔파
③ 쌀보리짚 > 밀짚 > 톱밥 > 알팔파
④ 알팔파 > 톱밥 > 밀짚 > 쌀보리짚

03 발효 퇴비를 만들 때 퇴비화가 잘 일어날 수 있는 탄질비(C/N율)로 가장 적합한 것은?

① 1 이하   ② 5~10
③ 20~35   ④ 50 이상

04 토양 중 유기물 사용 시 질소기아현상이 가장 많이 나타날 수 있는 조건은?

① 탄질률 1~5   ② 탄질률 5~10
③ 탄질률 10~20   ④ 탄질률 30 이상

05 퇴비화 과정에서 미생물이 활동하는 가장 적당한 온도는?

① 40~45℃   ② 55~60℃
③ 65~70℃   ④ 75~80℃

06 퇴비더미에서 암모니아가스가 발생하기 가장 용이한 조건은?

① pH 3.0 이하   ② pH 5.5 이하
③ pH 7.0   ④ pH 8.0 이상

> **TIP**
>
> 퇴비화 과정에 온도는 40℃ 이하의 중온대와 40℃ 이상의 고온대로 구분된다. 유기물 분해가 가장 적당한 온도는 45~65℃로, 65℃ 이상의 고온대에서는 미생물의 활성이 떨어지므로 오히려 퇴비화의 진행을 지연시킨다.

> **해설**
>
> **03** 탄질비는 미생물들이 먹이로 쓰는 질소의 함량을 맞춰주기 위한 것으로 30 이하로 맞추어야 퇴비화가 잘 일어난다.
>
> **04** 질소기아현상
> 탄질비가 높은 유기물을 비료로 사용했을 때, 이를 분해하려는 토양미생물이 토양 내 기존의 질소를 흡수하게 되고, 작물이 이용할 수 있는 질소가 부족해져 일시적인 질소 결핍 증상이 나타나는 현상
>
> **06** 암모니아화 작용이 원활한 시기 : pH 상승(pH 8.5)
>
> **01** ①   **02** ①   **03** ③   **04** ④   **05** ②   **06** ④

기출 키워드

퇴비 품질 평가 방법, 콤백측정법, 솔비타 측정법, 종자발아 테스트법, 지렁이 독성 시험, 관능검사법

(3) 퇴비 품질 평가

① 기계적 부숙도 측정 방법

    ㉠ 콤백(CoMMe-100) 측정법 : 퇴비에서 발생하는 이산화탄소(CO_2) 및 암모니아(NH_3)가스를 패들에 반응시켜 기계적으로 측정하는 방법이다.

    ㉡ 솔비타(solvita) 측정법 : 퇴비에서 발생하는 이산화탄소 및 암모니아가스의 농도에 따른 색상반응을 컬러차트와 비교하여 부숙도를 판정하는 방법이다.

② 생물적 방법

　㉠ 종자발아 테스트법

　　• 무 종자를 발아시킨 뒤 발아지수를 조사하여 부숙상태를 판정하는 방법이다.

　　• 종자발아법은 기계적 측정법 검사 후 부숙상태가 의심될 때 진행한다.

　　• 퇴비시료를 항온 수조 70℃에서 2시간 경과 후 여과지로 추출하여 발아율
　　　과 뿌리 길이를 측정한다.

　　• 증류수를 첨가한 대조구의 무 발아율이 85% 이상이어야 하며, 발아지수
　　　(GI)가 70 이상일 때를 부숙완료로 판정한다.

> • GR = (퇴비 추출액 첨가구 발아율/대조구 발아율) × 100
> • RE = (퇴비 추출액 첨가구 뿌리 길이/대조구 뿌리 길이) × 100
> • 발아지수(GI) = (GR × RE)/100

　㉡ 지렁이 독성 시험 : 유기물의 퇴비화 과정에서 부숙이 진행되지 않으면 지렁
　　이가 자리 잡고 살아가는 환경이 되지 않는다. 따라서 퇴비 속에 지렁이가
　　발견되면 잘 부숙된 퇴비라고 판정한다.

아주 미숙한 퇴비	지렁이가 부분적으로 녹기 시작한다.
약간 미숙한 퇴비	지렁이가 움직이지 않고 몸체가 백색 또는 암갈색으로 변한다.
완숙 퇴비	지렁이 활동이 활발하다.

　㉢ 유식물 시험법

　　• 해작용에 예민한 식물의 생육 상황을 관찰함으로써 부숙도를 판정하는
　　　방법이다.

　　• 일반적으로 미숙한 퇴비를 사용하면 유기물 분해에 의하여 작물에 장해가
　　　생긴다.

　　• 식물에 대한 질소기아 유무 판정은 가능하지만 질소 과잉 퇴비에 관해서는
　　　어렵다.

③ 화학적 방법

　㉠ 탄질비에 의한 방법

　　• 탄질비가 높은 볏짚이나 나무껍질, 도시쓰레기 등은 원료 속에 있는 탄소
　　　가 탄산가스로 변하여 탄질비가 서서히 낮아진다.

　　• 작물과 미생물 간 질소의 경합이 일어나지 않는 경계가 20이므로 부숙은
　　　탄질비가 20 이하일 때 완숙되었다고 볼 수 있다.

　㉡ 비닐봉투법

　　• 가축분 등 분해하기 쉬운 유기물이 많은 퇴비의 변화를 점검하는 간단한
　　　방법으로, 부숙이 잘 되었는지 판정은 어렵다.

솔비타(solvita) 측정법
측정용 용기, 반응키트(암모니아
가스, 이산화탄소), 판정표 또는
리더기로 구성되어 있으며 테스
트 용기에 표기된 눈금까지 퇴비
를 채운 다음 측정용 패드를 꽂아
상온에서 방치 후 부숙도를 판정
한다. 판정표 수치가 8이면 부숙
이 완료된 것이다.

TIP

기타 화학적 측정 방법
- pH 측정법 : 부숙하는 동안 암모니아의 발생으로 pH가 상승하다가 암모니아태질소 함량이 감소하고 질산태질소가 증가하면서 pH는 감소한다. 이러한 원리를 이용하여 측정하며, 퇴비의 적정 pH는 6~8 정도이다.
- 질산태질소 간이 시험법 : 분해가 어느 정도 진전되면 암모니아태질소가 아질산을 경과하여 질산으로 되는데 이러한 원리를 이용하여 질산태질소 함유량을 측정하여 퇴비의 부숙도를 판정하는 방법이다.

TIP

국내 퇴비 부숙도 판정 방법은 비료관리법의 비료의 품질검사 방법 및 시료 채취 기준을 근거로 한다.

- 젖은 유기물 속에는 분해하기 쉬운 유기물이 많고, 가온하면 미생물이 활발히 활동하기 때문에 다량의 가스가 발생하여 비닐봉지도 풍선처럼 부풀어 오른다.
- 퇴비화 초기에 가스 발생량이 많다가 점차 감소하며, 부숙이 진행되고 나면 거의 가스가 발생하지 않고 봉지도 부풀지 않는다.

④ 관능검사법
　㉠ 퇴비는 부숙이 진행되면서 점차 색깔, 형태, 냄새 등이 달라진다.
　㉡ 완숙퇴비가 되면 원료의 형태 구분이 어렵고, 잘 부스러지며, 색깔은 검은색으로 변하고, 냄새는 악취가 사라지거나 퇴비 고유의 향긋한 냄새가 난다.

평가 항목	평가 내용		
색깔&형상 (20점)	축분과 유사한 색깔 및 형상(2점)	축분과 퇴비의 중간 색깔 및 형상(3~11점) 부숙 완료 퇴비와 비슷한 정도에 따라 점수 배정	갈색 또는 흑색을 띠고 축분의 형상이 완전 소멸(12~20점) 색과 입자가 고르고 균일한 정도에 따라 점수 배정
냄새 (20점)	아주 강한 축분 냄새를 느낄 정도(2점)	축분 냄새를 알 수 있는 정도(3~11점) • (5점) 축분 냄새 식별 • (8점) 약간의 축분 냄새 • (11점) 미세한 축분 냄새	축분 냄새 완전 소멸 및 흙냄새 등 퇴비 냄새(12~20점)
수분 (15점)	**70% 이상(2점)** 손으로 움켜쥐면 손가락 사이로 물기가 많이 나옴	**60% 전후(3~9점)** 손으로 움켜쥐면 손가락 사이로 물기가 약간 나옴	**50% 전후(10~15점)** 손으로 움켜쥐면 손가락 사이로 물기가 스미지 않음, 부스러기가 털어질 정도

예제

01 퇴비의 부숙도 검사 방법이 아닌 것은?
① 관능적 방법
② 탄질비 판정법
③ 물리적 방법
④ 종자발아법

02 퇴비 부숙도 검사 중 생물학적인 방법은?
① 지렁이 독성 시험
② 콤백(CoMMe-100) 측정법
③ 관능검사법
④ 탄질비에 의한 방법

03 양질의 퇴비를 판정하는 방법으로 틀린 것은?

① 가축분뇨는 악취가 나는 것을 인정한다.
② 탄질률을 검사하는 방법은 화학적 방법이다.
③ 생물적 방법의 일환으로 발아 시험을 하기도 한다.
④ 어린 묘를 심어 퇴비의 양부를 판정한다.

해설

01, 02
퇴비의 부숙도 검사 방법
• 관능적 방법 : 수분함량, 형태, 색, 냄새, 촉감 등
• 화학적 방법 : 탄질률에 의한 방법(퇴비의 부숙은 탄질률이 20 이하일 때 완숙됨)
• 생물학적 방법 : 지렁이법, 종자발아 시험법 등

03 ① 잘 부숙된 퇴비는 악취가 나지 않는다.

정답 01 ③ 02 ① 03 ①

(4) 퇴비 보관 및 관리

기출 키워드
가축분 퇴비의 성분 변화, 퇴비 관리 방법

① 퇴비의 성분 변화

　㉠ 퇴비의 최종분해산물은 대부분 H_2O와 CO_2이다.

　㉡ 가축분 퇴비의 물질 변화

　　• pH
　　　- 부숙 과정 중 pH 8.5까지 상승하며, 후숙 과정을 거치면 pH 7.5 내외로 낮아진다.
　　　- 퇴비의 pH는 유기태 질소의 무기화, 즉 암모니아태 질소량의 변화와 밀접하며, 간혹 석회물질을 퇴비 제조에 이용하면 pH가 높아지기도 한다.

　　• 전기전도도(EC)
　　　- 퇴비화 과정이 진행되면서 증가한다.
　　　- 유기물이 분해되면서 퇴비 용액 중에 영양염류가 많이 녹아서 염류 농도가 상승한다.

　　• 탄질비
　　　- 퇴비 개시 때 30에서 부숙 후기가 되면 20 내외로 줄어든다.
　　　- 완숙퇴비가 되면 크게 변화 없이 안정적으로 유지된다.

② 퇴비 보관 · 관리하기

　㉠ 퇴비 부숙이 종료 후 물질의 안정화 단계에서는 퇴비더미의 겉과 속에 미생물 균사가 하얗게 나타나며, 간혹 버섯이 피어오르기도 한다. 이러한 현상이 보일 정도라면 퇴비의 본래 재료를 알 수 없을 정도로 분해된 상태이며, 불쾌한 냄새가 전혀 없는 완숙 퇴비이다.

TIP

가축분 퇴비는 부재료로 사용되는 재료의 특성과 관계없이 3개월 이상 퇴비화 기간을 거치는 것이 안전하며 퇴비화가 진행됨에 따라 유기물이 분해되므로 무게가 감소한다.

CHAPTER 02 토양관리 | **89**

ⓛ 부숙된 퇴비를 즉시 활용하지 않을 때는 일정한 크기의 포대에 담아 비가림 시설이 있는 야적장에 쌓아둔다.

ⓒ 노지에 놓아두면 빗물 침투를 막기 위해 발판을 깔고 포대에 담긴 퇴비를 쌓고 그 위에 비닐로 덮어 둔다.

ⓔ 강우에 노출되면 질소, 인산 등 각종 비료 성분이 유출되어 퇴비의 질이 나빠지며, 퇴비가 뭉쳐져 살포 시 매우 불편하다.

ⓜ 사용 후 남은 퇴비는 유해 미생물이 번식되지 않도록 포장 근처에 무단 방치하지 않는다.

예제

01 부숙이 종료된 퇴비에 대한 설명으로 옳지 않은 것은?

① 퇴비더미 속에 미생물 균사가 하얗게 나타날 수 있다.

② 퇴비를 즉시 활용하지 않을 경우 노천에 비를 맞도록 둔다.

③ 부숙이 완료된 퇴비의 pH는 낮아진다.

④ 완숙된 퇴비는 불편한 냄새가 전혀 없다.

02 가축분 퇴비의 물질 변화에 대한 설명으로 옳은 것은?

① 부숙 과정 중 pH 3.5까지 낮아졌다가 후숙 과정을 거치면 pH 10.5로 급격히 높아진다.

② 퇴비 용액 중에 영양염류가 분해되어 염류 농도가 하락한다.

③ 퇴비의 탄질비는 퇴비 개시 때 30에서 부숙 후기가 되면 20 내외로 줄어든다.

④ 퇴비의 최종 분해 산물은 대부분 N과 O_2이다.

해설

01 ② 부숙된 퇴비를 즉시 활용하지 않을 경우 비를 맞지 않도록 일정한 크기의 포대에 담아 비가림 시설이 있는 야적장에 쌓아둔다.

02 탄질비
퇴비 개시 때 30에서 부숙 후기가 되면 20 내외로 줄어들며 완숙 퇴비가 되면 크게 변화 없이 안정적으로 유지된다.

정답 01 ② 02 ③

---

4. 토양관리

(1) 토양양분

① 유기물(부식, hummus)

ⓐ 유기물의 의미 : 토양에 가해진 유기물이 미생물에 의해 분해작용을 받아 변질되거나 새롭게 합성된 갈색 또는 암갈색의 일정한 형태가 없는 교질상의 복잡한 물질

TIP

퇴비화 촉진 방법
• 부숙 완료 퇴비 혼용
• 퇴비화 요건 구비(함수율 60% 전후, 탄질비 20~30, 공기 50m³/톤/일, 온도 70℃ 이하)
• 원료의 혼합
• 퇴적 높이(너무 낮으면 발효열 손실이 너무 크고, 너무 높으면 통기성이 나빠지며 부숙이 불균일함)
• 통기와 교반

기출 키워드

유기물(부식)의 개념, 유기물의 기능, 토양 유기물의 주요 공급원

ⓛ 유기물의 기능
　　　　• 토양입단의 형성(떼알 구조화)
　　　　• 킬레이트 작용
　　　　　－ 활성 알루미늄 생성억제
　　　　　－ 인산의 고정 방지 및 토양 인산의 유효화
　　　　　－ 불가급태 양분의 유효화
　　　　• 양이온치환능력 증대
　　　　• 완충능 증대
　　　　• 다량요소 및 미량요소 공급원
　　　　• 완효적, 지속적, 누적적 양분 공급 효과
　　　　• 이산화탄소의 공급원
　　　　• 성장 촉진물질 공급
　　　　• 중소생물, 미생물 증가 및 안정화
　　　　• 물질순환능 증대
　　　　• 생물적 완충능 증대
　　　　• 유해물질의 분해 제거
　② 부식과 작물생육
　　　㉠ 토양 중 부식 함량 증대는 지력이 증대된다는 뜻이다.
　　　㉡ 부식토(함량 20% 이상)처럼 지나치게 많으면 부식산이 생성되어 토양이
　　　　　산성화되고, 상대적으로 점토 함량이 부족하여 작물생육에 불리하다.
　③ 토양유기물 주요 공급원 : 퇴비, 구비, 녹비, 고간류, 녹비작물

킬레이트(chelate) 작용
철, 아연, 망가니즈와 같이 토양 내에서 쉽게 불용화되어 식물이 흡수하기 어려운 미량원소 비료를 토양 속 유기물이 안정화시켜 작물이 더 쉽게 흡수하도록 돕는 작용

불가급태 양분
토양 속 양분 중 식물이 직접 이용할 수 없는 형태의 양분

완충능
외부에서 산, 염기가 들어와도 토양 속 pH를 일정하게 유지하려는 능력

구비(廐肥)
가축의 배설물과 축사에 까는 짚 등의 재료를 퇴적, 발효시켜 만든 거름

예제

01 토양유기물의 특징에 대한 설명으로 틀린 것은?

① 토양유기물은 미생물의 작용을 통하여 직접 또는 간접적으로 토양입단 형성에 기여한다.
② 토양유기물은 포장용수량 수분함량이 낮아, 사질토에서 유효수분의 공급력을 적게 한다.
③ 토양유기물은 질소고정과 질소순환에 기여하는 미생물의 활동을 위한 탄소원이다.
④ 토양유기물은 완충능력이 크고 전체 양이온교환용량의 30~70%를 기여한다.

02 토양 중의 유기물은 지력 유지에 매우 중요한데 그 기능이 아닌 것은?

① 여러 가지 산을 생성하여 암석의 분해를 촉진한다.
② 질소, 인 등 양분을 공급한다.
③ 이산화탄소를 흡수하므로 대기 중의 이산화탄소 농도를 낮춘다.
④ 토양미생물의 번식을 돕는다.

> **해설**
>
> **01** 토양유기물의 기능 : 암석의 분해 촉진, 양분의 공급, 대기 중의 이산화탄소 공급, 생장 촉진 물질의 생성, 입단의 형성, 보수·보비력의 증대, 완충능의 증대 미생물의 번식 조장, 지온의 상승, 토양 보호
>
> **02** ③ 토양유기물은 대기 중으로 이산화탄소를 공급한다.
>
> **정답** 01 ② 02 ③

기출 키워드

토양 비옥도 향상 방법

(2) 토양 비옥도 관리

① 토양의 비옥도는 작물생육에 영향을 미치며, 토양의 물리·화학·생물학적 등 종합적 조건이 작물의 생산력을 지배한다.

② 비옥도를 높이는 토양조건

　㉠ 토성 : 사양토~식양토 범위

　㉡ 토양구조 : 입단구조

　㉢ 토층 : 작토층이 깊고 양호하며, 심토는 투수·통기가 알맞은 것

　㉣ 토양반응 : 약산성~중성(pH 6~7)

　㉤ 토양수분 : 적당한 토양수분

　㉥ 토양공기 : 공기가 넉넉한 것이 좋으며 산소가 부족하고 이산화탄소가 많으면 작물의 생장과 기능을 억제한다.

　㉦ 무기성분 : 필요한 무기성분이 균형있게 포함되어 있을 것

　㉧ 토양유기물 : 유기물 함량이 많을수록 지력이 향상되지만, 습답에서는 유기물 함량이 많으면 해가 된다.

　㉨ 토양미생물 : 유용한 미생물이 번식하기 좋은 상태가 유리하다.

📖 TIP

습답에서는 유기물 함량이 많으면 해를 끼치는 이유
습답은 배수가 불량하여 늘 젖어있는 토양으로 토양 속 산소가 부족해서 호기성 분해가 이루어지지 않는다. 따라서 유기물이 완전히 썩지 못하고 부패물로 남아 악취와 유해가스 (H_2S, CH_4 등)가 발생한다.

> **예제**
>
> **01 유기농업에서 토양 비옥도를 유지·증대시키는 방법이 아닌 것은?**
>
> ① 작물윤작 및 간작
> ② 경운작업의 최대화
> ③ 가축의 순환적 방목
> ④ 녹비 및 피복작물 재배
>
> **02 지력을 향상시키는 방법이 아닌 것은?**
>
> ① 토심을 깊게 한다.
> ② 단립(單粒)구조를 만든다.
> ③ 토양 pH는 중성으로 만든다.
> ④ 토성은 사양토~식양토로 만든다.

해설

01 토양 비옥도의 유지 · 증진 수단
- 피복작물의 재배
- 간작
- 작물 잔재와 축산분뇨의 재활용
- 최소 경운 또는 무경운
- 작물윤작
- 녹비
- 가축의 순환적 방목

02 단립구조(單粒構造, single grained structure)
토양 입자들이 서로 덩어리를 이루지 않고 개개로 흩어져 있는 상태를 말하며, 토양 입자가 응집되어 있지 않은 상태여서 작물생육에는 불리한 상태이다.

정답 01 ② 02 ②

(3) 토양수분관리

① 토양수분함량 표시 방법

ㄱ 토양 내의 수분 상태를 수분퍼텐셜(water potential, Ψ)이라고 한다.

ㄴ 수분이 함유된 토양에서 수분을 제거하는 데 소요되는 단위 면적당 힘이다.

ㄷ 수주 높이의 대수를 취하여 pF(potential force)로 표시한다(pF= logH, H 는 수주의 높이).

※ 일반적으로 작물은 pF 0~4.5의 수분을 이용하여 생육한다.

② 토양수분의 형태

결합수(pF 7.0 이상)	점토광물에 결합되어 있어 분리시킬 수 없는 수분이다.
흡습수(pF 4.5~7.0)	토양 입자 표면에 피막 상으로 흡착된 수분이며, 작물에 거의 흡수되지 못한다.
모관수(pF 2.7~4.5)	표면장력에 의해 토양공극 내에서 중력에 저항하여 유지되는 수분으로 모세관현상에 의해 지하수가 모관공극을 따라 상승하여 공급된다(작물이 주로 이용하는 수분).
중력수(pF 0~2.7)	중력에 의해서 비모관공극에 스며 흘러내리는 수분이다.
지하수	지하에 정체하여 모관수의 근원이 되는 수분이다.

③ 토양의 수분항수

최대용수량(pF 0) (= 포화용수량)	토양 입자들 사이의 모든 공극이 물로 채워진 상태의 수분함량으로 모관수가 최대로 포함된 상태
포장용수량(pF 2.5~2.7) (= 최소용수량)	최대용수량 상태에서 중력수가 완전히 제거된 후 남아 있는 수분함량
초기위조점(pF 3.9)	생육이 정지하고 하엽이 위조하기 시작하는 토양수분
영구위조점(pF 4.2)	위조한 식물을 포화습도의 공기 중에서 24시간 방치하여도 회복하지 못하는 지점으로 영구위조점에서의 토양 함수율, 즉 토양 건조 중에 대한 수분의 중량비
흡습계수(pF 4.5)	상대습도 98% 공기 중에서 건조토양이 흡수하는 수분 상태로, 작물에 이용될 수 없는 수분
풍건상태(pF 6)	–
건토상태(pF 7)	105~110℃에서 항량(일정한 무게)이 되도록 건조한 토양

기출 키워드

토양수분함량 표시 방법, 수분 퍼텐셜의 개념, 토양수분의 형태, pF, 모관수, 중력수, 토양 수분항수의 구분, 포장용수량, 토양 유효수분의 범위

④ 토양의 유효수분

　㉠ 잉여수분 : 포장용수량 이상의 토양수분의 과습상태

　㉡ 무효수분 : 영구위조점 이하의 토양수분

　㉢ 유효수분 : 포장용수량~영구위조점 사이의 수분

　　• 작물생육의 최적함수량 : 최대용수량의 60~80% 범위(포장용수량)

　　• 생장유효수분 : pF 1.8~3.0

　　• 초기위조점 이하의 수분은 작물생육을 돕지 못한다.

　　• 유효수분의 범위는 토성에 따라 달라진다.

[토성별 포장용수량 및 위조점 수분함량]

예제

01 작물이 주로 이용하는 토양수분의 형태는?

① 흡습수　　　　　　　　　　　② 모관수

③ 중력수　　　　　　　　　　　④ 결합수

02 토양공극이 수분으로 완전히 포화되었을 때 이 토양의 pF는?

① 3　　　　　　　　　　　　　② 7

③ 0　　　　　　　　　　　　　④ 4

03 수분이 포화된 상태의 토양에서 증발을 방지하면서 중력수를 완전히 배제하고 남은 수분 상태를 말하며, 작물이 생육하는 데 가장 알맞은 수분 조건은?

① 포화용수량

② 흡습용수량

③ 최대용수량

④ 포장용수량

04 다음 중 작물생육에 이용될 수 있는 유효수분의 범위로 올바른 것은?

① 중력수에서 포장용수량 사이

② 최대용수량에서 위조점 사이

③ 최대용수량에서 포장용수량 사이

④ 포장용수량에서 위조점 사이

해설

01 모관수(pF 2.7~4.5) : 표면장력에 의해 토양공극 내에서 중력에 저항하여 유지되는 수분

02 중력수(pF 0~2.7) : 작물이 이용이 가능한 수분으로, 토양공극이 수분으로 모두 포화 되었을 때는 중력수를 의미한다.

03 포장용수량(pF 2.5~2.7) : 최대용수량 상태에서 중력수가 완전히 제거된 후 남아 있는 수분함량으로, 식물이 이용할 수 있는 최대의 수분상태이다.

04 유효수분의 범위 : 포장용수량~영구위조점 사이

정답 01 ②　02 ③　03 ④　04 ④

(4) 토양생물의 종류 및 특성

① 토양생물의 분류

동물		대형동물군		생쥐, 거미, 개미, 노래기, 쥐며느리, 지렁이, 두더지, 개미, 갑충 등
		중동물군		진드기, 톡토기 등
	미소 동물군	선형동물		선충 등
		원생동물		아메바, 편모충, 섬모충 등
식물		대형식물군		식물의 뿌리, 이끼 등
	미소 식물군	독립영양생물		녹조류, 규조류 등
		종속영양생물		사상균(효모, 곰팡이, 버섯), 방선균 등
		독립 및 종속영양생물		세균, 남조류 등

② 토양미생물의 종류

ㄱ 세균(bacteria) : 원핵생물, 생명체로서 가장 원시적인 형태이다.

자급영양세균 (무기영양세균)	암모니아, 철과 같은 무기 물질 산화 및 이산화탄소 환원을 통하여 영양원과 에너지를 얻는다. 예 질산화성세균(질산균, 아질산균), 황세균(광화학 반응), 철세균
타급영양세균 (유기영양세균)	• 토양유기물을 산화시켜 영양원과 에너지원을 얻는다. • 질소고정균 　– 공생질소고정균 : 콩과 식물의 뿌리에 뿌리혹을 만들어 공기 중에 있는 질소가스를 고정해 식물에 공급하고 대신 필요한 양분을 공급받는다. 　예 리조비움 　– 단독질소고정균 : 기주식물이 필요하지 않다. 예 아조토박터(호기성), 클로스트리디움(혐기성) • 암모니아화성균 • 셀룰로스분해균

ㄴ 조류(녹조류, 남조류)

- 이산화탄소를 이용하여 광합성을 하고 산소를 배출하는 생물로 토양에서 상당한 유기물을 생산한다.

- 광합성을 위하여 빛이 필요하므로 토양 표면 등에 흔하게 나타나며 개방되고 습한 산림토양에서 가장 활동적이고 풍부하다.

독립영양조류	• 엽록소를 가지고 있어 광합성을 하여 에너지를 얻는다. • 남조류, 녹조류가 있다. 　※ 남조류의 특징 　• 질소고정 능력이 있어 탄소동화작용을 통해 담수 토양에 산소를 공급한다. 　• 원핵세포로 분열에 의해 증식한다. 　• 유기물 생산은 하지만 분해는 하지 못한다.
종속영양조류	엽록소 없이 유기물을 분해하여 증식한다.

- 부영양화 : 과다한 비료의 유입으로 강, 호수, 바다에서 인산과 질소의 농도 증가 시 조류가 갑작스럽게 성장하고 이때 필요 이상의 녹색식물이 증식하게 된다.

기출 키워드

토양미생물의 종류, 질소고정균, 공생질소고정균, 단속질소고정균, 부영양화, 사상균(진균), 균근, 방선균

TIP

황세균의 광화학 반응
일반적으로 식물은 광합성을 할 때, 빛과 물, 이산화탄소를 이용하지만 황세균은 물을 쓰지 않고 황화수소(H_2S)를 사용하여 산소 대신 황을 만들어 내는 무산소 광합성을 한다.

CHAPTER 02 토양관리 | **95**

ⓒ 사상균(진균)
- 효모, 버섯, 곰팡이 등이 있다.
- 유기물이 많은 산림토양의 산성 조건에서도 적응성이 강하여 유기물 분해에 중요한 역할을 한다(부식 생성률이 높다.).
- 실 모양의 균사를 형성하고 큰 뭉치가 되어 균사체가 되는데 토양의 입단화를 촉진한다.

ⓔ 균근(mycorrhizae)
- 균근이란 사상균과 식물 뿌리의 공생관계로 식물의 뿌리에 침입하면서 형성하며 내생균근과 외생균근으로 나뉜다.
- 균근균은 식물로부터 탄수화물을 직접 얻는다. 식물은 5~10% 광합성 산물을 균근균에 제공하며 균근균으로부터 여러 가지 이득을 얻는 공생관계이다.
- 인산의 유효도가 낮거나 미량으로 존재하는 토양양분을 작물이 쉽게 흡수할 수 있도록 도와주고, 과다한 양의 염류와 독성 금속 이온의 흡수를 억제한다.
- 식물의 수분흡수를 증가시켜 한발에 대한 저항성을 높인다.
- 항생물질을 생성하거나 뿌리의 표피 변환 및 병원성 균과 경합해 병원균이나 선충으로부터 식물을 보호한다.
- 균사는 토양을 입단화하여 통기성과 투수성 증가시켜 식물 뿌리의 호흡을 돕는다.

ⓜ 방선균(actinomycetes)
- 세균과 진균(효모, 곰팡이, 버섯)의 중간으로 실 모양의 균사 상태로 자라면서 포자(spore)를 형성한다.
- 스트렙토마이신, 테라마이신 등 항생물질을 생산하고, 지오스민(geo-smin)을 방출함으로써 토양 고유의 냄새를 풍긴다.
- 호기성으로 통기성이 나쁜 토양이나 과습한 토양에서는 활성이 억제된다.
- 유기물을 분해하고, 생육하는 부생성 생물로, 유기물이 분해되는 초기에는 세균과 곰팡이가 많으나 유기물이 적어지면 방선균이 많아지며, 특히 분해가 어려운 리그닌, 케라틴 등의 부식 성분을 분해한다.
- 적정 pH는 6.0~7.5이며 산성에 약하고 알칼리성에는 내성이 있다.
- 경작지, 목초지에 많다.

균근
균(곰팡이) + 근(뿌리), 식물의 뿌리에 곰팡이가 붙어서 서로 도움을 주고받는 관계

외생균근
균사가 뿌리 바깥쪽에 덮개처럼 퍼진 것으로 주로 소나무, 참나무에서 발견

내생균근
균사가 뿌리 세포 안쪽까지 퍼지며 대부분 초본식물(벼, 밀, 옥수수 등)에서 발견

방선균
흙 속 유기물을 분해하는 세균류로, 흙 특유의 냄새가 나는 화합물 지오스민(geosmins)을 만든다.

부생성 생물
죽은 동식물이나 배설물 같은 유기물을 분해해서 영양분을 얻는 생물

예제

01 토양 소동물 중 작물생육에 적합한 토양조건의 지표로 볼 수 있는 것은?

① 선충
② 지렁이
③ 개미
④ 지네

02 질소를 고정할 뿐만 아니라 광합성도 할 수 있는 것은?

① 효모
② 사상균
③ 남조류
④ 방사상균

03 에너지 획득을 광화학 반응 방법에 의해 얻는 토양세균은?

① 황세균
② 원생동물
③ 질산균
④ 근류균

04 토양미생물 중 황세균의 최적 pH는?

① pH 2.0~4.0
② pH 4.0~6.0
③ pH 6.8~7.3
④ pH 7.0~8.0

05 토양구조의 입단화와 관련이 가장 깊은 토양미생물은?

① 조류
② 사상균류
③ 방사상균
④ 세균

06 토양미생물 중 뿌리의 유효면적을 증가하여 수분과 양분 특히 인산의 흡수 이용 증대에 관여하는 것은?

① 근류균
② 균근균
③ 황세균
④ 남조류

해설

01 지렁이
- 통기성이 양호하고 분해가 잘 된 유기물 토양에서 잘 생육한다.
- 신선하거나 거의 분해되지 않은 유기물의 시용은 개체수를 증가시킨다.

02 남조류는 단세포로서 세균처럼 핵막이 없고, 엽록소와 남조소를 가지고 있어 광합성을 하며 이분법으로 번식한다.

03 황세균은 빛 에너지를 이용해서 탄소동화를 하며, 물(H_2O) 대신에 황화수소(H_2S)로부터 수소를 분리하고 이것으로 CO_2를 동화한다.

05 사상균류의 균사에 의한 직접적인 결합 작용은 토양 입자를 입단화 시킨다.

06 기주식물과 함께 균근을 형성하여 공생 작용을 한다.

정답 01 ② 02 ③ 03 ① 04 ① 05 ② 06 ②

토양선충

토양 속에 사는 선형동물(길쭉한 벌레 모양의 미생물)로, 현미경으로 관찰 가능하다. 작물 뿌리에 기생하여 피해 유발하며 윤작, 태양열소독으로 방제할 수 있다.

기출 키워드

토양미생물의 유익 작용, 질산화작용, 내생균근, 외생균근, 토양미생물의 유해 작용, 탈질작용

Rhizobium (질소고정세균)
공기 중의 질소를 고정해서 암모니아 등으로 바꾸는 세균

Azotobacter (아조토박터)
그람음성세균의 하나로 호기성이며 질소고정능력이 있는 종속 영양 세균

남조류
'청록색 조류'라는 뜻으로 광합성을 하는 세균이며, 일부 남조류는 질소고정능력이 있어 공기 중의 질소가스를 암모니아로 변환시킨다.

길항작용(拮抗作用)
두 가지 요인이 동시에 작용할 때 서로의 효과를 억제하는 현상

(5) 토양생물의 기능 및 활용

① 토양미생물의 유익 작용

　㉠ 유리질소의 고정 : 공기 중의 질소(N_2)를 식물이 이용할 수 있는 암모니아(NH_3)와 같은 형태로 만든다.

　　• 공생관계의 균류 : 콩과 식물의 *Rhizobium*

　　• 단독고정 균류 : *Azotobacter*(호기성), *Clostridium*(혐기성), 남조류

　㉡ 질산화 작용 : 암모늄이온(NH_4^+)이 아질산(NO_2^-)과 질산(NO_3^-)으로 산화되는 과정으로, 무기화된 토양 유기물이나 비료의 질소 성분을 질산화하여 밭작물에 이롭게 한다.

　㉢ 길항작용 : 유익 미생물이 다른 식물의 병원성 미생물을 경감시킨다.

　㉣ 유기물의 분해 : 불필요한 유기물의 과잉 집적을 막고, 무기화 작용으로 유리되는 양분을 식물이 이용할 수 있게 한다.

　㉤ 무기물의 산화 : 무기물을 산화시켜 인산 등의 용해도가 높아진다.

　㉥ 근권 형성 : 식물의 뿌리 부근 토양에 새로운 유기물질이 형성되어 뿌리의 양분 흡수 및 효소 활성을 촉진하고, 뿌리의 신장생장을 억제한다.

　㉦ 균근의 형성

　　• 내생균근 : 뿌리에 사상균(버섯 등)이 착생하여 공생하면 뿌리의 유효표면이 확장되어 식물은 인산의 흡수가 쉽고, 내염성, 내건성, 내병성이 강해진다.

　　• 외생균근(자낭균, 담자균류) : 병원균의 침입을 차단한다.

　㉧ 무기물 유실 경감 : 가용성 무기성분을 미생물이 직접 이용한다.

　㉨ 입단 형성 : 균주 등의 점질 물질은 토양의 입단 형성을 조장한다.

　㉩ 생장촉진물질 분비 : 호르몬성 생장촉진물질을 분비한다.

② 토양미생물의 유해 작용

　㉠ 탈질작용 : 질산은 산소가 부족한 혐기성 조건에서 탈질균에 의해 아질산화질소(N_2O) 또는 질소가스(N_2)의 형태로 환원되어 대기 중으로 휘산된다.

　㉡ 황화수소(H_2S) 등 유해한 환원성 물질을 생성한다.

　㉢ 작물과 미생물 간 양분 쟁탈 : 미숙퇴비 사용 등으로 미생물들이 급격히 발생하여 질소를 이용하면 작물은 질소가 부족해져 질소기아현상을 유발하기도 한다.

　㉣ 병의 유발 : 세균병, 시들음병, 무름병, 점무늬병, 뿌리썩음병, 모잘록병 등을 유발한다.

예제

01 질소고정능력이 없는 미생물은?

① 클로스트리듐
② 나이트로박터
③ 근류균
④ 남조류

02 작물에 대한 미생물의 유익 작용이 아닌 것은?

① 미생물 간의 길항작용
② 탈질작용
③ 가용성 무기성분의 동화
④ 공중질소고정 작용

03 작물생육에 대한 토양미생물의 유익 작용이 아닌 것은?

① 근류균에 의하여 유리질소를 고정한다.
② 유기물에 있는 질소를 암모니아로 분해한다.
③ 불용화된 무기성분을 가용화한다.
④ 황산염의 환원으로 토양산도를 조절한다.

해설

01 ② 나이트로박터는 질소고정이 아닌 질산화작용을 하는 미생물로, 아질산염(NO_2^-)을 질산염(NO_3^-)으로 산화시키는 역할을 한다.

02 **탈질작용**
미생물이 질산염(NO_3^-)을 기체형태의 질소(N_2)로 환원시키는 과정으로, 토양의 질소를 감소시킨다. 작물에는 유익하지 않고 오히려 질소 손실로 작물생육에 부정적인 영향을 미친다.

03 ④ 토양미생물이 작물생육에 해로운 작용으로 황산염을 환원하여 황화수소 등의 유해한 환원성 물질을 생성한다.

정답 01 ② 02 ② 03 ④

5. 토양보전 관리

(1) 토양침식의 원인

① **토양침식** : 물이나 바람에 의해 표토의 일부분이 원래의 위치에서 분리되어 다른 곳으로 이동되어 유실되는 현상을 뜻한다.

② **토양침식에 영향을 미치는 요인**

  ㉠ 강우

   • 강우의 강도가 강우량보다 더 많은 영향을 미친다.

   • 강우량이 많으면 빗방울에 의한 표토의 비산과 유거수도 일시에 증가하여 표토의 유거량이 증가한다.

기출 키워드

토양침식의 개념, 토양침식에 영향을 미치는 요인, 수식의 종류, 우적침식, 면상침식(평면침식), 우곡침식, 면상침식(평면침식), 토양유실예측공식

유거수
빗물이 땅속에 스며들지 않고 땅 위를 흘러가는 물

TIP

토양침식에 영향을 미치는 요인
- 강우
- 토양성질
- 지형
- 식생

TIP

토양유실은 대부분 면상침식
과 세류침식에 의해 일어난다.

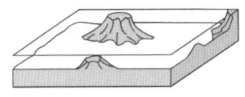

[면상침식]

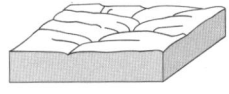

[세류침식]

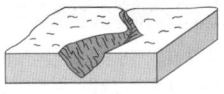

[구상침식]

도약(跳躍)
강한 바람이나 유수에 의해 토양
입자가 튀어 올라 운반되는 현상

ⓛ 토양의 성질
- 작토에 내수성 입단이 적고 투수성이 나쁜 토양이 침식되기 쉽다.
- 사토는 분산되기 쉽고, 식토는 흡수능이 작아서 침식되기 쉽다.
- 자갈은 빗방울의 타격에 견디고, 유거수를 일시 정체되도록 함으로써 토양
  침투를 도와 침식을 경감시킨다.

ⓒ 지형
- 경사도가 크고 경사길이가 길수록 침식이 많이 일어난다.
- 적설량이 많은 곳, 바람이 센 곳, 토양이 불안정한 경사면은 침식이 조장된다.

ⓔ 식생
- 식생은 유거수를 정체하게 한다.
- 강우를 차단하여 직접적인 토양 타격을 막는다.
- 토양 입자를 여과·보류하여 침식을 억제한다.
- 작물의 종류, 경운시기와 방법에 따라 침식량이 다르다.

③ 물에 의한 토양침식(수식)

ⓐ 수식은 침식의 진행 정도에 따라 면상침식, 세류침식, 구상침식의 3가지로
   구분할 수 있다.
- 면상침식(평면침식) : 강우에 의해 비산된 토양이 표면을 따라 얇고 일정하
  게 침식되는 것으로 자갈이나 모래가 있는 곳은 강우의 타격을 흡수하여
  작은 기둥모양이 된다.
- 세류침식(우곡침식, 누구침식) : 면상침식이 진행되면서 점차 유출수가
  침식에 약한 부분에 모여 작은 수로를 형성하여 만드는 침식으로 농기계를
  이용하여 평평하게 할 수 있는 정도의 규모이다.
- 구상침식(계곡침식, 협곡침식) : 세류침식의 규모가 커져 트랙터 등의 농
  기계가 들어갈 수 없어 개간이 어렵다.

ⓑ 그 외에도 토양유기물이 씻겨 내려가는 표면(비옥도)침식, 빗방울에 의해
   토양 입단이 파괴되고 토양 입자가 분산되는 우적침식(입단파괴침식), 유수
   침식, 빙하침식 등이 있다.

④ 바람에 의한 토양침식(풍식)

ⓐ 풍식의 정도는 풍량보다 풍속에 의한 영향이 크다.
ⓑ 풍식은 건조 또는 반건조 지방의 평원에서 일어나기 쉽다.
ⓒ 우리나라의 풍식은 해안의 모랫바닥, 특히 동해안과 제주도에서 일어난다.
ⓓ 대표적인 모형으로 매년 5월에 만주와 몽골에서 우리나라로 날아오는 모래
   먼지가 있다.
ⓔ 피해가 가장 심한 풍식은 토양 입자가 도약되는 것이다.

예제

01 물에 의한 토양의 침식 과정이 아닌 것은?

① 우적침식　　　② 면상침식　　　③ 선상침식　　　④ 협곡침식

02 빗방울의 타격에 의한 침식 형태는?

① 우적침식　　　② 우곡침식　　　③ 평면침식　　　④ 계곡침식

03 토양침식에 가장 큰 영향을 끼치는 인자는?

① 강우　　　　　② 온도　　　　　③ 눈　　　　　　④ 바람

04 토양침식에 영향을 주는 요인에 대한 설명으로 틀린 것은?

① 내수성 입단이 적고 투수성이 나쁜 토양이 침식되기 쉽다.
② 경사도가 크고 경사길이가 길수록 침식이 많이 일어난다.
③ 강우량이 강우강도보다 토양침식에 대한 영향이 크다.
④ 작물의 종류, 경운시기와 방법에 따라 침식량이 다르다.

05 토양유실예측공식에 해당하지 않는 것은?

① 작부인자　　　　　　　　　② 토성인자
③ 강우인자　　　　　　　　　④ 토양관리인자

06 풍식에 대한 설명으로 옳지 않은 것은?

① 풍식이란 바람에 의한 토양침식 작용이다.
② 풍식의 정도는 풍량에 의해 결정된다.
③ 풍식은 건조한 지방에서 일어나기 쉽다.
④ 우리나라의 경우 동해안과 제주도에서 다발한다.

해설

01 물에 의한 토양침식의 종류 : 우적침식, 비옥도침식(표면침식), 우곡침식, 계곡(협곡)침식, 평면(면상)침식, 유수침식, 빙식작용 등

02 우적침식(입단파괴침식) : 지표면이 타격을 입으면 빗방울에 의해 토양의 입단이 파괴되고, 토양 입자는 분산되어 침식되는 것을 뜻한다.

03 토양침식에 가장 큰 영향을 끼치는 인자는 기상적 조건으로 강우량이 많고 강수 속도가 빠를수록 토양침식이 커진다.

04 ③ 토양침식에는 강우강도가 강우량보다 더 많은 영향을 미친다.

05 토양유실예측공식 : 연간 단위면적에서 일어나는 평균토양유실량을 예측하는 공식이다.

06 ② 풍식의 정도는 풍속(바람의 세기)과 관계가 깊다.

정답 01 ③　02 ①　03 ①　04 ③　05 ②　06 ②

TIP

토양유실예측공식

토양유실예측공식은 수리침식(물에 의한 침식)을 예측하는 데 사용된다.

$$A = R \cdot K \cdot LS \cdot C \cdot P$$

여기서,

A : 연간 평균토양유실량 (t/ha/yr)
R : 강우인자
K : 토양의 수식성인자
LS : 경사인자
C : 작부인자
P : 토양관리인자

기출 키워드

토양침식의 대책, 초생재배의 개념, 과수원의 토양 표면 관리, 작물별 토양유실량, 토양유실의 개념, 토양 피복의 효과, 피복작물의 재배효과

TIP

과수원 토양 표면 관리
- 청경재배(청경법) : 잡초 없이 깨끗한 상태로 토양을 관리하는 방법
- 초생재배(초생법) : 경사지나 과수원에서 풀을 재배하는 방법
- 멀칭재배(부초법): 비닐, 짚 등 다양한 멀칭 재료로 표면을 덮는 방법

TIP

치산(治山)을 잘하면 치수(治水)가 가능하다.
산림을 잘 가꾸고 보전하면, 물의 흐름이 조절되어 홍수와 가뭄같은 수해를 방지할 수 있다.

토양유실
지표면의 토양이 물이나 바람에 의해 침식되어 원래의 위치에서 탈리되어 이동되는 현상으로 작물의 지표 피복이 적고, 뿌리가 토양을 고정하는 역할이 약한 작물에서 토양유실량이 많다.

TIP

작물별 토양유실량
옥수수 > 참깨 > 콩 > 고구마

---

(2) 토양침식의 대책

① 초생재배

　㉠ 나무 밑에 목초, 녹비를 가꾸는 재배 방법을 말한다.

　㉡ 토양침식을 방지하고 제초 노력이 경감되며 지력이 향상된다.

> **더 알아보기**
>
> **과수원의 초생재배**
> - 과수원에 자연적으로 발생한 일년생이나 다년생 풀을 키우거나 인위적으로 벼과 및 콩과 목초를 재배하는 것을 말한다.
> - 나무 밑에서 재배하기 때문에 일조가 부족하여도 잘 자랄 수 있는 풀, 과수와 양분 및 수분의 경합을 일으키지 않는 풀, 과수에 병충해를 옮기지 않는 풀을 골라서 재배하여야 한다.
> - 주로 재배되는 시기는 겨울을 중심으로 관리되는 것과 여름을 중심으로 관리되는 두 가지로 나눌 수 있다.
> - 겨울을 중심으로 관리되는 초생재배는 가을~봄 사이에 토양유기물 확보, 토양 투수성의 개선, 전정 작업의 효율화를 목표로, 최근 포도, 배, 복숭아 과수원 등에 활용되고 있다.

② 초지화 : 피복성이 높은 목초로 전면 초지화하면 토양침식은 거의 방지되어 토양보호의 효과가 크다.

③ 산림조성 : 치산을 잘하면 치수가 가능하다.

④ 단구식 재배 : 경사가 심한 곳은 계단식으로 단구(terrace)를 구성한다.

⑤ 대상재배(등고선 윤작) : 경사지에서 등고선을 따라 주작물과 다른 작물을 띠모양으로 경작하는 방법이다.

⑥ 등고선 경작

　㉠ 경사지에서 등고선을 따라 이랑을 만드는 방식을 말한다.

　㉡ 비가 올 때 이랑 사이의 골에 물이 고여 유거수가 생기지 않고 토양 속에 침투하게 되므로 침식이 방지된다.

⑦ 토양피복(mulching)

　㉠ 토양 표면을 풀, 볏짚, 보릿짚, 낙엽 등의 유기물이나, 비닐, 자갈 등의 무기물로 덮어준다.

　㉡ 토양피복의 효과
　　- 토양의 침식 방지
　　- 비료 양분의 유실 방지
　　- 잡초 발생의 억제
　　- 토양의 건조 예방
　　- 토양전염성 병의 감염 방지

⑧ 합리적 작부체계 : 피복작물을 함께 돌려짓기하거나 사이짓기한다.

102 | PART 01 핵심이론

더 알아보기

피복작물의 재배
- 토양 표면을 덮어 잡초가 발생할 수 있는 공간을 근본적으로 차단한다. 잡초 종자의 발아에 필요한 햇빛이 차단되어 발아 자체가 불가능해지며 몇몇 피복작물은 상호대립억제작용 (타감작용)에 의해 잡초의 발아 및 생육을 억제한다. 피복작물은 잡초의 억제뿐 아니라 토양에 양분을 공급하는 효과도 탁월하다.
- 피복작물 재배효과
  - 주작물에 유기물과 질소 공급으로 토양 비옥도 및 토양 생산력 증진
  - 토양유실 방지 및 토양구조 개선에 의한 토양 물리성 개선(토양침식 방지)
  - 유용 곤충의 서식처 제공에 의한 잡초와 병해충 발생 억제
  - 양분 유실로 인한 부영양화 등 수자원의 오염 방지
  - 가뭄피해 최소화(피복작물의 잔재물 수분 침투 증가, 증발 감소)
  - 빗물의 흐름을 느리게 하고 오염원을 여과하여 수질을 향상
  - 유거수량의 감소

상호대립억제작용(allelopathy, 타감작용)
생물체가 스스로 만든 생화학적 물질을 분비하여 다른 식물의 생존을 막거나 성장을 저해하는 작용

예제

01 1년생 또는 다년생의 목초를 인위적으로 재배하거나, 자연적으로 성장한 잡초를 그대로 이용하는 방법은?

① 청경법
② 멀칭법
③ 초생법
④ 절충법

02 경사지에서 수식성 작물을 재배할 때 등고선으로 일정한 간격을 두고 적당한 폭의 목초대를 두어 토양침식을 크게 덜 수 있는 방법은?

① 조림재배
② 초생재배
③ 단구식 재배
④ 대상재배

03 피복작물에 의한 토양보전 효과로 볼 수 있는 것은?

① 토양의 유실 증가
② 토양의 투수력 감소
③ 빗방울의 토양 타격 강도 증가
④ 유거수량의 감소

TIP

수식성 작물은 재배과정에서 토양침식을 심화시키는 농작물로 옥수수, 담배, 목화, 메밀, 감자 등이 있다.

해설

01 과수원의 토양관리
- 청경법 : 과수원 토양에 풀이 자라지 않도록 깨끗하게 김을 매주는 방법
- 초생법 : 과수원의 토양을 풀, 목초로 피복하는 방법
- 부초법 : 과수원의 토양을 짚, 피복물로 덮어주는 방법
- 절충법 : 유기물 피복과 초생을 조합하거나 폴리에틸렌 필름 피복과 초생을 조합하는 방법

02 ① 조림재배 : 나무를 심거나 씨를 뿌리거나 하는 따위의 인위적인 방법으로 숲을 조성하는 법
② 초생재배 : 과수원에서 김을 매주는 청경재배 대신 목초, 녹비 등을 나무 밑에 가꾸는 재배법
③ 단구식 재배 : 경사가 심한 곳을 개간할 때는 토양침식을 방지하기 위하여 계단식으로 단구(段丘)를 구축하고 법면(法面)에는 콘크리트, 돌, 식생 등으로 계단식 단구가 조성되도록 하는 재배법

03 ④ 유거수량은 물이 토양의 표면을 따라 흐르면서 이동하는 물의 양을 뜻하는데 피복작물에 의해 빗방울이 토양에 직접 떨어지는 것을 막아 유거수량을 감소시켜준다.

정답 01 ③ 02 ④ 03 ④

기출 키워드

점오염원, 비점오염원, 중금속 오염, 미나마타병, 이타이이타이병

(3) 토양오염의 원인 및 대책

① 토양오염원의 분류

ㄱ 점오염원

- 오염원이 배출되는 급원 또는 위치를 정확히 알 수 있는 경우 배출된 오염원이 직접적으로 환경을 오염시킨다.
- 폐기물매립지, 대단위 가축사육장, 산업지역, 건설지역, 가행 광산, 송유관, 유류 및 유독물 저장시설 등이 있다.

ㄴ 비점오염원

- 오염원의 배출 급원 또는 위치를 확인하기가 불가능한 경우를 말한다.
- 산성비, 인간이 거주하는 도시, 농약 및 비료를 사용하는 농경지, 휴·폐광산의 폐석으로부터 유출되는 중금속 등이 있다.

② 토양오염 물질의 종류

유기오염물질	• 산업 유래 오염물질 – 벤젠, PAHs : 원유 정제 산물 – TCE(트리클로로에틸렌) : 제조 과정의 용매로 사용되는 성분이다. – TNT : 화약 성분으로 사용된다. – PCBs : 조류의 번식을 교란하고 인간과 동물의 암과 내분비계 교란을 유발한다. • 농약
무기오염물질	비소(As), 구리(Cu), 수은(Hg), 카드뮴(Cd) 등

③ 중금속 오염

ㄱ 원인 : 금속광산의 폐수, 정련 및 제련소의 분진, 금속공장의 폐수, 자동차의 배기가스, 배터리 공장, 화력발전소 등

ㄴ 피해

비소(As)	논토양에 10ppm 이상이면 작물 수량이 감소하고 발암 및 피부 손상을 유발한다.
구리(Cu)	생육장해, 맥류에서 피해 민감
수은(Hg)	사람에게 축적되면 미나마타병을 유발(맛, 시각, 청각, 후각 등 지각 장해)
카드뮴(Cd)	사람에게 축적되면 이타이이타이병 발생(뼈가 아프고 쉽게 골절됨)

ㄷ 피해대책

- 작물이 중금속을 흡수할 수 없도록 불용화 상태로 만듦
- 중금속류 다량 흡수하는 작물 재배
- 담수재배 및 환원물질, 석회질비료, 인산비료 사용
- 제올라이트, 벤토나이트 등의 점토광물 사용

TIP

토양 내 중금속을 불용화 상태로 만드는 방법

토양 속 중금속을 녹지 않는 형태(불용화)로 처리 → 작물 흡수 차단

- 석회질 비료 : pH를 올려 금속을 탄산염·수산화물 형태로 고정
- 인산비료 : 납(Pb), 카드뮴(Cd) 등을 인산염 광물로 만들어 고정
- 점토광물(제올라이트, 벤토나이트) : 중금속을 표면에 흡착해서 고정

예제

01 토양오염에 대한 설명으로 틀린 것은?

① 질소와 인산비료의 과다 시용은 토양오염을 유발할 수 있다.
② 농경지 농약의 살포는 토양오염을 유발할 수 있다.
③ 일반적으로 중금속의 흡착은 pH가 높을수록 적어진다.
④ 방사성 물질은 비점오염원이다.

02 토양오염원을 분류할 때 비점오염원에 해당하는 것은?

① 산성비   ② 대단위 가축사육장
③ 유독물저장시설   ④ 폐기물매립지

03 이타이이타이(itai-itai)병과 연관이 있는 중금속은?

① 피씨비(PCB)   ② 카드뮴(Cd)
③ 크로뮴(Cr)   ④ 셀레늄(Se)

해설

01 ③ 일반적으로 중금속의 흡착은 pH가 높을수록 많아진다.

02 **비점오염원** : 도시, 도로, 농지, 산지, 공사장 등으로서 불특정 장소에서 불특정하게 수질오염물질을 배출하는 배출원

03 **이타이이타이병**
카드뮴이 체내에 축적되어 칼슘이 차츰 빠져나가 석회화되지 않은 골조직이 증가하고 뼈가 약해지는 골연화증을 나타내는 공해병의 일종이다.

정답 01 ③ 02 ① 03 ②

TIP

토양의 pH가 높을 때(알칼리성 토양)는 H^+가 감소하고 OH^-가 증가하여 토양표면이 음전하(−)로 변한다. 따라서 양이온 형태의 중금속이 토양 입자 표면에 더 강하게 흡착된다.

CHAPTER
03 유기농업 일반

제1절 | 유기생육관리

1. 비배관리

(1) 밑거름 선택 및 사용법

① 밑거름의 종류

ㄱ 퇴비 : 식물 잔재물, 음식물 쓰레기, 잔디 깎기 등 유기물을 발효시켜 만든 비료로 유기물을 공급하여 토양구조를 개선하고 미생물 활동을 촉진한다.

ㄴ 우분 : 가축의 배설물을 발효시켜 만든 비료로 질소(N), 인산(P), 칼륨(K) 등을 공급하여 토양 비옥도를 높인다.

ㄷ 녹비작물 : 특정 작물을 재배한 후 이를 갈아엎어 토양에 섞어 주는 방법으로 보통 콩과 작물이 사용되며, 질소를 고정하는 능력이 있어 토양에 질소를 공급한다.

ㄹ 골분 : 동물의 뼈를 갈아 만든 비료로, 인산과 칼슘이 많아 뿌리 발달과 꽃 생장을 돕는다.

ㅁ 어분 : 생선으로 만든 비료로, 질소와 인산이 풍부하며 작물의 전반적인 생장을 촉진한다.

ㅂ 해조비료 : 해조류를 가공하여 만든 비료로, 미량원소와 호르몬을 포함하고 있어 토양미생물 활동을 촉진하고, 작물의 저항성을 높인다.

ㅅ 닭분 : 닭분과 깔짚을 혼합하여 발효시킨 비료로 질소, 인산, 칼륨이 풍부하다.

ㅇ 작물 잔재 : 수확 후 남은 작물의 잔재를 토양에 갈아엎어 사용하는 방법이다.

② 녹비작물(풋거름 작물)의 선택

ㄱ 녹비작물의 종류

- 콩과(두과) 작물 : 헤어리베치, 동부, 자운영, 토끼풀, 풋베기콩, 풋베기완두, 네마장황 등
- 벼과(화본과) 작물 : 귀리, 옥수수, 쌀보리, 호밀 등
- 경관겸용 작물 : 황화초, 루핀, 파셀리아, 화이트클로버, 메밀, 해바라기, 크림슨클로버, 크로타라리아 등

기출 키워드

밑거름의 종류, 녹비작물, 두과 녹비작물, 화본과 녹비작물, 녹비작물의 갖추어야 할 조건, 최소양분율, 수량점감의 법칙, 시비량의 결정 요인, 시비량 계산식

밑거름(기비)

파종이나 정식 전에 토양에 넣는 비료이다. 작물이 처음 뿌리를 내리고 자라기 위한 기초 양분을 공급해주며 주로 완효성 비료(천천히 효과가 나는 비료)를 사용한다.

네마장황

주로 녹비작물로 사용되는 콩과 일년생 초본류로, 과채류의 선충 억제와 유기물 공급에 효과적이다. 8월에 개화하며 10월에 결실하고, 생장이 빠르며 추위에 약하다. 파종량은 300평당 6~8kg 정도이다.

---

106 | PART 01 핵심이론

ⓒ 겨울 녹비작물

헤어리베치	• 콩과의 대표적인 녹비작물로 생육이 왕성하고 생체량이 많다. • 포복성이 있어 경사지 토양의 피복으로 토양유실을 방지하고 잡초억제효과가 탁월하다.
호밀	• 내한성이 강하여 우리나라 전역에서 선택이 가능하다. • 겨울철 농경지를 피복하여 토양유실을 줄이고 왕성한 뿌리의 생장으로 토양 물리성 개선효과도 있다. • 출수기 전에 갈아엎으면 밑거름 역할을 할 수 있으며 늦게 갈아엎으면 탄질비가 높아져 분해가 느려진다.
자운영	• 남부지방에 재배되는 콩과 녹비작물로 추위에 약하다. • 어린 순은 나물로, 꽃은 밀원 식물로 이용되며 약재로도 이용된다. 질소 함량은 2.1%, 탄질비는 12로 쉽게 분해 된다.
보리	• 최근 녹비작물, 사료작물로도 활용되고 있다. • 가을에 파종하나 추위와 눈에 약하므로 파종기를 놓치지 말고 배수에 유의해야 하며 녹비로 사용할 때는 출수 후 10일경에 갈아엎어 주어야 좋다.
클로버	• 콩과의 다년생으로 토끼풀, 붉은토끼풀로 우리나라에 자생한다. • 질소 함량은 3% 내외, 탄질비는 13~14로 분해가 빠르다.

ⓒ 여름 단기재배 녹비작물

수단그라스	• 하계용 사료작물로 최근에는 녹비작물이나 염류집적 토양에 제염 작물로 이용되며 고온에 강하다. 두 달이면 충분한 생체량이 확보되므로 밑거름용 녹비나 토양개량용으로 적절하다. • 4~5kg/10a 정도 파종하고 출수 전에 예취하여 토양에 환원한다.
크로타 라리아	• 여름에 재배할 수 있는 콩과 녹비작물이다. 토양 내 선충에 대한 구제 효과가 탁월하며 녹비 효과와 토양개량 효과뿐 아니라 경관도 아름답다. • 6~8kg/10a 정도 파종하며 50일이면 예취할 수 있다.

• 자생 녹비작물 : 얼치기완두, 새완두, 살갈퀴

ⓡ 녹비작물이 갖추어야 할 조건

• 재배하는 데 노력이 적게 들어야 한다.

• 비료의 요구가 적어야 하며 파종이 용이하고 종자의 가격이 저렴해야 한다.

• 생육기간이 짧고 휴한기간을 이용할 수 있어야 한다.

• 영년생 작물의 빈 공간의 이용에 편리해야 한다.

• 비료 성분의 함유량이 높으며, 콩과 식물의 경우 유리질소의 고정력이 강해야 한다.

• 심근성으로 하층의 양분을 이용할 수 있어야 한다.

• 병해충, 한해, 습해, 냉해 등 재해에 강해야 한다.

• 줄기, 잎이 유연하여 토양 중에서 분해가 빠른 것이어야 한다.

TIP

헤어리베치

• 가을에 파종돼 싹이 난 후 초기 생육에서 추운 겨울을 잘 견뎌내고, 월동 후 다시 잘 자라기 때문에 우리나라 중북부 지방에서도 재배 가능한 대표적인 콩과 녹비작물이다.

• 덩굴성 콩과 작물로 지하부의 뿌리혹박테리아가 공기 중 질소를 고정하는 역할을 해 지력 증진에도 유용하다.

• 질소 함량이 높아 조단백질을 많이 함유하면서 분해 속도가 빨라 사료작물로도 활용할 수 있다.

TIP

녹비작물

풋거름작물이라고도 하며, 농경지에서 일정 기간 자라게 한 후 지상부를 직접 갈아엎어 녹비로 사용하는 작물이다.

TIP

자운영과 헤어리베치의 공통점과 차이점

- 자운영과 헤어리베치는 모두 콩과 녹비작물로, 질소고정능력이 있으며 월동이 가능하다.
- 자운영은 주로 논에 재배하고, 헤어리베치는 논, 과수원 모두 재배 가능하다.
- 헤어리베치는 자운영에 비해 내동성이 더 강해 전국에 재배 가능하며, 질소고정능력도 자운영에 비해 우수하다.

예제

01 화본과 녹비작물로 옳은 것은?

① 귀리
② 콩
③ 해바라기
④ 토끼풀

02 남부지방의 논에 녹비작물로 이용되며 뿌리혹박테리아로 질소를 고정하는 식물은?

① 옥수수
② 자운영
③ 호밀
④ 유채

03 녹비작물이 갖추어야 할 조건으로 틀린 것은?

① 생육이 왕성하고 재배가 쉬워야 한다.
② 천근성으로 상층의 양분을 이용할 수 있어야 한다.
③ 비료 성분의 함유량이 많으며, 유리질소고정력이 강해야 한다.
④ 줄기, 잎이 유연하여 토양 중에서 분해가 빠른 것이어야 한다.

04 겨울철 녹비작물이 아닌 것은?

① 호밀
② 헤어리베치
③ 수단그라스
④ 보리

해설

01 녹비작물
- 콩과(두과) : 헤어리베치, 동부, 자운영, 토끼풀, 풋베기콩, 풋베기 완두 등
- 벼과(화본과) : 귀리, 옥수수, 쌀보리, 호밀 등
- 경관 겸용 : 황화초, 루핀, 파셀리아, 화이트클로버, 메밀, 해바라기, 크림슨클로버, 크로타라리아 등

02 콩과 녹비작물은 뿌리혹박테리아로 질소를 고정한다.
　예 헤어리베치, 울리포드베치, 퍼플베치, 동부, 자운영, 토끼풀, 풋베기콩, 풋베기완두 등

03 녹비작물이 갖추어야 할 조건
- 재배하는 데 노력이 적게 들어야 한다.
- 비료의 요구가 적어야 하며 파종이 용이하고 종자의 가격이 저렴해야 한다.
- 생육 기간이 짧고 휴한기간을 이용할 수 있어야 한다.
- 영년생 작물의 빈 공간의 이용에 편리해야 한다.
- 비료 성분의 함유량이 많으며, 유리 질소의 고정력이 강해야 한다.
- 심근성으로 하층의 양분을 이용할 수 있어야 한다.
- 병해충, 한해, 습해, 냉해 등 재해에 강해야 한다.
- 줄기, 잎이 유연하여 토양 중에서 분해가 빠른 것이어야 한다.

04 ③ 수단그라스는 하계용 사료작물로 이용된다.

> **정답** 01 ① 02 ② 03 ② 04 ③

(2) 웃거름 선택 및 사용법

① 웃거름의 종류 : 퇴비, 액비(액체비료), 퇴비차, 우분, 녹비작물, 식물성비료, 미량원소비료(해조분말, 천연광물질, 돌가루) 등

② 웃거름 선택 시 고려사항

  ㉠ 작물의 성장 단계 : 생육 초기는 질소, 생육 후기는 인산과 칼륨을 시비한다.

  ㉡ 토양 검사 결과 : 토양에 부족한 비료를 선택한다.

  ㉢ 환경 영향 : 유기질 비료는 환경친화적이지만 효과가 느릴 수 있고, 화학비료는 빠른 효과를 볼 수 있지만 과다 사용 시 환경에 해를 끼칠 수 있다.

  ㉣ 사용 편의성 : 복합비료는 여러 영양소를 한 번에 공급할 수 있다.

  ㉤ 작물의 요구사항 : 작물의 특성에 맞는 비료를 선택한다.

   예 곡류(벼, 보리, 잡곡 등) : 밑거름에 중점
     잎채소류(배추, 상추 등) : 밑거름, 웃거름 모두 중점

③ 시비 방법

  ㉠ 전면시비 : 논, 과수원에서 여름철 속효성 비료를 시용할 때 이용된다.

  ㉡ 파종렬시비(파구시비) : 작물의 파종줄에 따라 일정한 간격으로 비료를 시용하는 방법

  ㉢ 엽면시비 : 액체비료 또는 비료를 물에 타서 잎에 뿌리는 방법

   • 뿌리가 정상적인 흡수를 못할 때, 병해충 또는 침수피해를 받았을 때, 이식 후 활착이 좋지 못할 때 등 응급 시 사용한다.

   • 비료 농도는 0.1~0.3% 정도로 진하지 않게 살포한다.

   • 엽면시비의 이용 효과

    – 미량요소의 공급

    – 뿌리의 흡수력이 약해졌을 경우 급속한 영양 회복

    – 비료분의 유실 방지

    – 노력 절약 예 농약과 혼합하여 살포 가능

    – 토양 시비가 곤란할 경우 예 과수원의 초생재배 등

④ 비료의 엽면 흡수에 영향을 끼치는 요인

  ㉠ 잎의 표면보다 표피가 얇은 이면에 더 흡수가 잘 된다.

  ㉡ 잎의 호흡작용이 왕성할 때 잘 흡수되며 노엽보다 성엽에서, 밤보다 낮에 잘 흡수된다.

  ㉢ 살포액의 pH는 미산성일 때 흡수가 잘 된다.

  ㉣ 전착제를 가용(0.01~0.02%)하는 것이 흡수를 조장한다.

  ㉤ 석회 시용 시 흡수를 억제하여 고농도 피해를 방지한다.

  ㉥ 기상조건이 좋을 때는 작물의 생리작용이 왕성하여 흡수가 빠르다.

기출 키워드

웃거름 선택 시 고려사항, 엽면시비의 개념, 엽면시비의 이용 효과, 엽면시비에 영향을 끼치는 요인

웃거름(추비)

작물이 어느 정도 자란 생육 과정 중에 주는 비료이다. 작물의 생육 단계별 필요 영양분 보충을 위한 목적으로 효과가 빠른 속효성 비료를 사용한다.

TIP

토양시비보다 엽면시비가 더 효과적인 경우

• 사과의 마그네슘 결핍
• 노후답의 망가니즈 · 철분 보급
• 감귤류의 아연 결핍증

전착제

농약이 식물의 잎 표면에 잘 붙고 골고루 퍼지게 해주는 약제로 tween 80이 대표적이다.

TIP

엽면시비는 왜 작물의 급속한 영양 회복이 효과적일까?

뿌리를 거치지 않고 잎을 통해 직접 세포로 양분이 공급되는데 흡수 경로가 짧고, 속도가 빠르기 때문에 영양결핍 상태에서 급속한 회복이 가능하다.

예제

01 비료를 물에 타거나 액체비료를 식물체에 뿌려주는 방법을 무엇이라고 하는가?

① 엽면시비   ② 전면시비
③ 파종렬시비   ④ 심층시비

02 동상해 · 풍수해 · 병해충 등으로 작물의 급속한 영양 회복이 필요할 경우 사용하는 시비 방법은?

① 표층시비법   ② 심층시비법
③ 엽면시비법   ④ 전층시비법

03 엽면시비가 효과적인 경우로 옳지 않은 것은?

① 작물의 필요량이 적은 무기양분을 사용할 경우
② 토양조건이 나빠 무기양분의 흡수가 어려운 경우
③ 시비를 원하지 않는 작물과 같이 재배할 경우
④ 부족한 무기성분을 서서히 회복시킬 경우

해설

02 엽면시비의 효과
- 급속한 영양 회복
- 뿌리의 흡수력이 약해졌을 경우
- 이식 후 활착이 좋지 않을 때
- 병해충의 피해를 받았을 경우

03 엽면시비가 효과적인 경우
- 토양 시비가 곤란할 경우
- 미량요소를 공급하는 경우
- 시비를 원하지 않는 작물과 같이 재배할 경우
- 급속한 영양 회복이 요구될 경우

정답 01 ①   02 ③   03 ④

기출 키워드

화학적 · 생리적 반응에 따른 비료의 분류, 화학적 · 생리적 반응이 모두 염기성 비료, 무기태질소와 유기태질소의 종류, 인산질비료의 분류

---

(3) 비료의 분류

① 원료에 따른 분류

㉠ 동물성 : 어분, 어박, 골분, 건조축산폐기물, 혈분 등 동물에서만 얻을 수 있는 비료

㉡ 식물성 : 쌀겨, 두엄, 풋거름, 깻묵 등과 같이 농가에서 쉽게 얻을 수 있는 비료와 유박류 등 기름을 짜고 난 찌꺼기로 만든 유기질 비료로 구분

㉢ 광물성 : 과인산석회, 용성인비, 석회질소, 염화칼륨, 황산칼륨과 같은 비료

㉣ 잡질비료 : 퇴비, 배합비료, 유기복합비료 등 여러 가지 성분을 섞어 만든 비료

110 | PART 01 핵심이론

② 형태(제법, 성상)에 따른 분류

　　㉠ 입상 : 직경 1mm 이상으로 조립된 비료 예 요소, 복비, 석회질 등

　　㉡ 분상 : 분말 형태 예 용성인비, 석회질, 규산질 등

　　㉢ 사상 : 모래와 비슷한 비료

　　㉣ 고형 : 2종 이상의 비료에 이탄을 더한 직경 3mm 이상의 비료

　　㉤ 액상 : 수용액, 현탁액의 비료

③ 반응에 따른 분류

　　㉠ 화학적 반응

　　　• 산성비료 : 과인산석회, 중과인산석회 등

　　　• 중성비료 : 황산암모늄(유안), 질산암모늄(초안), 황산칼륨, 염화칼륨, 콩
　　　　깻묵, 어박 등

　　　• 염기성비료 : 재, 석회질소, 용성인비 등

　　㉡ 생리적 반응

　　　• 산성비료 : 작물이 음이온보다 양이온을 많이 흡수하여 토양반응을 산성화
　　　　시키는 비료

　　　　예 황산암모늄, 황산칼륨, 염화칼륨 등

　　　• 중성비료 : 질산암모늄과 같이 양이온과 음이온이 거의 같은 정도로 흡수
　　　　되는 비료

　　　　예 질산암모늄, 요소, 과인산석회, 중과인석회, 석회질소 등

　　　• 염기성비료 : 작물이 음이온인 질산이온을 나트륨인 양이온 보다 더 많이
　　　　흡수하여 토양을 알칼리화시키는 비료

　　　　예 퇴구비, 용성인비, 재, 칠레초석 등

④ 기타 분류

　　㉠ 시비 시기에 따라 : 밑거름, 웃거름, 이삭거름

　　㉡ 시비 방법에 따라 : 엽면시비, 토양시비 등

　　㉢ 배합 여부에 따라 : 단일비료, 배합비료 등

　　㉣ 비료효과의 지속 기간에 따라 : 속효성, 지효성, 완효성 등

　　㉤ 급원에 따라

　　　• 무기질 비료 : 요소, 과인산석회 등

　　　• 유기질 비료 : 어분, 골분, 깻묵, 퇴비 등

　　㉥ 비효 및 성분에 따라 : 3요소 비료(질소질, 인산질, 칼리질, 복합비료), 기타
　　　화학비료[석회질, 규산질, 마그네슘(고토)질, 망간질 비료]

화학적 반응
수용액의 직접적인 반응

생리적 반응
시비 후 토양 중에서 식물 뿌리의 흡수작용이나 미생물의 작용을 받아 나타나는 반응

이삭거름
웃거름의 종류 중 하나로, 벼, 보리 등의 이삭이 줄기 속에서 자라나기 시작할 무렵에 효과를 보기 위하여 주는 비료

속효성 비료
물에 넣으면 빨리 녹고 흙에 시용했을 때 작물이 빨리 흡수할 수 있는 비료 예 유안, 염화칼륨, 복비 등

완효성 비료
토양 속 미생물작용에 의해 서서히 분해되어 양분이 녹아 나오며 이것이 작물에 의해 이용되는 비료 예 석회질소, 깻묵, 두엄 등

⑤ 함유 성분에 따른 분류

질소	무기태 질소	• 질산태 질소 예 질산칼륨, 질산암모늄(초안), 질산칼슘 등 　– 밭작물에서는 효과가 크지만, 토양에 잘 흡착되지 못한다(유실이 많음). 　– 여러 번 나누어 주는 게 효과적이다. 　– 지하수로 용출되어 질산염에 오염된 물을 마신 유아에게 청색증(메트헤모 　　글로빈혈증)을 일으키는 직접적인 원인이 된다. • 암모늄태 질소 예 황산암모늄(유안), 질산암모늄(초안) 등 　– 토양에 흡착하는 힘이 강해 비료효과가 오래 지속된다. 　– 알칼리성 토양에는 휘발된다(유실이 많음). 　– 밭토양보다 논토양에 효과적이다.
	유기태 질소	• 요소[$CO(NH_2)_2$]는 물에 잘 녹으며 이온이 아니므로 토양에 잘 흡착되지는 　않지만, 토양미생물의 작용을 받아 탄산암모늄을 거쳐 암모니아태로 된다. • 단백질로 되어 있고 뿌리에 흡수되기 위해 단백질이 세균에 의해 분해되어 　암모늄태나 질산태질소로 변화되어야 한다. • 분해에 많은 시간이 소요되므로 유기태 질소는 비료의 효과가 오래 지속되는 　지효성 비료이다. • 아미드태와 단백태가 있다. 　– 아미드태의 대표적인 것은 요소이며 토양 중에서 우레아제(urease) 효소 　　에 의해 분해되고 암모늄으로 변화되어 식물에 흡수된다. 　– 단백태 질소는 동식물성 재료(어비, 깻묵, 골분 등)에 풍부하며, 암모늄으 　　로 분해되어 이용된다.
인산	무기태 인산	• 가용성(식물이 흡수·이용 가능) 　– 수용성 : 물에 녹는다(속효성). 예 과인산석회, 인산암모늄 　– 구용성 : 묽은 시트르산에 녹는다(완효성). 예 용성인비 • 불용성 : 녹지 않는다. 예 인광석(동물 뼈에 붙어있는 인산), 회분류, 골분 등
	유기태 인산	• 식물성 : 쌀겨, 깻묵 등 • 동물성 : 골분, 어분 등
칼륨	무기태 칼륨	탄산칼륨, 황산칼륨, 염화칼륨, 질산칼륨 등이 있으며, 물에 잘 녹아 작물에 빠르게 흡수된다.
	유기태 칼륨	• 쌀겨, 녹비, 퇴비 등이 있으며, 물에 잘 녹아 비료의 효과가 빠르게 나타난다. • 풀과 나무의 재에는 5~15%의 칼륨이 들어가 있다.
칼슘		• 토양의 물리적, 화학적 성질을 개량하기도 한다. • 산성토양을 중화할 때는 생석회나 소석회를 쓰고, 토양에 염기를 보급하기 　위해서는 탄산석회나 석회석 분말을 사용한다. • 소석회 : 석회 비료로 가장 많이 이용되는데, 석회석을 가열하여 생석회로 　만들고 이것을 수화시켜 분쇄하여 만든 것이다. • 탄산석회 : 석회석을 분쇄한 것으로, 소석회 다음으로 많이 이용된다.

수용성(水溶性)
물에 녹는 성질

구용성(枸溶性)
시트르산과 같은 약산에 녹는 성질

예제

01 비료를 만들어진 원료에 따라 분류한 것이다. 다음 중 틀린 것은?

① 식물성 비료 – 퇴비, 구비
② 무기질 비료 – 요소, 염화칼륨
③ 동물성 비료 – 어분, 골분
④ 인산질 비료 – 유안, 초안

02 다음 비료 중 화학적·생리적 반응이 모두 염기성인 것은?

① 유안
② 황산칼륨
③ 과인산석회
④ 용성인비

03 유아에게 청색증(메트헤모글로빈혈증)을 일으키는 직접적인 원인이 되는 물질은?

① 암모니아태 질소
② 질산태 질소
③ 카드뮴
④ 알루미늄

04 인산질 비료에 대한 설명으로 틀린 것은?

① 유기질 인산비료에는 동물뼈, 물고기뼈 등 이 있다.
② 용성인비는 수용성 인산을 함유하며 작물에 속히 흡수된다.
③ 무기질 인산비료의 중요한 원료는 인광석이다.
④ 과인산석회는 대부분 수용성이고, 속효성이다.

해설

01 ④ 질소질 비료 : 유안, 초안

02 **주요 비료의 종류별 구분**
• 화학적 반응
  – 산성비료 : 과인산석회, 중과인산석회 등
  – 중성비료 : 황산암모늄(유안), 질산암모늄(초안), 황산칼륨, 염화칼륨, 콩깻묵, 어박 등
  – 염기성비료 : 재, 석회질소, 용성인비 등
• 생리적 반응
  – 생리적 산성비료 : 황산암모늄, 황산칼륨, 염화칼륨 등
  – 생리적 중성비료 : 질산암모늄, 요소, 과인산석회, 중과인석회, 석회질소 등
  – 생리적 염기성비료 : 퇴구비, 용성인비, 재, 칠레초석 등

03 질산태 질소는 지하수로 용출되어 오염을 일으키기도 하는데, 질산염에 오염된 물을 마신 경우 성인에게는 유해하지 않지만 유아에게는 청색증을 일으킬 수 있다.

04 ② 용성인비는 묽은 시트르산에 녹는 구용성인 산이며, 완효성 비료이다.

정답 01 ④ 02 ④ 03 ② 04 ②

2. 생육 단계별 관리

(1) 수분관리

① 식물에서 수분의 흡수

ㄱ 흡수의 기구(수분의 이동)

• 삼투압 : 식물 세포의 원형질막은 반투막으로 되어 있어 세포외액이 내액보다 농도가 낮으면 외액의 수분이 이 막을 통하여 세포 속으로 확산해 들어가는 압력을 말한다.

• 팽압 : 삼투에 의해 세포의 수분이 늘면 세포의 크기를 증대시키려는 입력이다.

기출 키워드

삼투압, 팽압, 막압, 수동적 흡수(소극적 흡수), 능동적 흡수(적극적 흡수), 일액현상, 일비현상, 요수량, 요수량의 크기, 요수량의 지배요인, 증산작용, 용수량 계산식, 벼의 생육단계별 물 관리, 보더관개, 암거법, 배수의 효과

CHAPTER 03 유기농업 일반 | **113**

> **TIP**
>
> $$(a-m) - (t+a')$$
> 여기서,
> a : 세포의 삼투압
> m : 세포의 팽압(막압)
> t : 토양의 수분보유력
> a' : 토양용액의 삼투압

일액현상

밤에 증산이 억제되면서 뿌리가 흡수한 물이 식물 내에서 위로 밀려 올라가지만 출구인 기공이 닫혀 있어 잎 끝의 수공으로 밀려나 물방울 형태로 배출되는 현상이다. 물과 무기양분이 약간 섞여 있으며, 벼, 보리, 옥수수, 딸기 등에서 나타난다.

증산작용

식물의 수분이 식물체의 표면에서 수증기가 되어 배출되는 현상으로 주로 잎의 기공에서 나타난다. 빛의 세기가 강할수록, 상대습도는 낮을수록, 온도가 높을수록, 바람은 적당히 불면 증산작용이 활발해진다.

- 막압 : 팽압에 의해 세포막이 늘어나면 세포막의 탄력성에 의해 다시 안으로 수축하려는 압력이다.
- 흡수압(확산압차) : 삼투압과 막압의 차이에 의한 압력을 말한다.

ⓒ 수분흡수의 원동력

수동적 흡수(소극적 흡수)	능동적 흡수(적극적 흡수)
양분은 ATP(에너지)를 소모하지 않고 흡수	• 양분은 ATP(에너지)를 소모하면서 흡수 • 세포의 삼투압에 기인하는 흡수
증산작용(확산압차)	근압
모세관력(물관의 부압)	• 일액현상
뿌리 표면에서 이온의 흡착·교환	• 일비현상

더 알아보기

일액현상과 일비현상
- 일액현상 : 잎의 가장자리인 엽맥 끝부분에 있는 구멍(수공, 水孔)을 통해 수분이 바깥으로 나와 물방울이 맺히는 현상으로 근압에 의해 일어난다.
- 일비현상 : 수세미나 고로쇠의 줄기를 절단하면 잘린 부위에서 수분이 솟아나는 현상으로 이는 뿌리 세포의 흡수압, 즉 근압에 의해 생긴다.

② 작물의 요수량

ⓐ 요수량 : 작물이 건물 1g을 생산하는 데 소비된 수분량
ⓑ 증산계수 : 건물 1g을 생산하는 데 소비되는 증산량
ⓒ 요수량이 작은 작물이 건조한 토양이나 가뭄에 강하다.
ⓓ 작물별로 수분의 절대 소비량을 표시하는 것은 아니다.
ⓔ 요수량의 크기 : 기장 < 옥수수 < 보리 < 알팔파 < 클로버 < 흰명아주
ⓕ 요수량의 지배 요인 : 작물의 종류, 생육 단계(생육 초기에 크다), 환경(광 부족, 많은 바람, 공기 습도의 저하, 저온·고온, 토양수분의 과다·과소, 척박한 토양 등)

예제

01 잎의 가장자리에 있는 수공에서 물이 나오는 현상은?
① 일액현상
② 일비현상
③ 증산작용
④ apoplast

02 식물의 뿌리를 통한 양분 흡수과정 중 호흡작용에 장해가 일어났을 때 흡수가 방해되는 것은?
① 확산에 의한 흡수작용
② 적극적인 흡수작용
③ 이온의 흡착에 의한 흡수작용
④ 이온 교환에 의한 흡수작용

03 증산작용에 영향을 주는 요인이 아닌 것은?

① 뿌리의 모세관
② 상대습도
③ 온도
④ 바람

04 작물의 건물 1g을 생산하는 데 소비된 수분량은?

① 요수량
② 증산 능률
③ 수분 소비량
④ 건물축적량

05 다음 중 요수량이 가장 큰 식물은?

① 기장
② 알팔파
③ 보리
④ 옥수수

해설

01 ② 일비현상이란 고로쇠처럼 식물체의 줄기를 자른 곳에서 물이 배출되는 현상으로 뿌리 세포의 근압에 의한 능동적 흡수이다.

02 양분의 흡수과정
- 소극적 흡수 : 뿌리 표면에서 이온의 흡착, 교환, 확산 작용에 의한 흡수(수동적 흡수)
- 적극적 흡수 : 식물의 호흡을 방해하면 양분의 흡수가 크게 영향을 받는 과정(능동적 흡수)

03 증산에 영향을 주는 환경요인 : 빛의 세기, 상대습도, 온도, 바람

04 요수량 : 작물의 건물 1g을 생산하는 데 소비되는 수분량(g)

05 요수량의 크기 : 기장 < 옥수수 < 보리 < 알팔파 < 클로버

정답 01 ① 02 ② 03 ① 04 ① 05 ②

③ 논의 용수량과 관개 방식

㉠ 용수량 : 벼농사 기간 중 논 관개에 소요되는 수분의 총량

> 용수량 = (엽면증산량 + 수면증발량 + 지하침투량) − 유효우량

㉡ 벼의 생육 단계별 물 관리
- 논두렁의 조성 : 누수를 미리 예방한다.
- 생육 단계별 물 관리
  - 물이 많이 필요한 시기순 : 수잉기(이삭 밸 때) > 활착기 > 이삭꽃 생길 때(영화분화기) > 꽃피는 시기
  - 물이 적어야 좋은 시기순 : 헛새끼칠 때(무효분얼기) > 참새끼칠 때(유효분얼기)와 이삭이 여물 때(등숙기)

분얼(分蘖, tiller, 새끼치기)
벼과 작물에 새로운 줄기가 형성되는 것

수잉기
벼와 같은 곡식이 여물기 위해 알이 배는 시기

무효분얼
헛가지를 의미하며, 이삭을 맺지 못하고 고사하는 줄기

TIP

벼의 생육 단계와 관개 정도

생육 단계	관개 정도
모내기(이앙) 준비	10~15cm 관개
이앙기	2~3cm 담수
이앙기~활착기	10cm 담수
활착기~ 최고분얼기	2~3cm 담수
최고분얼기~ 유수형성기	중간낙수
유수형성기~ 수잉기 (이삭 밸 때)	2~3cm 담수
수잉기~유숙기	6~7cm 담수
유숙기~황숙기	2~3cm 담수
황숙기 (출수 후 30일경)	완전 낙수

다공관관개
파이프에 직접 작은 구멍을 내어 살수하는 방법

점적관개
지하에 묻은 파이프나 호스로 물을 끌어올려 흐르도록 한 뒤, 점적기를 이용하여 정밀한 양의 물과 양분을 작물의 근권에 공급하는 방법

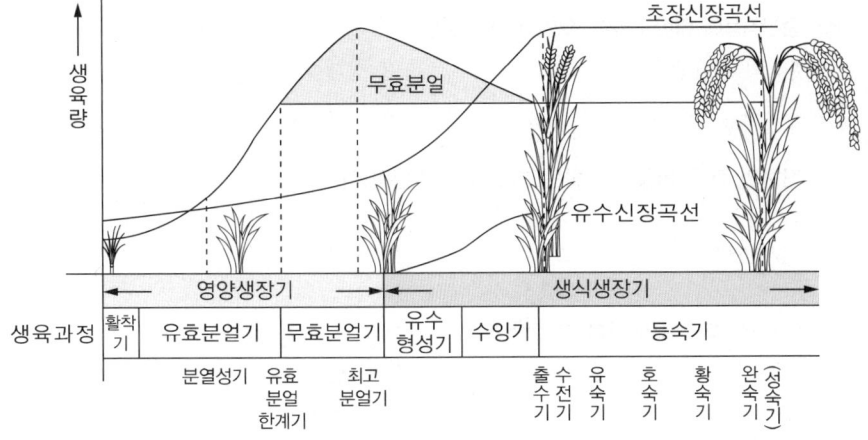

④ 밭에서의 물 관리
  ㉠ 수분 보전방안 마련
    • 피복식물의 재배 : 녹비작물을 이용한다.
    • 멀칭 재료 이용 : 밭 주변의 잡초, 볏짚 등의 유기물 재료와 각종 멀칭 자재를 이용한다.
  ㉡ 빗물 활용 : 물탱크를 이용하여 우기에 남은 물을 저장했다가 건기에 활용한다.

⑤ 관개 방법
  ㉠ 지표관개

전면 관개	일류관개	등고선에 따라 물을 흘려 대는 방법
	보더관개	완경사의 포장(전체 표면에 물을 흘려 펼쳐서 대는 방법)
	수반법	포장을 수평으로 구획
고랑관개		이랑을 세우고 고랑에 물을 흘려서 대는 방법

  ㉡ 살수관개 : 다공관관개, 스프링클러관개, 물방울관개
  ㉢ 지하관개

개거법	개방된 토수로에 투수하여 모관상승을 통해 근권에 공급되게 하는 방법으로 지하수위가 낮지 않은 사질토 지대에 이용
암거법	지하에 관을 배치하여 물을 흐르게 하여 간극으로부터 스며오르게 하는 방법 예 점적관개
압입법	뿌리가 깊은 과수 주변에 구멍을 뚫고 물을 주입하거나 기계적으로 압입하는 방법

⑥ 배수
  ㉠ 배수의 효과
    • 습해와 수해 방지
    • 1모작 논을 2, 3모작 논으로 변경하여 경지이용률을 향상
    • 농작업 용이 및 기계화 촉진

ⓛ 배수법
- 자연배수 : 지표배수와 지하배수(관암거, 간이암거, 무재암거)로 구분된다.
- 기계배수 : 펌프에 단 배수기를 이용하여 기계적으로 배수하는 작업이다.
ⓒ 암거배수를 할 때 재배상의 유의점
- 습한 토양의 당년도에는 미숙유기물이 한 번에 분해되어 암모니아가 많이 생성되고, 벼가 과도하게 자라 도복과 병해가 유발되므로 질소질 비료 시용을 줄인다.
- 환원성 황화물질이 산화되어 생긴 황산으로 인해 토양이 강산성으로 되므로 석회를 주어 중화시킨다.
- 벼의 생육 초기 : 지온이 낮아 토양의 환원상태가 심하지 않고 뿌리의 산소요구량도 적다. 이 시기에 암거를 개방하면 토양 중 산소 공급보다 비료분 유실의 피해가 더 크므로 생육 초기의 암거는 피하는 것이 좋다.

무재암거

배수재료 없이 중점토, 이탄지 등에서 보조용으로 만드는 암거로 천공기를 사용하여 지하에 통수공을 만든다. 심토파쇄기를 사용하여 작토층 아래 다져진 불투수층을 파괴하여 수직 배수를 돕는다.

암거배수

습지의 배수를 좋게 하기 위해 지하에 고랑을 파고 토관 따위를 묻어 배수하는 것으로 주로 농지의 관개 배수를 할 때 실시한다.

예제

01 지표관개에 관한 설명으로 부적절한 것은?
① 전면관개, 월류관개, 보더법 등이 있다.
② 집중적으로 물을 줄 필요가 있는 곳에 사용한다.
③ 물 빠짐이 나쁜 토양에서는 오히려 습해를 입는다.
④ 고랑에 물을 대거나 토지 전면에 물을 대는 방법이다.

02 지하에 토관 · 목관 · 콘크리트관 등을 배치하여 통수하고, 간극으로부터 스며오르게 하는 방법은?
① 개거법   ② 암거법
③ 압입법   ④ 살수관개법

03 배수의 효과로 틀린 것은?
① 습해와 수해를 방지한다.
② 토양의 성질을 개선하여 작물의 생육을 촉진한다.
③ 경지이용도를 낮게 한다.
④ 농작업을 용이하게 하고, 기계화를 촉진한다.

해설

01 지표관개의 장점
전체적으로 물을 충분히 줄 수 있다. 단, 땅이 고르지 않으면 일부는 물에 잠기고 일부는 물이 닿지 않는 경우가 생긴다.

02 지하관개에는 개방된 수로에 투수하는 개거법, 지하에 관을 배치하여 통수하는 암거법, 뿌리 깊은 과수 주변에 구멍을 뚫고 주입하는 압입법이 있다.

03 ③ 1모작 논을 2, 3모작 논으로 변경하여 경지이용률을 향상시킨다.

정답 01 ② 02 ② 03 ③

CHAPTER 03 유기농업 일반 | **117**

기출 키워드

유인, 정지, 단초전정, 세부전정, 큰 가지 전정, 갱신전정, 적심, 적엽, 작물별 착과 조절 방법

유인(誘引)
작물이 일정한 방향으로 적절하게 생장하도록 만들어 주는 것

정지(整枝)
나무의 형태를 계획적으로 구성하기 위해 골격을 구성하는 주간, 주지, 측지 등을 유인하고 절단하는 것

전정(剪定)
고품질의 과실 생산에 관계되는 가지를 손질하는 것

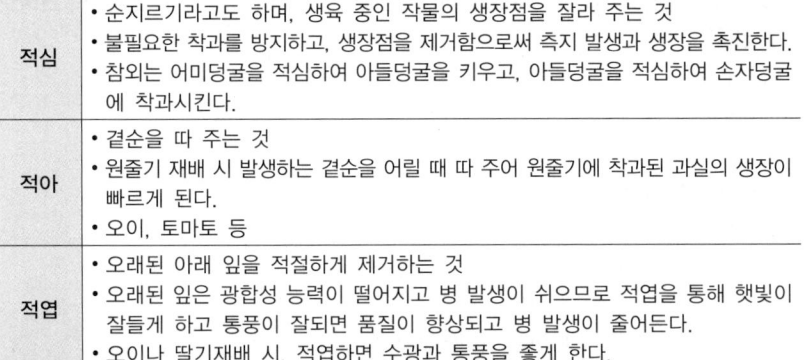

절단 위치
원가지
되도록 기부 쪽 결과모지를 남김
(a) 전정 전   (b) 전정 후

[일반적인 단초전정]

(2) 정지 및 적과

① 채소작물의 생육조절

ㄱ 유인과 정지는 채소 작물의 파종 또는 이식 후 직접적인 생육관리 작업이며 일반적으로 동시에 실시한다.

ㄴ 유인·정지의 목적

• 햇빛을 잘 들게 하고 통기를 좋게 한다.

• 불필요한 생장에 따른 양분 소모를 막고 목적하는 생산물의 비대와 발육을 촉진하여 수량을 극대화한다.

• 광 차단과 통풍이 되지 않아 발생하는 병해충을 사전 예방한다.

ㄷ 유인의 종류

• 수직유인 : 대나무, 나뭇가지, 줄로 유인한다. 예 오이, 토마토 등

• 수평유인 : 덩굴성 작물로, 정지 작업과 동시에 수평으로 유인한다. 예 수박, 참외

• 터널유인 : 아치형 터널을 설치하고 망을 씌워 작물이 구조물을 타고 올라가면서 생장할 수 있도록 유인한다. 예 덩굴성 호박 등

• 파이프유인 : 성장하면서 쉽게 쓰러지지 않게 작물 중간에 파이프를 박고 식물의 높이에 맞춰 수평으로 유인끈을 묶어 고정한다. 예 고추, 가지 등

ㄹ 정지의 종류

적심	• 순지르기라고도 하며, 생육 중인 작물의 생장점을 잘라 주는 것 • 불필요한 착과를 방지하고, 생장점을 제거함으로써 측지 발생과 생장을 촉진한다. • 참외는 어미덩굴을 적심하여 아들덩굴을 키우고, 아들덩굴을 적심하여 손자덩굴에 착과시킨다.
적아	• 곁순을 따 주는 것 • 원줄기 재배 시 발생하는 곁순을 어릴 때 따 주어 원줄기에 착과된 과실의 생장이 빠르게 된다. • 오이, 토마토 등
적엽	• 오래된 아래 잎을 적절하게 제거하는 것 • 오래된 잎은 광합성 능력이 떨어지고 병 발생이 쉬우므로 적엽을 통해 햇빛이 잘들게 하고 통풍이 잘되면 품질이 향상되고 병 발생이 줄어든다. • 오이나 딸기재배 시, 적엽하면 수광과 통풍을 좋게 한다.

② 과수작물의 생육조절

ㄱ 정지와 전정의 효과

• 수체의 생장조절

• 꽃눈 형성의 조절

• 품질 향상과 수량 조절

• 병해충 방제

ⓒ 과수의 전정 종류

자름전정	자름전정은 가지의 중간을 절단하는 방법으로 가지에 새로운 발육지가 발생하거나 여러 개의 새순이 발생할 수 있고 잘못된 방향으로 자라는 것을 고칠 수 있다.
솎음전정	솎음전정은 불필요한 가지가 발생한 기부에서 완전히 절단하여 제거시키는 방법이다.
단초전정	주로 포도나무에서 이루어지는데, 가지의 마디수를 1~3개 남기고 잘라내는 방법이다.
세부전정	잔가지 전정이라고도 하며, 생장이 느리고 세력이 약하거나 복잡한 잔가지와 눈들을 제거하는 작업으로 보통 전정가위로 실시한다.
태부전정	큰 가지 전정이라고도 하며, 결실성이 낮거나 광선 투사를 막는 비교적 큰 가지 또는 부란병 등에 감염된 가지를 솎아내는 방법이다.
갱신전정	과수의 세력을 회복시키기 위해 영양생장을 하는 튼튼한 새 가지가 나도록 실시하는 가지치기로 나무가 노쇠하여 생산성이 떨어질 때나 결과 부위가 너무 자라가지 기부에 가까이 결실시킬 때, 불필요한 가지를 절단하여 영양생장을 하는 튼튼한 새 가지를 발생시켜 세력 회복을 시키기 위해 실시한다.

③ 착과 조절

㉠ 착과 조절의 중요성

- 과채류는 적화, 적과, 인공수분을 통해 착과를 조절한다.
- 토마토와 딸기는 적화와 적과를 통하여 화방당 결실수를 제한한다.
- 가짓과 작물들은 자가수분이 잘 일어나므로 노지에서는 문제 되지 않으나 시설재배에서는 인공수분을 해야 한다.
- 호박, 수박 등 박과 채소는 인공수분이 필요하지만, 오이는 수정이 없어도 단위결과를 하므로 인공수분이 필요하지 않다.

㉡ 주요 과채류의 개화 습성과 착과 조절 방법

고추	• 고추는 약 10마디 정도에서 1차 분지(방아다리)에서 첫 번째 개화하고 각 분지의 겨드랑이에서 계속 개화한다. • 개화 시간은 오전 6시에서 10시경이 제일 왕성하다. 70%가 자가수분으로 수정이 이루어지나 30% 정도는 타가 수분한다. • 노지 재배 시에는 착과 조절을 위해 도움을 줄 필요가 없지만 시설재배의 고온, 다습한 환경에서는 수정이 잘 안 된다. 따라서 통풍시켜 주고 유인 줄을 건드려 진동시킨다.
오이	• 오이는 단위결과하므로 암꽃이 많이 발생해야 착과로 이어진다. • 저온 단일 조건에서 암꽃 발생이 촉진되는데 특히, 육묘 기간 중 야간 온도가 15℃ 이하의 저온에서 암꽃 착생률이 높아진다.
토마토	• 토마토는 본잎이 9장 이상일 때 첫 화방이 생성된다. 꽃은 한 화방에서 많은 수가 피며 자가 수분하여 결실이 잘되나 시설 내에서는 착과를 촉진해 주어야 한다. • 각 화방에는 과실 4~5개만 남기고 적과하며, 기형과, 난형과 등은 보이는 대로 제거해 준다. 온도가 낮고 환경이 불량할 때는 6화방 이상에서 적심해 준다.

적과
과실의 착생수가 너무 많아질 때 여분의 과실을 어릴 때 제거하는 작업으로, 해거리를 방지하고, 크고 올바른 모양의 과실을 수확하기 위함이다.

단위결과
속씨식물에서 수정 없이 씨방이 외부 자극에 의해 발달하여 열매가 맺히는 현상

TIP

전정시기에 따른 분류
- 동계전정 : 휴면기간(낙엽 후 ~월동 후 수액 이동 전)동안 실시
- 하계전정 : 생육기 중의 수세 조절이나 동계전정의 보완 목적으로 생육기 중에 실시

예제

01 작물이나 과수의 순지르기 효과가 아닌 것은?

① 생장을 억제시킨다. ② 곁가지의 발생을 많게 한다.
③ 개화나 착과수를 적게 한다. ④ 목화나 두류에서도 효과가 있다.

02 과수의 전정 방법에 대한 설명으로 옳은 것은?

① 단초전정(短梢剪定)은 주로 포도나무에서 이루어지는데, 결과 모지를 전정할 때 남기는 마디 수는 대개 4~6개이다.
② 갱신전정(更新剪定)은 정부우세현상(頂部優勢 現想)으로 결과 모지가 원줄기로부터 멀어져 착과하는 과실의 품질이 불량할 때 이용하는 전정 방법이다.
③ 세부전정(細部剪定)은 생장이 느리고 연약한 가지 · 품질이 불량한 과실을 착생시키는 가지를 제거하는 방법이다.
④ 큰 가지 전정은 생장이 느리고 외부에 가지가 과다하게 밀생하며 가지가 오래되어 생산이 감소할 때 제거하는 방법이다.

03 종자의 생성 없이 과실이 자라는 현상은?

① 단위결과 ② 단위생식 ③ 무배생식 ④ 영양결과

04 적심을 생장 조절 방법으로 쓸 수 없는 작물은?

① 상추 ② 토마토 ③ 참외 ④ 양파

05 다음 중 오이의 암꽃 발달에 가장 유리한 조건은?

① 13℃ 정도의 야간 저온과 8시간 정도의 단일 조건
② 18℃ 정도의 야간 저온과 10시간 정도의 단일 조건
③ 27℃ 정도의 주간 온도와 14시간 정도의 장일 조건
④ 32℃ 정도의 주간 온도와 15시간 정도의 장일 조건

해설

01 순지르기
- 웃자람가지가 될 신초의 생장점을 제거해 주는 작업이다.
- 곁가지들의 왕성한 생육을 유도하여 개화, 착과 수 증가 등 수세를 조절한다.
- 뿌리가 굵어지고 잔뿌리의 발생이 증가한다.
- 목화, 콩과 작물에도 효과가 있다.

02 갱신전정
과수의 세력을 회복시키기 위해 영양생장하는 튼튼한 새 가지가 나도록 실시하는 가지치기로 나무가 노쇠하여 생산성이 떨어질 때 한다.

03 단위결과란 감귤, 바나나와 같이 종자가 생성되지 않고 과일이 생기는 현상을 말한다.

04 ④ 양파는 인경이 발달한 작물로 생장점이 구근에 집중되어 있으므로 적심을 한다 해도 새로운 잎이 잘 나지 않으며 오히려 구근의 성장을 방해할 수 있다.

05 13℃ 정도의 야간 저온과 7~8시간의 단일 조건 아래에서 암꽃 분화가 촉진된다.

정답 01 ③ 02 ② 03 ① 04 ④ 05 ①

(3) 파종·육묘 및 이식

① 파종

ㄱ 파종 양식

산파 (흩어뿌림)	• 흩어 뿌리는 방법 • 노동력이 절감되나 제초 등의 관리 작업이 불편 • 목초, 자운영 등
조파 (줄뿌림)	• 개체가 차지하는 평면 공간이 넓지 않은 작물에 적용 • 골 사이가 비어 있어 양·수분공급과 통풍, 관리 작업에도 편리 • 맥류 등
점파 (점뿌림)	• 개체가 평면 공간으로 상당히 퍼지는 작물에 적용 • 노력은 다소 들지만 건실하고 균일한 생육 가능 • 콩류, 감자 등
적파	• 점파할 때 한 곳에 여러 개의 종자를 파종하는 방법 • 평면으로 좁게 퍼지는 작물을 집약적으로 재배할 때 적용 • 조파나 산파보다 노력이 많이 들지만 환경조건이 좋아지므로 생육이 양호 • 목초, 맥류 등
혼파	• 두 가지 이상의 작물 종자를 혼합해서 파종하는 방법 • 장점 : 가축 영양상의 이점, 공간의 효율적 이용, 비료 성분의 효율적 이용, 질소비료의 절약, 잡초의 경감, 재해에 대한 안정성 증대, 산초량의 평준화, 건초 제조상의 이점 • 단점 : 작물과 토양의 정밀한 관리가 어려움, 기계화 곤란

ㄴ 파종량을 결정할 때 고려사항
  * 작물의 종류
  * 종자의 크기
  * 파종시기(늦을수록 파종량을 늘림)
  * 재배지역(맥류는 남부보다 중부에, 감자는 산간지보다 평야지에서 파종량을 늘림)
  * 재배법(맥류는 조파보다 산파 시 파종량을 늘림)
  * 토양 및 시비
  * 종자의 조건(병해충, 경실, 협작물이 많은 경우 파종량 증가)

ㄷ 파종 깊이

얕게 심어야 하는 조건	작은 종자, 호광성 종자, 습한 토양, 점질 토양
깊게 심어야 하는 조건	큰 종자, 혐광성 종자, 덥거나 추운 곳(지표면에 가까울수록 온도 변화가 심하다), 건조한 토양, 사질 토양

ㄹ 파종 절차 : 준비 작업(파종 시 종자를 뿌리는 골 만들기) → 시비 → 비료섞기(비료 준 위에 흙을 넣어 종자가 비료에 직접 닿지 않게 하는 것) → 파종 → 복토(뿌린 종자 위에 흙을 덮는 작업) → 진압(파종, 복토 후 종자를 눌러 주는 작업)

기출 키워드

파종양식, 산파(흩어뿌림), 조파(줄뿌림), 적파, 파종량 결정 시 고려사항, 파종 깊이, 양열 온상, 양열재료, 솎기, 경화, 이식, 활착, 이식 시기 결정 시 고려사항

(a) 산파   (b) 조파   (c) 점파

[파종 양식]

호광성 종자
빛이 있어야 발아가 잘 되는 종자

혐광성 종자
빛이 없어도 발아가 되는 종자

TIP

진압의 효과
토양을 조밀하게 만들어 종자가 토양에 밀착되도록 하며, 지하수의 모세관 상승을 촉진하여 토양수분이 종자에 흡수되어 알맞게 발아한다. 또한 경사지나 바람이 강한 지역에서는 토양의 수식과 풍식 피해를 줄일 수 있다.

CHAPTER 03 유기농업 일반 | **121**

TIP

육묘의 종류
- 전통식 육묘 방법인 재래육묘
- 첨단시설을 이용하는 공정 육묘
- 특수한 목적에 따라 이용하는 특수육묘

공정육묘
근권 부위가 마치 전기의 플러그 (plug)처럼 뽑고 꽂을 수 있는 형태로 된 것으로 응집성이 있는 소량의 배지가 담긴 개개의 셀을 뜻한다.

TIP

우리나라의 재래식 육묘방식
가온육묘, 보온육묘, 노지육묘가 있으며, 가온육묘는 가온 수단에 따라 양열, 전열, 온수보일러가 있다.

TIP

양열재료

주 재료	볏짚, 건초, 두엄 등 탄수화물이 풍부한 재료
보조 재료	겨, 깻묵, 닭똥, 뒷거름, 요소, 황산암모니아 등 질소가 많은 재료

활착
옮겨 심은 후에 새 뿌리가 내려서 양분과 수분을 정상적으로 흡수하여 다시 자라기 시작하는 것

몸살
모를 옮겨 심을 때 뿌리가 손상되어 잎에서 필요한 증산량만큼 수분흡수가 뿌리에서 이루어지지 않아 시드는 것

묘대일수감응도
못자리 기간에 따른 불시 출수의 발생 정도에 대한 품종의 감응 정도

---

② 육묘

　㉠ 육묘의 필요성 : 직파가 불리한 경우, 증수, 조기 수확, 토지 이용도 증대, 재해 방지, 용수 절감, 노력 절감, 추대 방지, 종자 절약

　㉡ 양열온상

　　• 온상 구덩이 : 구덩이의 폭은 1.2m 정도로 하고, 깊이는 조정하며, 발열의 균일을 위해 중앙부를 얕게 판다.

　　• 온상틀 : 벽돌, 콘크리트, 판자 등

　　• 열원 : 전열, 온돌열, 양열재료를 밟아 발열시킨다.

　　• 상토 : 배수가 잘되고 보수력 및 보비력이 좋아야 하며 병충원이 없는 것이 좋다.

　　• 온상창 : 가볍고 질기며 투광이 좋은 비닐이 좋다.

　　• 피복물 : 온상창 위에 덧덮어서 보온하는 피복물로 거적, 이엉, 가마니 등이 쓰인다.

③ 묘상관리

　㉠ 파종과 시비 : 적기에 파종하고 밑거름을 충분히 주고 자라는 상태에 따라서 웃거름을 준다.

　㉡ 온도 조절 : 지나친 고온과 저온이 되지 않게 특히 조심해야 한다.

　㉢ 관수 : 과습도 나쁘지만 생육 성기에는 건조하기 쉬우므로 관수를 충분히 해 준다.

　㉣ 솎기 : 알맞은 생육간격이 되도록 적당히 솎아준다.

　㉤ 병해충 방제 : 상토 소독과 농약 살포로 병해충을 방지한다.

　㉥ 경화 : 생육 성기 이후 특히 이식기에 가까워서는 직사광과 외부 냉온에 서서히 순화시켜 모가 경화한 다음 정식하는 것이 좋다.

④ 이식

　㉠ 과수, 수목 등의 다년생 목본식물은 춘식(싹이 움트기 이전 이른 봄), 추식(가을에 낙엽이 진 뒤)을 해야 활착이 유리하다.

　㉡ 지온이 넉넉하고 동상해의 우려가 없는 시기에 실시한다.

　㉢ 일반적으로 모가 나이가 들수록 몸살이 나고 활착이 어렵다.

　㉣ 구름이 있거나 흐린 날 늦은 오후에 실시한다.

　㉤ 묘대일수감응도가 적은 품종을 선택하며 육묘한다.

　㉥ 벼 도열병이 많이 발생하는 곳은 조식한다.

　㉦ 이식 방법

　　• 이식간격 : 작물의 생육 습성에 따라 달리 이식한다.

- 이식 준비 : 모는 경화될수록 뿌리가 덜 끊기며 수목의 경우 뿌리돌림을 실시한다.
- 본포 준비 : 정지를 잘해야 하며 미리 비료를 시비한다.
- 이식 : 표토를 넣고 심토를 겉으로 덮으며 벼모는 얕게 심어야 활착과 분얼이 조장된다.
- 이식 후 관리 : 진압 및 충분한 관수가 필요하다.

TIP

유기농업용 상토의 구비조건
- 양분의 균형이 맞아야 한다.
- 상토의 pH가 6.0~6.5 정도로 안정되고 적정 범위를 유지해야 한다.
- 물리성 측면에서 통기성, 보수성, 흡수력, 배수성이 적절해야 한다.
- 병해충에 오염되어서는 안 되며, 잡초 종자나 유해 성분 등을 포함해서는 안 된다.
- 취급이 용이해야 한다.
- 농가에서 자가상토 제조가 어려우면 시판상토를 소독하여 사용하며, 일반 흙을 이용할 경우 태양열 소독을 통해 토양전염병이나 해충을 방제한다.
- 퇴비는 상토에 영양을 공급할 수 있는 자재로 적어도 사용 6개월 전에 만들어 놓는다.

TIP

양열온상과 전열온상의 차이점
양열온상은 열원이 낙엽, 짚 등 유기물의 분해열 (발효열)에 의한 것이고 전열온상은 전열선과 같은 전기에 의한 것이다.

예제

01 다음의 여러 가지 파종 방법 중에서 노동력이 가장 적게 소요되는 것은?
① 적파(摘播)
② 점뿌림(點播)
③ 골뿌림(條播)
④ 흩어뿌림(散播)

02 다음 중 양열온상의 특징으로 부적당한 것은?
① 전열온상보다 관수를 적게 한다.
② 장기간 사용이 가능하다.
③ 야간 온도 조절이 곤란하다.
④ 양열재료만 있으면 임의의 장소에 설치가 가능하다.

03 묘상관리에 관한 방법과 거리가 먼 것은?
① 생육 성기에는 관수를 줄여 과습을 방지해야 한다.
② 지나친 고온과 저온이 되지 않게 특히 조심해야 한다.
③ 밑거름을 충분히 주고 자라는 모양에 따라서 웃거름을 준다.
④ 작물에 따라서 적기에 알맞은 방법으로 파종한다.

04 작물의 이식 시기로 틀린 것은?
① 과수는 이른 봄이나 낙엽이 진 뒤의 가을이 좋다.
② 일조가 많은 맑은 날에 실시하면 좋다.
③ 묘대일수감응도가 적은 품종을 선택하여 육묘한다.
④ 벼 도열병이 많이 발생하는 지대는 조식을 한다.

해설

01 ④ 흩어뿌림(산파) : 종자를 포장 전면에 흩어 뿌리는 방식으로 노동력이 적게 드나 종자 소비량이 가장 많다.

02 ② 양열온상은 양열재료의 발효에 의한 열로 공급하는 온상으로, 양열재료를 밟아 넣어 사용하므로 발열 기간이 제한되어 장기간 사용이 어렵다.

03 ① 생육 성기에는 건조하기 쉬우므로 관수를 충분히 해주어야 한다.

04 ② 구름이 있거나 흐린 날 늦은 오후에 이식하면 좋다.

정답 01 ④ 02 ② 03 ① 04 ②

기출 키워드

정식, 재식밀도, 보식, 솎기, 중경의 장단점, 배토(북주기)의 효과, 멀칭 종류별 특징, 경운의 필요성, 무경운의 효과, 이랑짓기의 종류, 이랑짓기의 효과

정식
육묘한 묘를 재배할 논이나 밭에 심는 것

TIP

중경의 장단점

장점	• 발아 조장 • 토양통기의 조장 • 토양수분의 증발 경감 • 비효 증진 • 잡초 제거
단점	• 단근 • 풍식의 조장 • 동상해의 조장

(4) 재식밀도관리

① 정식간격과 재식밀도

ㄱ 단위 면적당 심기는 작물의 수를 나타내는 재식밀도는 정식(파종) 간격에 의해 결정된다.

ㄴ 재식거리는 보통 줄 사이 거리(조간거리)와 포기 사이 거리(주간거리)로 결정된다.

ㄷ 유기재배에서 농업 생태계를 고려하여 관행재배보다 넓게 심는다.

ㄹ 작물별 재식밀도 : 작물의 재식밀도는 작물의 종류, 품종, 재배 목적, 기후, 토질, 재배양식 등에 따라 다르다.

② 보식과 솎기

ㄱ 보식 : 정식 후 결주가 생겼을 때 씨를 다시 파종하거나 모를 다시 옮겨심는 것을 뜻한다.

ㄴ 솎기 : 싹이 튼 후 개체의 밀도가 높은 곳의 일부 개체를 제거하며 개체의 생육공간을 넓혀 주는 작업이다.

※ 떡잎이 전개할 무렵에 1회 하고 늦으면 개체 간의 경쟁이 심하게 되어 생육이 억제된다.

③ 중경과 배토

ㄱ 중경 : 씨뿌리기나 옮겨심기를 한 후 작물의 골 사이 흙을 갈거나 쪼아주는 것이다.

ㄴ 배토(북주기)

• 작물의 생육 기간 중 골 사이나 포기 사이의 흙을 포기 밑으로 긁어모아 주는 것이다.

• 배토의 효과

– 신근 발생의 조장 : 콩, 담배 등

– 도복의 경감 : 옥수수, 수수, 맥류 등

– 무효 분얼의 억제 : 벼 등

– 덩이줄기의 발육 조장 : 감자 등

– 배수 및 잡초 방제 : 콩 등

ㄷ 멀칭(mulching)

• 작물이 자라고 있는 토양의 표면을 덮어주는 것이다.

• 멀칭의 효과

– 투명 플라스틱필름 : 지온 상승

– 흑색 플라스틱필름 : 잡초 발생 억제

– 볏짚, 종이 : 지온을 낮춤

– 알루미늄필름 : 과실의 착색 증진

– 그 외 토양 및 비료 양분 등의 유실 방지

④ 경운과 이랑짓기

　　㉠ 경운의 필요성(효과) : 토양의 물리성 개선, 파종 및 옮겨심기 작업의 용이, 토양수분 유지에 유리, 잡초와 해충의 발생을 억제, 비료와 농약의 사용 효과 향상 등

　　㉡ 무경운의 효과

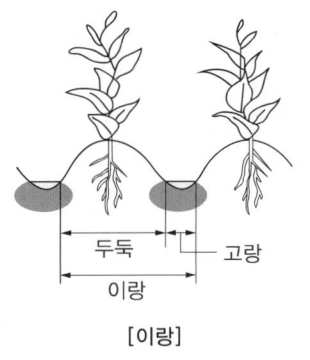

[이랑]

　　　• 무경운 시 일찍 파종할 수 있고 노력이 절감된다.

　　　• 장기적으로 토양 내 유익한 생물들의 생태계 보전에 유리하다.

　　　• 토양에 작물의 잎줄기가 많이 남아 있는 것이 생육에 유리하다.

　　　• 토양의 압밀을 줄이고 비와 바람에 의한 침식을 줄일 수 있다.

　　㉢ 이랑짓기의 효과 : 물 빠짐 개선, 습해 예방, 토양 내의 공기 유통 개선

더 알아보기

이랑짓기의 종류

명칭		고랑과 두둑 특징	재배작물 및 특징
휴립법	휴립휴파법	• 두둑 높이 > 고랑 깊이 • 두둑에 파종	• 배수와 토양통기가 양호 • 조, 콩 등을 재배
	휴립구파법	• 두둑 높이 > 고랑 깊이 • 고랑에 파종	• 한해, 동해 방지 • 맥류 재배
성휴법		• 두둑을 크고 넓게 만듦 • 두둑에 파종	• 중부지방의 맥후작 콩의 파종에 유리 • 답리작 맥류 재배
평휴법		두둑 높이 = 고랑 높이	• 건조해, 습해 동시 완화 • 채소, 벼재배

예제

01 다음 중 솎기의 효과가 아닌 것은?

① 개체의 생육공간을 넓혀 준다.

② 종자를 넉넉히 뿌려 빈 곳을 없게 할 수 있다.

③ 파종량을 줄일 수 있다.

④ 싹이 튼 후 개체의 밀도가 높은 곳의 일부 개체를 제거하는 것이다.

02 북주기의 효과가 아닌 것은 어느 것인가?

① 새 뿌리의 발생을 촉진한다.　　　② 헛가지 발생을 억제한다.

③ 쓰러짐을 줄인다.　　　　　　　④ 키를 크게 한다.

03 경운의 특징에 대한 설명으로 틀린 것은?

① 토양미생물의 활동이 증대되어 작물 뿌리 발달이 왕성하다.

② 종자를 파종하거나 싹을 키워 모종을 심을 때 작업이 쉽다.

③ 잡초와 해충의 발생을 억제한다.

④ 땅을 깊이 갈면 땅속 깊숙이 물이 들어가 수분 손실이 심하다.

04 멀칭에 대한 설명으로 거리가 먼 것은?

① 잡초를 방제하고자 할 때 빛이 잘 투과하지 않는 흑색 플라스틱필름, 종이, 짚 등이 효과가 있다.

② 지온이 높아서 작물생육에 장애가 될 경우 빛이 잘 투과하지 않는 자재로 멀칭을 하면 지온을 낮출 수 있다.

③ 알루미늄을 입힌 필름을 멀칭하면 열매채소와 과일의 착색을 방해하므로 투명한 자재로 멀칭한다.

④ 지온이 낮은 곳에 씨를 뿌릴 때 투명한 플라스틱필름을 사용하면 지온을 높여 발아에 도움이 된다.

> **해설**
>
> **01** ③ 솎기를 전체로 할 때에는 파종량을 늘려야 한다.
>
> **03** **경운의 필요성(효과)** : 토양의 물리성 개선, 파종 및 옮겨심기 작업의 용이, 토양수분 유지에 유리, 잡초와 해충의 발생을 억제, 비료와 농약의 사용 효과 향상 등
>
> **04** ③ 햇빛을 잘 반사되도록 알루미늄을 입힌 필름을 멀칭하면 열매채소와 과일의 착색이 잘 된다.
>
> **정답** 01 ③ 02 ④ 03 ④ 04 ③

3. 재배환경관리

(1) 대기조성 관리

기출 키워드

질소, 이산화탄소, 이산화탄소 보상점, 이산화탄소 포화점, 탄산시비, 재배환경에 따른 이산화탄소의 농도분포, 오존의 피해, 아황산가스, 중금속별 내성 작물

① 질소(N_2)

　㉠ 대기 중 질소는 79.1%로 가장 많은 함량을 차지한다.

　㉡ 근류균, *Azotobacter* 등은 공기 중의 질소를 고정하여 암모니아, 질산, 아질산 등으로 작물에 양분을 공급한다.

② 산소(O_2)

　㉠ 대기 중 산소는 20.9% 정도이다.

　㉡ 5~10% 이하 또는 90% 이상이면 호흡에 지장을 초래한다.

③ 이산화탄소(CO_2)

　㉠ 대기 중 약 0.03%로 작물이 광합성을 수행하기에 부족한 상태이다.

　㉡ 대기 중 농도를 높여 주면 광합성이 증대하여 작물생육이 촉진되고 수량과 품질이 향상된다.

　㉢ 탄산시비 : 작물의 증수를 위하여 이산화탄소를 공급해 주는 것으로 적당한 시비는 1,000~1,500ppm 범위이다.

탄산시비

시설재배 시 탄산가스를 시설 내에 투입하는 것으로 탄산가스 공급원으로는 액화탄산가스와 프로페인(프로판)가스 등이 많이 사용된다.

ㄹ 대기 중 이산화탄소 농도와 광합성
- 이산화탄소 보상점
  - 광합성에 의한 유기물의 생성 속도와 호흡에 의한 유기물의 소모 속도가 같아지는 이산화탄소 농도를 뜻한다.
  - 작물이 생장을 계속하려면 보상점 이상의 이산화탄소 농도가 필요하며, 대체로 대기 중 농도의 1/10~1/3(0.003~0.01%) 정도이다.
- 이산화탄소 포화점
  - 이산화탄소 농도가 어느 한계까지 도달해 그 이상 높아져도 광합성이 수행되지 않는 한계 농도를 말한다.
  - 이 포화점은 대기 중 농도의 7~10배(0.21~0.3%)가 된다.
- 이산화탄소 농도에 관여하는 요인 : 계절, 지면과의 거리, 식생, 바람, 미숙유기물의 시용 등

TIP

이산화탄소 농도에 관여하는 요인
- 계절 : 여름에는 광합성이 왕성하여 이산화탄소 농도가 낮고 가을철에 다시 높아진다.
- 지면과의 거리 : 이산화탄소는 무거워 가라앉는 경향이 있어 지표면으로부터 멀어지면 이산화탄소 농도가 낮아진다.
- 식생 : 식생이 무성하면 지면 가까이는 이산화탄소 농도가 높다.
- 바람 : 이산화탄소 농도의 불균형을 완화한다.
- 미숙유기물의 시용 : 미숙한 유기물은 이산화탄소 발생이 많다.

예제

01 대기조성과 작물에 대한 설명으로 틀린 것은?
① 대기 중의 질소(N_2)가 가장 많은 함량을 차지한다.
② 대기 중 질소는 콩과 작물의 근류균에 의해 고정되기도 한다.
③ 대기 중의 이산화탄소의 농도는 작물이 광합성을 수행하기에 충분한 과포화 상태이다.
④ 산소 농도가 극히 낮아지거나 90% 이상이 되면 작물의 호흡에 지장이 생긴다.

02 광합성과 관련된 CO_2 농도를 설명한 것 중 잘못된 것은?
① 대기 중의 CO_2 농도는 0.03%이다.
② 광합성이 활발할 때 잎 주위의 CO_2 농도는 대기 중의 농도보다 조금 높다.
③ CO_2 농도를 높여 주면 광합성을 어느 정도까지는 증가시킬 수 있다.
④ 작물의 이산화탄소 보상점은 대기 중 농도의 1/10~1/3 정도이다.

해설

01 ③ 대기 중 이산화탄소의 농도는 약 0.03%로, 이는 작물이 충분한 광합성을 수행하기에 부족하다.

02 ② 광합성이 활발할 때 잎 주위의 CO_2 농도는 대기 중의 농도보다 낮아서 광합성 제한 인자가 된다.

정답 01 ③ 02 ②

TIP

산성비의 원인 물질
각종 공장, 화력발전소, 자동차 등에서 주로 발생하는 아황산가스, 질소산화물, 염화수소 등

PAN(Peroxyacetyl nitrate)
자동차 배기가스 등에서 배출된 질소산화물과 휘발성 유기화합물이 햇빛(자외선)에 의해 광화학반응을 일으켜 생성된 2차 오염물질

TIP

중금속에 대한 작물의 내성 정도

금속	내성 큼	내성 작음
Ni	보리, 밀, 호밀 등	사탕무, 귀리 등
Zn	파, 당근, 셀러리 등	시금치 등
Zn, Cd	밭벼, 호밀, 옥수수, 밀 등	오이, 콩 등
Cd	옥수수 등	무, 해바라기 등
Mn	보리, 밀, 호밀, 귀리, 감자 등	강낭콩, 양배추 등

④ 대기오염

　㉠ 아황산(SO_2)가스 : 중유, 연탄이 연소할 때 발생하며 광합성 속도를 크게 떨어트리고 줄기나 잎이 퇴색하며 잎끝이나 가장자리가 황녹화 되거나 잎 전면이 황화한다.

　㉡ 플루오린화수소(HF) : 독성이 가장 강하여 낮은 농도에서도 피해를 준다. 피해 증상은 잎의 끝이나 가장자리가 백변하며 알루미늄의 정련, 인산비료의 제조 등으로 인해 발생한다.

　㉢ 이산화질소(NO_2) : 질산 제조 등의 화학공업을 통해 배출되며 아황산가스의 피해와 비슷하다. 활성탄을 살포하면 이산화질소의 흡수가 경감된다.

　㉣ 오존(O_3) : 0.15ppm에 피해받아 잎이 황백화~적색화되고 암갈색의 점상 반점이 생기거나 대형 괴사가 생긴다. 어린잎보다 자란 잎에 피해가 크며 이산화질소가 자외선에 의해 분해될 때 생성된다.

　㉤ PAN : 탄화수소, 오존, 이산화질소가 화합해서 생성되며 초기에 잎 뒷면이 은백색이 되고 심하면 갈색을 띤다. 특히 어린 잎에 피해가 크다.

　㉥ 옥시던트 : 광화학산화물이라고도 하며 오존 90%, PAN, 이산화질소 10%로 구성되어 있다.

　㉦ 에틸렌 : 도시의 가스 제조 공장 등에서 배출되며 낙엽과 낙과가 유발되고 어린 가지가 부러지는 피해 증상이 나타난다.

　㉧ 염소(Cl_2)가스 : 화학공장에서 배출되며 잎이 퇴색하여 암갈녹색을 띠게 된다.

　㉨ 납(Pb) : 자동차에서 가장 많이 나오며 배터리 재생공장에서도 배출되어 식물 세포에 영향을 준다.

예제

01 농작물에 영향을 끼칠 우려가 있는 유해가스가 아닌 것은?

① 아황산가스 　　　　　　　② 불화수소
③ 이산화질소 　　　　　　　④ 이산화탄소

02 자동차 등에서 배출된 대기 중의 이산화질소가 자외선에 의해 분해되어 산소와 결합하여 발생되는 유해가스는?

① 오존 　　　　　　　　　　② PAN
③ 아황산가스 　　　　　　　④ 일산화질소

03 다음 중 카드뮴 중금속에 내성이 가장 작은 것은?

① 콩 　　　　　　　　　　　② 밭벼
③ 옥수수 　　　　　　　　　④ 밀

128 | PART 01 핵심이론

해설

01 농작물에 영향을 끼칠 우려가 있는 유해가스 : 아황산가스, 불화수소, 이산화질소, 오존, 염소가스 등

02 자동차 등에서 배출된 이산화질소(NO_2)가 자외선에 의해 분해되는 광화학 반응을 통해 산소(O_2)와 결합하면서 오존(O_3)을 생성한다. 이는 대기 중에서 광화학 반응을 통해 발생하며, 오존은 대류권에서는 유해한 대기오염물질로 작용한다.

03 카드뮴에 대한 내성이 작은 작물 : 오이, 콩, 무, 해바라기 등

정답 **01** ④ **02** ① **03** ①

(2) 온도관리

① 작물의 주요 온도 : 작물의 생육이 가능한 범위의 온도

　㉠ 최저온도 : 작물의 생육이 가능한 가장 낮은 온도

　㉡ 최고온도 : 작물의 생육이 가능한 가장 높은 온도

　㉢ 최적온도 : 작물이 가장 잘 자랄 수 있는 온도

　※ 작물이 살아갈 때 최저온도~최고온도 범위에 있어야 하며, 최적온도보다 낮거나 높으면 생육에 지장을 준다.

② 작물의 생육적온 : 작물이 자라는 데 최적의 온도

　㉠ 비교적 생육적온이 낮은 작물 : 상추, 완두, 보리 등

　㉡ 비교적 생육적온이 높은 작물 : 벼, 옥수수 등

③ 온도계수(Q_{10}) : 온도가 10℃ 상승하는 데 따르는 이화학적 반응이나 생리작용의 증가 배수

④ 적산온도 : 작물이 싹틀 때부터 수확할 때까지 평균기온이 0℃ 이상인 날의 일평균기온을 합산한 것

⑤ 적산온도와 작물의 특성

　㉠ 작물의 적산온도는 생육 시기와 기간에 따라 차이가 생긴다.

　㉡ 생육기간이 긴 작물일수록 더 많은 적산온도를 필요로 한다.

　㉢ 고온 작물일수록 더 많은 적산온도를 필요로 한다.

　㉣ 작물이 일생을 마치는 데 소요되는 총온도량을 표시한다.

예제

01 작물의 적산온도에 대한 설명으로 틀린 것은?

① 작물의 생육 시기와 생육 기간에 따라 차이가 있다.

② 작물의 생육이 가능한 범위의 온도를 나타낸다.

③ 작물이 일생을 마치는 데 소요되는 총온도량을 표시한다.

④ 작물의 발아로부터 성숙에 이르기까지의 0℃ 이상의 일 평균기온을 합산한 온도이다.

기출 키워드

주요 온도, 최적온도, 온도계수, 적산온도, 적산온도와 작물의 특성, 일변화가 작물의 생육에 미치는 영향

TIP

작물의 주요 온도

최저온도, 최고온도, 최적온도

TIP

작물의 주요 온도

작물	최저 온도 (℃)	최적 온도 (℃)	최고 온도 (℃)
벼	10~12	30~32	36~38
완두	1~2	30	35
담배	13~14	28	35
오이	12	33~34	40
보리	3~4	20	28~30

CHAPTER 03 유기농업 일반 | **129**

TIP

작물별 적산온도

작물명	적산온도(℃)	
	최저	최고
메밀	1,000	1,200
감자	1,300	3,000
봄보리	1,600	1,900
가을보리	1,700	2,075
조	1,800	3,000
벼	3,500	4,500
봄밀	1,870	2,275
가을밀	1,960	2,250
옥수수	2,370	3,000
콩	2,500	3,000
해바라기	2,600	2,850
담배	3,200	3,600

---

02 적산온도 요구량이 가장 높은 작물은?

① 감자   ② 담배   ③ 벼   ④ 메밀

03 온도와 작물생육과의 관계를 설명한 내용 중 잘못된 것은?

① 생육기간이 짧은 작물일수록 더 많은 적산온도를 필요로 한다.

② 상추는 10~18℃ 정도로 비교적 낮은 온도를 좋아하며 고온에서는 생육이 나쁘다.

③ 종자의 발아시나 뿌리의 생장에는 지온의 영향이 크고, 잎과 줄기가 커 가는 데에는 기온의 영향이 크다.

④ 가을보리, 가을밀은 싹을 틔운 씨앗은 대체로 0~5℃의 저온에서 40~60일 정도 저온처리를 하면 춘화처리가 된다.

해설

02 ③ 벼 : 3,500~4,500℃
　① 감자 : 1,300~3,000℃
　② 담배 : 3,200~3,600℃
　④ 메밀 : 1,000~1,200℃

03 ① 생육기간이 긴 작물일수록 더 많은 적산온도를 필요로 한다.

정답 01 ②　02 ③　03 ①

---

⑥ 온도의 변화(일변화)가 작물의 생육에 미치는 영향

　㉠ 발아 : 기온의 일변화는 발아를 조장한다.

　㉡ 동화물질의 축적 : 기온의 일변화가 클수록 동화물질의 축적이 많아진다. 그러나 밤의 기온이 너무 낮으면 생장 장해가 발생한다.

　㉢ 덩이뿌리와 덩이줄기의 발달

　　• 고구마는 29℃의 항온보다 20~29℃의 변온에서 덩이뿌리의 발달이 촉진된다.

　　• 감자는 밤의 기온이 10~14℃로 낮은 변온에서 덩이줄기가 발달하는데, 변온에서 동화물질의 축적이 양호하기 때문이다.

　㉣ 생장 : 밤의 기온이 어느 정도 높아 일변화가 작으면 무기성분의 흡수와 동화물질의 소모가 왕성해져 생장이 빠르다.

　㉤ 개화 : 화훼 등 일반 작물은 기온의 일변화가 커 밤의 기온이 비교적 낮을 때 동화물질의 축적을 조장하여 개화를 촉진하고 화기도 커지지만 맥류는 일변화가 작고 밤의 기온이 높을 때 출수 및 개화가 촉진된다.

　㉥ 결실 : 가을에 결실하는 작물은 대체로 기온의 일변화에 의해 결실이 조장된다.

TIP

기온의 일변화가 작물의 생육에 미치는 영향
• 발아
• 동화물질의 축적
• 덩이뿌리와 덩이줄기의 발달
• 생장
• 개화
• 결실

⑦ 작물의 체온 변화

　　㉠ 밤이나 음지식물의 체온은 흡열보다 방열이 우세하여 기온보다 낮다.

　　㉡ 여름의 맑은 한낮에는 방열보다 흡열 및 생활에 의한 발열이 더욱 우세하여 기온보다 10℃ 이상 높아지는 일이 있다.

　　㉢ 바람이 없고 공기가 습하고 작물이 밀생할 경우 작물 체온의 상승 정도가 크다.

예제

01　기온의 일변화(日變化)가 작물생육에 미치는 영향으로 거리가 먼 것은?

① 낮의 기온이 높으면 광합성이 촉진된다.
② 밤의 기온이 낮을 때 작물의 호흡 소모가 적다.
③ 변온이 어느 정도 클 때 동화물질의 축적이 많아진다.
④ 밤의 기온이 높아서 변온이 작을 때 대체로 생장이 느려진다.

02　기온의 일변화(변온)에 따른 식물의 생리작용에 대한 설명으로 가장 옳은 것은?

① 낮의 기온이 높으면 광합성과 합성 물질의 전류가 늦어진다.
② 기온의 일변화가 어느 정도 커지면 동화물질의 축적이 많아진다.
③ 낮과 밤의 기온이 함께 상승할 때 동화물질의 축적이 최대가 된다.
④ 밤의 기온이 높아야 호흡 소모가 적다.

해설

01　④ 변온이 작아야 작물의 생장을 빠르게 한다.

02　기온의 일변화가 클수록 동화물질의 축적이 많아진다. 그러나 밤의 기온이 너무 낮으면 생장 장해가 발생한다.

정답　01 ④　02 ②

---

(3) 광 관리

① 광합성

　　㉠ 광합성은 태양에너지를 에너지원으로 CO_2와 H_2O를 재료로 하여 포도당($C_6H_{12}O_6$)을 생산하고 그 부산물로 O_2를 얻는 과정이다.

$$6CO_2 + 12H_2O \rightarrow C_6H_{12}O_6 + 6H_2O + 6O_2$$

　　㉡ 광합성에 영향을 미치는 요인

　　　• 빛의 세기 : 빛의 세기가 강할수록 광합성량이 증가한다.
　　　　－ 광보상점 : 식물의 광합성에 사용되는 CO_2의 양과 호흡으로 배출되는 CO_2의 양이 같을 때 빛의 세기이다(호흡량 = 광합성량).

기출 키워드

광합성, 광보상점, 광포화점, 진정광합성, 외견상광합성, 양지식물과 음지식물, 가시광선, 광합성에 유효한 광, C3 식물, C4 식물, CAM 식물, 광과 작물의 생리작용, 굴광현상, 광의 종류별 효과, 수광과 그 밖의 재배적 문제, 이랑의 방향, 보광, 차광, 포장동화능력, 최적엽면적, 군락일 때 작물 광합성 능력의 결정요인, 수광태세가 좋은 초형

CHAPTER 03 유기농업 일반 | **131**

진정광합성
작물에서 호흡을 무시하고 본 절대적인 광합성

외견상 광합성
광합성에서 호흡에 의한 유기물 소모(이산화탄소 방출)량를 제외하고 겉보기에 나타나는 광합성

광보상점과 광포화점
총광합성량과 호흡량이 같아 외견상 광합성이 0이 되는 빛의 세기를 광보상점이라 하고, 빛의 세기가 강해져도 광합성 속도가 더 이상 증가하지 않을 때의 빛의 세기를 광포화점이라 한다.

📖 TIP

광포화점
양지식물 > 음지식물

양지식물
양지(강한 빛)에서 잘 자라는 식물, 보상점이 높음

음지식물
음지(비교적 약한 빛)에서 잘 자라는 식물, 보상점이 낮음

– 광포화점 : 광합성량이 더 이상 증가하지 않을 때의 빛의 세기를 말한다.

- 온도 : 광합성은 효소가 관계하는 반응이므로 반응속도는 온도의 영향을 많이 받는다.
- CO_2 농도
  - 빛의 세기가 약한 경우 : 대기 중의 CO_2 농도 0.03% 정도에서 광합성 속도가 더 이상 증가하지 않는다.
  - 빛의 세기가 강할 경우 : CO_2 농도가 0.1%에 도달할 때까지 광합성 속도는 증가한다.

ⓒ 지면에 도달하는 햇빛은 280nm~1mm 범위의 연속된 파장으로 이루어진 광선으로, 400nm 이하의 짧은 파장을 자외선(UV)이라 하고, 400~700nm의 파장을 가시광선, 700nm 이상의 파장을 적외선이라 한다.

- 광합성에 이용되는 광 : 가시광선(400~700nm)
- 광합성에 유효한 광 : 적색광, 청색광

더 알아보기

C_3, C_4 식물

• 광합성에서 CO_2를 고정하는 방식에 따라 C_3, C_4, CAM으로 나눈다.
• C_3 식물은 캘빈 회로를 가지며 최초의 CO_2 고정 산물이 탄소가 3개이며 C_4 식물보다 소모가 심하여 광합성 효율이 낮다.
• 현재 지구상의 식물의 95%는 C_3 식물이다.

특성	C_3 식물	C_4 식물
CO_2 고정계	캘빈 회로	C_4 + 캘빈 회로
잎의 조직구조	• 엽육세포 : 주로 광합성이 이루어진다. • 유관속초세포 : 엽록체가 거의 없다.	유관속초세포에 다량의 엽록체가 있고 엽육세포가 방사상으로 배열되어 있어 광합성이 효과적이다.
최대 광합성 능력	15~40	35~80
광호흡	있음	유관속초세포에만 있음(거의 없음)
내건성	약함	강함
CO_2 보상점	매우 높다.	낮다.
광포화점	93~372	929~1115
이상적온	17~21℃	30~40℃
작물	벼, 밀, 보리, 콩 등	옥수수, 수수, 사탕수수 등

TIP

캘빈 회로(Calvin cycle)
식물 엽록체 내의 스트로마 (stroma)에서 일어나는 일련의 산화-환원 반응으로, 광합성으로 생성된 에너지(ATP, NADPH)와 대기 중 이산화탄소를 이용하여 포도당의 재료를 합성하는 과정이다.

② 광과 작물의 생리작용

㉠ 증산작용

• 광이 조사되면 온도가 상승하여 증산이 조장된다.
• 광합성에 의해 동화물질이 축적되며, 공변세포의 삼투압이 높아져 흡수가 촉진되어 기공을 열게 함으로써 증산작용을 조장한다.

㉡ 호흡작용 : 광은 광합성에 의해서 호흡기질을 생성하여 호흡을 증대시킨다.

㉢ 굴광현상

• 식물의 한쪽에 광을 조사하면 조사된 쪽의 옥신 농도가 낮아지고 반대쪽의 옥신 농도가 높아져 굴곡 반응이 나타난다.
• 줄기나 소엽은 옥신의 농도가 낮은 쪽(광이 조사된 쪽)의 생장 속도가 반대쪽보다 낮아져서 광을 향하여 구부러지는 향광성을 가지지만 뿌리에서는 그 반대로 되는 배광성을 나타난다.
• 청색광(400~500nm, 특히 440~480nm)이 가장 유효하다.

㉣ 착색

• 광이 부족할 경우 엽록소의 형성이 저해되고 황백화현상을 일으킨다.
• 사과, 포도, 딸기 등의 과일의 안토시아닌 색소 형성·착색에는 자외선이나 자색광이 효과적이다.

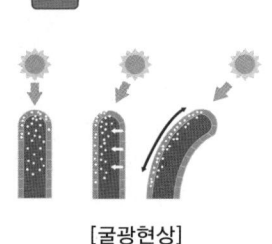

[굴광현상]

옥신(auxin)
식물 줄기의 신장에 관여하는 일종의 생장호르몬

> **TIP**
>
> **광의 특성**
> - 굴광현상에 가장 유효한 광 : 청색광
> - 광합성에 가장 유효한 광 : 적색광
> - 착색에 유효한 광 : 자색광, 자외선
> - 신장에 유효한 광 : 적색광
> - 신장을 억제하는 광 : 청색광, 자외선
> - 개화에 유효한 광 : 적색광
> - 개화를 억제하는 광 : 근적외광

> **연화재배(연백재배)**
> 광 차단을 통해 작물의 줄기나 잎 등을 희고 연하게 만드는 재배 방법

ⓜ 신장 및 개화
- 청색광이나 자외선은 식물의 신장을 억제하고, 적색광은 신장을 촉진한다.
- 꽃눈의 분화와 씨앗의 발아는 적색광(670nm)이 촉진하고 근적외광(730nm)은 억제한다.

③ 수광과 그 밖의 재배적 문제
ⓖ 작물의 광 입지
- 광 부족에 적응하지 못하는 작물 : 벼, 목화, 조, 기장, 감자, 알팔파 등
- 광 부족에 민감하지 않은 작물 : 강낭콩, 딸기, 목초, 당근, 비트 등

ⓛ 이랑의 방향 : 남북이랑은 동서 이랑에 비해 수광 시간은 짧으나 수광량이 훨씬 많아 유리하지만, 토양 건조가 심해질 수 있다.
> 例 봄에 감자를 심을 때 이랑을 동서향으로 내고 골의 북쪽으로 심으면 수광량이 많아져 지온이 높아지므로 싹이 빨리 튼다.

ⓒ 보온자재의 투광 : 보온자재의 투과율은 유리 90%, 비닐 85%, 유지 40% 정도로서 유리나 플라스틱필름을 쓰는 것이 투광이 잘되어 보온이 잘되고 생육도 건실해진다.

ⓔ 보광 : 광합성을 조장하기 위해 밤이나 흐린 날에 보광하며, 적색광이 광합성에 유효하다.

ⓜ 차광 : 인삼처럼 그늘에서 생육하는 작물은 미리 해가림을 해주고, 파, 부추, 아스파라거스, 셀러리, 땅두릅 등을 연화재배할 경우 천, 왕겨, 암실 등을 이용하여 고도의 차광을 해준다.

④ 포장광합성
ⓖ 포장동화능력 : 포장군락의 단위 면적당 동화능력을 뜻하며 수량을 직접 지배한다.

> 포장동화능력 = 총엽면적 × 수광능률 × 평균동화능력

ⓛ 최적 엽면적 : 건물생산이 최대로 되는 단위 면적당 군락 엽면적을 뜻하며, 일사량과 군락의 수광태세에 따라 크게 변한다.

ⓒ 군락의 수광태세
- 작물 광합성 능력의 결정요인 : 잎의 총면적, 광합성 속도, 작물의 수광태세

• 수광태세가 좋은 초형

벼	• 키가 너무 크거나 작지 않고, 분얼은 약간 벌어지는 것(개산형)이 좋고, 잎은 너무 얇지 않고 약간 가늘며, 상위엽이 직립하고 잎이 골고루 분포하는 것이 좋다. • 질소질비료의 표준시비량을 지키고, 규산질 비료를 넉넉히 주어 잎의 직립상태를 유지한다.
옥수수	• 키가 크고 쓰러짐이 적어야 하며, 수이삭은 작아서 잎에 그늘이 적어야 한다. • 암이삭의 수는 1개인 것보다 2개인 것이 밀식의 적응에 용이하며, 상위엽은 직립하고 밑으로 내려오면서 약간씩 경사를 더하여 하위엽에서 수평이 되게 한다.
콩	• 키가 크고 쓰러짐이 적고, 꼬투리가 원줄기에 많이 달리고, 줄기의 밑동까지 많이 달려야 한다. • 잎줄기는 짧고 직립이어야 하며, 잎은 작고 가는 것이 좋다. • 줄 사이를 넓히고 포기 사이를 좁히면 광의 투과가 좋아 수량이 증가한다.
맥류	줄뿌림이 흩어뿌림보다 수광태세가 좋고 재배관리가 편하다.

개산형(開散形)
작물 포기가 넓게 퍼지는 현상

예제

01 광합성에서 조사 광량이 높아도 광합성 속도가 증대하지 않게 된 것을 뜻하는 것은?

① 광포화
② 보상점
③ 진정광합성
④ 외견상 광합성

TIP

식물은 보상점 이상의 광을 받아야 지속적인 생육이 가능한데 보상점이 낮은 식물은 그늘에서도 견딜 수 있어 내음성이 강하다.

02 음지식물의 특성으로 옳은 것은?

① 광보상점이 높다.
② 광을 강하게 받을수록 생장이 좋다.
③ 수목 밑에서는 생장이 좋지 않다.
④ 광포화점이 낮다.

03 C_3 식물과 C_4 식물의 차이에 대한 설명으로 틀린 것은?

① CO_2 보상점은 C_3 식물이 더 높다.
② 광합성 산물 전류속도는 C_4 식물이 더 높다.
③ C_3 식물은 엽육세포가 발달되어 있다.
④ C_3 식물의 내건성이 상대적으로 더 높다.

04 광합성에 가장 유효한 광선은?

① 자외선
② 가시광선
③ 적외선
④ 감마선

TIP

광합성에 이용되는 파장
지면에 도달하는 햇빛 중 400 nm 이하의 짧은 파장을 자외선(UV)이라 하고, 400~700nm의 파장을 가시광선이라 하며, 700nm 이상의 파장을 적외선이라고 하는데, 전체 햇빛에너지의 약 50%를 차지하는 가시광선은 광합성에 이용되므로 유효복사라고도 한다.

05 굴광현상에 가장 유효한 광은?

① 청색광
② 자외선
③ 적색광
④ 자색광

06 광과 작물의 생리작용에 대한 설명으로 틀린 것은?

① 광합성에 의하여 호흡기질이 생성된다.
② 녹색 식물은 광을 받으면 엽록소 생성이 촉진된다.
③ 식물의 한쪽에 광을 조사하면 반대쪽의 옥신 농도가 낮아진다.
④ 광이 조사(照射)되면 온도가 상승하여 증산이 조장된다.

포장동화능력
포장군락의 단위면적당 동화능력(광합성 능력)을 뜻하며 수량을 직접 지배한다.

07 작물의 광 입지에 대한 설명으로 옳지 않은 것은?

① 벼, 목화, 조, 기장, 감자, 알팔파 등 광 부족에 적응하지 못하는 작물은 일사가 좋은 곳이 알맞다.
② 초생재배에는 내음성이 강한 작물이 알맞다.
③ 동서 이랑은 남북 이랑에 비해 수광 시간은 짧다.
④ 인삼처럼 그늘에서 생육하는 작물은 미리 해가림을 해주고 재배한다.

08 포장동화능력을 지배하는 요인으로만 옳게 나열한 것은?

① 엽면적, 광포화점, 광보상점
② 총엽면적, 수광능률, 평균동화능력
③ 광량, 광의 강도, 엽면적
④ 착색도, 광량, 엽면적

09 수광태세가 가장 불량한 벼의 초형은?

① 키가 너무 크거나 작지 않다.
② 상위엽이 늘어져 있다.
③ 분얼이 조금 개산형이다.
④ 각 잎이 공간적으로 되도록 균일하게 분포한다.

TIP

수광능률을 높이려면 총엽면적을 알맞은 한도로 조절하고 군락 내부로 광투사를 좋게 하는 방향으로 수광태세를 개선해야 한다.

> **해설**

01 ② 보상점 : 외견상 광합성 속도가 0이 되는 상태로 호흡 속도와 진정광합성의 속도가 같아지는 조사 광량
   ③ 진정광합성 : 호흡을 무시하고 본 절대적인 광합성
   ④ 외견상광합성 : 호흡으로 소모된 유기물을 빼고 외견상으로 나타난 광합성

02 음지식물은 그늘에서 광합성을 효율적으로 실시함과 동시에 광보상점이 낮아 그늘에서 잘 자란다.

03 C₃ 식물의 내건성이 상대적으로 더 약하다.

06 ③ 식물의 한쪽에 광을 조사하면 조사된 쪽의 옥신 농도가 낮아지고 반대쪽의 옥신 농도가 높아진다.
   ① 광은 광합성으로 호흡기질을 합성하여 호흡이 이루어지게 된다.
   ② 녹색 식물은 광 에너지를 받아서 대기의 이산화탄소와 뿌리가 흡수한 물을 이용하여 탄수화물을 합성하는 광합성을 한다.
   ④ 작물이 햇볕을 받으면 온도가 상승하여 증산이 촉진된다.

07 ③ 남북이랑은 동서이랑에 비해 수광 시간이 짧다.

08 포장동화능력(단위 면적당 광합성 능력)의 관계하는 요인은 총엽면적, 수광능률, 평균동화능력이다.

09 **벼의 수광태세를 높일 수 있는 초형**
   • 키가 너무 크거나 작지 않아야 한다.
   • 분얼은 약간 벌어지는 것이 좋다.
   • 잎은 너무 얇지 않고 약간 가늘며, 곱게 선다.
   • 잎이 골고루 분포한다.

> **정답** 01 ① 02 ④ 03 ④ 04 ② 05 ① 06 ③ 07 ③ 08 ② 09 ②

(4) 춘화처리, 일장효과 등 상적발육 관리

① 발육상과 상적발육

  ㉠ 발육 : 꽃눈이 분화되어 꽃이 피고 수정하여 열매가 맺히는 과정이다.

  ㉡ 상적발육

   • 작물이 순차적인 여러 발육상을 거쳐서 발육이 완성된다.

   • 상적발육에 있어서 가장 중요한 발육상의 경과는 영양기관의 발육 단계인 영양생장으로부터 생식기관의 발육 단계인 생식생장으로 이행하는 것인데 이를 화성이라 부른다.

  ㉢ 작물의 발육상 : 작물의 상적발육에는 초기에 특정 온도가 필요한 단계인 감온상과 그 뒤 특정한 일장이 필요한 단계인 감광상이 있다.

② 화성유도의 주요 요인

  ㉠ 내적 요인

   • 영양상태 : C/N율로 대표되는 동화생산물의 양적 관계

   • 식물호르몬 : 옥신과 지베렐린의 체내 수준 관계

  ㉡ 외적 요인

   • 광 조건 : 일장효과

   • 온도 조건 : 버널리제이션과 감온성의 관계

> **더 알아보기**
>
> **C/N율**
> • 수분과 질소를 포함한 광물질 양분이 풍부해도 탄수화물의 생성이 불충분하면 생장이 미약하고 화성, 결실도 불량하다.
> • 탄수화물의 생성이 풍부하고 수분과 광물질 양분, 특히 질소도 풍부하면 생육은 왕성하지만, 화성 및 결실은 불량하다.
> • 수분과 질소의 공급이 약간 쇠퇴하고 탄수화물의 생성이 조장되어 탄수화물이 풍부해지면 화성 및 결실이 양호하게 되지만 생육은 약간 감퇴한다.
> • 탄수화물의 증대를 저해하지 않고 수분과 질소의 공급이 감소하면 생육이 더욱 감퇴하고 화아는 형성되나 결실하지 못하며, 더욱 심해지면 화아도 형성되지 않는다.
> • 유기물의 C/N율 : 톱밥 > 볏짚 > 미숙퇴비 > 발효 우분

③ 춘화처리(버널리제이션, vernalization)

  ㉠ 식물체가 생육의 일정 시기에 저온에 의하여 화성, 즉 화아의 분화와 발육이 유도 혹은 촉진되는 것이다.

  ㉡ 버널리제이션의 구분

   • 처리온도에 따라

    – 저온 : 월년생 장일식물에 해당하며 0~10℃의 처리가 유효하다.

    – 고온 : 단일식물은 비교적 고온인 10~30℃의 처리가 유효하다.

기출 키워드

상적발육, 화성유도의 주요 요인, C/N율, 유기물의 C/N율 순, 춘화처리(vernalization), 버널리제이션, 종자버널리제이션, 녹체버널리제이션, 최아, 춘화처리 시 온도 이외의 조건, 생장점, 지베렐린, 옥신, 이춘화, 재춘화, 버널리제이션의 농업적 이용, 일장효과, 장일식물, 단일식물, 중성식물(중일성식물), 정일성식물, 일장감응 부위, 한계일장, 일장효과에 영향을 미치는 조건, 개화 이외의 일장효과, 식물의 일장감응형

감온상
작물의 발육과정 중 일정한 온도가 필요한 단계로, 보리나 밀은 저온이 필요하고 벼, 옥수수는 고온이 필요하다.

감광상
작물의 발육과정 중 일정한 온도 및 일장이 필요한 단계로, 낮의 길이가 밤의 길이보다 짧아야 하면 단일식물, 길어야 하면 장일식물이라고 한다.

TIP

작물별 처리온도와 처리기간

작물		처리온도 (℃)	처리기간 (일)
일반작물	추파맥류	0~3	30~60
	벼	37	10~20
	옥수수	20~30	10~15
	수수	20~30	10~15
	콩	20~25	10~15
채소	배추	-2~1	33
	봄무	0	15일 이상
	시금치	1±1	32
화훼	나팔수선	8	35~40
	아이리스	30	14
	글라디올러스	28	60일 또는 10℃에서 보관

지베렐린(gibberellin)
식물의 줄기 신장, 세포분열, 종자의 발아 및 휴면타파, 개화, 성결정, 잎과 과일의 노화 등 다양한 생장 및 발달 과정에 관여하는 식물호르몬

촉성재배
작물의 수확 시기를 앞당겨서 재배하는 방법

• 처리시기에 따라

종자버널리제이션	최아 종자의 시기에 버널리제이션을 하는 것으로 종자춘화형 식물이라 한다. 예 추파맥류, 완두, 잠두, 봄무 등
녹체버널리제이션	식물이 일정한 크기에 달한 녹체기에 버널리제이션을 하는 것으로 녹체춘화형 식물이라고 한다. 예 양배추, 히요스 등

ⓒ 버널리제이션의 방법
  • 최아 : 종자의 싹을 약간 틔워서 파종하는 것을 뜻한다.
    ※ 종자버널리제이션을 할 때 최아하여 처리한다.
  • 처리온도와 처리기간은 작물에 따라 달라진다.
  • 온도 이외의 조건
    – 산소 : 반드시 필요하며 호흡을 저해하는 조건은 버널리제이션을 저해한다.
    – 광 : 고온처리의 경우 암흑이 필요하다.
    – 건조 : 처리 중에 종자가 건조하면 버널리제이션 효과가 감쇄한다.
    – 탄수화물 : 배나 생장점에 탄수화물(당)이 공급되지 않으면 버널리제이션의 효과가 생기지 않는다.
ⓔ 버널리제이션의 기구(저온처리의 감응 부위) : 생장점
ⓜ 화학적 버널리제이션
  • 저온처리 없이 장일 조건에서 지베렐린 처리 시 화성유도 : 국화과, 배추과, 벼과 작물 등
  • 화학적 버널리제이션 관여 호르몬 : 지베렐린, 옥신(2,4-D, IBA, IAA 등)
ⓗ 이춘화와 재춘화
  • 이춘화 : 저온 버널리제이션을 실시한 후 고온처리 시 버널리제이션 효과가 상실되는 것
  • 재춘화 : 이춘화 중 다시 저온처리 시 완전한 버널리제이션이 되는 것
ⓢ 버널리제이션의 농업적 이용
  • 수량 증대
  • 대파(대신 파종)
  • 촉성재배
  • 채종
  • 육종상의 이용
  • 종 또는 품종의 검정
  • 재배법의 개선

예제

01 화성유도에 관여하는 요인으로 부적절한 것은?

① 광   ② 수분   ③ 온도   ④ C/N율

02 식물의 화성유도에 있어서 주요 요인이 아닌 것은?

① 식물호르몬   ② 영양상태
③ 수분   ④ 광

03 녹식물체버널리제이션(green plant vernalization)처리 효과가 가장 큰 식물은?

① 추파맥류   ② 완두
③ 양배추   ④ 봄올무

04 춘화처리(vernalization)에 대한 설명으로 잘못된 것은?

① 주로 생육 초기에 온도 처리를 하여 개화를 촉진한다.
② 저온처리의 감응점은 생장점이다.
③ 최아 종자의 시기에 버널리제이션을 하는 것을 종자 버널리제이션이라고 한다.
④ 처리 중에 종자가 건조하면 버널리제이션 효과가 촉진된다.

05 다음 중 버널리제이션의 감응 부위는?

① 뿌리   ② 생장점   ③ 잎   ④ 줄기

해설

02 • 내적 요인 : 영양상태, 식물호르몬
      • 외적 요인 : 광 조건, 온도 조건

03 종자버널리제이션 : 추파맥류, 완두, 잠두, 봄무 등

04 ④ 처리 중에 종자가 건조하면 버널리제이션 효과가 감쇄된다.

05 식물체의 버널리제이션을 감응하는 부위는 생장점이다.

정답 01 ② **02** ③ **03** ③ **04** ④ **05** ②

TIP

화성유도의 주요 요인
• 내적 요인 : 영양상태(C/N), 식물호르몬(옥신과 지베렐린)
• 외적 요인 : 광 조건(일장효과), 온도 조건(버널리제이션과 감온성의 관계)

④ **일장효과** : 낮과 밤의 길이가 꽃눈의 분화에 영향을 주는 것을 말한다.

    ㉠ 일장에 따른 분류

장일식물	장일 상태(16~18시간 조명)에서 화성이 유도 · 촉진되는 식물 예 가을보리, 가을밀, 양귀비, 시금치, 양파, 상추, 아주까리, 감자 등
단일식물	단일상태(8~10시간 조명)에서 화성이 유도 · 촉진되는 식물 예 국화, 벼, 콩, 수수, 옥수수, 담배, 목화 등
중성식물 (= 중일성식물)	중성식물(중일성식물)은 낮과 밤의 길이와 관계없이 일정 기간 생장하여야 유도 · 촉진되는 식물(일정한 한계일장이 없고 화성이 일장에 영향을 받지 않는다) 예 강낭콩, 고추, 토마토, 당근, 가지 등
정일성식물	어떤 좁은 범위의 특정한 일장에서만 화성이 유도, 촉진되는 식물 예 사탕수수 등

    ㉡ 일장감응 부위 : 젊은 잎

CHAPTER 03 유기농업 일반 | **139**

ⓒ 플로리겐이라는 개화호르몬이 잎이나 줄기의 체관부를 통해 생장점으로 이
동하여 화아형성을 유도한다(물관부를 통하지 않는다).

ⓔ 한계일장 : 개화를 유도할 수 있는 유도일장과 비유도일장의 경계가 되는
일장을 의미한다.

• 한계일장보다 짧은 일장에 반응하여 개화하는 단일식물, 한계일장보다
긴 일장에 반응하여 개화하는 장일식물로 구분한다.

• 한계일장이 길면 여름, 짧으면 겨울에 꽃을 피울 수도 있다.

ⓜ 일장효과에 영향을 미치는 조건

• 발육 단계 : 본잎이 나오고 어느 정도 발육 후에 감응한다.

• 광의 강도 : 명기가 약광이라도 일장효과는 발생하며 착화 수는 명기의
광이 어느 정도 강해야 증대한다.

• 광의 파장 : 적색광(600~680nm)이 가장 효과가 크며 다음이 청색광이다.
480nm 부근의 청색광은 가장 효과가 작다.

• 연속 암기와 야간조파 : 단일식물에서는 일정 시간 이상의 연속 암기가
있어야만 단일효과가 나타나는 것이 보통이다. 또한, 암기의 합이 명기보
다 길다 하더라도 암기를 분단하면 단일효과를 발생하지 않으며 이것을
야간조파 또는 광중단이라 한다.

• 처리 일수 : 도꼬마리나 나팔꽃은 1회의 단일처리라도 개화한다. 그러나
도꼬마리에서 화성까지의 소요 일수가 단일처리 1회의 경우에는 64일 소
요되었으나 연속 단일처리의 경우 13일로 줄어들었다.

• 온도 : 어느 정도의 한계 온도가 필요하며, 단일식물인 국화는 10~15℃
이하에서는 일장과 관계없이 개화하며, 장일식물인 히요스는 저온하에서
는 단일 조건이라도 개화한다.

• 질소 사용의 영향 : 장일식물은 질소가 많지 않아야 영양생장이 억제되어
장일 효과가 더욱 잘 나타나고, 단일식물은 질소의 요구도가 커서 질소가
넉넉해야 생육이 빠르고 단일효과도 더욱 잘 나타난다.

ⓗ 개화 이외의 일장효과

• 성의 표현 : 모시풀, 스위트콘은 자웅동주 식물이며 14시간 일장에서는
완전웅성, 8시간 일장에서는 완전자성이 된다.

• 형태적 변화 : 콩(단일식물)이 장일 조건에 놓이면 거대형이 되며, 배추,
양배추(장일식물)가 단일 조건에 놓이면 로제트화가 된다.

• 저장기관의 발육 : 고구마의 덩이뿌리, 봄무나 마의 비대근, 감자의 덩이줄
기는 단일 조건에서 발육이 촉진되며 양파의 비늘줄기는 장일에서 발육이
촉진된다.

광중단

단일식물을 연속암기간 중간에
광을 쪼여 소정의 암기 이하의 길
이로 분단하면 암기의 합계가 명
기보다 길다 하더라도 단일효과
를 나타내지 못하게 하는 작용(광
중단에 의해 단일식물의 개화는
저해되고 장일식물의 개화는 유
도된다)

- 결협 및 등숙 : 콩, 땅콩(단일식물)의 결협과 등숙을 촉진한다.
- 나무의 휴면 : 저온에서는 휴면을 유도하지만 장일은 생장을 지속시키고, 단일은 휴면을 유도한다.

ⓢ 식물의 일장감응형

구분	화아 분화 전	화아 분화 후	종류	
LL식물	장일성	장일성	시금치, 봄보리 등	보리, 상추, 무, 양파, 감자, 대부분의 맥류 등
LI식물		중일성	사탕무 등	
LS식물		단일성	*Physotegia* 등	
IL식물	중일성	장일성	밀 등	오이, 호박, 완두콩, 당근, 가지 등
II식물		중일성	고추, 벼(조생종), 메밀, 토마토 등	
IS식물		단일성	소빈국	
SL식물	단일성	장일성	앵초(프리뮬러), 시네라리아, 딸기 등	콩, 옥수수, 담배, 고구마, 들깨, 국화 등
SI식물		중일성	벼(만생종), 도꼬마리 등	
SS식물		단일성	콩(만생종), 코스모스, 나팔꽃 등	

※ L : Long, I : Indeterminate, S : Short

결협(結莢)
콩과 작물에서 수분·수정 후 열매가 협과(꼬투리로 맺히는 열매)로 결실하는 것

구분	장일식물	단일식물
a	꽃눈 ○	꽃눈 ×
b	꽃눈 ×	꽃눈 ○
c	꽃눈 ○	꽃눈 ×

[한계일장]

예제

01 일조 시간의 변동에 따라 식물의 꽃눈 형성과 개화에 큰 영향을 미치는 현상은?

① 춘화처리
② 일장효과
③ 광합성
④ 상적발육

02 장일식물에 대한 설명으로 옳은 것은?

① 장일상태에서 화성이 억제된다.
② 장일상태에서 화성이 유도·촉진된다.
③ 8~10시간의 조명에서 화성이 유도·촉진된다.
④ 한계일장은 장일 측에, 최적일정과 유도일장의 주체는 단일 측에 있다.

03 좁은 범위의 일장에서만 화성이 유도·촉진되며, 2개의 한계일장이 있는 것은?

① 장일식물
② 단일식물
③ 정일식물
④ 중성식물

04 식물의 일장효과(日長效果)에 대한 설명으로 틀린 것은?

① 모시풀은 자웅동주 식물인데 일장에 따라서 성의 표현이 달라지며, 14시간 일장에서는 완전자성(암꽃)이 된다.
② 콩 등의 단일식물이 장일하에 놓이면 영양생장이 계속되어 거대형이 된다.
③ 고구마의 덩이뿌리는 단일 조건에서 발육이 조장된다.
④ 콩의 결협 및 등숙은 단일 조건에서 조장된다.

TIP

장일식물은 질소가 많지 않아야 영양 생장이 억제되어 장일효과가 더욱 잘 나타나고, 단일식물은 질소의 요구도가 커서 질소가 넉넉해야 생육이 빠르고 단일효과도 더욱 잘 나타난다.

05 일장효과에 영향을 미치는 조건 중 틀린 것은?

① 온도의 영향
② 발육 단계
③ 처리 일수
④ 칼슘 시용의 영향

06 고추와 토마토의 일장감응형은?

① 장일성
② 중일성
③ 단일성
④ 정일성

07 식물의 일장감응에 따른 분류 9형 중 옳은 것은?

① II식물 : 고추, 메밀, 토마토
② SS식물 : 시금치, 봄보리
③ LL식물 : 앵초, 시네라리아, 딸기
④ SL식물 : 코스모스, 나팔꽃, 콩(만생종)

> **해설**

03 ③ 정일식물(중간식물) : 한정된 시간에만 개화하는 식물
   ① 장일식물 : 낮의 길이가 밤의 길이보다 길어지면 개화하는 식물
   ② 단일식물 : 낮의 길이가 밤의 길이보다 짧아지면 개화하는 식물
   ④ 중성식물 : 개화에 일정한 한계일장이 없고 대단히 넓은 범위의 일장에서 개화하는 식물

04 모시풀은 자웅동주식물이며, 8시간 이하의 단일조건에서는 완전자성(完全雌性, 암꽃)이고, 14시간 이상의 장일에서는 완전웅성(完全雄性, 수꽃)이 된다.

05 ④ 일장효과는 질소 시용의 영향을 받는다.

06 **중일성 식물** : 낮과 밤의 길이와 관계없이 일정기간 생장해야 꽃이 피는 식물

07 ② SS식물 : 코스모스, 나팔꽃, 콩(만생종) 등
   ③ LL식물 : 시금치, 봄보리 등
   ④ SL식물 : 앵초, 시네라리아, 딸기 등
   ※ 식물의 일장 감응형에는 9가지가 있다. L은 장일성, I는 중일성, S는 단일성을 표시하고, LI의 경우 앞의 L은 화아분화 전 장일 성을 뒤의 I는 화아분화 후 중일성을 나타낸다.

> **정답** 01 ② 02 ② 03 ③ 04 ① 05 ④ 06 ② 07 ①

기출 키워드

유기재배 환경별 시설관리, 시설 내 토양환경의 특징, 시설 내 토양 염류집적 시 대책

📖 **TIP**

시설재배에 사용되는 연질필름의 특성 비교
• 보온력 : PVC > EVA > PE
• 광 투과율이 높은 순 : PE > PVC > EVA
• 먼지 부착 등 오염에 따른 투광률 유지도 : PE > EVA > PVC

(5) 유기재배 시설관리

① 광환경

ㄱ 광량의 감소 : 구조재, 피복재에 의한 광선투과율이 낮아 노지에 비해 광량이 적으며 태양고도가 낮은 겨울에는 동서(東西)동으로 지은 시설의 광량이 남북(南北)동에 비해 많다.

ㄴ 광분포 불균일 : 동서동은 남북동에 비해 입사광량이 많고 구조재에 의해 부분적인 광 차단이 생긴다.

ㄷ 광질의 변화 : 시설 내 400nm 이하의 자외선과 300nm 이상의 적외선의 투과율은 사용 피복재의 종류에 따라 달라진다.

ㄹ 보광 : 인공광으로 백열등, 형광등이 쓰인다.

142 | PART 01 핵심이론

② 온도환경

　㉠ 온도교차 : 시설 내의 열은 외부로 어느 정도 차단되어 시설 내에 계속 축적되며 야간에는 거의 같은 수준으로 낮아져 온도교차가 매우 커진다.

　㉡ 수광량의 불균일 : 구조재에 의한 광 차단 및 피복재에 의해 빛 반사가 되어 수광량이 불균일하다.

　㉢ 대류현상으로 인해 위치에 따라 기온이 달라진다.

③ 수분환경

　㉠ 자연강우는 없고, 증발산량이 많아 토양이 건조하다.

　㉡ 낮은 지온으로 수분흡수 저해가 일어나고, 지하수의 이동을 제한하며, 토양수분의 과부족이 일어난다.

④ 공기환경

　㉠ 시설 내는 외부와 차단되어 노지와는 공기의 분포가 다르다.

　㉡ 시설 내 대표적인 유해가스로는 암모니아가스, 아질산가스, 아황산가스, 일산화탄소, 에틸렌, 아세틸렌 등이 있다.

⑤ 토양환경

　㉠ 시설 내에는 강우가 전혀 없어 인공 관수에 의존하며, 온도가 높아 건조하기 쉽다.

　㉡ 뿌리의 수분흡수 범위가 좁고 얕으며 지하수의 이동을 제한한다.

　㉢ 작토층의 비료 성분이 용탈되지 않고 축적되어 생리장해가 일어나며, 염류 농도가 높아져 장해가 발생한다.

　㉣ 연작으로 병원성 미생물이나 해충의 생존 밀도가 높아지고, 미량원소의 부족 현상이 나타난다.

　㉤ 토양의 pH가 낮고 K, Ca, Mg 등의 가용성이 낮아져 뿌리에 해를 주게 되며, 토양미생물의 활동에 영향을 미친다. 반면, 염류가 집적된 토양은 알칼리성이 되며 Zn, Fe, Mn, Cu 등의 결핍 현상과 붕소의 과다 현상이 발생한다.

　㉥ 집약적인 재배와 인공관수로 토양이 굳게 다져져 경반층이 생기고 공극량이 감소하며 토양의 공기 함량이 줄어든다.

> **더 알아보기**
>
> **지붕형 온실과 아치형 온실의 비교**
> - 적설 시 지붕형이 아치형보다 유리하다.
> - 광선은 지붕형보다 아치형이 많이 유입된다.
> - 재료비는 지붕형이 아치형보다 많이 소요된다.
> - 천창의 환기 능력은 지붕형이 아치형보다 우수하다.
> - 아치형은 지붕형보다 내풍성이 강하고, 필름이 골격재에 잘 밀착되어 파손될 위험이 작다.

📖 TIP

암모니아가스
- 질소질비료 시용 시 암모늄태 질소로 되어 대부분이 토양에 흡착되고 pH가 높아져 암모늄태 질소가 가스화되어 방출된다.
- 잎의 가장자리가 수침상으로 변하고 담갈색의 반점이 나타나 갈변하여 말라 죽는다.

📖 TIP

아질산가스
암모늄태 질소에 아질산화성 균의 작용으로 아질산태 질소가 생기며 아질산이 물에 용해되어 질산으로 되면 pH는 산성으로 가스화하여 시설 내 축적되어 피해가 발생한다.

팁번(tip burn)
붕소 과다 현상 중 한 가지로, 식물의 잎끝이나 줄기 끝이 검게 변하거나 말라 들어가는 증상을 보인다.

경반층
트랙터나 경운기의 사용으로 쟁기 바닥에 형성된 딱딱해진 토양층

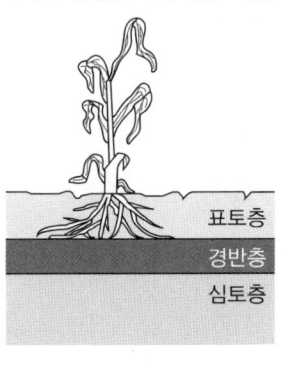

TIP

대표적인 토양 내 염류
질산태 질소, K, Cl, Mg, Na,
K 등

TIP

작물의 염류 농도 장해 증상
• 잎이 밑에서부터 말라 죽는다.
• 잎의 색이 청록색을 띤다.
• 잎의 가장자리가 안으로 말린다.
• 칼슘, 마그네슘 결핍 증상이 나타난다.

더 알아보기

시설 내 토양의 염류집적 시 대책
• 담수 및 물 흘려보내기 : 염류 농도가 과다한 염류집적 토양은 여름철에 담수하여 염류를 씻어낸다.
• 객토 및 환토, 깊이갈이 : 시설원예지 토양은 점토 함량이 적고 미사와 모래가 많은 사질토이므로 보비력이 낮다. 양질의 붉은 산 흙으로 객토하고 염류가 과잉 집적된 표토가 밑으로 가도록 깊이갈이 하여 염류의 농도를 낮춘다.
• 내염성작물 재배
• 퇴비, 녹비 등 유기물의 적정 시용
• 하우스 피복 제거
• 돌려짓기 : 심근성 작물의 돌려짓기를 통해 작토층을 증대시키고 풋거름 작물의 재배를 통해 토양의 비옥도를 증가시킨다. 휴작기를 이용하여 흡비력이 큰 옥수수나 벼를 재배하면 염류 제거 효과와 함께 부수적으로 양분의 균형을 맞추는 데 도움을 주기도 한다.

예제

01 온실효과에 대한 설명으로 옳지 않은 것은?
① 시설 농업으로 겨울철 채소를 생산하는 효과이다.
② 온실효과가 지속된다면 생태계의 변화가 생긴다.
③ 산업발달로 공장 및 자동차의 매연가스가 온실효과를 유발한다.
④ 대기 중 탄산가스 농도가 높아져 대기의 온도가 높아지는 현상을 말한다.

02 시설재배지에서 일어날 수 있는 염류집적에 관련된 설명으로 가장 옳은 것은?
① 강우로 인하여 염류는 작토층에 남고 나머지는 유실된다.
② Na 농도가 증가하여 토양입단 형성이 증가한다.
③ 토양 염류가 집적되면 칼슘이 많이 존재하며 수분의 흡수율이 높아진다.
④ 수분 침투량보다 증발량이 많아 염류가 집적된다.

03 지붕형 온실과 아치형 온실을 비교 설명한 것 중 틀린 것은?
① 적설 시 지붕형이 아치형보다 유리하다.
② 광선의 유입은 지붕형이 아치형보다 많다.
③ 재료비는 지붕형이 아치형보다 많이 소요된다.
④ 천창의 환기능력은 지붕형이 아치형보다 높다.

해설

01 온실효과(green house effect) : 대기 중의 수증기, 이산화탄소 등 온실가스가 장파장의 복사에너지를 흡수하여 대기와 지표면의 온도가 높아지는 현상

02 시설 재배지에는 한두 종류의 작물만 계속하여 연작함으로써 시용하는 비료량에 비하여 작물에 흡수 또는 세탈되는 비료량이 적거나 수분 침투량보다 증발량이 많아 염류가 과잉 집적되므로 담수 세척, 환토, 비종 선택과의 적정화, 유기물의 적정 시용, 윤작 등을 통해 방지해야 한다.

정답 01 ① 02 ④ 03 ②

144 | PART 01 핵심이론

4. 생육진단 처방

(1) 작물별, 생육 단계별 생육 상태 진단

① 생육 상태의 진단

ㄱ 1차 진단 : 사람의 눈으로 쉽게 관찰하여 알 수 있는 것

- 식물의 생육 상태

  예 크기, 잎의 수, 줄기 굵기 등

- 분얼, 분지 수

- 특정 부위의 이상 증상

- 잎 색의 변화

- 뿌리의 발육

ㄴ 2차 진단 : 전문가나 전문 기관에 의한 정밀 검사

② 작물의 생육장애 현상

ㄱ 왜화 : 키가 크지 않는 상태를 뜻하며 생육이 느리고 줄기가 더디게 자란다.

ㄴ 황화 : 작물체의 잎과 줄기가 황색으로 변한다.

ㄷ 갈변 : 잎과 줄기가 갈색으로 변한다.

ㄹ 백화 : 잎의 엽록소가 파괴되어 흰색으로 변한다.

ㅁ 위조 : 수분 부족으로 인해 잎과 줄기가 시들시들해진다.

ㅂ 고사 : 잎이나 줄기가 수분이 부족하여 말라 죽는다.

ㅅ 괴사 : 작물의 일부가 흐물흐물 죽어 가는 형태이다.

ㅇ 반점 : 잎의 군데군데 원래의 잎 색이 아닌 다른 무늬의 색이 나타난다.

ㅈ 증상 : 작물의 일부에 이상이 생겨 외부 형태가 변화를 일으킨 상태이다.

기출 키워드

왜화, 백화, 갈변, 위조, 고사

TIP

황화현상 생육상태 진단하기
예

- 잎이 작물체 전체로 황화되는지 아래 잎만 황화되는지, 또 하나의 잎이 전체적으로 황화되는지 잎 끝만 황화되는지 관찰

- 유사한 증상인지 비교 : 총채벌레, 응애 피해, 곰팡이에 의한 병해인지 확인

- 진단하기 : 아랫잎만 황화는 질소 부족, 잎 끝만 황화는 칼리 부족, 병충해에 의한 황화는 다른 병징과 동반한다.

예제

01 키가 크지 않는 상태를 뜻하며 생육이 느리고 줄기가 더디게 자라는 것을 무엇이라 하는가?

① 괴사　　　　　　　　② 위조

③ 왜화　　　　　　　　④ 고사

02 제초제를 살포 시, 잎의 엽록소가 파괴되어 흰색으로 변하게 되는 현상을 무엇이라 하는가?

① 위축　　　　　　　　② 백화

③ 괴사　　　　　　　　④ 반점

해설

01 ① 괴사 : 작물의 일부가 흐물흐물 죽어 가는 형태이다.
　　② 위조 : 수분 부족으로 인해 잎과 줄기가 시들시들해진다.
　　④ 고사 : 잎이나 줄기가 수분이 부족하여 말라 죽는다.

정답 01 ③　02 ②

기출 키워드

질소(N)·인산(P)·칼륨(K)·칼슘(Ca)의 결핍 증상 및 처방, 식물체에 흡수되는 무기물의 형태

📖 TIP

시듦증상 생육상태 진단하기 예

- 관수상태 확인
- 유사 증상 비교 : 습해의 유무, 시비량 부족, 시들음병이나 풋마름병 혹은 선충에 의한 피해인지 확인
- 진단하기 : 관수 여부와 시비량을 확인하여 수분이나 양분부족인지 판단한다. 수분, 양분 부족 없이 크지 않고 시들면 병징으로 판단한다.

---

(2) 양분 결핍에 따른 처방

① 질소(N)

결핍 증상	• 결핍 시 늙은 잎에서 황백화현상이 나타난다. • 생육이 저조하다. • 종실의 성숙이 빨라지고 수량이 줄어든다.
처방	• 퇴비와 유기물을 충분히 시용하고 경운한다. • 적절한 관수로 미생물을 활성화한다. • 콩과 녹비작물과 윤작하고 식물 잔사는 토양에 환원한다.

② 인산(P)

결핍 증상	• 세포핵, 분열조직 효소 등의 구성성분으로 어린 조직이나 종자에 많이 함유되어 있다. • 광합성, 호흡작용, 녹말, 당분의 합성 분해, 질소 동화 등에 관여한다. • 결핍 시 뿌리의 발육이 나빠지는데 특히 생육 초기에 심하다. • 잎이 암녹색이 되어 둘레에 오점이 생기며 심하면 황화하고 결실이 나빠진다. • 잎의 너비가 좁아지고 줄기나 잎자루가 자색이 된다. • 분얼이 적고 개화와 결실이 나빠져 과실의 성숙이 지연된다.
처방	• P의 이동성은 토양의 pH가 6.0~6.5일 때 가장 활발하므로 pH를 확인한다. • S와 인광석을 시용할 때는 숙성퇴비와 섞어 준다. • 뿌리의 생장이 좋아야 P를 잘 흡수할 수 있으므로 토양수분 유지도 유의한다. • 콩과 녹비작물과 윤작하고 심근성 작물을 재배한다.

③ 칼륨(K)

결핍 증상	• 이온화하기 쉬운 형태로 잎과 생장점, 뿌리의 선단에 많이 함유되어 있다. • 광합성, 탄수화물 및 단백질 형성, 세포 내의 수분공급의 기능에 관여하게 된다. • 결핍 시 생장점이 말라 죽고 줄기가 연약해지며 잎의 끝이나 둘레가 황화하고 아랫잎이 떨어지며 결실이 나쁘다. • 잎의 선단이 황화되기 시작하고 엽맥 사이가 황화된다. • 새잎은 어두운 녹색이 되고 잎이 작아지고 과실이 크지 않고 맛, 외관이 나빠진다.
처방	• 퇴비와 유기물을 충분히 시용하여 땅의 힘을 높여 준다. • 영년생 피복 식물을 활용하고 토양유기물 피복에 유의한다. • Ca과 Mg이 적은 땅에서 K 부족이 심하므로 균형적인 양분관리가 필요하다.

④ 칼슘(Ca)

결핍 증상	• 세포막 중 중간막의 주성분으로 잎에 많이 존재한다. • 체내의 유독한 유기산을 중화하고 Al의 과잉 흡수를 억제하는 역할을 한다. • 토양 중에 석회가 과다할 경우 Mg, Fe, Zn, Co, B 등의 흡수가 억제된다. • 어린잎의 끝이 황화되고 작아진다. • 생장점 부근의 잎 가장자리가 고사한다.
처방	• 토양의 산도 관리에 유의한다. • 퇴비와 유기물을 충분히 시용하고 경운하여 준다. • Ca 요구와 소비량이 많은 작물 재배 시에는 반드시 콩과 녹비작물과 윤작하고 식물 잔사는 토양에 환원한다.

> **더 알아보기**

필수원소의 생리작용

질소 (N)	• 엽록소, 단백질, 효소의 구성성분으로 원형질의 건물의 40~50%를 차지한다. • 과잉 시 도장하거나 엽색이 짙어지며 한발과 저온, 기계적 상해 및 병해충에 약하게 된다.
인산 (P)	• 세포핵, 분열조직 효소 등의 구성성분으로 어린 조직이나 종자에 많이 함유되어 있다. • 광합성, 호흡작용, 녹말, 당분의 합성·분해, 질소 동화 등에 관여한다.
칼륨 (K)	• 이온화하기 쉬운 형태로 잎과 생장점, 뿌리의 선단에 많이 함유되어 있다. • 광합성, 탄수화물 및 단백질 형성, 세포 내의 수분공급 기능에 관여한다.
칼슘 (Ca)	• 분열조직의 생장, 뿌리 발육에 반드시 필요한 원소로 체내에서 이동이 어렵다. • 세포막 중 중간막의 주성분이며 잎에 많이 존재하고, 체내의 유독한 유기산을 중화하며 Al의 과잉 흡수를 억제하는 역할을 한다. • 토양 내 석회가 과다할 경우 Mg, Fe, Zn, Co, B 등의 흡수가 억제된다.

⑤ 양분 결핍과 병해충 피해 증상 구별하기

양분 결핍	병해충
• 잎의 앞·뒷면에 동시에 나타난다. • 밭 전체에 발생하기 쉽다. • 전염되지 않는다. • 냄새가 나지 않는다. • 도관이 갈변하지 않는다. • 증상 부분이 건조하다.	• 한쪽 면부터 발생하여 번진다. • 일부에서 발생하여 번진다. • 시간이 지나면 심해진다. • 특이한 냄새가 난다. • 도관이 쉽게 갈변한다. • 증상 부분이 습하다.

> **더 알아보기**

그 외 주요 원소의 생리작용

마그네슘 (Mg)	• 엽록소의 구성원소로 잎에 많으며 체내 이동이 쉽고 부족해지면 낡은 조직에서 새 조직으로 이동한다. • 광합성 및 인산 대사에 관여하는 효소의 활성을 높인다. • 결핍 시 황백화현상이 생기며 종자의 성숙이 나빠진다. • 산성토양에 칼리, 염화나트륨, 석회를 과다 시비하면 결핍 현상이 나타난다.
황 (S)	• 단백질, 아미노산, 효소 등의 구성성분으로 엽록소의 형성에 관여한다. • 체내 이동성이 낮으며 황의 요구도가 큰 작물은 양배추, 양파, 파, 마늘, 아스파라거스 등이 있다. • 결핍 시 새 조직에서 먼저 나타나며, 단백질 생성이 억제되어 콩과 작물에는 뿌리혹박테리아에 의한 질소고정이 감소한다.
철 (Fe)	• 호흡효소의 구성성분으로 엽록소 형성에 관여한다. • 결핍 시 어린잎부터 황백화하여 엽맥 사이가 퇴색한다. • 과잉 시 P와 K의 흡수가 억제되며 잎에 갈색 반점 무늬가 나타나고 흑변하며 고사한다.
망가니즈 (Mn)	• 동화물질의 합성과 분해, 호흡작용, 엽록소 형성에 관여한다. • 과잉 시 만곡현상, 사과의 적진병이 발생한다.
붕소 (B)	• 생장점 부근에 함량이 많아 결핍 시 분열조직에 갑자기 괴사를 일으킨다. • 사탕무의 속썩음병, 셀러리의 줄기쪼김병, 담배의 끝잎마름병, 사과의 축과병이 나타난다.
규소 (Si)	• 필수원소는 아니지만 벼과 작물에 함량이 많다. • 병에 대한 저항성을 높이고 잎을 꼿꼿하게 세워 수광태세를 좋게 하며 증산작용을 줄여 한해를 줄이는 효과가 있다. • 표피조직의 세포막을 규질화하여 병에 대한 저항성을 높인다.

> **TIP**

식물체에 흡수되는 무기물의 형태
- N : NO_3^- 또는 NH_4^+
- P : $H_2PO_4^-$, HPO_4^{2-}
- K : K^+
- Ca : Ca^{2+}
- B : H_3BO_3 또는 BO_3^{3-}
- Cl : Cl^-

사과의 적진병

망간의 과다 흡수로 8월 중~하순 경 신초에 작은돌기가 생기고 점차 부풀어 번져 수세 쇠약과 수량 감소를 초래한다.

CHAPTER 03 유기농업 일반 | **147**

예제

01 다음에서 설명한 것은?

- 단백질, 아미노산, 효소 등의 구성성분으로, 엽록소의 형성에 관여한다.
- 체내 이동성이 낮다.
- 결핍증세는 새 조직에서 먼저 나타난다.

① Fe   ② Mg   ③ Mn   ④ S

02 식물체의 흡수량이 결핍되면 식물체 내의 이상현상(생장점이 말라 죽음, 줄기가 연약해짐, 하엽의 탈락)이 발생하여 한해에 약하게 되는 것은?

① 질소   ② 인   ③ 칼륨   ④ 칼슘

03 사과를 유기농법으로 재배하는 데 어린잎 가장자리가 위쪽으로 뒤틀리고, 새 가지 선단에서 막 전개되는 잎은 황화되며, 심한 경우, 새 가지의 정단 부위가 말라 죽어가고 있다. 부족한 원소는 무엇인가?

① 질소   ② 인산   ③ 칼륨   ④ 칼슘

04 결핍 증상이 어린잎에 먼저 나타나는 무기원소는?

① 칼슘   ② 질소   ③ 인   ④ 칼륨

해설

01 ① Fe : 엽록소 생성과 합성 촉진의 역할을 하며 결핍 시 끝잎이나 새잎에 뿌리의 황화, 발육이 불량하다.
② Mg : 황백화현상이 일어나고 줄기나 뿌리에 있는 생장점의 발육이 나빠지며 식물체 내의 탄수화물이 감소하고 종자의 성숙이 불량해진다.
③ Mn : 결핍 시 엽맥에서 먼 부분부터 황색으로 되며, 생리작용이 왕성한 곳에 많이 함유되어 체내 이동성이 낮아서 결핍 증상은 어린잎에서부터 나타난다.

02 ③ 칼륨(K) 결핍 시 세포의 삼투압과 당분 농도가 저하되어 생장점이 말라 죽거나 줄기가 연약해진다.

03 ① 질소 결핍 : 늙은 잎부터 황백화현상이 나타난다.
② 인산 결핍 : 뿌리 발육이 생육 초기부터 나빠지며, 잎은 암녹색이 되고 결실이 나빠진다.
③ 칼륨 결핍 : 과실비대가 억제되고 늙은 잎의 가장자리에 엽소현상이 나타난다.

04 ① 칼슘(Ca)은 이동성이 낮은 무기원소이기 때문에 결핍 증상이 식물의 어린잎에서 먼저 나타난다.
②·③·④ 질소(N), 인(P), 칼륨(K)과 같은 원소는 비교적 이동성이 높아 결핍 시 성숙한 잎에서 먼저 증상이 나타난다.

정답 01 ④ 02 ③ 03 ④ 04 ①

TIP

칼륨 결핍 시 증상
- 생장점이 말라 죽고 줄기가 연약해지며 잎의 끝이나 둘레 혹은 엽맥 사이가 황화하고 아랫잎이 떨어지며 결실이 나쁘다.
- 새잎은 작고 어두운 녹색이 되고, 과실은 크지 않고 맛, 외관이 나빠진다.

기출 키워드

지연형 냉해, 장해형 냉해, 병해형 냉해, 벼의 생육 단계별 냉해 피해, 냉해의 대책

(3) 생육환경의 변화, 기상재해

① 냉해

㉠ 여름작물이 생육 기간에 냉온 장해에 의해 생육이 저해되고 수량 감소 및 품질 저하를 가져오는 기상재해로 식물체의 조직 내에 결빙이 생기지 않는 범위의 저온에서 작물이 받게 되는 피해이다.

148 | PART 01 핵심이론

ⓛ 냉해의 구분

- 지연형 냉해 : 생육 초기부터 출수기에 걸쳐서 여러 시기에 냉온을 만나 출수가 지연되고 후기의 냉온에 의해 등숙 불량이 초래된다.
- 장해형 냉해 : 유수형성기부터 개화기까지, 특히 생식세포의 감수분열기의 냉온에 의해 벼의 정상적인 생식기관이 형성되지 못하거나 또는 화분 방출과 수정 등에 장해를 일으켜 불임 현상이 나타난다.
- 병해형 냉해
  - 저온 조건에는 증산이 감퇴하여 규산의 흡수가 적어지고 조직의 규질화가 충분하지 못하여 도열병 등의 병균 침입이 용이하게 된다.
  - 광합성이 감퇴하여 당분의 생산이 줄어드는데, 당분이 적으면 암모니아로부터 단백질의 합성이 저하되어 체내의 암모니아의 축적이 많아지고, 도열병균 등의 번식이 용이해져 병의 발생이 많아진다. 따라서 저온 조건에서는 병해의 발생이 많아진다.

ⓒ 벼의 생육 시기별 냉해 양상

- 유묘기 : 발아와 생육이 늦어진다.
- 생장기 : 초장과 분얼이 감소한다.
- 유수 발육과정 : 감수분열기에는 특히 냉해에 가장 민감한 시기로, 영화가 퇴화하거나 불완전하고, 기형 또는 불임의 소지가 있는 영화가 발생하며, 출수 지연을 가져오고 심하면 이삭이 형성되지 않는다.
- 출수·개화기 : 출수기의 저온은 출수 지연, 불완전 출수, 출수 불능 등을 초래하며 개화기의 저온은 화분의 능력을 상실하게 하여 수정을 저해한다.
- 등숙기 : 등숙 초기에 장해가 크며, 이 시기의 저온은 배유의 발달을 저해하여 입중이 가벼워지고, 청치가 많이 발생하기 때문에 결실이 불량할 뿐만 아니라 수량이 감소하고 품질을 떨어뜨린다.

TIP

냉해(冷害)와 동해(凍害)의 차이점
냉해는 작물이 0℃ 이상의 낮은 온도에 장기간 노출되어 생리장해가 일어나는 현상이고, 동해는 0℃ 이하에서 세포 내외의 수분이 얼어 세포가 물리적으로 파괴되는 현상이다.

등숙 불량
곡립이 제대로 여물지 않아 쭉정이나 미숙립이 많아지고, 결과적으로 수량과 품질이 떨어지는 상태

더 알아보기

벼의 생육 단계별 냉해 피해
- 수잉기 : 작물이 이삭을 형성하는 시기로, 가장 많은 수분이 필요하여 수분 부족 시 이삭 발육 저해 및 수확량이 감소한다. 따라서 한발의 피해가 가장 크고 회복이 어려운 단계이다.
- 유수형성기 : 이삭 초기 형성 단계로, 가뭄 시 이삭이 제대로 발달하지 못해 품질 저하와 수확량이 감소하며 수잉기보다 약간 덜하지만 여전히 치명적이다.
- 분얼기 : 분얼수가 줄어드는 등 생장 초기에 영향을 미치지만, 이 단계에서의 한발 피해는 적절한 관리로 어느 정도 회복이 가능하다.

② 냉해의 대책
- 내냉성 품종의 선택
- 입지 조건의 개선 : 방풍림 설치, 객토 등으로 누수답 개량, 암거배수 등으로 습답을 개량, 지력을 배양하여 건실한 생육을 꾀한다.
- 육묘법의 개선 : 벼의 경우 보온 육묘를 통해 못자리 때의 냉해를 방지하고 지나친 양의 질소 시비를 하지 않는다.
- 재배법의 개선 : 조기재배, 조식재배를 하여 성숙기를 앞당기며 인산, 칼륨, 규산, 마그네슘 등의 비료를 충분히 주고, 소주밀식을 하여 강건한 생육을 꾀한다.
- 냉온기의 담수 : 장해형 냉해를 방지하기 위해 수온이 19~20℃ 이상인 물을 20cm 정도 깊이로 깊게 담수한다.
- 관개 수온의 상승 : 물이 비닐 파이프 등을 통과하도록 하여 관개 수온을 높여 준다.

소주밀식(小株密植)
한 개체의 크기를 작게 키우기 위해 포기의 모수를 적게(小株)하고, 단위면적당 많은 개체를 촘촘히 심어 밀식(密植) 재배 방법, 즉, 많은 포기를 좁은 간격에 촘촘히 심는 재배 방법

예제

01 냉해에 대한 설명으로 틀린 것은?
① 우리나라에서는 특히 벼농사에서 냉해가 문제 된다.
② 작물의 냉해는 지연형 냉해, 장해형 냉해, 병해형 냉해가 있다.
③ 작물이 조직 내에 결빙이 생기지 않는 범위의 저온에 의해서 받는 피해를 냉온 장해라 한다.
④ 지연형 냉해는 유수형성기~개화기의 냉온 피해로 등숙 불량을 초래한다.

02 작물이 받는 냉해의 종류가 아닌 것은?
① 생태형 냉해 　　　　　　　　② 병해형 냉해
③ 지연형 냉해 　　　　　　　　④ 장해형 냉해

03 작물의 장해형 냉해에 관한 설명으로 가장 옳은 것은?
① 냉온으로 인하여 생육이 지연되어 후기 등숙이 불량해진다.
② 유수형성기부터 개화기까지, 특히 생식 세포의 감수분열기의 냉온으로 인하여 정상적인 생식기관이 형성되지 못한다.
③ 생육 초기부터 출수기에 걸쳐 냉온으로 인하여 생육이 부진하고 지연된다.
④ 냉온하에서 작물의 증산작용이나 광합성이 부진하여 특정 병해의 발생이 조장된다.

04 벼 냉해에 대한 설명으로 옳은 것은?
① 냉온의 영향으로 인한 수량 감소는 생육 시기와 상관없이 같다.
② 냉온에 의해 출수가 지연되어 등숙기에 저온장해를 받는 것이 지연형 냉해이다.
③ 장해형 냉해는 영양생장기와 생식생장기의 중요한 순간에 일시적 저온으로 냉해를 받는 것이다.
④ 수잉기는 저온에 매우 약한 시기로 냉해 기상 시에는 관개를 얕게 해준다.

05 냉해 대책의 입지 조건 개선에 대한 내용으로 틀린 것은?

① 방풍림을 제거하여 공기를 순환시킨다.
② 객토 등으로 누수답을 개량한다.
③ 암거배수 등으로 습답을 개량한다.
④ 지력을 배양하여 건실한 생육을 꾀한다.

해설

01 지연형 냉해 : 생육 초기부터 출수기에 걸쳐서 여러 시기에 냉온을 만나 출수가 지연되고 후기의 냉온에 의해 등숙 불량이 초래된다.

02 냉해의 유형 : 지연형, 병해형, 장해형, 복합형

03 ① · ③ 지연형 냉해
④ 병해형 냉해

05 ① 방풍림을 조성하여 냉풍을 막는다.

정답 01 ④ 02 ① 03 ② 04 ② 05 ①

② 한해(寒害, winter injury)

　㉠ 한해의 구분 : 월동 중 추위로 인해 작물이 받는 피해
　　• 동상해
　　　– 온도가 지나치게 내려가 작물의 조직 내에 결빙이 생겨서 받는 피해를 동해(凍害)라 하고, 서리(주로 늦서리)로 인하여 −2~0℃ 정도에서 작물이 동사하는 피해를 상해(霜害)라 한다.
　　　– 동해와 상해를 합쳐 동상해라고 하며 봄에 일찍 파종 또는 이식하는 작물이나, 과수의 꽃은 상해를 입는다.
　　• 상주해와 동상해
　　　– 토양에서 빙주가 다발로 솟아난 것을 서릿발(상주)이라고 하며, 서릿발이 서면 맥류 등의 뿌리가 끊기고 식물체가 솟구쳐 올라 피해를 받는다.
　　　– 서릿발이 발생하는 조건
　　　　ⓐ 토양수분이 넉넉할 때(60% 이상)
　　　　ⓑ 추위가 심하지 않을 때(지표 온도가 0℃ 이하, 지중 온도가 0℃ 이상)
　　　　ⓒ 토양이 굳게 얼어붙지 않았을 때
　　　　ⓓ 우리나라는 남부 지방의 식질 토양에 많이 발생
　　• 건조해와 습해 : 월동 중에 토양은 깊이 동결하며 토양 표면은 따뜻한 낮에는 녹아서 수분이 증발하고 지중에는 동결층이 생겨 수분이 공급되지 않으므로 건조하기 쉽다.
　㉡ 한해의 대책
　　• 동상해의 일반대책
　　　– 입지 조건의 개선 : 방풍 시설, 토질 개선, 배수

기출 키워드

동상해 · 상주해, 서릿발이 발생하는 조건, 동상해의 대책, 살수결빙법, 내동성의 생리적 · 형태적 요인, 내동성의 계절적 변화

늦서리

대체로 지역별 마지막 서리 예상일을 기준으로 작물의 파종과 정식시기를 조절한다. 늦서리는 작물이 이미 발아한 뒤에 늦게 내리는 서리를 뜻하며, 보통 3월 하순에서 5월 상순 사이에 발생한다.

TIP

동상해의 사후 대책
• 인공수분
• 적과 늦추기
• 영양상태의 회복
• 병해충 방제
• 심할 시 대작

CHAPTER 03 유기농업 일반 | **151**

- 내동성 작물과 동상해 회피 품종의 선택
- 재배적 대책
  ⓐ 보온재배를 한다.
  ⓑ 이랑을 세워 뿌림골을 깊게 한다.
  ⓒ 칼리질 비료를 증시하고 퇴비를 종자 위에 시용한다.
  ⓓ 적기에 파종하고 추운 곳은 파종량을 늘린다.
  ⓔ 과도하게 자랐거나 서릿발이 설 때는 답압을 한다(맥류).

• 동상해의 응급대책
- 살수결빙법
  ⓐ 물이 얼 때 숨은 열(잠열)이 발생하는데 식물체 표면에 살수하여 빙결이 유지되도록 할 때 기온이 −8~−7℃ 정도면 식물 체온은 0℃ 정도를 유지하여 동상해가 방지된다.
  ⓑ 가장 균일하고 가장 큰 보온 효과를 기대할 수 있다.
- 관개법, 발연법, 송풍법, 피복법, 연소법 등

• 상주해 · 동상해의 주요 대책
- 퇴비 시용, 사토의 객토, 배수 등으로 서릿발이나 동상의 형성을 적게 한다.
- 맥류는 광파재배 하여 뿌림골의 토양 수분함량을 적게 해준다.
- 서릿발이 발생하면 맥류의 뿌림골을 발로 밟거나 회전롤러로 진압한다.

ⓒ 작물의 내동성
• 생리적 요인
- 원형질의 수분 투과성이 크면 세포내결빙을 적게 하여 내동성을 증대시 킨다.
- 원형질 단백질에 −SH기가 많은 것은 −SS기가 많은 것보다 원형질의 파괴가 적고 내동성이 증대한다.
- 원형질의 점도가 낮고 연도가 높은 것은 기계적 견인력을 덜 받아서 내동성이 크다.
- 원형질의 친수성 콜로이드가 많으면 세포 내의 결합수가 많아지고 자유 수가 적어져서 원형질의 탈수 저항성이 커지며, 세포의 결빙이 경감되 므로 내동성이 커진다.
- 지방과 수분이 공존할 경우 빙점강하도가 커지므로 지방함량이 높은 것은 내동성이 강하다.

광파재배
수량을 높이기 위해 골 너비를 일 반적인 재배 방법보다 넓게 파종 하는 방법

원형질(protoplasm)
세포 안에 들어있는 물질

점도(viscosity)
용액의 끈적거리는 정도

연도(ductility)
잘 늘어나거나 유연하게 버티는 정도

친수성 콜로이드
물과 잘 결합해서 수분을 붙잡아 두는 성질이 있는 콜로이드

- 당분함량이 많으면 세포의 삼투압이 높아지고, 원형질 단백의 변성을 막아서 내동성을 크게 한다.
- 전분립은 원형질의 기계적 견인력에 의한 파괴를 크게 하고 전분함량이 많으면 당분함량이 저하된다. 따라서 전분함량이 많으면 내동성은 저하된다.
- 친수성 콜로이드가 많고 세포액의 농도가 높으면 조직의 빛에 대한 굴절률이 커지고 내동성이 증대한다.
- 세포의 수분함량이 높아서 자유수가 많아지면 세포의 결빙을 조장하여 내동성이 저하된다.
- 세포의 무기성분 중 칼슘 이온과 마그네슘 이온은 세포내결빙을 억제하는 작용이 크다.
- 형태적 요인
  - 포복성인 것이 직립성인 것보다 내동성이 강하다.
  - 파종을 깊이 하였을 경우 내동성이 강하다.
  - 엽색이 진한 것이 내동성이 강하다.
- 발육 단계와 내동성 : 생식기관은 영양기관보다 내동성이 극히 약하다.

예제

01 작물의 조직 내에 결빙이 생겨서 받는 피해를 무엇이라 하는가?
① 냉해　　　　　② 동해　　　　　③ 열해　　　　　④ 습해

02 다음 중 봄철 늦추위가 올 때 동상해의 방지책으로 옳지 않은 것은?
① 발연법　　　　② 송풍법　　　　③ 연소법　　　　④ 냉수온탕법

03 맥류의 동상해 방지 재배적 대책으로 올바른 것은?
① 질소질 비료를 증시한다.
② 이랑을 세워 종자는 이랑에 뿌린다.
③ 적기 파종을 하고 한지에서는 파종량을 줄인다.
④ 칼륨비료를 증시하고 퇴비를 종자 위에 시용한다.

04 다음은 작물의 내동성에 관여하는 요인이다. 내용이 틀린 것은?
① 원형질의 수분 투과성 : 원형질의 수분 투과성이 크면 세포내결빙을 적게 하여 내동성을 증대시킨다.
② 지방함량 : 지방과 수분이 공존할 때 빙점강하도가 작아지므로 지유함량이 높은 것이 내동성이 강하다.
③ 전분함량 : 전분함량이 많으면 내동성은 저하된다.
④ 세포의 수분함량 : 자유수가 많아지면 세포의 결빙을 조장하여 내동성이 저하된다.

TIP

내동성의 계절적 변화
- 경화 : 월동작물이 5℃ 이하의 기온이 지속되면 내동성이 증대되는 것을 말한다.
- 휴면 : 휴면아는 내동성이 극히 강하며, 가을철의 저온·단일조건은 휴면을 유도하여 월동을 안전하게 하는 한편, 겨울철 저온은 휴면타파의 조건으로 작용한다.
- 추파성 : 맥류의 추파성은 생식생장을 억제하는 성질이다. 저온처리를 통해 추파성을 소거하면 생식생장이 빨리 유도되어 내동성이 약해진다.

05 작물의 내동성 중 형태적 요인에 대한 설명으로 옳지 않은 것은?

① 포복성인 것이 내동성이 강하다.

② 파종을 얕게 하였을 경우 내동성이 강하다.

③ 엽색이 진한 것이 내동성이 강하다.

④ 생식기관은 영양기관보다 내동성이 극히 약하다.

06 다음 중 작물의 내동성에 대한 설명으로 옳은 것은?

① 생식기관은 영양기관보다 내동성이 강하다.

② 휴면아는 내동성이 극히 약하다.

③ 엽색이 진한 것이 내동성이 강하다.

④ 직립성인 것이 포복성인 것보다 내동성이 강하다.

해설

01 동해와 냉해의 차이
- 동해 : 작물의 조직 내에 결빙이 생겨서 받는 피해
- 냉해 : 작물의 조직 내에 결빙이 생기지 않는 범위의 저온에서 받는 피해

02 냉수온탕법은 종자소독법에 속한다.

03 칼륨은 내동성을 증대시켜 동상해 방지에 도움을 준다.
① 칼리질 비료를 증시하고 퇴비를 종자 위에 준다.
② 종자의 뿌림골을 깊게 하여 이랑이 아니라 고랑에 뿌린다.
③ 적기에 파종하고 추운 곳은 파종량을 늘린다.

04 ② 지방함량 : 지방과 수분이 공존할 경우 빙점 강하도가 커지므로 지방함량이 높은 것이 내동성이 강하다.

05 ② 파종을 깊이 하였을 경우 내동성이 강하다.

06 ① 생식기관이 영양기관보다 내동성이 약하다.
② 휴면아는 한겨울 내동성이 극히 강하다.
④ 포복성인 것이 내동성이 강하다.

정답 01 ② 02 ④ 03 ④ 04 ② 05 ② 06 ③

기출 키워드

고온해(열해)의 원인, 열사의 개념, 열사의 원인, 고온해의 대책, 습해의 피해, 내습성 작물의 특징, 습해의 대책, 내습성 작물의 종류

열사

열해를 받아 단시간(보통 1시간 정도) 내에 작물이 고사하는 것

③ 고온해(열해)

㉠ 생육적온을 지나 최고온도에 가까운 온도가 지속되면 작물이 고온 장해를 입는다.

㉡ 고온해의 원인
- 유기물의 과잉 소모 : 고온에서는 광합성보다 호흡작용이 우세해지며, 고온이 오래 지속되면 유기물의 소모가 많아지고 당분이 감소한다.
- 질소대사의 이상 : 고온에서는 단백질의 합성이 저해되고 암모니아의 축적이 많아진다. 암모니아가 많이 축적되면 유해 물질로 작용한다.
- 철분의 침전 : 고온 때문에 철분이 침전되면 황백화현상이 일어난다.
- 증산 과다 : 수분의 흡수보다 증산이 과다하여 위조를 유발한다.

ⓒ 고온해의 대책
- 내열성이 강한 작물을 선택한다.
- 재배시기를 조절하여 혹서기의 위험을 회피한다.
- 그늘을 만들어 준다.
- 관개를 해서 지온을 낮춘다.
- 비닐 터널이나 하우스재배에서 환기를 조절한다.
- 밀식과 질소 과용을 피한다.

TIP

열사의 원인
- 원형질 단백의 응고 : 지나친 고온으로 원형질 단백의 열응고가 유발된다.
- 원형질막의 액화 : 원형질막은 반투성인 인지질로 구성되어 있는데 고온에 의하여 액화하면 그 기능이 파괴된다.
- 전분의 점괴화 : 전분이 열응고하여 점괴화하면 엽록체가 그 기능을 상실한다.

예제

01 작물의 열해의 주요 원인이 아닌 것은?
① 유기물의 과잉 소모
② 철분의 침전
③ 증산 과다
④ 암모니아의 과잉 소모

02 열해에 대한 대책으로 옳지 않은 것은?
① 내열성이 강한 작물을 선택한다.
② 재배시기를 조절하여 혹서기의 위험을 회피한다.
③ 그늘을 만들어 준다.
④ 관개를 줄이고 질소를 과용한다.

해설

01 ④ 고온에서는 단백질의 합성이 저해되고 암모니아의 축적이 많아진다.

02 ④ 관개를 해서 지온을 낮추고 밀식과 질소 과용 등을 피한다.

정답 01 ④ 02 ④

④ 습해
ⓐ 토양이 과습상태가 지속되어 토양산소가 부족할 때 뿌리가 상하고 심하면 부패하여 지상부가 황화하고 위조, 고사하는 피해를 말한다.
ⓑ 담수조건에서 재배되는 벼에서도 토양산소 부족 시 노후답, 습답에서도 장해가 나타난다.
ⓒ 습해로 인한 피해
- 과습하여 토양산소가 부족하면 호흡 장해가 생기고, 무기성분(N, P, K, Mg, Ca 등)의 흡수가 저해된다.
- 겨울철 지온이 낮아서 토양미생물의 활동이 억제되었을 때의 습해는 주로 직접적인 피해로 나타난다.

- 봄과 여름철 지온이 높을 때 토양이 과습하면 직접 피해뿐만 아니라 토양미생물에 의해 환원성 유해물질(메탄가스, 질소가스, 이산화탄소)의 생성이 많아져 호흡장해를 조장한다.
- 토양전염성병의 전파가 많아지고, 작물이 쇠약하여 병해 발생이 조장된다.

② 습해의 대책
- 배수 : 배수는 습해의 기본 대책이다.
- 정지 : 밭에서는 휴립휴파하고, 습답에서는 휴립재배를 한다.
- 토양개량 : 세사를 객토하거나 부식·토양개량제를 사용하여 입단을 조성하고, 투수·투기를 좋게 한다.
- 작물 및 품종의 선택(내습성이 큰 작물)

작물	골풀, 미나리, 택사, 연, 벼 > 밭벼, 옥수수, 율무 > 토란 > 유채, 고구마 > 보리, 밀 > 감자, 고추 > 토마토, 메밀 > 파, 양파, 당근, 자운영
채소	양상추, 양배추 > 토마토, 가지, 오이 > 시금치, 우엉, 무 > 당근, 꽃양배추 > 멜론 > 피망
과수	올리브 > 포도 > 밀감 > 감, 배 > 밤, 복숭아, 무화과

※ 내습성의 차이는 품종 간에도 크게 나타난다.
- 시비
  - 미숙유기물과 황산근 비료의 사용을 피한다.
  - 표층시비를 하여 뿌리를 지표면 가까이로 유도하고 뿌리의 흡수 장해가 보이면 엽면시비한다.
- 과산화석회의 사용 : 과산화석회(CaO_2)를 종자에 분의하거나 토양에 혼입하면 상당한 기간 산소를 방출하므로 습지에서의 발아 및 생육을 조장한다.

⑩ 작물의 내습성
- 벼는 전작물인 보리보다 잎, 줄기, 뿌리에 통기조직이 잘 발달하여 뿌리로의 산소 공급 능력이 높으므로 잘 생육할 수 있다.
- 뿌리의 피층세포가 직렬되어 있는 것은 세포 간극이 커서 뿌리로의 산소 공급 능력이 크기 때문에 내습성이 강하다.
- 생육초기의 맥류처럼 잎이 지하의 줄기에 착생하고 있는 것은 뿌리로의 산소 공급 능력이 크다.
- 뿌리조직이 목화한 것은 환원성 유해 물질의 침입을 막아서 내습성을 강하게 만든다.
- 뿌리의 발달 습성 : 근계가 얕게 발달하거나, 습해를 받았을 때 부정근의 발생력이 큰 것은 내습성을 강하게 만든다.
- 환원성 유해 물질에 대한 저항성 : 뿌리가 황화수소, 아산화철 등에 대하여 저항성이 큰 것은 내습성을 강하게 한다.

휴립휴파(畦立畦播)
이랑을 세워 그 위에 파종하는 방식으로 배수와 통기가 좋아져 습해를 방지하는 데 효과적인 방법

TIP

습해가 심한 토양은 산소가 부족해 환원 상태가 되며, 이때 황산근 비료를 시비하면 황화수소(H_2S)가 발생하여 뿌리에 피해를 준다.

예제

01 습해 발생으로 인한 작물의 피해요인이 아닌 것은?

① 과습하면 호흡장애가 발생한다.
② 동기습해(冬期濕害)의 경우 지온이 낮아져 토양미생물의 활동이 억제된다.
③ 무기성분(N, P, K, Ca 등)의 흡수가 저해된다.
④ 메탄가스, 이산화탄소의 생성이 적어진다.

02 작물의 내습성에 관여하는 요인을 잘못 설명한 것은?

① 뿌리의 피층세포가 사열로 되어 있는 것은 직렬로 되어 있는 것보다 내습성이 약하다.
② 목화한 것은 환원성 유해물질의 침입을 막아서 내습성이 강하다.
③ 부정근의 발생력이 큰 것은 내습성이 약하다.
④ 뿌리가 황화수소 등에 대하여 저항성이 큰 것은 내습성이 강하다.

03 다음 중 습해의 대책이 아닌 것은?

① 배수를 철저히 한다.
② 심층시비를 실시한다.
③ 내습성 작물 및 품종을 선택한다.
④ 토양공기를 조장하기 위해 중경을 실시하고, 석회 및 토양개량제를 시용한다.

04 과수의 내습성이 가장 큰 순서부터 옳게 나열된 것은?

① 감 > 포도 > 무화과 > 올리브
② 포도 > 무화과 > 감 > 올리브
③ 올리브 > 포도 > 감 > 무화과
④ 무화과 > 포도 > 감 > 올리브

05 작물의 습해 대책으로 틀린 것은?

① 습답에서는 휴립재배한다.
② 황산근 비료의 시용을 피한다.
③ 미숙유기물을 다량 사용하여 입단을 조성한다.
④ 과산화석회를 시용하고 파종한다.

해설

01 ④ 메탄가스, 질소가스, 이산화탄소의 생성이 많아져 호흡장해를 조장한다.

02 ③ 부정근의 발생력이 큰 작물은 습해에 강하다.

03 습해를 줄이기 위해서는 표층시비를 하여 뿌리가 깊이 들어가지 않고 뿌리를 지표면 가까이 유도하는 것이 유리하다.

04 **과수의 내습성이 강한 정도 :** 올리브 > 포도 > 밀감 > 감, 배 > 밤, 복숭아, 무화과

05 ③ 미숙유기물이나 황산근 비료의 시용을 피한다.

정답 01 ④ **02** ③ **03** ② **04** ③ **05** ③

TIP

뿌리의 피층세포의 배열에 따른 내습성
벼 등은 직렬형 피층세포로, 세포 간 통로가 곧고 연속적이서 통기성 높고, 통기조직이 발달하여 내습성 강하다.

기출 키워드

관수해, 침수요인에 따른 피해, 청고와 적고, 수해의 대책

📖 TIP

벼 피해의 종류
- 청고(靑枯) : 수온이 높은 정체탁수에 의해 푸른색으로 변해서 죽음
- 적고(赤枯) : 수온이 낮은 유동청수에 의해 갈색으로 변해서 죽음

관수해
벼가 물에 완전히 잠겨 산소 부족으로 무산소호흡이 증가해 호흡기질이 급격히 소모되며 발생하는 피해

⑤ 수해
　㉠ 우리나라에서 장마와 태풍에 의해 2~3일 내 200~300mm 정도의 비가 와서 유발되는 피해이다.
　㉡ 수해에 관여하는 요인
　　• 작물적 요인
　　　– 작물의 종류 : 벼과 목초, 피, 수수, 옥수수, 땅콩 등은 침수에 강하다.
　　　– 생육 단계 : 벼의 침수 피해는 분얼 초기에는 적지만 수잉기~출수개화기에는 커진다.
　　• 침수 요인
　　　– 수온 : 수온이 높으면 호흡기질의 소모가 빨라 피해가 커진다.
　　　– 수질 : 탁수(흙탕물)는 청수(맑은 물)보다 피해가 크고, 정체수(고인물)은 유수(흐르는 물)보다 피해가 크다.
　　　– 침수 기간 : 4~5일 이상일 경우 피해가 크다.
　　• 재배적 요인
　　　– 질소질 비료를 많이 주면 탄수화물 함량이 줄어들고 호흡작용이 왕성해지며 내병성이 약해져서 관수해가 커진다.
　　　– 생육을 강건하게 하면 침수의 피해가 경감된다.
　㉢ 수해의 대책
　　• 사전 대책
　　　– 경지를 정리하여 배수가 잘되게 한다.
　　　– 파종기 또는 이식기를 조절하여 수해를 회피한다.
　　• 침수 시의 대책
　　　– 배수하며 관수기간을 짧게 한다.
　　　– 물이 빠질 때 잎의 흙 앙금을 씻어준다.
　　　– 키가 큰 작물은 서로 결속하여 유수에 의한 도복을 방지한다.
　　• 사후 대책
　　　– 퇴수 후 새로운 물을 갈아 댄다.
　　　– 김을 매어 토양 표면의 흙 앙금을 헤쳐 준다(지중통기성 향상).
　　　– 표토가 많이 씻겨 내렸을 경우 덧거름을 준다.
　　　– 침수 후 병 발생을 예방한다.
　　　– 피해가 심할 때는 추파, 보식, 개식, 대작 등을 고려한다.

예제

01 벼에서 관수해(冠水害)에 가장 민감한 시기는?

① 유수형성기 　　　　　　② 수잉기
③ 유효분얼기 　　　　　　④ 이앙기

20 수해(水害)의 요인과 작용에 관한 설명으로 틀린 것은?

① 벼에 있어 수잉기~출수개화기에 특히 피해가 크다.
② 수온이 높을수록 호흡기질의 소모가 많아 피해가 크다.
③ 흙탕물과 고인물이 흐르는 물보다 산소가 적고 온도가 높아 피해가 크다.
④ 벼, 수수, 기장, 옥수수 등 화본과 작물이 침수에 가장 약하다.

해설

01 벼의 침수 피해는 분얼 초기에 작고, 수잉기~출수개화기에는 커진다. 수잉기는 벼가 꽃을 피우고 결실하는 중요한 시기여서, 이 시기에 물에 잠기면 호흡이 방해되고, 결국 수확량에 큰 영향을 미친다.

02 화본과 목초인 피, 수수, 옥수수 등은 침수에 강하고, 콩과 작물 및 채소류가 침수에 약하다.

정답 01 ② 　**02** ④

⑥ 가뭄해(한해, 旱害)

　㉠ 가뭄해의 발생 : 상당 기간 강수가 없어 토양수분이 부족하게 되어 작물이 피해를 입는 것을 가뭄해(한해)라고 한다.

　㉡ 작물의 내건성

　　• 체내 수분의 상실이 적고, 수분의 흡수능과 체내의 수분보유력이 크며, 수분함량이 낮은 상태에서도 생리기능이 높다.

　　• 형태적 특성

　　　– 잎이 왜소하고 작으며, 지상부보다 지하부 발달이 좋다.

　　　– 잎 조직이 치밀하고 엽맥과 울타리조직이 발달하였으며, 표피에는 각피가 잘 발달되었고 기공이 작거나 적다.

　　　– 저수 능력이 크고 다육화되었다.

　　　– 기동세포가 발달하여 탈수되면 잎이 말려서 표면적이 축소된다.

　㉢ 생육 단계 및 재배 조건과 내건성 : 보통 생식생장기에 가장 약하다.

　　㉑ 화곡류의 경우 생식세포의 감수분열기에 가장 약하고 분얼기에는 비교적 강하다.

　㉣ 가뭄해의 대책

　　• 관개

　　• 작물과 품종의 선택 : 수수, 조, 기장, 호밀, 밀, 알팔파, 베치 등

기출 키워드

가뭄해(한해), 내건성 작물의 형태적 특성, 가뭄해의 대책, 드라이파밍, 내건성 작물의 종류

TIP

한해의 발생기구

건조 시 세포가 탈수되면 원형질이 세포막에서 이탈하지 못한 채 수축하여 기계적 견인력에 의해 파괴된다. 또한 탈수된 세포가 갑자기 수분을 흡수할 때에도 동일한 기계적 견인력으로 인해 파괴된다.

기동세포

벼과 작물의 잎이 말리거나 펴질 수 있도록 조절하는 세포

CHAPTER 03 유기농업 일반 **159**

- 토양수분의 보유력 증대와 증발 억제
  - 토양입단의 조성
  - 드라이파밍(dry farming) : 휴작기에 비가 올 때마다 땅을 갈아 빗물을 지하에 저장하고 작기에 토양을 잘 진압하여 지하수의 모관상승을 좋게 함으로써 한발 적응성을 높이는 농법이다.
  - 피복 : 비닐, 풀, 퇴비 등을 지면에 피복하면 증발이 경감된다.
  - 중경 제초 : 표토를 쪼아서 모세관을 절단하여 잡초를 제거하면 증발산이 경감되어 토양에서 수분 증발을 막을 수 있다.
- 밭작물에 대한 재배 대책
  - 뿌림골을 낮게 하거나 좁히며, 재식밀도를 성기게 한다.
  - 질소비료의 과용을 피하고 퇴비, 인산, 칼륨을 증시한다.
  - 답압을 한다. 예 봄철 보리, 밀 등
- 논벼에 대한 재배 대책
  - 수리불안전답은 생력재배를 겸하여 건답직파로 전환한다.
  - 남부의 수리불안전답에는 만식적응재배를 한다.
  - 손 모내기 시, 밭못자리모, 박파묘가 만식적응성이 강하다.

건답직파
논에 물을 대지 않고 마른 논에 볍씨를 직접 파종하는 재배 방법

예제

01 내건성 작물의 특징이 아닌 것은?

① 수분의 흡수능이 크다.
② 체내 수분의 상실이 적다.
③ 체내의 수분보유력이 작다.
④ 수분함량이 낮은 상태에서도 생리기능이 높다.

02 다음 중 밭에서 한해를 줄일 수 있는 재배적 방법으로 틀린 것은?

① 뿌림골을 높게 한다.
② 재식밀도를 성기게 한다.
③ 질소를 적게 준다.
④ 내건성 품종을 재배한다.

해설

01 내건성 작물은 체내에서 수분을 잘 보유하여 수분 부족 환경에서 잘 자라기 때문에, 체내 수분보유력이 크고, 수분상실이 적다.
02 ① 한해를 줄이기 위해서는 뿌림골을 낮게 해야 한다.

정답 01 ③ 02 ①

160 | PART 01 핵심이론

⑦ 풍해

㉠ 풍속 4~6km/h 이상의 강풍 피해를 말하며 풍속이 빠르고 공중 습도가 낮을 때, 생육 초기보다 등숙기에 피해가 심하다.

㉡ 풍해의 구분

• 기계적 장해

– 벼와 맥류에서 도복(쓰러짐), 수발아, 부패가 되며, 수분·수정이 저해되어 불임립을 유발하고, 상처를 통하여 목도열병·자조 등이 발생한다.

– 과수에서 절손, 열상, 낙과 등을 유발한다.

• 생리적 장해

– 상처가 나면 호흡이 증대하여 체내 양분의 소모가 증가하고, 상처가 건조하면 광산화 반응을 일으켜 고사한다.

– 풍속이 빠르면 공기가 건조하여 증산작용이 심해진다.

– 뿌리의 흡수 기능이 약할 때 건조가 더욱 심하며, 백수현상이 나타난다.

– 풍속이 강해지면 기공이 닫혀 이산화탄소의 흡수가 감소되고 광합성이 감퇴한다.

㉢ 풍해의 대책

• 풍세의 약화

방풍림	방풍 효과 범위 : 수목 높이의 10~15배 정도
방풍 울타리	관목(무궁화, 주목, 족제비싸리, 닥나무 등)을 심거나 옥수수, 수수 등을 둘레에 심거나 수수깡, 거적 등을 친다.

• 재배적 대책

– 내풍성 작물의 재배 : 목초, 고구마 등을 선택한다.

– 내도복성 품종의 선택 : 키가 작고 대가 강한 품종 선택한다.

– 작기 이동 : 벼는 출수 2~3일이 태풍 피해가 가장 심하므로 조기재배를 하여 8월 중·하순에 수확

– 담수 : 태풍이 올 때 논물을 깊이 대어 두면 도복과 건조가 경감된다.

– 배토 및 지주, 결속 : 맥류의 배토, 토마토나 가지의 지주, 수수나 옥수수의 몇 개체씩의 결속은 강한 바람이 불 때 도복을 경감시킬 수 있다.

– 생육의 건실화 : 밀식을 피하고, 칼리(칼륨)비료를 증시하며, 질소비료는 과용하지 않도록 주의한다.

– 낙과방지제의 살포 : 사과 등에서는 태풍 전 낙과방지제를 살포한다.

기출 키워드

풍해, 기계적·생리적 장해, 수발아, 백수현상, 방풍림, 풍해의 재배적 대책, 연풍의 영향

수발아

종자가 이삭에 붙은 채로 싹이 나는 현상

백수(白穗)현상

고온(25℃ 이상), 저습(습도 65% 이하)한 강풍(풍속 8m/s 이상)에 의해 짧은 시간 동안 벼가 많은 수분을 빼앗겨 이삭 부분이 하얗게 변하는 현상으로 수잉기에 가장 심하다.

📖 **TIP**

칼리비료의 역할

칼륨(K)은 식물 기공의 개폐를 조절하여 수분 손실을 막아주고, 세포와 뿌리, 줄기를 튼튼하게 하여 도복을 예방한다.

CHAPTER 03 유기농업 일반 | **161**

연풍
풍속 4~6km/h 이하의 바람

- 사후 대책
  - 수확 및 쓰러진 작물 일으켜 세우고 낙엽을 제거한다.
  - 약제를 살포한다.
  ㉣ 연풍의 영향
  - 증산작용을 촉진시켜 양분 흡수를 증대시킨다.
  - 그늘진 잎의 일사를 조장함으로써 광합성을 증대시킨다.
  - 공기를 동요시킴으로써 이산화탄소 농도의 저하를 경감하고 광합성을 조장한다.
  - 화분(꽃가루)의 매개를 조장하여 풍매화의 결실을 좋게 한다.
  - 한여름에는 지온을 낮게 하고, 봄과 가을에는 서리를 막는 효과가 있다.
  - 수확물의 건조를 촉진하는 역할을 한다.
  - 잡초의 씨나 병원균을 전파한다.
  - 건조할 때는 더욱 건조 상태를 조장하며, 저온의 바람은 작물체에 냉해를 유발하기도 한다.

예제

01 풍식에 대한 설명으로 옳지 않은 것은?

① 풍식이란 바람에 의한 토양침식 작용이다.
② 풍식의 정도는 풍량에 의해 결정된다.
③ 풍식은 건조한 지방에서 일어나기 쉽다.
④ 우리나라의 경우 동해안과 제주도에서 주로 발생한다.

02 바람에 의한 피해(풍해)의 종류 중 생리적 장해의 양상이 아닌 것은?

광산화 반응
바람으로 인해 상처난 조직이 빛을 받으면 산화되고 세포가 손상되어 고사하는 반응

① 기계적 상해시 호흡이 증대하여 체내 양분의 소모가 증대하고, 상처가 건조하면 광산화 반응에 의하여 고사한다.
② 벼의 경우 수분과 수정이 저하되어 불임립이 발생한다.
③ 풍속이 강하고 공기가 건조하면 증산량이 커져서 식물체가 건조하며, 벼의 경우 백수현 상이 나타난다.
④ 냉풍은 작물의 체온을 저하시키고 심하면 냉해를 유발한다.

03 생육기에 풍속 4~6km/h 이하의 바람(연풍)이 작물에 미치는 영향은?

① 탄산가스 농도 감소
② 광합성 억제
③ 증산작용의 촉진
④ 꽃가루 매개 억제

04 연풍의 특성에 해당하지 않는 것은?

① 작물 주위의 습기를 배제하여 증산작용을 조장함으로써 양분 흡수를 증대시킨다.
② 잎을 동요시켜 그늘진 잎의 일사를 조장함으로써 광합성을 증대시킨다.
③ 건조할 때는 건조 상태를 억제한다.
④ 잡초의 씨나 병균을 전파한다.

해설

01 ② 풍식 정도는 풍량보다 풍속과 관계가 깊다.

풍속에 따라 운반되는 토양 입자의 크기

풍속(m/sec)	바람의 세기	토립의 크기(mm)
4.5~6.7	약풍	0.25
6.7~8.4	미풍	0.50
9.8~11.4	강풍	1.00
11.4~13.0	폭풍	1.50

02 ② 기계적 장해에 속한다.

03 연풍(풍속이 약한 바람)은 작물 주변의 공기를 흐르게 하여 증산작용을 촉진시키고, 식물에서 수분을 더 많이 증발시킨다. 이로 인해 수분이 빠져나가고, 양분과 수분흡수의 균형에 영향을 미칠 수 있다.

04 **연풍의 단점**
  • 잡초 종자 전파
  • 병균 전파
  • 건조할 경우 더욱 건조를 조장
  • 냉풍은 냉해를 유발

정답 01 ② 02 ② 03 ③ 04 ③

⑧ 도복(到伏)

  ㉠ 비바람에 의해서 쓰러지는 것을 뜻하며, 화곡류에서는 등숙 후기에 도복이 가장 심하며 두류에서는 개화기부터 약 10일간 도복의 위험이 가장 크다.

  ㉡ 도복의 유발 조건

  • 품종 : 키가 크고 대가 약한 품종일수록 도복이 심하며 키 큰 품종이라도 대가 실하면 도복이 적다.

  • 재배 조건 : 밀식, 질소 과용, 칼륨 부족, 규산 부족 등은 도복을 유발한다.

  • 병해충 : 벼의 잎집무늬마름병의 발생, 가을 멸구의 발생이 많으면 대가 약해져 도복이 심하다.

  • 환경조건 : 비가 와서 식물체가 무거워지고 토양이 젖어서 뿌리를 고정하는 힘이 약해졌을 때 강한 바람이 불고, 맥류의 등숙기에 한발이 들면 뿌리가 고사하여 그 뒤의 풍우에 의한 도복을 조장한다.

  ㉢ 도복의 대책

  • 품종의 선택 : 키가 작고 줄기가 튼튼한 품종을 선택한다.

  • 시비 : 질소 중심의 시비를 피하고, 칼륨·인산·규산·석회 등도 충분히 사용한다. 규산은 물리적 강도를, 칼륨과 인산은 생리적 건강을, 석회는 세포벽 강화를 통해 도복의 저항성을 강화할 수 있다.

기출 키워드

도복 유발 조건, 도복의 대책, 도복이 가장 심한 시기

TIP

도복은 다비증수재배 할 때 자주 발생한다.

CHAPTER 03 유기농업 일반 | **163**

배토(培土)
이랑 사이의 토양을 작물 포기 밑에 모아주는 작업

- 파종 및 이식 : 재식밀도를 과하게 높이면 줄기가 약해져서 도복이 유발되며 재식밀도를 적절히 조절해야 한다. 맥류는 복토를 깊게 하면 중경 효과가 있어 도복이 경감된다.
- 관리 : 벼는 마지막 논김을 맬 때 배토를 하면 도복이 경감되며 콩은 생육 전기에 몇 차례 배토를 하면 줄기의 기부가 고정되고 새 뿌리의 발생이 조장되어 도복이 경감된다.
- 병해충 방제 : 줄기를 약하게 하는 병해충을 잘 방제하여야 한다.
- 생장조절제의 이용 : 벼의 유효분얼 종지기에 지베렐린 생합성을 억제하는 기구를 갖는 생장조절제 중 항지베렐린인 '이나벤화이드'를 처리하면 과도한 절간 신장이 억제되어 도복이 경감된다.
- 도복 후의 대책 : 지주를 세우거나, 결속하여 지면·수면에 접촉하지 않게 하면 변질·부패가 경감된다.

예제

01 도복에 대한 설명으로 틀린 것은?
① 키가 크고 줄기가 튼튼한 작물이 잘 걸린다.
② 밀식은 도복을 유발한다.
③ 병해충의 발생이 많으면 도복이 심해진다.
④ 비가 와서 식물체가 무거워지면 도복이 유발된다.

02 도복의 양상과 피해에 대한 설명으로 틀린 것은?
① 질소 다비에 의한 증수재배의 경우 발생하기 쉽다.
② 좌절 도복이 만곡 도복보다 피해가 크다.
③ 양분의 이동을 저해시킨다.
④ 수량은 떨어지지만 품질에는 영향을 미치지 않는다.

해설

01 도복의 유발요인
- 품종 : 키가 크고 대가 약한 품종일수록 도복이 심하다.
- 재배 조건 : 밀식, 질소 다용, 칼륨 부족, 규산 부족 등은 도복을 유발한다.
- 병해충 : 병해충의 발생이 많아지면 대가 약해져서 도복이 심해진다.
- 환경조건 : 강수해나 풍해, 한발 등은 도복을 조장한다.

02 도복은 수량뿐만 아니라 품질에도 영향을 미쳐 도복된 식물은 품질 저하를 초래한다.

정답 01 ① 02 ④

제2절 | 유기재배 잡초관리

1. 잡초관리

(1) 잡초 특성

① 잡초의 특성

ⓐ 잡초는 가볍고 많은 종자를 다량으로 생산해 작물보다 번식에 유리하다.

ⓑ 잡초는 불량한 환경조건에서도 적응력이 뛰어나다.

ⓒ 잡초의 종자는 바람, 물, 동물에 의해 먼 거리까지 이동이 가능하도록 진화되었으며(공간적 전파) 휴면을 통해 오랜 기간 발아력을 유지할 수 있다(시간적 전파).

ⓓ 잡초는 발아와 초기 생육이 빨라 공간 점유 능력이 크다.

② 잡초의 분류

구분		1년생	다년생
논	화본과(벼과)	논피(강피), 물피, 돌피, 뚝새풀 등	겨풀, 나도겨풀, 물털참새피 등
	방동사니과 (사초과)	알방동사니, 바람하늘지기, 참방동사니 등	올챙이고랭이, 물고랭이, 매자기, 너도방동사니, 올방개, 쇠털골 등
	광엽잡초	물달개비, 물옥잠, 마디꽃, 밭뚝외풀, 미국외풀, 사마귀풀, 여뀌바늘, 여뀌, 한련초, 등에풀 등	가래, 올미, 벗풀, 개구리밥 등
밭	화본과	바랭이, 왕바랭이, 강아지풀, 돌피, 개기장 등	참새피, 띠 등
	방동사니과	방동사니과 방동사니, 금방동사니, 참방동사니 등	향부자 등
	광엽잡초	• 1년생 : 깨풀, 개비름, 중대가리풀, 명아주, 닭의장풀, 광대물, 여뀌, 쇠비름 등 • 월년생 : 냉이, 망초, 갈퀴덩굴 등	메꽃, 쑥, 씀바귀, 참소리쟁이 등

기출 키워드

논잡초·밭잡초의 1년생·다년생 종류, 광엽 다년생 잡초, 예방적·경종적·물리적·생물적 잡초 방제의 개념과 방법, 윤작, 답전윤환, 쌀겨농법, 오리농법, 왕우렁이농법

월년생 잡초

1년 이상~2년 미만 생존하는 잡초로 1년차에는 영양생장을 하고 다음 해에는 개화하는 잡초

예제

01 다년생 잡초로만 올바르게 나열한 것은?

① 가래, 쇠비름
② 벗풀, 뚝새풀
③ 올방개, 바랭이
④ 질경이, 나도겨풀

02 광엽 다년생 잡초가 아닌 것은?

① 바랭이
② 가래
③ 올미
④ 벗풀

해설

01 • 1년생 잡초 : 쇠비름, 뚝새풀, 바랭이 등
• 다년생 잡초 : 가래, 벗풀, 올방개, 쑥, 제비꽃, 질경이, 나도겨풀, 쇠뜨기, 개구리밥 등

02 ① 바랭이는 화본과 일년생 잡초이다.

정답 01 ④   02 ①

(2) 잡초 방제 방법 및 기술

① 예방적·경종적 방제

　㉠ 예방적 방제

　　• 재배관리의 합리화

　　• 작물 종자의 정선

　　• 농기계·농기구의 청소

　　• 관개수로의 관리

　㉡ 경종적 방제 : 잡초와 작물의 생리적·생태적 특성 차이에 근거를 두고 잡초의 경합력이 저하되도록 재배관리를 해주는 방법을 말한다.

　　예 윤작, 답전윤환, 2모작, 장간종 벼 선택, 밀식재배, 써레질, 재래종 품종의 벼 선택, 가묘상과 헛묘상, 쌀겨농법 등

윤작	• 작부체계의 한 부분으로 작물의 시간적 배열을 의미한다. • 윤작의 형태는 어떤 잡초종이 다른 것보다 다소 우위를 보일 수 있을지라도 작물이 우세할 수 있는 종의 변화와 경종적 방법 변화와 관련된 작물로 최소화되었다. • 불리한 조건과 방법을 윤작에 도입하여 특정 잡초의 생장과 재생산을 억압할 수 있다. • 유기농업에서 호밀을 윤작하여 토양에 환원함으로써 잡초의 발생량을 줄이고 종 다양성은 증가시킬 수 있다.
피복작물 재배	• 피복작물을 이용한 초생재배 : 과수원에 자연적으로 발생한 일년생이나 다년생 풀을 키우거나 인위적으로 화본과 및 콩과 목초를 재배하는 것을 말한다. • 피복작물을 재배함으로써 잡초의 발생을 억제하는 것으로 유해한 선충과 해충을 감소시키고 콩과 피복작물을 통해 토양에 질소를 공급하고 가뭄 피해를 최소화할 수 있다. 　- 벼과 피복작물 : 옥수수, 보리, 호밀, 수단그라스 등 　- 콩과 피복작물 : 클로버, 자운영, 헤어리베치, 알팔파 등
가묘상과 헛묘상	본 밭보다 관리가 쉬운 가묘상에서 모를 임시로 튼튼히 키워 잡초보다 어린 묘가 먼저 자라 우세한 생육 환경을 만들어 주어 초기 잡초와의 경쟁에서 유리하도록 재배하여 방제하는 방법이다.
쌀겨농법	• 논에 쌀겨를 뿌려 유효 미생물을 증식시킴으로써 비료효과를 높이고 잡초의 발생도 억제하는 농법이다. • 쌀겨를 뿌리면 햇빛을 차단하고 쌀겨의 발효과정에서 미생물이 산소를 소비하여 용존 산소의 부족으로 잡초 종자의 발아를 억제한다. 하지만 피를 억제하기는 어려우므로 피가 많은 논에는 일정한 간격으로 2회 정도 써레질을 해서 피를 갈아엎어야 하고 피가 아주 많은 논에서는 가급적 피하는 것이 좋다.

② 물리적(기계적) 방제 : 물리적인 힘을 가해 잡초를 억제·사멸시키는 방법이다. 직접적이고 빠른 방제 효과를 볼 수 있으며, 환경에 미치는 영향이 적지만 노동력과 비용이 많이 드는 단점이 있다.

　예 손 제초, 경운 및 로터리, 예초기, 멀칭, 화염방사기, 열처리(뜨거운 물) 등

가묘상

파종 전 밭을 갈아 잡초가 잘 자라도록 방치한 뒤 잡초가 자라면 경운 및 화염으로 잡초를 제거하는 방법

헛묘상

밭을 갈아 잡초가 자라도록 방치한 뒤 파종하고 작물이 발아하기 전에 먼저 자란 잡초를 제거하는 방법

경운	• 자라고 있는 잡초를 일시에 죽일 수 있지만 에너지 소모가 많다. • 트랙터 운행에 따른 토양 다짐 현상에 의해 토양 물리성이 악화된다는 단점이 있다. • 잡초의 발아 촉진, 토양 입단의 파괴, 부분적으로 발생한 병원균을 전체적으로 전파, 토양 비옥도와 보수력 저하, 빗물에 의한 토양침식을 조장하는 단점이 있다.
예취	• 생육 중인 잡초를 베어 주는 작업을 말한다. • 잡초의 결실을 미연에 방지하고 키가 큰 잡초의 차광피해를 제거한다. • 다년생 잡초의 저장 양분을 고갈시킬 목적으로 생육기간 중에 반복적으로 베어 준다. • 포복형 및 로제트형의 초종은 반복적 예취를 통해 오히려 증가할 우려가 있다.

피복
(멀칭)
	• 지면을 피복하면 잡초의 발아가 격감되고 잡초의 생육을 억제할 수 있다.
	• 피복 재료 : 토양에 대한 유기물 공급과 병행하여 짚, 톱밥, 왕겨 등을 이용하거나 값싸고 취급이 간편한 폴리에틸렌필름(흑색 비닐>녹색 비닐>투명 비닐)을 사용한다.
	• 비닐 피복의 문제점
	  – 한여름철 과도한 온도 상승
	  – 장마철 토양의 과습 현상
	  – 작물 뿌리와 토양미생물 생육 저해
	  – 수거되지 못한 비닐로 인한 토양과 대기환경오염 등

열처리	• 식물의 내열성이 약한 부분을 치사 온도까지 높여 고사시키는 방법이다. • 유기물의 손실과 토양 보호 기능이 감소되고 화재의 위험성이 있다. • 제초효과가 불확실하고 토양 생물상이 감소될 수 있다.

③ 생물적 방제 : 식해성 및 병원성 생물을 이용하여 잡초 세력을 경감시키는 방법이다.

예 오리농법, 왕우렁이농법, 참게농법 등

오리농법	• 오리 종류 : 오리의 품종은 청둥오리 잡종으로 몸집이 작아야 좋다.
	• 방사 시기 : 이른 봄에 새끼 오리를 미리 부화장에서 신청해 놓고 모 이앙 다음 날 분양 받아 2주 정도 길러서 25~30마리/10a 방사한다.
	• 오리농법의 효과
	  – 써레질의 효과 : 온몸으로 논바닥을 헤집고 다녀 탁수, 중경의 효과
	  – 배설물로 인한 유기질 비료의 효과(화학비료의 1/3 절감)
	  – 잡초 및 해충 경감

왕우렁이
농법
	• 조류 독감에 대비한 오리농법을 대체할 농법으로 왕우렁이농법이 권장되었으나, 왕우렁이가 '생태계 위해성 2등급'으로 분류되어 생태계에 대한 부정적 영향이 높아져 왕우렁이 사용의 확대는 여러 가지 측면에서 고려해야 한다.
	• 왕우렁이농법의 효과
	  – 잡초 방제
	  – 농약 사용 절감(토양 및 수질오염 방지)

참게농법	• 논에 참게를 방사하여 쌀을 생산하는 농법이다. 참게는 잡식성으로 해충과 잡초를 먹어 병해충을 방제하며, 왕성한 야간 활동으로 토양을 뒤집어 주고 물을 혼탁하게 하여 벼 뿌리의 생육을 촉진하고 배설물은 벼에 유효한 거름으로 사용되는 등 오리농법과 비슷한 효과가 있다.
	• 이용 방법 : 모심기 후(5월 중순) 3만 마리/1천평(크기 약 1cm 내외)를 방사하며, 특별한 관리는 필요 없으나 물 관리 및 2~3일 간격으로 사료만 적절히 공급하며 벼 수확 전후에 참게를 꺼내 시장에 출하(크기 약 8~10cm)한다.
	• 참게농법의 효과
	  – 무농약 재배 가능
	  – 화학비료를 일반재배의 3% 이하 사용
	  – 농가 소득 면에서 유리(쌀 판매가격은 200% 비쌈)

TIP

왕우렁이농법에 사용하는 왕우렁이는 열대성으로, 생존 가능한 한계 저온은 2℃이다. 토종우렁이와는 달리 겨울잠을 자지 않고 먹이를 계속해서 먹어야만 생존할 수 있는데, 이러한 왕우렁이가 월동하면 다음 해에 대량 증식하여 작물에 피해를 준다. 따라서 왕우렁이가 월동하지 못하게 논물을 말리거나 깊이갈이를 하거나 배수구에 철조망을 쳐 밖으로 이동하지 못하도록 관리하는 것이 중요하다.

TIP

무경운의 이점

- 일찍 파종할 수 있고 노력이 절감된다.
- 장기적으로 토양 내 유익한 생물들의 생태계 보전에 유리하다.
- 토양에 작물의 잎줄기가 많이 남아 있는 것이 생육에 유리하다.
- 토양의 압밀을 줄이고 비와 바람에 의한 침식을 줄일 수 있다.

예제

01 유기농에서 예방적 잡초 제어의 방법으로 적절하지 못한 것은?

① 초생재배   ② 윤작
③ 파종밀도 조절   ④ 무경운

02 농기구 및 맨손으로 잡초나 해충을 직접 죽이거나 열, 물, 광선 등을 이용하여 잡초 방제 또는 병해충을 방제하는 것은?

① 화학적 방제법
② 물리적 방제법
③ 재배적 방제법
④ 생물학적 방제법

03 오리농법에서 오리의 적정 투입 수는?

① 15~20마리/10a
② 25~30마리/10a
③ 35~40마리/10a
④ 45~50마리/10a

04 오리농법에 의한 벼 재배에서 오리의 역할로 옳지 않은 것은?

① 잡초를 못 자라게 한다.
② 해충을 잡아먹는다.
③ 도열병균을 잡아먹는다.
④ 배설물은 유기질 비료가 된다.

05 유기농산물을 생산하는 데 있어 올바른 잡초 방제법에 해당하지 않는 것은?

① 멀칭을 한다.
② 손으로 잡초를 뽑는다.
③ 화학제초제를 사용한다.
④ 적절한 윤작을 통하여 잡초 생장을 억제한다.

해설

01 무경운은 잡초 종자가 토양 표면에 머물러 잡초 방제에 적합하지 못하다.

02 물리적 방제
물리적인 힘을 가하여 가해, 억제 또는 사멸시키는 방법으로 작물과의 경합을 억제하고 번식을 막아주는 목적으로 실시되는 방법이다.

03 오리의 먹이가 되는 논의 잡초나 벌레의 양에 따라 다르나 10a당 25~30마리가 적당하다.

04 오리농법에서 오리는 잡초와 해충을 먹으며 배설물은 유기질 비료로 활용된다.

05 유기재배의 잡초관리는 윤작, 경운 등 경종적 방법이 근간이 되어야 하고, 화학제초제의 사용은 금한다.

정답 01 ④ 02 ② 03 ② 04 ③ 05 ③

제3절 | 유기재배 병충해 관리

1. 병충해 관리

(1) 경종적 방법

① 병 발생의 3요소(병의 삼각형)

ㄱ 병원체 : 선충, 세균, 사상균(곰팡이), 바이러스 등을 말하며 병원체가 기주식물에 병을 일으킬 수 있는 능력을 병원성이라 하고 병원성은 침입력과 발병력으로 나눈다.

ㄴ 환경 : 병이 발생하는 데 가장 중요한 요인으로, 적절한 환경조건(온도, 습도 등)이 갖추어지지 않으면 병이 발생하지 않는다.

ㄷ 기주식물 : 병원체가 감수성이 있는 기주(식물체)에 침입하면 병이 발생한다.

• 감수성 : 작물이 병원균과 친화력이 있어 발병되는 현상
• 면역성 : 작물이 병원체와 친화성이 없을 때 나타나는 성질
• 저항성 : 식물체에 병원이 들어와도 발병을 억제하는 성질
• 회피성 : 파종기나 생육 시기를 달리했을 때 병 발생을 피해갈 수 있는 성질

② 경종적 방법을 통한 병해 예방

ㄱ 재배적인 방법에 의해 병해충을 방제하는 방법이다.

ㄴ 유기재배에서는 합성농약을 쓸 수 없기 때문에 경종적 방제법이 우선되어야 한다.

ㄷ 저항성 품종 선택, 윤작, 시비법 개선, 혼작(동반식물), 간작(사이짓기), 병해충의 월동처(볏짚, 그루터기, 잡초 등) 제거, 생육시기의 조절 등이 있다.

> **기출 키워드**
>
> 병 발생의 3요소, 기주식물, 감수성, 경종적 병해 예방 방법

[식물병 삼각형]

예제

01 작물의 생태적 특성을 이용한 방제법은?

① 화학적 방제법   ② 재배적 방제법
③ 경종적 방제법   ④ 물리적 방제법

02 유기농업의 병해충 방제법 중 경종적 방제법에 대한 내용이 틀린 것은?

① 품종의 선택 : 병해충 저항성이 높은 품종을 선택하여 재배하는 것이 중요하다.
② 돌려짓기 : 해충의 밀도를 크게 낮추어 토양 전염병을 경감시킬 수 있다.
③ 시비법 개선 : 최적 시비는 작물체의 건강성을 향상시켜 병해충에 대한 저항성을 높인다.
④ 생육기의 조절 : 밀의 수확기를 늦추면 녹병의 피해가 적어진다.

CHAPTER 03 유기농업 일반 | 169

> **해설**
>
> 02 ④ 밀의 수확기를 당기면 녹병의 피해가 적어진다.
>
> **정답** 01 ③ 02 ④

(2) 병충해 예방의 기계적·물리적·생물학적 방법

① 병해의 예방

기계적 방법	• 청결 • 조기 수확 • 유기퇴비 처리 • 정식 시기 조절	• 휴경 • 침수 • 감염 식물체 제거
물리적 방법	• 열처리 • 객토 • 토양 건조 • 토양 깊이갈이 • 마이크로웨이브	• 태양열 소독 • 밀기울 소독법 • 스팀처리 • 온탕침법 • 전기처리
생물학적 방법	종자처리	

② 충해의 예방

기계적 방법	• 밴딩법 : 거적을 식물 위에 덮어 이동하는 유충류가 올라가거나 내려가는 것을 차단·포획하는 방법 • 포살 : 맨손이나 기구를 이용하는 방법 • 유살 : 페로몬 등을 이용하여 유인하여 죽이는 방법	
물리적 방법	• 차단막을 이용한 격리 • 정식 시기 조절 • 봉지 씌우기	• 침수 • 온도 조절
생물학적 방법	• 천적의 종류 : 천적의 종류에는 해충을 잡아먹는 포식성 곤충, 해충의 알이나 유충에 기생하는 기생성 곤충, 병들어 죽게 하는 병원성 미생물이 있다. 　– 포식성 곤충 : 풀잠자리류, 무당벌레류, 노린재류, 딱정벌레류, 거미류(절지류) 　– 기생성 곤충 : 기생벌, 기생파리 　– 병원성 미생물 : 세균류(박테리아), 곰팡이류, 백강균 • 단점 : 시간이 오래 걸리며 생태계 균형이 파괴될 수 있고 경비가 과다하게 소요되며 유력 천적의 선발과 도입 및 대량 사육에 어려움이 있다.	

기출 키워드

병해충의 기계적·물리적·생물학적 예방 방법, 태양열 소독

 TIP

태양열 소독
• 시설 내 집약적 경작과 연작으로 인한 토양 병충해를 억제하기 위한 방법이다.
• 최근에는 그 이용 범위가 노지토양으로 점차 확대되고 있다.
• 태양열 소독의 장점
　– 선충 및 병해 방제
　– 유기물 부숙을 촉진하여 토양 비옥화
　– 담수처리로 염류 제거

TIP

페로몬(pheromone)을 이용한 충해 예방
페로몬은 동물의 체내에서 생성되어 체외로 방출되는 화학물질로, 곤충은 이를 같은 종 사이의 의사소통에 사용한다. 인공적으로 합성한 페로몬을 살포하여 해충을 유인·포획하거나 교미를 교란하고, 개체 밀도를 감시함으로써 작물 피해를 효과적으로 줄일 수 있다.

예제

01 다음 중 포식성 곤충에 해당하는 것은?

① 팔라시스이리응애　　　　　② 침파리
③ 고치벌　　　　　　　　　　④ 꼬마벌

02 다음 병해충 방제법 중 경제적으로 방제 효과가 가장 높은 것은?

① 시비 방법의 개선과 중간기주 제거
② 병해충 저항성 품종의 재배
③ 돌려짓기와 재배양식의 변경
④ 생육시기의 조절

170 | PART 01 핵심이론

03 병해충의 생물학적 방제와 관계가 먼 것은?

① 유해균을 사멸시키는 미생물
② 항생물질을 생산하는 미생물
③ 미네랄제제와 미량원소
④ 무당벌레, 진디벌 등 천적 이용

해설

01 천적의 종류
  • 포식성 곤충 : 풀잠자리, 꽃등에, 딱정벌레, 됫박벌레, 팔라시스이리응애, 무당벌레 등
  • 기생성 곤충 : 침파리, 고치벌, 맵시벌, 꼬마벌 등

02 저항성 품종의 육종은 시간과 노력이 많이 들지만, 일단 저항성 품종을 개발하면 매우 효율적으로 해충을 방제할 수 있어서 경제적이다.

03 ③ 미네랄제제와 미량원소는 작물생육에 필요한 원소이다.

정답 01 ① 02 ② 03 ③

(3) 병해 증상 및 진단

① 병원균의 종류

ㄱ 선충(nematodes) : 선형동물에 속하는 선충은 토양 소동물 중 가장 많이 존재하며 작물의 뿌리에 크게 피해를 준다. 감염된 흙이나 감염된 묘목을 통해 전염되며 일단 토양에 감염되면 방제하기가 매우 어렵다.

ㄴ 사상균(진균, 곰팡이, fungi) : 실 모양인 균사의 형태로 물, 바람에 의하여 이동되며, 식물체를 뚫고 직접 침입할 수 있다.

ㄷ 점균(slime molds) : 곰팡이류보다 원생동물인 아메바에 가까운 다핵균으로 세포벽이 없다.

ㄹ 세균(bacteria)
  • 단세포의 미생물로 원핵생물의 특징을 가지며, 핵막이나 미토콘드리아, 엽록체와 같은 구조가 없다.
  • 곰팡이와는 달리 식물체로 직접 침입할 수 없어 접목이나 전정 등 상처나 기공을 통해 침입하고, 습기가 많은 상태에서 전염되기 쉽다.

ㅁ 파이토플라스마(phytoplasma)와 스피로플라스마 : 세균과 유사하나 세포벽이 없다.

ㅂ 바이러스(virus)와 바이로이드(viroid)
  • 바이러스는 세균보다 작은 전염성 병원체로 숙주세포를 이용하여 필요한 단백질을 합성하고 핵산을 복제하여 번식한다.
  • 바이러스는 종자, 접목, 매개곤충 등을 통하여 전염되며 식물 전체의 위축, 모자이크 혹은 황화되는 진신병징을 나타낸다.

기출 키워드

병원균의 종류, 선충, 사상균, 바이러스, 세균, 병원체에 따른 주요 식물 병해, 전신병징과 부분병징, 도열병, 잎집무늬마름병, 흰잎마름병, 줄무늬잎마름병, 오갈병, 볍씨소독으로 방제가 가능한 병해

TIP

뽕나무 오갈병
파이토플라스마에 감염되면 잎에 노란빛의 오갈 증상이 나타나고 잔주름이 많이 생기며, 가지가 제대로 자라지 못하고 잔가지가 많이 발생하는 병이다.

CHAPTER 03 유기농업 일반 | **171**

TIP

병원체에 따른 주요 식물 병해
- 곰팡이(진균)에 의한 병해 : 모잘록병, 역병, 시들음병, 덩굴쪼김병, 균핵병, 노균병, 탄저병, 흰가루병, 잿빛곰팡이병, 흑반병
- 세균에 의한 병해 : 세균성 반점병, 세균성 마름병, 세균성 시들음병, 궤양병, 들불병, 근두암종병, 무름병, 감자더뎅이병
- 바이러스에 의한 병해 : 담배 모자이크바이러스(TMV), 오이 모자이크바이러스(CMV), 순무 모자이크바이러스(TuMV), 감자 X · Y바이러스(PVX, PVY), 마늘 모자이크바이러스, PNRV

- 바이러스에 의한 피해는 별도의 방제법이 없으며 병의 발생 이전 예방을 해야 한다.
- 바이로이드는 가장 작은 크기를 가지는 병원성 물질로 바이러스와 달리 핵산의 단백질 외피가 없다.

② 병징 : 병원균의 감염으로 인하여 식물체의 세포, 조직, 기관에 이상 현상이 나타나는 것으로 전신병징과 부분병징으로 나눈다.

전신병징	시들음병(위조병), 오갈병(위축병), 황화병(chlorosis), 역병, 풋마름병, 덩굴쪼김병, 선충병
부분병징	더뎅이병, 궤양병, 구멍병, 점무늬병, 모자이크병, 줄무늬병, 혹병, 빗자루병, 가지마름병, 불마름병, 잎말림병, 모잘록병

③ 주요 병해

㉠ 도열병

발병 조건	여름철 저온, 일조 부족, 대기 중 높은 습도 등
증상	• 목도열병 : 싹의 기부나 중앙 부위에 갈색의 병반이 나타나며 심할 때는 말라 죽음 • 잎도열병 : 잎에 초기에는 암록갈색의 작은 반점이 생기고, 점점 커져 병반 내부는 회백색, 주위는 적갈색으로 방추형 또는 장방추형의 병반이 되며, 심하게 되면 잎이 말라 죽음 • 이삭도열병 : 처음에는 회백색을 띠다가 이삭목을 중심으로 검게 변색
방제	• 황련뿌리 추출액이나 보르도액을 단독 또는 교호로 사용 • 저항성 품종 재배 • 비료 3요소를 균형 시비, 질소질비료 과용 금지, 종자 소독, 생육기에 찬물 유입 금지 등

㉡ 잎집무늬마름병

발병 조건	고온다습, 질소질비료 과용, 밀식재배 등
증상	잎집 표면에 회록색 또는 암회색의 원형 및 부정형의 구름과 같은 반문이 생기고, 점차 회백색이 되며 가장자리는 담갈색
방제	저항성 품종 재배, 논써레질 후 한쪽 구석에 몰린 균핵 제거

㉢ 흰잎마름병

발병 조건	감수성 품종의 재배, 저습 지대 관수 피해 논, 풍수해 피해 지역 질소질비료 과용 등
증상	• 급성형 : 상부의 잎이 갑자기 마르면서 고사 • 일반형 : 처음에는 잎의 선단부나 가장자리에 황록색의 수침상 병반이 생기고 진전되어 줄무늬 형성 • 이병엽 : 회백색으로 말라 고사
방제	• 재배지 저항성이 좋은 품종 선택 • 벼 수확 후 11월 중 경운작업 실시 • 프라이머 프리믹스 PCR 진단 키트 이용 • 볍씨 소독, 유기물 시용, 논 주변 잡초 제거 등

ⓔ 줄무늬잎마름병

발병 조건	조기 파종 및 조기 이앙, 밀파, 질소비료 과용 등
증상	• 잎에 상하로 노란 줄무늬가 나타나며, 새로 나오는 잎은 말린 채 고사 • 수잉기에 발생하면 잎에 황백색의 줄무늬만 나타나고 심엽이 고사
방제	• 병 발생 상습지 : 이앙 시기 늦추기 • 병에 잘 걸리는 품종 식재 및 이앙 시기가 빠른 논 : 생육 초기에 반드시 매개충인 애멸구 방제 • 저항성이 좋은 품종 선택 등

ⓜ 벼오갈병

발병 조건	이앙답, 박피, 질소질비료 과용, 사질답, 냉수 관개 등
증상	벼 잎이 농록색을 띠고, 엽맥을 따라 노란 점이 세로로 출현 등
방제	저항성 품종 재배, 매개곤충 구제, 잡초 제거 등

ⓑ 키다리병

발병 조건	고온 육묘, 조식재배, 종자소독 소홀 등
증상	도장, 위축, 이상 신장, 생육 정지
방제	• 벼 못자리의 물 높이 조절, 모판 내 벼 키다리병의 이동 억제 • 온탕 소독 후 10~25℃에서 침종, 최아시켜 파종 직후 못자리에 치상 • 저항성 품종 재배, 건전한 종자 채종 및 종자소독

ⓢ 깨씨무늬병

발병 조건	사질논, 누수답·노후화답, 배수 불량, 영양분 부족 등
증상	• 모가 갈변하여 고사 • 잎에는 농갈색 타원형의 뚜렷한 병반 출현 • 볍씨에는 표면에 갈색의 작은 반점 출현
방제	• 모내기 이후 남아 있는 모는 재배지 주변에서 제거 • 벼 이앙 시기 조절(이앙 시기가 빠를수록 발생 증가) • 출수기 때 방제, 균형 시비, 유기물 투입 등

ⓞ 모썩음병

발병 조건	파종기의 저온, 발아까지 소요되는 일수 지연, 산소 부족, 미숙퇴비나 발효성 유기질 비료 사용, 기계적 상처를 입은 볍씨 파종
증상	발아할 때 발생하면 유백색의 교질물이 생기고 백색의 균사가 생기며 배유가 액화되어 없어지고 껍질만 남음
방제	종자소독, 햇볕이 잘 들고 수온이 높은 곳에 못자리 설치

📖 **TIP**

밭작물 주요 병해
• 흰가루병 : 밀가루를 뿌린 듯한 흰색 병반이 생기며, 균사는 표피 세포에 존재한다. 방제를 위해 포도나무에는 석회유황합제를, 고추에는 난황유를 살포한다.
• 탄저병 : 검은색 분생포자를 형성하고, 과수의 병반은 함몰되며 표면이 코르크화된다. 방제를 위해 돌려짓기를 하고 빗물의 튀김을 방지하며, 사과나무에는 보르도액이나 구리제를 살포해 예방한다.
• 녹병 : 여름에 포자가 날려 전염되는 병으로, 화곡류의 줄기녹병, 사과나무의 붉은별무늬병, 잣나무의 털녹병 등이 있다. 방제를 위해 저항성 품종을 재배하고 질산염 형태의 비료 시비를 피한다.

📖 **TIP**

볍씨 소독으로 방제 가능한 병
깨씨무늬병, 키다리병, 도열병 등

TIP

대표적인 주요 병징
• 세균 : 무름, 궤양, 시듦, 점액 등
• 진균 : 흰가루, 곰팡이 형성, 시듦 등
• 바이러스 : 모자이크, 줄무늬, 잎말림, 왜화 등

예제

01 다음 토양 소동물 중 가장 많이 존재하면서 작물의 뿌리에 크게 피해를 입히는 것은?
① 톡토기 　　　　　　　　　　② 선충
③ 개미 　　　　　　　　　　　④ 지렁이

02 세균에 의한 식물병의 주요 병징으로 올바르게 나열한 것은?
① 무름, 궤양 　　　　　　　　② 황화, 위축
③ 흰가루, 빗자루 　　　　　　④ 줄무늬, 모자이크

03 진균에 대한 설명으로 옳은 것은?
① 발달된 균사를 가지고 있다.
② 그람양성균과 그람음성균이 있다.
③ 운동기관으로 편모를 가지고 있다.
④ 효소계가 없으며 생명체 안에서만 증식이 가능하다.

04 다음 중 식물체에 병징(病徵)을 유발시킬 수 있는 것은?
① 해충 　　　　　　　　　　　② 잡초
③ 바이러스 　　　　　　　　　④ 기상장해

05 벼 도열병 방제 방법으로 옳은 것은?
① 만파와 만식을 실시한다.
② 질소 거름을 기준량보다 더 준다.
③ 종자 소독보다 모판 소독이 더 중요하다.
④ 생육기에 찬물이 유입되지 않도록 한다.

06 볍씨 소독만으로 방제가 가능한 병해로 옳지 않은 것은?
① 깨씨무늬병 　　　　　　　　② 오갈병
③ 키다리병 　　　　　　　　　④ 도열병

07 다음 중 저온성 병에 해당하는 것은?
① 모 썩음병 　　　　　　　　② 토마토 풋마름병
③ 벼 잎집얼룩병 　　　　　　④ 벼 흰잎마름병

해설

01 **토양선충**
토양의 중형동물에 속하며 부생성 곤충, 초식성 선충, 기생성 선충이 있고 특정 작물의 뿌리를 식해하여 직접적인 피해를 주고, 식상을 통하여 병원균의 침투를 조장하여 간접적인 작물 병해를 유발한다.

02 **병징의 종류**
• 국부병징 : 점무늬, 혹 등
• 전신병징 : 시들음, 바이러스병, 오갈, 황화 등
• 세균병의 병징 : 무름병(배추 무름병), 점무늬병, 잎마름병, 시들음병(토마토 풋마름병), 세균성혹병(사과 근두암종병) 등

03 진균은 엽록소가 없어 타급영양을 하는 식물 중에서 가장 분화도가 높고 발달된 균사를 가진 식물균이다.

②·③ 세균의 특성

④ 바이러스의 특성

04 바이러스는 식물에 병징을 유발할 수 있는 주요 원인 중 하나이다.

05 ① 만파와 만식을 피한다.

② 질소비료의 과용을 삼간다.

③ 도열병은 주로 종자에 의해 전염되므로 종자소독을 철저히 한다.

06 볍씨 소독으로 방제 가능한 병해로 깨씨무늬병, 키다리병, 도열병 등이 있다.

07 모썩음병

파종기의 저온이거나 발아까지 소요되는 일수가 지연될 경우 산소가 부족했을 때 발생한다.

> **정답** 01 ② 02 ① 03 ① 04 ③ 05 ④ 06 ② 07 ①

(4) 충해 증상 및 진단

① 해충의 종류

㉠ 작물에 피해를 주는 곤충 목 : 총채벌레목, 나비목, 파리목, 메뚜기목, 노린재목, 매미목, 딱정벌레목

※ 매미목이 가장 작물에 피해를 주는 해충의 종류가 많으며 곤충 중에서 종의 수가 가장 많은 목은 딱정벌레목이다.

㉡ 입 모양에 따른 분류

입 모양	해충 종류	방제 방법
저작형 (씹어먹는 입)	메뚜기, 나비목(나방, 나비)의 유충, 딱정벌레 등	식중독성 BT
흡즙형 (찔러 즙을 빨아먹는 입)	진딧물, 노린재, 깍지벌레, 응애 등	접촉성 방제제인 오일류, 살충 비누

㉢ 가해 위치에 따른 분류

구분	과수	채소	화훼	식량
잎	나비목 유충, 주둥무늬차색 풍뎅이, 잎말이나방류 등	나비목 유충, 잎벌레, 바구미 성충, 총채벌레류, 굴파리류 등	굴파리류, 총채벌레류, 달팽이류, 점박이응애, 진딧물류, 온실가루이 등	벼잎벌레, 혹명나방, 벼애나방, 멸강나방, 벼물바구미 성충, 벼총채벌레, 벼잎굴파리, 벼애잎굴파리 등
잎, 줄기	굴나방류 등		파밤나방, 담배거세미나방 등	벼멸구, 흰등멸구, 애멸구, 끝동매미충 등
줄기	나무좀류, 하늘소류, 박쥐나방, 깍지벌레류 등	거세미나방, 땅강아지, 고자리파리 등	깍지벌레류 등	이화명나방, 벼밤나방 유충 등

기출 키워드

입 모양에 따른 분류, 가해 위치에 따른 분류, 해충의 예찰 방법, 끈끈이 트랩, 유아등, 페로몬 트랩, 작물별 주요 해충

TIP

대표적인 해충

• 총채벌레 : 꽃노랑총채벌레, 오이총채벌레, 마늘총채벌레 등

• 나비목 : 담배나방, 파밤나방, 멸강나방, 이화명나방, 흑명나방 등

• 파리목 : 벼줄기굴파리, 벼잎굴파리, 파굴파리 등

• 메뚜기목 : 벼메뚜기, 풀무치, 귀뚜라미류

• 노린재목 : 벼멸구, 끝동매미충, 가루이, 복숭아혹진딧물 등

• 딱정벌레목 : 벼물바구미, 벼잎벌레 등

CHAPTER 03 유기농업 일반 | **175**

구분	과수	채소	화훼	식량
뿌리	풍뎅이 유충, 매미 유충 등	풍뎅이 유충, 방아벌레, 뿌리썩이선충류, 뿌리혹선충류 등	풍뎅이 유충 등	벼물바구미 유충, 벼뿌리바구미 등
꽃	풍뎅이류 등	–	총채벌레류, 파밤나방, 담배거세미나방 등	노린재류, 끝동매미충 등
혹 형성	혹나방류, 혹벌류 등	뿌리혹선충 등	–	–
바이러스 매개	진딧물류 등	진딧물류 등	–	애멸구, 끝동매미충 등

② 재배환경의 모니터링을 통한 조기 진단(예찰 방법)

ⓐ 육안 조사

- 예찰에 필요한 도구(돋보기 등)를 사전에 준비하여 발생 빈도가 높은 출입구 주변, 측창 주변 등의 지점부터 조사한다.
- 예찰 도중 해충이 발견되면 색깔 있는 끈으로 표시한다.

ⓑ 유아등 : 밤에 활동하는 나방류나 노린재가 불빛에 유인되는 성질을 이용해 유아등으로 방제할 수 있다.

ⓒ 끈끈이 트랩

- 예찰을 목적으로 하며 방제 목적으로 활용되는 자재는 아니다.
- 아메리카잎굴파리, 작은뿌리파리, 온실가루이, 진딧물 유시충, 총채벌레류를 예찰할 수 있고 발생 빈도가 높은 구역에 설치한다.

ⓓ 페로몬 트랩 : 해충의 암컷이 교미를 위해 발산하는 성페로몬을 인공적으로 합성하여 교미를 교란시키는 방법으로 포장에서 해충의 발생량, 시기, 방제 적기를 예측할 수 있다.

③ 작물별 주요 해충

ⓐ 식량작물

벼	벼멸구, 흰등멸구, 애멸구, 벼줄기굴파리, 벼애잎굴파리, 벼잎굴파리, 이화명나방, 혹명나방, 벼밤나방, 멸강나방, 벼물바구미, 벼잎벌레, 끝동매미충, 가시점둥글노린재, 미디표주박긴노린재, 벼잎선충 등
보리	보리굴파리, 보리수염진딧물, 보리나방 등
콩	콩나방, 세줄콩들명나방, 콩줄기명나방, 콩진딧물, 싸리수염진딧물, 톱다리개미허리노린재, 알락수염노린재, 콩씨스트선충 등
감자	큰이팔점박이무당벌레, 감자나방, 왕담배나방, 복숭아혹진딧물 등

TIP

유아등에 주로 유인되는 해충은 딱정벌레와 나방이다. 노린재는 망 포획 방식의 유아등보다 전기 충격기가 설치된 유아등이 효과가 높다.

[유아등]

TIP

벼 줄무늬잎마름병이나 벼 오갈병과 같은 바이러스병은 멸구류(애멸구)와 매미충류(끝동매미충)가 주요 매개체이다.

ⓛ 노지채소

배추, 무, 양배추	명주달팽이, 무테두리진딧물, 복숭아혹진딧물, 무잎벌, 배추벼룩잎벌레, 배추좀나방, 배추순나방, 담배거세미나방, 도둑나방, 파밤나방, 배추흰나비, 양배추가루진딧물, 검은무늬밤나방 등
가지, 토마토	점박이응애, 차응애, 목화진딧물, 복숭아혹진딧물, 싸리수염진딧물, 거세미나방류, 도둑나방, 온실가루이, 담배나방, 감자나방 등
오이, 수박, 참외	점박이응애, 목화진딧물, 온실가루이, 목화바둑명나방, 파밤나방, 호박과실파리 등
딸기	딸기잎선충, 들민달팽이, 점박이응애, 차응애, 딸기뿌리진딧물, 딸기꽃바구미 등
파, 양파, 마늘	뿌리응애, 파총채벌레, 참검정풍뎅이, 애우단풍뎅이, 파좀나방, 파밤나방, 파굴파리, 고자리파리 등

ⓒ 과수

사과	사과혹진딧물, 조팝나무진딧물, 복숭아심식나방, 매실애기잎말이나방, 사과무늬잎말이나방, 은무늬굴나방, 사과굴나방, 사과응애, 점박이응애 등
배	조팝나무진딧물, 배나무면충, 복숭아심식나방, 복숭아순나방, 배명나방, 가루깍지벌레, 콩가루벌레, 사과알락나방, 배나무방패벌레 등
감	주머니깍지벌레, 감꼭지나방, 긴솜깍지벌레붙이, 볼록총채벌레, 애기유리나방, 뿔밀깍지벌레, 관총채벌레 등
포도	포도박각시, 두점박이애매미충, 볼록총채벌레, 포도호랑하늘소, 포도유리나방 등

ⓔ 시설채소

배추, 무	민달팽이, 들민달팽이, 쥐며느리, 배추바구미, 크로바응애, 목화진딧물, 무테두리진딧물, 복숭아혹진딧물, 무잎굴파리, 배추좀나방, 파밤나방 등
오이, 참외, 수박, 호박, 멜론	점박이응애, 목화진딧물, 싸리수염진딧물, 온실가루이, 목화바둑명나방, 파밤나방, 뿌리혹선충류 등
고추, 피망	점박이응애, 목화진딧물, 복숭아혹진딧물, 온실가루이, 뿌리혹선충류 등
가지, 토마토, 감자	목화진딧물, 복숭아혹진딧물, 차응애, 점박이응애, 온실가루이, 감자수염진딧물, 싸리수염진딧물 등
딸기	점박이응애, 차응애, 딸기눈선충, 딸기잎선충, 뿌리혹선충류, 뿌리썩이선충류, 딸기뿌리진딧물, 애못털진딧물, 복숭아혹진딧물 등

ⓜ 화훼

공통	온실가루이, 목화진딧물, 복숭아혹진딧물, 귤가루깍지벌레, 파밤나방, 담배거세미나방, 아메리카잎굴파리, 민달팽이, 들민달팽이, 점박이응애, 차먼지응애, 뿌리혹선충류, 뿌리썩이선충류 등
국화	목화진딧물, 국화꼬마수염진딧물, 국화하늘소, 파밤나방, 담배거세미나방, 아메리카잎굴파리, 점박이응애 등
거베라	온실가루이, 파밤나방, 점박이응애, 차먼지응애, 아메리카잎굴파리 등
장미	찔레수염진딧물, 주둥무늬차색풍뎅이, 미국흰불나방, 담배거세미나방, 파밤나방, 왕담배나방, 점박이응애 등

TIP

복숭아심식나방
과일 속으로 파고드는 나비목 해충으로, 복숭아・사과・배 등 과실을 내부에서 부패시키는 대표적 저장성 해충이다.

TIP

복숭아혹진딧물
대부분 원예작물의 새로 나온 잎의 즙액을 빨아먹어 피해 부위가 생장을 멈추어 세로로 말리고 위축되며 바이러스병을 전염시켜 큰 피해를 준다. 또한 배설한 감로는 식물체의 잎을 오염시키고 그을음병을 유발한다.

예제

01 흡착구(빨아먹는 것)를 가지고 원예작물에 피해를 주는 해충은?

① 집시나방
② 명나방
③ 풍뎅이
④ 응애

02 노린재목에 해당하는 해충이 아닌 것은?

① 벼멸구
② 벼메뚜기
③ 끝동매미충
④ 복숭아혹진딧물

03 유기재배 시 해충의 조기 진단 방법 중 불빛에 유인되는 성질을 이용하는 방법으로 옳은 것은?

① 육안 조사
② 끈끈이 트랩
③ 유아등
④ 페로몬 트랩

04 식량작물의 주요 해충이 아닌 것은?

① 애멸구
② 끝동매미충
③ 점박이응애
④ 혹명나방

05 복숭아심식나방이 가해하는 작물 중 옳은 것은?

① 사과나무
② 파
③ 고구마
④ 호박

해설

01 응애류는 흡즙성 해충으로 표피조직 밑의 엽육세포를 파괴하고 그 내용물을 흡즙하므로 피해 입은 표피에 흰 반점이 무더기로 나타나고 심하면 말라 죽는다.

02 ② 벼메뚜기는 메뚜기목이다.

03 밤에 활동하는 나방류나 노린재는 불빛에 유인되기 때문에 이 성질을 이용해 유아등으로 방제할 수 있다.

04 ③ 점박이응애는 과채류에 주로 발생하는 해충이다.

05 복숭아심식나방은 과실을 가해하는 해충으로 유충이 과실 내부로 뚫고 들어가 여러 곳을 가해한다.

정답 01 ④ 02 ② 03 ③ 04 ③ 05 ①

광주성(光走性, phototaxis)
곤충이 빛의 자극에 반응하여 이동하는 성질. 유아등(light trap)은 해충의 양(+)광주성을 이용한 장치로, 밤에 불빛으로 나방류 등 야행성 해충을 유인·포획하여 발생 시기 조기 진단에 활용한다.

(5) 병충해 방제의 기계적 · 물리적 · 생물학적 방법

① **기계적 · 물리적 방법** : 물리적 힘이나 장치를 이용하여 병해충을 직접적으로 제거하거나 억제하는 방법으로, 환경에 대한 영향이 적고, 다른 생물체에 해를 끼치지 않으며 특정 해충에 대해 직접적인 제어가 가능하다.

ㄱ 과실 봉지 씌우기

ㄴ 나방 유충의 포살

ㄷ 유아등 설치

ㄹ 비가림 시설, 울타리, 방충(조)망 등 설치

ㅁ 빛, 소리 등 기계적 통제

ㅂ 은백색 필름, 자외선 차단 필름 멀칭

ㅅ 열처리, 저온처리

ㅇ 병든 잎의 소각

② **생물학적 방법** : 병해충을 제어하기 위해 자연적으로 발생하는 생물학적 적을 이용하는 방법으로 화학적 살충제를 대체하기 위해 해충의 천적, 기생자, 병원균 등을 이용한다.

예 동물(오리, 우렁이, 참게, 새우, 달팽이 등), 미생물(사상균, 세균, 방선균 등), 천적(기생성 곤충, 포식성 곤충) 등

ㄱ 천적 활용

 • 기생성 곤충 : 침파리, 고치벌, 맵시벌, 꼬마벌 등

 • 포식성 곤충 : 풀잠자리, 꽃등에, 됫박벌레, 딱정벌레, 팔라시스이리응애, 무당벌레 등

ㄴ 병원균 이용 : 해충에 질병을 일으켜 그 개체수를 줄이는 병원균을 이용하는 방법이다.

 예 특정 곰팡이나 바이러스를 이용하여 해충을 감염시키는 것

ㄷ 미생물 이용 : 해충의 생존이나 번식에 부정적인 영향을 미치는 미생물을 활용하는 방법으로 바실러스투린지엔시스(Bt ; *Bacillus thuringiensis*) 같은 세균을 사용하여 해충의 유충을 죽이는 것이다.

ㄹ 전염성이 낮은 라이족토니아 뿌리썩음병, 줄기썩음병, 배추과 뿌리혹병 등은 균형 잡힌 계획적인 돌려짓기와 적절한 토양관리로 방제할 수 있다.

ㅁ 토양에서 부생성으로 생존하고 기주식물 없이 오랫동안 생존하는 노균병, 흰가루병, 덩굴쪼김병, 역병, 균핵병, 잘록병 등은 방제가 어렵다.

기출 키워드

기계적 · 물리적 병해충 방제 방법, 생물학적 병해충 방제 방법, 천적의 종류, 기생성 천적, 포식성 천적, 병해충종합관리 (IPM)

TIP

기생성 곤충

해충의 몸 속이나 표면에 알을 낳고, 그 자손이 자라는 과정에서 해충을 제거하는 원리로, 진딧물에 기생하는 콜레마니진디벌(고치벌과), 온실가루이에 기생하는 온실가루이좀벌, 잎굴파리류에 기생하는 굴파리좀벌이 있다.

TIP

포식성 곤충

먹이로 해충을 잡아먹어 개체수를 줄이며, 잎응애류를 포식하는 칠레이리응애와 지중해이리응애, 진딧물을 포식하는 무당벌레류와 풀잠자리류, 총채벌레를 포식하는 애꽃노린재류 등이 있다.

> **TIP**
>
> **법적 방제**
> 병해충의 발생과 피해를 예방하기 위해 법령에 따라 실시하는 방제 방법이다. 주요 법령으로는 식물방역법, 소나무재선충병 방제특별법 등이 있다.

> **TIP**
>
> **경종적 방제법**
> • 토지선정
> • 저항성 품종 선택
> • 돌려짓기(윤작)
> • 섞어짓기(혼작)
> • 재배시기의 조절
> • 흙갈이

> **TIP**
>
> **화학적 방제법**
> • 식물유래 살충 물질(제충국, 데리스, 님 등) 살포
> • 분사용 오일류(기계유) 살포
> • 지방산 살충 비누
> • 유황 훈증 처리
> • 성페로몬 처리

③ 병해충종합관리(IPM ; Integrated Pest Management)

㉠ 여러 가지 방제법을 적절히 사용하여 해충의 발생밀도를 경제적 피해 수준 이하로 억제하는 것을 말한다.

㉡ 병해충종합관리의 효과
  • 병해충 문제의 조기 식별 및 조치 능력 함양
  • 농약 사용 횟수 및 사용량 감소에 따른 농약에 대한 병해충 저항성 구축 감소
  • 농약 비용 감소와 농작물 손실 예방에 따른 농가이윤의 증대
  • 농약 사용 감소에 따른 토양 및 수자원 보호
  • 농약 사용 감소에 따른 익충의 보호 및 확대
  • 농약의 식품 잔류 가능성 감소 및 안전한 농산물 공급
  • 농민의 농약에 대한 위험성 감소

㉢ 병해충종합관리의 기본 개념을 실현하기 위한 기본 수단
  • 한 가지 방법으로 모든 것을 해결하려는 생각은 버린다.
  • 병해충 발생이 경제적으로 피해가 되는 밀도에서만 방제한다.
  • 병해충의 개체군을 박멸하는 것이 아니라 저밀도로 유지·관리한다.
  • 농업 생태계에 있어서 병해충군의 자연 조절 기능을 적극적으로 활용하는 원칙이 적용된다.

예제

01 진딧물 피해를 입고 있는 고추밭에 꽃등에를 이용해서 방제하는 방법은?

① 경종적 방제법　　　　　　　　② 물리적 방제법
③ 화학적 방제법　　　　　　　　④ 생물학적 방제법

02 병해충종합관리의 기본개념을 실현하기 위한 기본 원칙으로 틀린 것은?

① 한 가지 방법으로 모든 것을 해결하려는 생각은 버린다.
② 병해충 발생이 경제적으로 피해가 되는 밀도에서만 방제한다.
③ 병해충의 개체군을 박멸해야 한다.
④ 농업 생태계에서 병해충군의 자연 조절 기능을 적극적으로 활용한다.

해설

01 **생물학적 방제법**
　　살아있는 생물 또는 생물 유래의 물질을 이용하는 방제법으로, 이 방법은 화학적 방제에 비해 환경 파괴나 공해가 적은 것이 특징이며, 고전적인 생물학적 방제법으로는 천적의 이용이 있다.

02 ③ 병해충의 개체군을 박멸하는 것이 아니라 저밀도로 유지·관리한다.

정답 01 ④　02 ③

제4절 | 유기재배 수확관리

1. 수확 및 저장

(1) 수확시기 결정

① 수확시기 결정 시 고려사항

ㄱ 시기별 간이 검사 : 당도 검사

ㄴ 재배 이력 : 파종 또는 수정 후 일자에 따른 결정

ㄷ 감각에 의한 판단 : 크기와 모양, 외관과 색상, 표면 형태 등 시각에 의한 판단

② 수확시기의 결정 방법

ㄱ 일수에 의한 성숙도 결정 : 만개기 또는 착과기에 따른 경과 일수에 따라 수확시기를 결정하는 방법이다.

ㄴ 당도 및 맛 측정

- 주기적으로 당도를 측정하여 품종 특성에 알맞은 당도가 되었을 때 수확한다.
- 수확 후 판매를 위한 것과 장기로 저장할 것은 성숙 정도를 달리하여 수확시기를 결정한다.

ㄷ 착색 : 고유의 색깔이 날 때를 적숙기로 판정하여 수확한다.

예 사과의 경우 나무 전체에 착색된 과실이 80% 이상 분포 시 수확한다.

ㄹ 결구 정도 : 배추 수확기 판정은 파종 후 일수, 결구의 단단한 상태와 결구 정도를 갖고 판정하는데, 저장용 배추의 경우 결구가 약 80~90%로 비교적 단단할 때가 적당하다.

ㅁ 그 외 전분의 아이오딘(요오드) 반응(청색), 밀 증상, 종자색 변화(백색 → 갈색) 등

③ 수확시간 : 과일과 채소는 수확 시 품온 상승을 억제하기 위하여 새벽 또는 오전 이른 시간에 수확하는 것이 좋다.

기출 키워드

수확시기 고려사항, 수확시기 결정요인

TIP

전분의 아이오딘(요오드) 반응
전분은 아이오딘 용액과 반응하면 청색을 나타낸다. 과실에 포함된 전분은 성숙이 진행되면서 당으로 전환되기 때문에 완전히 숙성된 과일에서는 청색 반응이 나타나지 않는다. 따라서 청색 반응 정도(전분 잔존량)에 따라 수확시기를 결정할 수 있다.

예제

01 원예 산물별 수확시기를 결정하는 지표로 옳지 않은 것은?

① 배추 – 만개 후 일수

② 신고배 – 만개 후 일수

③ 멜론 – 네트 발달 정도

④ 온주밀감 – 과피의 착색 정도

02 다음 중 사과의 수확시기 결정요인이 아닌 것은?

① 전분의 요오드 반응에 의한 결정
② 당 및 산 함량 비율에 의한 판정
③ 과육의 황록색 변색 정도를 보고 결정
④ 만개 후부터 성숙기까지의 일수에 의한 판정

해설

01 ① 배추는 파종 후 일수 또는 결구의 단단한 정도로 수확시기를 판정한다.

02 ③ 사과의 수확시기는 과육의 색이 황록색에서 붉은색으로 착색된 과실이 80% 이상 되었을 때이다.

정답 01 ① 02 ③

기출 키워드

콜드체인(cold chain), 저온저장, CA저장, MA저장, 에틸렌 생성량, 예랭, 큐어링(curring)

📖 **TIP**

작물별 적정 저장온도 및 상대습도

• 저장온도 : 0~2℃ • 상대습도 : 90~95%
당근, 배추, 상추, 브로콜리, 콜리플라워, 셀러리, 사과, 포도, 복숭아, 배, 감, 딸기 등
• 저장온도 : 0~2℃ • 상대습도 : 60~80%
마늘, 양파 등
• 저장온도 : 7~10℃ • 상대습도 : 85~95%
오이, 가지, 고추, 귤, 수박 등
• 저장온도 : 13~18℃ • 상대습도 : 85~95%
생강, 감자, 고구마, 토마토 등

1-MCP(1-Methylcyclopropene)
작물의 수확 후 처리에 사용되는 에틸렌 억제제로, 과일과 채소의 성숙과 노화를 늦추고 저장성과 유통성을 높여준다.

---

(2) 저장 방법 및 환경관리

① 수확 후 저장 여부 결정과 고려사항

㉠ 저장 여부 결정 시 고려사항

- 저장환경의 온도(호흡관리 시 가장 중요한 요인)와 습도
- 공기 조성
- 물리적 스트레스
- 에틸렌

㉡ 저장 방법 결정

- 콜드체인(cold chain) : 농산물을 수확 후 선별포장하여 예랭하고 전 유통과정을 제품의 신선도 유지에 적합한 온도로 관리하여 농산물을 수확 직후의 신선한 상태로 소비자에게 공급하는 유통체계를 뜻한다.
- 유기농산물의 저장 방법
  - 장기 저장이 필요한 과실류는 저장 시 저온저장을 위주로 하며 유기농산물은 1-MCP와 같은 에틸렌 억제제를 사용할 수 없으므로 CA저장을 고려할 수 있다.
  - 지속적인 저온관리 : 이른 시간에 수확하여 품온을 떨어트리거나 작물을 예랭한다.
  - 수확 후 저온-고온이 반복되는 변온 조건은 농산물 품질을 떨어뜨리므로 항온 조건이 되도록 유의하여야 한다.
  - 저장·유통 시 외부환경과 온도 차이를 최소화(7~8℃ 이하)하여 결로를 방지한다.
  - 단기간 내의 출하 시에는 장기 저장을 위한 적정온도보다는 다소 높게 관리한다.

더 알아보기

유기농산물의 저장환경관리
- 온도관리 : 냉해를 받지 않는 한 동결점(어는점)에 가까이 저장하여 호흡 활동을 최대한 낮춰 저장(열대지역이 원산지인 작물은 냉해 우려)
- 수분관리 : 대기의 온습도와 작물의 증기압 차이로 인한 수분 손실(품온↑, 상대습도↓ = 증산 多)은 저장고 내에 가습 장치를 이용하여 습도 조절
- 에틸렌관리
  - 에틸렌이 발생하면 인위적인 억제가 불가능하므로 수확 시기를 조정
  - 에틸렌에 민감한 작물은 혼합 저장 금지
  - 유기농업에서는 에틸렌 억제를 위한 허용 약제 없음(관행 저장 시 에틸렌 억제제로 과망가니즈산칼륨, 오존을 이용).

② 작물의 저장 방법

　㉠ 일반 저장

　　• 움저장 : 겨울철 배수가 잘되는 위치에 땅을 파고 농산물을 적재하고 짚 등으로 보냉시설을 하여 저장하는 방법이다.

　　• 지하저장 : 생강, 고구마 등을 땅속의 토굴에 저장하는 방법으로, 온도는 15℃ 부근, 습도는 90% 이상의 고습 조건에서 저장한다.

　㉡ 저온저장 : 농산물의 저온을 유통 단계까지 유지하는 것이 중요한데, 저장·유통 중에 온도 변화가 발생하여 결로 현상(땀 흘림 증상)이 발생하면 부패되어 물리적 손상이 발생한다.

　㉢ CA(controlled atmosphere)저장 : 호흡작용을 억제하기 위해 0~3℃의 저온 창고 내 이산화탄소 농도는 높게(2~5% 정도), 산소는 낮게(2~3% 정도) 설정하여 작물의 호흡작용을 억제함으로써 저장성을 개선하는 방법으로, 저온 시설과 가스 공급 조절을 위한 각종 센서 등의 고가 장비가 필요하다.

　㉣ MA(modified atmosphere)저장 : 플라스틱필름(PE), PVC 필름 등을 이용하여 밀봉 후 저장하면 작물의 호흡으로 인해 이산화탄소 농도는 증가하고 산소는 감소하며, 내부 습도가 높아져 증산이 억제됨으로써 저장성이 개선된다.

③ 저장 시 에틸렌의 영향

　㉠ 에틸렌은 작물의 숙성과 노화의 진행에 관여하는 호르몬으로 과육의 연화를 비롯하여 후숙을 유발한다.

　㉡ 작물에서 가스 형태로 생성되어 호흡을 증가시키고 숙성도 빨라지게 한다.

TIP

CA저장 조성 조건
- 산소 3%, 이산화탄소 2~5%
- 습도 85~90%
- 온도 0~3℃

TIP

MA저장은 CA저장과 같으나 저장온도, 습도뿐만 아니라 대기가스의 조성까지도 조절하여 저장하는 광범위한 CA저장이다. 예를 들어 사과를 폴리에틸렌 필름(0.05mm 두께)에 완전밀봉하여 저장하면 봉지 내 공기조성이 산소 20%, 이산화탄소 0.03%에서 사과의 자체호흡으로 산소 5%, 이산화탄소 5%로 되어 호흡작용이 적당히 억제되고 신선도가 유지되면서 저장성도 향상된다.

후숙

수확한 과실이 먹기에 가장 알맞은 상태로 되기까지의 생리적인 변화

에틸렌

기체 상태의 식물호르몬으로 과실의 성숙촉진, 줄기의 신장생장 억제 및 비대생장 촉진, 낙엽 및 낙과 유도, 기관의 탈리층 형성을 촉진하는 역할을 한다.

[에틸렌 생성량(5℃에서)에 따른 원예작물의 분류]

발생 정도	에틸렌 생성량 (μL C_2H_4/kg/h)	종류
매우 낮음	0.1 이하	엽채류, 근채류, 아스파라거스, 버섯, 딸기, 포도, 감귤류
낮음	0.1~1.0	호박, 가지, 고추, 수박, 파, 오이, 파프리카, 감, 파인애플
보통	1.0~10	토마토, 멜론, 바나나, 무화과, 망고
높음	10~100	사과, 살구, 키위, 복숭아, 배, 아보카도

④ 저장 전처리

㉠ 예랭(precooling) : 수확한 즉시 신속하게 급속냉각하여 원예산물의 품온을 낮춤으로써 품질을 오랫동안 유지하는 것으로, 강제 송풍식, 차압 통풍식, 진공 예랭식 등의 방법이 있다.

㉡ 큐어링(curring) : 땅속에서 수확된 작물의 표피를 건조함과 동시에 대기의 온도를 높임으로써 표면에 난 상처 및 절단 부위를 치유하여, 곰팡이나 박테리아의 번식을 억제함으로써 저장·유통과정에서의 부패 등에 의한 손실을 줄일 수 있다.

㉢ 예건(preconditioning) : 과실 표면의 수분을 적당히 건조시키는 것으로 마늘(수분함량 60%)과 같이 수분함량이 낮은 작물이나 소비단계에서 외피를 제거하는 양파, 배추, 양배추 등에서 실시한다.

📖 TIP

저장 전처리 작물
• 예랭 : 청과물(토마토, 가지, 호박, 상추 등), 절화류 등
• 큐어링 : 고구마, 감자 등
• 예건 : 양파, 마늘, 배추, 양배추 등

예제

01 원예산물의 저온저장 후 유통 시 발생하는 결로 방지 대책이 아닌 것은?
① 가습기 설치
② 선별장 온도 저하
③ 콜드체인 운송
④ MA 밀폐포장 후 상온으로 이동

02 다음 과실 저장 방법 중 가장 이상적인 호흡을 하도록 저장고 내의 온도·습도 공기 조성 등을 인위적으로 자동 통제하는 저장 방식은?
① 상온저장   ② 저온저장
③ CA저장   ④ 폴리에틸렌 포장 저장

03 CA저장의 장점으로 옳지 않은 것은?
① 미생물 번식 억제   ② 노화 지연
③ 맹아 촉진   ④ 호흡 억제

04 에틸렌이 가장 많이 분비되는 작물로 옳은 것은?
① 딸기   ② 오렌지
③ 호박   ④ 사과

05 유기농산물의 전처리 방법 중 고구마의 부패를 막기 위해 상처에 유상조직을 발달시키는 방법을 무엇이라 하는가?

① 예냉
② 예건
③ 큐어링
④ CA저장

06 다음 원예산물 중 예랭 효과가 가장 적은 품목은?

① 에틸렌 발생이 많은 품목
② 호흡활성이 높은 품목
③ 한낮 또는 여름철에 수확한 품목
④ 수분 증산이 비교적 적은 품목

해설

01 결로를 방지하려면 외부 환경과 온도 차이를 최소화하여야 한다.

03 CA(controlled atmosphere)저장
저장고 내의 산소를 낮추어 주고 이산화탄소를 높여 저장하는 방법으로, 미생물의 생장과 번식이 억제되면서 생산물의 품질이 유지되고 장기간 저장이 가능해진다.

04 • 호흡급등형 : 토마토, 사과, 배, 복숭아, 살구, 바나나, 망고 등
• 호흡비급등형 : 딸기, 오이, 고추, 가지, 포도, 호박, 감귤, 오렌지, 파인애플 등

05 큐어링(curing)은 작물의 저장 중 부패를 방지하기 위해 상처에 유상조직을 발달시키는 방법이다. 상처가 생긴 고구마를 온도 29~30℃, 습도 85%에서 10~14일 동안 처리하면, 상처 바로 밑에 코르크의 보호층이 생겨 병원균의 침입을 방지함으로써 저장·유통과정에서의 부패 등의에 의한 손실을 줄일 수 있다. 일반적으로 고구마, 감자 등에 활용된다.

06 ④ 증산량이 많은 품목에 예랭 효과가 있다.

정답 01 ④ 02 ③ 03 ③ 04 ④ 05 ③ 06 ④

> **TIP**
>
> 호흡급등현상은 에틸렌 생성과 연관하여 과실이 성숙하는 과정에서 세포호흡이 폭발적으로 증가하는 현상을 뜻한다.

(3) 저장 시 허용물질 종류 및 특성

> 유기식품 및 무농약농산물 등의 인증에 관한 세부실시요령 [별표 1]

① 저장 시 유의사항

　　㉠ 청결 유지(저장, 수송 및 포장 시 저장·포장 장소와 수송 수단)

　　㉡ 외부로부터의 오염 방지

② 병해충 관리 및 방제를 위한 우선 조치 사항

　　㉠ 예방 : 병해충 서식처의 제거, 시설에의 접근 방지 등

　　㉡ 예방조치로 부족한 경우 기계적·물리적 및 생물학적 방법을 사용

　　㉢ 허용물질 사용 가능(단, 농산물 자체에 접촉 피함)

> **기출 키워드**
>
> 유기농산물의 세척 및 소독 가능한 물질, 방사선(X선)의 사용 가능 용도, 저장 시 합성농약의 허용기준

> **TIP**
>
> 유기농산물을 포장하지 아니한 상태로 일반 농산물과 함께 저장 또는 수송하는 경우는 칸막이를 설치하는 등 다른 농산물과의 혼합을 방지한다.

CHAPTER 03 유기농업 일반 | **185**

③ 저장구역 또는 수송 컨테이너
　㉠ 물리적 장벽, 소리·초음파, 빛·자외선, 덫(페로몬 및 전기유혹 덫), 온도 조절, 대기 조절(탄산가스·산소·질소) 및 규조토
　㉡ 유기농산물만을 취급하지 않는 경우 허용물질이 아닌 농약이나 잠재적 오염 방지
　※ 세척 및 소독 후 유기농산물에 잔류되지 않도록 한다.
④ 유기농산물의 세척·소독 가능한 물질 : 과산화수소, 오존수, 이산화염소수, 차아염소산수
⑤ 방사선 사용 가능 용도 : 이물탐지용 방사선(X선)
　※ 단, 해충방제, 식품 보존, 병원의 제거 또는 위생의 목적으로 사용 불가능
⑥ 유기농산물 포장재의 조건
　㉠ 식품위생법의 관련 규정에 적합할 것
　㉡ 가급적 생물분해성, 재생품 또는 재생이 가능한 자재를 사용
⑦ 합성농약 : 비의도적 오염으로 확인된 경우, 잔류허용기준의 20분의 1 이하 혹은 0.01mg/kg 이하
⑧ 포장재의 제작 및 사용량에 관한 자료를 보관
⑨ 포장 없이 판매 시 : 납품서, 거래명세서 또는 보증서 등에 표시
⑩ 위생관리 대상자
　㉠ 수확 및 수확 후 관리를 수행하는 모든 작업자
　㉡ 싹을 틔운 농산물, 어린잎채소, 버섯류 등의 작업자는 위생복·위생모·위생화·위생 마스크·위생장갑 착용
⑪ 수확 후 관리 시설
　㉠ 주기적으로 청소하고 사용하는 도구와 설비는 위생적으로 관리
　㉡ 싹을 틔워 직접 먹는 농산물, 어린잎채소, 버섯류 등을 취급하는 작업장 바닥과 통로는 작업 시작 전에 세척·소독

📖 **TIP**

합성농약 검출량 예
유기재배 감자의 합성농약 검출원인이 비의도적 오염이었다. 글리포세이드(glyphosate) 농약의 잔류허용기준이 0.05 mg/kg일 경우, 합성농약 검출량은 $0.05 \times 1/20 = 0.0025$ mg/kg 이하여야 한다.

예제

01 다음 중 유기농산물의 합성농약의 잔류허용기준 중 옳은 것은?
① 잔류허용기준을 정하지 않은 경우 0.1mg/kg 이하
② 잔류허용기준을 정하지 않은 경우 1.0mg/kg 이하
③ 잔류허용기준을 정하지 않은 경우 0.01mg/kg 이하
④ 잔류허용기준을 정하지 않은 경우 0.001mg/kg 이하

02 유기농산물의 저장, 수송 및 포장 시 저장 시 고려사항 중 틀린 것은?

① 인증표시를 하지 않은 농산물을 인증품으로 판매하여서는 아니 된다.

② 포장하지 않는 농작물은 유기농산물 관련 표시사항을 기재할 필요가 없다.

③ 인증품을 출하할 때 인증품의 표시기준에 따라 표시한다.

④ 싹을 틔워 직접 먹는 농산물, 어린잎채소, 버섯류 등을 취급하는 작업장 바닥을 깨끗이 소독한다.

해설

01 합성농약 검출 원인이 비의도적 오염으로 확인된 경우, 합성농약 검출량은 식품위생법에 따라 식품의 약품안전처장이 고시한 농약 잔류허용기준의 20분의 1 이하여야 하고, 같은 고시에서 잔류허용기준을 정하지 않은 경우에는 0.01mg/kg 이하여야 한다.

02 ② 포장하지 않고 판매하는 경우에는 납품서, 거래명세서 또는 보증서 등에 표시 사항을 기재하여야 한다.

정답 01 ③ **02** ②

2. 판매관리

(1) 유기농산물 선별 포장

① 농산물 선별을 위한 상품화의 주요 단계

ㄱ 등급화

- 불균일하고 다양하게 생산된 농산물을 일정한 기준에 따라 분류하는 단계이다.
- 농산물의 등급 기준에 대해 국립농산물품질관리원에서 '농산물 표준규격'을 지정하고 있다.

ㄴ 규격화 : 농산물의 품질, 모양, 크기 등의 일정한 선별기준에 따라 맞추어 나가는 과정을 말한다.

ㄷ 표준화

- 등급화와 규격화를 통해 농산물을 선별하고 이를 유통하기 편리하게 물류의 표준에 따라 통일하는 것을 말한다.
- 표준화를 통해 농산물의 수송과 상하차 시의 효율성을 제고할 수 있다.

② 농산물 선별기준(농산물 표준규격)

ㄱ 유기농재배를 통한 친환경농산물의 품질에 대한 별도의 선별기준은 없으며, 현재 농산물의 등급이나 표준화된 기준은 국립농산물품질관리원의 '농산물 표준규격'에 의해 규정되어 있다.

ㄴ 개념 : 농산물을 통일된 기준에 맞도록 선별·포장하여 등급을 분류하고 규격 포장재로 출하하는 것

기출 키워드

등급화·규격화·표준화, 농산물 표준규격의 목적, 등급규격, 포장규격, 친환경농산물의 종류 및 인증기준, 유기농산물의 인증기준, 가축분뇨를 원료로 하는 퇴비의 사용 가능한 농장

TIP

농산물 상품화의 주요 단계
등급화, 규격화, 표준화

TIP

농산물 표준규격
농림축산식품부장관이 고시한 농산물 표준규격은 농수산물 품질관리법에 근거하고 있다.

CHAPTER 03 유기농업 일반 | **187**

ⓒ 목적
- 농산물의 신용도와 상품성 향상으로 공정거래 촉진 및 농가 소득 증대
- 수송, 적재 등 유통비용 절감으로 유통의 효율성 제고
- 선별·포장 출하를 통해 소비지에서의 쓰레기 억제로 친환경 조성

ⓓ 농산물 표준규격의 구성

등급규격	농산물의 품목 또는 품종별 특성에 따라 고르기, 크기, 형태, 색깔, 신선도, 건조도, 결점, 숙도(熟度) 및 선별 상태 등 품질 구분에 필요한 항목을 설정하여 특, 상, 보통으로 정한 것
포장규격	물류표준화에 적합하도록 거래단위, 포장치수, 포장재료, 포장 방법, 포장설계 및 표시 사항 등을 규정한 것

ⓔ 농산물 표준규격의 내용

등급규격	선별 상태, 색택, 모양, 당도, 결점 등에 의해 특, 상, 보통의 3단계로 구분
크기 구분	무게, 직경, 길이를 계량 기준으로 L, M, S 등의 5~10단계로 구분

ⓕ 표준규격품의 표시방법
- 의무 표시사항 : '표준규격품' 문구, 품목, 산지, 품종, 등급, 내용량 또는 개수, 생산자 또는 생산자단체의 명칭 및 전화번호, 식품안전사고 예방 문구(가열 또는 세척)
- 권장 표시사항 : 당도 및 산도표시, 크기(무게, 길이, 지름) 구분에 따른 구분표 또는 개수(송이수) 구분표 표시, 포장치수 및 포장재 중량, 영양·주요 유효성분
- 표시양식 예

표 준 규 격 품					
품 목		등 급		생산자(생산자단체)	
품 종		내용량 (개수)	kg ( )	이 름	
산 지				전화번호	
세척 후 드세요 또는 가열조리하여 드세요.					

포장재 치수 : 510×360×140mm, 포장재 중량 : 1,200g±5%

③ 농산물 포장
ⓐ 포장
- 포장재 : 골판지 상자, 플라스틱 용기(상자), 플라스틱 파우치, 박스 테이프, 포장끈 등
- 유기농산물의 이미지를 위해 포장재를 식품위생법과 관련된 규정에 적합하면서 가급적 생물 분해성 자재나 재생이 가능한 자재로 제작된 것을 사용한다.

TIP

야채와 과일같이 쉽게 상하는 재료를 포장할 경우는 높은 기체 투과도와 낮은 투습도의 포장재가 필요하다.

ⓛ 농산물 포장재의 기능
- 선도 유지와 보호 기능
- 판매 촉진과 상품 정보 전달
- 편리성과 경제성

ⓒ 농산물 선별 및 포장 기기
- 선별 기기
  - 무게나 크기에 따라 선별하는 방식과 비파괴 방식(당도나 결점 등 영상이나 NIR 측정)
  - 농촌진흥청의 선별 능력 평가를 통과한 제품
  - 형식 검사(기기의 구조, 성능, 조작의 난이도, 안전성 등) 및 사후 성능 검사 확인
- 포장 기기 : 제함, 봉함, 팰리타이징, 랩핑, 소포장 등 포장에 필요한 설비

농산물 선별을 위한 비파괴방식
광학적 센서(가시광선, 근적외선 등)로 농산물을 자르지 않고 내부 품질(당도, 산도, 결함 등)을 측정하는 첨단 기술

예제

01 농수산물 표준규격을 제정할 경우 등급규격을 정하는 항목으로 이루어져 있지 않은 것은?
① 고르기, 신선도
② 크기, 선별 상태
③ 모양, 산지
④ 숙도, 결점

02 농수산물 품질관리법에 규정된 포장규격의 내용으로 맞지 않는 것은?
① 거래단위
② 포장 치수
③ 포장재료
④ 신선도

03 오이의 표준규격품임을 표시하고자 할 때 포장 표면에 '표준규격품'이라는 문구와 함께 표시해야 할 사항으로 가장 적합한 것은?
① 품목, 산지, 품종, 무게, 유통업자
② 품목, 산지, 품종, 등급, 무게, 유통업자
③ 품목, 산지, 품종, 등급, 무게, 생산자 또는 생산자단체의 명칭 및 전화번호
④ 품목, 산지, 품종, 생산 연도, 무게, 생산자 또는 생산자단체의 명칭 및 전화번호

해설

01 **등급규격** : 농산물의 품목 또는 품종별 특성에 따라 고르기, 크기, 형태, 색깔, 신선도, 건조도, 결점, 숙도(熟度) 및 선별 상태 등 품질 구분에 필요한 항목을 설정하여 특, 상, 보통으로 정한 것

02 **포장규격** : 물류표준화에 적합하도록 거래단위, 포장 치수, 포장재료, 포장방법, 포장설계 및 표시사항 등을 규정한 것

03 **의무표시** : '표준규격품' 문구, 품목, 산지, 품종, 등급, 무게 또는 개수, 생산자 또는 생산자단체(판매자)의 명칭 및 전화번호, 식품 안전 문구(세척 또는 가열)

정답 01 ③ 02 ④ 03 ③

기출 키워드

인증기준별 표시 방법, 유기식품 등의 인증 정보 표시 방법

TIP

친환경농수산물의 정의(친환경농어업 육성 및 유기식품 등의 관리·지원에 관한 법률 제2조 제2호)
'친환경농수산물'이란 친환경농어업을 통하여 얻는 것으로 다음의 어느 하나에 해당하는 것을 말한다.
- 유기농수산물
- 무농약농산물
- 무항생제수산물 및 활성처리제 비사용 수산물

TIP

토양오염 방지 조치를 위해 관행농지·방제구역 등 인근 오염원과 완충지대·보호시설 확보하고, 유기농재배지 표지판 설치 및 구분관리계획 수립을 의무화한다.

(2) 인증기준 및 표시

친환경농어업 육성 및 유기식품 등의 관리·지원에 관한 법률 시행규칙 [별표 4], [별표 14]

① 인증 종류 및 주요 인증기준

		내용
유기농산물		농업 생태계를 건강하게 유지·보전하고 환경오염을 최소화하는 경작원칙을 적용하여 합성농약과 화학비료를 사용하지 않고, 작물 돌려짓기(윤작)등 유기재배 방법에 따라 생산한 농산물
무농약농산물		농업 생태계를 건강하게 유지·보전하고 환경오염을 최소화하는 경작원칙을 적용하여 합성농약을 사용하지 않고, 권장 성분량의 1/3 이하로 화학비료 사용을 최소화하는 등 무농약 재배 방법에 따라 생산한 농산물
유기축산물		가축이 자유롭게 활동할 수 있는 축사조건과 축종별로 정해진 방목조건을 준수하고 유기사료를 급여하면서 동물용의약품에 의존하지 않고 면역기능을 증진하는 등 유기 사육 방법에 따라 생산한 축산물
가공품	유기가공식품	유기농축산물을 원료로 하여 유기적 순수성이 유지되도록 기계적, 물리적, 생물학적 방법으로 가공한 식품
	무농약원료 가공식품	무농약농산물과 유기식품을 원료로 하여 인증기준에 따라 기계적, 물리적, 생물학적 방법으로 가공한 식품
	비식용유기가공품 (유기사료)	유기농축산물과 허용된 사료 첨가물로 만들어진 사료
취급자		인증받은 친환경농축산물과 가공품을 단순처리하거나 포장단위를 변경하여 취급하는 자에 대한 인증

② 유기농산물 인증기준

ㄱ 재배포장
- 토양은 1지역 오염우려기준 이하여야 하고, 합성농약 검출 금지(단, 0.01 mg/kg 이하는 예외)
- 토양관리를 위해 매년 1회 이상 토양검정 실시하여 비옥도 유지·염류 축적 방지
- 작물별로 전환기간(최소재배기간) 이상을 유기재배 방법에 따라 재배할 것

ㄴ 재배용수
- 재배용수 : 농업용수 이상의 수질기준에 적합할 것
- 농산물의 세척용수 : 먹는물의 수질기준에 적합할 것

ㄷ 종자
- 최소 1세대 이상 유기재배 방법에 따라 재배된 것
- 유전자변형농산물인 종자는 사용하지 않을 것

ㄹ 재배 방법
- 화학비료, 합성농약 전면 금지
- 두과·녹비·심근성 작물을 활용해 2~3년 주기 윤작(돌려짓기) 실시
- 토양 투입 유기물은 유기기준에 맞게 생산된 것만 사용
- 가축분뇨 퇴·액비는 유기·무항생제·동물복지 인증농장 등에서 유래해야 하며, 완전 부숙 후 사용

- 병해충·잡초 방제는 기계적·물리적·생물학적 방법 우선(불가피할 때만 허용물질 사용 가능)

③ 작도법 및 표시 방법

　㉠ 색상 : 초록색(기본 색상), 파란색, 빨간색 또는 검은색 가능

　㉡ 표시 도형 밑 또는 좌우 옆면에 인증번호를 표시

　㉢ 표시 방법

유기농산물	• 유기, 유기농산물, 유기임산물, 유기식품, 유기재배농산물 또는 유기 • 유기재배○○(○○은 농산물의 일반적 명칭으로 한다), 유기○○ 또는 유기농○○	유기농산물 (ORGANIC) 농림축산식품부
유기가공식품	• 유기가공식품, 유기농 또는 유기식품 • 유기농○○ 또는 유기○○	유기가공식품 (ORGANIC) 농림축산식품부
비식용 유기가공품	• 유기사료 또는 유기농 사료 • 유기농○○ 또는 유기○○(○○은 사료의 일반적 명칭으로 한다). 다만, '식품'이 들어가는 단어는 사용할 수 없다.	유기농 (ORGANIC) 농림축산식품부
무농약농산물	• 무농약, 무농약농산물 또는 무농약△△ • 무농약재배 농산물 또는 무농약재배△△	무농약 (NON PESTICIDE) 농림축산식품부

④ 비유기원료를 사용한 가공품의 표시기준

　㉠ 표시 방법 : 총함량, 원료·재료별 함량을 백분율(%)로 표시

　㉡ 비유기원료를 제품 명칭으로 사용 불가능

　㉢ 유기 70%로 표시하는 제품 : 주 표시면에 '유기 70%' 또는 이와 같은 의미의 문구를 소비자가 알아보기 쉽게 표시해야 하며, 이 경우 제품명에 유기 글자 표시 불가능

더 알아보기

원재료 함량에 따른 유기 표시 방법

구분	인증품		비인증품	
	95% 이상	70% 이상	70% 이상	70% 미만
유기 인증 로고의 표시	○	×	×	×
제품명(제품명의 일부)에 유기 표시	○	×	×	×
주표시면에 유기 표시	○	○	×	×
주표시면 이외의 표시면에 유기 표시	○	○	○	×
원재료명 표시란에 유기 표시	○	○	○	○

동물복지 축산농장 인증
동물보호법을 근거로 동물의 자유로운 행동·쾌적한 사육환경을 보장하는 농장을 대상으로 하며, 농림축산식품부 장관이 인증하도록 규정하고 있다.

가축분뇨 발효액의 기준
비료관리법에 고시된 비료공정규격을 따르며, 질소·인산·칼리 합계 0.3% 이상, 중금속·병원균 불검출 등의 성분·위생 기준을 반드시 충족해야 한다.

⑤ 유기식품 등의 인증 정보 표시 방법

　㉠ 인증품 또는 인증품의 포장·용기에 표시하는 방법

　　• 해당 인증품을 포장한 사업자의 인증 정보와 일치해야 하며, 생산자와 포장자가 다를 경우 생산자의 인증번호 추가 표시

　　• 구체적인 표시 방법

　　　– 인증 사업자의 성명 또는 업체명

　　　– 전화번호

　　　– 사업장 소재지

　　　– 인증번호

　　　– 생산지

　㉡ 납품서, 거래명세서 또는 보증서 등에 표시

　㉢ 표시판 또는 푯말로 표시

　㉣ 무공해, 저공해 등 소비자에게 혼동을 초래할 수 있는 표시를 해서는 안되며 표시 사항과 관련된 것은 국립농산물품질관리원장이 정하여 고시

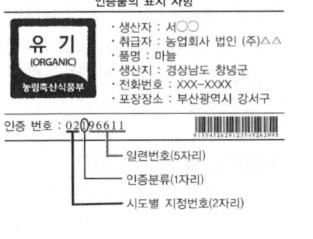

| 인증품의 표시 사항 |
| 유 기 (ORGANIC) 농림축산식품부 |
| · 생산자 : 서○○ · 취급자 : 농업회사 법인 (주)△△ · 품명 : 마늘 · 생산지 : 경상남도 창녕군 · 전화번호 : XXX–XXXX · 포장장소 : 부산광역시 강서구 |
| 인증 번호 : 02096611 |

일련번호(5자리)
인증분류(1자리)
시도별 지정번호(2자리)

경축순환농법
친환경농업을 실천하는 자가 경종과 축산을 겸업하면서 각각의 부산물을 작물 재배 및 가축 사육에 활용하고, 작물의 퇴비 소요량에 맞게 가축 사육 마릿수를 유지하는 형태의 농법

예제

01 유기농산물의 인증기준에서 규정한 재배 방법에 대한 설명으로 옳지 않은 것은?

① 콩과 작물재배는 허용한다.
② 화학비료의 사용은 금지한다.
③ 심근성 작물재배는 금지한다.
④ 유기합성농약의 사용은 금지한다.

02 유기재배용 종자 선정 시 사용이 절대 금지된 것은?

① 일반종자
② 유전자변형 종자
③ 유기재배된 종자
④ 내병성이 강한 품종

03 유기농산물 재배 시 가축분뇨를 원료로 하는 퇴비로 사용이 가능한 농장이 아닌 것은?

① 유기축산물 인증 농장
② 경축순환농법으로 사육하는 농장
③ 무항생제축산물 인증 농장
④ HACCP 인증 농장

04 다음 글에서 (㉠) 안에 들어갈 말로 옳은 것은?

유기농산물의 세척 등에 사용되는 용수는 (㉠)의 수질기준에 적합할 것

① 먹는 물　　　　　　　　② 농업용수
③ 지하수　　　　　　　　④ 수돗물

05 농림축산식품부 소관 친환경농어업 육성 및 유기식품 등의 관리·지원에 관한 법률 시행규칙 상 유기농업자재의 표시기준 작도법(도형 표시)에서 공시 마크의 바탕색은?

① 연두색
② 흰색
③ 파란색
④ 청록색

06 농림축산식품부 소관 친환경농어업 육성 및 유기식품 등의 관리·지원에 관한 법률 시행규칙 상 70% 이상이 유기농축산물인 제품의 제한적 유기 표시 허용기준으로 틀린 것은?

① 유기 또는 이와 유사한 용어를 제품명 또는 제품명의 일부로 사용할 수 없다.
② 표시 장소는 주표시면을 제외한 표시면에 표시할 수 있다.
③ 원재료명 표시란에 유기농축산물의 총함량 또는 원료·재료별 함량을 g 혹은 kg으로 표기해야 한다.
④ 최종 제품에 남아 있는 원료 또는 재료의 70% 이상이 유기농축산물이어야 한다.

07 다음 중 유기 인증 로고의 표시를 할 수 있는 제품은?

① 인증품이면서 유기 원료 85% 이상인 제품
② 인증품이면서 유기 원료 95% 이상인 제품
③ 비인증품이면서 유기 원료 70% 이상인 제품
④ 비인증품이면서 유기 원료 80% 이상인 제품

08 유기농산물의 인증품에 표시해야 할 인증 정보 중 틀린 것은?

① 업체명
② 전화번호
③ 사업장 소재지
④ 납품번호

공시 기관명

[유기농업자재 표시 도형]

해설

01 녹비작물·콩과 작물·심근성 작물을 재배하여 지력 증진에 힘쓴다.

02 종자는 최소한 1세대 이상 유기재배 방법에 따라 재배된 것을 사용하며, 유전자변형농산물인 종자는 사용하지 않아야 한다.

05 유기농업자재 공시를 나타내는 도형 또는 글자의 표시-작도법(친환경농어업 육성 및 유기식품 등의 관리·지원에 관한 법률 시행규칙 [별표 21])
공시 마크 바탕색은 흰색으로 하고, 공시 마크의 가장 바깥쪽 원은 연두색, 유기농업자재라고 표기된 글자의 바탕색은 청록색, 태양, 햇빛 및 잎사귀의 둘레 색상은 청록색, 유기농업자재의 종류라고 표기된 글자의 바탕색과 네모 둘레는 청록색으로 한다.

06 ③ 원재료명 표시란에 유기농축산물의 총함량 또는 원료·재료별 함량을 백분율(%)로 표시한다(친환경농어업 육성 및 유기식품 등의 관리·지원에 관한 법률 시행규칙 [별표 6]).

07 원재료 함량에 따라 유기로 표시하는 방법(유기식품 및 무농약농산물 등의 인증에 관한 세부실시요령 [별표 4])

08 인증품 또는 인증품의 포장·용기에 표시 내용
• 인증 사업자의 성명 또는 업체명
• 전화번호
• 사업장 소재지
• 인증번호
• 생산지

정답 01 ③ 02 ② 03 ④ 04 ① 05 ② 06 ③ 07 ② 08 ④

기출 키워드

농산물의 유통경로, 유기농산물의 유통경로

📖 **TIP**

유기농산물 유통의 특성
• 구매 빈도가 낮아 일반매장에서 판매가 용이하지 않다.
• 소포장 유통으로 가격이 고가이다.
• 소품목의 소량 생산체제이다.
• 가격과 품질면에서 차별화된 상품이 많다.

(3) 적정 유통경로

① 농산물의 일반적인 유통경로
   ㉠ 수집 → 중계 → 분산
   ㉡ 생산자 → 산지시장 → 도매시장 → 중간도매상(상인 도매상, 대리점, 브로커, 제조업자 도매상) → 소매상 → 소비자

② 유기농산물의 유통경로

유통경로	내용
생산자와 소비자의 직거래 유통	• 서로 아는 사이의 직접 배송이나 택배를 통해 생산자와 소비자가 거래할 수 있고 종교·사회단체의 계절 행사나 일회성 판매를 통한 유통 방식이다. • 소비자의 요구에 의해 생산되는 것이 아니므로 생산자가 소비자를 직접 찾아다니면서 홍보부터 시작해야 하는 어려움이 있다.
생산자와 소비자단체(생협)의 제휴·신뢰를 토대로 한 유통	• 생산자와 소비자의 상호 교류 및 신뢰 관계를 통해 일반 시장의 유통에서 평가되지 않는 부분까지 적용하는 유통 방식이다. • 생산자와 소비자가 상호 협의하여 공급 예정량을 확정하고 이에 기초하여 책임 생산, 책임 소비를 한다. • 최근 물류 사업의 효율성을 높이기 위해 물류를 통합하는 등 자체 물류센터를 거점으로 집배송의 규모화를 꾀하고 있다.
전문 유통사업체를 통한 유통	• 다양한 전문 유통 사업체(백화점, 유기농산물 전문 매장, 농협 등)가 생겨나 친환경 유기농산물 시장 규모가 빠르게 커지고 있다. • 전문 유통 조직들은 소매점과 택배를 통하거나 대형 식품매장에 전문 코너를 통해 친환경 유기농산물을 유통하기도 한다.
인터넷쇼핑몰을 통한 유통	• 인터넷 사용의 증가로 다양한 친환경 농산물 온라인 쇼핑몰이 운영되며 해외 유기식품 관련 판매 쇼핑몰도 증가하고 있다. • 친환경 유기농산물을 취급하는 유통 조직들이 규모는 다르더라도 대부분 인터넷을 통해 주문 판매 사업을 운영하고 있다.
공공급식을 통한 유통	• 학교 급식에서 친환경 농산물을 이용하는 것이 일반화되고 있다. • 최근 친환경 유기농산물 유통의 최대 비중을 차지하며 더욱 증가할 전망이다.
로컬 푸드매장으로 유통	로컬 푸드매장에 친환경 인증 농산물이 유통되는 비중은 크지 않지만 지역 단위 인증 시스템의 확립으로 인한 로컬 매장을 통한 유통이 중요한 대안으로 떠오르고 있다.

예제

농산물의 일반적인 유통경로는?

① 중계 – 분산 – 가공
② 중계 – 분산 – 수집
③ 수집 – 중계 – 분산
④ 분산 – 가공 – 중계

해설

유통경로는 일반적으로 수집 과정, 중계 과정, 분산 과정의 단계로 구분한다.

정답 ③

제5절 | 유기재배 농자재 제조관리

1. 유기농업 허용물질 관리

친환경농어업 육성 및 유기식품 등의 관리·지원에 관한 법률 시행규칙 [별표 1]

(1) 토양양분관리 및 작물생육용 허용물질 선택 및 활용

사용 가능 물질	사용 가능 조건
• 농장 및 가금류의 퇴구비[볏짚, 낙엽 등 부산물을 부숙(썩혀서 익히는 것)하여 만든 퇴비와 축사에서 나오는 두엄] • 퇴비화된 가축배설물 • 건조된 농장 퇴구비 및 탈수한 가금류의 퇴구비 • 가축분뇨를 발효시킨 액상의 물질	• 국립농산물품질관리원장이 고시하는 유기농산물 인증기준의 재배 방법 중 가축분뇨를 원료로 하는 퇴비·액비의 기준에 적합할 것 • 가축분뇨를 발효시킨 액상의 물질에 사용 가능한 허용물질은 유기축산, 무항생제축산, 경축순환농법, 동물복지가 인증된 농장에서 유래한 것만 사용하고, 비료관리법에 따른 가축분뇨 발효액의 기준에 적합할 것
식물 또는 식물 잔류물로 만든 퇴비	충분히 부숙된 것일 것
버섯재배 및 지렁이 양식에서 생긴 퇴비	재배 및 양식에 쓰이는 자재는 허용물질만을 사용할 것
지렁이 또는 곤충으로부터 온 부식토	지렁이 및 곤충 먹이는 허용물질만을 사용할 것
식품 및 섬유공장의 유기적 부산물	합성첨가물이 포함되어 있지 않을 것
유기농장부산물로 만든 비료	화학물질 첨가나 화학적 제조공정을 거치지 않을 것
혈분·육분·골분·깃털분 등 도축장과 수산물 가공공장에서 나온 동물부산물	화학물질의 첨가나 화학적 제조공정을 거치지 않아야 하고, 항생물질이 검출되지 않을 것
대두박(콩에서 기름을 짜고 남은 찌꺼기), 쌀겨 유박(식물성 원료에서 원하는 물질을 짜고 남은 찌꺼기), 깻묵 등 식물성 유박류	• 유전자를 변형한 물질이 포함되지 않을 것 • 최종 제품에 화학물질이 남지 않을 것 • 아주까리 및 아주까리 유박을 사용한 자재는 비료관리법에서 정한 리친(ricin)의 유해 성분 최대량을 초과하지 않을 것
제당산업의 부산물[당밀, 비나스(사탕수수나 사탕무에서 알코올을 생산한 후 남은 찌꺼기), 식품 등급의 설탕, 포도당을 포함]	유해 화학물질로 처리되지 않을 것
유기농업에서 유래한 재료를 가공하는 산업의 부산물	합성첨가물이 포함되어 있지 않을 것
오줌	충분한 발효와 희석을 거쳐 사용할 것
사람의 배설물(오줌만인 경우는 제외)	• 완전히 발효되어 부숙된 것일 것 • 고온발효 : 50℃ 이상에서 7일 이상 발효된 것 • 저온발효 : 6개월 이상 발효된 것일 것 • 엽채류 등 사람이 직접 먹는 부위에 사용하지 않을 것
벌레 등 자연적으로 생긴 유기체	
구아노(guano : 바닷새, 박쥐 등의 배설물)	화학물질 첨가나 화학적 제조공정을 거치지 않을 것

기출 키워드

허용물질의 종류별 사용 가능 조건, 토양양분관리 및 작물생육용·병해충 관리용 자재에 모두 쓰이는 허용물질

TIP

농업형태별 자재의 사용 범위
• 일반 관행농업 : 유기농업자재, 비료, 농약 등
• 친환경농업 : 유기농업자재, 비료 일부
• 유기농업 : 유기농업자재

TIP

유기농업자재 공시제도
허용물질을 사용하여 생산된 자재인지를 확인하여 그 자재의 명칭, 주성분명, 함량 및 사용방법 등에 관한 정보를 공시하는 제도

CHAPTER 03 유기농업 일반 | **195**

톱밥

유기재배에서 토양유기물 공급, 물리성 개선, 미생물 활성화 등의 효과가 있지만 탄질비가 500 이상으로 높아 질소기아현상을 유발할 수 있으므로 퇴비화하여 사용한다. 퇴비 조제 시 수분 조절제로 사용된다.

사용 가능 물질	사용 가능 조건
짚, 왕겨, 쌀겨 및 산야초	비료화하여 사용할 경우에는 화학물질 첨가나 화학적 제조공정을 거치지 않을 것
• 톱밥, 나무껍질 및 목재 부스러기 • 나무 숯 및 나뭇재	원목 그대로거나 원목을 기계적으로 가공·처리한 상태의 것으로서 가공·처리과정에서 페인트·기름·방부제 등이 묻지 않은 폐목재 또는 그 목재의 부산물을 원료로 하여 생산한 것일 것
• 황산칼륨, 랑베나이트(해수의 증발로 생성된 암염) 또는 광물염 • 석회소다 염화물 • 석회질 마그네슘 및 마그네슘 암석 • 사리염(황산마그네슘) 및 천연석고(황산칼슘) • 석회석 등 자연에서 유래한 탄산칼슘 • 점토광물(벤토나이트·펄라이트·제올라이트·일라이트 등) • 질석(vermiculite : 풍화한 흑운모) • 붕소·철·망가니즈·구리·몰리브덴 및 아연 등 미량원소	• 천연에서 유래하고, 단순 물리적으로 가공한 것일 것 • 사람의 건강 또는 농업환경에 위해(危害)요소로 작용하는 광물질(예 석면광, 수은광 등)은 사용하지 않을 것
칼륨 암석 및 채굴된 칼륨염	천연에서 유래하고 단순 물리적으로 가공한 것으로 염소 함량이 60% 미만일 것
천연 인광석 및 인산알루미늄칼슘	천연에서 유래하고 단순 물리적 공정으로 가공된 것이어야 하며, 인을 오산화인(P_2O_5)으로 환산하여 1kg 중 카드뮴이 90mg/kg 이하일 것
자연 암석 분말·분쇄석 또는 그 용액	• 화학물질의 첨가나 화학적 제조공정을 거치지 않을 것 • 사람의 건강 또는 농업환경에 위해요소로 작용하는 광물질이 포함된 암석은 사용하지 않을 것
광물을 제련하고 남은 찌꺼기[광재 : 베이직 슬래그]	광물의 제련과정에서 나온 것으로서 화학물질이 포함되지 않을 것 예 제조 시 화학물질이 포함되지 않은 규산질 비료
염화나트륨(소금) 및 해수	• 염화나트륨(소금)은 채굴한 암염 및 천일염(잔류농약이 검출되지 않아야 함)일 것 • 해수는 다음 조건에 따라 사용할 것 – 천연에서 유래할 것 – 엽면시비용으로 사용할 것 – 염류가 쌓이지 않도록 최소량만을 사용할 것
목초액	한국산업표준의 목초액 기준에 적합할 것
키토산	국립농산물품질관리원장이 정하여 고시하는 품질 규격에 적합할 것
미생물 및 미생물 추출물	미생물의 배양과정이 끝난 후에 화학물질의 첨가나 화학적 제조공정을 거치지 않을 것
이탄(peat), 토탄(peat moss), 토탄 추출물	
해조류, 해조류 추출물, 해조류 퇴적물	
황	
주정 찌꺼기(stillage) 및 그 추출물(암모니아 주정 찌꺼기는 제외)	
클로렐라(담수녹조) 및 그 추출물	배양과정이 끝난 후에 화학물질의 첨가나 화학적 제조공정을 거치지 않을 것

예제

01 유기농산물의 토양개량과 작물생육을 위한 허용물질이 아닌 것은?

① 지렁이 또는 곤충으로부터 온 부식토

② 사람의 배설물

③ 화학공장에서 나온 부산물로 만든 비료

④ 석회석 등 자연에서 유래한 탄산칼슘

02 다음 중 유기농업에서 퇴구비의 사용이 가능한 농장으로 틀린 것은?

① 경축순환농법을 실천하는 농장

② 동물복지축산농장 인증을 받은 농장

③ 유기축산물 인증 농장

④ 화학자재에 의존하는 관행 농장

03 다음 중 유기농업에서 사용 가능한 토양개량 및 작물생육용 허용물질 중 사람의 배설물의 사용 가능 조건으로 틀린 것은?

① 완전히 발효되어 부숙된 것이어야 한다.

② 50°C 이상에서 7일 이상 고온발효된 것이어야 한다.

③ 6개월 이상 저온 발효된 것이어야 한다.

④ 엽채류 등 사람이 직접 먹는 부위에도 사용이 가능하다.

04 유기농산물의 토양개량과 작물생육을 위한 허용물질 중 광물질에 해당하지 않는 것은?

① 골분   ② 천연석고

③ 벤토나이트   ④ 질석

05 다음 중 유기농산물 및 유기임산물의 토양개량과 작물생육을 위해 사용 가능한 물질 중 병해충 관리용으로도 사용이 가능한 물질은?

① 목초액   ② 사람의 배설물

③ 석회보르도액   ④ 식물성 유박(油粕)류

해설

01 유기농업에서는 자연적인 재료만 사용된다.

02 유기축산물 또는 무항생제축산물 인증 농장, 경축순환농법(친환경농업을 실천하는 자가 경종과 축산을 겸업하면서 각각의 부산물을 작물 재배 및 가축 사육에 활용하고, 작물의 퇴비 소요량에 맞게 가축 사육 마릿수를 유지하는 형태의 농법) 등 친환경적인 농장 또는 동물보호법에 따른 동물복지축산농장 인증을 받은 농장에서 유래한 것만 사용할 수 있다.

03 ④ 엽채류 등 사람이 직접 먹는 부위에 사용하지 않아야 한다.

04 ① 골분은 동물의 뼈를 가공하여 만든 것으로 광물질이 아니다.

05 ① 목초액은 토양개량 및 작물생육용과 더불어 병해충 관리에도 사용되는 허용물질이다.

정답 01 ③   02 ④   03 ④   04 ①   05 ①

TIP

유기재배 시 허용물질 중 토양개량과 작물생육용 광물질

- 황산칼륨, 랑베나이트(해수의 증발로 생성된 암염) 또는 광물염
- 석회소다 염화물
- 석회질 마그네슘 및 마그네슘 암석
- 사리염(황산마그네슘) 및 천연석고(황산칼슘)·석회석 등 자연에서 유래한 탄산칼슘
- 점토광물(벤토나이트·펄라이트·제올라이트·일라이트 등)
- 질석(vermiculite : 풍화한 흑운모)
- 붕소·철·망가니즈·구리·몰리브덴 및 아연 등 미량원소
- 칼륨 암석 및 채굴된 칼륨염
- 천연 인광석 및 인산알루미늄칼슘
- 자연 암석 분말·분쇄석 또는 그 용액
- 광물을 제련하고 남은 찌꺼기(광재 : 베이직 슬래그)

제충국(除蟲菊)
국화과 식물로 꽃을 건조·분쇄하여 천연 살충제로 사용한다.

님(Neem)
아열대 및 열대지방에 서식하는 상록광엽식물로 씨앗, 잎, 껍질 등에 살충·해충 기피 물질을 포함한다.

(2) 병해충 관리 허용물질 선택 및 활용

사용 가능 물질		사용 가능 조건
식물 추출물	제충국	제충국에서 추출된 천연물질일 것
	데리스(Derris)	데리스에서 추출된 천연물질일 것
	쿠아시아(Quassia)	쿠아시아에서 추출된 천연물질일 것
	라이아니아(Ryania)	라이아니아에서 추출된 천연물질일 것
	님(Neem)	님에서 추출된 천연물질일 것
해수 및 천일염		잔류 농약이 검출되지 않을 것
젤라틴(gelatine)		크로뮴(Cr)처리 등 화학적 제조공정을 거치지 않을 것
난황(卵黃, 계란노른자 포함)		화학물질의 첨가나 화학적 제조공정을 거치지 않을 것
식초 등 천연산		
누룩곰팡이속(*Aspergillus* spp.)의 발효 생산물		미생물의 배양과정이 끝난 후에 화학물질의 첨가나 화학적 제조공정을 거치지 않을 것
목초액		한국산업표준의 목초액 기준에 적합할 것
담배잎차(순수 니코틴은 제외)		물로 추출한 것일 것
키토산		국립농산물품질관리원장이 고시하는 품질 규격에 적합할 것
밀랍 및 프로폴리스(propolis)		
동식물성 오일		천연유화제로 제조할 경우만 수산화칼륨을 동물성·식물성 오일 사용량 이하로 최소화하여 사용할 것. 이 경우 인증품 생산계획서에 기록·관리하고 사용해야 한다.
해조류·해조류가루·추출액		
인지실(lecithin)		
카세인(유단백질)		
버섯 추출액		
클로렐라(담수녹조) 및 그 추출물		클로렐라 배양과정이 끝난 후에 화학물질의 첨가나 화학적 제조공정을 거치지 않을 것
천연식물(약초 등)에서 추출한 제재(담배는 제외)		
식물성 퇴비 발효 추출액		• 식물성 원료를 충분히 부숙시킨 퇴비로 제조할 것 • 물로만 추출할 것
구리염, 보르도액, 수산화동, 산염화동, 부르고뉴액		토양에 구리가 축적되지 않도록 필요한 최소량만을 사용할 것
생석회(산화칼슘) 및 소석회(수산화칼슘)		토양에 직접 살포하지 않을 것
석회보르도액 및 석회유황합제		
에틸렌		키위, 바나나와 감의 숙성을 위해 사용할 것
규산염 및 벤토나이트		천연에서 유래된 단순 물리적으로 가공한 것만 사용할 것
규산나트륨		천연규사와 탄산나트륨을 이용하여 제조한 것일 것
규조토		천연에서 유래하고 단순 물리적으로 가공한 것일 것
맥반석 등 광물질 가루		• 천연에서 유래하고 단순 물리적으로 가공한 것일 것 • 사람의 건강 또는 농업환경에 위해요소로 작용하는 광물질(예 석면광 및 수은광 등)은 사용하지 않을 것
인산철		달팽이 관리용으로만 사용할 것
파라핀 오일		

📖 **TIP**

생석회와 소석회
병해충 관리용 자재로만 사용 가능하며, 토양에 직접 살포하지 않아야 한다.

📖 **TIP**

인산철의 달팽이 방제 원리
달팽이가 인산철을 섭취하면 철 이온(Fe^{3+})이 소화효소와 칼슘 대사를 방해하여 정상적인 영양 흡수가 어려워진다. 이로 인해 달팽이는 식욕이 감소하고 결국 굶어 죽게 된다.

사용 가능 물질	사용 가능 조건
중탄산나트륨 및 중탄산칼륨	
과망가니즈산칼륨	과수의 병해 관리용으로만 사용할 것
황	액상화할 경우에만 수산화나트륨을 황 사용량 이하로 최소화하여 사용할 것. 이 경우 인증품 생산계획서에 기록·관리하고 사용해야 한다.
미생물 및 미생물 추출물	미생물의 배양과정이 끝난 후에 화학물질의 첨가나 화학적 제조공정을 거치지 않을 것
천적	생태계 교란종이 아닐 것
성 유인물질(페로몬)	• 작물에 직접 처리하지 않을 것 • 덫에만 사용할 것
메타알데하이드	• 별도 용기에 담아서 사용할 것 • 토양이나 작물에 직접 처리하지 않을 것 • 덫에만 사용할 것
이산화탄소 및 질소가스	과실 창고의 대기 농도 조정용으로만 사용할 것
비누(potassium soaps)	
에틸알코올	발효 주정일 것
허브식물 및 기피식물	생태계 교란종이 아닐 것
기계유	• 과수농가의 월동 해충 제거용으로만 사용할 것 • 수확기 과실에 직접 사용하지 않을 것
웅성불임곤충	

기계유
깍지벌레 등의 방제용으로 사용되는 약제로 독성이 적어 과수 병해충에 많이 사용된다.

예제

01 유기농업에서 병해충 관리를 위하여 사용할 수 있는 물질이 아닌 것은?

① 데리스   ② 중조
③ 제충국   ④ 젤라틴

02 유기농업에서 병해충 관리를 위해서 식물에서 추출한 허용물질은?

① 님(neem) 제제   ② 파라핀유
③ 보르도액   ④ 벤토나이트

03 유기농업에서 병해충 관리를 위하여 사용할 수 있는 물질 중 달팽이 관리용으로만 사용이 가능한 허용물질은?

① 인산철   ② 과망가니즈산칼륨
③ 파라핀 오일   ④ 젤라틴

04 유기농업에서 병해충 관리용 자재 중 과수의 병해 관리용으로만 사용이 가능한 물질은?

① 황   ② 인산철
③ 과망가니즈산칼륨   ④ 파라핀 오일

해설

01 ② 중조 : 탄산수소나트륨의 속칭으로 중탄산소다의 약칭으로 유기배합사료 제조용 보조사료의 완충제로 사용한다.

02 님(neem) 제제는 아열대 및 열대지방에 서식하는 상록광엽식물인 님나무에서 추출한 식물 성분으로 친환경살충제로 주로 쓰인다.

03 ① 인산철은 달팽이 방제에 사용될 수 있는 허용물질로 달팽이의 소화를 방해하여 효과적으로 방제한다.

04 ③ 과망가니즈산칼륨은 주로 과수의 병해 방제를 위해 사용하는 물질로 산화제로 작용하여 병원균을 제거하는 기능을 한다. 과수에만 적용되는 이유는 다른 작물에 미치는 영향을 고려한 규제에 기반한 것이다.

> **정답** 01 ② 02 ① 03 ① 04 ③

기출 키워드

유기농업자재의 종류, 농축산부산물, 농업미생물, 천연식물추출물, 석회

(3) 유기농업자재 종류 및 특징

① 농축산부산물

㉠ 농산부산물

유박	면실·깨·낙화생(땅콩)·해바라기씨·대두 등 유지의 원료가 되는 많은 종자에서 유지를 추출한 나머지를 말하며 깻묵이라고도 한다.
쌀겨	• 현미에서 백미로 도정되는 과정에서 생기는 과피, 종피, 호분층 등의 분쇄 혼합물로 미강이라고 한다. • 비타민 A를 비롯해 B_1·B_6, 철분, 인, 미네랄 등 다양한 영양소들이 함유되어 있다.
청초	• 산과 들에 자생하는 풀들을 청초(산야초)라 부르며 꽃, 줄기, 뿌리 및 열매 등 여러 부위를 한꺼번에 이용할 수 있다. • 청초 속에 여러 가지 영양원을 이용한다.
당밀	• 설탕을 제조하는 과정에서 설탕을 추출하고 남는 검은 빛을 띠는 수분 20~30%의 시럽 상의 액체로 주성분은 당분이다. • 당밀은 미생물 발효 시 에너지원으로 사용되며 미생물의 발효를 촉진한다.

㉡ 기타 산업부산물

도축장 부산물	• 골분은 인산과 칼륨이 들어 있는 지효성 비료로 다년생 작물에 효과가 높다. • 육분은 도축과정에서 나오는 조직과 혈액을 건열처리한 것이다. • 혈분은 가축의 피에 열을 가하여 응고시킨 다음 건조하여 분쇄한 것으로 수용성이어서 액비를 만드는 데 중요한 자원이며 속효성으로 질소 성분이 높다. • 가공하지 않은 상태로 이용하면 병원균에 의한 오염이 발생할 수 있으므로 액비화 등 가공과정을 거쳐 사용해야 하며 합성 첨가제나 화학합성 물질 등으로 처리된 가공 제품은 사용할 수 없다.
수산물 가공 부산물	• 수산 가공품 중 원료의 약 40%에 달하는 머리, 내장 등의 생선부산물이다. • 재료로 사용되는 고등어, 꽁치 등 대부분 생선은 단백질, 인산, 칼슘이 풍부하다.
목초액	• 토양관리와 병해충 관리에 단독 또는 혼용으로 사용되는 자재로 목탄을 제조할 때 발생하는 연기가 연통을 통과할 때 냉각 응축된 액체이다. • 주요 성분은 초산이며(3~7%) pH 3 정도인 산성을 나타낸다. • 목초액은 석회 유황합제, 석회보르도액 등 강알칼리성 약제와는 혼용하여 사용해서는 안 된다.
나무 (숯, 재)	• 원목 상태거나 기계적으로 가공된 것은 사용할 수 있으나, 페인트 방부제 등 화학 처리가 된 것은 사용할 수 없다. • 숯은 다공성으로 보수성, 통기성, 투수성이 높고, 알칼리성 자재로 물리성 개선 등 토양개량에 사용한다. • 톱밥은 탄질비가 500 이상으로 높으며, 퇴비 조제 시 수분 조절제로 흔히 사용된다.

📖 TIP

톱밥은 리그닌 함량이 높아 잘 분해되지 않는 특성을 가지며, 주로 가축분 등 수분 함량이 높고 탄질비가 낮은 재료와 혼합하여 퇴비로 이용된다.

② 동식물 유제 : 식품에 사용이 가능하며 대표적인 유제로 식용유가 있으며, 살충비누, 난황유 등을 만들어 병해충을 방제한다.

③ 천연 광물질 : 황산칼륨, 랑베나이트, 석회질 마그네슘 암석, 사리염(황산마그네슘), 질석, 칼륨 암석, 천연 인광석 등이 있다.

④ 키토산 : 게나 맛살 제조 공장에서 나오는 부산물로 키틴은 식물의 섬유소와 유사한 구조를 가지는 동물성 식이섬유이다. 키토산의 pH는 3.5 내외이고 다량원소 함량은 낮으나 미량원소 중 철 함량이 비교적 많다.

⑤ 식초 및 천연산 : 식초는 4~5%의 아세트산을 주성분으로 하는 산성 용액으로 아세트산 외에 유기산·아미노산·당류·에스테르 등이 포함되어 있다.

⑥ 천연식물 추출물 : 제충국, 데리스, 쿠아시아, 라이아니아, 님 등이 있으며 유기농업에 허용된 용매로 추출하여 사용한다.

⑦ 석회 : 유기재배 시 토양관리용 자재로 석회석 등 자연에서 유래한 탄산칼슘은 사용이 가능하지만, 생석회와 소석회는 토양에 직접사용이 불가하다. 다만, 병해충 방제(석회보르도액, 석회유황액 등)의 원료로 사용이 가능하다.

⑧ 농업 미생물

고초균	• 자연계에 널리 분포하는 세균이며, 공기 중, 마른풀, 토양에 있다. 유기물 분해 능력이 높고, 균체 내부에 내생 포자(endospore)를 생성한다. • 내염성이 강하여 메주나 청국장 제조에 이용된다. 단백질이나 전분을 분해하며 끈적끈적한 분해 효소를 분비하여 떼알구조의 형성을 촉진한다.
유산균	• 20~40℃에서 공기 유무와 상관없이 빠르게 자라 젖산을 생성하여 산도가 저하되면서 병원성 미생물의 증식을 억제한다. • 요구르트, 치즈, 김치, 독일식 김치, 피클, 맥주, 와인, 사일리지, 시큼한 밀가루 반죽, 동물의 내장 등에서 분리되며 식품 발효에 주로 활용된다. • 각종 생리활성물질, 항균물질을 생산함으로써 작물의 자기방어 능력을 증가시키고, 가축의 장내에서 미생물 상을 안정화시키는 한편 사료의 효율을 증가시키는 효과를 나타낸다.
광합성균	• 빛을 이용하여 광합성을 하는 미생물로 자연에서는 지렁이 분변토, 해안 침전물, 배설물 등에서 발견된다. • 유기산, 아미노산, 당류 등을 급속히 분해하며, 질소 및 탄산가스의 이용, 토양의 산성화 방지, 질소 과잉 해소, 염류장애를 방지한다.
효모	• 주류, 빵, 장류 제조 등 식품 발효과정에 활용된다. • 효모는 쌀겨, 밀기울 등 농가부산물의 발효에서 열을 발생시키는 주요 미생물로 유기물 분해 능력이 뛰어나다. 또한 작물 및 가축 성장에 필수적인 성분인 아미노산 등을 다량으로 생산하여 사료의 기호성을 높여 준다. • 호기성 조건에서 잘 자라며 당을 발효시켜 알코올과 유기산을 생성한다.

석회석
주로 탄산칼슘($CaCO_3$)으로 이루어진 광물로, 소석회가 공기와 반응하면 다시 석회석이 됨

생석회
산화칼슘(CaO)으로, 석회석을 고온에서 가열하여 이산화탄소를 제거한 형태

소석회
생석회에 물을 첨가하여 발열반응이 일어나면서 생성되는 수산화칼슘[$Ca(OH)_2$]

보르도액

석회와 황산구리를 물에 섞어 만든 혼합액으로 곰팡이, 세균성 병원균을 예방하는 역할

광합성균

산소가 부족한 환경에서도 빛에너지를 이용해 유기물을 분해할 수 있는 미생물이다. 광합성균을 축사 바닥이나 분뇨 저장조에 투입할 경우 황화수소와 암모니아 농도가 30~70% 감소되기도 한다.

랑베나이트

해수의 증발로 생성된 천연광물

예제

01 유기농업자재 중 현미에서 백미로 도정되는 과정에서 생기는 분쇄 혼합물로 비타민 A를 비롯해 B_1, B_6, 철분, 인, 미네랄 등 다양한 영양소들이 함유된 것은?

① 유박
② 쌀겨
③ 청초
④ 당밀

02 병해충 관리를 위해 사용이 가능한 유기농자재 중 식물에서 얻을 수 있는 것은 무엇인가?

① 유황
② 목초액
③ 규조토
④ 보르도액

03 빛 에너지를 이용하여 동화 작용을 하는 세균으로 유해가스를 유용 물질로 전환하고 악취제거에 탁월한 세균으로 옳은 것은?

① 고초균
② 광합성균
③ 유산균
④ 효모

04 유기농업자재 중 천연식물 추출물의 재료로 사용되는 것이 아닌 것은?

① 랑베나이트
② 제충국
③ 라이아니아
④ 쿠아시아

해설

01 **쌀겨**
- 현미에서 백미로 도정되는 과정에서 생기는 과피, 종피, 호분층 등의 분쇄 혼합물로 미강이라고 한다.
- 비타민 A를 비롯해 B_1, B_6, 철분, 인, 미네랄 등 다양한 영양소들이 함유되어 있다.

02 **목초액** : 나무를 숯으로 만들 때 발생하는 연기가 외부 공기와 접촉하면서 액화되는 것으로, 그 성분은 초산이다.

03 광합성균은 빛 에너지를 이용하여 동화 작용을 하는 세균으로 광합성균의 유해가스를 유용 물질로 전환하고 악취제거에 탁월하다.

04 천연식물 추출물의 재료로 이용되는 것은 제충국, 데리스, 쿠아시아, 라이아니아, 님 등이 있으며 유기농업에 허용된 용매로 추출하여 사용한다.

정답 01 ② 02 ② 03 ② 04 ①

2. 제조 및 이용 방법

(1) 제조 시 사용 가능 조건 및 이용 방법

① 토양양분관리용 자재

ㄱ 액비 제조 시 발효의 종류

알코올 발효	• 미생물이 무산소 호흡을 통해 당류를 에탄올과 이산화탄소로 분해하는 과정으로 포도당 분해과정에서 효모가 포도당을 완전히 분해하지 못하고 에탄올(흔히 알코올)을 생성해 낸다.
젖산 발효	• 젖산균, 유산균의 미생물이 당으로 젖산을 만든다. • 유제품(치즈, 요구르트, 버터)과 김치, 양조 식품(된장, 간장) 등을 만들 때 이용한다.
초산 발효	막걸리가 오래되면 신맛을 띠는 발효과정이다.

ㄴ 활용 미생물 : 유산균, 고초균, 광합성 세균, 방선균, 곰팡이류

ㄷ 재료 선택 및 발효 조건

- 유기성·무기성 원료 : 질소[깻묵류(유박), 혈분, 생선, 어분 등], 인산(골분, 쌀겨 등), 칼륨(재, 맥반석 등), 칼슘과 마그네슘(석회 고토, 패화석 등)
- 당 : 당밀, 설탕 등 탄소원이 되어 발효 시 에너지원으로 사용된다.
- 온도 : 20~40℃가 적당하며, 온도가 높을수록 미생물 활동이 왕성해진다.
- 공기 : 호기성 발효는 빨리 분해되고 유산균, 효모, 광합성균은 혐기 발효가 된다.

ㄹ 주요 액비 종류와 특성

생선 액비	• 생선부산물과 당밀을 1:1로 혼합하여 1년 이상 발효시킨다. • 고등어, 꽁치 등의 생선은 단백질, 인산, 칼슘이 풍부하다.
어분 액비	• 생선과 물을 함께 끓인 후 유분과 수분을 제거한 것으로 가공하기 부적합한 잡어나 생선부산물 등을 이용한다. • 질소 7~10%, 인산 4~9%로 질소와 인산 공급 효과가 높다.
골분 액비	• 골분은 질소 1~4%, 인산 22%로, 인산 성분이 높다. • 마디가 짧아지고, 잎이 두꺼워지며, 과실의 당도가 증가한다.
난각 액비	달걀껍데기를 식초에 녹이면 칼슘과 다양한 무기 영양소가 추출되어 농가에서 쉽게 식물 영양제로 이용할 수 있다.
미강·참깨 액비	쌀겨라고도 하며, 현미를 도정할 때 생기는 것으로 비타민을 비롯해 인산, 철분, 미네랄 등 다양한 영양소들을 함유하고 있다.
쌀겨·대두박 액비	쌀겨와 대두박을 발효시킨 액비는 질소와 인산을 공급하여 작물의 생육을 돕고 병 발생을 감소시키는 효과가 있다.
퇴비차 (compost tea)	• 퇴비차란 완전히 부숙한 유기물 퇴비를 재료로 하여 공기를 불어 넣어 퇴비로부터 물에 잘 녹는 수용성 양분과 유용한 미생물을 액상으로 발효시켜 만드는 것이다. • 토양과 작물에 유용한 미생물 및 생성 물질을 공급하여 토양을 건전하게 만들고 식물 생장 촉진 및 병원균의 생육을 억제한다.

기출 키워드

토양양분관리용 자재의 종류, 병해충 관리용 자재의 종류, 주요 액비의 종류, 석회보르도액, 난황유

당밀

제당과정에서 설탕을 추출한 후 남는 검은빛을 띠는 수분 20~30%의 시럽 형태 액체

② 병해충 관리용 자재

석회보르도액	• 예방을 위한 보호살균제로 포도 노균병 방제에 효과적이다. • 식물체에 살포된 보르도액은 건조되어 엷은 막을 형성하게 되고, 이것은 천천히 공기 중의 이산화탄소나 식물체의 분비액(이슬)에 의하여 가용 상태의 구리염으로 변화된다. • 구리(Cu^{2+})는 병원균의 표면에 흡착되어 침투하고, 균의 생리작용을 교란하여 발아하지 못하도록 하여 살균 작용을 한다.
석회유황합제	• 생석회와 유황을 혼합한 알칼리성 살균제이다. • 살균 작용과 응애, 깍지벌레, 진딧물 등에 살충 작용이 있다. • 과수 병해충의 관리에 사용되고 있다. • 값이 저렴하다.
난황유	• 식용유를 달걀노른자로 유화시킨 현탁액으로 작물 보호제로 사용된다. • 쉽게 만들 수 있고, 인축 독성 및 환경오염이 없다. • 달걀노른자는 유화제 역할을 하고 식용유는 해충을 기름으로 덮어 질식하게 만드는 살충효과를 보인다. • 흰가루병과 응애, 가루이, 깍지벌레 등의 방제에 효과가 있다.

TIP

난황유 만드는 방법
물 100mL에 달걀노른자 1개를 넣고 믹서기로 3~5분간 완전히 풀어준 후 식용유 60mL를 첨가하여 5분 이상 섞어 난황유 원액을 만든다. 이 원액을 물 20L에 희석해 잎 앞뒷면에 골고루 살포한다.

예제

01 과수원에서 쓸 수 있는 유기자재로 가장 옳지 않은 것은?

① 현미식초　　　② 생선 액비　　　③ 광합성 세균　　　④ 생장촉진제

02 토양개량용 액비를 제조할 때 인산의 함량이 가장 많은 자재는 무엇인가?

① 유박　　　② 패화석　　　③ 골분　　　④ 나뭇재

03 유기농산물의 병해충 관리를 위해 사용 가능한 물질인 보르도액에 대한 설명으로 틀린 것은?

① 보르도액의 유효성분은 황산구리와 생석회이다.
② 조제 후 시간이 지나면 살균력이 떨어진다.
③ 석회유황합제, 기계유제, 송지합제 등과 혼합하여 사용할 수 있다.
④ 에스터제와 같은 알칼리에 의해 분해가 용이한 약제와의 혼합사용은 피한다.

04 친환경적인 병충해 방제를 위해 최근에 개발·보급된 난황유가 적용되는 병해가 가장 적절하게 짝지어진 것은?

① 탄저병　　　② 녹병　　　③ 흰가루병　　　④ 잿빛곰팡이병

해설

01 생장촉진제는 유기자재로 적합하지 않다.

02 골분은 동물의 뼈를 가공하여 만든 비료로, 인산 함량이 높다.

03 보르도액은 황산구리와 생석회를 섞어 만든 약제로 황산구리는 살균효과를, 생석회는 산도를 조절하여 약효를 안정화하는 역할을 한다. 주재료 대신 석회유황합제, 기계유제, 송지합제 등과 혼합하여 사용할 경우 약제의 화학적 성질이 변하거나 작용이 상쇄된다.

04 난황유는 흰가루병에 방제 효과가 높으며 해충에서는 응애, 가루이, 깍지벌레 등에 효과가 뛰어나다.

정답 01 ④　02 ③　03 ③　04 ③

제6절 | 유기축산

1. 유기축산 일반

(1) 우리나라 유기축산 현황

① 우리나라 유기축산 인증기준

    ㉠ 우리나라는 2001년부터 유기축산물 인증을 국내에 도입하였다.

    ㉡ 2009년부터는 HACCP 농장인증을 받은 농가 중 유기축산물 인증을 받은 농가를 대상으로 친환경축산 직접지불금을 지급하고 있다.

② 우리나라 농가 인증 현황

    ㉠ 유기축산물 생산은 전반적으로 확대되는 추세를 보이고 있으며, 농가 수도 완만하지만 증가하는 추세이다.

    ㉡ 무항생제축산물의 생산량은 연도별 부침이 있으나, 농가 수는 전반적으로 감소 추세에 있고, 농가당 출하량은 규모화되고 있다.

    ㉢ 전체 축산농가 수를 고려하면 인증 농가 비율은 낮은 수준인데, 인증을 위한 생산비는 증가하나 생산성이 낮으며 유기축산물 인증을 위한 어려움이 있기 때문이다.

③ 유기축산물 품목별 생산량 : 2022년 기준 우유가 97%, 계란이 1.8%였다.

④ 친환경축산물 판매 현황 : 대부분 무항생제, HACCP, 동물복지 인증의 제품이 판매되고 있다.

예제

01 친환경농축산물 인증의 종류가 아닌 것은?

① 유기농산물

② 유기축산물

③ 무농약축산물

④ 무농약농산물

02 유기축산에 대한 설명으로 틀린 것은?

① 양질의 유기사료 공급

② 가축의 생리적 욕구 존중

③ 유전공학을 이용한 번식기법 사용

④ 환경과 가축 간의 조화로운 관계 발전

해설

01 친환경농축산물
- 유기농산물 · 유기축산물 및 유기임산물
- 무농약농산물

기출 키워드

친환경축산물의 인증 종류, 유기축산의 개념, 유기가축 전환 기간

TIP

친환경축산물은 2020년 무항생제축산물이 친환경농어업 육성 및 유기식품 등 관리지원에 관한 법률에서 축산법으로 이관되면서 친환경 인증에서 제외되었다.

TIP

Codex 위원회에 규정된 유기축산의 개념

축산물의 생산과정에서 수정란 이식이나 유전자조작을 거치지 않은 가축에 각종 화학비료, 농약을 사용하지 않고 또한 유전자조작을 거치지 않은 사료를 근간으로 그 외 항생물질, 성장호르몬, 동물성 부산물 사료, 동물약품 등 인위적 합성첨가물을 사용하지 않은 사료를 급여하고 집약 공장형 사육이 아니라 운동이나 휴식 공간, 방목 초지가 겸비된 환경에서 자연적 방법으로 분뇨 처리와 환경이 제어된 조건에서 사육 · 가공 · 유통 · 평가 · 표시된 가축의 사육 체계와 그 축산물을 의미한다.

02 유기축산
- 토지-식물-가축 간의 조화 및 순환이 되는 것을 근간으로 한다.
- 적절한 사육 공간, 행동에 필요한 적절한 사양 관리 체계를 도입하여 스트레스를 최소화하면서 질병 예방과 건강 증진을 위한 가축 관리가 요구된다.
- 유기축산 농가에서 이행해야 할 사항으로는 경영관리 기록, 전환기 관리, 동물(가축) 복지관리, 항생제 사용 금지, 사료 GMO 혼입 금지, 사료작물 생산, 화학비료 사용 금지, HACCP 인증된 도축장에서 도축해야 한다.

정답 01 ③ 02 ③

(2) 사육 방법과 사육환경

친환경농어업 육성 및 유기식품 등의 관리·지원에 관한 법률 시행규칙 [별표 4]

① 가축의 선택, 번식 방법 및 입식
  ㉠ 사용 금지된 번식 방법 : 수정란 이식기법, 번식호르몬처리, 유전공학을 이용한 번식기법
  ㉡ 타농장에서 가축을 들일 경우 : 유기축산물 인증농장의 가축
② 전환기간
  ㉠ 전환기간이 필요한 경우
    • 관행농장이 유기농장으로 전환할 경우
    • 유기가축이 아닌 가축을 유기농장에 입식할 경우
  ㉡ 가축 종류별 전환기간(최소사육기간)

가축의 종류	생산물	전환기간(최소사육기간)
한우·육우	식육	입식 후 12개월
젖소	시유 (시판 우유)	• 착유우는 입식 후 3개월 • 새끼를 낳지 않은 암소는 입식 후 6개월
면양·염소	식육	입식 후 5개월
	시유 (시판 우유)	• 착유양은 입식 후 3개월 • 새끼를 낳지 않은 암양은 입식 후 6개월
돼지	식육	입식 후 5개월
육계	식육	입식 후 3주
산란계	알	입식 후 3개월
오리	식육	입식 후 6주
	알	입식 후 3개월
메추리	알	입식 후 3개월
사슴	식육	입식 후 12개월

TIP

인증기관의 승인을 받아 일반 가축을 입식할 수 있는 조건
- 부화 직후 또는 젖을 뗀 직후의 가축인 경우(소를 가축 시장 등에서 입식하는 경우 출생 후 10개월 이내만 인정함)
- 원유 생산용, 알 생산용 또는 녹용 생산용으로 육성축 또는 성축이 필요한 경우
- 번식용 수컷이 필요한 경우
- 가축전염병 발생에 따른 폐사로 새로운 가축을 입식하려는 경우
- 신규 인증을 신청한 농장(신청서를 제출한 날로부터 1년 이내에 인증을 유지한 농장은 제외)에서 인증신청 당시 사육하고 있는 전체 가축을 전환하려는 경우

전환기간(유기식품 및 무농약농산물 등의 인증에 관한 세부실시요령 [별표 1])
- 일반농가가 유기축산으로 전환하거나 유기가축이 아닌 가축을 유기농장으로 입식하여 유기축산물을 생산·판매하려는 경우에는 가축의 종류별 전환기간(최소사육기간) 이상을 유기축산물 인증기준에 따라 사육하여야 한다.
- 전환기간은 인증기관의 감독이 시작된 시점부터 기산하며, 방목지·노천구역 및 운동장 등의 사육여건이 잘 갖추어지고 유기사료의 급여가 100% 가능하여 유기축산물 인증기준에 맞게 사육한 사실이 객관적인 자료를 통해 인정되는 경우 전환기간 2/3 범위 내에서 유기사육기간으로 인정할 수 있다.
- 전환기간의 시작일은 사육형태에 따라 가축 개체별 또는 개체군별 또는 축사별로 기록 관리하여야 한다.
- 전환기간이 충족되지 아니한 가축을 인증품으로 판매하여서는 아니 된다.
- 전환기간이 설정되어 있지 아니한 가축은 해당 가축과 생육기간 및 사육방법이 비슷한 가축의 전환기간을 적용한다. 다만, 생육기간 및 사육방법이 비슷한 가축을 적용할 수 없을 경우 국립농산물품질관리원장이 별도 전환기간을 설정한다.
- 동일 농장에서 가축·목초지 및 사료작물 재배지가 동시에 전환하는 경우에는 현재 사육되고 있는 가축에게 자체농장에서 생산된 사료를 급여하는 조건하에서 목초지 및 사료작물 재배지의 전환기간은 1년으로 한다.

예제

다음 중 전환기간을 거쳐 유기가축으로 생산하고자 하는데 전환기간으로 옳지 않은 것은?
① 육우 송아지 식육의 경우 6개월령 미만의 송아지 입식 후 6개월
② 젖소 시유의 경우 착유우는 90일
③ 식육 오리의 경우 입식 후 출하 시까지(최소 6주)
④ 돼지 식육의 경우 입식 후 출하 시까지(최소 3개월)

해설
④ 돼지 식육의 경우 입식 후 출하 시까지 최소 5개월

정답 ④

2. 유기축산의 사료 생산 및 급여

(1) 유기축산 사료의 조성, 종류 및 특징

① 사료의 분류

ㄱ 영양 가치에 따른 분류
- 조사료 : 부피가 크고 거친 사료로, 조섬유 함량은 10% 이상인 것으로 볏짚, 건초, 사일리지, 청초, 산야초 등이 있다.
- 농후사료 : 부피가 작고 조섬유 함량도 비교적 적은 것으로 단백질, 탄수화물, 지방의 함량은 비교적 높다. 각종 곡류, 단백질 사료 및 배합사료가 이에 속한다.

기출 키워드

조사료·농후사료의 개념 및 종류와 특성, 주성분에 따른 사료의 분류, 곡물사료의 종류 및 특징, 근괴사료, 사일리지의 장단점, 자급 사료 기반

TIP

- 조사료 : 섬유소↑, 에너지↓ → 위장 건강과 기초 영양
- 농후사료 : 섬유소↓, 에너지·단백질↑ → 생산성 향상

CHAPTER 03 유기농업 일반 | **207**

ⓛ 주성분에 따른 분류

단백질 사료	단백질이 20% 이상 들어 있는 것으로 대두박, 그 외의 유박류, 동물질 사료가 포함된다.
전분질 사료	곡류, 감자, 고구마 등
지방질 사료	지방의 함량이 15% 이상 함유된 생쌀겨, 콩, 누에번데기를 말한다.
섬유질 사료	조섬유 함량이 20% 이상 함유된 볏짚, 야건초, 보릿겨 등이 이에 속한다.
무기질 사료	골분, 소금, 인산칼슘제, 무기물 혼합제 등
비타민 사료	간유 분말, 발효 탈지유 등

② 사료의 종류 및 특징

ⓖ 조사료

- 대부분은 농후사료보다 미량광물질과 칼슘의 함량이 높다.
- 초식가축의 주영양소 공급원이며, 젖소의 경우 일정 수준의 유지방 유지를 위해서 반드시 급여해야 한다.
- 반추가축의 반추위의 기능과 건강 유지를 위해 반드시 일정량 이상의 조사료를 급여하여야 한다.
- 돼지의 비육 말기의 사료로 사용하지 말아야 한다.
- 조사료의 종류 및 특징

벼과(화본과) 목초	• 오처드그라스 : 우리나라에서 가장 많이 재배된다. • 이틸리안라이그래스 : 청예의 이용이 가장 일반적이며, 사일리지용으로도 재배된다. • 티머시 : 알팔파나 클로버와 함께 혼파한다. • 리드카나리그라스 : 잎이 거칠고 무성하게 자라는 것이 특징이다. • 페레니얼라이그래스 : 방목용 초지로 효과적이며 여름에는 심한 하고현상이 일어난다.

콩과(두과) 목초	• 잎, 줄기에 풍부한 단백질을 저장하므로 가축에 급여하는 경우 고단백 영양 공급제 역할을 한다.
	• 인, 칼륨, 칼슘과 같은 골격 형성 영양소 광물질과 비타민과 같은 성장 보충 인자를 급여하는 효과도 있다.
	• 그 밖에 토양의 비옥도 증진 및 침식 방지에도 도움을 준다.
	  - 알팔파 : 영양가가 풍부하며 건초로 이용 시 사료적 가치가 높다.
	  - 라디노클로버 : 혼파 초지에 파종한다.
	  - 레드클로버 : 주로 건초용으로 재배된다.

청예사료	수단그라스, 호밀, 귀리, 무, 비트, 순무, 유채 등
야초	야생의 풀로서 논두렁, 밭가, 길섶, 산에서 채취하는 모든 종류의 야초류를 총칭한다.
고간류	볏짚, 보릿짚, 밀짚 그리고 옥수수대를 총칭한다.

ⓛ 농후사료

- 단백질 사료
  - 대부분 가축의 체외에서 사료의 형태로 공급된다.

청예사료
식물이 신선한 상태일 때 베어 가축에게 공급하는 사료로, 주로 풋베기 사료의 한 종류

고간류(藁稈類)
보리, 밀 등의 곡류를 수확한 후 남은 잎과 줄기로, '짚'이라고도 한다. 섬유소와 리그닌 함량이 높아 반추동물의 영양 공급에 중요한 역할을 한다.

208 | PART 01 핵심이론

- 단백질 함량이 20% 들어가 있으며 대두박, 임자박, 채종박 등의 식물성 단백질 사료와 어분, 우모분, 어즙, 육골분과 같은 동물성 단백질 사료가 있다.
- 강피류 사료 : 곡류를 도정하거나 제분할 때 생산되는 부산물로, 곡류에 비해 단백질, 조섬유, 비타민 B군의 함량이 많으나 전분의 함량이 적으며, 특히 광물질 중 인산의 함량이 많다.
- 유지사료
  - 식물성 유지 : 옥수수기름, 콩기름, 면실유, 채종유 등
  - 동물성 유지 : 그리스, 라드, 탈로우 등
- 근괴사료
  - 고구마 : 주로 식용으로 쓰이고 사료용으로는 잘 사용되지 않는다.
  - 타피오카 : 열대성 근괴식물로 단위 면적당 생산량이 매우 높고, 영양소 함량은 고구마와 같으나 가격이 더 저렴하여 에너지 사료로 각광받고 있다.
- 곡물사료
  - 가축뿐만 아니라 식량으로 이용될 수 있으며 주요 영양원은 탄수화물이다.
  - 에너지 함량이 높고 조섬유의 함량이 낮다.
  - 영양소의 소화율이 높고 기호성이 좋다.
  - 단백질의 함량이 낮고 그 질이 좋지 못하다.
  - 비타민 A와 D, 칼슘과 유효 인의 함량이 낮다.
  - 비타민 B, B_1 및 나이아신의 함량이 낮다.
  - 곡물사료의 종류 및 특징

옥수수	• 곡류사료 중 가장 많이 배합되는 원료 사료(배합사료의 50~70%)이다. • 가용무질소물의 함량이 높고 지방의 함량도 비교적 높으며 조섬유의 함량도 낮기 때문에 TDN(가소화영양소총량), DE(가소화 에너지), ME(대사에너지), NE(정미에너지)등으로 표시되는 에너지도 높고 모든 가축에 대해 기호성도 좋다.
수수	• 영양소 함량이 옥수수와 비슷하여 가용무질소 함량이 약 79%로, 대부분이 전분이며, 섬유소 함량이 적어 TDN은 옥수수만큼 높다. • 지방과 비타민 A의 공급 능력이 적고, 칼슘과 비타민 D 함량도 매우 낮다.
밀	• 육종 개량된 것이 사료로 쓰이며 약 20%가 제분부산물인 밀기울로 생산되어 사료로 사용된다. • 주성분은 전분이며 소화도 잘되고 TDN의 함량도 높고 옥수수, 보리보다 단백질 함량이 높고 질이 우수하다. • 에너지 함량은 옥수수보다 약간 낮고 보리보다는 훨씬 높다.
보리	• 옥수수에 비해 단백질 함량이 약간 높다. • 단백질의 아미노산 조성도 옥수수보다 우수한 편이다.

면실유

목화씨에서 짜낸 기름으로 고시폴이라는 독성물질이 함유되어 있어 사료로는 사용이 극히 제한적이다.

TIP

사료용 옥수수

단백질 함량은 다른 곡류에 비해 낮고, 칼슘과 인의 함량도 낮으며, 아미노산 조성에 있어서도 라이신과 트립토판이 부족하다.

TDN(Total Digestible Nutrients, 가소화영양소총량)

가축이 소화·흡수할 수 있는 영양분의 총합으로, 사료의 실질적인 에너지 가치를 나타내는 지표이며 단위는 %로 표시된다. 예를 들어 TDN 70%는 100g의 사료 중 70g을 가축이 에너지로 이용할 수 있음을 의미한다.

쌀	• 단백질 함량은 옥수수보다 낮으며 카로틴도 거의 함유하고 있지 않다. • 쌀 단백질의 제한아미노산은 라이신과 트레오닌이며, 조섬유와 지방의 함량은 매우 낮다.
그 밖의 곡물사료	호밀, 귀리, 조, 메밀

TIP

사일리지(silage)

옥수수, 수수, 벼 등 수분이 많은 사료작물을 밀폐된 용기나 비닐에 담아 유산균을 이용하여 발효시켜 장기간 저장 및 보존하는 사료로, 산소가 없는 혐기성 환경에서의 젖산발효에 의해 만들어진다. 발효가 잘 된 사일리지는 황록색을 띠며, pH는 4.5 이하로 산성 상태를 유지한다.

더 알아보기

사일리지의 장단점

장점	단점
• 생초를 다즙성 그대로 연중 저장할 수 있으며 건초를 만들어 쓸 때보다 유리하게 이용한다. • 영양분 손실을 건초의 50~60%까지 줄일 수 있다. • 단위 면적당 가장 많은 건물과 카로틴을 생산한다. • 기후에 영향을 받지 않는다. • 저장 면적이 건초에 비하여 적고 기계화가 가능하다. • 가식 부분이 많으며 노동력이 적게 든다. • 잡초 종자를 죽여 발아하지 못하게 한다. • 건초와 달리 화재의 위험이 없다. • 젖, 고기 등의 생산물의 품질을 좋게 한다.	• 사일로의 건조, 커터 등 경비가 많이 소모된다. • 단시일 내에 수확, 운반하여 제조하여야 한다. • 건초에 비해 비타민 D의 함량이 적다. • 수분함량이 많으므로 건초에 비하여 무겁다. • 첨가제를 사용하는 데 어느 정도의 경비가 필요하다.

③ 자급 사료 기반(친환경농어업 육성 및 유기식품 등의 관리·지원에 관한 법률 세부실시요령 [별표 1])

　㉠ 초식가축의 경우에는 가축 1마리당 목초지 또는 사료작물 재배지 면적을 확보하여야 한다.

　　• 한·육우 : 목초지 2,475m² 또는 사료작물 재배지 825m²

　　• 젖소 : 목초지 3,960m² 또는 사료작물 재배지 1,320m²

　　• 면·산양 : 목초지 198m² 또는 사료작물 재배지 66m²

　　• 사슴 : 목초지 660m² 또는 사료작물 재배지 220m²

　　※ 외부에서 유기적으로 생산된 조사료(생초나 건초 등의 거친먹이)를 도입할 경우, 목초지 또는 사료작물 재배지 면적을 일부 줄일 수 있다. 이 경우 한·육우는 374m²/마리, 젖소는 916m²/마리 이상의 목초지 또는 사료작물 재배지를 확보하여야 한다.

　㉡ 국립농산물품질관리원장 또는 인증기관의 역할 : 가축의 종류별 가축의 생리적 상태, 지역 기상 조건의 특수성 및 토양의 상태 등을 고려하여 유기적으로 재배·생산된 조사료를 구입하여 급여하는 것을 인정할 수 있다.

ⓒ 목초지 및 사료작물 재배지 : 유기농산물의 재배·생산기준에 맞게 생산하여야 한다(단, 멸강충 등 긴급 병충해 방제를 위하여 일시적으로 합성농약을 사용할 수 있으며, 이 경우 국립농산물품질관리원장 또는 인증기관의 사전 승인 또는 사후 보고 등의 조치를 취하여야 한다).

ⓔ 가축분뇨 퇴·액비 사용 시 : 완전히 부숙시켜서 사용하여야 하며, 과다한 사용, 유실 및 용탈(녹아서 빠짐) 등으로 인하여 환경오염을 유발하면 안 된다.

ⓜ 산림 등 자연 상태에서 자생하는 사료작물 : 허용물질 외의 물질이 3년 이상 사용되지 않고 유기사료의 기준을 충족할 경우 인정 가능하다.

예제

01 유기축산물 생산을 위한 유기사료의 분류 시 조사료에 속하지 않는 것은?
① 건초
② 생초
③ 볏짚
④ 대두박

02 소의 사료는 기본적으로 어떤 것을 급여하는 것을 원칙으로 하는가?
① 곡류
② 박류
③ 강피류
④ 조사료

03 주사료로 조사료를 이용하는 가축은?
① 돼지
② 닭
③ 칠면조
④ 산양

04 농후사료 중심의 유기축산에 대한 문제점으로 거리가 먼 것은?
① 수입 유기 농후사료 구입에 의한 생산비용 증대
② 국내에서 생산이 어려워 대부분 수입에 의존
③ 물질순환의 문제
④ 열등한 축산물 품질 초래

05 농후사료 중 근괴사료에 속하는 것은?
① 수수
② 밀
③ 고구마
④ 보리

06 부피가 작고 조섬유의 함량은 낮으나, 단백질, 가용무질소물 등의 함량이 높은 사료는?
① 조사료
② 농후사료
③ 보충사료
④ 섬유질사료

07 다음 중 곡물사료가 아닌 것은?
① 옥수수, 수수
② 밀, 면실유
③ 귀리, 호밀
④ 보리, 쌀

📖 **TIP**

조사료와 농후사료의 차이점
조사료는 건초나 짚과 같이 지방, 단백질, 전분의 함유량이 적고 섬유질이 많은 사료이고, 농후사료는 옥수수, 강피 등 에너지와 단백질이 농축되어 있는 고영양사료로 조사료의 영양 부족을 보충하기 위해 사용된다.

CHAPTER 03 유기농업 일반 | **211**

TIP

단백질 사료는 대부분 사료의 형태로 공급되며 단백질이 20% 함유되어 있다. 대두박, 임자박, 채종박 등의 식물성 단백질 사료와 어분, 우모분, 어즙, 육골분과 같은 동물성 단백질 사료가 있다.

TIP

사일리지를 가축에게 먹이는 이유

풀이 젖산 발효로 인해 썩지 않고 장기간 보존이 가능하며, 건초보다 사료의 영양 손실이 적고, 발효로 인해 기호성이 좋아져 가축이 잘 먹는다. 또한 악천후에도 생산이 가능하여 안정적인 사료 공급원이 된다.

---

08 곡물사료의 특징으로 옳은 것은?

① 주요 영양원은 탄수화물이다.
② 전분의 함량이 적으며 특히 광물질 중 인산의 함량이 많다.
③ 단백질 함량이 높아 대부분 사료로 공급된다.
④ 대표적인 사료로 대두박, 채종박 등이 있다.

09 다음 중 사일리지의 장점으로 옳지 않은 것은?

① 수분함량이 적어 중량이 적다.
② 가축 사육의 기계화에 유리하다.
③ 사료의 저장 면적이 건초에 비하여 적다.
④ 건초 제조가 곤란한 악천후에도 사일리지 제조가 가능하다.

10 다음 중 유기축산에서 자급 사료 기반에 대한 설명으로 옳지 않은 것은?

① 초식가축은 가축 1마리당 목초지 면적을 확보해야 한다.
② 목초지의 경우 유기농산물의 재배기준에 맞게 생산하여야 하며 합성농약을 일체 사용할 수 없다.
③ 가축분뇨로 퇴비를 사용 시에는 완전히 부숙시켜 사용한다.
④ 산림 등 자연상태에 자생하는 사료작물은 허용물질 외의 물질을 3년 이상 사용하지 않은 기준을 충족할 경우 인정된다.

해설

01 ④ 대두박은 농후사료 중 단백질 사료에 해당한다.

02 반추 가축의 주요 사료 : 볏짚, 건초, 사일리지, 청초, 산야초, 생초 등의 조사료

04 농후사료는 가소화 영양소 농도가 높고 섬유질 함량이 낮으며 영양소 농도가 높은 사료의 총칭이다. 단백질이나 탄수화물, 그리고 지방의 함량이 비교적 많이 함유된 것으로 영양가가 높다. 따라서 열등한 축산물 품질을 초래하는 것은 옳지 않다.

05 근괴사료 : 고구마, 타피오카 등

06 부피가 작고 조섬유 함량은 낮으나 단백질, 가용무 질소물 등의 함량이 높은 사료로 곡류, 강피류, 바류, 근괴류, 어분, 배합사료 등이 있다.

07 ② 면실유는 목화씨에서 짜낸 기름으로 고시폴이라는 독성물질이 함유되어 있어 사료로는 사용이 극히 제한적이다.

08 곡물사료의 특징
- 가축뿐만 아니라 식량으로 이용될 수 있으며 주요 영양원은 탄수화물이다.
- 에너지 함량이 높고 조섬유의 함량이 낮다.
- 전분의 함량이 많고 단백질 함량은 적다.
- 대표적인 작물로 옥수수, 수수가 있다.

09 ① 수분함량이 많아 건초 중량의 약 3배를 취급해야 한다.

10 ② 멸강충 등 긴급 병충해 방제를 위하여 일시적으로 합성농약을 사용할 수 있으며, 이 경우 국립농산물품질관리원장 또는 인증기관의 사전 승인 또는 사후 보고 등의 조치를 취하여야 한다.

정답 01 ④ 02 ④ 03 ④ 04 ④ 05 ③ 06 ② 07 ② 08 ① 09 ① 10 ②

(2) 유기축산 사료의 배합, 조리, 가공 방법

① 유기사료의 개념과 정의 : 모든 원료 사료의 생산·가공·제조에서 최종 배합사료의 제조 시까지 반(反)유기적 성분이 포함되지 않아야 한다.

② 허용물질(친환경농어업 육성 및 유기식품 등의 관리·지원에 관한 법률 시행규칙 [별표 1])

⊙ 사료의 품질 저하 방지 또는 사료의 효용을 높이기 위해 사료에 첨가하여 사용 가능한 물질

구분	사용 가능 물질
천연 결착제	
천연 유화제	
천연 보존제	산미제, 항응고제, 항산화제, 항곰팡이제
효소제	당분해효소, 지방분해효소, 인분해효소, 단백질분해효소
미생물제제	유익균, 유익곰팡이, 유익효모, 박테리오파지
천연 향미제	
천연 착색제	
천연 추출제	초목 추출물, 종자 추출물, 세포벽 추출물, 동물 추출물
올리고당	
규산염제	
아미노산제	아민초산, DL-알라닌, 염산L-라이신, 황산L-라이신, L-글루탐산나트륨, 2-디아미노-2-하이드록시메티오닌, DL-트립토판, L-트립토판, DL메티오닌 및 L-트레오닌과 그 혼합물
비타민제 (프로비타민 포함)	비타민 A, 프로비타민 A, 비타민 B_1, 비타민 B_2, 비타민 B_6, 비타민 B_{12}, 비타민 C, 비타민 D, 비타민 D_2, 비타민 D_3, 비타민 E, 비타민 K, 판토텐산, 이노시톨, 콜린, 나이아신, 바이오틴, 엽산과 그 유사체 및 혼합물
완충제	산화마그네슘, 탄산나트륨(소다회), 중조(탄산수소나트륨·중탄산나트륨)

⊙ 사료로 직접 사용되거나 배합사료의 원료로 사용 가능한 물질

구분		사용 가능 물질	사용 가능 조건
식물성		곡류(곡물), 곡물부산물류(강피류), 박류(단백질류), 서류, 식품가공부산물류, 조류, 섬유질류, 제약부산물류, 유지류, 전분류, 콩류, 견과·식물류	• 유기농산물(유기수산물을 포함) 인증을 받거나 유기농산물의 부산물로 만들어진 것일 것 • 천연에서 유래한 것은 잔류농약이 검출되지 않을 것
동물성	단백질류, 낙농가공부산물류		• 수산물(골뱅이분을 포함)은 양식하지 않은 것일 것 • 포유동물에서 유래된 사료(우유 및 유제품은 제외)는 반추가축(소·양)에 사용하지 않을 것
	곤충류, 플랑크톤류		• 사육이나 양식 과정에서 합성농약이나 동물용의약품을 사용하지 않은 것일 것 • 야생의 것은 잔류 농약이 검출되지 않은 것일 것
	무기물류		사료관리법에 따라 농림축산식품부장관이 정하여 고시하는 기준에 적합할 것
	유지류		• 사료관리법에 따라 농림축산식품부장관이 정하여 고시하는 기준에 적합할 것 • 반추가축에 사용하지 않을 것

기출 키워드

유기사료의 개념, 유기사료의 허용물질(천연 보존제·미생물제제·아미노산제·완충제의 종류), 배합사료의 원료 중 식물성·동물성 재료로 사용 가능한 물질, 유기사료의 가공 방법 중 추출을 위해 사용 가능한 물질, 유기축산물의 급여하는 사료 첨가 금지물질, 반추가축의 급여 사료 종류, 음수의 수질조건

반유기적 성분

환경오염 물질, 인공 합성 화학 또는 생물 물질, 유전자조작 물질을 의미한다.

구분	사용 가능 물질	사용 가능 조건
광물성	식염류, 인산염류 및 칼슘염류, 다량광물질류, 혼합광물질류	• 천연의 것일 것 • 상업적으로 조달할 수 없는 경우에는 화학적으로 충분히 정제된 유사물질 사용 가능

③ 유기사료의 가공 방법(친환경농어업 육성 및 유기식품 등의 관리·지원에 관한 법률 세부실시요령 [별표 1])

㉠ 기계적, 물리적, 생물학적 방법을 이용하되 모든 원료와 최종생산물의 유기적 순수성이 유지되도록 하여야 한다. 원료의 속성을 화학적으로 변형시키거나 반응시키는 일체의 첨가물, 보조제, 그 밖의 물질은 사용할 수 없다.

㉡ 가공 및 취급과정에서 방사선은 해충방제, 가공품 보존, 병원의 제거 또는 위생의 목적으로 사용할 수 없다. 다만, 이물 탐지용 방사선(X선)은 제외한다.

㉢ 추출을 위하여 물, 에탄올, 식물성 및 동물성 유지, 식초, 이산화탄소, 질소를 사용할 수 있다.

㉣ 여과를 위하여 석면을 포함하여 생산물 및 환경에 부정적 영향을 미칠 수 있는 물질이나 기술을 사용할 수 없다.

TIP

사료의 품질 저하 방지 또는 사료의 효용을 높이기 위해 사료에 첨가하여 사용 가능한 물질
• 아미노산제(아민초산, 황산 L-라이신)
• 비타민제(엽산)

예제

01 다음 중 유기축산에서 반추가축의 사료로 첨가하면 안 되는 물질은?

① 골분
② 유익곰팡이
③ 산미제
④ 산화마그네슘

02 다음 중 유기축산에서 사료 첨가 물질 중 천연 보존제로 사용할 수 없는 물질은?

① 산미제
② 항응고제
③ 항산화제
④ 항생물질

03 유기축산물의 유기배합사료 중 식물성 단백질류에 해당하는 것으로만 나열된 것은?

① 옥수수, 보리
② 들깻묵, 아마박
③ 호밀, 귀리
④ 밀, 수수

04 다음 중 유기배합사료에 첨가하여 사용 가능한 물질 중 완충제에 해당하는 것은 무엇인가?

① 아민초산
② 탄산나트륨
③ 엽산
④ 황산L-라이신

해설

01 반추가축에게 포유동물에서 유래한 사료(우유 및 유제품을 제외)는 어떠한 경우에도 첨가해서는 안 된다.

02 ④ 사료 첨가 물질로 사용이 불가능한 것은 항생물질, 합성성장촉진물질, 대사조절물질, 합성면역강화물질, 호르몬제, 화학합성 효소 등이 있다.

03 ①・③・④는 곡물류 사료로 탄수화물이 주요 영양원이다.

식물성 단백질 사료 : 대두박, 임자박(들깻묵), 채종박, 아마박 등

04 탄산나트륨, 중조, 산화마그네슘은 유기배합사료의 완충제에 해당된다.

정답 01 ① 02 ④ 03 ② 04 ②

(3) 유기축산 사료의 급여

유기식품 및 무농약농산물 등의 인증에 관한 세부실시요령 [별표 1]

① 100% 유기사료를 급여하여야 한다.

② 유기사료의 급여가 어려운 경우(천재지변 등) : 국립농산물품질관리원장 또는 인증기관의 허락하에 일정기간 동안 유기사료가 아닌 사료를 일정비율로 급여할 수 있다.

③ 사료 종류

　㉠ 반추가축에게 담근먹이(사일리지)만 급여하면 안 되고 생초나 건초 등 조사료도 급여하여야 한다.

　㉡ 비반추가축에게도 가능한 조사료 급여를 권장한다.

④ 유전자변형농산물이 함유되면 안 된다.

⑤ 유기배합사료 제조용 단미사료 및 보조사료 : 허용자재에 한해 사용한다.

　※ 사용 가능한 자재라는 입증할 수 있는 자료를 구비한다.

⑥ 사료 첨가 금지물질

　㉠ 가축의 대사기능 촉진을 위한 합성화합물

　㉡ 반추가축에게 포유동물에서 유래한 사료(우유 및 유제품을 제외)는 어떠한 경우도 안된다.

　㉢ 합성질소 또는 비단백태질소화합물

　㉣ 항생제・합성항균제・성장촉진제, 구충제, 항콕시듐제 및 호르몬제

　㉤ 그 밖에 인위적인 합성 및 유전자조작에 의해 제조・변형된 물질

⑦ 음수 수질조건 : 생활용수 수질기준

⑧ 금지물질 : 합성농약, 합성농약 성분이 함유된 동물용의약외품

TIP

반추가축에게 조사료를 급여해야 하는 이유

담근먹이(사일리지)는 수분이 많고 부드러워서 반추가축의 되새김 작용이 약해지며, 위장운동이 줄어들지만, 건초나 생초 같은 조사료는 거칠고 씹는 시간이 길어 반추작용을 유도하여 소화기 건강 유지에 중요하다.

TIP

비의도적인 혼입 시

식품위생법에 따라 식품의약품안전처장이 고시한 유전자변형식품 등의 표시 기준에 따라 함량의 1/10 이하여야 한다. 이 경우 '유전자변형농산물이 아닌 농산물을 구분 관리하였다'는 구분유통증명서류・정부증명서 또는 검사성적서를 갖추어야 한다.

TIP

사료 첨가 금지물질
- 대사기능 촉진 합성화합물
- 반추가축에게 포유동물에서 유래한 사료(우유 및 유제품을 제외한 육골, 혈분, 동물성 유지)
- 합성질소(요소, 암모니아, 질산염) 및 비단백태 질소화합물
- 항생제·합성항균제·성장촉진제, 구충제, 항콕시듐제 및 호르몬제
- GMO작물, 합성첨가제(인공착색료, 인공감미료-사카린 등), 합성방부제(벤조산 등), 화학적 추출물

예제

01 유기축산물 인증기준에 따른 유기사료 급여에 대한 설명으로 틀린 것은?

① 천재·지변의 경우 유기사료가 아닌 사료를 일정기간 동안 일정 비율로 급여하는 것을 허용할 수 있다.
② 사료를 급여할 때 유전자변형농산물이 함유되지 않아야 한다.
③ 유기 배합사료 제조용 단미사료용 곡물류는 유기농산물 인증을 받은 것에 한한다.
④ 반추가축에게는 사일리지만 급여한다.

02 유기축산물 인증기준에 따른 사료에 첨가하면 안 되는 물질은?

① 천연유화제
② 올리고당
③ 미생물제제
④ 구충제

해설

01 유기축산물의 사료 및 영양 관리(유기식품 및 무농약농산물 등의 인증에 관한 세부실시요령 [별표 1])
반추가축에게 담근먹이(사일리지)만 급여해서는 아니 되며, 생초나 건초 등 조사료도 급여하여야 한다. 또한 비반추가축에게도 가능한 조사료 급여를 권장한다.

02 ④ 구충제는 유기축산물 인증기준에 따라 금지된 물질이다. 나머지 천연유화제, 올리고당, 미생물제제 등은 사용이 허용된다.

정답 01 ④ 02 ④

---

3. 유기축산의 질병예방 및 관리

(1) 가축전염병 등 질병예방 및 관리

① 가축전염병 예방법상 법정전염병

기출 키워드

가축전염병의 종류, 유기축산물의 질병관리, 동물용의약품 사용 후 출하 가능 기간, 투여금지 물질, 금지 행위

TIP

가축전염병은 전파력과 피해 정도에 따라 구분되며, 제1종은 전파력과 피해 정도가 가장 심각한 질병이며, 제2종과 제3종은 상대적으로 낮은 단계의 질병이다.

제1종 가축전염병	우역, 우폐역, 구제역, 가성우역, 블루텅병, 리프트계곡열, 럼피스킨병, 양두, 수포성구내염, 아프리카마역, 아프리카돼지열병, 돼지열병, 돼지수포병, 뉴캣슬병, 고병원성 조류인플루엔자 및 그 밖에 이에 준하는 질병으로서 농림축산식품부령으로 정하는 가축의 전염성 질병
제2종 가축전염병	탄저, 기종저, 브루셀라병, 결핵병, 요네병, 소해면상뇌증, 큐열, 돼지오제스키병, 돼지일본뇌염, 돼지테센병, 스크래피(양해면상뇌증), 비저, 말전염성빈혈, 말바이러스성동맥염, 구역, 말전염성자궁염, 동부말뇌염, 서부말뇌염, 베네수엘라말뇌염, 추백리(병아리흰설사병), 가금티푸스, 가금콜레라, 광견병, 사슴만성소모성질병 및 그 밖에 이에 준하는 질병으로서 농림축산식품부령으로 정하는 가축의 전염성 질병
제3종 가축전염병	소유행열, 소아카바네병, 닭마이코플라스마병, 저병원성 조류인플루엔자, 부저병 및 그 밖에 이에 준하는 질병으로서 농림축산식품부령으로 정하는 가축의 전염성 질병

② 유기축산물의 동물복지 및 질병관리(유기식품 및 무농약농산물 등의 인증에 관한 세부실시요령 [별표 1])

ⓐ 가축 질병의 예방조치
- 가축의 품종과 계통의 적절한 선택
- 질병 발생 및 확산 방지를 위한 사육장 위생관리
- 생균제(효소제 포함), 비타민 및 무기물 급여를 통한 면역기능 증진
- 질병이나 기생충에 저항력이 있는 종 또는 품종의 선택
- ※ 질병이 없는데 동물용 의약품을 투여해서는 안 된다.

ⓑ 동물용의약품을 사용하는 경우 수의사법에 따른 수의사 처방전을 농장에 비치하여야 한다.

ⓒ 예외 : 처방 대상이 아닌데 동물용의약품을 사용한 경우
- 가축의 질병예방 및 치료를 위해 사용이 가능한 물질로 만들어진 동물용의약품임을 입증하는 자료를 비치하는 경우
- 수의사법에 따른 진단서를 비치한 경우(대상 가축, 동물용의약품의 명칭·용법·용량이 기재된 경우에 한함)
- 가축전염병예방법에 따른 농림축산식품부장관, 시·도지사 또는 시장·군수·구청장의 동물용의약품 주사·투약 조치와 관련된 증명서를 비치한 경우

ⓓ ⓒ의 예외로 동물용의약품 사용 후 유기축산물로 출하가 가능한 기간 : 해당 약품 휴약기간의 2배

ⓔ 투여 금지 물질 : 생산성 촉진을 위한 성장촉진제 및 호르몬제
- ※ 단, 수의사의 처방에 따라 치료 목적으로만 사용하는 경우 수의사법에 따른 처방전 또는 진단서(대상 가축, 동물용 의약품의 명칭·용법·용량이 기재된 경우에 한함)를 농장 내에 비치하여야 한다.

ⓕ 금지 행위
- 꼬리 부분에 접착밴드 붙이기
- 꼬리 자르기
- 이빨 자르기
- 부리 자르기 및 뿔 자르기

ⓖ 물리적 거세 가능

ⓗ 동물용의약품이나 동물용의약외품을 사용할 경우
- 용법, 용량, 주의 사항 등을 준수
- 구입 및 사용 내역 등에 대하여 기록·관리
- 합성농약 성분이 함유된 물질은 사용 불가능

> **TIP**
>
> 동물용의약품을 사용한 가축은 동물용의약품을 사용한 시점부터 전환기간이 지나야 유기축산물로 출하할 수 있다.

> **TIP**
>
> **관행 돈사에서 꼬리 자르기를 하는 이유**
> 좁은 공간에서 사육되는 돼지들은 스트레스 등으로 서로의 꼬리를 물고 뜯는 행동을 하는데, 심한 경우 출혈, 감염, 꼬리 괴사로 이어진다.

예제

01 다음 중 제1종 가축전염병으로 분류되고 있는 것이 아닌 것은?

① 구제역
② 뉴캣슬병
③ 돼지열병
④ 탄저병

02 유기축산에서 가축의 질병을 예방하고 건강하게 사육하는 가장 근본적인 사항은?

① 항생물질 투여
② 호르몬제 투여
③ 저항성 품종 선택
④ 화학적 치료

03 유기축산에서 올바른 동물 관리 방법과 거리가 먼 것은?

① 항생제에 의존한 치료
② 적절한 사육밀도
③ 양질의 유기사료 급여
④ 스트레스 최소화

04 유기축산물 생산에는 원칙적으로 동물용의약품을 사용할 수 없게 되어 있는데, 예방관리에도 불구하고 질병이 발생할 경우 수의사 처방에 따라 질병을 치료할 수도 있다. 이때 최소 어느 정도의 기간이 지나야 도축하여 유기축산물로 판매할 수 있는가?

① 해당 약품 휴약기간의 1배
② 해당 약품 휴약기간의 2배
③ 해당 약품 휴약기간의 3배
④ 해당 약품 휴약기간의 4배

05 농림축산식품부 소관 친환경농어업 육성 및 유기식품 등 의 관리·지원에 관한 법률 시행규칙에 의한 유기축산물의 인증기준에서 생산물의 품질 향상과 전통적인 생산방법의 유지를 위하여 허용되는 행위는?(단, 국립농산물품질관리원장이 고시로 정하는 경우를 제외함)

① 꼬리 자르기
② 이빨 자르기
③ 물리적 거세
④ 가축의 꼬리 부분에 접착밴드 붙이기

해설

01 탄저병은 제2종 가축전염병으로 분류되고 있다.

02 유기축산에서 가축의 질병을 예방하기 위한 가장 근본적인 사항은 저항성이 있는 축종을 선택하는 것이며, 그 후 가축의 위생관리를 철저히 하고 운동을 할 수 있는 충분한 공간 등을 제공하는 것이다. 또한 비타민 및 무기물 등을 통해 면역기능을 증진시키는 것이 중요하다.

03 유기축산에서 항생제에 의존한 치료는 올바른 동물 관리 방법과 거리가 멀다.

04 **유기축산물의 동물복지 및 질병 관리(유기식품 및 무농약농산물 등의 인증에 관한 세부실시요령 [별표 1])**
동물용의약품을 사용한 가축은 동물용의약품을 사용한 시점부터 전환기간(해당 약품의 휴약기간 2배가 전환기간보다 더 긴 경우 휴약기간의 2배 기간을 적용)이 지나야 유기축산물로 출하할 수 있다. 다만, 동물용의약품을 사용한 가축은 휴약기간의 2배를 준수하여 유기축산물로 출하할 수 있다.

05 **유기축산물의 인증기준 – 동물복지 및 질병 관리(친환경농어업법 시행규칙 [별표 4])**
가축의 꼬리 부분에 접착밴드를 붙이거나 꼬리, 이빨, 부리 또는 뿔을 자르는 등의 행위를 하지 않을 것. 다만, 국립농산물품질관리원장이 고시로 정하는 경우에 해당될 때는 허용할 수 있다.

정답 01 ④ 02 ③ 03 ① 04 ② 05 ③

TIP

유기축산물에서 물리적 거세는 수컷가축의 고기 품질을 향상시키는 데 효과가 있고, 우리나라 전통적인 생산방법의 유지를 위해 예외적으로 허용한다. 다만, 거세할 경우 반드시 수의사나 숙련된 관리자가 실시해야 한다.

4. 유기축산의 사육시설

유기식품 및 무농약농산물 등의 인증에 관한 세부실시요령 [별표 1]

(1) 사육시설, 부속 설비, 기구 등의 관리

① 사육장(방목지를 포함), 목초지 및 사료작물 재배지의 조건

    ㉠ 주변으로부터의 오염 우려가 없거나 오염을 방지할 수 있는 지역

    ㉡ 토양오염 우려기준을 초과하지 않은 곳

    ㉢ 방사형 사육장의 토양에서는 합성농약 성분이 검출되지 않은 곳

    ※ 단, 관행농업과정에서 토양에 축적된 합성농약 성분의 검출량이 0.01mg/kg 이하인 경우에는 예외를 인정한다.

② 합성농약 또는 합성농약 성분이 함유된 동물용의약외품 등의 자재는 축사 및 축사의 주변에 사용 금지

③ 같은 축사 내에서 유기가축과 비유기가축을 번갈아 가며 사육 금지

④ 유기가축과 비유기가축의 병행 사육 시 준수사항

    ㉠ 서로 독립된 축사(건축물)에서 구별이 가능하도록 사육

    ㉡ 일반 가축을 유기가축 축사로 입식 금지

        ※ 단, 입식시기가 경과하지 않은 어린 가축은 예외를 인정한다.

    ㉢ 유기가축과 비유기가축의 생산부터 출하까지 구분관리

    ㉣ 사료 취급, 약품 투여 등은 비유기가축과 구분하여 기록 관리

⑤ 작업자의 위생관리

    ㉠ 사육장 입구의 발판 소독조

    ㉡ 주기적인 위생 및 방역 교육

    ㉢ 착유자의 출입 전후 소독

⑥ 도구, 설비의 위생관리 : 정기적 청소 및 소독 관리 대상

    ㉠ 사료 보관 창고

    ㉡ 사료 저장용 용기, 자동 먹이공급기 및 운반용 도구

    ㉢ 음수조 및 급수라인

    ㉣ 착유실(젖소) 내 환기, 급수시설 및 수세 시설 및 원유냉각기

    ㉤ 집란실 내 환기시설, 집란기, 집란 라인

⑦ 설치류(쥐 등) 방제 방법 : 물리적 장치 또는 허가받은 제재를 사용하되 가축이나 사료에 접촉되지 않도록 관리

기출 키워드

유기축산물의 사육장 조건, 합성농약 성분 검출량 허용 기준, 비유기축과 병행 사육 시 준수사항, 유기축산물의 축사조건, 가축별 소요면적, 목적별 사육 방법, 산란계의 축사 조건, 유기축산물의 방목조건

TIP

유기가축과 비유기가축은 구별이 가능하도록 각 축사 입구에 표지판을 설치하고, 성장단계 또는 색깔 등 외관상 명확하게 구분될 수 있도록 한다.

TIP

인증된 가축은 비유기가축사료, 금지물질 저장, 사료공급, 혼합 및 취급 지역에서 안전하게 격리되어야 한다.

예제

다음 중 유기가축과 비유기가축의 병행 사육 시 준수해야 할 사항으로 옳지 않은 것은?

① 서로 독립된 축사(건축물)에서 사육하고 구별이 가능하도록 한다.
② 일반 가축을 유기가축 축사로 입식하여서는 안 된다.
③ 사료와 약품 투여는 동일하게 취급이 가능하다.
④ 생산부터 출하까지 구분관리 계획하여 이행한다.

해설

③ 유기가축, 사료 취급, 약품 투여 등은 비유기가축과 구분하여 정확히 기록 관리하고 보관하여야 한다(유기식품 및 무농약농산물 등의 인증에 관한 세부실시요령 [별표 1]).

정답 ③

(2) 축사 및 방목에 대한 세부 요건

① 축사조건

　㉠ 가축의 생물적 및 행동적 욕구를 만족시키는 조건

　　• 사료와 음수는 접근이 용이할 것

　　• 공기 순환, 온도·습도, 먼지 및 가스 농도가 가축 건강에 유해하지 않고 건축물은 적절한 단열·환기시설을 갖출 것

　　• 충분한 자연환기와 햇빛이 제공될 수 있을 것

　㉡ 축사의 밀도조건

　　• 편안함과 복지를 제공할 수 있을 것

　　• 가축의 행동적 욕구(성, 축군의 크기)를 고려할 것

　　• 충분한 활동공간(일어서서 앉고 돌고 활개 칠 수 있는 공간)이 확보될 것

　㉢ 가축 종류별 사육시설의 소요 면적(단위 : m²)

　　• 한우·육우

시설형태	번식우	비육우	송아지
방사식	10m²/마리	7.1m²/마리	2.5m²/마리

　　• 젖소

00(m²/마리)

시설형태	경산우		초임우 (13~24월령)	육성우 (7~12월령)	송아지 (3~6월령)
	착유우	건유우			
깔짚	17.3	17.3	10.9	6.4	4.3
프리스톨	9.5	9.5	8.3	6.4	4.3

　　• 돼지

(m²/마리)

구분	웅돈	번식돈				비육돈			
		임신돈	분만돈	종부 대기돈	후보돈	자돈		육성돈	비육돈
						초기	후기		
소요면적	10.4	3.1	4.0	3.1	3.1	0.2	0.3	1.0	1.5

프리스톨(free stall)
영국에서 개발한 우사 구조로, 개방형 우사에 커다란 방을 구획하여 만든 작은방으로 자유롭게 출입 가능하며 사료조절장치가 부착되어 있어 젖소가 자유롭게 움직이면서 개별 칸에서 쉴 수 있다.

• 닭

구분	소요면적
산란 성계, 종계	0.22m²/마리
산란 육성계	0.16m²/마리
육계	0.1m²/마리

• 오리

구분	소요면적
산란용 오리	0.55m²/마리
육용 오리	0.3m²/마리

• 면양 · 염소

구분	소요면적
면양, 염소	1.3m²/마리

• 사슴

구분	소요면적
꽃사슴	2.3m²/마리
레드디어	4.6m²/마리
엘크	9.2m²/마리

 ② 축사 · 농기계 및 기구 : 교차 감염과 질병 감염체의 증식 억제

 ⑩ 축사의 바닥 : 휴식 공간에 건조 깔짚을 깔아 줄 것

 ⓑ 사육 방법

  • 번식돈 : 군사

   ※ 임신 말기 또는 포유기간은 제외

  • 자돈 및 육성돈 : 케이지 사육 불가

   ※ 예외 : 자돈 압사 방지를 위하여 포유기간에는 모돈과 조기에 젖을 뗀 자돈의 생체중이 25kg까지는 케이지에서 사육할 수 있다.

 ⓢ 가금류의 축사

  • 짚 · 톱밥 · 모래, 깔짚으로 채워진 공간

  • 홰 설치 : 높은 수면 공간을 확보

 ⓞ 산란계의 축사

  • 총 14시간(자연 일조 포함) 범위 내에 인공광으로 연장 가능

  • 산란 상자 설치

② 방목조건

 ㉠ 포유동물 : 언제든지 방목지 또는 운동장에 접근이 가능

 ㉡ 반추가축 : 축사 면적 2배 이상의 방목지(운동장)을 확보해야 함. 다만, 충분한 자연환기와 햇빛이 제공되는 축사구조의 경우 축사 면적의 2배 이상을 축사 내에 추가 확보하여 운동장 또는 방목지 대신 가능

TIP

포유동물의 방목 조건에서 수소의 방목지 접근, 암소의 겨울철 운동장 접근 및 비육 말기에는 예외로 할 수 있다.

TIP

산란계의 축사에 인공광이 필요한 이유

닭은 일조시간에 매우 민감하여 일반적으로 하루 14~16시간 정도의 빛을 받아야 난소가 활발히 활동하고 일정한 산란이 유지된다. 일조시간이 짧은 겨울철에는 알 생산량이 크게 줄어들기 때문에 부족한 빛을 인공광으로 보충해주어야 한다.

반추가축
위가 나뉘어 되새김질을 통해 풀과 같은 섬유질을 미생물 발효로 소화하는 가축

ⓒ 가금류
- 케이지 사육은 안 되며, 야외 방목장에 접근이 가능
- 물오리류는 가능한 시냇물·연못에 접근이 가능

예제

01 유기축산물 생산을 위한 사육장 조건으로 틀린 것은?
① 축사·농기계 및 기구 등은 청결하게 유지한다.
② 충분한 환기와 채광이 되는 케이지에서 사육한다.
③ 사료와 음수는 접근이 용이해야 한다.
④ 축사 바닥은 부드러우면서도 미끄럽지 않아야 한다.

02 유기 가금류의 사육장 및 사육조건으로 적합하지 않은 것은?
① 개방 조건에서의 방목
② 쾌적한 공장형 케이지의 설치
③ 사료 및 음수의 접근 용이성
④ 충분한 활동 면적의 확보

03 유기식품 및 무농약농산물 등의 인증에 관한 세부실시요령상 유기축산물 인증 부분의 사육장 및 사육조건의 인증기준으로 옳은 것은?
① 산란계의 경우 자연일조시간을 포함하여 총 14시간 범위 내에서 인공광으로 일조시간을 연장할 수 있다.
② 가금은 기후 등 사육 여건을 감안하여 케이지 사육이 허용된다.
③ 반추가축은 축사 면적 3배 이상의 방목지를 확보해야 한다.
④ 비육우의 방사식 사육에서 사육시설의 소요 면적은 마리당 $10m^2$이다.

해설

01 유기축산물의 사육장 및 사육조건(유기식품 및 무농약농산물 등의 인증에 관한 세부실시요령 [별표 1])
- 사료와 음수는 접근이 용이할 것
- 공기 순환, 온도·습도, 먼지 및 가스 농도가 가축 건강에 유해하지 아니한 수준 이내로 유지되어야 하고, 건축물은 적절한 단열·환기시설을 갖출 것
- 충분한 자연환기와 햇빛이 제공될 수 있을 것

02 가금은 개방 조건에서 사육되어야 하고, 기후조건이 허용하는 한 야외 방목장에 접근이 가능하여야 하며, 케이지에서 사육하지 아니할 것

03 ① 산란계의 경우 자연일조시간을 포함하여 총 14시간을 넘지 않는 범위 내에서 인공광으로 일조시간을 연장할 수 있다.

정답 01 ② 02 ② 03 ①

5. 유기축산 품질인증관리

(1) 유기축산물 출하관리

① **살아있는 가축의 수송** : 가축의 종류별 상처나 고통을 최소화하는 방법으로 조용하게 이루어져야 하며, 전기 자극이나 대증요법의 안정제를 사용해서는 아니 된다.

② **수송, 도축, 가공과정의 품질관리를 위한 계획**
  ㉠ 수송 방법, 도축 방법, 가공 방법, 인증품 표시 방법
  ㉡ 미인증 축산물이 혼입되지 않도록 하는 구분관리 방법

③ **도축** : 스트레스와 고통을 최소화하기 위해 안전관리인증기준(HACCP)을 적용하는 도축장에서 실시

④ **농장 외부의 집유장, 축산물가공장, 식용란선별포장장, 식육포장처리장에 축산물의 취급을 의뢰** : 취급자 인증을 받은 작업장

⑤ **동물용의약품 성분** : 잔류되어서는 아니 된다.
  ※ 법령에 준하여 동물용의약품을 사용한 경우 이를 허용하되, 동물용의약품 잔류 허용기준의 10분의 1을 초과하여 검출되지 아니하여야 한다.

⑥ **방사선** : 해충방제, 식품 보존, 병원의 제거 또는 위생의 목적으로 사용할 수 없다. 다만, 이물 탐지용 방사선(X선)은 제외한다.

⑦ **유통 시 부패 방지를 위한 첨가 물질** : 사용 불가능. 다만, 물리적 처리나 천연 제제는 적절하게 이용할 수 있다.

⑧ **알 생산물의 세척 가능 물질** : 물, 과산화수소, 오존수, 이산화염소수, 차아염소산수

⑨ **포장재** : 가급적 생물 분해성, 재생품 또는 재생이 가능한 자재

⑩ **합성농약 성분 검출은 안 된다.**

기출 키워드

유기축산물의 출하관리, 동물용의약품 잔류 허용 기준, 방사선 사용기준, 안전관리인증기준(HACCP), 세척 가능 물질, 유기축산물 인증표시, 무항생제축산물 인증표시, 유통경로, 계통출하, 유통주체

HACCP(Hazard Analysis Critical Control Point, 해썹)

식품의 원재료부터 최종소비자가 섭취하기 전까지의 각 단계에서 발생할 우려가 있는 위해요소를 규명하고, 관리하여 식품의 안전성을 확보하기 위한 과학적인 위생관리체계라고 할 수 있다. HACCP은 전 세계적으로 가장 효과적인 식품 안전 관리 체계로 인정받고 있으며, 미국, 일본, 유럽연합, 국제기구(Codex, WHO, FAO) 등에서도 모든 식품에 HACCP을 적용할 것을 적극 권장하고 있다.

[도축장, 농장, [사료제조업체] 집유장]

예제

농림축산식품부 소관 친환경농어업 육성 및 유기식품 등의 관리·지원에 관한 법률 시행규칙상 유기축산물에 관한 내용이다. (   ) 안에 알맞은 내용은?

> 운송·도축·가공과정의 품질관리의 구비요건 중 동물용 의약품은 식품의약품안전처장이 고시한 동물용의약품 잔류허용기준의 (   )을 초과하여 검출되지 아니할 것

① 10분의 1   ② 5분의 1
③ 15분의 1   ④ 20분의 1

해설
동물용의약품 잔류허용기준의 10분의 1을 초과하여 검출되지 않을 것(친환경농어업 육성 및 유기식품 등의 관리·지원에 관한 법률 시행규칙 [별표 4])

정답 ①

CHAPTER 03 유기농업 일반 | **223**

TIP

그 밖의 축산물 인증 표시

• GAP : 생산에서 판매 단계까지 안전관리체계를 구축하여 소비자에게 안전한 농산물을 공급

• 축산물이력제 : 가축의 출생부터 도축·포장처리·판매에 이르기까지의 정보를 기록·관리하고 위생·안전에 문제가 발생한 경우 그 이력을 추적하여 신속하게 대처하기 위한 제도

• 동물복지 축산농장 인증제도 : 높은 수준의 동물복지 기준에 따라 인도적으로 동물을 사육하는 소, 돼지, 닭, 오리농장 등에 대해 국가에서 인증하고 인증농장에서 생산되는 축산물에 '동물복지 축산농장 인증마크'를 표시하는 제도

(2) 유기축산 인증기준 및 표시

① 유기축산물(유기양봉 산물·부산물은 제외)의 인증기준(친환경농어업 육성 및 유기식품 등의 관리·지원에 관한 법률 시행규칙 [별표 4], [별표 6])

  ㉠ 경영 관련 자료를 기록·보관하고, 국립농산물품질관리원장 또는 인증기관이 열람을 요구할 때는 이에 응할 것

  ㉡ 신청인이 생산자단체인 경우는 생산 관리자를 지정하여 소속 농가에 대해 교육 및 예비 심사 등을 실시하도록 할 것

  ㉢ 다음의 표에서 정하는 바에 따라 친환경농업에 관한 교육을 이수할 것. 다만, 인증 사업자가 5년 이상 인증을 유지하는 등 인증 사업자가 국립농산물품질관리원장이 정하여 고시하는 경우 교육을 4년마다 1회 이수할 수 있다.

과정명	친환경농업 기본 교육
교육 주기	2년마다 1회
교육 시간	2시간 이상
교육기관	국립농산물품질관리원장이 정하는 교육기관

② 인증표시

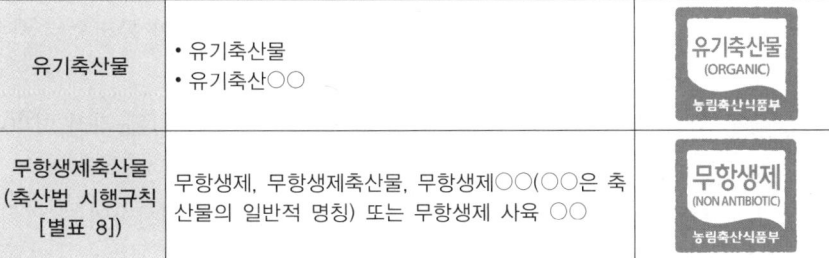

유기축산물	• 유기축산물 • 유기축산○○	
무항생제축산물 (축산법 시행규칙 [별표 8])	무항생제, 무항생제축산물, 무항생제○○(○○은 축산물의 일반적 명칭) 또는 무항생제 사육 ○○	

예제

다음 중 100% 유기사료를 급여하는 축산물의 표시 기호로 옳은 것은?

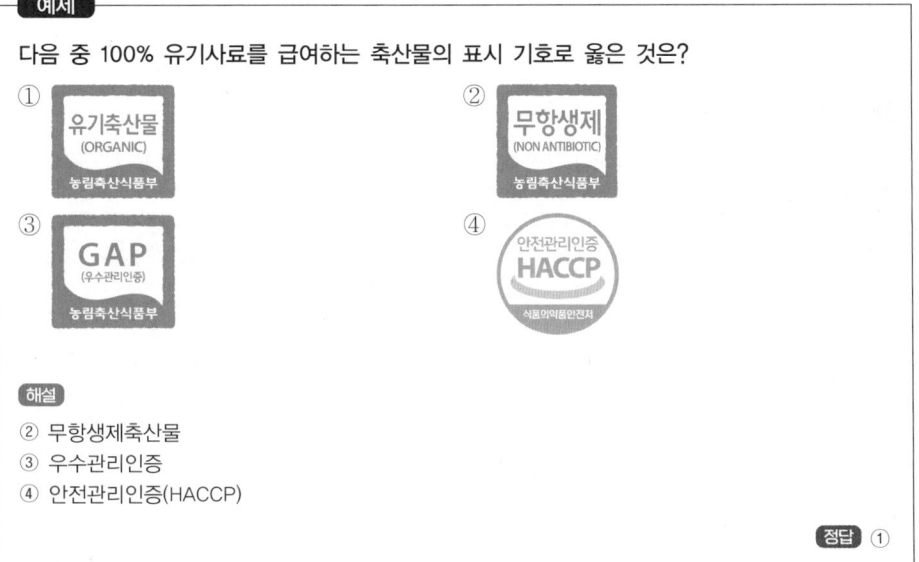

해설

② 무항생제축산물
③ 우수관리인증
④ 안전관리인증(HACCP)

정답 ①

(3) 적정 유통경로

① 소고기 유통

생산 및 출하단계	도매단계	소매단계
생축	지육 → 부분육, 포장육	정육

생산자 ──(우시장, 가축거래상인)──> 도축장 ──> 식육포장처리업체, 식육판매업체 (경매 시 중도매인 경유) ──(보관·운반업체)──> 축산물판매업체, 축산물가공업체 / 일반음식점, 집단급식소 ──> 소비자

TIP

축산물의 유통경로
- 직접유통 : 생산자→소비자
- 간접유통 : 양축가→수집·반출상→도매상→소매상→소비자
- 계통출하 : 양축가→축협 도축장 경매→소매상→소비자

ㄱ 소고기는 보통 2~4단계의 유통과정을 거치며, 도축장을 반드시 거쳐야 하는 구조이다.

ㄴ 출하 형태 : 개별출하(양축가가 도매시장, 공판장에 직접출하), 계통출하(조합을 통해 경매)

더 알아보기

계통출하
- 일정한 유통경로를 통해 체계적으로 출하되는 방식으로, 사육농가에서 출하되는 축산물의 품질과 규격을 일정하게 유지할 수 있고, 유통과정에서 품질이 보장된 축산물을 최종소비자까지 안정적으로 공급할 수 있도록 하는 시스템이다.
- 계통출하의 특징
  - 일정한 출하 규격, 사전 계약, 통합 관리가 포함되어 있어 생산자와 소비자 모두에게 신뢰를 제공한다.
  - 불필요한 중간 단계를 줄여 효율적인 유통이 가능하다.

ㄷ 유통경로
- 양축가 → 축협 → 공판장 → 축협 직매장 → 소비자
- 양축가 → 수집·반출상 → 도축장 → 정육점 → 소비자
- 양축가 → 생산자단체 → 도매시장(공판장) → 정육점 → 소비자
- 양축가 → 생산자단체 → 도축장 → 대형마트(직영판매장) → 소비자
  ※ 유제품의 유통 : 낙농가 → 집유 → 가공업체 → 대리점 → 소매상 → 소비자

ㄹ 조합, 정육점에서 도축장에 도축을 의뢰하는 임도축이 있다.

ㅁ 소의 거래 방법 : 경매, 일반거래 등이 있다.
  ※ 젖소는 첫 분만 전의 가격이 가장 높다.

② 돼지고기 유통

생산 및 출하단계	도매단계	소매단계
생축	지육 → 부분육, 포장육	정육

생산자 ──(가축거래상인)──> 도축장 ──> 식육포장처리업체, 식육판매업체 (경매 시 중도매인 경유) ──(보관·운반업체)──> 축산물판매업체, 축산물가공업체 / 일반음식점, 집단급식소 ──> 소비자

CHAPTER 03 유기농업 일반 | **225**

㉠ 크게 3~4단계에 걸쳐 유통되며, 도축장을 반드시 거쳐야 한다.

　　㉡ 출하 형태 : 경매출하(양돈농가가 도매시장, 공판장에 직접출하), 계약출하
　　　　(유통주체)

　　㉢ 유통경로 : 양돈농가 → 수집상 → 도축·가공업체 → 도매상 → (중간상) →
　　　　소매상 → 소비자

③ 닭고기 유통

　　㉠ 생계 유통

　　　• 수집·반출상(도매상)이 생산농가에서 수집·집하하여 도계장에 도계를
　　　　수탁하는 경우와 도계장에서 수집하는 경우

　　　• 농협이 생산농가와 계약생산에 의해 도계한 후 대량소비처 및 군납하는
　　　　경로 등

　　㉡ 도계 유통 : 일반적으로 사육농가에서 수집·반출상에 의해서 도계장을 거
　　　　친 도계를 소비자나 대량수요처에 공급한다.

　　　※ 생계 및 도계의 유통경로 : 수집농가 → 수집·반출상 → 도계장 → 소비자

④ 달걀 유통 : 생산농가 → 도매상(수집·반출상) → 중간도매상 → 소매상 → 소
　　비자

도계(屠宰)
닭·오리 등 가금류를 도축하는 작업

📖 TIP

유통경로상 유통주체
생산자(양축가외 계열화업체, 집하장 포함), 생산자단체(조합), 산지유통인(가축거래상인), 산지공판장(중도매인), 가공·저장(식육포장처리업체), 도매상(대리점, 식용란 수집판매업체, 식품유통업체), 대형유통업체(대형마트), 소매상(백화점, 슈퍼마켓, 정육점, 직영점, 일반음식점)

예제

01 소 및 쇠고기의 계통출하 유통경로로 적합한 것은?

① 사육농가 → 축협 → 공판장 → 축협직매장

② 사육농가 → 가축시장 → 수집·반출상 → 식육유통센터

③ 사육농가 → 수집상 → 도축장 → 식육도매상 또는 대량 수요처

④ 사육농가 → 가축시장 → 축협 → 식육도매상 또는 대량 수요처

02 다음 중 비육한 소의 출하 방식으로 가장 신뢰도가 높고 유리한 방식은?

① 우시장 이용　　　　　　　　② 계통출하 이용

③ 산지시장 이용　　　　　　　④ 소매시장 이용

03 유통경로상 유통주체의 연결이 옳지 않은 것은?

① 생산자단체 – 조합　　　　　② 도매상 – 대리점, 식용란수집판매업체

③ 대형유통업체 – 대형마트　　④ 산지공판장 – 정육점

해설

01 소 및 쇠고기의 계통출하 유통경로 : 양축가 → 축협 → 공판장 → 축협직매장 → 소비자

02 계통출하는 축산물이 일정한 유통경로를 통해 체계적으로 출하되므로 최종소비자까지 품질이 보장된 축산물을 안정적으로 공급할 수 있다.

03 ④ 산지공판장 : 중도매인

정답 01 ①　02 ②　03 ④

교육은 우리 자신의 무지를 점차 발견해 가는 과정이다.

– 윌 듀란트 –

무단뽀 유기농업기능사 필기+실기

PART 02
과년도 + 최근
기출복원문제

2016년	과년도 기출문제
2017년~2024년	과년도 기출복원문제
2025년	최근 기출복원문제

PART 02 과년도 + 최근 기출복원문제

2016년 제1회 과년도 기출문제

01 식물의 화성유도에 있어서 주요 요인이 아닌 것은?

① 광   ② 영양상태

③ 수분   ④ 식물호르몬

해설

식물의 화성유도 요인
• 내적요인 : 영양상태, 식물호르몬
• 외적요인 : 광, 온도

02 비료를 만들어진 원료에 따라 분류한 것이다. 다음 중 틀린 것은?

① 식물성 비료 : 퇴비, 구비

② 무기질 비료 : 요소, 염화칼륨

③ 동물성 비료 : 어분, 골분

④ 인산질 비료 : 유안, 초안

해설

④ 유안, 초안은 질산질 비료이다.

03 도복의 유발 요인으로 거리가 먼 것은?

① 밀식   ② 품종

③ 병해충   ④ 배수

해설

도복의 유발 요인
• 품종 : 키가 크고, 대가 약한 품종
• 재배 조건 : 밀식, 질소 다용, 칼륨 부족, 규산 부족
• 병해충 : 병해충의 발생
• 환경조건 : 강수해나 풍해, 한발

04 다음 중 작물의 기원지가 중국인 것은?

① 쑥갓   ② 호박

③ 가지   ④ 순무

해설

② 호박 : 멕시코 남부, 중미
③ 가지 : 인도
④ 순무 : 지중해 연안

05 진딧물 피해를 입고 있는 고추밭에 꽃등에를 이용해서 방제하는 방법은?

① 경종적 방제법   ② 물리적 방제법

③ 화학적 방제법   ④ 생물학적 방제법

해설

생물학적 방제법(biological control)
농작물을 가해하는 해충을 포식하거나 해충에 기생(寄生)하는 곤충 또는 미생물들을 천적(natural enemy)이라고 하는데 이러한 천적(기생성 곤충, 포식성 곤충, 병원미생물 등)을 이용하는 방제법이다.

230 | PART 02 과년도 + 최근 기출복원문제

1 ③   2 ④   3 ④   4 ①   5 ④   정답

06 다음 중 밭에서 한해를 줄일 수 있는 재배적 방법으로 틀린 것은?

① 뿌림골을 높게 한다.
② 재식밀도를 성기게 한다.
③ 질소를 적게 준다.
④ 내건성 품종을 재배한다.

해설
밭작물의 한해 재배대책
• 뿌림골을 낮게 한다.
• 뿌림골을 좁히거나 재식밀도를 성기게 한다.
• 봄철 보리나 밀밭이 건조할 경우 답압을 한다.
• 질소 비료의 다용을 피하고 퇴비, 인산, 칼리를 증시한다.

07 토양 중 유기물 시용 시 질소기아현상이 가장 많이 나타날 수 있는 조건은?

① 탄질률 1~5
② 탄질률 5~10
③ 탄질률 10~20
④ 탄질률 30 이상

해설
질소기아현상
탄질비가 높은 유기물을 비료로 사용했을 때, 이를 분해하려는 토양미생물이 토양 내 기존의 질소를 흡수하게 되고 작물이 이용할 수 있는 질소가 부족해져 일시적인 질소 결핍 증상이 나타나는 것이다. 대체로 탄질비가 30 이상일 때 나타나고 15 이하일 때 해소된다.

08 작물의 생존연한에 따른 분류로 틀린 것은?

① 1년생 작물 ② 2년생 작물
③ 월년생 작물 ④ 3년생 작물

해설
작물의 생존연한에 의한 분류
• 1년생 작물 : 봄에 종자를 뿌려 그 해에 개화・결실해서 일생을 마치는 작물
　예 벼, 콩, 옥수수, 해바라기 등
• 2년생 작물 : 종자를 뿌려 1년 이상을 경과해서 개화・성숙하는 작물
　예 무, 사탕무, 접시꽃 등
• 월년생 작물 : 가을에 종자를 뿌려 월동해서 이듬해 개화・결실하는 작물
　예 가을밀, 가을보리, 금어초 등
• 영년생(다년생) 작물 : 여러 해에 걸쳐 생존을 계속하는 작물
　예 호프, 아스파라거스 등

09 토양의 3상과 거리가 먼 것은?

① 토양 입자 ② 물
③ 공기 ④ 미생물

해설
토양의 3상 : 고상(토양 입자 50%), 액상(물 25%), 기상(공기 25%)

10 재배환경에 따른 이산화탄소의 농도 분포에 관한 설명으로 틀린 것은?

① 식생이 무성한 곳의 이산화탄소 농도는 여름보다 겨울이 높다.
② 식생이 무성하면 이산화탄소의 농도는 지표면이 상층면보다 낮다.
③ 미숙유기물 시용으로 탄소 농도는 증가한다.
④ 식생이 무성한 지표에서 떨어진 공기층은 이산화탄소 농도가 낮아진다.

해설
지표에서 떨어진 공기층은 잎의 왕성한 광합성 때문에 이산화탄소 농도가 낮아지고 식생이 무성하면 뿌리의 호흡이 왕성하고 바람을 막아서 지면에 가까운 공기층의 이산화탄소 농도를 높게 한다.

정답 6 ① 7 ④ 8 ④ 9 ④ 10 ②

11 다음 중 도복 방지에 효과적인 원소는?

① 질소   ② 마그네슘

③ 인   ④ 아연

해설
도복 방지
• 칼륨, 인산, 규산, 석회 등을 충분히 사용한다.
• 질소 과잉 시비를 피한다.

12 오존(O_3) 발생의 가장 큰 원인이 되는 물질은?

① CO_2 ② HF

③ NO_2 ④ SO_2

해설
오존
• 대기 중의 휘발성 유기화합물과 질소산화물이 바람이 거의 없는 상태에서 강한 태양광선으로 인해 광화학반응을 일으켜서 생성한다.
• 자동차 등에서 배출되는 질소산화물은 대부분 일산화질소(NO)의 형태로 배출한다.
• 휘발성 유기화합물의 존재하에서 대기 중의 오존과 결합하거나 발생기산소와 결합하여 이산화질소(NO_2)로 변환한다.
• 이산화질소는 햇빛을 받아 일산화질소와 산소로 광분해되고 생성된 산소원자는 대기 중의 산소(O_2)와 결합하여 오존을 생성한다.

13 대기의 주요 성분 중 농도가 5~10% 이하 또는 90% 이상이면 호흡에 지장을 초래하는 성분은?

① N_2 ② O_2

③ CO ④ CO_2

해설
산소(O_2) : 작물의 호흡작용에 알맞은 산소 농도는 약 20.9%이다.

14 재배식물의 기원을 식물종의 유전자중심설로 구명한 학자는?

① De Candolle   ② Liebig

③ Mendel   ④ Vavilov

해설
Vavilov의 유전자중심설
농작물의 발상 중심지에는 변이가 다수 축적되어 있으며, 유전적으로 우성형질을 보유하는 형이 많다는 것과, 지리적 진화과정은 중심지에서 멀리 떨어질수록 우성형질이 점점 탈락한다는 것, 2차 중심지에는 열성형질을 보유하는 형이 많다는 것을 기본 내용으로 한다.

15 배수의 효과로 틀린 것은?

① 습해와 수해를 방지한다.
② 토양의 성질을 개선하여 작물의 생육을 촉진한다.
③ 경지 이용도를 낮게 한다.
④ 농작업을 용이하게 하고, 기계화를 촉진한다.

해설
배수의 효과
• 습해·수해를 방지
• 토양의 성질을 개선하여 작물의 생육을 조장
• 경지 이용률의 향상
• 농작업을 용이하게 하고, 기계화를 촉진

16 토양의 유효수분 범위로 옳은 것은?

① 포장용수량~초기위조점
② 포장용수량~영구위조점
③ 최대용수량~초기위조점
④ 최대용수량~영구위조점

해설
토양의 유효수분
• 포장용수량과 영구위조점 사이의 수분으로 작물의 생육에 중요하다.
• 영구위조점 이하의 토양수분은 작물이 이용할 수 없다.

11 ③   12 ③   13 ②   14 ④   15 ③   16 ②   정답

17 작물생육 필수원소에 해당하는 것은?

① Al
② Zn
③ Na
④ Co

해설

식물 생육에 필요한 필수원소(16가지)
• 다량원소 : C, H, O, N, K, Ca, Mg, P, S
• 미량원소 : Fe, Cl, Mn, Zn, B, Cu, Mo

18 작물의 내습성에 관여하는 요인에 대한 설명으로 틀린 것은?

① 근계가 얕게 발달하거나, 습해를 받았을 때 부정근의 발생력이 큰 것은 내습성이 약하다.
② 뿌리조직이 목화한 것은 환원성 유해물질의 침입을 막아서 내습성을 강하게 한다.
③ 벼는 밭작물인 보리에 비해 잎, 줄기, 뿌리에 통기계가 발달하여 담수조건에서도 뿌리로의 산소 공급 능력이 뛰어나다.
④ 뿌리가 황화수소, 아산화철 등에 대하여 저항성이 큰 것은 내습성이 강하다.

해설

작물의 내습성에 대한 뿌리의 특징
• 근계가 지표면 가까이 얕게 발달한다.
• 습해를 받았을 때 부정근의 발생력이 큰 뿌리의 발달 습성을 가진다.

19 토양의 노후답의 특징이 아닌 것은?

① 작토 환원층에서 칼슘이 많을 때에는 벼뿌리가 적갈색인 산화칼슘의 두꺼운 피막을 형성한다.
② Fe, Mn, K, Ca, Mg, Si, P 등이 작토에서 용탈되어 결핍된 논토양이다.
③ 담수하의 작토의 환원층에서 철분, 망가니즈는 환원되어 녹기 쉬운 형태로 된다.
④ 담수하의 작토의 환원층에서 황산염이 환원되어 황화수소가 생성된다.

해설

① 작토 환원층에 철분이 많으면 벼뿌리가 적갈색인 산화철의 두꺼운 피막을 형성한다.

20 작물의 내동성에 대한 생리적인 요인으로 옳은 것은?

① 원형질의 수분투과성이 큰 것이 내동성을 감소시킨다.
② 원형질의 친수성 콜로이드가 많으면 내동성이 감소한다.
③ 전분함량이 많으면 내동성이 증대한다.
④ 원형질 단백질에 −SH기가 많은 것은 −SS기가 많은 것보다 내동성이 높다.

해설

④ 원형질 단백질에 −SH기가 많은 것은 −SS기가 많은 것보다 기계적 견인력을 받을 때 분리되기 쉬워 원형질 파괴가 적어 내동성이 크다.

내동성의 생리적 요인

생리적 요인	상태
체내 수분함량	↓
체내 당분함량	↑
체내 단백질함량	↑
원형질 단백질의 SH기	많음
세포액의 pH	↑
세포액의 친수교질	많음
원형질의 수분투과성	↑
세포액의 점성	↑

정답 17 ② 18 ① 19 ① 20 ④

21 밭토양의 유형별 분류에 속하지 않는 것은?

① 고원밭 ② 미숙밭
③ 특이중성밭 ④ 화산회밭

해설

밭토양의 유형 : 보통밭, 사질밭, 중점밭, 미숙밭, 고원밭, 화산회밭

22 다음 중 다면체를 이루고 그 각도는 비교적 둥글며, 밭토양과 산림의 하층토에 많이 분포하는 토양구조는?

① 입상 ② 괴상
③ 과립상 ④ 판상

해설

토양구조의 종류 및 특징

구분	발견장소	발달 과정	특징	기타
입상 구조	표층토	토양동물의 활동이 많은 토양	구상	쉽게 부서짐
원주상 구조	심층토	토양 B 집적층	주상구조	–
각주상 구조	심층토	배수불량 지역, 점토 많은 지역	수평면 평탄	–
괴상 구조	심층토	뿌리의 발달이 원활한 토양	불규칙한 육면체 및 다면체 구조	밭토양 혹은 산림토양
판상 구조	논토양	토양생성 과정	하향이동 불가, 벼의 생육 저하	심경 (깊이갈이) 권장

23 다음 중 점토가 가장 많이 들어 있는 토양은?

① 식양토 ② 식토
③ 양토 ④ 사양토

해설

토성의 분류

토성의 명칭	세토 중의 점토 함량
사토	12.5% 이하
사양토	12.5~25%
양토	25~37.5%
식양토	37.5~50%
식토	50% 이상

24 우리나라 밭토양의 특성으로 틀린 것은?

① 곡간지나 산록지와 같은 경사지에 많이 분포되어 있다.
② 세립질과 역질토양이 많다.
③ 저위생산성인 토양이 많다.
④ 토양화학성이 양호하다.

해설

밭토양의 특성

• 밭 면적 중 대부분이 곡간지와 구릉지 및 산록지에 산재해 있으며, 하천 주변의 평탄지에 분포하고 있는 것은 적다.
• 침식을 많이 받게 되어 토양의 유실과 비료 성분의 용탈이 심하여 지력이 낮은 척박한 토양이 대부분이다.
• 논에 비하여 수리가 불리하여 한밭 피해가 심하며, 작황의 불안정과 연작에 의한 생육장해가 일어나기 쉽다.
• 밭토양에서는 세립질토양이 많이 존재하며 빗물로 인한 양분의 유실이 논토양에 비해 많은 편이다.

25 다른 생물과 공생하여 공중질소를 고정하는 토양세균은?

① 바실러스(*Bacillus*)속
② 리조비움(*Rhizobium*)속
③ 아조토박터(*Azotobacter*)속
④ 클로스트리듐(*Clostridium*)속

해설

질소고정세균

• 단독질소고정세균 : *Azotobacter*(호기성), *Clostridium*(혐기성)
• 공생질소고정세균 : *Rhizobium*(근류균 : 콩과 식물과의 공생)

21 ③ 22 ② 23 ② 24 ④ 25 ②

26 인산의 고정에 해당되지 않는 것은?

① Fe-P 인산염으로 침전에 의한 고정

② 중성토양에 의한 고정

③ 점토광물에 의한 고정

④ 교질상 Al에 의한 고정

해설

인산의 고정

• 침전에 의한 고정
  - 산성토양 : Al-P, Fe-P 인산염으로 침전($Al(OH)_2 \cdot H_3PO_4\downarrow$)
  - 알칼리성토양 : Ca-P의 난용성염으로 침전
• 점토광물에 의한 고정
  - 결정구조 중의 OH^-와 치환 흡수
  - 결정 주변의 Al이 결합한 OH^-기와 치환 흡수
  - 직접적으로 결정에 부가
  - Si와 동형치환에 의해 고정
• 유리 산화물, 교질상 Al에 의한 고정 : 산화 Al, Fe가 산성에서 Gel이 되어 다량의 인산고정
• 미생물에 의한 고정 : 미생물 몸체의 2.5%가 인산, 사체의 인산은 가급태화

27 ( ) 안에 알맞은 내용은?

> 풍화물이 중력으로 말미암아 경사지에서 미끄러 내려져 된 것이 ( )이다.

① 잔적토

② 수적토

③ 붕적토

④ 선상퇴토

해설

붕적토

• 암석편이 고지로부터 중력에 의하여 낮은 곳으로 이적된 것이다.
• 동결작용은 붕적에 큰 역할을 하며, 절벽 밑의 사퇴나 암석 쇄편 그리고 그 밖에 이와 비슷한 모재가 생성된다.
• 산사태는 이러한 퇴적물이 이동하는 것이다.

28 토양 단면의 골격을 이루는 기본 토층 중 무기물층은?

① O층

② E층

③ C층

④ A층

해설

③ C층 : 무기물층으로 퇴적물이나 암석이 주를 이루며, 아직 토양 생성작용을 받지 않은 모재층이다.

① O층 : 유기물층으로 부패한 물과 동물의 잔해로 구성된 유기물이 표면에 존재하며, 식물 성장에 중요한 역할을 한다.

② E층 : 용탈층으로 A층과 B층 사이에 있으며, 위아래층보다 조립질이고 물에 의해 이온과 미네랄이 용탈되어 물리적으로 비옥도가 낮고 강수량이 많은 지역일수록 발달한 층이다.

④ A층 : 유기물과 미네랄이 혼합된 층으로 표토층이라고도 하며, 식물 뿌리가 자주 발견되고 입단구조가 잘 발달되어 있어 물과 공기의 순환이 잘 이루어진다.

29 물감의 색소, 직물이나 피혁공장의 폐기수 등에 함유되어 있는 토양오염물질로 밭상태에서 보다는 논상태에서 해작용이 큰 물질은?

① 비소

② 시안

③ 페놀

④ 아연

해설

비소(As)

• 광산의 배수, 물감의 색소, 작물이나 피혁공장의 폐수, 가구의 선정제 등에 함유되어 있어 이들이 관개수 중에 유출되면 토양이 오염된다.

• 비소는 논상태에서 유해작용이 더 크다.

• 살균제, 살충제, 제초제, 살서제 등과 같은 농약 중에도 비소가 함유되어 있다.

정답 26 ② 27 ③ 28 ③ 29 ①

30 다음 중 공극량이 가장 적은 토양은?

① 용적밀도가 높은 토양
② 수분이 많은 토양
③ 공기가 많은 토양
④ 경도가 낮은 토양

해설

토양공극

토양의 액상과 기상을 합쳐 부르는 말로, 미세한 입자는 밀착되지 않기 때문에 공간이 생성되고 공극이 유지되어 보수력이 높지만 공기와 물의 이동이 어렵다.

※ 토성별 용적밀도 및 공극량

토성	용적밀도	공극량(%)
사토	1.6	40
사양토	1.5	43
양토	1.4	47
미사질양토	1.3	50
식양토	1.2	55
식토	1.1	58

31 시설재배 토양의 연작장해에 대한 피해 내용이 아닌 것은?

① 토양이화학성의 악화
② 답전윤환
③ 선충피해
④ 토양전염성 병균

해설

논 또는 밭을 논상태와 밭상태로 몇 해씩 돌려가면서 벼와 밭작물을 재배하는 방식을 답전윤환이라고 하며, 연작장해를 막기 위해 사용되는 방법이다.

32 토양 내 세균에 대한 설명으로 틀린 것은?

① 생명체로서 가장 원시적인 형태이다.
② 단순한 대사작용에 관여하고 있다.
③ 물질순환작용에서 핵심적인 역할을 한다.
④ 식물에 병을 일으키기도 한다.

해설

토양 내 세균은 원핵생물로 핵막이 없는 원시적인 생명체이다. 질소고정, 분해, 탄소 및 질소 순환과 같은 물질순환작용에서 매우 복잡하고 다양한 대사 과정을 통해 핵심적인 역할을 하지만 일부 병원성 세균은 병을 일으키기도 한다.

33 토양침식에 가장 큰 영향을 끼치는 인자는?

① 강우
② 온도
③ 눈
④ 바람

해설

토양침식에 가장 큰 영향을 끼치는 인자는 기상적 조건으로 강우량이 많고 강수 속도가 빠를수록 토양침식이 커진다.

34 식물 영양성분인 철(Fe)의 유효도에 대한 설명으로 옳은 것은?

① 중성에서 가장 높다.
② 염기성일수록 높다.
③ pH와는 무관하다.
④ 산성에서 높다.

해설

철(Fe)의 유효도는 산성에서 높고 배수 불량지에서는 $Fe^{3+} \rightarrow Fe^{2+}$로 환원되어 과잉으로 녹아 침전되어 존재한다.

30 ① 31 ② 32 ② 33 ① 34 ④

35 토양을 구성하는 주요 점토광물은 결정격자형에 따라 그 형태가 다르다. 다음 중 1 : 1형(비팽창형)에 속하는 점토광물은?

① illite
② montmorillonite
③ kaolinite
④ vermiculite

해설
① illite : 2 : 1형 비팽창형 점토광물로 운모 점토광물이 풍화되는 동안 K, Mg 등이 용탈되어 생기는 광물이다.
② montmorillonite : 규산층과 알루미늄층이 2 : 1로 구성되어 있는 팽창형 광물로 결정단위 사이에 물이 자유롭게 드나들 수 있어 물의 함량에 따라 팽창, 수축이 일어날 수 있다.
④ vermiculite : 규산층과 알루미늄층이 2 : 1로 형성된 팽창판자형 제2차 토양광물이다.

36 화강암의 화학적 조성을 분석하였다. 가장 많은 무기성분은?

① 산화철
② 반토
③ 규산
④ 석회

해설
화강암의 화학적 조성 : SiO_2 72.04%, Al_2O_3 14.42%, K_2O 4.12% 등

37 토양미생물 중 자급영양세균에 해당되지 않는 세균은?

① 질산화성균
② 황세균
③ 철세균
④ 암모니아화성균

해설
자급영양세균
• 질산화성 세균류 : 질산균, 아질산균
• 황세균류 : 혐기적 황화물을 에너지원으로 하는 세균으로 보통 중성에서 활발하게 활동・번식한다.
• 철세균 : 3가철

38 15° 이상인 경사지의 토양보전 방법으로 옳은 것은?

① 등고선 재배
② 계단식 개간
③ 초생대 설치
④ 승수구 설치

해설
경사 5° 이하에서는 등고선 재배법으로 토양보전이 가능하나, 15° 이상의 경사지는 단구를 구축하고 계단식 개간경작법을 적용해야 한다.

39 다음 산화환원전위의 설명 중 옳은 것은?

① 산화반응은 전자를 얻는 반응이다.
② 산화반응과 환원반응은 동시에 일어난다.
③ 산화환원전위의 기준 반응은 수소와 산소가 물이 되는 반응이다.
④ 산화환원반응의 단위는 $dS \cdot m^{-1}$이다.

해설
산화환원반응은 한 물질이 산소를 잃고 환원되면 다른 물질이 산소를 얻어 산화되는 것으로 항상 동시에 일어난다.

40 개간지 미숙밭토양의 개량 방법과 가장 거리가 먼 것은?

① 유기물 증시
② 석회 증시
③ 인산 증시
④ 철, 아연 증시

해설
개간지 토양관리
• 지력증진 : 토심증대(심경, 뿌리신장 근권 확보), pH 조절(석회시용), 유기물 증시(양분공급, 입단형성, 구조발달, 보수력, 보비력 증대 등), 천연인광석 증시 등
• 토양보전 : 피복 및 멀칭(부초, 피복작물), 재배법 개선(초생대, 승수구 설치 등)

정답 35 ③ 36 ③ 37 ④ 38 ② 39 ② 40 ④

41 볍씨 소독으로 방제하기 곤란한 병은?

① 잎집무늬마름병 　② 깨씨무늬병
③ 키다리병 　④ 도열병

해설
잎집무늬마름병 : 품종에 관계없이 여름철 온도가 높고 분얼이 많아 통풍이 잘되지 않을 때 발생하며 주로 잎집에 병징이 생기며 심할 경우에는 잎몸과 이삭 목까지 침해하는 병이다.
※ 볍씨 소독으로 방제 가능한 병해충 : 도열병, 모썩음병, 깨씨무늬병, 잎마름선충, 키다리병 등

42 친환경농수산물로 인증된 종류와 명칭에 포함되지 않는 것은?

① 유기농수산물 　② 무농약농산물
③ 무항생제수산물 　④ 고품질천연농산물

해설
친환경농수산물의 정의(친환경농어업 육성 및 유기식품 등의 관리 · 지원에 관한 법률 제2조 제2호)
'친환경농수산물'이란 친환경농어업을 통하여 얻는 것으로 다음의 어느 하나에 해당하는 것을 말한다.
가. 유기농수산물
나. 무농약농산물
다. 무항생제수산물 및 활성처리제 비사용 수산물

43 지붕형 온실과 아치형 온실을 비교 설명한 것 중 틀린 것은?

① 적설 시 지붕형이 아치형보다 유리하다.
② 광선의 유입은 지붕형이 아치형보다 많다.
③ 재료비는 지붕형이 아치형보다 많이 소요된다.
④ 천창의 환기능력은 지붕형이 아치형보다 높다.

해설
아치형 온실은 지붕형 온실에 비하여 내풍성이 강하고 광선이 고르게 입사하며, 필름이 골격재에 잘 밀착되어 파손의 위험이 적다.

44 우량품종의 구비조건이 아닌 것은?

① 조산성 　② 균일성
③ 우수성 　④ 영속성

해설
우량품종의 구비조건 : 균일성, 우수성, 영속성

45 유기농업에서의 병해충 방제를 위한 방법으로 가장 거리가 먼 것은?

① 저항성 품종 이용
② 화학합성농약 이용
③ 천적 이용
④ 담배잎 추출액 사용

해설
유기농업
화학비료, 유기합성농약, 생장조절제 등 일체의 합성화학물질을 사용하지 않거나 줄이고 유기물과 자연 광석, 미생물 등 자연적인 자재만을 사용하는 농업이다.

46 우리나라가 지정한 제1종 가축전염병이 아닌 것은?

① 구제역
② 돼지열병
③ 브루셀라병
④ 고병원성 조류인플루엔자

해설
제1종 가축전염병 : 우역, 우폐역, 구제역, 가성우역, 블루텅병, 리프트계곡열, 럼피스킨병, 양두, 수포성구내염, 아프리카마역, 아프리카돼지열병, 돼지열병, 돼지수포병, 뉴캐슬병, 고병원성 조류인플루엔자 및 그밖에 이에 준하는 질병으로서 농림축산식품부령으로 정하는 가축의 전염성 질병

47 병해충 관리를 위하여 사용할 수 있는 물질이 아닌 것은?

① 데리스 ② 중조
③ 제충국 ④ 젤라틴

해설
② 중조 : 탄산수소나트륨의 속칭으로 중탄산소다의 약칭으로 유기배합사료 제조용 보조사료의 완충제로 사용된다.
병해충 관리를 위해 사용 가능한 물질(친환경농어업 육성 및 유기식품 등의 관리·지원에 관한 법률 시행규칙 [별표 1]) : 제충국 추출물, 데리스 추출물, 쿠아시아 추출물, 라이아니아 추출물, 님 추출물, 해수 및 천일염, 젤라틴 등

48 다음 중 전환기간을 거쳐 유기가축으로 생산하고자 하는데 전환기간으로 옳지 않은 것은?

① 육우 송아지 식육의 경우 6개월령 미만의 송아지 입식 후 6개월
② 젖소 시유의 경우 착유우는 90일
③ 식육 오리의 경우 입식 후 출하 시까지(최소 6주)
④ 돼지 식육의 경우 입식 후 출하 시까지(최소 3개월)

해설
유기축산물의 전환기간(친환경농어업 육성 및 유기식품 등의 관리·지원에 관한 법률 시행규칙 [별표 4])

가축의 종류	생산물	전환기간(최소사육기간)
한우·육우	식육	입식 후 12개월
젖소	시유 (시판우유)	• 착유우는 입식 후 3개월 • 새끼를 낳지 않은 암소는 입식 후 6개월
면양·염소	식육	입식 후 5개월
	시유 (시판우유)	• 착유양은 입식 후 3개월 • 새끼를 낳지 않은 암양은 입식 후 6개월
돼지	식육	입식 후 5개월
육계	식육	입식 후 3주
산란계	알	입식 후 3개월
오리	식육	입식 후 6주
	알	입식 후 3개월
메추리	알	입식 후 3개월
사슴	식육	입식 후 12개월

49 다음 중 유기농업이 소비자의 관심을 끄는 주된 이유는?

① 모양이 좋기 때문에
② 안전한 농산물이기 때문에
③ 가격이 저렴하기 때문에
④ 사시사철 이용할 수 있기 때문에

해설
환경보전의 필요성에 대한 인식이 높아져 소비자들의 건강과 환경보전을 위한 무공해 및 안전식품 선호도가 높아지게 되었다.

50 다음 중 농장동물의 생명유지와 생산활동에 영향을 미치는 생활환경 요인으로 가장 거리가 먼 것은?

① 온도, 습도 등 열환경인자
② 품종, 혈통 등 유전정보
③ 빛, 소리 등 물리적 환경인자
④ 공기, 산소 등 화학적 환경인자

해설
축산농가의 생산활동에 영향을 미치는 생활환경 요인
• 온도, 습도, 공기흐름, 방사열, 빛, 소리, 축사시설의 구조, 사육밀도 등
• 공기, 물, 산소, 이산화탄소, 황화수소, 암모니아, 먼지 등
• 동료, 관리자, 암수, 어미와 새끼
• 위도, 고도, 지형, 지세
• 야생동식물, 유해 미생물, 목초, 야초 등

51 화본과 목초의 첫 번째 예취 적기는?

① 분얼기 이전
② 분얼기~수잉기
③ 수잉기~출수기
④ 출수기 이후

해설
첫 번째 예취 적기
• 화본과 목초 : 수잉기부터 이삭이 나오기 전후
• 두과 목초 : 꽃이 피기 시작할 때

정답 47 ② 48 ④ 49 ② 50 ② 51 ③

52 유기농산물의 토양개량과 작물생육을 위하여 사용이 가능한 물질이 아닌 것은?

① 지렁이 또는 곤충으로부터 온 부식토
② 사람의 배설물
③ 화학공장 부산물로 만든 비료
④ 석회석 등 자연에서 유래한 탄산칼슘

해설
유기농산물의 토양개량과 작물생육을 위하여 사용 가능한 물질(일부)(친환경농어업 육성 및 유기식품 등의 관리·지원에 관한 법률 시행규칙 [별표 1])
• 농장 및 가금류의 퇴구비(堆廐肥)
• 퇴비화 된 가축배설물
• 건조된 농장 퇴구비 및 탈수한 가금 퇴구비
• 식물 또는 식물 잔류물로 만든 퇴비
• 버섯재배 및 지렁이 양식에서 생긴 퇴비
• 사람의 배설물
• 석회석 등 자연에서 유래한 탄산칼슘

53 벼가 영년 연작이 가능한 이유로 가장 옳은 것은?

① 생육기간이 짧기 때문에
② 담수조건에서 재배하기 때문에
③ 연작에 견디는 품종적 특성 때문에
④ 다양한 종류의 비료를 사용하기 때문에

해설
② 벼는 담수조건에서 재배하기 때문에 토양에 대한 해가 없어 영년 연작이 가능하다.
※ 연작장해 : 동일한 작물을 같은 밭에 연속적으로 재배하였을 때 그 작물의 생육이나 수량, 품질이 떨어지는 현상

54 다음 중 경사지의 토양유실을 줄이기 위한 재배 방법 중 가장 적당하지 않은 것은?

① 등고선 재배
② 초생재배
③ 부초재배
④ 경운재배

해설
경사지의 토양유실을 줄이기 위한 재배 방법 : 등고선 재배, 초생재배, 부초재배, 계단식재배

55 다음 중 여러 개의 품종이나 계통을 교배하는 방법은?

① 다계교배
② 순계선발
③ 돌연변이
④ 배수성육종

해설
다계교배
• 세 개 이상의 여러 계통 간에 잡종을 만드는 교배법으로 우량형질들을 한 품종에 모으는 것이 목적이다.
• 일반적으로 농장에서는 다수 계통의 종자를 격리농장에 혼합 파종하여 수년간 방임수분 시켜서 채종한 것 또는 복교잡을 격리농장에서 수년간 방임수분시킨 것을 이용하여 그것들 사이의 잡종을 만드는 방법 등을 이용하는 것으로 후자의 방법이 유리하다.
• 다계교배는 복교잡보다 생산력은 떨어지나 채종하기는 용이하다.

240 | PART 02 과년도 + 최근 기출복원문제

52 ③ 53 ② 54 ④ 55 ① **정답**

56 녹비작물이 갖추어야 할 조건으로 틀린 것은?

① 생육이 왕성하고 재배가 쉬워야 한다.

② 천근성으로 상층의 양분을 이용할 수 있어야 한다.

③ 비료성분의 함유량이 높으며, 유리질소고정력이 강해야 한다.

④ 줄기, 잎이 유연하여 토양 중에서 분해가 빠른 것이어야 한다.

해설

녹비작물이 갖추어야 할 조건
• 재배하는 데 노력이 적게 들어야 한다.
• 비료의 요구가 적어야 하며 파종이 용이하고 종자의 가격이 저렴해야 한다.
• 생육기간이 짧고 휴한기간을 이용할 수 있어야 한다.
• 영년생 작물의 빈 공간의 이용에 편리해야 한다.
• 비료성분의 함유량이 높으며, 유리질소의 고정력이 강해야 한다.
• 심근성으로 하층의 양분을 이용할 수 있어야 한다.
• 병해충, 한해, 습해, 냉해 등 재해에 강해야 한다.
• 줄기, 잎이 유연하여 토양 중에서 분해가 빠른 것이어야 한다.

57 다음 중 (가), (나), (다), (라)의 알맞은 내용은?

> • 조생종은 생육기간이 (가).
> • 만생종은 생육기간이 (나).
> • 조생종은 감광성에 비하여 감온성이 상대적으로 (다).
> • 만생종은 감온성보다 감광성이 (라).

① (가) : 길다, (나) : 짧다, (다) : 작다, (라) : 작다

② (가) : 길다, (나) : 길다, (다) : 크다, (라) : 작다

③ (가) : 짧다, (나) : 길다, (다) : 크다, (라) : 크다

④ (가) : 짧다, (나) : 길다, (다) : 작다, (라) : 작다

해설

• 조생종은 생육기간이 짧고 만생종은 길다.
• 조생종은 감광성보다 감온성이 상대적으로 크고, 만생종은 감온성보다 감광성이 크다.

58 유기배합사료 제조용 보조사료 중 완충제에 속하지 않는 것은?

① 벤토나이트　　② 산화마그네슘

③ 중조　　　　　④ 산화마그네슘혼합물

해설

• 유기배합사료 제조용 보조사료의 완충제 : 중조, 산화마그네슘 및 산화마그네슘혼합물
• 벤토나이트는 몬모릴로나이트가 주로 들어있는 광물질 점토를 말한다.

59 유기 벼 종자의 발아에 필수조건이 아닌 것은?

① 산소　　　　② 온도

③ 광선　　　　④ 수분

해설

종자발아의 필수조건 : 산소, 온도, 수분

60 다음은 유기축산과 관련된 기술이다. 이 중 맞는 것은 모두 몇 개인가?

> • 가축복지를 고려해야 한다.
> • 가능하면 자연교배를 한다.
> • 내병성 가축을 사육한다.
> • 약초를 이용하여 치료를 할 수 있다.

① 한 개　　　　② 두 개

③ 세 개　　　　④ 네 개

해설

유기축산규정에 포함되는 항목
• 가축의 복지를 고려해야 한다.
• 약초 및 미량물질을 이용하여 치료를 할 수 있다.
• 품종별 특성을 유지하여야 하고, 내병성이 있는 가축을 사육한다.
• 종축을 사용한 자연교배를 권장하되, 인공수정을 허용할 수 있다.

정답 56 ② 57 ③ 58 ① 59 ③ 60 ④

PART **02** 과년도 + 최근 기출복원문제

2016년 제2회 과년도 기출문제

01 C_3 식물과 C_4 식물의 차이에 대한 설명으로 틀린 것은?

① CO_2 보상점은 C_3 식물이 더 높다.
② 광합성산물 전류속도는 C_4 식물이 더 높다.
③ C_3 식물은 엽육세포가 발달되어 있다.
④ C_3 식물의 내건성이 상대적으로 더 높다.

해설

C_3 식물과 C_4 식물의 광합성 특성

특성	C_3 식물	C_4 식물
CO_2 고정계	캘빈회로	C_4회로 + 캘빈회로
잎 조직구조	• 엽육세포 : 주로 광합성이 이루어짐 • 유관속초세포 : 엽록체가 거의 없음	유관속초세포에 다량의 엽록체가 있고, 엽육세포가 방사상으로 배열되어 광합성이 효과적임
최대광합성능력	15~40	35~80
CO_2 보상점	높다.	낮다.
광호흡	있음	유관속초세포에만 있음(거의 없음)
내건성	약함	강함
작물	벼, 보리, 밀, 콩	옥수수, 수수, 사탕수수

02 다음 중 인과류인 것은?

① 자두
② 양앵두
③ 무화과
④ 비파

해설

과실의 구조에 의한 분류
• 인과류 : 사과, 배, 비파 등
• 준인과류 : 감귤, 감 등
• 핵과류 : 복숭아, 자두, 살구, 매실, 양앵두, 대추 등
• 장과류 : 포도, 무화과, 나무딸기 등

03 다음 중 요수량이 가장 작은 것은?

① 호박
② 완두
③ 클로버
④ 수수

해설

• 요수량 큰 것 : 명아주, 알팔파, 클로버 등
• 요수량 작은 것 : 수수, 기장, 옥수수 등
※ 요수량 : 작물의 건물 1g을 생산하는 데 소비되는 수분량(g)

04 다음 중 카드뮴 중금속에 내성이 가장 작은 것은?

① 콩
② 밭벼
③ 옥수수
④ 밀

해설

중금속에 대한 내성이 작은 작물

금속	작물
Ni	사탕무, 귀리 등
Zn	시금치 등
Zn, Cd	오이, 콩 등
Cd	무, 해바라기 등
Mn	강낭콩, 양배추 등

1 ④ 2 ④ 3 ④ 4 ① **정답**

05 다음 중 점토광물에 결합되어 있어 분리시킬 수 없는 수분은?

① 중력수 　　　　② 모관수
③ 흡습수 　　　　④ 결합수

해설
토양수분의 종류
• 결합수(pF 7.0 이상) : 점토광물에 결합되어 있어 작물 이용 불가능
• 흡습수(pF 4.5 이상) : 비액상의 수분으로 유동이 어려운 수분
• 모관수(pF 2.7~4.5) : 유동성이 있으며 작물이 유용하게 이용하는 수분
• 중력수(pF 0~2.7) : 중력에 의해 이동하는 수분이며 토양미생물의 활동을 방해하며 배수의 대상이 되는 수분
• 지하수 : 불투수층에 도달하여 정체 또는 유동하는 중력수의 일종

06 다음에서 설명한 것은?

• 단백질, 아미노산, 효소 등의 구성성분으로, 엽록소의 형성에 관여한다.
• 체내 이동성이 낮다.
• 결핍증세는 새 조직에서 먼저 나타난다.

① Fe 　　　　② Mg
③ Mn 　　　　④ S

해설
① Fe : 엽록소 생성과 합성 촉진의 역할을 하며 결핍 시 끝잎이나 새잎에 뿌리의 황화, 발육이 불량하다.
② Mg : 황백화현상이 일어나고 줄기나 뿌리에 있는 생장점의 발육이 나빠지며 식물체 내의 탄수화물이 감소하고 종자의 성숙이 불량해진다.
③ Mn : 결핍 시 엽맥(잎사귀의 양분과 수분이 이동하는 통로)에서 먼 부분부터 황색으로 되며, 생리작용이 왕성한 곳에 많이 함유되어 체내 이동성이 낮아서 결핍증상은 어린잎에서부터 나타난다.

07 냉해에 대한 설명으로 틀린 것은?

① 물질의 동화와 전류가 저해된다.
② 암모니아의 축적이 적어진다.
③ 질소, 인산, 칼륨, 규산, 마그네슘 등의 양분흡수가 저해된다.
④ 원형질 유동이 감퇴·정지하여 모든 대사기능이 저해된다.

해설
② 질소동화의 저해로 암모니아의 축적이 많아진다.

08 다음 중 유료작물이면서 섬유작물인 것은?

① 아마 　　　　② 감자
③ 호프 　　　　④ 녹두

해설
• 유료작물 : 참깨, 들깨, 아주까리, 평지(유채), 해바라기, 콩, 땅콩, 아마, 목화 등
• 섬유작물 : 목화, 삼, 모시풀, 아마, 어저귀, 케나프(양마), 왕골, 수세미, 닥나무, 고리버들, 대나무, 수세미 등
• 전분작물 : 옥수수, 감자, 고구마 등
• 약료작물 : 제충국, 인삼, 박하, 호프 등

09 내건성에 강한 작물에 대한 특성으로 틀린 것은?

① 왜소하고 잎이 작다.
② 다육화의 경향이 있다.
③ 원형질막의 글리세린 투과성이 작다.
④ 탈수될 때 원형질의 응집이 덜하다.

해설
③ 원형질막의 수분 및 요소에 대한 투과성이 크다.

정답　5 ④　6 ④　7 ②　8 ①　9 ③　　　　　2016년 제2회 과년도 기출문제 | **243**

10 산성토양에 가장 약한 작물은?

① 땅콩　　　　　② 알팔파
③ 봄무　　　　　④ 수박

해설
산성토양의 적응성
• 산성토양에 극히 강한 것 : 벼, 밭벼, 귀리, 땅콩, 감자, 호밀, 봄무, 수박 등
• 산성토양에 가장 약한 것 : 알팔파, 자운영, 콩, 팥, 시금치, 사탕무, 셀러리, 부추, 양파 등

11 다음 중 파종된 종자의 약 40%가 발아한 날을 무엇이라 하는가?

① 발아기　　　　② 발아시
③ 발아전　　　　④ 발아세

해설
② 발아시 : 최초의 종자 1개체가 발아한 날
③ 발아전 : 파종된 종자의 약 80%가 발아한 날
④ 발아세 : 치상 후 중간 조사일까지 발아한 종자의 비율

12 다음 중 최저온도가 1~2℃인 작물은?

① 벼　　　　　　② 완두
③ 담배　　　　　④ 오이

해설
완두는 서늘한 기후를 좋아하는 호냉성 작물이다.
② 완두 : 1~2℃
① 벼 : 10~12℃
③ 담배 : 13~14℃
④ 오이 : 12℃

13 다음 중 토성을 구분하는 기준은?

① 모래와 물의 함량비율
② 부식의 함량비율
③ 모래, 부식, 점토, 석회의 함량비율
④ 모래, 미사, 점토의 함량비율

해설
토성
• 토양 무기질 입자의 입경조성(기계적 조성)에 의한 토양의 분류
• 모래, 미사, 점토의 상대적 함량비를 분석하여 토성명을 결정한다.
• 토양통(土壤統) : 동일한 토양모재로부터 발달된 유사한 토양을 묶은 토양 분류체계의 최하위 분류단위

14 다음 중 하고현상의 대책으로 틀린 것은?

① 관개
② 혼파
③ 약한 정도의 방목
④ 북방형 목초의 봄철 생산량 증대

해설
하고현상
다년생 북방형 목초가 고온에 노출되면 황화, 고사하고 목초 생산량이 떨어지는 것으로 여름철에 주로 일어난다.
• 원인 : 고온, 건조, 장일, 병해충, 잡초 등
• 대책 : 관개, 초종의 선택(고랭지 : 티머시, 평지 : 오처드그라스), 혼파, 방목·채초의 조절 등

15 광합성의 반응식으로 옳은 것은?

① $3CO_2 + 12H_2O \rightarrow C_6H_{12}O_6 + 6H_2O + 6CO_2$
② $6CO_2 + 12H_2O \rightarrow C_6H_{12}O_6 + 6H_2O + 6H_2S$
③ $6CO_2 + 12H_2O \rightarrow C_6H_{12}O_6 + 6H_2O + 6O_2$
④ $3CO_2 + 12H_2O \rightarrow C_6H_{12}O_6 + 6H_2O + 6H_2S$

해설
• 광합성을 하면 포도당을 포함한 6탄당(hexose sugar)과 전분(starch)이 만들어진다.
• 광합성 반응식 : $6CO_2 + 12H_2O \rightarrow C_6H_{12}O_6 + 6H_2O + 6O_2$

244 | PART 02 과년도 + 최근 기출복원문제

10 ②　11 ①　12 ②　13 ④　14 ④　15 ③　**정답**

16 다음 비료 중 화학적·생리적 반응이 모두 염기성인 것은?

① 유안
② 황산칼륨
③ 과인산석회
④ 용성인비

해설
주요 비료의 종류별 구분

화학적 반응	• 산성비료 : 과인산석회, 중과인산석회 등 • 중성비료 : 질산암모니아(초안), 황산칼륨, 염화칼륨, 콩깻묵, 어박, 황산암모니아(유안) 등 • 염기성비료 : 재, 석회질소, 용성인비 등
생리적 반응	• 산성비료 : 황산칼륨, 염화칼륨, 황산암모늄 등 • 중성비료 : 질산암모늄, 요소, 과인산석회, 석회질소, 중과인석회 등 • 염기성비료 : 퇴구비, 용성인비, 재, 칠레초석 등

17 다음 중 (가), (나), (다)에 알맞은 내용은?

> • 옥수수, 수수 등을 재배하면 잡초가 크게 경감되는데 이를 (가)이라고 한다.
> • 작부체계에서 휴한하는 대신 클로버와 같은 콩과 식물을 재배하면 지력이 좋아지는데, 이를 (나)이라고 한다.
> • 조, 피, 기장 등은 기후가 불순한 흉년에도 비교적 안전한 수확을 얻을 수 있는데, 이를 (다)이라고 한다.

① 가 : 중경작물, 나 : 휴한작물, 다 : 구황작물
② 가 : 대파작물, 나 : 중경작물, 다 : 휴한작물
③ 가 : 휴한작물, 나 : 대파작물, 다 : 중경작물
④ 가 : 중경작물, 나 : 구황작물, 다 : 휴한작물

18 다음 중 작물의 기원지가 중국에 해당하는 것은?

① 수박
② 호박
③ 가지
④ 미나리

해설
① 수박 : 열대 아프리카
② 호박 : 멕시코 남부~중미
③ 가지 : 인도

19 다음 중 여름에 온도가 높아져 논토양에 산소가 부족하여 SO_4가 황화수소로 환원되어 무기양분의 흡수 장해가 일어나는데, 가장 크게 억제되는 순서부터 옳게 나열한 것은?

① 인 > 규소 > 망가니즈 > 마그네슘
② 인 > 망가니즈 > 규소 > 마그네슘
③ 마그네슘 > 망가니즈 > 규소 > 인
④ 마그네슘 > 규소 > 망가니즈 > 인

해설
황화수소(H_2S)에 의한 무기양분의 흡수 장해는 불용성 화합물이 되는 인(P)이 가장 억제되며, 규소(Si) 역시 불용성 화합물이 된다. 망가니즈(Mn)와 마그네슘(Mg)은 황화수소에 의해 물에 잘 녹지 않는 황화물을 만들어 침전시킨다.

20 다음 중 이산화탄소의 일반적인 대기조성의 함량은?

① 약 3.5ppm
② 약 35ppm
③ 약 350ppm
④ 약 3,500ppm

해설
대기 중 이산화탄소 농도 : 0.03%(350ppm)

21 토양수분 위조점에서의 기압(bar)은 약 얼마인가?

① −5
② −15
③ −31
④ −35

해설
위조점과 위조계수
작물이 지속해서 물을 흡수하지 못하여 시들게 되는 토양의 수분 상태이며, 이 수분 상태에서 식물이 시들면 다시 회복하지 못하므로 영구위조점(permanent wilting point, 15기압, pF 4.2의 장력)이라 한다.

정답 16 ④ 17 ① 18 ④ 19 ① 20 ③ 21 ②

22 토양의 산화환원전위 값으로 알 수 있는 것은?

① 토양의 공기유통과 배수상태
② 토양산성 개량에 필요한 석회소요량
③ 토양의 완충능
④ 토양의 양이온 흡착력

해설
• 산화환원전위는 토양수분에 의해서 제어된다.
• 토양수분은 산소확산을 제어한다.

23 토양이 알칼리성을 나타낼 때 용해도가 높아져 작물의 과잉 흡수를 나타낼 수 있는 성분은?

① Mo
② Cu
③ Zn
④ H

해설
pH가 높은 알칼리 토양에서의 장해
• Fe, Zn, Mn의 결핍 : 이들 필수 중금속 원소는 높은 pH 조건에서 수산화물 등으로 불용화된다.
• Mo(몰리브덴)의 과잉 흡수
• P의 결핍 : 높은 pH 조건에서 인산칼슘으로 침전되므로 석회질 토양, 석회 자재 과잉투입토양에서 문제가 된다.
• B의 결핍과 과잉 : B(붕소)는 토양의 산화철이나 산화알루미늄으로 높은 pH 조건에서는 고정되므로 석회자재 과잉투입토양에서는 B결핍발생이 우려된다. 그러나 석회질토양이나 알칼리토양, 염류 토양에서는 용탈이 없으므로, B가 과잉되어 과잉장해를 받을 수도 있다.
• K, Mg, Ca의 결핍 : 석회 자재 과잉투입토양에서는 상대적으로 K, Mg의 상대적 비율이 낮아져 결핍이 문제가 된다.

24 토양의 입경조성에 따른 토양의 분류를 뜻하는 것은?

① 토양의 화학성
② 토성
③ 토양통
④ 토양의 반응

해설
토성
토양 무기질 입자의 입경조성(기계적 조성)에 의한 토양의 분류

25 다음 중 토양에 서식하며 토양으로부터 양분과 에너지원을 얻으며 특히 배설물이 토양입단 증가에 영향을 주는 것은?

① 사상균
② 지렁이
③ 박테리아
④ 방사선균

해설
토양의 입단화
• 토양 입자가 지렁이의 소화기관을 통과할 때 석회석에서 분비되는 탄산칼슘 등의 응고에 의해 이루어진다.
• 토양의 물리성을 개량하여 식물과 농작물의 생육에 알맞은 환경을 만들어 준다.

26 다음에서 설명하는 것은?

• 배수와 동기성이 양호하며 뿌리의 발달이 원활한 심층토에서 주로 발달한다.
• 입단의 모양은 불규칙하지만 대개 6면체로 되어 있으며, 입단 간 거리가 5~50mm로 떨어져 있다.

① 원주상구조
② 판상구조
③ 각주상구조
④ 괴상구조

해설
토양구조의 종류 및 특징

구분	발견장소	발달과정	특징	기타
입상 구조	표층토	토양동물의 활동이 많은 토양	구상	쉽게 부서짐
원주상 구조	심층토	토양 B 집적층	주상구조	–
각주상 구조	심층토	배수불량 지역, 점토 많은 지역	수평면 평탄	–
괴상 구조	심층토	뿌리의 발달이 원활한 토양	불규칙한 육면체 및 다면체 구조	밭토양 혹은 산림토양
판상 구조	논토양	토양생성 과정	하향이동 불가, 벼의 생육 저하	심경 (깊이갈이) 권장

27 다음 중 점토에 대한 설명으로 틀린 것은?

① 점토는 2차 광물이다.

② 교질의 특성과 함께 표면 저하를 가진다.

③ 화학적 특성을 결정하는데 있어서 중요하다.

④ 점토의 광물조성은 단순하다.

해설
④ 점토의 광물조성은 매우 다양하다.
점토의 광물조성
• 광물학적 특성에 따라 달라진다.
• 수축과 팽창 정도, 가소성, 수분 보유 능력, 무기이온 흡착 특성이 있다.

28 지렁이에 대한 설명으로 옳은 것은?

① spodosol 토양에 개체수가 많다.

② 상대적으로 여름에 활동이 왕성하다.

③ 과습한 지역은 지렁이 개체수를 증가시킨다.

④ 거의 분해되지 않은 유기물의 시용은 개체수를 증가시킨다.

해설
지렁이
• 통기성이 양호하고 분해가 잘 된 유기물 토양에서 잘 생육한다.
• 신선하거나 거의 분해되지 않은 유기물의 시용은 개체수를 증가시킨다.
• 공기가 잘 통하는 습한지역을 좋아하지만 몸이 빠지지 않는 과습한지역은 개체수를 감소시킨다.

29 산성토양을 개량하기 위한 물질과 가장 거리가 먼 것은?

① H_2CO_3 ② $MgCO_3$

③ CaO ④ MgO

해설
석회물질
• 토양산도 교정 및 칼슘, 마그네슘의 비료원으로 사용되는 물질이다.
• 탄산석회($CaCO_3$), 생석회(CaO), 소석회[$Ca(OH)_2$], 석회석분말, 고토(MgO), 고토석회[$CaMg(CO_3)_2$] 및 부산물 석회 등이 있다.

30 토양 pH가 4~7일 때 가장 많은 인산 형태는?

① PO_4^{3-} ② HPO_4^{2-}

③ $H_2PO_4^-$ ④ H_3PO_4

해설
수용성 인산의 이온 형태
• pH 조건에 따라 H_3PO_4, $H_2PO_4^-$, HPO_4^{2-}, PO_4^{3-} 형태로 존재
• pH가 2.1일 때 H_3PO_4와 $H_2PO_4^-$ 이온이 1:1로 존재
• pH 7.2에서 $H_2PO_4^-$와 HPO_4^{2-} 이온이 1:1로 존재
• pH가 12.3일 때에는 HPO_4^{2-}와 PO_4^{3-} 이온이 1:1로 존재
• pH가 낮을수록 H가 많이 결합된 상태로 분포하며 pH가 높아지면 수소가 해리되어 H가 적게 결합된 인산형태로 많이 분포한다.

31 토양미생물의 활동 조건에 대한 설명으로 틀린 것은?

① 방선균은 건조한 환경에서 포자를 만들어 잠복한다.

② 세균은 산성에 강하고, 곰팡이는 산성에서 약해진다.

③ 미생물 활동에 알맞은 pH는 대체로 7 부근이다.

④ 대부분의 방선균은 호기성균이다.

해설
② 곰팡이, 효모의 최적 pH는 미산성(약산성)이고, 세균의 경우에는 중성에서 알칼리성에서 생육이 좋다.

32 토양이 산성화될 때 발생되는 생물학적 영향으로 틀린 것은?

① 알루미늄 독성으로 인해 식물의 뿌리 신장을 저해한다.

② 철의 과잉흡수로 벼의 잎에 갈색의 반점이 생긴다.

③ 망가니즈 독성으로 인해 식물 잎의 만곡현상을 야기한다.

④ 칼륨의 과잉 흡수로 인해 줄기가 연약해진다.

해설

산성토양에서 발생되는 생물학적 영향
- 철, 알루미늄, 망가니즈 등의 가용성이 높아져 과잉흡수가 문제된다.
- 칼륨, 칼슘, 마그네슘, 몰리브덴 등의 가용성이 낮아져 흡수가 억제된다.
- 인산은 철, 알루미늄과 결합하여 불용화된다.

33 암모니아산화균에 해당하는 것은?

① *Nitrosomonas*

② *Micromonspora*

③ *Nocardia*

④ *Streptomyces*

해설

질산화 반응

　　　아질산균　　질산균
- $NH_4^+ \longrightarrow NO_2^- \longrightarrow NO_3^-$
- *Nitrosomonas*(아질산균, 암모니아산화균)는 에너지원으로 암모니아를 이용하고, *Nitrobacter*(질산화균)는 NO_2^-를 에너지원으로 이용한다.

34 치환성 염기(교환성 염기)로 볼 수 없는 것은?

① K^+

② Ca^{++}

③ Mg^{++}

④ H^+

해설

교환성 염기는 토양에 흡착되어 있으며 토양에서 주로 탄산염을 구성하는 Ca^{2+}, Mg^{2+}, K^+, Na^+ 등의 양이온이 있다.

35 토양의 입단화에 좋지 않은 영향을 미치는 것은?

① 유기물 사용

② 석회 사용

③ 칠레초석 사용

④ krilium 사용

해설

③ 칠레초석이란 칠레에 주로 분포하는 나트륨질산염($NaNO_3$)를 말한다.

입단의 파괴
- 잦은 경운
- 습윤과 건조, 동결과 융해 등 입단의 팽창과 수축의 반복
- 비와 바람
- Na 이온의 첨가

36 다음 중 흐르는 물에 의하여 이동되어 퇴적된 모재는?

① 잔적모재

② 붕적모재

③ 풍적모재

④ 충적모재

해설

풍화산물
- 제자리에 남아서 잔적모재가 되거나 여러 가지의 자연작용을 받아 운반·퇴적되는 물질
- 운반수단이 물이면 충적모재라 한다.
- 지구중력이면 붕적모재라 한다.
- 바람이면 풍적모재라 한다.
- 빙하이면 빙적(빙하퇴토)이라 한다.

37 토양생물에 대한 설명으로 틀린 것은?

① 사상균은 1ha당 생물체량 1,000~15,000kg에 달한다.

② 원핵생물인 세균은 생명체로서 가장 원시적인 형태이다.

③ 조류는 유기물의 분해자로 가장 중요하다.

④ 선충, 곰팡이 등이 있다.

해설

③ 조류는 산소를 방출하는 광합성 생물이다.

248 | PART 02 과년도 + 최근 기출복원문제

32 ④　33 ①　34 ④　35 ③　36 ④　37 ③　정답

38 토양의 기지 정도에 따라 연작의 해가 적은 작물은?

① 토란   ② 참외

③ 고구마   ④ 강낭콩

해설
연작의 해가 적은 작물 : 수수, 옥수수, 벼, 맥류, 조, 고구마, 담배, 무, 당근 등

39 논토양이 환원상태로 되는 이유로 거리가 먼 것은?

① 물에 잠겨있어 산소의 공급이 원활하지 않기 때문이다.

② 철·망가니즈 등의 양분이 용탈되기 때문이다.

③ 미생물의 호흡 등으로 산소가 소모되고 산소공급이 잘 이루어지지 않기 때문이다.

④ 유기물의 분해과정에서 산소 소모가 많기 때문이다.

해설
논토양의 노후화
• 벼 재배기간 중 담수상태로 유지되기 때문에 산소의 공급이 원활하지 않다.
• 생물의 호흡, 유기물의 분해 등으로 산소가 소모되고 산소공급이 잘 이루어지지 않는다.
• 환원상태로 되어 환원층에서 Fe, Mn 성분이 유실되고 심층에 쌓여 노후답을 형성한다.

40 토양에 첨가한 유기물 성분 중에서 미생물에 의해 가장 느리게 분해되는 것은?

① 당류   ② 단백질

③ 헤미셀룰로스   ④ 리그닌

해설
당류 > 헤미셀룰로스 > 셀룰로스 > 리그닌 순으로 분해된다.

41 다음 중 환경보전 및 지속 가능한 생태농업을 추구하는 농업 형태는?

① 관행농업   ② 상업농업

③ 전업농업   ④ 유기농업

해설
유기농업 : 화학비료, 합성농약 등 합성화학물질을 전혀 사용하지 않고 유기물과 자연 광석 등 자연적인 자재만을 사용하여 농산물을 생산하는 농업

42 광에너지를 효율적으로 이용할 수 있는 이상적인 옥수수 초형에 해당하지 않는 것은?

① 상위엽은 직립한다.

② 상위엽에서 밑으로 내려오면서 약간씩 경사를 더하여 하위엽에서 수평이 된다.

③ 수이삭이 작고 잎혀가 없다.

④ 암이삭은 두 개인 것보다 한 개인 것이 밀식에 적응한다.

해설
④ 수광태세가 좋은 옥수수 초형 : 암이삭은 1개인 것보다 2개인 것이 밀식에 더 잘 적응한다.

43 월년생 작물로만 이루어진 것은?

① 호프, 벼

② 아스파라거스, 대두

③ 가을밀, 가을보리

④ 호프, 옥수수

해설
작물의 생존연한에 의한 분류
• 1년생 작물 : 벼, 콩, 옥수수 등
• 월년생(2년생) 작물 : 가을보리, 가을밀 등
• 다년생 작물 : 호프, 아스파라거스 등

정답   38 ③   39 ②   40 ④   41 ④   42 ④   43 ③

44 한 종류의 작물이 생육하고 있는 이랑 사이나 포기 사이에 한정된 기간 동안 다른 작물을 파종하거나 심어서 재배하는 것은?

① 교호작　　　　　② 간작

③ 난혼작　　　　　④ 주위작

해설
① 교호작 : 생육기간이 비슷한 두 종류 이상의 작물을 일정한 이랑씩 건너서 재배하는 작부방식
③ 난혼작 : 두 가지 이상 작물을 한 포장에 섞어서 질서 없이 재배하는 작부방식
④ 주위작 : 포장의 주위에 포장 내에 작물과는 다른 작물을 재배하는 작부방식으로 혼작의 일종이다.

45 식물체의 조직 내에 결빙이 생기지 않는 범위의 저온에서 작물이 받게 되는 피해는?

① 동해　　　　　② 냉해

③ 습해　　　　　④ 수해

해설
① 동해 : 0℃ 이하의 저온에 의해 작물체 내의 조직이 결빙이 생겨서 받는 피해
③ 습해 : 토양의 과습 상태에 의한 작물 피해
④ 수해 : 비가 많이 와서 유발된 피해

46 작물이 생육하는 데 알맞은 토양조건은?

① 질소, 인산 등 비료성분이 많은 염류집적 토양

② 단립(單粒)구조가 많은 토양

③ 수분을 많이 함유한 식토

④ 유기물이 적당하고 작토층이 깊은 토양

해설
작물생육에 대한 최적의 토양조건 : 적당한 유기물 즉, 적당한 수분과 공기 유통

47 이랑을 세우고 이랑 위에 파종하는 방식은?

① 휴립휴파법　　　② 휴립구파법

③ 평휴법　　　　　④ 성휴법

해설
이랑밭 조성방법 및 특징

명칭		고랑과 두둑 특징	재배작물 및 특징
휴립법	휴립휴파법	• 두둑높이 > 고랑깊이 • 두둑에 파종	• 조, 콩 등을 재배 • 배수와 토양통기가 양호
	휴립구파법	• 두둑높이 > 고랑깊이 • 고랑에 파종	• 맥류재배 • 한해, 동해 방지
성휴법		• 두둑을 크고 넓게 만듦 • 두둑에 파종	• 중부지방의 맥후작 콩의 파종에 유리 • 답리작 맥류재배
평휴법		두둑과 고랑 높이가 동일	• 채소, 벼 재배 • 건조해, 습해 동시 완화

48 좁은 범위의 일장에서만 화성이 유도·촉진되며, 2개의 한계일장이 있는 것은?

① 장일식물　　　　② 단일식물

③ 정일식물　　　　④ 중성식물

해설
③ 정일식물(중간식물) : 한정된 시간에만 개화하는 식물
① 장일식물 : 낮의 길이가 밤의 길이보다 길어지면 개화하는 식물
② 단일식물 : 낮의 길이가 밤의 길이보다 짧아지면 개화하는 식물
④ 중성식물 : 개화에 일정한 한계일장이 없고 대단히 넓은 범위의 일장에서 개화하는 식물

49 작물의 필수원소는 아니나 셀러리, 사탕무 등에 시용 효과가 있는 것은?

① 나트륨　　　　　② 질소

③ 황　　　　　　　④ 구리

해설
나트륨(Na)
필수원소는 아니나 셀러리, 사탕무, 순무, 목화, 근대, 양배추 등에서는 시용효과가 인정되고 있다.

50 과수의 내습성이 가장 큰 순서부터 옳게 나열된 것은?

① 감 > 포도 > 무화과 > 올리브

② 포도 > 무화과 > 감 > 올리브

③ 올리브 > 포도 > 감 > 무화과

④ 무화과 > 포도 > 감 > 올리브

해설
내습성 작물의 분류
• 작물 : 골풀, 미나리, 벼>밭벼, 옥수수, 율무>토란>고구마 >보리, 밀>감자, 고추>토마토, 메밀>파, 양파, 당근, 자운영
• 채소 : 양배추, 양상추, 토마토, 가지, 오이>시금치, 우엉, 무 >당근, 꽃양배추, 멜론, 피망
• 과수 : 올리브>포도>밀감>감, 배>밤, 복숭아, 무화과

51 연작장해에 대한 설명으로 틀린 것은?

① 특정 작물이 선호하는 양분의 수탈이 이루어진다.

② 작물의 생장이 지연된다.

③ 수도작은 연작장해가 크게 일어난다.

④ 수확량이 감소한다.

해설
③ 수도작에서는 담수로 인해 수분 공급과 배수, 미생물 활동 등에서 유리한 조건을 가지고 있어 연작장해가 발생하지 않는다.

52 식물의 유체가 토양 속에 들어가면 미생물 분해가 일어나는데, 가장 먼저 일어나는 순서로 옳은 것은?

① 헤미셀룰로스 > 당류 > 리그닌 > 셀룰로스

② 리그닌 > 당류 > 헤미셀룰로스 > 셀룰로스

③ 당류 > 헤미셀룰로스 > 셀룰로스 > 리그닌

④ 셀룰로스 > 당류 > 헤미셀룰로스 > 리그닌

해설
유기물의 분해 속도
• 리그닌의 함량이 많을수록 느리다.
• 단백질, 녹말, 셀룰로스, 헤미셀룰로스 등은 비교적 빠르게 분해된다.

53 연풍의 특성에 해당하지 않는 것은?

① 작물 주위의 습기를 배제하여 증산작용을 조장함으로서 양분 흡수를 증대시킨다.

② 잎을 동요시켜 그늘진 잎의 일사를 조장함으로써 광합성을 증대시킨다.

③ 건조할 때는 건조상태를 억제한다.

④ 잡초의 씨나 병균을 전파한다.

해설
연풍의 장단점

장점	• 증산 및 양분흡수의 조장 • 병해의 경감 • 광합성의 조장 • 수정·결실의 조장 • 수확물의 건조 촉진
단점	• 잡초 종자 전파 • 병균 전파 • 건조할 경우 더욱 건조를 조장 • 냉풍은 냉해를 유발

54 굴광현상에 가장 유효한 광은?

① 적색광

② 자외선

③ 청색광

④ 자색광

해설
굴광현상
빛의 자극이 식물의 생장에 미치는 효과를 말하며 청색광(400~500nm, 특히 440~480nm)이 가장 유효하다.

정답 50 ③ 51 ③ 52 ③ 53 ③ 54 ③

55 지하에 토관·목관·콘크리트관 등을 배치하여 통수하고, 간극으로부터 스며 오르게 하는 방법은?

① 개거법　　　　② 암거법
③ 압입법　　　　④ 살수관개법

해설
지하관개 : 토양 표면 아래에 수분을 공급하는 방법
• 개거법 : 개방된 토수로에 투수
• 암거법 : 지하에 관을 배치하여 통수
• 압입법 : 뿌리 깊은 과수 주변에 구멍을 뚫고 주입

56 다음 중 광의 파장이 400nm인 광은?

① 적색광　　　　② 청색광
③ 자색광　　　　④ 근적외광

해설
③ 자색광 : 400nm
① 적색광 : 600~680nm
② 청색광 : 480nm
④ 근적외광 : 730nm

57 다음 중 1년 휴작을 요하는 작물로만 이루어진 것은?

① 가지, 고추
② 완두, 토마토
③ 수박, 사탕무
④ 시금치, 생강

해설
기지에 따른 휴작이 필요한 작물
• 1년 : 쪽파, 시금치, 콩, 파, 생강 등
• 2년 : 마, 감자, 잠두, 오이, 땅콩 등
• 3년 : 쑥갓, 토란, 참외, 강낭콩 등
• 5~7년 : 수박, 가지, 완두, 우엉, 고추, 토마토 등
• 10년 이상 : 아마, 인삼 등

58 경사지에서 수식성 작물을 재배할 때 등고선으로 일정한 간격을 두고 적당한 폭의 목초대를 두어 토양침식을 크게 덜 수 있는 방법은?

① 조림재배　　　　② 초생재배
③ 단구식 재배　　　④ 대상재배

해설
① 조림재배 : 나무를 심거나 씨를 뿌리거나 하는 따위의 인위적인 방법으로 숲을 조성하는 법
② 초생재배 : 과수원에서 김을 매주는 청경재배 대신에 목초, 녹비 등을 나무 밑에 가꾸는 재배법
③ 단구식 재배 : 경사가 심한 곳을 개간할 때에는 토양침식을 방지하기 위하여 계단식으로 단구(段丘, terrace)를 구축하고 법면(法面)에는 콘크리트, 돌, 식생 등으로 계단식 단구가 조성되도록 하는 재배법

59 다음 중 요수량이 가장 큰 식물은?

① 기장　　　　② 알팔파
③ 보리　　　　④ 옥수수

해설
요수량의 크기 : 기장 < 옥수수 < 보리 < 알팔파 < 클로버
※ 요수량 : 작물의 건물 1g을 생산하는 데 소비되는 수분량(g)

60 1년생 또는 다년생의 목초를 인위적으로 재배하거나, 자연적으로 성장한 잡초를 그대로 이용하는 방법은?

① 청경법　　　　② 멀칭법
③ 초생법　　　　④ 절충법

해설
과수원의 토양관리
• 청경법 : 과수원 토양에 풀이 자라지 않도록 깨끗하게 김을 매주는 방법
• 초생법 : 과수원의 토양을 풀, 목초로 피복하는 방법
• 부초법 : 과수원의 토양을 짚, 피복물로 덮어주는 방법
• 절충법 : 유기물 피복과 초생을 조합하거나 폴리에틸렌 필름 피복과 초생을 조합하는 방법

252 | PART 02 과년도 + 최근 기출복원문제

55 ② 56 ③ 57 ④ 58 ④ 59 ② 60 ③ **정답**

PART 02 과년도 + 최근 기출복원문제

2016년 제4회 과년도 기출문제

01 잎의 가장자리에 있는 수공에서 물이 나오는 현상은?

① 일액현상
② 일비현상
③ 증산작용
④ apoplast

해설

일액현상

근압(根壓)에 의하여 일어나는 현상으로 근압으로 인해 수분이 위쪽으로 상승하여 잎의 가장자리에 있는 변형된 형태의 기공인 수공에서 물이 나온다.

03 장일식물로만 바르게 나열된 것은?

① 도꼬마리, 국화
② 들깨, 콩
③ 시금치, 담배
④ 양파, 상추

해설

식물의 일장형

• 장일식물 : 맥류, 양귀비, 시금치, 양파, 상추, 아마, 티머시, 아주까리, 감자, 카네이션, 클로버, 완두 등
• 단일식물 : 국화, 콩, 담배, 들깨, 샐비어, 도꼬마리, 코스모스, 목화, 벼, 나팔꽃 등
• 중성식물 : 강낭콩, 고추, 토마토, 당근, 셀러리 등
• 중간식물 : 사탕수수

04 수해에 대한 설명으로 틀린 것은?

① 수해를 예방하기 위해 벼과 목초, 피, 수수 등 침수에 강한 작물을 선택한다.
② 수온이 높으면 호흡기질의 소모가 빨라 피해가 크다.
③ 벼의 침수 피해는 수잉기보다 분얼 초기에 심하다.
④ 질소질 비료를 많이 주면 관수해가 커진다.

해설

③ 벼의 침수 피해는 분얼 초기보다 수잉기에 심하다. 분얼 초기는 비교적 저온에 강하고, 침수에 대한 저항성이 높은 반면, 수잉기는 이삭이 형성되는 중요한 생식생장기로, 이 시기에 침수가 발생하면 산소 부족과 생리적 스트레스가 커져 피해가 더 심각할 수 있다.

02 작물이 받는 냉해의 종류가 아닌 것은?

① 생태형 냉해
② 지연형 냉해
③ 병해형 냉해
④ 장해형 냉해

해설

냉해의 유형 4가지 : 지연형, 병해형, 장해형, 복합형

정답 1 ① 2 ① 3 ④ 4 ③

2016년 제4회 과년도 기출문제 | **253**

05 토양입단 형성에 알맞은 방법이 아닌 것은?

① 유기물 시용 ② 석회 시용
③ 토양 피복 ④ 질산나트륨 시용

해설

토양입단의 형성 및 파괴

토양입단의 형성	토양입단의 파괴
• 유기물의 시용 • 토양의 피복 • 석회(Ca)의 시용 • 두과 작물의 재배 • 토양개량제의 시용	• 경운 • 비, 바람 • 입단의 팽창과 수축 • Na^+이온(점토결합을 분산)

06 포장동화능력을 지배하는 요인으로만 옳게 나열한 것은?

① 엽면적, 광포화점, 광보상점
② 총엽면적, 수광능률, 평균동화능력
③ 광량, 광의 강도, 엽면적
④ 착색도, 광량, 엽면적

해설

포장동화능력의 지배요인
• 총엽면적 : 전체 식물의 엽면적이 많을수록 더 많은 광합성이 일어나므로 포장동화능력이 커진다.
• 수광능률 : 광합성을 위해 빛을 얼마나 효율적으로 흡수할 수 있는지에 해당하는 능력이다.
• 평균동화능력 : 주어진 조건에서 한 엽이 수행할 수 있는 평균적인 광합성 능력이다.
이 세 가지 요소는 식물이 광합성을 통해 생산할 수 있는 탄소 고정량을 결정하는 중요한 변수이다.

07 지력을 향상시키는 방법이 아닌 것은?

① 토심을 깊게 한다.
② 단립(單粒)구조를 만든다.
③ 토양 pH는 중성으로 만든다.
④ 토성은 사양토~식양토로 만든다.

해설

단립구조(單粒構造, single grained structure)
토양 입자들이 서로 덩어리를 이루지 않고 개개로 흩어져 있는 상태를 말하며, 토양 입자가 응집되어 있지 않은 상태여서 작물생육에는 불리한 상태이다.

08 광합성에 가장 유효한 광은?

① 녹생광 ② 황색광
③ 자색광 ④ 적색광

해설

광합성에 유효한 광파장
적색광(600~680nm) > 자색광(400nm) > 청색광(480nm)

09 작물의 적산온도에 대한 설명으로 틀린 것은?

① 작물의 생육 시기와 생육기간에 따라 차이가 있다.
② 작물의 생육이 가능한 범위의 온도를 나타낸다.
③ 작물이 일생을 마치는데 소요되는 총온량을 표시한다.
④ 작물의 발아로부터 성숙에 이르기까지의 0℃ 이상의 일평균 기온을 합산한 온도이다.

해설

적산온도 : 작물의 발아부터 수확할 때까지 평균기온이 0℃ 이상인 날의 일평균기온을 합산한 온도

10 식물의 굴광현상에 가장 유효한 광은?

① 자색광 ② 청색광
③ 적색광 ④ 적외선

해설

굴광현상
빛의 자극이 식물의 생장에 미치는 효과를 말하며 청색광(400~500nm, 특히 440~480nm)이 가장 유효하다.

5 ④ 6 ② 7 ② 8 ④ 9 ② 10 ② 정답

11 작물의 요수량에 관한 설명으로 틀린 것은?

① 작물의 건물 1g을 생산하는 데 소비된 수분량이다.

② 증산계수 또는 증산능률이라고도 한다.

③ 요수량이 작은 작물이 가뭄에 강하다.

④ 작물별로 수분의 절대소비량을 표시하는 것은 아니다.

해설

증산계수와 증산능률
• 증산계수 : 건물 1g을 생산하는 데 소비된 증산량
• 증산능률 : 요수량과는 역의 개념으로 일정량의 수분이 증산하여 축적된 건물중

12 작물 수량을 증가시키는 3대 조건이 아닌 것은?

① 유전성이 좋은 품종 선택

② 알맞은 재배환경

③ 적합한 재배기술

④ 상품성이 우수한 작물 선택

해설

일정한 면적에서 최대의 수량을 올리기 위해서는 작물의 유전성, 환경조건, 재배기술이 유기적으로 관계하며 이것을 수량의 삼각형이라 한다.

[작물 수량의 삼각형]

13 뿌리에서 가장 왕성하게 수분흡수가 일어나는 부위는?

① 근모부   ② 뿌리골무

③ 생장점   ④ 신장부

해설

수분흡수 부위 : 근모(뿌리털)

14 탄산시비의 목적으로 가장 적합한 것은?

① 호흡작용의 증대

② 증산작용의 증대

③ 광합성작용의 증대

④ 비료흡수의 촉진

해설

탄산시비를 통해 이산화탄소의 농도를 높여주면 광합성이 증대되어 작물의 생육이 촉진된다.

15 식물의 필수양분 중 미량원소가 아닌 것은?

① Fe   ② B

③ N   ④ Cl

해설

식물 생육에 필요한 필수원소(16가지)
• 다량원소 : C, H, O, N, P, K, Ca, Mg, S
• 미량원소 : Fe, Cl, Mn, Zn, B, Cu, Mo

16 토양 속에서 작물 뿌리가 수분을 흡수하는 기구를 나타낸 관계식으로 옳은 것은?[a : 세포의 삼투압, m : 세포의 팽압(막압), t : 토양의 수분보유력, a' : 토양용액의 삼투압]

① $(a - m) - (t + a')$

② $(a - m) + (t + a')$

③ $(a + m) - (t + a')$

④ $(a + m) + (t + a')$

해설

뿌리의 수분흡수 $= (a - m) - (t + a')$

정답 11 ② 12 ④ 13 ① 14 ③ 15 ③ 16 ①

17 고추와 토마토의 일장감응형은?

① 장일성　　② 중일성
③ 단일성　　④ 정일성

> **해설**
> **식물의 일장형**
> • 장일식물 : 맥류, 양귀비, 시금치, 양파, 상추, 아마, 티머시, 아주까리, 감자, 카네이션, 클로버, 완두 등
> • 단일식물 : 국화, 콩, 담배, 들깨, 샐비어, 도꼬마리, 코스모스, 목화, 벼, 나팔꽃 등
> • 중성(중일성)식물 : 강낭콩, 고추, 토마토, 당근, 셀러리 등
> • 중간(정일성)식물 : 사탕수수

18 식물이 주로 이용하는 토양수분의 형태는?

① 결합수　　② 흡습수
③ 지하수　　④ 모관수

> **해설**
> **토양수분의 종류**
> • 결합수(pF 7.0 이상) : 점토광물에 결합되어 있어 작물 이용 불가능
> • 흡습수(pF 4.5 이상) : 비액상의 수분으로 유동이 어려운 수분
> • 모관수(pF 2.7~4.5) : 유동성이 있으며 작물이 유용하게 이용하는 수분
> • 중력수(pF 0~2.7) : 중력에 의해 이동하는 수분이며 토양미생물의 활동을 방해하며 배수의 대상이 되는 수분
> • 지하수 : 불투수층에 도달하여 정체 또는 유동하는 중력수의 일종

19 식물의 분류 중 (　) 안에 들어갈 용어는?

문 → (　) → 목 → 과 → 속

① 종　　② 강
③ 계통　　④ 아목

> **해설**
> 계 – 문 – 강 – 목 – 과 – 속 – 종

20 작물의 분화 과정을 옳게 나열한 것은?

① 변이 발생 → 순화 → 격리 → 도태
② 변이 발생 → 격리 → 적응 → 도태
③ 변이 발생 → 도태 → 격리 → 적응
④ 변이 발생 → 도태 → 순화 → 격리

> **해설**
> **작물의 분화 과정**
> • 변이 발생 : 자연교잡과 돌연변이에 의한 유전적 변이의 발생
> • 도태 : 새로 생긴 유전형이 환경이나 생존 경쟁에 견디지 못하고 도태되거나 남아서 적응
> • 순화 : 남은 종들이 오래 생육하게 되어 그 조건에 더욱 잘 적응
> • 격리(고립) : 적응형 상호 간에 유전적 교섭이 생기지 않도록 고립

21 다음 중 토양의 양분보유력을 가장 증대시킬 수 있는 영농 방법은?

① 부식질 유기물의 시용
② 질소비료의 시용
③ 모래의 객토
④ 경운의 실시

> **해설**
> **지력 증가 방법(양분보유력 증대 방법)**
> • 유기물 함량이 많아야 한다.
> • 무기성분이 풍부하고 균형 있어야 한다.

22 화성암을 구성하는 주요 광물이 아닌 것은?

① 방해석　　② 각섬석
③ 석영　　④ 운모

> **해설**
> ① 방해석은 퇴적암으로 분류된다.
> **화성암의 주성분 광물(7종)** : 석영, 장석, 운모, 각섬석, 휘석, 감람석, 준장석

256 | PART 02 과년도 + 최근 기출복원문제

17 ②　18 ④　19 ②　20 ④　21 ①　22 ①　정답

23 지하수위가 높은 저습지나 배수 불량지에서 환원 상태가 발달하면서 청회색을 띠는 토층이 발달하는 토양생성작용은?

① podzolization
② salinization
③ alkalization
④ gleyzation

해설

글레이화 작용(gleyzation)
지하 수위가 높은 저지대나 배수가 좋지 못한 토양 그리고 물에 잠겨 있는 논토양은 산소가 부족하여 토양 내 Fe, Mn 및 S이 환원상태가 되고 토양층은 청회색, 청색 또는 녹색의 특유한 색깔을 띠게 되는 현상

① 포드졸화 작용(podzolization) : 침엽수림 지대에서 토양의 무기성분이 산성 부식질의 영향으로 용탈되어 표토로부터 하층토로 이동하여 집적되는 토양생성작용

② 염류화 작용(salinization) : 모세관을 따라 심토로부터 올라온 수분은 토양 표면에서 증발하게 되며, 이때 물에 용존해 있던 가용성의 염류가 표토에 집적하게 되는 현상

③ 알칼리화 작용(alkalization) : 토양의 점토와 같은 콜로이드 물질에 Na⁺이 흡착되는 작용

24 토양 속 $NH_4^+ \rightarrow NO_2^- \rightarrow NO_3^-$는 무슨 작용인가?

① 암모니아화작용
② 질산화작용
③ 탈질작용
④ 유기화작용

해설

질산화 반응

    아질산화균   질산화균
• $NH_4^+ \longrightarrow NO_2^- \longrightarrow NO_3^-$
• *Nitrosomonas*(아질산화균, 암모니아산화균)는 에너지원으로 암모니아를 이용하고, *Nitrobacter*(질산화균)는 NO_2^-를 에너지원으로 이용한다.

25 논토양과 밭토양의 차이점으로 틀린 것은?

① 논토양은 무기양분의 천연 공급량이 많다.
② 논토양은 유기물 분해가 빨라 부식 함량이 적다.
③ 밭토양은 통기상태가 양호하며, 산화상태이다.
④ 밭토양은 산성화가 심하여 인산유효도가 낮다.

해설

유기물 분해 속도는 담수상태인 논토양이 산화 상태인 밭토양보다 느리다.

26 저위생산지 개량 방법으로 옳은 것은?

① 습답은 점토가 많은 산적토를 객토한다.
② 누수답은 암거배수 등으로 배수개선을 한다.
③ 노후답을 개량하기 위해 석고를 사용한다.
④ 미숙답은 심경하고 다량의 볏짚을 사용한다.

해설

④ 미숙답은 개간지나 간척지가 논으로 완전히 기능을 발휘하지 못하는 논으로 토층단면이 단단하여 뿌리가 깊이 들어가지 못하므로 벼 생육이 불리하다.

저위생산지 : 농작물의 생산성이 낮은 농경지로 습답, 누수답, 노후답, 염해지 토양, 미숙답 등이 있다.

27 토양유기물의 탄질률에 따른 질소의 행동으로 틀린 것은?

① 탄질률이 높은 유기물을 주면 질소의 공급효과가 높다.
② 시용하는 유기물의 탄질률이 높으면 질소가 일시적으로 결핍된다.
③ 콩과 식물을 재배하면 질소의 공급에 유리하다.
④ 토양유기물의 분해는 탄질률에 따라 크게 달라진다.

해설

탄질률 조절 방법
• 탄질률이 높으면 비료효과가 작다.
• 탄질률이 낮은 퇴비는 비료효과가 크다.
• 탄소율(탄질률)이 높은 볏짚, 왕겨 등을 넣을 때는 여분의 질소질 비료를 공급하여야 한다.

정답 23 ④ 24 ② 25 ② 26 ④ 27 ①

28 토양의 환원상태를 촉진하지 않는 것은?

① 미숙퇴비 살포　② 투수성 불량
③ 토양의 수분 건조　④ 미생물 활동 증가

해설
토양의 담수상태 : 담수하면 산소의 공급이 원활하지 않기 때문에 토양은 환원상태로 전환된다.

29 토양 단면에서 용탈흔적이 가장 명료한 토층은?

① O층　② E층
③ A층　④ C층

해설
② E층 : 용탈층으로 A층과 B층 사이에 있으며, 위아래층보다 조립질이고 물에 의해 이온과 미네랄이 용탈되어 물리적으로 비옥도가 낮고 강수량이 많은 지역일수록 발달한 층이다.
① O층 : 유기물층으로 부패한 물과 동물의 잔해로 구성된 유기물이 표면에 존재하며, 식물 성장에 중요한 역할을 한다.
③ A층 : 유기물과 미네랄이 혼합된 층으로 표토층이라고도 하며, 식물 뿌리가 자주 발견되고 입단구조가 잘 발달되어 있어 물과 공기의 순환이 살 이루어진나.
④ C층 : 무기물층으로 퇴적물이나 암석이 주를 이루며, 아직 토양 생성작용을 받지 않은 모재층이다.

30 토양 중 인산에 대한 설명으로 옳은 것은?

① 토양 pH가 5~6의 범위에서는 $H_2PO_4^-$의 형태로 존재한다.
② 토양의 pH가 중성보다 낮아질수록 용해도가 증가한다.
③ 토양 pH가 8 이상의 범위에서는 H_3PO_4의 형태로 존재한다.
④ CEC가 클수록 흡착되는 양이 많아진다.

해설
수용성 인산의 이온 형태
• pH 조건에 따라 H_3PO_4, $H_2PO_4^-$, HPO_4^{2-}, PO_4^{3-}형태로 존재
• pH가 2.1 : H_3PO_4와 $H_2PO_4^-$ 이온이 1 : 1로 존재
• pH 7.2 : $H_2PO_4^-$와 HPO_4^{2-} 이온이 1 : 1로 존재
• pH가 12.3 : HPO_4^{2-}와 PO_4^{3-} 이온이 1 : 1로 존재한다.

31 토양오염에 대한 설명으로 틀린 것은?

① 질소와 인산비료의 과다사용은 토양오염을 유발할 수 있다.
② 농경지 농약의 살포는 토양오염을 유발할 수 있다.
③ 일반적으로 중금속의 흡착은 pH가 높을수록 적어진다.
④ 방사성 물질은 비점오염원이다.

해설
③ 일반적으로 중금속의 흡착은 pH가 높을수록 많아진다.

32 토양오염원을 분류할 때 비점오염원에 해당하는 것은?

① 산성비
② 대단위 가축사육장
③ 유독물저장시설
④ 폐기물매립지

해설
비점오염원(非點汚染源) : 도시, 도로, 농지, 산지, 공사장 등으로서 불특정 장소에서 불특정하게 수질오염물질을 배출하는 배출원
※ 오염원의 분류

구분		점오염원	비점오염원
분류		• 지하저장탱크 • 유기폐기물처리장 • 일반폐기물처리장 • 지표저류시설 • 정화조 • 부적절한 관정	• 농약과 비료 • 산성비
오염 물질		• BTEX, LNAPL, DNAPL • 유기화학물질, 중금속 • 유기물, TCE, PCE • 암모니아성 질소, 박테리아	• 질산염 • 알루미늄

258 | PART 02 과년도 + 최근 기출복원문제　　　　28 ③　29 ②　30 ①　31 ③　32 ①　**정답**

33 시설재배 토양에서 염류농도를 감소시키는 방법으로 틀린 것은?

① 담수에 의한 제염

② 제염작물재배

③ 객토 및 암거배수에 의한 토양개량

④ 돈분 퇴비의 시용

해설

염류장해의 대책

• 담수에 의한 제염

• 제염작물(옥수수, 벼, 파 종류, 수수, 피 등) 재배

• 객토 및 암거배수에 의한 토양개량

• 유기물(볏짚, 고탄소 유기물, 왕겨, 부엽, 목탄 등) 사용

34 토양미생물에 대한 설명으로 틀린 것은?

① 균근류는 통기성과 투수성을 증가시킨다.

② 화학종속영양세균의 주에너지원은 빛이다.

③ 토양유기물을 분해시켜 부식으로 만든다.

④ 조류는 광합성을 하고 산소를 방출한다.

해설

② 화학종속영양세균의 주에너지원은 여러 종류의 유기화합물이고, 화학독립영양세균은 황화수소나 암모니아 등을 산화하여 에너지를 얻는다.

35 수평배열의 토괴로 구성된 구조이며, 투수성에 가장 불리한 토양구조는?

① 판상　　　　　② 입상

③ 주상　　　　　④ 괴상

해설

판상구조

오랫동안 토양을 얕게 경운하는 경우 점토입자가 작토층 밑으로 이동, 집적되어 다져지면서 수분이 하향이동하여 벼의 뿌리 생장을 불량하게 한다.

36 토양오염 우려기준물질에 포함되지 않는 것은?

① Cd　　　　　② Al

③ Hg　　　　　④ As

해설

토양오염물질 23종(토양환경보전법 시행규칙 [별표 1])

수은(Hg), 납(Pb), 6가크로뮴, 아연(Zn), 카드뮴(Cd), 구리(Cu), 비소(As), 니켈(Ni), 플루오린, 유기인화합물, 폴리클로리네이티드비페닐, 시안, 페놀, 벤젠, 톨루엔, 에틸벤젠, 크실렌(BTEX), 석유계 총탄화수소(TPH), 트라이클로로에틸렌(TCE), 테트라클로로에틸렌(PCE), 벤조(a)피렌, 1,2-디클로로에탄, 다이옥신 등

37 다음 중 공생질소고정균은?

① *Azotobacter*

② *Rhizobium*

③ *Beijerinckia*

④ *Derxia*

해설

질소고정세균

• 단독질소고정세균 : *Azotobacter*(호기성), *Clostridium*(혐기성)

• 공생질소고정세균 : *Rhizobium*(근류균 : 콩과 식물과의 공생)

38 피복작물에 의한 토양보전 효과로 볼 수 있는 것은?

① 토양의 유실 증가

② 토양의 투수력 감소

③ 빗방울의 토양 타격강도 증가

④ 유거수량의 감소

해설

④ 유거수량은 물이 토양의 표면을 따라 흐르면서 이동하는 물의 양을 뜻하는데 피복작물에 의해 빗방울이 토양에 직접 떨어지는 것을 막아 유거수량을 감소시켜 준다.

피복작물의 효과

• 물의 침투율을 높인다.

• 강우의 지면타격으로부터 토양을 보호한다.

• 토양의 비료성분을 체내에 저장하며, 토양의 입단구조를 개선한다.

• 토양양분의 유실 및 지하수의 오염을 방지한다.

• 토양침식을 방지한다.

• 토양의 이화학성 및 생물성의 개선, 유기물 공급, 잡초 억제 등 다면적인 기능을 가지고 있다.

정답　33 ④　34 ②　35 ①　36 ②　37 ②　38 ④　　　2016년 제4회 과년도 기출문제 | **259**

39 물에 의한 침식을 가장 받기 쉬운 토성은?

① 식토

② 양토

③ 사토

④ 사양토

해설

식토는 점토의 함량이 50% 이상으로 점착성이 높으며, 공극률이 낮고 투수성이 떨어져 강우 시 빗물이 흡수되지 않고 표면을 따라 흐르며 토양 입자를 쉽게 씻어내는 침식을 유발한다. 이로 인해 토양의 비옥도가 감소하고 경작지 피해가 발생한다.

40 토양침식에 영향을 주는 요인에 대한 설명으로 틀린 것은?

① 내수성 입단이 적고 투수성이 나쁜 토양이 침식되기 쉽다.

② 경사도가 크고 경사길이가 길수록 침식이 많이 일어난다.

③ 강우량이 강우강도보다 토양침식에 대한 영향이 크다.

④ 작물의 종류, 경운시기와 방법에 따라 침식량이 다르다.

해설

③ 토양침식에는 강우강도가 강우량보다 더 많은 영향을 미친다.

41 유기농업 생산체계의 목표가 아닌 것은?

① 작물 및 축산물 생산성 최대화를 추구한다.

② 토양미생물의 활동을 촉진하는 농업을 추구한다.

③ 생물의 다양성을 증진하는데 목표를 둔다.

④ 자원이나 물질의 재활용을 극대화한다.

해설

① 작물과 축산물의 생산성을 최대화는 관행농업에 해당한다.

42 다음 중 자가불화합성을 이용하는 것으로만 나열된 것은?

① 당근, 상추

② 고추, 쑥갓

③ 양파, 옥수수

④ 무, 양배추

해설

F₁ 종자의 채종 방법별 작물

• 자가불화합성 : 배추, 양배추, 무 등

• 인공교배 : 수박, 오이, 가지, 참외 등

• 웅성불임성 : 양파, 고추, 당근, 토마토, 상추, 쑥갓, 옥수수 등

43 유기농업에서 이용할 수 있는 식물추출자재가 아닌 것은?

① 님

② 제충국

③ 바이오밥

④ 카보퓨란

해설

④ 카보퓨란은 카바메이트계 해충방제용 농약이다.

식물추출자재 : 님, 제충국, 바이오밥 등

44 다음 중 포식성 곤충에 해당하는 것은?

① 팔라시스이리응애   ② 침파리
③ 고치벌   ④ 꼬마벌

해설
포식성 곤충과 기생성 곤충
• 포식성 곤충 : 풀잠자리, 꽃등에, 됫박벌레, 딱정벌레, 팔라시스이리응애, 무당벌레 등
• 기생성 곤충 : 침파리, 고치벌, 맵시벌, 꼬마벌 등

45 유기축산물의 축사 및 방목에 대한 요건으로 틀린 것은?

① 축사·농기계 및 기구 등은 청결하게 유지하고 소독함으로써 교차감염과 질병감염체의 증식을 억제하여야 한다.

② 축사의 바닥은 부드러우면서도 미끄럽지 아니하고, 청결 및 건조하여야 하며, 충분한 휴식공간을 확보하여야 하고, 휴식공간에서는 건조 깔짚을 깔아주어야 한다.

③ 가금류의 축사는 짚·톱밥·모래 또는 야초와 같은 깔짚으로 채워진 건축공간이 제공되어야 하고, 가금의 크기와 수에 적합한 홰의 크기 및 높은 수면공간을 확보하여야 하며, 산란계는 산란상자를 설치하여야 한다.

④ 번식돈은 임신 말기 또는 포유기간을 제외하고는 군사를 하여야 하고, 자돈 및 육성돈은 케이지에서 사육하지 아니할 것. 다만, 자돈 압사방지를 위하여 포유기간에는 모돈과 조기 이유한 자돈의 생체중이 50kg까지는 케이지에서 사육할 수 있다.

해설
④ 번식돈은 임신 말기 또는 포유기간을 제외하고는 군사를 하여야 하고, 자돈 및 육성돈은 케이지에서 사육하지 아니할 것. 다만, 자돈 압사방지를 위하여 포유기간에는 모돈과 조기 이유한 자돈의 생체중이 25kg까지는 케이지에서 사육할 수 있다(유기식품 및 무농약농산물 등의 인증에 관한 세부실시요령 [별표 1]).

46 다음 중 시설의 토양관리에서 객토를 실시하는 이유로 거리가 먼 것은?

① 미량원소의 공급
② 토양침식 효과
③ 염류집적의 제거
④ 토양물리성 개선

해설
객토의 효과
• 토양침식 억제
• 보수력의 증대
• 작토층의 확대
• 염류집적의 제거
• 토양물리성 개선
• 미량원소의 공급

47 고구마 수확물의 상처에 유상조직인 코르크층을 발달시켜 병균의 침입을 방지하는 조치는?

① 예냉   ② 큐어링
③ CA   ④ 프라이밍

해설
큐어링
• 상처 난 부분과 뿌리와 꼭지를 자른 부분을 고구마의 진액으로 보호막을 형성케 하는 과정이다.
• 습도 90~95%, 온도 30℃에서 3~4일간 처리한다.

48 (A×B)×C와 같이 F₁과 제3의 품종을 교배하는 것은?

① 다계교배   ② 복교배
③ 3원교배   ④ 단교배

해설
③ 3원교배 : (A×B)×C
① 다계교배 : [(A×B)×(C×D)×(E×F) …]
② 복교배 : (A×B)×(C×D)
④ 단교배 : A×B

정답 44 ① 45 ④ 46 ② 47 ② 48 ③

49 산도(pH)가 중성인 것은?

① pH 3~4　　② pH 4~5

③ pH 6~7　　④ pH 9~10

해설
• pH 7 : 중성
• pH 7 이하 : 산성
• pH 7 이상 : 알칼리성

50 다음 중 병해충 방제를 위한 경종적 방제법에 해당하지 않는 것은?

① 과실에 봉지를 씌워서 차단
② 토지의 선정
③ 품종의 선택
④ 생육시기의 조절

해설
① 봉지 씌우기는 물리적 방제법에 해당한다.

51 인공교배하여 F_1을 만들고 F_2부터 매 세대 개체선발과 계통재배 및 계통선발을 반복하면서 우량한 유전자형의 순계를 육성하는 육종방법은?

① 파생계통육종　　② 계통육종
③ 여교배육종　　④ 집단육종

해설
계통육종법
• 교잡 후 초기 세대부터 개체선발과 계통재배를 반복하면서 우량한 동형접합체 개체를 선발하는 방법이다.
• 질적형질의 선발에 주로 쓰인다.
　※ 질적형질 : 형질의 구별 분명, 소수의 주동유전자에 의해 지배, 꽃의 색깔

52 일반농가가 유기축산으로 전환할 때 전환기간으로 틀린 것은?

① 식육 생산용 한우는 입식 후 3개월 이상
② 시유 생산용 젖소는 90일 이상
③ 식육 생산용 돼지는 최소 5개월 이상
④ 알 생산용 산란계는 입식 후 3개월 이상

해설
유기축산으로의 전환기간 동안 반드시 유기축산물 인증기준에 따라 사육해야 한다.
• 한우 · 육우는 식육용으로 최소 12개월 이상
• 젖소 착유우는 90일 이상
• 돼지 식육은 최소 5개월 이상
• 육계 3주 이상
• 산란계 3개월 이상

53 시설 내의 환경특이성에 관한 설명으로 틀린 것은?

① 토양이 건조해지기 쉽다.
② 공중습도가 높다.
③ 탄산가스 농도가 높다.
④ 광분포가 불균일하다.

해설
시설재배의 대기 환경
대기 중 이산화탄소 농도보다 3~4배 정도 낮아 광합성작용이 원활하게 이루어지지 않는다.

262 | PART 02 과년도 + 최근 기출복원문제

49 ③　50 ①　51 ②　52 ①　53 ③　**정답**

54 한 포장 내에서 위치에 따라 종자, 비료, 농약 등을 달리함으로써 환경문제를 최소화하면서 생산성을 최대로 하려는 농업은?

① 자연농업　　　② 생태농업
③ 정밀농업　　　④ 유기농업

해설
친환경농업의 종류
• 자연농업 : 자연의 힘을 최대한 활용한 농업으로 식물과 동물의 기본권을 존중한 4무(무경운, 무비료, 무제초, 무농약) 농법
• 생태농업 : 농업생태계 서비스를 최적화하는 농업
• 정밀농업 : GIS, GPS 이용, 농경지 속성별 특성에 따라 세분하여 투입 · 관리함으로써 최소투입 · 최대생산성을 목적으로 하는 농업
• 유기농업 : 현대농업의 3대 위해성(3R) 등 폐해에 대한 대안 농업으로 대두
• 지속농업 : 농업과 환경의 조화를 통해 농업 생산성을 지속가능하게 하는 농업
• 저투입농업 : 농약 · 화학비료 저투입, IPM · INM으로 지속가능한 농업

55 다음 중 작물의 요수량이 가장 큰 것은?

① 옥수수　　　② 클로버
③ 보리　　　　④ 기장

해설
요수량의 크기 : 기장 < 옥수수 < 보리 < 알팔파 < 클로버
※ 요수량 : 작물의 건물 1g을 생산하는 데 소비되는 수분량(g)

56 유기사료에 첨가해도 되는 것은?

① 가축의 대사기능 촉진을 위한 합성화합물
② 비단백태질소화합물
③ 성장촉진제
④ 순도 99% 이상인 골분

해설
④ 골분 · 어골회 및 패분은 동물성 무기질 비료로서 사용이 가능하다.
유기배합사료의 제조에 첨가하면 안되는 물질 : 합성화합물 및 약품성분

57 경축순환농업으로 사육하지 않은 농장에서 유래한 퇴비를 유기농업에 사용할 수 있는 충족조건은?

① 퇴비화 과정에서 퇴비더미가 35~50℃를 유지하면서 10일간 이상 경과되어야 한다.
② 퇴비화 과정에서 퇴비더미가 55~75℃를 유지하면서 15일간 이상 경과되어야 한다.
③ 퇴비화 과정에서 퇴비더미가 80~95℃를 유지하면서 10일간 이상 경과되어야 한다.
④ 퇴비화 과정에서 퇴비더비가 80~95℃를 유지하면서 15일간 이상 경과되어야 한다.

해설
경축순환농업으로 사육하지 않은 농장에서 유래한 퇴비를 유기농업에 사용할 수 있는 충족조건
• 퇴비더미가 55~75℃를 유지하는 기간이 15일 이상 되어야 하고, 이 기간 동안 5회 이상 뒤집어 줄 것
• 퇴비에 유해성분 함량은 비료관리법 따른 비료공정규격 중 퇴비규격의 1/2을 초과하지 아니하여야 하고 항생물질이 포함되지 않을 것
※ 경축순환농업 : 농가에서 논농사 · 밭농사의 부산물로 가축을 키우고 가축분뇨를 퇴비화하여 다시 땅에 뿌려 작물을 키워내는 농업

정답　54 ③　55 ②　56 ④　57 ②

58 병해충종합관리의 기본개념을 실현하기 위한 기본 원칙으로 틀린 것은?

① 한 가지 방법으로 모든 것을 해결하려는 생각은 버린다.
② 병해충 발생이 경제적으로 피해가 되는 밀도에서 만 방제한다.
③ 병해충의 개체군을 박멸해야 한다.
④ 농업생태계에서 병해충군의 자연조절기능을 적극적으로 활용한다.

해설
③ 병해충의 개체군을 박멸하는 것이 아니라 저밀도로 유지·관리한다.
병해충종합관리의 기본개념을 실현하기 위한 기본 원칙
• 한 가지 방법으로 모든 것을 해결하려는 생각은 버린다.
• 병해충 발생이 경제적으로 피해가 되는 밀도에서만 방제한다.
• 병해충의 개체군을 박멸하는 것이 아니라 저밀도로 유지·관리한다.
• 농업생태계에 있어서 병해충군의 자연조절기능을 적극적으로 활용하는 원칙이 적용된다.
※ 병해충종합관리(IPM ; Integrated Pest Management)
  여러 가지 방제법을 적절히 활용하여 해충발생밀도를 경제적 피해허용수준 이하로 유지하는 병해충관리체계이다.

59 유기농에서 예방적 잡초제어의 방법으로 적절하지 못한 것은?

① 초생재배
② 윤작
③ 파종밀도 조절
④ 무경운

해설
예방적 잡초 방제법
• 경운
• 윤작(돌려짓기)
• 피복재배
• 열을 이용하여 소각
• 재식밀도 조절
• 손이나 농기구를 이용
• 천적, 미생물의 이용

60 유기축산물의 유기배합사료 중 식물성 단백질류에 해당하는 것으로만 나열된 것은?

① 옥수수, 보리
② 밀, 수수
③ 호밀, 귀리
④ 들깻묵, 아마박

해설
①·②·③은 식물성 탄수화물 사료이다.
식물성 단백질 사료 : 대두박, 임자박(들깻묵), 채종박, 아마박 등

264 | PART 02 과년도 + 최근 기출복원문제

58 ③ 59 ④ 60 ④ 정답

PART 02 과년도 + 최근 기출복원문제

2017년 제1회 과년도 기출복원문제

2017년부터는 CBT(컴퓨터 기반 시험)로 진행되어 수험자의 기억에 의해 문제를 복원하였습니다. 실제 시행문제와 일부 상이할 수 있음을 알려드립니다.

01 기원지로서 원산지를 파악하는 데 근간이 되고 있는 학설은 유전자중심설이다. Vavilov의 작물의 기원지에 해당하지 않는 곳은?

① 지중해 연안
② 인도 · 동남아시아
③ 남부아프리카
④ 코카서스 · 중동

해설
Vavilov의 작물의 기원지 : 중국, 인도 · 동남아시아, 중앙아시아, 코카서스 · 중동지역, 지중해 연안지역, 중앙아프리카지역, 멕시코 · 중앙아메리카지역, 남아메리카지역

02 다음 중 과실을 이용하는 채소가 아닌 것은?

① 참외
② 딸기
③ 수박
④ 당근

해설
④ 당근, 무 등은 뿌리를 이용하는 근채류이다.

03 작물의 분류에서 특용작물 중 섬유작물끼리 짝지어진 것으로 옳지 않은 것은?

① 목화, 삼
② 아마, 왕골
③ 모시풀, 호프
④ 왕골, 수세미

해설
③ 호프는 약료작물이다.
섬유작물 : 목화, 삼, 아마, 왕골, 모시풀, 수세미 등

04 다음 중 연작의 피해로 인한 휴작기간이 가장 긴 작물은?

① 인삼
② 벼
③ 감자
④ 옥수수

해설
• 연작의 해가 적은 것 : 벼, 맥류, 조, 수수, 옥수수, 고구마, 삼, 담배, 무, 당근, 양파, 호박, 연, 순무, 뽕나무, 아스파라거스, 토당귀, 미나리, 딸기, 양배추, 꽃양배추 등
• 1년 휴작을 요하는 것 : 시금치, 콩, 파, 생강 등
• 2년 휴작을 요하는 것 : 마, 감자, 잠두, 오이, 땅콩 등
• 10년 이상 휴작을 요하는 것 : 아마, 인삼 등

05 도복에 대한 설명으로 옳지 않은 것은?

① 밀식은 도복을 유발한다.
② 키가 크고 줄기가 튼튼한 작물이 잘 걸린다.
③ 가을멸구의 발생이 많으면 도복이 심해진다.
④ 비가 와서 식물체가 무거워지면 도복이 유발된다.

해설
② 키가 크고 줄기가 약한 품종일수록 도복이 심하다.

정답 1 ③ 2 ④ 3 ③ 4 ① 5 ②

2017년 제1회 과년도 기출복원문제 | **265**

06 다음 중 수광태세가 가장 불량한 벼의 초형은?

① 상위엽이 늘어져 있다.

② 분얼이 조금 개산형이다.

③ 키가 너무 크거나 작지 않다.

④ 각 잎이 공간적으로 균일하게 분포한다.

해설

벼의 수광태세가 좋은 초형
• 분얼은 약간 벌어지는 것이 좋다.
• 키가 너무 크거나 작지 않아야 한다.
• 잎이 얇지 않고 약간 좁으며 상위엽이 직립한다.

07 10a의 밭에 종자를 파종하고자 한다. 일반적으로 파종량(L)이 가장 많은 작물은?

① 오이   ② 팥

③ 맥류   ④ 당근

해설

③ 맥류 : 10~20L
① 오이 : 200(육묘)~300mL(직파)
② 팥 : 5~7L
④ 당근 : 800mL

08 춘화처리(vernalization)에 대한 설명으로 잘못된 것은?

① 주로 생육 초기에 온도처리를 하여 개화를 촉진한다.

② 저온처리의 감응점은 생장점이다.

③ 최아종자의 시기에 버널리제이션을 하는 것을 종자 버널리제이션이라고 한다.

④ 처리 중에 종자가 건조하면 버널리제이션 효과가 촉진된다.

해설

춘화처리(버널리제이션)
식물체가 생육의 일정 시기(주로 초기)에 저온을 경과함으로써 화성, 즉 꽃눈의 분화, 발육이 유도·촉진하는 것을 뜻하며 처리 중에 종자가 건조하면 춘화처리 효과가 감쇄된다.

09 토양 풍식에 대한 설명으로 옳은 것은?

① 바람의 세기가 같으면 온대 습윤 지방에서의 풍식은 건조 또는 반건조 지방보다 심하다.

② 우리나라에서는 풍식작용이 거의 일어나지 않는다.

③ 피해가 가장 심한 풍식은 토양 입자가 도약(跳躍), 운반(運搬)되는 것이다.

④ 매년 5월 초순에 만주와 몽고에서 우리나라로 날아오는 모래 먼지는 풍식의 모형이 아니다.

해설

① 풍식은 건조 또는 반건조 지방의 평원에서 일어나기 쉬우며, 온대 습윤지방에서도 일어나지만 심하지는 않다.
② 우리나라에서의 풍식은 해안의 모래 바닥, 특히 동해안과 제주도에서 일어난다.
④ 풍식의 대표적인 모형이다.

10 적산온도 요구량이 가장 높은 작물은?

① 감자   ② 메밀

③ 벼   ④ 담배

해설

③ 벼 : 3,500~4,500℃
① 감자 : 1,300~3,000℃
② 메밀 : 1,000~1,200℃
④ 담배 : 3,200~3,600℃

11 종자의 발아 조건 3가지는?

① 온도, 수분, 산소

② 수분, 비료, 광

③ 토양, 온도, 광

④ 온도, 미생물, 수분

해설

종자발아의 필수조건 : 수분, 산소, 온도

266 | PART 02 과년도 + 최근 기출복원문제

6 ① 7 ③ 8 ④ 9 ③ 10 ③ 11 ① **정답**

12 단일식물이 아닌 것은?

① 벼　　　　　　　② 콩
③ 국화　　　　　　④ 시금치

해설
단일식물 : 벼, 수수, 옥수수, 콩, 국화 등

13 유축(有畜)농업 또는 혼동(混同)농업과 비슷한 뜻으로, 식량과 사료를 서로 균형있게 생산하는 농업을 무엇이라고 하는가?

① 소경(疏耕)농업
② 원경(園耕)농업
③ 곡경(穀耕)농업
④ 포경(圃耕)농업

해설
① 소경농업 : 문화가 발달되기 이전의 농업 형태로서 쟁기나 가축을 이용하지 않은 것은 물론, 비료를 사용하지 않는 농업으로 지력의 소모가 빠른 만큼 새로운 토지를 찾아서 옮기는 약탈농업
② 원경농업 : 작은 면적의 농경지를 집약적으로 경영하여 단위면적당 채소, 과수 등의 수확량을 많게 하는 농업 형태
③ 곡경농업 : 벼·밀·옥수수 등의 곡류가 넓은 지대에 걸쳐 매년 같은 작물을 재배하는 농업 형태

14 화곡류의 채종 적기는?

① 백숙기　　　　　② 갈숙기
③ 녹숙기　　　　　④ 황숙기

해설
채종 적기
• 화곡류 : 황숙기
• 십자화과 채소류 : 갈숙기

15 교호작의 대표적인 작물은?

① 옥수수와 콩
② 감자와 고구마
③ 콩과 목화
④ 콩과 수수

해설
교호작(번갈아 짓기)
콩 두 이랑에 옥수수 한 이랑씩처럼 생육기간이 비슷한 작물들을 서로 건너서 교호로 재배하는 방식

16 윤작의 효과가 아닌 것은?

① 병해충의 경감
② 토지이용도의 향상
③ 지력의 유지 및 증강
④ 노력분배의 불합리화

해설
④ 노력분배의 합리화 : 여러 작물을 재배하게 되면 노력의 시기적인 집중화를 경감하고, 노력분배를 시기적으로 합리화할 수 있다.
윤작의 효과
• 토양 보호
• 잡초 및 병해충의 발생 억제
• 지력유지 및 증강
• 토양선충 경감 및 기지현상 회피
• 수확량 증대 및 토지이용도 향상
• 노력분배 합리화 및 농업경영의 안정성 증대

17 대기 성분들에 대한 설명으로 옳지 않은 것은?

① 대기 중 가장 많은 것은 질소이다.
② 대기 중에 CO_2는 3% 존재한다.
③ 대기 중 산소는 21% 존재한다.
④ 공기의 주성분은 질소, 산소, 이산화탄소이다.

해설
대기 중 이산화탄소의 농도는 약 0.03%로, 작물이 충분한 광합성을 수행하기에는 부족하다.

정답　12 ④　13 ④　14 ④　15 ①　16 ④　17 ②　　　2017년 제1회 과년도 기출복원문제 | **267**

18 다음 중 낙과의 원인으로 옳지 않은 것은?

① 수정이 되지 않았을 경우

② 배의 발육이 중지되었을 경우

③ 생장조절제를 살포하였을 경우

④ 생식기관들의 발육이 불완전한 경우

해설

낙과의 원인
• 생식기관들의 발육이 불완전한 경우
• 수정이 되지 않았을 경우
• 배의 발육이 중지되었을 경우
• 단위결과성이 약한 품종일 경우
• 질소나 탄수화물이 과부족인 경우
• 수분이 과부족인 경우

19 작물의 뿌리가 정상적인 흡수 능력을 발휘하지 못할 때, 병해충 또는 침수피해를 당했을 때, 그리고 이식한 후 활착이 좋지 못할 때와 같이 응급한 경우에 사용하는 시비수단은?

① 엽면시비　　　② 표층시비

③ 전층시비　　　④ 심층시비

해설

② 표층시비 : 경지를 고르지 않고 포장 전면에 비료를 살포하는 시비방법
③ 전층시비 : 비료를 살포한 후, 경운하여 비료가 토양에 골고루 섞이도록 하는 시비방법
④ 심층시비 : 비료의 손실을 막기 위해 토양 깊이 비료를 넣어주는 시비방법

20 과실에 봉지 씌우기를 하는 목적과 가장 거리가 먼 것은?

① 당도 증가

② 과실의 외관 보호

③ 농약으로부터 오염 방지

④ 병해충으로부터 과실 보호

해설

봉지 씌우기의 효과
• 검은무늬병(배)·탄저병(사과·포도)·흑점병(사과)·심식나방·밤나방 등의 병해충 방제
• 외관 보호 및 사과 등의 열과 방지
• 과실의 착색 증진을 통한 상품성 향상
• 동녹 방지

21 IFOAM이란 무엇인가?

① 국제유기농업운동연맹

② 국제유기식품규정

③ 위생식품검역 적용에 관한 협정

④ 무역의 기술적 장애에 관한 협정

해설

국제유기농업운동연맹(IFOAM ; International Federation of Organic Agriculture Movements)
지구의 환경을 보전하고 인류의 건강을 지키기 위하여 시작된 유기농업이 전 세계로 확산되면서 1972년 창설되었다.

22 생리적 중성비료인 것은?

① 황산칼륨　　　② 염화칼륨

③ 용성인비　　　④ 질산암모늄

해설

①·② 생리적 산성비료, ③ 생리적 염기성비료

23 강우에 의한 토양의 침식이 아닌 것은?

① 우량   ② 침수
③ 우식   ④ 합성

해설
① 우량 : 건조 지방에서 점판암 표면에 오랜 시간에 걸쳐 빗방울이 떨어져 생긴 자국
② 침수 : 강우량이 많거나 홍수 등으로 식물체가 완전히 물속에 잠긴 상태
③ 우식 : 경사지의 표층토양이 빗물에 의해 씻겨 비교적 엉성한 모래와 자갈만이 남게 된 것

24 화성암을 산성, 중성, 염기성으로 나누는 기준은?

① CaS   ② SiO_2
③ $MgCO_3$ ④ $CaCO_3$

해설
화성암은 마그마가 식은 위치에 따라서 심성암, 반심성암 및 화산암으로 나누고, 암석에 들어 있는 규산(SiO_2)의 함량에 따라 산성암, 중성암, 염기성암으로 분류한다.

25 호기적 조건에서 단독으로 질소고정작용을 하는 토양미생물속(屬)은?

① 아조토박터(*Azotobacter*)
② 프랑키아(*Frankia*)
③ 리조비움(*Rhizobium*)
④ 클로스트리듐(*Clostridium*)

해설
① 아조토박터 : 호기적 조건에서 단독으로 질소고정을 하는 미생물이다. 이 미생물은 산소가 존재하는 환경에서도 질소를 고정할 수 있다.
② 프랑키아 : 나무와 공생하며, 혐기적 조건에서 질소고정을 한다.
③ 리조비움 : 주로 콩과 식물의 뿌리와 공생하여 질소고정을 하는데, 호기적 조건에서는 작용하지 않는다.
④ 클로스트리듐 : 혐기적 조건에서 질소고정을 수행하는 미생물이다.

26 표토에 부식이 많으면 토양의 색은?

① 적색   ② 회백색
③ 암흑색   ④ 황적색

해설
고도로 분해된 유기물을 많이 함유한 토양은 어두운색을 띠고, 산화철 광물이 풍부하면 적색을 띤다.

27 염기포화도에 대한 설명으로 옳지 않은 것은?

① pH와 비례적인 상관관계가 있다.
② 염기포화도가 증가하면 완충력도 증가하는 경향이다.
③ (교환성 염기의 총량 / 양이온교환용량) × 100 이다.
④ 우리나라 논토양의 염기포화도는 대략 80% 내외이다.

해설
염기포화도
토양에 흡착된 염기성 양이온이 차지하는 비를 말한다. 우리나라 논토양의 염기포화도는 평균 52%, 양이온치환용량은 11me/100g 정도이다.

28 다음 중 탈질작용이 일어나기 쉬운 조건은?

① 산소가 많고 유기물이 많은 곳
② 산소가 많고 유기물이 적은 곳
③ 산소가 부족하고 유기물이 적은 곳
④ 산소가 부족하고 유기물이 많은 곳

해설
탈질작용(denitrification)
질산화 작용에 의해 생성된 질산은 산소가 부족한 혐기성 조건에서 탈질균에 의해 아질산화질소(N_2O) 또는 질소가스(N_2)의 형태로 환원되어 대기 중으로 휘산된다.

정답   23 ④   24 ②   25 ①   26 ③   27 ④   28 ④

29 유효질소 10kg이 필요한 경우에 요소로 질소질비료를 시용한다면 필요한 요소량은?(단, 요소비료의 흡수율은 83%, 요소의 질소 함유량은 46%로 가정)

① 약 13.1kg
② 약 26.2kg
③ 약 34.2kg
④ 약 48.5kg

해설

• 요소의 흡수율 83%에 대한 질소의 필요량
  $83 : 100 = 10 : N$
  $N = (100 \times 10)/83 = 12.04kg$(요소 중의 N량)
• 요소의 질소함유량 46%에 대한 실제 요소의 필요량
  $46 : 100 = 12.04 : x$
  $x = (100 \times 12.04)/46 = 26.17kg$(요소의 필요량)

30 토양온도에 대한 설명으로 틀린 것은?

① 토양의 열원은 주로 태양광선이며, 습윤열, 유기물 분해열 등이 있다.
② 토양온도는 토양유기물의 분해 속도와 양에 미치는 영향이 매우 커서 열대 토양의 유기물 함량이 높은 이유가 된다.
③ 토양비열은 토양 1g을 1℃ 올리는 데 소요되는 열량으로 물이 1이고 무기성분은 이것보다 더 낮다.
④ 토양온도는 토양생성작용, 토양미생물의 활동, 식물생육에 중요한 요소이다.

해설

② 토양온도가 높아지면 토양유기물의 분해가 가속화되어 토양의 유기탄소 함량이 감소하고, 토양 내 영양소의 가용성이 증가하게 된다. 단기적으로 식물 성장에 유리할 수 있지만, 장기적으로는 토양 비옥도에 부정적인 영향을 미칠 수 있다.

토양온도의 역할

• 식물과 토양미생물의 활동과 생육
• 토양형을 결정하는 기상조건
• 종자의 발아
• 토양통기
• 토양수분과 양분의 이동과 물리·화학적 반응속도

31 교질물에 흡착된 H^+와 Al^{3+}에 의하여 나타난 토양 산성의 종류는?

① 치환산성
② 강산성
③ 활산성
④ 약산성

해설

토양 산성의 종류

• 활산성 : 토양용액에 들어 있는 수소 이온에 의한 것
• 잠산성(또는 치환산성) : 교질물에 흡착된 H^+와 Al^{3+}에 의하여 나타나는 산성

32 밭토양에 비하여 논토양의 철(Fe)과 망가니즈(Mn) 성분이 유실되어 부족하기 쉬운데 그 이유로 가장 적합한 것은?

① 철(Fe)과 망가니즈(Mn) 성분이 논토양에 더 적게 함유되어 있기 때문이다.
② 논토양은 벼 재배 기간 중 담수상태로 유지되기 때문이다.
③ 철(Fe)과 망가니즈(Mn) 성분은 벼에 의해 흡수 이용되기 때문이다.
④ 철(Fe)과 망가니즈(Mn) 성분은 미량요소이기 때문이다.

해설

논토양의 노후화

• 벼 재배 기간 중 담수상태로 유지되기 때문에 산소의 공급이 원활하지 않다.
• 생물의 호흡, 유기물의 분해 등으로 산소가 소모되고 산소공급이 잘 이루어지지 않는다.
• 환원상태로 되어 환원층에서 Fe, Mn 성분이 유실되고 심층에 쌓여 노후답을 형성한다.

33 유기농업의 실행을 위해 홑알구조에서 떼알구조 (입단구조)로 구조를 변경하였을 때 이점으로 옳지 않은 것은?

① 배수력이 좋다.
② 공기유통이 좋다.
③ 토양수분의 공급이 좋다.
④ 보수력이 나빠져 작물생육에 좋다.

해설
떼알구조는 틈새가 많고, 보수력도 커 공기의 유통이 좋아 작물의 생육에 있어 바람직한 구조이다.

34 다음 중 시설의 토양관리에서 객토를 실시하는 이유로 거리가 먼 것은?

① 미량원소의 공급
② 토양의 침식 효과
③ 염류집적의 제거
④ 토양물리성 개선

해설
시설재배지의 객토 효과
• 미량원소의 공급
• 토양침식 억제
• 염류집적의 제거
• 토양물리성 개선
• 보수력의 증대
• 작토층의 확대

35 계단경작을 실시하는 경사는 몇 °(도) 이상인가?

① 경사 3° 이상
② 경사 5° 이상
③ 경사 9° 이상
④ 경사 15° 이상

해설
경사 5° 이하에서는 등고선 재배법으로 토양보전이 가능하나, 15° 이상의 경사지는 단구를 구축하고 계단식 개간경작법을 적용해야 한다.

36 토양 검정 후 그 토양에 알맞게 시비 처방하여 배합 후 사용하는 비료로서 환경보존에도 기여하는 비료는?

① 복합비료
② 4종 복비
③ 부산물비료
④ 벌크배합비료(BB비료)

해설
④ 벌크배합(bulk blending)비료 : 작물별 토양 검증 결과에 의한 시비 처방을 근거로 질소, 인산 등 입상원료 비료 2종 이상을 물리적으로 단순배합한 비료

37 용적비중(가비중) 1.3인 토양의 10a당 작토(깊이 10cm)의 무게는?

① 약 13톤
② 약 130톤
③ 약 1,300톤
④ 약 13,000톤

해설
흙의 무게 = 용적밀도 × (경지넓이 × 객토깊이)
$$= 1.3 \times (1,000m^2 \times 0.1m)$$
$$= 130톤(\because 10a = 1,000m^2)$$

38 인산질 비료에 속하지 않는 것은?

① 생석회
② 용성인비
③ 쌀겨, 깻묵
④ 과인산석회

해설
① 생석회는 석회질 비료에 포함된다.
인산질 비료

무기태	가용성 (식물이 흡수·이용 가능)	• 수용성 : 물에 녹는다. 속효성이다. 예 과인산석회, 인산암모늄 등 • 구용성 : 묽은 시트르산에 녹는다. 완효성이다. 예 용성인비 등
	불용성	녹지 않는다. 예 인광석(동물 뼈에 붙어있는 인산), 회분류, 골분 등
유기태		• 식물성 : 쌀겨, 깻묵 등 • 동물성 : 골분, 어분 등

정답 33 ④ 34 ② 35 ④ 36 ④ 37 ② 38 ①

39 다음 글에서 설명하는 현상은 무엇인가?

> 벼가 생육 전반기인 영양생장기에는 무성하게 자라 높은 수량을 낼 것 같았으나 생육 후반기인 생식생장기로 접어들면서 아래 잎이 일찍 말라 죽고 잎에 깨씨무늬병이 발생하는 등 가을 수확량이 의외로 떨어지는 것

① 작물의 분화　　　② 추락현상
③ 증산작용　　　　④ 기지현상

해설
① 작물의 분화 : 작물이 원래의 것과 다른 여러 갈래의 것으로 갈라지는 현상
③ 증산작용 : 식물의 수분이 식물체의 표면에서 수증기가 되어 배출되는 현상
④ 기지현상 : 동일 작물을 동일 장소에서 매년 재배하면 비배관리를 합리적으로 하더라도 생장이 불량하고 수량이 떨어지는 현상

40 생력기계화재배의 효과가 아닌 것은?

① 작부체계의 개선　　② 농촌인구의 축소
③ 단위수량의 증대　　④ 재배면적의 증대

해설
생력재배의 효과
• 농업노력비의 절감
• 단위수량의 증대
• 작부체계의 개선
• 재배면적의 증대
• 농업경영의 개선

41 병해충 관리를 위해서 식물에서 추출한 유기농 자재는?

① 님(Neem) 제제　　② 파라핀유
③ 보르도액　　　　　④ 벤토나이트

해설
님(Neem) 제제는 아열대 및 열대지방에 서식하는 상록광엽식물인 님나무(*Azadiracta indica*)에서 추출한 식물성분으로 친환경 살충제로 주로 쓰인다.

42 콩의 잎에 생기는 병해가 아닌 것은?

① 노균병
② 갈색무늬병
③ 모자이크병
④ 자주빛무늬병

해설
자주빛무늬병은 콩 종자에 자주색의 무늬가 생기는 병이다.

43 벼의 이앙재배에 비해 직파재배의 가장 큰 장점은?

① 종자를 절약할 수 있다.
② 쌀의 품질이 향상된다.
③ 노동력을 절감할 수 있다.
④ 집약관리로 인해 잡초 방제가 용이하다.

해설
③ 직파재배는 이앙재배에 비해 농업의 기계화를 통해 노동력을 절감할 수 있다. 이앙재배는 이앙 작업 시 노동의 집중화가 필요하다는 단점이 있다.
①・②・④는 이앙재배의 장점이다.
이앙재배의 장점
• 종자량을 절약한다.
• 영구적 연작이 가능하고, 관개수에 의한 양분의 천연 공급 및 지력의 효과를 얻을 수 있다.
• 본답에 모를 균등하게 배치할 수 있으므로, 토지・공간・광(光)에 대해 효율적이다.
• 본논의 생육기간을 단축하여 토지이용도를 높일 수 있다.
• 집약관리가 가능하므로 병해충 및 잡초 방제가 용이하다.

39 ② 40 ② 41 ① 42 ④ 43 ③

44 농산물의 식품 안전성 확보를 위하여 생산단계부터 최종 소비 단계까지 관리사항을 소비자가 알 수 있게 하는 제도는?

① GHP(우수위생관리제도)

② GMP(우수제조관리제도)

③ GAP(우수농산물관리제도)

④ HACCP(위해요소중점관리제도)

해설
GAP(Good Agricultural Practices, 우수농산물관리제도)
농산물의 안전성을 확보하고 농업환경을 보존하기 위하여 농산물의 생산, 수확 후 관리 및 유통의 각 단계에서 재배포장 및 농업용수 등의 농업환경과 농산물에 잔류할 수 있는 농약, 중금속, 또는 유해생물 등의 위해요소를 적절하게 관리하여 소비자에게 그 관리사항을 알 수 있게 하는 체계이다.

45 병해충의 생물학적 방제와 관계가 먼 것은?

① 유해균을 사멸시키는 미생물

② 항생물질을 생산하는 미생물

③ 미네랄 제제와 미량원소

④ 무당벌레, 진디벌 등 천적 이용

해설
③ 미네랄 제제와 미량원소는 작물생육에 필요한 원소이다.
생물학적 방제법(biological control)
농작물을 가해하는 해충을 포식하거나 해충에 기생(寄生)하는 곤충 또는 미생물들을 천적(natural enemy)이라고 하는데 이러한 천적(기생성 곤충, 포식성 곤충, 병원미생물)을 이용하는 방제법이다.

46 다음 중 사일리지의 장점으로 옳지 않은 것은?

① 수분함량이 적어 중량이 적다.

② 가축 사육의 기계화에 유리하다.

③ 사료의 저장 면적이 건초에 비하여 적다.

④ 건초 제조가 곤란한 악천후에도 사일리지 제조가 가능하다.

해설
① 수분함량이 많아 건초 중량의 약 3배를 취급해야 한다.

47 다음 중 유기농산물을 포함해 식품에 관한 국제규격을 제시하는 기구는?

① 세계보건기구(WHO)

② 세계무역기구(WTO)

③ 국제연합식량농업기구(FAO)

④ 국제식품규격위원회(Codex)

해설
국제식품규격위원회(Codex)
1962년에 설립된 정부 간의 모임이자 국제적으로 통용될 수 있는 식품 규격 기준을 제정·관리하는 전문조직이며 세계보건기구(WHO)와 국제연합식량농업기구(FAO)가 합동으로 운영한다. 이 위원회에서 설정한 규정을 보통 '코덱스' 또는 '코덱스 규격'이라고 한다.

48 우량품종의 특성 중 하나로 균일하고 우수한 특성이 대대로 변하지 않고 유지되는 것을 말하는 특성은?

① 영속성 ② 균일성

③ 우수성 ④ 일정성

해설
① 영속성 : 균일하고 우수한 특성이 대대로 변하지 않고 유지되는 것을 말한다. 유전질이 고정되어 있어야 쉽게 퇴화하지 않고 특성이 오래 지속될 수 있다.
② 균일성 : 그 품종의 특별한 성질이 같은 품종의 모든 식물에게 고르게 나타나는 것을 말한다.
③ 우수성 : 재배적 특성이 종합적으로 우수하다는 것을 말한다. 결정적으로 나쁜 것이 있으면 우수하다고 할 수 없다.

정답 44 ③ 45 ③ 46 ① 47 ④ 48 ①

49 다음 중 시설원예용 피복재를 선택할 때 고려해야 할 순서로 바르게 나열된 것은?

① 피복재의 규격 → 온실의 종류와 모양 → 경제성 → 재배 작물 → 피복재의 용도

② 온실의 종류와 모양 → 재배 작물 → 피복재의 규격 → 피복재의 용도 → 경제성

③ 재배 작물 → 온실의 종류와 모양 → 피복재의 용도 → 피복재의 규격 → 경제성

④ 경제성 → 재배 작물 → 피복재의 용도 → 온실의 종류와 모양 → 피복재의 규격

50 오리농법에서 오리의 적정 투입 수는?

① 15~20마리/10a

② 25~30마리/10a

③ 35~40마리/10a

④ 45~50마리/10a

해설
오리의 먹이가 되는 논의 잡초나 벌레의 양에 따라 다르나 10a당 25~30마리가 적당하다.

51 친환경농축산물 인증의 종류가 아닌 것은?

① 유기농산물

② 유기축산물

③ 무농약축산물

④ 무농약농산물

해설
정의(농림축산식품부 소관 친환경농어업 육성 및 유기식품 등의 관리 · 지원에 관한 법률 시행규칙 제2조 제2호)
'친환경농축산물'이란 친환경농업을 통해 얻는 것으로서 다음의 어느 하나에 해당하는 것을 말한다.
• 유기농산물 · 유기축산물 및 유기임산물
• 무농약농산물

52 시설원예에서 이용되는 수막(water curtain)시설 이란?

① 여름에 차광을 주목적으로 이용한다.

② 시설 내 공중습도 조절의 목적으로 이용된다.

③ 저온기 야간의 온실 보온장치의 일종이다.

④ 온실 냉방을 주된 목적으로 설치되는 장치이다.

해설
수막하우스
온실 안에 적당한 간격으로 노즐이 배치된 커튼을 설치하고, 커튼 표면에 살수하여 얇은 수막을 형성하는 보온시설로, 주로 겨울철 실내온도의 보온을 위해 사용한다.

53 유기축산물 생산을 위한 소의 사료로 적합하지 않은 것은?

① 육골분

② 유기박류

③ 유기옥수수

④ 천연광물성 단미사료

해설
육골분은 포유동물의 육가공공장이나 도축장에서 나오는 뼈가 붙은 고기 조각이나 부스러기를 건열식(乾熱式)으로 처리하여 기름을 빼고 남은 고형분을 건조해서 분쇄한 것으로, 반추가축에 사용하는 것을 제외하고 유기사료로 사용이 가능하나 소에게 먹이면 광우병 등의 질병이 발생할 수 있다. 육골분을 초식동물의 먹이로 사용하는 것은 법으로 금지되어 있다.

54 친환경 유기농자재와 거리가 먼 것은?

① 고온발효퇴비

② 미생물 추출물

③ 키토산(액상)

④ 4종 복합비료

해설
친환경 유기농자재에 화학비료가 포함되어서 안 된다. 4종 복합비료는 엽면시비용 또는 양액재배용 화학비료이다.

274 | PART 02 과년도 + 최근 기출복원문제   49 ③ 50 ② 51 ③ 52 ③ 53 ① 54 ④ **정답**

55 화훼원예의 특징으로 옳지 않은 것은?

① 종류와 품종의 수가 많다.
② 생산기술의 고도화를 필요로 한다.
③ 문화적 수준의 향상과 더불어 발달된다.
④ 시설을 이용하여 연중 분산재배가 이루어지고 있다.

해설
화훼원예의 특징
• 환경미화재료를 생산한다.
• 문화적 수준의 향상과 더불어 발달된다.
• 생산기술의 고도화를 필요로 한다.
• 종류와 품종의 수가 많다.
• 시설을 이용하여 연중 집약재배가 이루어지고 있다.

56 유기농업의 궁극적인 목표가 아닌 것은?

① 영양가 높은 음식물을 충분히 생산한다.
② 장기적으로 토양비옥도를 유지한다.
③ 장기적으로 토양비옥도를 유지하지 않는다.
④ 농업기술로 발생할 수 있는 모든 형태의 오염을 피한다.

해설
③ 장기적으로 토양비옥도를 유지해야 한다.

57 유기축산물이란 전체 사료 가운데 유기사료가 얼마 이상 함유된 사료를 먹여 기른 가축을 의미하는가? (단, 사료는 건물(dry matter)을 기준으로 한다)

① 100%   ② 75%
③ 50%   ④ 25%

해설
유기축산물의 사료 및 영양관리(유기식품 및 무농약농산물 등의 인증에 관한 세부실시요령 [별표 1])
유기축산물의 생산을 위한 가축에게는 100% 비식용 유기가공품 (유기사료)을 급여하여야 하며, 유기사료 여부를 확인하여야 한다.

58 유기축산물에서 축사조건에 해당되지 않는 것은?

① 사료와 음수는 거리를 둘 것
② 충분한 자연환기와 햇빛이 제공될 수 있을 것
③ 건축물은 적절한 단열·환기시설을 갖출 것
④ 공기순환, 온·습도, 먼지 및 가스 농도가 가축 건강에 유해하지 아니한 수준 이내로 유지되어야 할 것

해설
① 사료와 음수는 접근이 용이해야 한다.
유기축산물의 사육장 및 사육조건(유기식품 및 무농약농산물 등의 인증에 관한 세부실시요령 [별표 1])
축사조건 : 축사는 다음과 같이 가축의 생물적 및 행동적 욕구를 만족시킬 수 있어야 한다.
• 사료와 음수는 접근이 용이할 것
• 공기순환, 온도·습도, 먼지 및 가스 농도가 가축 건강에 유해하지 아니한 수준 이내로 유지되어야 하고, 건축물은 적절한 단열·환기시설을 갖출 것
• 충분한 자연환기와 햇빛이 제공될 수 있을 것

59 유기축산에서 가축의 질병을 예방하고 건강하게 사육하는 가장 근본적인 사항은?

① 화학적 치료   ② 호르몬제 투여
③ 항생물질 투여   ④ 저항성 품종 선택

해설
유기축산에서 가축의 질병을 예방하기 위한 가장 근본적인 사항은 저항성이 있는 축종을 선택하는 것이며, 그 후 가축의 위생관리를 철저히 하고 운동을 할 수 있는 충분한 공간 등을 제공하는 것이다.

60 가축의 전염병 중 돼지 이외의 동물에서 불현성 감염은 거의 없으며, 감염이 성립되면 연령과 관계없이 발병하고, 특징적인 신경 증상을 나타내는 것은?

① 구제역   ② 뉴캐슬병
③ 오제스키병   ④ 돼지콜레라

해설
오제스키병
돼지 헤르페스바이러스 감염에 의하여 일어나는 급성 전염병으로 돼지, 소, 면양, 산양 등의 가축과 개, 고양이, 쥐 등의 동물 및 많은 야생동물이 걸린다.

정답 55 ④ 56 ③ 57 ① 58 ① 59 ④ 60 ③

2017년 제1회 과년도 기출복원문제 | 275

PART 02 과년도 + 최근 기출복원문제

2017년 제2회 과년도 기출복원문제

01 식용작물의 분류상 연결이 틀린 것은?

① 두류 - 콩, 팥, 녹두
② 맥류 - 벼, 수수, 기장
③ 잡곡 - 옥수수, 조, 메밀
④ 서류 - 감자, 고구마, 토란

해설
식량(식용)작물 : 주로 식량으로 재배되는 작물
• 벼 : 논벼(수도), 밭벼(육도)
• 맥류 : 보리, 밀, 호밀, 귀리 등
• 잡곡 : 옥수수, 수수, 조, 메밀, 기장, 피 등
• 콩류 : 콩, 팥, 녹두, 완두, 강낭콩, 땅콩 등
• 서류 : 감자, 고구마, 카사바, 토란, 돼지감자 등

03 생산물이 각종 공업원료에 쓰이거나 비교적 많은 가공과정을 거쳐야 비로소 생활에 쓰일 수 있는 작물은?

① 식용작물
② 공예작물
③ 사료작물
④ 원예작물

해설
① 식용작물 : 인간의 주식량을 얻기 위하여 재배하는 작물이다.
③ 사료작물 : 가축에게 먹이기 위하여 재배되는 작물이다.
④ 원예작물 : 일반적으로 원예에 속하는 작물로, 과수·채소·화훼로 구분한다.

02 작물생육에 알맞은 토양의 3상 분포 비율을 바르게 표현한 것은?

① 고상 = 기상 > 액상
② 액상 > 기상 = 고상
③ 고상 = 액상 > 기상
④ 고상 > 액상 = 기상

해설
토양의 3상 : 고상 50%, 액상 25%, 기상 25%

04 종자수명에 따른 작물의 분류가 옳은 것은?

① 단명종자 : 보리
② 단명종자 : 배추
③ 장명종자 : 토마토
④ 장명종자 : 메밀

해설
종자의 수명에 따른 작물의 분류
• 단명종자(2년 이하) : 당근, 양파, 고추, 메밀 등
• 상명종자(2~3년) : 벼, 보리, 완두, 배추, 수박 등
• 장명종자(4년 이상) : 콩, 녹두, 오이, 호박, 가지, 토마토 등

276 | PART 02 과년도 + 최근 기출복원문제

1 ② 2 ④ 3 ② 4 ③ **정답**

05 작물의 생육온도 중 최저온도가 바르게 연결된 것은?

① 벼 : 11℃

② 보리 : 7℃

③ 완두 : −2℃

④ 담배 : 20℃

해설
작물의 주요 생육온도(℃)

작물	최적온도	최고온도	최저온도
벼	30~32	36~38	10~12
완두	30	35	1~2
담배	28	35	13~14
오이	33~34	40	12
보리	20	28~30	3~4

06 작부체계에 대한 설명으로 옳지 않은 것은?

① 간작은 한 가지 작물이 생육하고 있는 줄 사이에 다른 작물을 재배하는 것을 말한다.

② 혼작은 생육기간이 비등한 작물들을 서로 건너서 번갈아가며 재배하는 방식을 말한다.

③ 주위작은 포장의 주위에 포장 내의 작물과 다른 작물들을 재배하는 것을 말한다.

④ 단작은 하나의 작물만을 지나치게 재배하는 것을 말한다.

해설
②는 교호작에 대한 설명이다.
혼작(섞어짓기)
• 생육기간이 거의 같은 두 종류 이상의 작물을 동시에 같은 포장에 섞어서 재배하는 것을 말한다.
• 콩밭에 수수나 옥수수를 일정한 간격으로 질서 있게 점점이 혼작하면 점혼작이 되며, 콩이 주작물이고, 수수·옥수수가 혼작물이다.
• 콩밭에 수수·조 등이나, 목화밭에 참깨·들깨 등을 질서 없이 혼작하면 난혼작이 된다.

07 작물의 춘화처리를 위한 처리온도와 처리기간으로 옳은 것은?

① 배추 : −2~1℃에서 33일

② 나팔수선 : 15℃에서 35~40일

③ 시금치 : 3±1℃에서 32일

④ 벼 : 37℃에서 30~40일

해설
② 나팔수선 : 8℃에서 35~40일 또는 60일
③ 시금치 : 1±1℃에서 32일
④ 벼 : 37℃에서 10~20일

08 개체가 차지하는 평면 공간이 넓지 않은 작물에 적용하는 파종법은?

① 조파　　　　　② 산파

③ 혼파　　　　　④ 적파

해설
조파(줄뿌림)
• 종자를 줄지어 뿌리는 방법으로 맥류처럼 개체가 차지하는 평면 공간이 넓지 않은 작물에 적용된다.
• 골 사이가 비어 있으므로 수분·양분의 공급이 좋고, 통풍·통광도 좋으며, 관리 작업에도 편리하여 생육이 건실하다.

정답　5 ① 6 ② 7 ① 8 ①

09 멀칭에 대한 설명으로 거리가 먼 것은?

① 잡초를 방제하고자 할 때 빛이 잘 투과하지 않는 흑색 플라스틱필름, 종이, 짚 등이 효과가 있다.

② 지온이 높아서 작물생육에 장애가 될 경우 빛이 잘 투과하지 않는 자재로 멀칭을 하면 지온을 낮출 수 있다.

③ 알루미늄을 입힌 필름을 멀칭하면 열매채소와 과일의 착색을 방해하므로 투명한 자재로 멀칭한다.

④ 지온이 낮은 곳에 씨를 뿌릴 때 투명한 플라스틱 필름을 사용하면 지온을 높여 발아에 도움이 된다.

해설
③ 햇빛을 잘 반사되도록 알루미늄을 입힌 필름을 멀칭하면 열매채소와 과일의 착색이 잘 된다.

10 넓은 지대에 걸쳐 벼나 밀 등의 곡류를 재배하는 농업 형태는?

① 소경   ② 원경
③ 포경   ④ 곡경

해설
① 소경 : 문화가 발달되기 이전의 농업 형태로서 쟁기나 가축을 이용하지 않은 것은 물론, 비료도 사용하지 않는 농업으로 지력의 소모가 빠른 만큼 새로운 토지를 찾아서 옮기는 약탈농법
② 원경 : 작은 면적의 농경지를 집약적으로 경영하여 단위면적당 채소, 과수 등의 수확량을 많게 하는 농업 형태
③ 포경 : 유축 농업 또는 혼동 농업과 비슷한 뜻으로, 식량과 사료를 서로 균형있게 생산하는 농업 형태

11 묘상관리에 관한 방법과 거리가 먼 것은?

① 생육 성기에는 관수를 줄여 과습을 방지해야 한다.

② 지나친 고온과 저온이 되지 않게 조심해야 한다.

③ 밑거름을 충분히 주고 자라는 모양에 따라서 웃거름을 준다.

④ 작물에 따라서 적기에 알맞은 방법으로 파종한다.

해설
① 생육 성기에는 건조하기 쉬우므로 관수를 충분히 해 주어야 한다.

12 농약이 갖추어야 할 조건 중 틀린 것은?

① 사람과 가축에 대한 독성이 적어야 한다.

② 토양이나 먹이사슬 과정에 축적되지 않도록 잔류성이 적어야 한다.

③ 품질이 일정하고 저장 중 변질되지 않아야 한다.

④ 다른 약제와 혼합하여 사용할 수 없어야 한다.

해설
농약이 갖추어야 할 조건
• 효력이 정확하여야 한다.
• 작물에 대한 약해가 없어야 한다.
• 사람과 가축에 대한 독성이 적어야 한다.
• 토양이나 먹이사슬 과정에 축적되지 않도록 잔류성이 적어야 한다.
• 농약에 대해 방제 대상 병해충이나 잡초의 저항성이 유발되지 않아야 한다.
• 다른 약제와 혼합하여 사용할 수 있어야 한다.
• 사용법이 간편하여야 한다.
• 값이 싸야 한다.

13 증산작용에 영향을 주는 환경요인이 아닌 것은?

① 바람　　　　　　② 빛

③ 이산화탄소　　　④ 상대습도

해설
증산작용에 영향을 주는 환경요인
- 빛의 세기(강할수록)
- 상대습도(습도가 낮을수록)
- 온도(기온이 상승하면)
- 바람(바람이 적당히 불면)

14 병해충 방제법 중 경제적으로 방제 효과가 가장 높은 것은?

① 생육 시기의 조절

② 윤작과 재배양식의 변경

③ 병해충 저항성 품종의 재배

④ 시비 방법의 개선과 중간기주 제거

해설
③ 저항성 품종의 육종은 시간과 노력이 많이 들지만, 일단 저항성 품종을 개발하면 매우 효율적으로 병해와 충해를 방제할 수 있어 경제적이다.

15 작물의 장해형 냉해에 관한 설명으로 가장 옳은 것은?

① 냉온으로 인하여 생육이 지연되어 후기 등숙이 불량해진다.

② 유수형성기부터 개화기까지, 특히 생식세포의 감수분열기의 냉온으로 인하여 정상적인 생식기관이 형성되지 못한다.

③ 생육 초기부터 출수기에 걸쳐 냉온으로 인하여 생육이 부진하고 지연된다.

④ 냉온하에서 작물의 증산작용이나 광합성이 부진하여 특정 병해의 발생이 조장된다.

해설
장해형 냉해 : 생식세포의 감수분열기에 냉온의 영향을 받아 생식기관 형성이 부진하거나 불임 현상이 초래된다.

16 표면장력에 의하여 유지되며 작물이 주로 이용하는 수분은?

① 흡습수　　　　　② 모관수

③ 중력수　　　　　④ 결합수

해설
② 모관수(pF 2.7~4.5) : 표면장력에 의하여 유지되는 수분으로, 모관현상에 의해서 지하수가 모관공극을 상승하여 공급되며 작물이 주로 이용하는 수분이다.
① 흡습수(pF 4.5 이상) : 토양 입자 표면에 피막상으로 흡착된 수분으로 작물에 거의 흡수되지 못한다.
③ 중력수(pF 0~2.7) : 중력에 의해서 비모관공극에 스며 내리는 물이며, 작물이 이용 가능하다.
④ 결합수(pF 7.0 이상) : 점토광물에 결합되어 있어 분리시킬 수 없다.

17 종자의 퇴화 원인 중 재배환경 및 조건이 불량하여 품종 성능이 저하되는 것은?

① 생리적 퇴화　　　② 유전적 퇴화

③ 병리적 퇴화　　　④ 재배적 퇴화

해설
생리적 퇴화
적합하지 않은 재배환경 및 조건으로 인해 생리적으로 열세화하여 품종 성능이 저하되는 것

18 작물에 유해한 성분이 아닌 것은?

① 붕소　　　　　　② 수은

③ 납　　　　　　　④ 카드뮴

해설
식물생육에 필요한 필수원소(16가지)
- 다량원소 : C, H, O, N, P, K, Ca, Mg, S
- 미량원소 : Fe, Cl, Mn, Zn, B, Cu, Mo

정답　13 ③　14 ③　15 ②　16 ②　17 ①　18 ①

19 시비 위치에 대한 설명으로 틀린 것은?

① 측조시비 : 이랑의 측면, 작물의 줄과 줄 사이에 시비하는 방법을 말한다.

② 주입시비 : 비료의 손실을 막기 위해 토양 깊이 비료를 넣어 주는 시비법을 말한다.

③ 전층시비 : 비료를 살포한 후 경운하여 비료가 토양에 골고루 섞이도록 하는 것이다.

④ 표층시비 : 경지를 고르지 않고 포장 전면에 비료를 살포하는 것을 말한다.

해설
②는 심층시비에 관한 설명이다.
주입시비
액상으로 만들어진 비료를 관을 통하여 펌프로 밀어 넣어 주는 방법으로, 최근 시설재배에서 많이 이용한다. 관 하나로 물과 비료를 동시에 줄 수 있어 시비 노력이 줄어들며, 시비량을 정밀하게 조절할 수 있는 장점이 있다.

20 중경의 긍정적인 효과와 거리가 먼 것은?

① 발아   ② 단근
③ 비효 증진   ④ 잡초 제거

해설
작물이 생식생장기에 접어들면 뿌리가 넓게 퍼져 있고, 재생력이 약하며, 이때부터는 양분과 수분을 왕성하게 흡수하므로 깊은 중경을 해서 심한 단근을 초래하면 피해가 크므로 중경의 긍정적인 효과와는 거리가 멀다.

21 물에 잠겨 있는 논토양에서 산소가 부족하여 토양층이 청회색의 특유한 색깔을 띠게 되는 작용은?

① 석회화 작용   ② 라토졸화 작용
③ 글레이화 작용   ④ 포드졸화 작용

해설
글레이(glei)화 작용
지하 수위가 높은 저지대나 배수가 좋지 못한 토양 그리고 물에 잠겨 있는 논토양은 산소가 부족하여 토양 내 Fe, Mn 및 S이 환원상태가 되고 토양층은 청회색, 청색 또는 녹색의 특유한 색깔을 띠게 되는 현상

22 대기 중의 이산화탄소와 작물의 생리작용에 대한 설명으로 틀린 것은?

① 이산화탄소의 농도가 어느 한계까지 높아지면 그 이상 높아져도 광합성 속도가 증대하지 않는 이산화탄소 농도를 이산화탄소 포화점이라고 한다.

② 광합성 속도에는 이산화탄소 농도뿐만 아니라 광의 강도도 관계한다.

③ 광합성은 온도, 광도, 이산화탄소의 농도가 증가함에 따라 계속 증대한다.

④ 광합성에 의한 유기물의 생성 속도와 호흡에 의한 유기물의 소모 속도가 같아지는 이산화탄소 농도를 이산화탄소 보상점이라 한다.

해설
광합성에 영향을 미치는 요인
• 온도 : 온도가 높을수록 광합성량은 증가하고 35~38℃에서 가장 활발하다. 그러나 40℃ 이상이나 10℃ 이하가 되면 급격히 감소한다.
• 이산화탄소의 농도 : 이산화탄소의 농도가 증가할수록 광합성량이 증가하지만, 농도 0.1%부터는 일정하다.
• 빛의 세기 : 빛의 세기가 강할수록 광합성량이 증가하지만, 광포화점을 지나면 일정하다.

23 퇴적암에 속하지 않는 것은?

① 점판암   ② 석회암
③ 응회암   ④ 섬록암

해설
암석의 분류
• 화성암 : 화강암, 섬록암, 안산암, 현무암
• 퇴적암 : 응회암, 사암, 혈암(셰일), 점판암, 석회암
• 변성암 : 편마암, 대리석, 편암, 사문암

19 ② 20 ② 21 ③ 22 ③ 23 ④ 정답

24 물리적 풍화작용의 원인은?

① 용해작용   ② 염류작용

③ 산화작용   ④ 수화작용

해설
①·③·④는 화학적 풍화작용이다.
물리적 풍화작용
물리적 풍화는 광물에 화학적 변화 없이 기계적인 파쇄에 의하여
크기가 작아지는 것으로, 물과 바람의 압력 및 충격, 온도의 변화,
동결의 작용, 염류작용, 생물작용 등이다.

25 토양생성작용을 거의 받지 않은 모재의 토양 층
위는?

① O층   ② A층

③ B층   ④ C층

해설
④ C층 : 무기물층으로 퇴적물이나 암석이 주를 이루며, 아직 토양
　　생성작용을 받지 않은 모재층이다.
① O층 : 유기물층으로 부패한 물과 동물의 잔해로 구성된 유기물
　　이 표면에 존재하며, 식물 성장에 중요한 역할을 한다.
② A층 : 유기물과 미네랄이 혼합된 층으로 표토층이라고도 하며,
　　식물 뿌리가 자주 발견되고 입단구조가 잘 발달되어 있어 물과
　　공기의 순환이 잘 이루어진다.
③ B층 : A층에서 이화학적으로 용탈·분리되어 내려오는 여러
　　가지 물질이 침전·집적되는 성토층이다.

26 다음 중 점토 함량이 가장 적은 토성은?

① 사토   ② 사양토

③ 양토   ④ 식양토

해설
토성의 분류

토성의 명칭	세토 중의 점토 함량
사토	12.5% 이하
사양토	12.5~25%
양토	25~37.5%
식양토	37.5~50%
식토	50% 이상

27 강우에 의한 토양침식의 방지책으로 가장 적절하
지 않은 것은?

① 초생재배법

② 토양 표면의 피복

③ 상하경재배법

④ 토양개량제 사용

해설
③ 위아래로 줄을 만들어 심는 상하경재배는 침식에 의한 피해가
　　증가하므로 피해야 한다.

28 토양의 입단화를 촉진시키는 방법으로 옳지 않은
것은?

① 석회 시용

② 유기물 시용

③ 토양개량제 시용

④ 질산나트륨 시용

해설
④ 나트륨 이온의 첨가는 점토의 결합을 느슨하게 하여 입단을
　　파괴한다.
입단화 촉진 방법
• 유기물 시용
• 석회(Ca) 시용(생석회, 소석회 등)
• 토양개량제 시용
• 콩과 작물의 재배
• 토양의 피복

정답　24 ②　25 ④　26 ①　27 ③　28 ④

29 간척지 토양의 특성에 대한 설명으로 틀린 것은?

① Na^+에 의하여 토양 분산이 잘 일어나서 토양공극이 막혀 수직배수가 어렵다.

② 토양이 대체로 EC가 높고 알칼리성에 가까운 토양반응을 나타낸다.

③ 석고($CaSO_4$)의 시용은 황산기(SO_4^{2-})가 있어 간척지에 시용하면 안 된다.

④ 토양유기물의 시용은 간척지 토양의 구조발달을 촉진시켜 제염효과를 높여준다.

해설
③ 석고는 간척지, 임해매립지 등 알칼리성토양 개량에 적합하다.

30 다음 중 토양 산성화의 원인이 아닌 것은?

① 인산질 비료의 시비

② 유기산의 해리

③ 산성비료의 연용

④ 염기의 자연유실

해설
토양 산성화의 원인
• 산성비료의 연용
• 토양유기물의 과부족
• 염기의 자연유실
• 대기오염으로 인한 산성비

31 토양구조의 입단화와 관련이 가장 깊은 토양미생물은?

① 세균　　　　② 방사상균
③ 조류　　　　④ 사상균류

해설
사상균류
산성·중성·알칼리성의 어떠한 반응에서도 잘 생육하고 특히 세균이나 방선균이 생육하지 못하는 산성에서도 잘 생육하는 호기성 토양미생물이다. 사상균류의 균사에 의한 직접적인 결합 작용은 토양 입단화를 촉진시킨다.

32 토양의 지력 향상 방법이 아닌 것은?

① 생톱밥을 넣어 지력을 증진시킨다.

② 토양미생물을 투입한다.

③ 완숙퇴비를 사용한다.

④ 초생재배법으로 지력을 증진시킨다.

해설
① 발효톱밥을 넣어 지력을 증진시킨다.
지력의 증진요소
• 토성 : 양토를 중심으로 한 사양토~식양토의 범위이다.
• 토양구조 : 입단구조가 조성될수록 좋다.
• 토층 : 작토가 깊고 양호해야 하며, 심토도 투수 및 통기가 알맞아야 한다.
• 토양반응 : 중성·약산성이 알맞다.
• 무기성분 : 필요한 무기성분이 풍부하고 균형있게 함유되어 있어야 지력이 향상된다.
• 유기물 : 습답(濕畓)을 제외하고는 토양 중의 유기물 함량이 증대될수록 지력이 향상된다.
• 토양수분 및 토양공기 : 최적용수량 및 최적용기량을 유지할 때 작물생육이 좋다.

33 일반 벼 재배 논토양에서 탈질현상을 방지하기 위한 질소질 비료의 시비법은?

① 암모니아태 질소를 환원층에 준다.

② 질산태 질소를 환원층에 준다.

③ 암모니아태 질소를 산화층에 준다.

④ 질산태 질소를 산화층에 준다.

해설
논토양 환원층에서의 탈질작용
질산태 질소(NO_3^-)는 산소가 부족한 논토양의 환원층에서 탈질균에 의해 아질산염(NO_2^-), 아질산화질소(N_2O)를 거쳐 질소가스(N_2)로 환원되어 대기 중으로 휘산된다.

34 토양 단면상에서 확연한 용탈층을 나타나게 하는 토양생성작용은?

① 회색화 작용(gleization)
② 라토졸화 작용(laterization)
③ 석회화 작용(calcification)
④ 포드졸화 작용(podzolization)

해설
포드졸화 작용(podzolization)
아한대–한대의 한랭·습윤지대 침엽수림에서 일어나기 쉽고, 유기물의 공급량이 분해량보다 많은 지역에서 일어난다. 회백색의 표백층이 형성되고, 바로 그 밑에 알루미나와 산화철이 풍부하여 진하고 치밀한 갈색의 집적층이 형성된다.

35 토양용액 중 유리 양이온들의 농도가 모두 일정할 때 확산이중층 내부로 치환능력이 가장 낮은 양이온은?

① Al^{3+}
② Ca^{2+}
③ Na^+
④ K^+

해설
양이온치환능력
$Na^+ < K^+ = NH_4^+ < Rb^+ < Cs^+ = Mg^{2+} < Ca^{2+} < Sr^{2+} = Ba^{2+} < La^{3+} = H^+, (Al^{3+}) < Th^{4+}$

36 우리나라 밭토양의 일반적인 특성이 아닌 것은?

① 저위생산성인 토양이 많다.
② 곡간지 및 산록지와 같은 경사지에 많이 분포되어 있다.
③ 토성별 분포를 보면 세립질 토양이 조립질 토양보다 많다.
④ 밭토양은 환원상태이므로 유기물의 분해가 논토양보다 빠르다.

해설
④ 밭토양은 산화상태이기 때문에 유기물의 분해가 논토양보다 빠르다.

37 토양미생물의 작용 중 작물의 생육에 불리한 것은?

① 탈질작용
② 탄소의 순환
③ 토양의 입단화
④ 유기질소의 고정

해설
토양미생물이 작물생육에 해로운 작용
• 탈질작용
• 식물에 병을 일으키는 미생물
• 작물과 미생물 간에 양분 쟁탈 작용
• 황산염을 환원하여 황화수소 등의 유해한 환원성 물질을 생성

38 토양반응과 가장 밀접한 관계가 있는 것은?

① 염기 포화율
② 토양의 색
③ 토양구조
④ 토성

해설
토양반응
토양의 수용액이 나타내는 산성, 중성 또는 알칼리성을 의미하며, 토양의 pH를 측정하여 표시한다. 토양은 염기 포화율이 높을수록 알칼리성이 되고 낮을수록 산성이 된다.

정답 34 ④ 35 ③ 36 ④ 37 ① 38 ①

39 습답의 특성에 대한 설명으로 틀린 것은?

① 배수시설이 필요하다.

② 물이 많아 벼 재배에 유리하다.

③ 환원성 유해물질이 생성되기 쉽다.

④ 양분 부족으로 추락현상이 발생되기 쉽다.

해설

② 산소 부족으로 벼 뿌리의 발달이 좋지 못하다.

습답의 특징

• 지하수위가 높아 연중 담수상태로 암회색의 글레이층을 형성한다.

• 무기성분이 가용화되어 식물영양성분은 풍부하지만 농도가 불균형을 이루고 산소가 부족하다.

• 생육 후기에는 흡수 저해로 병해충이 많아지며 생육이 부진해 추락현상이 나타난다.

• 여름 기온이 높아지면 지온이 상승하여 유기물이 급격히 분해되므로 강한 환원상태로 유지된다.

40 토양침식을 방지하는 대책으로 가장 적절하지 않은 것은?

① 나트륨이 많이 포함된 비료를 시용하여 입단화를 증가시킨다.

② 부초법 및 간작을 통하여 경작지의 나지 기간을 최대한 단축시킨다.

③ 토양부식을 증가시켜 토양 입단구조 형성이 잘되게 한다.

④ 경사지에서는 유거수의 조절을 위하여 등고선 재배법을 도입한다.

해설

① 퇴구비・녹비 등의 유기물을 시용하거나, 규회석・탄산석회・소석회 등 석회질 물질을 시용하여 입단화를 증가시킨다. 나트륨이 포함된 비료는 양이온치환 능력이 가장 낮으며 점토의 결합을 느슨하게 하여 입단을 파괴한다.

41 멘델(Mendel)의 유전법칙과 거리가 먼 것은?

① 독립의 법칙　　② 최소의 법칙

③ 우열의 법칙　　④ 분리의 법칙

해설

멘델의 유전법칙

• 우열의 법칙 : 서로 대립하는 형질인 우성형질과 열성형질이 있을 때 우성형질만이 드러난다.

• 분리의 법칙 : 순종을 교배한 잡종 제1대를 자가교배했을 때 우성과 열성이 나뉘어 나타난다.

• 독립의 법칙 : 서로 다른 대립형질은 서로에게 영향을 미치지 않고 독립적으로 발현한다.

42 작물 품종의 형질과 특성에 대한 설명으로 옳은 것은?

① 작물 키의 장간・단간, 숙기의 조생・만생은 품종의 형질로 표현된다.

② 작물의 형태적・생태적・생리적 요소는 특성으로 표현된다.

③ 품종의 형질이 다른 품종과 구별되는 특징을 특성이라고 표현한다.

④ 작물의 생산성・품질・저항성・적응성 등은 품종의 특성으로 표현된다.

해설

① 작물 키의 장간・단간, 숙기의 조생・만생은 품종의 특성으로 표현된다.

② 작물의 형태적・생태적・생리적 요소는 형질이라고 표현한다.

④ 작물의 생산성・품질・저항성・적응성 등은 품종의 형질로 표현된다.

43 농후사료 중 근괴사료에 속하는 것은?

① 고구마　　② 수수

③ 밀　　④ 보리

해설

근괴사료 : 재배 작물의 근부를 이용하는 사료로 고구마, 감자, 뚱딴지, 사료용 비트, 무, 타피오카 등이 있다.

39 ② 40 ① 41 ② 42 ③ 43 ① **정답**

44 유기농업의 목표가 아닌 것은?

① 토양의 비옥도를 유지한다.

② 인공적 합성화합물을 투여하여 증산한다.

③ 자연계를 지배하려 하지 않고 협력한다.

④ 안전하고 영양가 높은 식품을 생산한다.

해설
유기농업의 기본 목적
• 가능한 한 폐쇄적인 농업 시스템 속에서 적당한 것을 취하고, 지역 내 자원에 의존하는 것
• 장기적으로 토양 비옥도를 유지하는 것
• 현대 농업기술이 가져온 심각한 오염을 회피하는 것
• 영양가 높은 식품을 충분히 생산하는 것
• 농업에 화석연료의 사용을 최소화하는 것
• 전체 가축에 대하여 그 심리적 필요성과 윤리적 원칙에 적합한 사양조건을 만들어 주는 것
• 전체적으로 자연환경과의 관계에서 공생·보호적인 자세를 견지하는 것

45 어버이에 없던 형질이 유전자의 변화에 의해 나타나는 현상을 이용한 육종 방법은?

① 교잡육종법   ② 배수체육종법

③ 잡종강세육종법   ④ 돌연변이육종법

해설
① 교잡육종법 : 교잡을 통해서 육종의 소재가 되는 변이를 얻는 방법
② 배수체육종법 : 염색체의 수를 늘리거나 줄임으로써 생겨나는 변이를 육종에 이용하는 방법
③ 잡종강세육종법 : 잡종강세 현상이 왕성하게 나타나는 1대 잡종을 품종으로 이용하는 방법

46 작물의 생태적 특성을 이용한 방제법은?

① 화학적 방제법   ② 재배적 방제법

③ 경종적 방제법   ④ 물리적 방제법

해설
경종적 방제법
내충성·내병성 품종을 이용하거나 토양관리를 개선하는 등 작물의 재배조건을 변화시켜 병해충 및 잡초의 발생을 억제하고 피해를 경감시키는 방법을 말한다.

47 복교배양식의 기호 표시로 올바른 것은?

① A×B

② (A×B)×A

③ (A×B)×C

④ (A×B)×(C×D)

해설
① A×B : 단교배
② (A×B)×A : 여교배
③ (A×B)×C : 3원교배

48 화본과 녹비작물로 옳은 것은?

① 귀리   ② 콩

③ 해바라기   ④ 토끼풀

해설
녹비작물
• 두과 녹비작물 : 헤어리베치, 울리포드베치, 퍼플베치, 동부, 자운영, 토끼풀, 풋베기콩, 풋베기완두 등
• 화본과 녹비작물 : 귀리, 옥수수, 쌀보리, 호밀 등

49 다음 중 원예작물의 특징이 아닌 것은?

① 장기저장이 곤란하다.

② 집약적인 재배를 한다.

③ 일반 작물에 비하여 수익성이 높다.

④ 원예작물 중 채소는 우리 몸에 유기염류를 공급해 준다.

해설
원예작물 중 채소는 인체의 건전한 발육에 필수적인 비타민 A·C와 칼슘, 철, 마그네슘 등의 무기염류를 공급해 준다.

정답 44 ② 45 ④ 46 ③ 47 ④ 48 ① 49 ④

50 과수재배에서 바람의 장점이 아닌 것은?

① 고온다습한 시기에 병해충의 발생이 많아지게 한다.

② 이산화탄소의 공급을 원활하게 하여 광합성을 왕성하게 한다.

③ 증산작용을 촉진시켜 양분과 수분의 흡수·상승을 돕는다.

④ 상엽을 흔들어 하엽도 햇볕을 쬐게 한다.

해설
과수재배 시 바람의 효과
• 증산작용 촉진
• 양·수분의 상승작용을 도움
• 상엽을 흔들어 하엽의 광합성 작용을 좋게 함
• 습기를 없애 병해충을 방제
• 냉기의 침체를 막아 동해를 막아 줌

51 원예작물 중에서 호온성 채소인 것은?

① 완두　　② 딸기

③ 생강　　④ 마늘

해설
• 호냉성 채소 : 20℃ 안팎의 서늘한 온도에서 잘 생육되는 채소로 배추, 양배추, 시금치, 파, 양파, 마늘, 상추, 무, 당근, 감자, 완두, 딸기 등이 있다.
• 호온성 채소 : 25℃ 내외의 따뜻한 온도에서 생육되는 채소로 고구마, 생강, 토란, 들깨와 대부분의 과채류 등이 이에 속한다.

52 저온해에 대한 대책과 거리가 먼 것은?

① 하우스 측창을 연다.

② 왕겨나 짚을 태운다.

③ 소형터널을 설치한다.

④ 대형선풍기로 대기를 순환시킨다.

해설
저온해에 대한 대책 : 불 피우기, 고깔 씌우기, 소형터널 설치, 멀칭, 강제 대류 등

53 종자 갱신을 하여야 할 이유로 부적당한 것은?

① 돌연변이

② 자연교잡

③ 토양의 산성화

④ 재배 중 다른 계통의 혼입

해설
종자 갱신은 우량품종의 퇴화를 막기 위한 조치로 주요 농작물의 품종 중 우수한 것으로 인정되어 장려품종으로 결정된 것은 국가사업으로 퇴화를 방지하면서 체계적으로 증식시켜 농가에 보급한다.

54 토마토 재배 시, 온실에 탄산가스를 주입하는 목적은?

① 수분을 도와주기 위하여

② 착색을 촉진하기 위하여

③ 호흡을 억제하기 위하여

④ 광합성을 촉진하기 위하여

해설
대기 중 이산화탄소의 농도는 약 0.03%로, 작물이 충분한 광합성을 수행하기에는 부족하다. 따라서 이산화탄소를 인공적으로 공급하면 광합성이 증대되어 작물의 수량이 증가한다.

55 퇴비의 기능으로 가장 거리가 먼 것은?

① 작물에 영양분 공급

② 속성재배 효과 및 살충 효과

③ 작물생장 토양의 이화학성 개선

④ 토양 내 생물의 활성 유지 및 증진

해설
퇴비의 기능
• 흙의 구조 개량
• 보습능력 향상 및 완충작용 증진
• 미생물의 활발한 활동으로 작물에 영양분 공급
• 토양의 이화학성 개선
• 토양 내 생물의 활성 유지 및 증진
• 햇빛을 흡수하여 땅을 따뜻하게 유지

50 ① 51 ③ 52 ① 53 ③ 54 ④ 55 ② **정답**

56 유기축산물 생산에는 원칙적으로 동물용 의약품을 사용할 수 없게 되어 있는데, 예방관리에도 불구하고 질병이 발생할 경우 수의사 처방에 따라 질병을 치료할 수도 있다. 이때 최소 어느 정도의 기간이 지나야 도축하여 유기축산물로 판매할 수 있는가?

① 해당 약품 휴약기간의 1배
② 해당 약품 휴약기간의 2배
③ 해당 약품 휴약기간의 3배
④ 해당 약품 휴약기간의 4배

해설
유기축산물의 동물복지 및 질병관리(친환경농축산물 및 유기식품 등의 인증에 관한 세부실시요령 [별표 1])
규정에 따른 예방관리에도 불구하고 질병이 발생한 경우 수의사 처방에 의해 동물용 의약품을 사용하여 질병을 치료할 수 있으며, 동물용 의약품을 사용한 가축은 전환기간(해당 약품의 휴약기간 2배가 전환기간보다 더 긴 경우 휴약기간의 2배 기간을 적용)이 지나야 유기축산물로 출하할 수 있다.

57 가축전염병 예방법에서 지정한 제1종 전염병이 아닌 것은?

① 가성우역
② 아프리카마역
③ 서부말뇌염
④ 리프트계곡열

해설
가축전염병 예방법상 법정전염병
제1종 가축전염병은 우역, 우폐역, 구제역, 가성우역, 블루텅병, 리프트계곡열, 럼피스킨병, 양두, 수포성구내염, 아프리카마역, 아프리카돼지열병, 돼지열병, 돼지수포병, 뉴캣슬병, 고병원성 조류인플루엔자 및 기타 이에 준하는 질병으로서 농림축산식품부령이 정하는 가축의 전염성질병을 뜻한다.

58 유기농산물을 생산하는 데 있어 올바른 잡초 방제법에 해당하지 않는 것은?

① 멀칭을 한다.
② 손으로 잡초를 뽑는다.
③ 화학제초제를 사용한다.
④ 적절한 윤작을 통하여 잡초 생장을 억제한다.

해설
유기재배의 잡초 관리는 윤작, 경운 등 경종적 방법이 근간이 되어야 하고, 화학제초제의 사용은 금한다.

59 친환경농축산물의 분류에 속하는 것은?

① 천연농산물
② 무농약농산물
③ 무공해농산물
④ 바이오농산물

해설
정의(농림축산식품부 소관 친환경농어업 육성 및 유기식품 등의 관리·지원에 관한 법률 시행규칙 제2조제2호)
'친환경농축산물'이란 친환경농업을 통해 얻는 것으로서 다음의 어느 하나에 해당하는 것을 말한다.
• 유기농산물·유기축산물 및 유기임산물
• 무농약농산물

60 유기축산에서 올바른 동물관리 방법과 거리가 먼 것은?

① 스트레스 최소화
② 적절한 사육밀도
③ 양질의 유기사료 급여
④ 항생제에 의존한 치료

해설
유기축산에서 가축의 질병을 예방하기 위한 가장 근본적인 사항은 저항성이 있는 축종을 선택하는 것이며, 그 후 가축의 위생관리를 철저히 하고 운동할 수 있는 충분한 공간 등을 제공하는 것이다.

정답 56 ② 57 ③ 58 ③ 59 ② 60 ④

PART 02 과년도 + 최근 기출복원문제

2018년 제1회 과년도 기출복원문제

01 화곡류(禾穀類)를 미곡, 맥류, 잡곡으로 구분할 때 다음 중 맥류에 속하는 것은?

① 조
② 귀리
③ 메밀
④ 기장

해설
화곡류
• 미곡 : 벼 등
• 맥류 : 보리, 밀, 귀리, 호밀 등
• 잡곡 : 조, 옥수수, 기장, 피, 메밀 등

02 다음 작물 중 일반적으로 배토를 실시하지 않는 것은?

① 파
② 상추
③ 토란
④ 감자

해설
배토(북주기)
작물의 생육기간 중 골 사이나 포기 사이의 흙을 포기 밑으로 긁어 모아주는 것으로 파, 토란, 감자 등에 실시한다.
※ 배토의 효과
 • 신근 발생의 조장 : 콩, 담배 등
 • 도복의 경감 : 옥수수, 수수, 맥류 등
 • 무효 분얼의 억제 : 벼 등
 • 덩이줄기의 발육 조장 : 감자 등
 • 배수 및 잡초 방제 : 콩 등

03 토양의 3상이 아닌 것은?

① 고상
② 액상
③ 기상
④ 주상

해설
토양의 3상 : 액상(25%), 기상(25%), 고상(50%)

04 식물이 다량으로 요구하는 필수원소가 아닌 것은?

① Fe
② K
③ Mg
④ S

해설
식물생육에 필요한 필수원소(16가지)
• 다량원소 : C, H, O, N, P, K, Ca, Mg, S
• 미량원소 : Fe, Cl, Mn, Zn, B, Cu, Mo

05 대기 중에서 가장 많이 함유되어 있는 가스는?

① 산소가스
② 질소가스
③ 이산화탄소
④ 아황산가스

해설
대기 중에는 질소가스(N_2)가 약 79.1%를 차지하여 근류균, *Azotobacter* 등이 공기 중의 질소를 고정한다.

06 암석의 물리적 풍화작용 요인으로 볼 수 없는 것은?

① 물
② 공기
③ 온도
④ 용해

해설
물리적 풍화작용 요인 : 물, 공기, 온도 등

1 ② 2 ② 3 ④ 4 ① 5 ② 6 ④ **정답**

07 생물적 풍화작용에 해당하는 설명으로 옳은 것은?

① 암석광물은 공기 중의 산소에 의해 산화되어 풍화작용이 진행된다.

② 미생물은 황화물을 산화하여 황산을 생성하고 이는 암석의 분해를 촉진한다.

③ 산화철은 수화작용을 받으면 침철광이 된다.

④ 정장석이 가수분해 작용을 받으면 점토가 된다.

해설
①·③·④는 화학적 풍화작용에 해당한다.
생물적 풍화작용 : 동물과 미생물, 식물 뿌리 등에 의한 풍화작용으로, 미생물은 황화물을 산화시켜 황산으로, 암모니아를 질산으로, 유기물을 분해하여 유기산으로 만든다.

08 단위 면적에서 최대 수량을 올리기 위한 3대 조건은?

① 유전성, 환경, 상품성

② 유전성, 환경, 재배기술

③ 상품성, 환경, 재배기술

④ 유전성, 상품성, 재배기술

해설
일정한 면적에서 최대의 수량을 올리기 위해서는 작물의 유전성, 환경조건, 재배기술이 유기적으로 관계하며 이것을 수량의 삼각형이라 한다.

[작물 수량의 삼각형]

09 지형을 고려하여 과수원을 조성하는 방법을 설명한 것으로 올바른 것은?

① 평탄지에 과수원을 조성하고자 할 때는 지하수위와 두둑을 낮추는 것이 유리하다.

② 경사지에 과수원을 조성하고자 할 때는 경사 각도를 낮추고 수평 배수로를 설치하는 것이 유리하다.

③ 논에 과수원을 조성하고자 할 때는 경반층(硬盤層)을 확보하는 것이 유리하다.

④ 경사지에 과수원을 조성하고자 할 때는 재식렬(栽植列) 또는 중간의 작업로를 따라 집수구(集水溝)를 설치하는 것이 유리하다.

해설
경반층은 유기물, 규산 등의 물질이 집적하여 굳어진 토층으로 뿌리 신장과 이동을 제한하는 물리적 특징이 있어서 좋지 않다. 또한 평탄지에서는 배수가 불량하므로 두둑을 높이는 것이 유리하다. 뚜렷한 경사지인 경우 경사각을 낮추고 수직 배수구를 설치하는 것이 유리하다.

10 벼를 재배하고 있는 논토양의 색깔이 청회색을 나타내면 어떠한 조치를 하는 것이 가장 바람직한가?

① 유기물을 투여한다.

② 배수를 한다.

③ 유안비료를 시용한다.

④ 물을 깊이 대어준다.

해설
토층분화로 인해 환원층은 산화제1철이 쌓여 청회색을 띤다. 논물에서 공급되는 산소보다 미생물이 소비하는 산소가 훨씬 많으므로 배수를 통해 산소의 공급을 확보해준다.

정답 7 ② 8 ② 9 ④ 10 ②

11 엽록소를 형성하고 잎의 색이 녹색을 띠는데 필요하며, 단백질 합성을 위한 아미노산의 구성성분은?

① 질소
② 인산
③ 규산
④ 칼륨

해설
아미노산 : 질소화합물로 단백질의 구성성분이다.

12 두과 작물과 공생관계를 유지하면서 공기 중의 질소를 고정을 하는 세균의 속은?

① *Azotobacter*
② *Rhizobium*
③ *Clostridium*
④ *Beijerinckia*

해설
Rhizobium(리조비움속) : 두과 식물의 뿌리에 공생하며 공기 중의 질소를 고정하는 역할을 한다.

13 장일식물에 대한 설명으로 옳은 것은?

① 장일상태에서 화성이 억제된다.
② 장일상태에서 화성이 유도·촉진된다.
③ 8~10시간의 조명에서 화성이 유도·촉진된다.
④ 한계일장은 장일 측에, 최적일장과 유도일장의 주체는 단일 측에 있다.

해설
① 장일상태에서 화성이 유도·촉진된다.
③ 보통 16~18시간의 조명에서 화성이 유도·촉진된다.
④ 장일식물의 유도일장은 장일 측에, 한계일장은 단일 측에 있다.

14 작물의 장해형 냉해에 관한 설명으로 가장 옳은 것은?

① 냉온으로 인하여 생육이 지연되어 후기 등숙이 불량해진다.
② 유수형성기부터 개화기까지, 특히 생식세포의 감수분열기의 냉온으로 인하여 정상적인 생식기관이 형성되지 못한다.
③ 생육 초기부터 출수기에 걸쳐 냉온으로 인하여 생육이 부진하고 지연된다.
④ 냉온하에서 작물의 증산작용이나 광합성이 부진하여 특정 병해의 발생이 조장된다.

해설
장해형 냉해 : 생식세포의 감수분열기에 냉온의 영향을 받아 생식기관 형성이 부진하거나 불임 현상이 초래된다.

15 토양 중의 암모니아태 질소가 산소에 의해 산화되면 무엇이 되는가?

① 단백질
② 질산
③ 질소가스
④ 암모니아가스

해설
암모니아태 질소를 산화층에 주면 질화균이 질화작용을 일으켜 질산으로 된다($NH_4^+ \rightarrow NO_2 \rightarrow NO_3$).

16 기온의 일변화(日變化)가 작물생육에 미치는 영향으로 옳지 않은 것은?

① 낮의 기온이 높으면 광합성이 촉진된다.
② 밤의 기온이 낮을 때 작물의 호흡 소모가 적다.
③ 변온이 어느 정도 클 때 동화물질의 축적이 많아진다.
④ 밤의 기온이 높아서 변온이 작을 때 대체로 생장이 느려진다.

해설
④ 밤이 따뜻하면 호흡이 많아져 생장은 빨라지지만 저장양분이 소모되므로 총생산량은 감소한다.

17 광합성에 가장 유효한 광은?

① 녹색광　　　　　② 황색광

③ 자색광　　　　　④ 적색광

> **해설**
> 광합성에 가장 유효한 광 : 적색광(600~680nm)

18 농기구 및 맨손으로 잡초나 해충을 직접 죽이거나 열, 물, 광선 등을 이용하여 잡초 방제 또는 병해충을 방제하는 것은?

① 화학적 방제법

② 물리적 방제법

③ 재배적 방제법

④ 생물학적 방제법

> **해설**
> **물리적 방제** : 물리적인 힘을 가하여 가해, 억제 또는 사멸시키는 방법으로 작물과의 경합을 억제하고 번식을 막아주는 목적으로 실시되는 방법이다.

19 고추와 토마토의 일장감응형은?

① 장일성　　　　　② 중일성

③ 단일성　　　　　④ 정일성

> **해설**
> **식물의 일장형**
> • 장일식물 : 맥류, 양귀비, 시금치, 양파, 상추, 아마, 티머시, 아주까리, 감자, 카네이션, 클로버, 완두 등
> • 단일식물 : 국화, 콩, 담배, 들깨, 샐비어, 도꼬마리, 코스모스, 목화, 벼, 나팔꽃 등
> • 중성(중일성)식물 : 강낭콩, 고추, 토마토, 당근, 셀러리 등
> • 중간(정일성)식물 : 사탕수수

20 우리나라의 전 국토의 2/3가 화강암 또는 화강편마암으로 구성되어 있다. 이러한 종류의 암석에 해당하는 토양생성 과정 인자로 옳은 것은?

① 기후　　　　　② 지형

③ 풍화 기간　　　④ 모재

> **해설**
> **토양생성인자**
> 토양생성에 관여하는 인자는 기후, 모재, 지형, 시간, 생물 등이며 토양생성 과정에 있어서 서로 연관된 작용을 하고 있다. 이들 인자들의 상대적 세기에 따라 특징적인 상이한 토양이 만들어진다. 이 중 모재가 토양특성에 미치는 영향이 가장 크다.

21 일반적으로 토양에 가장 많이 들어있는 원소는?

① 규소(Si)　　　　② 칼륨(K)

③ 마그네슘(Mg)　　④ 칼슘(Ca)

> **해설**
> **토양 중에 함유된 원소의 순위**
> Si > Al > Fe = Ca > K > Na > Mg

22 다음 중 점토가 가장 많이 들어있는 토양은?

① 식양토　　　　　② 식토

③ 양토　　　　　　④ 사양토

> **해설**
> **토성의 분류**
>
> | 토성의 명칭 | 세토 중의 점토 함량 |
> |---|---|
> | 사토 | 12.5% 이하 |
> | 사양토 | 12.5~25% |
> | 양토 | 25~37.5% |
> | 식양토 | 37.5~50% |
> | 식토 | 50% 이상 |

정답 17 ④ 18 ② 19 ② 20 ④ 21 ① 22 ②

23 태양열 소독의 특징으로 거리가 먼 것은?

① 노지 토양에 많이 이용된다.
② 선충 및 병해 방제에 효과가 있다.
③ 담수처리로 염류를 제거할 수 있다.
④ 유기물 부숙을 촉진하여 토양이 비옥해진다.

해설
태양열 소독 : 시설하우스 내 집약적 경작과 연작으로 인해 토양 병해충의 피해를 억제하기 위한 방법

24 토양에 집적되어 솔로네츠(solonetz)화 토양의 염류 집적을 나타내는 것은?

① Ca   ② Mg
③ K   ④ Na

해설
솔로네츠화 : 나트륨염이 탄산염과 반응하여 강한 알칼리 반응을 나타내는 토양으로 유기물이 분산, 피복되어 흑색을 나타내며 정상적인 생육이 어렵다. 주로 반습윤 또는 건조 한랭한 고온 지대에 많이 분포한다.

25 우리나라 토양에 가장 많이 분포한다고 알려진 점토광물은?

① 일라이트
② 카올리나이트
③ 버미큘라이트
④ 몬모릴로나이트

해설
우리나라 토양에 가장 많이 분포하고 있는 점토광물은 카올리나이트로 80% 이상을 차지하고 있다. 나머지는 일라이트가 대부분을 차지하고, 일부 지역에서는 몬모릴로나이트와 같은 팽창성 점토광물이 소량 포함되기도 한다.

26 대기 중의 이산화탄소와 작물의 생리작용에 대한 설명으로 틀린 것은?

① 이산화탄소의 농도가 어느 한계까지 높아지면 그 이상 높아져도 광합성 속도가 증대하지 않는 이산화탄소 농도를 이산화탄소 포화점이라고 한다.
② 광합성 속도에는 이산화탄소 농도뿐만 아니라 광의 강도도 관계한다.
③ 광합성은 온도, 광도, 이산화탄소의 농도가 증가함에 따라 계속 증대한다.
④ 광합성에 의한 유기물의 생성 속도와 호흡에 의한 유기물의 소모 속도가 같아지는 이산화탄소 농도를 이산화탄소 보상점이라 한다.

해설
광합성에 영향을 미치는 요인
• 온도 : 온도가 높을수록 광합성량은 증가하고 35~38℃에서 가장 활발하다. 그러나 40℃ 이상이나 10℃ 이하가 되면 급격히 감소한다.
• 이산화탄소의 농도 : 이산화탄소의 농도가 증가할수록 광합성량이 증가하지만, 농도 0.1%부터는 일정하다.
• 빛의 세기 : 빛의 세기가 강할수록 광합성량이 증가하지만, 광포화점을 지나면 일정하다.

27 토양 단면의 골격을 이루는 기본 토층 중 무기물 토층은?

① O층   ② E층
③ C층   ④ A층

해설
③ C층 : 무기물층으로 퇴적물이나 암석이 주를 이루며, 아직 토양 생성작용을 받지 않은 모재층이다.
① O층 : 유기물층으로 부패한 물과 동물의 잔해로 구성된 유기물이 표면에 존재하며, 식물 성장에 중요한 역할을 한다.
② E층 : 용탈층으로 A층과 B층 사이에 있으며, 위아래층보다 조립질이고 물에 의해 이온과 미네랄이 용탈되어 물리적으로 비옥도가 낮고 강수량이 많은 지역일수록 발달한 층이다.
④ A층 : 유기물과 미네랄이 혼합된 층으로 표토층이라고도 하며, 식물 뿌리가 자주 발견되고 입단구조가 잘 발달되어 있어 물과 공기의 순환이 잘 이루어진다.

292 | PART 02 과년도 + 최근 기출복원문제   23 ① 24 ④ 25 ② 26 ③ 27 ③   **정답**

28 미나마타(minamata)병의 원인이 되는 중금속은?

① 망가니즈
② 수은
③ 카드뮴
④ 납

> **해설**
> 미나마타(minamata)병
> 수은(Hg)중독으로 인해 발생하는 다양한 신경학적 증상과 징후를 특징으로 하는 증후군이다.

29 중성인 산도(pH)는?

① pH 3~4
② pH 4~5
③ pH 6~7
④ pH 9~10

> **해설**
> • pH 7 : 중성
> • pH 7 이하 : 산성
> • pH 7 이상 : 알칼리성

30 논토양과 밭토양의 차이점으로 틀린 것은?

① 논토양은 무기양분의 천연 공급량이 많다.
② 논토양은 유기물 분해가 빨라 부식 함량이 적다.
③ 밭토양은 통기상태가 양호하며, 산화상태이다.
④ 밭토양은 산성화가 심하여 인산유효도가 낮다.

> **해설**
> ② 유기물 분해 속도는 담수상태인 논토양이 산화 상태인 밭토양 보다 느리다.

31 토양의 양이온치환용량이 12me/100g이고, Ca^{2+} 으로 포화시킨다면 양이온으로 치환되는 양(mg)은?(단, Ca의 원자량 40)

① 20mg
② 120mg
③ 240mg
④ 360mg

> **해설**
> Ca의 원자량은 40, 원자가가 2이므로 1mg의 수소와 교환하는 데 필요한 Ca의 양은 40/2 = 20mg이 된다.
> ∴ CEC = 12 × 20 = 240mg

32 인산의 고정에 해당되지 않는 것은?

① Fe-P 인산염으로 침전에 의한 고정
② 중성토양에 의한 고정
③ 점토광물에 의한 고정
④ 교질상 Al에 의한 고정

> **해설**
> 인산의 고정
> • 침전에 의한 고정
> – 산성 : Al-P, Fe-P 인산염으로 침전($Al(OH)_2 \cdot H_3PO_4 \downarrow$)
> – 알칼리성 : Ca-P의 난용성염으로 침전
> • 점토광물에 의한 고정
> – 결정구조 중의 OH^-와 치환흡수
> – 결정주변의 Al이 결합한 OH^-기와 치환흡수
> – 직접적으로 결정에 부가
> – Si와 동형치환에 의해 고정
> • 유리산화물, 교질상 Al에 의한 고정 : 산화 Al, Fe가 산성에서 Gel이 되어 다량의 인산고정
> • 미생물에 의한 고정 : 미생물 몸체의 2.5%가 인산, 사체의 인산은 가급태화

정답 28 ② 29 ③ 30 ② 31 ③ 32 ②

33 토양 콜로이드물질 중 pH 의존전하를 가장 많이 가진 콜로이드물질은?

① 일라이트(illite)
② 토양부식(humus)
③ 카올리나이트(kaolinite)
④ 몬모릴로나이트(montmorillonite)

해설
pH 의존전하 : 토양 입자의 전하 중 pH변화에 따라 달라지는 전하로 가변전하라고도 불린다.

34 시설재배 토양의 연작장해에 대한 피해 내용이 아닌 것은?

① 선충피해
② 답전윤환
③ 토양전염성 병균
④ 토양이화학성의 악화

해설
답전윤환 : 논 또는 밭을 논 상태와 밭 상태로 몇 해씩 돌려가면서 벼와 밭작물을 재배하는 방식으로, 연작장해를 막기 위해 사용되는 방법

35 녹비작물이 갖추어야 할 조건으로 옳지 않은 것은?

① 생육이 왕성하고 재배가 쉬워야 한다.
② 천근성으로 상층의 양분을 이용할 수 있어야 한다.
③ 비료성분의 함유량이 높으며, 유리질소고정력이 강해야 한다.
④ 줄기, 잎이 유연하여 토양 중에서 분해가 빠른 것이어야 한다.

해설
녹비작물이 갖추어야 할 조건
• 재배하는데 노력이 적게 들어야 한다.
• 비료의 요구가 적어야 하며 파종이 용이하고 종자의 가격이 저렴해야 한다.
• 생육기간이 짧고 휴한기간을 이용할 수 있어야 한다.
• 영년생 작물의 빈 공간의 이용에 편리해야 한다.
• 비료 성분의 함유량이 높아야 하며 심근성으로 하층의 양분을 이용할 수 있어야 한다.
• 병해충, 한해, 습해, 냉해 등 재해에 강해야 한다.
• 줄기, 잎이 유연하여 토양 중에서 분해가 빠른 것이어야 한다.

36 풍식에 대한 설명으로 옳지 않은 것은?

① 풍식이란 바람에 의한 토양침식작용이다.
② 풍식의 정도는 풍량에 의해 결정된다.
③ 풍식은 건조한 지방에서 일어나기 쉽다.
④ 우리나라의 경우 동해안과 제주도에서 다발한다.

해설
② 풍식 정도는 풍속(바람의 세기)과 관계가 깊다.

294 | PART 02 과년도 + 최근 기출복원문제

33 ② 34 ② 35 ② 36 ②   정답

37 엽면시비가 효과적인 경우로 옳지 않은 것은?

① 작물의 필요량이 적은 무기양분을 시용할 경우
② 토양조건이 나빠 무기양분의 흡수가 어려운 경우
③ 시비를 원하지 않는 작물과 같이 재배할 경우
④ 부족한 무기성분을 서서히 회복시킬 경우

해설
엽면시비가 효과적인 경우
• 토양시비가 곤란할 경우
• 미량요소를 공급하는 경우
• 시비를 원하지 않는 작물과 같이 재배할 경우
• 급속한 영양회복이 요구될 경우

38 춘화처리(vernalization)에 대한 설명으로 잘못된 것은?

① 저온처리의 감응점은 생장점이다.
② 주로 생육 초기에 온도처리를 하여 개화를 촉진한다.
③ 최아종자의 시기에 버널리제이션을 하는 것을 종자 버널리제이션이라고 한다.
④ 처리 중에 종자가 건조하면 버널리제이션 효과가 촉진된다.

해설
춘화처리(버널리제이션)
식물체가 생육의 일정 시기(주로 초기)에 저온을 경과함으로써 화성, 즉 꽃눈의 분화, 발육이 유도·촉진하는 것을 뜻하며 처리 중에 종자가 건조하면 춘화처리 효과가 감쇄된다.

39 점토광물의 규소판에 있는 규소가 알루미늄으로 가장 많이 치환되어 있는 광물은?

① 일라이트
② 클로라이트
③ 카올리나이트
④ 몬모릴로나이트

해설
일라이트(illite)는 주로 백운모와 흑운모로부터 생성되며 4개의 Si 중에서 한 개가 Al으로 치환된다. 규소판의 Si 원소 가운데 약 15%는 Al으로 치환되어 있다.

40 우리나라의 시설재배에서 가장 많이 쓰이는 온실용 피복자재는?

① 판유리
② 염화비닐필름
③ 폴리에틸렌필름
④ 에틸렌아세트산필름

해설

구분	특징
폴리에틸렌필름 (PE)	• 국내에 널리 쓰는 필름으로 투과율이 가장 높은 피복재이다. • 인장강도, 인열강도가 PVC나 EVA 필름보다 낮다. • PVC보다 정전기 현상이 적고, 먼지 부착률이 낮다. • 저온에 대한 내한성이 강하며 가격이 저렴하다. • 후성이 약하여 수명이 짧고 보온력이 떨어지며 항장력과 신장력이 작다.
염화비닐필름 (PVC)	• 장파 복사열의 차단 효과가 있다. • 투광률이 높고 열전도율이 낮아 보온력이 뛰어나다. • 먼지가 잘 달라붙는다.
에틸렌아세트산필름 (EVA)	• 먼지의 부착이 적고 화학약품에 대한 내성이 강하다. • 저온에서 굳지 않고 고온에서도 흐물흐물하지 않는다. • 내후성은 PE와 PVC의 중간 정도이다.

정답 37 ④ 38 ④ 39 ① 40 ③

41 비료를 엽면시비할 때 영향을 미치는 요인이 아닌 것은?

① 살포액의 pH

② 살포액의 농도

③ 살포할 때의 속도

④ 농약과의 혼합관계

해설

비료를 엽면시비할 때 영향을 미치는 요인 : 살포액의 pH, 살포액의 농도, 농약과의 혼합관계, 잎의 상태, 보조제의 첨가 등

① 살포액의 pH는 미산성인 것이 흡수가 잘된다.

② 농도가 높으면 잎이 타는 부작용이 있으므로 규정 농도를 잘 지켜야 하며, 비료의 종류와 계절에 따라 다르지만 대개 0.1~0.3% 정도이다.

④ 살포액에 농약을 혼합하여 사용할 수 있지만 이때 약해를 유발하지 않도록 주의해야 한다. 그 밖에 전착제(展着劑)를 첨가하면 흡수를 조장한다.

42 탄산시비에 대한 설명으로 옳은 것은?

① 토양산도를 교정하기 위하여 토양에 탄산칼슘을 넣어 주는 것

② 시설재배에서 시설 내의 이산화탄소의 농도를 인위적으로 높여 주는 것

③ 산업폐기물로 나오는 탄산가스의 처리와 관련하여 생기는 사회 문제

④ 양액재배에서 양액의 탄산가스 농도를 높여 야간 호흡을 억제하는 것

해설

탄산시비 : 원예작물 등의 시설재배에서 탄산가스를 시설 내에 투입하여 수량과 질을 높이는 것

43 다음 중 물리적 풍화작용에 속하는 것은?

① 수화작용

② 빙식작용

③ 탄산화작용

④ 가수분해작용

해설

①·③·④는 화학적 풍화작용이다.

물리적 풍화작용

물리적 풍화는 광물에 화학적 변화 없이 기계적인 파쇄에 의하여 크기가 작아지는 것으로, 물과 바람의 압력 및 충격, 온도의 변화, 동결의 작용, 염류의 작용, 생물의 작용 등이다.

44 토양의 노후답의 특징으로 옳지 않은 것은?

① 작토 환원층에서 칼슘이 많을 때에는 벼뿌리가 적갈색인 산화칼슘의 두꺼운 피막을 형성한다.

② Fe, Mn, K, Ca, Mg, Si, P 등이 작토에서 용탈되어 결핍된 논토양이다.

③ 담수하의 작토 환원층에서 철분, 망가니즈가 환원되어 녹기 쉬운 형태로 된다.

④ 담수하의 작토 환원층에서 황산염이 환원되어 황화수소가 생성된다.

해설

① 작토 환원층에 철분이 많으면 벼뿌리가 적갈색인 산화철의 두꺼운 피막을 형성한다.

45 다음 유기농업이 추구하는 내용에 관한 설명으로 가장 옳은 것은?

① 환경생태계 교란의 최적화

② 합성화학물질 사용의 최소화

③ 생물학적 생산성의 최적화

④ 토양 활성화와 토양단립구조의 최적화

해설

유기농업의 추구 내용

• 환경생태계의 보호

• 환경오염의 최소화

• 생물학적 생산성의 최적화

• 토양 쇠퇴와 유실의 최소화

41 ③ 42 ② 43 ② 44 ① 45 ③

46 과수의 전정방법(剪定方法)에 대한 설명으로 옳은 것은?

① 단초전정(短梢剪定)은 주로 포도나무에서 이루어지는데, 결과모지를 전정할 때 남기는 마디 수는 대개 4~6개이다.

② 갱신전정(更新剪定)은 정부우세현상(頂部優勢現想)으로 결과모지가 원줄기로부터 멀어져 착과되는 과실의 품질이 불량할 때 이용하는 전정방법이다.

③ 세부전정(細部剪定)은 생장이 느리고 연약한 가지·품질이 불량한 과실을 착생시키는 가지를 제거하는 방법이다.

④ 큰 가지 전정은 생장이 느리고 외부에 가지가 과다하게 밀생하며 가지가 오래되어 생산이 감소할 때 제거하는 방법이다.

해설
갱신전정
과수의 세력을 회복시키기 위해 영양 생장을 하는 튼튼한 새가지가 나도록 실시하는 가지치기로 나무가 노쇠하여 생산성이 떨어질 때 한다.
① 단초전정 시 남기는 마디 수는 1~3개이다.
③ 세부전정은 밀생한 잔가지를 전정하는 방법이다.
④ 큰 가지 전정은 결실성이 낮거나 광선 투사를 막는 큰 가지를 제거하는 전정을 말한다.

47 유기축산물의 유기배합사료 중 식물성 단백질류에 해당하는 것으로만 나열된 것은?

① 옥수수, 보리
② 들깻묵, 아마박
③ 호밀, 귀리
④ 밀, 수수

해설
①·③·④는 식물성 탄수화물 사료이다.
식물성 단백질 사료 : 대두박, 임자박(들깻묵), 채종박, 아마박 등

48 다음 중 대기의 공기 조성에 비하여 토양에 특히 많은 공기 성분은?

① 질소(N_2)
② 산소(O_2)
③ 아르곤(Ar)
④ 이산화탄소(CO_2)

해설
토양공기는 대기보다 이산화탄소의 농도가 몇 배나 높으나 산소의 농도는 훨씬 낮다. 특히 토양 속 깊이 들어갈수록 점점 산소의 농도가 낮아지고 이산화탄소의 농도가 높아진다.

49 유기농업에서의 병해충 방제를 위한 방법으로 가장 거리가 먼 것은?

① 천적 이용
② 저항성 품종 이용
③ 화학합성농약 이용
④ 담배잎 추출액 사용

해설
유기농업은 화학비료, 유기합성농약, 생장조절제, 제초제, 가축사료 첨가제 등 일체의 합성화학물질을 사용하지 않거나 줄이고, 유기물과 자연광석, 미생물 등 자연적인 자재만을 사용하는 농업이다.

50 논토양이 적갈색을 띠는 것은 무엇 때문인가?

① 산화철
② 유기물
③ 아산화철
④ 산화망가니즈

해설
철은 산화상태에서는 산화철(적갈색), 환원상태에서는 아산화철(청회색)이 된다.

[정답] 46 ② 47 ② 48 ④ 49 ③ 50 ①

2018년 제1회 과년도 기출복원문제 | **297**

51 친환경농업의 필요성이 대두된 원인으로 거리가 먼 것은?

① 농업 부문에 대한 국제적 규제 심화
② 안전한 농산물을 선호하는 추세의 증가
③ 관행농업 활동으로 인한 환경오염 우려
④ 지속적인 인구 증가에 따른 증산 위주의 생산 필요

해설
④ 지속적인 인구 증가에 따라 미국과 유럽 등 농업 선진국이 세계의 농업정책을 증산 중심에서 소비와 교역 위주로 전환하게 하는 견인역할을 하고 있다.

52 예방관리에도 불구하고 가축의 질병이 발생한 경우 수의사의 처방하에 질병을 치료할 수 있다. 이 경우 동물용의약품을 사용한 가축은 해당 약품 휴약기간의 최소 몇 배가 지나야만 유기축산물로 인정할 수 있는가?

① 2배   ② 3배
③ 4배   ④ 5배

해설
유기축산물의 동물복지 및 질병관리(친환경농어업 육성 및 유기식품 등의 관리·지원에 관한 법률 시행규칙 [별표 4])
가축의 질병을 치료하기 위해 불가피하게 동물용의약품을 사용한 경우에는 동물용의약품을 사용한 시점부터 전환기간(해당 약품의 휴약기간의 2배가 전환기간보다 더 긴 경우에는 휴약기간의 2배의 기간을 말한다) 이상의 기간 동안 사육한 후 출하할 것

53 유기농업의 목표가 아닌 것은?

① 적정 수준의 작물과 인간영양
② 적정 수준의 축산 수량과 인간영양
③ 농가 단위에서 유래되는 유기성 재생자원의 최대한 이용
④ 인간과 자원에 적절한 보상을 제공하기 위한 인공 조절

해설
유기농업의 기본 목표
• 가능한 한 폐쇄적인 농업 시스템 속에서 적당한 것을 취하고, 또한 지역 내 자원에 의존하는 것
• 장기적으로 토양 비옥도를 유지하는 것
• 현대 농업기술이 가져온 심각한 오염을 회피하는 것
• 영양가 높은 식품을 충분히 생산하는 것
• 농업에 화석연료의 사용을 최소화시키는 것
• 전체적으로 자연환경과의 관계에서 공생·보호적인 자세를 견지하는 것

54 유기재배용 종자 선정 시 사용이 절대 금지된 것은?

① 일반종자
② 유전자변형종자
③ 유기재배된 종자
④ 내병성이 강한 품종

55 유기사료에 첨가해도 되는 허용물질 중 옳은 것은?

① 성장촉진제
② 비단백태질소화합물
③ 순도 99% 이상인 골분
④ 가축의 대사기능 촉진을 위한 합성화합물

해설
유기배합사료의 제조에 첨가하면 안되는 물질 : 합성화합물 및 약품성분

56 친환경농업이 태동하게 된 배경에 대한 설명으로 틀린 것은?

① 미국과 유럽 등 농업 선진국은 세계의 농업정책을 소비와 교역 위주에서 증산 중심으로 전환하게 하는 견인역할을 하고 있다.

② 국제적으로는 환경 보전 문제가 중요 쟁점으로 부각되고 있다.

③ 토양양분의 불균형 문제가 발생하게 되었다.

④ 농업 부분에 대한 국제적인 규제가 점차 강화되어 가고 있는 추세이다.

해설
① 지속적인 인구 증가에 따라 미국과 유럽 등 농업 선진국이 세계의 농업정책을 증산 중심에서 소비와 교역 위주로 전환하게 하는 견인역할을 하고 있다.

57 유기축산에 대한 설명으로 옳지 않은 것은?

① 양질의 유기사료 공급

② 가축의 생리적 욕구 존중

③ 유전공학을 이용한 번식기법 사용

④ 환경과 가축 간의 조화로운 관계 발전

해설
유기축산
• 토지 – 식물 – 가축 간의 조화 및 순환이 되는 것을 근간으로 하고 있다.
• 가축의 생리적 · 행태적 욕구를 충족시켜 준다.
• 유기적으로 생산된 사료를 급여한다.
• 적절한 사육 공간, 행동에 필요한 적절한 사양관리 체계를 도입하여 스트레스를 최소화하면서 질병 예방과 건강 증진을 위한 가축 관리가 요구된다.
• 경영 관리 기록, 전환기 관리, 동물(가축) 복지관리, 항생제 사용 금지, 사료 GMO 혼입 금지, 사료작물 생산, 화학비료 사용 금지, HACCP 인증 도축을 해야 한다.

58 과수재배에서 바람의 장점이 아닌 것은?

① 상엽을 흔들어 하엽도 햇볕을 쬐게 한다.

② 이산화탄소의 공급을 원활하게 하여 광합성을 왕성하게 한다.

③ 증산작용을 촉진시켜 양분과 수분의 흡수 · 상승을 돕는다.

④ 고온다습한 시기에 병해충의 발생이 많아지게 한다.

해설
과수재배 시 미풍의 효과
• 증산작용 촉진
• 양 · 수분의 상승작용을 도움
• 상엽을 흔들어 하엽의 광합성 작용을 좋게 함
• 습기를 없애 병해충을 방제
• 냉기의 침체를 막아 동해를 막아 줌

59 2명법에 의한 학명(學名)에 대한 설명으로 옳은 것은?

① 영어를 사용하고 라틴체로 쓴다.

② 과명과 속명을 함께 표시한 것이다.

③ 식물의 학명은 세계 공통으로 쓰인다.

④ 용도에 따른 식물 분류에 기본으로 활용된다.

해설
학명은 학술적 편의를 위해 스웨덴의 식물학자 린네가 창안 것으로 라틴어를 사용하여 이탤릭체로 쓴다. 속명과 종명을 붙이는 이명법으로 되어 있으며 분류계급에 따른 식물학적 분류에 속한다.

60 논 작토층이 환원되어 하층부에 적갈색의 집적층이 생기는 현상을 가진 논을 칭하는 용어는?

① 글레이화 　　② 라테라이트화

③ 특이산성화 　　④ 포드졸화

해설
포드졸화 작용(podzolization)
아한대–한대의 한랭 · 습윤지대 침엽수림에서 일어나기 쉽고, 유기물의 공급량이 분해량보다 많은 지역에서 일어난다. 회백색의 표백층이 형성되고, 바로 그 밑에 알루미나와 산화철이 풍부하여 진하고 치밀한 갈색의 집적층이 형성된다.

정답　56 ①　57 ③　58 ④　59 ③　60 ④

PART 02 과년도 + 최근 기출복원문제

2018년 제2회 과년도 기출복원문제

01 토양의 입경조성에 따른 토양의 분류를 뜻하는 것은?

① 토양의 화학성
② 토성
③ 토양통
④ 토양의 반응

해설
토성
토양 무기질 입자의 입경조성(기계적 조성)에 의한 토양의 분류

02 2 : 1형 격자광물을 가장 잘 설명한 것은?

① 규산판 1개와 알루미나판 1개로 형성
② 규산판 2개와 알루미나판 1개로 형성
③ 규산판 1개와 알루미나판 2개로 형성
④ 규산판 2개와 알루미나판 2개로 형성

해설
② 2 : 1 격자형 광물, ① 1 : 1 격자형 광물

03 광합성 작용에 가장 효과적인 광은?

① 백색광
② 황색광
③ 적색광
④ 녹색광

해설
광합성에 가장 유효한 광 : 적색광(600~680nm)

04 작물의 내동성에 대한 생리적인 요인으로 옳은 것은?

① 원형질의 수분투과성이 큰 것이 내동성을 감소시킨다.
② 원형질의 친수성 콜로이드가 많으면 내동성이 감소한다.
③ 전분함량이 많으면 내동성이 증대한다.
④ 원형질 단백질에 –SH기가 많은 것은 –SS기가 많은 것보다 내동성이 높다.

해설
④ 원형질 단백질에 –SH기가 많은 것은 –SS기가 많은 것보다 기계적 견인력을 받을 때 분리되기 쉬워 원형질 파괴가 적어 내동성이 크다.
내동성의 생리적 요인

생리적 요인	상태
체내 수분함량	↓
체내 당분함량	↑
체내 단백질함량	↑
원형질 단백질의 SH기	많음
세포액의 pH	↑
세포액의 친수교질	많음
원형질의 수분투과성	↑
세포액의 점성	↑

05 작물 수량을 증가시키는 3대 조건이 아닌 것은?

① 유전성이 좋은 품종 선택
② 알맞은 재배환경
③ 적합한 재배기술
④ 상품성이 우수한 작물 선택

해설
작물 수량의 삼각형 : 유전성, 환경조건, 재배기술

1 ② 2 ② 3 ③ 4 ④ 5 ④ 정답

06 토양공기 조성을 개선하는 방법으로 거리가 먼 것은?

① 심경
② 입단조성
③ 객토
④ 빈번한 경운

해설
잦은 경운은 토양의 깊은 곳까지 용기량이 증대하며, 토양의 용기량이 증대하면 처음에는 작물생육에 좋지만, 어느 한계를 넘으면 오히려 생육이 나빠진다.

07 벼에서 관수해(冠水害)에 가장 민감한 시기는?

① 유수형성기
② 수잉기
③ 유효분얼기
④ 이앙기

해설
수잉기는 벼의 생육 단계 중 침수에 의한 피해가 가장 큰 시기이다.

08 다음 중 IFOAM이란?

① 국제유기농업운동연맹
② 무역의 기술적 장애에 관한 협정
③ 위생식품검역 적용에 관한 협정
④ 국제유기식품규정

해설
국제유기농업운동연맹(IFOAM ; International Federation of Organic Agriculture Movements)
지구의 환경을 보전하고 인류의 건강을 지키기 위하여 시작된 유기농업이 전 세계로 확산되면서 1972년 창설되었다.

09 녹비작물이 갖추어야 할 조건으로 틀린 것은?

① 생육이 왕성하고 재배가 쉬워야 한다.
② 천근성으로 상층의 양분을 이용할 수 있어야 한다.
③ 비료 성분의 함유량이 높으며, 유리질소고정력이 강해야 한다.
④ 줄기, 잎이 유연하여 토양 중에서 분해가 빠른 것이어야 한다.

해설
녹비작물이 갖추어야 할 조건
• 재배하는데 노력이 적게 들어야 한다.
• 비료의 요구가 적어야 하며 파종이 용이하고 종자의 가격이 저렴해야 한다.
• 생육기간이 짧고 휴한기간을 이용할 수 있어야 한다.
• 영년생 작물의 빈 공간의 이용에 편리해야 한다.
• 비료 성분의 함유량이 높아야 하며 심근성으로 하층의 양분을 이용할 수 있어야 한다.
• 병해충, 한해, 습해, 냉해 등 재해에 강해야 한다.
• 줄기, 잎이 유연하여 토양 중에서 분해가 빠른 것이어야 한다.

10 생물학적 방제법에 속하는 것은?

① 윤작
② 병원미생물의 사용
③ 온도처리
④ 소토 및 유살처리

해설
생물학적 방제법
농작물을 가해하는 해충을 포식하거나 해충에 기생(寄生)하는 곤충이나 미생물들을 천적(natural enemy)이라고 하는데 이러한 천적(기생성 곤충, 포식성 곤충, 병원미생물)을 이용하는 방제법이다.

정답 6 ④ 7 ② 8 ① 9 ② 10 ②

11 고립 상태에서 온도와 CO_2 농도가 제한 조건이 아닐 때 광포화점이 가장 높은 작물은?

① 옥수수　　　　② 콩
③ 벼　　　　　　④ 감자

해설
① 옥수수 : 40~60%
② 콩 20%
③ 벼 40~50%
④ 감자 30%
옥수수는 광합성 효율이 높은 C_4 작물로 고온과 강한 빛에서 효율적으로 광합성을 할 수 있다.

12 토양의 3상과 거리가 먼 것은?

① 토양 입자　　　② 물
③ 공기　　　　　④ 미생물

해설
토양의 3상 : 고상(토양 입자 50%), 액상(물 25%), 기상(공기 25%)

13 광합성에서 조사광량이 높아도 광합성 속도가 증대하지 않게 된 것을 뜻하는 것은?

① 광포화점
② 광보상점
③ 진정광합성
④ 외견상광합성

해설
② 광보상점 : 외견상 광합성 속도가 0이 되는 상태로 호흡 속도와 진정광합성의 속도가 같아지는 조사광량
③ 진정광합성 : 호흡을 무시하고 본 절대적인 광합성
④ 외견상광합성 : 호흡으로 소모된 유기물을 빼고 외견상으로 나타난 광합성

14 식물의 일장감응에 따른 분류 9형 중 옳은 것은?

① II식물 : 고추, 메밀, 토마토
② SS식물 : 시금치, 봄보리
③ LL식물 : 앵초, 시네라리아, 딸기
④ SL식물 : 코스모스, 나팔꽃, 콩(만생종)

해설
② SS식물 : 코스모스, 나팔꽃, 콩(만생종) 등
③ LL식물 : 시금치, 봄보리 등
④ SL식물 : 앵초, 시네라리아, 딸기 등

15 토양미생물의 활동 조건에 대한 설명으로 틀린 것은?

① 방선균은 건조한 환경에서 포자를 만들어 잠복한다.
② 세균은 산성에 강하고, 곰팡이는 산성에서 약해진다.
③ 미생물 활동에 알맞은 pH는 대체로 7부근이다.
④ 대부분의 방선균은 호기성균이다.

해설
곰팡이, 효모의 최적 pH는 미산성(약산성)이고, 세균의 경우에는 중성에서 알칼리성에서 생육이 좋다.

302 | PART 02 과년도 + 최근 기출복원문제

11 ① 12 ④ 13 ① 14 ① 15 ② 정답

16 다음 중 양이온치환용량이 가장 큰 것은?

① 부식(humus)

② 카올리나이트(kaolinite)

③ 몬모릴로나이트(montmorillonite)

④ 버미큘라이트(vermiculite)

해설
양이온치환용량의 크기
부식(100~300) > 버미큘라이트(80~150) > 몬모릴로나이트
(60~100) > 클로라이트(30) > 카올리나이트(3~27)

17 일정한 한계일장이 없고 대단히 넓은 범위의 일장
조건에서 개화하는 식물은?

① 중성식물   ② 장일식물

③ 단일식물   ④ 정일성식물

해설
① 중성식물 : 낮,밤의 길이에 관계없이 일정 기간 생장하여야
꽃이 피는 식물로 일정한 한계일장이 없고, 화성이 일장에 영향
을 받지 않는다(강낭콩, 고추, 토마토, 당근, 가지 등).
② 장일식물 : 장일상태(보통 16~18시간 조명)에서 화성이 유도·
촉진된다(가을보리, 가을밀, 양귀비, 시금치, 양파, 상추, 아주
까리, 감자 등).
③ 단일식물 : 단일상태(보통 8~10시간 조명)에서 화성이 유도·촉
진된다(국화, 콩, 벼, 수수, 옥수수, 코스모스, 목화, 나팔꽃 등).
④ 정일성식물 : 어떤 좁은 범위의 특정한 일장에서만 화성이 유도
되며 두 개의 뚜렷한 한계일장을 갖는다(사탕수수).

18 바람에 의한 피해(풍해)의 종류 중 생리적 장해의
양상이 아닌 것은?

① 기계적 장해 시 호흡이 증대하여 체내 양분의
소모가 증대하고, 상처가 건조하면 광산화 반응
에 의하여 고사한다.

② 벼의 경우 수분과 수정이 저하되어 불임립이 발
생한다.

③ 풍속이 강하고 공기가 건조하면 증산량이 커져서
식물체가 건조하며, 벼의 경우 백수현상이 나타
난다.

④ 냉풍은 작물의 체온을 저하시키고 심하면 냉해를
유발한다.

해설
②는 기계적 장해에 속한다.
풍해의 특징(풍속이 4~6km/h 이상일 경우)

기계적 장해	생리적 장해
• 절상, 열상, 낙과, 도복, 탈립 등이 초래 • 2차적 병해 발생 • 화곡류에서는 도복으로 수발아와 부패짚이 발생하고 수분, 수정의 장해로 불임립이 발생 • 벼의 경우 습도 60% 이하에서는 풍속 10m/sec에서 백수 형성	• 바람에 의한 상처로 호흡이 증가하여 체내 양분 소모 증가 • 풍속 2~4m/sec 이상의 경우 숨구멍이 닫혀 이산화탄소의 흡수가 감소되어 광합성 저하 • 증산작용이 왕성해져 작물을 건조 • 작물의 체온 저하

19 다른 생물과 공생하여 공중질소를 고정하는 토양
세균은?

① 아조토박터(*Azotobacter*)속

② 클로스트리듐(*Clostridium*)속

③ 리조비움(*Rhizobium*)속

④ 바실러스(*Bacillus*)속

해설
질소고정세균
• 단독질소고정세균 : *Azotobacter*(호기성), *Clostridium*(혐기성)
• 공생질소고정세균 : *Rhizobium*(근류균 : 콩과 식물과의 공생)

20 토양을 구성하는 주요 점토광물은 결정 격자형에 따라 그 형태가 다르다. 다음 중 1 : 1형(비팽창형)에 속하는 점토광물은?

① illite
② montmorillonite
③ kaolinite
④ vermiculite

해설
① illite : 2 : 1형 비팽창형 점토광물로 운모 점토광물이 풍화되는 동안 K, Mg 등이 용탈되어 생기는 광물이다.
② montmorillonite : 규산층과 알루미늄층이 2 : 1로 구성되어 있는 팽창형 광물로 결정단위 사이에 물이 자유롭게 드나들 수 있어 물의 함량에 따라 팽창·수축이 일어날 수 있다.
④ vermiculite : 규산층과 알루미늄층이 2 : 1로 형성된 팽창판자형 제2차 토양광물이다.

21 어떤 종자 표본의 발아율이 80%이고 순도가 90%일 경우, 종자의 진가(용가)는?

① 90
② 85
③ 80
④ 72

해설

$$종자의 \ 진가(용가) = \frac{발아율(\%) \times 순도(\%)}{100}$$

$$= \frac{80 \times 90}{100} = 72$$

22 논토양과 밭토양의 차이점으로 틀린 것은?

① 논토양은 무기양분의 천연 공급량이 많다.
② 논토양은 유기물 분해가 빨라 부식함량이 적다.
③ 밭토양은 통기상태가 양호하며, 산화 상태이다.
④ 밭토양은 산성화가 심하여 인산유효도가 낮다.

해설
② 유기물 분해 속도는 담수상태인 논토양이 산화 상태인 밭토양보다 느리다.

23 다음 pH가 산성인 것은?

① pH 5
② pH 7
③ pH 9
④ pH 10

해설
• pH 7 : 중성
• pH 7 이하 : 산성
• pH 7 이상 : 알칼리성

24 다음 중 공극량이 가장 적은 토양은?

① 용적밀도가 높은 토양
② 수분이 많은 토양
③ 공기가 많은 토양
④ 경도가 낮은 토양

해설
토양공극
토양의 액상과 기상을 합쳐 부르는 말로, 미세한 입자는 밀착되지 않기 때문에 공간이 생성되고 공극이 유지되어 보수력이 높지만 공기와 물의 이동이 어렵다.
※ 토성별 용적밀도 및 공극량

토성	용적밀도	공극량(%)
사토	1.6	40
사양토	1.5	43
양토	1.4	47
미사질 양토.	1.3	50
식양토	1.2	55
식토	1.1	58

25 대기의 질소를 고정시켜 지력을 증진시키는 작물은?

① 화곡류
② 두류
③ 근채류
④ 과채류

해설
공기 중의 질소를 고정하는 미생물인 질소고정세균은 작물 스스로 분자질소를 고정하여 이용할 수 없기 때문에 숙주식물(대부분이 콩과 식물)에 기생하며 질소를 고정한다.

304 | PART 02 과년도 + 최근 기출복원문제

20 ③ 21 ④ 22 ② 23 ① 24 ① 25 ② **정답**

26 기지현상의 대책으로 옳지 않은 것은?

① 토양소독을 한다.

② 연작한다.

③ 담수한다.

④ 새 흙으로 객토한다.

해설

기지현상의 대책

• 윤작
• 담수처리
• 토양소독
• 유독물질의 제거
• 객토 및 환토
• 접목
• 지력배양

27 토양의 입단화에 좋지 않은 영향을 미치는 것은?

① 유기물 시용   ② 석회 시용

③ 칠레초석 시용   ④ krilium 시용

해설

③ 칠레초석이란 칠레에 주로 분포하는 나트륨질산염($NaNO_3$)를 말한다.

입단화 촉진 방법

• 유기물 시용
• 석회(Ca) 시용(생석회, 소석회 등)
• 토양개량제 시용(크릴륨(krilium), acrylic acid, soil, 소이락, A-22, CMC 등)
• 콩과 작물의 재배
• 토양의 피복

28 토양소동물 중 작물생육에 적합한 토양조건의 지표로 볼 수 있는 것은?

① 선충   ② 지렁이

③ 개미   ④ 지네

해설

지렁이는 토양 내의 낙엽, 부식물 등을 먹이로 하여 토양의 경운, 교반 활동 등 유익한 자원이다.

29 도복의 유발 요인으로 거리가 먼 것은?

① 밀식   ② 품종

③ 병해충   ④ 배수

해설

도복의 유발 요인

• 품종 : 키가 크고, 대가 약한 품종
• 재배조건 : 밀식, 질소 다용, 칼륨 부족, 규산 부족 등
• 병해충 : 병해충의 발생
• 환경조건 : 강수해나 풍해, 한발 등

30 대기 중의 이산화탄소와 작물의 생리작용에 대한 설명으로 틀린 것은?

① 이산화탄소의 농도와 온도가 높아질수록 동화량은 증가하다가 감소한다.

② 광합성 속도에는 이산화탄소 농도뿐만 아니라 광의 강도도 관계한다.

③ 광합성은 온도, 광도, 이산화탄소의 농도가 증가함에 따라 계속 증대한다.

④ 광합성에 의한 유기물의 생성 속도와 호흡에 의한 유기물의 소모 속도가 같아지는 이산화탄소 농도를 이산화탄소 보상점이라 한다.

해설

광합성에 영향을 미치는 요인

• 온도 : 온도가 높을수록 광합성량은 증가하고 35~38℃에서 가장 활발하다. 그러나 40℃ 이상이나 10℃ 이하가 되면 급격히 감소한다.
• 이산화탄소의 농도 : 이산화탄소의 농도가 증가할수록 광합성량이 증가하지만, 농도 0.1%부터는 일정하다.
• 빛의 세기 : 빛의 세기가 강할수록 광합성량이 증가하지만, 광포화점을 지나면 일정하다.

정답 26 ② 27 ③ 28 ② 29 ④ 30 ③

31 윤작의 효과가 아닌 것은?

① 지력의 유지·증강
② 토양구조 개선
③ 병해충 경감
④ 잡초의 번성

해설
윤작의 효과
• 토양 보호
• 잡초 및 병해충의 발생 억제
• 지력유지 및 증강
• 토양선충 경감 및 기지현상 회피
• 수확량 증대 및 토지이용도 향상
• 노력분배 합리화 및 농업경영의 안정성 증대

32 단위면적당 생물체량이 가장 많은 토양미생물로 맞는 것은?

① 사상균   ② 방선균
③ 세균   ④ 조류

해설
사상균류
산성·중성·알칼리성의 어떠한 반응에서도 잘 생육하고 특히 세균이나 방선균이 생육하지 못하는 산성에서도 잘 생육하는 호기성 토양미생물이다.

33 다음 중 밭에서 한해(旱害)를 줄일 수 있는 재배적 방법으로 틀린 것은?

① 뿌림골을 높게 한다.
② 재식밀도를 성기게 한다.
③ 질소를 적게 준다.
④ 내건성 품종을 재배한다.

해설
한해는 가뭄으로 인한 피해로 한해를 줄이기 위해서는 뿌림골을 낮게 해야 수분을 보충할 수 있다.

34 유기농업의 병해충 방제법 중 경종적 방제법에 대한 내용이 틀린 것은?

① 품종의 선택 : 병해충 저항성이 높은 품종을 선택하여 재배하는 것이 중요하다.
② 윤작 : 해충의 밀도를 크게 낮추어 토양전염병을 경감시킬 수 있다.
③ 시비법 개선 : 최적시비는 작물체의 건강성을 향상시켜 병해충에 대한 저항성을 높인다.
④ 생육기의 조절 : 밀의 수확기를 늦추면 녹병의 피해가 적어진다.

해설
④ 밀의 수확기를 당기면 녹병의 피해가 적어진다.
경종적 방제법
병해충, 잡초의 생태적 특징을 이용하여 작물의 재배조건을 변경시키고 내충·내병성 품종을 이용, 토양관리의 개선 등에 의하여 병해충, 잡초의 발생을 억제하여 피해를 경감시키는 방법을 말한다.

35 다음 중 물리적 종자소독 방법이 아닌 것은?

① 냉수온탕침법
② 건열처리
③ 온탕침법
④ 분의소독법

해설
분의소독법
농약분말을 종자에 묻혀 소독하는 방법으로 화학적 종자소독방법이다.

306 | PART 02 과년도 + 최근 기출복원문제

31 ④ 32 ① 33 ① 34 ④ 35 ④ **정답**

36 퇴비화 과정에서 숙성단계의 특징이 아닌 것은?

① 퇴비더미는 무기물과 부식산, 항생물질로 구성된다.

② 붉은두엄벌레와 그 밖의 토양생물이 퇴비더미 내에서 서식하기 시작한다.

③ 장기간 보관하게 되면 비료로서의 가치는 떨어지지만, 토양개량제로서의 능력은 향상된다.

④ 발열 과정에서 보다 많은 양의 수분을 요구한다.

해설
퇴비화 과정의 숙성단계
• 발열 과정이 끝나고, 퇴비가 최종적으로 안정화되는 단계이다.
• 발열 과정에서는 미생물의 활동이 활발하여 많은 열이 발생하므로 수분이 중요하지만, 숙성단계에서는 발열량이 줄어들기 때문에 수분의 요구량은 상대적으로 낮아진다.

37 지력을 향상시키는 방법이 아닌 것은?

① 토심을 깊게 한다.

② 단립(單粒)구조를 만든다.

③ 토양 pH는 중성으로 만든다.

④ 토성은 사양토, 식양토로 만든다.

해설
단립구조(單粒構造, single grained structure)
• 토양 입자들이 서로 덩어리를 이루지 않고 개개로 흩어져 있는 상태
• 토양 입자가 응집되어 있지 않고 입자 하나하나가 떨어져 있어 작물생육에는 불리하다.

38 작물의 광합성에 필요한 요소들 중 이산화탄소의 대기 중 함량은?

① 약 0.03% ② 약 0.3%

③ 약 3% ④ 약 30%

해설
대기 중 이산화탄소의 농도는 약 0.03%로, 작물이 충분한 광합성을 수행하기에는 부족하다.

39 kaolinite에 대한 설명으로 틀린 것은?

① 동형치환이 거의 일어나지 않는다.

② 다른 층상의 규산염 광물들에 비하여 상당히 적은 음전하를 가진다.

③ 1 : 1층들 사이의 표면이 노출되지 않기 때문에 작은 비표면적을 가진다.

④ 우리나라 토양에서는 나타나지 않는 점토광물이다.

해설
④ kaolinite는 우리나라를 포함한 전 세계적으로 널리 분포하며, 특히 화학적 풍화가 진행된 열대 및 아열대 지역에서 흔히 발견된다.

40 품종의 퇴화 원인을 3가지로 분류할 때 해당하지 않는 것은?

① 유전적 퇴화 ② 생리적 퇴화

③ 병리적 퇴화 ④ 영양적 퇴화

해설
종자의 퇴화
• 유전적 퇴화 : 집단의 유전적 조성이 불리한 방향으로 변화하여 품종이 퇴화되는 것
• 생리적 퇴화 : 적합하지 않은 재배환경 및 조건으로 인해 생리적으로 퇴화하여 품종 성능이 저하되는 것
• 병리적 퇴화 : 병해충의 원인으로 품종이 퇴화되는 것

정답 36 ④ 37 ② 38 ① 39 ④ 40 ④

41 토양의 무기성분 중 가장 많은 성분은?

① 산화철(Fe_2O_3)   ② 규산(SiO_2)

③ 석회(CaO)   ④ 고토(MgO)

> **해설**
> 규산(SiO_2)
> • 필수원소는 아니지만 벼·보리 등에 함량이 높고 시용 효과가 뚜렷하게 나타난다.
> • 화곡류 중 특히 벼는 규산(SiO_2)을 많이 흡수하는데, 규산은 표피 조직의 세포막에 침전하여 조직의 규질화를 이루어 병균(도열병 등)의 침입을 막는다.

42 작물생육에 대한 토양미생물의 유익작용이 아닌 것은?

① 근류균에 의하여 유리질소를 고정한다.

② 유기물에 있는 질소를 암모니아로 분해한다.

③ 불용화된 무기성분을 가용화한다.

④ 황산염의 환원으로 토양산도를 조절한다.

> **해설**
> **토양미생물이 작물생육에 해로운 작용**
> • 탈질작용
> • 식물에 병을 일으키는 미생물
> • 작물과 미생물 간에 양분 쟁탈 작용
> • 황산염을 환원하여 황화수소 등의 유해한 환원성 물질을 생성

43 유기농산물을 생산하는 데 있어 올바른 잡초 제어법에 해당하지 않는 것은?

① 멀칭을 한다.

② 손으로 잡초를 뽑는다.

③ 화학제초제를 사용한다.

④ 적절한 윤작을 통하여 잡초 생장을 억제한다.

> **해설**
> 유기재배의 잡초 관리는 윤작, 경운 등 경종적 방법이 근간이 되어야 하고, 화학제초제의 시용은 금한다.

44 작물이나 과수의 순지르기 효과가 아닌 것은?

① 생장을 억제시킨다.

② 곁가지의 발생을 많게 한다.

③ 개화나 착과 수를 적게 한다.

④ 목화나 두류에서도 효과가 있다.

> **해설**
> 순지르기
> • 웃자람가지가 될 신초의 생장점을 제거해 주는 작업이다.
> • 곁가지들의 왕성한 생육을 유도하여 개화, 착과 수 증가 등 수세를 조절한다.
> • 뿌리가 굵어지고 잔뿌리의 발생이 증가한다.
> • 목화, 두과 작물에도 효과가 있다.

45 작물의 이식시기로 틀린 것은?

① 과수는 이른 봄이나 낙엽이 진 뒤의 가을이 좋다.

② 일조가 많은 맑은 날에 실시하면 좋다.

③ 묘대일수감응도가 적은 품종을 선택하여 육묘한다.

④ 벼 도열병이 많이 발생하는 지대는 조식을 한다.

> **해설**
> 작물의 이식 시 햇빛이 강하면 잎에서의 증산작용으로 수분의 손실의 크므로 구름이 있거나 흐린 날에 하는 것이 좋다.

46 다음 토양소동물 중 가장 많은 수로 존재하면서 작물의 뿌리에 크게 피해를 입히는 것은?

① 지렁이　　　　② 선충
③ 개미　　　　　④ 톡토기

해설
토양선충(nematode)
특정의 작물근을 식해하여 직접적인 피해를 주고 식상을 통하여 병원균의 침투를 조장하여 간접적인 작물 병해를 유발시킨다.

47 논 작토층이 환원되어 하층부에 적갈색의 집적층이 생기는 현상을 가진 논을 칭하는 용어는?

① 글레이화
② 라테라이트화
③ 특이산성화
④ 포드졸화

해설
포드졸화 작용(podzolization)
아한대-한대의 한랭·습윤지대 침엽수림에서 일어나기 쉽고, 유기물의 공급량이 분해량보다 많은 지역에서 일어난다. 회백색의 표백층이 형성되고, 바로 그 밑에 알루미나와 산화철이 풍부하여 진하고 치밀한 갈색의 집적층이 형성된다.

48 배수의 효과로 틀린 것은?

① 습해와 수해를 방지한다.
② 토양의 성질을 개선하여 작물의 생육을 촉진한다.
③ 경지 이용도를 낮게 한다.
④ 농작업을 용이하게 하고, 기계화를 촉진한다.

해설
배수의 효과
• 습해·수해를 방지
• 토양의 성질을 개선하여 작물의 생육을 조장
• 경지 이용률의 향상
• 농작업을 용이하게 하고 기계화를 촉진

49 밭토양의 유형별 분류에 속하지 않는 것은?

① 고원밭　　　　② 미숙밭
③ 특이중성밭　　④ 화산회밭

해설
밭토양의 유형 : 보통밭, 사질밭, 중점밭, 미숙밭, 고원밭, 화산회밭

50 엽록소를 형성하고 잎의 색이 녹색을 띠는 데 필요하며, 단백질 합성을 위한 아미노산의 구성성분은?

① 질소　　　　　② 인산
③ 칼륨　　　　　④ 규산

해설
아미노산 : 질소화합물로 단백질의 구성성분이다.

51 수막하우스의 특징을 가장 잘 설명한 것은?

① 보온성이 매우 뛰어나다.
② 토양의 염류농도가 낮다.
③ 관수의 자동화가 쉽다.
④ 일장의 자동조절이 쉽다.

해설
수막하우스
온실 안에 적당한 간격으로 노즐이 배치된 커튼을 설치하고, 커튼 표면에 살수하여 얇은 수막을 형성하는 보온시설로, 주로 겨울철 실내온도의 보온을 위해 사용한다.

정답 46 ② 47 ④ 48 ③ 49 ③ 50 ① 51 ①

52 유기 벼 종자의 발아에 필수조건이 아닌 것은?

① 산소　　　　　② 온도

③ 광선　　　　　④ 수분

해설
종자발아의 필수조건 : 산소, 온도, 수분

53 논상태와 밭상태로 몇 해씩 돌려가면서 작물을 재배하는 방식의 작물체계를 무엇이라고 하는가?

① 교호작　　　　② 답전윤환

③ 간작　　　　　④ 윤작

해설
① 교호작(번갈아짓기) : 콩 두 이랑에 옥수수 한 이랑씩 생육기간이 비등한 작물들을 서로 건너서 교호로 재배하는 방식
③ 간작(사이짓기) : 한 가지 작물이 생육하고 있는 조간(고랑 사이)에 다른 작물을 재배하는 방법
④ 윤작 : 한 경작지에 두 가지 이상의 다른 작물들을 순서에 따라 주기적으로 재배하는 방법

54 멀칭의 효과에 대한 설명 중 옳지 않은 것은?

① 지온 조절

② 토양, 비료 양분 유실

③ 토양건조 예방

④ 잡초발생 억제

해설
멀칭의 효과
• 지온의 조절
• 잡초발생의 억제
• 토양의 건조 예방
• 토양의 유실 방지
• 비료 양분의 유실 방지

55 유기재배 과수의 토양 표면 관리법으로 가장 거리가 먼 것은?

① 청경법

② 초생법

③ 부초법

④ 플라스틱 멀칭법

해설
과수원의 토양관리
• 청경법 : 과수원 토양에 풀이 자라지 않도록 깨끗하게 김을 매주는 방법
• 초생법 : 과수원의 토양에 풀, 목초 등을 심는 방법
• 부초법 : 과수원의 토양을 짚, 피복물로 덮어주는 방법

56 참외밭의 둘레에 옥수수를 심는 경우의 작부체계는?

① 간작　　　　　② 혼작

③ 교호작　　　　④ 주위작

해설
④ 주위작 : 포장의 주위에 포장 내에 작물과는 다른 작물을 재배하는 작부방식으로 혼작의 일종이다.
① 간작 : 한 가지 작물이 생육하고 있는 고랑 사이에 다른 작물을 재배하는 방법이다.
② 혼작 : 여러 가지 작물을 동시에 같이 섞어서 짓는 방법이다.
③ 교호작(번갈아짓기) : 생육기간이 비슷한 두 종류 이상의 작물을 서로 건너서 재배하는 방식이다.

52 ③　53 ②　54 ②　55 ④　56 ④　　정답

57 진딧물 피해를 입고 있는 고추밭에 꽃등에를 이용해서 방제하는 방법은?

① 경종적 방제법
② 물리적 방제법
③ 화학적 방제법
④ 생물학적 방제법

해설
생물학적 방제법
살아있는 생물 또는 생물 유래의 물질을 이용하는 방제법으로 이 방법은 화학적 방제에 비해 환경 파괴나 공해가 적은 것이 특징이며, 고전적인 생물학적 방제법으로는 천적의 이용이 있다.

58 토양의 노후답의 특징이 아닌 것은?

① 작토 환원층에서 칼슘이 많을 때에는 벼뿌리가 적갈색인 산화칼슘의 두꺼운 피막을 형성한다.
② Fe, Mn, K, Ca, Mg, Si, P 등이 작토에서 용탈되어 결핍된 논토양이다.
③ 담수하의 작토의 환원층에서 철분, 망가니즈가 환원되어 녹기 쉬운 형태로 된다.
④ 담수하의 작토의 환원층에서 황산염이 환원되어 황화수소가 생성된다.

해설
① 작토 환원층에 철분이 많으면 벼뿌리가 적갈색 산화철의 두꺼운 피막을 형성한다.

59 지력이 감퇴하는 원인이 아닌 것은?

① 토양의 산성화
② 토양의 영양 불균형화
③ 특수비료의 과다 시용
④ 부식의 시용

해설
④ 부식은 지력 향상에 도움을 준다.
지력 감퇴의 원인
• 토양의 산성화
• 토양의 영양 불균형화
• 질소 등 특정 성분의 비료 과다 시용

60 관수피해로 성숙기에 가까운 맥류가 장기간 비를 맞아 젖은 상태로 있거나, 이삭이 젖은 땅에 오래 접촉해 있을 때 발생되는 피해는?

① 기계적 상처
② 도복
③ 수발아
④ 백수현상

해설
수발아
성숙기에 가까운 맥류가 장기간 비를 맞아 젖은 상태로 있거나, 우기에 도복하여 이삭이 젖은 땅에 오래 접촉해 있을 때 수확 전의 이삭에서 싹이 트는 것
② 도복 : 비바람에 의해 쓰러지는 현상으로 화곡류, 두과 작물에 나타난다.
④ 백수현상 : 벼 이삭이 흰색의 쭉정이가 되는 것으로 생리적 원인이나 병원균, 해충 등에 의해 피해를 입어 생기는 현상 이다.

정답 57 ④ 58 ① 59 ④ 60 ③

2018년 제2회 과년도 기출복원문제 | **311**

PART 02

과년도 + 최근 기출복원문제

2019년 제1회 과년도 기출복원문제

01 기원지로서 원산지를 파악하는 데 근간이 되는 학설은 유전자중심설이다. Vavilov의 작물의 기원지에 해당하지 않는 곳은?

① 지중해 연안
② 남부아프리카
③ 코카서스 · 중동
④ 인도 · 동남아시아

해설
Vavilov의 작물의 기원지 : 중국, 인도 · 동남아시아, 중앙아시아, 코카서스 · 중동지역, 지중해 연안지역, 중앙아프리카지역, 멕시코 · 중앙아메리카지역, 남아메리카지역

02 10a의 논에 산적토를 이용하여 객토하려고 한다. 객토심 10cm, 토양의 용적밀도(BD) 1.2g/cm³의 조건으로 객토를 한다면 몇 톤의 마른 흙이 필요한가?

① 1.2톤
② 12톤
③ 120톤
④ 1,200톤

해설
($\because$ 10a = 1,000m²)
1,000m² × 0.1m(객토심) = 100m³
$\therefore$ 100m³ × 1.2g/cm³(밀도) = 120톤

03 주사료로 조사료를 이용하는 가축은?

① 돼지
② 닭
③ 칠면조
④ 산양

해설
조사료 : 용적이 크고 거칠어서 단위(單胃) 동물에의 급여는 제한되고 반추동물에 주로 이용하는 사료
④ 산양은 조사료의 이용성이 대단히 우수하여 산야초를 비롯하여 들판이나 논둑, 강변 등에서 계절마다 자라나는 2만여 가지의 풀 중 독초를 제외한 나머지 90% 이상을 조사료로 이용할 수 있다.

04 생태계를 교란시킬 위험성이 있고 환경을 오염시켜 농산물의 안전성을 위협할 수 있는 병해충 방제 방법은?

① 경종적 방제
② 물리적 방제
③ 화학적 방제
④ 생물학적 방제

05 토양생성에 관여하는 인자 중 가장 광범위하게 영향을 미치는 인자는?

① 기후
② 지형
③ 식생
④ 모재

해설
토양 발달에 영향을 주는 기후 요인
• 강우량
• 온도
• 공기의 상대습도

06 식물체 내에서 합성되는 호르몬이 아닌 것은?

① 옥신
② CCC
③ 지베렐린
④ 사이토키닌

해설
② CCC(cycocel) : 식물생장억제제
식물호르몬 : 옥신, 지베렐린, 사이토키닌, ABA, 에틸렌

312 | PART 02 과년도 + 최근 기출복원문제

1 ② 2 ③ 3 ④ 4 ③ 5 ① 6 ② **정답**

07 우량품종의 구비조건이 아닌 것은?

① 조산성　　　　② 균일성

③ 우수성　　　　④ 영속성

해설
우량품종의 조건
• 균일성 : 그 품종의 특별한 성질이 같은 품종의 모든 식물에 고르게 나타나는 것
• 우수성 : 재배적 특성이 종합적으로 우수하게 나타나는 것
• 영속성 : 균일하고 우수한 특성이 대대로 변하지 않고 유지되는 것

08 토양의 공극이 수분으로 완전히 포화되었을 때 토양의 pF는?

① 3　　　　② 7

③ 0　　　　④ 4.18

해설
pF(Potential Force)
임의의 수분함량의 토양에서 수분을 제거하는 데 소요되는 단위면적당 힘이며 단위는 수주의 높이 또는 기압으로 표시된다. 이를 간략하게 표기하기 위하여 수주높이의 대수를 취하여 pF라 하고 토양수분의 상태를 표시하는데 이용하고 있다. 토양의 공극이 수분으로 완전히 포화된 상태의 수분항수를 최대용수량이라 하며 pF 0에 해당되고 포화용수량이라고도 부른다.

09 작부체계별 특성에 대한 설명으로 옳지 않은 것은?

① 단작은 많은 수량을 낼 수 있다.
② 윤작은 경지의 이용 효율을 높일 수 있다.
③ 혼작은 병해충 방제와 기계화 작업에 효과적이다.
④ 단작은 재배나 관리 작업이 간단하고 기계화 작업이 가능하다.

해설
③ 혼작은 생육기간이 거의 같은 두 종류 이상의 작물을 동시에 같은 포장에 섞어서 재배하는 것으로 병해충 방제와 기계화 작업이 곤란한 단점이 있다. 병해충 방제에 효과적인 것은 윤작이며, 기계화 작업에 효과적인 것은 단작이다.

10 생물학적 방제법에 속하는 것은?

① 윤작
② 온도처리
③ 병원미생물의 사용
④ 소토 및 유살처리

해설
생물학적 방제
농작물을 가해하는 해충을 포식하거나 해충에 기생(寄生)하는 곤충이나 미생물들을 천적(natural enemy)이라고 하며, 이와 같은 천적을 이용하는 방제법으로 천적의 주된 종류는 기생성 곤충, 포식성 곤충, 병원미생물 등이 있다.

11 대기조성과 작물생육에 대한 설명으로 틀린 것은?

① 대기 중 질소(N_2)가 가장 많은 함량을 차지한다.
② 대기 중 질소는 콩과 작물의 근류균에 의해 고정되기도 한다.
③ 산소농도가 극히 낮아지거나 90% 이상이 되면 작물의 호흡에 지장이 생긴다.
④ 대기 중의 이산화탄소의 농도는 작물이 광합성을 수행하기에 충분한 과포화상태이다.

해설
④ 대기 중 이산화탄소의 농도는 약 0.03%로, 작물이 충분한 광합성을 수행하기에는 부족하다. 광합성량을 최고로 높일 수 있는 이산화탄소의 농도는 약 0.25%이다.
①·② 대기 중에는 질소가스(N_2)가 약 79.1%를 차지하고, 근류균과 *Azotobacter* 등이 공기 중의 질소를 고정한다.
③ 호흡작용에 알맞은 대기 중의 산소농도는 약 20.9%이다.

정답 7 ① 8 ③ 9 ③ 10 ③ 11 ④　　　2019년 제1회 과년도 기출복원문제 | **313**

12 윤작의 효과로 옳지 않은 것은?

① 잡초 증가
② 수량 증대
③ 토양유기물 증대
④ 지력의 유지 및 증강

해설
윤작의 효과
• 토양 보호
• 잡초 및 병해충의 발생 억제
• 지력유지 및 증강
• 토양선충 경감 및 기지현상 회피
• 수확량 증대 및 토지이용도 향상
• 노력분배 합리화 및 농업경영의 안정성 증대

13 식물의 뿌리를 통한 양분 흡수 과정 중 호흡작용에 장해가 일어났을 때 흡수가 방해되는 작용은?

① 적극적 흡수
② 확산작용에 의한 흡수
③ 이온의 흡착에 의한 흡수
④ 이온 교환에 의한 흡수

해설
양분의 흡수 과정
• 소극적 흡수 : 뿌리 표면에서 이온의 흡착 교환, 확산 작용에 의한 흡수
• 적극적 흡수 : 식물의 호흡을 방해하면 양분의 흡수가 크게 영향을 받는 과정

14 종묘로 이용되는 영양기관이 덩이뿌리(괴근)인 것은?

① 생강   ② 연
③ 호프   ④ 마

해설
• 덩이뿌리(괴근) : 순무, 고구마, 마, 달리아 등
• 땅속줄기(지하경) : 생강, 연, 박하, 호프 등

15 작물에 발생하는 병의 방제 방법에 대한 설명으로 옳은 것은?

① 병원체의 종류에 따라 방제 방법이 다르다.
② 곰팡이에 의한 병은 화학적 방제가 곤란하다.
③ 바이러스에 의한 병은 화학적 방제가 비교적 쉽다.
④ 식물병은 생물학적 방법으로는 방제가 곤란하다.

해설
① 작물에 발생하는 병의 방제 방법은 병원체의 종류에 따라 방제 방법이 달라져야 한다.
② 화학적 방제는 농약 살포를 통한 방제로 곰팡이나 세균에 의한 방제에 주로 이용된다.
③ · ④ 바이러스에 의한 피해는 별도의 방제법이 없으며 병의 발생 이전 예방을 위해 관리적 노력이 필요하다.

16 논토양이 환원상태가 되는 이유로 거리가 먼 것은?

① 물에 잠겨 있어 산소의 공급이 원활하지 않기 때문이다.
② 철 · 망가니즈 등의 양분이 용탈되기 때문이다.
③ 미생물의 호흡 등으로 산소가 소모되고 산소 공급이 잘 이루어지지 않기 때문이다.
④ 유기물의 분해 과정에서 산소 소모가 많기 때문이다.

해설
논물에는 대기 중 산소와 조류나 잡초 등의 광합성으로 배출된 산소가 용존되어 있다. 담수 후 유기물 분해가 왕성할 때에는 미생물이 소비하는 산소의 양이 논물에서 공급되는 산소보다 훨씬 많아서 논토양은 전층이 환원상태가 된다. 그러나 시일이 경과하여 유기물 분해가 진전되고 토양 중에 분해되기 쉬운 유기물이 줄어들면 토양의 상층부에서는 논물에서 공급되는 산소가 미생물이 소비하는 산소의 양보다 우세하게 된다. 그리하여 표층 1~2cm의 층은 적갈색을 띤 산화층이 되고 그 이하의 작토층은 청회색을 띤 환원층이 된다.

314 | PART 02 과년도 + 최근 기출복원문제

12 ① 13 ① 14 ④ 15 ① 16 ② **정답**

17 작물의 뿌리가 정상적인 흡수 능력을 발휘하지 못할 때, 병해충 또는 침수피해를 당했을 때 그리고 이식한 후 활착이 좋지 못할 때와 같이 응급한 경우에 사용하는 시비 수단은?

① 엽면시비
② 표층시비
③ 전층시비
④ 심층시비

해설
② 표층시비 : 경지를 고르지 않고 포장 전면에 비료를 살포하는 것을 말한다.
③ 전층시비 : 비료를 살포한 후, 경운하여 비료가 토양에 골고루 섞이도록 하는 것이다.
④ 심층시비 : 비료의 손실을 막기 위해 토양 깊이 비료를 넣어 주는 시비법을 말한다.

19 생물적 풍화작용에 해당하는 설명으로 옳은 것은?

① 암석광물은 공기 중의 산소에 의해 산화되어 풍화작용이 진행된다.
② 미생물은 황화물을 산화하여 황산을 생성하고 이는 암석의 분해를 촉진한다.
③ 산화철은 수화작용을 받으면 침철광이 된다.
④ 정장석이 가수분해 작용을 받으면 점토가 된다.

해설
①・③・④는 화학적 풍화작용에 해당한다.
생물적 풍화작용 : 동물과 미생물, 식물 뿌리 등에 의한 풍화작용으로, 미생물은 황화물을 산화시켜 황산으로, 암모니아를 질산으로, 유기물을 분해하여 유기산으로 만든다.

20 근권에서 식물과 공생하는 균근(mycorrhizae)에는 식물체에 특히 무슨 성분의 흡수를 증가시키는가?

① 산소   ② 질소
③ 인산   ④ 칼슘

해설
균근(mycorrhizae)
고등식물의 뿌리와 균류가 긴밀히 결합하여 일체되고 공생관계가 맺어진 뿌리를 말하며 크게 외생균근과 내생균근으로 나뉜다. 작물의 뿌리와 균의 결속은 균주와 균 간에 서로 이롭게 하며 균은 기주식물로부터 필요한 양분을 얻으며 숙주는 다음과 같은 도움을 받게 된다.
• 뿌리의 유효 표면이 증대되어 수분과 양분(특히 인산)의 흡수를 조장한다.
• 내건성, 내열성이 증대된다.
• 토양양분을 유효하게 한다.
• 외생균근은 병원균의 감염을 방지한다.

18 10a의 밭에 종자를 파종하고자 한다. 일반적으로 파종량(L)이 가장 많은 작물은?

① 오이   ② 팥
③ 맥류   ④ 당근

해설
③ 맥류 : 10~20L
① 오이 : 200(육묘)~300mL(직파)
② 팥 : 5~7L
④ 당근 : 800mL

21 토양의 완충작용이란?

① 토양수분을 유지하려는 성질

② pH의 변화에 대항하려는 성질

③ 양분의 효과를 오래 나타내려는 성질

④ 풍화작용에 의해 토양이 생성되려는 성질

해설
② 산 또는 알칼리의 첨가에 의한 pH의 변화를 억제하는 작용을 완충작용이라 하고, 토양의 이와 같은 성질을 완충능이라고 한다.
① 보수력
③ 보비력

22 유축(有畜)농업 또는 혼동(混同)농업과 비슷한 뜻으로, 식량과 사료를 서로 균형있게 생산하는 농업을 무엇이라고 하는가?

① 곡경(穀耕)농업

② 원경(園耕)농업

③ 소경(疏耕)농업

④ 포경(圃耕)농업

해설
① 곡경농업 : 벼·밀·옥수수 등의 곡류가 넓은 지대에 걸쳐 매년 같은 작물을 이어서 재배되는 농업 형태이다.
② 원경농업 : 작은 면적의 농경지를 집약적으로 경영하여 단위 면적당 채소, 과수 등의 수확량을 많게 하는 농업 형태이다.
③ 소경농업 : 문화가 발달되기 이전의 농업 형태로 쟁기나 가축을 이용하지 않은 것은 물론, 비료를 사용하지 않는다. 지력의 소모가 빠른 만큼 새로운 토지를 찾아서 옮기는 약탈농법이다.

23 다음 중 양이온치환능력이 가장 큰 것은?

① H^+ ② Ca^{2+}

③ Na^+ ④ K^+

해설
양이온치환능력 순위
$H^+ \geqq Ca^{2+} > Mg^{2+} > NH_4^+ > Na^+ > Li^+$

24 산화상태에서 주로 나타나는 토양양분의 상태는?

① CH_4, S

② NH_3, H_2S

③ Fe^{3+}, Mn^{4+}

④ N_2, 알데하이드

해설
철(Fe), 망가니즈(Mn) 등은 산화작용을 일으킨다.

25 벼 등 화곡류가 등숙기에 비, 바람에 의해서 쓰러지는 것을 도복이라고 한다. 도복에 대한 설명으로 옳지 않은 것은?

① 키가 작은 품종일수록 도복이 심하다.

② 밀식, 질소 다용, 규산 부족 등은 도복을 조장한다.

③ 벼 재배 시 벼멸구, 문고병이 많이 발생되면 도복이 심하다.

④ 벼는 마지막 논에 김을 맬 때 배토를 하면 도복이 경감된다.

해설
① 키가 크고 대가 약한 품종일수록 도복이 심하며, 키가 작은 품종은 대체로 도복이 적게 발생한다.

26 오리농법에 의한 벼재배에서 오리의 역할로 옳지 않은 것은?

① 잡초를 못 자라게 한다.

② 해충을 잡아 먹는다.

③ 도열병균을 잡아 먹는다.

④ 배설물은 유기질비료가 된다.

해설
오리농법에서 오리는 잡초와 해충을 먹으며 배설물은 유기질비료로 활용된다.

27 냉해에 대한 설명으로 옳지 않은 것은?

① 우리나라에서는 특히 벼농사에서 냉해가 문제된다.

② 벼의 냉해 종류에는 지연형 냉해, 장해형 냉해, 병해형 냉해가 있다.

③ 작물이 조직 내에 결빙이 생기지 않는 범위의 저온에 의해서 받는 피해를 냉온 장해라 한다.

④ 지연형 냉해는 유수형성기~개화기의 냉온 피해로 등숙 불량을 초래한다.

해설
④ 지연형 냉해는 벼의 생육 초기~출수기(出穗期)의 냉온 피해이다.

28 일반적으로 표토에 부식이 많으면 토양의 색은?

① 적색

② 회백색

③ 암흑색

④ 황적색

해설
고도로 분해된 유기물을 많이 함유한 토양은 어두운색을 띠고, 산화철 광물이 풍부하면 적색을 띤다.

29 우리나라 산지토양(山地土壤)은 어느 것에 속하는가?

① 잔적토   ② 풍적토

③ 충적토   ④ 하성토

해설
우리나라 산지토양은 암석이 풍화하여 우리나라의 기후와 식생에 맞게 발달한 잔적토로 이루어져 있다.

30 토양의 색에 대한 설명으로 틀린 것은?

① 토색을 보면 토양의 풍화 과정이나 성질을 파악하는 데 큰 도움이 된다.

② 착색재료로는 주로 산화철은 적색, 부식은 흑색/갈색을 나타낸다.

③ 신선한 유기물은 녹색, 적철광은 적색, 황철광은 황색을 나타낸다.

④ 토색 표시법은 Munsell의 토색첩을 기준으로 하며, 3속성을 나타내고 있다.

해설
토양색의 표시
• Munsell 컬러차트 : 토양의 색은 객관적이고 미세한 차이를 확실히 구별하여 나타내려면 숫자와 기호로써 세분되어 있음. 이 표시법에서는 물체의 색을 색상, 명도 그리고 채도의 3속성을 조합하여 표현함
• 토양의 색에 영향을 끼치는 주요한 요인
  – 토양 구성 암석 및 광물의 종류 : 조암광물 가운데 흑운모, 휘석, 각섬석, 전기석, 감람석, 자철광 등에는 Fe이 들어 있으며, 이들이 풍화되면 환경에 따라 다르나 황색 내지 적색을 띠게 되며 열대지방 토양은 산화철 광물이 풍부하기 때문에 적색을 띤다.
  – 유기물 함량 : 온난지역의 토양은 고도로 분해된 유기물 때문에 어두운 색을 띤다.
  – 수분함량 및 배수성 : 배수가 나쁘면 유기물이 표층에 집적되어 색이 어둡고 유기물이 적은 하층토는 밝은 회색을 띤다.

31 벼 재배 시 논토양에서 탈질현상을 방지하기 위한 질소질 비료의 시비법은?

① 질산태 질소를 산화층에 준다.

② 질산태 질소를 환원층에 준다.

③ 암모니아태 질소를 산화층에 준다.

④ 암모니아태 질소를 환원층에 준다.

해설
논토양 환원층에서의 탈질작용
질산태 질소(NO_3^-)는 산소가 부족한 논토양의 환원층에서 탈질균에 의해 아질산염(NO_2^-), 아질산화질소(N_2O)를 거쳐 질소가스(N_2)로 환원되어 대기 중으로 휘산된다.

정답 27 ④ 28 ③ 29 ① 30 ③ 31 ④

32 밭토양의 유형별 분류에 속하지 않는 것은?

① 고원밭
② 특이중성밭
③ 미숙밭
④ 화산회밭

해설
밭토양의 유형 : 보통밭, 사질밭, 중점밭, 미숙밭, 고원밭, 화산회밭

33 연작장해를 해소하기 위한 가장 친환경적인 영농 방법은?

① 토양소독
② 돌려짓기
③ 유독물질의 제거
④ 시비를 통한 지력배양

해설
기지현상의 대책
• 윤작
• 담수처리
• 토양소독
• 유독물질의 제거
• 객토 및 환토
• 접목
• 지력배양

34 토양의 색이 검게 보이는 원인으로 가장 타당한 것은?

① 유기물 때문에
② 조암광물 때문에
③ 공기가 없기 때문에
④ 수분이 적기 때문에

해설
토양유기물은 암갈색~흑색을 띠고 있다. 따라서 토양에 유기물이 많으면 거무스름한 색을 나타낸다. 그리고 수분 함량이 많으면 짙은색, 건조하면 옅은색을 나타낸다. 또한 조암광물 중 석영과 장석의 구성 비중이 클수록 연한색을 띤다.

35 염해지 토양의 개량 방법으로 가장 적절하지 않은 것은?

① 석회질 물질을 시용한다.
② 암거배수나 명거배수를 한다.
③ 전층 기계 경운을 수시로 실시하여 토양의 물리성을 개선시킨다.
④ 건조시기에 물을 대줄 수 없는 곳에서는 생짚이나 청초를 부초로 하여 표층에 깔아주어 수분 증발을 막아 준다.

해설
염해지(간척지) 토양
경운을 수시로 실시하는 것은 적절하지 않다. 석고, 토양개량제, 생짚 등을 사용하여 토양의 물리성을 개량한다.

36 작물생육에 대한 토양미생물의 유익 작용이 아닌 것은?

① 근류균에 의하여 유리질소를 고정한다.
② 유기물에 있는 질소를 암모니아로 분해한다.
③ 불용화된 무기성분을 가용화한다.
④ 황산염의 환원으로 토양산도를 조절한다.

해설
작물생육에 해로운 토양미생물의 작용
• 탈질작용을 일으킨다.
• 식물에 병을 일으키는 미생물이 많다.
• 작물과 미생물 간에 양분의 쟁탈이 일어난다.
• 황산염을 환원하여 황화수소 등의 유해한 환원성 물질을 생성한다.

32 ② 33 ② 34 ① 35 ③ 36 ④ **정답**

37 공생유리질소고정세균은?

① 근류균 　　② 질산균

③ 아질산균 　④ 황산화세균

> **해설**
> **근류균(뿌리혹박테리아)**
> 고등식물과 공생하여 유리질소를 고정하는 세균으로, 공생유리질소고정세균이라고도 한다. 두과 식물의 뿌리에 감염하여 뿌리 피층 세포의 분열과 비대를 촉진시켜 뿌리혹을 형성하며 그 속에서 증식하면서 공생적으로 질소를 고정하는 세균을 총칭한다.

38 침식에 관한 설명으로 맞는 것은?

① 일반적으로 토양의 투수성은 입자가 작을수록 크다.

② 등고선 경작을 하면 침식의 피해가 크다.

③ 토양의 입단구조보다 단립구조에서 침식이 많이 일어난다.

④ 침식에 의해 표토가 유실되어도 비옥성에는 변화가 없다.

> **해설**
> 입단화 된 토양은 공극량이 많아 수분을 보유하는 힘이 크므로 유거수가 감소되어 토양침식이 적다.

39 다음 토양 중 침식을 가장 받기 쉬운 토양은?

① 사토 　　② 양토

③ 식토 　　④ 식양토

> **해설**
> 식토는 점토의 함량이 50% 이상으로 점착성이 높으며, 공극률이 낮고 투수성이 떨어져 강우 시 빗물이 흡수되지 않고 표면을 따라 흐르며 토양 입자를 쉽게 씻어내는 침식을 유발한다. 이로 인해 토양의 비옥도가 감소하고 경작지 피해가 발생한다.

40 밭토양에 비하여 논토양의 철(Fe)과 망가니즈(Mn) 성분이 유실되어 부족하기 쉬운데 그 이유로 가장 적합한 것은?

① 철(Fe)과 망가니즈(Mn) 성분이 논토양에 더 적게 함유되어 있기 때문이다.

② 논토양은 벼 재배기간 중 담수상태로 유지되기 때문이다.

③ 철(Fe)과 망가니즈(Mn) 성분은 벼에 의해 흡수 이용되기 때문이다.

④ 철(Fe)과 망가니즈(Mn) 성분은 미량요소이기 때문이다.

> **해설**
> **논토양의 노후화**
> • 벼 재배기간 중 담수상태로 유지되기 때문에 산소의 공급이 원활하지 않다.
> • 생물의 호흡, 유기물의 분해 등으로 산소가 소모되고 산소공급이 잘 이루어지지 않는다.
> • 환원상태로 되어 환원층에서 Fe, Mn 성분이 유실되고 심층에 쌓여 노후답을 형성한다.

41 인공영양번식에서 발근 및 활착을 촉진하는 처리 방법으로 옳지 않은 것은?

① 삽목 시 새 가지를 광에 충분하게 노출시켜서 엽록소의 형성을 증대시킨다.

② 취목(取木)을 할 때 발근시킬 부위에 환상박피, 절상(切上), 연곡(嚥曲) 등을 처리한다.

③ 포인세티아의 삽목 시 삽수의 밑 부분 3cm 정도를 물에 담갔다가 상토에 꽂는다.

④ 포도의 단아삽(單芽揷)에서 삽수를 6% 자당액에 60시간 침지한다.

> **해설**
> 영양번식 시 뿌리가 없는 상태에서 광에 노출시키면 잎이 타버린다. 따라서 접목, 삽목으로 영양번식 시 발근이 될 때까지 차광하여 관리한다.

[정답] 37 ① 38 ③ 39 ③ 40 ② 41 ①

42 간척지 토양의 일반적인 특성으로 볼 수 없는 것은?

① Na^+ 함량이 높다.

② 유기물 함량이 낮다.

③ 토양교질이 분산되어 물 빠짐(배수)이 양호하다.

④ 제염(除鹽)과정에서 각종 무기염류의 용탈이 크다.

> **해설**
> ③ 염해지 토양(간척지 토양)은 점토가 과다하고 나트륨 이온이 많아 토양의 투기성, 통기성이 매우 불량하다.

43 유기농산물을 생산하는 데 있어 올바른 잡초 방제법에 해당하지 않는 것은?

① 멀칭을 한다.

② 손으로 잡초를 뽑는다.

③ 화학제초제를 사용한다.

④ 적절한 윤작을 통하여 잡초 생장을 억제한다.

> **해설**
> 유기재배의 잡초 관리는 윤작, 경운 등 경종적 방법이 근간이 되어야 하고, 화학제초제의 사용을 금한다.

44 친환경 유기농자재와 거리가 먼 것은?

① 고온발효퇴비

② 미생물 추출물

③ 키토산(액상)

④ 4종 복합비료

> **해설**
> 친환경 유기농자재에 화학비료는 포함되어서는 안 된다. 4종 복합비료는 엽면시용 또는 양액재배용 화학비료이다.

45 봉지 씌우기의 효과로 옳지 않은 것은?

① 숙기 지연

② 동녹 방지

③ 당함량 증진

④ 과실의 착색 증진

> **해설**
> **봉지 씌우기의 효과**
> • 검은무늬병(배) · 탄저병(사과 · 포도) · 흑점병(사과) · 심식나방 · 밤나방 등의 병해충 방제
> • 외관 보호 및 사과 등의 열과 방지
> • 과실의 착색 증진을 통한 상품성 향상
> • 동녹 방지

46 유기농업과 관련된 국제활동 조직의 명칭은?

① ILO

② WTO

③ ICA

④ IFOAM

> **해설**
> 국제유기농업운동연맹(IFOAM ; International Federation of Organic Agriculture Movements)
> 지구의 환경을 보전하고 인류의 건강을 지키기 위하여 시작된 유기농업이 전 세계로 확산되면서 1972년 창설되었다.

47 다음 중 유기농법의 정의로 가장 적합한 것은?

① 관행농업의 30% 정도만 화학합성농약과 화학비료를 사용하는 농법이다.

② 화학비료, 유기합성농약, 가축사료 첨가제 등의 합성화학물질을 사용하지 않고, 장기간의 적절한 윤작계획에 따라 작물을 재배하며, 가급적 외부 투입 자재의 사용에 의존하지 않는 농업 방식이다.

③ 자연은 위대하므로 일체 인위적인 투여를 하지 않고 경운도 하지 않으며, 종자만 뿌리고 때에 따라 수확물만 거두는 농업 방식이다.

④ 화학합성농약과 화학비료를 사용하되 사용 권고량만을 사용하는 농업 방식이다.

48 다음 중 해충 관리에 대한 설명으로 틀린 것은?

① 밀가루를 물에 풀어 뿌리면 벌레의 껍질 왁스층이 파괴돼 수분 증발로 말라 죽게 된다.
② 섞어짓기(혼작)를 하면 특정한 작물만 먹는 벌레의 급격한 번식을 막을 수 있다.
③ 생육에 지장이 없는 한도 내에서 파종기를 앞당기거나 늦춰서 특정 벌레의 피해를 줄일 수 있다.
④ 제충국에서 추출한 식물성 살충제는 해충의 신경 전달 작용을 저해한다.

해설
① 밀가루를 물에 풀어 뿌리면 나방 애벌레의 숨구멍이 막혀 말라 죽게 할 수 있다.

49 농후사료 중심의 유기축산의 문제점으로 거리가 먼 것은?

① 물질순환의 문제
② 열등한 축산물 품질 초래
③ 수입 유기 농후사료 구입에 의한 생산비용 증대
④ 국내에서 생산이 어려워 대부분 수입에 의존

해설
농후사료는 가소화 영양소 농도가 높고 섬유질 함량이 낮으며 영양소 농도가 높은 사료의 총칭이다. 단백질이나 탄수화물, 그리고 지방의 함량이 비교적 많이 함유된 것으로 영양가가 높다.

50 다음 중 토양공극량이 가장 많은 토양은?

① 사토   ② 양토
③ 식양토   ④ 식토

해설
토양공극량 : 식토 > 식양토 > 미사질 > 양토 > 사양토 > 사토
※ 토양공극
  토양의 액상과 기상을 합쳐 부르는 말로 미세한 입자는 밀착되지 않기 때문에 공간이 생성되고 공극이 유지되어 보수력이 높지만 공기와 물의 이동이 어렵다.

51 유기축산물에서 축사 조건에 해당되지 않는 것은?

① 사료와 음수는 거리를 둘 것
② 충분한 자연환기와 햇빛이 제공될 수 있을 것
③ 건축물은 적절한 단열·환기시설을 갖출 것
④ 공기 순환, 온·습도, 먼지 및 가스 농도가 가축 건강에 유해하지 아니한 수준 이내로 유지되어야 할 것

해설
① 사료와 음수는 접근이 용이해야 한다.
유기축산물의 사육장 및 사육조건(유기식품 및 무농약농산물 등의 인증에 관한 세부실시요령 [별표 1])
축사조건 : 축사는 다음과 같이 가축의 생물적 및 행동적 욕구를 만족시킬 수 있어야 한다.
• 사료와 음수는 접근이 용이할 것
• 공기순환, 온도·습도, 먼지 및 가스 농도가 가축 건강에 유해하지 아니한 수준 이내로 유지되어야 하고, 건축물은 적절한 단열·환기시설을 갖출 것
• 충분한 자연환기와 햇빛이 제공될 수 있을 것

52 다음 중 점토질 토양의 특징이 아닌 것은?

① 함수율이 높다.
② 쉽게 응집된다.
③ 바람의 저항도가 강하다.
④ 유기물 분해력이 빠르다.

해설
점토질은 공기가 잘 통하지 않고 물이 잘 빠지지 않으며 유기물 분해력이 느리다.

정답 48 ① 49 ② 50 ④ 51 ① 52 ④   2019년 제1회 과년도 기출복원문제 | 321

53 퇴비의 부숙도 검사방법이 아닌 것은?

① 종자발아법
② 관능적 방법
③ 물리적 방법
④ 탄질비 판정법

해설
퇴비의 부숙도 검사방법
- 관능적 방법 : 수분함량, 형태, 색, 냄새, 촉감 등
- 화학적 방법 : 탄질률에 의한 방법(퇴비의 부숙은 탄질률이 20 이하일 때 완숙됨)
- 생물학적 방법 : 지렁이법, 종자 발아시험법 등

54 이타이이타이(Itai-Itai)병과 연관이 있는 중금속은?

① 크로뮴(Cr)
② 카드뮴(Cd)
③ 피씨비(PCB)
④ 셀레늄(Se)

해설
이타이이타이(Itai-Itai)병은 '아프다 아프다'라는 일본어에서 유래된 것으로, 카드뮴 중독으로 인한 공해병을 말한다.

55 유기농산물의 인증기준에서 규정한 재배 방법에 대한 설명으로 옳지 않은 것은?

① 두과 작물재배는 허용한다.
② 화학비료의 사용은 금지한다.
③ 심근성 작물재배는 금지한다.
④ 유기합성농약의 사용은 금지한다.

해설
녹비작물·두과 작물·심근성 작물을 재배하여 지력 증진에 힘쓴다.

56 유기농업에서는 화학비료를 대신하여 유기물을 사용하는데, 유기물의 사용 효과가 아닌 것은?

① 토양완충능 증대
② 미생물의 번식 조장
③ 보수 및 보비력 증대
④ 지온 감소 및 염류집적

해설
토양유기물의 기능
- 암석의 분해 촉진
- 양분의 공급
- 대기 중의 이산화탄소 공급
- 생장촉진물질의 생성
- 입단의 형성
- 보수·보비력의 증대
- 완충능의 증대
- 미생물의 번식 조장
- 지온의 상승
- 토양 보호

322 | PART 02 과년도 + 최근 기출복원문제

53 ③　54 ②　55 ③　56 ④　**정답**

57 균근(mycorrhizae)이 숙주식물에 공생함으로서 식물이 얻는 유익한 점과 가장 거리가 먼 것은?

① 내건성을 증대시킨다.

② 병원균 감염을 막아 준다.

③ 잡초 발생을 억제한다.

④ 뿌리의 유효면적을 증가시킨다.

해설

③ 잡초도 함께 양분을 이용하므로 잡초 발생이 왕성해진다.

균근(mycorrhizae)

고등식물의 뿌리와 균류가 긴밀히 결합하여 일체되고 공생관계가 맺어진 뿌리를 말하며 크게 외생균근과 내생균근으로 나뉜다. 작물의 뿌리와 균의 결속은 균주와 균 간에 서로 이롭게 하며 균은 기주식물로부터 필요한 양분을 얻으며 숙주는 다음과 같은 도움을 받게 된다.

• 뿌리의 유효 표면이 증대되어 수분과 양분(특히 인산)의 흡수를 조장한다.

• 내건성, 내열성이 증대된다.

• 토양양분을 유효하게 한다.

• 외생균근은 병원균의 감염을 방지한다.

58 질소와 인산에 의한 토양의 오염원으로 가장 거리가 먼 것은?

① 축산폐수   ② 공장폐수

③ 가정하수   ④ 광산폐수

해설

④ 광산폐수 : 중금속(카드뮴, 구리, 납, 아연 등)

• 질소 : 농약, 화학비료, 가축의 분뇨 등

• 인산 : 생활하수(합성세제 등)

59 유기농업의 목표가 아닌 것은?

① 적정 수준의 작물과 인간영양

② 적정 수준의 축산 수량과 인간영양

③ 농가 단위에서 유래하는 유기성 재생자원의 최대한 이용

④ 인간과 자원에 적절한 보상을 제공하기 위한 인공 조절

해설

유기농업의 기본 목표

• 장기적으로 토양 비옥도를 유지하는 것

• 현대 농업기술이 가져온 심각한 오염을 회피하는 것

• 농업에 화석연료의 사용을 최소화하는 것

• 전체적으로 자연환경과의 관계에서 공생·보호적인 자세를 견지하는 것

60 친환경농산물의 인증을 담당하는 기관으로 옳은 것은?

① 시·도지사

② 농협중앙회

③ 관할시, 군청

④ 국립농산물품질관리원, 민간인증기관

해설

친환경농어업 육성 및 유기식품 등의 관리·지원에 관한 법률에 의거하여 정부가 지정한 전문인증기관에서 엄격한 기준으로 친환경농축산물을 인증한다.

정답 57 ③ 58 ④ 59 ④ 60 ④

2019년 제2회 과년도 기출복원문제

PART 02 과년도 + 최근 기출복원문제

01 다음 중 비교적 습한 토양에서도 재배가 가능한 작물은?

① 토마토　　　　② 고추

③ 참외　　　　　④ 셀러리

해설
• 내습성이 약한 작물 : 파, 양파, 당근, 감자, 멜론, 고추, 토마토 등
• 내습성이 강한 작물 : 미나리, 고추냉이와 같은 수생식물과 토란, 옥수수, 셀러리 등

02 식물학상 종자가 농업상 씨앗으로 이용되는 것은?

① 복숭아　　　　② 밀

③ 참깨　　　　　④ 벼

해설
식물학상 종자가 농업상 씨앗으로 이용되는 작물 : 참깨, 목화, 콩·팥·완두·녹두 등 콩과 작물, 유채, 담배, 아마 등
① 복숭아 : 식물학상의 과실이 내과피에 싸여 있는것
② 밀 : 식물학상의 과실이 나출된 것
④ 벼 : 식물학상의 과실에 영에 싸여 있는 것

03 유기농업과 관련된 국제활동 조직의 명칭은?

① ILO　　　　　② IFOAM

③ ICA　　　　　④ WTO

해설
국제유기농업운동연맹(IFOAM ; International Federation of Organic Agriculture Movements)
지구의 환경을 보전하고 인류의 건강을 지키기 위하여 시작된 유기농업이 전 세계로 확산되면서 1972년 창설되었다.

04 1843년 식물의 생육은 다른 양분이 아무리 충분해도 가장 소량으로 존재하는 양분에 의해서 지배된다는 설을 제창한 사람과 이에 관한 학설은?

① Liebig, 최소량의 법칙

② Darwin, 순계설

③ Mendel, 부식설

④ Salfeld, 최소량의 법칙

해설
식물의 최소양분율
독일의 식물영양학자 리비히(J. V. Liebig)가 주장한 내용으로 양분 중에서 필요량에 대해 공급이 가장 적은 양분에 의하여 작물생육이 제한되는데 이 양분을 최소양분이라 하며, 최소양분의 공급량에 의해 작물의 수량이 지배되는 원리이다.

05 기상생태형과 작물의 재배적 특성에 대한 설명으로 틀린 것은?

① 파종과 모내기를 일찍 하면 감온형은 조생종이 되고 감광형은 만생종이 된다.

② 감광형은 못자리기간 동안 영양이 결핍되고 고온기에 이르면 쉽게 생식생장기로 전환된다.

③ 만파만식할 때 출수기 지연은 기본영양생장형과 감온형이 크다.

④ 조기수확을 목적으로 조파조식을 할 때 감온형이 알맞다.

해설
② 못자리기간 동안 영양이 결핍되고 고온기에 이르면 온도에 감응하여 쉽게 생식생장기로 전환되는 것은 감온형이다.
① 파종과 모내기를 일찍 하면 blt형, 감온형은 조생종이 되고 기본영양생장형, 감광형은 만생종이 된다.
③ 만파만식할 때 출수기의 지연은 기본영양생장형과 감온형이 크고, 감광형이 작다.
④ 조기수확을 목적으로 조파조식을 할 때 blt형, 감온형이 알맞다.

324 | PART 02 과년도 + 최근 기출복원문제

1 ④　2 ③　3 ②　4 ①　5 ②　정답

06 다음 작물에서 요수량이 가장 작은 작물은?

① 수수　　　　② 메밀

③ 밀　　　　　④ 보리

> **해설**
> • 요수량 큰 것 : 명아주, 알팔파, 클로버 등
> • 요수량 작은 것 : 수수, 기장, 옥수수 등
> ※ 요수량 : 작물의 건물 1g을 생산하는 데 소비되는 수분량(g)

07 답전윤환 체계로 논을 밭으로 이용할 때 유기물이 분해되어 무기태질소가 증가하는 현상은?

① 산화작용　　　② 환원작용

③ 건토효과　　　④ 윤작효과

> **해설**
> • 잠재지력(潛在地力) : 논토양에는 벼가 그대로 이용할 수 없는 유기태질소가 많으며, 적당한 처리를 하면 유기태질소의 무기화가 촉진되어 다량의 암모니아가 생성되는데, 이를 유기태질소의 무기화라고 한다.
> • 건토효과(乾土效果) : 토양이 건조하면 토양유기물은 그 성질이 변하여 미생물이 분해하기 쉬운 상태로 된다. 여기에 가수(加水)하면 미생물의 활동이 촉진되어 다량의 암모니아가 생성되는 현상을 뜻한다.

08 퇴비의 부숙도 검사방법이 아닌 것은?

① 관능적 방법

② 탄질비 판정법

③ 물리적 방법

④ 종자발아법

> **해설**
> 퇴비의 부숙도 검사방법
> • 관능적 방법 : 수분함량, 형태, 색, 냄새, 촉감 등
> • 화학적 방법 : 탄질률에 의한 방법(퇴비의 부숙은 탄질률이 20 이하일 때 완숙됨)
> • 생물학적 방법 : 지렁이법, 종자 발아 시험법 등

09 윤작의 효과로 거리가 먼 것은?

① 자연재해나 시장변동의 위험을 분산시킨다.

② 지력을 유지하고 증진시킨다.

③ 토지이용률을 높인다.

④ 풍수해를 예방한다.

> **해설**
> 윤작의 효과
> • 토양 보호
> • 잡초 및 병해충의 발생 억제
> • 지력유지 및 증강
> • 토양선충 경감 및 기지현상 회피
> • 수확량 증대 및 토지이용도 향상
> • 노력분배 합리화 및 농업경영의 안정성 증대

10 벼 종자소독 시 냉수온탕침법을 실시할 때 가장 알맞은 물의 온도는?

① 약 30℃ 정도

② 약 35℃ 정도

③ 약 43℃ 정도

④ 약 55℃ 정도

> **해설**
> 냉수온탕침법(키다리병 방제)
> 15~20℃ 냉수에 1시간 침지 후 약 58℃ 온탕에 15분 침지하여 소독

11 화성암에 해당되는 것은?

① 사암　　　　② 안산암

③ 혈암　　　　④ 석회암

> **해설**
> 암석의 분류
> • 화성암 : 화강암, 섬록암, 안산암, 현무암 등
> • 수성암 : 응회암, 사암, 혈암, 점판암, 석회암 등
> • 변성암 : 편마암, 대리석, 편암, 사문암 등

정답　6 ①　7 ③　8 ③　9 ④　10 ④　11 ②

12 작물수량을 최대로 올리기 위한 주요한 요인으로 나열된 것은?

① 품종, 비료, 재배기술
② 유전성, 환경조건, 재배기술
③ 품종, 기상조건, 종자
④ 유전성, 비료, 종자

해설
작물 수량의 3요소 : 작물의 유전성, 환경조건, 재배기술

13 토양 속 지렁이의 역할이 아닌 것은?

① 유기물을 분해한다.
② 통기성을 좋게 한다.
③ 뿌리의 발육을 저해한다.
④ 토양을 부드럽게 한다.

해설
지렁이
• 지렁이의 소화기관을 통과할 때 석회석에서 분비되는 탄산칼슘 등의 응고에 의해 토양의 입단화가 이루어진다. 토양의 물리성을 개량하여 식물과 농작물의 생육에 알맞은 환경을 만들어 준다.
• 지렁이가 가장 잘 생육할 수 있는 토양 환경은 통기성이 양호한 유기물 토양이다.
• 고온·건조한 여름에는 지렁이의 활동이 미약해지고 더위나 건조 등이 최악인 경우에는 산란을 하고 대부분 죽는다.

14 다음 중 연작 피해가 가장 심한 것은?

① 참외　　　　② 콩
③ 오이　　　　④ 수박

해설
기지에 따른 휴작이 필요한 작물
• 1년 : 쪽파, 시금치, 콩, 파, 생강 등
• 2년 : 마, 감자, 잠두, 오이, 땅콩 등
• 3년 : 쑥갓, 토란, 참외, 강낭콩 등
• 5～7년 : 수박, 가지, 완두, 우엉, 고추, 토마토 등
• 10년 이상 : 아마, 인삼 등

15 작물에 발생하는 병의 방제 방법에 대한 설명으로 옳은 것은?

① 병원체의 종류에 따라 방제 방법이 다르다.
② 곰팡이에 의한 병은 화학적 방제가 곤란하다.
③ 바이러스에 의한 병은 화학적 방제가 비교적 쉽다.
④ 식물병은 생물학적 방법으로는 방제가 곤란하다.

해설
① 작물에 발생하는 병의 방제 방법은 병원체의 종류에 따라 방제 방법이 달라져야 한다.
② 화학적 방제는 농약 살포를 통한 방제로 곰팡이나 세균에 의한 방제에 주로 이용된다.
③·④ 바이러스에 의한 피해는 별도의 방제법이 없으며 병의 발생 이전 예방을 위해 관리적 노력이 필요하다.

16 양이온치환용량(CEC)이 10cmol(+)/kg인 어떤 토양의 치환성염기의 합계가 6.5cmol(+)/kg이라고 할 때, 이 토양의 염기포화도는?

① 13%　　　　② 26%
③ 65%　　　　④ 85%

해설
염기포화도
$$= \frac{\text{교환성 염기의 총량}}{\text{양이온치환용량(CEC)}} \times 100$$
$$= \frac{6.5}{10} \times 100 = 65\%$$

17 작물의 생산량이 낮은 토양의 특징이 아닌 것은?

① 자갈이 많은 토양

② 배수가 불량한 토양

③ 지렁이가 많은 토양

④ 유황성분이 많은 토양

> **해설**
> 지렁이가 가장 잘 생육할 수 있는 토양환경은 통기성이 양호한 유기물 토양이다.

18 다음 중 논토양의 특성으로 옳지 않은 것은?

① 호기성 미생물의 활동이 증가한다.

② 담수하면 토양은 환원상태로 전환된다.

③ 담수 후 대부분의 논토양은 중성으로 변한다.

④ 토양 용액의 전도도는 처음에는 증가되다가 최고에 도달한 후 안정된 상태로 낮아진다.

> **해설**
> ① 논토양은 담수하면 대기 중에서 토양으로의 기체 공급이 저하되므로 담수 후 수 시간 내에 토양 내 산소가 호기성 미생물에 의해 완전히 소모되며 산소가 부족한 조건 하에서 혐기성 미생물의 활동이 증가한다.

19 생물학적 방제법에 속하는 것은?

① 윤작

② 병원미생물의 사용

③ 온도처리

④ 소토 및 유살처리

> **해설**
> **생물학적 방제법(biological control)**
> 농작물을 가해하는 해충을 포식하거나 해충에 기생(寄生)하는 곤충 또는 미생물들을 천적(natural enemy)이라고 하는데 이러한 천적(기생성 곤충, 포식성 곤충, 병원미생물)을 이용하는 방제법이다.

20 토양 단면의 골격을 이루는 기본 토층 중 무기물 토층은?

① O층　　　　② E층

③ C층　　　　④ A층

> **해설**
> ③ C층 : 무기물층으로 퇴적물이나 암석이 주를 이루며, 아직 토양 생성작용을 받지 않은 모재층이다.
> ① O층 : 유기물층으로 부패한 물과 동물의 잔해로 구성된 유기물이 표면에 존재하며, 식물 성장에 중요한 역할을 한다.
> ② E층 : 용탈층으로 A층과 B층 사이에 있으며, 위아래층보다 조립질이고 물에 의해 이온과 미네랄이 용탈되어 물리적으로 비옥도가 낮고 강수량이 많은 지역일수록 발달한 층이다.
> ④ A층 : 유기물과 미네랄이 혼합된 층으로 표토층이라고도 하며, 식물 뿌리가 자주 발견되고 입단구조가 잘 발달되어 있어 물과 공기의 순환이 잘 이루어진다.

21 도복 방지 대책과 가장 거리가 먼 것은?

① 키가 작고 대가 튼튼한 품종을 재배한다.

② 서로 지지가 되게 밀식한다.

③ 칼륨질 비료를 시용한다.

④ 규산질 비료를 시용한다.

> **해설**
> ② 밀식할 경우 대가 약해져 도복을 유발하므로 재식밀도를 적절하게 조절해야 한다.
> **도복 방지 대책**
> • 내도복성 품종의 선택
> • 배토 및 답압
> • 밀식재배 지양
> • 칼륨질, 규산질 비료의 시용
> • 질소 과잉 시비 지양

정답 17 ③　18 ①　19 ②　20 ③　21 ②

22 초생재배의 장점이 아닌 것은?

① 토양의 단립화
② 토양침식 방지
③ 제초노력 경감
④ 지력 증진

해설
초생재배는 초본식물을 재배하여 토양을 보호하고 지력을 향상시키는 방법으로, 토양의 단단함을 완화하고 토양구조를 개선하는 데 도움을 준다.

23 다음 중 습답의 특징이 아닌 것은?

① 환원상태
② 토양색깔의 회색화
③ 추락현상
④ 중금속 다량용출

해설
습답의 특징
• 지하수위가 높아 연중 담수상태로 암회색의 글레이층을 형성한다.
• 무기성분이 가용화되어 식물영양성분은 풍부하지만 농도가 불균형을 이루고 산소가 부족하다.
• 생육 후기에는 흡수 저해로 병해충이 많아지며 생육이 부진해 추락현상이 나타난다.
• 여름 기온이 높아지면 지온이 상승하여 유기물이 급격히 분해되므로 강한 환원상태로 유지된다.

24 유기농업의 목표가 아닌 것은?

① 농가 단위에서 유래되는 유기성 재생자원의 최대한 이용
② 인간과 자원에 적절한 보상을 제공하기 위한 인공 조절
③ 적정 수준의 작물과 인간영양
④ 적정 수준의 축산 수량과 인간영양

해설
유기농업의 기본 목표
• 가능한 한 폐쇄적인 농업 시스템 속에서 적당한 것을 취하고, 또한 지역 내 자원에 의존하는 것
• 장기적으로 토양 비옥도를 유지하는 것
• 현대 농업기술이 가져온 심각한 오염을 회피하는 것
• 영양가 높은 식품을 충분히 생산하는 것
• 농업에 화석연료의 사용을 최소화시키는 것
• 전체적으로 자연환경과의 관계에서 공생·보호적인 자세를 견지하는 것

25 포도 재배 시 화진현상(꽃떨이현상) 예방법으로 거리가 먼 것은?

① 붕소를 시비한다.
② 질소질을 많이 준다.
③ 칼슘을 충분하게 준다.
④ 개화 5~7일 전에 생장점을 적심한다.

해설
질소를 과용시비를 할 경우 화진현상(꽃눈이 떨어져 결실하지 못하는 현상)이 생길 수 있다.

26 염해지 토양의 개량 방법으로 가장 적절하지 않은 것은?

① 암거배수나 명거배수를 한다.

② 석회질 물질을 시용한다.

③ 전층 기계 경운을 수시로 실시하여 토양의 물리성을 개선시킨다.

④ 건조시기에 물을 대줄 수 없는 곳에서는 생짚이나 청초를 부초로 하여 표층에 깔아주어 수분증발을 막아준다.

해설
염해지(간척지) 토양
경운을 수시로 실시하는 것은 적절하지 않다. 석고, 토양개량제, 생짚 등을 시용하여 토양의 물리성을 개량한다.

27 간척지 토양의 특성에 대한 설명으로 틀린 것은?

① Na^+에 의하여 토양 분산이 잘 일어나서 토양공극이 막혀 수직배수가 어렵다.

② 토양이 대체로 EC가 높고 알칼리성에 가까운 토양반응을 나타낸다.

③ 석고($CaSO_4$)의 시용은 황산기(SO_4^{2-})가 있어 간척지에 시용하면 안 된다.

④ 토양유기물의 시용은 간척지 토양의 구조 발달을 촉진시켜 제염효과를 높여준다.

해설
③ 석고는 간척지, 임해매립지 등 알칼리성토양 개량에 적합하다.

28 화학비료가 토양에 미치는 영향으로 거리가 먼 것은?

① 토양생물의 다양성 감소

② 무기물의 공급

③ 작물의 속성수확

④ 미생물의 공급

해설
미생물은 유기물이 풍부한 곳에서 잘 번식한다. 하지만 화학비료를 과다사용하면 토양이 산성화·황폐화되어 미생물이 살 수 없는 환경이 되고 지력이 감퇴한다.

29 과수재배에 적합한 토양의 물리적 조건은?

① 토심이 낮아야 한다.

② 지하수위가 높아야 한다.

③ 점토 함량이 높아야 한다.

④ 삼상분포가 알맞아야 한다.

해설
과수재배 시 토양의 삼상인 고상, 액상, 기상의 분포가 50%, 25%, 25%로 알맞아야 한다.

30 우리나라 토양에 가장 많이 분포한다고 알려진 점토광물은?

① 카올리나이트

② 일라이트

③ 버미큘라이트

④ 몬모릴로나이트

해설
우리나라 토양에 가장 많이 분포하고 있는 점토광물은 카올리나이트로 80% 이상을 차지하고 있다. 나머지는 일라이트가 대부분을 차지하고, 일부 지역에서는 몬모릴로나이트와 같은 팽창성 점토광물이 소량 포함되기도 한다.

정답 26 ③ 27 ③ 28 ④ 29 ④ 30 ①

31 유기재배용 종자 선정 시 사용이 절대 금지된 것은?

① 내병성이 강한 품종
② 유전자변형품종
③ 유기재배된 종자
④ 일반종자

32 수막하우스의 특징을 바르게 설명한 것은?

① 광투과성을 강화한 시설이다.
② 보온성이 뛰어난 시설이다.
③ 자동화가 용이한 시설이다.
④ 내구성을 강화한 시설이다.

해설
수막하우스
온실 안에 적당한 간격으로 노즐이 배치된 커튼을 설치하고, 커튼 표면에 살수하여 얇은 수막을 형성하는 보온시설로, 주로 겨울철 실내온도의 보온을 위해 사용한다.

33 병해충 관리를 위해 사용이 가능한 유기농자재 중 식물에서 얻는 것은?

① 목초액
② 보르도액
③ 규조토
④ 유황

해설
목초액 : 나무를 숯으로 만들 때 발생하는 연기가 외부 공기와 접촉하면서 액화된 것으로, 그 성분은 초산이다.

34 토양비옥도를 유지 및 증진하기 위한 윤작 대책으로 실효성이 가장 낮은 것은?

① 콩과 작물재배를 통해 질소원을 공급한다.
② 근채류, 알팔파 등의 재배로 토양의 입단형성을 유도한다.
③ 피복작물재배로 표층토의 유실을 막는다.
④ 채소작물재배로 토양선충 피해를 경감한다.

해설
윤작의 원리
• 식량작물과 사료작물
• 지력 유지 작물 : 두과 작물
• 중경작물이나 피복작물 : 잡초경감, 토양보호
• 여름작물과 겨울작물 : 토지이용도를 높인다.

35 대기조성과 작물에 대한 설명으로 틀린 것은?

① 대기 중 질소(N_2)가 가장 많은 함량을 차지한다.
② 대기 중 질소는 콩과 작물의 근류균에 의해 고정 되기도 한다.
③ 대기 중의 이산화탄소 농도는 작물이 광합성을 수행하기에 충분한 과포화상태이다.
④ 산소 농도가 극히 낮아지거나 90% 이상이 되면 작물의 호흡에 지장이 생긴다.

해설
③ 대기 중 이산화탄소의 농도는 약 0.03%로, 작물이 충분한 광합성을 수행하기에는 부족하다. 광합성량을 최고로 높일 수 있는 이산화탄소의 농도는 약 0.25%이다.
①・② 대기 중에는 질소가스(N_2)가 약 79.1%를 차지하고, 근류균과 *Azotobacter* 등이 공기 중의 질소를 고정한다.
④ 호흡작용에 알맞은 대기 중의 산소 농도는 약 20.9%이다.

330 | PART 02 과년도 + 최근 기출복원문제

31 ② 32 ② 33 ① 34 ④ 35 ③ 정답

36 다음 중 경작지 전체를 3등분하여 매년 1/3씩 경작지를 휴한(休閑)하는 작부방식은?

① 3포식 농법   ② 이동경작농법
③ 자유경작농법   ④ 4포식 농법

해설
3포식 농법 : 경작지의 2/3에는 추파 또는 춘파의 곡류를 심고 1/3은 휴한하는 농법

37 다음 중 토양 염류집적이 문제가 되기 가장 쉬운 곳은?

① 벼 재배 논
② 고랭지채소 재배지
③ 시설채소 재배지
④ 일반 밭작물 재배지

해설
시설재배지 토양의 문제점
• 한두 종류의 작물만 계속하여 연작함으로써 특수성분의 결핍을 초래한다.
• 집약화의 경향에 따라 요구도가 큰 특정 비료의 편중된 사용으로 염화물, 황화물, Ca, Mg, Na 등 염기가 부성분으로 토양에 집적된다.
• 토양의 pH가 작물재배에 적합하지 못한 적정 pH 이상으로 높아진다.

38 다음 중 토양유실예측공식에 포함되지 않는 것은?

① 토양관리인자   ② 강우인자
③ 평지인자   ④ 작부인자

해설
토양유실예측공식 : 연간 단위면적에서 일어나는 평균 토양유실량을 예측하는 공식
$A = R \cdot K \cdot LS \cdot C \cdot P$
여기서, R : 강우인자
        K : 토양의 수식성인자
        LS : 경사인자
        C : 작부인자
        P : 토양관리인자

39 알칼리성의 염해지 밭토양 개량에 적합한 석회물질로 옳은 것은?

① 석고   ② 생석회
③ 소석회   ④ 탄산석회

해설
간척 초기 산도가 높은 염해논의 제염 및 개량을 위하여 소석회를 시용하게 되면 산도가 너무 올라간다. 따라서 석고를 시용하여 산도가 너무 올라가지 않게 하는 것이 더욱 효과적이다.

40 암석의 화학적인 풍화작용을 유발하는 현상이 아닌 것은?

① 산화작용   ② 가수분해작용
③ 수축팽창작용   ④ 탄산화 작용

해설
③ 물리적 풍화작용
화학적 풍화작용 : 산화·환원작용, 용해작용, 수화작용, 가수분해, 착체 형성 등

41 우수한 종자를 생산하는 채종재배에서 종자의 퇴화를 방지하기 위한 대책으로 틀린 것은?

① 감자는 평야지대보다 고랭지에서 씨감자를 생산한다.
② 채종포에 공용(供用)되는 종자는 원종포에서 생산된 신용있는 우수한 종자이어야 한다.
③ 질소비료를 과용하지 말아야 한다.
④ 종자의 오염을 막기 위해 병해충 방제를 하지 않는다.

해설
④ 종자소독을 통해 종자 전염 및 병해충을 방제해야 한다.
① 감자는 종자의 생리적·병리적 퇴화를 방지하기 위해 고랭지에서 생산하고, 옥수수 및 십자화과작물 등은 유전적 퇴화를 방지하기 위해 격리포장하여 생산한다. 또한 벼, 맥류 등은 과도하게 비옥하거나 척박한 토양을 피해야 한다.
② 종자는 원종포에서 생산된 믿을 수 있는 우수한 종자여야 하고, 선종 및 종자소독 등의 처리가 필요하다.
③ 밀식 및 질소비료의 과다 사용을 피해 도복과 병해를 막아야 한다.

정답 36 ① 37 ③ 38 ③ 39 ① 40 ③ 41 ④

42 태양열 소독의 특징으로 거리가 먼 것은?

① 주로 노지 토양소독에 많이 이용된다.
② 선충 및 병해 방제에 효과가 있다.
③ 유기물 부숙을 촉진하여 토양이 비옥해진다.
④ 담수처리로 염류를 제거할 수 있다.

해설
태양열 소독 : 시설하우스 내 집약적 경작과 연작으로 인해 토양 병해충의 피해를 억제하기 위한 방법

43 토양 단면을 통한 수분이동에 대한 설명으로 틀린 것은?

① 수분이동은 토양을 구성하는 점토의 영향을 받는다.
② 각 층위의 토성과 구조에 따라 수분의 이동양상은 다르다.
③ 토성이 같을 경우 입단화의 정도에 따라 수분이동양상은 다르다.
④ 수분이 토양에 침투할 때 토양 입자가 미세할수록 침투율은 증가한다.

해설
④ 토양 입자가 미세한 토성 중 점토의 비율이 높으면 투기와 투수가 불량하다.

44 농경의 발상지라고 볼 수 없는 곳은?

① 큰강의 유역
② 산간부
③ 각 대륙의 내륙부
④ 해안지대

해설
농경의 발상지 : 큰강의 유역, 산간부, 해안지대

45 종자 휴면의 원인이 아닌 것은?

① 종피의 기계적 저항
② 종피의 산소 흡수 저해
③ 배의 미숙
④ 후숙

해설
종자 휴면의 원인
• 경실(硬實)
• 종피의 산소 흡수 저해
• 종피의 기계적 저항
• 배의 미숙
• 발아억제물질

46 유기재배 시 작물의 병해충 방제법으로 가장 적합하지 않은 것은?

① 화학적 토양소독법
② 토양 소토법
③ 생물적 방제법
④ 경종적 재배법

해설
유기재배의 잡초 관리는 윤작, 경운 등 경종적 방법이 근간이 되어야 하고, 화학제초제의 사용은 금한다.

47 고립 상태에서 온도와 CO_2 농도가 제한조건이 아닐 때 광포화점이 가장 높은 작물은?

① 옥수수   ② 콩
③ 벼   ④ 감자

해설
① 옥수수 : 40~60%
② 콩 20%
③ 벼 40~50%
④ 감자 30%
옥수수는 광합성 효율이 높은 C_4 작물로 고온과 강한 빛에서 효율적으로 광합성을 할 수 있다.

332 | PART 02 과년도 + 최근 기출복원문제

42 ① 43 ④ 44 ③ 45 ④ 46 ① 47 ①   정답

48 벼의 냉해에 대한 설명으로 옳은 것은?

① 냉온의 영향으로 인한 수량 감소는 생육시기와 상관없이 같다.

② 냉온에 의해 출수가 지연되어 등숙기에 저온장해를 받는 것이 지연형 냉해이다.

③ 장해형 냉해는 영양생장기와 생식생장기의 중요한 순간에 일시적 저온으로 냉해를 받는 것이다.

④ 수잉기는 저온에 매우 약한 시기로 냉해가 우려되는 기상 시에는 관개를 얕게 해준다.

해설
① 냉해 피해가 가장 큰 시기는 감수분열기와 출수기이며 이 시기에 냉해를 받으면 불임이 발생하여 수량감소가 심하다.
③ 장해형 냉해는 영양생장기의 기상은 정상적이어서 생육이 양호했으나 생식생장기에 일시적 저온으로 냉해를 받는 것이다.
④ 수잉기는 저온에 매우 약한 시기로 냉해가 우려되는 기상 시에는 관개를 깊게 해준다.

49 토양의 기능이 아닌 것은?

① 동식물에게 삶의 터전을 제공한다.

② 작물생산재배지로서 작물을 지지하거나 양분을 공급한다.

③ 오염물질 등의 폐기물과 물을 여과한다.

④ 독성이 강한 중금속 성분을 작물에 공급한다.

해설
토양의 기능
• 작물의 기계적지지
• 작물생육에 필요한 수분 공급
• 대사작용에 필요한 각종 무기양분의 공급

50 토양 입자의 입단화(粒團化)를 촉진시키는 것은?

① Na^+ ② Ca^{2+}

③ K^+ ④ NH_4^+

해설
입단화 촉진 방법
• 심경
• 유기물 시용
• 석회(Ca) 시용(생석회, 소석회 등)
• 토양개량제 시용(크릴륨(krilium), acrylic, acid, soil, 소이락, A-22, CMC)

51 유기물을 많이 사용한 토양의 보비력이 높은 이유는?

① 유기물이 공극을 막아 비료의 유실을 막아주기 때문에

② 유기물이 토양의 점토종류를 변화시키기 때문에

③ 유기물은 식물이 비료를 흡수하는 것을 막아주기 때문에

④ 유기물은 전기적으로 비료를 흡착하는 능력이 크기 때문에

해설
부식 콜로이드는 유기물이 분해되어 형성되는데 이것이 증가함에 따라 양분을 흡착하는 힘이 강해진다.

52 유기재배 과수의 토양 표면 관리법으로 가장 거리가 먼 것은?

① 청경법

② 초생법

③ 부초법

④ 플라스틱 멀칭법

해설
과수원의 토양관리
• 청경법 : 과수원 토양에 풀이 자라지 않도록 깨끗하게 김을 매주는 방법
• 초생법 : 과수원의 토양에 풀, 목초 등을 심는 방법
• 부초법 : 과수원의 토양을 짚, 피복물로 덮어주는 방법

정답 48 ② 49 ④ 50 ② 51 ④ 52 ④

53 논에 녹비작물을 재배한 후 풋거름으로 넣으면 기포가 발생하는 원인은 무엇인가?

① 메탄가스 용해도가 매우 낮기 때문에 발생된다.
② 메탄가스 용해도가 매우 높기 때문에 발생된다.
③ 이산화탄소 발생량이 매우 작기 때문에 발생된다.
④ 이산화탄소 용해도가 매우 높기 때문에 발생된다.

해설
메탄가스는 논에서 산소가 부족한 조건일 때 유기물이 분해되는 과정에서 생성되며, 물에 잘 용해되지 않아 토양 내에서 발생한 후 기포형태로 떠오르게 된다.

54 일장반응에 대한 설명으로 틀린 것은?

① 하루 24시간을 주기로 밤낮의 길이가 식물의 개화반응에 미치는 효과를 일장반응이라 한다.
② 한계일장이 긴 식물은 겨울에 꽃을 피우기도 한다.
③ 잎은 일장에 감응하여 개화유도물질을 생성한다.
④ 식물은 한계일장을 기준으로 크게 장일식물, 중성식물, 단일식물로 구분한다.

해설
일장반응
• 한계일장 : 개화에 필요한 최대 혹은 최소 일장
• 단일식물 : 한계일장보다 짧은 일장에 반응하여 개화하는 식물
• 장일식물 : 한계일장보다 긴 일장에 반응하여 개화하는 식물
• 한계일장이 길면 여름, 짧으면 겨울에 꽃을 피우기도 한다.

55 논토양의 토층분화와 탈질현상에 대한 설명 중 옳지 않은 것은?

① 논토양에서 산화층은 산화제2철이, 환원층은 산화제1철이 쌓인다.
② 암모니아태 질소를 산화층에 주면 질화균에 의해서 질산이 된다.
③ 암모니아태 질소를 환원층에 주면 절대적 호기균인 질화균의 작용을 받지 않는다.
④ 질산태 질소를 논에 주면 암모니아태 질소보다 비효가 높다.

해설
질산태 질소의 토양별 시비
• 밭작물에서는 효과가 크지만 논에서는 유실이 많아 손실이 크다.
• 논토양에는 질산태보다 암모니아태 질소를 시비하는 것이 유리하다.

56 식물과 공생관계를 가지는 것은?

① 사상균　　　　　② 효모
③ 선충　　　　　　④ 균근균

해설
균근은 기주식물과 함께 공생작용을 한다.

334 | PART 02 과년도 + 최근 기출복원문제

53 ① 54 ② 55 ④ 56 ④ **정답**

57 친환경농업의 필요성이 대두된 원인으로 거리가 먼 것은?

① 농업부문에 대한 국제적 규제 심화

② 안전농산물을 선호하는 추세의 증가

③ 관행농업 활동으로 인한 환경오염 우려

④ 지속적인 인구 증가에 따른 증산 위주의 생산 필요

해설
지속적인 인구 증가에 따라 미국과 유럽 등 농업 선진국이 세계의 농업정책을 증산 중심에서 소비와 교역 위주로 전환하게 하는 견인역할을 하고 있다.

58 작물의 파종과 관련된 설명으로 옳은 것은?

① 선종이란 파종 전 우량한 종자를 가려내는 것을 말한다.

② 추파맥류의 경우 추파성 정도가 낮은 품종은 조파(일찍파종)를 한다.

③ 감온성이 높고 감광성이 둔한 하두형 콩은 늦은 봄에 파종을 한다.

④ 파종량이 많을 경우 잡초발생이 많아지고, 토양수분과 비료 이용도가 낮아져 성숙이 늦어진다.

해설
① 선종(종자고르기) : 파종 전의 종자처리로 육안, 체적, 중량, 비중에 의한 선별을 뜻한다.
② 추파성이 높을수록 조파를 하며, 추파성이 낮을수록 만파를 한다.
③ 감온성이 높고 감광성이 둔한 하두형 콩은 이른 봄에 파종을 하고, 추대형 콩은 늦은 봄에 파종한다.
④ 파종량이 적으면 수량이 적어져 잡초 발생이 많아지고 수분과 비료 이용도가 낮아져 성숙이 늦어진다.

59 친환경농산물 인증 종류 중 유기합성농약과 화학비료를 일체 사용하지 않고 재배한 농산물은?

① 유기농산물

② 저농약농산물

③ 무농약농산물

④ 전환기유기농산물

해설
유기농산물
유기합성농약과 화학비료를 일체 사용하지 않고 재배(전환기간 : 다년생작물은 3년, 그 외 작물은 2년)한 것이며, 유기축산물은 유기축산물 인증기준에 맞게 재배, 생산된 유기사료를 급여하면서 인증기준을 지켜 생산한 축산물이다.

60 자연생태계와 비교했을 때 농업생태계의 특징이 아닌 것은?

① 종의 다양성이 낮다.

② 안정성이 높다.

③ 지속기간이 짧다.

④ 인간 의존적이다.

해설
자연생태계와 농업생태계의 차이
• 종의 다양성은 자연생태계가 더 높다.
• 안정성은 자연생태계가 더 높다.
• 자연생태계의 물질순환은 폐쇄계이다.
• 자연생태계는 인간에 의한 제어가 불필요하다.

정답 57 ④ 58 ① 59 ① 60 ②

2019년 제2회 과년도 기출복원문제 | **335**

PART 02 과년도 + 최근 기출복원문제

2020년 제1회 과년도 기출복원문제

01 볍씨를 소독하기 위해 물에 녹이는 물질은?

① 당밀
② 소금
③ 식초
④ 기름

해설
선종 볍씨 염수선(소금물을 이용한 볍씨 가리기)
소금물에 담그면 충실한 종자는 무거워서 가라앉고 그렇지 못한 종자는 물에 뜬다. 뜨는 볍씨는 골라내고 가라앉은 볍씨는 물에 깨끗이 씻어서 사용한다(메벼 : 1.14, 찰벼 : 1.04).

02 작물의 이식시기로 틀린 것은?

① 과수는 이른 봄이나 낙엽이 진 뒤의 가을이 좋다.
② 일조가 많은 맑은 날에 실시하면 좋다.
③ 묘대일수감응도가 적은 품종을 선택하여 육묘한다.
④ 벼 도열병이 많이 발생하는 지대는 조식을 한다.

해설
② 작물의 이식 시 햇빛이 강하면 잎에서의 증산작용으로 수분의 손실이 크므로 구름이 있거나 흐린 날에 하는 것이 좋다.

03 사질의 논토양을 객토할 경우 가장 알맞은 객토 재료는?

① 점토 함량이 많은 토양
② 규산 함량이 많은 토양
③ 부식 함량이 많은 토양
④ 산화철 함량이 많은 토양

해설
사질논은 점토 함량이 15% 부근에 이르도록 점토 함량이 높은 식양토나 식토를 객토하여야 한다.

04 기원지로서 원산지를 파악하는 데 근간이 되고 있는 학설은 유전자중심설이다. Vavilov의 작물의 기원지로 해당하지 않는 곳은?

① 지중해 연안
② 인도 · 동남아시아
③ 남부아프리카
④ 코카서스 · 중동

해설
Vavilov의 작물의 기원지 : 중국, 인도 · 동남아시아, 중앙아시아, 코카서스 · 중동지역, 지중해 연안지역, 중앙아프리카지역, 멕시코 · 중앙아메리카지역, 남아메리카지역

05 토양의 3상이 아닌 것은?

① 기상
② 고상
③ 주상
④ 액상

해설
토양의 3상 : 액상(25%), 기상(25%), 고상(50%)

06 작물의 생육과 관련된 3대 주요 온도가 아닌 것은?

① 최저온도
② 평균온도
③ 최적온도
④ 최고온도

해설
주요 온도 : 작물생육에 영향을 주는 최저 · 최적 · 최고온도이며, 작물과 생육 시기에 따라 다르다.

336 | PART 02 과년도 + 최근 기출복원문제

1 ② 2 ② 3 ① 4 ③ 5 ③ 6 ② **정답**

07 물속에서는 발아하지 못하는 종자는?

① 상추   ② 가지

③ 당근   ④ 셀러리

해설
• 수중에서 발아되지 못하는 종자 : 가지, 귀리, 밀, 무 등
• 수중에서도 잘 발아되는 종자 : 상추, 당근, 셀러리 등

08 도복 방지 대책과 가장 거리가 먼 것은?

① 키가 작고 대가 튼튼한 품종을 재배한다.

② 서로 지지가 되게 밀식한다.

③ 칼륨질 비료를 사용한다.

④ 규산질 비료를 사용한다.

해설
② 밀식할 경우 대가 약해져 도복을 유발하므로 재식밀도를 적절
　하게 조절해야 한다.
도복 방지 대책
• 내도복성 품종의 선택
• 배토 및 답압
• 밀식재배 지양
• 칼륨질, 규산질 비료의 시용
• 질소 과잉 시비 지양

09 도복의 발생 원인으로 거리가 먼 것은?

① 배수   ② 품종

③ 병해충   ④ 밀식

해설
도복의 유발요인
• 품종 : 키가 크고 대가 약한 품종일수록 도복이 심하다.
• 재배조건 : 밀식, 질소 다용, 칼륨 부족, 규산 부족 등
• 병해충 : 병해충의 발생이 많아질 때
• 환경조건 : 강수해, 풍해, 한발

10 엽면시비가 효과적인 경우가 아닌 것은?

① 작물의 필요량이 적은 무기양분을 사용할 경우

② 토양조건이 나빠 무기양분의 흡수가 어려운
　경우

③ 시비를 원하지 않는 작물과 같이 재배할 경우

④ 부족한 무기성분을 서서히 회복시킬 경우

해설
엽면시비가 효과적인 경우
• 토양시비가 곤란할 경우
• 미량요소를 공급하는 경우
• 시비를 원하지 않는 작물과 같이 재배할 경우
• 급속한 영양회복이 요구될 경우

11 토양이 자연의 힘으로 다른 곳으로 이동하여 생성된
토양 중 중력의 힘에 의해 이동하여 생긴 토양은?

① 정적토   ② 붕적토

③ 빙하토   ④ 풍적토

해설
② 붕적토 : 중력의 영향으로 운반되어 비교적 급경사의 산록 경사
　지에 형성되며 붕적 모재로부터 생성된 토양을 뜻한다.
① 정적토 : 풍화물이 모암이 있던 자리에서 그대로 머물러 토양층
　을 형성한 것이다.
③ 빙하토 : 빙하가 유동하면 이에 섞여 있던 풍화물은 빙하의
　계속적인 유동과 빙하가 녹아서 흐르는 물에 의하여 운반·퇴
　적된다.
④ 풍적토 : 바람에 의하여 운적되는 재료와 형식에 따라 사구,
　화산회, 그리고 뢰스(Loess) 등으로 구분된다.

12 유기재배 시 활용할 수 있는 병해충 방제 방법 중
생물학적 방제법으로 분류되지 않는 것은?

① 천적 곤충 이용

② 유용 미생물 이용

③ 길항미생물 이용

④ 내병성 품종 이용

해설
④ 내병성 품종 이용 : 경종적 방제법

정답　7 ②　8 ②　9 ①　10 ④　11 ②　12 ④

13 인과류에 속하는 과수는?

① 비파   ② 포도

③ 호두   ④ 귤

해설
인과류 : 배, 사과, 비파 등
② 포도 : 장과류
③ 호두 : 견과류
④ 귤 : 준인과류

14 신품종 종자의 우수성이 저하되는 품종퇴화의 원인이 아닌 것은?

① 인공적 퇴화

② 유전적 퇴화

③ 생리적 퇴회

④ 병리적 퇴화

해설
품종 퇴화의 원인
• 유전적 퇴화 : 종자 증식에서 발생하는 돌연변이, 자연교잡, 이형 유전자의 분리, 기회적 부동, 자식(근교)약세, 종자의 기계적 혼입 등
• 생리적 퇴화 : 재배환경(토양, 기상, 생물환경 등), 재배조건
• 병리적 퇴화 : 영양번식 작물의 바이러스 및 병원균의 감염 등

15 우리나라에서 관측되는 중국의 황사는 무엇에 의해 이동하는가?

① 파도   ② 강우

③ 바람   ④ 빙하

해설
중국발 황사는 대류의 영향인 바람을 통해 이동되고 있다.

16 시설재배 토양의 연작장해에 대한 피해 내용이 아닌 것은?

① 답전윤환

② 선충피해

③ 토양전염성 병균

④ 토양이화학성의 악화

해설
답전윤환은 논 또는 밭을 논 상태와 밭 상태로 몇 해씩 돌려가면서 벼와 밭작물을 재배하는 방식으로, 연작장해를 막기 위해 사용되는 방법이다.

17 다음 중 경사지의 토양유실을 줄이기 위한 재배 방법 중 가장 적당하지 않은 것은?

① 경운재배

② 초생재배

③ 부초재배

④ 등고선 재배

해설
경사지 토양유실을 줄이기 위한 재배 방법 : 등고선 재배, 초생재배, 부초재배, 계단식 재배 등

18 지렁이에 대한 설명으로 옳은 것은?

① spodosol 토양에 개체수가 많다.

② 상대적으로 여름에 활동이 왕성하다.

③ 과습한 지역은 지렁이 개체수를 증가시킨다.

④ 거의 분해되지 않은 유기물의 시용은 개체수를 증가시킨다.

해설
지렁이
• 통기성이 양호한 분해가 잘 된 유기물 토양에서 잘 생육한다.
• 신선하거나 거의 분해되지 않은 유기물의 시용은 개체수를 증가시킨다.
• 공기가 잘 통하는 습한지역을 좋아하지만 몸이 빠지지 않는 과습한 지역은 개체수를 감소시킨다.

13 ①   14 ①   15 ③   16 ①   17 ①   18 ④   정답

19 다음 중 시설의 토양관리에서 객토를 실시하는 이유로 거리가 먼 것은?

① 미량원소의 공급   ② 토양침식 효과

③ 염류집적의 제거   ④ 토양물리성 개선

해설
시설재배지의 객토 효과
• 미량원소의 공급
• 토양침식 억제
• 염류집적의 제거
• 토양물리성 개선
• 보수력의 증대
• 작토층의 확대

20 염해지 토양의 개량 방법으로 가장 적절하지 않은 것은?

① 암거배수나 명거배수를 한다.

② 석회질 물질을 시용한다.

③ 전층 기계 경운을 수시로 실시하여 토양의 물리성을 개선시킨다.

④ 건조시기에 물을 대줄 수 없는 곳에서는 생짚이나 청초를 부초로 하여 표층에 깔아주어 수분증발을 막아준다.

해설
염해지(간척지) 토양
경운을 수시로 실시하는 것은 적절하지 않다. 석고, 토양개량제, 생짚 등을 시용하여 토양의 물리성을 개량한다.

21 대기의 질소를 고정시켜 지력을 증진시키는 작물은?

① 화곡류   ② 두류

③ 근채류   ④ 과채류

해설
공기 중의 질소를 고정하는 미생물인 질소고정세균은 작물 스스로 분자질소를 고정하여 이용할 수 없기 때문에 숙주식물(대부분이 콩과 식물)에 기생하며, 질소를 고정한다.

22 토양의 비옥도 유지 및 증진 방법으로 옳지 않은 것은?

① 토양침식을 막아준다.

② 토양의 통기성, 투수성을 좋게 만든다.

③ 유기물을 공급하여 유용 미생물의 활동을 활발하게 한다.

④ 단일작목 작부체계를 유지시킨다.

해설
연작의 피해 증상
같은 작물을 동일 장소에서 연작하면 염류가 집적되고 유독물질이 축적되며, 토양 물리성이 악화되는 등 여러 피해가 발생한다.

23 유기농업에서는 화학비료를 대신하여 유기물을 사용하는데, 유기물의 사용 효과가 아닌 것은?

① 토양완충능 증대

② 미생물의 번식조장

③ 보수 및 보비력 증대

④ 지온 감소 및 염류집적

해설
토양유기물의 기능
• 암석의 분해 촉진
• 양분의 공급
• 대기 중의 이산화탄소 공급
• 생장촉진물질의 생성
• 입단의 형성
• 보수 · 보비력의 증대
• 완충능의 증대
• 미생물의 번식 조장
• 지온의 상승
• 토양 보호

정답   19 ②   20 ③   21 ②   22 ④   23 ④

24 생물적 풍화작용에 해당하는 설명으로 옳은 것은?

① 암석광물은 공기 중의 산소에 의해 산화되어 풍화작용이 진행된다.
② 미생물은 황화물을 산화하여 황산을 생성하고 이는 암석의 분해를 촉진한다.
③ 산화철은 수화작용을 받으면 침철광이 된다.
④ 정장석이 가수분해 작용을 받으면 점토가 된다.

해설
①·③·④는 화학적 풍화작용에 해당한다.
생물적 풍화작용 : 동물과 미생물, 식물 뿌리 등에 의한 풍화작용으로, 미생물은 황화물을 산화시켜 황산으로, 암모니아를 질산으로, 유기물을 분해하여 유기산으로 만든다.

25 작물의 도복을 방지하기 위한 방법이 아닌 것은?

① 칼륨질 비료의 절감
② 내도복성 품종의 선택
③ 배토 및 답압
④ 밀식재배 지양

해설
① 질소 다용과 칼륨, 규산 부족 등이 도복을 유발하므로 질소 편중의 시비를 피하고 칼륨, 인산, 규산, 석회 등을 충분히 시용한다.

26 논 작토층이 환원되어 하층부에 적갈색의 집적층이 생기는 현상을 가진 논을 칭하는 용어는?

① 글레이화
② 포드졸화
③ 특이산성화
④ 라테라이트화

해설
포드졸화 작용(podzolization)
아한대-한대의 한랭·습윤지대 침엽수림에서 일어나기 쉽고, 유기물의 공급량이 분해량보다 많은 지역에서 일어난다. 회백색의 표백층이 형성되고, 바로 그 밑에 알루미나와 산화철이 풍부하여 진하고 치밀한 갈색의 집적층이 형성된다.

27 경운의 특징에 대한 설명으로 틀린 것은?

① 토양미생물의 활동이 증대되어 작물 뿌리 발달이 왕성하다.
② 종자를 파종하거나 싹을 키워 모종을 심을 때 작업이 쉽다.
③ 잡초와 해충의 발생을 억제한다.
④ 땅을 깊이 갈면 땅속 깊숙이 물이 들어가 수분 손실이 심하다.

해설
경운의 필요성(효과) : 토양의 물리성 개선, 파종 및 옮겨심기 작업의 용이, 토양수분 유지에 유리, 잡초, 해충의 발생을 억제, 비료와 농약의 사용 효과 향상

28 태양열 소독의 특징으로 거리가 먼 것은?

① 주로 노지토양소독에 많이 이용된다.
② 선충 및 병해 방제에 효과가 있다.
③ 유기물 부숙을 촉진하여 토양이 비옥해진다.
④ 담수처리로 염류를 제거할 수 있다.

해설
태양열 소독 : 시설하우스 내 집약적 경작과 연작으로 인해 토양 병해충의 피해를 억제하기 위한 방법으로, 최근에는 그 이용범위가 노지토양으로 점차 확대되고 있다.

29 ( ) 안에 알맞은 내용은?

> 하천의 유수에 의하여 형성된 것으로, 지형에 따라 생성 양식이 달라 홍함평지, 삼각주 등에서 주로 나타나는 것은 ( )이다.

① 잔적토　　　　② 붕적토
③ 충적토　　　　④ 풍적토

해설
충적토는 우리나라 논토양의 대부분을 차지하며 토양 단면은 층상을 이루고 있는 것으로 토양의 생성작용에 의하여 크게 변화하지 않는 하천의 충적층과 관련된 토양으로서 범람원, 삼각주, 선상지에서 주로 나타난다.

30 작물재배에서 이랑 만들기의 주된 목적으로 가장 적당한 것은?

① 작물의 습해를 방지
② 토양건조 예방
③ 잡초발생 억제
④ 지온 조절

해설
이랑의 장점
• 물빠짐이 좋아 습해를 줄일 수 있다.
• 토양 내의 공기 유통이 좋아진다.

31 시설하우스 염류집적의 대책으로 적합하지 않은 것은?

① 강우의 차단
② 제염작물의 재배
③ 유기물 시용
④ 담수에 의한 제염

해설
① 강우의 차단으로 인해 시설재배지 토양의 염류집적이 심화된다.
시설재배지 토양의 문제점
시설하우스는 한두 종류의 작물만 계속하여 연작함으로써 시용하는 비료량에 비하여 작물에 흡수 또는 세탈되는 비료량이 적어 토양 중 염류가 과잉집적되므로 담수세척, 환토(換土), 비료의 선택과 시비량의 적정화, 유기물의 적정시용, 윤작 등을 통해 염류집적을 방지해야 한다.

32 어떤 종자표본의 발아율이 80%이고 순도가 90%일 경우, 종자의 진가(용가)는?

① 90　　　　② 85
③ 80　　　　④ 72

해설

$$종자의 \ 진가(용가) = \frac{발아율(\%) \times 순도(\%)}{100}$$

$$= \frac{80 \times 90}{100} = 72$$

33 습답의 개량 방법으로 적합하지 않은 것은?

① 석회로 토양을 입단화한다.
② 유기물을 다량 시용한다.
③ 암거배수를 한다.
④ 심경을 한다.

해설
배수가 불량한 습답 토양에 유기물을 과잉 시용하면 혐기성 미생물에 의한 혐기적 분해 과정에서 환원성 유해물인 각종 유기산이 생성 집적되어 뿌리의 생장과 흡수작용에 장해를 준다.

정답 29 ③　30 ①　31 ①　32 ④　33 ②

34 유기가금류의 사육장 및 사육조건으로 적합하지 않은 것은?

① 개방조건에서의 방목
② 쾌적한 공장형 케이지의 설치
③ 사료 및 음수의 접근 용이성
④ 충분한 활동 면적의 확보

해설

유기축산물의 사육장 및 사육조건(유기식품 및 무농약농산물 등의 인증에 관한 세부실시요령 [별표 1])

• 축사조건 : 가금류의 축사는 짚·톱밥·모래 또는 야초와 같은 깔짚으로 채워진 건축공간이 제공되어야 하고, 가금의 크기와 수에 적합한 홰의 크기 및 높은 수면공간을 확보하여야 하며, 산란계는 산란상자를 설치하여야 한다.

• 방목조건
　－ 가금은 개방조건에서 사육되어야 하고, 기후조건이 허용하는 한 야외 방목장에 접근이 가능하여야 하며, 케이지에서 사육하지 아니할 것
　－ 물오리류는 기후조건에 따라 가능한 시냇물·연못 또는 호수에 접근이 가능할 것

35 작물의 이산화탄소(CO_2) 포화점이란?

① 광합성에 의한 유기물의 생성 속도가 더 이상 증가하지 않을 때의 CO_2 농도
② 광합성에 의한 유기물의 생성 속도가 최대한 빠르게 진행될 때의 CO_2 농도
③ 광합성에 의한 유기물의 생성 속도와 호흡에 의한 유기물의 소모 속도가 같을 때의 CO_2 농도
④ 광합성에 의한 유기물의 생성 속도가 호흡에 의한 유기물의 소모 속도보다 클 때의 CO_2 농도

해설

이산화탄소 농도가 어느 한계까지 높아지면 그 이상 높아져도 광합성이 증대하지 않는 한계 농도에 도달하게 되는데 이것을 이산화탄소 포화점이라고 하며, 작물의 이산화탄소 포화점은 대기 중의 농도의 7~10배(0.21~0.3%)가 된다.

36 잡초의 생태적 방제법에 대한 설명으로 거리가 먼 것은?

① 육묘이식재배를 하면 유묘가 잡초보다 빨리 선점하여 잡초와의 경합에서 유리하다.
② 과수원의 경우 피복작물을 재배하여 잡초발생을 억제시킨다.
③ 논의 경우 일시적으로 낙수를 하면 수생 잡초를 방제하는 효과를 볼 수 있다.
④ 잡목림지나 잔디밭에는 열처리를 하여 잡초를 방제하는 것이 효과적이다.

해설

잡초의 생태적 방제

• 육묘이식재배 실시
• 피복작물재배
• 일시적 낙수
• 가묘상과 헛묘상

37 토양 피복(mulching)의 목적이 아닌 것은?

① 온도 유지
② 병해충 발생 방지
③ 미생물 활동 촉진
④ 토양 내 수분 유지

해설

멀칭의 효과

• 지온의 조절
• 잡초발생의 억제
• 토양의 건조 예방
• 토양의 유실 방지
• 비료 성분의 유실 방지

34 ② 35 ① 36 ④ 37 ②

38 토양의 침식을 방지할 수 있는 방법으로 적절하지 않은 것은?

① 등고선 재배 　② 토양 피복
③ 초생대 설치 　④ 심토 파쇄

해설
토양침식에 대한 대책
• 토양 표면의 피복
• 토양개량
• 등고선 재배
• 초생대 재배
• 배수로 설치

39 작물재배 시 도복 현상이 발생하는 주요한 원인은?

① 마그네슘이 부족하다.
② 질소가 과다하다.
③ 인산이 과다하다.
④ 칼륨이 과다하다.

해설
도복의 유발 요인
• 품종 : 키가 크고, 대가 약한 품종
• 재배 조건 : 밀식, 질소 다용, 칼륨 부족, 규산 부족
• 병해충 : 병해충의 발생
• 환경조건 : 강수해나 풍해, 한발

40 유기물을 많이 시용한 토양의 보비력이 높은 이유는?

① 유기물이 공극을 막아 비료의 유실을 막아주기 때문에
② 유기물이 토양의 점토 종류를 변화시키기 때문에
③ 유기물은 식물이 비료를 흡수하는 것을 막아주기 때문에
④ 유기물은 전기적으로 비료를 흡착하는 능력이 크기 때문에

해설
부식 콜로이드는 유기물이 분해되어 형성되는데 이것이 증가함에 따라 양분을 흡착하는 힘이 강해진다.

41 병해충 방제 방법 중 경종적 방제법으로 옳은 것은?

① 벼의 경우 보온육묘한다.
② 풀잠자리를 사육하여 진딧물을 방제한다.
③ 이병된 개체는 소각한다.
④ 맥류 깜부기병을 방제하기 위해 냉수온탕침법을 실시한다.

해설
경종적 방제법
내충성·내병성 품종을 이용하거나 토양관리를 개선하는 등 작물의 재배조건을 변화시켜 병해충 및 잡초의 발생을 억제하고 피해를 경감시키는 방법을 말한다.

42 유기농업에서 토양비옥도를 유지·증대시키는 방법이 아닌 것은?

① 작물 윤작 및 간작
② 경운작업의 최대화
③ 가축의 순환적 방목
④ 녹비 및 피복작물재배

해설
토양비옥도의 유지·증진 수단
• 피복작물의 재배
• 작물 윤작
• 간작
• 녹비
• 작물잔재와 축산분뇨의 재활용
• 가축의 순환적 방목
• 최소경운 또는 무경운

정답 38 ④ 39 ② 40 ④ 41 ① 42 ②

43 지형을 고려하여 과수원을 조성하는 방법을 설명한 것으로 올바른 것은?

① 평탄지에 과수원을 조성하고자 할 때는 지하수위와 두둑을 낮추는 것이 유리하다.

② 경사지에 과수원을 조성하고자 할 때는 경사 각도를 낮추고 수평배수로를 설치하는 것이 유리하다.

③ 논에 과수원을 조성하고자 할 때는 경반층(硬盤層)을 확보하는 것이 유리하다.

④ 경사지에 과수원을 조성하고자 할 때는 재식열(栽植列) 또는 중간의 작업로를 따라 집수구(集水溝)를 설치하는 것이 유리하다.

> **해설**
> 경반층은 유기물, 규산 등의 물질이 집적하여 굳어진 토층으로 뿌리 신장과 이동을 제한하는 물리적 특징이 있어서 좋지 않다. 또한 평탄지에서는 배수가 불량하므로 두둑을 높이는 것이 유리하다. 뚜렷한 경사지인 경우 경사각을 낮추고 수직 배수구를 설치하는 것이 유리하다.

44 온실효과에 대한 설명으로 옳지 않은 것은?

① 시설농업으로 겨울철 채소를 생산하는 효과이다.

② 대기 중 탄산가스 농도가 높아져 대기의 온도가 높아지는 현상을 말한다.

③ 산업발달로 공장 및 자동차의 매연가스가 온실효과를 유발한다.

④ 온실효과가 지속된다면 생태계의 변화가 생긴다.

> **해설**
> 온실효과(green house effect) : 대기 중의 수증기, 이산화탄소 등 온실가스가 장파장의 복사에너지를 흡수하여 대기와 지표면의 온도가 높아지는 현상

45 다음 중 물리적 종자소독 방법이 아닌 것은?

① 냉수온탕침법   ② 건열처리
③ 온탕침법   ④ 분의소독법

> **해설**
> **분의소독법**
> 농약분말을 종자에 묻혀 소독하는 방법으로 화학적 종자소독방법이다.

46 토양의 물리적 성질에 대한 설명으로 옳지 않은 것은?

① 모래, 미사 및 점토의 비율로 토성을 구분한다.

② 토양 입자의 결합 및 배열 상태를 토양 구조라 한다.

③ 토양 입자들 사이의 모든 공극이 물로 채워진 상태의 수분함량을 포장용수량이라 한다.

④ 토양은 공기가 잘 유통되어야 작물생육에 이롭다.

> **해설**
> ③ 최대용수량이란 토양 입자들 사이의 모든 공극이 물로 채워진 상태의 수분 함량을 뜻한다.

47 시설의 환기효과라고 볼 수 없는 것은?

① 실내온도를 낮추어 준다.
② 공중습도를 높여준다.
③ 탄산가스를 공급한다.
④ 유해가스를 배출한다.

> **해설**
> 시설의 환기는 밤사이 높아진 공중습도를 낮추어 주고 실내온도를 낮추어 주며 유해가스 배출 및 탄산가스를 공급해주는 역할을 한다.

344 | PART 02 과년도 + 최근 기출복원문제

43 ④ 44 ① 45 ④ 46 ③ 47 ② 정답

48 유기축산물에서 축사조건에 해당되지 않는 것은?

① 공기 순환, 온·습도, 먼지 및 가스 농도가 가축 건강에 유해하지 아니한 수준 이내로 유지되어야 할 것

② 충분한 자연환기와 햇빛이 제공될 수 있을 것

③ 건축물은 적절한 단열·환기시설을 갖출 것

④ 사료와 음수는 거리를 둘 것

해설

유기축산물의 축사조건
- 사료와 음수의 접근이 용이할 것
- 공기순환, 온·습도, 먼지 및 가스 농도가 가축 건강에 유해하지 아니한 수준 이내로 유지될 것
- 건축물은 적절한 단열·환기시설을 갖출 것
- 충분한 자연환기와 햇빛이 제공될 수 있을 것

50 시설 내의 환경 특이성에 관한 설명으로 틀린 것은?

① 토양이 건조해지기 쉽다.

② 공중습도가 높다.

③ 탄산가스 농도가 높다.

④ 광분포가 불균일하다.

해설

시설재배는 작물이 지속적으로 광합성이 이루어져 대기 중 탄산가스 농도보다 3~4배 정도 월등히 낮아 광합성작용이 원활하게 이뤄지지 않고 있다.

49 간척지 토양의 특성에 대한 설명으로 틀린 것은?

① Na^+에 의하여 토양 분산이 잘 일어나서 토양공극이 막혀 수직배수가 어렵다.

② 토양이 대체로 EC가 높고 알칼리성에 가까운 토양반응을 나타낸다.

③ 석고($CaSO_4$)의 사용은 황산기(SO_4^{2-})가 있어 간척지에 사용하면 안 된다.

④ 토양유기물의 사용은 간척지 토양의 구조 발달을 촉진시켜 제염효과를 높여준다.

해설

③ 석고는 간척지, 임해매립지 등 알칼리성토양 개량에 적합하다.

51 유기축산물 생산에는 원칙적으로 동물용 의약품을 사용할 수 없게 되어 있는데, 예방관리에도 불구하고 질병이 발생할 경우 수의사 처방에 따라 질병을 치료할 수도 있다. 이때 최소 어느 정도의 기간이 지나야 도축하여 유기축산물로 판매할 수 있는가?

① 해당 약품 휴약기간의 1배

② 해당 약품 휴약기간의 2배

③ 해당 약품 휴약기간의 3배

④ 해당 약품 휴약기간의 4배

해설

유기축산물의 동물복지 및 질병관리(친환경농어업 육성 및 유기식품 등의 관리·지원에 관한 법률 시행규칙 [별표 4])
가축의 질병을 치료하기 위해 불가피하게 동물용의약품을 사용한 경우에는 동물용의약품을 사용한 시점부터 전환기간(해당 약품의 휴약기간의 2배가 전환기간보다 더 긴 경우에는 휴약기간의 2배의 기간을 말한다) 이상의 기간 동안 사육한 후 출하할 것

정답 48 ④ 49 ③ 50 ③ 51 ②

2020년 제1회 과년도 기출복원문제 | **345**

52 유기축산물 인증기준에 따른 유기 사료 급여에 대한 설명으로 틀린 것은?

① 천재·지변의 경우 유기사료가 아닌 사료를 일정 기간 동안 일정비율로 급여하는 것을 허용할 수 있다.

② 사료를 급여할 때 유전자변형농산물이 함유되지 않아야 한다.

③ 유기배합사료 제조용 단미사료용 곡물류는 유기농산물인증을 받은 것에 한한다.

④ 반추가축에게는 사일리지만 급여한다.

해설
유기축산물의 사료 및 영양관리(유기식품 및 무농약농산물 등의 인증에 관한 세부실시요령 [별표 1])
반추가축에게 담근먹이(사일리지)만 급여해서는 아니 되며, 생초나 건초 등 조사료도 급여하여야 한다. 또한 비반추가축에게도 가능한 조사료 급여를 권장한다.

53 물에 의한 토양의 침식 과정이 아닌 것은?

① 우적침식

② 면상침식

③ 선상침식

④ 협곡침식

해설
물에 의한 토양침식의 종류 : 우적침식, 비옥도침식(표면침식), 우곡침식, 계곡(협곡)침식, 평면(면상)침식, 유수침식, 빙식작용 등

54 친환경농업의 필요성이 대두된 원인으로 거리가 먼 것은?

① 농업 부문에 대한 국제적 규제 심화

② 안전 농산물을 선호하는 추세의 증가

③ 관행농업 활동으로 인한 환경오염 우려

④ 지속적인 인구 증가에 따른 증산 위주의 생산 필요

해설
지속적인 인구 증가에 따라 미국과 유럽 등 농업 선진국이 세계의 농업정책을 증산 중심에서 소비와 교역 위주로 전환하게 하는 견인역할을 하고 있다.

55 토양의 기능이 아닌 것은?

① 동식물에게 삶의 터전을 제공한다.

② 작물을 지지하거나 양분을 공급한다.

③ 오염물질 등의 폐기물과 물을 여과한다.

④ 독성이 강한 중금속 성분을 작물에 공급한다.

해설
토양의 기능
• 작물의 기계적 지지
• 작물생육에 필요한 수분 공급
• 대사작용에 필요한 각종 무기양분의 공급

346 | PART 02 과년도 + 최근 기출복원문제

52 ④ 53 ③ 54 ④ 55 ④ 정답

56 토양의 색에 대한 설명으로 틀린 것은?

① 토색을 보면 토양의 풍화 과정이나 성질을 파악하는 데 큰 도움이 된다.

② 착색재료로는 주로 산화철은 적색, 부식은 흑색/갈색을 나타낸다.

③ 신선한 유기물은 녹색, 적철광은 적색, 황철광은 황색을 나타낸다.

④ 토색 표시법은 Munsell의 토색첩을 기준으로 하며, 3속성을 나타내고 있다.

> **해설**
> **토양색의 표시**
> • Munsell 컬러차트 : 토양의 색은 객관적이고 미세한 차이를 확실히 구별하여 나타내려면 숫자와 기호로써 세분되어 있음. 이 표시법에서는 물체의 색을 색상, 명도 그리고 채도의 3속성을 조합하여 표현함.
> • 토양의 색에 영향을 끼치는 주요한 요인
> – 토양 구성 암석 및 광물의 종류 : 조암 광물 가운데 흑운모, 휘석, 각섬석, 전기석, 감람석, 자철광 등에는 Fe이 들어 있으며, 이들이 풍화되면 환경에 따라 다르나 황색 내지 적색을 띠게 되며 열대지방 토양은 산화철 광물이 풍부하기 때문에 적색을 띤다.
> – 유기물 함량 : 온난지역의 토양은 고도로 분해된 유기물 때문에 어두운 색을 띤다.
> – 수분 함량 및 배수성 : 배수가 나쁘면 유기물이 표층에 집적되어 색이 어둡고 유기물이 적은 하층토는 밝은 회색을 띤다.

57 연작장해에 대한 설명으로 틀린 것은?

① 수확량이 감소한다.

② 작물의 생장이 지연된다.

③ 수도작은 연작장해가 크게 일어난다.

④ 특정 작물이 선호하는 양분 수탈이 이루어진다.

> **해설**
> ③ 수도작에서는 담수로 인해 수분 공급과 배수, 미생물 활동 등에서 유리한 조건을 가지고 있어 연작장해가 발생하지 않는다.

58 시설재배지 토양관리의 문제점이 아닌 것은?

① 양분 용탈이 잘 일어난다.

② 연작장해가 발생되기 쉽다.

③ 염류집적이 잘 일어난다.

④ 양분 불균형이 발생하기 쉽다.

> **해설**
> 시설재배지 토양은 강우가 차단되어 노지에 비해 양분 용탈은 심하지 않지만, 양분의 불균형적 축적으로 인한 과·부족과 염류집적으로 인한 농도장해가 발생하며, 토양의 화학·물리성이 불량해진다.

59 산성토양의 개량 및 재배대책이 아닌 것은?

① 석회 시용

② 유기물 시용

③ 적황색토 객토

④ 내산성 작물재배

> **해설**
> ③ 적황색토는 산성토양이다.
> **산성토양의 개량 및 재배대책**
> • 석회나 유기물 시용
> • 강산성 작물재배
> • 산성비료 연용 회피
> • 용성인비, 붕소 시용

60 친환경농업이 출현하게 된 배경으로 틀린 것은?

① 세계의 농업정책이 증산 위주에서 소비자와 교역 중심으로 전환되어가고 있는 추세이다.

② 국제적으로 공업부분은 규제를 강화하고 있는 반면, 농업부분은 규제를 다소 완화하고 있는 추세이다.

③ 대부분의 국가가 친환경농법의 정착을 유도하고 있는 추세이다.

④ 농약을 과다하게 사용함에 따라 천적이 감소되어가는 추세이다.

> **해설**
> ② 국제적으로 농업부문에 대한 규제가 심화되고 있다.

정답 56 ③ 57 ③ 58 ① 59 ③ 60 ②

2020년 제2회 과년도 기출복원문제

PART 02 과년도 + 최근 기출복원문제

01 종자발아의 필수조건 3가지가 올바르게 짝지어진 것은?

① 수분, 온도, 광
② 수분, 비료, 광
③ 온도, 수분, 산소
④ 온도, 미생물, 수분

해설
종자발아의 필수조건 : 수분, 산소, 온도
※ 광의 경우 식물의 종류에 따라 발아에 영향을 주는 정도가 다르다.

02 작물생육에 영향을 주는 3대 주요 온도가 아닌 것은?

① 최저온도
② 최고온도
③ 최적온도
④ 평균온도

해설
주요 온도 : 작물생육에 영향을 주는 최저, 최적, 최고의 3대 주요 온도이며, 각각 작물과 생육 시기에 따라 다르다.

03 종자의 품질을 지배하는 내적 조건으로 옳지 않은 것은?

① 유전성
② 순도
③ 발아력
④ 병해충

해설
종자의 품질을 결정하는 조건
• 외적 조건 : 순도, 크기와 중량, 빛깔, 냄새, 수분 함량 등
• 내적 조건 : 유전성, 발아력, 병해충 등

04 화곡류(禾穀類)를 미곡, 맥류, 잡곡으로 구분할 때 맥류에 속하는 작물은?

① 조
② 귀리
③ 기장
④ 메밀

해설
화곡류
• 미곡 : 벼
• 맥류 : 보리, 밀, 귀리, 호밀 등
• 잡곡 : 조, 옥수수, 기장, 피, 메밀 등

05 신토양분류법의 분류체계에서 가장 하위 단위는?

① 목
② 속
③ 통
④ 상

해설
신토양분류법의 분류체계는 목(Order)-아목(Suborder)-대군(Great Group)-아군(Subgroup)-속(Family)-통(Series)의 6단계로 구성되어 있다.

06 다음 중 점토가 가장 많이 들어 있는 토양은?

① 식양토
② 식토
③ 양토
④ 사양토

해설
토성의 분류

토성의 명칭	세토 중의 점토 함량
사토	12.5% 이하
사양토	12.5~25%
양토	25~37.5%
식양토	37.5~50%
식토	50% 이상

348 | PART 02 과년도 + 최근 기출복원문제

1 ③　2 ④　3 ②　4 ②　5 ③　6 ②　**정답**

07 종자의 유전적 퇴화 원인이 아닌 것은?

① 자연돌연변이
② 자연교잡
③ 이형종자의 기계적 혼입
④ 재배환경의 불량

해설
유전적 퇴화의 원인 : 자연돌연변이, 자연교잡, 이형종자의 기계적 혼입, 미고정형질의 분리, 자식(근교)약세, 역도태 등

08 산성토양의 개량 및 재배대책이 아닌 것은?

① 붕소 시용
② 내산성 작물재배
③ 용성인비 시용
④ 적황색토 객토

해설
④ 적황색토는 산성토양이다.
산성토양의 개량 및 재배대책
• 석회와 유기물 시용
• 강산성 작물재배
• 산성비료 연용 회피
• 용성인비, 붕소 시용

09 토양침식을 방지할 수 있는 방법으로 틀린 것은?

① 경운
② 토양 개량
③ 방풍림 조성
④ 토양 표면 피복

해설
거친 경운은 토양 건조를 초래하여 토양침식을 조장한다.

10 지표관개에 관한 설명으로 옳지 않은 것은?

① 전면관개, 일류관개, 보더법 등이 있다.
② 집중적으로 물을 줄 필요가 있는 곳에 사용한다.
③ 물 빠짐이 나쁜 토양에서는 오히려 습해를 입는다.
④ 고랑에 물을 대거나 토지 전면에 물을 대는 방법이다.

해설
지표관개는 전체적으로 물을 충분히 줄 수 있는 장점이 있으나, 땅이 고르지 않으면 일부는 물에 잠기고 일부는 물이 닿지 않는 단점이 있다.

11 생력기계화재배의 전제조건으로 올바른 것은?

① 개인 재배
② 잉여 노력 배제
③ 제초제 불용
④ 경지 정리

해설
④ 농업기계가 능률적으로 작업을 하려면 농경지의 필지 면적이 크고 구획이 반듯하며, 경지가 정리되어 있어야 한다.
① 여러 농가가 집단화하여 농작업을 할 수 있는 공동 재배조직이 구성되어야 한다.
② 생력기계화 재배는 지출이 크게 늘어나기 때문에 잉여노력을 알맞게 수익화하지 못하면 수지 균형이 악화될 우려가 크다.
③ 제초제를 이용하면 그 자체만으로도 큰 생력이 된다.

12 풍식에 대한 설명으로 옳지 않은 것은?

① 풍식이란 바람에 의한 토양침식작용이다.
② 풍식의 정도는 풍량에 의해 결정된다.
③ 풍식은 건조한 지방에서 일어나기 쉽다.
④ 우리나라의 경우 동해안과 제주도에서 주로 발생한다.

해설
② 풍식 정도는 풍량보다 풍속과 관계가 깊다.

정답 7 ④ 8 ④ 9 ① 10 ② 11 ④ 12 ②

13 화훼작물 중 종자수명이 가장 긴 것은?

① 거베라　　　　② 백합
③ 안개초　　　　④ 베고니아

> **해설**
> 화훼종자의 수명
> • 단명종자 : 베고니아, 제라늄, 알리섬, 거베라, 백합, 샐비어 등
> • 상명종자 : 코스모스, 백일홍, 팬지, 페튜니아, 채송화 등
> • 장명종자 : 봉선화, 안개초, 메리골드, 나팔꽃, 데이지 등

14 요수량에 관한 설명으로 거리가 먼 것은?

① 작물이 건물 1g을 생산하는 데 소비된 수분량을 말한다.
② 요수량이 작은 작물일수록 건조한 토양이나 가뭄에 강하다.
③ 작물별로 수분의 절대소비량을 표시한다.
④ 호박이나 클로버는 요수량이 큰 작물이다.

> **해설**
> ③ 수분의 절대소비량이 아닌 수분경제의 척도를 나타낸다.
> ① 요수량이란 작물의 건물 1g을 생산하는 데 소비되는 수분량(g)을 뜻한다.
> ④ 수수, 기장, 옥수수 등은 작고 호박, 알팔파, 클로버는 큰 편이다.
> ※ 요수량의 크기 : 기장 < 옥수수 < 보리 < 알팔파 < 클로버

15 비료의 4요소만으로 나열된 것은?

① 질소, 인산, 칼륨, 유기물
② 탄소, 수소, 질소, 산소
③ 수분, 공기, 인산, 질소
④ 칼슘, 칼륨, 질소, 인산

> **해설**
> 비료의 3요소[4요소] : 질소, 인산, 칼륨, [칼슘]

16 광합성에 가장 유효한 광선은?

① 자외선　　　　② 가시광선
③ 적외선　　　　④ 감마선

> **해설**
> 광합성에 이용되는 파장
> 지면에 도달하는 햇빛 중 400nm 이하의 짧은 파장을 자외선(UV)이라 하고, 400~700nm의 파장을 가시광선이라 하며, 700nm 이상의 파장을 적외선이라고 하는데, 전체 햇빛에너지의 약 50%를 차지하는 가시광선은 광합성에 이용되므로 유효복사라고도 한다.

17 토양입단을 향상시키는 방법으로 옳지 않은 것은?

① 토양을 피복한다.
② 두과 작물을 재배한다.
③ 경운을 실시한다.
④ 석회질 비료를 시용한다.

> **해설**
> 토양입단의 형성 및 파괴 요인
>
> | 토양입단의 형성 | 토양입단의 파괴 |
> |---|---|
> | • 유기물의 시용
• 토양의 피복
• 석회(Ca)의 시용
• 두과 작물의 재배
• 토양개량제의 시용 | • 잦은 경운
• 비, 바람
• 입단의 팽창과 수축
• Na^+이온(점토결합을 분산) |

18 광합성에서 조사광량이 높아도 광합성 속도가 증가하지 않을 때의 빛의 세기를 의미하는 것은?

① 광포화점　　　　② 광보상점
③ 진정광합성　　　　④ 외견상광합성

> **해설**
> ② 호흡량과 광합성량이 같을 때의 빛의 세기
> ③ 호흡을 무시하고 본 절대적인 광합성
> ④ 외견상으로 나타난 광합성

350 | PART 02 과년도 + 최근 기출복원문제

13 ③　14 ③　15 ④　16 ②　17 ③　18 ①　정답

19 발아억제물질에 해당하지 않는 것은?

① 암모니아　　② 질산염

③ CCC　　④ ABA

해설

발아촉진물질 : 지베렐린, 에스렐, 질산염 등

20 대기의 질소를 고정시켜 지력을 증진시키는 작물은?

① 화곡류　　② 두류

③ 근채류　　④ 과채류

해설

공기 중의 질소를 고정하는 미생물인 질소고정세균은 작물 스스로 분자질소를 고정하여 이용할 수 없기 때문에 숙주식물(대부분이 콩과 식물)에 기생하며, 질소를 고정한다.

21 토양미생물의 수를 나타내는 단위는?

① ppm　　② CFU

③ mole　　④ pH

해설

CFU(Colony-Forming Units, 집락형성단위)

세균의 밀도 측정 단위로 CFU/100cm²는 100cm²당 얼마만큼의 세포 또는 균주가 있는지를 나타낸다.

22 유효수분을 보유하는 보수 역할을 주로 담당하는 공극은?

① 대공극

② 기상공극

③ 모관공극

④ 배수공극

해설

토양공극

• 비모관공극(대공극, 입단과 입단 사이) : 배수구 역할과 공기의 유동

• 모관공극(소공극, 입자와 입자 사이) : 식물이 이용할 수 있는 유효수분을 보유

23 우리나라 토양에 가장 많이 분포한다고 알려진 점 토광물은?

① 일라이트

② 카올리나이트

③ 버미큘라이트

④ 몬모릴로나이트

해설

우리나라 토양에 가장 많이 분포하고 있는 점토광물은 카올리나이트로 80% 이상을 차지하고 있다. 나머지는 일라이트가 대부분을 차지하고, 일부 지역에서는 몬모릴로나이트와 같은 팽창성 점토광물이 소량 포함되기도 한다.

24 식물이 다량으로 요구하는 필수원소가 아닌 것은?

① Fe　　② K

③ Mg　　④ S

해설

식물 생육에 필요한 필수원소(16가지)

• 다량원소 : C, H, O, N, P, K, Ca, Mg, S

• 미량원소 : Fe, Cl, Mn, Zn, B, Cu, Mo

정답　19 ②　20 ②　21 ②　22 ③　23 ②　24 ①

25 논토양과 밭토양의 차이점으로 틀린 것은?

① 논토양은 무기양분의 천연 공급량이 많다.

② 논토양은 유기물 분해가 빨라 부식 함량이 적다.

③ 밭토양은 통기상태가 양호하며, 산화상태이다.

④ 밭토양은 산성화가 심하여 인산유효도가 낮다.

해설
② 유기물 분해 속도는 담수상태인 논토양이 산화 상태인 밭토양보다 느리다.

---

26 토양을 담수하면 환원되어 독성이 높아지는 중금속은?

① As   ② Cr

③ Pb   ④ Ni

해설
토양의 환원상태(담수상태)에서 Cu, Zn, Cr, Cd 등은 H_2S(황화수소)와 반응하여 난용성의 황화물을 형성하므로 불용화한다. 단, As(비소)는 환원상태에서 아비산으로 변화하여 독성이 증가하므로 산화상태를 유지해야 한다.

---

27 토양미생물의 활동 조건에 대한 설명으로 틀린 것은?

① 대부분의 방선균은 호기성균이다.

② 세균은 산성에 강하고, 곰팡이는 산성에 약하다.

③ 미생물 활동에 알맞은 pH는 대체로 7 부근이다.

④ 방선균은 건조한 환경에서 포자를 만들어 잠복한다.

해설
곰팡이, 효모의 최적 pH는 미산성(약산성)이고, 세균의 경우에는 중성에서 알칼리성을 좋아한다.

---

28 질산화 작용이 일어나는 장소와 과정이 옳은 것은?

① 환원층, $NH_4^+ \rightarrow NO_3^- \rightarrow NO_2^-$

② 산화층, $NO_3^- \rightarrow NO_2^- \rightarrow NH_4^+$

③ 환원층, $NH_4^+ \rightarrow NO_2^- \rightarrow NO_3^-$

④ 산화층, $NH_4^+ \rightarrow NO_2^- \rightarrow NO_3^-$

해설
질산화 작용(nitrification)
암모늄태 질소(NH_4^+)는 산소의 공급이 충분한 환경, 즉 산화층에서 아질화균에 의해 아질산태 질소(NO_2^-)가 된 후 질산화균에 의해 질산태 질소(NO_3^-)가 되는 2단계 반응을 거친다.

---

29 밭토양과 비교하여 개간지 토양의 특성으로 옳지 않은 것은?

① 산성이 강하다.

② 석회 함량이 높다.

③ 유기물 함량이 낮다.

④ 유효인산 함량이 낮다.

해설
개간지 토양의 특성
• 물리적 특성 : 토양침식으로 토심이 얇고, 구조 미발달 및 보수력이 약하여 한발 피해가 있다.
• 화학적 특성 : 화학성이 극히 미약하고, pH(강산성), CEC, 유기물, 유효인산, 염기 함량이 아주 낮다.

---

30 다음 중 토양에 서식하고 토양으로부터 양분과 에너지원을 얻으며 특히 배설물이 토양입단 증가에 영향을 주는 것은?

① 사상균   ② 지렁이

③ 박테리아   ④ 방사선균

해설
지렁이의 소화기관을 통과할 때 석회석에서 분비되는 탄산칼슘 등의 응고에 의해 토양의 입단화가 이루어진다. 토양의 물리성을 개량하여 식물과 농작물의 생육에 알맞은 환경을 만들어 준다.

---

352 | PART 02 과년도 + 최근 기출복원문제

25 ② 26 ① 27 ② 28 ④ 29 ② 30 ② **정답**

31 다음 중 혐기성 단독질소고정균은?

① *Derxia*

② *Rhizobium*

③ *Azotobacter*

④ *Clostridium*

해설

질소고정세균
• 단독질소고정세균 : *Azotobacter*(호기성), *Clostridium*(혐기성)
• 공생질소고정세균 : *Rhizobium*(근류균 : 콩과 식물과의 공생)

32 시설 내 강제 환기의 특징으로 옳지 않은 것은?

① 넓은 면적의 환기에 사용한다.

② 환기창을 통하여 환기한다.

③ 프로펠러형과 튜브형이 있다.

④ 일반적으로 모터와 팬이 직접 연결되어 있다.

해설

② 천창이나 측창 등의 환기창을 통하여 이루어지는 환기는 자연
환기라고 한다.

33 땅갈기(경운)의 특징으로 옳은 것은?

① 해충 발생이 증가한다.

② 토양수분 유지가 불리해진다.

③ 비료와 농약의 사용 효과가 감소한다.

④ 토양의 유실이 증가된다.

해설

① 땅속에 숨은 해충의 유충이나 애벌레, 성충 등을 표층으로 노출
시키면 서식 환경이 파괴되어 해충을 죽이거나 밀도를 낮출
수 있다.

② 땅을 갈면 땅속 깊이까지 물이 스며들어 수분을 잘 유지시킬
수 있을 뿐만 아니라, 갈아 놓은 땅은 표면적이 넓어서 수분이
과다해도 수분 조절작용에 유리하다.

③ 땅을 갈면 퇴비나 남아 있던 수확한 작물의 잎줄기를 땅속에
묻어 이를 이용할 수 있고, 비가 오면 비료나 농약이 빗물로
씻겨 내려갈 염려가 적어져 이용 효율이 커진다.

34 엽록소를 형성하고 잎의 색이 녹색을 띠는 데 필요
하며, 단백질 합성을 위한 아미노산의 구성성분은?

① 질소   ② 인산

③ 칼슘   ④ 규산

해설

아미노산 : 질소화합물로 단백질의 구성성분이다.

35 토양구조에 대한 설명으로 옳은 것은?

① 구상구조는 주로 유기물이 많은 표층토에서 발달
한다.

② 주상구조는 모재의 특성을 그대로 간직하고 있는
것이 특징이며, 물이나 빙하의 아래에 위치하기
도 한다.

③ 괴상구조는 건조 또는 반건조 지역의 심층토에
주로 지표면과 수직한 형태로 발달한다.

④ 판상구조는 배수와 통기성이 양호하며, 뿌리의
발달이 원활한 심층토에서 주로 발달한다.

해설

② 주상구조는 가로·세로의 크기가 크게 다르고, 우리나라 해성
토의 심토에서 발견된다.

③ 괴상구조는 다면체이고 가로와 세로의 크기가 거의 같으며,
점토가 많은 B층에서 흔히 볼 수 있다.

④ 판상구조는 투수성이 불량하여 혼답을 형성하고, 산림토양이
나 논토양의 하층토에서 흔히 발견할 수 있다.

36 토양오염 우려기준물질에 포함되지 않는 것은?

① Zn   ② Al

③ Hg   ④ As

해설

토양오염물질 23종(토양환경보전법 시행규칙 [별표 1])

수은(Hg), 납(Pb), 6가크로뮴, 아연(Zn), 카드뮴(Cd), 구리(Cu),
비소(As), 니켈(Ni), 플루오린, 유기인화합물, 폴리클로리네이티
드비페닐, 시안, 페놀, 벤젠, 톨루엔, 에틸벤젠, 크실렌(BTEX), 석
유계 총탄화수소(TPH), 트라이클로로에틸렌(TCE), 테트라클로
로에틸렌(PCE), 벤조(a)피렌, 1,2-디클로로에탄, 다이옥신 등

정답 31 ④ 32 ② 33 ④ 34 ① 35 ① 36 ②

37 피복작물에 의한 토양보전 효과로 볼 수 있는 것은?

① 토양의 유실 증가

② 토양의 투수력 감소

③ 빗방울의 토양 타격강도 증가

④ 유거수량의 감소

해설
④ 유거수량은 물이 토양의 표면을 따라 흐르면서 이동하는 물의
양을 뜻하는데 피복작물에 의해 빗방울이 토양에 직접 떨어지
는 것을 막아 유거수량을 감소시켜 준다.

피복작물의 효과
• 물의 침투율을 높인다.
• 강우의 지면타격으로부터 토양을 보호한다.
• 토양의 비료성분을 체내에 저장하며, 토양의 입단구조를 개선한다.
• 토양양분의 유실 및 지하수의 오염을 방지한다.
• 토양침식을 방지한다.
• 토양의 이화학성 및 생물성의 개선, 유기물 공급, 잡초 억제 등
다면적인 기능을 가지고 있다.

38 다음 음이온 중 치환순서가 가장 빠른 이온은?

① PO_4^{3-}　　　② SO_4^{2-}

③ Ca^{2+}　　　④ NO_3^-

해설
토양교질의 음이온 치환순서 : $SiO_4^{4-} > PO_4^{3-} > SO_4^{2-} > NO_3^-$

39 식물영양성분인 철(Fe)의 유효도에 대한 설명으로 옳은 것은?

① 산성에서 높다.

② 염기성일수록 높다.

③ pH와는 무관하다.

④ 중성에서 가장 높다.

해설
철(Fe)의 유효도는 산성에서 높고 배수 불량지에서는 $Fe^{3+} \rightarrow Fe^{2+}$
로 환원되어 과잉으로 녹아 침전되어 존재한다.

40 미생물은 활성이 가장 최적인 온도에 따라서 구분
할 수 있다. 미생물의 생육적온이 15℃ 부근인 미생
물은 어떤 분류에 포함되는가?

① 저온성 미생물　　　② 중온성 미생물

③ 고온성 미생물　　　④ 호기성 미생물

해설
온도에 따른 미생물의 구분
• 저온성 : 0℃에서 생장 가능, 최적온도 15℃ 이하
• 내저온성 : 0~7℃에서 생장 가능, 최적온도 20~30℃
• 중온성 : 최적온도 20~45℃
• 고온성 : 55℃에서 생장 가능, 최적온도 55~65℃
• 초고온성 : 80~113℃

41 윤작의 효과가 아닌 것은?

① 지력 유지

② 토시이용도 감소

③ 농업경영 안정화

④ 병해충 경감

해설
윤작의 효과
• 토양 보호
• 잡초 및 병해충의 발생 억제
• 지력유지 및 증강
• 토양선충 경감 및 기지현상 회피
• 수확량 증대 및 토지이용도 향상
• 노력분배 합리화 및 농업경영의 안정성 증대

42 우리나라 밭토양이 가장 많이 분포되어 있는 지형은?

① 곡간지　　　② 산악지

③ 구릉지　　　④ 평탄지

해설
밭토양은 경사지인 곡간지 및 산록지에 많이 분포되어 있다.

43 산도(pH)를 알칼리성으로 표기한 것은?

① pH 2~3

② pH 4~5

③ pH 6~7

④ pH 8~9

해설

• pH 7 : 중성

• pH 7 이하 : 산성

• pH 7 이상 : 알칼리성

44 초생재배의 장점이 아닌 것은?

① 토양 단립화

② 토양침식 방지

③ 제초 노력 경감

④ 지력 증진

해설

초생재배는 초본식물을 재배하여 토양을 보호하고 지력을 향상시키는 방법으로, 토양의 단단함을 완화하고 토양구조를 개선하는데 도움을 준다.

45 유지사료 중 독성물질이 함유되어 있는 것은?

① 그리스

② 라드

③ 면실유

④ 채종유

해설

③ 면실유는 목화씨에서 짜낸 기름으로, 고시폴이라는 독성물질이 함유되어 있어서 사료로는 그 사용량이 극히 제한된다.

※ 유지사료 : 가축의 유지상태를 지탱하기 위해 필요한 사료

46 품종의 특성 유지 방법이 아닌 것은?

① 집단재배

② 격리재배

③ 원원종재배

④ 영양번식에 의한 보존재배

해설

① 집단재배는 다수성 품종을 육종하기 위한 재배 방법이다.

47 양액재배의 종류 중에서 뿌리를 항상 양액 속에 담근 채로 재배하는 방법은?

① 분무경

② 분무수경

③ 담액수경

④ 고형배지경

해설

① 분무경 : 식물의 뿌리를 베드 내의 공기 중에 매달아 양액을 분사하는 방식

② 분무수경 : 양액을 뿌리에 분무하는 한편, 동시에 베드 밑부분에 약간의 양액을 저장시켜 뿌리의 일부를 담가 재배하는 방식

④ 고형배지경 : 수경과 토경의 중간적 성격을 가진 방식

48 한 종류의 작물이 생육하고 있는 이랑 사이나 포기 사이에 다른 작물을 파종하거나 심어서 재배하는 작부방식은?

① 교호작

② 간작

③ 난혼작

④ 주위작

해설

① 교호작 : 생육기간이 비슷한 두 종류 이상의 작물을 일정한 이랑씩 건너서 재배하는 방법

③ 난혼작 : 두 종류 이상의 작물을 같은 포장에 섞어서 질서 없이 재배하는 방법

④ 주위작 : 포장의 주위에 포장 내에 작물과는 다른 작물을 재배하는 방법으로 혼작의 일종이다.

정답 43 ④ 44 ① 45 ③ 46 ① 47 ③ 48 ②

49 다음 중 기생성 곤충에 해당하는 것은?

① 꽃등에
② 딱정벌레
③ 풀잠자리
④ 맵시벌

해설
포식성 곤충과 기생성 곤충
• 포식성 곤충 : 풀잠자리, 꽃등에, 됫박벌레, 딱정벌레, 팔라시스 이리응애, 무당벌레 등
• 기생성 곤충 : 침파리, 고치벌, 맵시벌, 꼬마벌 등

50 다음 중 연작의 피해가 가장 큰 작물은?

① 수수
② 고구마
③ 양파
④ 사탕무

해설
• 연작 피해가 작은 작물 : 수수, 고구마, 양파 등
• 연작 피해가 큰 작물 : 사탕무, 수박, 가지, 완두 등

51 예방적 잡초 방제의 방법과 거리가 먼 것은?

① 윤작
② 동물 방목
③ 두과 작물재배
④ 완숙퇴비 사용

해설
② 동물 방목은 생물적 방제법이다.
예방적 잡초 방제법
• 경운
• 윤작(돌려짓기)
• 피복재배
• 열을 이용하여 소각
• 재식밀도 조절
• 손이나 농기구를 이용
• 천적, 미생물의 이용

52 부식의 특성과 거리가 먼 것은?

① 토양의 생산성을 증가시킨다.
② 필수영양소를 공급해 준다.
③ 토양의 산도를 감소시킨다.
④ 토양 입단구조의 형성을 증진시킨다.

해설
부식
• 식물 성장에 필요한 영양분을 공급
• 토양수를 증가
• 토양의 입단구조 형성을 좋게 하여 공극 분포도 향상
• 보수성 및 통수성을 좋게 하여 강우에 의한 토양침식을 방지
• 생산성의 증가

53 다음 중 오존에 강한 작물은?

① 페튜니아
② 시금치
③ 감자
④ 살구나무

해설
오존은 잎의 호흡을 촉진시켜 영양부족으로 식물을 말라 죽게 한다. 살구나무, 은행나무, 양배추, 후추, 튤립, 팬지 등은 오존에 대한 내성이 강한 것으로 알려져 있다.

54 다음 중 적산온도가 가장 낮은 작물은?

① 감자
② 담배
③ 메밀
④ 벼

해설
③ 메밀 : 1,000~1,200℃
① 감자 : 1,300~3,000℃
② 담배 : 3,200~3,600℃
④ 벼 : 3,500~4,500℃

356 | PART 02 과년도 + 최근 기출복원문제

49 ④ 50 ④ 51 ② 52 ③ 53 ④ 54 ③ 정답

55 유기축산물의 유기배합사료 중 식물성 단백질류에 해당하는 것으로만 나열된 것은?

① 밀, 수수
② 호밀, 귀리
③ 옥수수, 보리
④ 들깻묵, 아마박

해설
①·②·③은 식물성 탄수화물 사료이다.
식물성 단백질 사료 : 대두박, 임자박(들깻묵), 채종박, 아마박 등

56 유기농업에서의 병해충 방제를 위한 방법으로 가장 거리가 먼 것은?

① 천적 이용
② 화학합성농약 이용
③ 저항성 품종 이용
④ 담배잎 추출액 사용

해설
유기농업은 화학비료, 유기합성농약, 생장조절제, 제초제, 가축사료 첨가제 등 일체의 합성화학물질을 사용하지 않거나 줄이고, 유기물과 자연광석, 미생물 등 자연적인 자재만을 사용하는 농업이다.

57 유기축산에 대한 설명으로 틀린 것은?

① 양질의 유기사료 공급
② 가축의 생리적 욕구 존중
③ 유전공학을 이용한 번식기법 사용
④ 환경과 가축 간의 조화로운 관계 발전

해설
유기축산
• 토지-식물-가축 간의 조화 및 순환이 되는 것을 근간으로 한다.
• 가축의 생리적·행태적 욕구를 충족시켜 주고 유기적으로 생산된 사료를 급여한다.
• 적절한 사육 공간, 행동에 필요한 적절한 사양 관리체계를 도입하여 스트레스를 최소화하면서 질병 예방과 건강 증진을 위한 가축 관리가 요구된다.
• 유기축산 농가에서 이행해야 할 사항으로는 경영 관리 기록, 전환기 관리, 동물(가축) 복지관리, 항생제 사용 금지, 사료 GMO 혼입 금지, 사료작물 생산, 화학비료 사용 금지, HACCP 인증 도축을 해야 한다.

58 다음 중 호광성 종자가 아닌 것은?

① 당근
② 가지
③ 유채
④ 양파

해설
호광성(광발아) 종자 : 상추, 파, 양파, 당근, 유채, 우엉, 베고니아, 페튜니아, 담배, 뽕나무 등

59 다음 유기농업이 추구하는 내용에 관한 설명으로 거리가 먼 것은?

① 환경생태계의 보호
② 멸종위기종의 보호
③ 생물학적 생산성의 최적화
④ 토양 쇠퇴와 유실의 최소화

해설
유기농업의 추구 내용
• 환경생태계의 보호
• 환경오염의 최소화
• 토양 쇠퇴와 유실의 최소화
• 생물학적 생산성의 최적화
• 자연환경의 우호적 건강성 촉진

60 유기사료를 가장 바르게 설명한 것은?

① 비식용유기가공품 인증기준에 맞게 재배·생산된 사료를 말한다.
② 배합사료를 구성하는 사료로 사료의 맛을 좋게 하는 첨가사료이다.
③ 혼합사료를 만드는 보조사료이다.
④ 혼합사료의 혼합이 잘되게 하는 첨가제이다.

해설
유기사료
모든 원료사료의 생산·가공·제조에서 최종 배합사료의 제조 시까지 반(反)유기적 성분이 포함되지 않으며, 급여 대상 가축의 자연적 섭식생리에 적합하게 제조된 사료

정답 55 ④ 56 ② 57 ③ 58 ② 59 ② 60 ①

PART 02 과년도 + 최근 기출복원문제

2021년 제1회 과년도 기출복원문제

01 토양학에서 토성(土性)의 의미로 가장 적합한 것은?

① 토양반응
② 토양의 성질
③ 토양의 화학적 성질
④ 입경구분에 의한 토양의 분류

해설

토성
• 토양 무기질 입자의 입경 조성(기계적 조성)에 의한 토양의 분류
• 모래, 실트, 점토의 상대적 함량비를 토성이라 한다.
• 토양통(土壤統) : 동일한 토양모재로부터 발달된 유사한 토양을 묶은 토양 분류체계의 최하위 분류단위

02 작물의 분화 과정이 옳은 것은?

① 유전적 변이 → 고립 → 도태와 적응
② 유전적 변이 → 도태와 적응 → 고립
③ 도태와 적응 → 유전적 변이 → 고립
④ 도태와 적응 → 고립 → 유전적 변이

해설

작물의 분화 과정 : 유전적 변이 → 도태 또는 적응 → 순화 → 격리 또는 고립

03 원예작물의 일반적인 분류에서 근채류에 해당하는 것은?

① 상추
② 아스파라거스
③ 우엉
④ 땅콩

해설

근채류(뿌리채소류) : 우엉, 당근, 무, 연근, 토란 등

04 기원지로서 원산지를 파악하는 데 근간이 되는 학설은 유전자중심설이다. Vavilov의 작물의 기원지에 해당하지 않는 곳은?

① 지중해 연안
② 남부아프리카
③ 코카서스 · 중동
④ 인도 · 동남아시아

해설

Vavilov의 작물의 기원지 : 중국, 인도 · 동남아시아, 중앙아시아, 코카서스 · 중동지역, 지중해 연안지역, 중앙아프리카지역, 멕시코 · 중앙아메리카지역, 남아메리카지역

05 답전윤환의 효과와 가장 거리가 먼 것은?

① 지력의 감퇴
② 기지의 회피
③ 잡초발생의 감소
④ 연작장해의 경감

해설

답전윤환은 논 또는 밭을 논상태와 밭상태로 몇 해씩 돌려가면서 벼와 밭작물을 재배하는 방식으로 연작장해를 막기 위해 사용되는 방법이다.

358 | PART 02 과년도 + 최근 기출복원문제

1 ④ 2 ② 3 ③ 4 ② 5 ① **정답**

06 종자의 발아에 관한 설명으로 틀린 것은?

① 발아시(發芽始)는 파종된 종자 중에서 최초 1개체가 발아한 날이다.
② 발아기(發芽期)는 전체 종자 수의 약 50%가 발아한 날이다.
③ 발아전(發芽揃)은 종자의 대부분(80% 이상)이 발아한 날이다.
④ 발아일수(發芽日數)는 파종기부터 발아시까지의 일수이다.

해설
④ 발아일수는 파종부터 발아기(또는 발아전)까지의 일수이며, 발아기간(發芽期間)이라고도 한다.

07 괴경으로 번식하는 작물은?

① 마늘   ② 고구마
③ 감자   ④ 생강

해설
① 마늘 : 인경
② 고구마 : 괴근
④ 생강 : 근경

08 작물의 뿌리가 정상적인 흡수 능력을 발휘하지 못할 때, 이식한 후 활착이 좋지 못할 때, 병해충 또는 침수피해를 당했을 때와 같이 응급한 경우에 사용하는 시비 수단은?

① 엽면시비   ② 표층시비
③ 전층시비   ④ 심층시비

해설
② 표층시비 : 경지를 고르지 않고 포장 전면에 비료를 살포하는 시비법
③ 전층시비 : 비료를 살포한 후, 경운하여 비료가 토양에 골고루 섞이도록 하는 시비법
④ 심층시비 : 비료의 손실을 막기 위해 토양 깊이 비료를 넣어주는 시비법

09 도복에 대한 설명으로 옳지 않은 것은?

① 밀식은 도복을 유발한다.
② 키가 크고 줄기가 튼튼한 작물이 잘 걸린다.
③ 가을멸구의 발생이 많으면 도복이 심해진다.
④ 비가 와서 식물체가 무거워지면 도복이 유발된다.

해설
② 키가 크고 줄기가 약한 품종일수록 도복이 심하다.

10 온도와 작물생육과의 관계를 설명한 내용 중 잘못된 것은?

① 생육기간이 짧은 작물일수록 더 많은 적산온도를 필요로 한다.
② 상추는 10~18℃ 정도로 비교적 낮은 온도를 좋아하며 고온에서는 생육이 나쁘다.
③ 종자의 발아시나 뿌리의 생장에는 지온의 영향이 크고, 잎과 줄기가 커 가는 데에는 기온의 영향이 크다.
④ 가을보리, 가을밀은 싹을 틔운 씨앗을 대체로 0~5℃의 저온에서 40~60일 정도 저온처리를 하면 춘화처리가 된다.

해설
① 생육기간이 긴 작물일수록 더 많은 적산온도를 필요로 한다.

정답 6 ④ 7 ③ 8 ① 9 ② 10 ①

11 작부체계별 특성에 대한 설명으로 옳지 않은 것은?

① 단작은 많은 수량을 낼 수 있다.
② 윤작은 경지의 이용 효율을 높일 수 있다.
③ 혼작은 병해충 방제와 기계화 작업에 효과적이다.
④ 단작은 재배나 관리 작업이 간단하고 기계화 작업이 가능하다.

해설
혼작은 생육기간이 거의 같은 두 종류 이상의 작물을 동시에 같은 포장에 섞어서 재배하는 것을 말한다. 병해충 방제에 효과적인 것은 윤작이며, 기계화 작업에 효과적인 것은 단작이다.

12 대기 습도가 높으면 나타나는 현상으로 옳지 않은 것은?

① 증산의 증가
② 도복의 발생
③ 병원균 번식의 조장
④ 탈곡·건조작업의 불편

해설
대기 습도
• 대기 습도가 높지 않고 적당히 건조해야 증산이 조장되며, 양분 흡수가 촉진되어 생육에 좋다. 그러나 과도한 건조는 불필요한 증산을 하여 한해를 유발한다.
• 대기가 과습하면 증산이 적어지고 병균의 발달을 조장하며, 식물체의 기계적 조직이 약해져서 병해·도복을 유발한다.

13 식물체내에서 합성되는 호르몬이 아닌 것은?

① CCC
② 옥신
③ 지베렐린
④ 사이토키닌

해설
① CCC(Cycocel) : 식물생장억제제
식물호르몬 : 옥신, 지베렐린, 사이토키닌, ABA, 에틸렌

14 토양의 입단 형성에 도움이 되지 않는 것은?

① Ca 이온
② Na 이온
③ 유기물의 작용
④ 토양개량제의 작용

해설
② Na 이온은 점토의 결합을 느슨하게 하여 입단을 파괴한다.
입단의 파괴
• 잦은 경운
• 습윤과 건조, 동결과 융해 등 입단의 팽창과 수축의 반복
• 비와 바람
• Na 이온의 첨가

15 화성암을 산성, 중성, 염기성으로 나눌 때 암석에 들어있는 기준은 무엇인가?

① CaS
② SiO_2
③ $CaCO_3$
④ $MgCO_3$

해설
화성암은 마그마가 식은 위치에 따라서 심성암, 반심성암 및 화산암으로 나누고, 암석에 들어 있는 규산(SiO_2)의 함량에 따라 산성암, 중성암, 염기성암으로 분류한다.

16 다른 생물과 공생하여 공중질소를 고정하는 토양 세균은?

① *Azotobacter*
② *Rhizobium*
③ *Clostridium*
④ *Beijerinckia*

해설
Rhizobium(리조비움속) : 콩과 식물의 뿌리에 공생하며 공기 중의 질소를 고정하는 역할을 한다.

17 광과 작물의 생리작용에 대한 설명으로 틀린 것은?

① 광합성에 의하여 호흡기질이 생성된다.
② 녹색식물은 광을 받으면 엽록소 생성이 촉진된다.
③ 식물의 한쪽에 광을 조사하면 반대쪽의 옥신 농도가 낮아진다.
④ 광이 조사(照射)되면 온도가 상승하여 증산이 조장된다.

해설
③ 식물의 한쪽에 광을 조사하면 조사된 쪽의 옥신 농도가 낮아지고 반대쪽의 옥신 농도가 높아진다.
① 광은 광합성으로 호흡기질을 합성하여 호흡이 이루어지게 된다.
② 녹색식물은 광 에너지를 받아서 대기의 이산화탄소와 뿌리가 흡수한 물을 이용하여 탄수화물을 합성하는 광합성을 한다.
④ 작물이 햇볕을 받으면 온도가 상승하여 증산이 촉진된다.

18 대기 중의 이산화탄소와 작물의 생리작용에 대한 설명으로 옳지 않은 것은?

① 이산화탄소의 농도와 온도가 높아질수록 동화량은 증가하다가 감소한다.
② 광합성 속도에는 이산화탄소 농도뿐만 아니라 광의 강도도 관계한다.
③ 광합성은 온도, 광도, 이산화탄소의 농도가 증가함에 따라 계속 증대한다.
④ 이산화탄소 보상점이란 광합성에 의한 유기물의 생성 속도와 호흡에 의한 유기물의 소모 속도가 같아지는 이산화탄소 농도를 뜻한다.

해설
광합성에 영향을 미치는 요인
• 온도 : 온도가 높을수록 광합성량은 증가하고 35~38℃에서 가장 활발하다. 그러나 40℃ 이상이나 10℃ 이하가 되면 급격히 감소한다.
• 이산화탄소의 농도 : 이산화탄소의 농도가 증가할수록 광합성량이 증가하지만, 농도 0.1%부터는 일정하다.
• 빛의 세기 : 빛의 세기가 강할수록 광합성량이 증가하지만, 광포화점을 지나면 일정하다.

19 작물의 장해형 냉해에 관한 설명으로 가장 옳은 것은?

① 냉온으로 인하여 생육이 지연되어 후기 등숙이 불량해진다.
② 생육 초기부터 출수기에 걸쳐 냉온으로 인하여 생육이 부진하고 지연된다.
③ 냉온하에서 작물의 증산작용이나 광합성이 부진하여 특정 병해의 발생이 조장된다.
④ 유수형성기부터 감수분열기의 냉온으로 인해 일어나는 냉해로 생식세포의 정상적인 생식기관이 형성되지 못한다.

해설
장해형 냉해 : 생식세포의 감수분열기에 냉온의 영향을 받아 생식기관 형성이 부진하거나 불임 현상이 초래된다.

20 포도 재배 시 화진현상(꽃떨이현상) 예방법으로 거리가 먼 것은?

① 붕소를 시비한다.
② 질소질을 많이 준다.
③ 칼슘을 충분하게 준다.
④ 개화 5~7일 전에 생장점을 적심한다.

해설
질소를 과다 사용할 경우 화진현상(꽃눈이 떨어져 결실하지 못하는 현상)이 생길 수 있다.

정답 17 ③ 18 ③ 19 ④ 20 ②

21 종자를 파종할 때 일반적으로 10a의 밭에 파종량(L)이 가장 많은 작물은?

① 팥
② 오이
③ 맥류
④ 당근

해설

③ 맥류 : 10~20L
① 팥 : 5~7L
② 오이 : 200(육묘)~300mL(직파)
④ 당근 : 800mL

22 생력재배의 효과로 볼 수 없는 것은?

① 작부체계의 개선
② 단위수량의 증대
③ 노동투하시간의 절감
④ 농구비(農具費) 절감

해설

④ 생력재배는 농업노력비 절감을 위해 기계와 제초제 등을 도입하게 되므로 농구비는 증가한다.

생력재배의 효과
• 농업노력비의 절감
• 단위수량의 증대
• 작부체계의 개선
• 재배면적의 증대
• 농업경영의 개선

23 다음 중 점토 함량이 가장 적은 토성은?

① 사토
② 사양토
③ 양토
④ 식양토

해설

토성의 분류

토성의 명칭	세토 중의 점토 함량
사토	12.5% 이하
사양토	12.5~25%
양토	25~37.5%
식양토	37.5~50%
식토	50% 이상

24 필수원소의 생리작용에 대한 설명으로 틀린 것은?

① 망가니즈는 세포벽 중층의 주성분이다.
② 황은 단백질, 아미노산, 효소 등의 구성성분이며 엽록소의 형성에 관여한다.
③ 아연은 촉매 또는 반응 조절 물질로 작용하며 단백질과 탄수화물의 대사에 관여한다.
④ 마그네슘은 엽록소의 구성 원소이며, 광합성, 인산 대사에 관하여 효소의 활성을 높인다.

해설

① 세포벽 중층의 주성분은 마그네슘이다.
망가니즈(Mn)
• 각종 효소의 활성을 높여서 동화물질의 합성분해, 호흡작용, 광합성 등에 관여한다.
• 결핍 시, 엽맥의 먼 부분에서 황색화 현상이 나타난다.

25 경사지에 비해 평지 과수원이 갖는 장점이라고 볼 수 없는 것은?

① 보습력이 높다.
② 배수가 용이하다.
③ 기계화가 용이하다.
④ 토양이 깊고 비옥하다.

해설

평지와 산지의 과수원 조성 시 장단점

구분	장점	단점
평지	• 생력화 작업 • 과수원 관리의 편리 • 비옥한 토양 • 깊은 토심	• 서리 피해 • 배수불량(병해충 발생 위험) • 착생 불량
산지	• 배수 양호 • 일조량이 충분 • 동해의 우려가 적음	• 표토가 얕고 척박지가 많음 • 기계화 작업 불리 • 경사지에 따라 피해 양상이 다양

362 | PART 02 과년도 + 최근 기출복원문제

21 ③ 22 ④ 23 ① 24 ① 25 ② **정답**

26 다음 중 호온성 채소인 것은?

① 감자　　　　② 마늘

③ 고구마　　　④ 양배추

해설
- 호냉성 채소 : 20℃ 안팎의 서늘한 온도에서 잘 생육하는 채소로 배추, 양배추, 시금치, 파, 양파, 마늘, 상추, 무, 당근, 감자, 완두, 딸기 등이 있다.
- 호온성 채소 : 25℃ 내외의 따뜻한 온도에서 생육하는 채소로 고구마, 생강, 토란, 들깨와 대부분의 과채류 등이 이에 속한다.

27 작물의 생산량이 낮은 토양의 특징이 아닌 것은?

① 자갈이 많은 토양

② 배수가 불량한 토양

③ 지렁이가 많은 토양

④ 유황성분이 많은 토양

해설
토양의 입단화는 토양 입자가 지렁이의 소화기관을 통과할 때 석회석에서 분비되는 탄산칼슘 등의 응고에 의해 이루어지며, 토양의 물리성을 개량하여 식물과 농작물의 생육에 알맞은 환경을 만들어 준다.

28 다음 중 습해의 대책이 아닌 것은?

① 배수를 철저히 한다.

② 심층시비를 실시한다.

③ 내습성 작물 및 품종을 선택한다.

④ 토양공기를 조장하기 위해 중경을 실시하고, 석회 및 토양개량제를 사용한다.

해설
습해를 줄이기 위해서는 표층시비를 하여 뿌리가 깊이 들어가지 않고 뿌리를 지표면 가까이 유도하는 것이 유리하다.

29 작물의 생태적 특성을 이용한 방제법은?

① 물리적 방제법

② 재배적 방제법

③ 경종적 방제법

④ 화학적 방제법

해설
경종적 방제법
내충성·내병성 품종을 이용하거나 토양관리를 개선하는 등 작물의 재배조건을 변화시켜 병해충 및 잡초의 발생을 억제하고 피해를 경감시키는 방법을 말한다.

30 미사와 점토가 많은 논토양에 대한 설명으로 옳은 것은?

① 가능한 산화상태의 유지를 위해 논 상태로 월동시켜 생산량을 증대시킨다.

② 유기물을 많이 사용하면 양분 집적으로 인해 생산량이 떨어진다.

③ 월동 기간에 논상태인 습답을 춘경하면 양분손실이 생기므로 추경해야 양분손실이 적다.

④ 완숙 유기물 등을 처리한 후 심경하여 통기 및 투수성을 증대시킨다.

해설
미사와 점토가 많을 경우 투수성 증대가 필요하므로 유기물을 통해 토양의 물리성을 개선시킨다.

31 식물체에 흡수되는 무기물의 형태로 틀린 것은?

① NO_3^-　　　　② $H_2PO_4^-$

③ B　　　　　　④ Cl^-

해설
③ B(붕소)는 H_3BO_3 또는 BO_3^- 형태로 흡수된다.

정답　26 ③　27 ③　28 ②　29 ③　30 ④　31 ③

32 작물에 발생하는 병의 방제 방법에 대한 설명으로 옳은 것은?

① 병원체의 종류에 따라 방제 방법이 다르다.
② 곰팡이에 의한 병은 화학적 방제가 곤란하다.
③ 바이러스에 의한 병은 화학적 방제가 비교적 쉽다.
④ 식물병은 생물학적 방법으로는 방제가 곤란하다.

해설
① 작물에 발생하는 병의 방제 방법은 병원체의 종류에 따라 방제 방법이 달라져야 한다.
② 화학적 방제는 농약 살포를 통한 방제로 곰팡이나 세균에 의한 방제에 주로 이용된다.
③ · ④ 바이러스에 의한 피해는 별도의 방제법이 없으며 병의 발생 이전 예방을 위해 관리적 노력이 필요하다.

33 토양이 산성화됨으로써 나타나는 간접적 피해에 대한 설명으로 옳은 것은?

① 알루미늄이 용해되어 인산유효도를 높여준다.
② 칼슘, 칼륨, 마그네슘 등 염기가 용탈되지 않아 이용하기 좋다.
③ 미생물의 활동이 감퇴되어 떼알구조화가 빨라진다.
④ 세균 활동이 감퇴하기 때문에 유기물 분해가 늦어져 질산화 작용이 늦어진다.

해설
④ 질산화 작용은 질산화균에 의해 일어나는 산화반응으로 산성 토양에서는 세균 활동이 감퇴되어 질산화 작용이 늦어진다.
산성토양의 피해
토양 중의 칼슘, 마그네슘, 칼륨 등의 치환성 염기가 용탈되어 미포화교질이 늘어나서 산성화가 된다. 또한 토양유기물이 분해할 때 생기는 이산화탄소는 빗물에 의해 용해되어 탄산을 생성하는데 이 탄산이 치환성 염기의 용탈을 조장한다. 인산은 산성토양에서 철과 알루미늄과 결합하여 불용화가 된다.

34 기지현상의 원인이라고 볼 수 없는 것은?

① CEC의 증대
② 양분의 소모
③ 토양 선충의 피해
④ 토양 중 염류집적

해설
① CEC(Cation Exchange Capacity) : 토양 100g이 보유하는 치환성 양이온의 총량을 mg당량으로 표시한 것
기지현상의 원인
• 잡초의 번성
• 토양 중의 염류집적
• 토양 물리성의 악화
• 토양 비료분의 소모
• 유독물질의 축적
• 토양선충의 피해
• 토양전염의 병해

35 토양용액 중 유리양이온들의 농도가 모두 일정할 때 확산이중층 내부로 치환 능력이 가장 낮은 양이온은?

① Al^{3+}
② K^+
③ Na^+
④ Ca^{2+}

해설
양이온의 교환 능력
$Na^+ < K^+ = NH_4^+ < Rb^+ < Cs^+ = Mg^{2+} < Ca^{2+} < Sr^{2+} < Ba^{2+} < La^{3+} = H^+, (Al^{3+}) < Th^{4+}$

36 다음 중 연작의 피해가 가장 큰 작물은?

① 수수
② 수박
③ 고구마
④ 양파

해설
• 연작 피해가 작은 작물 : 수수, 고구마, 양파 등
• 연작 피해가 큰 작물 : 사탕무, 수박, 가지, 완두 등

32 ① 33 ④ 34 ① 35 ③ 36 ② **정답**

37 인산질 비료에 대한 설명으로 틀린 것은?

① 무기질 인산비료의 중요한 원료는 인광석이다.

② 과인산석회는 대부분이 수용성이고 속효성이다.

③ 유기질 인산비료에는 동물뼈, 물고기뼈 등이 있다.

④ 용성인비는 수용성 인산을 함유하며, 작물에 속히 흡수된다.

해설

④ 용성인비는 구용성 인산을 함유하며, 작물에 속히 흡수되지 못하므로 과인산석회 등과 병용하는 것이 좋다.

인산질 비료

무기태	가용성 (식물이 흡수·이용 가능)	• 수용성 : 물에 녹는다. 속효성이다. 예 과인산석회, 인산암모늄 등 • 구용성 : 묽은 시트르산에 녹는다. 완효성이다. 예 용성인비 등
	불용성	녹지 않는다. 예 인광석(동물 뼈에 붙어있는 인산), 회분류, 골분 등
유기태		• 식물성 : 쌀겨, 깻묵 등 • 동물성 : 골분, 어분 등

38 토양 피복(mulching)의 목적으로 옳지 않은 것은?

① 온도 유지

② 병해충 발생 방지

③ 미생물 활동 촉진

④ 토양 내 수분 유지

해설

멀칭은 토양의 표면을 피복하여 토양수분 유지, 지온 조절, 잡초 억제 및 토양침식 방지를 목적으로 하는 토양관리의 방법이다.

• 장점 : 침식 방지, 수분 보존, 입단 형성, 비료 유실 경감, 잡초 방지, 미생물 활동 촉진 등

• 단점 : 노동력·비용 상승, 비닐멀칭은 천근성 조장 등

39 과수원에서 피복작물을 재배하여 잡초 발생을 억제하는 방제 방법은?

① 경종적 방제법

② 물리적 방제법

③ 화학적 방제법

④ 생물학적 방제법

해설

경종적 방제법

내충성·내병성 품종을 이용하거나 토양관리를 개선하는 등 작물의 재배조건을 변화시켜 병해충 및 잡초의 발생을 억제하고 피해를 경감시키는 방법을 말한다.

40 토양의 노후답의 특징이 아닌 것은?

① 작토 환원층에서 칼슘이 많을 때에는 벼뿌리가 적갈색인 산화칼슘의 두꺼운 피막을 형성한다.

② Fe, Mn, K, Ca, Mg, Si, P 등이 작토에서 용탈되어 결핍된 논토양이다.

③ 담수하의 작토의 환원층에서 철분, 망가니즈는 환원되어 녹기 쉬운 형태로 된다.

④ 담수하의 작토의 환원층에서 황산염이 환원되어 황화수소가 생성된다.

해설

① 작토 환원층에 철분이 많으면 벼뿌리가 적갈색인 산화철의 두꺼운 피막을 형성한다.

41 빗방울의 타격에 의한 침식 형태는?

① 우적침식

② 우곡침식

③ 평면침식

④ 계곡침식

해설

우적침식(입단파괴침식) : 지표면이 타격을 입으면 빗방울에 의해 토양의 입단이 파괴되고, 토양 입자는 분산되어 침식되는 것을 뜻한다.

정답 37 ④ 38 ② 39 ① 40 ① 41 ①

42 피복작물에 의한 토양보전 효과로 볼 수 있는 것은?

① 유거수량의 감소
② 토양의 유실 증가
③ 토양의 투수력 감소
④ 빗방울의 토양 타격강도 증가

해설
① 유거수량은 물이 토양의 표면을 따라 흐르면서 이동하는 물의 양을 뜻하는데 피복작물에 의해 빗방울이 토양에 직접 떨어지는 것을 막아 유거수량을 감소시켜 준다.
피복작물의 효과
• 물의 침투율을 높인다.
• 강우의 지면타격으로부터 토양을 보호한다.
• 토양의 비료성분을 체내에 저장하며, 토양의 입단구조를 개선한다.
• 토양양분의 유실 및 지하수의 오염을 방지한다.
• 토양침식을 방지한다.
• 토양의 이화학성 및 생물성의 개선, 유기물 공급, 잡초 억제 등 다면적인 기능을 가지고 있다.

43 멀칭에 대한 장점으로 틀린 것은?

① 토양 : 수식 등의 토양침식이 경감되거나 방지된다.
② 동해 : 맥류 등 월동작물을 퇴비 등으로 덮어주면 동해가 경감된다.
③ 한해 : 멀칭을 하면 토양수분의 증발이 억제되어 가뭄의 피해가 경감된다.
④ 생육 : 보온 효과가 크기 때문에 보통재배의 경우보다 생육이 늦어져 만식재배에 널리 이용된다.

해설
멀칭의 효과
• 지온의 조절로 인한 촉성재배 가능
• 잡초발생의 억제
• 토양의 건조 예방
• 토양의 유실 방지
• 비료 성분의 유실 방지

44 사질의 논토양을 객토할 경우 가장 알맞은 객토 재료는?

① 점토 함량이 많은 토양
② 규산 함량이 많은 토양
③ 부식 함량이 많은 토양
④ 산화철 함량이 많은 토양

해설
사질논은 점토 함량이 매우 적으므로 15% 부근에 이르도록 점토 함량이 높은 식양토나 식토를 객토하여야 한다.

45 점파에 대한 설명으로 옳은 것은?

① 포장 전면에 종자를 흩어 뿌리는 방식이다.
② 골타기(作條)를 하고 종자를 줄지어 뿌리는 방식이다.
③ 노력이 적게 들고 건실하고 균일한 생육을 하게 된다.
④ 일정한 간격을 두고 종자를 1립에서 수립씩 띄엄띄엄 파종하는 방식이다.

해설
① 흩어뿌림, ② 줄뿌림
③ 노력이 적게 드는 것은 흩어뿌림이다.

46 밭토양과 비교하여 신개간지 토양의 특성으로 틀린 것은?

① 산성이 강하다.
② 석회 함량이 높다.
③ 유기물 함량이 낮다.
④ 유효인산 함량이 낮다.

해설
개간지 토양의 특성
• 물리적 특성 : 토양침식으로 토심이 얕고, 구조 미발달 및 보수력이 약하여 한발 피해가 있다.
• 화학적 특성 : 화학성이 극히 미약하고, pH(강산성), CEC, 유기물, 유효인산, 염기 함량이 아주 낮다.

47 종자의 유전적 퇴화 원인이 아닌 것은?

① 돌연변이
② 자연교잡
③ 재배환경 불량
④ 이형종자의 혼입

해설
유전적 퇴화의 원인 : 자연돌연변이, 자연교잡, 이형종자의 기계적 혼입, 미고정형질의 분리, 자식(근교)약세, 역도태 등

48 시설 지붕 위의 하중을 지탱하고, 왕도리와 중도리 위에 걸치는 부재는?

① 보
② 서까래
③ 버팀대
④ 샛기둥

해설
서까래(rafter) : 지붕 위의 하중을 지탱하며 왕도리, 중도리 위에 걸쳐 고정하는 부재를 말한다.

49 유기농업에서의 병해충 방제를 위한 방법으로 가장 거리가 먼 것은?

① 저항성 품종 이용
② 유기합성농약 이용
③ 천적 이용
④ 담배잎 추출액 사용

해설
유기농업은 화학비료, 유기합성농약, 생장조절제, 제초제 등 일체의 합성화학물질을 사용하지 않거나 줄이고 유기물과 자연광석, 미생물 등 자연적인 자재만을 사용하는 농업이다.

50 유기농업의 실행을 위해 홑알구조에서 떼알구조 (입단구조)로 구조를 변경하였을 때 장점이 아닌 것은?

① 배수력이 좋다.
② 공기 유통이 좋다.
③ 토양수분의 공급이 좋다.
④ 보수력이 나빠져 작물생육에 좋다.

해설
떼알구조는 공극이 발달하고 보수력도 커 공기의 흐름이 좋아 작물의 생육에 있어 바람직한 구조이다.

51 시설(비닐하우스 등)의 환기효과라고 볼 수 없는 것은?

① 유해가스를 배출한다.
② 공중습도를 높여준다.
③ 탄산가스를 공급한다.
④ 실내온도를 낮추어 준다.

해설
시설의 환기는 밤사이 높아진 공중습도를 낮추어 주고 실내온도를 낮추어 주며 유해가스 배출 및 탄산가스를 공급해주는 역할을 한다.

52 다음 중 원예작물의 특징이 아닌 것은?

① 장기저장이 곤란하다.
② 집약적인 재배를 한다.
③ 일반 작물에 비하여 수익이 높다.
④ 원예작물 중 채소는 우리 몸에 유기염류를 공급해준다.

해설
원예작물 중 채소는 인체의 건전한 발육에 필수적인 비타민 A, C와 칼슘, 철, 마그네슘 등의 무기염류를 공급해 준다.

정답 47 ③ 48 ② 49 ② 50 ④ 51 ② 52 ④

53 유기농업에서 추구하는 목표와 방향으로 거리가 가장 먼 것은?

① 다수확
② 생태계 보전
③ 환경오염의 최소화
④ 토양쇠퇴와 유실의 최소화

해설
유기농업은 화학합성비료나 화학농약을 사용할 수 없기 때문에 다수확이 목표가 아니다.

54 시설재배지에서 일어날 수 있는 염류집적에 관련된 설명으로 가장 옳은 것은?

① 강우로 인하여 염류는 작토층에 남고 나머지는 유실된다.
② Na 농도가 증가되어 토양 입단 형성이 증가된다.
③ 토양염류가 집적되면 칼슘이 많이 존재하며 수분의 흡수율이 높아진다.
④ 수분 침투량보다 증발량이 많아 염류가 집적된다.

해설
시설재배지에는 한두 종류의 작물만 계속하여 연작함으로써 시용하는 비료량에 비하여 작물에 흡수되는 비료량이 적거나 수분 침투량보다 증발량이 많아 염류가 과잉집적되므로 담수세척, 환토(換土), 비종 선택과 시비량의 적정화, 유기물의 적정시용, 윤작 등을 통해 염류집적을 방지해야 한다.

55 1년생 또는 다년생의 목초를 인위적으로 재배하거나 자연적으로 성장한 잡초를 그대로 이용하는 방법은?

① 청경법
② 멀칭법
③ 초생법
④ 절충법

해설
과수원의 토양관리
• 청경법 : 과수원 토양에 풀이 자라지 않도록 깨끗하게 김을 매주는 방법
• 초생법 : 과수원의 토양을 풀, 목초로 피복하는 방법
• 부초법 : 과수원의 토양을 짚, 피복물로 덮어주는 방법
• 절충법 : 유기물 피복과 초생을 조합하거나 폴리에틸렌 필름 피복과 초생을 조합하는 방법

56 유기농산물의 토양개량과 작물생육을 위한 허용물질이 아닌 것은?

① 지렁이 또는 곤충으로부터 온 부식토
② 사람의 배설물
③ 화학공장 부산물로 만든 비료
④ 석회석 등 자연에서 유래한 탄산칼슘

해설
유기농산물의 토양개량과 작물생육을 위하여 사용 가능한 물질(일부)(친환경농어업 육성 및 유기식품 등의 관리·지원에 관한 법률 시행규칙 [별표 1])
• 농장 및 가금류의 퇴구비(堆廏肥)
• 퇴비화된 가축배설물
• 건조된 농장 퇴구비 및 탈수한 가금 퇴구비
• 식물 또는 식물 잔류물로 만든 퇴비
• 버섯재배 및 지렁이 양식에서 생긴 퇴비
• 사람의 배설물
• 석회석 등 자연에서 유래한 탄산칼슘

53 ① 54 ④ 55 ③ 56 ③ 정답

57 시설하우스 염류집적의 대책으로 적합하지 않은 것은?

① 유기물 사용
② 강우의 차단
③ 제염작물의 재배
④ 담수에 의한 제염

해설
② 강우의 차단으로 인해 시설재배지 토양의 염류집적이 심화된다.
시설재배지 토양의 문제점
• 한두 종류의 작물만 계속하여 연작함으로써 특수성분의 결핍을 초래한다.
• 집약화의 경향에 따라 요구도가 큰 특정 비료의 편중된 사용으로 염화물, 황화물, Ca, Mg, Na 등 염기가 부성분으로 토양에 집적된다.
• 토양의 pH가 작물재배에 적합하지 못한 적정 pH 이상으로 높아진다.

58 습답의 특징으로 볼 수 없는 것은?

① 지하수위가 표면으로부터 50cm 미만이다.
② Fe^{3+}, Mn^{4+}가 환원작용을 받아 Fe^{2+}, Mn^{2+}가 된다.
③ 유기산이나 황화수소 등 유해 물질이 생성된다.
④ 칼륨 성분의 용해도가 높아 흡수가 잘되나 질소 흡수는 저해된다.

해설
④ 벼 생육 후기에 질소과다로 도복·병해가 유발된다.
습답
• 물 빠짐이 니쁘고 지하 수위가 높아 항상 물에 잠긴 상태로 있는 논으로 산소 부족으로 벼 뿌리의 발달이 좋지 못하고 지력이 약하다.
• 습답에는 미숙 유기물이 집적되는데, 환원상태이므로 유기물이 혐기적으로 분해되어 유기산을 생성하나 투수가 적어 작토 중에 유기산이 집적되어 뿌리의 생장과 흡수작용에 장해를 준다.
• 한여름 고온기에는 유기물 분해가 왕성하여 심한 환원상태를 이루고, 황화수소 등의 유해한 환원성 물질이 생성·집적되어 뿌리가 상한다.

59 우리나라에서 유기농업이 필요하게 된 배경으로 옳지 않은 것은?

① 토양과 수질의 오염
② 충분한 먹거리의 확보 요구
③ 유기농산물의 국제교역 확대
④ 안전한 농산물에 대한 소비자의 요구

해설
② 유기농업의 목적은 다수확이 아니다.

60 유기농업에서 토양비옥도를 유지, 증대시키는 방법으로 옳지 않은 것은?

① 작물 윤작 및 간작
② 경운작업의 최대화
③ 가축의 순환적 방목
④ 녹비 및 피복작물재배

해설
토양의 질적 수준을 향상시키는 토양비옥도의 유지·증진 수단
• 피복작물(cover crop)의 재배
• 작물 윤작(crop rotation)
• 간작(inter-cropping)
• 녹비(green manure)
• 작물잔재와 축산분뇨의 재활용
• 가축의 순환적 방목
• 최소경운 또는 무경운(minimum or non-tillage)

정답 57 ② 58 ④ 59 ② 60 ②

PART 02 과년도 + 최근 기출복원문제

2021년 제2회 과년도 기출복원문제

01 식물의 일장효과(日長效果)에 대한 설명으로 옳지 않은 것은?

① 모시풀은 자웅동주식물인데 일장에 따라 성의 표현이 달라지며, 14시간 일장에서는 암꽃이 된다.

② 콩 등의 단일식물이 장일에 놓이면 영양생장이 계속되어 거대형이 된다.

③ 고구마의 덩이뿌리는 단일조건에서 발육이 조장된다.

④ 콩의 결협 및 등숙은 단일조건에서 조장된다.

> **해설**
> ① 모시풀은 자웅동주식물이며, 8시간 이하의 단일조건에서는 완전자성(完全雌性, 암꽃)이고, 14시간 이상의 장일에서 완전웅성(完全雄性, 수꽃)이 된다.

02 작물이 최초에 발생하였던 지역을 그 작물의 기원지라 한다. 다음 중 기원지가 우리나라인 작물은?

① 벼

② 참깨

③ 수박

④ 인삼

> **해설**
> ① 벼 : 인도, 중국
> ② 참깨 : 인도
> ③ 수박 : 아프리카 중부 지대
> 우리나라가 기원지인 작물 : 인삼(한국), 감(한국, 중국), 팥(한국, 중국)

03 식용작물, 공예작물, 약용작물, 기호작물, 사료작물 등의 작물 분류 방법은?

① 생태적 분류

② 식물학적 분류

③ 용도에 따른 분류

④ 작부방식에 따른 분류

> **해설**
> 가장 보편적으로 이용되고 있는 작물 분류법의 근거는 용도에 따른 분류이며 이는 식용(식량)작물, 공예(특용)작물, 사료작물, 녹비(비료)작물, 원예작물 등으로 분류한다.

04 다음 작물 중 일반적으로 배토를 실시하지 않는 것은?

① 파

② 감자

③ 토란

④ 상추

> **해설**
> 배토(북주기)
> 작물의 생육기간 중 골 사이나 포기 사이의 흙을 포기 밑으로 긁어 모아주는 것으로 파, 토란, 감자 등에 실시한다.
> ※ 배토의 효과
> • 신근 발생의 조장 : 콩, 담배
> • 도복의 경감 : 옥수수, 수수, 맥류
> • 무효 분얼의 억제 : 벼
> • 덩이줄기의 발육 조장 : 감자
> • 배수 및 잡초 방제 : 콩

370 | PART 02 과년도 + 최근 기출복원문제

1 ① 2 ④ 3 ③ 4 ④ **정답**

05 다음 중 휴한지에 재배하면 지력 향상에 가장 효과가 있는 작물은?

① 밀
② 클로버
③ 보리
④ 고구마

해설
휴한지에 두과 작물을 재배하면 공중질소를 고정하여 지력 향상에 도움이 된다.

06 계단경작은 어떤 경우에 실시하는가?

① 경사 3° 이상
② 경사 5° 이상
③ 경사 9° 이상
④ 경사 15° 이상

해설
경사 5° 이하에서는 등고선 재배법으로 토양보전이 가능하나, 15° 이상의 경사지는 단구를 구축하고 계단식 개간경작법을 적용해야 한다.

07 우리나라 산지토양(山地土壤)은 어느 것에 속하는가?

① 하성토
② 충적토
③ 풍적토
④ 잔적토

해설
우리나라 산지토양은 암석이 풍화하여 우리나라의 기후와 식생에 맞게 발달한 잔적토로 이루어져 있다.

08 용도에 따른 작물의 분류로 틀린 것은?

① 식용작물 – 벼, 보리, 밀
② 원예작물 – 배, 오이, 장미
③ 공예작물 – 옥수수, 녹두, 메밀
④ 사료작물 – 호밀, 순무, 돼지감자

해설
공예작물 : 담배, 인삼, 참깨, 홉, 왕골, 골풀, 평지(유채), 들깨 등

09 다음 중 도복 방지에 효과적인 원소는?

① 인　　　　　② 마그네슘
③ 질소　　　　④ 아연

해설
도복 방지
• 칼륨, 인산, 규산, 석회 등을 충분히 시용한다.
• 질소 과잉 시비를 피한다.

10 균근(mycorrhizae)이 숙주식물에 공생함으로써 식물이 얻는 유익한 점과 가장 거리가 먼 것은?

① 내건성을 증대시킨다.
② 잡초 발생을 억제한다.
③ 병원균 감염을 막아 준다.
④ 뿌리의 유효면적을 증가시킨다.

해설
② 잡초도 함께 양분을 이용하므로 잡초 발생이 왕성해진다.
균근(mycorrhizae)
고등식물의 뿌리와 균류가 긴밀히 결합하여 일체되고 공생관계가 맺어진 뿌리를 말하며 크게 외생균근과 내생균근으로 나뉜다. 작물의 뿌리와 균의 결속은 균주와 균 간에 서로 이롭게 하며 균은 기주식물로부터 필요한 양분을 얻으며 숙주는 다음과 같은 도움을 받게 된다.
• 뿌리의 유효 표면이 증대되어 수분과 양분(특히 인산)의 흡수를 조장한다.
• 내건성, 내열성이 증대된다.
• 토양양분을 유효하게 한다.
• 외생균근은 병원균의 감염을 방지한다.

정답　5 ②　6 ④　7 ④　8 ③　9 ①　10 ②　　　　2021년 제2회 과년도 기출복원문제 | **371**

11 대기의 질소를 고정시켜 지력을 증진시키는 작물은?

① 화곡류　　　　② 두류
③ 근채류　　　　④ 과채류

해설
공기 중의 질소를 고정하는 미생물인 질소고정세균은 작물 스스로 분자질소를 고정하여 이용할 수 없기 때문에 숙주식물(대부분이 콩과 식물)에 기생하며, 질소를 고정한다.

12 일반적으로 표토에 부식이 많을 때 주로 무슨 색을 띠는가?

① 적색　　　　　② 회백색
③ 암흑색　　　　④ 황적색

해설
일반적으로 분해된 유기물을 많이 함유한 토양은 어두운색을 띠고, 산화철 광물이 풍부하면 적색을 띤다.

13 피복작물에 의한 토양보전 효과로 볼 수 있는 것은?

① 토양의 유실 증가
② 유거수량의 감소
③ 토양의 투수력 감소
④ 빗방울의 토양 타격강도 증가

해설
② 유거수량은 물이 토양의 표면을 따라 흐르면서 이동하는 물의 양을 뜻하는데 피복작물에 의해 빗방울이 토양에 직접 떨어지는 것을 막아 유거수량을 감소시켜 준다.
피복작물의 효과
• 물의 침투율을 높인다.
• 강우의 지면타격으로부터 토양을 보호한다.
• 토양의 비료성분을 체내에 저장하며, 토양의 입단구조를 개선한다.
• 토양양분의 유실 및 지하수의 오염을 방지한다.
• 토양침식을 방지한다.
• 토양의 이화학성 및 생물성의 개선, 유기물 공급, 잡초 억제 등 다면적인 기능을 가지고 있다.

14 대기조성과 작물의 생육에 대한 설명으로 옳지 않은 것은?

① 대기 중 질소(N_2)가 가장 많은 함량을 차지한다.
② 대기 중 질소는 콩과 작물의 근류균에 의해 고정되기도 한다.
③ 대기 중의 이산화탄소 농도는 작물이 광합성을 수행하기에 충분한 과포화상태이다.
④ 산소 농도가 극히 낮아지거나 90% 이상이 되면 작물의 호흡에 문제가 생긴다.

해설
③ 대기 중 이산화탄소의 농도는 약 0.03%로, 이는 작물이 충분한 광합성을 수행하기에 부족하다. 광합성량을 최고도로 높일 수 있는 이산화탄소의 농도는 약 0.25%이다.
①·② 대기 중에는 질소가스(N_2)가 약 79.1%를 차지하고, 근류균, *Azotobacter* 등이 공기 중의 질소를 고정한다.
④ 호흡작용에 알맞은 대기 중의 산소 농도는 약 20.9%이다.

15 다음 중 연작장해가 가장 심한 작물은?

① 참외　　　　　② 콩
③ 오이　　　　　④ 수박

해설
기지에 따른 휴작이 필요한 작물
• 1년 : 쪽파, 시금치, 콩, 파, 생강 등
• 2년 : 마, 감자, 잠두, 오이, 땅콩 등
• 3년 : 쑥갓, 토란, 참외, 강낭콩 등
• 5~7년 : 수박, 가지, 완두, 우엉, 고추, 토마토 등
• 10년 이상 : 아마, 인삼 등

16 다음 중 질소와 인산에 의한 토양의 오염원으로 가장 거리가 먼 것은?

① 축산폐수   ② 공장폐수

③ 가정하수   ④ 광산폐수

해설
④ 광산폐수 : 중금속(카드뮴, 구리, 납, 아연 등)
• 질소 : 농약, 화학비료, 가축의 분뇨 등
• 인산 : 생활하수(합성세제 등)

17 광과 작물의 생리작용에 대한 설명으로 틀린 것은?

① 광이 조사(照射)되면 온도가 상승하여 증산이 조장된다.

② 광합성에 의하여 호흡기질이 생성된다.

③ 식물의 한쪽에 광을 조사하면 반대쪽의 옥신 농도가 낮아진다.

④ 녹색식물은 광을 받으면 엽록소 생성이 촉진된다.

해설
③ 식물의 한쪽에 광을 조사하면 조사된 쪽의 옥신 농도가 낮아지고 반대쪽의 옥신 농도가 높아진다.
① 작물이 햇볕을 받으면 온도가 상승하여 증산이 촉진된다.
② 광은 광합성으로 호흡기질을 합성하여 호흡이 이루어지게 된다.
④ 녹색식물은 광 에너지를 받아서 대기의 이산화탄소와 뿌리가 흡수한 물을 이용하여 탄수화물을 합성하는 광합성을 한다.

18 다음 작물 중 요수량이 가장 큰 것은?

① 보리   ② 클로버

③ 옥수수   ④ 기장

해설
요수량의 크기 : 기장 < 옥수수 < 보리 < 알팔파 < 클로버
※ 요수량 : 작물의 건물 1g을 생산하는 데 소비되는 수분량(g)

19 병해충 방제 방법 중 경종적 방제법으로 옳은 것은?

① 이병된 개체는 소각한다.

② 벼의 경우 보온 육묘한다.

③ 풀잠자리를 사육하여 진딧물을 방제한다.

④ 맥류 깜부기병을 방제하기 위해 냉수온탕침법을 실시한다.

해설
경종적 방제 방법
내충성·내병성 품종을 이용하거나 토양관리를 개선하는 등 작물의 재배조건을 변화시켜 병해충 및 잡초의 발생을 억제하고 피해를 경감시키는 방법을 말한다.
예 윤작(두과 - 화본과), 토양관리, 건전 재배, 병·해충 유인방법, 트랩설치, 기상조건(기온, 습도 등)의 제어 등

20 경사지에서 수식성 작물을 재배할 때 등고선으로 일정한 간격을 두고 적당한 폭의 목초대를 두어 토양침식을 크게 덜 수 있는 방법은?

① 조림재배

② 초생재배

③ 대상재배

④ 단구식 재배

해설
① 조림재배 : 나무를 심거나 씨를 뿌리거나 하는 등의 인위적인 방법으로 숲을 조성하는 법
② 초생재배 : 과수원에서 김을 매주는 대신에 목초, 녹비 등을 나무 밑에 가꾸는 재배법
④ 단구식 재배 : 경사가 심한 곳을 개간할 때에는 토양침식을 방지하기 위하여 계단식으로 단구(段丘, terrace)를 구축하고 법면(法面)에는 콘크리트, 돌, 식생 등으로 계단식 단구가 조성되도록 하는 재배법

정답 16 ④ 17 ③ 18 ② 19 ② 20 ③

21 유기농산물을 생산하는 데 있어 올바른 잡초 방제 방법에 해당하지 않는 것은?

① 멀칭을 한다.
② 손으로 잡초를 뽑는다.
③ 화학제초제를 사용한다.
④ 적절한 윤작을 통하여 잡초 생장을 억제한다.

해설
유기재배의 잡초 관리는 윤작, 경운 등 경종적 방법이 근간이 되어야 하고, 화학제초제의 사용은 금한다.

22 근권에서 식물과 공생하는 mycorrhizae(균근)는 식물체에게 특히 무슨 성분의 흡수를 증가시키는가?

① 산소   ② 질소
③ 인산   ④ 칼슘

해설
균근(mycorrhizae)
고등식물의 뿌리와 균류가 긴밀히 결합하여 일체되고 공생관계가 맺어진 뿌리를 말하며 크게 외생균근과 내생균근으로 나뉜다. 작물의 뿌리와 균의 결속은 균주와 균 간에 서로 이롭게 하며 균은 기주식물로부터 필요한 양분을 얻으며 숙주는 다음과 같은 도움을 받게 된다.
• 뿌리의 유효 표면이 증대되어 수분과 양분(특히 인산)의 흡수를 조장한다.
• 내건성, 내열성이 증대된다.
• 토양양분을 유효하게 한다.
• 외생균근은 병원균의 감염을 방지한다.

23 노후답의 특징이 아닌 것은?

① 규산 함량이 증가한다.
② 황화수소(H_2S)가 발생한다.
③ 작토층 아래층의 철과 망가니즈는 산화되어 용해도가 감소하여 Fe^{3+}와 Mn^{4+}형태로 침전한다.
④ 작토층의 철은 미생물에 의해 환원되어 Fe^{2+}로 되어 용탈한다.

해설
① 노후답에서는 규산이 결핍될 수 있다.
노후답
물을 담수한 논은 산소가 부족하여 환원상태가 된다. 환원층에서는 황산염이 환원되어 황화수소(H_2S)가 생성되면 특유의 부패냄새가 나고, 규산이 용탈되어 결핍된다. 또한 작토층의 철은 미생물에 의해 Fe^{3+}에서 Fe^{2+}로 환원되어 이동성이 매우 높아지며, 이 상태의 Fe^{2+}와 Mn^{2+}가 아래로 이동해 산화층에 도달하면 각각 Fe^{3+}, Mn^{4+} 형태로 다시 산화되어 축적된다.

24 과수 묘목을 깊게 심었을 때 나타나는 직접적인 결과로 옳은 것은?

① 착과가 빠르다.
② 뿌리가 건조하기 쉽다.
③ 뿌리의 발육이 나쁘다.
④ 병해충의 피해가 심하다.

해설
묘목은 가능한 한 뿌리를 상하지 않게 심는 것이 중요하며, 깊게 심는 것보다 얕게 심는 것이 활착이 빠르고 생육이 양호하다.

25 기지현상의 대책으로 옳지 않은 것은?

① 객토   ② 연작
③ 토양소독   ④ 담수처리

해설
기지현상의 대책
• 윤작   • 담수처리
• 토양소독   • 유독물질의 제거
• 객토 및 환토   • 접목
• 지력배양

374 | PART 02 과년도 + 최근 기출복원문제   21 ③ 22 ③ 23 ① 24 ③ 25 ② 정답

26 토양 pH의 중요성이라고 볼 수 없는 것은?

① 토양 pH는 무기성분의 용해도에 영향을 끼친다.

② 토양 pH가 강산성이 되면 Al과 Mn이 용출되어 이들 농도가 높아진다.

③ 토양 pH가 강알칼리성이 되면 작물생육에 불리하지 않다.

④ 토양 pH는 중성 부근에서 식물양분의 흡수가 쉽다.

해설
토양 pH가 강알칼리성이 되면 B, Fe, Mn 등의 용해도가 감소하여 작물생육에 불리해지며, 토양 내 탄산나트륨(Na_2CO_3)과 같은 강염기가 존재하게 되어 작물생육에 장해가 된다. 또한 토양유기물 분해하는 활성박테리아는 중성 부근에서 잘 자라므로 작물생육에 적합하지 않다.

27 다음 중 2 : 2 규칙형 광물은?

① chlorite

② allophane

③ kaolinite

④ vermiculite

해설
점토광물의 종류
• 1 : 1 광물 : kaolinite
• 2 : 1 광물 : 비팽창형(illite), 팽창형(vermiculite, montmorillonite 등)
• 혼층형광물 : 2 : 2 규칙형(chlorite), 불규칙혼층형
• 쇄상형광물
• 산화광물

28 다음 중 표토에 염류집적 피해가 일어날 가능성이 큰 토양은?

① 벼논

② 보리밭

③ 인삼밭

④ 사과 과수원

해설
인삼은 기지현상이 심한 작물로 본 밭에 옮겨 심으면 같은 장소에서 3∼5년 동안 자라는 작물이며, 비료를 투여하면 상당량의 비료 성분이 토양에 잔류해 축적되기 때문에 염류집적 피해가 발생할 수 있다.

29 지형을 고려하여 과수원을 조성하는 방법을 설명한 것으로 옳은 것은?

① 평탄지에 과수원을 조성하고자 할 때는 지하수위와 두둑을 낮추는 것이 유리하다.

② 경사지에 과수원을 조성하고자 할 때는 경사 각도를 낮추고 수평 배수로를 설치하는 것이 유리하다.

③ 논에 과수원을 조성하고자 할 때는 경반층(硬盤層)을 확보하는 것이 유리하다.

④ 경사지에 과수원을 조성하고자 할 때는 재식열(栽植列) 또는 중간의 작업로를 따라 집수구(集水溝)를 설치하는 것이 유리하다.

해설
경반층은 유기물, 규산 등의 물질이 집적하여 굳어진 토층으로 뿌리 신장과 이동을 제한하는 물리적 특징이 있어서 좋지 않다. 또한 평탄지에서는 배수가 불량하므로 두둑을 높이는 것이 유리하다. 뚜렷한 경사지인 경우 경사각을 낮추고 수직 배수구를 설치하는 것이 유리하다.

30 온실효과에 대한 설명으로 옳지 않은 것은?

① 시설농업으로 겨울철 채소를 생산하는 효과이다.

② 온실효과가 지속되면 생태계에 변화가 생긴다.

③ 공장 및 자동차에서 배출되는 매연가스가 온실효과를 유발한다.

④ 대기 중 탄산가스 농도가 높아져 대기의 온도가 높아지는 현상을 말한다.

해설
온실효과(green house effect) : 대기 중의 수증기, 이산화탄소 등 온실가스가 장파장의 복사에너지를 흡수하여 대기와 지표면의 온도가 높아지는 현상

정답 26 ③ 27 ① 28 ③ 29 ④ 30 ①

31 멀칭에 대한 설명으로 거리가 먼 것은?

① 잡초를 방제하는 데에는 빛이 잘 투과하지 않는 흑색 플라스틱필름, 종이, 짚 등이 효과가 있다.

② 지온이 높아서 작물생육에 장애가 될 경우에는 빛이 잘 투과하지 않는 자재로 멀칭을 하면 지온을 낮출 수 있다.

③ 알루미늄으로 코팅된 필름을 멀칭하면 열매채소와 과일의 착색을 방해하므로 투명한 자재로 멀칭한다.

④ 지온을 높여 발아에 도움이 되려면 씨를 뿌릴 때 투명한 플라스틱필름을 사용하면 도움이 된다.

해설
③ 알루미늄으로 코팅된 필름을 멀칭하면 햇빛을 잘 반사하여 열매채소와 과일의 착색이 잘된다.

32 장일식물에 대한 설명으로 옳은 것은?

① 장일상태에서 화성이 저해된다.

② 장일상태에서 화성이 유도·촉진된다.

③ 8~10시간의 조명에서 화성이 유도·촉진된다.

④ 한계일장은 장일 측에, 최적일장과 유도일장의 주체는 단일 측에 있다.

해설
① 장일상태에서 화성이 유도·촉진된다.
③ 단일식물에 대한 설명이다.
④ 장일식물의 유도일장은 장일 측에, 한계일장은 단일 측에 있다.

33 다음 토양소동물 중 가장 많이 존재하면서 작물의 뿌리에 크게 피해를 입히는 것은?

① 지렁이 ② 선충

③ 개미 ④ 톡토기

해설
토양선충(nematode)
토양의 중형동물에 속하며 부생성 곤충, 초식성 선충, 기생성 선충이 있고 특정 작물의 뿌리를 식해하여 직접적인 피해를 주고, 식상을 통하여 병원균의 침투를 조장하여 간접적인 작물 병해를 유발한다.

34 화성유도에 관여하는 요인으로 부적절한 것은?

① 광 ② 수분

③ 온도 ④ C/N율

해설
화성유도의 주요 요인
• 내적 요인
 - 영양상태(C/N율로 대표되는 동화생산물의 양적 관계)
 - 식물호르몬(옥신과 지베렐린의 체내 수준 관계)
• 외적 요인
 - 광(일장효과의 관계)
 - 온도(버널리제이션과 감온성의 관계)

35 토양 CEC의 뜻으로 옳은 것은?

① 토양산도

② 토양수분

③ 양이온치환용량

④ 토양유기물용량

해설
양이온치환용량(CEC ; Cation Exchange Capacity)
토양이 양이온의 양분을 흡수할 수 있는 총량을 말한다. 즉, 특정물질이나 주어진 pH에서 일정량의 토양 입자에 얼마나 많은 양이온 양분이 다른 양이온과 교환이 가능한 형태로 흡착·충전이 가능한가의 능력을 의미한다.

36 다음 중 pH가 산성인 것은?

① pH 5   ② pH 7

③ pH 9   ④ pH 10

해설
- pH 7 : 중성
- pH 7 이하 : 산성
- pH 7 이상 : 알칼리성

37 산성토양의 개량 방법으로 옳지 않은 것은?

① 붕소 시용   ② 적황색토 객토

③ 용성인비 시용   ④ 내산성 작물재배

해설
② 적황색토는 산성토양이다.
산성토양의 개량 방법
- 붕소 시용
- 용성인비 시비
- 강산성 작물재배
- 석회와 유기물 사용
- 산성비료 연용 회피

38 토양침식을 방지하는 대책으로 가장 적절하지 않은 것은?

① 입단화를 향상시키기 위해 나트륨이 많이 포함된 비료를 사용한다.

② 토양부식을 증가시켜 토양 입단구조 형성이 잘되게 한다.

③ 경사지에서는 유거수의 조절을 위하여 등고선 재배법을 도입한다.

④ 부초(敷草)법 및 간작을 통하여 경작지의 나지기간을 최대한 단축시킨다.

해설
① 퇴구비·녹비 등의 유기물을 사용하거나, 규회석·탄산석회·소석회 등 석회질 물질을 사용하여 입단화를 증가시킨다. 나트륨이 포함된 비료는 양이온치환 능력이 가장 낮으며 점토의 결합을 느슨하게 하여 입단을 파괴한다.

39 다음 중 점토질 토양의 특징이 아닌 것은?

① 함수율이 높다.

② 쉽게 응집된다.

③ 바람의 저항도가 강하다.

④ 유기물 분해력이 빠르다.

해설
점토질은 공기가 잘 통하지 않고 물이 잘 빠지지 않으며 유기물 분해력이 느리다.

40 염해지 토양의 개량 방법으로 가장 적절하지 않은 것은?

① 석회질 비료를 시용한다.

② 암거배수나 명거배수를 한다.

③ 토양 전체에 기계 경운을 수시로 실시하여 토양의 물리성을 개선시킨다.

④ 건조 시기에 물을 대줄 수 없는 곳에서는 생짚이나 청초를 부초로 하여 표층에 깔아주어 수분 증발을 막아준다.

해설
염해지(간척지) 토양
경운을 수시로 실시하는 것은 적절하지 않다. 석고, 토양개량제, 생짚 등을 사용하여 토양의 물리성을 개량한다.

41 습답의 개량 방법으로 적합하지 않은 것은?

① 심경을 한다.

② 암거배수를 한다.

③ 유기물을 다량 시용한다.

④ 석회로 토양을 입단화한다.

해설
배수가 불량한 습답 토양에 유기물을 과잉 시용하면 혐기성 미생물에 의한 혐기적 분해 과정에서 환원성 유해물인 각종 유기산이 생성 집적되어 뿌리의 생장과 흡수작용에 장해를 준다.

정답   36 ①   37 ②   38 ①   39 ④   40 ③   41 ③

42 다음 유기농업이 추구하는 내용에 관한 설명으로 거리가 먼 것은?

① 환경생태계의 보호
② 멸종위기종의 보호
③ 생물학적 생산성의 최적화
④ 토양 쇠퇴와 유실의 최소화

해설
유기농업의 추구 내용
• 환경생태계의 보호
• 환경오염의 최소화
• 생물학적 생산성의 최적화
• 토양 쇠퇴와 유실의 최소화
• 자연환경의 우호적 건강성 촉진

43 유기 벼 종자의 발아에 필수조건이 아닌 것은?

① 산소
② 온도
③ 광선
④ 수분

해설
③ 광 조건은 식물의 종류에 따라 다르다.
종자발아의 필수조건 : 산소, 온도, 수분

44 생물적 풍화작용에 해당하는 설명으로 옳은 것은?

① 산화철은 수화작용을 받으면 침철광이 된다.
② 정장석이 가수분해 작용을 받으면 점토가 된다.
③ 암석 광물은 공기 중의 산소에 의해 산화되어 풍화작용이 진행된다.
④ 미생물은 황화물을 산화하여 황산을 생성하고 이는 암석의 분해를 촉진한다.

해설
①·②·③은 화학적 풍화작용에 해당한다.
생물적 풍화작용 : 동물과 미생물, 식물 뿌리 등에 의한 풍화작용으로, 미생물은 황화물을 산화시켜 황산으로, 암모니아를 질산으로, 유기물을 분해하여 유기산으로 만든다.

45 illite는 2 : 1격자 광물이나 비팽창형 광물이다. 이는 결정 단위 사이에 어떤 원소가 음전하의 부족한 양을 채우기 위하여 고정되어 있기 때문인데 이 원소는 무엇인가?

① Si
② Mg
③ Al
④ K

해설
일라이트(illite)
주로 백운모와 흑운모로부터 생성되며 4개의 Si 중에서 한 개가 Al으로 치환되며, 실리카층 사이의 K이온에 의해 전하의 평형이 이루어진다.

46 다수성 품종을 육종하기 위하여 집단육종법을 적용하고자 한다. 이때 집단육종법의 장점으로 옳은 것은?

① 잡종강세가 강하게 나타난다.
② 선발 개체의 후대에서 분리가 적다.
③ 우량형질의 자연도태가 거의 없다.
④ 각 세대별 유지하는 개체수가 적은 편이다.

해설
집단육종법의 장점
• 선발 개체의 후대에서 분리가 적다.
• 잡종집단의 취급이 용이하다.
• 자연선택을 유리하게 이용할 수 있다.
• 많은 조합 취급이 가능하다.
• 유용유전자를 상실할 염려가 적다.
※ 집단육종법 : 잡종 초기세대에는 선발하지 않고 혼합채종과 집단재배를 반복한 후 후기세대에 개체선발을 하여 순계를 육성하는 방법이다. 잡종 초기세대에 집단재배에 의해 자연선택을 유리하게 이용할 수 있으며 유용유전자를 상실할 염려가 적고 선발을 시작하는 후기세대에는 동형접합체가 많으므로 다수의 유전자가 관여하는 폴리진(양적 형질)에 유리하다. 또한 별도의 관리와 선발노력이 필요하지 않지만 육종연한이 길고 육종규모를 줄이기 어렵다.

378 | PART 02 과년도 + 최근 기출복원문제

42 ② 43 ③ 44 ④ 45 ④ 46 ② **정답**

47 품종의 특성 유지 방법이 아닌 것은?

① 집단재배

② 격리재배

③ 원원종재배

④ 영양번식에 의한 보존재배

> **해설**
> ① 집단재배는 다수성 품종을 육종하기 위한 재배 방법이다.

48 병해충 종합관리를 나타내는 용어는?

① GAP   ② INM

③ IPM   ④ NPN

> **해설**
> ③ IPM(Integrated Pest Management)은 병해충 종합관리를 나타내는 용어로, 여러 가지 방제법을 적절히 사용하여 해충의 발생 밀도를 경제적 피해 수준 이하로 억제하는 방제 방법이다.
> IPM의 효과
> • 농민의 농약에 대한 위험성 감소
> • 농약 사용 감소에 따른 익충의 보호 및 확대
> • 농약 사용 감소에 따른 토양 및 수자원 보호
> • 병해충 문제의 조기 식별 및 조치 능력 함양
> • 농약 비용 감소와 농작물 손실 예방에 따른 농가이윤의 증대
> • 농약의 식품 잔류 가능성 감소 및 안전한 농산물 공급
> • 농약 사용 횟수 및 사용량 감소에 따른 농약에 대한 병해충 저항성 구축 감소

49 유기재배 과수의 토양 표면 관리법으로 가장 거리가 먼 것은?

① 청경법   ② 초생법

③ 부초법   ④ 플라스틱 멀칭법

> **해설**
> 과수원의 토양관리
> • 청경법 : 과수원 토양에 풀이 자라지 않도록 깨끗하게 김을 매주는 방법
> • 초생법 : 과수원의 토양에 풀, 목초 등을 심는 방법
> • 부초법 : 과수원의 토양을 짚, 피복물로 덮어주는 방법

50 유기농업에서의 병해충 방제를 위한 방법으로 가장 거리가 먼 것은?

① 천적 이용

② 화학합성농약 이용

③ 저항성 품종 이용

④ 담배잎 추출액 사용

> **해설**
> 유기농업은 화학비료, 유기합성농약, 생장조절제, 제초제, 가축사료 첨가제 등 일체의 합성화학물질을 사용하지 않으며 유기물과 자연광석, 미생물 등 자연적인 자재만을 사용하는 농업을 뜻한다.

51 뿌리를 항상 양액 속에 담근 채 재배하는 양액재배를 무엇이라 하는가?

① 분무경   ② 분무수경

③ 담액수경   ④ 고형배지경

> **해설**
> ① 분무경 : 식물의 뿌리를 베드 내의 공기 중에 매달아 양액을 뿌리에 분사하는 방식
> ② 분무수경 : 양액을 뿌리에 분무하는 한편, 동시에 베드 밑부분에 약간의 양액을 저장시켜 뿌리의 일부를 담가 재배하는 방식
> ④ 고형배지경 : 수경과 토경의 중간적 성격을 가진 양액재배 방식

정답 47 ①   48 ③   49 ④   50 ②   51 ③

52 예방관리에도 불구하고 가축의 질병이 발생한 경우 수의사의 처방하에 질병을 치료할 수 있다. 이 경우 동물용 의약품을 사용한 가축은 해당 약품 휴약기간의 최소 몇 배가 지나야만 유기축산물로 인정할 수 있는가?

① 2배 ② 3배
③ 4배 ④ 5배

해설
유기축산물의 동물복지 및 질병관리(친환경농축산물 및 유기식품 등의 인증에 관한 세부실시요령 [별표 1])
규정에 따른 예방관리에도 불구하고 질병이 발생한 경우 수의사 처방에 의해 동물용 의약품을 사용하여 질병을 치료할 수 있으며, 동물용 의약품을 사용한 가축은 전환기간(해당 약품의 휴약기간 2배가 전환기간보다 더 긴 경우 휴약기간의 2배 기간을 적용)이 지나야 유기축산물로 출하할 수 있다.

53 토양을 구성하는 주요 점토광물은 결정 격자형에 따라 그 형태가 다르다. 다음 중 1:1형(비팽창형)에 속하는 점토광물은?

① illite
② kaolinite
③ vermiculite
④ montmorillonite

해설
① illite : 2:1형 비팽창형 점토광물로 운모 점토광물이 풍화되는 동안 K, Mg 등이 용탈되어 생기는 광물이다.
③ vermiculite : 규산층과 알루미늄층이 2:1로 형성된 팽창형 광물이다.
④ montmorillonite : 규산층과 알루미늄층이 2:1로 구성되어 있는 팽창형 광물로 결정단위 사이에 물이 자유롭게 드나들 수 있어 물의 함량에 따라 팽창·수축이 일어날 수 있다.

54 유기재배용 종자 선정 시 사용이 절대 금지된 것은?

① 일반종자
② 유전자변형품종
③ 유기재배된 종자
④ 내병성이 강한 품종

55 경사지의 토양유실을 줄이기 위한 재배 방법으로 적절하지 않은 것은?

① 경운재배
② 초생재배
③ 부초재배
④ 등고선 재배

해설
토양유실을 줄이기 위한 재배 방법 : 등고선 재배, 초생재배, 부초재배, 계단식재배 등

56 시설원예에서 이용되는 수막(water curtain)시설이란?

① 여름에 차광을 주목적으로 이용한다.
② 저온기 야간의 온실 보온장치의 일종이다.
③ 시설 내 공중습도 조절의 목적으로 이용된다.
④ 온실 냉방을 주된 목적으로 설치되는 장치이다.

해설
수막하우스
온실 안에 적당한 간격으로 노즐이 배치된 커튼을 설치하고, 커튼 표면에 살수하여 얇은 수막을 형성하는 보온시설로, 주로 겨울철 실내온도의 보온을 위해 사용한다.

52 ① 53 ② 54 ② 55 ① 56 ② 정답

57 다음 중 IFOAM이란?

① 국제유기식품규정
② 국제유기농업운동연맹
③ 위생식품검역 적용에 관한 협정
④ 무역의 기술적 장애에 관한 협정

해설

국제유기농업운동연맹(IFOAM ; International Federation of Organic Agriculture Movements)
지구의 환경을 보전하고 인류의 건강을 지키기 위하여 시작된 유기농업이 전 세계로 확산되면서 1972년 창설되었다.

58 복교배양식의 기호 표시로 올바른 것은?

① A×B
② (A×B)×A
③ (A×B)×C
④ (A×B)×(C×D)

해설

① A×B : 단교배
② (A×B)×A : 여교배
③ (A×B)×C : 3원교배

59 친환경농업이 태동하게 된 배경에 대한 설명으로 틀린 것은?

① 농업 부분에 대한 국제적인 규제가 점차 강화되어가고 있는 추세이다.
② 국제적으로 환경보전문제가 중요 쟁점으로 부각되고 있다.
③ 토양양분의 불균형 문제가 발생하게 되었다.
④ 미국과 유럽 등 농업 선진국은 세계의 농업정책을 소비와 교역 위주에서 증산 중심으로 전환하게 하는 견인역할을 하고 있다.

해설

④ 지속적인 인구 증가에 따라 미국과 유럽 등 농업 선진국이 세계의 농업정책을 증산 중심에서 소비와 교역 위주로 전환하게 하는 견인역할을 하고 있다.

60 우리나라에서 유기농업발전기획단이 정부의 제도권 내로 진입한 연대는?

① 1970년대
② 1980년대
③ 1990년대
④ 2000년대

해설

• 1991년 : 유기농업발전기획단 설치
• 1994년 : 환경농업과 설치
• 1997년 : 환경농업육성법 제정
• 1998년 : 친환경농업 원년 선포
• 1999년 : 친환경농업 직접지불제 도입
• 2001년 : 친환경농업육성 5개년 계획 수립 및 유기농산물 최초 인증

정답 57 ② 58 ④ 59 ④ 60 ③

PART 02 과년도 + 최근 기출복원문제

2022년 제1회 과년도 기출복원문제

01 엽삽(葉揷)으로 번식이 잘 되는 식물로만 이루어진 것은?

① 베고니아, 산세비에리아
② 국화, 땅두릅
③ 자두나무, 앵두나무
④ 카네이션, 펠라고늄

해설
• 엽삽은 잎을 묘상에 꽂아 뿌리를 내리게 하는 꺾꽂이 방법으로 베고니아, 산세비에리아, 바이올렛 등에 이용한다.
• 땅두릅, 자두나무, 앵두나무는 주로 근삽, 카네이션, 펠라고늄은 초본녹지를 5~6월 꺾꽂이하는 녹지삽을 실시한다.

02 종자의 활력을 검사하려고 할 때 테트라졸륨 용액에 종자를 담그면 씨눈 부분만 색깔이 변하는 작물이 아닌 것은?

① 벼
② 콩
③ 보리
④ 옥수수

해설
테트라졸륨 용액은 종자 활력검사에 사용되는 용액으로 배유종자는 배만 염색되며 무배유종자는 자엽까지 색이 변한다. 콩 종자를 담그면 종자 전체에 색깔이 나타난다.
※ 무배유 종자 : 콩과 작물(콩, 팥, 완두 등), 상추, 오이 등

03 산소가 부족한 깊은 물속에서 볍씨는 어떤 생장을 하는가?

① 뿌리와 제1엽이 먼저 자란다.
② 초엽만 길게 자라고 뿌리와 제1엽이 자라지 않는다.
③ 어린 뿌리가 초엽보다 먼저 나오고 제1엽이 신장한다.
④ 정상적으로 뿌리가 먼저 나오고 제1엽이 나오며 초엽이 나온다.

해설
볍씨는 수중, 공기 중 모두 발아가 가능하며 산소가 풍부할 경우 초엽이 1cm 이하로 짧고 굵게 나오면서 씨뿌리도 함께 자란다. 산소가 부족한 조건에서는 이상 발아 현상을 보이고 유근생장이 억제되며 잎을 통해 호흡하기 위해 유아가 먼저 길게 생장한다.

04 다음의 파종 방법 중에서 노동력이 가장 적게 소요되는 것은?

① 적파(摘播)
② 점뿌림(點播)
③ 골뿌림(條播)
④ 흩어뿌림(散播)

해설
파종양식
• 골뿌림(조파) : 종자를 줄지어 뿌리는 방법이다.
• 점뿌림(점파) : 일정한 간격으로 종자를 1~2개씩 파종하는 방법이다.
• 적파 : 일정한 간격을 두고 여러 개의 종자를 한 곳에 파종한다.
• 흩어뿌림(산파) : 종자를 포장 전면에 흩어 뿌리는 방식으로 노력이 적게 드나 종자 소비량이 가장 많다.

382 | PART 02 과년도 + 최근 기출복원문제

1 ① 2 ② 3 ② 4 ④ **정답**

05 지표관개에 관한 설명으로 부적절한 것은?

① 전면관개, 일류관개, 보더법 등이 있다.
② 집중적으로 물을 줄 필요가 있는 곳에 사용한다.
③ 물 빠짐이 나쁜 토양에서는 오히려 습해를 입는다.
④ 고랑에 물을 대거나 토지 전면에 물을 대는 방법이다.

해설
지표관개는 전체적으로 물을 충분히 줄 수 있는 장점이 있으나, 땅이 고르지 않으면 일부는 물에 잠기고 일부는 물이 닿지 않는 단점이 있다.

06 비료를 엽면시비할 때 영향을 미치는 요인이 아닌 것은?

① 살포액의 pH
② 살포액의 농도
③ 살포할 때의 속도
④ 농약과의 혼합관계

해설
비료를 엽면시비할 때 영향을 미치는 요인은 살포액의 pH, 살포액의 농도, 농약과의 혼합관계, 잎의 상태, 보조제의 첨가 등이다.
① 살포액의 pH는 미산성인 것이 흡수가 잘된다.
② 농도가 높으면 잎이 타는 부작용이 있으므로 규정 농도를 잘 지켜야 하며, 비료의 종류와 계절에 따라 다르지만 대개 0.1~0.3% 정도이다.
④ 살포액에 농약을 혼합하여 사용할 수 있지만 이때 약해를 유발하지 않도록 주의해야 한다. 그 밖에 전착제(展着劑)를 첨가하면 흡수를 조장한다.

07 작물의 분화·발달 과정에서 자연적으로 새로운 유전자형이 생기게 되는 가장 큰 원인은?

① 재배기술의 변화
② 재배환경의 변화
③ 영농방식의 변화
④ 자연교잡과 돌연변이

해설
자연돌연변이나 자연교잡 등은 유전적 퇴화를 일으킨다.

08 발아 기간을 발아시, 발아기, 발아전으로 구분 할 때 발아전에 대한 설명으로 옳은 것은?

① 전체 종자수의 50% 발아한 날
② 전체 종자수의 80% 이상이 발아한 날
③ 파종된 종자 중 최초의 1개체가 발아한 날
④ 파종된 종자 중 최초의 1개체가 발아하기 전날

해설
• 발아시 : 최초의 종자 1개체가 발아한 날
• 발아전 : 파종된 종자의 약 80%가 발아한 날
• 발아세 : 치상 후 중간 조사일까지 발아한 종자의 비율
• 발아기 : 전체 종자 수의 50% 발아한 날

09 작물의 생존연한에 따른 분류로 틀린 것은?

① 1년생 작물
② 2년생 작물
③ 월년생 작물
④ 3년생 작물

해설
작물의 생존연한에 의한 분류
• 1년생 작물 : 봄에 종자를 뿌려 그 해에 개화·결실해서 일생을 마치는 작물
예 벼, 콩, 옥수수, 해바라기 등
• 2년생 작물 : 종자를 뿌려 1년 이상을 경과해서 개화·성숙하는 작물
예 무, 사탕무, 접시꽃 등
• 월년생 작물 : 가을에 종자를 뿌려 월동해서 이듬해 개화·결실하는 작물
예 가을밀, 가을보리, 금어초 등
• 영년생(다년생) 작물 : 여러 해에 걸쳐 생존을 계속하는 작물
예 호프, 아스파라거스 등

10 작물이 받는 냉해의 종류가 아닌 것은?

① 생태형 냉해
② 병해형 냉해
③ 지연형 냉해
④ 장해형 냉해

해설
냉해의 유형 : 지연형, 병해형, 장해형, 복합형

정답 5 ② 6 ③ 7 ④ 8 ② 9 ④ 10 ①

11 우리나라에서 유기농업발전기획단이 정부의 제도권 내로 진입한 연대는?

① 1980년대

② 1990년대

③ 2000년대

④ 2010년대

해설

• 1991년 : 유기농업발전기획단 설치
• 1994년 : 환경농업과 설치
• 1997년 : 환경농업육성법 제정
• 1998년 : 친환경농업 원년 선포
• 1999년 : 친환경농업 직접지불제 도입
• 2001년 : 친환경농업육성 5개년 계획 수립 및 유기농산물 최초 인증

12 작물의 분류에서 특용작물 중 섬유작물로 알맞지 않은 것은?

① 목화, 삼

② 아마, 왕골

③ 모시풀, 호프

④ 어저귀, 수세미

해설

• 섬유작물 : 목화, 삼, 모시풀, 아마, 어저귀, 왕골, 수세미, 닥나무, 고리버들 등
• 약용작물 : 제충국, 박하, 호프 등
※ 호프(hop) : 삼과의 여러해살이 덩굴식물로 맥주제조에 이용된다.

13 작물의 일장효과(日長效果)에 대한 설명으로 틀린 것은?

① 콩의 결협 및 등숙은 단일조건에서 조장된다.

② 고구마의 덩이뿌리는 단일조건에서 발육이 조장된다.

③ 콩 등의 단일식물이 장일 하에 놓이면 영양생장이 계속되어 거대형이 된다.

④ 모시풀은 자웅동주식물로 일장에 따라서 성의 표현이 달라지며, 14시간 일장에서는 암꽃이 된다.

해설

모시풀은 자웅동주식물이며, 8시간 이하의 단일조건에서는 완전자성(完全雌性, 암꽃)이고, 14시간 이상의 장일에서는 완전웅성(完全雄性, 수꽃)이 된다.

14 다음 작물 중 일반적으로 배토를 실시하지 않는 것은?

① 파

② 토란

③ 감자

④ 상추

해설

배토(북주기) : 작물의 생육기간 중 골사이나 포기 사이의 흙을 포기 밑으로 긁어 모아주는 것으로 파, 토란, 감자 등에 실시한다.
※ 배토의 효과
  • 신근 발생의 조장 : 콩, 담배
  • 도복의 경감 : 옥수수, 수수, 맥류
  • 무효 분얼의 억제 : 벼
  • 덩이줄기의 발육 조장 : 감자
  • 배수 및 잡초 방제 : 콩

15 재배환경에 따른 이산화탄소의 농도 분포에 관한 설명으로 틀린 것은?

① 미숙 유기물 시용으로 탄소 농도는 증가한다.
② 식생이 무성하면 이산화탄소의 농도는 지표면이 상층면보다 낮다.
③ 식생이 무성한 곳의 이산화탄소 농도는 여름보다 겨울이 높다.
④ 식생이 무성한 지표에서 떨어진 공기층은 이산화탄소 농도가 낮아진다.

해설
식생이 무성하면 뿌리의 호흡이 왕성하고 바람을 막아서 지면에 가까운 공기층의 이산화탄소 농도를 높게 하고 지표에서 떨어진 공기층은 잎의 왕성한 광합성 때문에 이산화탄소 농도가 낮아진다.

16 굴광현상에 가장 유효한 광은?

① 청색광
② 자외선
③ 적색광
④ 자색광

해설
굴광현상
빛의 자극이 식물의 생장에 미치는 효과를 말하며 청색광(400~500nm, 특히 440~480nm)이 가장 유효하다.

17 우리나라의 이모작 형태 중 여름작물-여름작물 형태로 재배하는 작물이 아닌 것은?

① 담배-콩
② 마늘-배추
③ 감자-배추
④ 풋옥수수-배추

해설
마늘은 여름작물이 아니라 가을에 파종하여 가을, 겨울, 봄을 중심으로 생육하는 월년생 작물이다.

18 작물재배 시 300평당 전 생육기간에 필요한 질소 성분량이 10kg일 때, 질소가 5%인 혼합유박은 몇 kg을 사용해야 하는가?

① 200kg
② 300kg
③ 350kg
④ 400kg

해설

$$필요한\ 비료량 = \frac{필요한\ 질소\ 성분량}{비료의\ 질소\ 함량}$$

혼합유박의 질소 함량이 5%이므로, $\frac{10 \times 100}{5} = 200kg$

19 작물의 장해형 냉해에 관한 설명으로 가장 옳은 것은?

① 냉온으로 인하여 생육이 지연되어 후기 등숙이 불량해진다.
② 생육 초기부터 출수기에 걸쳐 냉온으로 인하여 생육이 부진하고 지연된다.
③ 냉온하에서 작물의 증산작용이나 광합성이 부진하여 특정 병해의 발생이 조장된다.
④ 유수형성기부터 감수분열기의 냉온으로 인해 일어나는 냉해로 생식세포의 정상적인 생식기관이 형성되지 못한다.

해설
장해형 냉해 : 생식세포의 감수분열기에 냉온 영향을 받아 생식기관 형성이 부진하거나 불임 현상이 초래되는 유형의 냉해이다.

정답 15 ② 16 ① 17 ② 18 ① 19 ④

20 염기성암에 속하는 것은?

① 안산암   ② 유문암

③ 섬록암   ④ 현무암

해설

규산 함량에 따른 분류
- 산성암(65~75%) : 화강암, 유문암 등
- 중성암(55~65%) : 섬록암, 안산암 등
- 염기성암(40~55%) : 반려암, 현무암 등

---

21 토양유실예측공식에 해당하지 않는 것은?

① 작부인자   ② 토성인자

③ 강우인자   ④ 토양관리인자

해설

토양유실예측공식 : 연간 단위면적에서 일어나는 평균 토양유실량을 예측하는 공식

$A = R \cdot K \cdot LS \cdot C \cdot P$

여기서, R : 강우인자

         K : 토양의 수식성인자

         LS : 경사인자

         C : 작부인자

         P : 토양관리인자

---

22 발효 퇴비를 만들 때 퇴비화가 잘 일어날 수 있는 탄질비(C/N율)로 가장 적합한 것은?

① 1 이하   ② 5~10

③ 20~35   ④ 50 이상

해설

탄질비는 미생물들이 먹이로 쓰는 질소의 함량을 맞춰주기 위한 것으로 30 이하로 맞추어야 퇴비화가 잘 일어난다.

---

23 토양의 함수량을 수분장력의 크기와 같은 값을 가지는 물기둥 높이의 대수값(log값)으로 표시하는 방법은?

① cm   ② pH

③ %   ④ pF

해설

pF(Potential Force)

임의의 수분함량의 토양에서 수분을 제거하는 데 소요되는 단위면적당 힘이며 단위는 수주의 높이 또는 기압으로 표시된다. 이를 간략하게 표기하기 위하여 수주높이의 대수를 취하여 pF라 하고 토양수분의 상태를 표시하는 데 이용하고 있다. 토양의 공극이 수분으로 완전히 포화된 상태의 수분항수를 최대용수량이라 하며 pF 0에 해당되고 포화용수량이라고도 부른다.

---

24 토양 내 세균의 역할에 대한 설명으로 틀린 것은?

① 식물에 병을 일으키기도 한다.

② 단순한 대사 작용에 관여하고 있다.

③ 생명체로서 가장 원시적인 형태이다.

④ 물질순환 작용에서 핵심적인 역할을 한다.

해설

토양 내 세균은 원핵생물로 핵막이 없는 원시적인 생명체이다. 질소고정, 분해, 탄소 및 질소 순환과 같은 물질순환작용에서 매우 복잡하고 다양한 대사 과정을 통해 핵심적인 역할을 하지만 일부 병원성 세균은 병을 일으키기도 한다.

---

25 화강암과 같은 광물조성을 가지는 변성암으로 석영을 주요 조암광물로 하고 있으며, 우리나라 토양 생성에 있어서 주요 모재인 암석은?

① 안산암   ② 섬록암

③ 석회암   ④ 편마암

해설

편마암 : 변성암의 일종으로 이질 또는 사질의 퇴적암이 높은 온도 하에서 광역변성작용을 받은 경우에 생성된다.

---

386 | PART 02 과년도 + 최근 기출복원문제

20 ④   21 ②   22 ③   23 ④   24 ②   25 ④   정답

26 다음 중 연작의 피해로 인해 휴작하는 기간이 가장 긴 작물은?

① 감자　　　　　② 시금치
③ 옥수수　　　　④ 인삼

해설
• 연작의 해가 적은 것 : 벼, 맥류, 조, 수수, 옥수수, 고구마, 삼, 담배, 무, 당근, 양파, 호박, 연, 순무, 뽕나무, 아스파라거스, 토당귀, 미나리, 딸기, 양배추, 꽃양배추 등
• 1년 휴작을 요하는 것 : 시금치, 콩, 파, 생강 등
• 2년 휴작을 요하는 것 : 마, 감자, 잠두, 오이, 땅콩 등
• 10년 이상 휴작을 요하는 것 : 아마, 인삼 등

27 토양의 노후답의 특징이 아닌 것은?

① 작토 환원층에서 칼슘이 많을 때에는 벼뿌리가 적갈색인 산화칼슘의 두꺼운 피막을 형성한다.
② Fe, Mn, K, Ca, Mg, Si, P 등이 작토에서 용탈되어 결핍된 논토양이다.
③ 담수하의 작토의 환원층에서 철분, 망가니즈가 환원되어 녹기 쉬운 형태로 된다.
④ 담수하의 작토의 환원층에서 황산염이 환원되어 황화수소가 생성된다.

해설
① 작토 환원층에 철분이 많으면 벼뿌리가 적갈색인 산화철의 두꺼운 피막을 형성한다.

28 다음 중 토성을 구분하는 기준은?

① 부식의 함량 비율
② 모래와 물의 함량 비율
③ 모래, 미사, 점토의 함량 비율
④ 모래, 부식, 점토, 석회의 함량 비율

해설
토성이란 토양 입자의 크기와 점토 함량에 따른 토양의 분류 기준이다.

29 운적토는 풍화물이 중력, 풍력, 수력, 빙하력 등에 의하여 다른 곳으로 운반되어 퇴적하여 생성된 토양이다. 다음 중 운적토양이 아닌 것은?

① 붕적토　　　　② 수적토
③ 이탄토　　　　④ 선상퇴토

해설
• 운적토 : 풍화 생성물이 옮겨 쌓여서 된 토양으로 붕적토, 선상퇴토(부채꼴), 하성충적토(수적토), 풍적토 등이 있다.
• 정적토 : 풍화 생성물이 그대로 제자리에 남아서 퇴적된 토양으로 잔적토와 유기물이 제자리에 퇴적된 이탄토로 나뉜다.

30 지하수면이 높거나 토층 중에 물이 장기간 정체되는 조건하에서 일어나기 쉬우며, 물에 포화된 토양 중의 유리산화철이 강하게 환원되어 토양은 청회색 또는 회녹색을 띠는 토양생성작용은?

① glei화 작용
② podzol화 작용
③ siallit화 작용
④ 철·알루미늄 집적작용

해설
글레이화 작용(gleyzation)
지하 수위가 높은 저지대나 배수가 좋지 못한 토양 그리고 물에 잠겨 있는 논토양은 산소가 부족하여 토양 내 Fe, Mn 및 S이 환원상태가 되고 토양층은 청회색, 청색 또는 녹색의 특유한 색깔을 띠게 된다.

31 작물의 요수량에 대한 설명 중 옳은 것은?

① 건물 1g을 생산하는 데 소비된 수분량(g)
② 건물 100g을 생산하는 데 소비된 수분량(g)
③ 건물 1kg을 생산하는 데 소비되는 증산량(kg)
④ 건물 100kg을 생산하는 데 소비되는 증산량(kg)

해설

$$요수량 = \frac{소비된\ 수분량(g)}{건물\ 1g}$$

정답　26 ④　27 ①　28 ③　29 ③　30 ①　31 ①　　　　　2022년 제1회 과년도 기출복원문제 | **387**

32 생육기에 풍속 4~6km/h 이하의 바람(연풍)이 작물에 미치는 영향은?

① 광합성 억제
② 증산작용의 촉진
③ 꽃가루 매개 억제
④ 탄산가스 농도 감소

해설

연풍의 장단점

장점	• 증산 및 양분흡수의 조장 • 병해의 경감 • 광합성의 조장 • 수정·결실의 조장 • 수확물의 건조 촉진
단점	• 잡초 종자 전파 • 병균 전파 • 건조할 경우 더욱 건조를 조장 • 냉풍은 냉해를 유발

33 토양 중의 유기물은 지력 유지에 매우 중요한데 그 기능이 아닌 것은?

① 여러 가지 산을 생성하여 암석의 분해를 촉진한다.
② 질소, 인 등 양분을 공급한다.
③ 이산화탄소를 흡수하므로 대기 중의 이산화탄소 농도를 낮춘다.
④ 토양미생물의 번식을 돕는다.

해설
③ 토양유기물은 대기 중으로 이산화탄소를 공급한다.
토양유기물의 기능
• 암석의 분해 촉진
• 양분의 공급
• 대기 중의 이산화탄소 공급
• 생장촉진물질의 생성
• 입단의 형성
• 보수·보비력의 증대
• 완충능의 증대
• 미생물의 번식 조장
• 지온의 상승
• 토양 보호

34 벼가 영년 연작이 가능한 이유로 가장 옳은 것은?

① 생육기간이 짧기 때문에
② 담수조건에서 재배하기 때문에
③ 연작에 견디는 품종적 특성 때문에
④ 다양한 종류의 비료를 사용하기 때문에

해설
② 벼는 담수조건에서 재배하기 때문에 토양에 대한 해가 없어 영년 연작이 가능하다.
※ 연작장해 : 동일한 작물을 같은 밭에 연속적으로 재배하였을 때 그 작물의 생육이나 수량, 품질이 떨어지는 현상

35 작물의 도복을 방지하기 위한 방법으로 옳지 않은 것은?

① 배토 및 답압
② 밀식재배 지양
③ 칼륨질 비료의 절감
④ 내도복성 품종의 선택

해설
③ 질소 다용과 칼륨, 규산 부족 등이 도복을 유발하므로 질소 편중의 시비를 피하고 칼륨, 인산, 규산, 석회 등을 충분히 사용한다.

36 다음 중 밭에서 한해를 줄일 수 있는 재배적 방법으로 틀린 것은?

① 질소를 적게 준다.
② 뿌림골을 높게 한다.
③ 내건성 품종을 재배한다.
④ 재식밀도를 성기게 한다.

해설
밭작물의 한해 재배대책
• 뿌림골을 낮게 한다.
• 뿌림골을 좁히거나 재식밀도를 성기게 한다.
• 봄철 보리나 밀밭이 건조할 경우 답압을 한다.
• 질소 비료의 다용을 피하고 퇴비, 인산, 칼리를 증시한다.
※ 한해란 강수가 없어 토양수분의 부족으로 작물이 입는 피해를 말한다.

388 | PART 02 과년도 + 최근 기출복원문제

32 ② 33 ③ 34 ② 35 ③ 36 ② 정답

37 IFOAM(국제유기농업운동연맹)의 유기농업의 기본목적이 아닌 것은?

① 장기적으로 토양비옥도를 유지한다.
② 영양가 높은 음식을 충분히 생산한다.
③ 현대 농업기술이 가져온 심각한 오염을 회피한다.
④ 농업에 화석연료의 사용을 최대화한다.

해설
IFOAM(국제유기농업운동연맹)의 유기농업의 기본목적
• 가능한 폐쇄적인 농업 시스템 속에서 적당한 것을 취하고, 또한 지역 내 자원에 의존한다.
• 장기적으로 토양비옥도를 유지한다.
• 현대 농업기술이 가져온 심각한 오염을 회피한다.
• 영양가 높은 음식을 충분히 생산한다.
• 농업에 화석연료의 사용을 최소화한다.
• 전체 가축에 대하여 그 심리적 필요성과 윤리적 원칙에 적합한 사양조건을 만들어 준다.
• 농업생산자에 대해서 정당한 보수를 받을 수 있도록 하는 것과 더불어 일에 대해 만족감을 느낄 수 있도록 한다.
• 전체적으로 자연환경과의 관계에서 공생·보호적인 자세를 견지한다.

38 토양오염원을 분류할 때 비점오염원에 해당하는 것은?

① 산성비
② 폐기물매립지
③ 유독물저장시설
④ 대단위 가축사육장

해설
비점오염원(非點汚染源) : 도시, 도로, 농지, 산지, 공사장 등으로서 불특정 장소에서 불특정하게 수질오염물질을 배출하는 배출원
※ 오염원의 분류

구분	점오염원	비점오염원
분류	• 지하저장탱크 • 유기폐기물처리장 • 일반폐기물처리장 • 지표저류시설 • 정화조 • 부적절한 관정	• 농약과 비료 • 산성비
오염물질	• BTEX, LNAPL, DNAPL • 유기화학물질, 중금속 • 유기물, TCE, PCE • 암모니아성 질소, 박테리아	• 질산염 • 알루미늄

39 남부지방의 논에 녹비작물로 이용되며 뿌리혹박테리아로 질소를 고정하는 식물은?

① 옥수수
② 자운영
③ 호밀
④ 유채

해설
녹비작물 중 두과 작물은 뿌리혹박테리아로 질소를 고정하는데, 헤어리베치, 울리포드베치, 퍼플베치, 동부, 자운영, 토끼풀, 풋베기콩, 풋베기완두 등이 있다.

40 피복작물에 의한 토양보전 효과로 볼 수 있는 것은?

① 토양의 유실 증가
② 유거수량의 감소
③ 토양의 투수력 감소
④ 빗방울의 토양 타격강도 증가

해설
② 유거수량은 물이 토양의 표면을 따라 흐르면서 이동하는 물의 양을 뜻하는데 피복작물에 의해 빗방울이 토양에 직접 떨어지는 것을 막아 유거수량을 감소시켜 준다.
피복작물의 효과
• 물의 침투율을 높인다.
• 강우의 지면타격으로부터 토양을 보호한다.
• 토양의 비료성분을 체내에 저장하며, 토양의 입단구조를 개선한다.
• 토양양분의 유실 및 지하수의 오염을 방지한다.
• 토양침식을 방지한다.
• 토양의 이화학성 및 생물성의 개선, 유기물 공급, 잡초 억제 등 다면적인 기능을 가지고 있다.

41 유기재배 과수의 토양 표면 관리법으로 가장 거리가 먼 것은?

① 초생법
② 청경법
③ 부초법
④ 플라스틱 멀칭법

해설
과수원의 토양관리
• 청경법 : 과수원 토양에 풀이 자라지 않도록 깨끗하게 김을 매주는 방법
• 초생법 : 과수원의 토양에 풀, 목초 등을 심는 방법
• 부초법 : 과수원의 토양을 짚, 피복물로 덮어주는 방법

정답 37 ④ 38 ① 39 ② 40 ② 41 ④

42 병해충 관리를 위해 사용이 가능한 유기농자재 중 식물에서 얻을 수 있는 것은 무엇인가?

① 유황　　　　② 목초액
③ 규조토　　　④ 보르도액

해설
목초액 : 나무를 숯으로 만들 때 발생하는 연기가 외부 공기와 접촉하면서 액화되는 것으로, 그 성분은 초산이다.

43 다음 중 시설하우스 염류집적의 대책으로 적합하지 않은 것은?

① 담수에 의한 제염
② 제염작물의 재배
③ 유기물 시용
④ 강우의 차단

해설
④ 강우의 차단으로 인해 시설재배지 토양의 염류집적이 심화된다.
시설재배지 토양의 문제점
• 한두 종류의 작물만 계속하여 연작함으로써 특수성분의 결핍을 초래한다.
• 집약화의 경향에 따라 요구도가 큰 특정 비료의 편중된 시용으로 염화물, 황화물 등 Ca, Mg, Na 등 염기가 부성분으로 토양에 집적된다.
• 토양의 pH가 작물재배에 적합하지 못한 적정 pH 이상으로 높아진다.

44 경운에 대한 설명으로 틀린 것은?

① 잡초 발생 억제
② 해충 발생 증가
③ 토양의 물리성 개선
④ 비료, 농약의 시용 효과 증대

해설
땅속에 은둔하고 있는 해충의 유충이나 번데기를 지표에 노출하여 얼어 죽게 한다.

45 병해충 관리를 위하여 유기농업에서 사용할 수 있는 물질이 아닌 것은?

① 중조　　　　② 제충국
③ 데리스　　　④ 젤라틴

해설
① 중조 : 탄산수소나트륨의 속칭으로 중탄산소다의 약칭으로 유기배합사료 제조용 보조사료의 완충제로 사용된다.
병해충 관리를 위해 사용 가능한 물질(친환경농어업 육성 및 유기식품 등의 관리·지원에 관한 법률 시행규칙 [별표 1]) : 제충국 추출물, 데리스 추출물, 쿠아시아 추출물, 라이아니아 추출물, 님 추출물, 해수 및 천일염, 젤라틴 등

46 다음 중 논토양의 특성으로 옳지 않은 것은?

① 호기성 미생물의 활동이 증가한다.
② 담수하면 토양은 환원상태로 전환된다.
③ 담수 후 대부분의 논토양은 중성으로 변한다.
④ 토양용액의 전도도는 처음에는 증가하다가 최고에 도달한 후 안정된 상태로 낮아진다.

해설
논토양은 담수하면 대기 중에서 토양으로의 기체 공급이 저하되므로 담수 후 수 시간 내에 토양 내 산소가 호기성 미생물에 의해 완전히 소모되며 산소가 부족한 조건 하에서 호기성 미생물의 활동이 정지되고 혐기성 미생물의 호흡작용이 우세하여 혐기성 미생물의 활동이 증가한다.

47 비닐하우스에 사용되는 무적(無滴)필름의 주요 특징은?

① 값이 싸다.
② 내구연한이 길다.
③ 먼지가 붙지 않는다.
④ 물방울이 맺히지 않는다.

해설
무적필름은 물방울이 맺히지 않는 필름이란 뜻으로 물방울이 필름의 표면을 따라 흘러내리기 쉽게 개량한 온실용 폴리에틸렌필름을 말한다.

42 ② 43 ④ 44 ② 45 ① 46 ① 47 ④ 〔정답〕

48 유기농업의 궁극적인 목표가 아닌 것은?

① 장기적으로 토양비옥도를 유지한다.

② 장기적으로 토양비옥도를 유지하지 않는다.

③ 농업기술로 발생할 수 있는 모든 형태의 오염을 피한다.

④ 영양가 높은 음식물을 충분히 생산한다.

49 유기재배 토양에 많이 존재하는 떼알구조에 대한 설명으로 틀린 것은?

① 떼알구조를 이루면 작은 공극과 큰 공극이 생긴다.

② 떼알구조가 발달하면 공기가 잘 통하고 물을 알맞게 간직할 수 있다.

③ 떼알구조가 되면 풍식과 물에 의한 침식을 줄일 수 있다.

④ 떼알구조는 경운을 자주하면 공극량이 늘어난다.

> **해설**
> ④ 지나친 경운은 떼알구조(입단)을 파괴한다.

50 유기농업에서 사용해서는 안 되는 품종은?

① 재래품종

② 유전자변형 품종

③ 유기재배된 종자

④ 내병성이 강한 품종

> **해설**
> 유기농업에서는 보급종 또는 일반 종자는 사용할 수 없고, 유기종자를 사용하는 것이 원칙이며, GMO 종자나 화학적으로 처리한 종자를 사용할 수 없다.

51 유기축산물 생산을 위한 소의 사료로 적합하지 않은 것은?

① 육골분

② 유기박류

③ 유기옥수수

④ 천연광물성 단미사료

> **해설**
> 육골분은 포유동물의 육가공공장이나 도축장에서 나오는 뼈가 붙은 고기조각이나 부스러기를 건열식(乾熱式)으로 처리하여 기름을 빼고 남은 고형분을 건조해서 분쇄한 것이다. 이것은 반추가축에 사용하는 것을 제외하고 유기사료로 사용이 가능하지만 소에게 먹이면 광우병 등의 질병이 발생할 수 있다.

52 시설원예 토양의 특성으로 옳지 않은 것은?

① 염류농도가 낮다.

② 토양의 pH가 낮다.

③ 토양의 공극률이 낮다.

④ 토양의 통기성이 불량하다.

> **해설**
> ① 시설원예의 토양은 질소질 비료의 과다사용으로 아질산이 집적되어 토양 중 염류농도가 높다.
> ② 시설하우스는 한두 종류의 작물만 계속하여 연작하면서 시용하는 비료량에 비하여 작물에 흡수 또는 세탈되는 비료량이 적어 토양 중 염류가 과잉집적되므로 토양이 산성화된다.
> ③ · ④ 염류의 과잉집적은 토양의 입단구조를 파괴하고 토양공극을 메워 통기성과 투수성의 불량을 초래한다.

정답 48 ② 49 ④ 50 ② 51 ① 52 ①

53 다수성 품종을 육종하기 위하여 집단육종법을 적용하고자 한다. 이때 집단육종법의 장점으로 옳은 것은?

① 잡종강세가 강하게 나타난다.
② 선발 개체의 후대에서 분리가 적다.
③ 우량형질의 자연도태가 거의 없다.
④ 각 세대별 유지하는 개체수가 적은 편이다.

해설

집단육종법의 장점
• 선발 개체의 후대에서 분리가 적다.
• 잡종 집단의 취급이 용이하다.
• 자연선택을 유리하게 이용할 수 있다.
• 많은 조합의 취급이 가능하다.
• 유용유전자를 상실할 염려가 적다.
※ 집단육종법 : 잡종 초기세대에는 선발하지 않고 혼합채종과 집단재배를 반복한 후 후기세대에 개체선발을 하여 순계를 육성하는 방법이다. 잡종 초기세대에 집단재배에 의해 자연선택을 유리하게 이용할 수 있으며 유용유전자를 상실할 염려가 적고 선발을 시작하는 후기세대에는 동형접합체가 많으므로 다수의 유전자가 관여하는 폴리진(양적 형질)에 유리하다. 또한 별도의 관리와 선발노력이 필요하지 않지만 육종연한이 길고 육종규모를 줄이기 어렵다.

54 다음 중 유기농업이 소비자의 관심을 끄는 주된 이유는?

① 모양이 좋기 때문에
② 가격이 저렴하기 때문에
③ 안전한 농산물이기 때문에
④ 사시사철 이용할 수 있기 때문에

해설

현재 국민들의 환경보전의 필요성에 대한 인식이 높아졌으며, 소비자들의 건강과 환경보전을 위한 무공해 및 안전식품 선호도가 높아지게 되었다.

55 다음 중 점토 함량이 가장 적은 토성은?

① 사토
② 사양토
③ 양토
④ 식양토

해설

토성의 분류

토성의 명칭	세토 중의 점토 함량
사토	12.5% 이하
사양토	12.5~25%
양토	25~37.5%
식양토	37.5~50%
식토	50% 이상

56 친환경농업이 태동하게 된 배경에 대한 설명으로 틀린 것은?

① 토양양분의 불균형 문제가 발생하게 되었다.
② 국제적으로는 환경 보전 문제가 중요 쟁점으로 부각되고 있다.
③ 농업 부분에 대한 국제적인 규제가 점차 강화되어가고 있는 추세이다.
④ 미국과 유럽 등 농업 선진국은 세계의 농업정책을 소비와 교역 위주에서 증산 중심으로 전환하게 하는 견인역할을 하고 있다.

해설

④ 지속적인 인구 증가에 따라 미국과 유럽 등 농업 선진국이 세계의 농업정책을 증산 중심에서 소비와 교역 위주로 전환하게 하는 견인역할을 하고 있다.

57 과수원에서 쓸 수 있는 유기자재로 가장 옳지 않은 것은?

① 현미식초
② 생선액비
③ 광합성 세균
④ 생장촉진제

해설
생장촉진제 처리 과실은 육질이 무르고 생리장해가 발생할 수 있으며 저장기간이 짧다.

58 유효질소 10kg이 필요한 경우에 요소로 질소질비료를 시용한다면 필요한 요소량은?(단, 요소비료의 흡수율은 83%, 요소의 질소 함유량은 46%로 가정)

① 약 13.1kg   ② 약 26.2kg
③ 약 34.2kg   ④ 약 48.5kg

해설
• 요소의 흡수율 83%에 대한 질소의 필요량
   $83 : 100 = 10 : N$
   $N = \dfrac{100 \times 10}{83} = 12.04\,kg$(요소 중의 N량)
• 요소의 질소 함유량 46%에 대한 실제 요소의 필요량
   $46 : 100 = 12.04 : x$
   $x = \dfrac{100 \times 12.04}{46} = 26.17\,kg$(요소의 필요량)

59 심층시비를 가장 바르게 실시한 것은?

① 암모늄태 질소를 환원층에 시비하는 것
② 암모늄태 질소를 산화층에 시비하는 것
③ 질산태 질소를 환원층에 시비하는 것
④ 질산태 질소를 산화층에 시비하는 것

해설
심층시비 : 암모늄태 질소를 환원층에 시비하여 비효의 증진을 꾀하는 것

60 예방관리에도 불구하고 가축의 질병이 발생한 경우 수의사의 처방하에 질병을 치료할 수 있다. 이 경우 동물용 의약품을 사용한 가축은 해당 약품 휴약기간의 최소 몇 배가 지나야만 유기축산물로 인정할 수 있는가?

① 2배   ② 3배
③ 4배   ④ 5배

해설
유기축산물의 동물복지 및 질병관리(농림축산식품부 소관 친환경농어업 육성 및 유기식품 등의 관리·지원에 관한 법률 시행규칙 [별표 4])
가축의 질병을 치료하기 위해 불가피하게 동물용의약품을 사용한 경우에는 동물용의약품을 사용한 시점부터 전환기간(해당 약품의 휴약기간의 2배가 전환기간보다 더 긴 경우에는 휴약기간의 2배의 기간을 말한다) 이상의 기간 동안 사육한 후 출하할 것

정답 57 ④ 58 ② 59 ① 60 ①

PART 02 과년도 + 최근 기출복원문제

2022년 제2회 과년도 기출복원문제

01 다음 중 과수 분류상 인과류에 속하는 것으로만 나열된 것은?

① 밤, 살구
② 사과, 배
③ 포도, 비파
④ 무화과, 복숭아

해설
과실의 구조에 의한 분류
• 인과류 : 사과, 배, 비파 등
• 준인과류 : 감귤, 감 등
• 핵과류 : 복숭아, 자두, 살구, 매실, 양앵두, 대추 등
• 장과류 : 포도, 무화과, 나무딸기 등
• 견과류 : 밤, 호두, 개암 등

02 대기의 질소를 고정시켜 지력을 증진시키는 작물은?

① 화곡류
② 두류
③ 근채류
④ 과채류

해설
공기 중의 질소를 고정하는 미생물인 질소고정세균은 작물 스스로 분자질소를 고정하여 이용할 수 없기 때문에 숙주식물(대부분이 콩과 식물)에 기생하며, 질소를 고정한다.

03 식용작물의 분류상 연결이 옳지 않은 것은?

① 두류 – 콩, 팥, 녹두
② 맥류 – 벼, 수수, 기장
③ 잡곡 – 옥수수, 조, 메밀
④ 서류 – 감자, 고구마, 토란

해설
식량(식용)작물의 분류
• 벼 : 논벼(수도), 밭벼(육도)
• 맥류 : 보리, 밀, 호밀, 귀리 등
• 잡곡 : 옥수수, 수수, 조, 메밀, 기장, 피 등
• 콩류 : 콩, 팥, 녹두, 완두, 강낭콩, 땅콩 등
• 서류 : 감자, 고구마, 카사바, 토란, 돼지감자 등

04 물에 의한 침식의 피해가 가장 큰 토양은?

① 투수력이 큰 토양
② 유기물 함량이 많은 토양
③ 팽창성 점토광물이 많은 토양
④ 토양입단이 잘 형성되어 있는 토양

해설
③ 토양의 투수성이 크고 구조가 잘 발달될수록 물에 의한 침식 피해가 적은데, 팽창성이 큰 점토가 적을수록 투수성이 크다.
토양의 성질과 물에 의한 침식
• 토양의 투수성이 크고 구조가 잘 발달되어 내수성 입단이 많을수록 수식은 적다.
• 일반적으로 토양의 투수성은 토양의 입자가 클수록, 유기물의 함량이 많을수록, 토심이 깊을수록, 또는 팽창성이 큰 점토가 적을수록 크고, 토층 단면 내에 불투수층이 있거나 지표면에 피막이 생긴 토양에서는 작다.
• 수분함량이 적은 토양이 침식에 견디는 힘이 크고, 점토나 교질물의 함량이 많은 토양일수록, 또는 규산이 많은 점토일수록 크다.
• 상층이 모래로 되어 있거나 경기에 의해 거친 토괴를 이루어 투수성이 크다 하더라도 하층에 투수성이 불량한 층이 존재할 경우에는 그 불투수층면에 물이 흐르게 되어 큰 비로 유수의 양이 많아지고 유속이 커질 때에는 상층 토양은 입자와 입자와의 결합력이 약하기 때문에 갑자기 큰 침식을 일으키는 일이 있다.

394 | PART 02 과년도 + 최근 기출복원문제

1 ② 2 ② 3 ② 4 ③ **정답**

05 다음 중 연작에 의한 피해가 다른 작물에 비해 큰 것은 어느 것인가?

① 벼
② 맥류
③ 옥수수
④ 인삼

해설
• 10년 이상 휴작이 필요한 작물 : 아마, 인삼 등
• 연작의 해가 적은 작물 : 벼, 맥류, 옥수수, 고구마, 딸기, 당근, 무 등

06 작물의 적산온도에 대한 설명으로 옳지 않은 것은?

① 작물의 생육이 가능한 범위의 온도를 나타낸다.
② 작물의 생육시기와 생육기간에 따라 차이가 있다.
③ 작물이 일생을 마치는 데 소요되는 총온도량을 표시한다.
④ 작물의 발아로부터 성숙에 이르기까지의 0℃ 이상의 일평균기온을 합산한 온도이다.

해설
①은 생육온도에 대한 설명이다.
적산온도 : 작물이 싹트기에서 수확할 때까지 평균기온이 0℃ 이상인 날의 일평균기온을 합산한 것이다. 작물이 일생을 마치는 데 소요되는 총 온도량을 표시한다.

07 논 상태와 밭 상태로 몇 해씩 돌려가면서 작물을 재배하는 방식의 작물체계를 무엇이라고 하는가?

① 교호작
② 답전윤환
③ 간작
④ 윤작

해설
① 교호작(번갈아짓기) : 콩 두 이랑에 옥수수 한 이랑씩 생육기간이 비등한 작물들을 서로 건너서 교호로 재배하는 방식
③ 간작(사이짓기) : 한 가지 작물이 생육하고 있는 조간(고랑 사이)에 다른 작물을 재배하는 방법
④ 윤작 : 한 경작지에 두 가지 이상의 다른 작물들을 순서에 따라 주기적으로 재배하는 방법

08 작물 수량을 증가시키는 3대 조건이 아닌 것은?

① 적합한 재배기술
② 알맞은 재배환경
③ 유전성이 좋은 품종 선택
④ 상품성이 우수한 작물 선택

해설
일정한 면적에서 최대의 수량을 올리기 위해서는 작물의 유전성, 환경조건, 재배기술이 유기적으로 관계하며 이것을 수량의 삼각형이라 한다.

[작물 수량의 삼각형]

09 점적관개에 대한 설명으로 옳은 것은?

① 미생물을 물에 타서 주는 방법
② 싹을 틔우기 위해 물을 뿌려주는 방법
③ 스프링클러 등으로 물을 뿌려주는 방법
④ 작은 호스 구멍으로 소량씩 물을 주는 방법

해설
관개의 종류
• 지하관개 : 개거법, 암거법, 점적관개, 압입법
• 지표관개 : 전면관개, 고랑관개
• 살수관개 : 다공관관개, 스프링클러관개

10 엽록소를 형성하고 잎의 색이 녹색을 띠는 데 필요하며, 단백질 합성을 위한 아미노산의 구성성분은?

① 질소
② 칼륨
③ 인산
④ 규산

해설
아미노산 : 질소화합물로 단백질의 구성성분

정답 5 ④ 6 ① 7 ② 8 ④ 9 ④ 10 ①

2022년 제2회 과년도 기출복원문제 | **395**

11 시비량의 이론적 계산을 위한 공식으로 맞는 것은?

① $\dfrac{\text{비료요소흡수율} - \text{천연공급량}}{\text{비료요소흡수량}}$

② $\dfrac{\text{비료요소흡수량} - \text{천연공급량}}{\text{비료요소흡수율}}$

③ $\dfrac{\text{천연공급량} + \text{비료요소흡수량}}{\text{비료요소흡수량}}$

④ $\dfrac{\text{천연공급량} - \text{비료요소공급량}}{\text{비료요소흡수율}}$

12 작물의 내습성에 관여하는 요인에 대한 설명으로 옳지 않은 것은?

① 뿌리가 황화수소, 아산화철 등에 대하여 저항성이 큰 것은 내습성이 강하다.

② 뿌리조직이 목화한 것은 환원성 유해물질의 침입을 막아서 내습성을 강하게 한다.

③ 근계가 얕게 발달하거나, 습해를 받았을 때 부정근의 발생력이 큰 것은 내습성이 약하다.

④ 벼는 밭작물인 보리에 비해 잎, 줄기, 뿌리에 통기계가 발달하여 담수조건에서도 뿌리로의 산소 공급능력이 뛰어나다.

해설
작물의 내습성에 대한 뿌리의 특징
• 근계가 지표면 가까이 얕게 발달한다.
• 습해를 받았을 때 부정근의 발생력이 큰 뿌리의 발달 습성을 가진다.

13 기지현상의 대책으로 옳지 않은 것은?

① 담수한다.

② 시설재배를 한다.

③ 토양소독을 한다.

④ 새 흙으로 객토한다.

해설
기지현상의 대책 : 윤작, 담수, 토양소독, 유독물질의 제거, 객토 및 환토, 접목 등

14 다음 중 도복 방지에 효과적인 원소는?

① 인   ② 마그네슘

③ 질소   ④ 아연

해설
도복 방지
• 칼륨, 인산, 규산, 석회 등을 충분히 시용한다.
• 질소의 과잉 시비를 피한다.

15 경운의 특징으로 옳은 것은?

① 해충 발생이 증가한다.

② 토양의 유실이 증가된다.

③ 토양수분 유지가 불리해진다.

④ 비료와 농약의 사용 효과가 감소한다.

해설
경운의 필요성(효과) : 토양의 물리성 개선, 파종 및 옮겨심기 작업의 용이, 토양수분 유지에 유리, 잡초, 해충의 발생을 억제, 비료와 농약의 사용 효과 향상 등
① 땅속에 숨은 해충의 유충이나 애벌레, 성충 등을 표층으로 노출시키면 서식환경이 파괴되어 해충을 죽이거나 밀도를 낮출 수 있다.
③ 땅을 갈면 땅속 깊이까지 물이 스며들어 수분을 잘 유지시킬 수 있을 뿐만 아니라, 갈아 놓은 땅은 표면적이 넓어서 수분이 과다해도 수분 조절작용에 유리하다.
④ 땅을 갈면 퇴비나 남아 있던 수확한 작물의 잎줄기를 땅속에 묻어 이를 이용할 수 있고, 비가 오면 비료나 농약이 빗물로 씻겨 내려갈 염려가 적어져 이용효율이 커진다.

16 동상해 · 풍수해 · 병해충 등으로 작물의 급속한 영양 회복이 필요할 경우 사용하는 시비 방법은?

① 전층시비법
② 심층시비법
③ 엽면시비법
④ 표층시비법

해설
엽면시비는 작물의 뿌리가 정상적인 흡수능력을 발휘하지 못할 때, 병해충 또는 침수해 등의 피해를 당했을 때, 이식한 후 활착이 좋지 못할 때 등 응급한 경우에 사용한다.

17 지력을 향상시키고자 할 때 가장 부적절한 방법은?

① 작목을 교체 재배한다.
② 녹비작물을 재배한다.
③ 논 · 밭을 전환하면서 재배한다.
④ 화학비료를 가급적 많이 시용한다.

해설
화학비료를 과도하게 주면 지력이 쇠퇴하고 화학비료 속에 녹아 있는 질산이나 인산에 의해 지하수나 수질이 오염될 수 있다.

18 대기조성과 작물생육에 대한 설명으로 옳지 않은 것은?

① 대기 중 질소(N_2)가 가장 많은 함량을 차지한다.
② 대기 중 질소는 콩과 작물의 근류균에 의해 고정되기도 한다.
③ 산소 농도가 극히 낮아지거나 90% 이상 극히 높아지게 되면 작물의 호흡에 지장이 생긴다.
④ 대기 중의 이산화탄소 농도는 작물이 광합성을 수행하기에 충분한 과포화상태이다.

해설
④ 대기 중 이산화탄소의 농도는 약 0.03%로, 작물이 충분한 광합성을 수행하기에는 부족하다. 광합성량을 최고로 높일 수 있는 이산화탄소의 농도는 약 0.25%이다.
① · ② 대기 중에는 질소가스(N_2)가 약 79.1%를 차지하고 근류균, *Azotobacter* 등이 공기 중의 질소를 고정한다.
③ 호흡작용에 알맞은 대기 중의 산소농도는 약 20.9%이다.

19 배수의 효과로 옳지 않은 것은?

① 습해와 수해를 방지한다.
② 경지 이용률을 낮게 한다.
③ 농작업을 용이하게 하고, 기계화를 촉진한다.
④ 토양의 성질을 개선하여 작물의 생육을 촉진한다.

해설
배수의 효과
• 습해 · 수해를 방지
• 토양의 성질을 개선하여 작물의 생육을 조장
• 경지 이용률의 향상
• 농작업을 용이하게 하고 기계화를 촉진

정답 16 ③ 17 ④ 18 ④ 19 ②

20 윤작의 효과가 아닌 것은?

① 잡초의 번성
② 병해충 경감
③ 토양구조 개선
④ 지력의 유지·증강

해설
윤작의 효과
• 토양 보호
• 잡초 및 병해충의 발생 억제
• 지력유지 및 증강
• 토양선충 경감 및 기지현상 회피
• 수확량 증대 및 토지이용도 향상
• 노력분배 합리화 및 농업경영의 안정성 증대

21 작물의 이식시기로 옳지 않은 것은?

① 일조가 많은 맑은 날에 실시하면 좋다.
② 과수는 이른 봄이나 낙엽이 진 뒤의 가을이 좋다.
③ 묘대일수감응도가 적은 품종을 선택하여 육묘 한다.
④ 벼 도열병이 많이 발생하는 지대는 조식을 한다.

해설
작물의 이식 시 햇빛이 강하면 잎에서의 증산작용으로 수분의 손실의 크므로 구름이 있거나 흐린 날에 하는 것이 좋다.

22 지리적 미분법을 적용하여 작물의 기원을 탐색한 학자는?

① Ookuma
② Vavilov
③ De Candolle
④ Hellriegel

해설
Vavilov는 재배식물의 커다란 분류군에서 순차적으로 작은 군으로 다시 유전적 변이의 구성별로 세분하고, 그 결과에서 재배식물의 변이형의 분포 지도를 작성하는 '식물 지리적 미분법'을 확립하여 작물의 기원을 탐색하였다.

23 다른 생물과 공생하여 공중질소를 고정하는 토양 세균은?

① 바실러스(*Bacillus*)속
② 리조비움(*Rhizobium*)속
③ 아조토박터(*Azotobacter*)속
④ 클로스트리듐(*Clostridium*)속

해설
질소고정세균
• 단독질소고정세균 : *Azotobacter*(호기성), *Clostridium*(혐기성)
• 공생질소고정세균 : *Rhizobium*(근류균 : 콩과 식물과의 공생)

24 경사도가 15° 이상인 경사지의 토양 보전 방법으로 옳은 것은?

① 등고선 재배
② 계단식 개간
③ 초생대 설치
④ 승수구 설치

해설
경사 5° 이하에서는 등고선 재배법으로 토양보전이 가능하나, 15° 이상의 경사지는 단구를 구축하고 계단식 개간경작법을 적용해야 한다.

25 다음 중 토양에 서식하며 토양으로부터 양분과 에너지원을 얻으며 특히 배설물이 토양입단 증가에 영향을 주어 토양의 물리성을 개선하는 생물로 가장 옳은 것은?

① 지렁이
② 사상균
③ 박테리아
④ 방사선균

해설
토양의 입단화는 토양 입자가 지렁이의 소화기관을 통과할 때 석회석에서 분비되는 탄산칼슘 등의 응고에 의해 이루어지며, 토양의 물리성을 개량하여 식물과 농작물의 생육에 알맞은 환경을 만들어 준다.

20 ① 21 ① 22 ② 23 ② 24 ② 25 ① 정답

26 도복에 대한 설명으로 옳지 않은 것은?

① 밀식은 도복을 유발한다.

② 병해충의 발생이 많으면 도복이 심해진다.

③ 키가 크고 줄기가 튼튼한 작물일수록 도복이 심하다.

④ 비가 와서 식물체가 무거워지면 도복이 유발된다.

해설
③ 키가 크고 줄기가 약한 품종일수록 도복이 심하다.

27 멀칭의 효과에 대한 설명 중 옳지 않은 것은?

① 지온 조절

② 토양 건조 예방

③ 잡초 발생 억제

④ 토양 내 비료 성분의 유실

해설
멀칭의 효과
• 지온의 조절
• 잡초발생의 억제
• 토양의 건조 예방
• 토양의 유실 방지
• 비료 성분의 유실 방지

28 염해지 토양의 개량 방법으로 가장 적절하지 않은 것은?

① 석회질 비료를 시용한다.

② 암거배수나 명거배수를 한다.

③ 토양 전체에 기계 경운을 수시로 실시하여 토양의 물리성을 개선시킨다.

④ 건조 시기에 물을 대줄 수 없는 곳에는 생짚이나 청초를 부초로 하여 표층에 깔아주어 수분 증발을 막는다.

해설
염해지(간척지) 토양
경운을 수시로 실시하는 것은 적절하지 않다. 석고, 토양개량제, 생짚 등을 시용하여 토양의 물리성을 개량한다.

29 다음 중 토양의 양분보유력을 최대로 증대시킬 수 있는 영농 방법은?

① 부식질 유기물의 시용

② 질소비료의 시용

③ 모래의 객토

④ 경운의 실시

해설
지력 증가 방법(양분보유력 증대 방법)
• 유기물 함량이 많아야 한다.
• 무기성분이 풍부하고 균형 있어야 한다.

정답 26 ③ 27 ④ 28 ③ 29 ①

30 토양침식에 영향을 주는 요인에 대한 설명으로 틀린 것은?

① 강우량이 강우강도보다 토양침식에 대한 영향이 크다.

② 경사도가 크고 경사길이가 길수록 침식이 많이 일어난다.

③ 내수성 입단이 적고 투수성이 나쁜 토양이 침식되기 쉽다.

④ 작물의 종류, 경운시기와 방법에 따라 침식량이 다르다.

> **해설**
> ① 토양침식에는 강우강도가 강우량보다 더 많은 영향을 미친다.

31 무경운의 장점으로 옳지 않은 것은?

① 토양구조 개선

② 토양침식 증가

③ 토양유기물 유지

④ 토양생명체 활동에 도움

> **해설**
> 무경운의 장점
> 잦은 경운은 토양의 압밀을 가져오는데 무경운은 이러한 압밀을 줄일 수 있다. 또한 비와 바람에 의한 침식을 줄일 수 있으며 노력이 절감된다.

32 재배환경에서 광합성 작용에 가장 효과적인 광은?

① 백색광

② 황색광

③ 적색광

④ 녹색광

> **해설**
> 광합성에 가장 유효한 광 : 적색광(600~680nm)

33 다음 중 2 : 2 규칙형 광물은?

① illite

② chlorite

③ kaolinite

④ vermiculite

> **해설**
> ① illite : 2 : 1형 점토광물로서 운모 점토광물이 풍화되는 동안 K, Mg 등이 용탈되어 생기는 비팽창형 광물
> ③ kaolinite : 대표적인 1 : 1 격자형 광물로 고령토라고도 하며, 우리나라 토양 중 점토광물의 대부분을 차지하는 광물
> ④ vermiculite : 규산층과 알루미늄층이 2 : 1로 형성된 팽창판자형 제2차 토양광물

34 경작지의 작토층에 대하여 토양의 무게(질량)를 산출하고자 할 때 다음의 표를 참고하여 10a의 경작토양에서 10cm 깊이의 건조토양의 무게를 산출한 결과로 맞는 것은?

10cm 두께의 10a 부피	용적밀도
$100m^3$	$1.20g \cdot cm^{-3}$

① 100,000kg

② 120,000kg

③ 140,000kg

④ 160,000kg

> **해설**
> • 작토층의 부피 = $10a \times 10cm = 1,000m^2 \times 0.1m$
>   = $100m^3 (\because 10a = 1,000m^2)$
> • 용적밀도 = $1.2g/cm^3 = 1,200kg/m^3$
> • $\therefore$ 작토층 총질량 = $1,200kg/m^3 \times 100m^3 = 120,000kg$

35 세계 최초로 유기농업을 연구하여 실천하고 이론적으로 학문의 체계를 수립한 학자는?

① 앨버트 하워드
② 루돌프 스테이너
③ 폴 리비히
④ 존 헨리

해설
세계 최초로 유기농업을 연구하여 실천하고 이론적으로 학문의 체계를 수립한 사람은 영국의 앨버트 하워드(Albert G. Howard)이다.

36 다음 토양소동물 중 가장 많이 존재하면서 작물의 뿌리에 크게 피해를 입히는 것은?

① 톡토기   ② 선충
③ 개미   ④ 지렁이

해설
토양선충(nematode)
토양의 중형동물에 속하며 부생성 곤충, 초식성 선충, 기생성 선충이 있고 특정 작물의 뿌리를 식해하여 직접적인 피해를 주고, 식상을 통하여 병원균의 침투를 조장하여 간접적인 작물 병해를 유발한다.

37 암석의 종류 중 화성암에 해당하는 것은?

① 사암   ② 혈암
③ 안산암   ④ 석회암

해설
암석의 분류
• 화성암 : 화강암, 섬록암, 안산암, 현무암 등
• 수성암 : 응회암, 사암, 혈암, 점판암, 석회암 등
• 변성암 : 편마암, 대리석, 편암, 사문암 등

38 토양미생물에 대한 설명으로 틀린 것은?

① 조류는 광합성을 통해 산소를 방출한다.
② 화학종속영양세균의 주에너지원은 빛이다.
③ 토양유기물을 분해시켜 부식으로 만든다.
④ 균근류는 통기성과 투수성을 증가시킨다.

해설
② 화학종속영양세균의 주에너지원은 여러 종류의 유기화합물이고, 화학독립영양세균은 황화수소나 암모니아 등을 산화하여 에너지를 얻는다.

39 석회암지대의 천연동굴은 사람이 많이 드나들면 호흡 때문에 훼손이 심화될 수 있다. 천연동굴의 훼손과 가장 관계가 깊은 풍화작용은?

① 가수분해(hydrolysis)
② 산화작용(oxidation)
③ 수화작용(hydration)
④ 탄산화작용(carbonation)

해설
탄산화작용은 대기 중의 이산화탄소가 물에 용해되어 일어난다. 물에 산이 가해지면 암석의 풍화작용이 촉진된다.

40 뿌리의 흡수량 또는 흡수력을 감소시키는 요인은?

① 광합성량의 증가
② 건조한 공중 습도
③ 비료의 시용량 감소
④ 토양 중 산소의 감소

해설
토양 중의 산소가 부족하고 이산화탄소가 많으면 작물 뿌리의 생장과 기능을 저해한다.

정답 35 ① 36 ② 37 ③ 38 ② 39 ④ 40 ④

41 산도(pH)가 산성인 토양의 pH는?

① pH 11.0   ② pH 9.0

③ pH 7.0   ④ pH 5.0

해설
- pH 7 : 중성
- pH 7 이하 : 산성
- pH 7 이상 : 알칼리성

---

42 우리나라 밭토양의 특성으로 옳지 않은 것은?

① 토양화학성이 양호하다.
② 세립질과 역질토양이 많다.
③ 저위생산성인 토양이 많다.
④ 곡간지나 산록지와 같은 경사지에 많이 분포되어 있다.

해설
밭토양의 특성
- 밭 면적 중 대부분이 곡간지와 구릉지 및 산록지에 산재해 있으며, 하천 주변의 평탄지에 분포하고 있는 것은 적다.
- 침식을 많이 받게 되어 토양의 유실과 비료 성분의 용탈이 심하여 지력이 낮은 척박한 토양이 대부분이다.
- 논에 비하여 수리가 불리하여 한밭 피해가 심하며, 작황의 불안정과 연작에 의한 생육장해가 일어나기 쉽다.
- 밭토양에서는 세립질토양이 많이 존재하며 빗물로 인한 양분의 유실이 논토양에 비해 많은 편이다.

---

43 토양이 산성화될 때 발생되는 생물학적 영향으로 틀린 것은?

① 칼륨의 과잉흡수로 인해 줄기가 연약해진다.
② 철의 과잉흡수로 벼의 잎에 갈색의 반점이 생긴다.
③ 망가니즈 독성으로 인해 식물 잎의 만곡현상을 야기한다.
④ 알루미늄 독성으로 인해 식물의 뿌리신장을 저해한다.

해설
산성토양에서 발생되는 생물학적 영향
- 철, 알루미늄, 망가니즈 등의 가용성이 높아져 과잉흡수가 문제된다.
- 칼륨, 칼슘, 마그네슘, 몰리브덴 등의 가용성이 낮아져 흡수가 억제된다.
- 인산은 철, 알루미늄과 결합하여 불용화된다.

---

44 다음 중 병해충 방제를 위한 경종적 방제법에 해당하지 않는 것은?

① 봉지 씌우기
② 토지의 선정
③ 품종의 선택
④ 생육 시기의 조절

해설
① 과실에 봉지를 씌워서 병해충을 방제하는 것은 물리적 방제법에 속한다.

---

45 일반적으로 표토에 부식이 많을 때 토양은 무슨색인가?

① 적색   ② 회백색

③ 암흑색   ④ 황적색

해설
고도로 분해된 유기물을 많이 함유한 토양은 어두운색을 띠고, 산화철 광물이 풍부하면 적색을 띤다.

46 다음 중 공극량이 가장 적은 토양은?

① 경도가 낮은 토양
② 수분이 많은 토양
③ 공기가 많은 토양
④ 용적밀도가 높은 토양

해설

토양공극
토양의 액상과 기상을 합쳐 부르는 말로, 미세한 입자는 밀착되지 않기 때문에 공간이 생성되고 공극이 유지되어 보수력이 높지만 공기와 물의 이동이 어렵다.

※ 토성별 용적밀도 및 공극량

토성	용적밀도	공극량(%)
사토	1.6	40
사양토	1.5	43
양토	1.4	47
미사질 양토	1.3	50
식양토	1.2	55
식토	1.1	58

47 유기농산물을 생산하는 데 있어 올바른 잡초 제어법으로 옳지 않은 것은?

① 멀칭을 한다.
② 손으로 잡초를 뽑는다.
③ 화학제초제를 사용한다.
④ 적절한 윤작을 통하여 잡초 생장을 억제한다.

해설

유기재배의 잡초 관리는 윤작, 경운 등 경종적 방법이 근간이 되어야 하고, 화학제초제의 사용은 금한다.

48 시설재배지 토양의 개량 방법으로 거리가 먼 것은?

① 미량원소를 보급한다.
② 객토하거나 환토한다.
③ 화학비료를 많이 준다.
④ 담수하여 염류를 세척한다.

해설

③ 화학비료를 많이 주면 시설재배지 토양에 염류집적이 생길 수 있다.

49 질소와 인산에 의한 토양의 오염원으로 가장 거리가 먼 것은?

① 공장폐수
② 광산폐수
③ 축산폐수
④ 가정하수

해설

② 광산폐수 : 중금속(카드뮴, 구리, 납, 아연 등)
• 질소 : 농약, 화학비료, 가축의 분뇨 등
• 인산 : 생활하수(합성세제 등)

50 다음 중 토양 염류집적이 되기 쉬운 재배지는?

① 벼 재배 논
② 시설채소 재배지
③ 고랭지채소 재배지
④ 일반 밭작물 재배지

해설

시설재배 토양의 문제점
• 한두 종류의 작물만 계속하여 연작함으로써 특수성분의 결핍을 초래한다.
• 재배에 따라 요구도가 큰 특정 비료의 편중된 사용으로 염화물, 황화물 등 Ca, Mg, Na 등 염기가 토양에 집적된다.
• 토양의 pH가 작물재배에 적합하지 못한 적정 pH 이상으로 높아진다.

정답 46 ④ 47 ③ 48 ③ 49 ② 50 ②

51 illite는 2 : 1 격자광물이나 비팽창형 광물이다. 이는 결정단위 사이에 어떤 원소가 음전하의 부족한 양을 채우기 위하여 고정되어 있기 때문인데 그 원소는?

① Si
② K
③ Al
④ Mg

해설

일라이트(illite)

주로 백운모와 흑운모로부터 생성되며 4개의 Si 중에서 한 개가 Al으로 치환되며, 실리카층 사이의 K이온에 의해 전하의 평형이 이루어진다.

52 다음에서 설명하는 것은?

> 수직재인 기둥에 비하여 수평 또는 이에 가까운 상태에 놓인 부재로서 재축에 대하여 직각 또는 사각의 하중을 지탱한다.

① 보
② 샛기둥
③ 중도리
④ 왕도리

해설

② 샛기둥 : 기둥과 기둥 사이에 배치하여 벽을 지지해 주는 수직재를 말한다.
③ 중도리 : 지붕을 지탱하는 골재로 왕도리와 갖도리 사이에 설치되어 서까래를 받치는 수평재이다.
④ 왕도리 : 대들보라고도 하며, 용마루 위에 놓이는 수평재를 말한다.

53 시설재배지 토양관리의 문제점이 아닌 것은?

① 염류집적이 잘 일어난다.
② 양분 용탈이 잘 일어난다.
③ 연작장해가 발생되기 쉽다.
④ 양분 불균형이 발생하기 쉽다.

해설

시설재배지 토양은 강우가 차단되어 노지에 비해 양분 용탈은 심하지 않지만, 양분의 불균형적 축적으로 인한 과·부족과 염류집적으로 인한 농도장해가 발생하며, 토양의 화학·물리성이 불량해진다.

54 피복작물에 의한 토양보전 효과로 볼 수 있는 것은?

① 유거수량의 감소
② 토양의 유실 증가
③ 토양의 투수력 감소
④ 빗방울의 토양 타격 강도 증가

해설

① 유거수량은 물이 토양의 표면을 따라 흐르면서 이동하는 물의 양을 뜻하는데 피복작물에 의해 빗방울이 토양에 직접 떨어지는 것을 막아 유거수량을 감소시켜 준다.

피복작물의 효과

• 물의 침투율을 높인다.
• 강우의 지면타격으로부터 토양을 보호한다.
• 토양의 비료성분을 체내에 저장하며, 토양의 입단구조를 개선한다.
• 토양양분의 유실 및 지하수의 오염을 방지한다.
• 토양침식을 방지한다.
• 토양의 이화학성 및 생물성의 개선, 유기물 공급, 잡초 억제 등 다면적인 기능을 가지고 있다.

55 유기농업에서의 병해충 방제를 위한 방법으로써 가장 거리가 먼 것은?

① 저항성 품종 이용
② 합성농약 사용
③ 천적 이용
④ 담배잎 추출액 사용

해설

유기농업은 화학비료 등 일체의 합성화학물질을 사용하지 않거나 줄이고 유기물과 자연 광석, 미생물 등 자연적인 자재만을 사용하는 농업이다.

404 | PART 02 과년도 + 최근 기출복원문제

51 ② 52 ① 53 ② 54 ① 55 ② 정답

56 지붕형 온실과 아치형 온실을 비교 설명한 것 중 틀린 것은?

① 적설 시 지붕형이 아치형보다 유리하다.
② 광선의 유입은 지붕형이 아치형보다 많다.
③ 지붕형이 아치형보다 재료비가 많이 소요된다.
④ 천창의 환기능력은 지붕형이 아치형보다 높다.

해설
아치형 온실은 지붕형 온실에 비하여 내풍성이 강하고 광선이 고르게 입사하며, 필름이 골격재에 잘 밀착되어 파손될 위험이 적다.

57 다음은 유기농업의 병해충 제어법 중 경종적 방제법이다. 내용이 틀린 것은?

① 생육기의 조절 : 밀의 수확기를 늦추면 녹병의 피해가 적어진다.
② 윤작 : 해충의 밀도를 크게 낮추어 토양전염병을 경감시킬 수 있다.
③ 품종의 선택 : 병해충 저항성이 높은 품종을 선택하여 재배한다.
④ 시비법 개선 : 최적 시비는 작물체의 건강성을 향상시켜 병해충에 대한 저항성을 높인다.

해설
① 밀의 수확기를 당기면 녹병의 피해가 적어진다.

58 생력기계화재배의 효과로 보기 어려운 것은?

① 단위수량의 증대
② 작부체계의 개선
③ 농업노동 투하시간의 절감
④ 제초제 이용에 따른 유기재배면적의 확대

해설
생력재배의 효과
• 농업노력비의 절감
• 단위수량의 증대
• 작부체계의 개선
• 재배면적의 증대
• 농업경영의 개선

59 다음 중 토양유실량이 가장 큰 작물은?

① 콩
② 참깨
③ 옥수수
④ 고구마

해설
토양유실량 크기 : 옥수수 > 참깨 > 콩 > 고구마
※ 토양유실(soil erosion)이란 지표면의 토양이 물이나 바람에 의해 침식되어 원래의 위치에서 탈리되어 이동되는 현상이다.

60 사과를 유기농법으로 재배하는 데 어린잎 가장자리가 위쪽으로 뒤틀리고, 새 가지 선단에서 막 전개되는 잎은 황화되며, 심한 경우에는 새 가지의 정단 부위가 말라 죽어가고 있다. 부족한 원소는 무엇인가?

① 질소
② 인산
③ 칼륨
④ 칼슘

해설
칼슘(Ca) 결핍 증상과 특징
상위엽이 약간 소형으로 되면서 안쪽과 바깥쪽으로 비틀어진다. 장기간의 일조 부족과 저온이 지속되다가 갑작스럽게 고온으로 되면 생장점 부근의 엽 둘레가 타면서 비틀어지는 소위 낙하산엽으로 변한다. 상위엽의 엽맥 사이가 황화하고 잎은 작아진다. 따라서 칼슘 결핍의 특징은 증상이 생장점 가까운 잎에서 나타나고 엽 둘레가 타면서 엽맥 사이가 황화되는 것이 특징이다.
① 질소결핍증상 : 늙은 잎부터 황백화현상이 나타난다.
② 인산결핍증상 : 뿌리 발육이 생육 초기부터 나빠지며, 잎은 암녹색이 되고 결실이 나빠진다.
③ 칼륨결핍증상 : 과실비대가 억제되고 늙은 잎의 가장자리에 엽소현상이 나타난다.

정답 56 ② 57 ① 58 ④ 59 ③ 60 ④

PART 02 과년도 + 최근 기출복원문제

2023년 제1회 과년도 기출복원문제

01 답전윤환의 효과로 옳은 것은?

① 잡초의 증가

② 건토효과

③ 벼 수량 감소

④ 병해충 증가

해설

답전윤환은 논 또는 밭을 논 상태와 밭 상태로 몇 해씩 돌려가면서 벼와 밭작물을 재배하는 방식으로, 연작장해를 막기 위해 사용되는 방법이다.

답전윤환의 효과

• 지력의 증강

• 건토효과

• 연작의 피해 경감

• 병해충 감소

02 토양 CEC의 뜻으로 옳은 것은?

① 토양산도

② 토양수분

③ 양이온교환용량

④ 토양유기물용량

해설

양이온교환용량(CEC ; Cation Exchange Capacity)

토양의 양이온교환용량은 토양이 양이온의 양분을 흡수할 수 있는 총량을 말한다. 즉, 특정물질이나 주어진 pH에서 일정량의 토양입자에 얼마나 많은 양이온 양분이 다른 양이온과 교환이 가능한 형태로 흡착, 충전이 가능한가의 능력을 의미한다.

03 토양 C/N율에 따른 질소의 행동으로 옳지 않은 것은?

① 탄질률이 높은 유기물을 주면 질소의 공급효과가 높다.

② 사용하는 유기물의 탄질률이 높으면 질소가 일시적으로 결핍된다.

③ 콩과 식물을 재배하면 질소의 공급에 유리하다.

④ 토양유기물의 분해는 탄질률에 따라 크게 달라진다.

해설

탄질률이 높은 퇴비는 비료효과가 작고, 탄질률이 낮은 퇴비는 비료효과가 크다. 그러므로 탄소율(탄질률)이 높은 볏짚, 왕겨 등을 넣을 때는 여분의 질소질비료를 공급하여야 한다.

04 다음 중 여러 개의 품종이나 계통을 교배하는 방법은?

① 다계교배   ② 순계선발

③ 돌연변이   ④ 배수성육종

해설

다계교배

다계교배는 2개의 복교잡 사이의 잡종을 이용하는 방법과 다수계통의 종자를 격리농장에 혼합 파종하여 수년간 방임수분 시켜서 채종한 것 또는 복교잡을 격리농장에서 수년간 방임수분시킨 것을 이용하여 그것들 사이의 잡종을 만드는 방법 등이 있는데 후자의 방법이 유리하며, 다계교배는 복교잡보다 생산력은 떨어지나 채종하기는 용이하다.

정답 1 ② 2 ③ 3 ① 4 ①

05 습답의 특징으로 볼 수 없는 것은?

① 지하수위가 표면으로부터 50cm 미만이다.
② Fe^{3+}, Mn^{4+}가 환원작용을 받아 Fe^{2+}, Mn^{2+}가 된다.
③ 유기산이나 황화수소 등 유해 물질이 생성된다.
④ 칼륨 성분의 용해도가 높아 흡수가 잘되나 질소 흡수는 저해된다.

해설
④ 벼 생육 후기에 질소 과다로 도복·병해가 유발된다.
습답의 특징
• 습답은 물 빠짐이 나쁘고 지하 수위가 높아 항상 물에 잠긴 상태로 있는 논으로 산소 부족으로 벼 뿌리의 발달이 좋지 못하고 지력이 약하다.
• 습답에는 미숙 유기물이 집적되는데, 환원상태이므로 유기물이 혐기적으로 분해되어 유기산을 생성하나 투수가 적어 작토 중에 유기산이 집적되어 뿌리의 생장과 흡수작용에 장해를 준다.
• 한여름 고온기에는 유기물 분해가 왕성하여 심한 환원상태를 이루고, 황화수소 등의 유해한 환원성 물질이 생성·집적되어 뿌리가 상한다.

06 유효질소 10kg이 필요한 경우에 요소로 질소질비료를 시용한다면 필요한 요소량은?(단, 요소비료의 흡수율은 83%, 요소의 질소 함유량은 46%로 가정)

① 약 13.1kg ② 약 26.2kg
③ 약 34.2kg ④ 약 48.5kg

해설
• 요소의 흡수율 83%에 대한 질소의 필요량
  $83 : 100 = 10 : N$
  $N = \dfrac{100 \times 10}{83} = 12.04kg$(요소 중의 N량)
• 요소의 질소 함유량 46%에 대한 실제 요소의 필요량
  $46 : 100 = 12.04 : x$
  $x = \dfrac{100 \times 12.04}{46} = 26.17kg$(요소의 필요량)

07 중경의 긍정적인 효과와 거리가 먼 것은?

① 발아 ② 단근
③ 비효 증진 ④ 잡초 제거

해설
중경의 긍정적 효과
• 발아 조장
• 토양 통기 조장
• 잡초 제거
• 비효 증진

08 엽면시비가 효과적인 경우로 옳지 않은 것은?

① 작물의 필요량이 적은 무기양분을 시용할 경우
② 토양조건이 나빠 무기양분의 흡수가 어려운 경우
③ 시비를 원하지 않는 작물과 같이 재배할 경우
④ 부족한 무기성분을 서서히 회복시킬 경우

해설
엽면시비가 효과적인 경우
• 토양시비가 곤란할 경우
• 미량요소를 공급하는 경우
• 시비를 원하지 않는 작물과 같이 재배할 경우
• 급속한 영양회복이 요구될 경우

09 토양미생물 중 광합성이 가능한 것은?

① 남조류 ② 근류균
③ 나이트로박터 ④ 클로스트리디움

해설
토양미생물 : 세균, 진균(사상균), 근류균, 조류, 방선균
※ 조류 : 이산화탄소를 이용하여 광합성을 하고 산소를 배출하는 생물(독립영양을 대부분 한다), 녹조류, 규조류, 황녹조류 등이 가장 흔한 조류 집단이며, 온대 미경지에는 녹조류가 많고 중성 내지 알칼리성 열대지방의 토양에는 남조류가 많다

정답 5 ④ 6 ② 7 ② 8 ④ 9 ①

2023년 제1회 과년도 기출복원문제 | **407**

10 토양이 산성화될 때 발생하는 작물의 생리 현상으로 옳지 않은 것은?

① 칼륨의 과잉흡수로 인해 줄기가 연약해진다.
② 철의 과잉흡수로 벼의 잎에 갈색의 반점이 생긴다.
③ 망가니즈 독성으로 인해 식물 잎의 만곡 현상을 야기한다.
④ 알루미늄 독성으로 인해 식물의 뿌리 신장을 저해한다.

해설
산성토양에서 발생되는 생물학적 영향
• 철, 알루미늄, 망가니즈 등의 가용성이 높아져 과잉흡수가 문제된다.
• 칼륨, 칼슘, 마그네슘, 몰리브덴 등의 가용성이 낮아져 흡수가 억제된다.
• 인산은 철, 알루미늄과 결합하여 불용화된다.

11 토양생물 중 가장 많은 수로 존재하면서 작물의 뿌리에 크게 피해를 입히는 것은?

① 개미   ② 선충
③ 지렁이   ④ 톡토기

해설
선충(미소동물군) : 토양 1m²에 백만마리 이상 존재, 약 10,000여 종 알려져 있으나 토양에서 주로 발견되는 것은 1,000종, 90%가 토양 깊이 15cm 내에 서식, pH가 중성이며 유기물이 풍부한 환경에 많고 뿌리를 공격하기 때문에 뿌리 근처에서 많이 발견된다.

12 우리나라 논토양은?

① 잔적토   ② 풍적토
③ 충적토   ④ 하성토

해설
충적토는 우리나라 논토양의 대부분을 차지하며 토양단면은 층상을 이루고 있는 것으로 토양의 생성작용에 의하여 크게 변화하지 않는 하천의 충적층과 관련된 토양으로서 범람원, 삼각주, 선상지에서 주로 나타난다.

13 토양의 노후답의 특징이 아닌 것은?

① 작토 환원층에서 칼슘이 많을 때에는 벼뿌리가 적갈색인 산화칼슘의 두꺼운 피막을 형성한다.
② Fe, Mn, K, Ca, Mg, Si, P 등이 작토에서 용탈되어 결핍된 논토양이다.
③ 담수 하의 작토의 환원층에서 철분, 망가니즈가 환원되어 녹기 쉬운 형태로 된다.
④ 담수 하의 작토의 환원층에서 황산염이 환원되어 황화수소가 생성된다.

해설
① 작토 환원층에 철분이 많으면 벼뿌리가 적갈색 산화철의 두꺼운 피막을 형성한다.

14 식물에 유해한 가스가 아닌 것은?

① 오존   ② 불화수소
③ 이산화질소   ④ 이산화탄소

해설
식물에 유해한 가스 : 아황산가스, 불화수소, 이산화질소, PAN 등

15 과수원 토양에 풀이 자라지 않도록 깨끗하게 김을 매주는 방법은?

① 초생법   ② 청경법
③ 멀칭법   ④ 부초법

해설
과수원의 토양관리
• 청경법 : 과수원 토양에 풀이 자라지 않도록 깨끗하게 김을 매주는 방법
• 초생법 : 과수원의 토양을 풀, 목초로 피복하는 방법
• 부초법 : 과수원의 토양을 짚, 피복물로 덮어주는 방법

정답 10 ① 11 ② 12 ③ 13 ① 14 ④ 15 ②

16 유축(有畜)농업 또는 혼동(混同)농업과 비슷한 뜻으로, 식량과 사료를 서로 균형 있게 생산하는 농업을 무엇이라고 하는가?

① 소경(疏耕)농업

② 원경(園耕)농업

③ 곡경(穀耕)농업

④ 포경(圃耕)농업

해설
① 소경(疏耕)농업 : 문화가 발달되기 이전의 농업 형태로서 쟁기나 가축을 이용하지 않은 것은 물론, 비료를 사용하지 않았다. 지력의 소모가 빠른 만큼 새로운 토지를 찾아서 옮기는 약탈농업
② 원경(園耕)농업 : 작은 면적의 농경지를 집약적으로 경영하여 단위면적당 채소, 과수 등의 수확량을 많게 하는 농업 형태
③ 곡경(穀耕)농업 : 벼·밀·옥수수 등의 곡류가 넓은 지대에 걸쳐 매년 같은 작물을 재배하는 농업 형태

17 냉해에 대한 설명으로 틀린 것은?

① 물질의 동화와 전류가 저해된다.

② 암모니아의 축적이 적어진다.

③ 질소, 인산, 칼륨, 규산, 마그네슘 등의 양분흡수가 저해된다.

④ 원형질 유동이 감퇴·정지하여 모든 대사기능이 저해된다.

해설
② 질소동화의 저해로 암모니아 축적이 많아진다.

18 산도(pH)가 산성인 토양의 pH는?

① pH 11.0　　② pH 9.0

③ pH 7.0　　④ pH 5.0

해설
• pH 7 : 중성
• pH 7 이하 : 산성
• pH 7 이상 : 알칼리성

19 다음 중 시설의 토양관리에서 객토를 실시하는 이유로 거리가 먼 것은?

① 미량원소의 공급

② 토양의 침식 효과

③ 염류집적의 제거

④ 토양물리성 개선

해설
시설재배지의 객토 효과
• 미량원소의 공급
• 토양침식 억제
• 염류집적의 제거
• 토양물리성 개선
• 보수력의 증대
• 작토층의 확대

20 다음 중 줄무늬잎마름병의 매개충은?

① 응애류　　② 벼멸구

③ 진딧물　　④ 애멸구

해설
줄무늬잎마름병은 잎의 상하로 노란 줄무늬가 나타나며 새로 나오는 잎은 말린채 고사한다. 생육 초기에 반드시 매개충인 애멸구를 방제하거나 저항성이 좋은 품종을 선택하여 방제한다.

21 농후사료 중심의 유기축산의 문제점으로 거리가 먼 것은?

① 물질순환의 문제

② 열등한 축산물 품질 초래

③ 수입 유기 농후사료 구입에 의한 생산비용 증대

④ 국내에서 생산이 어려워 대부분 수입에 의존

해설
농후사료는 가소화 영양소 농도가 높고 섬유질 함량이 낮으며 영양소 농도가 높은 사료의 총칭이다. 단백질이나 탄수화물, 그리고 지방의 함량이 비교적 많이 함유된 것으로 영양가가 높다.

정답 16 ④ 17 ② 18 ④ 19 ② 20 ④ 21 ②

22 친환경 농산물의 인증을 담당하는 기관으로 옳은 것은?

① 시·도지사

② 농협중앙회

③ 관할 시, 군청

④ 국립농산물품질관리원, 민간인증기관

해설
친환경농어업 육성 및 유기식품 등의 관리·지원에 관한 법률에 의거하여 정부가 지정한 전문인증기관에서 엄격한 기준으로 친환경농축산물을 인증한다.

23 다음 중 대기 중의 질소를 고정시켜 지력을 증진시키는 작물은?

① 밀
② 클로버
③ 보리
④ 고구마

해설
휴한지에 두과 작물을 재배하면 공중질소를 고정하여 지력 향상에 도움이 된다.

24 경사지의 토양유실을 줄이기 위한 재배 방법 중 가장 적당하지 않은 것은?

① 경운재배

② 초생재배

③ 부초재배

④ 등고선 재배

해설
토양유실을 줄이기 위한 재배 방법 : 등고선 재배, 초생재배, 부초 재배, 계단식재배 등

25 점파에 대한 설명으로 옳은 것은?

① 포장 전면에 종자를 흩어 뿌리는 방식이다.

② 골타기(作條)를 하고 종자를 줄지어 뿌리는 방식이다.

③ 노력이 적게 들고 건실하고 균일한 생육을 하게 된다.

④ 일정한 간격을 두고 종자를 1립에서 수립씩 띄엄띄엄 파종하는 방식이다.

해설
① 흩어뿌림, ② 줄뿌림
③ 노력이 적게 드는 것은 흩어뿌림이다.

26 식물체 내에서 합성되는 호르몬이 아닌 것은?

① 옥신
② CCC
③ 지베렐린
④ 시토키닌

해설
② CCC(cycocel) : 식물생장억제제의 일종
식물호르몬 : 옥신, 지베렐린, 시토키닌, ABA, 에틸렌

27 춘화처리(vernalization)에 대한 설명으로 잘못된 것은?

① 주로 생육 초기에 온도처리를 하여 개화를 촉진한다.

② 저온처리의 감응점은 생장점이다.

③ 최아 종자의 시기에 버널리제이션을 하는 것을 종자 버널리제이션이라고 한다.

④ 처리 중에 종자가 건조하면 버널리제이션 효과가 촉진된다.

해설
춘화처리(버널리제이션)
식물체가 생육의 일정 시기(주로 초기)에 저온을 경과함으로써 화성, 즉 꽃눈의 분화, 발육이 유도·촉진하는 것을 뜻하며 처리 중에 종자가 건조하면 춘화처리 효과가 감쇄된다.

28 유기재배 시 과수의 토양 표면 관리법으로 가장 거리가 먼 것은?

① 청경법
② 초생법
③ 부초법
④ 플라스틱 멀칭법

해설
과수원의 토양관리
• 청경법 : 과수원 토양에 풀이 자라지 않도록 깨끗하게 김을 매주는 방법
• 초생법 : 과수원의 토양을 풀, 목초로 피복하는 방법
• 부초법 : 과수원의 토양을 짚, 피복물로 덮어주는 방법

29 생력재배의 효과로 볼 수 없는 것은?

① 작부체계의 개선
② 단위수량의 증대
③ 노동투하시간의 절감
④ 농구비(農具費) 절감

해설
생력재배의 효과
• 농업노력비의 절감 : 맥작생산비의 55~60%는 노력비인데, 소형기계화로는 노력비의 30~60%, 대형기계화로는 70~90%가 절감된다고 한다.
• 단위수량의 증대 : 심경다비, 적기작업, 재배방식의 개선 등에 의해서 오히려 수량이 증대될 수 있다.
• 토지이용도의 증대 : 기계화를 하면 작업능률이 높고 작업기간이 단축되므로 전후작의 관계가 훨씬 원활해지는 등 토지이용도가 증대된다.
• 농업경영의 개선 : 기계화생력재배를 알맞게 도입하면 농업 노력과 생산비가 절감되고, 수량이 증대하면 농업경영은 크게 개선될 수 있다.

30 다음 중 포식성 곤충에 해당하는 것은?

① 침파리
② 고치벌
③ 무당벌레
④ 맵시벌

해설
포식성 곤충과 기생성 곤충
• 포식성 곤충 : 풀잠자리, 꽃등에, 됫박벌레, 딱정벌레, 팔라시스이리응애, 무당벌레 등
• 기생성 곤충 : 침파리, 고치벌, 맵시벌, 꼬마벌 등

31 유기축산물 생산을 위한 소의 사료로 적합하지 않은 것은?

① 육골분
② 유기박류
③ 유기옥수수
④ 천연광물성 단미사료

해설
육골분은 포유동물의 육가공공장이나 도축장에서 나오는 뼈가 붙은 고기조각이나 부스러기를 건열식으로 처리하여 기름을 빼고 남은 고형분을 건조해서 분쇄한 것이다. 이것은 반추가축에 사용하는 것을 제외하고 유기사료로 사용이 가능하지만 소에게 먹이면 광우병 등의 질병이 발생할 수 있다.

32 병충해 종합관리를 나타내는 용어는?

① GAP
② INM
③ IPM
④ NPN

해설
IPM(Integrated Pest Management)은 병해충 종합관리를 나타내는 용어로, 여러 가지 방제법을 적절히 사용하여 해충의 발생 밀도를 경제적 피해 수준 이하로 억제하는 방제 방법이다.
IPM의 효과
• 농민의 농약에 대한 위험성 감소
• 농약 사용 감소에 따른 익충의 보호 및 확대
• 농약 사용 감소에 따른 토양 및 수자원 보호
• 병해충 문제의 조기 식별 및 조치 능력 함양
• 농약 비용 감소와 농작물 손실 예방에 따른 농가이윤의 증대
• 농약의 식품 잔류 가능성 감소 및 안전한 농산물 공급
• 농약 사용 횟수 및 사용량 감소에 따른 농약에 대한 병해충 저항성 구축 감소

정답 28 ④ 29 ④ 30 ③ 31 ① 32 ③

33 포장동화능력을 지배하는 요인으로만 옳게 나열한 것은?

① 엽면적, 광포화점, 광보상점
② 총엽면적, 수광능률, 평균동화능력
③ 광량, 광의 강도, 엽면적
④ 착색도, 광량, 엽면적

해설

포장동화능력의 지배요인
• 총엽면적 : 전체 식물의 엽면적이 많을수록 더 많은 광합성이 일어나므로 포장동화능력이 커진다.
• 수광능률 : 광합성을 위해 빛을 얼마나 효율적으로 흡수할 수 있는지에 해당하는 능력이다.
• 평균동화능력 : 주어진 조건에서 한 엽이 수행할 수 있는 평균적인 광합성 능력이다.
이 세 가지 요소는 식물이 광합성을 통해 생산할 수 있는 탄소 고정량을 결정하는 중요한 변수이다.

34 논 작토층이 환원되어 하층부에 적갈색의 집적층이 생기는 현상을 가진 논을 칭하는 용어는?

① 글레이화
② 라테라이트화
③ 특이산성화
④ 포드졸화

해설

포드졸화 작용
아한대–한대의 한랭·습윤지대의 침엽수림에서 일어나기 쉽고, 유기물의 공급량이 분해량을 크게 상회하는 조건의 지역에서 일어나는 작용으로 회백색의 표백층이 형성되고, 바로 그 밑에 알루미나와 산화철이 풍부한 진하고 치밀한 갈색의 집적층이 형성된다.

35 다음 중 토양유실예측공식에 포함되지 않는 것은?

① 토양관리인자
② 강우인자
③ 평지인자
④ 작부인자

해설

토양유실예측공식 : 연간 단위면적에서 일어나는 평균 토양유실량을 예측하는 공식
$$A = R \cdot K \cdot LS \cdot C \cdot P$$
여기서, R : 강우인자, K : 토양의 수식성인자,
LS : 경사인자, C : 작부인자,
P : 토양관리인자

36 토양 중의 암모니아태 질소가 산소에 의해 산화되면 무엇이 되는가?

① 단백질
② 질산
③ 질소가스
④ 암모니아가스

해설

암모니아태 질소를 산화층에 주면 질화균이 질화작용을 일으켜 질산으로 된다($NH_4^+ \rightarrow NO_2 \rightarrow NO_3$).

37 작물의 분화 과정이 옳은 것은?

① 유전적 변이 → 고립 → 도태와 적응
② 유전적 변이 → 도태와 적응 → 고립
③ 도태와 적응 → 유전적 변이 → 고립
④ 도태와 적응 → 고립 → 유전적 변이

해설

작물의 분화 과정 : 유전적 변이 → 도태 또는 적응 → 순화 → 격리 또는 고립

412 | PART 02 과년도 + 최근 기출복원문제

33 ② 34 ④ 35 ③ 36 ② 37 ② **정답**

38 시설원예 토양의 특성으로 옳지 않은 것은?

① 염류농도가 낮다.
② 토양의 pH가 낮다.
③ 토양의 공극률이 낮다.
④ 토양의 통기성이 불량하다.

해설
① 시설원예의 토양은 질소질 비료의 과다사용으로 아질산이 집적되어 토양 중 염류농도가 높다.
③·④ 염류의 과잉집적은 토양의 입단구조를 파괴하고 토양공극을 메워 통기성과 투수성의 불량을 초래한다.
② 시설하우스는 한두 종류의 작물만 계속하여 연작하면서 시용하는 비료량에 비하여 작물에 흡수 또는 세탈되는 비료량이 적어 토양 중 염류가 과잉집적되므로 토양이 산성화된다.

39 관수피해로 성숙기에 가까운 맥류가 장기간 비를 맞아 젖은 상태로 있거나, 이삭이 젖은 땅에 오래 접촉해 있을 때 발생되는 피해는?

① 기계적 상처
② 도복
③ 수발아
④ 백수현상

해설
수발아
성숙기에 가까운 맥류가 장기간 비를 맞아 젖은 상태로 있거나, 우기에 도복하여 이삭이 젖은 땅에 오래 접촉해 있을 때 수확 전의 이삭에서 싹이 트는 것
② 도복 : 비바람에 의해 쓰러지는 현상으로 화곡류, 두과작물에 나타남.
④ 백수현상 : 벼 이삭이 흰색의 쭉정이가 되는 것으로 생리적 원인이나 병원균, 해충 등에 의해 피해를 입어 생기는 현상

40 적산온도 요구량이 가장 높은 작물은?

① 감자
② 담배
③ 벼
④ 메밀

해설
③ 벼 : 3,500~4,500℃
① 감자 : 1,300~3,000℃
② 담배 : 3,200~3,600℃
④ 메밀 : 1,000~1,200℃

41 염기성암에 속하는 것은?

① 안산암
② 유문암
③ 섬록암
④ 현무암

해설
규산 함량에 따른 분류
• 산성암(65~75%) : 화강암, 유문암 등
• 중성암(55~65%) : 섬록암, 안산암 등
• 염기성암(40~55%) : 반려암, 현무암 등

42 포도 재배 시 화진현상(꽃떨이현상) 예방법으로 거리가 먼 것은?

① 붕소를 시비한다.
② 질소질을 많이 준다.
③ 칼슘을 충분하게 준다.
④ 개화 5~7일 전에 생장점을 적심한다.

해설
질소 과용시비를 할 경우 화진현상(꽃눈이 떨어져 결실하지 못하는 현상)이 생길 수 있다.

정답 38 ① 39 ③ 40 ③ 41 ④ 42 ②

43 발아 기간을 발아시, 발아기, 발아전으로 구분 할 때 발아전에 대한 설명으로 옳은 것은?

① 전체 종자수의 50% 발아한 날

② 전체 종자수의 80% 이상이 발아한 날

③ 파종된 종자 중 최초의 1개체가 발아한 날

④ 파종된 종자 중 최초의 1개체가 발아하기 전날

해설
• 발아시(發芽始) : 최초의 1개체가 발아한 날
• 발아전 : 파종된 종자의 약 80%가 발아한 날
• 발아세 : 치상 후 중간 조사일까지 발아한 종자의 비율
• 발아기 : 전체 종자 수의 50% 발아한 날

44 미나마타(minamata)병의 원인이 되는 중금속은?

① 망가니즈　　　② 수은

③ 카드뮴　　　　④ 납

해설
미나마타(minamata)병
수은(Hg)중독으로 인해 발생하는 다양한 신경학적 증상과 징후를 특징으로 하는 증후군이다.

45 점토광물의 규소판에 있는 규소가 알루미늄으로 가장 많이 치환되어 있는 광물은?

① 일라이트

② 클로라이트

③ 카올리나이트

④ 몬모릴로나이트

해설
일라이트(illite)는 주로 백운모와 흑운모로부터 생성되며 4개의 Si 중 1개가 Al로 치환된다. 규소판의 Si 원소 가운데 약 15%는 Al으로 치환되어 있다.

46 수막하우스의 특징을 가장 잘 설명한 것은?

① 보온성이 매우 뛰어나다.

② 토양의 염류농도가 낮다.

③ 관수의 자동화가 쉽다.

④ 일장의 자동조절이 쉽다.

해설
수막하우스
온실 안에 적당한 간격으로 노즐이 배치된 커튼을 설치하고, 커튼 표면에 살수하여 얇은 수막을 형성하는 보온시설로, 주로 겨울철 실내온도의 보온을 위해 사용한다.

47 토양 검정 후 그 토양에 알맞게 시비 처방하여 배합 후 사용하는 비료로서 환경보존에도 기여하는 비료는?

① 복합비료

② 4종 복비

③ 부산물비료

④ 벌크배합비료(BB비료)

해설
• 벌크배합비료(bulk blending) : 작물별 토양 검증 결과에 의한 시비 처방을 근거로 질소, 인산 등 입상원료 비료 2종 이상을 물리적으로 단순배합한 비료
• 제4종 복합비료 : 비료 3요소 중 두 가지 성분 이상의 합계가 10% 이상이고 미량성분 2종 이상을 수용성으로 함유한 것

48 용탈층에서 씻겨내려간 물질이 집적되는 층은?

① O층
② C층
③ B층
④ A층

해설

③ B층 : A층에서 이화학적으로 용탈·분리되어 내려오는 여러 가지 물질이 침전·집적되는 성토층이다.
① O층 : 유기물층으로 부패한 물과 동물의 잔해로 구성된 유기물이 표면에 존재하며, 식물 성장에 중요한 역할을 한다.
② C층 : 무기물층으로 퇴적물이나 암석이 주를 이루며, 아직 토양 생성작용을 받지 않은 모재층이다.
④ A층 : 유기물과 미네랄이 혼합된 층으로 표토층이라고도 하며, 식물 뿌리가 자주 발견되고 입단구조가 잘 발달되어 있어 물과 공기의 순환이 잘 이루어진다.

49 작물생육에 필요한 미량원소 해당하는 것은?

① K
② N
③ B
④ Mg

해설

작물의 필수원소 16가지
• 다량원소 : C, H, O, N, K, Ca, Mg, P, S
• 미량원소 : Fe, Cl, Mn, Zn, B, Cu, Mo

50 광합성에 가장 유효한 광은?

① 녹생광
② 황색광
③ 자색광
④ 적색광

해설

광합성에 유효한 광파장은 600~680nm 적색광, 다음이 400nm의 파장부근인 자색광, 480nm 부근의 청색광이 가장 효과가 적다.

51 장일식물로만 바르게 나열된 것은?

① 도꼬마리, 국화, 양귀비
② 들깨, 콩, 감자
③ 시금치, 담배, 클로버
④ 양파, 상추, 완두

해설

식물의 일장형
• 장일식물 : 맥류, 양귀비, 시금치, 양파, 상추, 아마, 티머시, 아주까리, 감자, 카네이션, 클로버, 완두 등
• 단일식물 : 국화, 콩, 담배, 들깨, 샐비어, 도꼬마리, 코스모스, 목화, 벼, 나팔꽃 등
• 중성식물 : 강낭콩, 고추, 토마토, 당근, 셀러리 등
• 중간식물 : 사탕수수

52 토양의 물리적 성질에 대한 설명으로 옳지 않은 것은?

① 모래, 미사 및 점토의 비율로 토성을 구분한다.
② 토양 입자의 결합 및 배열 상태를 토양 구조라 한다.
③ 토양 입자들 사이의 모든 공극이 물로 채워진 상태의 수분함량을 포장용수량이라 한다.
④ 토양은 공기가 잘 유통되어야 작물생육에 이롭다.

해설

③ 최대용수량이란 토양 입자들 사이의 모든 공극이 물로 채워진 상태의 수분 함량을 뜻한다.

정답 48 ③ 49 ③ 50 ④ 51 ④ 52 ③

53 플라스틱하우스에 많이 사용되는 골격 자재는?

① 대나무

② 삼나무

③ 경합금재

④ 철재파이프

해설

골격자재로는 형강재, 철재파이프, 경합금재 등을 사용하며 플라스틱하우스에는 철재파이프를, 유리온실에는 형강재를 많이 사용된다. 철재파이프는 유연하고 강도가 강하다.

54 점적관개에 대한 설명으로 옳은 것은?

① 미생물을 물에 타서 주는 방법

② 싹을 틔우기 위해 물을 뿌려주는 방법

③ 스프링클러 등으로 물을 뿌려주는 방법

④ 작은 호스 구멍으로 소량씩 물을 주는 방법

해설

관개의 종류

• 지하관개 : 개거법, 암거법, 점적관개, 압입법

• 지표관개 : 전면관개, 고랑관개

• 살수관개 : 다공관관개, 스프링클러관개

55 수분이 포화된 상태의 토양에서 증발을 방지하면서 중력수를 완전히 배제하고 남은 수분 상태일 때 이 토양의 pF는?

① 0

② 2.5~2.7

③ 4.2

④ 7

해설

토양의 수분항수

• 최대용수량(포화용수량) : pF 0, 토양 입자 사이의 모든 공극이 물로 채워진 상태

• 포장용수량 : pF 2.5~2.7, 최대용수량에서 중력수가 완전히 제거된 후 남아있는 수분함량

• 영구위조점 : pF 4.2, 포화습도의 공기 중에서 24시간 방치해도 회복하지 못하는 위조점

• 건토상태 : pF 7이상, 105~110℃ 건조한 토양

56 광엽다년생 잡초가 아닌 것은?

① 바랭이

② 가래

③ 올미

④ 벗풀

해설

① 바랭이는 화본과 일년생 잡초(벼)

• 화본과 잡초 : 마디로부터 번갈아가며 발생하는 잎, 잎의 몸통이 좁고 기다란 것이 특징이며 평행한 잎맥

　– 일년생 : 피, 바랭이, 강아지풀, 둑새풀 등

　– 다년생 : 겨풀, 참새풀, 물털 등

• 광엽 잡초 : 잎이 둥글고 크며 잎맥은 그물처럼 얽혀있는 형태

　– 일년생 : 물달개비, 여뀌, 등애풀, 사마귀풀

　– 다년생 : 올미, 벗풀, 가래, 개구리밥

416 | PART 02 과년도 + 최근 기출복원문제

53 ④　54 ④　55 ②　56 ①　**정답**

57 다음 비료 중 화학적·생리적 반응이 모두 염기성인 것은?

① 유안
② 황산칼륨
③ 과인산석회
④ 용성인비

해설

주요 비료의 종류별 구분
• 화학적 반응
 – 산성비료 : 과인산석회, 중과인산석회 등
 – 중성비료 : 질산암모니아(초안), 황산칼륨, 염화칼륨, 콩깻묵, 어박, 황산암모니아(유안) 등
 – 염기성비료 : 재, 석회, 질소, 용성인비 등
• 생리적 반응
 – 생리적 산성비료 : 황산칼륨, 염화칼륨, 황산암모늄 등
 – 생리적 중성비료 : 질산암모늄, 요소, 과인산석회, 석회질소, 중과인석회 등
 – 생리적 염기성비료 : 퇴구비, 용성인비, 재, 칠레초석 등

58 농산물의 식품 안전성 확보를 위하여 생산 단계부터 최종 소비 단계까지 관리사항을 소비자가 알 수 있게 하는 제도는?

① GHP(우수위생관리제도)
② GMP(우수제조관리제도)
③ GAP(우수농산물관리제도)
④ HACCP(위해요소중점관리제도)

해설

GAP(Good Agricultural Practices, 우수농산물관리제도)
농산물의 안전성을 확보하고 농업환경을 보존하기 위하여 농산물의 생산, 수확 후 관리 및 유통의 각 단계에서 재배포장 및 농업용수 등의 농업환경과 농산물에 잔류할 수 있는 농약, 중금속, 또는 유해생물 등의 위해요소를 적절하게 관리하여 소비자에게 그 관리사항을 알 수 있게 하는 체계이다.

59 경작지의 작토층에 대하여 토양의 무게(질량)를 산출하고자 할 때 아래의 표를 참고하여 10a의 경작 토양에서 10cm 깊이의 건조토양의 무게를 산출한 결과로 맞는 것은?

10cm 두께의 10a 부피	용적밀도
100m^3	1.20g · cm^{-3}

① 100,000kg
② 120,000kg
③ 140,000kg
④ 160,000kg

해설

• 작토층의 부피 = 10a × 10cm = 1000m^2 × 0.1m
 = 100m^3 (∵ 10a = 1,000m^2)
• 용적밀도 = 1.2g/cm^3 = 1,200kg/m^3
∴ 작토층 총질량 = 1,200kg/m^3 × 100m^3
 = 120,000kg

60 식물의 일장감응에 따른 분류 9형 중 옳은 것은?

① II식물 : 고추, 메밀, 토마토
② SS식물 : 시금치, 봄보리
③ LL식물 : 앵초, 시네라리아, 딸기
④ SL식물 : 코스모스, 나팔꽃, 콩(만생종)

해설

② SS식물 : 코스모스, 나팔꽃, 콩(만생종) 등
③ LL식물 : 시금치, 봄보리 등
④ SL식물 : 앵초, 시네라리아, 딸기 등
※ 식물의 일장감응형에는 9가지가 있다. L은 장일성, I는 중일성, S는 단일성을 표시하고, LI의 경우 앞의 L은 화아분화 전 장일성을 뒤의 I는 화아분화 후 중일성을 나타낸다.

정답 57 ④ 58 ③ 59 ② 60 ①

PART 02 과년도 + 최근 기출복원문제

2023년 제2회 과년도 기출복원문제

01 녹식물체 버널리제이션처리 효과가 가장 큰 식물은?

① 완두
② 양배추
③ 봄올무
④ 추파맥류

> **해설**
> • 종자버널리제이션 : 추파맥휴, 완두, 잠두, 봄무 등
> • 녹체버널리제이션 : 양배추, 히요스 등

02 우리나라의 시설재배에서 가장 많이 쓰이는 온실용 피복자재는?

① 판유리
② 염화비닐필름
③ 폴리에틸렌필름
④ 에틸렌아세트산필름

> **해설**
>
> | 구분 | 특징 |
> | --- | --- |
> | 폴리에틸렌필름 (PE) | • 국내에 널리 쓰는 필름으로 투과율이 가장 높은 피복재이다.
• 인장강도, 인열강도가 PVC나 EVA 필름보다 낮다.
• PVC보다 정전기 현상이 적고, 먼지 부착률이 낮다.
• 저온에 대한 내한성이 강하며 가격이 저렴하다.
• 후성이 약하여 수명이 짧고 보온력이 떨어지며 항장력과 신장력이 작다. |
> | 염화비닐필름 (PVC) | • 장파 복사열의 차단 효과가 있다.
• 투광률이 높고 열전도율이 낮아 보온력이 뛰어나다.
• 먼지가 잘 달라붙는다. |
> | 에틸렌아세트산필름 (EVA) | • 먼지의 부착이 적고 화학약품에 대한 내성이 강하다.
• 저온에서 굳지 않고 고온에서도 흐물흐물하지 않는다.
• 내후성은 PE와 PVC의 중간 정도이다. |

03 우리나라에서 유기농업발전기획단이 정부의 제도권 내로 진입한 연대는?

① 1970년대
② 1980년대
③ 1990년대
④ 2000년대

> **해설**
> • 1991년 : 유기농업발전기획단 설치
> • 1994년 : 환경농업과 설치
> • 1997년 : 환경농업육성법 제정
> • 1998년 : 친환경농업 원년 선포
> • 1999년 : 친환경농업 직접지불제 도입
> • 2001년 : 친환경농업육성 5개년 계획 수립 및 유기농산물 최초 인증

04 물에 의한 침식의 피해가 가장 큰 토양은?

① 투수력이 큰 토양
② 유기물 함량이 많은 토양
③ 팽창성 점토광물이 많은 토양
④ 토양입단이 잘 형성되어 있는 토양

> **해설**
> ③ 토양의 투수성이 크고 구조가 잘 발달될수록 물에 의한 침식 피해가 적은데, 팽창성이 큰 점토가 적을수록 투수성이 크다.
> 토양의 성질과 물에 의한 침식
> • 토양의 투수성이 크고 구조가 잘 발달되어 내수성 입단이 많을수록 수식은 적다.
> • 일반적으로 토양의 투수성은 토양의 입자가 클수록, 유기물의 함량이 많을수록, 토심이 깊을수록, 또는 팽창성이 큰 점토가 적을수록 크고, 토층 단면 내에 불투수층이 있거나 지표면에 피막이 생긴 토양에서는 작다.
> • 수분 함락이 적은 토양이 침식에 견디는 힘이 크고, 점토나 교질물의 함량이 많은 토양일수록, 또는 규산이 많은 점토일수록 크다.
> • 상층이 모래로 되어 있거나 경기에 의해 거친 토괴를 이루어 투수성이 크다 하더라도 하층에 투수성이 불량한 층이 존재할 경우에는 그 불투수층면에 물이 흐르게 되어 큰 비로 유수의 양이 많아지고 유속이 커질 때에는 상층 토양은 입자와 입자와의 결합력이 약하기 때문에 갑자기 큰 침식을 일으키는 일이 있다.

418 | PART 02 과년도 + 최근 기출복원문제

1 ② 2 ③ 3 ③ 4 ③ **정답**

05 토양용액 중 유리 양이온들의 농도가 모두 일정할 때 확산이중층 내부로 치환 능력이 가장 낮은 양이온은?

① Al^{3+}　　　　　② Ca^{2+}
③ Na^+　　　　　④ K^+

> **해설**
> 양이온치환 능력
> $Na^+ < K^+ = NH_4^+ < Rb^+ < Cs^+ = Mg^{2+} < Ca^{2+} < Sr^{2+} = Ba^{2+} < La^{3+} = H^+, (Al^{3+}) < Th^{4+}$

06 다음 중 토성을 구분하는 기준은?

① 부식의 함량 비율
② 모래와 물의 함량 비율
③ 모래, 미사, 점토의 함량 비율
④ 모래, 부식, 점토, 석회의 함량 비율

> **해설**
> 토성
> 토양 무기질 입자의 입경조성(기계적 조성)에 의한 토양의 분류

07 두과 녹비작물로 옳은 것은?

① 귀리　　　　　② 호밀
③ 옥수수　　　　④ 토끼풀

> **해설**
> 녹비작물
> • 두과 녹비작물 : 헤어리베치, 울리포드베치, 퍼플베치, 동부, 자운영, 토끼풀, 풋베기콩, 풋베기완두 등
> • 화본과 녹비작물 : 귀리, 옥수수, 쌀보리, 호밀 등

08 발아억제물질에 해당하지 않는 것은?

① 암모니아　　　② 질산염
③ CCC　　　　　④ ABA

> **해설**
> 발아촉진물질 : 지베렐린, 에스렐, 질산염 등

09 다음 중 습해의 대책이 아닌 것은?

① 배수를 철저히 한다.
② 심층시비를 실시한다.
③ 내습성 작물 및 품종을 선택한다.
④ 토양공기를 조장하기 위해 중경을 실시하고, 석회 및 토양개량제를 시용한다.

> **해설**
> 습해를 줄이기 위해서는 표층시비를 하여 뿌리가 깊이 들어가지 않고 뿌리를 지표면 가까이 유도하는 것이 유리하다.

10 토양 속 $NH_4^+ \rightarrow NO_2^- \rightarrow NO_3^-$ 는 무슨 작용인가?

① 암모니아화 작용　　② 질산화작용
③ 탈질작용　　　　　④ 유기화 작용

> **해설**
> 질산화 반응
> 　　　　아질산화균　　질산화균
> • $NH_4^+ \longrightarrow NO_2^- \longrightarrow NO_3^-$
> • Nitrosomonas(아질산화균, 암모니아산화균)는 에너지원으로 암모니아를 이용하고, Nitrobacter(질산화균)는 NO_2^-를 에너지원으로 이용한다.

11 용적밀도가 크고 공극량이 작은 토성은?

① 식토　　　　　② 양토
③ 사토　　　　　④ 사양토

> **해설**
> 용적밀도는 토양이 딱딱한지 부드러운지 나타내는 지표로 다져져 있으면 값이 크고, 부드러워지면 값이 낮아진다. 따라서 용적밀도는 토양의 물리적 성질을 직접적으로 나타낼 수 있으며, 용적밀도가 큰 토양에서는 식물의 뿌리자람과 배수성 및 투수성이 나빠지고, 용적밀도가 낮은 토양에서는 식물의 뿌리자람과 투수성이 좋아진다.
> • 사토 : 1.6
> • 양토 : 1.4
> • 식토 : 1.1

정답 5 ③ 6 ③ 7 ④ 8 ② 9 ② 10 ② 11 ③

12 과수의 전정방법(剪定方法)에 대한 설명으로 옳은 것은?

① 단초전정(短梢剪定)은 주로 포도나무에서 이루어지는데, 결과모지를 전정할 때 남기는 마디 수는 대개 4~6개이다.

② 갱신전정(更新剪定)은 정부우세현상(頂部優勢現想)으로 결과모지가 원줄기로부터 멀어져 착과되는 과실의 품질이 불량할 때 이용하는 전정방법이다.

③ 세부전정(細部剪定)은 생장이 느리고 연약한 가지·품질이 불량한 과실을 착생시키는 가지를 제거하는 방법이다.

④ 큰 가지 전정은 생장이 느리고 외부에 가지가 과다하게 밀생하며 가지가 오래되어 생산이 감소할 때 제거하는 방법이다.

> **해설**
> 갱신전정
> 과수의 세력을 회복시키기 위해 영양 생장을 하는 튼튼한 새가지가 나도록 실시하는 가지치기로 나무가 노쇠하여 생산성이 떨어질 때 한다.
> ① 단초전정 시 남기는 마디 수는 1~3개이다.
> ③ 세부전정은 밀생한 잔가지를 전정하는 방법이다.
> ④ 큰 가지 전정은 결실성이 낮거나 광선 투사를 막는 큰 가지를 제거하는 전정을 말한다.

13 논에 녹비작물을 재배한 후 풋거름으로 넣으면 기포가 발생하는 원인은 무엇인가?

① 메탄가스 용해도가 매우 낮기 때문에 발생된다.

② 메탄가스 용해도가 매우 높기 때문에 발생된다.

③ 이산화탄소 발생량이 매우 작기 때문에 발생된다.

④ 이산화탄소 용해도가 매우 높기 때문에 발생된다.

> **해설**
> 메탄가스는 논에서 산소가 부족한 조건일 때 유기물이 분해되는 과정에서 생성되며, 물에 잘 용해되지 않아 토양 내에서 발생한 후 기포형태로 떠오르게 된다.

14 다음 중 기생성 곤충에 해당하는 것은?

① 꽃등에
② 딱정벌레
③ 풀잠자리
④ 맵시벌

> **해설**
> 포식성 곤충과 기생성 곤충
> • 포식성 곤충 : 풀잠자리, 꽃등에, 뒷박벌레, 딱정벌레, 팔라시스 이리응애, 무당벌레 등
> • 기생성 곤충 : 침파리, 고치벌, 맵시벌, 꼬마벌 등

15 작물의 파종과 관련된 설명으로 옳은 것은?

① 선종이란 파종 전 우량한 종자를 가려내는 것을 말한다.

② 추파맥류의 경우 추파성 정도가 낮은 품종은 조파(일찍파종)를 한다.

③ 감온성이 높고 감광성이 둔한 하두형 콩은 늦은 봄에 파종을 한다.

④ 파종량이 많을 경우 잡초발생이 많아지고, 토양 수분과 비료 이용도가 낮아져 성숙이 늦어진다.

> **해설**
> ① 선종(종자고르기) : 파종 전의 종자처리로 육안, 체적, 중량, 비중에 의한 선별을 뜻한다.
> ② 추파성이 높을수록 조파를 하며, 추파성이 낮을수록 만파를 한다.
> ③ 감온성이 높고 감광성이 둔한 하두형 콩은 이른 봄에 파종을 하고, 추대형 콩은 늦은 봄에 파종한다.
> ④ 파종량이 적으면 수량이 적어져 잡초 발생이 많아지고 수분과 비료 이용도가 낮아져 성숙이 늦어진다.

16 토양반응과 가장 밀접한 관계가 있는 것은?

① 염기 포화율

② 토양의 색

③ 토양구조

④ 토성

해설

토양반응은 토양의 수용액이 나타내는 산성, 중성 또는 알칼리성을 의미하며, 토양의 pH를 측정하여 표시한다. 토양은 염기 포화율이 높을수록 알칼리성이 되고 낮을수록 산성이 된다.

17 대기의 질소를 고정시켜 지력을 증진시키는 작물은?

① 화곡류

② 두류

③ 근채류

④ 과채류

해설

공기 중의 질소를 고정하는 미생물인 질소고정세균은 작물 스스로 분자질소를 고정하여 이용할 수 없기 때문에 숙주식물(대부분이 콩과 식물)에 기생하며, 질소를 고정한다.

18 식용작물의 분류상 연결이 틀린 것은?

① 두류 - 콩, 팥, 녹두

② 맥류 - 벼, 수수, 기장

③ 잡곡 - 옥수수, 조, 메밀

④ 서류 - 감자, 고구마, 토란

해설

식량(식용)작물 : 주로 식량으로 재배되는 작물

• 벼 : 논벼(수도), 밭벼(육도)

• 맥류 : 보리, 밀, 호밀, 귀리 등

• 잡곡 : 옥수수, 수수, 조, 메밀, 기장, 피 등

• 콩류 : 콩, 팥, 녹두, 완두, 강낭콩, 땅콩 등

• 서류 : 감자, 고구마, 카사바, 토란, 돼지감자 등

19 토양의 노후답에서 가장 결핍되기 쉬운 것은?

① Fe

② N

③ Mg

④ S

해설

노후답이란 Fe, Mn, K, Ca, Si, P 등이 작토에서 용탈되어 결핍된 토양을 가리키며 특수성분이 결핍된 토양이다. 특히 논토양의 담수조건에서 작토의 환원층에서는 철분, 만강이 환원되어 녹기 쉬운 형태로 되는데($Fe^{3+} \rightarrow Fe^{2+}$) 이들이 침투수를 따라 내려가 심토의 산화층에 도달하면 다시 산화상태가 되어 축적된다. 또한 담수조건에서 작토의 환원층에는 황산염이 환원되어 황화수소(H_2S)가 생성된다.

20 종자의 발아에 관한 설명으로 틀린 것은?

① 발아시는 파종된 종자 중에서 최초 1개체가 발아한 날이다.

② 발아기는 전체 종자 수의 약 50%가 발아한 날이다.

③ 발아전은 종자의 대부분(80% 이상)이 발아한 날이다.

④ 발아일수는 파종기부터 발아시까지의 일수이다.

해설

④ 발아일수는 파종부터 발아기(또는 발아전)까지의 일수이며, 발아기간이라고도 한다.

정답 16 ① 17 ② 18 ② 19 ① 20 ④

21 작물의 장해형 냉해에 관한 설명으로 가장 옳은 것은?

① 냉온으로 인하여 생육이 지연되어 후기 등숙이 불량해진다.

② 생육 초기부터 출수기에 걸쳐 냉온으로 인하여 생육이 부진하고 지연된다.

③ 냉온하에서 작물의 증산작용이나 광합성이 부진하여 특정 병해의 발생이 조장된다.

④ 유수형성기부터 감수분열기의 냉온으로 인해 일어나는 냉해로 생식세포의 정상적인 생식기관이 형성되지 못한다.

> **해설**
> 장해형 냉해 : 생식세포의 감수분열기에 냉온 영향을 받아 생식기관 형성이 부진하거나 불임 현상이 초래된다.

22 연작장해를 해소하기 위한 가장 친환경적인 영농 방법은?

① 토양소독

② 돌려짓기

③ 유독물질의 제거

④ 시비를 통한 지력 배양

> **해설**
> 연작장해(기지) 해결 방법
> • 윤작(돌려짓기)
> • 담수
> • 토양소독
> • 유독물질의 유거(流去)
> • 객토 및 환토
> • 접목

23 광합성에서 외견상 광합성 속도가 0이 되는 상태로 호흡 속도와 진정 광합성 속도가 같아지는 조사광량을 뜻하는 것은?

① 광보상점

② 광포화점

③ 진정광합성

④ 외견상광합성

> **해설**
> ② 포화점 : 조사광량이 높아도 광합성 속도가 더 이상 증가하지 않는 조사광량
> ③ 진정광합성 : 호흡을 무시하고 본 절대적인 광합성
> ④ 외견상광합성 : 호흡으로 소모된 유기물을 빼고 외견상으로 나타난 광합성

24 토양 단면상에서 확연한 용탈층을 나타나게 하는 토양생성작용은?

① 회색화 작용(gleization)

② 라토졸화 작용(laterization)

③ 석회화 작용(calcification)

④ 포드졸화 작용(podzolization)

> **해설**
> 포드졸화 작용(podzolization)
> 아한대–한대의 한랭·습윤지대 침엽수림에서 일어나기 쉽고, 유기물의 공급량이 분해량보다 많은 지역에서 일어난다. 회백색의 표백층이 형성되고, 바로 그 밑에 알루미나와 산화철이 풍부하여 진하고 치밀한 갈색의 집적층이 형성된다.

25 포마토(pomato)를 만드는 신품종 육성방법은?

① 핵치환   ② 조직배양

③ 유전자재조합   ④ 세포융합

> **해설**
> 세포융합 : 다른 종류의 두가지 세포를 합쳐서 하나의 새로운 잡종 세포를 만드는 방법
> ※ 포마토 : 감자와 토마토의 세포를 융합하여 만든 잡종식물

21 ④ 22 ② 23 ① 24 ④ 25 ④ **정답**

26 한 포장 내에서 위치에 따라 종자, 비료, 농약 등을 달리함으로써 환경문제를 최소화하면서 생산성을 최대로 하려는 농업은?

① 자연농업   ② 생태농업

③ 정밀농업   ④ 유기농업

해설

친환경농업의 종류

• 자연농업 : 자연의 힘을 최대한 활용한 농업으로 식물과 동물의 기본권을 존중한 4무(무경운, 무비료, 무제초, 무농약) 농법
• 생태농업 : 농업생태계 서비스를 최적화하는 농업
• 정밀농업 : GIS, GPS 이용, 농경지 속성별 특성에 따라 세분하여 투입·관리함으로써 최소투입·최대생산성을 목적으로 하는 농업
• 유기농업 : 현대농업의 3대 위해성(3R) 등 폐해에 대한 대안 농업으로 대두
• 지속농업 : 농업과 환경의 조화를 통해 농업 생산성을 지속가능하게 하는 농업
• 저투입농업 : 농약·화학비료 저투입, IPM·INM으로 지속가능한 농업

27 물리적 풍화작용의 원인은?

① 용해작용   ② 염류작용

③ 산화작용   ④ 수화작용

해설

①·③·④는 화학적 풍화작용이다.

물리적 풍화작용

물리적 풍화는 광물에 화학적 변화 없이 기계적인 파쇄에 의하여 크기가 작아지는 것으로, 물과 바람의 압력 및 충격, 온도의 변화, 동결의 작용, 염류의 작용, 생물의 작용 등이다.

28 예방관리에도 불구하고 가축의 질병이 발생한 경우 수의사의 처방하에 질병을 치료할 수 있다. 이 경우 동물용 의약품을 사용한 가축은 해당 약품 휴약기간의 최소 몇 배가 지나야만 유기축산물로 인정할 수 있는가?

① 2배   ② 3배

③ 4배   ④ 5배

해설

규정에 따른 예방관리에도 불구하고 질병이 발생한 경우 수의사의 처방에 따라 질병을 치료할 수 있다. 이 경우 동물용 의약품을 사용한 가축(구충제를 사용한 가축을 포함)은 해당 약품 휴약기간의 2배가 지나야 유기축산물로 인정할 수 있다(친환경농어업 육성 및 유기식품 등의 관리·지원에 관한 법률 시행규칙 [별표 4]).

29 물속에서는 발아하지 못하는 종자는?

① 상추   ② 무

③ 당근   ④ 셀러리

해설

• 수중에서 발아되지 못하는 종자 : 가지, 귀리, 밀, 무 등
• 수중에서도 잘 발아되는 종자 : 상추, 당근, 셀러리 등

30 토양오염물질로 밭상태에서 보다는 논상태에서 해작용이 큰 물질을 나타내는 원소 기호는?

① As   ② Zn

③ Ca   ④ Al

해설

비소(As)

• 광산의 배수, 물감의 색소, 작물이나 피혁공장의 폐수, 가구의 선정제 등에 함유되어 있어 이들이 관개수 중에 유출되면 토양이 오염된다.
• 비소는 논상태에서 유해작용이 더 크다.
• 살균제, 살충제, 제초제, 살서제 등과 같은 농약 중에도 비소가 함유되어 있다.

정답 26 ③ 27 ② 28 ① 29 ② 30 ①

31 화강암과 같은 광물조성을 가지는 변성암으로 석영을 주요 조암광물로 하고 있으며, 우리나라 토양 생성에 있어서 주요 모재인 암석은?

① 안산암   ② 섬록암

③ 석회암   ④ 편마암

해설
편마암 : 변성암의 일종으로 이질 또는 사질의 퇴적암이 높은 온도 하에서 광역변성작용을 받은 경우에 생성된다.

32 벼의 육묘 및 생육 단계 순서로 옳은 것은?

① 모내기 → 이앙기 → 활착기 → 최고분얼기 → 유수형성기 → 수잉기 → 유숙기 → 황숙기

② 이앙기 → 모내기 → 활착기 → 유수형성기 → 최고분얼기 → 수잉기 → 유숙기 → 황숙기

③ 모내기 → 이앙기 → 활착기 → 최고분얼기 → 유수형성기 → 유숙기 → 수잉기 → 황숙기

④ 이앙기 → 모내기 → 최고분얼기 → 활착기 → 유수형성기 → 수잉기 → 유숙기 → 황숙기

해설
※ 벼의 생육 단계와 관개 정도

생육 단계	관개 정도
모내기(이앙) 준비	10~15cm 관개
이앙기	2~3cm 담수
이앙기~활착기	10cm 담수
활착기~최고분얼기	2~3cm 담수
최고분얼기~유수형성기	중간낙수
유수형성기~수잉기	2~3cm 담수
수잉기~유숙기	6~7cm 담수
유숙기~황숙기	2~3cm 담수
황숙기(출수 후 30일경)	완전낙수

33 벼 종자소독 시 냉수온탕침법을 실시할 때 가장 알맞은 물의 온도는?

① 약 30℃ 정도

② 약 35℃ 정도

③ 약 43℃ 정도

④ 약 55℃ 정도

해설
냉수온탕침법(키다리병 방제)
15~20℃ 냉수에 1시간 침지 후 약 58℃ 온탕에 15분 침지하여 소독

34 연질필름의 종류가 아닌 것은?

① PO   ② PVC

③ PET   ④ EVA

해설
• 경질필름 : 내구성이 연질필름과 경질판 중간 정도 두께 0.1~0.2mm, 경질폴리에스테르필름(PET), 경질염화비닐필름, 불소수지 필름(ETFE)
• 연질필름 : 0.05~0.15mm의 부드럽고 얇은 필름 폴리에틸렌(PE), 에틸렌 아세트산필름(EVA), 폴리오리핀계(PO), 폴리염화비닐(PVC)

35 치환성 염기(교환성 염기)로 볼 수 없는 것은?

① K^+ ② Ca^{2+}

③ Mg^{2+} ④ H^+

해설
교환성 염기는 토양에 흡착되어 있으며 토양에서 주로 탄산염을 구성하는 Ca^{2+}, Mg^{2+}, K^+, Na^+ 등의 양이온이 있다.

31 ④   32 ①   33 ④   34 ③   35 ④   정답

36 다음 중 2 : 2 규칙형 광물은?

① chlorite

② allophane

③ kaolinite

④ vermiculite

해설

점토광물의 종류
- 1 : 1 광물 : kaolinite
- 2 : 1 광물 : 비팽창형(illite), 팽창형(vermiculite, montmorill-onite 등)
- 혼층형광물 : 2 : 2 규칙형(chlorite), 불규칙혼층형
- 쇄상형광물
- 산화광물

37 유효질소 10kg이 필요한 경우에 요소로 질소질비료를 시용한다면 필요한 요소량은?(단, 요소비료의 흡수율은 83%, 요소의 질소 함유량은 46%로 가정)

① 약 13.1kg

② 약 26.2kg

③ 약 34.2kg

④ 약 48.5kg

해설

- 요소의 흡수율 83%에 대한 질소의 필요량

$83 : 100 = 10 : N$

$N = \dfrac{100 \times 10}{83} = 12.04 kg$(요소 중의 N량)

- 요소의 질소 함유량 46%에 대한 실제 요소의 필요량

$46 : 100 = 12.04 : x$

$x = \dfrac{100 \times 12.04}{46} = 26.17 kg$(요소의 필요량)

38 용적비중(가비중) 1.2인 토양의 10a당 작토(깊이 10cm)의 무게는?

① 약 12톤

② 약 120톤

③ 약 1,200톤

④ 약 12,000톤

해설

흙의 무게 = 용적밀도 × (경지넓이 × 객토깊이)

$\qquad = 1.2 \times (1,000 m^2 \times 0.1 m)$

$\qquad = 120 ton$

39 석회암지대의 천연동굴은 사람이 많이 드나들면 호흡 때문에 훼손이 심화될 수 있다. 천연동굴의 훼손과 가장 관계가 깊은 풍화 작용은?

① 가수분해(hydrolysis)

② 산화작용(oxidation)

③ 수화작용(hydration)

④ 탄산화 작용(carbonation)

해설

탄산화 작용은 대기 중의 이산화탄소가 물에 용해되어 일어난다. 물에 산이 가해지면 암석의 풍화 작용이 촉진된다.

40 작물의 일장효과(日長效果)에 대한 설명으로 틀린 것은?

① 콩의 결협 및 등숙은 단일조건에서 조장된다.

② 고구마의 덩이뿌리는 단일조건에서 발육이 조장된다.

③ 콩 등의 단일식물이 장일 하에 놓이면 영양생장이 계속되어 거대형이 된다.

④ 모시풀은 자웅동주식물로 일장에 따라서 성의 표현이 달라지며, 14시간 일장에서는 암꽃이 된다.

해설

모시풀은 자웅동주식물이며, 8시간 이하의 단일조건에서는 완전자성(完全雌性, 암꽃)이고, 14시간 이상의 장일에서는 완전웅성(完全雄性, 수꽃)이 된다.

정답 36 ① 37 ② 38 ② 39 ④ 40 ④

41 일반농가가 유기축산으로 전환할 때 전환기간으로 틀린 것은?

① 식육 생산용 한우는 입식 후 3개월 이상

② 시유 생산용 젖소는 90일 이상

③ 식육 생산용 돼지는 최소 5개월 이상

④ 알 생산용 산란계는 입식 후 3개월 이상

해설

유기축산으로의 전환기간 동안 반드시 유기축산물 인증기준에 따라 사육해야 한다.

• 한우 · 육우는 식육용으로 최소 12개월 이상
• 젖소 착유우는 90일 이상
• 돼지 식육은 최소 5개월 이상
• 육계 3주 이상
• 산란계 3개월 이상

42 경축순환농업으로 사육하지 않은 농장에서 유래한 퇴비를 유기농업에 사용할 수 있는 충족조건은?

① 퇴비화 과정에서 퇴비더미가 35~50℃를 유지하면서 10일간 이상 경과되어야 한다.

② 퇴비화 과정에서 퇴비더미가 55~75℃를 유지하면서 15일간 이상 경과되어야 한다.

③ 퇴비화 과정에서 퇴비더미가 80~95℃를 유지하면서 10일간 이상 경과되어야 한다.

④ 퇴비화 과정에서 퇴비더비가 80~95℃를 유지하면서 15일간 이상 경과되어야 한다.

해설

경축순환농업으로 사육하지 않은 농장에서 유래한 퇴비를 유기농업에 사용할 수 있는 충족조건

• 퇴비더미가 55~75℃를 유지하는 기간이 15일 이상 되어야 하고, 이 기간 동안 5회 이상 뒤집어 줄 것
• 퇴비에 유해성분 함량은 비료관리법 제4조에 따른 비료공정규격 중 퇴비규격의 1/2을 초과하지 아니하여야 하고 항생물질이 포함되지 않을 것
※ 경축순환농업 : 농가에서 논농사 · 밭농사의 부산물로 가축을 키우고 가축분뇨를 퇴비화하여 다시 땅에 뿌려 작물을 키워내는 농업

43 농산물의 식품 안전성 확보를 위하여 생산 단계부터 최종 소비 단계까지 관리사항을 소비자가 알 수 있게 하는 제도는?

① GHP(우수위생관리제도)

② GMP(우수제조관리제도)

③ GAP(우수농산물관리제도)

④ HACCP(위해요소중점관리제도)

해설

GAP(Good Agricultural Practices, 우수농산물관리제도)
농산물의 안전성을 확보하고 농업환경을 보존하기 위하여 농산물의 생산, 수확 후 관리 및 유통의 각 단계에서 재배포장 및 농업용수 등의 농업환경과 농산물에 잔류할 수 있는 농약, 중금속, 또는 유해생물 등의 위해요소를 적절하게 관리하여 소비자에게 그 관리사항을 알 수 있게 하는 체계이다.

44 다음 중 토양 공극량이 가장 많은 토양은?

① 사토   ② 양토

③ 식양토   ④ 식토

해설

미사질, 점토질 함량이 높을수록 토양 공극량이 증가한다.
식토 > 식양토 > 미사질 > 양토 > 사양토 > 사토

45 다음 토양 소동물 중 가장 많은 수로 존재하면서 작물의 뿌리에 크게 피해를 입히는 것은?

① 지렁이   ② 선충

③ 개미   ④ 톡토기

해설

토양 선충(nematode)은 특정의 작물근을 식해하여 직접적인 피해를 주고 식상을 통하여 병원균의 침투를 조장하여 간접적인 작물 병색해를 유발시킨다.

46 시설재배지 토양의 특성에 해당하지 않는 것은?

① 연작으로 인해 특수 영양소의 결핍이 발생한다.

② 용탈현상이 발생하지 않으므로 염류가 집적된다.

③ 소수의 채소작목만을 반복 재배하므로 특정 병해충이 번성한다.

④ 빈번한 화학비료의 시용에 의한 알칼리성화로 염기포화도가 낮다.

해설

시설재배지 토양의 문제점
- 한두 종류의 작물만 계속하여 연작함으로써 특수성분의 결핍을 초래한다.
- 집약화의 경향에 따라 요구도가 큰 특정 비료의 편중된 시용으로 염화물, 황화물, Ca, Mg, Na 등 염기가 부성분으로 토양에 집적된다.
- 토양의 pH가 작물재배에 적합하지 못한 적정 pH 이상으로 높아진다.

47 오리 농법에서 오리의 적정 투입 수는?

① 15~20마리/10a

② 25~30마리/10a

③ 35~40마리/10a

④ 45~50마리/10a

해설

오리의 먹이가 되는 논의 잡초나 벌레의 양에 따라 다르나 10a당 25~30마리가 적당하다.

48 이타이이타이(Itai-Itai)병과 연관이 있는 중금속은?

① 크로뮴(Cr) ② 카드뮴(Cd)

③ 피씨비(PCB) ④ 셀레늄(Se)

해설

이타이이타이(Itai-Itai)병은 '아프다 아프다'라는 일본어에서 유래된 것으로, 카드뮴 중독으로 인한 공해병을 말한다.

49 경사지의 토양유실을 줄이기 위한 재배 방법 중 가장 적당하지 않은 것은?

① 경운재배

② 초생재배

③ 부초재배

④ 등고선 재배

해설

토양유실을 줄이기 위한 재배 방법 : 등고선 재배, 초생재배, 부초재배, 계단식 재배

50 윤작의 효과가 아닌 것은?

① 잡초의 번성

② 병해충 경감

③ 토양구조 개선

④ 지력의 유지·증강

해설

윤작의 효과
- 토양 보호
- 잡초 및 병해충의 발생 억제
- 지력의 유지 및 증강
- 토양선충 경감 및 기지현상 회피
- 수확량 증대 및 토지이용도 향상
- 노력분배 합리화 및 농업경영의 안정성 증대

51 우리나라의 전 국토의 2/3가 화강암 또는 화강편마암으로 구성되어 있다. 이러한 종류의 암석에 해당하는 토양생성 과정 인자로 옳은 것은?

① 기후 ② 지형

③ 풍화 기간 ④ 모재

해설

토양생성인자

토양의 생성은 환경조건에 따라 특성이 다른 토양이 만들어진다. 토양생성에 관여하는 인자는 기후, 모재, 지형, 시간, 생물 등이며 이들 인자는 토양생성 과정에 있어서 서로 연관된 작용을 하고 있으며 이들 인자들의 상대적 세기에 따라 특징적인 상이한 토양이 만들어진다. 이 중 모재가 토양특성에 미치는 영향이 가장 크다.

정답 46 ④ 47 ② 48 ② 49 ① 50 ① 51 ④

52 작물의 내동성에 대한 생리적인 요인으로 옳은 것은?

① 원형질의 수분투과성이 큰 것이 내동성을 감소시킨다.

② 원형질의 친수성 콜로이드가 많으면 내동성이 감소한다.

③ 전분함량이 많으면 내동성이 증대한다.

④ 원형질 단백질에 -SH기가 많은 것은 -SS기가 많은 것보다 내동성이 높다.

해설

④ 원형질 단백질에 -SH기가 많은 것은 -SS기가 많은 것보다 기계적 견인력을 받을 때 분리되기 쉬워 원형질 파괴가 적어 내동성이 크다.

내동성의 생리적 요인

생리적 요인	상태
체내 수분함량	↓
체내 당분함량	↑
체내 단백질함량	↑
원형질 단백질의 SH기	많음
세포액의 pH	↑
세포액의 친수교질	많음
원형질의 수분투과성	↑
세포액의 점성	↑

53 벼 등 화곡류가 등숙기에 비, 바람에 의해서 쓰러지는 것을 도복이라고 한다. 도복에 대한 설명으로 옳지 않은 것은?

① 키가 작은 품종일수록 도복이 심하다.

② 밀식, 질소 다용, 규산 부족 등은 도복을 조장한다.

③ 벼 재배 시 벼멸구, 문고병이 많이 발생되면 도복이 심하다.

④ 벼는 마지막 논에 김을 맬 때 배토를 하면 도복이 경감된다.

해설

키가 크고 대가 약한 품종일수록 도복이 심하며, 키가 작은 품종은 대체로 도복이 적게 발생한다.

54 어린이의 입술이 파랗게 되는 청색증이 나타날 때 부족한 것은?

① K ② Na

③ O₂ ④ Ca

해설

청색증

피부와 점막의 푸르스름한 변색은 산소 공급의 감소 또는 혈액 순환의 불량으로 인해 발생한다.

55 벼에 생기는 병해가 아닌 것은?

① 노균병

② 도열병

③ 모자이크병

④ 잎집무늬마름병

해설

콩 모자이크병

콩 모자이크병은 새로 나온 잎의 잎맥이 투명해지면서 암녹색으로 변하게 되는 것으로 진딧물을 매개로 병원균이 전염된다. 한번 발병하면 방제할 방법이 거의 어려운 병해이다.

56 좁은 범위의 일장에서만 화성이 유도·촉진 되며, 2개의 한계일장이 있는 것은?

① 장일식물 ② 단일식물

③ 정일식물 ④ 중성식물

해설

③ 정일식물(중간식물) : 한정된 시간에만 개화하는 식물

① 장일식물 : 낮의 길이가 밤의 길이보다 길어지면 개화하는 식물

② 단일식물 : 낮의 길이가 밤의 길이보다 짧아지면 개화하는 식물

④ 중성식물 : 개화에 일정한 한계일장이 없고 대단히 넓은 범위의 일장에서 개화하는 식물

52 ④ 53 ① 54 ③ 55 ③ 56 ③ **정답**

57 종자 휴면의 원인이 아닌 것은?

① 종피의 기계적 저항
② 종피의 산소 흡수 저해
③ 배의 미숙
④ 후숙

해설
종자 휴면의 원인
• 경실(硬實)
• 종피의 산소 흡수 저해
• 종피의 기계적 저항
• 배의 미숙
• 발아억제물질

58 철, 망가니즈, 칼륨, 칼슘 등이 작토층에서 용탈되어 결핍된 논토양은?

① 습답
② 노후답
③ 중점토답
④ 염류집적답

해설
노후답
• Fe, Mn, K, Ca, Mg, Si, P 등이 작토에서 용탈되어 결핍된 논토양이다.
• 담수하의 작토의 환원층에서 철분, 망가니즈가 환원되어 녹기 쉬운 형태로 된다.
• 담수하의 작토의 환원층에서 황산염이 환원되어 황화수소가 생성된다.

59 산성토양에 가장 강한 작물은?

① 콩
② 땅콩
③ 양파
④ 시금치

해설
산성토양의 적응성
• 산성토양에 극히 강한 것 : 벼, 밭벼, 귀리, 땅콩, 감자, 호밀, 봄무, 수박 등
• 산성토양에 가장 약한 것 : 알팔파, 자운영, 콩, 팥, 시금치, 사탕무, 셀러리, 부추, 양파

60 일장에 따라 화성이 유도·촉진되는 것을 구분하여 식물의 일장형(一長型)이라고 한다. 다음 중 일장감응 명칭에 대한 설명이 올바른 것은?

① SL인 식물은 화아(花芽)가 분화되기 전에는 단일이고 화아가 분화된 이후 장일이 될 때 화성이 유도되는 것을 말하며 시금치, 콩 등이 해당된다.
② SI인 식물은 화아(花芽)가 분화되기 전에는 단일이고 화아가 분화된 이후 중일이 될 때 화성이 유도되는 것을 말하며 토마토 등에 해당된다.
③ LI인 식물은 화아(花芽)가 분화되기 전에는 장일이고 화아가 분화된 이후 중일이 될 때 화성이 유도되는 것을 말하며 사탕무 등이 해당된다.
④ LL인 식물은 화아(花芽)가 분화되기 전에는 장일, 화아가 분화된 이후에도 장일이 될 때 화성이 유도되는 것을 말하며 고추, 딸기 등이 해당된다.

해설
식물의 일장형

구분	화아 분화 전	화아 분화 후	종류	
LL식물	장일성	장일성	시금치, 봄보리 등	보리, 상추, 무, 양파, 감자, 대부분의 맥류 등
LI식물		중일성	사탕무 등	
LS식물		단일성	Physotegia 등	
IL식물	중일성	장일성	밀 등	오이, 호박, 완두콩, 당근, 가지 등
II식물		중일성	고추, 벼(조생종), 메밀, 토마토 등	
IS식물		단일성	소빈국	
SL식물	단일성	장일성	앵초(프리뮬러), 시네라리아, 딸기 등	콩, 옥수수, 담배, 고구마, 들깨, 국화 등
SI식물		중일성	벼(만생종), 도꼬마리 등	
SS식물		단일성	콩(만생종), 코스모스, 나팔꽃 등	

※ L : Long, I : Indeterminate, S : Short

정답 57 ④ 58 ② 59 ② 60 ③

PART 02 과년도 + 최근 기출복원문제

2024년 제1회 과년도 기출복원문제

01 뿌리에서 가장 왕성하게 수분흡수가 일어나는 부위는?

① 근모부　　　　② 뿌리골무
③ 생장점　　　　④ 신장부

해설
근모부는 뿌리에서 가장 왕성하게 수분과 무기물 흡수가 일어나는 부위이다. 근모부는 뿌리털(근모)이 발달한 구역으로, 이 부위에서 수분과 무기질을 효율적으로 흡수한다.

02 시설 내 광 환경의 특성으로 볼 수 없는 것은?

① 광량의 일변화 차이가 노지에 비해 작다.
② 시설 내 광 분포가 균일하다.
③ 시설 내 광질이 노지와 다르다.
④ 시설 내 작물이 클수록 하단부의 광량은 작다.

해설
② 골격재의 광 차단, 피복재의 입사각 차이로 광 분포가 불균일하다.

03 시설 토양의 개량 방법으로 틀린 것은?

① 염류가 집적된 토양을 새로운 흙으로 바꾼다.
② 유기물을 충분히 넣어서 완충능력을 강화하여 염류 농도 장해를 완화 시킨다.
③ 여름에 피복물을 제거하여 비를 충분히 맞힌다.
④ 작토는 가급적 얕게 갈아 깊은 곳의 염류가 위로 올라오는 것을 막는다.

해설
시설 토양의 개량 방법
• 객토 또는 환토
• 유기물(미량원소) 보급
• 담수
• 깊이같이

04 수분함량이 같은 상태일 경우 토양의 수분장력(pF)이 가장 큰 것은?

① 식토　　　　② 사양토
③ 사토　　　　④ 식양토

해설
토양의 수분장력 크기
식토 > 식양토 > 양토 > 사양토 > 사토

05 다음 중 배유의 유무가 다른 종자는?

① 보리　　　　② 상추
③ 밀　　　　　④ 옥수수

해설
배유의 유무에 따른 종자의 분류
• 배유종자 : 벼과(벼, 보리, 옥수수, 밀 등), 가짓과, 백합과, 대극과 등
• 무배유종자 : 콩과(콩, 팥, 완두 등), 국화과(상추 등), 배추과, 박과 등

06 수해에 대한 설명으로 틀린 것은?

① 수해를 예방하기 위해 벼과 목초, 피, 수수 등 침수에 강한 작물을 선택한다.
② 수온이 높으면 호흡기질의 소모가 빨라 피해가 크다.
③ 벼의 침수 피해는 수잉기 보다 분얼 초기에 심하다.
④ 질소질 비료를 많이 주면 관수해가 커진다.

해설
③ 벼의 침수 피해는 분얼 초기보다 수잉기에 심하다. 분얼 초기는 비교적 저온에 강하고, 침수에 대한 저항성이 높은 반면, 수잉기는 이삭이 형성되는 중요한 생식생장기로, 이 시기에 침수가 발생하면 산소 부족과 생리적 스트레스가 커져 피해가 더 심각할 수 있다.

430 | PART 02 과년도 + 최근 기출복원문제

1 ① 2 ② 3 ④ 4 ① 5 ② 6 ③ **정답**

07 다음 중 동상해의 방지책으로 옳지 않은 것은?

① 발연법

② 송풍법

③ 연소법

④ 냉수온탕법

해설
④ 냉수온탕법은 종자소독법에 속한다.
※ 동상해의 대책
 • 방풍림 조성, 방풍 울타리 설치
 • 내동성 품종 선택
 • 보온 재배, 뿌림골 깊게 파종, 인산·칼리질 비료 증시
 • 응급대책 : 관개법, 송풍법, 피복법, 발연법, 연소법, 살수결빙법

08 작물이 최초에 발상하였던 지역을 그 작물의 기원지라 한다. 다음 중 기원지가 우리나라인 것은?

① 벼

② 참깨

③ 수박

④ 인삼

해설
① 벼 : 인도, 중국
② 참깨 : 인도
③ 수박 : 아프리카 중부 지대
우리나라가 기원지인 작물 : 인삼(한국), 감(한국, 중국), 팥(한국, 중국)

09 휘묻이 방법의 종류가 아닌 것은?

① 당목취법

② 선취법

③ 파상취목법

④ 고취법

해설
④ 고취법은 높이떼기라고 불리며 줄기를 묻을 수 없을 때 높은 곳에서 발근시켜 취목하는 방법이다.
휘묻이
가지를 모체에서 분리하지 않은 채로 흙에 묻거나 그 밖에 적당한 조건을 주어서 발근시킨 다음에 잘라내어 독립적으로 번식시키는 방법이다.

10 점파에 대한 설명으로 옳은 것은?

① 포장 전면에 종자를 흩어 뿌리는 방식이다.

② 골타기(作條)를 하고 종자를 줄지어 뿌리는 방식이다.

③ 일정한 간격을 두고 종자를 1~수립씩 띄엄띄엄 파종하는 방식이다.

④ 노력이 적게 들고 건실하고 균일한 생육을 하게 된다.

해설
① 흩어뿌림, ② 줄뿌림
④ 노력이 적게 드는 것은 흩어뿌림이다.

11 벼에 규소(Si)가 부족했을 때 나타나는 주요 현상은?

① 황백화, 괴사, 조기 낙엽 등의 증세가 나타난다.

② 줄기, 잎이 연약하여 병원균에 대한 저항력이 감소한다.

③ 수정과 결실이 나빠진다.

④ 뿌리나 분얼 부위의 생장점이 붉게 변하여 죽게 된다.

해설
규소는 벼의 세포벽을 강화시켜 병원균과 해충에 대한 저항성을 높여준다. 규소가 부족하면 병해충에 대한 저항력이 약해져 벼가 쉽게 감염될 수 있다.

12 유기축산물이란 전체 사료 가운데 유기사료가 얼마 이상 함유된 사료를 먹여 기른 가축을 의미하는가? (단, 사료는 건물(dry matter)을 기준으로 한다)

① 100%

② 75%

③ 50%

④ 25%

해설
유기축산물의 사료 및 영양관리(유기식품 및 무농약농산물 등의 인증에 관한 세부실시요령 [별표 1])
유기축산물의 생산을 위한 가축에게는 100% 비식용 유기가공품(유기사료)을 급여하여야 하며, 유기사료 여부를 확인하여야 한다.

정답 7 ④ 8 ④ 9 ④ 10 ③ 11 ② 12 ①

13 포장동화능력을 지배하는 요인으로만 옳게 나열한 것은?

① 엽면적, 광포화점, 광보상점
② 총엽면적, 수광능률, 평균동화능력
③ 광량, 광의 강도, 엽면적
④ 착색도, 광량, 엽면적

해설
포장동화능력의 지배요인
• 총엽면적 : 전체 식물의 엽면적이 많을수록 더 많은 광합성이 일어나므로 포장동화능력이 커진다.
• 수광능률 : 광합성을 위해 빛을 얼마나 효율적으로 흡수할 수 있는지에 해당하는 능력이다.
• 평균동화능력 : 주어진 조건에서 한 엽이 수행할 수 있는 평균적인 광합성 능력이다.
이 세 가지 요소는 식물이 광합성을 통해 생산할 수 있는 탄소 고정량을 결정하는 중요한 변수이다.

14 유기 농업과 관련된 국제 활동 조직의 명칭은?

① ILO
② IFOAM
③ ICA
④ WTO

해설
국제유기농업운동연맹(IFOAM ; International Federation of Organic Agriculture Movements)
지구의 환경을 보전하고 인류의 건강을 지키기 위하여 시작된 유기농업이 전세계로 확산되면서 1972년 창설되었다.

15 우리나라 토양에 가장 많이 분포한다고 알려진 점토광물은?

① 카올리나이트
② 일라이트
③ 버미큘라이트
④ 몬모릴로나이트

해설
우리나라 토양에 가장 많이 분포하고 있는 점토광물은 카올리나이트로 80% 이상을 차지하고 있다. 나머지는 일라이트가 대부분을 차지하고, 일부 지역에서는 몬모릴로나이트와 같은 팽창성 점토광물이 소량 포함되기도 한다.

16 윤작의 효과가 아닌 것은?

① 지력의 유지·증강
② 토양구조 개선
③ 병해충 경감
④ 잡초의 번성

해설
윤작의 효과
• 토양 보호
• 잡초 및 병해충의 발생 억제
• 지력 유지 및 증강
• 토양선충 경감 및 기지현상 회피
• 수확량 증대 및 토지이용도 향상
• 노력 분배 합리화 및 농업경영의 안정성 증대

17 습답의 특징으로 볼 수 없는 것은?

① 지하수위가 표면으로부터 50cm 미만이다.
② 유기산이나 황화수소 등 유해 물질이 생성된다.
③ Fe^{3+}, Mn^{4+}가 환원 작용을 받아 Fe^{2+}, Mn^{2+}가 된다.
④ 칼륨 성분의 용해도가 높아 흡수가 잘 되나 질소 흡수는 저해된다.

해설
④ 벼 생육 후기에 질소 과다로 도복·병해가 유발된다.
습답의 특징
• 습답은 물 빠짐이 나쁘고 지하 수위가 높아 항상 물에 잠긴 상태로 있는 논으로 산소 부족으로 벼 뿌리의 발달이 좋지 못하고 지력이 약하다.
• 습답에는 미숙 유기물이 집적되는데, 환원상태이므로 유기물이 혐기적으로 분해되어 유기산을 생성하나 투수가 적어 작토 중에 유기산이 집적되어 뿌리의 생장과 흡수작용에 장해를 준다.
• 한여름 고온기에는 유기물 분해가 왕성하여 심한 환원상태를 이루고, 황화수소 등의 유해한 환원성 물질이 생성·집적되어 뿌리가 상한다.

18 종자의 발아에 관한 설명으로 틀린 것은?

① 발아시는 파종된 종자 중에서 최초 1개체가 발아한 날이다.

② 발아기는 전체 종자 수의 약 50%가 발아한 날이다.

③ 발아전은 종자의 대부분(80% 이상)이 발아한 날이다.

④ 발아일수는 파종기부터 발아시까지의 일수이다.

해설
④ 발아일수는 파종부터 발아기(또는 발아전)까지의 일수이며, 발아기간이라고도 한다.

19 밭토양의 유형별 분류에 속하지 않는 것은?

① 고원밭   ② 미숙밭

③ 특이중성밭   ④ 화산회밭

해설
밭토양의 유형 : 보통밭, 사질밭, 중점밭, 미숙밭, 고원밭, 화산회밭

20 다른 생물과 공생하여 공중질소를 고정하는 토양세균은?

① 바실러스(*Bacillus*)속

② 리조비움(*Rhizobium*)속

③ 아조토박터(*Azotobacter*)속

④ 클로스트리듐(*Clostridium*)속

해설
질소고정세균
• 단독질소고정세균 : *Azotobacter*(호기성), *Clostridium*(혐기성)
• 공생질소고정세균 : *Rhizobium*(근류균 : 콩과 식물과의 공생)

21 다음 산화환원전위의 설명 중 옳은 것은?

① 산화반응은 전자를 얻는 반응이다.

② 산화반응과 환원반응은 동시에 일어난다.

③ 산화환원전위의 기준 반응은 수소와 산소가 물이 되는 반응이다.

④ 산화환원반응의 단위는 $dS \cdot m^{-1}$이다.

해설
산화환원반응은 한 물질이 산소를 잃고 환원되면 다른 물질이 산소를 얻어 산화되는 것으로 항상 동시에 일어난다.

22 지붕형 온실과 아치형 온실을 비교 설명한 것 중 틀린 것은?

① 적설 시 지붕형이 아치형보다 유리하다.

② 광선의 유입은 지붕형이 아치형보다 많다.

③ 재료비는 지붕형이 아치형보다 많이 소요된다.

④ 천창의 환기 능력은 지붕형이 아치형보다 높다.

해설
아치형 온실은 지붕형 온실에 비하여 내풍성이 강하고 광선이 고르게 입사하며, 필름이 골격재에 잘 밀착되어 파손의 위험이 적다.

23 다음 중 하고현상의 대책으로 틀린 것은?

① 관개

② 혼파

③ 약한 정도의 방목

④ 북방형 목초의 봄철 생산량 증대

해설
하고현상
다년생 북방형 목초가 고온에 노출되면 황화, 고사하고 목초 생산량이 떨어지는 것으로 여름철에 주로 일어난다.
• 원인 : 고온, 건조, 장일, 병해충, 잡초 등
• 대책 : 관개, 초종의 선택(고랭지 : 티머시, 평지 : 오처드그라스), 혼파, 방목·채초의 조절 등

정답 18 ④ 19 ③ 20 ② 21 ② 22 ② 23 ④   2024년 제1회 과년도 기출복원문제 | **433**

24 다음 비료 중 화학적·생리적 반응이 모두 염기성인 것은?

① 유안
② 황산칼륨
③ 과인산석회
④ 용성인비

해설

주요 비료의 종류별 구분

화학적 반응	• 산성비료 : 과인산석회, 중과인산석회 등 • 중성비료 : 질산암모니아(초안), 황산칼륨, 염화칼륨, 콩깻묵, 어박, 황산암모니아(유안) 등 • 염기성비료 : 재, 석회질소, 용성인비 등
생리적 반응	• 산성비료 : 황산칼륨, 염화칼륨, 황산암모늄 등 • 중성비료 : 질산암모늄, 요소, 과인산석회, 석회질소, 중과인산석회 등 • 염기성비료 : 퇴구비, 용성인비, 재, 칠레초석 등

25 연풍의 특성에 해당하지 않는 것은?

① 작물 주위의 습기를 배제하여 증산작용을 조장함으로써 양분 흡수를 증대시킨다.
② 잎을 동요시켜 그늘진 잎의 일사를 조장함으로써 광합성을 증대시킨다.
③ 건조할 때는 건조 상태를 억제한다.
④ 잡초의 씨나 병균을 전파한다.

해설

연풍의 장단점

장점	• 증산 및 양분흡수의 조장 • 병해의 경감 • 광합성의 조장 • 수정·결실의 조장 • 수확물의 건조 촉진
단점	• 잡초 종자 전파 • 병균 전파 • 건조할 경우 더욱 건조를 조장 • 냉풍은 냉해를 유발

26 장일식물로만 바르게 나열된 것은?

① 도꼬마리, 국화
② 들깨, 콩
③ 시금치, 담배
④ 양파, 상추

해설

식물의 일장형

• 장일식물 : 맥류, 양귀비, 시금치, 양파, 상추, 아마, 티머시, 아주까리, 감자, 카네이션, 클로버, 완두 등
• 단일식물 : 국화, 콩, 담배, 들깨, 샐비어, 도꼬마리, 코스모스, 목화, 벼, 나팔꽃 등
• 중성식물 : 강낭콩, 고추, 토마토, 당근, 셀러리 등
• 중간식물 : 사탕수수

27 토양침식에 영향을 주는 요인에 대한 설명으로 틀린 것은?

① 내수성 입단이 적고 투수성이 나쁜 토양이 침식되기 쉽다.
② 경사도가 크고 경사길이가 길수록 침식이 많이 일어난다.
③ 강우량이 강우강도보다 토양침식에 대한 영향이 크다.
④ 작물의 종류, 경운시기와 방법에 따라 침식량이 다르다.

해설

③ 토양침식에는 강우강도가 강우량보다 더 많은 영향을 미친다.

28 일반 농가가 유기축산으로 전환할 때 전환기간으로 틀린 것은?

① 식육 생산용 한우는 입식 후 3개월 이상
② 시유 생산용 젖소는 90일 이상
③ 식육 생산용 돼지는 최소 5개월 이상
④ 알 생산용 산란계는 입식 후 3개월 이상

해설

① 식육 생산용 한우는 입식 후 12개월 이상(농림축산식품부 소관 친환경농어업 육성 및 유기식품 등의 관리·지원에 관한 법률 시행규칙 [별표 4])

29 다음 중 병해충 방제를 위한 경종적 방제법에 해당하지 않는 것은?

① 과실에 봉지를 씌워서 차단
② 토지의 선정
③ 품종의 선택
④ 생육 시기의 조절

해설
① 봉지 씌우기는 물리적 방제법에 해당한다.

30 유기축산물의 축사 및 방목에 대한 요건으로 틀린 것은?

① 축사·농기계 및 기구 등은 청결하게 유지하고 소독함으로써 교차감염과 질병 감염체의 증식을 억제하여야 한다.
② 축사의 바닥은 부드러우면서도 미끄럽지 아니하고, 청결 및 건조하여야 하며, 충분한 휴식 공간을 확보하여야 하고, 휴식 공간에서는 건조 깔짚을 깔아주어야 한다.
③ 가금류의 축사는 짚·톱밥·모래 또는 야초와 같은 깔짚으로 채워진 건축공간이 제공되어야 하고, 가금의 크기와 수에 적합한 횃대의 크기 및 높은 수면 공간을 확보하여야 하며, 산란계는 산란 상자를 설치하여야 한다.
④ 번식돈은 임신 말기 또는 포유기간을 제외하고는 군사를 하여야 하고, 자돈 및 육성돈은 케이지에서 사육하지 아니할 것. 다만, 자돈 압사 방지를 위하여 포유기간에는 모돈과 조기 이유한 자돈의 생체중이 50kg까지는 케이지에서 사육할 수 있다.

해설
④ 번식돈은 임신 말기 또는 포유기간을 제외하고는 군사를 하여야 하고, 자돈 및 육성돈은 케이지에서 사육하지 아니할 것. 다만, 자돈 압사 방지를 위하여 포유기간에는 모돈과 조기 이유한 자돈의 생체중이 25kg까지는 케이지에서 사육할 수 있다(유기식품 및 무농약농산물 등의 인증에 관한 세부실시요령 [별표 1]).

31 유기농업에서 예방적 잡초 제어의 방법으로 적절하지 못한 것은?

① 초생재배
② 돌려짓기
③ 재식밀도 조절
④ 화학농약 살포

해설
예방적 잡초 방제법
• 경운
• 윤작(돌려짓기)
• 피복재배
• 열을 이용하여 소각
• 재식밀도 조절
• 손이나 농기구를 이용

32 유기축산물의 유기배합사료 중 식물성 단백질류에 해당하는 것으로만 나열된 것은?

① 옥수수, 보리
② 밀, 수수
③ 호밀, 귀리
④ 들깻묵, 아마박

해설
①·②·③은 식물성 탄수화물 사료이다.
식물성 단백질 사료 : 대두박, 임자박(들깻묵), 채종박, 아마박 등

33 기원지로서 원산지를 파악하는 데 근간이 되고 있는 학설은 유전자중심설이다. Vavilov의 작물의 기원지에 해당하지 않는 곳은?

① 지중해 연안
② 인도·동남아시아
③ 남부아프리카
④ 코카서스·중동

해설
Vavilov의 작물의 기원지 : 중국, 인도·동남아시아, 중앙아시아, 코카서스·중동지역, 지중해 연안지역, 중앙아프리카지역, 멕시코·중앙아메리카지역, 남아메리카지역

정답 29 ① 30 ④ 31 ④ 32 ④ 33 ③   2024년 제1회 과년도 기출복원문제 | **435**

34 춘화처리(vernalization)에 대한 설명으로 잘못된 것은?

① 주로 생육 초기에 온도처리를 하여 개화를 촉진한다.
② 저온처리의 감응점은 생장점이다.
③ 최아종자의 시기에 버널리제이션을 하는 것을 종자 버널리제이션이라고 한다.
④ 처리 중에 종자가 건조하면 버널리제이션 효과가 촉진된다.

해설
춘화처리(버널리제이션)
식물체가 생육의 일정 시기(주로 초기)에 저온을 경과함으로써 화성, 즉 꽃눈의 분화, 발육이 유도·촉진하는 것을 뜻하며 처리 중에 종자가 건조하면 춘화처리 효과가 감쇄된다.

35 적산온도 요구량이 가장 높은 작물은?

① 조   ② 콩
③ 벼   ④ 담배

해설
③ 벼 : 3,500~4,500℃
① 조 : 1,800~3,000℃
② 콩 : 2,500~3,000℃
④ 담배 : 3,200~3,600℃

36 계단경작을 실시하는 경사는 몇 °(도) 이상인가?

① 경사 3° 이상
② 경사 5° 이상
③ 경사 9° 이상
④ 경사 15° 이상

해설
경사 5° 이하에서는 등고선 재배법으로 토양보전이 가능하나, 15° 이상의 경사지는 단구를 구축하고 계단식 개간 경작법을 적용해야 한다.

37 농업환경의 오염 경로로 틀린 것은?

① 화학비료 과다 사용
② 합성농약 과다 사용
③ 집약적인 축산
④ 퇴비 사용

해설
농업환경의 오염 경로는 주로 화학비료의 과다 사용, 합성농약의 과다 사용, 집약적인 축산 활동에서 발생하는 오염이다. 반면 퇴비 사용은 토양을 개선하고 토양의 유기물 함량 증가에 도움을 주며, 자원을 재활용하여 지속 가능한 농업을 위한 방법 중 하나이다.

38 토양 단면상에서 확연한 용탈층을 나타나게 하는 토양생성작용은?

① 회색화 작용(gleization)
② 포드졸화 작용(podzolization)
③ 석회화 작용(calcification)
④ 라토졸화 작용(laterization)

해설
포드졸화 작용(podzolization)
아한대-한대의 한랭·습윤 지대 침엽수림에서 일어나기 쉽고, 유기물의 공급량이 분해량보다 많은 지역에서 일어난다. 회백색의 표백층이 형성되고, 바로 그 밑에 알루미나와 산화철이 풍부하여 진하고 치밀한 갈색의 집적층이 형성된다.

39 종자의 휴면 원인이 아닌 것은?

① 종자의 불투과성
② 영양분의 부족
③ 식물호르몬의 불균형 분포
④ 배의 미성숙

해설
자발적 휴면의 원인
• 종피의 불투수성, 불투기성
• 종피의 기계적 저항
• 저장물질의 미숙
• 발아억제물질
• 식물호르몬의 불균형

34 ④ 35 ③ 36 ④ 37 ④ 38 ② 39 ② 정답

40 다음 중 장과류에 속하는 과수는?

① 복숭아

② 사과

③ 감귤

④ 포도

해설
① 복숭아 : 핵과류
② 사과 : 인과류
③ 감귤 : 준인과류

41 다음 중 사일리지의 장점으로 옳지 않은 것은?

① 수분함량이 적어 중량이 적다.

② 가축 사육의 기계화에 유리하다.

③ 사료의 저장 면적이 건초에 비하여 적다.

④ 건초 제조가 곤란한 악천후에도 사일리지 제조가 가능하다.

해설
① 수분함량이 많아 건초 중량의 약 3배를 취급해야 한다.

42 물에 의한 침식으로 인해 경작의 피해를 가장 받기 쉬운 토성은?

① 식토

② 양토

③ 사토

④ 사양토

해설
식토는 점토의 함량이 50% 이상으로 점착성이 높으며, 공극률이 낮고 투수성이 떨어져 강우 시 빗물이 흡수되지 않고 표면을 따라 흐르며 토양 입자를 쉽게 씻어내는 침식을 유발한다. 이로 인해 토양의 비옥도가 감소하고 경작지 피해가 발생한다.

43 수도작에 오리를 방사하는데 모내기 후 언제 넣어주는 것이 가장 효과적인가?

① 25~30일 후

② 7~14일 후

③ 20~25일 후

④ 30~40일 후

해설
모내기 후 7~14일 정도면 벼가 논에 잘 안착하여 뿌리를 내리고 생장을 시작하므로 이 시기에 오리를 방사하면 벼에 대한 피해를 최소화하면서 오리가 잡초를 효과적으로 제거하고 병충해를 예방하는 데 도움을 줄 수 있다.

44 수평배열의 토괴로 구성된 구조이며, 투수성에 가장 불리한 토양구조는?

① 판상   ② 입상

③ 주상   ④ 괴상

해설
판상구조
오랫동안 토양을 얕게 경운하는 경우 점토 입자가 작토층 밑으로 이동, 집적되어 다져지면서 수분이 하향 이동하여 벼의 뿌리 생장을 불량하게 한다.

45 표토에 부식이 많으면 토양의 색은?

① 적색   ② 회백색

③ 암흑색   ④ 황적색

해설
고도로 분해된 유기물을 많이 함유한 토양은 어두운색을 띠고, 산화철 광물이 풍부하면 적색을 띤다.

정답 40 ④ 41 ① 42 ① 43 ② 44 ① 45 ③

46 유기농업의 실행을 위해 홑알구조에서 떼알구조(입단구조)로 구조를 변경하였을 때 이점으로 옳지 않은 것은?

① 배수력이 좋다.
② 공기 유통이 좋다.
③ 토양수분의 공급이 좋다.
④ 보수력이 나빠져 작물생육에 좋다.

해설
떼알구조는 틈새가 많고, 보수력도 커 공기의 유통이 좋아 작물의 생육에 있어 바람직한 구조이다.

47 친환경농축산물 인증의 종류가 아닌 것은?

① 유기농산물   ② 유기축산물
③ 무농약축산물   ④ 무농약농산물

해설
정의(농림축산식품부 소관 친환경농어업 육성 및 유기식품 등의 관리·지원에 관한 법률 시행규칙 제2조 제2호)
'친환경농축산물'이란 친환경농업을 통해 얻는 것으로서 다음의 어느 하나에 해당하는 것을 말한다.
• 유기농산물·유기축산물 및 유기임산물
• 무농약농산물

48 식물병 중 세균에 의해 발병하는 병이 아닌 것은?

① 벼흰잎마름병   ② 감자무름병
③ 콩불마름병   ④ 고구마무름병

해설
④ 고구마무름병은 주로 곰팡이나 바이러스에 의해 발생하는 병으로, 세균에 의한 병은 아니다.

49 농약이 갖추어야 할 조건 중 틀린 것은?

① 사람과 가축에 대한 독성이 적어야 한다.
② 토양이나 먹이사슬 과정에 축적되지 않도록 잔류성이 적어야 한다.
③ 품질이 일정하고 저장 중 변질되지 않아야 한다.
④ 다른 약제와 혼합하여 사용할 수 없어야 한다.

해설
농약이 갖추어야 할 조건
• 효력이 정확하고 작물에 대한 약해가 없어야 한다.
• 사람과 가축, 토양이나 먹이사슬 과정에 축적되지 않도록 잔류성이 적어야 한다.
• 농약에 대해 방제 대상 병해충이나 잡초의 저항성이 유발되지 않아야 한다.
• 다른 약제와 혼합하여 사용할 수 있어야 한다.
• 값이 싸고 사용법이 간편하여야 한다.

50 종자의 퇴화 원인 중 재배환경 및 조건이 불량하여 품종 성능이 저하되는 것은?

① 생리적 퇴화
② 유전적 퇴화
③ 병리적 퇴화
④ 재배적 퇴화

해설
생리적 퇴화
적합하지 않은 재배환경 및 조건으로 인해 생리적으로 열세화하여 품종 성능이 저하되는 것

438 | PART 02 과년도 + 최근 기출복원문제

46 ④ 47 ③ 48 ④ 49 ④ 50 ① 정답

51 어버이에 없던 형질이 유전자의 변화에 의해 나타나는 현상을 이용한 육종 방법은?

① 교잡육종법
② 배수체육종법
③ 잡종강세육종법
④ 돌연변이육종법

해설
① 교잡육종법 : 교잡을 통해서 육종의 소재가 되는 변이를 얻는 방법
② 배수체육종법 : 염색체의 수를 늘리거나 줄임으로써 생겨나는 변이를 육종에 이용하는 방법
③ 잡종강세육종법 : 잡종강세 현상이 왕성하게 나타나는 1대 잡종을 품종으로 이용하는 방법

52 종자 갱신을 하여야 할 이유로 부적당한 것은?

① 돌연변이
② 자연교잡
③ 토양의 산성화
④ 재배 중 다른 계통의 혼입

해설
종자 갱신은 우량품종의 퇴화를 막기 위한 조치로 주요 농작물의 품종 중 우수한 것으로 인정되어 장려품종으로 결정된 것은 국가사업으로 퇴화를 방지하면서 체계적으로 증식시켜 농가에 보급한다.

53 일반적으로 토양에 가장 많이 들어 있는 원소는?

① 규소(Si)
② 칼륨(K)
③ 마그네슘(Mg)
④ 칼슘(Ca)

해설
토양 중에 함유된 원소의 순위
Si > Al > Fe = Ca > K > Na > Mg

54 간척지 토양의 특성에 대한 설명으로 틀린 것은?

① Na^+에 의하여 토양 분산이 잘 일어나서 토양공극이 막혀 수직배수가 어렵다.
② 토양이 대체로 EC가 높고 알칼리성에 가까운 토양반응을 나타낸다.
③ 석고($CaSO_4$)의 시용은 황산기(SO_4^{2-})가 있어 간척지에 시용하면 안 된다.
④ 토양유기물의 시용은 간척지 토양의 구조 발달을 촉진시켜 제염효과를 높여준다.

해설
③ 석고는 간척지, 임해매립지 등 알칼리성토양 개량에 적합하다.

55 토양미생물에 대한 설명으로 틀린 것은?

① 균근류는 통기성과 투수성을 증가시킨다.
② 화학종속영양세균의 주에너지원은 빛이다.
③ 토양유기물을 분해시켜 부식으로 만든다.
④ 조류는 광합성을 하고 산소를 방출한다.

해설
② 화학종속영양세균의 주에너지원은 여러 종류의 유기화합물이고, 화학독립영양세균은 황화수소나 암모니아 등을 산화하여 에너지를 얻는다.

정답 51 ④ 52 ③ 53 ① 54 ③ 55 ②

56 토양의 노후답의 특징으로 옳지 않은 것은?

① 작토 환원층에서 칼슘이 많을 때는 벼 뿌리가 적갈색인 산화칼슘의 두꺼운 피막을 형성한다.
② Fe, Mn, K, Ca, Mg, Si, P 등이 작토에서 용탈되어 결핍된 논토양이다.
③ 담수하의 작토 환원층에서 철분, 망가니즈가 환원되어 녹기 쉬운 형태로 된다.
④ 담수하의 작토 환원층에서 황산염이 환원되어 황화수소가 생성된다.

> **해설**
> ① 작토 환원층에 철분이 많으면 벼 뿌리가 적갈색인 산화철의 두꺼운 피막을 형성한다.

57 대기조성과 작물생육에 대한 설명으로 옳지 않은 것은?

① 대기 중 질소(N_2)가 가장 많은 함량을 차지한다.
② 대기 중 질소는 콩과 작물의 근류균에 의해 고정되기도 한다.
③ 산소농도가 극히 낮아지거나 90% 이상 극히 높아지게 되면 작물의 호흡에 지장이 생긴다.
④ 대기 중의 이산화탄소 농도는 작물이 광합성을 수행하기에 충분한 과포화 상태이다.

> **해설**
> ④ 대기 중 이산화탄소의 농도는 약 0.03%로, 작물이 충분한 광합성을 수행하기에는 부족하다. 광합성량을 최고로 높일 수 있는 이산화탄소의 농도는 약 0.25%이다.
> ①·② 대기 중에는 질소가스(N_2)가 약 79.1%를 차지하고 근류균, *Azotobacter* 등이 공기 중의 질소를 고정한다.
> ③ 호흡작용에 알맞은 대기 중의 산소농도는 약 20.9%이다.

58 식물체에 흡수되는 무기물의 형태로 틀린 것은?

① NO_3^-
② $H_2PO_4^-$
③ B
④ Cl^-

> **해설**
> B(붕소)는 식물에 흡수되는 무기물 형태가 아니라 이온 형태로 흡수된다. 주로 H_3BO_3(붕소산) 형태로 흡수되며, 수용액에서 붕소산으로 존재하거나 $B(OH)_4^-$ 형태로 이온화될 수도 있다. 식물은 이 두 가지 형태로 붕소를 흡수한다.
> ③ B(붕소)는 H_3BO_3 또는 BO_3^- 형태로 흡수된다.

59 kaolinite에 대한 설명으로 틀린 것은?

① 동형치환이 거의 일어나지 않는다.
② 다른 층상의 규산염광물들에 비하여 상당히 적은 음전하를 가진다.
③ 1 : 1층들 사이의 표면이 노출되지 않기 때문에 작은 비표면적을 가진다.
④ 우리나라 토양에서는 나타나지 않는 점토광물이다.

> **해설**
> ④ kaolinite는 우리나라를 포함한 전 세계적으로 널리 분포하며, 특히 화학적 풍화가 진행된 열대 및 아열대 지역에서 흔히 발견된다.

60 논토양에서 물로 담수될 때 철의 변환에 따른 설명으로 옳은 것은?

① Fe^{3+}에서 Fe^{2+}로 되면서 해리도가 증가한다.
② Fe^{2+}에서 Fe^{3+}로 되면서 해리도가 증가한다.
③ Fe^{3+}에서 Fe^{2+}로 되면서 해리도가 감소한다.
④ Fe^{2+}에서 Fe^{3+}로 되면서 해리도가 감소한다.

> **해설**
> 논토양에서 물로 담수될 때, 철(Fe)의 상태 변환은 중요한 화학적 변화를 일으킨다. 철은 Fe^{3+}(산화철) 상태에서 Fe^{2+}(이온화철) 상태로 환원되며, 이때 해리도가 증가한다. Fe^{3+}는 수용액에서 상대적으로 덜 해리되지만, Fe^{2+}는 물에 더 잘 해리되므로 해리도가 증가하게 된다.

56 ① 57 ④ 58 ③ 59 ④ 60 ① **정답**

PART 02

과년도 + 최근 기출복원문제

2024년 제2회 과년도 기출복원문제

01 다음 중 점토광물에 결합되어 있어 분리시킬 수 없는 수분은?

① 중력수

② 모관수

③ 흡습수

④ 결합수

해설

토양수분의 종류

• 결합수(pF 7.0 이상) : 점토광물에 결합되어 있어 작물 이용 불가능

• 흡습수(pF 4.5 이상) : 비액상의 수분으로 유동이 어려운 수분

• 모관수(pF 2.7~4.5) : 유동성이 있으며 작물이 유용하게 이용하는 수분

• 중력수(pF 0~2.7) : 중력에 의해 이동하는 수분이며 토양미생물의 활동을 방해하며 배수의 대상이 되는 수분

• 지하수 : 불투수층에 도달하여 정체 또는 유동하는 중력수의 일종

02 다음 중 토성을 구분하는 기준은?

① 모래와 물의 함량 비율

② 부식의 함량 비율

③ 모래, 부식, 점토, 석회의 함량 비율

④ 모래, 미사, 점토의 함량 비율

해설

토성이란 토양 무기질 입자의 입경 조성(기계적 조성)에 의한 토양의 분류로 모래, 미사, 점토의 상대적 함량비를 뜻한다.

03 토양입단 형성에 알맞은 방법이 아닌 것은?

① 유기물 시용   ② 석회 시용

③ 토양 피복   ④ 질산나트륨 시용

해설

토양입단의 형성

• 유기물의 시용

• 토양의 피복

• 석회(Ca)의 시용

• 콩과 작물의 재배

• 토양개량제의 시용

04 다음 중 토양의 양분보유력을 가장 증대시킬 수 있는 영농 방법은?

① 부식질 유기물의 시용

② 질소비료의 시용

③ 모래의 객토

④ 경운

해설

지력 증대 방법(양분보유력 증대 방법)

• 유기물 함량이 많아야 한다.

• 무기성분이 풍부하고 균형 있어야 한다.

05 토양오염 우려기준물질에 포함되지 않는 것은?

① Cd   ② Al

③ Hg   ④ As

해설

토양오염물질 23종(토양환경보전법 시행규칙 [별표 1])

수은(Hg), 납(Pb), 6가크로뮴, 아연(Zn), 카드뮴(Cd), 구리(Cu), 비소(As), 니켈(Ni), 플루오린, 유기인화합물, 폴리클로리네이티드비페닐, 시안, 페놀, 벤젠, 톨루엔, 에틸벤젠, 크실렌(BTEX), 석유계 총탄화수소(TPH), 트라이클로로에틸렌(TCE), 테트라클로로에틸렌(PCE), 벤조(a)피렌, 1,2-디클로로에탄, 다이옥신 등

정답 1 ④   2 ④   3 ④   4 ①   5 ②

2024년 제2회 과년도 기출복원문제 | **441**

06 염기포화도에 대한 설명으로 옳지 않은 것은?

① pH와 비례적인 상관관계가 있다.

② 염기포화도가 증가하면 완충력도 증가하는 경향
이다.

③ (교환성 염기의 총량 / 양이온교환용량) × 100
이다.

④ 우리나라 논토양의 염기포화도는 대략 80% 내외
이다.

[해설]
염기포화도
토양에 흡착된 염기성 양이온이 차지하는 비를 말한다. 우리나라
논토양의 염기포화도는 평균 52%, 양이온치환용량은 11me/100g
정도이다.

07 다음 중 탈질작용이 일어나기 쉬운 조건은?

① 산소가 많고 유기물이 많은 곳

② 산소가 많고 유기물이 적은 곳

③ 산소가 부족하고 유기물이 적은 곳

④ 산소가 부족하고 유기물이 많은 곳

[해설]
탈질작용(denitrification)
질산화 작용에 의해 생성된 질산은 산소가 부족한 혐기성 조건에서
탈질균에 의해 아질산화질소(N_2O) 또는 질소가스(N_2)의 형태로
환원되어 대기 중으로 휘산된다.

08 다음 중 점토가 가장 많이 들어 있는 토양은?

① 식양토 ② 양토

③ 식토 ④ 사양토

[해설]
토성의 분류

토성의 명칭	세토 중의 점토 함량
사토	12.5% 이하
사양토	12.5~25%
양토	25~37.5%
식양토	37.5~50%
식토	50% 이상

09 퇴비의 부숙도 검사 방법이 아닌 것은?

① 종자발아법

② 관능적 방법

③ 물리적 방법

④ 탄질비 판정법

[해설]
퇴비의 부숙도 검사 방법
• 관능적 방법 : 수분함량, 형태, 색, 냄새, 촉감 등
• 화학적 방법 : 탄질률에 의한 방법(퇴비의 부숙은 탄질률이 20
  이하일 때 완숙됨)
• 생물학적 방법 : 지렁이법, 종자 발아시험법 등

10 유기농업에서는 화학비료를 대신하여 유기물을 사
용하는데, 유기물의 사용 효과가 아닌 것은?

① 토양완충능 증대

② 미생물의 번식 조장

③ 보수 및 보비력 증대

④ 지온 감소 및 염류집적

[해설]
토양유기물의 기능
• 암석의 분해 촉진
• 양분의 공급
• 대기 중의 이산화탄소 공급
• 생장촉진물질의 생성
• 입단의 형성
• 보수 · 보비력의 증대
• 완충능의 증대
• 미생물의 번식 조장
• 지온의 상승
• 토양 보호

11 경사지의 토양유실을 줄이기 위한 재배 방법 중 가장 적당하지 않은 것은?

① 경운재배
② 초생재배
③ 부초재배
④ 등고선 재배

해설
토양유실을 줄이기 위한 재배 방법 : 등고선 재배, 초생재배, 부초재배, 계단식 재배

12 다음 중 2:2 규칙형 광물은?

① chlorite
② allophane
③ kaolinite
④ vermiculite

해설
점토광물의 종류
• 1:1 광물 : kaolinite
• 2:1 광물 : 비팽창형(illite), 팽창형(vermiculite, montmorillonite 등)
• 혼층형광물 : 2:2 규칙형(chlorite), 불규칙혼층형
• 쇄상형광물
• 산화광물

13 토양 CEC의 뜻으로 옳은 것은?

① 토양산도
② 토양수분
③ 양이온교환용량
④ 토양유기물용량

해설
양이온교환용량(CEC ; Cation Exchange Capacity)
토양이 양이온의 양분을 흡수할 수 있는 총량을 말한다. 즉, 특정물질이나 주어진 pH에서 일정량의 토양 입자에 얼마나 많은 양이온 양분이 다른 양이온과 교환이 가능한 형태로 흡착·충전이 가능한가의 능력을 의미한다.

14 토양 C/N율에 따른 질소의 행동으로 옳지 않은 것은?

① 탄질률이 높은 유기물을 주면 질소의 공급효과가 높다.
② 사용하는 유기물의 탄질률이 높으면 질소가 일시적으로 결핍된다.
③ 콩과 식물을 재배하면 질소의 공급에 유리하다.
④ 토양유기물의 분해는 탄질률에 따라 크게 달라진다.

해설
탄질률이 높은 퇴비는 비료효과가 작고, 탄질률이 낮은 퇴비는 비료효과가 크다. 그러므로 탄소율(탄질률)이 높은 볏짚, 왕겨 등을 넣을 때는 여분의 질소질 비료를 공급하여야 한다.

15 우리나라 밭토양의 특성으로 옳지 않은 것은?

① 토양화학성이 양호하다.
② 세립질과 역질토양이 많다.
③ 저위생산성인 토양이 많다.
④ 곡간지나 산록지와 같은 경사지에 많이 분포되어 있다.

해설
밭토양의 특성
• 밭 면적 중 대부분이 곡간지와 구릉지 및 산록지에 산재해 있으며, 하천 주변의 평탄지에 분포하고 있는 것은 적다.
• 침식을 많이 받게 되어 토양의 유실과 비료 성분의 용탈이 심하여 지력이 낮은 척박한 토양이 대부분이다.
• 논에 비하여 수리가 불리하여 한발 피해가 심하며, 작황의 불안정과 연작에 의한 생육장해가 일어나기 쉽다.
• 밭토양에서는 세립질토양이 많이 존재하며 빗물로 인한 양분의 유실이 논토양에 비해 많은 편이다.

정답 11 ① 12 ① 13 ③ 14 ① 15 ①

16 토양오염원을 분류할 때 비점오염원에 해당하는 것은?

① 산성비
② 대단위 가축사육장
③ 유독물 저장시설
④ 폐기물매립지

해설

비점오염원(非點汚染源) : 도시, 도로, 농지, 산지, 공사장 등으로서 불특정 장소에서 불특정하게 수질오염물질을 배출하는 배출원
※ 오염원의 분류

구분	점오염원	비점오염원
분류	• 지하저장탱크 • 유기폐기물처리장 • 일반폐기물처리장 • 지표저류시설 • 정화조 • 부적절한 관정	• 농약과 비료 • 산성비
오염물질	• BTEX, LNAPL, DNAPL • 유기화학물질, 중금속 • 유기물, TCE, PCE • 암모니아성 질소, 박테리아	• 질산염 • 알루미늄

17 생육기에 풍속 4~6km/h 이하의 바람(연풍)이 작물에 미치는 영향은?

① 광합성 억제
② 증산작용의 촉진
③ 꽃가루 매개 억제
④ 탄산가스 농도 감소

해설

연풍의 장단점

장점	• 증산 및 양분 흡수의 조장 • 병해의 경감 • 광합성의 조장 • 수정·결실의 조장 • 수확물의 건조 촉진
단점	• 잡초 종자 전파 • 병균 전파 • 건조할 경우 더욱 건조를 조장 • 냉풍은 냉해를 유발

18 퇴비 제조 과정에서 재료가 거무스름하고 불쾌한 냄새가 나는 이유에 해당되는 것은?

① 퇴비더미 통기가 거의 희박하기 때문이다.
② C/N율이 높기 때문이다.
③ 퇴비 재료가 건조하기 때문이다.
④ 퇴비 재료가 잘 섞였기 때문이다.

해설

퇴비더미에서 거무스름하고 불쾌한 냄새가 나는 이유는 통기 불량 때문이다. 통기가 부족하면 미생물들이 산소 부족 상태에서 혐기성 호흡을 하게 되며, 이로 인해 악취가 나는 유기물들이 분해된다. 이때 발생하는 냄새는 보통 황화수소(H_2S) 같은 불쾌한 냄새다.

19 토양을 구성하는 주요 점토광물은 결정 격자형에 따라 그 형태가 다르다. 다음 중 1 : 1형(비팽창형)에 속하는 점토광물은?

① illite
② kaolinite
③ vermiculite
④ montmorillonite

해설

① illite : 2 : 1형 비팽창형 점토광물로 운모 점토광물이 풍화되는 동안 K, Mg 등이 용탈되어 생기는 광물이다.
③ vermiculite : 규산층과 알루미늄층이 2 : 1로 형성된 팽창형 광물이다.
④ montmorillonite : 규산층과 알루미늄층이 2 : 1로 구성되어 있는 팽창형 광물로 결정 단위 사이에 물이 자유롭게 드나들수 있어 물의 함량에 따라 팽창·수축이 일어날 수 있다.

20 다음 중 pH가 산성인 것은?

① pH 5
② pH 7
③ pH 9
④ pH 10

해설

• pH 7 : 중성
• pH 7 이하 : 산성
• pH 7 이상 : 알칼리성

21 illite는 2 : 1 격자 광물이나 비팽창형 광물이다. 이는 결정 단위 사이에 어떤 원소가 음전하의 부족한 양을 채우기 위하여 고정되어 있기 때문인데 이 원소는 무엇인가?

① Si
③ Al
② Mg
④ K

해설
일라이트(illite)
주로 백운모와 흑운모로부터 생성되며 4개의 Si 중에서 한 개가 Al으로 치환되며, 실리카층 사이의 K 이온에 의해 전하의 평형이 이루어진다.

22 유기농업에서의 병해충 방제를 위한 방법으로 가장 거리가 먼 것은?

① 천적 이용
② 화학합성농약 이용
③ 저항성 품종 이용
④ 담배잎 추출액 사용

해설
유기농업은 화학비료, 유기합성농약, 생장조절제, 제초제, 가축사료 첨가제 등 일체의 합성화학물질을 사용하지 않으며 유기물과 자연 광석, 미생물 등 자연적인 자재만을 사용하는 농업을 뜻한다.

23 다음 중 작물의 기원지가 중국인 것은?

① 쑥갓
② 호박
③ 가지
④ 순무

해설
② 호박 : 멕시코 남부, 중미
③ 가지 : 인도
④ 순무 : 지중해 연안

24 대기의 주요 성분 중 농도가 5~10% 이하 또는 90% 이상이면 호흡에 지장을 초래하는 성분은?

① N_2
② O_2
③ CO
④ CO_2

해설
산소(O_2) : 작물의 호흡작용에 알맞은 산소 농도는 약 20.9%이다.

25 초생재배의 장점이 아닌 것은?

① 토양의 단립화
② 토양침식 방지
③ 제초노력 경감
④ 지력증진

해설
초생재배는 초본식물을 재배하여 토양을 보호하고 지력을 향상시키는 방법으로, 토양의 단단함을 완화하고 토양구조를 개선하는 데 도움을 준다.

26 다음 중 요수량이 가장 작은 것은?

① 호박
② 완두
③ 클로버
④ 수수

해설
• 요수량 큰 것 : 명아주, 알팔파, 클로버 등
• 요수량 작은 것 : 수수, 기장, 옥수수 등
※ 요수량 : 작물의 건물 1g을 생산하는 데 소비되는 수분량(g)

정답 21 ④ 22 ② 23 ① 24 ② 25 ① 26 ④

2024년 제2회 과년도 기출복원문제 | **445**

27 냉해에 대한 설명으로 틀린 것은?

① 물질의 동화와 전류가 저해된다.

② 암모니아의 축적이 적어진다.

③ 질소, 인산, 칼륨, 규산, 마그네슘 등의 양분 흡수가 저해된다.

④ 원형질 유동이 감퇴·정지하여 모든 대사기능이 저해된다.

해설

② 질소동화의 저해로 암모니아의 축적이 많아진다.

28 광 에너지를 효율적으로 이용할 수 있는 이상적인 옥수수 초형에 해당하지 않는 것은?

① 상위엽은 직립한다.

② 상위엽에서 밑으로 내려오면서 약간씩 경사를 더하여 하위엽에서 수평이 된다.

③ 수이삭이 작고 잎혀가 없다.

④ 암이삭은 2개인 것보다 1개인 것이 밀식에 적응한다.

해설

④ 수광태세가 좋은 옥수수 초형 : 암이삭은 1개인 것보다 2개인 것이 밀식에 더 잘 적응한다.

29 작물에 따라서 양분요구 특성에 차이가 있다. 해당 작물의 비료 3요소의 흡수 비율로 가장 적합한 것은?(단, N : P : K의 비율)

① 벼는 2 : 2 : 3이다.

② 맥류는 5 : 2 : 3이다.

③ 옥수수는 2 : 2 : 4이다.

④ 고구마는 5 : 1 : 1.5이다.

해설

① 벼는 5 : 2 : 4이다.
③ 옥수수는 4 : 2 : 3이다.
④ 고구마는 4 : 1.5 : 50이다.

30 이랑을 세우고 이랑 위에 파종하는 방식은?

① 휴립휴파법   ② 휴립구파법

③ 평휴법   ④ 성휴법

해설

이랑밭 조성 방법 및 특징

명칭		고랑과 두둑 특징	재배작물 및 특징
휴립법	휴립휴파법	• 두둑높이 > 고랑깊이 • 두둑에 파종	• 조, 콩 등을 재배 • 배수와 토양통기가 양호
	휴립구파법	• 두둑높이 > 고랑깊이 • 고랑에 파종	• 맥류재배 • 한해, 동해 방지
성휴법		• 두둑을 크고 넓게 만듦 • 두둑에 파종	• 중부지방의 맥후작 콩의 파종에 유리 • 답리작 맥류재배
평휴법		두둑과 고랑 높이가 동일	• 채소, 벼 재배 • 건조해, 습해 동시 완화

31 다음 중 시설의 토양관리에서 객토하는 이유로 거리가 먼 것은?

① 미량원소의 공급

② 토양침식 효과

③ 염류집적의 제거

④ 토양물리성 개선

해설

객토의 효과
• 토양침식 억제
• 보수력의 증대
• 작토층의 확대
• 염류집적의 제거
• 토양물리성 개선
• 미량원소의 공급

32 (A × B) × C와 같이 F$_1$과 제3의 품종을 교배하는 것은?

① 다계교배　　　② 복교배
③ 3원교배　　　④ 단교배

> **해설**
> ③ 3원교배 : (A × B) × C
> ① 다계교배 : [(A × B) × (C × D) × (E × F) …]
> ② 복교배 : (A × B) × (C × D)
> ④ 단교배 : A × B

33 도복에 대한 설명으로 옳지 않은 것은?

① 밀식은 도복을 유발한다.
② 키가 크고 줄기가 튼튼한 작물이 잘 걸린다.
③ 가을 멸구의 발생이 많으면 도복이 심해진다.
④ 비가 와서 식물체가 무거워지면 도복이 유발된다.

> **해설**
> ② 키가 크고 줄기가 약한 품종일수록 도복이 심하다.

34 온실의 피복재로 사용되는 플라스틱 필름 중 유리섬유를 포함하지 않은 순수 아크릴수지로 된 경질판은?

① FRP판　　　② FRA판
③ MMA판　　　④ PC판

> **해설**
> ③ MMA판(아크릴수지판) : 유리섬유를 첨가하지 않은 100%의 아크릴수지로 된 경질판으로 유리와 유사한 투과성을 지닌다.
> ① FRP판(유리섬유강화폴리에스테르판) : 불포화폴리에스테르수지에 유리섬유로 보강시킨 복합재이다.
> ② FRA판(유리섬유강화아크릴판) : 아크릴수지의 유리섬유를 샌드위치 모양으로 넣어 가공한 판이다.
> ④ PC판(폴리카보네이트수지판) : 유리섬유는 포함하지 않지만 아크릴이 아닌 탄산염을 중합하여 만든 열가소성 합성 플라스틱이다.

35 종자 수명에 따른 작물의 분류가 옳은 것은?

① 단명종자 : 보리
② 단명종자 : 배추
③ 장명종자 : 토마토
④ 장명종자 : 메밀

> **해설**
> 종자의 수명에 따른 작물의 분류
> • 단명종자(2년 이하) : 당근, 양파, 고추, 메밀 등
> • 상명종자(2~3년) : 벼, 보리, 완두, 배추, 수박 등
> • 장명종자(4년 이상) : 콩, 녹두, 오이, 호박, 가지, 토마토 등

36 화본과 녹비작물로 옳은 것은?

① 귀리　　　② 콩
③ 해바라기　　　④ 토끼풀

> **해설**
> 녹비작물
> • 두과 : 헤어리베치, 울리포드베치, 퍼플베치, 동부, 자운영, 토끼풀, 풋베기콩, 풋베기완두 등
> • 화본과 : 귀리, 옥수수, 쌀보리, 호밀 등
> • 경관 겸용 : 황화초, 루핀, 파셀리아, 화이트클로버, 메밀, 해바라기, 크림슨클로버, 크로탈라리아 등

37 저온해에 대한 대책과 거리가 먼 것은?

① 하우스 측창을 연다.
② 왕겨나 짚을 태운다.
③ 소형터널을 설치한다.
④ 대형 선풍기로 대기를 순환시킨다.

> **해설**
> 저온해에 대한 대책 : 불 피우기, 고깔 씌우기, 소형터널 설치, 멀칭, 강제 대류 등

정답 32 ③　33 ②　34 ③　35 ③　36 ①　37 ①

38 광합성에 가장 유효한 광은?

① 녹색광   ② 황색광

③ 자색광   ④ 적색광

해설
광합성에 가장 유효한 광 : 적색광(600~680nm)

---

39 대기 중의 이산화탄소와 작물의 생리작용에 대한 설명으로 틀린 것은?

① 이산화탄소의 농도가 어느 한계까지 높아지면 그 이상 높아져도 광합성 속도가 증대하지 않는 이산화탄소 농도를 이산화탄소 포화점이라고 한다.

② 광합성 속도에는 이산화탄소 농도뿐만 아니라 광의 강도도 관계한다.

③ 광합성은 온도, 광도, 이산화탄소의 농도가 증가함에 따라 계속 증대한다.

④ 광합성에 의한 유기물의 생성 속도와 호흡에 의한 유기물의 소모 속도가 같아지는 이산화탄소 농도를 이산화탄소 보상점이라 한다.

해설
광합성에 영향을 미치는 요인
• 온도 : 온도가 높을수록 광합성량은 증가하고 35~38℃에서 가장 활발하다. 그러나 40℃ 이상이나 10℃ 이하가 되면 급격히 감소한다.
• 이산화탄소의 농도 : 이산화탄소의 농도가 증가할수록 광합성량이 증가하지만, 농도 0.1%부터는 일정하다.
• 빛의 세기 : 빛의 세기가 강할수록 광합성량이 증가하지만, 광포화점을 지나면 일정하다.

---

40 퇴비화 과정에서 숙성단계의 특징이 아닌 것은?

① 퇴비더미는 무기물과 부식산, 항생물질로 구성된다.

② 붉은두엄벌레와 그 밖의 토양생물이 퇴비더미 내에서 서식하기 시작한다.

③ 장기간 보관하게 되면 비료로서의 가치는 떨어지지만, 토양개량제로써의 능력은 향상된다.

④ 발열 과정에서보다 많은 양의 수분을 요구한다.

해설
퇴비화 과정의 숙성단계
• 발열 과정이 끝나고, 퇴비가 최종적으로 안정화되는 단계이다.
• 발열 과정에서는 미생물의 활동이 활발하여 많은 열이 발생하므로 수분이 중요하지만, 숙성단계에서는 발열량이 줄어들기 때문에 수분의 요구량은 상대적으로 낮아진다.

---

41 다음 중 비료 3요소가 아닌 것은?

① 질소   ② 칼슘

③ 칼륨   ④ 인

해설
비료의 3요소[4요소] : 질소, 인산, 칼륨, [칼슘]

---

42 유기농업에서 추구하는 목표와 방향으로 거리가 가장 먼 것은?

① 다수확

② 생태계 보전

③ 환경오염의 최소화

④ 토양쇠퇴와 유실의 최소화

해설
유기농업은 화학합성비료나 화학농약을 사용할 수 없기 때문에 다수확이 목표가 아니다.

---

38 ④ 39 ③ 40 ④ 41 ② 42 ① 정답

43 친환경농업이 태동하게 된 배경에 대한 설명으로 틀린 것은?

① 미국과 유럽 등 농업 선진국은 세계의 농업정책을 소비와 교역 위주에서 증산 중심으로 전환하게 하는 견인역할을 하고 있다.

② 국제적으로는 환경 보전 문제가 중요 쟁점으로 부각되는 추세이다.

③ 토양양분의 불균형 문제가 발생하게 되었다.

④ 농업 부분에 대한 국제적인 규제가 점차 강화되어 가는 추세이다.

해설
① 지속적인 인구 증가에 따라 미국과 유럽 등 농업 선진국이 세계의 농업정책을 증산 중심에서 소비와 교역 위주로 전환하게 하는 견인역할을 하고 있다.

44 친환경 유기농자재와 거리가 먼 것은?

① 고온발효퇴비　　② 미생물 추출물
③ 키토산(액상)　　④ 4종 복합비료

해설
친환경 유기농자재에 화학비료가 포함되어서 안 된다. 4종 복합비료는 엽면시비용 또는 양액재배용 화학비료이다.

45 농후사료 중심의 유기축산에 대한 문제점으로 거리가 먼 것은?

① 물질순환의 문제
② 열등한 축산물 품질 초래
③ 수입 유기농후사료 구입에 의한 생산비용 증대
④ 국내에서 생산이 어려워 대부분 수입에 의존

해설
농후사료는 가소화 영양소 농도가 높고 섬유질 함량이 낮으며 영양소 농도가 높은 사료의 총칭이다. 단백질이나 탄수화물, 그리고 지방의 함량이 비교적 많이 함유된 것으로 영양가가 높다.

46 유기축산물에서 축사조건에 해당하지 않는 것은?

① 사료와 음수는 거리를 둘 것
② 충분한 자연환기와 햇빛이 제공될 수 있을 것
③ 건축물은 적절한 단열 · 환기시설을 갖출 것
④ 공기 순환, 온 · 습도, 먼지 및 가스 농도가 가축 건강에 유해하지 아니한 수준 이내로 유지되어야 할 것

해설
① 사료와 음수는 접근이 용이해야 한다.
유기축산물의 사육장 및 사육조건(유기식품 및 무농약농산물 등의 인증에 관한 세부실시요령 [별표 1])
축사조건 : 축사는 다음과 같이 가축의 생물적 및 행동적 욕구를 만족시킬 수 있어야 한다.
· 사료와 음수는 접근이 용이할 것
· 공기 순환, 온도 · 습도, 먼지 및 가스 농도가 가축 건강에 유해하지 아니한 수준 이내로 유지되어야 하고, 건축물은 적절한 단열 · 환기시설을 갖출 것
· 충분한 자연환기와 햇빛이 제공될 수 있을 것

47 유기가금류의 사육장 및 사육조건으로 적합하지 않은 것은?

① 개방조건에서의 방목
② 쾌적한 공장형 케이지의 설치
③ 사료 및 음수의 접근 용이성
④ 충분한 활동 면적의 확보

해설
유기축산물의 사육장 및 사육조건(유기식품 및 무농약농산물 등의 인증에 관한 세부실시요령 [별표 1])
· 축사조건 : 가금류의 축사는 짚 · 톱밥 · 모래 또는 야초와 같은 깔짚으로 채워진 건축공간이 제공되어야 하고, 가금의 크기와 수에 적합한 홰의 크기 및 높은 수면공간을 확보하여야 하며, 산란계는 산란상자를 설치하여야 한다.
· 방목조건
　– 가금은 개방조건에서 사육되어야 하고, 기후조건이 허용하는 한 야외 방목장에 접근이 가능하여야 하며, 케이지에서 사육하지 아니할 것
　– 물오리류는 기후조건에 따라 가능한 시냇물 · 연못 또는 호수에 접근이 가능할 것

정답　43 ①　44 ④　45 ②　46 ①　47 ②

48 다음 중 벼를 재배할 때 풍해에 의해 발생하는 백수 현상을 유발하는 풍속, 공기 습도의 범위에 대한 설명으로 가장 옳은 것은?

① 백수현상은 풍속이 크고 공기 습도가 높을 때 심하다.

② 백수현상은 풍속이 적고 공기 습도가 높을 때 심하다.

③ 백수현상은 공기 습도 60%, 풍속 10m/sec 이상 의 조건에서 발생한다.

④ 백수현상은 공기 습도 80%, 풍속 20m/sec 이상 의 조건에서 발생한다.

해설

백수현상

벼 재배 시 풍속이 빠르고 공기가 건조하면 증산량이 커져서 수정 이 어렵게 되고 벼 이삭이 흰색의 쭉정이가 되는 현상이다. 주로 벼의 출수기나 개화기에 발생하며, 약 10m/sec 이상의 강풍과 습도 60% 이하의 조건에서 심해진다.

49 시설 지붕 위의 하중을 지탱하고, 왕도리와 중도리 위에 걸치는 부재는?

① 보   ② 서까래

③ 버팀대   ④ 샛기둥

해설

서까래(rafter) : 지붕 위의 하중을 지탱하며 왕도리, 중도리 위에 걸쳐 고정하는 부재를 말한다.

50 토양생성에 관여하는 인자 중 가장 광범위하게 영 향을 미치는 인자는?

① 기후   ② 지형

③ 식생   ④ 모재

해설

토양 발달에 영향을 주는 기후 요인

• 강우량
• 온도
• 공기의 상대습도

51 볍씨를 선종하기 위해 물에 녹이는 물질은?

① 당밀   ② 소금

③ 식초   ④ 기름

해설

선종 볍씨 염수선(소금물을 이용한 볍씨 가리기)

소금물에 담그면 충실한 종자는 무거워서 가라앉고 그렇지 못한 종자는 물에 뜬다, 뜨는 볍씨는 골라내고 가라앉은 볍씨는 물에 깨끗이 씻어서 사용한다(메벼 : 1.14, 찰벼 : 1.04).

52 산소가 부족한 깊은 물 속에서 볍씨는 어떤 생장을 하는가?

① 뿌리와 제1엽이 먼저 자란다.

② 초엽만 길게 자라고 뿌리와 제1엽이 자라지 않 는다.

③ 어린뿌리가 초엽보다 먼저 나오고 제1엽이 신장 한다.

④ 정상적으로 뿌리가 먼저 나오고 제1엽이 나오며 초엽이 나온다.

해설

볍씨는 수중, 공기 중 모두 발아가 가능하며 산소가 풍부할 경우 초엽이 1cm 이하로 짧고 굵게 나오면서 씨뿌리도 함께 자란다. 산소가 부족한 조건에서는 이상 발아 현상을 보이고 유근 생장이 억제되며 잎을 통해 호흡하기 위해 유아가 먼저 길게 생장한다.

53 작물의 분화 및 발달과 관련된 용어의 설명으로 틀린 것은?

① 작물이 원래의 것과 다른 여러 갈래로 갈라지는 현상을 작물의 분화라고 한다.

② 작물의 환경이나 생존경쟁에서 견디지 못해 죽게 되는 것을 순화라고 한다.

③ 작물이 점차 높은 단계로 발달해 가는 현상을 작물의 진화라고 한다.

④ 작물이 환경에 잘 견디어 내는 것을 적응이라 한다.

해설
② 순화는 작물이 새로운 환경에 점차 적응하여 생육하는 과정을 의미한다.

54 다음 중 줄무늬잎마름병의 매개충은?

① 응애류　　　　　② 벼멸구

③ 진딧물　　　　　④ 애멸구

해설
줄무늬잎마름병은 잎의 상하로 노란 줄무늬가 나타나며 새로 나오는 잎은 말린 채 고사한다. 생육 초기에 반드시 매개충인 애멸구를 방제하거나 저항성이 좋은 품종을 선택하여 방제한다.

55 벼 종자소독 시 냉수온탕침법을 실시할 때 가장 알맞은 물의 온도는?

① 약 30℃ 정도

② 약 35℃ 정도

③ 약 43℃ 정도

④ 약 55℃ 정도

해설
냉수온탕침법(키다리병 방제)
15~20℃ 냉수에 1시간 침지 후 약 58℃ 온탕에 15분 침지하여 소독

56 과수의 내습성이 가장 큰 순서부터 옳게 나열된 것은?

① 감 > 포도 > 무화과 > 올리브

② 포도 > 무화과 > 감 > 올리브

③ 올리브 > 포도 > 감 > 무화과

④ 무화과 > 포도 > 감 > 올리브

해설
내습성 작물의 분류
• 작물 : 골풀, 미나리, 벼 > 밭벼, 옥수수, 율무 > 토란 > 고구마 > 보리, 밀 > 감자, 고추 > 토마토, 메밀 > 파, 양파, 당근, 자운영
• 채소 : 양배추, 양상추, 토마토, 가지, 오이 > 시금치, 우엉, 무 > 당근, 꽃양배추, 멜론, 피망
• 과수 : 올리브 > 포도 > 밀감 > 감, 배 > 밤, 복숭아, 무화과

57 인공교배하여 F_1을 만들고 F_2부터 매 세대 개체선발과 계통재배 및 계통선발을 반복하면서 우량한 유전자형의 순계를 육성하는 육종 방법은?

① 파생계통육종　　② 계통육종

③ 여교배육종　　　④ 집단육종

해설
계통육종법
• 교잡 후 초기 세대부터 개체선발과 계통재배를 반복하면서 우량한 동형접합체 개체를 선발하는 방법이다.
• 질적형질의 선발에 주로 쓰인다.
　※ 질적형질 : 형질의 구별 분명, 소수의 주동유전자에 의해 지배, 꽃의 색깔

정답　53 ②　54 ④　55 ④　56 ③　57 ②

58 호기적 조건에서 단독으로 질소고정작용을 하는 토양미생물 속(屬)은?

① 아조토박터(*Azotovacter*)

② 클로스트리디움(*Clostridium*)

③ 리조비움(*Rhizobium*)

④ 프랑키아(*Frankia*)

해설

① 아조토박터 : 호기적 조건에서 단독으로 질소고정을 하는 미생물이다. 이 미생물은 산소가 존재하는 환경에서도 질소를 고정할 수 있다.

② 클로스트리디움 : 혐기적 조건에서 질소고정을 수행하는 미생물이다.

③ 리조비움 : 주로 콩과 식물의 뿌리와 공생하여 질소고정을 하는데, 호기적 조건에서는 작용하지 않는다.

④ 프랑키아 : 나무와 공생하며, 혐기적 조건에서 질소고정을 한다.

59 다음 중 포식성 곤충에 해당하는 것은?

① 팔라시스이리응애

② 침파리

③ 고치벌

④ 꼬마벌

해설

포식성 곤충과 기생성 곤충

• 포식성 곤충 : 풀잠자리, 꽃등에, 됫박벌레, 딱정벌레, 팔라시스이리응애, 무당벌레 등

• 기생성 곤충 : 침파리, 고치벌, 맵시벌, 꼬마벌 등

60 광(light)과 작물의 생리작용에 관한 설명으로 옳지 않은 것은?

① 광합성에 주로 이용되는 파장은 300~400nm이다.

② 광합성 속도는 광의 세기 이외에 온도, CO_2에도 영향을 받는다.

③ 광의 세기가 증가함에 따라 작물의 광합성 속도는 광포화점까지 증가한다.

④ 녹색광(500~600nm)은 투과 또는 반사하여 이용률이 낮다.

해설

① 광합성에 주로 이용되는 파장은 400~700nm의 가시광선으로, 그중에서도 적색광(650~700nm)과 청색광(400~500nm)이 가장 효과적으로 사용된다.

PART 02 과년도 + 최근 기출복원문제

2025년 제1회 최근 기출복원문제

01 다음 중 이산화탄소의 일반적인 대기조성의 함량은?

① 약 3.5ppm
② 약 35ppm
③ 약 350ppm
④ 약 3,500ppm

해설
대기 중 이산화탄소 농도 : 0.03%(350ppm)

02 답전윤환의 효과와 가장 거리가 먼 것은?

① 기지의 회피
② 잡초발생의 감소
③ 지력의 감퇴
④ 연작장해의 경감

해설
답전윤환은 논 또는 밭을 논상태와 밭상태로 몇 해씩 돌려가면서 벼와 밭작물을 재배하는 방식으로 연작장해를 막기 위해 사용되는 방법이다.

03 기지현상의 방지 및 경감 대책과 가장 거리가 먼 것은?

① 담수
② 토양소독
③ 객토
④ 시설재배

해설
기지현상의 대책 : 윤작, 담수, 토양소독, 유독물질의 제거, 객토 및 환토, 접목 등

04 포장용수량과 흡수계수 사이의 토양수분을 뜻하는 것으로 소공극에서 중력에 저항하여 유지되며 작물이 주로 이용하는 수분은?

① 결합수
② 흡습수
③ 모관수
④ 중력수

해설
토양수분의 종류
• 결합수(pF 7.0 이상) : 점토광물에 결합되어 있어 작물 이용 불가능
• 흡습수(pF 4.5 이상) : 비액상의 수분으로 유동이 어려운 수분
• 모관수(pF 2.7~4.5) : 유동성이 있으며 작물이 유용하게 이용하는 수분
• 중력수(pF 0~2.7) : 중력에 의해 이동하는 수분이며 토양미생물의 활동을 방해하며 배수의 대상이 되는 수분
• 지하수 : 불투수층에 도달하여 정체 또는 유동하는 중력수의 일종

05 화곡류의 채종 적기는?

① 백숙기
② 갈숙기
③ 녹숙기
④ 황숙기

해설
채종 적기
• 화곡류 : 황숙기
• 십자화과 채소류 : 갈숙기

정답 1 ③ 2 ③ 3 ④ 4 ③ 5 ④

2025년 제1회 최근 기출복원문제 | **453**

06 노후화답의 특징이 아닌 것은?

① 황화수소(H_2S)가 발생한다.

② 규산 함량이 증가한다.

③ 작토층의 철은 미생물에 의해 환원되어 Fe^{2+}로 되어 용탈한다.

④ 작토층 아래층의 철과 망간은 산화되어 용해도가 감소하여 Fe^{3+}와 Mn^{4+}형태로 침전한다.

해설
② 노후화답에서는 규산이 결핍될 수 있다.
노후답
물을 담수한 논은 산소가 부족하여 환원상태가 된다. 환원층에서는 황산염이 환원되어 황화수소(H_2S)가 생성되면 특유의 부패냄새가 나고, 규산이 용탈되어 결핍된다. 또한 작토층의 철은 미생물에 의해 Fe^{3+}에서 Fe^{2+}로 환원되어 이동성이 매우 높아지며, 이 상태의 Fe^{2+}와 Mn^{2+}가 아래로 이동해 산화층에 도달하면 각각 Fe^{3+}, Mn^{4+} 형태로 다시 산화되어 축적된다.

07 다음에서 육종의 단계가 순서에 맞게 배열된 것은?

① 변이탐구와 변이창성 – 변이 선택과 고정 – 종자 증식과 종자 보급

② 변이 선택과 고정 – 변이탐구와 변이창성 – 종자 증식과 종자 보급

③ 종자 증식과 종자 보급 – 변이탐구와 변이창성 – 변이선택과 고정

④ 종자 증식과 종자 보급 – 변이 선택과 고정 – 변이탐구와 변이창성

해설
• 변이탐구와 변이창성 : 유전적 변이를 찾거나 만들어내는 단계
• 변이 선택과 고정 : 우수개체를 선발하고 안정된 유전형으로 고정
• 종자 증식과 종자 보급 : 고정된 품종의 종자를 늘리고 농가에 보급

08 우리나라 시설재배에서 가장 많이 쓰이는 피복자재는?

① 폴리에틸렌필름(PE)

② 염화비닐필름(PVC)

③ 에틸렌아세트산필름(EVA)

④ 판유리

해설

구분	특징
폴리에틸렌필름(PE)	• 국내에 널리 쓰는 필름으로 투과율이 가장 높은 피복재이다. • 인장강도, 인열강도가 PVC나 EVA 필름보다 낮다. • PVC보다 정전기 현상이 적고, 먼지 부착률이 낮다. • 저온에 대한 내한성이 강하며 가격이 저렴하다. • 후성이 약하여 수명이 짧고 보온력이 떨어지며 항장력과 신장력이 작다.
염화비닐필름(PVC)	• 장파 복사열의 차단 효과가 있다. • 투광률이 높고 열전도율이 낮아 보온력이 뛰어나다. • 먼지가 잘 달라붙는다.
에틸렌아세트산필름(EVA)	• 먼지의 부착이 적고 화학약품에 대한 내성이 강하다. • 저온에서 굳지 않고 고온에서도 흐물흐물하지 않는다. • 내후성은 PE와 PVC의 중간 정도이다.

09 작물의 분화·발달 과정에서 자연적으로 새로운 유전자형이 생기게 되는 가장 큰 원인은?

① 재배기술의 변화

② 재배환경의 변화

③ 영농방식의 변화

④ 자연교잡과 돌연변이

해설
자연교잡 및 돌연변이는 인위적 교배나 육종이 아닌 자연적으로 유전자의 재조합이나 변화가 일어나 새로운 유전자형이 생긴다.

10 다음 중 토양유실예측공식에 포함되지 않는 것은?

① 토양관리인자　② 강우인자

③ 평지인자　④ 작부인자

해설

토양유실예측공식 : 연간 단위면적에서 일어나는 평균 토양유실량을 예측하는 공식

$A = R \cdot K \cdot LS \cdot C \cdot P$

여기서, R : 강우인자

K : 토양의 수식성인자

LS : 경사인자

C : 작부인자

P : 토양관리인자

11 다음 중 밭토양의 지력배양을 위한 작물로 적당한 것은?

① 콩　② 수단그라스

③ 옥수수　④ 밭벼

해설

지력배양은 토양의 비옥도를 높여 유지하는 것으로, 토양 내 질소 공급 능력을 높이거나 유기물 함량을 증가시켜야 한다.

12 유기농업에서 사용 가능한 종자는?

① 유전자변형 종자

② 화학적 소독을 거친 종자

③ 합성농약으로 처리되지 않은 종자

④ 자가채종한 일반 종자

해설

유기농업에서는 보급종 또는 일반 종자는 사용할 수 없고, 유기종자를 사용하는 것이 원칙이며, GMO 종자나 화학적으로 처리한 종자를 사용할 수 없다.

13 작물의 분화 과정 중 (　) 안에 들어갈 말로 알맞은 것은?

유전적 변이 → (　) → 순화 → 격리

① 고립　② 격절

③ 분화　④ 도태

해설

작물의 분화 과정 : 유전적 변이 → 도태 또는 적응 → 순화 → 격리 또는 고립

14 교배 방법의 표현으로 틀린 것은?

① 단교배 : A×B

② 여교배 : (A×B)×A

③ 삼원교배 : (A×B)×C

④ 복교배 : A×B×C×D

해설

④ 복교배 : (A×B)×(C×D)

15 10a의 논에 16kg의 칼륨을 시용하려면 황산칼륨(칼륨 함량 45%)으로 약 몇 kg을 시용해야 하는가?

① 16kg　② 36kg

③ 57kg　④ 102kg

해설

비료량 $= \dfrac{\text{필요한 성분량}}{\text{실제 비료 함량}}$

$= \dfrac{16\text{kg}}{0.45}$

$= 35.5555 \cdots \text{kg}$

$=$ 약 36kg

정답 10 ③　11 ①　12 ③　13 ④　14 ④　15 ②

16 친환경농수산물로 인증된 종류와 명칭에 포함되지 않는 것은?

① 무농약농산물
② 고품질천연농산물
③ 무항생제수산물
④ 유기농수산물

해설
친환경농수산물의 정의(친환경농어업 육성 및 유기식품 등의 관리 · 지원에 관한 법률 제2조 제2호)
'친환경농수산물'이란 친환경농어업을 통하여 얻는 것으로 다음의 어느 하나에 해당하는 것을 말한다.
· 유기농수산물
· 무농약농산물
· 무항생제수산물 및 활성처리제 비사용 수산물

17 어떤 토양의 CEC가 10cmol/kg일 때, 교환성 염기의 함량이 다음과 같다. 이 토양의 염기포화도는?

```
· Ca 3.5cmol/kg      · K 1.5cmol/kg
· Mg 1cmol/kg        · Na 1cmol/kg
· Al 2cmol/kg
```

① 50%
② 90%
③ 70%
④ 60%

해설
$$염기포화도 = \frac{교환성\ 염기의\ 총량}{양이온치환용량(CEC)} \times 100$$
$$= \frac{3.5 + 1.5 + 1 + 1}{10} = 70\%$$

18 지력에 따라 차이가 있으나 일반적으로 녹비작물 네마장황(클로타라리아)의 10a당 적정 파종량은?

① 10~100g
② 1~2kg
③ 6~8kg
④ 10~20kg

해설
네마장황(*Crotalaria juncea* L.)
주로 녹비작물로 사용되는 콩과 일년생 초본류로, 과채류의 선충 억제와 유기물 공급에 효과적이다. 8월에 개화하며 10월에 결실하고, 생장이 빠르며 추위에 약하다. 파종량은 300평(약 10a)당 6~8kg 정도이다.

19 유기농업에서 잡초 방제를 위해 사용하는 생물이 아닌 것은?

① 오리
② 지렁이
③ 참게
④ 우렁이

해설
② 지렁이는 토양 내 유기물 분해 및 통기성 향상 등 토양개량에 활용되는 생물이다.
※ 생물적 잡초 방제 : 오리농법, 왕우렁이농법, 참게농법 등

20 비료를 만들어진 원료에 따라 분류한 것으로 옳지 않은 것은?

① 인산질 비료 : 유안, 초안
② 무기질 비료 : 요소, 염화칼륨
③ 동물성 비료 : 어분, 골분
④ 식물성 비료 : 퇴비, 구비

해설
① 유안, 초안은 질산질 비료이다.

21 표토에 부식이 많을 때 토양의 색은?

① 적색　　　　　② 회백색

③ 암흑색　　　　④ 황적색

해설

고도로 분해된 유기물을 많이 함유한 토양은 어두운색을 띠고, 산화철 광물이 풍부하면 적색을 띤다.

22 벼의 감수분열기에 냉온의 영향을 받아 정상적인 생식기관이 형성되지 못하거나 생식기관 형성이 부진하여 불임 현상이 초래되는 냉해는?

① 생태형 냉해　　　② 장해형 냉해

③ 지연형 냉해　　　④ 병해형 냉해

해설

장해형 냉해 : 생식세포의 감수분열기에 냉온의 영향을 받아 생식기관 형성이 부진하거나 불임 현상이 초래된다.

23 잎의 가장자리에 있는 수공에서 물이 나오는 현상은?

① 일액현상　　　　② 일비현상

③ 증산작용　　　　④ 아포플라스트

해설

일액현상

근압(根壓)에 의하여 일어나는 현상으로 수분이 위쪽으로 상승하여 잎의 가장자리에 있는 변형된 형태의 기공인 수공에서 물이 나온다.

24 포도 재배 시 화진현상(꽃떨이현상) 예방법으로 거리가 먼 것은?

① 개화 5~7일 전에 생장점을 적심한다.

② 질소질을 많이 준다.

③ 칼슘을 충분하게 준다.

④ 붕소를 시비한다.

해설

질소를 과용시비를 할 경우 화진현상(꽃눈이 떨어져 결실하지 못하는 현상)이 생길 수 있다.

25 작물재배 시 300평당 전생육기간에 필요한 질소 성분량이 10kg일 때, 질소가 5%인 혼합유박은 몇 kg을 사용해야 하는가?

① 200kg　　　　② 300kg

③ 350kg　　　　④ 400kg

해설

$$필요한\ 비료량 = \frac{필요한\ 질소\ 성분량}{비료의\ 질소\ 함량}$$

혼합유박의 질소 함량이 5%이므로, $\dfrac{10 \times 100}{5} = 200kg$

26 점토광물에 음전하를 생성하는 작용은?

① 양이온의 흡착　　② 탄산화 작용

③ 변두리전하　　　　④ 이형치환

해설

이형치환이란 점토광물이 형성될 때 광물 구조 내의 규소나 알루미늄 등의 고정된 양이온 자리에 원래보다 전하가 낮은 다른 양이온이 치환되어 들어가는 현상을 뜻한다. 이 음전하는 영구전하가 되어 양이온교환능력(CEC)을 결정짓는 주요한 원인이 된다.

정답　21 ③　22 ②　23 ①　24 ②　25 ①　26 ④

27 퇴비화 과정에서 숙성단계의 특징이 아닌 것은?

① 발열 과정에서보다 많은 양의 수분을 요구한다.

② 붉은두엄벌레와 그 밖의 토양생물이 퇴비더미 내에서 서식하기 시작한다.

③ 퇴비더미는 무기물과 부식산, 항생물질로 구성 된다.

④ 장기간 보관하게 되면 비료로서의 가치는 떨어지지만, 토양개량제로써의 능력은 향상된다.

> **해설**
> **퇴비화 과정의 숙성단계**
> • 발열 과정이 끝나고, 퇴비가 최종적으로 안정화되는 단계이다.
> • 발열 과정에서는 미생물의 활동이 활발하여 많은 열이 발생하므로 수분이 중요하지만, 숙성단계에서는 발열량이 줄어들기 때문에 수분의 요구량은 상대적으로 낮아진다.

28 벼 생육의 최적온도는?

① 25~28℃ 　② 30~32℃

③ 35~38℃ 　④ 40℃ 이상

> **해설**
> 벼의 생육 최적온도는 30~32℃이다.

29 다음 중 영양번식에 비해 종자번식이 갖는 장점이라고 볼 수 없는 것은?

① 취급이 간편하다.

② 수송과 저장이 용이하다.

③ 양친의 형질이 그대로 전달된다.

④ 대량채종과 대량번식이 가능하다.

> **해설**
> ③ 종자번식은 양친의 형질이 섞여 부모의 형질이 그대로 전달되지 않는다.

30 기온의 일변화(日變化)가 작물생육에 미치는 영향으로 거리가 먼 것은?

① 낮의 기온이 높으면 광합성이 촉진된다.

② 밤의 기온이 낮을 때 작물의 호흡소모가 적다.

③ 변온이 어느 정도 클 때 동화물질의 축적이 많아진다.

④ 밤의 기온이 높아서 변온이 작을 때 대체로 생장이 느려진다.

> **해설**
> ④ 밤이 따뜻하면 호흡이 많아져 생장은 빨라 지지만 저장양분이 소모되므로 총생산량은 감소한다.

31 자외선의 투과율이 낮은 필름을 이용한 시설재배 시 작물의 생육 반응은?

① 작물의 키가 작아진다.

② 작물이 도장하기 쉽다.

③ 과실의 착색이 잘된다.

④ 줄기가 크고 굵어진다.

> **해설**
> 광질은 광선의 종류로 결정되며, 파장별로 분류하면 적외선부, 가시광선부, 자외선부로 구분된다. 자외선 투과율이 낮은 시설로는 유리온실, 염화비닐하우스가 있다.
> • 적외선부 : 주로 열선으로 식물을 도장시킨다.
> • 가시광선부 : 식물의 광합성과 생육, 일장반응, 색소 발현을 시키며, 특히 적색광은 식물의 광합성과 일장반응에 크게 영향을 미친다.
> • 자외선부 : 초장을 짧게 하고 조직을 단단하게 하는 효과를 가지지만 315nm 이하의 단파장은 식물에게 유해하다.

32 다음 중 토양의 중금속 오염에 대한 설명으로 옳은 것은?

① 시간이 지나면 자연적으로 분해된다.
② 대부분 식물의 생장에 도움이 되는 성분으로 구성되어 있다.
③ 비가 오면 대부분 씻겨 내려간다.
④ 먹이연쇄를 따라 생물의 몸속에 점점 축적된다.

해설
④ 중금속(Cd, Pb, Hg 등)은 인체나 식물에 독성을 유발하는 성분으로, 중금속 오염이 되면 분해되지 않고 환경에 남아 있으며, 먹이연쇄 속에서 점점 농도가 높아지는 생물농축 현상이 일어난다.

33 사토에 식토를 객토할 때 토양의 물리성 변화로 옳은 것은?

① 용적밀도가 증가하고 공극량은 감소한다.
② 용적밀도가 증가하고 공극량은 증가한다.
③ 용적밀도가 감소하고 공극량은 증가한다.
④ 용적밀도가 감소하고 공극량은 감소한다.

해설
용적밀도는 토양이 딱딱한지 부드러운지 나타내는 지표로 다져져 있으면 값이 크고, 부드러워지면 값이 낮아진다. 따라서 용적밀도는 토양의 물리적 성질을 직접적으로 나타낼 수 있으며, 용적밀도가 큰 토양에서는 식물의 뿌리자람과 배수성 및 투수성이 나빠지고, 용적밀도가 낮은 토양에서는 식물의 뿌리자람과 투수성이 좋아진다.
• 사토 : 1.6
• 양토 : 1.4
• 식토 : 1.1

34 봉지 씌우기의 효과로 옳지 않은 것은?

① 숙기 지연
② 동녹 방지
③ 당함량 증진
④ 과실의 착색 증진

해설
봉지 씌우기의 효과
• 검은무늬병(배)·탄저병(사과·포도)·흑점병(사과)·심식나방·밤나방 등의 병해충 방제
• 외관 보호 및 사과 등의 열과 방지
• 과실의 착색 증진을 통한 상품성 향상
• 동녹 방지

35 기지현상의 원인이라고 볼 수 없는 것은?

① CEC의 증대
② 양분의 소모
③ 토양 선충의 피해
④ 토양 중 염류집적

해설
① CEC(Cation Exchange Capacity) : 토양 100g이 보유하는 치환성양이온의 총량을 mg 당량으로 표시한 것
기지현상의 원인
• 잡초의 번성
• 토양 중의 염류집적
• 토양 물리성의 악화
• 토양 비료분의 소모
• 유독물질의 축적
• 토양선충의 피해
• 토양전염의 병해

정답 32 ④ 33 ③ 34 ③ 35 ①

36 가을국화를 단일식물이라 부르는 이유로 가장 적당한 것은?

① 꽃피는 기간이 짧기 때문에
② 식물이 어떤 좁은 범위의 특정한 일장에서만 개화하므로
③ 낮의 길이가 12시간보다 짧아질 때 개화하므로
④ 낮의 길이가 한계일장보다 짧아질 때 개화하므로

해설
한계일장 : 개화를 유도할 수 있는 유도일장과 비유도일장의 경계가 되는 일장

37 친환경농업과 관련된 내용으로 옳지 않은 것은?

① 농식품 인증에는 유기농산물, 무농약농산물, GAP 인증이 포함된다.
② 친환경농업은 환경을 보전하면서 안전한 농산물을 생산하는 것을 목표로 한다.
③ 친환경농업의 종류에는 유기농업, 자연농업, 생태농업 등이 있다.
④ 유기농업을 실천하면 친환경 직불금을 무기한으로 받을 수 있다.

해설
④ 친환경 직불금은 친환경으로 작물을 재배하는 농·임업 경영체에 등록된 사람에게 심사를 통해 일정 금액을 지원하는 제도로, 무기한 지급이 아니라, 인증 유지와 사업 기간(일반적으로 최대 5년) 내에서만 지급된다.

38 유기물의 탄질비와 가장 밀접하게 관련된 것은?

① 토양의 양이온교환용량
② 토양의 pH
③ 토양유기물의 분해 속도
④ 토양의 염기포화도

해설
탄질비는 유기물 중 탄소(C)와 질소(N)의 함량비를 뜻하며 탄질비에 따라 유기물 분해 속도가 달라진다.

39 다음 중 물리·화학적 풍화에 대한 안정성이 가장 큰 것은?

① 석영
② 방해석
③ 석고
④ 각섬석

해설
① 석영 : 마그마에서 가장 늦게 형성된 광물일수록 풍화에 강하다.
풍화에 견디는 광물의 순서 : 석영 > 백운모, 정장석 > 사장석 > 흑운모, 각섬석, 휘석 > 감람석 > 백운석, 방해석 > 석고

40 우리나라 토양에 가장 많이 분포한다고 알려진 점토광물은?

① 일라이트
② 카올리나이트
③ 버미큘라이트
④ 몬모릴로나이트

해설
우리나라 토양에 가장 많이 분포하고 있는 점토광물은 카올리나이트로 80% 이상을 차지하고 있다. 나머지는 일라이트가 대부분을 차지하고, 일부 지역에서는 몬모릴로나이트와 같은 팽창성 점토광물이 소량 포함되기도 한다.

41 다음 중 줄무늬잎마름병의 매개충은?

① 응애류
② 벼멸구
③ 진딧물
④ 애멸구

해설
줄무늬잎마름병은 잎의 상하로 노란 줄무늬가 나타나며 새로 나오는 잎은 말린 채 고사한다. 생육 초기에 반드시 매개충인 애멸구를 방제하거나 저항성이 좋은 품종을 선택하여 방제한다.

460 | PART 02 과년도 + 최근 기출복원문제

36 ④ 37 ④ 38 ③ 39 ① 40 ② 41 ④ **정답**

42 유기축산물의 유기배합사료 중 식물성 단백질류에 해당하는 것으로만 나열된 것은?

① 옥수수, 보리

② 밀, 수수

③ 호밀, 귀리

④ 들깻묵, 아마박

해설
①·②·③은 식물성 탄수화물 사료이다.
식물성 단백질 사료 : 대두박, 임자박(들깻묵), 채종박, 아마박 등

43 이춘화현상(devernalization)이 일어나는 때는?

① 식물의 생장기 고온에서

② 식물이 일정 기간 저온에 처하면

③ 춘화작용을 받은 후 고온에 처하면

④ 저온 건조에서

해설
이춘화현상(devernalization)
밀 등에서 저온 버널리제이션을 실시한 직후에 35℃ 정도의 고온 처리를 하면 버널리제이션 효과를 상실하는 현상을 말한다.

44 ( ) 안에 알맞은 내용은?

> ( )은/는 잎의 기공을 폐쇄하여 증산을 억제시킴으로써 식물을 수분부족상태에서도 견디게 한다.

① 지베렐린

② ABA

③ 옥신

④ 에틸렌

해설
② ABA(아브시스산)는 발아를 억제하는 물질이다.
※ 발아촉진물질 : 옥신, 지베렐린, 에틸렌, 질산화합물, 티오요소, 과산화수소

45 다음 중 CO_2 보상점이 가장 낮은 식물은?

① 벼

② 옥수수

③ 보리

④ 담배

해설
옥수수와 같은 C_4 식물은 벼, 보리, 담배와 같은 C_3 식물에 비하여 광포화점이 높고 CO_2 보상점은 낮다.

46 작물이나 과수의 순지르기 영향이 아닌 것은?

① 생장을 억제시킨다.

② 곁가지의 발생을 많게 한다.

③ 개화나 착과의 수를 적게 한다.

④ 목화나 두류에서도 효과가 크다.

해설
적심의 개념 및 효과
• 줄기 맨 끝의 눈을 필요에 따라 잘라주어 잘라낸 줄기 밑의 눈을 잘 자라게 하는 작업이다.
• 외대로 자라는 식물체의 생장점을 제거하면 정아우세성이 없어져 자른 바로 아랫부분에서 여러 개의 가지가 발생하게 된다.
• 개화 및 결실이 좋아진다.
• 생장을 억제시키고 곁가지(측지)의 발생을 촉진하여 새로운 착과를 유도한다.

정답 42 ④ 43 ③ 44 ② 45 ② 46 ③

47 다음 중 연작 피해가 가장 심한 것은?

① 참외　　　　② 콩
③ 오이　　　　④ 수박

> **해설**
> 기지에 따른 휴작이 필요한 작물
> • 1년 : 쪽파, 시금치, 콩, 파, 생강 등
> • 2년 : 마, 감자, 잠두, 오이, 땅콩 등
> • 3년 : 쑥갓, 토란, 참외, 강낭콩 등
> • 5~7년 : 수박, 가지, 완두, 우엉, 고추, 토마토 등
> • 10년 이상 : 아마, 인삼 등

48 식물의 최소양분율을 제창한 사람은?

① 캔돌레　　　　② 리비히
③ 바빌로프　　　　④ 린네

> **해설**
> 독일의 식물영양학자 리비히(J. V. Liebig)가 주장한 내용으로 양분 중에서 필요량에 대해 공급이 가장 적은 양분에 의하여 작물생육이 제한되는데 이 양분을 최소양분이라 하며, 최소양분의 공급량에 의해 작물의 수량이 지배되는 원리이다.

49 엽면시비가 효과적인 경우로 옳지 않은 것은?

① 작물의 필요량이 적은 무기양분을 시용할 경우
② 토양조건이 나빠 무기양분의 흡수가 어려운 경우
③ 시비를 원하지 않는 작물과 같이 재배할 경우
④ 부족한 무기성분을 서서히 회복시킬 경우

> **해설**
> 엽면시비가 효과적인 경우
> • 토양시비가 곤란할 경우
> • 미량요소를 공급하는 경우
> • 시비를 원하지 않는 작물과 같이 재배할 경우
> • 급속한 영양회복이 요구될 경우

50 유기축산의 적절한 사육환경 기준으로 옳지 않은 것은?

① 유기배합 사료급여
② 적절한 사육밀도 유지
③ 생축의 스트레스 최소화
④ 치료용 동물용의약품의 정기사용

> **해설**
> 유기축산물의 동물복지 및 질병관리(유기식품 및 무농약농산물 등의 인증에 관한 세부실시요령 [별표 1])
> 동물용의약품은 시행규칙 [별표 4]에서 허용하는 경우에만 사용하고 농장에 비치되어 있는 유기축산물 질병·예방관리 프로그램에 따라 사용하여야 한다.

51 다음 중 유기농산물 및 유기임산물의 토양개량과 작물생육을 위해 사용 가능한 물질 중 병해충 관리용으로도 사용이 가능한 물질은?

① 목초액
② 사람의 배설물
③ 석회보르도액
④ 식물성 유박(油粕)류

> **해설**
> ① 목초액은 토양개량 및 작물생육용과 더불어 병해충 관리에도 사용되는 허용물질이다.

52 유기배합사료 제조용 보조사료로 사용할 수 없는 것은?

① 항생제　　　　② 완충제
③ 효소제　　　　④ 산미제

> **해설**
> 유기사료의 개념과 정의
> 모든 원료 사료의 생산·가공·제조에서 최종 배합사료의 제조 시까지 반(反)유기적 성분이 포함되지 않아야 한다.
> ※ 반유기적 성분이란 환경오염 물질, 인공 합성 화학 또는 생물 물질, 유전자 조작 물질을 의미한다.

462 | PART 02 과년도 + 최근 기출복원문제

47 ④　48 ②　49 ④　50 ④　51 ①　52 ①　정답

53 세류침식에 대한 설명으로 옳은 것은?

① 유수에 의한 지표의 교질물, 가용성염류, 토양 유기물 등을 씻어내려 토양의 가치를 저해하는 침식

② 강우에 의하여 비산된 토양이 토양 표면을 따라 얇고 일정하게 침식되는 것

③ 지표면에 내린 빗물이 지형을 따라 깊은 곳으로 모여 흐르게 되어 작은 도랑을 만들게 되면서 침식되는 것

④ 입단파괴침식이라고도 하며, 빗방울에 의해 토양의 입단이 파괴되고 토양입자는 분산되는 침식

해설
① 표면침식
② 면상침식
④ 우적침식

54 남부지방의 논에 녹비작물로 이용되며 뿌리혹박테리아로 질소를 고정하는 식물은?

① 진주조
② 호밀
③ 자운영
④ 유채

해설
녹비작물 중 콩과 작물은 뿌리혹박테리아로 질소를 고정하는데, 헤어리베치, 울리포드베치, 퍼플베치, 동부, 자운영, 토끼풀, 풋베기콩, 풋베기완두 등이 있다.

55 유기농에서 예방적 잡초 제어의 방법으로 가장 적절한 것은?

① 잦은 경운
② 연작
③ 생장조절제의 사용
④ 화학제초제의 사용

해설
유기농업에서 생장조절제와 화학제초제는 사용할 수 없으며, 연작보다 윤작이 잡초 제어에 효과적이다.

56 단위면적당 생물체량이 가장 많은 토양미생물로 맞는 것은?

① 사상균
② 방선균
③ 세균
④ 조류

해설
사상균류
산성·중성·알칼리성의 어떠한 반응에서도 잘 생육하고 특히 세균이나 방선균이 생육하지 못하는 산성에서도 잘 생육하는 호기성 토양미생물이다.

정답 53 ③ 54 ③ 55 ① 56 ①

57 쌀겨농법에 대한 설명으로 틀린 것은?

① 쌀겨를 뿌리면 햇빛을 차단하고 쌀겨가 발효하게 된다.

② 쌀겨를 펠렛화하여 논에 뿌려준다.

③ 쌀겨를 뿌릴 때는 바람이 없고 이슬이 없을 때 뿌리는 것이 좋다.

④ 미생물이 산소를 소비하여 용존 산소의 부족으로 잡초 종자의 발아가 억제된다.

해설

쌀겨농법
• 쌀겨를 논에 뿌려 유효 미생물을 증식시킴으로써 비료효과를 높이고 잡초의 발생도 억제하는 농법이다.
• 쌀겨를 뿌리면 햇빛을 차단하고 쌀겨가 발효하면서 미생물이 산소를 소비하여 용존 산소의 부족으로 잡초 종자의 발아가 억제된다.
• 쌀겨를 뿌릴 때는 바람이 없고 이슬이 없을 때 뿌리는 것이 좋다.

58 토양을 구성하는 3상 중 비열이 가장 높은 것은?

① 점토　　　　② 물

③ 공기　　　　④ 유기물

해설

비열은 물질 1g의 온도를 1℃ 높이는 데 필요한 열량으로, 값이 클수록 온도변화가 느리다. 즉, 토양을 구성하는 고상(점토, 유기물), 액상(물), 기상(공기) 중 액상의 비열이 가장 높고, 토양 내 수분함량이 높을수록 온도변화가 완만하다.

59 유기복합비료의 중량이 25kg이고, 성분 함량이 N-P-K(22-22-11)일 때, 비료의 질소 함량은?

① 3.5kg　　　　② 5.5kg

③ 8.5kg　　　　④ 11.5kg

해설

$N(22\%) = 25 \times \dfrac{22}{100} = 5.5kg$

60 유기농업에서 사용하는 용수의 수질기준으로 옳지 않은 것은?

① 환경정책기본법에 따른 농업용수 이상의 수질기준에 적합한 재배용수

② 환경정책기본법에 따른 생활용수의 수질기준에 적합한 먹는 물

③ 먹는 물 수질기준 및 검사 등에 관한 규칙에 따른 먹는 물의 수질기준에 적합한 세척용수

④ 모든 용수는 수질기준이 없다.

해설

유기식품 등의 생산, 제조 · 가공 또는 취급에 필요한 인증기준(친환경농어업 육성 및 유기식품 등의 관리 · 지원에 관한 법률 시행규칙 [별표 4])
• 재배용수는 환경정책기본법에 따른 농업용수 이상의 수질기준에 적합해야 하며, 농산물의 세척 등에 사용되는 용수는 먹는물 수질기준 및 검사 등에 관한 규칙에 따른 먹는물의 수질기준에 적합할 것
• 가축에게 환경정책기본법에 따른 생활용수의 수질기준에 적합한 먹는 물을 상시 공급할 것

464 | PART 02 과년도 + 최근 기출복원문제

57 ② 58 ② 59 ② 60 ④ 정답

PART 02 과년도 + 최근 기출복원문제

2025년 제2회 최근 기출복원문제

01 다음 중 질산태질소에 관한 설명으로 옳은 것은?

① 산성토양에서 알루미늄과 반응하여 토양에 고정되어 흡수율이 낮다.
② 작물의 이용 형태로 잘 흡수·이용하지만 물에 잘 녹지 않으며 지효성이다.
③ 논에서는 탈질작용으로 유실이 심하다.
④ 논의 환원층에 시비하면 비효가 오래 지속된다.

해설
탈질작용은 물이 차 있는 논과 같이 산소가 부족하고 유기물이 많은 곳에서 일어나기 쉽다(질산태질소가 환원층에 있을 때).

02 붕소 결핍증상이 아닌 것은?

① 분열조직이 괴사한다.
② 식물의 키가 커져서 도복하기 쉽다.
③ 사탕무의 속썩음병이 발생한다.
④ 알팔파의 황색병이 발생한다.

해설
붕소의 역할
• 촉매 또는 반응 조절 물질로 작용하여 석회의 결핍을 경감시킨다.
• 체내 이동성이 낮아 결핍증상은 생장점 또는 저장기관에 나타난다.
• 석회의 과잉과 토양의 산성화는 붕소 결핍의 주원인이며, 개간지에서 나타나기 쉽다.
붕소의 결핍증상
• 분열조직에 괴사가 일어나고 수정, 결실이 나빠진다.
• 콩과 작물의 근류 형성 및 질소고정이 저해된다.
• 사과의 축과병, 사탕무의 속썩음병, 순무의 갈색 속썩음병, 셀러리의 줄기쪼김병, 담배의 끝마름병, 알팔파의 황색병, 꽃양배추의 갈색병 등

03 열해의 대책으로 옳은 것은?

① 내열성이 강한 작물을 선택한다.
② 관개를 통해 지온을 낮춘다.
③ 피복을 실시한다.
④ 질소를 과다 시비한다.

해설
과도한 밀식과 질소의 과다 시비는 열해의 증상을 조장한다.

04 다음 중 장과류에 해당하는 것으로만 나열된 것은?

① 포도, 무화과
② 감, 귤
③ 배, 사과
④ 밤, 호두

해설
과실의 구조에 의한 분류
• 인과류 : 사과, 배, 비파 등
• 준인과류 : 감귤, 감 등
• 핵과류 : 복숭아, 자두, 살구, 매실, 양앵두, 대추 등
• 장과류 : 포도, 무화과, 나무딸기 등
• 각과류 : 밤, 호두, 개암 등

05 다음 토양미생물 중 흙냄새와 가장 관련이 있는 것은?

① 곰팡이
② 근균
③ 방선균
④ 세균

해설
방선균
흙 속 유기물을 분해하는 세균류로, 흙 특유의 냄새가 나는 화합물 지오스민(geosmins)을 만든다.

[정답] 1 ③ 2 ② 3 ④ 4 ① 5 ③

06 토양색(soil color)을 나타내는 먼셀의 표기법 중 색의 3속성은?

① 색상, 명도, 채도
② 색상, 명도, 광도
③ 광도, 명도, 채도
④ 채도, 광도, 색상

[해설]
토양색의 표시는 먼셀의 색 표시법을 사용하며, 물체의 색을 나타내는 3가지 속성인 색상, 명도, 채도의 조합으로 토양색을 나타낸다.

07 간척지 토양의 개량 방법으로 가장 적절하지 않은 것은?

① 석회질 물질을 시용한다.
② 암거배수나 명거배수를 한다.
③ 전층 기계 경운을 수시로 실시하여 토양의 물리성을 개선시킨다.
④ 건조 시기에 물을 대줄 수 없는 곳에서는 생짚이나 청초를 부초로 하여 표층에 깔아주어 수분 증발을 막아 준다.

[해설]
염해지(간척지) 토양
경운을 수시로 실시하는 것은 적절하지 않다. 석고, 토양개량제, 생짚 등을 시용하여 토양의 물리성을 개량한다.

08 고무나무와 같은 관상수목에 많이 적용되는 것으로 높은 곳에서 발근시키는 취목방법은?

① 성토법
② 언지법
③ 당목취법
④ 고취법

[해설]
고취법
가지를 땅속에 휘어 묻을 수 없는 경우에 높은 곳에서 발근시켜 취목하는 방법으로 주로 고무나무와 같은 관상수목에 실시한다.

09 지붕형 온실과 아치형 온실을 비교 설명한 것 중 틀린 것은?

① 적설 시 지붕형이 아치형보다 유리하다.
② 광선의 유입은 지붕형이 아치형보다 많다.
③ 재료비는 지붕형이 아치형보다 많이 소요된다.
④ 천창의 환기능력은 지붕형이 아치형보다 높다.

[해설]
아치형 온실은 지붕형 온실에 비하여 내풍성이 강하고 광선이 고르게 입사하며, 필름이 골격재에 잘 밀착되어 파손의 위험이 적다.

10 종자를 선별하는 작업을 무엇이라 하는가?

① 침종
② 최아
③ 선종
④ 파종

[해설]
① 침종(종자담그기) : 볍씨를 물에 담가서 발아에 필요한 수분을 흡수시키는 작업을 뜻한다.
② 최아(싹틔우기) : 파종 전에 종자의 싹을 틔우는 것으로 발아를 균일하게 하며, 종자의 손실을 막는다.
④ 파종 : 종자를 토양에 뿌리는 작업을 뜻한다.

11 다음 비료 중 화학적 · 생리적 반응이 모두 염기성인 것은?

① 유안
② 황산칼륨
③ 과인산석회
④ 용성인비

[해설]
주요 비료의 종류별 구분

화학적 반응	• 산성비료 : 과인산석회, 중과인산석회 등 • 중성비료 : 질산암모니아(초안), 황산칼륨, 염화칼륨, 콩깻묵, 어박, 황산암모니아(유안) 등 • 염기성비료 : 재, 석회질소, 용성인비 등
생리적 반응	• 산성비료 : 황산칼륨, 염화칼륨, 황산암모늄 등 • 중성비료 : 질산암모늄, 요소, 과인산석회, 석회질소, 중과인석회 등 • 염기성비료 : 퇴구비, 용성인비, 재, 칠레초석 등

466 | PART 02 과년도 + 최근 기출복원문제

6 ① 7 ③ 8 ④ 9 ② 10 ③ 11 ④ [정답]

12 지력이 감퇴하는 원인이 아닌 것은?

① 토양의 산성화
② 토양의 영양 불균형화
③ 특수비료의 과다 사용
④ 부식의 시용

해설
④ 부식은 지력 향상에 도움을 준다.
지력 감퇴의 원인
• 토양의 산성화
• 토양의 영양 불균형화
• 질소 등 특정 성분의 비료 과다 시용

13 다음 중 점토광물에 결합되어 있어 분리시킬 수 없는 수분은?

① 중력수   ② 모관수
③ 흡습수   ④ 결합수

해설
토양수분의 종류
• 결합수(pF 7.0 이상) : 점토광물에 결합되어 있어 작물 이용 불가능
• 흡습수(pF 4.5 이상) : 비액상의 수분으로 유동이 어려운 수분
• 모관수(pF 2.7~4.5) : 유동성이 있으며 작물이 유용하게 이용하는 수분
• 중력수(pF 0~2.7) : 중력에 의해 이동하는 수분이며 토양미생물의 활동을 방해하며 배수의 대상이 되는 수분
• 지하수 : 불투수층에 도달하여 정체 또는 유동하는 중력수의 일종

14 다음 중 요수량이 가장 작은 것은?

① 호박   ② 완두
③ 클로버   ④ 수수

해설
• 요수량 큰 것 : 명아주, 알팔파, 클로버 등
• 요수량 작은 것 : 수수, 기장, 옥수수 등
※ 요수량 : 작물의 건물 1g을 생산하는 데 소비되는 수분량(g)

15 재배환경에 따른 이산화탄소의 농도 분포에 관한 설명으로 틀린 것은?

① 식생이 무성한 곳의 이산화탄소 농도는 여름보다 겨울이 높다.
② 식생이 무성하면 이산화탄소의 농도는 지표면이 상층면보다 낮다.
③ 미숙유기물 시용으로 탄소 농도는 증가한다.
④ 식생이 무성한 지표에서 떨어진 공기층은 이산화탄소 농도가 낮아진다.

해설
지표에서 떨어진 공기층은 잎의 왕성한 광합성 때문에 이산화탄소 농도가 낮아지고 식생이 무성하면 뿌리의 호흡이 왕성하고 바람을 막아서 지면에 가까운 공기층의 이산화탄소 농도를 높게 한다.

16 토양오염원을 분류할 때 비점오염원에 해당하는 것은?

① 산성비
② 대단위 가축사육장
③ 유독물저장시설
④ 폐기물매립지

해설
비점오염원(非點汚染源) : 도시, 도로, 농지, 산지, 공사장 등으로서 불특정 장소에서 불특정하게 수질오염물질을 배출하는 배출원
※ 오염원의 분류

구분		점오염원	비점오염원
분류		• 지하저장탱크 • 유기폐기물처리장 • 일반폐기물처리장 • 지표저류시설 • 정화조 • 부적절한 관정	• 농약과 비료 • 산성비
오염 물질		• BTEX, LNAPL, DNAPL • 유기화학물질, 중금속 • 유기물, TCE, PCE • 암모니아성 질소, 박테리아	• 질산염 • 알루미늄

정답 12 ④ 13 ④ 14 ④ 15 ② 16 ①

2025년 제2회 최근 기출복원문제 | 467

17 유기축산물의 축사 및 방목에 대한 요건으로 틀린 것은?

① 축사·농기계 및 기구 등은 청결하게 유지하고 소독함으로써 교차감염과 질병 감염체의 증식을 억제하여야 한다.

② 축사의 바닥은 부드러우면서도 미끄럽지 아니하고, 청결 및 건조하여야 하며, 충분한 휴식 공간을 확보하여야 하고, 휴식 공간에서는 건조 깔짚을 깔아주어야 한다.

③ 가금류의 축사는 짚·톱밥·모래 또는 야초와 같은 깔짚으로 채워진 건축공간이 제공되어야 하고, 가금의 크기와 수에 적합한 홰의 크기 및 높은 수면 공간을 확보하여야 하며, 산란계는 산란 상자를 설치하여야 한다.

④ 번식돈은 임신 말기 또는 포유기간을 제외하고는 군사를 하여야 하고, 자돈 및 육성돈은 케이지에서 사육하지 아니할 것. 다만, 자돈 압사 방지를 위하여 포유기간에는 모돈과 조기 이유한 자돈의 생체중이 50kg까지는 케이지에서 사육할 수 있다.

> **해설**
> ④ 번식돈은 임신 말기 또는 포유기간을 제외하고는 군사를 하여야 하고, 자돈 및 육성돈은 케이지에서 사육하지 아니할 것. 다만, 자돈 압사 방지를 위하여 포유기간에는 모돈과 조기 이유한 자돈의 생체중이 25kg까지는 케이지에서 사육할 수 있다(유기식품 및 무농약농산물 등의 인증에 관한 세부실시요령 [별표 1]).

18 고구마 수확물의 상처에 유상조직인 코르크층을 발달시켜 병균의 침입을 방지하는 조치는?

① 예냉 ② 큐어링
③ CA ④ 프라이밍

> **해설**
> 큐어링
> • 상처 난 부분과 뿌리와 꼭지를 자른 부분을 고구마의 진액으로 보호막을 형성케 하는 과정이다.
> • 습도 90~95%, 온도 30℃에서 3~4일간 처리한다.

19 한 포장 내에서 위치에 따라 종자, 비료, 농약 등을 달리함으로써 환경문제를 최소화하면서 생산성을 최대로 하려는 농업은?

① 자연농업 ② 생태농업
③ 정밀농업 ④ 유기농업

> **해설**
> 친환경농업의 종류
> • 자연농업 : 자연의 힘을 최대한 활용한 농업으로 식물과 동물의 기본권을 존중한 4무(무경운, 무비료, 무제초, 무농약) 농법
> • 생태농업 : 농업생태계 서비스를 최적화하는 농업
> • 정밀농업 : GIS, GPS 이용, 농경지 속성별 특성에 따라 세분하여 투입·관리함으로써 최소투입·최대생산성을 목적으로 하는 농업
> • 유기농업 : 현대농업의 3대 위해성(3R) 등 폐해에 대한 대안 농업으로 대두
> • 지속농업 : 농업과 환경의 조화를 통해 농업 생산성을 지속가능하게 하는 농업
> • 저투입농업 : 농약·화학비료 저투입, IPM·INM으로 지속가능한 농업

20 다음 중 낙과의 원인으로 옳지 않은 것은?

① 수정이 되지 않았을 경우
② 배의 발육이 중지되었을 경우
③ 생장조절제를 살포하였을 경우
④ 생식기관들의 발육이 불완전한 경우

> **해설**
> 낙과의 원인
> • 생식기관들의 발육이 불완전한 경우
> • 수정이 되지 않았을 경우
> • 배의 발육이 중지되었을 경우
> • 단위결과성이 약한 품종일 경우
> • 질소나 탄수화물이 과부족인 경우
> • 수분이 과부족인 경우

21 콩의 잎에 생기는 병해가 아닌 것은?

① 노균병
② 갈색무늬병
③ 모자이크병
④ 자주빛무늬병

해설
자주빛무늬병은 콩 종자에 자주색의 무늬가 생기는 병이다.

22 작물생육에 알맞은 토양의 3상 분포 비율을 바르게 표현한 것은?

① 고상 = 기상 > 액상
② 액상 > 기상 = 고상
③ 고상 = 액상 > 기상
④ 고상 > 액상 = 기상

해설
토양의 3상 : 고상 50%, 액상 25%, 기상 25%

23 병해충 방제법 중 경제적으로 방제 효과가 가장 높은 것은?

① 생육 시기의 조절
② 윤작과 재배양식의 변경
③ 병해충 저항성 품종의 재배
④ 시비 방법의 개선과 중간기주 제거

해설
③ 저항성 품종의 육종은 시간과 노력이 많이 들지만, 일단 저항성 품종을 개발하면 매우 효율적으로 병해와 충해를 방제할 수 있어 경제적이다.

24 토양 단면상에서 확연한 용탈층을 나타나게 하는 토양생성작용은?

① 회색화 작용(gleization)
② 라토졸화 작용(laterization)
③ 석회화 작용(calcification)
④ 포드졸화 작용(podzolization)

해설
포드졸화 작용(podzolization)
아한대−한대의 한랭·습윤지대 침엽수림에서 일어나기 쉽고, 유기물의 공급량이 분해량보다 많은 지역에서 일어난다. 회백색의 표백층이 형성되고, 바로 그 밑에 알루미나와 산화철이 풍부하여 진하고 치밀한 갈색의 집적층이 형성된다.

25 생물적 풍화작용에 해당하는 설명으로 옳은 것은?

① 암석광물은 공기 중의 산소에 의해 산화되어 풍화작용이 진행된다.
② 미생물은 황화물을 산화하여 황산을 생성하고 이는 암석의 분해를 촉진한다.
③ 산화철은 수화작용을 받으면 침철광이 된다.
④ 정장석이 가수분해 작용을 받으면 점토가 된다.

해설
①·③·④는 화학적 풍화작용에 해당한다.
생물적 풍화작용 : 동물과 미생물, 식물 뿌리 등에 의한 풍화작용으로, 미생물은 황화물을 산화시켜 황산으로, 암모니아를 질산으로, 유기물을 분해하여 유기산으로 만든다.

26 심층시비를 가장 바르게 실시한 것은?

① 암모늄태 질소를 환원층에 시비하는 것
② 암모늄태 질소를 산화층에 시비하는 것
③ 질산태 질소를 환원층에 시비하는 것
④ 질산태 질소를 산화층에 시비하는 것

해설
심층시비 : 암모늄태 질소를 환원층에 시비하여 비효의 증진을 꾀하는 것

27 경축순환농업으로 사육하지 않은 농장에서 유래한 퇴비를 유기농업에 사용할 수 있는 충족조건은?

① 퇴비화 과정에서 퇴비더미가 35~50℃를 유지하면서 10일 이상 경과되어야 한다.
② 퇴비화 과정에서 퇴비더미가 55~75℃를 유지하면서 15일 이상 경과되어야 한다.
③ 퇴비화 과정에서 퇴비더미가 80~95℃를 유지하면서 10일 이상 경과되어야 한다.
④ 퇴비화 과정에서 퇴비더비가 80~95℃를 유지하면서 15일 이상 경과되어야 한다.

해설
경축순환농업으로 사육하지 않은 농장에서 유래한 퇴비를 유기농업에 사용할 수 있는 충족조건
• 퇴비더미가 55~75℃를 유지하는 기간이 15일 이상 되어야 하고, 이 기간 동안 5회 이상 뒤집어 줄 것
• 퇴비에 유해성분 함량은 비료관리법 제4조에 따른 비료공정규격 중 퇴비규격의 1/2을 초과하지 아니하여야 하고 항생물질이 포함되지 않을 것
※ 경축순환농업 : 농가에서 논농사・밭농사의 부산물로 가축을 키우고 가축분뇨를 퇴비화하여 다시 땅에 뿌려 작물을 키워내는 농업

28 녹비작물이 갖추어야 할 조건으로 옳지 않은 것은?

① 생육이 왕성하고 재배가 쉬워야 한다.
② 천근성으로 상층의 양분을 이용할 수 있어야 한다.
③ 비료 성분의 함유량이 높으며, 유리질소고정력이 강해야 한다.
④ 줄기, 잎이 유연하여 토양 중에서 분해가 빠른 것이어야 한다.

해설
녹비작물이 갖추어야 할 조건
• 재배하는데 노력이 적게 들어야 한다.
• 비료의 요구가 적어야 하며 파종이 용이하고 종자의 가격이 저렴해야 한다.
• 생육기간이 짧고 휴한기간을 이용할 수 있어야 한다.
• 영년생 작물의 빈 공간의 이용에 편리해야 한다.
• 비료 성분의 함유량이 높아야 하며 심근성으로 하층의 양분을 이용할 수 있어야 한다.
• 병해충, 한해, 습해, 냉해 등 재해에 강해야 한다.
• 줄기, 잎이 유연하여 토양 중에서 분해가 빠른 것이어야 한다.

29 2명법에 의한 학명(學名)에 대한 설명으로 옳은 것은?

① 영어를 사용하고 라틴체로 쓴다.
② 과명과 속명을 함께 표시한 것이다.
③ 식물의 학명은 세계 공통으로 쓰인다.
④ 용도에 따른 식물 분류에 기본으로 활용된다.

해설
학명은 학술적 편의를 위해 스웨덴의 식물학자 린네가 창안 것으로 라틴어를 사용하여 이탤릭체로 쓴다. 속명과 종명을 붙이는 이명법으로 되어 있으며 분류계급에 따른 식물학적 분류에 속한다.

30 진딧물 피해를 입고 있는 고추밭에 꽃등에를 이용해서 방제하는 방법은?

① 경종적 방제법
② 물리적 방제법
③ 화학적 방제법
④ 생물학적 방제법

해설
생물학적 방제법
살아있는 생물 또는 생물 유래의 물질을 이용하는 방제법으로 이 방법은 화학적 방제에 비해 환경 파괴나 공해가 적은 것이 특징이며, 고전적인 생물학적 방제법으로는 천적의 이용이 있다.

31 식물체 내에서 합성되는 호르몬이 아닌 것은?

① 옥신   ② CCC
③ 지베렐린   ④ 사이토키닌

해설
② CCC(cycocel) : 식물생장억제제
식물호르몬 : 옥신, 지베렐린, 사이토키닌, ABA, 에틸렌

32 우량품종의 구비조건이 아닌 것은?

① 조산성   ② 균일성
③ 우수성   ④ 영속성

해설
우량품종의 조건
• 균일성 : 그 품종의 특별한 성질이 같은 품종의 모든 식물에 고르게 나타나는 것
• 우수성 : 재배적 특성이 종합적으로 우수하게 나타나는 것
• 영속성 : 균일하고 우수한 특성이 대대로 변하지 않고 유지되는 것

33 오리농법에 의한 벼재배에서 오리의 역할로 옳지 않은 것은?

① 잡초를 못 자라게 한다.
② 해충을 잡아 먹는다.
③ 도열병균을 잡아 먹는다.
④ 배설물은 유기질비료가 된다.

해설
오리농법에서 오리는 잡초와 해충을 먹으며 배설물은 유기질비료로 활용된다.

34 침식에 관한 설명으로 맞는 것은?

① 일반적으로 토양의 투수성은 입자가 작을수록 크다.
② 등고선 경작을 하면 침식의 피해가 크다.
③ 토양의 입단구조보다 단립구조에서 침식이 많이 일어난다.
④ 침식에 의해 표토가 유실되어도 비옥성에는 변화가 없다.

해설
입단화된 토양은 공극량이 많아 수분을 보유하는 힘이 크므로 유거수가 감소되어 토양침식이 적다.

35 친환경농산물의 인증을 담당하는 기관으로 옳은 것은?

① 시·도지사
② 농협중앙회
③ 관할시, 군청
④ 국립농산물품질관리원, 민간인증기관

해설
친환경농어업 육성 및 유기식품 등의 관리·지원에 관한 법률에 의거하여 정부가 지정한 전문인증기관에서 엄격한 기준으로 친환경농축산물을 인증한다.

정답 30 ④ 31 ② 32 ① 33 ③ 34 ③ 35 ④

36 벼 종자소독 시 냉수온탕침법을 실시할 때 가장 알맞은 물의 온도는?

① 약 30℃ 정도

② 약 35℃ 정도

③ 약 43℃ 정도

④ 약 55℃ 정도

해설

냉수온탕침법(키다리병 방제)

15~20℃ 냉수에 1시간 침지 후 약 58℃ 온탕에 15분 침지하여 소독

37 토양이 자연의 힘으로 다른 곳으로 이동하여 생성된 토양 중 중력의 힘에 의해 이동하여 생긴 토양은?

① 정적토

② 붕적토

③ 빙하토

④ 풍적토

해설

② 붕적토 : 중력의 영향으로 운반되어 비교적 급경사의 산록 경사지에 형성되며 붕적 모재로부터 생성된 토양을 뜻한다.

① 정적토 : 풍화물이 모암이 있던 자리에서 그대로 머물러 토양층을 형성한 것이다.

③ 빙하토 : 빙하가 유동하면 이에 섞여 있던 풍화물은 빙하의 계속적인 유동과 빙하가 녹아서 흐르는 물에 의하여 운반·퇴적된다.

④ 풍적토 : 바람에 의하여 운적되는 재료와 형식에 따라 사구, 화산회, 그리고 뢰스(Loess) 등으로 구분된다.

38 유기농업에서는 화학비료를 대신하여 유기물을 사용하는데, 유기물의 사용 효과가 아닌 것은?

① 토양완충능 증대

② 미생물의 번식조장

③ 보수 및 보비력 증대

④ 지온 감소 및 염류집적

해설

토양유기물의 기능

• 암석의 분해 촉진

• 양분의 공급

• 대기 중의 이산화탄소 공급

• 생장촉진물질의 생성

• 입단의 형성

• 보수·보비력의 증대

• 완충능의 증대

• 미생물의 번식 조장

• 지온의 상승

• 토양 보호

39 유기축산물 생산에는 원칙적으로 동물용 의약품을 사용할 수 없게 되어 있는데, 예방관리에도 불구하고 질병이 발생할 경우 수의사 처방에 따라 질병을 치료할 수도 있다. 이때 최소 어느 정도의 기간이 지나야 도축하여 유기축산물로 판매할 수 있는가?

① 해당 약품 휴약기간의 1배

② 해당 약품 휴약기간의 2배

③ 해당 약품 휴약기간의 3배

④ 해당 약품 휴약기간의 4배

해설

유기축산물의 동물복지 및 질병관리(친환경농어업 육성 및 유기식품 등의 관리·지원에 관한 법률 시행규칙 [별표 4])

가축의 질병을 치료하기 위해 불가피하게 동물용의약품을 사용한 경우에는 동물용의약품을 사용한 시점부터 전환기간(해당 약품의 휴약기간의 2배가 전환기간보다 더 긴 경우에는 휴약기간의 2배의 기간을 말한다) 이상의 기간 동안 사육한 후 출하할 것

40 어떤 종자표본의 발아율이 80%이고 순도가 90%일 경우, 종자의 진가(용가)는?

① 90
② 85
③ 80
④ 72

해설

종자의 진가(용가) $= \dfrac{\text{발아율}(\%) \times \text{순도}(\%)}{100}$

$= \dfrac{80 \times 90}{100} = 72$

41 산성토양에 극히 강한 것으로만 나열된 것은?

① 자운영, 콩
② 팥, 시금치
③ 사탕무, 부추
④ 기장, 땅콩

해설

산성토양에 극히 강한 것 : 벼, 밭벼, 귀리, 기장, 땅콩, 아마, 감자, 호밀, 토란 등

42 박과 채소 접목의 특성에 대한 설명으로 틀린 것은?

① 토양전염성 병 발생을 억제한다.
② 흡비력이 강해진다.
③ 당도가 증가한다.
④ 과습에 잘 견딘다.

해설

접목의 장점 및 단점
• 토양전염성 병(덩굴쪼김병 등)의 발생을 억제한다.
• 흡비력이 강해지며 과습에 대한 저항성이 증대되어 품질이 향상된다.
• 저온, 고온 등 불량한 환경에 대한 내성이 증대된다.
• 질소 과다 흡수가 우려되고, 기형과 발생이 많아진다.
• 흰가루병에 취약해지며 당도가 떨어진다.

43 포도나무의 정지법으로 흔히 이용되는 방법이며, 가지를 2단 정도로 길게 직선으로 친 철사에 유인하여 결속시킨 것은?

① 절단형 정지
② 변칙주간형 정지
③ 원추형 정지
④ 울타리형 정지

해설

울타리형 정지 : 포도나무의 정지법으로, 가지를 2단 정도로 길게 직선으로 친 철사에 유인하여 결속시킨다.

44 유기농업용 상토의 구비조건으로 가장 부적절한 것은?

① 양분의 균형이 맞아야 한다.
② 화학성 면에서 pH가 안정되고 적정 범위를 유지해야 한다.
③ 상토 중 병해충이나 잡초 종자는 재배에 큰 영향이 없다.
④ 물리성 측면에서 통기성, 보수성, 흡수력, 배수성이 적절해야 한다.

해설

유기농업용 상토의 구비조건
• 양분의 균형이 맞아야 한다.
• 상토의 pH가 6.0~6.5 정도로 안정되고 적정 범위를 유지해야 한다.
• 물리성 측면에서 통기성, 보수성, 흡수력, 배수성이 적절해야 한다.
• 병해충에 오염되어서는 안 되며, 잡초 종자나 유해 성분 등을 포함해서는 안 된다.
• 취급이 용이해야 한다.
• 농가에서 자가상토 제조가 어려우면 시판상토를 소독하여 사용하며, 일반 흙을 이용할 경우 태양열 소독을 통해 토양전염병이나 해충을 방제한다.
• 퇴비는 상토에 영양을 공급할 수 있는 자재로 적어도 사용 6개월 전에 만들어 놓는다.

정답 40 ④ 41 ④ 42 ③ 43 ④ 44 ③

45 다년생 논잡초로만 나열된 것은?

① 강피, 돌피
② 물피, 알방동사니
③ 여뀌, 자귀풀
④ 가래, 벗풀

해설
다년생 논잡초
• 화본과 : 나도겨풀, 겨풀 등
• 방동사니과 : 너도방동사니, 매자기, 올방개, 쇠털골, 올챙이고랭이 등
• 광엽잡초 : 가래, 벗풀, 올미, 개구리밥 등

46 가축전염병 예방법에서 제1종 가축전염병이 아닌 것은?

① 결핵병　　　② 구제역
③ 돼지열병　　④ 우폐역

해설
① 결핵병은 제2종 가축전염병이다.

47 퇴비의 부숙도 검사 중 생물판정법이 아닌 것은?

① 지렁이법　　② 발아시험법
③ 돈모응축법　④ 유식물시험법

해설
퇴비 부숙도 검사 중 생물학적 방법 : 지렁이법, 종자발아시험법, 유식물시험법

48 질소기아현상에 대한 설명으로 틀린 것은?

① 대체로 탄질비가 30 이상일 때 나타난다.
② 볏짚을 사용하면 해소될 수 있다.
③ 탄질비가 15 이하가 되면 해소된다.
④ 토양미생물과 식물 사이의 질소경쟁으로 나타난다.

해설
② 볏짚은 탄질비가 높기 때문에 질소기아를 더 가중시킨다.
질소기아현상
탄질비가 높은 유기물을 비료로 사용했을 때, 이를 분해하려는 토양미생물이 토양 내 기존의 질소를 흡수하게 되고 작물이 이용할 수 있는 질소가 부족해져 일시적인 질소 결핍 증상이 나타나는 것이다. 대체로 탄질비가 30 이상일 때 나타나고 15 이하일 때 해소된다.

49 산성토양의 개량 방법으로 적합하지 않은 것은?

① 농용석회 시용
② 황산석회 시용
③ 완숙 유기물의 시용
④ 패각분말 시용

해설
산성토양의 개량 대책
• 석회질 비료 시용
• 유기물 시용
• 근류균 첨가
• 토양개량제 시용

50 작물의 필수원소 중 공중으로부터 흡수될 수 있는 원소는?

① N, P, K
② Ca, Mg, S
③ Cl, B, H
④ C, O, H

해설
필수원소 중 C, O, H는 공기와 물을 통해 자연적으로 흡수되며, 나머지 필수원소들은 대부분 토양에서 공급된다.

45 ④　46 ①　47 ③　48 ②　49 ②　50 ④　정답

51 토양의 구조 중 작물생육에 가장 적합한 구조는?

① 입단구조   ② 홑알구조

③ 주상구조   ④ 혼합구조

해설

입단구조

여러 개의 토양 입단이 모여있는 구조로, 투기·투수 및 양분 보유력이 좋아 작물생육에 적당하며 유기물이나 석회가 많은 표토층에 주로 나타난다.

52 작물의 분화 과정이 옳은 것은?

① 유전적 변이 → 고립 → 도태와 적응

② 유전적 변이 → 도태와 적응 → 고립

③ 도태와 적응 → 유전적 변이 → 고립

④ 도태와 적응 → 고립 → 유전적 변이

해설

작물의 분화 과정 : 유전적 변이 → 도태 또는 적응 → 순화 → 격리 또는 고립

53 다음 중 적산온도가 가장 낮은 작물은?

① 감자   ② 담배

③ 메밀   ④ 벼

해설

③ 메밀 : 1,000~1,200℃

① 감자 : 1,300~3,000℃

② 담배 : 3,200~3,600℃

④ 벼 : 3,500~4,500℃

54 토양구조에 대한 설명으로 옳은 것은?

① 구상구조는 주로 유기물이 많은 표층토에서 발달한다.

② 주상구조는 모재의 특성을 그대로 간직하고 있는 것이 특징이며, 물이나 빙하의 아래에 위치하기도 한다.

③ 괴상구조는 건조 또는 반건조 지역의 심층토에 주로 지표면과 수직한 형태로 발달한다.

④ 판상구조는 배수와 통기성이 양호하며, 뿌리의 발달이 원활한 심층토에서 주로 발달한다.

해설

② 주상구조는 가로·세로의 크기가 크게 다르고, 우리나라 해성토의 심토에서 발견된다.

③ 괴상구조는 다면체이고 가로와 세로의 크기가 거의 같으며, 점토가 많은 B층에서 흔히 볼 수 있다.

④ 판상구조는 투수성이 불량하여 혼답을 형성하고, 산림토양이나 논토양의 하층토에서 흔히 발견할 수 있다.

55 광과 작물의 생리작용에 대한 설명으로 틀린 것은?

① 광이 조사(照射)되면 온도가 상승하여 증산이 조장된다.

② 광합성에 의하여 호흡기질이 생성된다.

③ 식물의 한쪽에 광을 조사하면 반대쪽의 옥신 농도가 낮아진다.

④ 녹색식물은 광을 받으면 엽록소 생성이 촉진된다.

해설

③ 식물의 한쪽에 광을 조사하면 조사된 쪽의 옥신 농도가 낮아지고 반대쪽의 옥신 농도가 높아진다.

① 작물이 햇볕을 받아 온도가 상승하여 증산이 촉진된다.

② 광은 광합성으로 호흡기질을 합성하여 호흡이 이루어지게 된다.

④ 녹색식물은 광 에너지를 받아서 대기의 이산화탄소와 뿌리가 흡수한 물을 이용하여 탄수화물을 합성하는 광합성을 한다.

정답   51 ①   52 ②   53 ③   54 ①   55 ③

56 빗방울의 타격에 의한 침식 형태는?

① 우적침식　　② 우곡침식
③ 평면침식　　④ 계곡침식

해설
우적침식(입단파괴침식) : 지표면이 타격을 입으면 빗방울에 의해
토양의 입단이 파괴되고, 토양 입자는 분산되어 침식되는 것을
뜻한다.

57 우리나라 농산물 유통경제의 특성과 거리가 먼 것은?

① 공급자는 영세하고 다수이다.
② 지역적 특화, 산지 분산적이다.
③ 표준화, 규격화, 등급화가 용이하다.
④ 일상 필수품으로 구매 빈도가 높다.

해설
③ 농산물은 같은 품종이라도 크기와 품질이 같지 않아 표준화
및 규격화가 어렵다.

58 벼의 일생 중 물을 가장 많이 필요로 하는 시기는?

① 수잉기　　② 유숙기
③ 황숙기　　④ 고숙기

해설
수잉기
물을 많이 필요로 하는 시기로, 이 시기에 물이 부족하면 유수의
발육 및 개화·수정이 불안정하여 수량이 감소한다.

59 다음 벤로(Venlo)형 온실의 특징 설명으로 부적합한 것은?

① 양지붕 연동형 온실의 결점을 개선한 온실이다.
② 지붕이 높고 골격율이 높아 시설비가 많이 든다.
③ 환기창의 면적이 많으므로 환기능률이 높은 장점이 있다.
④ 벤로형 온실의 골격율은 12%이다.

해설
벤로(venlo)형 온실
• 처마가 높고 너비가 좁은 양지붕형 온실을 연결한 형태이다.
• 양지붕 연동형 온실의 결점을 개선한 온실로, 골조가 적게 들어
　시설비가 절약된다.
• 골조율 감소에 의한 투광률이 향상된다
　※ 골조율 : 벤로형 12%, 양지붕형 20%
• 골조율이 낮아 두꺼운 유리(4mm)를 사용해야 한다.

60 친환경농어업법 시행규칙상 토양개량과 작물생육을 위해 사용 가능한 물질 중 사용 가능 조건이 고온발효로 50℃ 이상에서 7일 이상 발효된 것에 해당해야 사용 가능한 물질은?

① 사람의 배설물(오줌만인 경우 제외)
② 대두박
③ 혈분
④ 골분

해설
허용물질-사람의 배설물 사용 가능 조건(친환경농어업 육성 및
유기식품 등의 관리·지원에 관한 법률 시행규칙 [별표 1])
• 완전히 발효되어 부숙된 것일 것
• 고온발효 : 50℃ 이상에서 7일 이상 발효된 것
• 저온발효 : 6개월 이상 발효된 것일 것
• 엽채류 등 농산물·임산물 중 사람이 직접 먹는 부위에는 사용하
　지 않을 것

교육이란 사람이 학교에서 배운 것을 잊어버린 후에 남은 것을 말한다.

– 알버트 아인슈타인 –

무단뽀 유기농업기능사 필기+실기

PART 03

실기(필답형)

CHAPTER 01 핵심이론

CHAPTER 02 과년도 + 최근 기출복원문제(2021년~2025년)

CHAPTER
01 핵심이론

제1절 | 유기재배 준비

1. 유기농업 환경 분석하기

(1) 유기농업의 정의와 목적, 원칙, 생산기준

① 유기농업의 정의

    ㉠ 친환경농어업 육성 및 유기식품 등의 관리·지원에 관한 법률 제2조 : '친환경농어업'이란 생물의 다양성을 증진하고, 토양에서의 생물적 순환과 활동을 촉진하며, 농어업 생태계를 건강하게 보전하기 위하여 합성농약, 화학비료, 항생제 및 항균제 등 화학 자재를 사용하지 아니하거나 사용을 최소화한 건강한 환경에서 농산물·수산물·축산물·임산물(이하 '농수산물')을 생산하는 산업을 말한다.

    ㉡ 국제유기농업운동연맹(IFOAM ; International Federation of Organic Agriculture Movement) : 유기농업은 토양과 생태계와 사람의 건강을 지속시키는 생산 시스템이다. 이것은 부정적인 투입 자재의 사용보다는 생태적 과정, 생물 다양성 그리고 지역적 조건에 적응된 순환에 의존한다. 유기농업은 전통과 혁신 그리고 과학을 결합하여 모두가 공유하는 환경을 이롭게 하고 이에 속한 모든 생명의 공정한 관계와 양질의 삶을 증진하고자 한다.

② 유기농업의 목적

경제적 목적	사회적 목적	생태적 목적
• 지역 자원의 활용한 지속인인 생산 • 저투입 및 외부 자원 투입의 최소화 • 경제적 활력 유지 및 부가 가치로 인한 경제성 확보	• 공정한 교역 및 안전하고 우수한 식량 공급의 확보 • 지역 자원의 보존 및 지역사회 문화의 존중 • 지역 요구의 충족 및 여성의 역할 확보	• 동물 복지의 실천 및 생태계 균형 및 생물학적 다양성 유지 • 화학적 오염방지를 통한 토양의 비옥도 향상 및 깨끗한 수질 유지

③ 유기농업의 원칙과 생산기준

    ㉠ 화학물질의 사용을 배제하며 물리적·생물학적 농자재를 균형 있게 사용한다.

    ㉡ 토양생물과 미생물의 종류를 다양화하고 밀도를 최적화시킨다.

    ㉢ 병해충 경감 및 토양비옥도 증진을 위해 콩과 작물, 녹비작물, 심근성 작물을 돌려짓기한다.

    ㉣ 유기농산물 인증기준에 맞게 생산·관리된 종자로 재배한다.

    ㉤ 토양에 영양분을 되돌려 주기 위한 동식물의 부산물을 재활용하기 위해 지역 또는 농가 단위에서 생산되는 유기성 재생자원을 최대한 이용한다.

    ㉥ 재생 불가능한 자원 이용을 최소화하고 농업에서 기인한 모든 형태의 오염을 최소화한다.

    ㉦ 모든 생산단계에서 유기적 특성을 유지할 수 있는 가공 방식을 이용한 농산물을 취급한다.

> **친환경농축산물(친환경농어업 육성 및 유기식품 등의 관리·지원에 관한 법률 시행규칙 제2조 제2호)** 기출 ★★★
> 친환경농업을 통해 얻는 것으로서 다음의 어느 하나에 해당하는 것을 말한다.
> • 유기농산물·유기축산물 및 유기임산물(이하 '유기농축산물')
> • 무농약농산물

(2) 유기농업이 미치는 영향

① 인간의 건강 : 영양학적으로 우수성이 높고 인간 건강의 기능을 향상시킴

② 환경

    ㉠ 토양 보존

    ㉡ 에너지의 효율적 사용 및 보존

    ㉢ 물의 낭비를 막고 수질의 보존

    ㉣ 대기를 보호하고 기후 변화 방지

③ 생물의 다양성

    ㉠ 생태계를 보호

    ㉡ 생물들의 서식처 제공

④ 농업 생산의 지속성

    ㉠ 환경 영향의 최소화

    ㉡ 온실가스의 발생 최소화

    ㉢ 토양과 물의 대기 보존 등

(3) 유기재배 농산물에 대한 소비자의 요구와 인식

① 연령대가 높을수록, 가구소득이 높을수록 친환경농산물의 인지도가 높다.

② 친환경농산물 등의 구매 이유로 '친환경농산물이 더 안전할 것 같아서'를 들었고, 비구매 이유는 '일반 농산물보다 가격이 비싸서'가 가장 높았다.

③ 친환경농산물 등으로만 구매하는 품목으로는 엽경채류, 과채류 순으로 많았다.

④ 소비자가 생각하는 친환경농산물의 적정가격 수준은 일반농산물 대비 6~10% 정도이다.

⑤ 대부분의 소비자들은 친환경농산물의 소비는 농업환경을 보전하는 길이고, 건강을 위해 친환경농산물을 소비하는 것이며, 친환경농산물이 더 안전하고 품질이 좋다고 생각한다.

(4) 유기농산물의 생산, 판매, 저장, 유통 현황

① 유기농산물 생산 현황 : 유기농산물의 생산량은 2018년 이후 꾸준히 증가하였으나, 2021년 이후 생산량을 포함한 인증면적과 농가수 모두 감소 추세이다.

② 유기농산물 판매 현황

    ㉠ 양곡은 유기농, 무농약이 프리미엄급으로 판매가 되고 있으며, 주로 지자체 자체 인증제도가 많았다.

    ⓛ 채소는 유기농, 무농약의 친환경 인증제도가 중심이며, 일부 품목에서 GAP, 지리적표시 등의 인증제품이 판매되고 있다.

    ⓒ 과일의 경우 저농약 인증제도가 없어진 이후로 무농약, 유기농으로 전환이 어려운 많은 품목(주로 과수)에서는 저탄소, GAP, 지리적 표시 등이 많았다.

③ 친환경농산물 유통경로

    ㉠ 생산자 출하단계 : 생산자가 친환경농산물을 생산하여 판매하는 단계

    ⓛ 중간 유통단계 : 중간 유통업체, 지역농협, 도매시장, 가공업체

    ⓒ 소매단계 : 생협, 친환경전문점, 대형유통업체, 학교급식, 일반소매점, 직거래 등

2. 생산계획 수립하기

(1) 입지조건 분석을 통한 재배 작목 및 재배 방법 결정

① 입지조건 분석

    ㉠ 기후 : 기상청 홈페이지에서 해당 지역의 평년 기후 자료를 수집하여 재배 지역의 기후와 재배 예정 품목의 생육 적합성을 비교한다.

    ⓛ 작목별 최적의 환경관리 요소(양분, 토양, 물, 생물의 다양성 유지 방법)를 분석한다.

② 재배 작목과 재배 방법 결정

    ㉠ 친환경농산물 인증 법령을 조회하여 인증 구분에 따른 재배 방법을 확인한다.

유기농산물의 인증기준 내 재배 방법(친환경농어업 육성 및 유기식품 등의 관리·지원에 관한 법률 시행규칙 [별표 4]) 기출 ★★★

• 화학비료와 유기합성농약을 전혀 사용하지 아니하여야 한다.

• 두과 작물·녹비작물 또는 심근성 작물을 이용하여 어느 하나의 방법으로 장기간의 적절한 돌려짓기(돌려짓기) 계획을 수립하고 이행하여야 한다.

  – 3년 이내의 주기로 두과 작물, 녹비작물 또는 심근성 작물을 일정 기간 이상 재배하여 토양에 환원(還元)한다(다만, 매년 수확하지 않는 다년생 작물(예 인삼)은 파종 이전에 두과 작물 등을 재배하여 토양에 환원한다).

  – 2년 이내의 주기로 식물 분류학상 '과(科)'가 다른 작물을 재배하되 재배 작물에 두과 작물, 녹비작물 또는 심근성 작물을 포함한다.

  – 2년 이내의 주기로 담수재배 작물과 밭 재배 작물을 조합하여 답전윤환한다.

  – 매년 두과 작물, 녹비작물, 심근성 작물을 이용하여 초생재배한다.

• 토양에 투입하는 유기물은 유기농산물의 인증기준에 맞게 생산된 것이어야 한다.

• 병해충 및 잡초는 다음의 방법으로 방제·조절하여야 한다.

  – 적합한 작물과 품종의 선택

  – 적합한 돌려짓기(돌려짓기) 체계

  – 기계적 경운

  – 재배포장 내의 혼작·간작 및 공생 식물의 재배 등 작물체 주변의 천적 활동을 조장하는 생태계의 조성

  – 멀칭·예취 및 화염 제초

  – 포식자와 기생 동물의 방사 등 천적의 활용

  – 식물·농장 퇴비 및 돌가루 등에 의한 병해충 예방 수단

  – 동물의 방사

  – 덫·울타리·빛 및 소리와 같은 기계적 통제

ⓛ 유기농업자재 확인하기 : 유기농업자재정보시스템(http://organicpro.enviagro.go.kr)

ⓒ 작목의 유기농업기술 자료 공부하기 : 농촌진흥청 농사로(http://www.nongsaro.go.kr)

ⓔ 작목 선정하기 : 흙토람(토양환경정보시스템)을 이용하여 지역에 맞는 작목을 선정한다.

ⓜ 수집된 자료를 바탕으로 유기재배를 위한 작목별 재배 방법을 선정한다.

(2) 연중 생산계획 수립

① 작목 선정에 따른 생육 특성 및 기상환경 관련 자료를 수집

ⓐ 기상청(http://www.weather.go.kr)

ⓑ 농촌진흥청 농업기상정보서비스(http://weather.rda.go.kr)

> **더 알아보기**
>
> **유기 벼 재배 자료 수집**
> - 논 토양관리
>   - 논갈이 및 객토 : 추수가 끝나면 바로 논갈이를 하고 점질 함량이 25% 이상인 붉은 산흙을 객토한다.
>   - 퇴비 및 규산질 비료 증시 : 적정 유기물 3~4%, 규산 함량 130mg/kg 이하의 논이나 규산 시용이 4년 이상 경과한 논
>   - 녹비작물 재배 : 자운영 또는 헤어리베치
> - 고품질 우량종자 확보 및 건묘 육성
>   - 종자 선별 : 소금물가리기
>   - 종자 소독 기출 ★★★ 온탕침법, 냉수온탕침법 실시(목적 : 종자 소독을 통해 볍씨로 전염되는 도열병, 키다리병, 깨씨무늬병을 사전에 방제)
>   - 싹틔우기 : 볍씨 소독이 끝나면 상온의 물에서 서서히 수분을 흡수시켜 미리 싹을 틔운다.
> - 파종량 : 상자당 80~100g(드물게 뿌리기)
> - 재식밀도 : 평당 50~60주
> - 모내기 : 6월 1일~6월 20일(조기 모내기 지양)
> - 논둑 높이 : 30cm 이상
> - 정밀한 논 고르기 작업
> - 병해충 방제
>   - 잎집무늬마름병 : 써레질 후 균핵 제거
>   - 흰잎마름병 : 용수로 줄풀, 겨풀 제거, 이병 볏짚 처리 등
> - 예방 위주 자재 살포 : 농촌진흥청 등록 친환경농자재 사용

② 분석된 자료를 통한 재배계획서 작성

ⓐ 생육단계별 농작업 과정을 도형으로 표현한다.

ⓑ 품종 선택과 병해충 및 잡초 관리 계획을 수립한다.

※ 품종 선택 시 유의사항
- 유기농업이 가능하도록 병해충 저항성 및 거름을 적게 요구하는 품종이어야 한다.
- 생리적·유전적인 퇴화가 없고 병해충을 입지 않은 건전한 품종이어야 한다.
- 다른 품종의 종자가 물리적으로 혼입되지 않아야 한다.
- 그 지역의 환경 조건에 적응한 품종 중 더 안전한 장려 품종이나 우량품종을 선택한다.

ⓒ 연중 재배계획서를 완성한다.

생육과정(주요농작업)

	1월	2월	3월	4월	5월	6월	7월	8월	9월	10월	11월	12월
					못자리때							
					모내기때		이삭팰때	익을때	수확할때			
	재료·퇴비주기	토양 개량 객토기, 논갈이	밑거름			이삭거름				볏짚깔기논갈이		
					새끼칠거름							
					제초제 살포							
				논물가두기	물깊이대기	중간 물떼기	물얕게대기	완전물떼기				

[벼 유기재배 매뉴얼]

(3) 오염방지계획 수립

① 오염원 파악

ㄱ 농장 주변의 오염원 : 주변 농가에서 살포한 농약의 비산, 주변 퇴비 제조장의 폐수, 쓰레기 적치장 등에서 흘러나오는 유출수

구분	오염 물질
대기오염	일산화탄소 등 61종 대기오염물질과 사이안화수소 등 35종 특정 대기유해물질 이외 분진 등
수질오염	53종 수질오염 물질, 6가크로뮴 화합물 28종 특정 수해 유해물질, 8개의 중금속 기준, 유해물질, 농약 폐기물, 오수, 분뇨, 분뇨 폐기물 등
토양오염	22개 토양오염물질, 24개의 토양잔류물질, 비료 농약의 과용, 폐기물 방치와 매립 등
악취	22개의 지정 악취 물질
폐기물	생활 쓰레기, 지정 폐기물 등

ㄴ 농촌 지역의 오염 발생 원인 : 생활오염(의식주 쓰레기), 농업용 투입 자재(비료, 농약, 폐비닐, 폐포장재, 용기, 버섯 폐지, 폐시설 기자재 등), 농산물 생산 과정 중 오염물(축산 분뇨)

② 오염원 관리 기출 ★★★

준비	기초 자료 수집(상황별 오염 가능 요인 점검) • 토양 개량 중 농업자재 불량　　　　　　• 비료의 유해물질 • 농약에 의한 생태계 오염　　　　　　　　• 관개수의 오염물질 • 온실의 가온 과정 중 유해가스 배출　　　• 농경지 주변 환경오염 배출원
진단 및 분석	오염 지역의 피해 조사하기 • 대기질 오염원 : 아황산가스, 불화수소가스, 오존가스, 암모니아가스, 질소산화물 가스, 염소계 가스, 산성비, 황사 등 • 수질 오염원 : 도시 오수, 공장 폐수, 광산 폐수 등 • 토양 오염원 : 중금속류, 염류, 오일류, 화공 약품류 등
시행 및 관리	환경 복원이나 행정적 조치를 시행하고 농경지 오염원을 주기적으로 점검 및 관리

유기농산물의 농장 주변 오염 관리(유기식품 및 무농약농산물 등의 인증에 관한 세부실시요령 [별표 1])
• 농장에서 발생한 폐비닐, 사용한 자재 등의 환경오염 물질 및 병해충·잡초 관리를 위해 인위적으로 투입한 동식물이 주변 농경지·하천·호수 또는 농업용수 등을 오염시키지 않도록 관리하여야 하며, 인증 농장 주변에서 쓰레기를 소각하는 행위를 하여서는 아니 된다.
• 농장(포장) 내에 합성농약과 화학비료를 보관하여서는 아니 된다.

③ 오염된 환경의 관리

환경정화처리 방법	오염된 토양관리
• 물리적 방법 : 열 탈착, 가열처리, 증기 추출에 의한 오염물질 제거 • 화학적 방법 : 토양 세척, 고형화 및 안정화 처리, 탈할로젠화법, 산화 및 환원법, 가수분해, 광분해, 열수처리 등을 통해 오염물질 제거 • 생물학적 방법 : 생물반응기, 퇴비화 공정, 생물학적 처리, 미생물 복원, 식물 복원 등으로 오염물질 분해 및 흡수 저감	• 치환 : 오염 토양을 제거하고 다른 토양으로 치환하는 방법 • 차단 : 지하수와 오염 물질과의 접촉을 막는 방법 • 제거 : 굴착을 하여 지상에서 오염물질을 제거하는 방법 • 독성 저하 : 오염물질의 독성을 희석 저하하는 방법 • 토지 용도 변경 : 오염 토양의 용도와 형태를 변경하는 방법

유기농산물 재배포장 주변 오염우려 시 대처 방법(유기식품 및 무농약농산물 등의 인증에 관한 세부실시요령 [별표 1]) 기출 ★★★
• 적절한 완충지대나 보호시설을 확보 : 농약 흩날림, 농업용수, 기타 농업자재 등으로 인한 비의도적 오염을 방지하기 위한 조치 취하기
• 해당 구역에서 생산된 농산물에 대한 구분관리 계획을 세워 이행하기
• 재배포장 입구나 인근 재배포장과의 경계지 등의 잘 보이는 곳에 유기농산물·유기임산물 재배지임을 알리는 표지판을 설치하기

---

(4) 유기농업 전환기 계획

① 유기재배 전환계획 수립에 필요한 평가 항목

㉠ 사전 평가 항목 : 관개, 사용한 비료, 토양구조, 병해충, 잡초 방제(사용한 농약 포함) 등

㉡ 실행 평가 항목

- 정보 수집
- 돌려짓기 계획
- 재배와 경작 요구 사항
- 재정 관계 및 투입 요소
- 농장 하부 구조
- 위험 평가와 가격

- 토양 비옥도 개선과 영양 공급
- 가축 문제와 방목 비율
- 시장 및 노동 요구
- 잡초 및 병해충 방제
- 재정 관계 및 투입 요소

② 유기 전환 실행계획 과정

㉠ 유기 전환 유형과 전환 진단 분석표를 활용하여 농가의 장단점을 파악한다.

㉡ 유기농업 전환계획을 수립한다.

목표 수립	목표 설정 시 고려사항 • 이윤 및 투자 수익을 극대화하고 일정 수준 이상의 소득을 확보한다. • 경작 규모를 적정 수준까지 늘린다. • 농업 자산과 자기 자본 비중을 동시에 제고한다. • 부채를 점점 축소하고 궁극적으로 무차입 경영을 실현한다. • 구체적인 경영 목표(경작 규모, 생산량, 투입 노동력 등)를 설정한다.
농지 확보계획 수립	• 농지 확보는 토지를 구매하거나 임차하는 두 가지 경우가 있다. • 임차하여 유기농업을 하는 경우의 가장 큰 문제점은 전환기가 끝나고 완전히 유기농업으로 인증을 받기에는 2~3년의 기간이 필요한데 임차해지나 도시 개발 계획 등에 의해 반환을 요구하는 경우 전환기 동안 소요된 노력이나 경비를 보상받을 방법이 현실적으로 없으므로 위험 부담이 많이 따른다는 것이다. 이 점을 인지하고 계획을 수립한다.

유기농업 전환계획
수립
	크게 부분별과 단계별 전환 방식이 있으며, 농장의 상태 및 작물의 형태에 따라 전환 방식의 선택이 달라진다.
	• 부분별 전환 방식 : 구획을 나눠 한 구간씩 관행농업에서 유기농업으로 전환하는 것으로 복잡하고 번거로울
	  수 있으나 점진적으로 전환하여 위험을 경감시킨다. 또 이전 농장이 전환되는 데는 수년이 걸려 이익을
	  내는 데도 그만큼 많은 시간이 소요된다.
	• 단계별 전환 방식 : 연차별로 단계에 따라 유기 농장화하는 것으로, 예를 들어 1년 차는 저농약, 2년 차는
	  무농약과 토양 비옥도 증진(콩과 작물 재배 및 유기 퇴비 투입), 3년 차는 무화학비료와 무농약으로 유기농산물
	  전환 생산하여 완전히 전환한다.

유기농업 전환 작부체계 설정	전환을 위한 작부체계를 수립하여 유기농산물을 언제 수확할 것인지를 계획을 세운다.
유기농업 전환 경영 실천계획 수립	• 재배에 필요한 계획서를 작성하며, 종자 소요량, 종자 파종과 이앙 예정일, 녹비작물 재배를 계획한다. • 기본 영농 계획, 노동력 소요량 측정, 월별 농작물 관리 계획이 있다.
유기농업 전환을 위한 손익 계산서를 산정	전환 시, 지출되는 모든 종자비, 비료비, 재료비 등의 비용과 유기농산물 수입 내역을 참고하여 수익과 비용을 대비시켜 순이익 등의 손익 계산서를 산정할 수 있다.

> **유기농산물 재배포장의 전환기간(유기식품 및 무농약농산물 등의 인증에 관한 세부실시요령 [별표 1])** `기출 ★★★`
> • 재배포장은 최근 1년간 인증기준 위반으로 인증 취소 처분을 받은 재배지가 아니어야 한다.
> • 재배포장은 유기농산물을 처음 수확 하기 전 3년 이상의 전환기간 동안 재배 방법을 준수한 구역이어야 한다. 다만, 토양에
>   직접 심지 않는 작물(싹을 틔워 직접 먹는 농산물, 어린잎채소 또는 버섯류)의 재배포장은 전환기간을 적용하지 아니한다.
> • 위에 따른 재배포장의 전환기간은 인증기관이 1년 단위로 실시하는 심사 및 사후관리를 통해 재배 방법을 준수한 것으로
>   확인된 기간을 인정한다. 다만, 아래 중 어느 하나에 해당하는 경우 관련 자료의 확인을 통해 전환기간을 인정할 수 있다.
>   – 외국 정부 또는 IFOAM의 유기 기준에 따라 인증받은 재배지 : 인증서에 기재된 유효 기간
>   – 산림 등 식용식물의 자생지 : 산림병해충 방제 등 금지 물질이 사용되지 않은 것으로 확인된 기간

3. 작부체계 수립하기

(1) 비옥도 증진과 병해충 경감을 위한 작부체계

① 비옥도 증진을 위한 작부체계 : 토양 비옥도에 영향을 미치는 요인은 토양의 깊이, 물의 이용도, 통기성, 배수성,
토양산도, 유기물 함량, 토양 생물 등이 있다.

> **더 알아보기**
>
> **작부체계 관련 우리나라 토양의 문제점**
> • 1960년대 화학비료와 농약을 거의 사용하지 않았지만 2000년대에 들어 세계에서 가장 많은 화학비료와 농약을 사용한다.
> • 화학비료를 장기간·다량 사용하면서 농약 사용도 증가하였다.
> • 단작 위주로 바뀌면서 토양유기물 함량이 감소하고, 산성화되었다.
> • 소득작물을 연작하는 시설재배지 토양의 산도는 비교적 유지되지만, 유기물, 유효 인산, 치환성 양이온 등이 과잉상태이다.

② 병해충 경감을 위한 작부체계

ⓐ 유기농업에서는 해충, 세균, 곰팡이, 선충 등도 생태계의 구성 요소로 보며 자연 생태계의 원리에 맞게
관리한다.

ⓑ 단작을 피하고 혼작하며 돌려짓기를 실천한다.

ⓒ 토양 진단을 통하여 질소질 비료를 줄여 작물이 건실하게 자라게 한다.

ⓓ 밭둑, 연못 주위, 가로수, 제방 등에 자연 생태계를 조성하여 가능한 다양한 생명체가 서식할 수 있게 한다.

③ 재배 여건을 고려한 작부체계

㉠ 작물의 재배 한계선에 따른 재배가 가능한 작목을 지역별로 분석한다.

• 재배지에 재배 가능한 작물 확인 → 재배 빈도수에 따른 대표 작물 확인 → 재배 한계선과 가능한 작목 분석

전국 재배 가능한 작목	작부체계에 대한 재배 빈도수	재배 한계선에 따른 재배 가능한 작목
벼, 옥수수, 깨, 콩, 감자 등	옥수수 > 참깨 > 콩 > 감자 > 고구마 > 수수 > 호밀, 수단그라스, 헤어리베치 > 땅콩	맥주보리, 자운영, 겉보리, 밀, 호밀과 헤어리베치 순으로 재배 북방한계선이 올라가고 있다.

㉡ 지역 여건을 고려한 돌려짓기 작부체계를 수립한다.

• 5개 권역별 작부체계(후작으로는 김장 채소가 많고 녹비작물은 아직 미비하다)

경기도	강원도	충청남북도	전라북도	경상남북도
참깨+김장 채소(김치) 고추+참깨 봄배추+김장 채소 열무+김장 채소 고추+김장 채소 봄채소+고추 마늘+들깨 딸기+오이(채소) 참외(오이)+가을배추	참깨+가을채소 김치+김장 채소 배추+고추·오이· 수박·토마토 담배+무	참깨+가을채소 감자+김장 채소 콩+마늘 마늘+생강 수박+김장 채소 수박+당근 담배+팥 담배+들깨 담배+김장 무	참깨+가을채소 수박+김장 채소 감자+엽채류 토마토+엽채류 수박+김장 채소 콩+시금치(맥주맥) 콩+보리·마늘 고구마+보리(가을감자) 보리+콩·고추 고추+마늘	참깨+가을채소 보리+콩 시설 고추+쪽파 오이·수박+고추

• 답리작에서의 조사료 중심 작부체계 예

가능 조합	1 2 3 4 5	6 7 8 9	10 11 12	비고
조합 1	이탈리안라이그래스+베치, 크림슨	오리농법 벼 재배	이탈리안라이그래스+베치, 크림슨	볏짚은 유기 조사료로 활용
조합 2	보리+베치, 크림슨		보리+베치·크림슨	
조합 3	총체 맥류+베치, 크림슨		총체 맥류+베치, 크림슨	

(2) 연작장해와 기지현상을 줄이기 위한 작부체계

① 연작과 기지현상

㉠ 연작(이어짓기) : 같은 밭에서 같은 작물을 계속 재배하는 것을 말한다.

㉡ 기지현상 : 연작으로 작물의 생육이 뚜렷하게 나빠지는 현상이다.

연작 피해 기출 ★★★	연작 대책 기출 ★★★
• 토양으로 전염되는 전염성 병원균의 번성 • 토양 선충의 번성 • 유독물질의 축적 • 잡초의 번성	• 돌려짓기(윤작) • 답전윤환 • 저항성 품종의 육성과 선택 • 토양소독 • 객토 및 환토 • 유독물질의 제거 • 지력 배양과 결핍 성분의 보급

> **더 알아보기**
>
> **연작에 의한 피해정도에 따른 작물의 분류** 기출 ★★★
> • 연작의 피해가 적은 작물 : 벼, 맥류(보리, 귀리, 밀), 조, 수수, 고구마, 무, 당근, 딸기, 미나리, 아스파라거스, 연, 옥수수,
>   순무 등
> • 연작의 피해가 심한 작물 : 인삼, 아마, 완두, 가지, 우엉, 토마토, 사탕무, 레드클로버 등
> ※ 벼는 담수하여 재배하므로 연작에 대한 피해가 적다.
>
> **과수의 기지 정도** 기출 ★★★
> • 기지가 문제되는 과수 : 복숭아, 무화과, 감귤류, 앵두 등
> • 기지가 나타나는 정도의 과수 : 감 등
> • 기지가 문제되지 않는 과수 : 사과, 포도, 자두, 살구 등

② 돌려짓기(윤작, crop rotation) 기출 ★★★

　㉠ 한 장소에 같은 작물을 계속해서 재배하는 것이 아니라 몇 가지 작물을 특정한 순서로 번갈아 재배하는
　　 것으로, 작물의 시간적 배열을 의미한다.

　㉡ 재배되는 작물의 특성에 따라 성질이 서로 다른 작물을 조합하는 것이 효과가 크다.

> **더 알아보기**
>
> **돌려짓기의 효과** 기출 ★★★
> • 토양유기물 공급과 유지　　　　　　• 토양보호와 물리성 개선
> • 토양양분의 균형 유지　　　　　　　• 작물의 건전화
> • 토지 이용률 향상　　　　　　　　　• 질소 천연 공급량의 증대
> • 토양양분 흡수 지역의 확대　　　　　• 병해충 발생의 억제
> • 잡초 방제　　　　　　　　　　　　• 노력 분배의 합리화

　㉢ 벼과 작물 : 콩과 작물보다 건물 생산량이 많고 뿌리가 깊게 뻗는 특징이 있어 토양의 유기물 유지에 유리하고
　　 양분 흡수 능력이 우수하여 돌려짓기 구성에 필수적인 작물이다. 예 옥수수, 귀리 등

　㉣ 콩과 작물 : 건물 생산은 벼과 작물보다 적지만 탄질비가 낮고 분해가 빠르며, 뿌리혹박테리아를 통하여
　　 공중질소를 고정하여 땅속에 넣어 준다. 예 콩, 자운영, 알팔파, 클로버 등 기출 ★★★

　㉤ 근채류 : 분해되기 쉬워 유기물 축적효과가 있고 뿌리가 깊게 뻗어 심경효과가 있다. 예 감자, 고구마 등

> **더 알아보기**
>
> **돌려짓기 작물 선택 시 고려사항** 기출 ★★★
> • 주작물은 지역 사정에 따라 선택하며, 이용성과 수익성이 높은 작물을 선택한다.
> • 토양보호를 위해 피복작물이 포함되도록 하며, 균형잡힌 재배를 위해 식량과 사료의 생산이 병행되는 것이 좋다.
> • 지력유지를 위하여 콩과 작물이나 다비작물을 반드시 포함한다.
> • 잡초 경감을 위해 중경작물이나 피복작물을 포함하는 것이 좋다.
> • 토지 이용도를 높이기 위해 여름작물과 겨울작물을 결합한다.
> • 기지현상을 회피하도록 작물을 배치한다(벼과–콩과 작물, 근경작물의 교대 배치).

③ 토양 상태에 따른 돌려짓기 체계

※ 재배 적지 선정 → 토양의 이화학성 관리 → 유기물, 양분 함량 확인 → 작부체계 수립 및 작물 재배

㉠ 토양 검정을 통한 답전윤환

- 답전윤환 기출 ★★★
  - 논을 몇 해마다 담수한 논 상태와 배수한 밭 상태로 번갈아 이용하는 방법이다.
  - 답전윤환의 효과 기출 ★★★ : 지력 증진, 기지 회피, 잡초 및 병해충 경감, 벼 수량의 증가, 노력의 절감, 토지 이용도 증대, 피복작물의 토양 침식 방지
- 논에서의 돌려짓기 : 맥류 재배(식량 생산 증대), 겨울철 농한기의 사료작물 재배(가축 사료 자급률 향상), 시설 채소 등의 재배(농가 소득 증대), 겨울철 녹비작물 재배(논 토양의 생산성 향상) 등 1년 이모작 형태의 작부체계가 있다.
- 밭에서의 돌려짓기 : 기지현상이 뚜렷한 밭의 돌려짓기는 토양소독, 유기농업자재, 공장형 퇴비를 사용하며 몇 개의 구획으로 나누어 돌려짓기한다.

더 알아보기

작물별 휴지기간 기출 ★★★

작물 분류	1년	2년	3년	5년	10년 이상
곡류	콩	잠두, 땅콩	강낭콩	완두	–
근채류	생강	감자	토란	우엉	–
엽채류	쪽파, 시금치, 파	–	쑥갓	–	–
과채류	–	오이	참외	수박, 가지, 고추, 토마토	–
기타 작물	–	–	–	–	아마, 인삼

㉡ 대표적인 작부체계

혼작 (섞어짓기) 기출 ★★★	• 생육기간이 같거나 비슷한 작물을 섞어 재배하는 것이다. • 토양과 기상의 적응력 보완하며 병해충과 잡초 발생이 줄어든다. • 각각의 생리적, 생태적 특성 이용하며 위험성이 분산된다. • 정밀한 관리 작업 및 기계화가 곤란하다. • 전 후작의 관계가 불분명하고 작물 간 생육 장애가 초래된다.	• 콩 + 옥수수 • 콩 + 고구마 • 목화 + 참깨
간작 (사이짓기) 기출 ★★★	• 주가 되는 작물 사이에 다른 작물을 재배하는 것으로 생육 시기가 서로 달라 전 후작의 관계가 뚜렷하다. • 생육의 일부 기간만 함께 재배한다. • 앞 작물에 큰 피해 없이 생육기간을 연장하여 작물의 수량이 증가한다.	• 보리(주작) + 콩 • 보리(주작) + 목화 • 콩(주작) + 옥수수
교호작 (번갈아짓기) 기출 ★★★	• 한 포장에서 2가지 이상의 작물을 이랑별로 번갈아 심어 재배한다. • 온도와 강수량, 일조량 등의 기상 조건과 지력 유지에 적합하도록 작물의 재배 순서를 잘 정해야 한다. • 공간의 이용률이 향상되며 지력이 유지된다. • 다양한 생산물이 생산된다.	• 옥수수 + 콩 + 고추 • 콩 + 수수 + 콩 + 수수
주위작 (둘레짓기)	포장의 둘레에 다른 작물을 재배하는 것이다.	• 참외밭 주변에 옥수수나 수수 심기 • 논두렁콩
난혼작 기출 ★★★	• 2가지 이상의 작물 종자를 섞어 한 포장에 산파하여 재배하는 방법이다. • 주로 녹비작물이나 사료작물 재배에 많이 이용한다.	• 보리 + 헤어리베치 • 이탈리안라이그래스 + 수단그라스 + 클로버 • 자운영 + 헤어리베치 + 오처드그라스 • 콩 + 수수 + 메밀 + 조 + 기장

CHAPTER 01 핵심이론 | **489**

자유작	• 시장의 경기변동에 따른 수익성이 높은 작물을 선택하여 재배하는 방법이다. • 지금은 농업인의 특정 목적에 의해 특정 작물을 재배하는 방법으로 변하였다.	• 산파 : 목초, 녹비작물(자운영) 기출 ★★★ • 조파 : 보리, 밀 • 점파 : 콩, 팥 • 적파 : 모내기, 들깨모종

(3) 지역생산조직과 연계한 작부체계

① 유기농생태마을과 퍼마컬처

ⓐ '생태마을'은 외부 투입 자재와 에너지를 최소화하고, 유기농산물을 생산·소비, 자원을 재생·활용하여 환경부하를 최소화하는 새로운 주거·생산·문화 모델이다.

ⓑ 유기농업에 기반을 두고 생태계를 보호하면서, 자연적이고 친환경적인 삶을 영위하며, 생활 공동체를 회복하는 교육장이다.

ⓒ '퍼마컬처(permaculture)'는 호주의 빌 몰리슨이 처음 제안한 개념으로, 생태마을에서의 주거를 위한 토지 이용 및 농업 생산, 일상 활동을 종합화한 모델을 말한다.

ⓓ 퍼마컬처는 영구적이라는 'permanent'와 농업이라는 'agriculture'의 합성어로 농업과 토지 이용에 있어 윤리가 뒷받침되어야 지속 가능하다는 것을 의미한다.

② 지역순환농업과 푸드플랜

ⓐ 푸드플랜(food plan) : 농산물 생산에서 농장 단위 또는 지역 단위의 물질 순환 시스템을 구축하는 것에서 나아가 농산물의 생산, 가공, 유통, 조리, 소비 등 식품의 생산과 소비 전 영역에서 순환적 모델이다.

ⓑ 기후 변화에 의해 식량 생산이 불안정해지면서 식품의 공급과 조달뿐 아니라 먹거리의 존엄성을 높이고 지속 가능한 지역사회를 유지하기 위한 순환적 지역경제시스템을 구축한다.

ⓒ 우리나라에서도 2015년 전북 전주시를 시작으로 2017년에는 '서울 먹거리 마스터플랜 2020'을 통하여 생산 – 유통 – 소비 전 단계를 통합하는 먹거리 정책을 시행 중이다. 우리나라 농산물의 최대 소비처인 서울시는 특히 도시와 농촌이 상생하는 식품 순환 시스템을 위하여 공공 급식을 확대하는 정책을 추진 중이다.

제2절 | 유기재배 토양관리

1. 토양 검정하기

(1) 토양의 이해

① 토양의 구성 : 토양은 고상(solid), 액상(liquid), 기상(gas)으로 나누며, 이를 토양의 3상이라고 한다. 기출 ★★★

ⓐ 고상 : 광물입자(토양입자)와 미생물, 동식물의 유기체 등의 유기물로 이루어진 고체이다.

ⓑ 액상 : 고상 사이의 공극을 채우고 있는 수분이다.

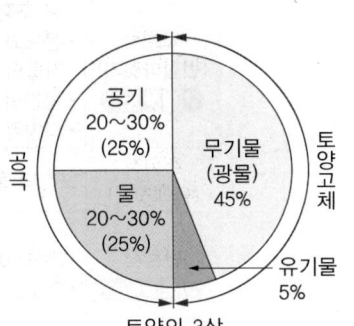

ⓒ 기상 : 공극에 채워진 공기를 뜻하며 비가 와서 물로 채워지면 기상은 줄어들고 액상은 늘어난다.

② **토성(土性, soil texture)** : 토양의 무기 입자는 크기에 따라 자갈(gravel), 모래(sand), 미사 (silt), 점토(clay)로 구분하며, 자갈을 제외한 이들의 입경 조성 비율에 따라 토양의 종류를 결정한다.

ㄱ 토양의 입경 구분 기출 ★★★

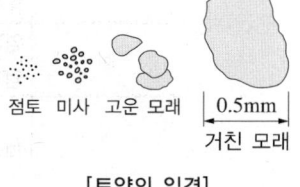

[토양의 입경]

- 자갈 : 지름 2.0mm 이상의 토양 입자를 뜻한다.
- 모래 : 0.05~2mm 크기의 토양 입자로 모래가 많은 토양은 큰 공극을 갖게 되지만 전체 공극량은 적어 보수력과 보비력이 작고 통기성이 좋다. 유기물 분해가 쉬워 함량이 낮으며, 점착성이 낮아 경운하기 쉽다.
- 미사 : 모래에 비해서 큰 비표면적을 갖지만, 점토보다 낮으며 작물 생육에 대해서 이상적인 물리적 성질을 갖는다.
- 점토 기출 ★★★ : 지름 0.02mm 이하의 크기를 가진 입자로 보수력·보비력 이 크며, 토양의 물리·화학적 특성을 결정한다.

ㄴ 토성의 분류(미국농무성법) 기출 ★★★ : 자갈을 제외한 입자의 지름이 2mm 이하인 모래, 미사, 점토의 함량이 토성삼각도표에서 만나는 점으로 토성명이 결정된다.

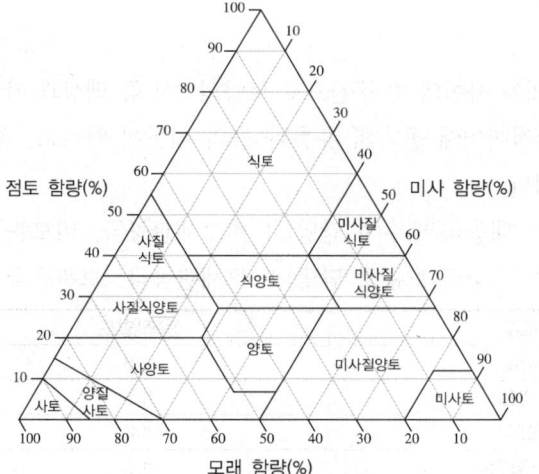

[토성삼각도(미국농무성법)]

> **더 알아보기**
>
> **주요 토성별 특징** 기출 ★★★
> - CEC 크기 순 : 식토 > 식양토 > 양토 > 사양토 > 사토
> - 점토 함량 순 : 식토 > 식양토 > 양토 > 사양토 > 사토
> - 공극량이 높은 순 : 식토 > 양토 > 양토 > 사양토 > 사토
> - 용적밀도가 높은 순 : 사토 > 사양토 > 양토 > 식양토 > 식토
> - 배수성이 좋은 순 : 사토 > 사양토 > 양토 > 식양토 > 식토
> - 소공극이 발달한 순 : 식토 > 식양토 > 양토 > 사양토 > 사토
> ※ 점토 함량이 많아질수록 소공극이 발달하며 물이 오래 머물러 배수성이 낮아진다.

더 알아보기

촉감법을 이용한 토성 판정 기출 ★★★

순서	기준		토성
	탁구공만큼의 흙을 띠어서 손바닥에 올려놓고 물 몇 방울을 더해 토양입자를 부서 가며 움켜쥔다.		
ⓐ	흙이 탁구공 모양으로 뭉쳐진다.		사토(S)
	흙이 탁구공 모양으로 뭉쳐지지 않는다.		→ ⓑ
ⓑ	엄지와 검지로 문질러도 띠가 생기지 않는다.		양질사토(LS)
	엄지와 검지로 문지르면 띠가 생긴다.		→ ⓒ
ⓒ	띠의 길이가 2.5cm 이하이다.	매우 거칠다.	사질양토(SL)
		거칠지도 부드럽지도 않다.	양토(L)
		매우 부드럽다.	미사질양토(SiL)
	띠의 길이가 2.5~5.0cm이다.	매우 거칠다.	사질식양토(SCL)
		거칠지도 부드럽지도 않다.	식양토(CL)
		매우 부드럽다.	미사질식양토(SiCL)
	띠의 길이가 5.0cm 이상이다.	매우 거칠다.	사질식토(SC)
		거칠지도 부드럽지도 않다.	식토(C)
		매우 부드럽다.	미사질식토(SiC)

③ 토양공극과 용적밀도

㉠ 토양공극 : 토양 입자 사이의 빈 공간으로 토양의 3상 중 액상과 기상을 말한다. 모래가 많은 사토는 공극의 크기가 크고 연속적이어서 공기의 유통과 물의 이동이 빠르고, 식토는 공극의 양은 많지만 크기가 작아 물의 이동이 어렵다.

• 공기가 드나드는 대공극(배수성 담당) : 비모세관공극, 비모관공극
• 수분을 보유하는 소공극(보수성 담당) : 모세관공극, 모관공극

토성	용적밀도	공극량(%)
사토	1.6	40
사양토	1.5	43
양토	1.4	47
미사질양토	1.3	50
식양토	1.2	55
식토	1.1	58

㉡ 용적밀도

• 건조 토양의 질량을 그 토양이 차지하는 부피로 나눈 값으로, 점토 함량이 증가하면 밀도가 감소하고 모래 함량이 증가하면 밀도가 증가한다.
• 용적밀도의 중요성
  - 토양의 공극률 : 용적밀도는 토양입자들 사이의 공극률을 반영하므로 공극률이 높은 토양은 물과 공기가 잘 통과할 수 있어 식물 뿌리의 생장에 유리하다.
  - 토양의 물리적 성질 : 용적밀도가 높을수록 토양이 압축되어 물과 공기의 이동이 어렵다.

> **더 알아보기**
>
> **용적밀도와 공극량의 관계**
> • 용적밀도 감소 → 공극량 증가 → 배수성과 통기성 좋아짐
> • 용적밀도 증가 → 공극량 감소 → 배수성과 통기성 나빠짐

④ 토양의 구조

　㉠ 모양에 따른 분류

구분	발견 장소	발달 과정	특징	기타
입상구조	표층토	토양동물의 활동이 많은 표층토	구상구조이다.	쉽게 부서지며 작물생육에 가장 적합한 구조이다.
원주상구조	심층토	토양의 B 집적층	주상구조이다.	우리나라 해성토의 심토에서 발견된다.
각주상구조	심층토	건조한 심층토	수평면이 평탄하다.	
괴상구조	심층토	뿌리의 발달이 원활한 토양	가로·세로 길이가 같은 불규칙한 육면체 및 다면체 구조이다.	밭토양·산림토양에 분포한다.
판상구조 **기출 ★★★**	표층토	논토양의 토양 생성 과정	• 접시 모양, 수평 배열의 구조로 용적밀도가 크고 공극률이 낮다. • 수분 침투 및 배수성, 통기성 모두 불량	심경을 권장한다.

　㉡ 발달 구조에 따른 분류

단립구조	• 토양을 구성하고 있는 입자들이 흩어져 있는 상태로 일반적으로 대공극이 많다. • 통기성·투수성이 우수하고, 양분과 수분보유력이 낮다.
입단구조	• 토양의 작은 단일 입자가 모여 이차적 입자로 집합해 하나의 입단으로 만들어진 구조이며 대공극과 소공극이 고르게 분포한다. • 투수성·통기성이 양호하고, 양분과 수분의 유지·보유력이 우수하다.

⑤ 토양의 생성작용 **기출 ★★★**

　㉠ 회색화 작용(gleization) : 한랭습윤한 지역 중 저습지나 지하수위가 높아 배수가 불량한 곳에 환원상태가 되어 산소 부족 환경에서 토양이 회색 또는 청회색으로 변하는 과정이다.

　㉡ 라토졸화 작용(laterization) : 열대·아열대 지역에서 철과 알루미늄 산화물이 잔류하며 붉은 토양이 형성되는 과정이다.

　㉢ 석회화 작용(calcification) : 강우량이 적은 건조 지역에서 탄산칼슘이 축적되는 과정으로 포화된 부식이 많고 무기성분도 많은 중성토양, 농경지로 이용된다.

　㉣ 포드졸화 작용(podzolization) : 한랭습윤한 지대(침엽수림)에 산성 부식질 영향으로 토양 중의 철과 알루미늄이 유기물과 결합하여 용탈되어 하층에 재집적되어 표백된 층을 형성한다.

⑥ 미국 농무성(USDA)의 토양 분류 체계(soil taxonomy)

　㉠ 토양의 형성 과정, 화학적·물리적 특성, 환경적 요인 등을 기반으로 토양의 종류와 특징을 세밀하게 구분하는 토양 분류 체계이다. 이는 6단계의 계층으로 구성되고 각 단계는 더 세부적인 특성을 나타낸다.

　㉡ 6단계의 구분 : 목(order), 아목(suborder), 대군(great group), 아군(subgroup), 속(family), 통(series)

　㉢ 12가지 최상위 목의 분류 : 알피졸, 안디졸, 아리디졸, 엔티졸, 젤리졸, 히스토졸, 인셉티졸, 몰리졸, 옥시졸, 스포도졸, 올티졸, 버티졸

※ 우리나라 토양에 존재하지 않는 목(5가지) **기출 ★★★** : 아리디졸, 젤리졸, 옥시졸, 스포도졸, 버티졸

CHAPTER 01 핵심이론 | **493**

(2) 토양시료 채취

① **토양 검정의 목적** : 종자 파종 또는 모종 심기 전에 토양의 양분 상태를 미리 파악하여 작물이 필요로 하는 양분의 적정량을 시용하기 위한 것으로 1년에 1회 이상 검정한다.

> **재배포장의 토양 검정(유기식품 및 무농약농산물 등의 인증에 관한 세부실시요령 [별표 1])**
> • 재배포장의 토양에 대해서는 매년 1회 이상의 검정을 실시하여 토양 비옥도가 유지·개선되고 염류가 과도하게 집적되지 않도록 노력하며, 토양비옥도 수치가 적정치 이하이거나 염류가 과도하게 집적된 경우 개선계획을 마련하여 이행하여야 한다. 벼를 재배할 경우에는 토양환경정보시스템(http://soil.rda.go.kr)에서 제공하는 논 토양 유기 자재 처방서를 참고할 수 있다.
> • 토양 검정 결과 토양 비옥도(유기물)와 염류집적도(전기전도도)가 적정 수준을 유지하는 경우 다음 해의 토양 검정을 생략할 수 있다.

② **토양시료 채취 시기** `기출 ★★★`

㉠ 시비량 결정을 위한 토양 검정 : 작물 수확 후부터 다음 작물재배 전에 퇴비, 토양 개량제 및 비료를 사용하지 않은 상태에서 토양시료를 채취한다.

㉡ 토양양분 함량의 연차 간 변화 비교 : 매년 토양 분석 결과를 비교하고자 할 경우 몇몇 분석 항목은 시기에 따라 달라지기 때문에 매년 같은 시기에 시료를 채취해야 한다.

③ **채취 지점의 선정** `기출 ★★★`

㉠ 논과 밭 토양 : 1년생 작물(벼, 고추, 토마토, 감자 등)은 뿌리가 대부분 토심 0~15cm 내외의 경작층에 분포하므로 이를 부피 비율로 균등하게 채취한다.

㉡ 과수원 토양 : 뿌리 분포가 가장 많은 0~30cm의 흙을 채취하며 경우에 따라 토양시료 채취 깊이를 표토(0~20cm)와 심토(21~40cm)로 구분하여 시료를 각각 채취하기도 한다.

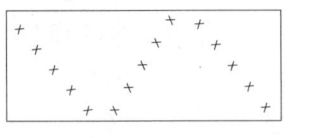

(a) 평지 : 필지를 대표하는 시료를 채취하기 위하여 Z자형이나 W자형으로 지점 선정

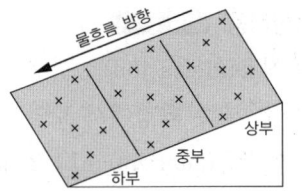

(b) 경사지 : 상부, 중부, 하부로 나누어 2점 또는 그 이상의 지점 선정

④ **토양시료 채취기(soil auger)를 이용한 시료 채취**

㉠ 표토를 1cm 정도 걷어 내고 10지점 이상을 선정하여 채토량이 1~2kg 정도가 되도록 한다.

㉡ 시료 채취 깊이만큼 토양시료 채취기를 돌린 후 빼내어 시료 봉투에 담는다.

⑤ **삽을 이용한 간편한 토양시료 채취**

㉠ 두 삽을 이용하여 작물 뿌리가 분포하는 깊이(약 15cm)와 약 5~7cm의 토양시료를 채취한다.

㉡ 채취한 토양의 가장자리를 잘라내고 지점별 토양시료를 선별한다.

㉢ 토양시료를 봉투에 넣어 잘게 부수고, 공기를 넣어 밀봉 후 흔들어 복합 시료 조제한다.

> **인증심사의 절차 및 방법의 세부 사항(유기식품 및 무농약농산물 등의 인증에 관한 세부실시요령 [별표 2]) 기출 ★★★**
> • 재배포장의 토양은 대상 모집단의 대표성이 확보될 수 있도록 Z자형 또는 W자형으로 최소한 10개소 이상의 수거 지점을 선정하여 채취한다.
> • 시료 수거량은 시험연구기관이 검사에 필요한 수량으로 한다.
> • 시료 수거는 신청인, 신청인 가족(단체인 경우는 대표자나 생산관리자, 업체인 경우는 근무하는 정규직원을 포함) 참여하에 인증심사원이 채취하고 시료 수거 확인서를 작성하여 인증심사보고서에 첨부한다.
> • 시료 수거 과정에서 시료가 오염되지 않도록 적정한 시료 수거 기구 및 용기를 사용한다.
> • 채취한 시료는 신청인, 신청인 가족(단체인 경우는 대표자나 생산관리자, 업체인 경우는 근무하는 정규직원을 포함) 참여하에 봉인 조치한 후 검사의뢰서를 작성하여 지체 없이 시험연구기관에 송부한다.

> **유기농산물 재배포장의 토양(유기식품 및 무농약농산물 등의 인증에 관한 세부실시요령 [별표 1]) 기출 ★★★**
> • 재배포장의 토양은 주변으로부터 오염우려가 없거나 오염을 방지할 수 있어야 하고, 토양환경보전법 시행규칙의 토양오염우려기준을 초과하지 아니하며, 합성농약 성분이 검출되어서는 아니 된다. 다만, 관행농업 과정에서 토양에 축적된 합성농약 성분의 검출량이 0.01mg/kg 이하인 경우에는 예외를 인정한다.
> • 산림 등 자연 상태에서 자생하는 식용식물의 포장 : 허용 자재 외의 자재가 3년 이상 사용되지 아니한 지역이어야 한다.
> • 버섯류와 싹을 틔워 직접 먹는 농산물 및 어린잎채소의 재배에 사용되는 배지
>   - 토양환경보전법 시행규칙의 토양오염우려기준을 초과하지 아니하여야 하며, 합성농약 성분은 검출되지 아니하여야 한다. 다만, 배지의 원료에서 기인된 합성농약 성분의 검출량이 0.01mg/kg 이하인 경우에는 예외를 인정한다.
>   - 유기농산물의 인증기준에 맞게 생산된 것 또는 산림 등 자연 상태에서 자생하는 식물 및 그 부산물로 조성되어야 한다. 다만, 작물의 적정한 영양공급을 위해 허용물질을 사용할 수 있으나 버섯류 재배에 이용하는 식물성 유래의 물질은 전단의 조건에 충족된 것만 사용할 수 있다.

(3) 토양시료 분석

① **토양시료 준비하기** : 그늘에서 자연 상태로 건조하며 특히, 이물질이 혼입되지 않도록 주의해야 한다. 신속하고 골고루 마르게 하려면 1~2일에 한 번씩 뒤집어 준다.

ㄱ 분석용 시료 조제 : 밭 토양은 봄·가을 기온 조건에서 7일 정도 건조한다.

ㄴ 시료 분쇄 : 건조된 시료는 나무 또는 고무망치(금속성 망치 사용 금지)를 이용하여 잘게 부순 후 2mm 체를 통과한 것으로 사용한다.

ㄷ 시료 봉투 기록 : 조제된 시료는 깨끗한 시료 봉투에 500g 정도 담고 내용을 기록해서 분석을 의뢰한다.

② **비료사용처방서 신청하기**

ㄱ 분석 항목 : 토양 pH, 전기전도도(EC), 유기물(OM), 유효인산, 치환성 칼륨(K), 치환성 칼슘(Ca), 치환성 마그네슘(Mg), 유효 규산, 석회 소요량 등이다.

ㄴ 토양 분석 의뢰하기 : 채취한 시료는 가까운 시·군 농업기술센터에 방문하여 토양 검정을 신청한다. 이때 지금까지 재배 이력이나 특이 사항을 알려주면 토양 분석 결과와 비료사용처방서를 해석하는 데 도움이 된다.

ㄷ 비료사용처방서 발급 및 흙토람 확인

토양 검정용 시료		
채취일 : 년 월 일		
• 성 명 :		
• 전화번호 :		
• 집 주 소 :		
• 농지주소 : 시(군) 리 번지		
• 경지유형 : 논, 밭, 시설재배, 과수원		
• 경지면적 : m³		
*과수명 : (년생)		
• 비 고 : 관행, 유기농, 무농약, GAP		

[비료사용처방(흙토람)]

③ 토양 검정 결과

　㉠ 경지 현황(토양의 물리적 특성)

　　• 토성 : 토양 입자를 크기에 따라 모래(sand), 미사(silt) 및 점토(clay)로 구분하고 이들의 구성 비율에 따라 12가지로 분류하여 나타낸다.

　　• 토양 유형 : 해당 지역의 모재 및 지형적 특성에 따라 형성된 토양의 대분류로 나뉜다. 예 적황색토, 회색토, 충적토, 사질토 등

　　• 토양통 : 토양 분류에서 가장 기본이 되는 단위이며, 표토를 제외한 심토의 특성이 비슷한 페돈(pedon)들을 모아 하나의 토양통으로 분류한다.

　　• 배수 등급 : 토양 배수는 유거와 투수성 및 지하 수위와 밀접하며, 배수 정도에 따라 매우 양호, 양호, 약간 양호, 약간 불량, 불량, 매우 불량으로 등급화하여 사용한다.

　　• 토양 특성 : 토양 검정 결과에 따라 토양의 물리적 성질을 종합적으로 기술한다.

　㉡ 토양 검정 결과

　　• 토양의 산도(pH) : 토양의 산성·알칼리성 정도를 나타내는 것으로, 0에서 14까지의 범위로 측정되며 7은 중성을 나타낸다. 작물별 적정 pH는 5.5~7.0이고 필요에 따라 석회나 황을 사용하여 pH를 조절할 수 있다.

　　• 유기물 함량 : 토양 내 유기물(퇴비, 식물잔사 등) 비율을 나타낸 것으로 토양의 비옥도와 구조를 개선하는 데 중요한 역할을 한다. 또한 유기물 함량이 높으면 보수력, 통기성, 영양소 공급 능력이 향상되며 퇴비나 녹비작물을 사용하여 유기물 함량을 높일 수 있다.

　　• 유효인산 : 작물이 이용 가능한 인산의 양을 뜻하며, mg/kg 단위로 표현한다. 80~120mg/kg 적정 범위이다.

　　• 치환성 양이온(칼륨, 칼슘, 마그네슘) : 토양교질에 흡착되어 있는 양이온으로 토양용액 중 양이온과 치환이 가능한 것으로 치환성 염기라고도 한다.

　　• 전기전도도(EC) : 작물재배 시 많은 양의 퇴비 및 화학비료를 시용하면 작물이 흡수하고 남는 양분은 강우 또는 관개에 의해 유거·용탈되지만 나머지는 토양에 남는다. 특히, 시설 재배처럼 연중 2~3작을 할 경우 토양 중에 양분이 과하게 남아 염류가 집적되는 현상이 발생하는데 이는 작물의 양수분의 흡수를 저해시켜 생육 부진을 초래한다. 이처럼 토양에 집적된 염류는 전기전도도 기기(EC 미터)로 측정하여 양분 집적 정도를 알 수 있다.

　㉢ 비료 추천량과 유기자재 추천량

　　• 비료 추천량 : 관행농업에 적용되는 것으로, 밑거름과 웃거름으로 구분하여 화학비료와 퇴비를 각각 추천하고 있다.

　　• 유기자재 추천량 : 유기농업에서 사용할 수 있는 가축분 퇴비, 유박, 헤어리베치, 호밀 등을 밑거름에 필요한 양으로 추천하고 있다.

더 알아보기

토양 검정 내용

• 토양 전기전도도(EC) 측정 **기출 ★★★**

※ 토양 내 염류를 측정하는 것으로 단위는 dS/m을 사용한다.

- 토양과 증류수의 비율이 1 : 5가 되도록 제조한다.
- EC 센서를 세척 후 표준액(0.1N KCl 용액 = 1.414)에 보정한다.
- 세척된 EC 센서로 만들어 놓은(1 : 5로 혼합된) 토양용액에 EC 센서를 넣은 후 30초 내외에서 EC의 수치가 어느 정도 안정이 되었을 때의 시점에서 측정치를 기록한다.

• EC(dS/m) 2 이하 : 적정, 2 이상 : 염류 과잉
• 토양 pH **기출 ★★★**

- pH란 용액 중에 존재하는 수소이온 농도의 역수의 대수치(log)로 1에서 14까지 나타낸 것이다.
- pH 7에서 0으로 갈수록 산성이 되고, 14로 갈수록 알칼리성이 된다.
- 농작물 생육에 적당한 pH는 6.5 정도이며, 유기질 토양의 pH는 5.5 정도이다.
- 토양산도는 토양의 산성화를 의미한다.

• 토양유기물 함량 측정 절차 **기출 ★★★**

- 토양시료의 무게를 측정한다.
- 시료를 550~600℃의 전기로에 넣어 완전히 태운다.
- 시료를 식힌 다음 무게를 측정한다.
- 유기물 함량을 소수점 2자리까지 표기하고, 단위를 쓴다. **기출 ★★★**

$$유기물\ 함량(\%) = \frac{준비된\ 토양\ 무게 - 유기물을\ 태운\ 후의\ 토양\ 무게}{준비된\ 토양\ 무게} \times 100$$

더 알아보기

양이온교환용량(양이온치환용량, CEC) **기출 ★★★**

• 토양 교질의 작용으로 양이온을 흡착하는 용량, 토양 입자에서 음전하를 띠어 양이온의 양분(Cs^{2+}, Mg^{2+}, K^+, Na^+)을 흡착하여 양이온의 양분을 식물이 이용할 수 있게 하는 능력을 말한다.
• 점토나 부식이 많은 토양의 양이온치환용량이 크다.
• 양이온치환용량이 높을수록 비옥하며 안정된 토양이다.
• 토양의 양이온치환용량을 높이는 관리 대책
- 산성토양의 개량 : 석회질 비료 시용, 유기물 시용, 근류균 첨가 등
- 유기물 시용
- 점토 함량이 높은 토양으로 개량
• 우리나라 토양은 유기물 함량이 적고 주로 카올리나이트가 점토광물로 존재하며, 양이온교환용량(CEC)이 낮은 편으로 약 10cmol$_c$/100g 정도이다.

[토양 콜로이드입자 표면에서
일어나는 양이온교환 반응]

2. 퇴비 선택하기

(1) 퇴비 제조

① 퇴비 제조에서 중요한 인자 : 탄질비, pH, 통기성, 수분함량, 온도 〔기출 ★★★〕

  ㉠ 탄질비(30 전후) : 퇴비화 과정 중 탄소는 미생물의 에너지원으로, 질소는 영양원으로 사용된다. 퇴비화에 적합한 탄질비는 30 전후이며, 30보다 낮으면 탄소원이 제한요인이 되어 퇴비화가 늦어지고 질소 손실을 유발한다. 이보다 높은 경우는 질소 부족으로 퇴비화가 진행되지 못하거나 늦어진다. 퇴비가 만들어진 후 최종 탄질비는 20 전후이다.

  ㉡ pH(6.5~8.0) : 퇴비화 초기에 유기산의 영향으로 pH가 낮아지다가 유기태 질소의 암모니아화로 인해 pH 8.5까지 상승한다. 퇴비화 후기에는 pH가 7.5까지 낮아지지만 pH가 높게 유지되면 암모니아 가스 발생량이 많아져 질소가 손실된다.

  ㉢ 통기성 : 퇴비더미에 산소 공급은 호기성 미생물이 살도록 하는 데 필수적이며 지나친 온도 상승을 억제하는 역할도 한다. 통기성은 퇴비 입자가 작고 수분이 많은 재료인 톱밥을 사용하여 수분 조절을 할 수 있다.

  ㉣ 수분함량(60% 전후) : 수분은 퇴비화 속도를 지배하며 40% 미만인 경우 분해 속도가 늦어지고 70% 이상의 경우 호기성 미생물의 활성이 저하되어 퇴비화가 지연되고 악취가 난다.

  ㉤ 온도(45~65℃) : 퇴비화 과정 중 온도는 40℃ 이하의 중온대와 40℃ 이상의 고온대로 구분된다.

  ※ 퇴비화에 필요한 최소온도 : 55℃

② 퇴비화 과정 〔기출 ★★★〕

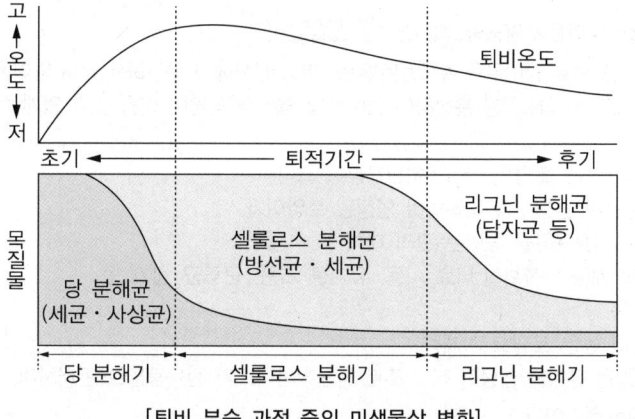

[퇴비 부숙 과정 중의 미생물상 변화]

  ㉠ 발열단계 〔기출 ★★★〕

   • 퇴비더미를 쌓은 후 박테리아에 의하여 유기물 분해가 시작되고, 그 과정에서 방출되는 에너지로 온도가 상승하게 된다.

   • 중온성균인 세균과 사상균이 유기물을 분해하면서 퇴비더미의 온도가 상승하는데, 40℃ 이상이 되면 중온성균은 사멸되고 고온성균이 증식한다. 초기에는 당류, 아미노산 등이 분해된다.

   • 온도가 60~70℃까지 상승하면 2~3주 지속되며, 이때 저온성균은 죽고, 고온성균인 방선균과 바실러스가 관여한다.

- 고온성균에 의해 셀룰로스 일부, 헤미셀룰로스, 펙틴 등이 분해되며, 탄질비가 낮아진다.
- 분해 과정의 대부분이 이 시기에 이루어지며, 고온에 의하여 병원균과 잡초 뿌리, 종자가 사멸한다.
- 산소가 충분히 공급되어야 박테리아가 증식하고, 부족하면 악취가 난다.
- 발열 과정 전반에 걸쳐 수분 요구량이 매우 높고, 온도가 높아질수록 pH가 증가한다.
- 미생물 활동이 활발할 때 pH가 염기성으로 유지되면 미생물의 활동이 최적화되며, 이상적인 pH 범위는 7.5~8.5이다.

ⓒ 감열단계 `기출 ★★★`
- 유기물의 분해가 어느 정도 진행되면 퇴비더미의 온도는 서서히 낮아져 25~45℃를 유지하게 된다.
- 리그닌과 같은 난분해성 유기물만 남게 되어 분해 속도가 느려지고 온도는 더이상 올라가지 않는다.
- 온도가 낮아져 곰팡이가 정착하기 시작하면 줄기, 섬유질, 목질부와 같은 분해되기 어려운 물질들의 분해가 시작된다.

ⓒ 숙성단계
- 무기물과 부식산, 항생물질로 구성되며, 부숙이 진행됨에 따라 퇴비 고유의 냄새가 나고, 붉은두엄벌레 등의 토양생물이 서식하게 된다.
- 퇴비화가 완료되면 퇴비는 처음 부피의 반으로 줄어들고 어두운 빛깔(암갈색 또는 흑갈색)을 띤다.
- 장기간 숙성 과정에서 적은 양의 수분을 요구한다.

더 알아보기

퇴비화 과정에서 수분의 역할
퇴비를 부숙할 때 수분이 부족하면 온도가 올라가지 않는다. 그 이유는 미생물 활동과 관련이 있다. 미생물은 유기물을 분해하여 에너지를 얻는데, 이때 수분이 필요하며 미생물이 영양소를 흡수하고 대사산물을 배출하는 데 중요한 역할을 한다. 수분이 부족하면 미생물의 대사 활동이 둔화하거나 멈추게 되는데, 이는 온도 상승이 지연되거나 멈추는 주요 원인이 된다. 이때 물이나 오줌을 추가하면 적절한 수분 환경이 조성되면서 미생물의 대사가 재개된다. 오줌은 수분뿐만 아니라 질소를 포함한 영양소도 공급한다. 질소는 미생물 번식을 촉진하는데 중요한 요소이므로 오줌을 적절히 사용하면 퇴비 부숙 과정이 더욱 활발해질 수 있다.

더 알아보기

퇴비의 시용 효과 `기출 ★★★`
- 토양구조의 개선(토양의 입단화)
- 수분 유지
- 배수성 향상을 통한 습해 방지
- 토양구조 개선을 통한 완충 능력 향상
- 작물에 영양분을 직접 공급
- 작물의 증수
- 화학비료 및 농약 사용 절감

③ 볏짚 퇴비 만들기 기출 ★★★

㉠ 유기물원 수집

• 퇴비 제조량에 맞게 볏짚과 질소원 재료(가축분뇨 또는 깻묵류, 쌀겨 등)를 준비한다.

• 질소원 재료는 탄질비 조절을 위하여 사용하는 것으로 볏짚 소요량을 계산하여 준비한다.

㉡ 혼합 및 야적

• 준비된 볏짚과 부재료를 미리 잘 섞은 후 밟아 가면서 쌓는다. 혼합된 재료는 30cm를 쌓고 장화를 신어 퇴비더미 위에서 수분 조절을 위하여 물을 적절히 뿌리면서 고루 밟아 주어야 한다.

• 퇴비량에 맞게 원형으로 퇴비더미를 만든다. 제조할 퇴비량이 많을 경우는 직사각 형태로 길게 쌓는다.

• 퇴비 쌓기를 마치면 비닐 등으로 덮어 온도 상승효과 및 빗물이 들어가지 않도록 하고 주변에 물 뺄 도랑을 설치한다.

㉢ 퇴적 및 뒤집기와 후숙

• 퇴적 후 5~7일 경과 시 온도가 50~60℃ 상승한뒤 3~4주 후면 열이 떨어진다.

• 이 과정이 지나면 뒤집기를 실시하여 적절히 공기가 통하도록 하고, 퇴비더미의 수분 함량이 60% 정도가 되도록 한다.

• 퇴비화 소요기간은 퇴적 재료, 방법, 퇴비더미 크기, 계절 등에 따라 다르며 볏짚 퇴비는 약 6~12개월 정도 소요된다. 이 기간에 뒤집기는 보통 4~6회 정도가 적절하며, 뒤집기 횟수는 온도 상승 및 퇴비더미 수분 함량과 밀접하므로 수시로 확인해야 한다.

> **더 알아보기**
>
> **질소 첨가량 계산하기**
>
> $$질소\ 첨가\ 비율(\%) = \frac{작물\ 잔사\ 탄소\ 함량(\%)}{목표\ 탄질비} - 작물\ 잔사\ 질소\ 함량(\%)$$
>
> 예 볏짚 1톤으로 퇴비 제조 시 필요한 질소량 계산하기
> • 볏짚 탄소 함량 : 42%, 질소 함량 : 0.6%
> • 목표 탄질비 : 30
> • 질소 첨가 비율 = (42/30) − 0.6 = 0.8%
> 위의 질소 첨가 비율 0.8%를 이용하여 작물 잔사(볏짚)의 퇴비화에 필요한 실제 사용할 질소량을 계산한다.
> • 퇴비 제조 시 추가해야 할 질소량 : 1,000kg(1톤) × 0.8% = 8kg

(2) 퇴비 선택

① 목적에 맞는 재료 선택 및 필요량 확보

㉠ 사용 목적에 따른 퇴비의 선택

• 토양의 물리성 개선 : 양분이 낮은 볏짚류, 초목류 또는 깔짚이 많이 포함된 우분을 이용하여 제조한 퇴비

• 양분 공급 : 질소, 인산 등 양분 함량이 높은 계분을 주재료로 하여 제조된 퇴비

ⓛ 퇴비 필요량 : 농경지 면적 및 재배할 작물, 토양의 이화학적 특성 등을 분석하여 비료 사용 처방서에서
퇴비 필요량을 미리 산출하고, 퇴비의 주재료 및 부재료를 각각 확보한다.

② 퇴비에 사용되는 주요 원료별 특성

농산부산물	• 비료 가치는 낮고 유기물 함량은 높다. • 퇴비화의 주원료보다 팽화제로 더 많이 쓰인다.	볏짚, 왕겨
임산부산물	• 흡습성과 통기성이 좋아 퇴비화 보조재로 활용된다. • 탄질비가 500~1,000으로 분해가 늦고 비료 성분이 낮다.	톱밥 기출 ★★★
가축분뇨	• 유기태 비료 성분이 많으며 작물이 직접 이용할 수 있는 무기태 성분은 상대적으로 적다. • N, P, K 함량은 계분 > 돈분 > 우분 순이다.	계분, 우분, 돈분

더 알아보기

축분을 퇴비로 사용할 때 완전히 부숙해야 하는 이유 기출 ★★★
• 미부숙 퇴비에는 대장균 등 유해균이 살아남아 작물에 오염을 일으킬 수 있다.
• 미부숙 퇴비에서 발생하는 암모니아 등의 가스는 식물 성장을 저해하고 가스 피해를 유발한다.
즉, 축분을 퇴비로 사용할 때는 유해 미생물로부터 작물과 토양을 보호하고, 작물에 가스 피해 없이 영양분 이용 효율을 높이기
위해 완전히 부숙해서 사용해야 한다.

---

③ 수분 조절용 재료별 특성

톱밥	• 가장 많이 사용되는 재료며, 탄질비가 높고 수분 흡수율이 높다. • 통기성 개량 효과가 크며, 리그닌 함량이 높아 잘 분해되지 않는다.
왕겨	• 톱밥보다 수분 흡수율이 낮고 분해가 어렵지만 통기성 개량 효과가 높다. • 수분 흡수율 향상을 위하여 팽화왕겨, 마쇄왕겨로 사용한다.
볏짚	• 통기성 개량 효과가 크고 분해가 용이하지만, 다루기가 불편하다. • 농가에서 소규모 자가 퇴비 제조 시 많이 사용한다.
파쇄목	• 입자가 크고 흡습성이 적다.

퇴비용 유기농업자재(친환경농어업 육성 및 유기식품 등의 관리 · 지원에 관한 법률 시행규칙 [별표 1])
• 농장 및 가금류의 퇴구비
• 퇴비화된 가축 배설물
• 건조된 농장 퇴구비 및 탈수한 가금 퇴구비
• 식물 또는 식물 잔류물로 만든 퇴비
• 지렁이 또는 곤충으로부터 온 부식토
• 식품 및 섬유 공장의 유기적 부산물 합성 첨가물이 포함되어 있지 않을 것
• 유기 농장 부산물로 만든 비료
• 혈분 · 육분 · 골분 · 깃털분 등 도축장과 수산물 가공 공장에서 나온 동물 부산물
• 대두박, 쌀겨 유박, 깻묵 등 식물성 유박류(유전자를 변형한 물질이 아니며, 아주까리 유박을 사용한 자재는 리친(ricin)의 유해 성분 최대량
  을 초과하지 않을 것) 기출 ★★★
• 짚, 왕겨, 쌀겨 및 산야초, 톱밥, 나무껍질 및 목재 부스러기, 나무 숯 및 나뭇재, 이탄, 토탄
• 사람의 배설물(완전히 발효되어 부숙된 것으로 고온발효(50℃ 이상에서 7일 이상 발효된 것)와 저온발효(6개월 이상 발효된 것)의 조건에
  맞아야 하며, 엽채류 등 농산물 · 임산물 중 사람이 직접 먹는 부위에는 사용하지 않을 것) 기출 ★★★

(3) 가축분뇨 퇴·액비의 성분 결과서 분석

① 퇴비·액비화 기준(가축분뇨의 관리 및 이용에 관한 법률 시행령 [별표 3])

구분	종류	항목	기준
퇴비화 기준	모든 가축	부숙도	기후에너지환경부장관이 농림축산식품부장관과 협의하여 정하여 고시하는 기준에 적합할 것
		함수율	70% 이하
	돼지	구리	500mg/kg 이하
		아연	1,200mg/kg 이하
	소·젖소	염분	2.5% 이하
액비화 기준	돼지·젖소	부숙도	기후에너지환경부장관이 농림축산식품부장관과 협의하여 정하여 고시하는 기준에 적합할 것
		함수율	• 돼지 : 95% 이상 • 젖소 : 93% 이상
		염분	2.0% 이하
		구리	70mg/kg 이하
		아연	170mg/kg 이하

② 성분 검사 결과서(양식)

퇴·액비 성분검사 결과서

위탁인	성명			
	주소			
	사업자등록번호			
위탁 내용	시료 종류	□ 가축분 퇴비		
		□ 가축 분뇨 발효액		
	축종	□ 돼지		
		□ 소·젖소		
		□ 닭·오리 등		
		□ 기타		
	접수 번호			
	접수 일자			
	용도			
분석 결과	항 목	성적(단위)		비 고
	□ 부숙도(腐熟度)			
	□ 함수율(%)			
	□ 구리(mg/kg)			
	□ 아연(mg/kg)			
	□ 염분(%)			

농촌진흥청 고시 「비료의 품질 검사 방법 및 시료채취 기준」 제10조 제1항 또는 「가축 분뇨의 관리 및 이용에 관한 법률 시행령」 제12조의 2에 따라 위와 같이 검사성적 결과를 통보합니다.

20 . . .

○ ○ ○ ○ ○ 장

③ 퇴비 부숙도 검사

㉠ 관능검사법 `기출 ★★★`

평가항목			평가내용		
관능 평가 항목	색깔 &형상 (20점)	축분과 유사한 색깔 및 형상(2점)	축분과 퇴비의 중간 색깔 및 형상(3~11점) 5점　8점　11점 부숙완료 퇴비와 비슷한 정도에 따라 점수 배정		갈색 또는 흑색을 띠고 축분의 형상이 완전 소멸(12~20점) 색과 입자가 고르고 균일한 정도에 따라 점수 배정
	냄새 (20점)	아주 강한 축분냄새를 느낄 정도(2점)	축분냄새를 알 수 있는 정도(3~11점) • (5점) 축분냄새 식별 • (8점) 약간의 축분냄새 • (11점) 미세한 축분냄새		축분냄새 완전 소멸 및 흙 냄새 등 퇴비냄새(12~20점)
	수분 (15점)	70% 이상(2점) 손으로 움켜쥐면 손가락사이로 물기가 많이 나옴	60% 전후(3~9점) 손으로 움켜쥐면 손가락사이로 물기가 약간 나옴		50% 전후(10~15점) 손으로 움켜쥐면 손가락사이로 물기가 스미지 않음, 부스러기가 털어질 정도
농가 기록 항목	퇴비화 기간 (20점)	가축분 자체	20일 이내(2점)	20일~6개월 미만(3~11점) 기간(일) 20~60 / 61~120 / 120~180 점수 5 / 8 / 11	6개월 이상 (12~20점)
		축분＋ 수분조절재	20일 이내(2점)	20일~3개월 미만(3~11점) 기간(일) 20~30 / 31~60 / 61~90 점수 5 / 8 / 11	3개월 이상 (12~20점)
	뒤집기횟수 (10점)	2회 이하(2점)	3~6회(3~6점)		7회 이상(7~10점)
		퇴비화 기간 동안 뒤집기 횟수			
	강제통기 (10점)	통기 안함(2점)	통기상태 보통(3~6점) • 퇴적송풍식 : 간헐적 운영 정도에 따라		통기상태 양호(7~10점) • 기계식교반식 : 주 3회 이상(10점) • 퇴적송풍식 : 상시 가동(10점)
가점 항목 (발생 시)	부숙 중 최고온도 (5점)	50℃ 이하(2점)	50~60℃(3~4점)		60℃ 이상(5점)
		측정 방법 • 퇴비더미 내 중앙지점 온도 측정 • 철봉온도계 등 활용			
	방선균 여부 (5점)	없음(2점)	보통(3~4점) → 중간 정도 ←		많음(5점)
		퇴비더미 내부(얕은 층)의 방선균 생성여부			
점수 합계		미숙·부숙 초기 : 40점 미만	부숙 중기 : 40~59점	부숙 후기 : 60~80점	부숙 완료 : 81점 이상

> **더 알아보기**
>
> **완숙퇴비가 되었을 때(부숙이 진행되었을 때) 변화** 기출 ★★★
> • 원료의 형태 구분이 어렵다.
> • 잘 부스러진다.
> • 색깔은 갈색에서 흑색으로 변한다.
> • 악취가 사라지고 퇴비 고유의 냄새가 난다.

ⓒ 화학적 방법 기출 ★★★
- 탄질비에 의한 방법 : 작물과 미생물 간 질소의 경합이 일어나지 않는 경계가 20이므로 부숙은 탄질비가 20 이하일 때 완숙되었다고 볼 수 있다.
- 비닐 봉투법 : 현장에서 간단한 판정법으로 쓰이는 것으로 주로 가축분 등 분해하기 쉬운 유기물을 많이 함유하는 것에 이용된다. 퇴비화 과정의 전 단계의 변화를 점검하는 방법으로, 부숙이 잘 되었는지 판정은 어렵다.
- pH 측정법
  - 퇴적 시 첨가한 계분과 질소비료에 의해 암모니아가 발생하면 pH가 상승하다가 퇴비화가 진행되면 유기물이 점차 분해되고 통기성이 좋아져 암모니아태질소 함량이 감소하고 질산태질소가 증가하면서 pH는 낮아진다.
  - 퇴비의 적정 pH는 6~8 정도이다.
- 질산태질소 간이 시험법
  - 퇴비화 과정 중 발열, 감열단계에서는 유기물이 분해되어 암모니아태질소가 생성된다. 분해가 어느 정도 진행되면 암모니아태질소가 아질산을 경과하여 질산이 된다. 이러한 원리를 이용하여 퇴비 중 질산태질소 함유량을 측정함으로써 퇴비의 부숙도를 판정하는 방법이다.
  - 유리 비커에 퇴적물을 손으로 짜서 넣고 황산에 녹인 D-phenylamine 용액을 추가한 후 2~3분간 방치한 뒤 발색되는 청색을 관찰하여 판정한다.

ⓒ 생물적 방법 기출 ★★★
- 종자발아 테스트법
  - 무 종자를 발아한 뒤 발아지수를 조사하여 부숙상태를 판정하는 방법이다.
  - 종자발아법은 기계적 측정법 검사 후 부숙상태가 의심될 때 검사하는 방법이다.
  - 퇴비시료를 항온 수조 70℃에서 2시간 경과 후 여과지로 추출하여 발아율과 뿌리 길이를 측정한다.
  - 증류수를 첨가한 대조구의 무 발아율이 85% 이상이어야 하며, 발아지수(GI) 70 이상일 때를 부숙 완료로 판정한다. 발아지수 산출은 다음 식에 따라 계산한다.

> • GR＝(퇴비 추출액 첨가구 발아율/대조구 발아율)×100
> • RE＝(퇴비 추출액 첨가구 뿌리 길이/대조구 뿌리 길이)×100
> • 발아지수(GI)＝(GR×RE)/100

- 지렁이 독성 시험 **기출 ★★★** : 지렁이는 단백질이나 당류가 많은 것을 선호하고, 페놀류나 암모니아 등을 싫어한다. 유기물의 퇴비화 과정에서 부숙이 진행되지 않으면 지렁이가 자리 잡고 살아가는 환경이 되지 않는다. 따라서 퇴비 속에 지렁이가 발견되면 잘 부숙된 퇴비라고 판정한다.

시험 순서	• 수분 함량이 65% 되는 퇴비를 비커에 1/3 정도 담는다. • 줄지렁이 5~6마리를 넣은 후 검은 천으로 싸서 어두운 환경을 조성한다. • 약 1시간 후에 검은 천을 벗겨 밝게 한 후 행동을 관찰 후 판정한다.
판정	• 아주 미숙한 퇴비 : 지렁이가 부분적으로 녹기 시작한다. • 약간 미숙한 퇴비 : 지렁이가 움직이지 않고 몸체가 백색 또는 암갈색으로 변한다. • 완숙퇴비 : 지렁이 활동이 활발하다.

- 유식물 시험법
  - 일반적으로 미숙한 퇴비를 사용하면 유기물 분해에 의하여 작물에 장해가 생기는데, 해작용에 예민한 식물의 생육상황을 관찰함으로써 부숙도를 판정하는 방법이다.
  - 식물에 대한 질소기아 유무 판정은 가능하지만 질소 과잉 퇴비에 관해서는 어렵다.

ㄹ 기계적 측정 방법 **기출 ★★★**

- 콤백(CoMMe-100) 측정법 : 미부숙 퇴비 등에 적합한 수분함량을 유지하면 미생물의 활성에 의해 이산화탄소(CO_2) 및 암모니아(NH_3) 가스가 발생한다. 이를 측정하기 위해 콤백 기기 안에 넣어 젤 상태의 패들과 반응시켜 변화되는 패들의 색 변화를 기계적으로 측정하여 부숙도를 판정하는 방법이다.
- 솔비타(solvita) 측정법 : 퇴비를 솔비타 장비의 반응 패드에 넣어 일정 시간 후 발생하는 가스 농도에 따라 색상 변화를 표준 컬러차트와 비교하여 퇴비의 부숙도를 판정하는 방법이다.
  - CO_2 발생량 : 유기물이 분해되면서 미생물이 생성하는 이산화탄소의 양으로 발생량이 많을수록 퇴비가 아직 미숙한 상태임을 의미한다.
  - NH_3 발생량 : 암모니아는 질소 성분의 분해 과정에서 발생하며 발생량이 많을수록 퇴비의 안정성이 낮거나 비료화 과정에서 문제가 있음을 의미한다.

(4) 퇴비의 보관 및 관리

① 제조된 퇴비를 성분 변화 없이 보관·관리하기

ㄱ 퇴비 부숙이 종료되면 퇴비 중 물질의 변화가 안정화된다.

ㄴ 물질의 안정화 단계에서의 증상

- 퇴비더미의 겉과 속에 미생물 균사가 하얗게 나타나며, 간혹 버섯이 피어오르기도 한다.
- 이러한 현상이 보일 정도라면 퇴비의 본래 재료를 알 수 없을 정도로 분해된 상태이며, 불쾌한 냄새가 전혀 없는 완숙퇴비이다.

② 즉시 활용하지 않을 때 관리 방법

ㄱ 비를 맞지 않도록 관리해야 한다.

ㄴ 일정한 크기의 포대에 담아 비가림 시설이 있는 야적장에 쌓아두거나 노지에 쌓으면 일정한 높이의 발판을 깔고 포대에 담긴 퇴비를 쌓고 그 위에 비닐로 덮어서 물 침투를 막아야 한다.

CHAPTER 01 핵심이론 | **505**

③ 쌓아둔 퇴비가 강우에 노출 시 발생 상황 시 대처 방법

㉠ 퇴비 안의 질소, 인산 등 각종 비료 성분이 빗물에 씻겨 저급 퇴비로 전락할 우려가 크다.

㉡ 사용 후 남은 퇴비도 반드시 유해 미생물이 번식되지 않도록 포장 근처에 무단 방치하지 않도록 한다.

> **더 알아보기**
>
> **퇴비화 촉진 방법**
> - 부숙이 완료된 퇴비를 혼용한다.
> - 퇴비원의 함수율은 60% 전후, 탄질비 20~30으로 조절하고 공기를 50m³/톤/일 공급해주며, 퇴비더미의 온도가 70℃를 넘지 않도록 한다.
> - 2가지 이상의 원료를 혼합하여 사용하면 퇴비화 기간을 단축할 수 있다.
> - 자연 퇴적식은 퇴비더미의 높이를 60cm 이상, 기계식 퇴비화 장치는 200cm 정도가 적당하다.
> - 송풍기기가 없으면 가축분 등 수분 함량이 많은 재료를 퇴비화할 때 톱밥, 수피(나무껍질), 왕겨와 같은 조직이 거친 재료와 충분히 혼합하여 퇴비더미 내 자연 통기가 되도록 할 필요가 있다.

3. 토양 관리하기

(1) 객토 및 퇴비량 결정

① 논 토양별 특성 및 개량 방법

㉠ 사질논

- 모래가 많아 물 빠짐이 심하고 양분 용탈도 크며, 가뭄에 취약하다.
- 유기물 분해가 빨라 지력 쇠퇴가 심하여 척박하며, 생육 후기에 양분이 급격히 부족해진다.
- 사질논은 점토 함량이 25% 이상인 양질의 붉은 산 흙을 사용한다.
- 객토량은 토심, 객토원의 점토 함량, 객토 대상 논의 점토 함량 등을 고려하여 정한다.
- 객토 후 석회질 비료 및 완숙퇴비로 토양 입단을 조성하여 양분 보유력을 증진한다.

㉡ 미숙논 `기출 ★★★`

- 야산을 새로 개간하여 논으로 이용 시 높은 곳의 토양이 깎여서 미숙논이 생기는데 유기물 함량 및 양분이 부족하며, 토양구조 발달이 미약하여 생산성이 낮다.
- 오랜 기간 작물재배를 하지 않은 토양은 작토층 확보를 위한 심경과 유기물, 석회 시용 등 전반적인 토양 개량이 필요하다.

㉢ 습논

- 물 빠짐이 매우 나쁜 습논은 토양 중 산소가 부족하다.
- 뿌리 활력을 증진시켜 양분 흡수를 원활하게 하는 것이 우선이므로 배수 시설이 필요하다.
- 환원이 우려될 경우는 물 걸러대기를 철저히 하여 환원피해를 방지해야 한다.
- 유기물은 볏짚 등 신선한 유기물보다 완숙된 퇴비를 시용해야 한다.

㉣ 염해논

- 벼 재배 기간 중 낮은 염분 농도 유지 및 환원장해가 일어나지 않도록 하는 물관리 대책이 가장 중요하며 볏짚과 같은 유기물을 다량 시용하면 고온기에 환원이 조장되므로 미분해성 유기물보다 완숙퇴비를 시용한다.

• 토양이 환원 상태가 되면 황화수소(H_2S) 가스 발생하여 아연이 결핍된다.

구분	보통논	사질(모래)논	미숙논	습논	염해논
깊이갈이	○		○		
객토		○		○	○
유기물 시용	○	○	○		○
배수 시설				○	○
규산질 시용	○	○		○	
석고 시용					○
석회 시용					
전층시비	○		○	○	
인산, 칼리 증시		○	○	○	

더 알아보기

객토량 구하기
토양환경정보시스템 '흙토람'에 접속하여 '비료 사용 처방'의 '객토량 구하기' 메뉴에서 필요한 정보값을 입력하여 객토량을 구한다.

$$객토량 = \frac{개량목표\ 점토\ 함량(\%) - 대상지\ 점토\ 함량(\%)}{객토원\ 점토\ 함량 - 대상지\ 점토\ 함량} \times 개량목표\ 깊이 \times 1.2 \times 10(톤/10a)$$

② 밭 토양별 특성 및 개량 방법

㉠ 사질밭

• 모래 또는 자갈이 많은 하천 유역, 선상지, 곡간지에 주로 분포하며 양분과 수분을 지니는 힘이 적어 가뭄에 취약하다.
• 점토 함량이 높은 신선한 토양으로 객토하고 토양 검정을 통해 부족한 양분을 확인한다.
• 석회질 비료 및 유기물 시용 대책을 세워 토양의 입단 조성이 필요하다.
• 휴한기에는 녹비작물을 재배하면 지력 퇴화 방지에 도움이 된다.

㉡ 중점밭

• 점토 함량이 많아 양분과 수분을 지니는 힘은 강하지만, 습해 우려가 있고 가뭄이 오래되면 땅이 딱딱하게 굳어지는 결점으로 인해 뿌리 활력이 떨어져 생산력이 낮다.
• 심근성 작물 또는 영년생 작물을 재배하면 과습이 문제가 되므로 배수 시설이 필요하다.
• 모래흙으로 객토 또는 깊이갈이를 실시하여 통기성과 투수성을 개선해야 한다.

㉢ 미숙밭

• 오랜 기간 작물을 재배하지 않았던 산지를 개간하여 경작 연수가 짧아 토층 분화가 미약하며, 유기물, 유효 인산, 칼륨, 석회 등 양분이 부족하다.
• 토성에 맞도록 개량하며, 비옥도 향상은 토양 검정 결과를 반영하여 부족한 성분을 보충해 주어야 한다.
• 토양 pH가 낮은 토양은 석회 검정량에 근거하여 연차 간 석회질 비료를 계획에 맞게 시용해야 한다.

② 고원밭
- 해발이 높은 곳에 있는 밭으로 평지보다 기온이 낮아 여름철 배추, 무 재배가 많다.
- 평지에 비해 지온이 낮아 유기물 분해가 느려서 비교적 비옥한 토양이 많다.
- 여름작물 재배가 대부분으로 나지 상태로 있는 일수가 많다.
- 일부의 지역은 경사가 심해 비가 집중되는 장마철에 토양 및 양분 유실량이 많다.
- 등고선 재배를 하며, 휴한기에는 나지 상태가 되지 않도록 피복작물을 재배하여 토양침식을 방지하고 지력 저하를 방지해야 한다.

③ 시설재배 토양의 특성 기출 ★★★
⊙ 시설 내에는 강우가 전혀 없어 인공 관수에 의존하며, 온도가 높아 건조하기 쉽다.
ⓒ 뿌리의 수분 흡수 범위가 좁고 얕으며 지하수의 이동을 제한한다.
ⓒ 작토층의 비료 성분이 용탈되지 않고 축적되어 생리장해가 일어나며, 염류 농도가 높아지고 토양이 알칼리성이 된다.
※ 대표적인 토양 내 염류 : 질산태 질소, 칼슘, 염소, 마그네슘, 나트륨, 칼륨 등
ⓒ 집약적인 재배와 인공관수로 토양이 굳게 다져져 경반층이 생기고, 공극량이 적어져 토양의 공기 함량이 줄어든다.

더 알아보기

염류집적 기출 ★★★
- 염류집적 : 토양용액의 염류 농도가 높아서 작물의 수분 및 양분 흡수가 어려워지는 것으로 시설토양에서 자주 발생한다.
- 염류집적의 원인 기출 ★★★ : 비료의 과잉 시비, 특정 작물의 반복 재배로 인한 동일한 비료 성분의 소모와 축적, 시설재배지와 같이 강우량이 적고 증발산이 많은 환경, 유독 물질의 축적 등
- 염류집적의 피해
  - 토양 입단을 파괴하여 토양구조를 악화시켜 통기성과 투수성이 나빠진다.
  - 수분 흡수를 저해하고 생리적 한해를 유발한다.
  - 특수 병원균과 토양 선충이 번성하기 쉽다.
- 염류집적의 대책 기출 ★★★ : 담수 및 물 흘려보내기, 객토 및 환토, 심경(깊이갈이), 내염성·심근성(흡비성) 작물의 재배, 돌려짓기, 퇴비·녹비 등의 적정 시용, 하우스 피복 제거, 유기물 시용 등

더 알아보기

제염작물
토양에 축적된 염류(소금기)를 흡수해 토양의 염분 농도를 낮추는 데 도움을 주는 작물로 옥수수, 수수, 피, 귀리 등이 있다.

더 알아보기

염류집적된 시설재배지 토양이 알칼리성이 되는 이유
시설재배지 토양은 화학비료와 잦은 관수로 양이온(K^+, Na^+, Ca^{2+}, Mg^{2+} 등)이 토양에 축적되는데 나트륨이온(Na^+)과 같은 양이온이 토양의 교환 가능한 양이온 자리(CEC)에 수소이온(H^+)을 대체한다. 수소이온(H^+) 농도가 감소하면 pH가 높아져 토양이 알칼리성이 된다.

④ 과원 토양의 특성 기출 ★★★

ⓐ 과수는 영년생 작물로 이동이 없어 근권의 발달을 돕기 위해 유기물이 충분히 많은 곳에 재배하여야 한다.

ⓑ 과수의 종류별로 토양 적응성이 다르므로 개원 전에 미리 확인해야 한다.

ⓒ 우리나라는 대부분 산간지에 발달하였으나, 최근 논에 과수원을 많이 개원한다.

ⓓ 논을 과수원으로 전환할 경우는 암거배수 설치 등 배수 시설을 먼저 갖추고 경반층이 있을 경우는 깊이갈이 작업을 하여 충분한 유효 토심 확보 등 토양 물리성을 개선해야 한다.

※ 암거배수 기출 ★★★ : 토양수분의 조절로 작물의 생육 환경을 개선하고 지온 조절 및 토양 제염뿐만 아니라 동상해를 줄이고 농기계의 작업능률을 향상시켜 준다.

> **더 알아보기**
>
> **토양유실 방지 대책**
> - 토양피복 : 짚, 비닐 등으로 덮어준다.
> - 초생재배 : 과수원에서 목초·녹비 등을 나무 밑에 가꾸는 방법이다.
> - 단구식 재배 : 경사가 심한 곳은 계단식으로 구축하고 켄터키블루그래스, 잔디 등을 심는다.
> - 대상재배(등고선 윤작) : 경사지에서 등고선을 따라 목초대를 형성한다.
> - 등고선 경작 : 비가 올 때 골에 물이 고여서 흐르지 않고 토양 속에 침투한다.
> - 합리적 작부체계 : 사이짓기를 하거나 앞 작물과 뒷 작물 사이의 기간에 작물을 심는다.

> **더 알아보기**
>
> **개간지 토양의 특징**
> 개간지 토양 : 본래 자연 상태에서 인간이 개간(개척하여 농사를 짓거나 사용하게 만든)하여 농업이나 기타 용도로 변형된 토양
> - 물리적 특징 : 토심이 얕고, 구조 미발달 및 보수력이 약하여 한발 피해가 있다.
> - 화학적 특징 : pH(강산성), CEC, 유기물, 유효인산, 염기 함량이 아주 낮다.

(2) 재배(콩과, 녹비, 심근성 작물 재배)를 통한 토양의 양분관리

① 콩과(두과) 작물 기출 ★★★

ⓐ 콩과 작물은 뿌리에 뿌리혹박테리아(근류균)를 지니고 있어서 공기 중 유리 질소(N_2)를 고정하며, 고정한 질소는 작물에 전달하고 작물로부터 탄수화물을 공급받아 살아가는 공생 관계를 유지한다.

ⓑ 콩과 작물을 재배하면 천연질소를 공급받는 효과가 있어 인위적인 질소 사용량을 줄일 수 있는 이점이 있다.

ⓒ 대표적인 콩과 작물에는 자운영, 잠두, 콩, 녹두, 알팔파, 완두, 헤어리베치, 싸리 등이 있다.

> **더 알아보기**
>
> **바이오매스(biomass)** 기출 ★★★
> 식물, 동물, 미생물 등 생물체에서 유래한 유기성 자원으로, 에너지나 자원으로 활용할 수 있는 물질을 말한다. 헤어리베치, 볏짚, 왕겨, 톱밥, 옥수수대, 사탕수수 찌꺼기 등이 있다.

② 녹비작물(풋거름작물)
　　㉠ 자라는 도중에 베어서 양분 및 유기물 공급원으로 활용하는 작물이다.
　　㉡ 녹비작물의 종류 기출 ★★★

콩과(두과) 작물	벼과(화본과) 작물
• 척박한 곳에서도 잘 자라며, 공중질소 고정량이 많아 토양의 질소 공급에 유리하다.	• 콩과 작물에 비해 탄질률이 높아 부식 생성에 유리하다.
• 탄질률이 낮아 비교적 분해가 빠르고 비효가 높다. 기출 ★★★	• 수량이 많아 유기물 공급에 유리하다.
• 자운영, 잠두, 콩, 녹두, 알팔파, 완두, 헤어리베치, 싸리 등	• 호밀, 귀리 등의 맥류
	• 피복 속도가 빠르고 깊고 굵은 뿌리로 토양의 물리성 개선에 효과가 크다.

　　㉢ 녹비작물의 장점 기출 ★★★
　　　• 유기물 공급 기능
　　　• 토양 물리성 개선
　　　• 토양미생물상 개선 효과
　　　• 양분 공급 효과
　　　• 토양부식의 함량 증대
　　　• 보수력, 보비력, 통기성 증대
　　　• 병해충 및 잡초 발생 경감
　　㉣ 녹비작물의 질소고정력 : 알팔파 > 스위트클로버 > 대두 > 완두 > 땅콩 순이다. 기출 ★★★

작물명	알팔파	스위트클로버	콩(대두)
평균질소고정력(kg/10a)	22.0	14	11.3

　　㉤ 녹비작물이 갖추어야 할 조건 기출 ★★★
　　　• 재배하는 데 노력이 적게 들어야 한다.
　　　• 비료의 요구가 적어야 하며 파종이 편리하고 종자의 가격이 저렴해야 한다.
　　　• 생육기간이 짧고 휴한기간을 이용할 수 있어야 한다.
　　　• 영년생 작물재배 시 공간 이용에 편리해야 한다.
　　　• 비료 성분이 높으며, 유리질소의 고정력이 강해야 한다.
　　　• 심근성으로 하층의 양분을 이용할 수 있어야 한다.
　　　• 병해충, 한해, 습해, 냉해 등 재해에 강해야 한다.
　　　• 줄기, 잎이 유연하여 토양 중에서 분해가 빠른 것이어야 한다.
③ 심근성 작물
　　㉠ 뿌리를 깊게 뻗는 심근성 작물은 토양 하층으로 이동한 양분을 흡수함과 동시에 토양 하층부에 뿌리 잔사를 남김으로써 토양 깊숙이 유기물을 공급하는 효과를 기대할 수 있다.
　　㉡ 토양 물리성 개량 및 토양 중 양분의 이용 효율을 높이고자 할 때 재배한다.
　　㉢ 대표적인 심근성 작물에는 벼, 보리, 밀, 호밀, 귀리, 기장, 가지, 옥수수, 콩, 고구마, 목화, 토마토, 호박, 수박, 알팔파, 헤어리베치, 네마장황, 청보리, 수단그라스, 오처드그라스 등이 있다.

더 알아보기

청예작물과 녹비작물의 차이점 기출 ★★★

청예작물과 녹비작물은 초본성 녹색작물을 재배하여 이용한다는 점에서 유사하지만 그 목적은 다르다. 청예작물은 가축의 먹이로 쓰기 위한 작물로 베어서 신선한 상태로 급여하거나 건초 혹은 사일리지로 저장하는 것으로 옥수수, 수수, 호밀, 귀리, 클로버류, 알팔파 등이 있다. 녹비작물은 토양의 비옥도 개선용 작물로 일정기간 재배 후 땅에 갈아엎어 유기물로 환원하는 작물로 헤어리베치, 자운영, 클로버, 호밀, 수단그라스 등이 있다.

④ 녹비작물의 종류

헤어리베치	• 녹비작물 중 비교적 내동성이 강하며 가을에 파종하여 싹이 난 후 초기 생육에서 추운 겨울을 잘 견뎌내고, 월동 후 다시 잘 자라기 때문에 우리나라 중북부 지방에서도 재배 가능한 두과 녹비작물이다. • 월동 후 4월 중순부터 왕성하게 자라는데, 특히 5월에 빠른 성장을 보여 5월 말에 생육 최성기를 맞고 6월 중순에 이르면 말라 죽는 하고현상을 보인다. • 덩굴성으로 토양의 피복률을 높일 뿐만 아니라 콩과 작물로 지하부의 뿌리혹박테리아가 공중질소를 고정하여 지력 증진에도 유용하다. • 질소 함량이 높아 조단백질을 많이 함유하고, 분해 속도가 빨라 사료작물로도 활용할 수 있다.
자운영	• 남부지방의 피복작물로 연화초라고도 불리며, 10a당 300~500kg 정도 생산되고 부숙되면 유기산이 발생된다. • 9월 중에 파종하면 다음 해 4~5월경 개화하며, 꽃은 중요한 밀원식물이다. • 지하부의 뿌리혹박테리아가 공중질소를 고정한다.
호밀	• 밀에 비해 내한성이 매우 강해 눈 밑에서 새싹이 자라고 여름에는 고온과 건조에 잘 견딘다. • 건초 생산량이 가장 많고 뿌리 무게도 가장 무거워서 토양 물리성 개선에도 효과적이다. • 1차 풀베기는 이삭 패기 10일 전후가 가장 적합하다.
청보리	• 보리의 일종으로 풋보리, 청맥이라고도 불리며 10월에 산파, 휴립 광산파하여 다음 해 출수 전후에 예취한다. • 베어진 피복작물을 통한 토양 비옥도 증진 효과가 있다.

(3) 토양 비옥도 관리를 위한 지역 내 유기물 탐색

① **토양유기물** : 토양에 함유된 모든 유기물질로, 죽은 뿌리, 줄기, 잎 등의 잔사 및 부식(humus)을 포함한다. 유기물을 많이 함유한 토양은 비옥하여 물리·화학성이 좋고 생산력이 높다. 하지만 습논에서는 유기물 함량이 많으면 해가 되기도 한다.

더 알아보기

토양유기물의 구성 기출 ★★★

• 식물체를 조성하고 있는 유기물은 용해성 화합물(당, 아미노산), 단백질, 펙틴, 헤미셀룰로스, 셀룰로스, 리그닌 등의 형태로 구성되어 있다.
• 미생물에 의해 이산화탄소, 암모니아, 물 등 최종산물로 변화된다.
• 유기물의 분해는 전분 → 헤미셀룰로스 → 셀룰로스 → 리그닌 순으로 리그닌이 가장 분해가 어려우며, 단백질은 분해되기 쉽다.
• 유박, 계분 등과 같이 주로 단백질로 구성된 것은 질소 함량이 높으며 토양에 시용하면 분해가 빨라 양분적 효과가 높고 볏짚류는 셀룰로스, 헤미셀룰로스, 전분 등이 주성분이기 때문에 온도와 수분이 미생물 활동에 적당할 때에만 빠른 속도로 분해가 진행된다.

② **부식** 기출 ★★★ : 동물과 식물의 잔재가 미생물에 의해 분해되어 원래의 조직이 변질되거나 새로운 물질이 합성된 것으로 암갈색~흑색의 일정한 형태가 없는 것이 특징이다. 부식은 지력 증대를 의미하며 작물생육에 가장 적당한 부식은 5~10%이다.

㉠ 부식 물질 : 토양에서 합성된 암색의 고분자화합물로 토양유기물의 60~80%에 해당한다. 리그닌과 단백질의 중합 및 축합 반응 등에 의해 생성되며 무정형으로 분자량이 다양하고, 분해 저항성이 강하다. 부식산(humic acid), 부식탄(humin), 풀빅산(fulvic acid) 등의 물질이 있다.

> **더 알아보기**
>
> **부식 물질의 종류** `기출 ★★★`
> • 부식탄(humin) : 토양에서 수산화나트륨(NaOH) 용액으로 추출되지 않고 남아있는 화합물질
> • 부식산(humic acid) : 흙 속 유기물이 미생물에 의해 분해되어 생긴 산성의 고분자 유기물로, 알칼리에는 잘 녹고 산에는 녹지 않으며, 토양의 영양분 저장력과 비옥도 유지에 중요한 역할을 한다.
> • 풀빅산(fulvic acid) : 부식 중 분자량이 작고 산·알칼리 모두에 잘 녹는 황갈색 유기산으로, 토양에서 양이온을 붙잡고 이동시키며, 미량원소의 흡수를 촉진하고 토양구조를 안정화하는 역할을 한다.

㉡ 비부식 물질 : 미생물에 의해 단당류, 단백질, 지방 등이 변형되어 합성된 유기물로 전분, 당, 아미노산, 지방, 왁스, 수지, 유기산 등이 있다. 토양유기물의 12~24%를 차지하고 있으며, 부식 물질에 비해 분해가 쉽고 구조가 간단하며 원래 형태를 유지하고 있는 것이 특징이다.

③ **토양유기물의 기능(부식의 효과)** `기출 ★★★`

㉠ 부식이 만들어지는 과정에서 생성된 점질 물질은 토양 입단을 형성하여 투수성, 보수성, 통기성을 증대시킨다.

㉡ 완충능을 증대시켜 pH가 쉽게 변하는 것을 차단한다.

㉢ 미생물에 의해 분해된 유기물은 다량원소와 미량원소를 공급한다.

㉣ 미생물의 영양원이 되어 유용 미생물의 번식을 조장한다.

㉤ 부식은 (−)이온성으로 양분을 흡착하는 힘이 커진다.

㉥ 유기물이 분해되어 생성되는 최종산물인 CO_2는 작물 주변의 CO_2의 농도를 높여 광합성을 조장한다.

㉦ 유기물이 분해되면서 호르몬·핵산물질 등 생장촉진물질을 생성한다.

㉧ 잘 부식된 유기물은 암갈색이며 토양색이 짙을수록 지온이 높다.

㉨ 유기물 분해 시 생성되는 산성물질들은 암석의 분해를 촉진한다.

㉩ 유기물을 덮으면 입단 형성으로 인한 빗물의 지하 침투를 좋게 하고 유거수는 감소하여 토양침식이 경감된다.

④ **토양유기물 분해 속도에 영향을 미치는 요인**

㉠ 탄질비(C/N율) `기출 ★★★` : 유기물 중 탄소(C)와 질소(N)의 함량비를 뜻하며 탄질비에 따라 유기물 분해 속도가 달라진다.

$$탄질비 = \frac{탄소화합물(C)의\ 함량}{질소화합물(N)의\ 함량}$$

• 작물에 적당한 유기물의 C/N율 범위는 평균 12 : 1이다.

• 탄질비가 높은 유기물은 분해에 필요한 질소가 부족해 미생물이 질소의 일부를 토양용액으로부터 이용하기 때문에 식물은 일시적인 질소기아현상을 보인다.

> **더 알아보기**
>
> **질소기아현상** `기출 ★★★`
> 탄질비가 높은 유기물을 비료로 사용했을 때 이를 분해하려는 토양미생물과 작물 간 질소 경쟁이 유발되고 작물이 이용할 수 있는 질소가 부족해져 일시적인 질소 결핍 증상이 나타나는 현상이다. 이때 퇴비나 녹비작물을 활용하여 질소를 적절히 공급해주어야 한다.

- 토양부식 중의 탄소 함량은 58%이다.
ⓒ pH : 산성, 알칼리성에서는 분해가 느려지는데 대부분의 미생물은 중성을 좋아한다.
ⓒ 수분 : 수분함량이 70% 이상이면 유효균의 번식이 왕성해진다.
  - 70% 이상 : 유해균의 번식이 많아진다.
  - 70% 이하 : 제대로 증식이 이루어지지 않아서 분해가 잘 이루어지지 않는다.
ⓔ 통기성 : 유기물의 분해는 공기의 유통이 양호해야 빨라진다.
ⓜ 온도 : 유효 미생물은 생육적온이 20~40℃, 40℃ 이상으로 상승하면 일부 고온성 미생물이 주로 활동하여 유기물 분해를 촉진한다.
ⓗ 리그닌 함량 : 성숙한 조직은 리그닌 함량이 많아 분해되는 데 많은 시간이 필요하다.
ⓢ 페놀화합물 : 페놀화합물 함량이 건물 무게의 3~4%가 되면 분해 속도가 매우 느려진다.

⑤ **토양유기물의 유지와 증진 방안** `기출 ★★★`
  ㉠ 유기물 지속 공급 : 토양으로부터 식물의 유체를 제거하지 않아야 하며, 동물의 분뇨나 퇴비 등을 꾸준히 토양에 첨가해야 한다.
  ㉡ 녹비작물 이용 : 녹비작물을 재배하면 토양침식을 통한 유기물의 손실을 막아 줄 뿐만 아니라, 식물의 유체를 계속해서 토양에 공급할 수 있다.
  ㉢ 잦은 경운 최소화 : 토양을 자주 갈면 산소의 공급이 원활해져 유기물의 분해가 촉진된다. 경운을 최소화하면 유기물을 적절히 보존할 수 있을 뿐만 아니라 토양의 침식을 방지할 수 있다.
  ㉣ 돌려짓기 : 밭토양은 논토양에 비해 산소의 유통이 원활하여 유기물이 빨리 분해되므로 밭토양에 더 많은 양의 유기물을 투입하여야 한다.
  ㉤ 다년생 작물 재배
  ㉥ 객토

⑥ **목적별 유기물 종류**
  ㉠ 화학성 개선 : 화학성은 인산, 염기성 함량에 의하여 판정된다. 돈분, 계분, 하수오니 등이 효과가 크고, 퇴비, 톱밥, 왕겨 등의 식물성 퇴비는 효과가 작다.
  ㉡ 물리성 개선 : 보수력·투수력 개선이 좋은 유기물은 섬유질이 많은 가축분 퇴비, 왕겨 등이 있고, 돈분, 계분, 하수오니, 식품산업 폐기물은 효과가 작다.
  ㉢ 비료성 개선 : 질소 함량이 높고 탄질비가 낮은 계분, 돈분, 하수오니, 식품산업 폐기물 등은 효과가 크며, 톱밥, 왕겨 등은 분해가 어려워 효과가 작다.

CHAPTER 01 핵심이론 | **513**

⑦ 유기물 시용 시 고려사항 `기출 ★★★`

　㉠ 시용 유기물의 성질(미숙, 완숙, 양분 함량)을 파악한다.

　㉡ 유기물 함량에 따라 목적이 달라지는데 3% 이상일 때 비료적 효과를 얻을 목적이며, 그 이하면 토양 물리성을 개량할 목적으로 사용한다.

　㉢ 습논에서는 유기물 시용 시 유해가스가 발생하여 작물생육에 해를 입힌다.

　㉣ 작물의 특성에 따라 시용한다.

　　• 열매작물은 다량의 질소를 공급하면 영양생장만 계속되어 결실이 불량하다.

　　• 엽채류는 양분 함량이 높은 유기물을 시용하면 영양생장을 촉진한다.

　㉤ 유기물의 이용 목적(양분의 공급, 물리성 개량, 미생물의 활성 증진 등)에 따라 시용한다.

(4) 토양미생물의 종류, 특성 및 기능과 활용

① 토양미생물의 종류별 특성

　㉠ 세균(bacteria) : 원핵생물로 가장 원시적인 형태이며, 번식하고 사는 데 필요한 에너지 획득원에 따라 자급영양 세균과 타급영양세균으로 분류한다.

> **더 알아보기**
>
> **질소고정균**
> • 공생질소고정균 : 콩과 식물의 뿌리에 뿌리혹을 만들어 공기 중의 질소가스를 고정해 식물에 공급하고, 필요한 양분을 공급받는다. 예 리조비움(콩과 식물과 공생)
> • 단독질소고정균 : 기주식물이 필요 없다. 예 클로스트리듐(배수가 불량한 산성토양), 아조토박터(배수가 양호한 중성토양)

　㉡ 조류(녹조류, 남조류) : 이산화탄소를 이용하여 광합성을 하고 산소를 배출하는 생물이다. 광합성을 위하여 빛이 필요하므로 토양 표면 등에 흔하게 나타나며 개방되고 습한 산림 토양에서 가장 활동적이고 풍부하다.

> **더 알아보기**
>
> **남조류의 특징**
> • 공기 중의 질소를 고정한다.
> • 탄소동화작용을 통해 담수 토양에 산소를 공급한다.
> • 원핵세포로 구성되어 있어 분열로 증식한다.
> • 유기물의 생산은 가능하나, 분해는 하지 못한다.

　㉢ 사상균(진균) : 단세포인 효모, 다세포인 곰팡이와 버섯 등 실 모양의 균사를 형성하고 큰 뭉치가 되어 균사체가 되는데, 토양의 입단을 촉진한다.

　㉣ 균근

　　• 사상균과 식물 뿌리의 공생 관계로 식물의 뿌리에 침입하면서 형성하며, 내생균근과 외생균근으로 나뉜다.

　　• 뿌리의 유효면적을 증가시켜 수분과 양분, 특히 인산의 흡수 이용 증대에 관여하고, 떼알구조를 만들어 통기성과 투수성을 증가시켜 식물 뿌리의 호흡을 돕는다.

⑩ 방선균

- 세균과 진균(효모, 곰팡이, 버섯)의 중간으로 실 모양의 균사 상태로 자라면서 포자를 형성한다.
- 흙 속 유기물을 분해하는 세균류로 흙냄새가 나는 화합물 지오스민(geosmins)을 만든다.

② 토양미생물의 작용

유익 작용		유해 작용
• 유기질소의 고정 • 길항 작용 • 무기물의 산화 • 무기물 유실 경감 • 생장촉진물질	• 질산화 작용 • 유기물의 분해 • 근권 형성 • 입단 형성 • 균근의 형성	• 탈질작용 • 황화수소(H_2S) 등 유해한 환원성 물질을 생성 • 작물과 미생물 간 양분 쟁탈 • 병의 발생

더 알아보기

미생물의 농업적 활용 기출 ★★★
- 유산균(lactic acid bacteria) 기출 ★★★ : 근권 병원균 억제 및 유기산 생성, 유기물의 부식을 통해 젖산, 각종 효소, 비타민, 핵산 등을 분비, 칼슘과 인의 가용화, 토양개량 및 작물생육에 효과
- 효모(yeast) : 아미노산, 비타민, 지방산을 합성하여 토양에 환원, 식물 노화 방지, 광합성 촉진, 축사의 악취제거
- 광합성 세균 기출 ★★★ : 빛에너지로 동화작용을 하는 세균으로 유해가스를 유용 물질로 전환하여 악취를 제거하고 뿌리 건강 유지, 질소 고정, 방선균 증식, 선충 사멸
- 방선균(Actinomyces) : 병원성 곰팡이의 천적 미생물, 항생물질 생성
- 바실루스(Bacillus) : 항생물질, 각종 생리활성물질 분비, 뿌리 생육 촉진
- 슈도모나스(Pseudomonas) : 유기물 분해, 병원성 곰팡이 억제
- 트리코데르마균(Trichoderma) : 천적 곰팡이로 토양전염성 병해를 유발하는 병원균을 억제
- 유익 곰팡이 : 섬유질 분해, 난용성 성분(특히 인산)을 흡수하여 뿌리 병해 방지
- 비티균(Bacillus thuringiensis) : 미생물 살충제로 널리 사용되는 세균
- 고초균(Bacillus subtillis) 기출 ★★★ : 유기물 분해 및 살균·살충 작용을 하고 고온에서 스스로 보호막을 만든다. 30~70℃에서 가장 잘 증식하지만 120℃의 증기 속에서 15분이면 사멸한다.

③ 병해충 방제용 미생물 농약

구분	미생물 농약	화학농약
장점	• 인간과 동물 및 작물에 해가 없다. • 잔류 농약 문제가 없다. • 병해충에 선택적으로 작용해 유용 생물에 미치는 영향이 없고 병해충 저항성을 가지기 어렵다. • 화학 농약으로 방제가 어려운 토양 전염성이나 해충을 방제할 수 있다.	• 효과가 빠르고, 약 효과가 높다. • 가격이 싸고 사용 및 보관이 쉽다. • 약효가 비교적 오래 지속된다.
단점	• 예방 위주로 처리해야 하며, 효과가 서서히 나타나며 지속 기간이 비교적 짧다. • 시기를 놓치면 효과가 낮아지고 가격이 비싸다.	• 인간과 동물에 독성이 있으며, 장기간 사용 시 잔류하여 약해 가 나타난다. • 천적과 유익한 생물에게 피해를 줄 수 있다.

※ 병해충 방제에 활용되는 미생물은 슈도모나스(Pseudomonas), 바실루스(Bacillus), 트리코데르마(Trichoderma), 균근균 등이 있다.

CHAPTER 01 핵심이론 | **515**

제3절 | 유기재배 생육관리

1. 거름주기

(1) 작물별 토양 상태에 따른 거름주기

① 녹비작물을 선택하여 재배하고 밑거름으로 주기

ⓖ 작물을 선택하고 종자를 준비한다.

ⓛ 녹비작물을 파종하고 재배한다.

논	• 헤어리베치 : 중부 이북에서는 9월 말까지 파종해야 하므로 벼 수확 직전 벼가 서 있는 상태에서 흩어뿌림해야 하고 입모율 향상을 위해 볏짚을 절단하여 피복하고 겨울철 물길을 만들어 배수에 유의하여 과습을 예방한다. • 호밀, 보리 : 벼 베기 후에 즉시 파종한다.
밭	• 전 작물 정리 : 전 작물의 잔사는 밭에 넣어 주며, 경운하여 파종 준비를 한다. • 이랑짓기 : 무경운 재배 시, 이랑짓기를 하고 녹비작물을 파종(산파)한다. • 복토 작업 : 입모율을 높이기 위해 트랙터나 관리기 등을 이용하여 경운·로터리 작업을 한다. • 관수 작업 : 겨울에 한 차례 물 주고 나면 특별한 관리 작업은 없다. • 월동 관리 : 중북부 지방은 겨울 동안 동사하지 않게 주의한다.

ⓒ 녹비작물을 수확하여 밑거름으로 시용한다.

논	• 사용 시기를 조절하여 과하게 자라지 않도록 한다. • 예취기로 절단한 다음 경운하여 흙 속에 넣어 준다.
밭	• 벤 뒤 바로 토양에 넣어 준다. 늦게 넣어 주면 비료 양분의 손실이 커진다. • 헤어리베치는 결실 전에 베고, 본 작물의 파종 2~3주 전까지는 토양에 넣어 준다. • 호밀이나 보리는 출수 전 지상부 생장량이 최대에 달했을 때 베어 준다.

② 유기물 자원의 선택과 밑거름주기

ⓖ 논에서의 유기물 자원을 선택하고 시용량을 결정한다.

• 볏짚 환원 : 다음 작기에 밑거름 역할을 할 수 있도록 볏짚을 절단하여 갈아엎는다.

• 유기물 선택과 양 결정 : 농촌진흥청의 토양환경정보시스템(흙토람)에서 유기자원 사용 처방을 이용한다.

> **더 알아보기**
>
> **유기물 종류별 탄질비** 기출 ★★★
>
> | 구분 | 탄질비 | 구분 | 탄질비 |
> |---|---|---|---|
> | 동물 사체 | 5 | 토양 부식 | 10~12 |
> | 가축분 퇴비 | 25~30 | 콩과 식물체 | 10~20 |
> | 동물의 배설물 | 8~20 | 벼과 식물체 | 20~40 |
> | 우분 | 18~20 | 옥수수대 | 50~60 |
> | 돈분 | 16 | 볏짚 | 66~80 |
> | 계분 | 13 | 밀짚, 낙엽, 왕겨 | 60~100 |
> | 나무 톱밥 | 400 | 침엽수 잎 | 200 |
>
> ※ 유기물 종류별 탄질비의 수치는 퇴비 제조 상황에 따라 다르며 필답형 기출문제는 유기물의 탄질비 크기 순서대로 나열하는 형태로 출제된다.
>
> ※ 탄질비 높은 순서 기출 ★★★
>
> 톱밥 > 쌀보리짚 > 밀짚 > 볏짚 > 옥수수대 > 콩대 > 퇴비 = 클로버 > 사상균 > 방선균 > 세균

ⓛ 밭에서의 유기물 자원을 선택하고 시용량을 결정한다.

• 탄질비와 양분 함량을 고려하여 유기물 자원 선택

－ 탄질비(C/N율) : 탄질비를 고려하여 분해 과정에서 질소의 양이 미생물이 필요한 양보다 많아 작물이 이용할 수 있는 질소가 풍부한 유기물(탄질비 15 이하)은 먼저 선택한다. 탄질비 30 이상의 유기물은 분해가 늦고 질소기아현상이 우려되므로 피하거나 토양에 일찍 넣어 준다.

－ 양분 함량 : 작물의 양분 요구도, 작기, 재배 형태 등을 고려하여 밑거름으로 사용할 유기물 자원을 선택한다.

유기물 자원	N 함량(%)	P 함량(%)	K 함량(%)	Ca 함량(%)
혈분	12~15	3	1	－
골분	0~2	0~10	－	19~25
콩과 녹비작물	3	1	2.4	1.2
벼과 녹비작물	1.5	0.5	1.9	0.8
건조 닭똥	3	3	3	1.8
톱밥	0.2	－	0.2	－
대두박	6~7	1~2	2	－
어박	9	3	－	6

• 밑거름으로 사용할 퇴비 선택 : 자가 제조 퇴비를 이용하거나 시판 퇴비의 부숙도 판정을 통해 완숙퇴비를 선택한다.

• 유기질 비료를 선택한다.

－ 유기질 비료는 농축산 부산물을 발효과정 없이 만든 비료로 유기물 함량이 50~70%로 높지만 부식 함량은 낮아 지력이 높아지지는 않는다.

－ 탄질비가 낮고 양분 함량이 높아 토양 중에서 쉽게 분해되어 비료 가치가 높은 편이다.

－ 과다 시용하면 염류집적이 나타날 수 있다.

－ 유기질 비료의 종류 : 식물성(채종 유박, 대두박 등), 동물성(어박. 골분 등), 혼합 유박과 혼합 유기질 등

• 유기물 자원과 퇴비 및 유기질 비료의 시용량을 결정한다.

－ 유기물 자원의 시용량 : 유기물 자원의 질소 함량은 다양하고 분해 양상도 종류에 따라 달라 밭에서의 시용량 기준이 없다.

　 예 질소 함량이 높고 분해가 빠른 헤어리베치는 논에서 기준량(2,000kg)을 고려하여 밭에서는 2~3배량이 필요하다.

－ 퇴비와 유기질 비료의 시용량 : 시판 퇴비 및 유기질 비료는 제조사가 보증하는 질소 함량과 시용 추천량에 따르며, 자가 제조한 퇴비는 비료 함량을 분석 · 의뢰하여 결정한다.

2. 생육단계별 관리하기

(1) 물 관리

① 논에서의 물 관리

　㉠ 논두렁의 조성 : 누수를 미리 예방한다.

　㉡ 모내기 후 논물을 깊이 대기 : 성묘(30일 이상 키운 모)를 모내기한 후 논물을 깊이 대면 잡초 발생을 줄인다.

　㉢ 생육단계별 물 관리

　　• 물이 많이 필요로 하는 시기 : 수잉기(이삭 밸 때) > 활착기 > 이삭꽃 생길 때(영화 분화기) > 꽃피는 시기

　　• 물이 적어야 좋은 시기 : 헛새끼칠 때(무효 분얼기) > 참새끼칠 때(유효 분얼기)와 이삭이 여물 때(등숙기)

생육단계	모내기	활착기	분얼성기	헛새끼칠 때	이삭 벨때	출수기	등숙기	낙수기
물 대기	얕게	깊게	깊게	중간물떼기 (5~10일)	물걸러대기 (3일 관수, 2일 배수)	보통	물걸러대기 (3일 관수, 2일 배수)	완전물떼기
물 깊이	2~3cm	10~15cm	10cm	0	2~4cm	3~4cm	2~3cm	0
효과	쓰러짐 방지	활착 촉진	헛새끼 억제	헛새끼 억제 및 도복 방지, 유해물질 제거	뿌리 기능 촉진, 유해 물질 제거	꽃가루받이 촉진	뿌리 기능 유지, 유해 물질 제거, 등숙 양호	작업 편리

② 밭에서의 물 관리

　㉠ 수분 보전 방안 마련

　　• 피복 식물의 재배 : 녹비작물을 이용한다.

　　• 멀칭 재료 이용 : 밭 주변의 잡초, 볏짚 등의 유기물 재료와 각종 멀칭 자재를 이용한다.

　㉡ 빗물 활용 : 물탱크를 이용하여 우기에 남은 물을 저장했다가 건기에 활용한다.

　㉢ 관수장치 활용

　　• 살수기(스프링클러) : 살수기 자재 준비(펌프기, 살수기, 호스 등) → 관수시설 설치(호스 연결하여 펌프 설치) → 물주기(펌프 작동시간 결정)

　　• 점적호스 : 점적호스 및 배관자재 준비(점적 테이프, 배관자재, 펌프, 호스 등) → 관수시설 설치(점적 호스를 깔고 배관자재로 연결 후 펌프 설치) → 관수 실시(펌프 작동시간 설정)

유기농산물 재배용수(유기식품 및 무농약농산물 등의 인증에 관한 세부실시요령 [별표 1]) 기출 ★★★

• 먹는 물 수질 기준 및 검사 등에 관한 규칙에 따른 먹는 물의 수질기준
　– 농산물의 세척에 사용하는 용수
　– 싹을 틔워 직접 먹는 농산물·어린잎채소의 재배에 사용하는 용수
　– 시설 내에서 재배하는 버섯류의 재배에 사용하는 용수(다만, 버섯류 재배에 사용하는 용수는 먹는 물 수질기준의 미생물 항목 및 농업용수기준에 모두 적합한 용수를 사용할 수 있다)
• 환경정책기본법 및 지하수법에 따른 농업용수 이상 : 먹는 물의 수질기준으로 사용되는 용도 외 모든 용도(다만, 하천·호소의 생활 환경기준 중 총인 및 질소 항목과 지하수의 수질기준 중 질산성 질소 항목은 적용하지 아니한다)
※ 항목별 기준치 충족 여부는 공인검사기관의 검정 결과에 의하며, 하천·호소의 경우 최근 1년 동안 한국농어촌공사, 환경부 등에서 일정 주기(월별 또는 분기별)로 검사한 검정치의 산술평균값을 적용할 수 있다. 이 경우 신청일 이전의 정기적인 검사성적을 확인할 수 없으면 가장 최근에 실시한 검정치를 적용한다.

(2) 입모율 관리와 정식 간격 조절

① 논 작물

　　㉠ 종자 정선 및 파종량 결정 : 관행재배보다 파종량을 줄여 상자당 120g 정도를 흩어뿌림한다. 이때 줄뿌림과
　　　포트묘 이용 시 파종량을 더 줄일 수 있다.

　　㉡ 재식 거리 및 포기당 주수로 재식밀도 조절 : 관행 재배보다 평당 50~60주를 줄이고 포기당 주수도 관행재배
　　　에 비해 3~5개로 줄여 준다.

　　㉢ 이앙 후 보식에 의한 최종재식밀도 조절 : 밀식하는 관행재배에서는 결주되어도 최종수량에 큰 차이가
　　　없지만 유기재배에서는 소식하기 때문에 보식하여 재식밀도를 유지한다.

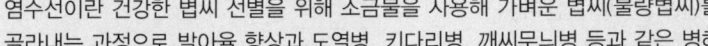

> **더 알아보기**
>
> **볍씨 염수선(소금물가리기)** `기출 ★★★`
> • 염수선이란 건강한 볍씨 선별을 위해 소금물을 사용해 가벼운 볍씨(불량볍씨)를
> 　골라내는 과정으로 발아율 향상과 도열병, 키다리병, 깨씨무늬병 등과 같은 병해
> 　예방에 효과적이다.
> • 볍씨를 선별하기 위해서는 소금물의 비중을 측정해야 하는데, 비중 측정은 달걀을
> 　소금물에 넣어서 확인하며 메벼는 1.13, 찰벼는 1.04에 맞춘다. 즉, 메벼는 달걀
> 　C의 비중에 맞춰 선종한다.
> • 볍씨가 가라앉으면 건강한 볍씨이고 비중이 작아 뜨는 볍씨는 발아능력이 떨어지
> 　거나 병해충에 감염된 볍씨이다.
> • 염수선 후 가라앉은 볍씨는 깨끗한 물로 여러 번 씻어 소금을 완전히 제거한다.
>
>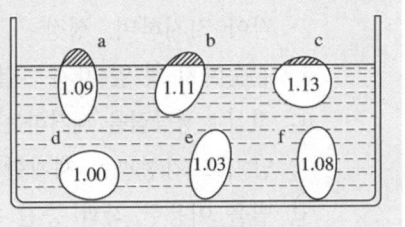

② 밭작물

　　㉠ 종자 준비 및 선별

　　　• 종자 준비 : 자가채종 종자(콩, 옥수수, 참깨 등)도 사용 가능

　　　• 종자 선별

　　　　– 육안 선별

　　　　– 기구 선별 : 체 또는 키

　　㉡ 밑거름, 퇴비 넣기 → 경운·로터리 → 이랑짓기

　　㉢ 종자에 따른 파종 방법 결정 후 파종

　　㉣ 관수 및 복토(종자 두께의 1~2배)

　　㉤ 재식밀도 조절(솎아주기) : 하나의 떡잎 전개 후 실시하며 1~2차례 나누어 실시

　　㉥ 재식밀도 조절(이식재배) : 이랑 간격과 작물 거리에 따라 재식밀도가 정해지므로 작물의 종류, 품종, 재배
　　　목적, 토질, 재배 방법 등에 따라서 결정한다.

(3) 유인·정지 및 착과 조절 `기출 ★★★`

① 고추의 유인과 착과 조절

　　㉠ 곁가지 제거 : 방아다리라고 불리는 1차 분지(고추의 10~12마디)가 되는 지점 아래에 계속 생기는 곁가지를
　　　일찍 제거해 주며 생장 중간에 두어 번 정도 더 실시한다.

ⓛ 지지대 설치와 줄 유인 : 활착 후 1~2m 간격으로 지주대를 세우고, 분지 발생에 맞춰 유인줄을 단계적으로 높여 설치한다.

② 오이의 유인과 착과 조절

ⓐ 시설재배에서의 줄 유인 : 철선 설치 → 고정줄 설치(유인 끈을 고정할 용도이며 정식 전에 실시) → 윗쪽 철선에 미리 감긴 유인 끈을 걸고 오이마다 늘어뜨림 → 늘어뜨린 유인 끈을 바닥의 고정줄에 묶고 줄기를 감아 지지

ⓛ 오이 덩굴손 제거 및 적엽

ⓒ 오이의 착과를 조절 : 곡과, 기형과 등은 미리 제거하며, 생육이 왕성하면 개체당 15개 이상의 잎을 관리한다.

③ 토마토 유인과 착과 조절

ⓐ 시설재배에서 줄 유인 : 하우스 철선에 유인끈을 걸어 토마토마다 늘어뜨리고 바닥 고정줄에 묶어 줄기를 감아 지지하며, 성장 시 고정핀으로 보강한다.

ⓛ 곁순따기 및 잎 따기 : 곁순은 어릴 때 제거하고 병든 하위 잎을 중심으로 어미덩굴 가까이에서 잘라낸다.

ⓒ 적심 : 생장점을 제거하는 작업으로 수확 50일 전 마지막 화방 위 2~3엽을 남기고 실시하며, 화방당 4~5과를 남기고 기형과는 제거한다.

ⓔ 벌을 이용한 착과 증진 : 저온기에는 뒤영벌을 이용해 착과를 돕고, 벌통은 1m 높이 선반에 설치한 뒤 4시간 안정 후 문을 개방한다.

3. 생육진단 처방하기

(1) 식물체 증상별 생육상태 진단

① 전체적인 시들음증상

관찰하기	진단하기
• 관수 상태 확인 : 노지 포장은 최근의 강수량을 확인하고, 관수 시설이 제대로 작동했는지 확인한다. 호스를 사용했을 때는 부분적으로 작동 불능 여부를 확인한다. • 유사한 증상과 비교 : 습해의 유무, 시비량 부족이 있었는지 확인한다. 작물에 따라 시들음병이나 풋마름병 혹은 선충에 의한 피해인지 확인한다.	• 관수 여부와 시비량을 확인하여 수분 부족이나 양분 부족인지 판단한다. • 수분 부족이나 양분 부족이 없었는데 크지 않고 시들면 병징으로 판단한다.

② 잎의 황화증상

관찰하기	진단하기
• 작물 전체가 황화되는지 아래 잎만 황화되는지 관찰하고 하나의 잎이 전체적으로 황화되는지 잎끝만 황화되는지 관찰한다. • 유사한 증상과 비교 : 총채벌레나 응애의 피해도 잎의 황화 현상을 보이므로 해충의 발생을 관찰한다. 또 곰팡이에 의한 병해도 황화 증상을 유발하므로 자세히 관찰한다.	• 아래 잎만 황화되는 것은 질소 부족으로 진단한다. • 잎끝만 황화되는 것은 칼리 부족이다. • 병해충에 의한 황화는 다른 병징과 동반한다.

③ 생장점 부위의 이상 증상

관찰하기	진단하기
• 생장점 부위가 생장 정지 상태인지, 심부가 기형으로 변하는지, 오그라드는 증상이 생기는지, 기형화하는지 자세히 관찰한다. • 유사한 증상과 비교 : 생장점 부위의 이상은 양분 결핍이 주된 원인이지만 작물에 따라 바구미나 응애 피해, 진딧물이나 바이러스 감염일 수도 있으므로 자세히 관찰한다. 병해충 피해의 경우 다른 반점이나 병징이 있다. 따라서 병해충 피해인지 아닌지 진단한다.	• 생장점의 심부가 생장 정지되고 이상 증상을 보이는 것은 붕소나 칼슘 결핍이다. • 오그라드는 현상이 나오면 영양 장애가 아니고 진딧물이나 바이러스로 진단한다.

(2) 주요 양분의 과잉 · 결핍 진단에 따른 처방 `기출 ★★★`

① 질소(N) : 엽록소, 단백질(효소), 핵산 등의 구성성분으로 광합성 작용에 관여한다.

증상	• 처음에 엽맥 사이가 황화되어 잎 전체로 번진다. • 작물의 키가 자라지 않고 잎이 작아지며 황화 증상이 나타난다. • 전체적으로 생육이 좋지 않고, 줄기는 가늘고 성숙이 빨라진다.
진단	• 질소 결핍은 반드시 아래 잎에서 시작되며 줄기가 가늘어진다. • 볏짚을 많이 넣어도 썩으면서 질소가 많이 소모되어 결핍이 올 수 있다.
처방	• 예방적 처방 　- 퇴비와 유기물을 충분히 주고 경운하며, 경운은 토양에 공기가 잘 통하게 하여 미생물의 유기물 분해를 촉진한다. 　- 적절한 관수로 미생물을 활성화한다. 　- 콩과 녹비작물과 돌려짓기하고 식물 잔사는 토양으로 돌려준다. • 작기 중 처방 : 질소질 함량이 많은 액비를 100배로 희석하여 작물 주변에 1주 간격으로 3회 이상 관주한다.

② 인산(P) : 세포핵(핵산), 세포막(인지질), 분열조직, 효소, ATP 등의 구성성분으로 뿌리와 어린싹의 생장, 개화 및 결실에 영향을 준다.

증상	• 생육 초기 저온기에 발생하기 쉽다. • 생육이 부진하고, 잎이 작아지며 농록색으로 변하고, 생장이 멈춘다. • 과실의 성숙이 눈에 띄게 지연된다.
진단	• 발생 초기에는 농록색을 띠지만 심해지면 갈색 반점이 생기고 고사한다. • 인산이 풍부한 토양이라도 저온 시에는 생육장애가 온다. • 하위엽과 상위엽 색의 변화가 확인된다.
처방	• 예방적 처방 　- 인의 이동은 토양 pH가 6.0~6.5일 때 가장 활발하므로 토양산도를 확인한다. 　- 황과 인광석을 시용할 때는 숙성퇴비와 섞어준다. 　- 뿌리의 생장이 좋아야 인을 잘 흡수할 수 있으므로 토양수분을 확인한다. 　- 콩과 녹비작물과 돌려짓기하고 심근성 작물을 재배한다. • 작기 중 처방 : 인산질 함량이 많은 액비를 100배로 희석하여 1주 간격으로 3회 이상 처리한다.

③ 칼륨(K) : 세포 내 수분을 공급하고 공변세포에서는 증산으로 인한 수분손실을 조절해 세포의 팽압을 유지한다.

증상	• 잎 선단과 엽맥 사이가 황화되는데 잎 테두리가 고사하고 갈색 반점이 생긴다. • 마디가 짧아지고, 생육이 부진해진다. • 과실의 형태가 짧아지고 불량과가 발생한다.
진단	• 생육 초기 저온기에는 가스 장애와 비슷한 증상이 나타난다. • 증상이 발생한 잎의 위치가 중~하위 잎이면 칼륨 결핍일 확률이 높다.
처방	• 예방적 처방 　- 퇴비와 유기물을 충분히 시용하여 땅의 힘을 높여 준다. 　- 토양유기물 피복을 위해 영년생 피복식물을 활용한다. 　- 칼슘과 마그네슘이 적으면 칼륨 부족이 심하므로 균형적인 양분관리가 필요하다. • 작기 중 처방 : 칼리질 함량이 많은 액비를 100배로 희석하여 작물 주변의 토양에 1주 간격으로 3회 이상 처리한다.

CHAPTER 01 핵심이론 | **521**

④ 칼슘(Ca) : 세포막 중 중간막(펙틴과 결합형태)의 주성분으로 분열조직의 생장과 뿌리 끝 발육에 반드시 필요하다.

증상	• 어린잎에 부정형의 흰색 반점이 많이 생기며, 가장자리부터 시작하여 엽맥 사이가 황화되고, 잎이 작아진다. • 일조 부족과 저온 이후 맑은 날 고온에 생장점 부근 잎 가장자리가 고사한다.
진단	• 생장점 부위 어린잎이나 뿌리 끝이 괴사하면 칼슘 결핍이다. • 뿌리 표피에 코르크층이 생기고 뿌리가 짧고 갈색을 띠며 분지가 많은지 관찰한다. • 과실에서는 배꼽 부위가 흑색으로 변하고 부패한 배꼽 썩음 현상이 나온다.

처방	• 예방적 처방
	  – 토양산도를 관리한다.
	  – 퇴비와 유기물을 충분히 시용하고 경운하면 미생물의 유기물 분해를 촉진한다.
	  – 칼슘 요구가 많은 작물은 반드시 콩과 녹비작물과 돌려짓기하고 식물 잔사는 토양으로 돌려준다.
	• 작기 중 처방
	  – 칼슘은 이동이 어려운 양분이므로 재배환경을 관리한다.
	  – 시설재배 시, 광, 온도, 수분 등 최적 환경을 조성한다.
	  – 칼슘 함량이 많은 액비를 100배로 희석하여 작물 주변의 토양에 1주 간격으로 3회 이상 처리한다.

⑤ 마그네슘(Mg) : 엽록소의 구성 원소로 체내 이동이 용이하다.

증상	석회질이 많은 사질 토양에서 결핍 증상이 나타나고 작물의 오래된 하부 잎의 엽맥 사이가 퇴색한다.
진단	엽맥 사이에 황백화현상이 오래된 잎에서 일어나며 생장점의 발육이 나빠진다.

더 알아보기

황(S)
• 단백질, 아미노산, 효소 등의 구성성분으로 엽록소의 형성에 관여한다.
• 체내 이동성이 낮으며 황의 요구도가 큰 작물은 양배추, 양파, 파, 마늘, 아스파라거스 등이 있다.
• 결핍 시 새 조직에서 먼저 나타나며, 단백질 생성이 억제되어 콩과 작물에는 뿌리혹박테리아에 의한 질소고정이 감소한다.

철(Fe)
• 호흡효소의 구성성분으로 엽록소 형성에 관여한다.
• 결핍 시 어린잎부터 황백화하여 엽맥 사이가 퇴색한다.
• 과잉 시 P와 K의 흡수가 억제되며 잎에 갈색 반점 무늬가 나타나고 흑변하며 고사한다.

망가니즈(Mn)
• 동화물질의 합성과 분해, 호흡작용, 엽록소 형성에 관여한다.
• 과잉 시 만곡현상, 사과의 적진병이 발생한다.

붕소(B)
• 생장점 부근에 함량이 많아 결핍 시 분열조직에 갑자기 괴사를 일으킨다.
• 사탕무의 속썩음병, 셀러리의 줄기쪼김병, 담배의 끝잎마름병, 사과의 축과병이 나타난다.

규소(Si)
• 필수원소는 아니지만 벼과 작물에 함량이 많다.
• 병에 대한 저항성을 높이고 잎을 꼿꼿하게 세워 수광태세를 좋게 하며 증산작용을 줄여 한해를 줄이는 효과가 있다.
• 표피조직의 세포막을 규질화하여 병에 대한 저항성을 높인다.

(3) 기상재해 대응

① 기상재해 대응하기

냉해	• 재배 지역의 늦서리 일자를 확인하고 적기에 파종, 정식한다. • 냉해 저항성 작물 및 품종을 선택하여 재배한다. • 상습적인 냉해 지역에서는 주변에 방풍림을 조성하여 찬 바람을 막아 준다. • 피복 식물 재배와 유기물 시용으로 토양을 개선하여 서릿발 형성을 경감시킨다.
동상해	• 지역의 기후에 맞는 작물과 품종을 선택한다. • 작물을 건강하게 키워 동상해에 대응할 수 있게 한다. • 월동 피복 식물을 이용하여 보온한다. • 이랑을 높이고 뿌림골을 깊게 한다. • 파종 시기를 조절한다. 월년생 작물은 적기 파종하고 파종량을 늘린다.
고온해 기출 ★★★	• 동반 피복 식물을 재배하고 완충 지역을 넓혀 재배한다. • 비닐 멀칭보다는 유기물을 피복한다. • 한낮에는 살수 호스, 스프링클러를 이용하여 두상 관수를 실시한다.
수해	• 농경지 주변의 자연환경을 최대한 생태적으로 관리하며 산림 생태계를 보전한다. • 배수로와 배수 시설, 수로와 하천을 점검하여 수해 가능성을 줄인다. • 적기 적작을 하며 수해 상습지에는 수해에 강한 작물과 품종을 선택한다. • 파종기와 이식기를 조절해서 수해를 회피하고 작물을 건실하게 키운다.
풍해	• 방풍 울타리, 방풍림으로 바람의 세기를 줄인다. • 바람이 많은 지역에는 목초, 고구마 등 내풍성 작물을 선택하고 키가 작고 줄기가 강한 품종을 선택한다. • 작물을 건실하게 키워 내재해성을 키운다. • 태풍이 많은 계절은 피한다. • 배토를 충실하게 하고 지주를 단단하게 세운다.

② 시설 내 환경관리

㉠ 광 환경

- 시설 내 광 투과율 높이기 : 시설의 외피복재를 주기적으로 교체한다.
- 작물의 수광률 높이기 : 불필요한 시설을 없애 차광률을 낮춘다.
- 작물의 수광태세 개선 : 재식거리를 조절하고 적절하게 유인한다.
- 겨울 동안 다중피복 : 해가 뜨면 바로 이중피복을 제거한다.

㉡ 온습도 환경

- 환기
  - 주기적인 환기로 적절한 온도 내에서 습도를 최대한 낮춘다.
  - 천장 환기를 우선 하고 바람의 반대 방향이 우선 환기되게 한다.
  - 일출 직후 충분히 환기하여 작물의 결로를 억제한다.
  - 환기 온도는 난방을 고려하여 난방 온도보다 0.5~1.5℃ 높게 설정한다.
- 공기유동 팬
  - 시설을 밀폐하면 시설 내 풍속이 극히 낮아져 공기유동이 거의 없다.
  - 식물의 증산 작용은 공기와 기공 사이의 수증기압 차이에 의해 일어나는데 공기유동이 없으면 증산이 억제되고 공기유동이 있으면 증산이 계속 일어난다.
  - 공기유동 팬은 내부의 수평 온도 차를 줄이기 위해 사용되는데 흐린 날 환기창이 닫혀 있으면 공기유동 팬을 가동하고 천창이 열려 있으면 중지한다.

제4절 | 유기재배 잡초관리

1. 잡초 조사하기

(1) 잡초의 기본 개념

① 잡초의 특성

ㄱ 잡초는 가볍고 많은 종자를 다량으로 생산해 작물보다 번식에 유리하다.

ㄴ 잡초는 불량한 환경 조건에서도 적응력이 뛰어나 잘 자라고 생존할 수 있다.

ㄷ 잡초의 종자는 바람, 물, 동물에 의해 먼 거리까지 이동이 가능하도록 진화되었으며(공간적 전파) 휴면을 통해 오랜 기간 발아력을 유지할 수 있다(시간적 전파).

ㄹ 잡초는 발아와 초기 생육이 빨라 공간점유능력이 크다.

> **더 알아보기**
>
> **유기재배에서 잡초의 이로운 점**
> - 토양 침식 방지 및 피복 효과
> - 토양의 구조 개선
> - 토양 유기물 공급
> - 토양 미생물 활동 증진
> - 토양 생물의 다양성 증가

② 잡초의 분류

구분		1년생	다년생
논	화본과(벼과)	논피(강피), 물피, 돌피, 뚝새풀 등	겨풀, 나도겨풀, 물털참새피 등
	방동사니과 (사초과)	알방동사니, 바람하늘지기, 참방동사니 등	올챙이고랭이, 물고랭이, 매자기, 너도방동사니, 올방개, 쇠털골 등
	광엽잡초	물달개비, 물옥잠, 마디꽃, 밭뚝외풀, 미국외풀, 사마귀풀, 여뀌바늘, 여뀌, 한련초, 등에풀 등	가래, 올미, 벗풀, 개구리밥 등
밭	화본과	바랭이, 왕바랭이, 강아지풀, 돌피, 개기장 등	참새피, 띠 등
	방동사니과	방동사니, 금방동사니, 참방동사니 등	향부자 등
	광엽잡초	• 1년생 : 깨풀, 개비름, 중대가리풀, 명아주, 닭의장풀, 광대물, 여뀌, 쇠비름 등 • 월년생 : 냉이, 망초, 갈퀴덩굴 등	메꽃, 쑥, 씀바귀, 참소리쟁이 등

③ 잡초 방제

ㄱ 인간이 필요로 하는 식물을 재배하기 위하여 잡초의 발생을 수적, 양적으로 억제하는 수단을 말한다.

ㄴ 최근에는 완전 무잡초(weed-free)의 제초보다는 발생 허용 수준으로 유지시킴으로써 제초 노력도 줄이고 잡초에 의한 작물 경합 피해도 줄이고자 한다.

> **더 알아보기**
>
> **유기재배에서 잡초 방제** 기출 ★★★
> - 잡초 제거에 사용한 농기구는 매 사용마다 청소를 철저히 한다.
> - 연작보다 윤작(돌려짓기)하는 것이 잡초 방제에 효과적이다.
> - 잡초 발생지역에 가축을 방목하여 먹게 한다.
> - 미완숙퇴비에는 잡초 종자가 포함되어 있으므로 완숙퇴비를 사용하여 잡초 종자의 발아 가능성을 줄인다.
> - 종자의 비산 방지를 위하여 개화하기 전 잡초를 제거한다.

2. 논잡초 관리하기

(1) 예방적 방제(논에 유입되는 잡초 종자의 최소화 방법)

① 잡초 문제의 원인은 잡초의 종자와 영양체이므로 그 지역에서 생산되어 토양에 들어오거나 외부의 요인에 의해 옮겨지는 경로를 차단해 미리 방제한다.

② 논에 유입되는 잡초 종자의 최소화 방법

　㉠ 작물의 경합 증진, 적기·적량의 시비, 제한적 관개·경운, 돌려짓기, 잡초 종자 개화 전 제거

　㉡ 작물 종자의 정선

　㉢ 농기계·농기구의 청소

　㉣ 관개 수로의 관리

(2) 경종적 방제

① 가을 경운 : 수확 후 가을 경운은 덩이줄기가 형성되는 다년생 잡초(올방개, 올미, 너도방동사니, 쇠털골 등)의 덩이줄기를 겨울 동안 건조하여 잡초를 억제할 수 있다.

② 2번 이상 로터리 작업(써레질) 시행

　㉠ 논에 물을 대고 로터리 작업을 하면 잡초의 발아가 시작된다. 7일 간격으로 2번의 써레질을 하면 어린 잡초 싹이 논 속으로 갈려 묻히거나 물 위에 떠오르게 된다.

　㉡ 두 써레질 사이의 간격을 7일 이상으로 벌리면 잡초의 80% 이상이 발아하게 되므로 잡초 방제 효과가 좋아진다.

　㉢ 산소 요구도가 높은 잡초에 특히 효과가 있으며 두 번째 써레질이 끝난 뒤, 모내기는 빨리 실시한다.

③ 쌀겨 농법 　기출 ★★★

　㉠ 쌀겨를 논에 뿌려 유효 미생물을 증식시킴으로써 비료효과를 높이고 잡초의 발생도 억제하는 농법이다.

　㉡ 쌀겨를 뿌리면 햇빛을 차단하고 쌀겨가 발효하면서 미생물이 산소를 소비하여 용존 산소의 부족으로 잡초 종자의 발아가 억제된다.

　㉢ 쌀겨를 뿌릴 때는 바람이 없고 이슬이 없을 때 뿌리는 것이 좋다.

　㉣ 장단점 : 밑거름 역할, 미생물 활동으로 인한 지력 증진, 살포 시 노동력 필요, 청미 발생

④ 깊은 물 대기

　㉠ 용존산소량이 낮아져 잡초 발아에 필요한 산소 공급이 안 되는 원리로 잡초를 방제한다.

　㉡ 육묘 시 파종량을 60g 이하로 하고 15~18cm의 성묘로 키워 이앙하며, 이앙 직후에는 물 높이를 7~8cm로, 그 이후부터 출수 45일 전까지는 15~20cm로 깊게 관리한다.

　㉢ 써레질을 통해 수심 감소를 1~2cm로 줄이고 둑의 높이와 급수 조절 장치, 수위 조절 배수구를 설치한다.

⑤ 답전윤환

　㉠ 벼와 콩, 벼와 마늘·양파 등 논과 밭의 조건을 서로 바꿔 재배 시, 잡초 발생량이 70% 이상 줄어든다.

　㉡ 다년생 잡초 발생이 많은 논에서 밭으로 3년만 관리한다면 다년생 잡초의 덩이줄기를 50~100%까지 줄일 수 있다.

(3) 생물적 방제

① 생물적 방제법

구분	대상 동식물	비고
동물	대동물	오리, 돼지 등
	소동물(갑각류 포함)	왕우렁이, 달팽이, 참게, 잉어 등
	곤충	식이 선호도 이용
식물	allelopathy	타감물질 이용
미생물	사상균	미생물 제초제
	방선균	
	세균	

② 대표적인 생물적 방제법

ⓐ 왕우렁이 농법

- 왕우렁이 중패(250~300개/kg)는 모낸 후 5일 이내(써레질 후 7일)는 10a당 3kg 수준으로, 모낸 후 7일 이내는 5kg 정도 투입한다.
- 치패(약 2,000개/kg)는 정지 작업 직후 10a당 1kg을 투입한다. 치패는 써레질 직후 흙탕물 상태일 때 살포하므로 벼 어린모에도 피해를 주지 않는다.
- 왕우렁이는 토종 우렁이와 달리 껍질이 약하기 때문에 운반 및 살포 시 취급에 주의해야 한다. 논에 살포할 때도 절대 던지지 말고 논둑을 돌며 조심스럽게 뿌려주도록 한다.
- 논에 물을 깊게 대주어 풀이 물속에 잠겨 있는 시간을 길게 해줄수록 왕우렁이가 풀을 먹어 치울 수 있는 시간이 길어지므로 잡초 방제에 유리하나 벼 잎도 물에 잠기면 우렁이 먹이가 될 수 있으므로 적정한 선에서 깊게 해주어야 한다.
- 왕우렁이 치패는 온도가 너무 낮거나 높으면 먹이를 먹지 못하므로 온도관리에 힘써야 한다. `기출 ★★★`
- 효과 : 잡초 방제, 농약 사용 절감(토양 및 수질 오염 방지)

> **더 알아보기**
>
> 왕우렁이농법에 사용하는 왕우렁이는 열대성으로, 생존 가능한 한계 저온은 2℃이다. 토종우렁이와는 달리 겨울잠을 자지 않고 먹이를 계속해서 먹어야만 생존할 수 있는데, 이러한 왕우렁이가 월동하면 다음 해에 대량 증식하여 작물에 피해를 준다. 따라서 왕우렁이가 월동하지 못하게 논물을 말리거나 깊이갈이를 하거나 배수구에 철조망을 쳐 밖으로 이동하지 못하도록 관리하는 것이 중요하다.
> - 논물 마르게 하기 : 왕우렁이는 물속의 먹이를 먹어 논이 마르면 왕우렁이의 먹이가 수면 위로 드러나게 되어 먹이를 먹을 수 없게 된다.
> - 심경 : 깊이갈이를 통해 왕우렁이가 월동하는 은신처를 제거한다.
> - 배수구 철조망 치기 : 부화된 새끼와 성체가 탈출하는 것을 방지하기 위하여 관개용수 유입구와 배출구에 철망이나 대나무로 엮은 망을 설치하여 밖으로 이동하지 못하도록 한다. 특히 벼 담수 직파재배 논이 인근에 있으면 관리를 철저히 해야 한다.

ⓑ 오리농법 `기출 ★★★`

- 오리는 잎이 부드럽고 둥글며 다육질인 잡초를 좋아하여 논잡초 방제를 위해 이용한다.
- 오리가 활동하게 되면 지나가는 자리에 골이 형성되고 벼 포기에는 미약하지만 약간의 복토가 되어 대부분이 햇볕을 받아 발아하는 잡초의 발아 조건이 불량하게 되므로 잡초 발생을 억제한다(써레질 효과).

- 오리 종류 : 오리의 품종은 청둥오리 잡종으로 몸집이 작아야 좋다.
- 방사 시기 기출 ★★★ : 이앙 14일 후 모가 활착되고 잡초도 자라므로 이때 2주간 기른 새끼 오리를 맑고 따뜻한 오전에 300평(10a)당 25~30마리 정도 방사한다.
- 물 깊이는 오리가 걷지 않고 헤엄쳐 다닐 정도의 물 깊이를 유지해 준다.
- 오리를 꺼내는 시점 기출 ★★★ : 벼 이삭이 패고 나면 잎이 우거져 더 이상 풀이 자랄 수 없게 되므로 전체가 출수하면 오리를 꺼낸다.
- 방제가 가능한 잡초 : 피, 물달개비, 올방개, 방동사니류, 마디꽃, 여뀌, 뚝새풀, 중대가리풀 등
- 방제 불가능한 잡초 : 잎이 가늘고 직립형인 피와 올방개, 올챙이고랭이, 너도방동사니 등
- 효과
  - 써레질의 효과 : 부리와 갈퀴 및 온몸으로 논바닥을 헤집고 다녀 탁수·중경의 효과
  - 배설물로 인한 유기질 비료의 효과(화학비료의 1/3 절감)
  - 잡초 방제
  - 해충 제거(이화명충 등 각종 해충을 잡아먹음)

ⓒ 참게농법
- 참게는 잡식성으로 해충과 잡초를 먹어 병해충을 방제하여 벼농사에 이용할 수 있다.
- 왕성한 야간 활동으로 토양을 뒤집어 주고 물을 혼탁하게 하여 벼 뿌리의 생육을 촉진하고 배설물은 벼에 유효한 거름으로 사용되는 등 오리농법과 비슷한 효과가 있다.
- 방사 시기 : 모심기 후(5월 중순) 방사 → 3만 마리/1,000평(크기 약 1cm 내외)
- 특별한 관리는 필요 없으나 물 관리 및 2~3일 간격으로 사료만 적절히 공급하며 벼 수확 전후에 참게를 꺼내 시장에 출하(크기 약 8~10cm)한다.
- 효과
  - 무농약 재배가 가능하다.
  - 화학비료를 일반재배의 3% 이하로 사용할 수 있다.
  - 쌀 판매가격은 200% 비싸 농가 소득면에서 유리하다.

(4) 타감작용(allelopathy)

① 타감작용(상호대립억제작용) 기출 ★★★

ㄱ 식물이 생장하면서 일정한 화학물질이 분비되어 경쟁하는 주변의 식물의 생장이나 발아를 억제하는 작용을 말한다. 이 억제를 통하여 자신의 생존을 확보하고 생장을 촉진하는 결과를 얻게 되는 작용이다.

예 콩과 작물은 뿌리혹박테리아와 공생으로 대기 중의 질소를 고정하는데 뿌리혹세균의 뿌리혹박테리아 형성을 저해하는 물질

ㄴ 타감물질 : 자신을 방어하거나 주변의 생물을 공격하고자 분비하는 화학물질로, 식물의 경우 다른 식물의 생장과 발달을 저해한다.

예 침엽수의 뿌리에서 분비되는 물질은 초본류의 생육을 억제하고, 국화과 식물은 폴리아세틸렌과 같은 물질을 분비하여 주변 식물의 생육을 억제한다.

② 타감작용을 통해 잡초 발생이 억제되는 작물 **기출 ★★★** : 콩, 메밀, 헤어리베치, 호밀, 팥, 완두, 땅콩, 클로버, 귀리, 보리 등

3. 밭잡초 관리

(1) 예방적 방제

① 밭에서는 논보다 잡초와의 양분과 수분 경합이 심해질 수 있으므로 점적 관수 등을 이용한 작물 재배 관리의 합리화와 농기계 등의 오염원 제거, 가축 관리를 통한 잡초 종자 오염 방지 등이 필수적이다.

② **가축관리** : 방목하는 가축에 의해 멀리까지 전파될 수 있다. 또 이들이 섭취한 일부 종자들은 동물의 소화기관을 통과해도 살아남아 충분히 발효되지 않은 퇴구비는 잡초 종자의 전염원이 될 수 있으므로 충분히 부숙시켜 사용해야 한다.

③ **가묘상**

  ㉠ 가묘상 준비 : 가묘상은 포장이 준비된 후 바로 작물을 파종 또는 이식하지 않고 15일 정도 방치하면서 토양 표층에 있는 잡초가 충분히 발아할 수 있도록 유도한다.

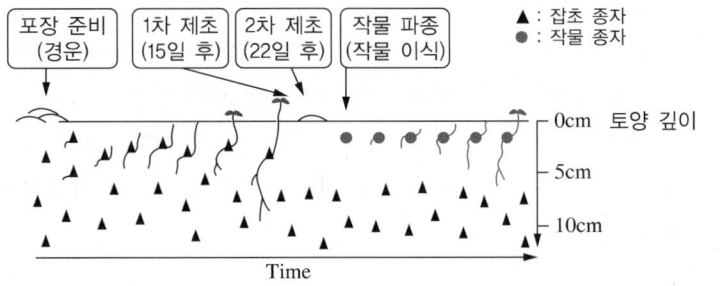

  ㉡ 얕은 경운 : 15일 후 잡초가 충분히 자란 뒤 얕은 경운 또는 화염 제초를 한다. 볕이 강한 맑은 날 5cm 정도 경운하는 것이 효과적이다. 7일 간격으로 2번의 얕은 경운 시, 80% 이상의 잡초를 억제할 수 있다. 화염 제초는 가스 토치로 발생한 잡초를 불로 태워 죽이는 방법으로 토양을 교란하지 않으므로 표면에 발생한 잡초만 효과적으로 방제할 수 있다. 따라서 작물을 파종한 후 발아까지 기간이 긴 당근·양파밭의 잡초 방제에 활용할 수 있다.

  ㉢ 작물 파종 및 정식 : 2번의 얕은 경운이 끝나면 바로 작물을 파종 또는 이식한다. 가묘상은 약 한 달 동안 지속시킨다. 잡초와 작물 간 경합 피해는 작물이 유아기에 있는 한 달까지가 제일 심하므로 이 시기까지 잡초의 밀도를 낮춰 준다.

(2) 경종적·물리적 방제

① 경종적 방제(재배적·생태적 방제)

ㄱ 윤작 예 콩과 작물–벼과 작물, 밀–메밀–피복작물

ㄴ 재식밀도 높이기

ㄷ 잡초 경합이 큰 품종 선정(유묘의 생장 속도가 빠르며 분지성, 엽면적, 수평형, 초장이 큰 품종)

ㄹ 피복작물 재배

- 피복작물은 토양 표면을 덮어 잡초 종자의 발아에 필요한 햇빛이 차단되어 발아가 안 되며 몇몇 피복작물은 상호대립억제작용(타감작용)에 의해 잡초의 생육을 억제한다. 피복작물은 토양에 양분을 공급하는 효과도 있다.

- 피복작물 재배 효과
  - 주 작물에 유기물 공급 및 질소 공급으로 토양 비옥도 및 토양 생산력 증진
  - 토양유실 방지 및 토양구조 개선에 의한 토양 물리성 개선(토양 침식 방지)
  - 유용 곤충의 서식처 제공에 의한 잡초 및 병해충 발생 억제
  - 양분 유실로 인한 부영양화 등 수자원의 오염 방지
  - 가뭄 피해 최소화(피복작물의 잔재물 수분 침투 증가, 증발 감소)
  - 빗물의 흐름을 느리게 하고 오염원을 여과하여 수질을 향상

- 벼과 피복작물 : 양분 흡수 능력이 뛰어나 과잉 염류에 대한 토양양분 조절에 효과적인 특성이 있다. 환원 가능한 유기물이 많아 토양유기물 함량 증가 및 물리성 개선에 뛰어나다. 옥수수, 보리, 호밀, 수단그라스 등이 있다. 호밀은 특히 잡초의 생육을 억제하는 타감물질 함량이 높아 잡초 방제에 효과가 크다.

- 콩과 피복작물 : 유기농업에서 염류집적을 피하면서 공중 질소를 공급하는 방법으로 탄질비(C/N율)가 적어 분해가 빨라 양분을 쉽게 이용할 수 있다. 클로버, 자운영, 헤어리베치, 알팔파 등이 있다.

더 알아보기

과수원의 초생재배 기출 ★★★
- 과수원에 1년생이나 다년생 풀을 키우거나 인위적으로 벼과 및 콩과 목초를 재배하는 것을 말한다.
- 나무 밑이라서 일조가 부족해도 잘 자라는 풀, 과수와 경합을 일으키지 않고, 병해충을 옮기지 않는 풀이 좋다.
- 재배시기는 겨울을 중심으로 관리되는 것과 여름을 중심으로 관리되는 두 가지로 나눌 수 있다.
- 겨울철 초생재배는 가을~봄 사이에 토양유기물 확보, 토양 투수성의 개선, 전정 작업의 효율화를 목표로 해서 최근 주로 포도, 배, 복숭아 과수원 등에 활용되고 있다.

더 알아보기

과수원의 토양표면 관리
- 청경재배(청경법) : 잡초, 풀 없이 깨끗한 상태로 토양을 관리하는 방법
- 초생재배(초생법) : 경사지나 과수원에서 풀을 재배하는 방법
- 멀칭재배(부초법) : 토양 표면에 비닐, 짚 등 다양한 멀칭 재료로 표면을 덮는 방법

ⓜ 시비 방법의 개선
- 작물의 흡비층에만 시비한다.
- 질소질 비료가 많으면 광엽잡초(엉겅퀴 등)가 많이 발생하고 양분이 너무 부족하면 갈대와 같은 벼과 잡초가 많이 발생한다.
ⓗ 토양산도 조절
ⓢ 답전윤환
ⓞ 제한 경운법(최소 경운 및 무경운) : 지표면에 유입된 잡초 종자가 토양 속으로 들어가지 못하도록 유도한다.
② **물리적 방제(기계적 방제)** 기출 ★★★ : 생육 중인 잡초나 휴면 중인 잡초의 종자 또는 잡초에 물리적인 힘을 가하여 가해 · 억제 · 사멸시키는 방법이다.
ⓖ 손 제초(소규모에서 실시)
ⓛ 경운

장점	단점
• 토양의 물리적 · 화학적 성질 개선	• 에너지 소모가 많음.
• 근류균 증식	• 토양 다짐 현상에 의해 토양 물리성이 악화
• 건토 효과(암모니아화 작용 촉진)	• 잡초의 발아 촉진
• 파종이나 이식 작업 용이	• 토양입단의 파괴
• 토양수분 조절 용이 : 과습토양의 토양 표면을 넓혀서 조절하는 효과	• 부분적으로 발생한 병원균을 전체적으로 전파
	• 토양 비옥도와 보수력 저하
• 잡초 발생 억제	• 빗물에 의한 토양 침식 조장

> **더 알아보기**
>
> **무경운의 이점**
> - 토양구조를 개선한다.
> - 토양유기물을 유지한다.
> - 토양 생명체 활동에 도움이 된다.
> - 토양 침식을 방지한다.

ⓒ 예취
ⓡ 피복(멀칭) : 농작물을 재배할 때 흙이 마르거나 비료가 유실되는 것, 잡초 방제 등을 위해 토양 표면을 위해 풀, 볏짚, 보릿짚, 낙엽 등의 유기물이나, 폴리에틸렌 필름, 자갈 등의 무기물로 덮어주는 것을 의미한다.

피복의 효과 기출 ★★★	비닐 피복의 문제점
• 잡초 발생 억제(흑색 비닐>녹색 비닐>투명 비닐)	• 한여름철 과도한 온도 상승
• 보온(투명 비닐>흑색 비닐)	• 장마철 토양의 과습 현상
• 수분 유지	• 작물 뿌리와 토양 미생물 생육 저해
• 토양 침식 방지	• 수거되지 못한 비닐로 인한 토양과 대기환경오염 등
• 지온 조절	
• 토양오염의 방지	
• 토양전염성 병균의 감염 방지	

ⓜ 열처리 : 대표적인 방법으로 화염 방사 제초, 가열 증기 제초로 기계적인 제초 다음으로 일반화된 방법이다. 화염에 의한 제초 방법은 포장 면적이 넓은 유럽의 유기 농가에서 일반적으로 사용되고 있다.
ⓗ 광선처리 : 적외선, 마이크로파, 방사선, 레이저 광선 등을 사용하는 제초 방법으로, 잡초에 직접 레이저 광선을 처리하여 제초하는 방법이다.

ⓢ 전기처리 : 전기 에너지를 이용하는 것으로 토양을 교란하지 않는다는 이점이 있으나, 많은 에너지가 필요하고 고압전기의 위험성 때문에 대중화되지 못하였다.

> **더 알아보기**
>
> **물리적 방제법을 화학적·생물적 방제와 비교했을 때 장점** `기출 ★★★`
> - 환경친화적이며, 비용이 적게 든다.
> - 방제효과가 지속적이고 안정적이다.
> - 저항성 문제를 해결한다.
> - 잡초 제거에 즉각적인 효과를 보인다.

제5절 | 유기재배 수확관리

1. 수확하기

(1) 작목별 적합한 수확시기

① 수확시기의 고려사항 : 작물의 상태(빛깔과 크기와 같은 외관과 당도 등), 저장 여부, 유통 환경, 기상 여건

② 수확시기 결정 기준

　㉠ 간이 검사를 통한 판별 : 당도 등의 검사를 통한 결정

　㉡ 재배 이력에 따른 결정 : 파종 또는 수정 후 일자에 따른 결정

　㉢ 감각에 의한 판별 : 크기와 모양, 외관과 색상, 표면 형태 등 주로 시각에 의한 판단

③ 수확시기 결정에 따른 고려사항

　㉠ 적숙 일수

　　• 만개기(꽃이 핀 시기) 또는 착과기(열매맺은 시기)부터 경과 일수에 따라 수확시기를 결정한다.

　　• 그해의 기상 조건과 재배환경 등의 여러 가지 요인에 경과 일수에 따라 당도나 착색 정도를 보면서 세부 일자를 결정한다.

　㉡ 당도 및 맛 측정

　　• 착과일 등을 역산하며 주기적으로 당도를 측정하여 알맞은 당도가 되었을 때 수확한다.

　　• 맛에 의한 결정은 성숙이 진행되어 품종 고유의 맛이 시작될 때를 보면서 판단한다.

　　• 판매·장기 저장 여부에 따라 성숙 정도를 달리하여 수확시기를 결정한다.

　　• 근래 과실류에서 비파괴 검사기를 이용한 수확시기의 판정이 시도되고 있다.

　㉢ 착색 정도

　　• 고유의 색깔이 날 때를 적숙기로 판정하여 수확한다.

　　• 따뜻한 지역에서는 착색보다 과실 내부 성숙이 빠르고, 서늘한 지역에서는 과실의 내부 성숙보다 착색이 빠르다.

　　• 저지대나 기상이 좋지 않은 곳은 착색이 지연되고 성숙이 늦어지므로 수확기 결정에 주의가 필요하다.

CHAPTER 01 핵심이론 | **531**

② 결구 정도

• 배추 등 결구채소를 대상으로 한다.

• 저장용은 결구도 약 80~90%(잎이 단단히 차 있으나 완전히 닫히지 않은 상태) 정도가 좋다.

• 즉시 출하용은 결구도 100% 가까이일 때 수확하되 빠른 출하가 필요하다.

• 관수는 결구 전까지 충분히, 후기에는 줄여야 하고, 질소를 과다 시비하면 병 저항성을 저하시켜 저장성이 낮아지므로 주의한다.

④ 수확시간

㉠ 과일이나 채소는 품온이 낮은 새벽이나 이른 오전에 수확하여 호흡열 상승과 품질 저하를 방지한다.

㉡ 낮 시간대에 수확 시 차광 및 온도 조절을 통해 품온 상승을 억제한다.

㉢ 낮에는 과일과 채소의 품온 상승으로 인하여 미생물 관리가 어렵고 품질이 급격히 떨어지므로 유의하여야 하며, 어쩔 수 없이 낮에 수확할 때는 농산물의 품온을 떨어뜨릴 수 있게 차광과 온도 조절을 한다.

더 알아보기

당도 측정

• 당도계를 이용하여 숙기를 판정한다.

• 당도는 브릭스를 단위로 하는데, °Brix로 표시한다.

• 국립농산물품질관리원의 규정에 따라 착즙한 후에 측정 기기를 이용하여 당도를 측정한다.

• 채취 및 착즙 부위

– 사과, 배, 단감, 복숭아, 자두, 감귤 : 과실의 크기에 따라 꼭지를 중심으로 세로로 4~8등분하여 품종 고유의 색깔이 가장 떨어지는 부분과 그 반대쪽을 선택한 후 품목별 제거 부위를 제외하고 착즙한다.

– 딸기 : 꼭지를 제거하고 전체를 착즙한다.

– 수박 : 크기에 따라 꼭지를 중심으로 세로로 4~8등분하여 X자(대칭)로 2조각을 선택하여 각각 절단한 후 제거 부위를 제외한 부위를 착즙한다.

– 참외, 멜론 : 꼭지와 꽃자리의 중간 부위를 수평으로 등분하여 등분별로 X자(대칭)로 2조각을 선택한 후 제거 부위를 제외하고 착즙한다.

• 채취 방법 : 착즙 부위를 적당한 크기로 절단한 후 소형 착즙기에 넣고, 거름망과 착즙 용기를 놓은 다음 착즙하여 잘 섞은 후 측정액으로 사용한다.

• 당도 측정 : 착즙한 측정액을 굴절당도계 프리즘(측정액을 넣는 곳)에 적당량을 넣은 후 측정한다.

더 알아보기

컬러차트(배)와 전분차트(사과)를 이용한 숙기 판정

• 컬러차트를 이용하여 배의 숙기를 판정한다.

– 컬러차트를 이용하여 수확하고자 하는 중앙부의 과피색 측정값을 구한다.

– 차트와 비교하여 과실 성숙 정도를 판정한다.

• 전분차트를 이용하여 사과의 숙기를 판정한다.

– 수확한 과실의 중앙부를 칼로 절단하여 2등분을 한다.

– 과실 자른 면에 아이오딘 용액을 살포한 후 약 5분 정도 색상 변화를 기다린다.

– 과실 표면에 염색된 정도를 전분차트와 비교하여 성숙 정도를 판정한다.

> 유기농산물 인증기준 – 산림 등 자연 상태에서 자생하는 식용식물을 굴취·채취 시(유기식품 및 무농약농산물 등의 인증에 관한 세부실시요령 [별표 1]) **기출 ★★★**
> • 채취 지역은 뚜렷이 구분될 수 있도록 채취 예정 구역도(축척 6천분의 1부터 1천200분의 1까지의 임야도 또는 위성항법장치에 채취 예정 면적을 표시한 것)를 작성하여 해당 지역에서 채취하여야 한다.
> • 채취예정량을 산정할 수 있도록 채취 예정 수량 조사서를 제시하여야 한다.
> • 채취는 산림자원의 조성 및 관리에 관한 법률을 준수하여야 한다.
> • 채취 과정에서 해당 지역 내 자생환경의 안정이 침해받지 않도록 하고 종의 유지에 문제가 없을 정도로 채취한다.
> • 채취 지역 이외의 지역에서 같은 품목을 채취하거나 취급하여서는 아니 된다.

(2) 수확 시 주의사항

① 수확 도구의 사용과 관리

㉠ 농산물 수확 시 손상 요인

- 취급 부주의 작업 과정으로 인한 기계적인 손상
- 포장이나 적재 시 내부가 눌려 압력으로 인한 손상
- 수확 시 오염에 의한 손상

㉡ 수확 작업 시 작물의 손상을 줄이는 방법

- 과일과 채소를 팰릿 위에 올려두고, 벽 사이, 바닥 사이에 간격을 띄워 둔다.
- 과채류 수확 후 운반할 때 진동이나 물리적 손상을 줄여 압상이 나지 않도록 한다.

㉢ 수확하는 과정에서 상처를 줄이는 방법

- 토마토 꼭지는 유통 중에 다른 과실에 상처를 유발할 수 있으므로 짧게 절단하여 수확한다.
- 근채류는 수확 시에 물리적인 손상이 많아 저장이나 유통 전에 큐어링(curing) 작업을 실시한다.

> **더 알아보기**
>
> **큐어링(curing)** **기출 ★★★**
> 작물의 저장 중 부패를 방지하기 위해 상처에 유상조직을 발달시키는 방법이다. 상처가 생긴 고구마를 온도 29~30℃, 습도 85%에서 10~14일 동안 처리하면 상처 바로 밑에 코르크의 보호층이 생겨 병원균의 침입을 방지함으로써 저장·유통 과정에서의 부패 등의에 의한 손실을 줄일 수 있다. 일반적으로 고구마, 감자 등에 활용된다.

② 위생 조치 및 오염 방지를 위한 대책

㉠ 수확 장비나 도구(운반 상자, 수확 도구 등), 운송 장비는 자주 세척, 소독하며 화학물질, 폐기물 근처에 저장되지 않도록 하고, 한낮의 고온에서 품온이 높은 것은 수확하지 않도록 한다.

㉡ 작업자가 전염병 증상이 있을 경우 작업을 하지 않도록 하여 위생관리에 힘쓴다.

③ 완충 지대 및 관행 농산물과의 혼입 방지를 위한 대책

㉠ 관생 농산물과의 병행생산의 경우 구분 관리계획을 세워 이행하여야 한다.

㉡ 인증 절차를 철저하게 이행하는 것이 필요하다.

㉢ 유기농산물의 수확 도구와 작업 장소를 일반 농산물과 분리하고, 전용 도구와 시설을 갖추어 혼용을 방지하고 수확을 이행하여야 한다.

CHAPTER 01 핵심이론 | **533**

> **유기농산물 수확 시 위생 조치(유기식품 및 무농약농산물 등의 인증에 관한 세부실시요령 [별표 1])**
> • 수확 및 수확 후 관리를 수행하는 모든 작업자는 품목의 특성에 따라 적절한 위생조치를 취하여야 하며, 싹을 틔워 직접 먹는 농산물, 어린잎 채소, 버섯류 등을 취급하는 작업자는 위생복·위생모·위생 화·위생 마스크·위생장갑을 착용하여야 한다.
> • 수확 후 관리 시설은 주기적으로 청소하고 사용하는 도구와 설비는 위생적으로 관리하여야 하며, 싹을 틔워 직접 먹는 농산물, 어린잎 채소, 버섯류 등을 취급하는 작업장 바닥과 통로는 작업 시작 전에 세척·소독하여야 한다.

2. 저장하기

(1) 저장 방법

① 유기농산물의 저장 방법

　㉠ 일반 저장

　　• 움저장 : 겨울철 배수가 잘되는 위치에 땅을 파고 농산물을 적재하고 짚 등으로 보냉시설을 하여 저장하는 방법이다.

　　• 지하저장 : 생강, 고구마 등을 땅속의 토굴에 저장하는 방법으로, 온도는 15℃ 부근, 습도는 90% 이상의 고습 조건에서 저장한다.

　㉡ 저온저장 : 농산물의 저온을 유통 단계까지 유지하는 것이 중요한데, 저장·유통 중에 온도 변화가 발생하여 결로 현상(땀 흘림 증상)이 발생하면 부패 되어 물리적 손상을 입을 수 있다.

　㉢ MA/CA저장 : 수확한 농산물의 대사 활동을 억제하기 위하여 저온조건 외에도 농산물 주변의 가스 조성을 변화시켜 선도를 유지하는 방법이다.

　　• MA(modified atmosphere)저장 　**기출 ★★★**

　　　– 가스 치환 포장 기법 중 한 가지로, 식품의 보존 기간을 늘리고 신선도를 유지하기 위해 포장 내부의 공기 조성을 인위적으로 조절하는 방법이다.

　　　– 일반적으로 포장 내부의 공기를 제거한 뒤 산소(O_2), 이산화탄소(CO_2), 질소(N_2) 등의 가스를 특정 비율로 혼합하여 주입한 다음 밀봉한다. 농산물의 경우 낮은 산소와 높은 이산화탄소 환경을 조성해 호흡 속도를 늦추고 숙성 및 노화를 지연시켜 신선도 유지한다.

　　　– 특정 온도에서의 호흡률과 투과성 필름을 이용해 포장 내부의 산소와 이산화탄소 농도를 조절하기도 한다.

　　• CA(controlled atmosphere)저장 　**기출 ★★★** : 저온 창고 내 이산화탄소 농도는 높게(2~5% 정도), 산소는 낮게(2~3% 정도) 설정하여 작물의 호흡작용을 억제함으로써 저장성을 개선하는 방법으로, 저온 시설과 가스 공급 조절을 위한 각종 센서 등의 고가 장비가 필요하다.

　　　※ 조성 조건 : 산소 3%, 이산화탄소 2~5%, 습도 85~90%, 온도 0~3℃이다.

② 유기농산물의 혼합 저장 : 유기농산물은 깨끗한 한 개의 저장고에 한 가지 농산물을 저장하는 것을 기본으로 하지만 여러 농산물을 함께 저장해야 한다면 적정 온도 및 에틸렌 민감도와 에틸렌 발생량을 확인하여 구분 저장한다.

작물의 종류	권장 수송 및 저장 온도			
	0~2℃	4~7℃	7~10℃	13~18℃
에틸렌에 민감한 작물 (에틸렌 발생과와 섞지 말아야 하는 작물)	아스파라거스, 양배추, 브로콜리, 당근, 콜리플라워, 셀러리, 근대, 치커리, 파, 케일, 부추, 상추, 파슬리, 시금치, 어린순무잎	콩, 강낭콩, 오이, 고추(매운맛)	가지, 수박	감자, 조생종 토마토(녹색)
채소 (에틸렌에 민감하지 않음)	무, 근대, 순무	-	파프리카	고구마, 토마토(숙성)
과일(매우 낮은 에틸렌 발생)	블루베리, 포도, 오렌지, 라즈베리, 딸기	대추, 감귤, 감, 석류	자몽(일부 품종), 파인애플	자몽(일부 품종)
에틸렌 발생 과일	사과, 살구, 키위, 복숭아, 배, 자두, 무화과	멜론	아보카도(미숙)	바나나

③ 저장 중 에틸렌 `기출 ★★★`

ㄱ 호흡급등형(클라이맥터릭) : 열매가 열린 후 지속적으로 감소하던 호흡이 성숙과정에서 일시적으로 급증하는 현상 예 토마토, 사과, 배, 복숭아, 살구, 바나나, 망고 등

ㄴ 호흡비급등형(논-클라이맥터릭) : 호흡급등현상을 보이지 않음 예 엽채류, 딸기, 오이, 고추, 가지, 포도, 호박, 감귤, 오렌지, 파인애플 등

④ 저장 전처리 : 저장 전 농산물의 품온을 미리 낮추는 예랭이나 수확 시 물리적 상처를 치유하는 큐어링 등을 통해 저장 중 농산물의 품질 유지를 위한 모든 행위를 말한다.

유기농산물 인증기준 – 기타(유기식품 및 무농약농산물 등의 인증에 관한 세부실시요령 [별표 1])

- 콩나물, 숙주나물 등 싹을 틔워 직접 먹는 농산물과 어린잎 채소는 그 원료(또는 종자)가 유기농산물이어야 한다. `기출 ★★★` 다만, 토양에 재배하면서 생육 중인 어린 작물체를 부분적으로 수확하여 보리순 등 어린잎 채소로 출하하는 경우에는 단서 조항을 적용할 수 있다.
- 토양을 기반으로 하지 않는 농산물은 수분공급 외에는 어떠한 외부 투입 물질도 허용이 금지된다.
- 식물공장에서 생산된 농산물은 제외한다.
- 유기 종자·묘는 유기농산물 인증기준에 적합하게 재배해야 한다. 다만, 작물의 적정한 영양 조절이나 병해충관리가 어려운 경우에는 공시된 유기농업자재를 사용할 수 있으나, 그 용도 및 사용 조건·방법 에 적합하게 사용하여야 한다.
- 병행생산의 경우 유기농산물과 일반농산물 또는 인증종류가 다른 농산물의 구분 관리 계획을 세워 이를 이행하여야 한다.
- 농장(포장) 내에 합성농약과 화학비료를 보관하여서는 아니 된다.
- 규칙 및 이 고시에서 정한 유기농산물의 인증기준은 인증 유효기간동안 상시적으로 준수하여야 하며, 이를 증명할 수 있는 자료를 구비하고, 국립농산물품질관리원장 또는 인증기관이 요구하는 때에는 관련 자료 제출 및 시료수거, 현장 확인에 협조하여야 한다.

---

(2) 혼입 방지를 위한 표시 방법

① 수확한 유기농산물 저장 시 다른 농산물과 혼합해서 저장하지 않는 것을 기본으로 한다.

② 유기농산물이 다른 일반 농산물과 섞이지 않도록 반드시 주의해야 하며, 저장 용기 등에 유기농산물임을 표시하여 구분할 수 있도록 하여야 한다.

③ 농산물 작업장은 식품위생법에 준하여 업종별 시설 기준인 식품위생법 시행규칙에 적합하여야 하며, 유기농산물은 법령에서 규정한 취급자 인증기준을 준수하여야 하고, 농산물의 입고 및 출고 내역을 기록 관리해야 한다.

④ 유기농산물은 인증품의 저장·유통 취급 과정에서 비인증품과 구분하여 관리하여야 한다. 이를 위해 유기농산물의 인증품에는 로트 번호, 표준 바코드 또는 전자 태그로 표시하는 게 효과적이며 법령에서 규정한 인증기준을 준수하여야 한다.

⑤ 일반 농산물과 같이 취급하여야 하는 경우 구분 관리를 위해서 저장고와 작업실을 분리하고 칸막이 등을 이용하여 구분하여야 한다.

> **저장 시 혼입 방지를 위한 작업(유기식품 및 무농약농산물 등의 인증에 관한 세부실시요령 [별표 1])**
> • 유기농산물의 저장, 수송 및 포장 시 저장·포장 장소와 수송 수단의 청결을 유지하고, 외부로부터의 오염을 방지하여야 한다. 특히 유기농산물을 포장하지 아니한 상태로 일반 농산물과 함께 저장 또는 수송하는 경우에는 그 구별을 위하여 칸막이를 설치하는 등 다른 농산물과의 혼합 또는 오염을 방지하기 위한 조치를 하여야 한다.
> • 저장장소와 컨테이너가 유기농산물만을 취급하지 아니하는 경우에는 그 사용 전에 허용물질에 해당하지 아니하는 농약이나 다른 처방으로부터의 잠재적인 오염을 방지하여야 한다.

(3) 저장고 관리하기

① 온도 : 0℃

② 습도 : 85~95%

③ 기타 관리 : 저장고를 환기하여 에틸렌과 유해가스를 제거하고 부패 농산물을 제거한다. 적정 적재량은 75%이다.

(4) 유기농산물의 품질 유지를 위한 허용물질

① 작업장에서 취급하는 농산물에는 방사선이나 화학약제 등을 사용할 수 없다.

> **유기농산물의 세척·소독에 사용 가능 물질(유기식품 및 무농약농산물 등의 인증에 관한 세부실시요령 [별표 1])** 기출 ★★★
> • 과산화수소, 오존수, 이산화염소수, 차아염소산수를 사용할 수 있으나, 유기농산물에 잔류되지 않도록 관리 계획을 수립하고 이행하여야 한다.
> • 방사선은 해충 방제, 식품 보존, 병원의 제거 또는 위생의 목적으로 사용할 수 없다. 다만, 이물탐지용 방사선(X선)은 제외한다.

② 세척용수 : 먹는 물 수질기준에 적합해야 한다. 기출 ★★★

③ 저장 관리에 허용되는 물질 : 제한적으로 키위, 바나나와 감의 숙성을 위하여 사용하는 것만 허용한다.

④ 물리적 저장관리 : 양파는 수확 후 MH 처리로 맹아를 억제하였으나 잔류성 문제로 인해 약제 사용이 금지되어 물리적 방법으로 저온과 함께 차압예랭 시설을 이용하면 맹아 발생이 억제된다.

⑤ 작업장이나 저장고 및 유통 시설에는 항상 위생에 유의하여 병해충 서식처의 제거 등의 예방 조치를 취하고, 예방적 조치가 부적합 경우에는 기계적·물리적 및 생물학적 방법을 통해 방제한다.

> **유기농산물의 저장구역 또는 수송 컨테이너에 대한 병해충 관리 방법(유기식품 및 무농약농산물 등의 인증에 관한 세부실시요령 [별표 1])**
> • 물리적 장벽
> • 소리·초음파
> • 빛·자외선, 덫(페로몬 및 전기유혹 덫)
> • 온도조절
> • 대기조절(탄산가스·산소·질소의 조절)
> • 규조토와 수송 수단의 청결을 유지하고, 외부로부터의 오염을 방지하여야 한다. 특히 유기농산물을 포장하지 아니한 상태로 일반 농산물과 함께 저장 또는 수송하는 경우에는 그 구별을 위하여 칸막이를 설치하는 등 다른 농산물과의 혼합 또는 오염을 방지하기 위한 조치를 하여야 한다.

3. 판매 관리하기

(1) 선별하기

① 농산물 선별을 위한 상품화의 주요 단계

ㄱ 등급화
- 불균일하고 다양하게 생산된 농산물을 일정한 기준에 따라 분류하는 단계이다.
- 유기농산물에 대한 등급 규정은 따로 없으며, 농산물의 등급 기준에 대해 국립농산물품질관리원에서 농산물 표준규격을 지정하고 있다.

ㄴ 규격화 : 농산물의 품질, 모양, 크기 등의 일정한 선별 기준에 따라 맞추어 나가는 과정으로 규격화라고 한다.

ㄷ 표준화
- 등급화와 규격화를 통해 농산물을 선별하고 이를 유통하기 편리하게 물류의 표준에 따라 통일하게 되는데 이를 표준화라고 한다.
- 표준화를 통해 농산물의 수송과 상하차 시의 효율성을 제고할 수 있다.

② 농산물 선별기준(농산물 표준규격)

ㄱ 유기농재배를 통한 친환경농산물의 품질에 대한 선별 기준이 따로 있지는 않다. 현재 농산물의 등급이나 표준화된 기준인 국립농산물품질관리원의 농산물 표준규격은 농수산물 품질관리법에 제시되어 있다.

ㄴ 개념 : 농산물을 통일된 기준에 맞도록 선별·포장하여 등급을 분류하고 규격 포장재로 출하

ㄷ 목적
- 농산물의 신용도와 상품성 향상으로 공정거래 촉진 및 농가 소득 증대
- 수송, 적재 등 유통비용 절감으로 유통의 효율성 제고
- 선별·포장 출하로 소비지에서의 쓰레기 발생 억제로 친환경 조성

ㄹ 농산물 표준규격의 구성

등급규격	고르기, 형태, 크기, 결점 등 품질 구분에 필요한 항목을 설정하여 특, 상, 보통으로 구분
포장규격	물류표준화에 적합하도록 거래단위, 포장 치수, 포장재료, 포장방법, 포장설계, 표시 사항을 규정

ㅁ 농산물 표준규격의 내용

등급규격	선별 상태, 색택, 모양, 당도, 결점 등에 의해 특, 상, 보통의 3단계로 구분
크기 구분	무게, 직경, 길이를 계량 기준으로 L, M, S 등의 5~10단계로 구분

유기농산물의 출하 시 표시 방법(유기식품 및 무농약농산물 등의 인증에 관한 세부실시요령 [별표 1])
- 인증품 출하 시 인증품의 표시기준에 따라 표시하여야 하며, 포장재의 제작 및 사용량에 관한 자료를 보관하여야 한다.
- 인증표시를 하지 않은 농산물을 인증품으로 판매하여서는 아니 된다. 다만, 포장하지 않고 판매하는 경우에는 납품서, 거래명세서 또는 보증서 등에 표시사항을 기재하여야 한다.
- 인증품에 인증품이 아닌 제품을 혼합하거나 인증품이 아닌 제품을 인증품으로 광고하거나 판매하여서는 아니 된다.

ⓗ 표준규격품의 표시 방법(농산물 표준규격 [별표 4])

<table>
<tr>
<td rowspan="16">의무 표시</td>
<td colspan="4">
• '표준규격품' 문구
• 품목
• 산지 : 농수산물의 원산지 표시에 관한 법률 시행령의 국산 농산물 표기에 따른다.
• 품종 : 품종을 표시하여야 하는 품목과 표시 방법은 다음과 같다.
</td>
</tr>
</table>

종류	품목	표시 방법
과실류	사과, 배, 복숭아, 포도, 단감, 감귤, 자두	품종명을 표시
채소류	멜론, 마늘	품종명 또는 계통명 표시
화훼류	국화, 카네이션, 장미, 백합	품종명 또는 계통명 표시
	위 품목 이외의 것	품종명 또는 계통명 생략 가능

• 등급 : 농산물의 등급규격에 따른다.
• 내용량 또는 개수 : 농산물의 실 중량을 표시한다. 다만, 농산물의 표준거래 단위에 따라 무게 또는 개수로 표시할 수 있는 품목은 다음과 같다.

종류	품목	표시 방법
과실류	유자	무게 또는 개수를 표시
채소류	오이, 호박, 단호박, 가지, 수박, 조롱수박, 멜론, 풋옥수수, 마늘, 무, 결구배추, 양배추	무게 또는 개수(포기 수)를 표시
화훼류	전 품목	개수(본수 또는 분수)를 표시

※ 무게 또는 개수의 표시는 농산물 표준거래 단위에 맞아야 하며, 3kg 미만의 내용물(개수) 확인할 수 있는 소(속)포장은 무게를 생략하고 개수(송이 수)만 표시할 수 있다.
• 생산자 또는 생산자단체의 명칭 및 전화번호
※ 생산자 또는 생산자단체의 명칭은 판매자 명칭으로 갈음할 수 있다.
• 식품 안전사고 예방을 위한 안전 사항 문구
 － 버섯류(팽이, 새송이, 양송이, 느타리버섯) : '그대로 섭취하지 마시고, 충분히 가열 조리하여 섭취하길 바랍니다' 또는 '가열 조리하여 드세요'
 － 껍질째 먹을 수 있는 과실류·채소류(사과, 포도, 금감, 단감, 자두, 블루베리, 양앵두(버찌), 앵두, 고추, 오이, 토마토, 방울토마토, 송이 토마토, 딸기, 피망·파프리카, 브로콜리) : '세척 후 드세요' 또는 '씻어서 드세요'
 ※ 세척하지 않고 바로 먹을 수 있도록 세척, 포장, 운송, 보관된 농산물은 표시를 생략할 수 있다.

권장 표시	당도 및 산도, 크기 구분에 따른 호칭 또는 개수, 포장 치수 및 포장재 중량, 영양성분

<table>
<tr>
<td rowspan="10">표시 방법</td>
<td>
• 포장재 겉면에 일괄 표시하되 품목, 생산자 또는 생산자단체의 명칭 및 전화번호, 권장 표시 사항은 별도로 표시할 수 있다.
• 의무 및 권장 표시 사항 외에 추가 표시 사항이 있는 경우에는 추가할 수 있다.
• 표시양식
</td>
</tr>
</table>

표준규격품					
품목		등급		생산자(생산자단체)	
품종		내용량	kg	이름	
산지		(개수)	( )	전화번호	
세척 후 드세요 또는 가열 조리하여 드세요					

• 포장재 치수 : 510×360×140mm, 포장재 중량 : 1,200g±5%
• 글자 및 양식의 크기와 표시 위치는 품목의 특성, 포장재의 종류 및 크기 등에 따라 임의로 조정할 수 있다.

(2) 인증품 표시

① 유기표시 기준(친환경농어업 육성 및 유기식품 등의 관리·지원에 관한 법률 시행규칙 [별표 6]) 기출 ★★★

ㄱ 유기표시 도형 : 유기농산물, 유기축산물, 유기임산물, 유기가공식품 및 비식용유기가공품에 다음의 도형을 표시하되, 유기 70%로 표시하는 제품에는 다음의 유기표시 도형을 사용할 수 없다.

ㄴ 표시 도형 내부의 '유기'의 글자는 품목에 따라 '유기식품', '유기농', '유기농산물', '유기축산물', '유기가공식품', '유기사료', '비식용유기가공품'으로 표기할 수 있다.

[유기표시 도형]

② 인증 정보 표시 방법(친환경농어업 육성 및 유기식품 등의 관리·지원에 관한 법률 시행규칙 [별표 7])

ㄱ 포장·용기 : 생산자(업체명, 성명), 전화번호, 사업장 소재지, 인증번호, 생산지 기출 ★★★

※ 생산, 제조·가공자의 표시(예시)

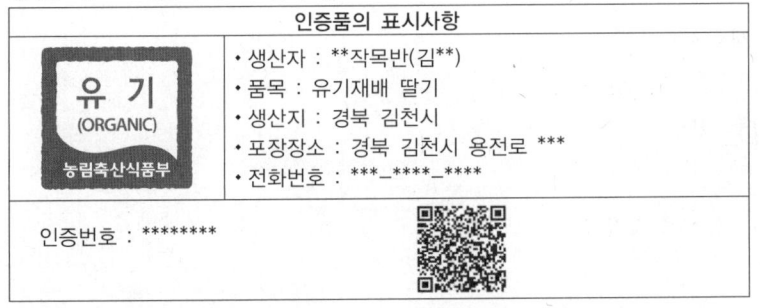

ㄴ 납품서, 거래명세서 : 포장·용기의 표기 내용에 다음 내용을 추가로 표시해야 한다.

- 공급하는 자의 명칭과 공급받는 자의 명칭
- 거래품목, 거래수량 및 거래일

ㄷ 표지판 : 인증품이 아닌 제품과 섞이지 않도록 판매대, 판매구역 등을 구분해야 한다.

※ 무공해, 저공해 등 소비자에게 혼동을 초래할 수 있는 표시를 해서는 안 된다.

유기생산물의 품질관리 등(유기식품 및 무농약농산물 등의 인증에 관한 세부실시요령 [별표 1])

- 유기농산물 포장재 : 식품위생법의 관련 규정에 적합하고, 가급적 생물분해성, 재생품 또는 재생이 가능한 자재를 사용하여 제작된 것을 사용하여야 한다.
- 합성농약 검출 원인이 비의도적 오염으로 확인된 경우, 합성농약 검출량은 식품위생법에 따라 식품의약품안전처장이 고시한 농약잔류허용기준의 20분의 1 이하이어야 하고, 같은 고시에서 잔류허용기준을 정하지 않은 경우에는 0.01mg/kg 이하이어야 한다. 기출 ★★★
- 인증품 출하 시 인증품의 표시기준에 따라 표시하여야 하며, 포장재의 제작 및 사용량에 관한 자료를 보관하여야 한다.
- 인증표시를 하지 않은 농산물을 인증품으로 판매하여서는 아니 된다. 다만, 포장하지 않고 판매할 시, 납품서, 거래명세서 또는 보증서 등에 표시사항을 기재하여야 한다.
- 인증품에 인증품이 아닌 제품을 혼합하거나 인증품이 아닌 제품을 인증품으로 광고하거나 판매하여서는 아니 된다.

(3) 인증신청 방법

① 인증대상자 : 유기농축산물 생산자, 유기가공식품제조 · 가공자, 비식용유기가공품제조 · 가공자, 취급자

> **더 알아보기**
>
> **인증대상(유기식품 및 무농약농산물 등의 인증에 관한 세부실시요령 제5조, [별표 1의2])** 기출 ★★★
>
> | | | |
> |---|---|---|
> | **농산물** | 유기농산물 · 무농약농산물 인증기준에 따라 재배하는 농산물(작물별 생육기간의 2/3가 경과되지 않은 농산물) | 3년생 미만 작물 : 파종일부터 첫 수확일까지 |
> | | | 3년 이상 다년생 작물(인삼, 더덕 등) : 파종일부터 3년의 기간을 생육기간으로 적용 |
> | | | 낙엽수(사과, 배, 감 등) : 생장(개엽 또는 개화) 개시기부터 첫 수확일까지 |
> | | | 상록수(감귤, 녹차 등) : 직전 수확이 완료된 날부터 다음 첫 수확일까지 |
> | **축산물** | 유기축산물 및 유기양봉의 인증기준에 따라 사육하는 가축과 그 가축에서 생산된 축산물(식육, 원유, 식용란) 및 양봉의 산물 · 부산물 | |
> | **가공식품** | 유기가공식품 · 무농약원료가공식품 인증기준에 따라 제조 · 가공하는 가공식품 | |
> | **비식용유기가공식품** | 비식용유기가공품 인증기준에 따라 제조하는 양축용 유기사료 · 반려동물(개 · 고양이에 한함) 유기사료 | |
> | **취급자 인증품** | 인증품의 포장단위를 변경하거나 단순 처리하여 포장한 인증품 | |

② 인증신청에 필요한 서류 기출 ★★★

　㉠ 인증신청서

　㉡ 인증품 생산계획서(취급계획서)

　㉢ 경영 관련 자료

　㉣ 사업장의 경계면을 표시한 지도

　㉤ 작업장의 도면

　㉥ 친환경농업에 관한 교육 이수 증명자료

> **더 알아보기**
>
> **경영 관련 자료(친환경농어업 육성 및 유기식품 등의 관리 · 지원에 관한 법률 시행규칙 [별표 5])** 기출 ★★★
> - 재배포장의 재배 사항을 기록한 자료 : 품목명, 파종 · 식재일, 수확일
> - 농산물 · 임산물 재배포장에 투입된 토양 개량용 자재, 작물 생육용 자재, 병해충 관리용 자재 등 농자재 사용 내용을 기록한 자료 : 자재명, 일자별 사용량, 사용목적, 사용 가능한 자재임을 증명하는 서류
> - 농산물 · 임산물의 생산량 및 출하처별 판매량을 기록한 자료 : 품목명, 생산량, 출하처별 판매량
> - 합성농약 및 화학비료의 구매 · 사용 · 보관에 관한 사항을 기록한 자료 : 자재명, 일자별 구매량, 사용처별 사용량 · 보관량, 구매 영수증
> - 규정에 따른 자료의 기록기간은 최근 2년간(무농약농산물의 경우에는 최근 1년간)으로 하되, 재배 품목과 재배포장의 특성 등을 고려하여 국립농산물품질관리원장이 정하는 바에 따라 3개월 이상 3년 이하의 범위에서 그 기간을 단축하거나 연장할 수 있다.

③ 인증 절차 : 신청인이 구비서류를 갖추어 인증기관에 인증신청을 하면 인증기관에서 서류심사와 현장심사를 거쳐 인증기준에 적합한 경우에 인증서를 교부하고 인증관리를 실시한다.

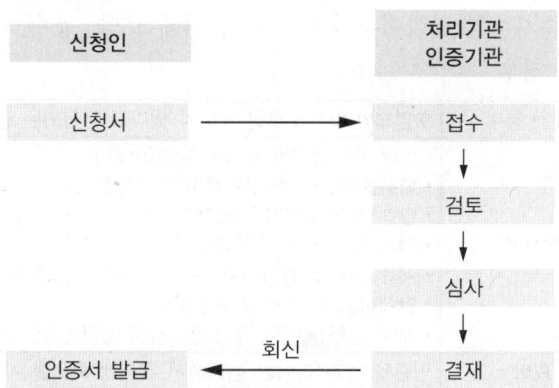

㉠ 인증심사원의 지정 : 접수 후 1인 이상의 인증심사원을 배정한다. 다음의 경우에는 인증심사원을 교체해야
한다.
- 자신이 신청인이거나 신청인 등과 민법에 해당하는 친족관계인 경우
- 신청인과 경제적인 이해관계가 있는 경우
- 기타 공정한 심사가 어렵다고 판단되는 경우
㉡ 서류심사
- 목적 및 대상 : 신청인이 제출한 자료가 인증기준에 적합한지 검토하여 신청서류와 요구된 자료 전체를
대상으로 심사한다.
- 서류심사 시, 확인해야 할 사항
  - 신청서류의 구비 여부 및 항목 누락 여부
  - 기재 내용이 인증기준에 적합한지 여부
  - 재배·생산 규모에 따른 생산계획의 적정성
  - 자료가 사실과 다르게 작성되었는지 여부
  - 인증신청 필지가 최근 1년간 인증기준 위반으로 문제가 있었는지 여부
- 결과 및 조치 : 인증기준에 적합한지 확인하고 자료 누락 시 보완 요청하며, 서류심사 완료 전 현장심사를
금지한다.
㉢ 현장심사
- 목적 및 대상 : 직접 방문하여 신청 내역과 실제 생산 활동이 인증기준에 적합한지 심사하며 작물이 생육
중이거나 가축이 사육 중인 시기, 인증품을 제조·가공 또는 취급 중인 시기(시제품 생산을 포함)에 심사
진행한다. 생산이 완료되는 시기에는 현장심사를 할 수 없다. 기출 ★★★
- 확인 사항
  - 신청 내역과 실제 생산 내역(재배면적, 축사면적 등)이 일치하는지
  - 인증신청 시 제출한 자료와 실제 경영 기록이 일치하는지
  - 인증품 생산·제조·가공·취급이 계획서대로 진행되는지
  - 금지물질이나 기록되지 않은 물질의 보관·사용 여부
  - 인증기준 적합 여부 및 생산관리자의 예비심사 여부

• 인증심사원은 인증기준의 적합여부를 확인하기 위해 토양, 용수, 생산물 등에 대한 검사를 실시한다.
– 검사가 필요한 경우

	토양·용수	오염되었거나 오염될 우려가 있다고 판단되는 경우
농림산물	생산물	• 최근 1년 이내에 농약이 검출된 경우 • 합성농약으로 처리된 종자를 사용한 경우 • 관행 재배지로부터 오염우려가 있는 경우 • GMO의 혼입이 우려되는 경우 • 서류심사 및 현장심사결과 농약사용이 의심되는 경우 • 단체심사 시 선정된 표본농가 • 개인 신청 농가(신규 신청, 갱신 신청농가는 3년 1회 이상 검사)
	퇴비	인증을 받지 아니한 농장에서 유래된 퇴비를 사용하는 경우
축산물	토양·용수	• 농림산물의 검사대상에 따르되 최근 5년 이내에 실시한 합성농약·중금속 검사성적이 없는 방사형 사육장의 토양 • 최근 5년 이내에 실시한 수질검사성적을 비치하지 않은 용수
	사료	사료에 동물용의약품·합성농약 성분이 함유된 자재의 사용 또는 GMO의 혼입·사용이 의심되는 경우
	축산물 [식육·시유(시판 우유)·알·혈청]· 가축분뇨·털	• 사육과정에서 동물용의약품 및 합성농약 성분 함유 자재를 사용하였거나 사용가능성이 있는 경우 • 단체심사 시 선정된 표본농가 • 개인 신청 농가

– 검사항목

농림산물	• 토양 　– 토양오염 특정 성분(특정 성분을 한정할 수 없는 경우 카드뮴, 구리, 비소, 수은, 납, 6가크로뮴, 아연, 니켈을 검정함) 　– 토양에 잔류하는 합성농약 성분 • 용수 : 농업용수(Ⅳ 등급) 또는 먹는 물 기준 성분 • 생산물 : 합성농약 성분, GMO • 퇴비 　– 합성농약 및 잔류 항생물질 　– 중금속 검사성분(카드뮴, 구리, 비소, 수은, 납, 6가크로뮴, 아연, 니켈) **기출 ★★★**
축산물	• 토양 : 토양은 농림산물의 기준 • 용수 : 생활용수 기준 성분 • 사료·축산물·가축분뇨·털 　– 합성농약 및 동물용의약품 성분 　– GMO

㉣ 추가심사·보완심사

• 추가심사가 필요한 경우

– 검사 필요 시 생육시기 등으로 검사를 못한 경우

– 신청인의 이행계획 실제 이행 여부 확인 필요 시

– 인증기준 적합성 추가 확인이 필요할 때

• 보완심사가 필요한 경우

– 가축전염병 방역조치가 필요한 경우

– 국민건강 위해 예방을 위해 심사방법 보완이 필요한 경우

ⓜ 심사결과 보고 : 인증심사원은 심사 완료 후 결과보고서를 작성하여 인증기관에 제출하고 보고서에는 서류·현장심사 결과 및 증빙서류, 검사 시 시료수거확인서와 검사성적서를 첨부한다.

ⓑ 심사결과의 판정 : 인증기관은 인증기준 모든 항목 적합 시 '적합' 판정하며, 적합 여부 확인이 불가한 경우 추가심사 및 심의 후 판정한다.

④ 인증 유효기간 : 인증서를 교부받은 날로부터 1년간으로 한다. [기출 ★★★]

⑤ 인증 갱신 및 인증품 인증 유효기간 연장 신청 : 국립농산물품질관리원장 또는 인증기관의 장에게 유효기간이 끝나는 날의 2개월 전까지 인증신청서에 필요한 서류를 첨부하여 제출하여야 한다.

(4) 유기농산물의 거래 방법

① 생산자와 소비자 간의 지역 내 유통

② 생활협동조합을 통한 공급

③ 대형유통업체를 통한 유통

④ 학교급식을 통한 유통

⑤ 친환경농산물 전문 매장(지역농협 등)을 통한 유통

⑥ 인터넷 쇼핑몰을 통한 유통

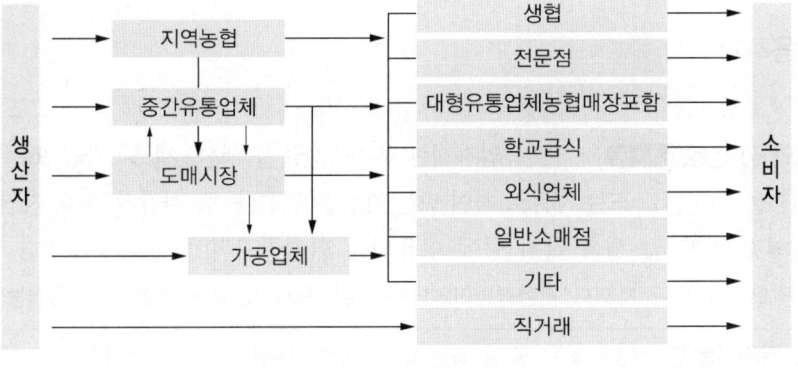

[친환경 농산물 유통경로]

(5) 출하에 필요한 기록·관리

① 영농일지 : 수확 후에도 관리하여 기록하면서 저장, 수송, 포장 과정에서 일반 농산물과 혼입되지 않게 구분할 수 있도록 증빙을 준비한다.

② 재배포장에 투입된 모든 영농자재와 관련된 자료

㉠ 사용량과 사용 목적

㉡ 영농자재 구입처(친환경농산물에 한함)

㉢ 인증을 받으려는 농산물의 생산량

㉣ 출하처별 판매량(친환경농산물에 한함)

③ 세척 및 소독 물질 사용 자료 : 잔류하지 않도록 관리계획을 수립하고, 출하 시 친환경농산물 표시기준에 따라 처리하였음을 기록한다.

④ 포장재의 제작 및 사용량에 관한 자료(포장을 위탁하는 경우 : 인증기관의 심사 후 가능)

수확(유기식품 및 무농약농산물 등의 인증에 관한 세부실시요령 [별표 1])

• 수확 및 수확 후 관리를 수행하는 모든 작업자는 품목의 특성에 따라 적절한 위생 조치를 취하여야 하며, 싹을 틔워 직접 먹는 농산물, 어린잎채소, 버섯류 등을 취급하는 작업자는 위생복·위생모·위생화·위생 마스크·위생 장갑을 착용하여야 한다.

• 수확 후 관리 시설은 주기적으로 청소하고 사용하는 도구와 설비는 위생적으로 관리하여야 하며, 싹을 틔워 직접 먹는 농산물, 어린잎채소, 버섯류 등을 취급하는 작업장 바닥과 통로는 작업 시작 전에 세척·소독하여야 한다.

• 규칙 및 이 고시에서 정한 유기농산물의 인증기준은 인증 유효기간 동안 상시적으로 준수하여야 하며, 이를 증명할 수 있는 자료를 구비하고, 국립농산물품질관리원장 또는 인증기관이 요구하는 때에는 관련 자료 제출 및 시료 수거, 현장 확인에 협조하여야 한다.

• 유기농산물의 생산 및 취급(수확·선별·포장·보관 등)에 이용되는 기구·설비를 세척·살균 소독하는 경우 허용물질을 사용할 수 있으나, 유기농산물·유기임산물 및 기구·설비에 잔류되지 않도록 관리계획을 수립하여 이행하여야 한다.

제6절 | 유기재배 농자재 제조

1. 유기농업자재 활용하기

(1) 유기농업자재

① 유기농업자재의 정의 `기출 ★★★` : 유기농업자재란 유기농산물을 생산, 제조·가공 또는 취급하는 과정에서 사용할 수 있는 허용물질을 원료 또는 재료로 하여 만든 제품을 말한다. 즉 사람과 가축, 자연에 해가 없으며 농작물에 양분공급, 병해충 억제 및 생육 촉진 등에 이용되는 환경친화적 물질을 총칭한다.

※ 비료 및 농약으로 등록된 자재도 친환경농어업법에 따른 공시기준에 충족할 경우 유기농업자재로 공시 가능하다.

'허용물질'이란 유기식품 등, 무농약농수산물 등 또는 유기농어업 자재를 생산, 제조·가공 또는 취급하는 모든 과정에서 사용 가능한 것으로서 농림축산식품부령 또는 해양수산부령으로 정하고 있다(친환경농어업 육성 및 유기식품 등의 관리·지원에 관한 법률 제2조 제7호).

> **더 알아보기**
>
> **유기농업자재의 이용** `기출 ★★★`
>
> • 유기농업자재는 자연에서 얻은 물질을 그대로 이용하거나 물리적·생물학적 방법으로 제조하여 사용하기도 한다.
>
> • 퇴비, 액비, 미생물제 등 대부분의 유기농업자재는 토양 내 미생물의 활성을 촉진하고, 작물의 생육 환경을 개선하는 역할을 한다.
>
> • 합성농약이나 화학비료에 비해 에너지를 많이 소모하지 않고 상대적으로 제조 과정이 단순하지만, 엄격한 관리 기준과 생산비 부담 때문에 관행농업자재에 비해 가격이 2배 이상 비싸다.
>
> • 유기농업에서는 합성화학물질의 첨가가 금지되어 있으며, 자연 유래 성분만 사용해야 한다.

② 유기농업자재의 종류

　　㉠ 토양개량 및 작물생육용 자재 : 토양에 처리하여 토양의 이화학성을 좋게 하거나 작물에 직·간접적으로 영양을 공급할 목적으로 사용되는 자재

　　㉡ 병해충 관리용 자재 : 작물에 발생하는 병과 해충을 동시에 직·간접적으로 관리하는 목적으로 사용되는 자재

③ 유기농업자재 공시를 나타내는 도형 또는 글자의 표시(친환경농어업 육성 및 유기식품 등의 관리·지원에 관한 법률 시행규칙 [별표 21])

공시 기관명

[유기농업자재 공시를 나타내는 도형]

　　㉠ 표시 도형 및 표기 사항

　　　　• 업체명·주소·전화번호

　　　　• 유기농업자재 공시 번호

　　　　• 자재의 명칭 및 구분과 상표명

　　　　• 제조장 소재지 또는 수입원산지(국가, 제조사)

　　　　• 제조 또는 수입 연월일

　　　　• 유통기간

　　　　• 주성분(원료)명·함량, 실중량, 사용 방법

　　　　• 국립농산물품질관리원장이 정하여 고시한 독성시험결과에 따른 표시문구 및 그림문자

　　　　• 보관·사용 시 주의사항

　　　　• '이 자재는 효과와 성분함량 등을 보증하지 않고 유기농산물 생산을 위해 사용 가능 여부만 검토한 자재입니다'라는 문구를 표기하여야 한다(농약관리법에 따라 등록된 농약 또는 비료관리법에 따라 등록 또는 신고된 비료인 경우에는 생략 가능).

　　　　• 농약피해(약해) 또는 비료피해(비해) 시험을 실시한 작물명

　　㉡ 효능·효과를 표시하려는 경우의 표기 사항

　　　　• 효능·효과와 관련된 시험성적서를 제출하는 경우에는 공시품의 표기 사항 외에 다음 사항과 '효능·효과는 공시사업자가 제출한 시험성적서에 준하여 표시하였음을 확인합니다'라는 문구를 반드시 표기하여야 한다.

　　　　　– 효능(적용대상 작물명, 병해충명, 약효, 비효 등) 관련사항

　　　　　– 비효·비해 시험성적에 따른 작물명 또는 약효·약해 시험성적에 따른 작물명 및 병해충명

　　　　• 공시품의 표기 사항에 따른 시험성적서를 제출하지 않은 유기농업자재 중 농약관리법에 따라 등록된 농약 또는 비료관리법에 따라 등록 또는 신고된 비료인 경우에는 '이 제품은 농약으로 등록된 유기농업자재입니다' 또는 '이 제품은 비료로 등록된 유기농업자재입니다'라는 문구를 표기하여야 한다.

　　㉢ 유기농업자재 공시 표시의 세부적인 기준은 국립농산물품질관리원장이 정하여 고시한다. 기출 ★★★

④ 유기농업자재 공시의 심사 절차(친환경농어업육성 및 유기식품 등의 관리·지원에 관한 법률 시행규칙 [별표 18])

  ㉠ 현장심사 → 제품심사 → 서류심사 → 종합심사

   • 현장심사

   • 제품심사 : 공시기관은 신청인이 제출한 시료에 대해 외관검사를 실시해야 하며, 필요한 경우에는 주성분의 정성·정량분석을 하거나 유해성분(병원성미생물을 포함), 농약성분, 항생물질 등을 분석할 수 있다.

   • 서류심사 : 제출서류 중 독성 시험성적서에 대해 국립농산물품질관리원장이 정하는 바에 따라 국립농업과학원장에게 심사를 받아야 한다.

[공시의 신청 및 갱신신청 시 제출 자료 및 서류]

제출 자료 및 서류	토양개량·작물생육	병해충 관리
1. 원료·재료의 특성 등에 관한 자료	○	○
2. 이화학(미생물검정) 검사성적서		
가. 주성분		
1) 주성분 검사성적서 및 분석방법	○	○
2) 미생물 동정 검사성적서	○	○
3) 천적 검사성적서	○	○
4) 주성분에 대한 성분량	△	△
나. 유해성분		
1) 유해중금속 검사성적서	○	
2) 병원성미생물 검사성적서	○	○
3) 항생물질 검사성적서	○	
4) 잔류농약 검사성적서	○	○
5) 리친(Ricin) 검사성적서	△	
3. 식물에 대한 시험성적서		
가. 유식물 비료피해(肥害) 시험성적서	○	
나. 비료효과(肥效)·비료피해 시험성적서	△	
다. 유식물 농약피해(藥害) 시험성적서		○
라. 농약효과(藥效)·농약피해 시험성적서		△
4. 독성에 대한 시험성적서		
가. 인축독성 시험성적서	△	○
나. 환경독성 시험성적서	△	○
5. 제조공정, 품질관리 등에 대한 자료(원료·재료 및 제품)		
가. 제조공정	○	○
나. 품질관리	○	○
6. 포장지 표기사항에 관한 자료	○	○
7. 시료 500g(mL). 다만, 병해충 관리용 시료는 100g(mL)로 한다.	○	○
8. 그 밖에 국립농산물품질관리원장이 정하여 고시하는 서류 및 시험성적서	○	○

⑤ 유기농업자재 공시번호 부여

  ㉠ 공시번호는 '공시-공시기관번호-자재종류별 분류기호-일련번호'를 결합하여 부여한다.

  ㉡ 공시기관번호는 유기농업자재 정보시스템에 게시된 공시기관 지정번호로 한다.

ⓒ 자재종류별 분류기호는 토양개량용 자재 '1', 작물생육용 자재 '2', 토양개량 및 작물생육용 자재 '3', 병해관리용 자재 '4', 충해관리용 자재 '5', 병해충관리용 자재 '6'으로 한다.

ⓡ 일련번호는 해당 공시기관의 자재종류별 일련번호로 한다.

ⓜ 공시를 받은 유기농업자재의 유효기간 갱신 신청 등으로 공시기관이 변경되는 경우에는 신규로 번호를 부여받아야 한다.

유기농어업자재의 공시(친환경농어업 육성 및 유기식품 등의 관리 · 지원에 관한 법률 제37조 제1항)

농림축산식품부장관 또는 해양수산부장관은 유기농어업자재가 허용물질을 사용하여 생산된 자재인지를 확인하여 그 자재의 명칭, 주성분명, 함량 및 사용방법 등에 관한 정보를 공시할 수 있다.

더 알아보기

유기농업자재에 혼입되어서는 안 되는 물질(친환경농어업 육성 및 유기식품 등의 관리 · 지원에 관한 법률 시행규칙 [별표 1])
- 인체 · 식물 · 동물에 해롭게 할 수 있는 병원성미생물 원균이 함유되거나 오염된 원료 · 재료
- 유전자를 변형한 물질이 함유되거나 오염된 원료 · 재료
- 항생제 · 합성항균제 및 합성호르몬이 함유되거나 오염된 원료 · 재료
- 합성농약 성분이 함유되거나 오염된 원료 · 재료
- 병해충 또는 병해충이 함유되거나 오염된 원료 · 재료
- 도축이 금지된 가축과 그 가축의 사체 · 축산물 및 부산물
- 석면이 함유되거나 석면에 오염된 원료 · 재료
- 아주까리 및 아주까리 유박을 사용한 자재는 리친(ricin)의 유해성분 최대량을 초과하지 않을 것

---

(2) 허용물질(친환경농어업 육성 및 유기식품 등의 관리 · 지원에 관한 법률 시행규칙 [별표 1])

① 토양 개량 및 작물 생육용 **부록 '허용물질' 반드시 참조 ★★★** : 농장 및 가금류의 퇴구비, 퇴비화된 가축배설물, 건조된 농장 퇴구비 및 탈수한 가금류의 퇴구비, 가축분뇨를 발효시킨 액상의 물질, 식물 또는 식물 잔류물로 만든 퇴비, 버섯재배 및 지렁이 양식에서 생긴 퇴비, 지렁이 또는 곤충으로부터 온 부식토, 식품 및 섬유공장의 유기적 부산물, 유기농장 부산물로 만든 비료, 혈분 · 육분 · 골분 · 깃털분 등 도축장과 수산물 가공공장에서 나온 동물 부산물, 대두박, 쌀겨 유박, 깻묵 등 식물성 유박류, 제당산업의 부산물(당밀, 비나스), 유기농업에서 유래한 재료를 가공하는 산업의 부산물, 오줌, 사람의 배설물(오줌만인 경우는 제외), 벌레 등 자연적으로 생긴 유기체, 구아노, 짚, 왕겨, 쌀겨 및 산야초, 톱밥, 나무껍질 및 목재 부스러기, 나무 숯 및 나뭇재, 황산칼륨, 랑베나이트(해수의 증발로 생성된 암염) 또는 광물염, 석회소다 염화물, 석회질 마그네슘암석, 마그네슘암석, 사리염(황산마그네슘) 및 천연석고(황산칼슘), 석회석 등 자연에서 유래한 탄산칼슘, 점토광물(벤토나이트 · 펄라이트 · 제올라이트 · 일라이트 등), 질석(vermiculite, 풍화한 흑운모), 붕소 · 철 · 망가니즈 · 구리 · 몰리브덴 및 아연 등 미량원소, 칼륨암석 및 채굴된 칼륨염, 천연 인광석 및 인산알루미늄칼슘, 자연암석분말 · 분쇄석 또는 그 용액, 광물을 제련하고 남은 찌꺼기(베이직 슬래그), 염화나트륨(소금) 및 해수, 목초액, 키토산, 미생물 및 미생물 추출물, 이탄(eat), 토탄(peat moss), 토탄 추출물, 해조류, 해조류 추출물, 해조류 퇴적물, 황, 주정 찌꺼기 및 그 추출물(암모니아 주정 찌꺼기는 제외한다), 클로렐라(담수녹조) 및 그 추출물

CHAPTER 01 핵심이론 | **547**

② 병해충 관리용 부록 '허용물질' 반드시 참조 ★★★ : 식물 추출물(제충국, 데리스, 쿠아시아, 라이아니아, 님), 해수 및 천일염, 젤라틴, 난황, 식초 등 천연산, 누룩곰팡이속(Aspergillus spp.)의 발효 생산물, 목초액, 담배잎차(순수 니코틴 제외), 키토산, 밀랍 및 프로폴리스, 동식물성 오일, 해조류·해조류 가루·추출액, 인지질(lecithin), 카세인(유단백질), 버섯 추출액, 클로렐라(담수녹조) 및 그 추출물, 천연식물(약초 등)에서 추출한 제재(담배 제외), 식물성 퇴비 발효 추출액, 구리염, 보르도액, 수산화동, 산염화동, 부르고뉴액, 생석회(산화칼슘) 및 소석회(수산화칼슘), 석회보르도액 및 석회유황합제, 에틸렌, 규산염 및 벤토나이트, 규산나트륨, 규조토, 맥반석 등 광물질 가루, 인산철, 파라핀 오일, 중탄산나트륨 및 중탄산칼륨, 과망가니즈산칼륨, 황, 미생물 및 미생물 추출물, 천적, 성 유인물질(페로몬), 메타알데하이드, 이산화탄소 및 질소가스, 비누, 에틸알코올, 허브 식물 및 기피식물, 기계유, 웅성불임곤충

2. 토양양분관리 자재 제조하기

(1) 목적별 토양양분관리 자재 선택·활용

① 농업 미생물 배양하기

생선 아미노산 액비와 휴믹산(또는 포도당)	• 재료 : 배양기, 배지, 바실루스 서브틸리스 미생물(시·군 농업기술센터에서 분양받음), 생선 아미노산 액비 (0.1%), 포도당(또는 휴믹산) • 배양 순서 – 포도당(혹은 휴믹산), 생선 아미노산 액비(0.1%)를 미생물 배양기에 첨가한다. – 배양액을 100℃ 이상에서 30분 이상 멸균한다. – 30±5℃에서 2일 이상 배양한 후 7일 이내에 10~100배 희석하여 사용한다.
혼합곡과 천일염(액체배양)	• 재료의 특성 – 혼합곡 : 다양한 영양분을 통해 미생물이 잘 자란다. – 당밀 : 바실루스와 같은 유용 미생물이 잘 자랄 수 있도록 도와준다. – 천일염 : 다양한 미량원소가 미생물 생장에 도움을 준다. • 배양 순서 – 물에 혼합곡(5g)을 넣고 12시간 정도 불린다. – 물 100mL를 첨가한 후 믹서로 곱게 부순 다음 물을 첨가하여 10L로 만든다. – 혼합곡 분쇄액에 천일염 10g(0.1%)과 당밀 100mL(1%)를 첨가하여 압력밥솥에 넣고 40분간 끓인다. – 배지 온도가 낮아지면 미생물(0.1%)을 접종하고 25~30℃에서 2일 이상 배양하여 사용한다.
곡류 종자(고체배양)	• 재료의 특성 : 곡류의 다양한 영양원이 적절한 수분을 만나면 대부분의 미생물이 잘 자란다. • 배양 순서 – 곡류(쌀, 보리, 옥수수 또는 콩)를 하룻밤 물에 담근다. – 50mL를 내열성 지퍼백에 넣고 121℃에서 30분간 2회 고압 멸균한다. – 각각 멸균한 지퍼백에 전 배양한 바실루스서브틸리스 균주 현탁액 10mL를 접종하고 잘 섞은 다음 적정온도 (25~32℃)에서 배양하고 배지는 1~2일 간격으로 흔들어서 골고루 섞어 14일 동안 배양한다.

② 공시 유기농업자재 활용하기(BT제 활용하기)

병해충 예찰 및 자재 선택	• 해충 발생 예찰 : 피해 작물의 해충 파악, 트랩 활용(페로몬 트랩 또는 황색 끈끈이 트랩) • 자재 선택 및 구입 : 미생물제인 BT제 선택 ※ 황색 끈끈이 트랩에서 확인할 수 있는 진딧물, 총채벌레, 가루이, 노린재 등은 BT제 약효과가 없으므로 님, 고삼, 제충국 등의 성분이 함유된 유기농업자재를 선택한다.

548 | PART 03 실기(필답형)

유기농업자재를
사용 방법에 따라 활용
	• 주의 사항 : 비티제는 어린 유충에는 효과가 좋으나 노숙 유충에는 효과가 떨어진다. 살포하기 전에 수시로
	  살펴보아 발생 초기에 살포해야 효과적으로 방제할 수 있다.
	• 약제 살포
	  – 살포 시기를 결정한다.
	  – 약제의 사용 방법을 숙지하고 약제를 희석하여 살포액을 만든다.
	  – 오후나 저녁에 잎에 약제가 충분히 묻도록 잎 뒷면에 있는 해충을 방제하기 위해 밑에서 골고루 살포한다.
	  – 전착제를 혼합하여 사용하면 효과를 높인다.
	  – 난황유를 BT제와 혼합하면 나방류 해충뿐만 아니라 미소해충을 같이 방제할 수 있다.

유기농업자재의 특성 파악 및 관리	• 미생물을 이용한 작물 보호제는 효과 지속 기간이 짧으므로 9일 간격으로 살포한다. • 개봉 후 즉시 사용하고 사용 전에 냉장 보관 시 미생물의 활력이 높아진 상태를 유지할 수 있다.

토양유기물의 사용(유기식품 및 무농약농산물 등의 인증에 관한 세부실시요령 [별표 1])
• 토양에 투입하는 유기물은 유기농산물의 인증기준에 맞게 생산된 것이어야 한다.
• 법령에 제시한 재배 방법으로 작물의 적정한 영양공급 또는 토양의 영양상태 조절이 불가능한 경우에 허용물질이나 공시된 유기농업자재를
  사용할 수 있으나, 그 용도 및 사용 조건·방법에 적합하게 사용하여야 한다.

더 알아보기

목초액 기출 ★★★
나무를 숯으로 만드는 과정에서 발생한 연기를 액화시킨 후, 숙성 과정을 거쳐 유해물질을 제거하여 얻은 액체이다. 주요 성분은 초산(3~7%)
으로, 옅은 붉은색을 띠며 특유의 강한 냄새가 나며, 발근과 토양미생물의 활성화 효과가 있어 유기농업에서 작물생육용으로 사용 가능하다.

(2) 지역 내 농자재 제조를 위한 원료 확보

① 지역에 따른 확보 가능한 물질을 파악한다.

㉠ 벼 주산지 : 쌀겨, 볏짚 등 농산 부산물

㉡ 산간지 : 부엽토, 나무 부산물 등

㉢ 도시근교 : 난각 등

㉣ 해안가 : 생선부산물, 패화석, 해조류 등

㉤ 축산농가 : 각종 가축 분뇨 등 축산 부산물

② 주변에서 확보하기 어려운 물질은 유기농업에 허용되는 과정으로 생산된 물질을 구입하여 사용한다.

③ 유기농업자재에 부합하는지 친환경농어업 육성 및 유기식품 등의 관리·지원에 관한 법률 시행규칙에 제시된
   허용물질을 확인한다.

(3) 토양양분관리 자재 제조

① 생선 액비

재료	고등어 부산물 1kg, 당밀 300g
제조하기	• 먼저 액비 통에 고등어 부산물을 담는다. • 흑설탕 혹은 당밀을 고등어 부산물 대비 30%를 첨가한다. • 용기 입구를 비닐로 잘 밀봉한 후 비닐에 작은 구멍을 여러 곳 뚫어 준다. • 제조한 액비는 바로 사용하지 않고 뚜껑을 덮고 6개월 이상 발효한다.
처리하기	정식 2주 후부터 일주일 간격으로 100~1,000배 희석하여 생육 전기간 관주처리한다.
보관·관리하기	제조 후 햇볕이 닿지 않는 서늘한 곳에 보관한다.

※ 효과
- 풍부한 양분과 다양한 아미노산 성분이 함유되어 작물 생육을 촉진하는 역할을 한다.
- 질소, 인산, 칼리 등 비료 성분이 다른 액비에 비하여 많다.

② 어분 액비

재료	어분 4kg, 건조 효모 400g, 당밀 200g
제조하기	• 준비된 액비 통에 어분, 당밀, 건조 효모를 차례로 혼합한다. • 물 20L를 넣고 저어 주어 재료가 잘 섞일 수 있도록 한다. • 용기 입구를 비닐로 잘 밀봉한 후 비닐에 작은 구멍을 여러 곳 뚫어 준다. • 제조한 액비는 뚜껑을 덮고 3개월 발효시켜 사용한다.
처리하기	오이에 적용 시, 어분 액비 200배액을 정식 2주 후부터 생육 전기간 공급한다.
보관·관리하기	• 제조 후 질소 함량이 낮아지므로 최대한 빨리 사용한다. • 제조 후 햇볕이 닿지 않는 서늘한 곳에 보관한다.

③ 골분 액비

재료	골분 4kg, 당밀 1.5kg, 미생물 0.4L
제조하기	• 액비통에 골분, 당밀, 미생물을 차례로 혼합한다. • 미생물 대신 부엽토 혹은 요구르트를 사용할 수 있다. • 물 12L를 넣고 저어 주어 재료가 잘 섞일 수 있도록 한다. • 용기 입구를 비닐로 잘 밀봉한 후 비닐에 작은 구멍을 여러 곳 뚫어 준다. • 제조한 액비는 바로 사용하지 않고 뚜껑을 덮고 3개월 발효시켜 사용한다.
처리하기	관주용으로 처리한다.

④ 천연 칼슘 액비

재료	난각(달걀껍데기) 1kg, 식초 20L ※ 난각은 2일 이상 완전히 건조하여 가루로 만든다. 믹서를 이용해 분말로 만들어 사용하면 효과적이다.
제조하기	• 식초 1말(20L)에 달걀껍데기 1kg을 조금씩 저으면서 넣는다. • 보관하기 : 20~25℃에 보관하며, 하루 한 번씩 잘 저어 준다. 보관 시 용기를 밀봉하면 내부에 가스가 차 터질 우려가 있으므로 뚜껑을 열어 놓는다. • 7일 뒤 달걀껍데기가 가라앉아 더 이상 기포 발생이 없어지면 수용성 칼슘이 완성된다.
처리하기	• 완성된 난각 칼슘은 500배에서 200배로 희석하여 작물의 엽면에 골고루 살포한다. • 난황유 등과 같이 혼용하여 작물에 사용하면 효과적이다.
보관·관리하기	망사 자루를 이용하여 걸러서 냉암소에 보관한다.

※ 효과 : 고온기 칼슘 결핍장애 해소, 무름병 등 각종 병해에 방제

⑤ 미강·참깨 액비

재료	미강 2kg, 참깨 깻묵 2kg, 당밀 0.4kg, 건조 효모 0.2kg
제조하기	• 액비를 만들 통에 미강, 참깨 깻묵, 당밀, 건조 효모를 차례로 혼합한다. • 물 20L를 넣고 재료를 잘 섞는다. • 용기 입구를 비닐로 잘 밀봉한 뒤 비닐에 작은 구멍을 여러 곳 뚫어 준다. • 제조한 액비는 바로 사용하지 않고 뚜껑을 덮고 3개월 정도 발효시켜 사용한다.

⑥ 미강·대두박 액비

재료	미강(쌀겨) 5kg, 대두박 5kg
제조하기	• 쌀겨와 대두박을 각각 5kg씩 망사 자루에 담아 발효조에 넣고 재료 중량당 4배의 물을 첨가한 후 밀봉한다. • 100일간 상온에서 발효시킨다.
처리하기	작물 정식 후 15일부터 20배 정도 물과 희석하여 7일 간격으로 처리한다.
관리하기	• 제조 후에는 질소 함량이 낮아지므로 최대한 빨리 사용한다. • 햇볕이 닿지 않는 서늘한 곳에 보관하거나 냉장보관한다.

※ 효과 : 양분 공급 및 토양 개량, 관비 재배 시 증수(화학비료 대체 효과), 토마토의 배꼽썩음병 방제

⑦ 퇴비차

재료	볏짚, 수피, 깻묵, 산야초, 헤어리베치 등
제조하기	• 퇴비 – 원료 혼합하기 　　ⓐ 볏짚 : 깻묵 = 8 : 2 　　ⓑ 헤어리베치 : 깻묵 = 7 : 3 　　ⓒ 수피 : 깻묵 = 7 : 3 　　ⓓ 산야초 : 쌀겨 = 7 : 3 – 수분함량 : 30% – 발효하기 : 13~14주(뒤집기 : 2주 간격) – 후숙 : 20~30일(암갈색, 악취는 약하거나 없음) • 퇴비차 – 유기물 퇴비 200g을 나일론 망에 담아 제조통에 넣는다. – 제조 통에 물 20L를 넣고 가정용 공기 펌프를 설치한다. – 공기 펌프의 기포를 이용하여 2일간 호기성 발효시킨다.
처리하기	• 토양에 관주할 경우 25배로 희석하여 사용한다. • 엽면시비할 때는 50배로 희석하여 사용한다.
관리하기	만들어진 퇴비차는 2~3일 안에 바로 사용하는 것이 좋다.

※ 효과 : 생육 촉진, 오이의 노균병과 흰가루병 발생 억제

제7절 | 유기재배 병해 관리

1. 병해 예방하기

(1) 경종적 방제를 통한 병해 예방

① 내병성 품종 선택하기

㉠ 정확한 병해 판정하기 : 병원균을 확인한 후 부분적 증상인지 전체 증상인지 파악한다.

㉡ 병해에 강한 작물 선택하기 : 포장에 발생한 병해에 강한 작물이나 무균종묘를 선택한다.

㉢ 저항성 품종 선택하기 : 포장에 발생한 병해를 판단한 후 재배 작형을 골라 적합한 저항성 품종을 선택한다.

> **더 알아보기**
>
> **병해 예방을 위한 품종 선택**
>
> | 구분 | 작물명 | 병해 |
> |---|---|---|
> | 품종 선택 시 고려해야 할 병해 | 토마토 | 바이러스, 잎곰팡이병, 선충 |
> | | 고추 | 탄저병, 바이러스병, 역병, 칼라병(TSWV) |
> | | 참외 | 흰가루병과 덩굴쪼김병 |
> | | 멜론 | 흰가루병, 시들음병 |
> | | 오이 | 흰가루병, 노균병 |
> | | 배추 | 뿌리혹병, 시스트선충, 노균병 |
> | | 시금치 | 노균병 |
> | | 당근 | 검은잎마름병 |
> | 대목 선택 시 고려해야 할 병해 | 참외 | 덩굴쪼김병 저항성 |
> | | 토마토 | 바이러스(ToMV), 풋마름병(청고병), 갈색뿌리썩음병, 반쪽시들음병, 뿌리썩음병, 선충에 복합 내병충성 |
> | | 고추 | 역병, 풋마름병(청고병) |

> **더 알아보기**
>
> **병원체에 따른 주요 식물 병해** `기출 ★★★`
> - 곰팡이(진균)에 의한 병해 : 모잘록병, 역병, 시들음병, 덩굴쪼김병, 균핵병, 노균병, 탄저병, 흰가루병, 잿빛곰팡이병, 흑반병 등
> - 세균에 의한 병해 : 세균성 반점병, 세균성 마름병, 세균성 시들음병, 궤양병, 들불병, 근두암종병, 무름병, 감자더뎅이병 등
> - 바이러스에 의한 병해 : 담배모자이크바이러스(TMV), 오이모자이크바이러스(CMV), 순무모자이크바이러스(TuMV), 감자X·Y바이러스(PVX, PVY), 마늘모자이크바이러스, PNRV 등

② 돌려짓기(윤작)

㉠ 같은 작물을 계속 재배하면 병원균이 쌓여 피해가 생기므로, 3~4년에 한 번 다른 과 작물로 윤작해 병해 예방·토양 개선을 한다.

㉡ 병원균의 종류를 정확히 진단해 작물을 선택해야 한다.

㉢ 돌려짓기 작물 선택 시 고려사항

- 목표로 하는 병원균에 대한 작물의 저항성 정도
- 병원균의 기주 범위
- 기주 식물 없이 병원균이 생존이 가능한 기간
- 돌려짓기 작물의 경제적 가치
- 다른 병원균의 밀도가 높아질 위험성에 대한 고려

③ 혼작(동반작물) `기출 ★★★`

㉠ 두 종류의 식물을 같이 심으면 서로 보합하는 역할을 하게 되어 병해충의 발생도 줄이는 목적이다.

> 예 고추 재배지에 부추를 심으면 부추 뿌리에 공생하는 박테리아가 병을 예방하는 역할을 한다. 오이는 적당한 그늘을 좋아하는 특성이 있어 옥수수 재배지에 심으면 좋고, 또 옥수수는 오이의 병을 예방하는 효과가 있다.

ⓛ 혼작 시 고려사항

- 수분 : 토마토와 미나리를 같이 심으면 수분 요구 조건이 서로 맞지 않는다.
- 빛 : 고추와 시금치처럼 서로 다른 빛 요구량을 가진 식물을 심는다.
- 비료 : 셀러리와 부추는 모두 칼륨 흡수율이 높은 작물로 칼륨 비료를 최대한 이용한다.
- 수확기 : 상추와 콜라비처럼 일찍 수확하는 식물과 늦게 수확되는 식물을 함께 심어서 포장의 이용률을 높인다.
- 뿌리 깊이 : 근대와 토마토, 콩과 감자처럼 뿌리 깊이가 다르다면 양·수분 흡수에 서로 도움이 된다.
- 해충 방제 : 진딧물의 밀도를 줄이기 위해 백합과 식물인 마늘, 파 등과 당근을 같이 심는다.
- 식물 그룹 : 같은 과의 식물은 동일한 병에 노출되기 쉬우므로 혼작에 사용하지 않는다.
- 동반작물

작물명	동반작물로 적합한 작물
가지	강낭콩, 완두콩, 시금치, 메리골드
감자	강낭콩, 양배추, 당근, 셀러리, 옥수수, 완두, 페튜니아, 양파, 메리골드 ※ 부적합 : 아스파라거스, 오이, 콜라비, 호박, 박과류, 순무
고추	오이, 가지, 토마토, 오크라, 근대, 애호박
딸기	강낭콩, 상추, 양파, 시금치 ※ 부적합 : 양배추, 브로콜리, 콜라비
마늘	사과, 배, 오이, 완두, 상추, 셀러리
멜론	옥수수, 호박, 무
상추	강낭콩, 양배추, 당근, 오이, 양파, 무, 딸기
시금치	양배추, 셀러리, 가지, 양파, 완두, 딸기
양배추	셀러리, 양파, 감자, 카모마일, 클로버 ※ 부적합 : 딸기, 토마토, 고추, 가지, 포도, 강낭콩
양파	당근, 부추, 콜라비, 딸기, 상추, 토마토, 딸기 ※ 부적합 : 아스파라거스
오이	옥수수, 강낭콩, 완두, 무, 당근, 해바라기 ※ 부적합 : 감자

④ 사이짓기(간작)

㉠ 주 작물 사이에 다른 작물을 심어 가꾸는 방법이다.

ⓛ 좁은 농토를 효율적으로 이용해 생산량을 높이고 비료를 효과적으로 이용할 수 있고 병해충도 막을 수 있다.

ⓒ 사이짓기의 효과

- 포장의 생물 다양성 회복
- 질소 비료 살포의 경감
- 잡초 발생 억제
- 병해충의 발생 저하

㉣ 사이짓기 방법

- 2~3종의 품종이 다른 종자를 혼합하여 파종하고 동시에 수확하는 방법(사료작물)
- 골 사이에 2~3종의 다른 작물을 심는 방법
- 수확기가 서로 다른 작물을 심는 방법

> **병해충 관리 및 방제를 위한 조치(유기식품 및 무농약농산물 등의 인증에 관한 세부실시요령 [별표 1])** `기출 ★★★`
> • 병해충 서식처의 제거, 시설에의 접근 방지 등 예방조치
> • 예방조치로 부족한 경우 기계적·물리적 및 생물학적 방법을 사용
> • 기계적·물리적 및 생물학적인 방법으로 적절하게 방제되지 아니하는 경우에 허용물질을 사용할 수 있으나 유기농산물에는 직접 접촉되지 아니하도록 사용

(2) 재배환경관리를 통한 병해 예방

① 재배환경관리

  ㉠ 온도

   • 고온 시 관리 방법

    – 헛골에 고랑관수를 실시하거나 시설인 경우 측창 개폐기를 설치하고, 외부에 한랭사 등 차광망을 설치한다.

    – 헛골의 비닐을 걷어 내어 토양에서 수분이 증발하면서 기화열을 빼앗아 토양 온도를 떨어뜨려 준다.

    – 환기팬과 에어 덕트, 송풍기를 이용하여 하우스 외부의 공기를 시설 내부로 유입시킨다.

    – ·살수기나 온도 강하용 저압 포그(fog) 노즐 시스템을 설치한다.

   • 저온 시 관리 방법 : 보온 터널, 보온 커튼, 보온 덮개, 수막식 보온 장치를 설치하거나 온풍기를 틀고 밀폐한다.

   > **더 알아보기**
   > • 저온에서 발생하는 병해 : 딸기 잿빛곰팡이병, 노균병, 참외 검은별무늬병, 복숭아나무 잎오갈병, 보리 줄무늬병, 보리와 밀녹병, 균핵병 등
   > • 고온에서 발생하는 병해 : 시들음병, 풋마름병, 탄저병, 덩굴쪼김병, 역병 등

  ㉡ 습도

   • 물 빠짐이 나쁜 토양에서 발생하는 병해 : 잘록병이나 역병

   • 빗물이 튀어서 발생하는 병해 : 고추 탄저병, 자두 검은점무늬병, 복숭아 세균성구멍병, 사과 검은별무늬병

② 병해 예방을 위한 온습도 및 관수관리

  ㉠ 저지대를 피하고 다습한 토양에는 암거배수를 설치한다.

  ㉡ 토양으로부터 빗물에 병균이 튀어 오르지 않도록 토양을 피복하거나 혼작한다.

  ㉢ 관수 시스템은·뚜껑을 덮어 병원균 침입을 막고 무균 상태로 관리한다.

  ㉣ 잎이 젖어 있는 시간이 최소화되는 점적 관수를 한다.

  ㉤ 지상부로 물을 준다면 아침 일찍 물 주기를 하여 낮 동안에 마르게 하며 뜨거워진 물로 관수하지 않는다.

③ 지역 선택 시 고려사항

　㉠ 토양
　　• 배수 : 배수 시설을 통해 뿌리썩음병, 모잘록병, 피튬(pythium)잘록병 등을 예방한다.
　　• 토양산도
　　　– 산성토양에서 발생하는 병해 : 목화 시들음병, 토마토 시들음병, 무·배추 무사마귀병 등
　　　– 알칼리성 토양에서 발생하는 병해 : 목화 뿌리썩음병
　　　– 중성·알칼리성 토양에서 발생하는 병해 : 감자 더뎅이병
　㉡ 지대
　　• 저지대 : 무거운 공기가 내려와서 정체되어 공기의 유동이 적고 습도가 높으므로 병 발생이 쉽다.
　　• 고지대 : 온도와 강우의 영향을 많이 받으므로 바람이 부는 방향, 해가 뜨고 지는 방향을 고려해야 한다.
　　• 경사지 : 토양유실이 심하고 역병처럼 골을 따라 밑으로 내려가 아래의 작물에 감염되는 특징이 있다.
　㉢ 공기 유통(바람) : 방풍림 등 공기 유통이 적은 곳은 빛의 투과량이 적어 작물이 도장하여 병 발생이 많아진다.
　㉣ 이전의 병 발생 이력
　㉤ 이웃 재배 농가

(3) 감염경로를 사전에 차단하여 병해 예방

① 차단막을 이용한 격리 : 진딧물이나 총채벌레 같은 해충의 침입을 막아 바이러스의 전염을 피할 수 있다.

> **더 알아보기**
>
> **차단막을 이용한 격리**
> • 바이러스의 매개충 : 진딧물, 매미충, 온실가루이, 총채벌레 등
> • 망사는 진딧물, 딱정벌레, 메뚜기, 잎파리, 굴파리, 잎말이나방 등의 곤충은 통과시키지 않으면서 빛은 약 70% 통과시킨다.
> • 강한 빛이나 강풍으로부터 연약한 식물체를 보호하고, 늦가을에는 토마토나, 고추 같은 고온성 작물을 냉해로부터 보호한다.
> • 망사를 덮기 전 알을 낳았거나 토양에서 발생한 해충은 막을 수 없다.
> • 망사를 덮은 후 물이나 비료가 필요한지 한 번씩 확인해야 하며, 날씨가 점점 더워지면 고온 피해가 없는지, 완두콩 같은 작물은 수정이 필요하므로 수정이 되도록 관리한다.

② 피복하기 : 볏짚, 부직포 등으로 토양을 피복하면 토양으로부터 빗물이 튀면서 고추 탄저병의 곰팡이 포자가 고추에 전염되는 것을 방지한다.
③ 가지치기 : 최대한 공기 순환을 좋게 함으로써 과습되는 것을 막는다.
④ 두둑에 심기 : 평지에 심는 것보다 두둑에 심으면 과습을 방지할 수 있고, 병균의 침입을 억제할 수 있다.

(4) 기계적 · 물리적 · 생물학적 · 경종적 병해 예방

① 경종적 방법을 통한 병해 예방

청결	• 트레이는 새것을 사용하고 상토는 병균 없는 깨끗한 것을 사용한다. • 농기구 등은 락스나 과산화수소로 소독하여 사용한다.
휴경	• 포장에 잡초가 나지 않도록(잡초가 병원균의 서식지가 되지 않도록)하여 약 2년 동안 나대지로 방치하면 병원균의 밀도를 80~90%까지 줄일 수 있다. • 휴경 기간 동안 바람이나 홍수로 인한 토양의 유실 및 휴경 기간 동안 소득이 없다는 점이 단점이 있다.
침수	시설재배지 토양을 7~9개월간 침수시키면 토양이 혐기 상태로 변화하면서 유기산, 메탄가스, 황화 가스 등이 발생하여 병원균의 밀도가 감소하게 된다.
감염 식물체 제거	• 수확 후 감염 식물체를 즉시 제거하여 병원균이 증식되는 기간을 줄인다. • 병원균의 내생 포자는 장기간 생존이 가능하므로 퇴비 제조에 사용하지 말아야 한다.
조기 수확	• 조생종을 심어서 수확기를 앞당긴다면 병원균의 번식을 줄일 수 있다. • 수확 후에는 될 수 있는 대로 빨리 갈아엎어 더 이상 병원균이 뿌리에서 증식되지 않도록 막아야 한다.
정식 시기 조절	• 병원균의 침입이나 번식이 어려운 시기(낮은 온도)에 작물을 재배하는 방법이다. • 뿌리혹선충은 토양 온도가 15℃ 이상일 때 부화하므로 일찍 초봄에 감자를 심으면 뿌리혹선충의 피해를 줄일 수 있다. • 배추과 작물은 내한성이 있으므로 정상 파종기인 3월보다 앞당겨 1~2월에 파종하면 선충의 피해가 줄어든다.

② 물리적 방법을 통한 병해 예방

열처리	• 병원균이나 선충은 50℃의 온도에서 30분간 처리하면 죽는다. • 사용한 농기구는 가스 토치, 스팀 등으로 소독한 후 다른 포장에 사용하도록 한다.
태양열소독	• 여름 일사량이 좋을 때 하우스 내의 최고 온도는 지하 5cm에서 58℃, 15cm 깊이에서 45℃이다. • 뿌리혹선충의 치사 온도는 38℃에서 390시간, 39℃에서 164시간, 40℃에서는 33시간, 41℃에서는 20시간, 42℃에서는 13시간이므로 하우스 내의 토양 온도가 40℃ 이상으로 올라가는 시간이 길어질수록 효과가 높다.
밀기울소독	• 밀기울은 밀을 도정하고 남은 부산물(찌꺼기)로 시설 하우스에서 밀기울로 토양소독 시 염류 농도가 낮아지고, 병해충이 줄어들며 수확량은 증가한다. • 토양 입단화가 촉진되어 땅이 부드러워진다.
스팀처리	• 70℃의 스팀을 30분간 처리하면 토양 내 모든 병해충을 죽일 수 있다. • 환경에 안전하면서 처리 후 즉시 작물을 심을 수 있다는 것이다.
온탕침법 기출 ★★★	• 종자로 전염하는 키다리병, 도열병, 모잘록병, 깨씨무늬병 등의 병해를 예방하기 위해 볍씨를 소독하는 방법으로 볍씨 소독 시, 정선된 볍씨를 마른 상태로 60℃ 온수에 10분간 또는 65℃ 온수에 7분간 담가 소독하는 방법으로 물의 양은 종자 양의 10~20배가 적당하다. • 소독이 끝나면 볍씨를 곧바로 꺼내어 찬물에 넣는다. • 주의 사항은 많은 종자를 한꺼번에 담그지 않고 5~10kg 정도 그물망에 넣어 물속에서 저어가면서 담가야 볍씨 내부까지 수온 전달이 양호하여 소독 효과가 커진다.
전기처리	전기로 선충을 죽이는 것은 결국 토양 온도 상승에 의한 효과이다.

더 알아보기

볍씨 종자의 소독 방법 기출 ★★★

• 소독 목적 : 종자로 전염하는 키다리병, 도열병, 모잘록병, 깨씨무늬병 등의 병해를 예방
• 소독 방법 : 온탕침법, 냉온탕법, 곰팡이 분의 종자처리(생물학적 방법), 마늘 가루 종자처리(식물학적 방법)

③ 생물학적 방법을 통한 병해 예방

㉠ 미생물의 병해충 방제 원리
- 살아있는 미생물 자체(곰팡이, 세균, 바이러스 등)로 병원균이나 해충의 밀도를 감소시키거나 죽여서 병해충 발생을 줄이는 방법이다.
- 작용기작은 길항(항생, 항균), 경합(먹이나 공간의 경쟁), 기생, 휘발성 항균물질 생성, 식물체의 저항성 유도, 공생, 간섭(비병원성 균주 이용 포함)으로 나뉜다.
- 세균 비티(BT ; *Bacillus thuringiensis*)는 해충의 가운데 장(중장)에서 독소가 발현되어 해충을 죽인다.
- 곤충병원 곰팡이들은 동충하초와 같이 해충 표피를 뚫고 들어가서 기생하여 해충을 죽인다.

㉡ 병해충 방제 미생물제의 장단점

장점	단점
• 잔류 위해의 우려가 없어 생육 시기와 관계없이 수확기에도 사용이 가능하다. • 사람과 가축, 환경에 대한 안전성 및 독성 등에 문제가 없어 사용 횟수에 제한이 없다. • 식물병원균의 내성균과 저항성 해충의 발달을 억제하고 방제 효과가 지속적이다.	• 일반적으로 화학농약에 비해 방제 효과가 낮고 약효가 늦게 나타난다. • 적용 병해충의 범위가 제한적이다. • 제품의 안정성, 균일성 및 저장성이 화학농약에 비해 낮은 편이다.

㉢ 미생물제의 효과
- 농작물 재배 : 토양개량(물리성 및 화학성 개선), 병해충 방제, 양질의 유기물 공급, 작물 생육 촉진
- 가축 사육 : 질병 방제, 소화 향상, 육질 개선, 배설물의 악취 감소, 양질의 퇴비 생산
- 쓰레기 처리 시 유해 물질(다이옥신, 중금속, 환원물질 등) 발생 억제, 오니 경감, 악취제거

㉣ 효과적인 미생물제 사용 방법
- 작물의 재배관리를 철저히 하면서 재배적 방제법과 더불어 미생물제를 이용하는 것이 바람직하다.
- 미생물제는 가능한 예방 위주로 처리하거나 발병 또는 발생 초기에 처리해야 방제 효과를 볼 수 있다.
- 한 번 개봉한 제품은 즉시 사용하는 것이 바람직하다.
- 사용 후 남은 미생물제는 밀봉하여 가급적 냉장보관하여 미생물의 활력이 저하되지 않도록 주의한다.

더 알아보기

작물 주요 병해충 발생 조건
- 작물 주요 병해
  - 저온다습 : 노균병, 잿빛곰팡이병, 균핵병, 덩굴마름병, 검은별무늬병, 잘록병 등
  - 고온다습 : 탄저병, 시들음병(덩굴쪼김병), 역병, 세균성모무늬병, 풋마름병 등
- 시들음병과 흰가루병은 병원균이 침입하기 좋은 다습한 조건이 일정 기간 지속되다가 건조하면 많이 발생하고, 시들음병은 주로 모래 성분으로 된 사질토양과 산성토양에서 발생한다.
- 해충은 주로 고온 건조한 상태에서 발생하며, 봄 재배보다 가을 재배에서 피해가 크다.
- 하우스재배에서는 주로 진딧물, 총채벌레, 응애, 온실가루이, 담배가루이, 잎굴파리 등이 발생하여 피해를 주고 있다.

2. 병해 진단하기

(1) 재배이력 및 증상 모니터링을 통한 병해 진단

① 재배이력과 환경 분석

㉠ 재배이력 분석하기

- 지난 3년간 재배된 모든 작물(전 작물, 후 작물)을 확인하여 병해에 대한 감수성, 저항성 정도를 판단한다.
- 연작, 돌려짓기를 판단하여 주요 발생 병해를 진단한다.

㉡ 재배환경 분석하기 : 온·습도를 확인하고 주변 환경 분석(배수, 토양산도, 일조량, 공기 유통, 과거 병해, 이웃 농가 병 발생 이력)

② 주요 피해 증상 관찰

선충	뿌리에 혹이 있는지 관찰한다.	• 뿌리혹선충 : 뿌리에 혹이 생겨 전체적으로 시드는 증상이 발생하며, 다양한 뿌리에서 나타난다. • 무사마귀병은 배추과 식물에만 발생하며, 세균성 뿌리혹병은 땅가 쪽 혹은 지상부에 발생한다.
사상균 (곰팡이)	토마토 반쪽이 시들었는지 확인한다.	반신위조병(Verticillium dahliae) : 토마토가 감염되면 체관부가 갈색으로 변색한다.
	포기 전체가 시들었는지 관찰한다.	박과류 덩굴쪼김병, 토마토 시들음병 : 줄기 내부가 갈색으로 변색된다.
	줄기 부분이 잘록해졌다.	• 어린 묘가 바닥쪽 줄기가 잘록해지면서 시들어 죽는데, 잘록병 라이족토니아와 피튬이 원인균이다.
	장마기에 포기 전체가 시들어 죽는지 관찰한다.	• 역병 : 노지재배에서 장마기인 8월~9월에 가장 심하며 시설재배는 연중 발생한다. • 토양이 장기간 과습하거나 배수가 불량하고 포장이 침수될 때 많이 발생한다. • 병든 조직에서 흰곰팡이가 생기고 병원균은 토양에서 월동 후 다시 발아하여 1차 전염원이 된다.
	배추의 뿌리에 혹이 있는지 확인한다.	• 뿌리혹병 : 뿌리에 혹이 생기고 배추과에서 발생하며, 뿌리혹선충은 배추과 작물에 혹을 만들지 않는다.
	잎에 겹겹이 있는 둥근 원을 확인한다.	겹둥근무늬병 : Alternaria 곰팡이에 의해 둥근 무늬가 생기며 감자, 토마토, 담배에 많이 발생한다.
	병이 생긴 부위가 축축하고 붉은곰팡이가 생기는지 관찰한다.	탄저병 : 20℃ 이상, 습도가 높을 때 많이 발생하며 병원균은 토양에서 월동 후, 7~8월에 빗방울에 의해 토양의 분생포자가 빗물에 튀면서 전염된다.
	잎에 밀가루를 뿌린 것 같은 흰곰팡이가 생긴 것을 관찰한다.	• 흰가루병 : 시설재배에서는 공기 전염으로 계속해서 발생한다. • 15~28℃에서 발생하며, 32℃ 이상은 발생이 억제된다. • 일조가 부족하고 밤낮의 온도 차이가 크며 질소 비료를 많이 주면 많이 발생한다.
	복숭아 잎이 오글오글하게 변해 있다.	잎오갈병 : 비가 자주 오고 저온에 습도가 높은 5~6월경 복숭아나무에 많이 발생한다.
	포도알이 새 눈처럼 병반이 생겼다.	새눈무늬병 : 비가 자주 오는 5~6월경에 포도알이 큰 품종에서 많이 발생한다.
	과일이나 잎에 나타나는 병징이 별 모양인지 관찰한다.	• 검은별무늬병 : 발병 적온이 20℃이며 28℃ 이상에서는 포자가 발아하지 않으며 사과, 배나무에서 주로 발생하고 장마철에 저온이고 습도가 높은 5~6월경 질소질 비료를 많이 준 과수원에서 많이 발생한다. • 붉은별무늬병 : 배나무, 모과나무, 산사나무, 명자나무에 발생하며 중간기주는 향나무이다.
	잎의 앞면은 사각형의 병반이 있고 뒷면에는 솜털 같은 곰팡이가 있는지 관찰한다.	• 노균병 : 모든 박과 채소 작물에 발생하며 특히 오이에 피해가 크다. • 밀식으로 인해 환기가 불량하면 발생하며 오래된 잎에서 발생한다. • 병원균은 식물체 조직 속에 월동한 후, 이듬해 지상부로 침입한다.

세균	표면과 내부 단면에 증상을 확인한다.	무름병 : 조직이 물러서 썩는다.
	작물이 전체적으로 시들고 있는지 관찰한다.	• 세균성 풋마름병(청고병) 등 : 가짓과(토마토, 가지) 작물이 전체적으로 시들게 된다. • 줄기를 잘라서 물에 넣으면 감염된 줄기는 세균이 흘러내린다.
	작물의 토양 표면의 뿌리에 혹이 있는지 관찰한다.	세균성 뿌리혹병 : 세균이 침입하면 세포가 이상 비대하여 혹처럼 나타나게 되며 주로 바닥쪽 줄기나 지상부에 나타난다.
파이토 플라스마	나뭇가지가 빗자루 모양이다.	대추나무 빗자루병 : 나뭇가지가 빗자루처럼 뭉쳐져 있고 잎도 뭉쳐서 자란다.
바이러스	잎의 모자이크 증상이 있거나 작물체 전신에 이상 증상(위축, 괴저, 기형, 왜화, 잎 말림)을 관찰하며, 수박 껍질이 딱딱하게 변해 있다.	• 색소체 이상으로 인하여 모자이크, 줄무늬, 얼룩이 생긴다. • 기관 발육 이상으로 인하여 식물체 위축, 괴저, 기형, 왜화, 잎 말림 증상이 보인다. • 멜론, 수박, MNSV : 수박 줄기에 반점이 생기고 수박 껍질이 돌같이 딱딱하게 변한다.
바이로이드	감자가 갈쭉하게 생기고 사과나무의 과실에 얼룩무늬가 생겼다.	• 감자 갈쭉병, PSTVd : 바이로이드는 바이러스와 비슷하나 단백질은 없고 핵산(RNA)만 있다. • 감자가 감염되면 생김새가 길쭉해지면서 껍질과 살이 부드럽고 매끄러워져 상품성을 잃게 된다.

(2) 전문가에게 공유

① 병이 발생하는 조건

　㉠ 병 삼각형 : 병원균, 적절한 환경(적합한 습도와 온도), 감수성이 있는 식물

　㉡ 세 가지 중에서 어느 하나라도 알맞지 않으면 병은 발생하지 않는다.

② 병 진단을 위한 전문가 공유 순서

정보 수집	스마트폰 사진 촬영	시료 채취 및 송부	전문 기관에 의뢰
작물에 대한 사전 정보 제공하기(병징, 품종, 육묘 방법, 정식 시기, 재배 방법, 재배 중의 온습도, 토양 상태, 관수, 약제 살포 등)	스마트폰으로 사진 전송 시 현장에서 실시간으로 진단할 수 있다.	현장에서 실시간으로 진단이 어려우면 해충을 잎, 나뭇가지, 껍질, 토양과 같이 채집하여 1마리씩 따로 포장한다. 작고 부드러운 몸을 가진 해충(예 진딧물, 총채벌레, 구더기)은 알코올에 넣어 보낸다.	피해받는 잎이나 줄기 등 시료 채취 후에 시·군 농업기술센터와 농촌진흥청 등 전문 기관에 정밀 진단을 의뢰하여 병해 종류 및 발생 원인을 파악한다.

　㉠ 선충은 눈에 보이지 않으므로 반드시 토양을 채집하여 전문 기관에 의뢰하여야 한다.

　㉡ 대부분의 선충 피해는 선충 피해로 인식되지 않고 양분 결핍이나 토양 병해로 취급되는 경우가 많다.

3. 병해 방제하기

(1) 기계적·물리적·생물학적 병해 방제

① 작물체 일부분의 조기 제거를 통한 병해 방제

　㉠ 병든 잎이나 포기 제거(바이러스병, 역병, 풋마름병 등)

　㉡ 전지, 전정(자두 검은점무늬병, 사과 부란병)

　㉢ 수술적 치료(고구마, 감자, 마 등)

CHAPTER 01 핵심이론 | **559**

② 유기재배에서의 기계적, 물리적 및 생물학적 방법의 병해 방제

　㉠ 유기재배는 병해 발생 전 병해 관리에 중점을 두어야 한다.

　㉡ 재배 양식, 기계적·물리적 방제법, 열처리, 저온 처리 등을 이용하여 작물을 경제적 피해 한계 아래로
　　유지한다.

　㉢ 돌려짓기, 토양 관리를 통해 전염성이 낮은 뿌리썩음병, 줄기썩음병, 배춧과 뿌리혹병 등을 방제할 수 있다.

　㉣ 토양에서 기주 식물 없이 오래 생존하는 노균병, 흰가루병, 덩굴쪼김병, 역병, 균핵병, 잘록병 등은 방제가
　　어렵다.

유기재배 시 병해충 및 잡초 관리 방법(유기식품 및 무농약농산물 등의 인증에 관한 세부실시요령 [별표 1])
- 적합한 작물과 품종의 선택
- 적합한 돌려짓기(윤작) 체계
- 기계적 경운
- 멀칭·예취 및 화염 제초
- 동물의 방사
- 덫·울타리·빛 및 소리와 같은 기계적 통제
- 포식자와 기생 동물의 방사 등 천적의 활용
- 식물·농장 퇴비 및 돌가루 등에 의한 병해충 예방 수단
- 재배포장 내의 혼작·간작 및 공생 식물의 재배 등 작물체 주변의 천적 활동을 조장하는 생태계의 조성
※ 병해충이 기계적, 물리적 및 생물학적인 방법으로 적절하게 방제되지 아니하는 경우에 법령으로 제시된 유기농업자재를 사용할
　수 있으나, 그 용도 및 사용 조건·방법에 적합하게 사용하여야 한다.

---

(2) 유기농업자재를 이용한 병해 방제

① 허용물질의 특징

황	• 유황은 값이 싸고 흰가루병균과 노균병균·곰팡이·응애 등을 방제한다. • 여러 작물에 사용이 가능하며 포유동물에는 전혀 피해를 주지 않는다. • 석회유황합제를 제조하여 유황 훈증기로 살포하면 효과가 지속된다.
구리	• 세균 및 곰팡이 방제에 사용되며 사용 시기, 작물에 따라 구리나 석회 함량을 달리하여 사용한다. • 구리가 들어있는 보르도액은 예방적 목적으로 사용하기 때문에 각종 작물에 나타나는 병원균의 침입을 방지하기 　위해 미리 살포한다. 　－ 이온화구리 : 황산구리(보르도액) 　－ 비이온화구리 : 수산화구리(쿠퍼), 산화구리, 옥시염화구리 등
탄산수소나트륨 및 탄산수소칼륨	• 탄산수소나트륨(빵 굽는 소다), 탄산수소칼륨 등은 곰팡이의 세포 내 칼륨의 활동을 방해함으로써 잎의 곰팡이병(흰가 　루병 등)을 방제한다. • 내부에 침입된 균사는 죽이지 못하며 새로운 침입을 방지하지 못한다. 하지만 표면에 있는 곰팡이 균사를 태워서 　죽이는 효과는 있다. 따라서 발생 초기에 처리해야 하며 발생한 후에는 자주 처리해야 한다. • 물 1L에 탄산수소나트륨 4g, 식물성 기름 4mL, 식기 세척용 비누 4mL를 섞어서 살포한다.
퇴비 추출물 (퇴비차)	• 잘 발효된 퇴비를 물통에 1/3 정도 되게 넣고 통의 윗부분까지 물을 채워 당일, 해초류 등을 첨가한 후 가끔 저어 　주면서 2~3일간 발효하여 천으로 거른 다음 밑에 걸러진 퇴비차를 식물에 사용한다. • 정원수에는 원액을 사용하고 잎에 뿌릴 때에는 10배로 희석하여 사용한다. • 퇴비차는 좋은 미생물이 잎을 덮고 있어 해로운 병원균이 침입할 수 없고 토양에 살포하면 양분 공급과 함께 좋은 　미생물의 번식으로 병원균 침입이 어렵다.
길항 미생물	• 식물 면역 체계 강화, 살균 작용, 식물 성장 촉진 등의 작용을 한다. • 흰가루병, 잿빛곰팡이병, 갈색잎마름병, 역병 등의 방제를 위한 트리코데르마 하지아눔(*Trichoderma harzianum*), 　바실루스(*Bacillus*)속, 스트렙토미세스(*Streptomyces*) 등이 있다.
오일류	• 님, 호호바오일, 우유, 유청 등이 있다. 단, 오일과 황을 같이 사용하면 약해 발생의 우려가 있다.

더 알아보기

유황 훈증하기

- 유황은 순도 99% 이상의 것을 사용하며 한 번에 유황 50g 이하씩만 그릇에 담아 화재를 예방한다.
- 길이 100m 하우스에 훈증기 8개를 작물의 제일 윗부분보다 50cm 정도 높게 설치한다.
- 타이머를 연결해 하우스 안의 훈증기를 한꺼번에 켜고 끌 수 있도록 무인 자동 방제를 이용하여 밤중에 작업한다.
- 처음 3일간은 하루 30분씩 가동하여 적응 기간을 주는 것이 좋고, 이후 하루 1시간씩 가동하며 하루 2시간 30분을 넘지 않도록 하고, 다음날의 아침 하우스 온도가 20℃까지 오르기 전에 환기를 시켜야 한다.
- 훈연 중에는 하우스 안 출입을 금지하며 야간이라도 하우스 안의 온도가 20% 이상 올라갈 때는 훈증을 하지 않는다.
- 단점은 잔효성이 없어 병해충이 다시 침입할 수 있다.

더 알아보기

난황유 만들기

- 적용 병해충 : 흰가루병, 점박이응애, 진딧물
- 준비물 및 제조 방법
  - 준비물 : 식용유(카놀라유), 달걀노른자, 믹서기(혼합기)
  - 달걀노른자 물에 식용유를 첨가하여 다시 4~5분간 혼합한다.
  - 전체 사용량의 물에 타서 골고루 충분한 양을 살포한다(믹서기로 오랫동안 강하게 갈수록 잘 만들어진다).
- 처리 방법 : 난황유 0.3% 용액을 예방적으로는 10~14일, 병 발생 후 치료 목적으로는 5~7일 간격으로 작물에 흠뻑 살포한다. 이때 난황유가 작물에 직접 닿지 않으면 효과가 없으므로 농약 사용량의 약 1.5~2배 양으로 충분히 골고루 살포해야 한다.
- 작용기작
  - 직접적 효과 : 달걀노른자는 유화제(물과 기름을 혼합)의 기능을 하고 실제 효과를 나타내는 것은 식용유이다. 살균·살충 작용, 병원균의 원형질 파괴, 지방 대사 방해, 해충의 기문을 막아 호흡과 대사 방해
  - 간접적 효과 : 작물 표면에 피막형성으로 물리적 보호막 역할, 병원균의 발아와 침입 억제 및 해충 기피 효과
- 주의사항
  - 맑은 날 오전에 살포하는 것이 가장 효과적이다.
  - 딸기 등 저온 작물의 동절기 및 고온기에는 생장 억제 혹은 잎에 반점 발생 등의 장애를 유발할 우려가 있으므로 하우스 내 최저온도가 5℃ 이하 및 최고온도 35℃ 이상인 저온기와 고온기에는 사용하지 않는 것이 안전하다.
  - 작물별, 재배유형별, 생육 시기별로 난황유에 대한 반응(생육 억제 및 약해 발생)이 다를 수 있으므로 오이, 상추, 장미 이외의 작물에 대해서는 예비 시험 후 사용해야 한다.

더 알아보기

시판되는 유기농업자재를 희석하여 살포하기

- 유기농자재를 희석한다.
  - 물, 저울, 유기농자재를 준비한다.
  - 물을 측정할 수 있는 비커, 약제 무게를 측정하는 스푼과 피펫을 준비한다.
  - 유기농자재의 관리 정보에서 사용량을 확인한다.
    - 예 약제를 1,000배로 희석을 준비하려면 1,000mL 비커에 물 999mL 을 넣고, 약제 무게 1g(mL)을 측정 후에 물 999mL에 넣어준다.
- 약제의 살포량을 알아본다.
  - 희석된 약제가 작물의 잎에 충분히 묻도록 살포한다.
  - 보통 300평당 7말(140L)을 살포하는 것을 기준으로 한다. 작물이 어릴 때는 2~4말로 줄일 수 있다. 과수류처럼 가지가 많고 키가 큰 작물은 40말(400L)까지 증가시킨다.

제8절 | 유기재배 충해 관리

1. 충해 예방하기

(1) 작물별 대표적인 해충

① 식량작물, 유지작물

벼	멸구류(벼멸구, 애멸구, 흰등멸구), 벼물바구미, 벼잎벌레, 벼줄기굴파리, 혹명나방, 이화명나방, 끝동매미충, 노린재류, 멸강나방, 벼애나방, 벼메뚜기 등
옥수수	조명나방, 진딧물, 멸강나방 등
고구마	담배거세미나방, 명주달팽이, 섬서구메뚜기 등
감자	진딧물, 잎굴파리, 총채벌레, 큰이십팔점박이무당벌레, 파밤나방 등
콩	담배거세미나방, 명주달팽이, 섬서구메뚜기, 아메리카잎굴파리, 오이총채벌레, 왕담배나방, 콩진딧물, 알락수염노린재, 톱다리개미허리노린재, 파밤나방 등
참깨	왕담배나방, 노린재 등

② 과수류

사과	진딧물류, 깍지벌레류, 응애류, 심식나방류, 복숭이순나방, 애모무늬잎말이나방, 사과굴나방, 갈색여치, 사과둥근나무좀, 담배거세미나방, 매미나방, 미국흰불나방, 말매미 등
배	조팝나무진딧물, 배나무이, 가루깍지벌레, 심식나방, 명나방, 콩가루벌레, 배나무방패벌레 등
복숭아	복숭아혹진딧물, 심식나방, 복숭아순나방, 복숭아유리나방, 복숭아명나방, 나무좀 등
감귤	깍지벌레류, 응애류, 총채벌레류, 진딧물류, 왕담배나방, 귤굴나방, 담배거세미나방, 민깨알반날개, 왕담배나방, 풀색노린재 등
단감	감꼭지나방, 감깍지벌레류, 노랑쐐기나방, 담배거세미나방, 미국흰불나방 등
포도	쌍점매미충, 포도유리나방, 포도호랑하늘소, 포도뿌리혹벌레, 꽃매미 등
밤	혹파리, 바구미, 복숭아명나방 등

③ 과채류

딸기	응애류, 총채벌레, 진딧물, 가루이, 담배거세미나방, 작은뾰족민달팽이 등
마늘	파굴파리, 파좀나방, 고자리파리, 뿌리응애 등
박과류	점박이응애, 진딧물, 총채벌레, 가루이, 목화바둑명나방, 오이잎벌레, 잎굴파리, 작은뿌리파리, 담배거세미나방, 명주달팽이, 왕담배나방, 파밤나방 등
고추	담배나방, 진딧물, 총채벌레, 아메리카잎굴파리, 담배거세미나방, 응애류, 파밤나방 등
토마토	꽃노랑총채벌레, 담배가루이, 진딧물, 굴파리, 담배거세미나방, 왕담배나방 등
무, 배추	벼룩잎벌레, 진딧물, 명주달팽이, 아메리카잎굴파리, 섬서구메뚜기, 나방류(파밤나방, 배추좀나방, 배추순나방, 배추흰나비, 도둑나방, 담배거세미나방) 등
파류	줄기굴파리, 파총채벌레, 파밤나방, 담배거세미나방, 명주달팽이, 파좀나방 등

④ 화훼류

거베라	총채벌레, 진딧물, 잎굴파리, 차먼지응애, 작은뿌리파리, 담배거세미나방, 왕담배나방, 파밤나방 등
장미	진딧물, 총채벌레, 가루이, 장미흰깍지벌레, 파밤나방, 노랑쐐기나방, 담배거세미나방, 도둑나방, 미국흰불나방, 섬서구메뚜기 등
심비디움	총채벌레, 진딧물류, 작은뿌리파리, 작은뾰족민달팽이 등
국화	진딧물, 총채벌레, 잎굴파리, 도롱이깍지벌레, 국화하늘소, 담배거세미나방, 파밤나방, 작은뿌리파리 등

(2) 경종적 예방

① 유기재배 충해 예방 : 유기재배에서 해충 예방은 발생 후 방제보다 발생하기 전 방제를 위주로 해야 하며 돌려짓기 작물의 적절한 배치, 품종 선택, 재배 방식, 작부체계 등을 통해 유용 미생물, 곤충 다양성(경쟁, 기생, 포식자)을 확보함으로써 균형 잡힌 생태계를 유지하도록 해야 한다.

② 충해 예방을 위한 경종적 방법

　㉠ 돌려짓기(윤작)

　　• 비기주 작물 혹은 저항성 품종을 심어서 해충의 밀도를 낮추는 방법으로 토양에 심는 작물을 다른 작물들과 3~4년에 한 번씩 돌려짓기하면 연작장해의 예방 및 토양 개선 등으로 해충 발생을 예방할 수 있다.

　　• 돌려짓기는 기주 식물의 범위가 좁거나 활동성이 낮은 곤충(토양 해충, 굼벵이, 고자리 파리 등)에 효과가 있으나 반면, 활동성 높고 기주 범위가 넓은 종(진딧물)은 방제가 어렵다.

　㉡ 동반작물(혼작) : 두 종류의 식물을 같이 심으면 포장 내에 서로 궁합이 맞는 식물을 심는다면 빛, 양분, 수분 등에 서로 보합적인 역할을 하게 되고 해충의 발생도 줄일 수 있다.

　㉢ 사이짓기(간작) : 사이짓기하면 좁은 농토를 효율적으로 이용해 생산량을 높이고 비료를 효과적으로 이용할 수 있고 병해충도 막을 수 있다.

③ 기피 식물을 섞어짓기 또는 사이짓기

개박하	은무늬밤나방, 벼룩잎벌레, 진딧물, 노린재, 풍뎅이, 감자잎벌레, 바구미	캐모마일	날아다니는 곤충류
국화(제충국)	풍뎅이, 뿌리혹선충	코스모스	조명나방
담배	고자리파리, 벼룩잎벌레	코리앤더(고수)	진딧물, 풍뎅이, 점박이응애
라벤더	나방류	클로버	진딧물, 방아벌레
딜(dill)	진딧물, 노린재, 점박이응애, 온실가루이, 은무늬밤나방	타임	은무늬밤나방, 고자리파리, 조명나방, 온실가루이, 박각시나방
로즈마리	은무늬밤나방, 당근고자리파리, 무당벌레, 달팽이	탄지(쑥국화)	딱정벌레, 파리류, 노린재류, 가루이, 거세미나방
메리골드	• 채소밭 주위에 심어 두면 온실가루이 등 해충에 대한 기피 효과가 있다. • 나비나 벌 등의 익충이 모여들어 수분 작용과 천적의 활동을 증가시킨다.	파속	• 알리움기간티움(*Allium giganteum*) : 달팽이, 진딧물, 풍뎅이, 고자리파리, 유리나방, 배추벌레 등 • 부추류(leek, chives) : 고자리파리, 풍뎅이, 진딧물 • 마늘 : 고자리파리, 은무늬밤나방, 무당벌레, 유리나방 • 양파 : 은무늬밤나방, 온실가루이
박하류	진딧물, 은무늬밤나방, 벼룩잎벌레, 노린재류, 온실가루이		
바질	당근고자리파리, 딱정벌레, 온실가루이	토마토	딱정벌레
보리지	박각시나방, 배추나방	파슬리	풍뎅이류
분꽃	풍뎅이 기피 효과가 있다.	페튜니아	진딧물, 아스파라거스딱정벌레, 노린재류, 매미충
어성초	물고기 비린내가 나서 곤충이 접근하지 않는다.	한련	노린재, 진딧물, 딱정벌레류, 온실가루이, 은무늬밤나방
유칼립투스	진딧물, 은무늬밤나방, 풍뎅이	회향	진딧물, 달팽이
쑥(향숙)	은무늬밤나방, 고자리파리, 벼룩잎벌레, 온실가루이	히솝	은무늬밤나방, 온실가루이
제라늄	매미충, 온실가루이, 옥수수조명나방 기피 효과가 있다.	식충 식물	파리지옥, 벌레잡이 식물들은 곤충을 잡아먹는다.

(3) 기계적 · 물리적 · 생물학적 충해 예방 `기출 ★★★`

① 기계적 방법을 통한 충해 예방(해충을 맨손 또는 기계를 이용하여 죽이는 방법)

ㄱ 밴딩 : 20~30cm 폭의 짚, 왕골, 천으로 만든 거적을 식물 위에 덮어 이동하는 유충류들이 올라가거나 내려가는 것을 차단하거나 포획하는 방법이다.

ㄴ 포살 : 해충의 알, 유충, 번데기, 성충 등을 맨손이나 간단한 기구를 사용하여 잡아 죽이는 방법이다. 알덩어리를 채취하여 소각하거나 철사를 이용하여 찔러 죽이고 나무에 진동을 주어 떨어뜨려 죽이는 방법이 있다.

ㄷ 유살 : 곤충의 주광성 혹은 페로몬을 이용하여 유아등에 모이게 하여 죽이는 방법으로 300~400μm의 단파장 광선을 이용하며 나방류 성충 유살에 많이 이용되고 있다.

② 물리적 방법을 통한 충해 예방

ㄱ 차단막을 이용한 격리 : 바이러스를 매개하여 피해를 주는 진딧물 외에 딱정벌레, 메뚜기, 잎파리, 굴파리, 잎말이나방, 온실가루이 등의 해충의 유입을 막아 준다.

ㄴ 침수 : 연작장해가 나타나는 시설 토양을 7~9개월간 침수시키면 토양이 혐기 상태로 변화하면서 유기산, 메탄가스, 황화 가스 등이 발생하여 해충의 밀도가 감소하게 된다.

ㄷ 정식 시기 조절 : 해충의 침입이나 번식이 어려운 시기(낮은 온도)에 작물을 재배하는 방법이다.

ㄹ 온도 조절 : 가열법, 태양열법, 온탕 침법, 증기열법, 화열법, 적외선법, 냉각법 등이 있다.

ㅁ 봉지 씌우기 : 과일이 익기 전에 봉지를 씌워서 해충의 침입을 예방하는 방법이다.

③ 생물적 방법을 통한 충해 예방

ㄱ 천적의 종류 `기출 ★★★` : 천적의 종류에는 해충을 잡아먹는 포식성 곤충, 해충의 알이나 유충에 기생하는 기생성 곤충, 병들어 죽게 하는 병원성 미생물이 있다.

- 포식성 곤충 : 풀잠자리류, 무당벌레류, 노린재류, 딱정벌레류, 거미류(절지류)
- 기생성 곤충 `기출 ★★★` : 기생벌, 기생파리
- 병원성 미생물 : 세균류(박테리아), 곰팡이류, 백강균

ㄴ 천적 방제의 단점 `기출 ★★★` : 시간이 오래 걸리며 생태계 균형이 파괴될 수 있다. 또한 경비가 과다하게 소요되며 유력 천적의 선발과 도입 및 대량 사육에 어려움이 따른다.

더 알아보기

뱅커플랜트(banker plant) `기출 ★★★`

'천적 유지 식물'이라고도 하는 뱅커플랜트는 해충이 사라졌을 때 천적이 살아남을 수 있도록 먹이를 제공하는 역할을 한다. 대표적인 예로 진딧물의 천적 유지 식물에 가장 많이 쓰이는 보리가 있다. 보리는 딸기, 고추, 파프리카 등 대부분의 시설재배 작물과 유연관계가 멀어 여기서 발생하는 진딧물은 시설재배 작물에 피해를 주지 않는다. 진딧물류의 천적인 진디벌은 많은 종류의 진딧물에 기생하기 때문에 작물에 진딧물이 발생하지 않는 동안에는 보리에 있는 진딧물에 기생하여 살고 있다가 작물에 진딧물이 생기면 이동하여 작물에 발생하는 진딧물을 방제하는 원리이다.

2. 충해 진단하기

(1) 해충의 종류와 발생을 조기 진단

① 재배이력 분석을 통한 해충 종류 진단

㉠ 재배이력을 확인한다.

- 지난 3년간 포장에서 재배된 모든 작물(전 작물, 후 작물)을 확인한다.
- 연작, 윤작을 판단하여 주요 발생 해충을 진단한다.

㉡ 재배환경을 확인한다.

- 온·습도 확인
- 주변 환경 분석(배수, 토양산도, 지대, 일조량, 공기 유통, 이전 병 발생, 이웃 농가 병 발생 이력)

㉢ 곤충의 입 모양에 따른 해충의 종류를 진단하여 방제

씹는 입	• 메뚜기, 나비목(나방, 나비)의 유충, 딱정벌레 등이 있다. • 방제에는 식중독성 BT제를 사용한다.
찔러서 빠는 입	• 침과 섞어 식물 즙액을 빨아 먹는 종류로 모기, 이, 벼룩, 진딧물, 노린재, 깍지벌레 등이 있다. • 접촉성 방제제인 오일류 혹은 살충 비누를 사용하여 방제한다.
씹어서 빨아먹는 입	총채벌레가 피해를 주는 방식으로 방제에는 잎에 뿌리는 접촉성 방제제를 사용한다.

② 모니터링을 통한 조기 해충 발생 진단

㉠ 육안 조사 : 돋보기, 기록지, 노끈 등의 도구를 이용한 예찰

㉡ 끈끈이 트랩

㉢ 유아등 : 나방의 유충, 노린재를 방제하기 위해 불빛에 유인되는 성질을 이용한 방법이다.

㉣ 페로몬 트랩 `기출 ★★★`

- 페로몬 : 같은 종 또는 다른 종의 개체에 정보 전달을 목적으로 체내에서 합성하여 냄새로 대기 중에 방출하는 화학물질
- 페로몬 트랩 : 특정 해충이 분비하는 페로몬을 이용해 해충을 유인하고 포획하는 도구로 해충 발생을 예찰하거나 방제하는 데 사용된다.
- 페로몬의 장단점 `기출 ★★★`

페로몬의 장점	페로몬의 단점
• 페로몬 물질이 자연적으로 발생한다. • 무독하고, 환경오염이 없다. • 특정 종에만 영향을 미치는 종 특이적이다. • 유용 곤충에 안전하다. • 해충종합관리에 이상적인 구성요소이다. • 미량으로도 효과가 있다. • 분해가 빠르다. • 해충의 발생량과 시기를 예찰할 수 있어 방제 적기의 파악에 용이하다.	• 페로몬으로 대상 해충의 교미를 방해하는 경우 그 대상 해충의 모든 행동을 해충의 생활사 동안 완벽하게 이해하고 통제할 수 없다. • 고순도의 페로몬을 kg 단위로 생산할 수 있는 기술이 부족하다. • 여러 달 동안 노지에 분해되어도 효과가 있을 수 있는 페로몬의 양을 알 수 없고, 야외 조건이 페로몬 분배기에 미치는 영향을 과소평가하여 적당량을 가진 페로몬을 사용하지 못하고 있다. • 살충제는 순도가 다소 떨어져도 효과에 전혀 지장이 없지만, 페로몬은 소량의 불순물에도 효과가 많이 감소한다.

• 농업에 활용되는 페로몬의 종류

성페로몬	• 기능 : 이성(암컷 또는 수컷)을 유인하여 번식을 돕는 화학물질 • 농업적 활용 : 수컷이 암컷을 찾지 못하게 하여 번식 억제, 특정 해충의 발생 여부와 밀도를 모니터링

집합페로몬
기출 ★★★
	• 기능 : 암수 구분 없이 같은 종의 개체를 특정 장소로 유인
	• 농업적 활용
	   – 해충 모니터링 : 집합페로몬을 이용한 트랩(덫)을 설치해 특정 해충의 발생 여부와 밀도를 확인하여 피해를 예측하고, 방제 시기를 판단할 수 있다.
	   – 대량 포획 : 해충을 한곳에 모아 대량으로 포획하는 것으로 해충 밀도를 낮추어 농작물 피해를 줄이고, 화학 살충제 사용량을 줄이는 친환경적 방법이다.
	   – 교란 방제 : 집합페로몬을 방출하여 해충을 작물에서 멀리 유인하고 작물에 접근하지 못하게 하여 피해를 줄일 수 있다.

경보페로몬	• 기능 : 위험 상황에서 동료들에게 경고 신호를 보내 회피 행동을 유도 • 농업적 활용 : 천적 곤충과의 상호작용을 연구하거나, 해충의 행동 패턴을 교란하는 데 사용 가능 예) 진딧물의 경보페로몬 방출로 군체 분산
산란 억제 페로몬	• 기능 : 암컷 해충이 특정 장소에 알을 낳지 못하도록 억제 • 농업적 활용 : 작물에 인공적으로 페로몬을 처리해 해충의 산란을 방지
추적페로몬	• 기능 : 개미와 같은 곤충이 먹이나 서식지로 이동하는 경로를 표시 • 농업적 활용: 특정 해충의 경로를 추적하거나 유인하여 방제
군체 유지 페로몬	• 기능 : 집단생활 곤충의 사회적 행동과 개체 역할 유지 • 농업적 활용 : 사회성 곤충의 서식지 관리 연구 예) 꿀벌(여왕페로몬) 연구로 화분 매개 효율 증대
식욕 유도 페로몬	• 기능 : 먹이를 발견했을 때 군체가 식사 행동을 촉진하도록 유도 • 농업적 활용 : 해충 방제를 위해 특정 장소로 유인 후 포획하거나 살충 처리

• 이용 분야

예찰	해충을 잡을 목적으로 대상 해충의 밀도와 발생을 예측한다.
대량 유살	대상 해충의 대량 포획으로 차세대 밀도를 감소시키기 위함이 목적이며 암컷을 유인하지 못하는 결점이 있다.
교미 교란	페로몬에 의해 대상 해충의 교미 교란 목적, 현재 가장 이상적인 방법이다.
생물 자극제	대상 해충의 활력을 조장하여 살충제에 접촉하도록 한다.
유인과 살충	살충제와 페로몬을 동시 처리하여 양쪽의 약량을 감소시킨다.

더 알아보기

페로몬 트랩으로 해충피해 예찰
• 페로몬 트랩 조립 : 트랩의 바닥에 끈끈이를 설치하고 트랩을 삼각형으로 조립한 뒤, 오염된 손을 씻고 루어를 설치한 뒤 트랩 걸이용 철사를 부착한다.
• 페로몬 트랩 설치
  – 하나의 트랩에는 반드시 해당 나방의 페로몬 하나만 1.5m 높이에 설치하며, 과수원 내 관찰하기 쉽고 바람이 잘 통하는 곳에 설치한다.
  – 트랩 간격이 가까우면 간섭이 생겨 효과가 떨어지므로 최소 5m 이상 떨어뜨린다.
• 페로몬 트랩 조사를 통해 해충 피해를 예찰 : 나방 종류별 설치 날짜와 교체 시기 등을 정확히 알아야 하며, 설치한 날짜, 루어 교체 날짜, 포획된 수를 정확히 기록해야 한다.

ⓜ 주요 해충 진단

총채벌레	• 잎의 표면을 찢어서 즙액을 빨아 먹으며, 생활사가 짧고 알은 잎 속에 낳고 땅속에서 번데기로 있어 방제가 매우 어려운 곤충이다. • 성충들은 작물의 꽃에 모여드는 습성이 있다.
가루이	• 온실의 주요 해충이며, 성충은 새순과 어린잎에 모인다. 새순을 흔들어 성충의 발생을 확인할 수 있다.
응애	• 대표적인 2차 해충으로 농약을 많이 살포하면 심하게 발생하며, 25℃에서는 알부터 성충까지 자라는데 10일 정도 걸린다.
깍지벌레	• 농약을 많이 살포하면 발생량이 많아지는 대표적인 2차 해충으로 밀랍으로 깍지를 만들어 농약이 잘 묻지 않아 방제가 어렵다.
노린재	• 찔러 빠는 입을 가지며 긴 수명(월동 해충)과 번식력이 왕성하여 일정 조건이 성립되면 개체 수가 급증한다. • 약충과 성충 모두가 같은 작물을 봄부터 늦가을까지 가해하며, 약제를 살포하여도 비산하였다가 다시 비래하여 방제가 어렵다.
진딧물	• 노린재목 진딧물과에 속하는 것으로 작물을 흡즙하여 생육을 저해시키며 바이러스병 등을 매개시킨다. • 알을 낳지 않고 새끼를 낳는 단성 생식(처녀 생식)으로 번식한다. • 약충이 몇 마리만 있으면 눈으로 예찰이 쉽지 않으므로 새순이나 잎 뒷면을 세심하게 관찰해야 한다.

3. 해충 방제하기

(1) 기계적 · 물리적 해충 방제

① 기계적 방제 : 도구나 기계를 이용해 직접적으로 해충을 제거하거나 접근을 차단하는 방법

ⓐ 유살 기출 ★★★ : 빛, 냄새 등으로 해충을 유인하여 살충하는 방법으로 대규모 농업보다는 텃밭이나 실내 식물 관리에 적합하다.

ⓑ 포살 : 해충을 직접적으로 포획하여 죽이는 방법으로 트랩(페로몬 트랩, 끈끈이 트랩), 포충망을 이용한다.

ⓒ 망 설치 : 방충망, 방조망

ⓓ 기계적 장비 : 진공 흡입기, 해충 포집기, 태양 전기용 목책기(전기충격)

ⓔ 경작 방법 개선 : 경작 시 흙을 뒤집어 해충알이나 번데기를 노출시켜 자연적으로 제거

② 물리적 방제 기출 ★★★ : 자연적 물리적 요인을 활용하여 해충의 생존을 억제하거나 제거하는 방법

ⓐ 온도조절

• 고온처리 : 작물을 덮어 내부 온도를 높여 해충을 제거

• 저온처리 : 해충의 번식이나 생존을 억제

ⓑ 물리적 차단

• 플라스틱 멀칭 : 자외선 차단 필름, 은백색 필름 등 땅 위에 비닐을 덮어 해충의 서식 공간을 차단한다.

• 토양 증기처리 : 뜨거운 증기로 토양에 남아있는 해충알과 병원균을 살균한다.

• 비가림 시설

• 울타리 설치

• 봉지 씌우기

ⓒ 빛 : 자외선램프, 반사판, 솔라경고등, 유아등(등불을 이용하여 주광성인 해충을 방제하는 장치)

　※ 주광성 : 해충이 빛의 방향 감지하고 모여드는 성질

ⓓ 물 : 고압 물줄기를 사용해 작물에 붙어 있는 해충(진딧물, 응애 등)을 씻어 내거나 담수하여 방제한다.

ⓜ 음파 및 진동 : 특정 음파를 사용해 해충의 접근을 막거나, 작물에서 떨어지게 한다.

ⓗ 소각 `기출 ★★★`

ⓢ 유황훈증기

(2) 생물학적 해충 방제

① 해충 천적 방사를 통한 방제 `기출 ★★★`

　㉠ 천적의 방사 후 관리 요령

　　• 방사 후 정착 여부는 진딧물 군집이 있는 주변에 애벌레 또는 성충을 확인한다.

　　• 번데기 상태로 방사할 때는 습도를 관리하여 건조하지 않도록 한다.

　　• 방사 용기는 햇볕이 닿지 않도록 그늘을 만들어 주고 해충이 많은 곳은 많이 방사한다.

　　• 방사 직후 성충이 되는 시기에 분무 형태의 살포 행위는 하지 않는다.

　㉡ 해충별 천적 활용 기술 `기출 ★★★`

주요 해충	작물 피해	천적 종류	예찰	천적 이용 기술
진딧물류 `기출 ★★★`	• 생육저해 • 바이러스병 매개 • 그을음병 유발(광합성 능력 저하)	• 콜레마니진디벌　• 진디벌 • 진디혹파리　　　• 풀잠자리 • 꽃등에류　　　　• 무당벌레	새순과 잎 뒷면을 육안 관찰한다.	진디벌류는 초기 발생 시 예방 차원으로 활용하고 포식성 천적은 작은 범위로 발생하였을 때 활용한다.
잎굴파리류 `기출 ★★★`	• 잎에 굴을 형성하여 조직을 파괴, 광합성능력을 저하 • 식흔 또는 산란 흔적을 통하여 바이러스 침투하는 원인	• 잎굴파리고치벌 • 굴파리좀벌	• 잎의 식흔 또는 산란 흔적을 관찰한다. • 노란색 끈끈이 트랩을 이용하여 예찰한다.	산란 흔적이 나타났을 때 천적을 방사한다.
응애류 `기출 ★★★`	잎 조직을 빨아먹어 광합성 능력을 떨어뜨리고, 작물을 고사	• 칠레이리응애 • 응애혹파리 • 꼬마무당벌레	잎 뒷면을 눈으로 관찰한다.	응애가 1~2마리 발생하였을 때 천적을 사용한다.
가루이	• 바이러스병 매개 • 그을음병 유발(광합성 능력 저하)	• 온실가루이좀벌 • 황온좀벌 • 버티실리움레카니(*Verticillium lecanii*) – 병원성 곰팡이	• 약충 시기는 너무 작으므로 세심한 예찰이 필요하다. • 잎 뒷면 또는 날아다니는 성충 육안 관찰 • 노란색 끈끈이 트랩을 이용하여 예찰한다.	온실가루이가 1~2마리 보이는 초기 발생 시에 천적을 방사한다.
총채벌레류 `기출 ★★★`	• 작물의 표피조직, 꽃, 생장점 등을 가해(변색, 과실 기형, 고사) • 바이러스 매개	• 으뜸애꽃노린재 • 유럽애꽃노린재 • 오이이리응애 • 아큐레이퍼응애	• 성충은 꽃에 모이므로 중점적으로 예찰한다. • 잎 뒷면을 털어 확인한다. • 청색 끈끈이 트랩을 이용	
나방류 `기출 ★★★`	종류에 따라 잎과 과실, 줄기, 잎 등을 가해	• 곤충병원성 선충 • 알벌류 • 나비세균(Bt제)	• 페로몬트랩을 이용한다. • 가해 증상이 있는 작물체 및 주변을 자세히 본다.	
작은뿌리파리류	• 작물의 뿌리털 또는 어린 뿌리를 직접 가해 • 성장지연, 시듦 증상	• 곤충병원성 선충 • 가는뿔다리좀응애	• 성충의 예찰은 노란색 끈끈이 트랩을 이용한다. • 애벌레 유인(예찰)은 감자 절편을 이용한다.	

② 불임충 방사법

　ㄱ 수컷이 하는 역할이 크므로 불임 수컷 방사법이라고도 한다. 방제 대상이 되는 곤충을 인공적으로 대량 증식시킨 후 방사선이나 화학불임제 등으로 생식세포를 파괴, 불임충으로 만들어 자연에 대량으로 방사한다. 방사된 불임충 수컷은 야생 곤충과 교미하여 부화되지 않는 알을 낳는다. 불임충 암컷은 야생 곤충과 교미를 해도 산란을 하지 않거나, 산란을 해도 알이 부화되지 않는 원리를 이용하여 해충을 방제하는 방법이다.

　ㄴ 불임충 방사의 장점

　　• 불임 처리를 받은 곤충 자신이 야외의 개체를 찾아내어 영향을 확산시킨다.

　　• 내성의 걱정이 없고, 잔류 독성을 생각하지 않아도 되며, 목적으로 하는 종류 외에는 영향이 없다.

　ㄷ 불임충 방사법을 이용하기 위한 조건

　　• 인공적으로 대량 사육을 할 수 있을 것

　　• 수컷의 행동 범위가 넓고 암컷의 교미 횟수가 적을 것

　　• 불임처리가 생존율이나 이동 분산력과 생식 활동에 나쁜 영향을 주지 않을 것

　　• 야외 개체수가 너무 많아지지 않거나, 다른 방제 수단으로 미리 저밀도로 내릴 수 있을 것

　　• 방사한 곤충 자신이 해를 입지 않을 것

　　• 다른 지역과 지리적으로 격리되어 재침입을 막을 수 있을 것

(3) 유기농업자재를 이용한 병해충 방제

① 허용물질을 이용한 병해충 방제

살충 비누	• 주재료 : 수산화나트륨(칼륨) • 방제 해충 : 응애, 진딧물(몸집이 작은 곤충) • 사용 방법 　- 비누를 물에 약 100배액으로 녹인다(비누 100mL당 10L의 물). 　- 고형 비누는 소량의 물(10배가량)에 끓여서 녹여 진딧물 또는 응애가 발생한 작물에 뿌린다. 　- 3~5일 간격으로 2회 살포한다. • 주의 사항 　- 비누의 원료가 천연 유지인지 확인해야 한다. 　- 유묘기는 사용을 자제한다.
마요네즈 희석법	• 재료 : 마요네즈(난황유의 제조 원리를 응용) • 방제 병해 : 오이 흰가루병 • 제조 방법 : 마개가 있는 빈 통에 마요네즈와 소량의 물을 넣은 후 상하로 약 30초간 격렬히 흔들어 마요네즈를 잘 풀어준 뒤 전체 양으로 희석한다. • 사용 방법 　- 발병 시 마요네즈를 0.5% 희석하여 5~7일 간격으로 살포한다. 　- 잎의 앞뒷면에 약제가 흘러내리도록 충분히 살포한다.

비티(Bt)제	• 재료 : 비티(Bt)제(곤충에 병을 일으키는 세균인 *Bacillus thuringiensis*를 상업적으로 제형화한 것)
	• 작용 원리
	  – 미생물 살충제의 일종으로 자연계에 존재하는 세균인 바킬루스 투린지엔시스(*Bacillus thuringiensis*, Bt)가 생성하는 단백질 독소를 이용한 생물학적 방제
	  – Bt는 해충의 소화관에서 활성화되는 독소를 생성하고 해충이 Bt를 섭취하면 소화관에서 독소가 활성화되어 소화관 세포에 구멍을 뚫어 죽는다.
	• 방제 해충 : 배추좀나방, 파밤나방 등 나방류
	• 장단점
	  – 나방류 유충에만 효과가 있어 곤충 천적과 함께 사용할 수 있다.
	  – 척추동물이나 식물에 잔류 독성 및 환경의 오염이 없다는 점이다.
	  – 표적 해충 이외에는 효과가 작다.
	  – 비와 햇빛에 노출되면 효과가 감소할 수 있어 사용 시기와 조건이 중요하다.
	• 사용 방법
	  – 페로몬 트랩이나 점착 트랩으로 나방류 해충의 발생을 예찰하여 해충 발생 초기에 살포한다.
	  – 미생물을 이용한 작물 보호제이므로 효과 지속이 짧아 9일 간격으로 살포한다.
	• 주의사항
	  – 오후나 저녁에 살포하는 것이 좋다.
	  – 사용 전에 냉장 보관 시, 미생물의 활력이 높은 상태로 유지할 수 있고 개봉 후 즉시 사용한다.
	  – 어린 유충에는 효과가 좋으나 노숙한 유충은 효과가 떨어진다.

제충국	• 제충국 : 5~6월에 남부지방에 개화하는 국화과 식물로 꽃에서 추출한 피레트린은 곤충의 신경계를 교란하여 마비시켜 방제하는데 사람과 동물에 대한 독성은 낮아 비교적 안전한 살충제이다.
	• 사용 방법 : 95% 이상의 알코올에 제충국을 침지하여 500배액(전체 추출 시 : 추출액 40cc＋물 20L), 1,000배액(꽃만 추출 시) 살포한다.
	• 방제 해충 : 진딧물, 굴나방, 노린재류, 잎말이나방, 담배나방, 흰불나방, 멸강나방, 거세미나방, 좀나방, 파밤나방 등
	• 장단점
	  – 사람과 동물에 해가 없고 농약 잔류량이 적다.
	  – 광범위한 해충에 살충력이 있고, 내성이 없으며 비용이 저렴하다.
	  – 햇빛과 공기 중에서 쉽게 분해되기 때문에 약효 지속 기간이 짧다.
	  – 대량 생산 시 비용이 높을 수 있다.

님(neem)
오일
기출 ★★★
	• 님오일 : 주로 인도와 동남아시아 열대 지역에서 자라는 님나무의 씨앗에서 추출한 식물성 기름으로, 살충제 및 살균제로 사용된다. 종자에서 추출되는 아자디라크틴(azadirachtin)성분이 곤충의 호르몬 대사에 작용하여 곤충이 먹이 활동, 탈피, 산란을 방해한다.
	• 방제 해충 : 나방의 유충, 선충, 메뚜기, 진딧물, 풍뎅이, 응애 등
	• 장단점
	  – 인간과 동물에게는 해가 없다.
	  – 내성이 잘 생기지 않아 장기적으로 효과적이며 다양한 해충을 동시에 방제가 가능하다.
	  – 살포 후 효과가 나타나기까지 시간이 다소 걸리며, 강한 냄새가 날 수 있음.
	  – 고농도로 사용하면 작물에 해가 될 수 있으므로 적절한 희석이 필요하다.
	• 주의사항 : 저온 추출을 해야 살충 성분이 파괴되지 않으며, 오래 두면 약효가 분해되므로 제조 후 8시간 이내 사용해야 한다.

석회유황합제	응애 등의 방제에 사용하였으며 사람과 포유동물에는 전혀 피해를 주지 않는다. 오남용하면 작물에 약해를 나타내거나 하우스의 농자재를 부식시키기도 한다.

석회보르도액
기출 ★★★
	• 재료 : 석회유, 황산동(유산동)액
	• 제조 방법 : 석회유와 황산동을 섞어 물 1L에 포함되는 황산동과 생석회의 양을 보르도액 호칭으로 사용한다.
	• 방제 원리 : 식물 표면에 얇은 보호막을 형성하여 병원균의 침입을 막는 역할을 한다.
	• 방제 병해 : 과수(포도, 감귤 등), 채소(토마토, 고추 등)의 곰팡이병(흰가루병, 탄저병), 세균병 등
	• 장단점
	  – 보르도액의 구리 성분은 일부 연약한 해충(예: 달팽이, 민달팽이) 방제는 가능하지만 일반적인 해충(진딧물, 나방 등)에 대해서는 직접적인 효과가 없다.
	  – 보호 살균제로서의 역할을 한다.

석회보르도액	• 주의사항
	   - 농도와 살포 시기를 반드시 지켜야 한다.
	   - 다른 방제제와 혼합 시 약효를 감소시킬 수 있다.
	   - 구리 성분이 토양에 축적될 수 있으므로 필요 이상으로 사용하지 않는다.

바닷물	• 바닷물은 미생물 배양 또는 친환경농자재 제조 시 소금을 첨가하는 등 오래전부터 농업적으로 활용하고 있다.
	 • 장단점
	   - 무기양분 공급 효과(생육 촉진, 토양미생물 활성화, 유기물 분해 촉진)
	   - 당도 및 색도 등 품질 향상
	   - 잡초 억제 및 병해충 방제
	   - 염 스트레스 억제 효과(항산화 기능, 삼투압 조절 기능 등)
	   - 염소 효과(광합성 촉진, 병 발생 억제 등)

더 알아보기

식물에서 추출한 병해충 방제용 허용물질의 주요 성분과 특징

물질	주요 성분	특징
데리스 추출물	로테논(rotenone)	살충력은 강하나 어독성이 크다.
제충국 추출물	피레트린(pyrethrin)	살충 성분이 불안정해서 휘발유 침출액 형태로 보관하는 것이 좋다.
쿠아시아 추출물	쿠아신(quassin)	쿠아시아나무의 껍질에서 추출한다.
님 추출물	아자디라크틴(azadirachtin)	곤충의 섭식 억제와 탈피·번식 저해 작용을 하며 진딧물, 총채벌레, 흰가루병에 대해 방제효과가 있다.

제9절 | 유기축산

1. 유기축산 이해하기

(1) 유기축산 기준 `필기 'CHAPTER 03 제6절 유기축산' + 부록 '인증기준' 반드시 참조 ★★★`

① 유기축산의 개념(Codex 위원회) : 축산물의 생산 과정에서 수정란 이식이나 유전자조작을 거치지 않은 가축에 각종 화학비료, 농약을 사용하지 않고 또한 유전자조작을 거치지 않은 사료를 근간으로 그 외 항생물질, 성장호르몬, 동물성 부산물 사료, 동물약품 등 인위적 합성첨가물을 사용하지 않은 사료를 급여하고 집약 공장형 사육이 아니라 운동이나 휴식 공간, 방목 초지가 겸비된 환경에서 자연적 방법으로 분뇨 처리와 환경이 제어된 조건에서 사육·가공·유통·평가·표시된 가축의 사육 체계와 그 축산물을 의미한다.

> '유기(organic)'란 생물의 다양성을 증진하고, 토양의 비옥도를 유지하여 환경을 건강하게 보전하기 위하여 허용물질을 최소한으로 사용하고, 인증기준에 따라 유기식품 및 비식용유기가공품을 생산, 제조·가공 또는 취급하는 일련의 활동과 그 과정을 말한다(친환경농어업 육성 및 유기식품 등의 관리·지원에 관한 법률 제2조 제3호).

② 유기축산물 인증기준 : 가축이 자유롭게 활동할 수 있는 축사 조건과 축종별로 정해진 방목 조건을 준수하고 유기사료를 급여하면서 동물용의약품에 의존하지 않고 면역기능을 증진하는 등 유기 사육 방법에 따라 생산한 축산물을 말한다.

※ 무항생제축산물은 2020년 친환경농어업 육성 및 유기식품 등 관리지원에 관한 법률에서 축산법으로 이관되면서 친환경 인증에서 제외되었다.

더 알아보기

해썹(HACCP)

식품의 원재료부터 제조, 가공, 보존, 유통, 조리단계를 거쳐 최종소비자가 섭취하기 전까지의 각 단계에서 발생할 우려가 있는 위해요소를 규명하고, 이를 중점적으로 관리하기 위한 중요관리점을 결정하여 자율적이며 체계적이고 효율적인 관리로 식품의 안전성을 확보하기 위한 위생관리체계를 말한다. 전 세계적으로 가장 효과적이고 효율적인 식품안전관리체계로 인정받고 있으며, 미국, 일본, 유럽연합, 국제기구(Codex, WHO, FAO) 등에서도 모든 식품에 해썹을 적용할 것을 적극 권장하고 있다.

CHAPTER **02** 과년도 + 최근 기출복원문제

2021년 제1회 과년도 기출복원문제

※ 필답형 기출복원문제는 수험자의 기억에 의해 문제를 복원하였습니다. 실제 시행문제와 일부 상이할 수 있음을 알려드립니다.

01 배수성과 통기성이 높은 것부터 낮은 순서대로 나열하시오.

식토, 식양토, 양토, 사양토, 사토

정답

사토 – 사양토 – 양토 – 식양토 – 식토

해설

점토 함량이 낮을수록 배수성과 통기성이 좋다.

02 다음 설명에 알맞은 유기농업자재를 바르게 연결하시오.

㉠ 산성토양의 교정	ⓐ 녹비작물
㉡ 보비력(양이온치환용량) 증대	ⓑ 제올라이트
㉢ 질소고정	ⓒ 석회석

정답

㉠ – ⓒ, ㉡ – ⓑ, ㉢ – ⓐ

해설

- 석회석은 산성토양을 개량하는 데 이용한다.
- 제올라이트, 퇴비, 부식산질 자재는 양이온치환용량을 증대시켜 보비력을 향상시킬 수 있다.
- 콩과 녹비작물을 재배하면 공중질소 고정량이 많아져 토양에 질소를 공급하는 데 유리하다.

03 유기농업의 병해충 방제에 이용되는 천적의 종류 중 포식성 곤충을 [보기]에서 골라 쓰시오.

┌─보기───┐
│ 풀잠자리, 무당벌레, 바이러스, 세균, 기생벌 │
└───┘

정답

무당벌레, 풀잠자리

해설

• 기생벌 : 기생성 곤충
• 바이러스, 세균 : 병원성 미생물

04 다음 중 엽록소 분해, 착색 증진, 연화 등을 촉진시켜 덜 익은 바나나, 떫은 감 등의 상품가치를 향상시키고 후숙 및 생리작용에 관여하는 물질을 골라 쓰시오.

┌───┐
│ 아이오딘, 에틸렌, ABA, 티오황산 │
└───┘

정답

에틸렌

해설

• ABA(abscisic acid) : 식물호르몬의 일종으로 미숙과와 휴면종자에 많으며 낙엽 등의 기관 탈리, 종자, 구근, 수목의 눈 등에서의 발아억제작용을 지배하며 각종 휴면에 관여하는 중심적인 물질이며 식물이 수분결핍 등 환경적인 스트레스를 받으면 ABA가 증가한다.
• 아이오딘 : 요오드라고도 불리며 비금속 할로겐족원소의 하나이다. 상온에서는 회흑색의 결정, 가열하면 짙은 보라색의 증기가 되어 승화되며 소독용 약품으로 쓰인다.
• 티오황산 : 하이포라고도 하며 시판되고 있는 것은 5수화물. 수돗물의 염소분인 클로르칼키(살균제)의 제거, 중금속이나 사이안화수소의 해독제, 사진의 정착(할로겐화은을 녹인다), 요오드 적정 등에 사용된다.

574 | PART 03 실기(필답형)

05 1) <u>퇴비제조 순서를 바르게 나열하고</u>, 2) <u>탄질율이 높은 유기물로 퇴비화 시킬 때 질소 함량을 높이는 방법 1가지를</u> 쓰시오.

> 원료준비, 후숙, 뒤집기와 퇴적, 원료혼합

정답

1) 원료준비 – 원료혼합 – 뒤집기와 퇴적 – 후숙
2) 가축분 퇴비를 추가한다.

해설

1) 퇴비제조 순서

유기물원 수집		혼합 및 야적		퇴 적		후 숙
볏짚, 수피, 쌀겨, 깻묵 등	⇨	질소 1% 조절, 수분 60% 호기발효	⇨	• 뒤집기 : 2주간격 • 퇴적기간 : 12~14주	⇨	2~4주 야적

2) 미생물의 좋은 먹이가 되려면 원료에 질소 함량이 1% 이상 되어야 한다. 그러나 볏짚과 같은 고간류나 톱밥 등에는 질소 성분이 매우 적으므로 퇴비를 만들 때 질소 성분이 많이 들어있는 분뇨, 깻묵 같은 것을 적당히 섞어 주어야 한다.

06 오리농법의 효과를 2가지 쓰시오.

정답

- 써레질의 효과(부리와 갈퀴 및 온몸으로 논바닥을 헤집고 다녀 탁수, 중경의 효과)
- 오리의 배설물로 인한 유기질 비료 시비(화학비료의 1/3 절감)
- 토양에 산소 공급
- 잡초 및 병해충 방제(어린 잡초, 이화명충 등 각종 해충을 잡아 먹음)

07 답전윤환의 효과를 3가지 쓰시오.

정답

지력의 유지 및 증진, 기지의 회피, 잡초발생 억제, 수량 증가, 노력의 절감

해설

답전윤환 : 논 또는 밭을 논 상태와 밭 상태로 몇 해씩 돌려가면서 벼와 밭작물을 재배하는 방식

08 다음 (   ) 안에 들어갈 알맞은 말을 골라 순서대로 쓰시오.

> 바나나, 사과 등을 장기 보관하기 위해서 이산화탄소 농도는 (높게 / 낮게), 산소 농도는 (높게 / 낮게)해야 과일을 신선하게 유지할 수 있다.

정답

높게, 낮게

해설

CA(controlled atmosphere) 저장

호흡작용을 억제하기 위해 0~3℃의 저온 창고 내 이산화탄소 농도는 높게(2~5% 정도), 산소는 낮게(2~3% 정도) 설정하여 작물의 호흡작용을 억제함으로써 저장성을 개선하는 방법으로, 저온 시설과 가스 공급 조절을 위한 각종 센서 등의 고가 장비가 필요하다.

09 다음 작용에 알맞은 설명을 바르게 연결하시오.

> ㉠ 포드졸화 작용
> ㉡ 글레이화 작용
> ㉢ 이탄집적 작용
>
> ⓐ 한랭습윤지역 회백색 토양층
> ⓑ 배수가 불량한 회색 또는 청회색 토양층
> ⓒ 습지나 얕은 호수지역

정답

㉠ – ⓐ, ㉡ – ⓑ, ㉢ – ⓒ

해설

• 포드졸화 작용 : 한랭습윤지대(침엽수림), 회백토
• 글레이화 작용 : 한랭습윤지역 중에서 지하 수위가 높은 저수지나 배수가 불량한 곳, 청회색, 회녹색

10 다음 중 유기농업에서 병해충 관리를 위해 사용 가능한 물질을 2가지 골라 쓰시오.

> 제충국, 구아노, 키토산, 펄라이트

정답

제충국, 키토산

해설

허용물질(친환경농어업 육성 및 유기식품 등의 관리 · 지원에 관한 법률 시행규칙 [별표 1])
• 병해충 관리를 위해 사용 가능한 물질 : 제충국, 키토산
• 토양개량 및 작물생육을 위해 사용 가능한 물질 : 구아노, 펄라이트

11 다음 중 흡수성, 통기성이 좋기 때문에 함수율이 높은 재료의 퇴비화 보조제로 활용되고, 탄질율이 500~1,000 정도로 높은 임산부산물의 대표적인 퇴비 원료를 골라 쓰시오.

톱밥, 활성탄, 제올라이트, 버미큘라이트

정답

톱밥

해설

톱밥은 탄질율이 높아 분해가 늦고, 퇴비의 수분 흡습제로 사용하는 퇴비 원료이다.

퇴비 원료로 사용 가능한 물질

사용 가능한 물질	상세 내용
농림부산물류	짚, 왕겨, 미강, 녹비, 이탄, 토탄, 갈탄, 낙엽, 수피, 톱밥, 부엽토, 야생초, 폐사료, 한약재찌꺼기, 그 밖의 이와 유사한 농림부산물류 또는 상기의 물질을 이용한 버섯 폐배지, 사업장잔디예초물(골프장 등), 가축의 알 또는 그 껍질 등
수산부산물류	어분, 어묵 찌꺼기, 해초 찌꺼기, 게 껍데기, 해산물 등
동물의 분뇨	인분뇨 처리잔사, 구비, 우분뇨, 돈분뇨, 계분 등
음식물류 폐기물	
식료료 제조업·유통업·판매업·담배제조업에서 발생하는 폐기물	도축, 고기가공 및 저장, 낙농업, 과실 및 야채, 통조림 및 저장가공, 동식물 유지류, 빵제품 및 국수, 설탕 및 과자, 배합사료, 조미료, 두부, 주정, 소주, 인삼주, 증류주, 약주 및 탁주, 청주, 포도주, 맥주, 청량음료, 다류
미생물	토양미생물 제제
광물질	소석회, 석회석, 석회고토, 부산소석회, 부산석회, 패화석, 생석회, 제올라이트(광물질은 부숙 과정 중에 사용하여야 하며 사용량은 전체 원료의 5% 이내에서 사용이 가능)

12 다음은 유기식품 및 무농약농산물 등의 인증에 관한 세부실시요령상 유기축산물의 인증기준에 대한 내용이다. (   ) 안에 들어갈 알맞은 숫자를 [보기]에서 골라 쓰시오.

유기축산물로 출하되는 축산물에 동물용의약품 성분이 잔류되어서는 아니 된다. 다만, 법에 따라 동물용의약품을 사용한 경우 이를 허용하되, 식품위생법에 따라 식품의약품안전처장이 고시한 동물용의약품 잔류 허용기준의 (   )분의 1을 초과하여 검출되지 아니하여야 한다.

┌보기┐

100, 50, 10, 5

정답

10

해설

유기축산물 인증기준 - 운송·도축·가공 과정의 품질관리(유기식품 및 무농약농산물 등의 인증에 관한 세부실시요령 [별표 1])

CHAPTER 02 과년도 + 최근 기출복원문제 | **577**

13 유기농업 관점에서 토양의 피복 효과를 2가지 쓰시오.

정답

잡초의 발생 억제, 토양의 수분증발 감소, 토양온도의 급격한 변화 완화, 토양 구조와 양분 이용률 향상, 바람과 비에 의한 토양 침식 방지 등

14 다음 중 유기사료와 제조에 사용 가능한 원료와 보조사료를 3가지 골라 쓰시오.

견과류, 버섯, 합성화합물, 비단백태질소화합물, 낙농가공부산물, 성장촉진제

정답

견과류, 버섯, 낙농가공부산물

해설

유기축산의 사료에 첨가하는 안 되는 물질
- 가축의 대사 기능 촉진을 위한 합성화합물
- 반추가축에게 포유동물에서 유래한 사료(우유 및 유제품은 제외)는 어떠한 경우에도 첨가해서는 안 됨
- 합성질소 또는 비단백태질소화합물
- 항생제, 합성항균제, 성장촉진제, 구충제, 항콕시듐제 및 호르몬제
- 그 밖에 인위적인 합성 및 유전자 조작에 의해 제조·변형된 물질

15 다음은 친환경농어업 육성 및 유기식품 등의 관리·지원에 관한 법률 시행규칙상 유기축산물의 인증기준에 대한 내용이다. ( ) 안에 들어갈 알맞은 말을 골라 쓰시오.

1) 유기축산물의 생산을 위한 가축에게는 (100% / 50%) 유기사료를 급여하고 천재지변 또는 극한 상황으로 유기사료를 급여하기 어려운 경우에는 (국립농산물품질관리원 / 농림축산식품부)(은)는 일정기간 동안 유기사료가 아닌 사료를 일정비율로 급여하는 것을 허용할 수 있다.
2) (단위동물 / 반추가축)에게 사일리지만 급여해서는 안 된다.

정답

1) 100%, 국립농산물품질관리원, 2) 반추가축

해설

유기축산물 인증기준 – 사료 및 영양관리(친환경농어업 육성 및 유기식품 등의 관리·지원에 관한 법률 시행규칙 [별표 4])

16 토양부식 중 NaOH에서 용해되지 않고 남아있는 물질로 알칼리 불용부로서 전체 부식의 20~30%를 차지하고 무기성분과 매우 강하게 결합되어 분해되지 않는 물질을 [보기]에서 골라 쓰시오.

┤보기├
lignin, humin, humic acid, fulvic acid

정답
humin

해설
- humin(부식탄) : NaOH 또는 다른 알칼리성 용액에서 용해되지 않는 유기 물질. 주로 매우 안정적이고 분해가 어려운 고분자 화합물로 구성
- humic acid(부식산) : 흙 속 유기물이 미생물에 의해 분해되어 생긴 산성의 고분자 유기물로, 알칼리에는 잘 녹고 산에는 녹지 않으며, 토양의 영양분 저장력과 비옥도 유지에 중요한 역할
- fulvic acid(풀빅산) : 부식 중 분자량이 작고 산·알칼리 모두에 잘 녹는 황갈색 유기산으로, 토양에서 양이온을 붙잡고 이동시키며, 미량원소의 흡수를 촉진하고 토양구조를 안정화하는 역할

17 토양 산도가 pH 7보다 낮을 경우 무엇이라 하는지 [보기]에서 골라 쓰시오.

┤보기├
알칼리성, 염기성, 중성, 산성

정답
산성

18 다음은 식품의 가스치환포장에 사용되는 기체에 대한 설명이다. 각각 어떤 기체에 대한 설명인지 [보기]에서 골라 쓰시오.

1) 작물의 호흡작용을 억제하며, 농도가 높아지면 이취를 유발하는 가스
2) 주로 과자나 식품 포장 시 충전재로 사용하는 무색무취의 가스
3) 작물의 호흡에 필요하며, 육색을 선홍색으로 유지하는 데 사용되지만 농도가 높아지면 식품의 산화를 유발하여 유해한 가스

┤보기├
이산화탄소, 질소, 산소

정답
1) 이산화탄소, 2) 질소, 3) 산소

해설
1) 이산화탄소(CO_2) : 작물의 호흡작용을 억제하여 식품의 소비기한 연장을 위해 사용되며, 농도가 높아지면 이취를 유발한다.
2) 질소(N_2) : 순도 높은 불활성 가스로 식품 포장 내부의 공기를 질소로 치환하여 제품의 완충 및 산소(O_2)를 대체한다.
3) 산소(O_2) : 작물의 호흡에 필요하며, 육색을 선홍색으로 유지하는 데 사용되지만 농도가 높으면 식품의 산화를 유발한다.

19 유기농산물을 생산, 제조·가공 또는 취급하는 과정에서 사용할 수 있는 허용물질의 원료 또는 재료로 하여 만든 제품을 무엇이라 하는지 [보기]에서 골라 쓰시오.

┌ 보기 ┐
유기식품, 유기농업자재, 유기수산물, 유기축산물
└───┘

정답

유기농업자재

해설

정의(친환경농어업 육성 및 유기식품 등의 관리·지원에 관한 법률 시행규칙 제2조 제5호)
'유기농업자재'란 유기농축산물을 생산, 제조·가공 또는 취급하는 과정에서 사용할 수 있는 허용물질을 원료 또는 재료로 하여 만든 제품을 말한다.

20 다음은 유기식품 및 무농약농산물 등의 인증에 관한 세부실시요령상 유기농산물에 대한 설명이다. (   ) 안에 들어갈 알맞은 내용을 쓰시오.

┌───┐
│ 유기농산물은 작물별로 국립농산물품질관리원장이 정하여 고시하는 전환기간 이상을 유기농산물 및 유기임산물 재배방법에 │
│ 따라 재배[다년생 작물은 최초 수확 전 (①), 그 외 작물은 파종 또는 재식 전 (②)의 전환기간을 가져야 한다]한 농산물이다. │
└───┘

정답

① 3년, ② 2년

해설

유기농산물 인증기준(유기식품 및 무농약농산물 등의 인증에 관한 세부실시요령 [별표 1])

580 | PART 03 실기(필답형)

| CHAPTER 02 | 과년도 + 최근 기출복원문제

2021년 제2회 과년도 기출복원문제

01 다음은 친환경농어업 육성 및 유기식품 등의 관리·지원에 관한 법률 시행규칙상 토양개량과 작물생육을 위하여 '사람의 배설물'을 사용할 때 사용 가능 조건(오줌만인 경우는 제외)이다. ( ) 안에 들어갈 알맞은 내용을 쓰시오.

> 고온발효의 경우 (①)℃ 이상에서 (②)일 이상 발효된 것, 또는 저온발효의 경우 (③)개월 이상 발효된 것

정답

① 50, ② 7, ③ 6

해설

허용물질 – 사람의 배설물 사용 가능 조건(친환경농어업 육성 및 유기식품 등의 관리·지원에 관한 법률 시행규칙 [별표 1])

(1) 완전히 발효되어 부숙된 것일 것

(2) 고온발효 : 50℃ 이상에서 7일 이상 발효된 것

(3) 저온발효 : 6개월 이상 발효된 것일 것

(4) 엽채류 등 농산물·임산물 중 사람이 직접 먹는 부위에는 사용하지 않을 것

02 토양유기물 유지 방법을 3가지 쓰시오.

정답

녹비작물 재배, 유기비료 시비, 객토 등

해설

- 유기물 지속적 공급 : 토양의 유기물 함량을 적정하게 유지하기 위해서는 유기물을 지속적으로 공급한다. 토양으로부터 식물의 유체를 제거하지 않아야 하며, 동물의 분뇨나 퇴비 등을 꾸준히 토양에 첨가해야 한다.
- 녹비작물의 이용 : 토양 표면은 특히 녹비작물로 덮여 있어야 한다. 이는 토양침식을 통한 유기물의 손실을 막아줄 뿐만 아니라, 식물의 유체를 계속해서 토양에 공급할 수 있기 때문이다.
- 잦은 경운 회피 : 토양을 자주 갈면 산소의 공급이 원활해져 유기물의 분해가 촉진된다. 경운을 최소화하면 유기물을 적절히 보존할 수 있을 뿐만 아니라 토양의 침식을 방지할 수 있다.
- 일정기간 윤작 : 밭토양은 논토양에 비해 산소의 유통이 원활하여 유기물이 빨리 분해되므로 밭토양에는 보다 많은 양의 유기물을 투입하여야 한다.
- 다년생 작물 재배
- 객토

CHAPTER 02 과년도 + 최근 기출복원문제 | **581**

03 다음 중 퇴비 부숙도에 대한 설명으로 옳은 것을 골라 기호를 쓰시오.

> ㉠ 황갈색이 흑갈색보다 부숙도가 높다.
> ㉡ 형태를 알 수 없으면 부숙도가 높다.
> ㉢ 원료 냄새가 강한 것이 퇴비 냄새가 나는 것보다 부숙도가 높다.
> ㉣ 퇴비를 손으로 움켜쥐면 손가락 사이로 물기가 스미지 않는 수분 50% 전후가 수분 70%보다 부숙도가 낮다.

정답

㉡

해설

퇴비 부숙도 관능검사

평가항목	평가내용		
색깔 &형상 (20점)	축분과 유사한 색깔 및 형상 (2점)	축분과 퇴비의 중간 색깔 및 형상 (3~11점) 5점　　8점　　11점 부숙완료 퇴비와 비슷한 정도에 따라 점수 배정	갈색 또는 흑색을 띠고 축분의 형상이 완전 소멸(12~20점) 색과 입자가 고르고 균일한 정도에 따라 점수 배정
냄새 (20점)	아주 강한 축분냄새를 느낄 정도(2점)	축분냄새를 알 수 있는 정도(3~11점) • (5점) 축분냄새 식별 • (8점) 약간의 축분냄새 • (11점) 미세한 축분냄새	축분냄새 완전 소멸 및 흙 냄새 등 퇴비냄새(12~20점)
수분 (15점)	70% 이상(2점)	60% 전후(3~9점)	50% 전후(10~15점)
	손으로 움켜쥐면 손가락사이로 물기가 많이 나옴	손으로 움켜쥐면 손가락사이로 물기가 약간 나옴	손으로 움켜쥐면 손가락사이로 물기가 스미지 않음, 부스러기가 털어질 정도

04 다음 중 토양개량 시 혼합 가능한 물질을 골라 쓰시오.

> 비눗물, 에틸알코올, 벤토나이트, 황산칼슘, 질석, 토탄

정답

벤토나이트, 황산칼슘, 질석, 토탄

해설

허용물질(친환경농어업 육성 및 유기식품 등의 관리·지원에 관한 법률 시행규칙 [별표 1])

• 토양개량 및 작물생육을 위해 사용 가능한 물질 : 벤토나이트, 황산칼슘, 질석, 토탄
• 병해충 관리를 위해 사용 가능한 물질 : 비눗물과 에틸알코올

05 다음 ( ) 안에 들어갈 알맞은 말을 쓰시오.

> 토양은 광물입자인 무기물과 유기물로 구성된 (①), 액체로 채워진 (②), 액체로 채워지지 않은 (③)상태로 이루어져 있다.

정답

① 고상, ② 액상, ③ 기상

해설

토양의 3상이란 토양을 구성하는 물질의 상태를 의미하며 고체 상태인 고상, 액체 상태인 액상, 기체 상태인 기상을 말한다.

06 질소고정력(kg/10a)이 큰 순서대로 나열하시오.

> 스위트클로버, 알팔파, 완두, 대두, 땅콩

정답

알팔파 > 스위트클로버 > 대두 > 완두 > 땅콩

해설

평균질소고정력

알팔파	대두	완두	스위트클로버	땅콩
22.0kg/10a	11.3kg	8.3kg	14kg	4.8kg

07 다음은 유기식품 및 무농약농산물 등의 인증에 관한 세부실시요령상 용어의 정의이다. 각 설명에 해당하는 용어를 쓰시오.

> 1) 사육되는 가축에 대하여 그 생산물이 식용으로 사용하기 전에 동물용의약품의 사용을 제한하는 일정기간을 말한다.
> 2) 토양을 이용하지 않고 통제된 시설공간에서 빛(LED, 형광등), 온도, 수분, 양분 등을 인공적으로 재배하는 시설을 말한다.
> 3) 유기농산물 및 비식용유기가공품 인증기준에 맞게 재배·생산된 사료를 말한다.

정답

1) 휴약기간, 2) 식물공장, 3) 유기사료

해설

인증기준의 세부사항(유기식품 및 무농약농산물 등의 인증에 관한 세부실시요령 [별표 1])

• '휴약기간'이란 사육되는 가축에 대하여 그 생산물이 식용으로 사용하기 전에 동물용의약품의 사용을 제한하는 일정기간을 말한다.

• '식물공장(vertical farm)'이란 토양을 이용하지 않고 통제된 시설공간에서 빛(LED, 형광등), 온도, 수분, 양분 등을 인공적으로 투입하여 작물을 재배하는 시설을 말한다.

• '유기사료'란 유기농산물 및 비식용유기가공품 인증기준에 맞게 재배·생산된 사료를 말한다.

08 다음 중 토양유기물의 분해가 빠른 것부터 순서대로 나열하시오.

헤미셀룰로스, 셀룰로스, 리그닌, 전분

정답

전분 – 헤미셀룰로스 – 셀룰로스 – 리그닌

해설

토양유기물

- 식물체를 조성하고 있는 유기물은 용해성 화합물(당, 아미노산), 단백질, 펙틴, 헤미셀룰로스, 셀룰로스, 리그닌 등의 형태로 구성되어 있다.
- 미생물에 의해 이산화탄소, 암모니아, 물 등 최종산물로 변화된다.
- 유기물의 분해는 전분→헤미셀룰로스→셀룰로스→리그닌 순으로 리그닌이 가장 분해가 어려우며, 단백질은 분해되기 쉽다.
- 유박, 계분 등과 같이 주로 단백질로 구성된 것은 질소 함량이 높으며 토양에 시용하면 분해가 빨라 양분적 효과가 높고 볏짚류는 셀룰로스, 헤미셀룰로스, 전분 등이 주성분이기 때문에 온도와 수분이 미생물 활동에 적당할 때 빠른 속도로 분해가 진행된다.

09 퇴비의 부숙도 검사 중 생물적 방법인 지렁이를 이용하는 방법에 대해 서술하시오.

정답

- 수분함량이 65%되는 퇴비에 비커에 1/3정도 담는다.
- 줄지렁이 5~6마리를 넣은 후 검은 천으로 싸서 어두운 환경을 조성한다.
- 약 1시간 후에 검은 천을 벗겨 밝게한 후 행동을 관찰한다.
- 판정한다.
  - 아주 미숙한 퇴비 : 지렁이가 부분적으로 녹기 시작한다.
  - 약간 미숙한 퇴비 : 지렁이가 행동력을 잃고 움직임이 없으며 몸체가 백색 또는 암갈색으로 변한다.
  - 완숙 퇴비 : 지렁이 활동이 활발하다.

10 답전윤환의 효과를 2가지 쓰시오.

정답

지력증진, 기지회피, 잡초 감소, 벼 수량의 증가, 노력의 절감

해설

답전윤환이란 논 또는 밭을 논 상태와 밭 상태로 몇 해씩 돌려가면서 벼와 밭작물을 재배하는 방식을 뜻한다.

11 다음 설명에 알맞은 용어를 [보기]에서 골라 쓰시오.

---
1) 유기물 분해능력 우수, 살균·살충작용을 하여 고온에서 스스로 보호막을 만든다. 30~70℃에서 가장 잘 증식하여 고온에서도 잘 발육하지만, 120℃의 증기 속에서 15분이면 사멸한다.
2) 유기물을 분해하여 젖산, 각종효소, 비타민, 핵산 등을 분비, 토양개량 및 작물생육 효과가 있다.
3) 빛에너지를 이용하여 동화작용을 하는 세균으로 광합성균의 광합성 색소는 식물 클로로필과 동일한 마그네슘 포르피린 구조를 가진다. 또한 유해가스를 유용물질로 전환하고 악취제거에 탁월하다.

┌ 보기 ───┐

고초균, 광합성균, 유산균

└──┘

정답

1) 고초균, 2) 유산균, 3) 광합성균

해설

1) 고초균(*Bacillus subtillis*) : 유기물 분해능력 우수, 살균·살충작용을 하고, 고온에서 스스로 보호막을 만든다. 30~70℃에서 가장 잘 증식하여 고온에서도 잘 발육하지만, 120℃의 증기 속에서 15분이면 사멸한다.
2) 유산균(lactic acid bacteria) : 근권 병원균 억제, 토양유기산 생성, 유기물의 부식을 통해 젖산, 각종효소, 비타민, 핵산 등을 분비, 토양개량 및 작물생육에 효과, 칼슘과 인의 가용화 등의 효과가 있다.
3) 광합성 세균 : 뿌리 건강 유지, 질소 고정, 방선균 증식, 선충 사멸에 효과적. 빛에너지를 이용하여 동화 작용을 하는 세균으로 유해가스를 유용물질로 전환하고 악취제거에 탁월하다.

12 유인물질(페로몬)의 특징을 2가지 쓰시오.

정답

종 특이성이 매우 높아서 대상종 이외의 곤충에는 영향이 적다. 미량으로도 효과가 높다. 독성이 거의 없다. 분해가 빠르다. 농작물에 잔류나 환경오염의 가능성이 거의 없다. 해충의 발생 시기와 발생량 예찰에 이용되어 방제적기 파악과 방제여부 판정에 활용된다.

해설

페로몬(pheromone)이란 곤충 및 응애 등의 체내에 특정한 기관에서 만들어져 체외에 분비됨으로써 극히 미량으로 동종의 다른 개체에 특유한 생리적, 행동적 또는 형태적으로 반응을 일으키는 자극원이 되는 물질을 뜻한다.

13 퇴비화 과정의 1) 발열, 2) 감열, 3) 숙성에 대해 서술하시오.

정답

1) 발열 : 퇴비더미를 쌓은 후 박테리아에 의하여 유기물 분해가 시작되고, 그 과정에서 방출되는 에너지로 온도가 60~70℃까지 상승하게 된다.
2) 감열 : 유기물의 분해가 어느 정도 진행되면 퇴비더미의 온도는 서서히 낮아져 25~45℃를 유지하게 되고, 줄기, 섬유질, 목질부와 같은 분해되기 어려운 물질들의 분해가 시작된다.
3) 숙성 : 부숙이 진행됨에 따라 퇴비 고유의 냄새가 나고, 붉은두엄벌레 등의 토양생물이 서식하게 된다. 퇴비화가 완료되면 퇴비는 처음 부피의 반으로 줄어들고 어두운 빛깔(암갈색 또는 흑갈색)을 띤다.

CHAPTER 02 과년도 + 최근 기출복원문제 | **585**

14 다음 중 타감작용을 이용해 잡초 발생을 억제할 수 있는 작물을 3가지 골라 쓰시오.

메밀, 담배, 감자, 고추, 오이, 헤어리베치, 클로버

정답

메밀, 헤어리베치, 클로버

해설

타감작용으로 인해 잡초 발생이 억제되는 작물 : 콩, 메밀, 헤어리베치, 호밀, 팥, 완두, 땅콩, 클로버, 귀리, 보리 등

※ 타감작용(allelopathy)이란 식물이 성장하면서 일정한 화학물질이 분비되어 경쟁되는 주변의 식물의 성장이나 발아를 억제하는 작용을 말한다. 이 억제를 통하여 자신의 생존을 확보하고 성장을 촉진하는 결과를 얻게된다.

15 유기배합사료에 첨가하여 사용 가능한 물질을 [보기]에서 골라 쓰시오(단, 아미노산제, 비타민제, 완충제로 분류한다).

┤보기├

엽산, 중조, 판토텐산, 산화마그네슘, 아민초산, 황산L-라이신, 탄산나트륨

정답

• 아미노산제 : 아민초산, 황산L-라이신

• 비타민제 : 엽산, 판토텐산

• 완충제 : 중조, 산화마그네슘, 탄산나트륨

해설

사료의 품질저하 방지 또는 사료의 효용을 높이기 위해 사료에 첨가하여 사용 가능한 물질(친환경농어업 육성 및 유기식품 등의 관리·지원에 관한 법률 시행규칙 [별표 1])

아미노산제	아민초산, DL-알라닌, 염산L-라이신, 황산L-라이신, L-글루탐산나트륨, 2-디아미노-2-하이드록시메티오닌, DL-트립토판, L-트립토판, DL메티오닌 및 L-트레오닌과 그 혼합물
비타민제 (프로비타민 포함)	비타민 A, 프로비타민 A, 비타민 B$_1$, 비타민 B$_2$, 비타민 B$_6$, 비타민 B$_{12}$, 비타민 C, 비타민 D, 비타민 D$_2$, 비타민 D$_3$, 비타민 E, 비타민 K, 판토텐산, 이노시톨, 콜린, 나이아신, 바이오틴, 엽산과 그 유사체 및 혼합물
완충제	산화마그네슘, 탄산나트륨(소다회), 중조(탄산수소나트륨·중탄산나트륨)

16 농산물은 상처 등으로 병원균이 침입하여 저장 중 부패할 수 있다. 상처를 치유하여 부패를 방지하기 위해 처리하는 방법을 쓰시오.

정답

큐어링

해설

큐어링(curing)

작물의 저장 중 부패를 방지하기 위해 상처에 유상조직을 발달시키는 방법이다. 상처가 생긴 고구마를 온도 29~30℃, 습도 85%에서 10~14일 동안 처리하면, 상처 바로 밑에 코르크의 보호층이 생겨 병원균의 침입을 방지함으로써 저장·유통 과정에서의 부패 등의에 의한 손실을 줄일 수 있다. 일반적으로 고구마, 감자 등에 활용된다.

17 1) 토양유기물 함량의 검사 순서와 2) 유기물 함량을 구하는 공식을 쓰시오.

정답

1) 토양유기물 함량의 검사 순서
   - 토양시료의 무게를 측정한다.
   - 시료를 550~600℃ 전기로에 넣어 완전히 태운다.
   - 시료를 식힌 다음 무게를 측정한다.
   - 유기물 함량을 구한다.
2) 유기물 함량은 소수점 2자리까지 표기하고, 단위를 쓴다.

$$유기물의\ 함량(\%) = \frac{준비된\ 토양\ 무게 - 유기물을\ 태운\ 후의\ 토양\ 무게}{준비된\ 토양\ 무게} \times 100$$

18 다음 중 콩과 작물이 아닌 것을 2가지 골라 쓰시오.

옥수수, 클로버, 귀리, 자운영, 헤어리베치

정답

옥수수, 귀리

해설

옥수수와 귀리는 화본과 작물이다.

CHAPTER 02 과년도 + 최근 기출복원문제 | **587**

19 토양시료 채취 깊이가 깊은 것부터 순서대로 나열하시오.

사과나무, 상추, 벼

정답

사과나무 – 벼 – 상추

해설

작물명	토양 시료 채취 깊이
사과나무	가지 끝 안쪽 10cm지점 토양 20~30cm
벼	18cm
상추	15cm

20 해충과 천적을 바르게 연결하시오.

〈해충〉	〈천적〉
㉠ 잎응애	ⓐ 애꽃노린재
㉡ 진딧물	ⓑ 칠레이리응애
㉢ 총채벌레	ⓒ 진디혹파리

정답

㉠ – ⓑ, ㉡ – ⓒ, ㉢ – ⓐ

해설

주요 해충	작물 피해	천적 종류	
응애류	잎 조직을 빨아먹어 광합성 능력을 떨어뜨리고, 작물을 고사	• 칠레이리응애 • 꼬마무당벌레	• 응애혹파리
진딧물류	• 생육저해 • 바이러스병 매개 • 그을음병 유발(광합성 능력 저하)	• 콜레마니진디벌 • 진디혹파리 • 꽃등에류	• 진디벌 • 풀잠자리 • 무당벌레
총채벌레류	• 작물의 표피조직, 꽃, 생장점 등을 가해(변색, 과실 기형, 고사) • 바이러스 매개	• 으뜸애꽃노린재 • 오이이리응애	• 유럽애꽃노린재 • 아큐레이퍼응애

CHAPTER 02 과년도 + 최근 기출복원문제

2021년 제3회 과년도 기출복원문제

01 유기가공식품의 식품첨가물과 알맞은 사용 가능 범위를 바르게 연결하시오.

〈식품첨가물〉	〈사용 가능 범위〉
㉠ 조제해수, 염화마그네슘	ⓐ 용도 제한 없음
㉡ 젖산	ⓑ 유제품, 발효채소제품
㉢ 천연향료	ⓒ 두류제품 응고제

정답

㉠ – ⓒ, ㉡ – ⓑ, ㉢ – ⓐ

해설

식품첨가물 또는 가공보조제로 사용 가능한 물질(친환경농어업 육성 및 유기식품 등의 관리·지원에 관한 법률 시행규칙 [별표 1])

명칭(한)	식품첨가물로 사용 시 사용 가능 범위	가공보조제로 사용 시 사용 가능 범위
조제해수, 염화마그네슘	두류 제품	응고제
젖산	발효채소제품, 유제품, 식용 케이싱	유제품의 응고제 및 치즈 가공 중 염수의 산도 조절제
천연향료	사용 가능 용도 제한 없음. 다만, 식품위생법에 따라 식품첨가물의 기준 및 규격이 고시된 천연향료로서 물, 발효주정, 이산화탄소 및 물리적 방법으로 추출한 것만 사용할 것	×

02 다음 중 친환경농어업 육성 및 유기식품 등의 관리·지원에 관한 법률에서 정의하는 '친환경농축산물'을 골라 쓰시오.

유기농산물, 유기축산물, 무농약농산물, 유기농어업자재, 유기가공식품

정답

유기농산물, 유기축산물, 무농약농산물

해설

정의(친환경농어업 육성 및 유기식품 등의 관리·지원에 관한 법률 시행규칙 제2조 제2호)

'친환경농축산물'이란 친환경농업을 통해 얻는 것으로서 다음의 어느 하나에 해당하는 것을 말한다.

가. 유기농산물·유기축산물 및 유기임산물(이하 '유기농축산물')

나. 무농약농산물

CHAPTER 02 과년도 + 최근 기출복원문제 | **589**

03 다음은 토양유기물의 기능에 대한 설명이다. ( ) 안에 옳은 것은 ○, 틀린 것은 × 표시하시오.

1) 각종 산을 생성하여 광물질 분해한다.	( )
2) 토양의 입단구조를 형성한다.	( )
3) 토양 완충능을 저하시킨다.	( )
4) 식물의 생장을 촉진하고, 양분을 제공한다.	( )
5) 토양미생물 활성을 증진한다.	( )

정답

1) ○, 2) ○, 3) ×, 4) ○, 5) ○

해설

토양유기물의 기능(부식의 효과)

- 토양유기물은 음(−)전하를 띠어 카드뮴(Cd^{2+}), 납(Pb^{2+}), 구리(Cu^{2+})와 같은 중금속 이온과 결합하여 이온의 이동성과 독성을 감소시킨다.
- 알루미늄(Al^{3+}), 철(Fe^{3+})과 결합하면 불용화되거나 킬레이트화되어 산성토양에서 작물에게 알루미늄 독성과 철의 과잉 흡수를 완화한다.
- 부식이 만들어지는 과정에서 생성된 점질물은 토양 입단을 형성하여 투수성, 보수성, 통기성을 높여 토양의 물리성을 개선한다.
- 토양유기물이 분해될 때 미생물의 대사열로 토양온도가 상승하고, 부식은 어두운 암갈색이어서 태양의 복사열 흡수율을 높인다.
- 토양유기물을 시용하면 토양을 부드럽고 통기성을 좋게 만들어 용적밀도를 낮춘다.

04 다음 중 무경운과 비교할 때 경운의 장점으로 옳은 것을 골라 기호를 쓰시오.

㉠ 통기성 증가	㉡ 유기물 유지
㉢ 토양구조 개선	㉣ 잡초제어
㉤ 토양 내 생명활동 촉진	㉥ 근권 발달

정답

㉠, ㉣, ㉥

해설

무경운의 장점 : 유기물 유지, 토양구조 개선, 토양 내 생명활동 촉진

※ 유기농업에서 경운은 잡초 제거의 필요성에 따른 방안으로 사용되고 있다. 하지만 땅속에 묻혀있던 잡초종자가 경운으로 인해 밖으로 노출되면서 잡초종자의 발아가 조장되기도 한다.

05 다음 중 에틸렌이 가장 많이 분비되는 작물을 2가지 골라 쓰시오.

포도, 감, 사과, 귤, 가지, 고추, 토마토

정답

사과, 토마토

해설

• 호흡급등형(클라이맥터릭) : 열매가 열린 후 지속적으로 감소하던 호흡이 성숙과정에서 일시적으로 급증하는 현상

  예 토마토, 사과, 배, 복숭아, 살구, 바나나, 망고 등

• 호흡비급등형(논-클라이맥터릭) : 호흡급등현상을 보이지 않음

  예 딸기, 오이, 고추, 가지, 포도, 호박, 감귤, 오렌지, 파인애플 등

06 기생성 곤충의 천적을 2가지 쓰시오.

정답

기생벌, 기생파리

해설

천적의 종류 : 천적의 종류에는 해충을 잡아먹는 포식성 곤충, 해충의 알이나 유충에 기생하는 기생성 곤충, 병들어 죽게 하는 병원성 미생물이 있다.

• 포식성 곤충 : 풀잠자리류, 무당벌레류, 노린재류, 딱정벌레류, 거미류(절지류)

• 기생성 곤충 : 기생벌, 기생파리

• 병원성 미생물 : 세균류(박테리아), 곰팡이류, 백강균

07 다음은 친환경농어업 육성 및 유기식품 등의 관리ㆍ지원에 관한 법률상 유기식품인증의 유효기간에 대한 설명이다. ( ) 안에 들어갈 알맞은 내용을 쓰시오.

유기식품인증의 유효기간은 인증을 받은 날부터 ( )년으로 하며 인증갱신 및 인증품 유효기간을 연장 받으려는 자는 품질관리원장 또는 인증기관의 장에게 인증신청서 및 관련서류를 첨부하여 제출하여야 한다.

정답

1

해설

인증의 유효기간 등(친환경농어업 육성 및 유기식품 등의 관리ㆍ지원에 관한 법률 제21조 제1항)

제20조에 따른 인증의 유효기간은 인증을 받은 날부터 1년으로 한다.

CHAPTER 02 과년도 + 최근 기출복원문제 **591**

08 점토의 비율이 높은 순서대로 나열하시오.

양토, 식양토, 사양토, 식토

정답

식토 – 식양토 – 양토 – 사양토

해설

세토 중의 점토 함량

식토 50% 이상 > 식양토 37.5~50% > 양토 25~37.5% > 사양토 12.5~25% > 사토 12.5% 이하

09 다음 중 질소고정작물을 골라 쓰시오.

땅콩, 옥수수, 클로버, 메밀, 팥, 해바라기, 콩

정답

땅콩, 클로버, 팥, 콩

해설

대부분의 콩과 작물이 대기 중의 질소를 고정시킨다.

10 친환경농업에서 병해충을 예방하기 위한 방법을 3가지 쓰시오.

정답

재배적 방제, 물리적 방제, 생물적 방제

해설

친환경 병해충 예방 방법

• 재배적 방법 : 작기 조절, 재배간격 조절 등
• 물리적 방법 : 손으로 제거, 트랩 설치 등
• 생물적 방제 : 천적 이용 등

11 다음은 친환경농어업 육성 및 유기식품 등의 관리·지원에 관한 법률 시행규칙상 유기축산물의 인증기준에 대한 내용이다. ( ) 안에 들어갈 알맞은 내용을 쓰시오.

> 유기가축에는 (①)% 유기사료를 급여하는 것을 원칙으로 할 것. 다만, 극한 기후조건 등의 경우에는 (②)이 정하여 고시하는 바에 따라 유기사료가 아닌 사료를 급여하는 것을 허용할 수 있다.

정답

① 100, ② 국립농산물품질관리원장

해설

친환경농어업 육성 및 유기식품 등의 관리·지원에 관한 법률 시행규칙 [별표 4]

12 종자소독 방법과 내용을 바르게 연결하시오.

> ㉠ 50~60℃에 종자를 담근다. ⓐ 물리적 소독
> ㉡ 식물즙을 도포한다. ⓑ 생물적 소독
> ㉢ 곰팡이를 사용한다. ⓒ 식물적 소독

정답

㉠ - ⓐ, ㉡ - ⓒ, ㉢ - ⓑ

해설

트리코더마(*Trichoderma* spp.) 등 유익 곰팡이를 이용하거나 마늘이나 생강즙 등 식물추출물을 이용하여 종자를 소독하는 방법이 있다.

13 윤작의 1) 정의와 2) 효과 1가지를 쓰시오.

정답

1) 정의 : 한 토지에 두 가지 이상의 다른 작물을 순서에 따라 재배하는 것
2) 효과 : 기지를 회피한다.

해설

윤작의 정의와 효과
• 정의 : 한 토지에 두가지 이상의 다른 작물을 순서에 따라 재배하는 것
• 효과 : 지력 유지 및 증강, 토양보호, 기지 회피, 병해충 및 잡초 경감, 수량물 증대, 토지 이용도 향상, 노력 분배의 합리화, 농업경영 안정성 증대 등

CHAPTER 02 과년도 + 최근 기출복원문제 | **593**

14 다음 중 유기농산물 표면의 세척·소독제로 사용 가능한 물질이 아닌 것을 1가지 골라 쓰시오.

오존수, 과산화수소, 차아염소산수, 요소수

정답

요소수

해설

유기농산물의 세척·소독에 사용 가능 물질(유기식품 및 무농약농산물 등의 인증에 관한 세부실시요령 [별표 1])

과산화수소, 오존수, 이산화염소수, 차아염소산수를 사용할 수 있으나, 유기농산물에 잔류되지 않도록 관리 계획을 수립하고 이행하여야 한다.

15 다음에서 설명하는 재배법을 쓰시오.

과수원 같은 곳에서 목초, 녹비 등을 나무 밑에 가꾸는 재배법을 말한다.

정답

초생법

해설

토양표면관리

- 청경재배(청경법) : 잡초, 풀이 없이 깨끗한 상태로 토양을 관리하는 방법
- 초생재배(초생법) : 경사지나 과수원에서 풀을 재배하는 방법
- 멀칭재배(부초법) : 토양표면에 비닐, 짚 등 다양한 멀칭재료로 표면을 덮어서 관리하는 방법

16 일반 농가가 유기축산물을 생산하는 농가로 전환하고자 할 때 가축의 종류와 알맞은 전환기간을 연결하시오.

〈가축의 종류〉	〈전환기간〉
㉠ 한우 · 육우 (식육)	ⓐ 3개월
㉡ 돼지(식육)	ⓑ 12개월
㉢ 오리(식육)	ⓒ 5개월
㉣ 닭(알)	ⓓ 6주

정답

㉠ - ⓑ, ㉡ - ⓒ, ㉢ - ⓓ, ㉣ - ⓐ

해설

유기축산물의 전환기간(친환경농어업 육성 및 유기식품 등의 관리 · 지원에 관한 법률 시행규칙 [별표 4])

가축의 종류	생산물	전환기간(최소사육기간)
한우 · 육우	식육	입식 후 12개월
젖소	시유(시판우유)	• 착유우는 입식 후 3개월 • 새끼를 낳지 않은 암소는 입식 후 6개월
면양 · 염소	식육	입식 후 5개월
	시유(시판우유)	• 착유양은 입식 후 3개월 • 새끼를 낳지 않은 암양은 입식 후 6개월
돼지	식육	입식 후 5개월
육계	식육	입식 후 3주
산란계	알	입식 후 3개월
오리	식육	입식 후 6주
	알	입식 후 3개월
메추리	알	입식 후 3개월
사슴	식육	입식 후 12개월

17 다음은 퇴비화에 대한 설명이다. (   ) 안에 들어갈 알맞은 내용을 쓰시오.

• 퇴비화 과정 중 (①)은/는 미생물의 에너지원으로, (②)은/는 영양원으로 사용된다.
• 퇴비화에 적합한 (③)이/가 낮은 경우에는 퇴비화가 느려진다.

정답

① 탄소, ② 질소, ③ 탄질비

해설

① 탄소 : 퇴비화 과정에서 미생물은 탄소(유기물)를 에너지원으로 사용한다. 탄소(유기물)을 분해하여 활동하고 증식하는 데 필요한 에너지를 얻는다.
② 질소 : 미생물의 성장하는데 필요한 영양원으로 질소가 사용되며, 세포 증식과 단백질 합성 등에 필수적이다.
③ 탄질비(C/N율) : 퇴비화에 적합한 탄질비는 약 30 정도이다. 이보다 낮으면 탄소원이 제한요인이 되어 퇴비화가 늦어지고 질소 손실을 유발하고, 이보다 높은 경우는 질소 부족으로 퇴비화가 진행되지 못하거나 늦어진다.
※ 퇴비화에 영향을 미치는 요인 : 탄질비, pH, 수분함량, 통기성, 온도

18 다음 중 유기농업에서 병해충 관리를 위해 사용 가능한 물질을 3가지 골라 쓰시오.

데리스(derris) 추출물, 님(neem) 추출물, 제충국 추출물, 톱밥

정답

데리스 추출물, 님 추출물, 제충국 추출물

해설

허용물질(친환경농어업 육성 및 유기식품 등의 관리·지원에 관한 법률 시행규칙 [별표 1])
- 병해충 관리를 위해 사용 가능한 물질 : 데리스 추출물, 님 추출물, 제충국 추출물
- 토양개량 및 작물생육을 위해 사용 가능한 물질 : 톱밥

19 다음 중 유기농업에서 토양개량 및 작물생육을 위해 사용 가능한 물질을 골라 쓰시오.

목초액, 식초, 염화나트륨, 버섯추출물, 광물제련찌꺼기, 황, 난황

정답

목초액, 염화나트륨, 광물제련찌꺼기, 황

해설

허용물질(친환경농어업 육성 및 유기식품 등의 관리·지원에 관한 법률 시행규칙 [별표 1])
- 토양개량 및 작물생육을 위해 사용 가능한 물질 : 염화나트륨(소금) 및 해수, 목초액, 광물을 제련하고 남은 찌꺼기, 황
- 병해충 관리를 위해 사용 가능한 물질 : 목초액, 식초, 버섯추출물, 난황, 황

20 다음에서 설명하는 배수 방법을 쓰시오.

습지의 배수를 좋게 하기 위해 지하에 고랑을 파고 토관 따위를 묻어 배수하는 일

정답

암거배수

CHAPTER **02** 과년도 + 최근 기출복원문제

2022년 제1회 과년도 기출복원문제

01 볍씨의 염수선 시 소금물 비중에 따른 달걀의 모양을 순서대로 나열하시오(단, 소금물 비중이 낮은 것부터 높은 순서로 쓰시오).

정답

d-e-f-a-b-c

해설

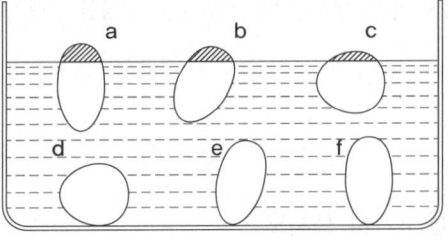

- 염수선이란 건강한 볍씨 선별을 위해 소금물을 사용해 가벼운 볍씨(불량볍씨)를 골라내는 과정으로 발아율 향상과 도열병, 키다리병, 깨씨무늬병 등과 같은 병해 예방에 효과적이다.
- 볍씨를 선별하기 위해서는 소금물의 비중을 측정해야 하는데, 비중 측정은 달걀을 소금물에 넣어서 확인하며 메벼는 1.13, 찰벼는 1.04에 맞춘다. 즉, 메벼는 달걀 C의 비중에 맞춰 선종한다.
- 볍씨가 가라앉으면 건강한 볍씨이고 비중이 작아 뜨는 볍씨는 발아능력이 떨어지거나 병해충에 감염된 볍씨이다.
- 염수선 후 가라앉은 볍씨는 깨끗한 물로 여러 번 씻어 소금을 완전히 제거한다.

02 토양의 염류 제거 방법을 3가지 쓰시오.

정답

담수 및 물 흘려보내기, 객토 및 환토, 심경(깊이갈이), 내염성·심근성(흡비성) 작물의 재배, 돌려짓기, 퇴비·녹비 등의 적정 사용, 하우스 피복 제거, 유기물 사용 등

해설

염류의 과잉 집적은 토양입단을 파괴하여 토양구조를 악화시킨다. 따라서 염류의 집적을 제거하기 위해서는 담수처리하여 염류를 녹여 흘러나가도록 하고 논상태와 밭상태를 2~3년 주기로 번갈아 사용하여 환토를 통해 토층의 위아래로 섞어주며 객토를 한다.

03 윤작의 정의를 쓰시오.

정답

2가지 이상의 작물을 돌려가면서 재배하는 농법

04 윤작의 효과를 3가지 쓰시오.

정답

지력 유지 및 증강, 토양보호, 기지 회피, 병해충 및 잡초 경감, 수량물 증대, 토지 이용도 향상, 노력 분배의 합리화, 농업경영 안정성 증대 등

05 친환경적인 잡초 방제 방법을 3가지 쓰시오.

정답

윤작, 멀칭, 피복작물 재배, 쌀겨농법, 우렁이농법, 오리농법, 참게농법, 기계적 제초, 화염 제초, EM 당밀 제초, 식초 응용 제초, 가묘상과 헛묘상 등

06 진딧물의 포식성 천적을 2가지 쓰시오.

정답

풀잠자리, 무당벌레

해설

- 포식성 곤충 : 풀잠자리류, 무당벌레류, 노린재류, 딱정벌레류, 거미류
- 기생성 곤충 : 기생벌, 기생파리

07 유기농업에서 병해충 관리를 위해 사용 가능한 물질 중 '달팽이 관리용'으로만 사용 가능한 물질을 쓰시오.

정답

인산철

해설

허용물질(친환경농어업 육성 및 유기식품 등의 관리·지원에 관한 법률 시행규칙 [별표 1])

인산철은 달팽이가 먹으면 소화기관을 마비시켜 방제를 할 수 있는데 다른 생물체에는 영향을 주지 않는다. 다만, 인산철은 화학비료 형태로 작물에게 공급될 수 있기 때문에 유기재배 시 다른 용도로 사용할 수 없다.

598 | PART 03 실기(필답형)

08 다음은 친환경농어업 육성 및 유기식품 등의 관리 · 지원에 관한 법률에 관한 내용이다. (   ) 안에 들어갈 알맞은 내용을 쓰시오.

> 제37조 (①)의 공시 : (②) 또는 (③)(은)는 (①)(이)가 허용물질을 사용하여 생산된 자재인지를 확인하여 그 자재의 명칭, 주성분명, 함량 및 사용방법 등에 관한 정보를 공시할 수 있다.

정답

① 유기농어업자재, ② 농림축산식품부장관, ③ 해양수산부장관

해설

유기농어업자재의 공시(친환경농어업 육성 및 유기식품 등의 관리 · 지원에 관한 법률 제37조 제1항)
농림축산식품부장관 또는 해양수산부장관은 유기농어업자재가 허용물질을 사용하여 생산된 자재인지를 확인하여 그 자재의 명칭, 주성분명, 함량 및 사용방법 등에 관한 정보를 공시할 수 있다.

09 화본과 작물이 두과 작물보다 분해가 느린 이유를 2가지 쓰시오.

정답

• 화본과 작물은 두과 작물에 비해 세포벽 구성 물질이 많다.
• 화본과 작물이 두과 작물보다 탄질비가 높다.

해설

화본과 작물은 두과 작물에 비해 리그닌과 같은 탄소 함량이 높은 난분해성 물질을 더 많이 포함한다. 리그닌은 세포벽을 단단하게 만들고 미생물에 의한 분해를 어렵게 한다. 또한 두과 작물은 공기 중의 질소(N_2)를 암모늄(NH_4^+) 형태로 고정하여 체내에 질소 함량이 높아 단백질이 풍부하지만, 화본과 작물은 질소고정 능력이 없어, 질소 함량이 낮고 단백질 비율도 낮다. 따라서 화본과 작물은 탄소 함량이 높고 질소 함량이 낮아 탄질비가 높으며, 미생물이 분해하는 데 필요한 질소가 상대적으로 부족하여 분해 속도가 느리다.

10 토성의 분류에서 점토의 특징을 2가지 쓰시오.

정답

• 보수성, 보비력이 크다.
• 점착성이 크다.
• 입자가 미세하여 공기의 이동이 어려워 배수성과 통기성이 부족하다.

해설

• 자갈 : 암석의 굵은 부스러기로 2.0mm 이상의 토양 입자를 뜻한다.
• 모래 : 0.05~2mm 크기의 토양 입자로 모래가 많은 토양은 큰 공극을 갖게 되지만 전 공극량은 비교적 낮다. 모래 입자가 많은 토양은 배수가 지나치게 되고 통기성이 좋아 산화작용이 잘 일어나며 유기물 분해가 쉽게 이뤄져 유기물 함량이 낮다. 또한 점착성이 낮아 경운하기가 쉽다.
• 미사 : 모래에 비해서 큰 비표면적을 갖지만 점토보다 낮으며 작물 생육에 대해서 이상적인 물리적 성질을 갖는다.

CHAPTER 02 과년도 + 최근 기출복원문제 | **599**

11 탄질률이 높은 것부터 순서대로 나열하시오.

톱밥, 알팔파, 볏짚, 쌀보리짚, 밀짚

정답

톱밥 > 쌀보리짚 > 밀짚 > 볏짚 > 알팔파

해설

탄질률(C/N율)이란 유기물 중 탄소와 질소의 함량비를 의미하며 토양은 유기물의 탄질률에 따라 식물의 생장이 달라지기 때문에 작물별 시비량 결정에 중요한 기준이 된다. 톱밥 > 쌀보리짚 > 밀짚 > 볏짚 > 옥수수대 > 콩대 > 퇴비 = 클로버 > 사상균 > 방선균 > 세균 순이다.

12 토양을 구성하는 3상을 쓰시오.

정답

고상, 액상, 기상

해설

토양은 고상, 액상, 기상으로 구성되어 있으며 작물의 생육을 좌우하는 중요한 요인이다. 작물생육에 알맞은 토양의 3상 분포는 고상 50%, 액상 25%, 기상 25%이다.

13 다음은 친환경농어업 육성 및 유기식품 등의 관리·지원에 관한 법률 시행규칙상 유기농산물 및 유기임산물의 재배포장, 용수 및 종자에 관한 내용이다. (   ) 안에 들어갈 알맞은 내용을 쓰시오.

- 재배용수는 (①)이상의 수질이어야 하며 농산물의 세척 등에 사용되는 용수는 (②)의 수질기준에 적합할 것
- 종자는 최소한 (③)세대 이상 규정에 따라 재배된 것을 사용하며 유전자변형농산물인 종자는 사용하지 아니할 것

정답

① 농업용수, ② 먹는물, ③ 1

해설

유기농산물 및 유기임산물 인증기준(친환경농어업 육성 및 유기식품 등의 관리·지원에 관한 법률 시행규칙[별표 4])

14 퇴비화 과정의 각 단계와 알맞은 설명을 바르게 연결하시오.

㉠ 발열단계	ⓐ 퇴비더미의 온도가 서서히 낮아져 25~45℃로 유지된다.
㉡ 숙성단계	ⓑ 박테리아에 의해 유기물이 분해되는 과정이다.
㉢ 감열단계	ⓒ 붉은두엄벌레와 그 밖의 생물들이 서식한다.

정답

㉠ - ⓑ, ㉡ - ⓒ, ㉢ - ⓐ

해설

퇴비화 과정

발열단계	• 퇴비더미를 쌓은 후 박테리아에 의하여 유기물 분해가 시작되고, 그 과정에서 방출되는 에너지로 온도가 상승하게 된다. • 온도가 60~70℃까지 상승하면 2~3주 지속되며, 이때 저온성균은 죽고, 고온성균인 방선균과 바실러스가 관여한다. • 고온성균에 의해 셀룰로스 일부, 헤미셀룰로스, 펙틴 등이 분해되며, 탄질비가 낮아진다. • 분해 과정의 대부분이 이 시기에 이루어지며, 고온에 의하여 병원균과 잡초 뿌리, 종자가 사멸한다. • 산소가 충분히 공급되어야 박테리아가 증식하고, 부족하면 악취가 난다. • 발열 과정 전반에 걸쳐 수분 요구량이 매우 높고, 온도가 높아질수록 pH가 증가한다.
감열단계	• 유기물의 분해가 어느 정도 진행되면 퇴비더미의 온도는 서서히 낮아져 25~45℃를 유지하게 된다. • 리그닌과 같은 난분해성 유기물만 남게 되어 분해 속도가 느려지고 온도는 더이상 올라가지 않는다. • 온도가 낮아져 곰팡이가 정착하기 시작하면 줄기, 섬유질, 목질부와 같은 분해되기 어려운 물질들의 분해가 시작된다.
숙성단계	• 무기물과 부식산, 항생물질로 구성되며, 부숙이 진행됨에 따라 퇴비 고유의 냄새가 나고, 붉은두엄벌레 등의 토양생물이 서식하게 된다. • 퇴비화가 완료되면 퇴비는 처음 부피의 반으로 줄어들고 어두운 빛깔(암갈색 또는 흑갈색)을 띤다. • 장기간 숙성 과정에서 적은 양의 수분을 요구한다.

15 다음은 친환경농어업 육성 및 유기식품 등의 관리·지원에 관한 법률 시행규칙상 유기가공식품, 비식용유기가공식품의 인증기준 중 생산자의 품질관리에 대한 내용이다. ( ) 안에 들어갈 알맞은 내용을 쓰시오.

(①) 성분은 검출되지 않을 것. 다만, 비유기 원료 또는 재료의 오염 등 불가항력적인 요인으로 (①) 성분이 검출된 것으로 입증되는 경우에는 (②)mg/kg 이하까지만 허용한다.

정답

① 합성농약, ② 0.01

해설

유기가공식품·비식용유기가공품 인증기준 – 생산물의 품질관리 등(친환경농어업 육성 및 유기식품 등의 관리·지원에 관한 법률 시행규칙 [별표 4])

16 다음 중 유기농업자재로 사용 가능한 것을 3가지 골라 쓰시오.

> 생석회, 석회보르도액, 황산칼륨, 화학 처리를 한 제충국, 천연석면광

정답

생석회, 석회보르도액, 황산칼륨

해설

허용물질(친환경농어업 육성 및 유기식품 등의 관리·지원에 관한 법률 시행규칙 [별표 1])

구분	사용 가능 물질	사용 가능 조건
토양개량과 작물생육	황산칼륨, 랑베나이트(해수의 증발로 생성된 암염) 또는 광물염	(1) 천연에서 유래하고, 단순 물리적으로 가공한 것일 것 (2) 사람의 건강 또는 농업환경에 위해(危害)요소로 작용하는 광물질(예 석면광, 수은광 등)은 사용하지 않을 것
병해충 관리	생석회(산화칼슘) 및 소석회(수산화칼슘)	토양에 직접 살포하지 않을 것
	석회보르도액 및 석회유황합제	
	제충국 추출물	제충국(*Chrysanthemum cinerariaefolium*)에서 추출된 천연물질일 것

17 다음은 퇴비 모재료에 대한 설명이다. ( ) 안에 옳은 것은 ○, 틀린 것은 × 표시하시오.

> 1) 퇴비 모재료에서 탄질비는 가장 중요한 요소이다. ( )
> 2) 계분이 우분보다 인산 함량이 더 많다. ( )
> 3) 퇴비 모재료는 질산 함량이 낮은 것일수록 좋다. ( )
> 4) 병원성이 있는 모재료인 것이 좋다. ( )
> 5) 단단한 가시를 퇴비 모재료로 사용할 수 있다. ( )

정답

1) ○, 2) ○, 3) ×, 4) ×, 5) ×

해설

퇴비의 원료 선택 시 고려사항

• 퇴비의 품질과 분해 속도를 결정하는데 탄질비는 미생물이 유기물을 분해하면서 탄소를 에너지원으로 사용하고 질소를 생육에 이용한다.
• 퇴비의 모재료 중 계분은 N, P, K 모든 함량이 우분보다 많다.
• 질소 함량이 너무 높으면 초기 분해 과정에서 질소 손실이 있을 수 있지만 질소 함량이 너무 낮으면 미생물 활동이 둔화하여 분해 속도가 늦어지면서 퇴비화 진행이 어려울 수 있으므로 적절한 탄질비가 중요하다.
• 병원성 미생물이나 유해물질이 포함된 모재료는 퇴비의 품질을 저하하여 퇴비로 적합하지 않다.
• 단단한 가시 같은 퇴비 재료는 분해 속도가 매우 느리기 때문에 퇴비화에 적합하지 않다.

18 다음 중 유기농산물에 대한 설명으로 옳지 않은 것을 골라 기호를 쓰시오.

> ㉠ 반드시 유기적인 방법으로 생산되어야 한다.
> ㉡ 유기농산물의 인증유효기간은 2년이다.
> ㉢ 화학약품으로 세척 가능하다.
> ㉣ 방사선, GMO종자의 사용이 불가능하다.

정답

㉡, ㉢

해설

㉡ 유기농산물의 인증유효기간은 1년이다.
㉢ 유기농산물의 표면 세척 소독제로 사용 가능한 물질 : 과산화수소, 오존수, 이산화염소, 차아염소산수

19 인증받은 유기제품의 포장, 용기에 표기하여야 하는 내용을 3가지 쓰시오(단, 생산자와 취급자가 동일한 경우에 한정한다).

정답

인증번호, 인증사업자의 성명 또는 업체명, 생산지, 사업장소재지, 전화번호

해설

유기식품 등의 인증정보 표시 방법(친환경농어업 육성 및 유기식품 등의 관리·지원에 관한 법률 시행규칙 [별표 7])
1. 인증사업자의 성명 또는 업체명 : 인증서에 기재된 명칭(단체로 인증받은 경우에는 단체명)을 표시하되, 단체로 인증받은 경우로서 개별 생산자명을 표시하려는 경우에는 단체명 뒤에 개별 생산자명을 괄호로 표시할 수 있다.
2. 전화번호 : 해당 제품의 품질관리와 관련하여 소비자 상담이 가능한 판매원의 전화번호를 표시한다.
3. 사업장소재지 : 해당 제품을 포장한 작업장의 주소를 번지까지 표시한다.
4. 인증번호 : 해당 사업자의 인증서에 기재된 인증 번호를 표시한다.
5. 생산지 : 농수산물의 원산지 표시에 관한 법률에 따른 원산지 표시 방법에 따라 표시한다.

20 유기가공식품 포장재의 기능을 2가지 쓰시오.

정답

• 유기가공식품의 유기적 순수성을 보호하여야 한다.
• 유기가공식품을 보호하여야 한다.

해설

포장재와 포장방법은 유기가공식품을 보호하면서 환경에 미치는 나쁜 영향을 최소화하도록 선정하고 포장재는 유기가공식품을 오염시키지 않아야 한다. 또한 합성살균제, 보존제, 훈증제 등을 함유하는 포장재나 용기 및 저장고는 사용할 수 없다.

CHAPTER 02 과년도 + 최근 기출복원문제

2022년 제2회 과년도 기출복원문제

01 다음은 유기식품 및 무농약농산물 등의 인증에 관한 세부실시요령상 유기축산물 및 무항생제축산물의 인증기준에 대한 내용이다. ( ) 안에 옳은 것은 ○, 틀린 것은 × 표시하시오.

---
1) 유기축산물의 생산을 위한 가축에게는 100% 유기사료(비식용유기가공품)를 공급하는 것을 원칙으로 ( )
   할 것
2) 반추가축에게 사일리지만을 공급하지 않으며, 비반추가축에게도 가능한 조사료를 공급할 것 ( )
3) 교배는 종축을 사용한 자연교배가 원칙이나 인공수정을 허용함 ( )
4) 지하수의 수질보전 등에 관한 규칙 제11조에 따른 생활용수 수질기준에 적합한 신선한 음수를 상시 ( )
   급여할 수 있어야 함
5) 유기합성농약 또는 유기합성 농약 성분이 함유된 동물용의약외품 등의 자재를 축사 및 축사 주변에 ( )
   사용하지 아니할 것

정답

1) ○, 2) ○, 3) ○, 4) ○, 5) ○

해설

인증기준의 세부사항(유기식품 및 무농약농산물 등의 인증에 관한 세부실시요령 [별표 1])

02 혼작의 1) <u>정의</u> 및 2) <u>장점 2가지</u>를 쓰시오.

정답

1) 정의 : 생육기간이 같거나 비슷한 작물을 섞어 재배하는 것으로 주작물·부작물의 관계가 없는 작부방식
2) 장점 : 토양과 기상의 적응력 보완, 위험성 분산, 토양미생물 증가 및 지력 증진, 잡초 경감, 수량 증대 등

해설

혼작의 단점
• 정밀한 관리 작업 및 기계화가 곤란하다.
• 전-후작의 관계가 불분명하고 작물 간 생육장애가 초래된다.

03 산파의 1) <u>정의</u>와 2) <u>장점</u> 및 3) <u>단점</u>을 각각 1가지씩 쓰시오.

정답

1) 정의 : 경지 전면에 여기저기 흩어지게 씨를 뿌리는 작업
2) 장점 : 노력이 절감된다.
3) 단점 : 제초 등 관리 작업이 불편하다.

04 다음은 미국농무성법 토성삼각도이다. ( ) 안에 들어갈 알맞은 내용을 쓰시오.

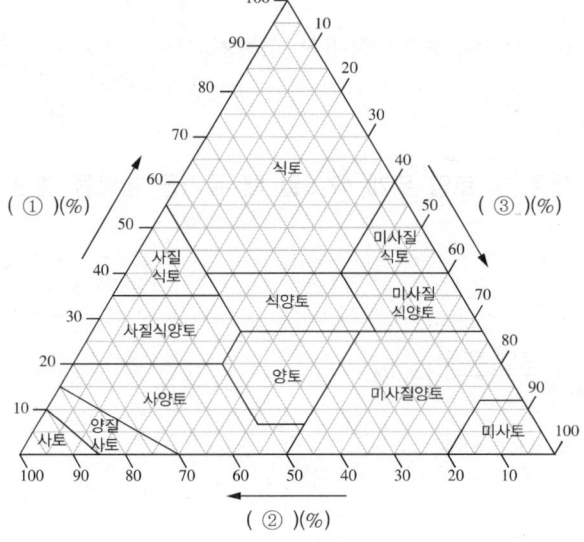

정답

① 점토 함량, ② 모래 함량, ③ 미사 함량

해설

토성삼각도(미국농무성법)

자갈을 제외한 입자의 지름이 2mm 이하로 된 무기 입자인 모래, 미사, 점토의 함량이 토성삼각도표에서 만나는 점으로 토성명이 결정된다.

05 토양유기물의 주요 기능을 3가지 쓰시오.

정답

• 부식이 만들어지는 과정에서 생성된 점질물질은 토양 입단을 형성하여 투수성·보수성·통기성을 증대시킨다.
• 완충능을 증대시켜 pH가 쉽게 변하는 것을 차단한다.
• 부식은 (–)이온성으로 양분을 흡착하는 힘이 커진다.
• 미생물의 영양원이 되어 유용 미생물의 번식을 조장한다.
• 미생물에 의해 분해된 유기물은 다량원소와 미량원소를 공급한다.
• 잘 부식된 유기물은 암갈색이며, 토양색은 짙을수록 지온이 상승한다.
• 유기물이 분해되면서 호르몬·핵산물질 등 생장촉진물질을 생성한다.
• 유기물이 분해 시 생성되는 산성 물질들은 암석의 분해를 촉진한다.
• 유기물이 분해되어 이산화탄소 농도를 높여 광합성을 조장한다.
• 유기물을 덮으면 입단 형성으로 인한 빗물의 지하 침투를 좋게 하고, 유거수가 감소하여 토양 침식이 경감된다.

CHAPTER 02 과년도 + 최근 기출복원문제 | **605**

06 친환경 잡초 방제 방법 중 경종적 방제법을 2가지 쓰시오.

> **정답**

피복작물 재배, 멀칭, 과수원 초생재배, 윤작, 답전윤환, 쌀겨농법 등

07 준비된 토양 무게 50, 태운 후 토양 무게 47.5일 때 유기물 함량을 계산하시오.

> **정답**

5%

> **해설**

$$\left(\frac{\text{준비된 토양 무게} - \text{태운 후 토양 무게}}{\text{준비된 토양 무게}} \right) \times 100$$

$$= \left(\frac{50 - 47.5}{50} \right) \times 100 = 0.05 \times 100 = 5\%$$

08 질소기아현상에 대해서 설명하시오(단, 문장에 '탄질비', '미생물', '작물' 단어를 포함할 것).

> **정답**

탄질비가 높은 유기물을 비료로 사용했을 때, 이를 분해하려는 토양미생물이 토양 내 기존의 질소를 흡수하게 되고, 작물이 이용할 수 있는 질소가 부족해져 일시적인 질소 결핍 증상이 나타나는 현상

09 [보기]를 1) 분해 속도가 느린 것부터 순서대로 나열하고, 2) 부식의 기능에 대하여 설명하시오.

┌ 보기 ┐

당류, 조단백질, 셀룰로스, 리그닌

> **정답**

1) 리그닌 – 셀룰로스 – 조단백질 – 당류
2) 부식의 기능
   - 토양의 유실과 가뭄 피해를 감소시킨다(보수력이 크다).
   - 토양산성의 해를 감소시킨다(완충능이 크다).
   - 중금속 이온의 활성을 감소시킨다(중금속이온과 킬레이트 형성).
   - 식물양분의 유실을 막아준다(양이온치환용량이 크다).
   - 안정된 입단구조를 형성한다(토양의 물리성을 개선).
   - 인산 고정을 억제시킨다(활성 철과 알루미늄 불활성화).
   - 토양미생물의 활성을 증가시킨다(토양 중 화학반응 촉진).
   - 분해과정을 거친다(식물양분 유효화).

> **해설**

부식의 정의 : 토양에서 동·식물의 유기물이 분해되고 남은 잔재

10 유기채소 재배 시 작물의 고온 피해 대책을 2가지 쓰시오.

정답

적절한 관수, 멀칭으로 인한 지온 상승 및 수분 증발 억제, 고온에 강한 품종 재배

해설

고온 피해의 대책
• 내열성이 강한 작물을 선택한다.
• 재배시기를 조절하여 혹서기의 위험을 회피한다.
• 그늘을 만들어 준다.
• 관개를 해서 지온을 낮춘다.
• 비닐터널이나 하우스재배에서 환기를 조절하여 지나친 고온을 회피한다.
• 밀식과 질소과용을 피한다.

11 낙엽의 탄질비가 25, 탄소 함량 50%일 때 질소 함량은 얼마인지 계산하시오.

정답

50%/25 = 2%

해설

탄질비 = 탄소 함량/질소 함량 = 50%/질소 함량 = 25
50% = 25 × 질소 함량
∴ 질소 함량 = 50%/25 = 2%

12 분해되기 어려워 질소기아현상이 일어나기 쉬운 순서대로 나열하시오.

활엽수의 톱밥, 볏짚, 밀짚, 호밀

정답

활엽수의 톱밥 – 밀짚 – 볏짚 – 호밀

해설

질소기아현상이란 탄질비가 높은 유기물을 비료로 사용했을 때 토양에 들어있는 미생물과의 질소 경합으로 작물이 이용할 수 있는 질소가 부족해지는 현상으로 탄질비가 높을수록 질소기아현상이 나타나기 쉽다.

13 다음 중 작물의 재배 후 10년 이상 휴작이 필요한 작물을 골라 쓰시오.

담배, 당근, 아마, 강낭콩, 감자, 인삼, 호박

정답

아마, 인삼

해설

• 연작의 피해가 적은 작물 : 호박, 당근, 담배
• 2년 휴작이 필요한 작물 : 감자
• 3년 휴작이 필요한 작물 : 강낭콩

14 다음 중 유기포장재를 피복하여 가스를 조절하는 저장 방법을 골라 쓰시오.

MA저장, CA저장, 저온저장, 움저장

정답

MA저장

해설

MA(modified atmosphere)저장

플라스틱필름(PE), PVC 필름 등을 이용하여 밀봉 후 저장하면 작물의 호흡으로 인해 이산화탄소 농도는 증가하고 산소는 감소하며, 내부 습도가 높아져 증산이 억제됨으로써 저장성이 개선된다.

15 천적을 다음 표와 같이 분류할 때 (   ) 안에 들어갈 알맞은 내용을 쓰시오(단, 천적의 분류는 기생성, 포식성, 병원성으로 한정한다).

예 길항성	길항균, 근권미생물 등
(①) 천적	기생벌, 기생파리 등
(②) 천적	무당벌레류, 풀잠자리류 등
(③) 천적	세균, 바이러스 등

정답

① 기생성, ② 포식성, ③ 병원성

16 다음 유기배합사료 제조용 물질을 식물성 3가지, 동물성 2가지, 광물성 2가지로 분류하시오.

곡물류, 제약부산물, 플랑크톤, 식염류, 무기질류, 서류, 인산염류

정답

- 식물성 : 곡물류, 서류, 제약부산물
- 동물성 : 플랑크톤, 무기질류
- 광물성 : 식염류, 인산염류

해설

사료의 품질 저하 방지 또는 사료의 효용을 높이기 위해 사료에 첨가하여 사용 가능한 물질(친환경농어업 육성 및 유기식품 등의 관리 · 지원에 관한 법률 시행규칙 [별표 1])
- 식물성 : 곡류, 곡물부산물류, 박류, 서류, 유지류, 전분, 콩류, 견과류, 과실류, 채소류, 버섯류, 제약부산물 등
- 동물성 : 단백질류, 낙농가공부산물류, 곤충류, 플랑크톤류, 무기물류, 유지류
- 광물성 : 식염류, 인산염류 및 칼슘염류, 다량광물질류, 혼합광물질류

17 다음 유기농업자재의 사용기준에 알맞은 것끼리 바르게 연결하시오.

㉠ 병충해 관리	ⓐ 규조토, 젤라틴, 파라핀유 등
㉡ 토양개량	ⓑ 톱밥, 펄라이트 등
㉢ 사료첨가	ⓒ 비타민, 인산1칼슘 등

정답

㉠ - ⓐ, ㉡ - ⓑ, ㉢ - ⓒ

해설

허용물질(친환경농어업 육성 및 유기식품 등의 관리 · 지원에 관한 법률 시행규칙 [별표 1])

18 다음 중 유기가공식품에서 가공보조제 중 응고제로 사용 가능한 물질을 2가지 골라 쓰시오.

규조토, 염화마그네슘, 황산칼슘, d-토코페롤

정답

염화마그네슘, 황산칼슘

해설

식품첨가물 또는 가공보조제로 사용 가능한 물질(친환경농어업 육성 및 유기식품 등의 관리 · 지원에 관한 법률 시행규칙 [별표 1])

명칭	식품첨가물로 사용 시 사용 가능 범위	가공보조제로 사용 시 사용 가능 범위
규조토	×	여과보조제
염화마그네슘	두류제품	응고제
황산칼슘	케이크, 과자, 두류제품, 효모제품	응고제
d-토코페롤(혼합형)	유지류(산화방지제로만 사용할 것)	×

19 유기배합사료에 첨가하여 사용 가능한 물질을 [보기]에서 골라 쓰시오(단, 아미노산제, 비타민제, 완충제로 분류한다).

┌ 보기 ───
아민초산, DL-알라닌, 염산L-라이신, 황산L-라이신, 2-디아미노-2하이드록시메티오닌, DL-트립토판, L-트레오닌과
그 혼합물, 중조, 산화마그네슘, 판토텐산, 이노시톨, 콜린, 나이아신, 바이오틴, 엽산과 그 유사체 및 혼합물
└──

정답

• 아미노산제 : 아민초산, DL-알라닌, 염산L-라이신, 황산L-라이신, 2-디아미노-2하이드록시메티오닌, DL-트립토판, L-트레오
  닌과 그 혼합물
• 완충제 : 중조, 산화마그네슘
• 비타민제 : 판토텐산, 이노시톨, 콜린, 나이아신, 바이오틴, 엽산과 그 유사체 및 혼합물

해설

사료의 품질저하 방지 또는 사료의 효용을 높이기 위해 사료에 첨가하여 사용 가능한 물질(친환경농어업 육성 및 유기식품 등의 관리·지
원에 관한 법률 시행규칙 [별표 1])

아미노산제	아민초산, DL-알라닌, 염산L-라이신, 황산L-라이신, L-글루탐산나트륨, 2-디아미노-2-하이드록시메티오닌, DL-트립토판, L-트립토판, DL메티오닌 및 L-트레오닌과 그 혼합물
비타민제 (프로비타민 포함)	비타민 A, 프로비타민 A, 비타민 B_1, 비타민 B_2, 비타민 B_6, 비타민 B_{12}, 비타민 C, 비타민 D, 비타민 D_2, 비타민 D_3, 비타민 E, 비타민 K, 판토텐산, 이노시톨, 콜린, 나이아신, 바이오틴, 엽산과 그 유사체 및 혼합물
완충제	산화마그네슘, 탄산나트륨(소다회), 중조(탄산수소나트륨·중탄산나트륨)

20 다음 중 생물학적 위해요소가 아닌 것을 2가지 골라 쓰시오.

┌──
대장균, 살모넬라균, 농약, 다이옥신, 사상균
└──

정답

농약, 다이옥신

해설

농약과 다이옥신은 화학적 요소이다.
HACCP 위해요소분석표에 따른 위해요소 분류(식품 및 축산물 안전관리 인증기준 [별표 2])

생물학적 위해요소 (Biological Hazards)	제품에 내재하면서 인체의 건강을 해할 우려가 있는 병원성 미생물, 부패미생물, 병원성 대장균(군), 효모, 곰팡이, 기생충, 바이러스 등
화학적 위해요소 (Chemical Hazards)	제품에 내재하면서 인체의 건강을 해할 우려가 있는 중금속, 농약, 항생물질, 항균물질, 사용기준 초과 또는 사용 금지된 식품 첨가물 등 화학적 원인물질
물리적 위해요소 (Physical Hazards)	제품에 내재하면서 인체의 건강을 해할 우려가 있는 인자 중에서 돌조각, 유리조각, 플라스틱조각, 쇳조각 등

CHAPTER 02 과년도 + 최근 기출복원문제

2022년 제3회 과년도 기출복원문제

01 다음은 유기식품 및 무농약농산물 등의 인증에 관한 세부실시요령상 용어의 정의이다. (   ) 안에 들어갈 알맞은 말을 쓰시오.

> • (①)(이)란 작물을 재배하는 일정구역을 말하며, (②)(이)란 동일한 경작지에서 동일한 작물을 연이어 재배하지 아니하고, 서로 다른 종류의 작물을 순차적으로 조합·배열하는 방식의 작부체계를 말한다.
> • (③)(이)란 통제된 환경에서 빛(LED, 형광등) 온도, 수분 및 양분 등을 인공적으로 투입해 작물을 재배하는 시설을 말한다.

정답

① 재배포장, ② 돌려짓기(윤작), ③ 식물공장

해설

인증기준의 세부사항(유기식품 및 무농약농산물 등의 인증에 관한 세부실시요령 [별표 1])

• '재배포장'이란 작물을 재배하는 일정구역을 말한다.

• '돌려짓기(윤작)'란 동일한 재배포장에서 동일한 작물을 연이어 재배하지 아니하고, 서로 다른 종류의 작물을 순차적으로 조합·배열하는 방식의 작부체계를 말한다.

• '식물공장(vertical farm)'이란 토양을 이용하지 않고 통제된 시설공간에서 빛(LED, 형광등) 온도, 수분 및 양분 등을 인공적으로 투입해 작물을 재배하는 시설을 말한다.

02 유기농산물·무농약농산물 인증기준에 따라 재배하는 농산물 중 사과, 배, 감과 같은 낙엽수의 생육기간을 쓰시오.

정답

생장(개엽 또는 개화) 개시일부터 첫 수확일까지

해설

작물별 생육기간(유기식품 및 무농약농산물 등의 인증에 관한 세부실시요령 [별표 1의2])

• 3년생 미만 작물 : 파종일부터 첫 수확일까지

• 3년 이상 다년생 작물(인삼, 더덕 등) : 파종일부터 3년의 기간을 생육기간으로 적용

• 낙엽수(사과, 배, 감 등) : 생장(개엽 또는 개화) 개시기부터 첫 수확일까지

• 상록수(감귤, 녹차 등) : 직전 수확이 완료된 날부터 다음 첫 수확일까지

CHAPTER 02 과년도 + 최근 기출복원문제 | **611**

03 다음은 토양유기물의 기능에 대한 설명이다. (   ) 안에 옳은 것은 ○, 틀린 것은 × 표시하시오.

1) 중금속과 결합한다.	( )
2) 알루미늄, 철의 유효도를 증진한다.	( )
3) 토성의 물리성을 개선한다.	( )
4) 입단 형성을 촉진한다.	( )

정답

1) ○, 2) ×, 3) ○, 4) ○

해설

토양유기물의 기능(부식의 효과)

- 토양유기물은 음(-)전하를 띠어 카드뮴(Cd^{2+}), 납(Pb^{2+}), 구리(Cu^{2+})와 같은 중금속 이온과 결합하여 이온의 이동성과 독성을 감소시킨다.
- 알루미늄(Al^{3+}), 철(Fe^{3+})과 결합하면 불용화되거나 킬레이트화되어 산성토양에서 작물에게 알루미늄 독성과 철의 과잉 흡수를 완화한다.
- 부식이 만들어지는 과정에서 생성된 점질물은 토양 입단을 형성하여 투수성, 보수성, 통기성을 높여 토양의 물리성을 개선한다.
- 토양유기물이 분해될 때 미생물의 대사열로 토양온도가 상승하고, 부식은 어두운 암갈색이어서 태양의 복사열 흡수율을 높인다.
- 토양유기물을 시용하면 토양을 부드럽고 통기성을 좋게 만들어 용적밀도를 낮춘다.

04 다음 중 탄질률이 가장 높은 것을 골라 쓰시오.

톱밥, 분뇨, 곰팡이, 부식, 왕겨

정답

톱밥

해설

톱밥(500 이상), 왕겨(60~100), 볏짚(60~70), 분뇨(20 이하), 곰팡이(12), 부식(12)

612 | PART 03 실기(필답형)

05 유기축산에서 이용되는 사료첨가제 중 가축의 정상적인 대사작용을 돕고 면역증진에 사용되는 것은 무엇인지 쓰시오.

정답
비타민

해설
사료첨가제의 분류
• 결착제 : 사료 원료의 결착력을 강화하기 위해 첨가되는 물질
• 유화제 : 서로 섞이지 않는 두 개의 액체를 안정한 에멀션으로 만들기 위해 사료에 첨가하는 물질
• 보존제 : 사료의 저장 및 유통기간을 늘리기 위하여 사료에 첨가하는 물질
• 아미노산제 : 사료 비용을 줄이고 단백질·에너지 이용률을 높이며 질소 배출을 감소시키기 위해 넣는 물질
• 효소제 : 가축의 소화를 돕고 사료 이용성을 높이기 위해 넣는 물질
• 향미제 : 향기와 맛을 향상시키기 위한 물질
• 착색제 : 영양은 바꾸지 않지만 외관을 좋게 하기 위해 넣는 물질
• 추출제 : 물이나 유기용매로 혼합물에서 유효성분을 추출하거나 열·압력으로 분리한 뒤 건조·분말화한 물질
• 올리고당 : 여러 개의 단당류가 결합된 당으로, 정장 효과를 기대해 사용하는 물질
• 비타민제 : 가축의 정상적인 대사 작용을 돕기 위한 물질
• 완충제 : pH를 조절하기 위한 물질

06 다음 해충의 천적 곤충을 쓰시오.

1) 총채벌레
2) 응애류
3) 담배나방

정답
1) 애꽃노린재, 2) 칠레이리응애, 3) 명꽃알벌

해설

주요 해충	작물 피해	천적 종류	
총채벌레류	• 작물의 표피조직, 꽃, 생장점 등을 가해(변색, 과실 기형, 고사) • 바이러스 매개	• 으뜸애꽃노린재 • 오이이리응애	• 유럽애꽃노린재 • 아큐레이퍼응애
응애류	잎 조직을 빨아먹어 광합성 능력을 떨어뜨리고, 작물을 고사	• 칠레이리응애 • 꼬마무당벌레	• 응애혹파리
나방류	종류에 따라 잎과 과실, 줄기, 잎 등을 가해	• 곤충병원성 선충 • 나비세균(Bt제)	• 알벌류

CHAPTER 02 과년도 + 최근 기출복원문제 | **613**

07 다음은 유기식품 등에 사용 가능한 허용물질 중 일부이다. (   ) 안에 병해충 관리를 위해 사용 가능한 물질로 옳은 것은 ○, 틀린 것은 × 표시하시오.

---

1) 크로뮴(Cr) 처리된 젤라틴   (   )
2) 천연 해수   (   )
3) 화학적 제조공정을 거친 식초   (   )
4) 규조토   (   )
5) 제충국 추출물   (   )

정답

1) ×, 2) ○, 3) ×, 4) ○, 5) ○

해설

병해충 관리를 위해 사용 가능한 물질(친환경농어업 육성 및 유기식품 등의 관리 · 지원에 관한 법률 시행규칙 [별표 1])

1) 크로뮴(Cr) 처리 등 화학적 제조공정을 거치지 않은 젤라틴
2) 잔류농약이 검출되지 않는 천연 해수 및 천일염
3) 화학물질의 첨가나 화학적 제조공정을 거치지 않은 식초
4) 천연에서 유래하고 단순 물리적으로 가공한 규조토
5) 그 외 제충국 추출물, 데리스 추출물, 쿠아시아 추출물, 라이아니아 추출물, 님 추출물 등

08 식품의 가스치환포장에 사용되는 기체에 대한 설명이다. 각각 어떤 기체에 대한 설명인지 [보기]에서 골라 쓰시오.

---

1) 작물의 호흡작용을 억제하며, 농도가 높아지면 이취를 유발하는 가스
2) 주로 과자나 식품 포장 시 충전재로 사용하는 무색무취의 가스
3) 작물의 호흡에 필요하며, 육색을 선홍색으로 유지하는 데 사용되지만 농도가 높아지면 식품의 산화를 유발하여 유해한 가스

┌ 보기 ┐

이산화탄소, 질소, 산소

정답

1) 이산화탄소, 2) 질소, 3) 산소

해설

1) 이산화탄소(CO_2) : 작물의 호흡작용을 억제하여 식품의 소비기한 연장을 위해 사용되며, 농도가 높아지면 이취를 유발한다.
2) 질소(N_2) : 순도 높은 불활성 가스로 식품 포장 내부의 공기를 질소로 치환하여 제품의 완충 및 산소(O_2)를 대체한다.
3) 산소(O_2) : 작물의 호흡에 필요하며, 육색을 선홍색으로 유지하는 데 사용되지만 농도가 높으면 식품의 산화를 유발한다.

09 유기농업에서 '구연산삼나트륨'을 유기가공식품의 식품첨가물로 사용 시 사용 가능 범위를 쓰시오.

정답

소시지, 난백의 저온살균, 유제품, 과립음료

해설

식품첨가물 또는 가공보조제로 사용이 허용된 물질(친환경농어업 육성 및 유기식품 등의 관리 · 지원에 관한 법률 시행규칙 [별표 1])

명칭	식품첨가물로 사용 시 사용 가능 범위	가공보조제로 사용 시 사용 가능 범위
구연산삼나트륨	소시지, 난백의 저온살균, 유제품, 과립음료	×

10 다음은 친환경농어업 육성 및 유기식품 등의 관리 · 지원에 관한 법률상 인증의 유효기간에 대한 내용이다. ( ) 안에 들어갈 알맞은 내용을 쓰시오.

유기식품 등의 인증 신청 및 심사 등에 따른 인증의 유효기간은 인증을 받은 날부터 ( )년으로 한다.

정답

1

해설

인증의 유효기간 등(친환경농어업 육성 및 유기식품 등의 관리 · 지원에 관한 법률 제21조 제1항)
제20조에 따른 인증의 유효기간은 인증을 받은 날부터 1년으로 한다.

11 유기농업에서 사료의 품질저하 방지 또는 사료의 효용을 높이기 위해 사료에 첨가하여 사용 가능한 물질을 쓰시오 (단, 보존제, 미생물제제, 완충제로 각각 1가지씩 쓰시오).

정답

- 보존제 : 산미제, 항응고제, 항산화제, 항곰팡이제
- 미생물제제 : 유익균, 유익곰팡이, 유익효모, 박테리오파지
- 완충제 : 산화마그네슘, 탄산나트륨(소다회), 중조(탄산수소나트륨 · 중탄산나트륨)

해설

사료의 품질저하 방지 또는 사료의 효용을 높이기 위해 사료에 첨가하여 사용 가능한 물질(친환경농어업 육성 및 유기식품 등의 관리 · 지원에 관한 법률 시행규칙 [별표 1])

12 유기가축과 비유기가축을 동시 사육할 때 주의사항을 2가지 쓰시오.

정답

- 서로 독립된 축사에서 사육하고 구별이 가능하도록 각 축사 입구에 표지판을 설치한다.
- 가축의 생산부터 출하까지 구분관리 계획을 세운다.
- 사료취급, 약품투여 등은 비유기가축과 구분하여 정확히 기록 관리 보관하여야 한다.

해설

유기축산물의 사육장 및 사육조건(유기식품 및 무농약농산물 등의 인증에 관한 세부실시요령 [별표 1])

13 유기식품 인증 시 제출해야 하는 서류를 3가지 쓰시오.

정답

인증신청서, 인증품 생산계획서, 경영 관련 자료

해설

유기식품 등의 인증 신청(친환경농어업 육성 및 유기식품 등의 관리·지원에 관한 법률 시행규칙 제12조)

유기식품 등의 인증을 받으려는 자는 서식에 따른 인증신청서에 다음의 서류를 첨부하여 지정받은 인증기관에 제출해야 한다.

1. 서식에 따른 인증품 생산계획서 또는 인증품 제조·가공 및 취급계획서
2. 경영 관련 자료
3. 사업장의 경계면을 표시한 지도
4. 유기식품 등의 생산, 제조·가공 또는 취급에 관련된 작업장의 구조와 용도를 적은 도면(작업장이 있는 경우로 한정)
5. 친환경농업에 관한 교육 이수 증명자료(전자적 방법으로 확인이 가능한 경우는 제외)

14 콩과, 벼과, 야생 녹비작물의 종류를 각각 1가지씩 쓰시오.

정답

- 콩과 : 헤어리베치, 자운영, 클로버
- 벼과 : 호밀, 수단그라스, 수수
- 야생 : 갈대

해설

- 콩과 작물은 질소를 포함한 양분농도가 높고 토양 중 분해속도도 빨라 양분공급 목적으로 사용한다.
- 벼과 작물은 분해가 어려운 탄소물질(셀룰로스, 리그닌 등)의 함량이 높아 콩과 작물에 비해 상대적으로 분해가 느려서 토양 내 유기물 증진에 적합하다.

15 다음 중 휴지기간이 가장 긴 작물을 골라 쓰시오.

완두, 땅콩, 잠두, 콩, 강낭콩

정답
완두

해설
- 완두 : 5~7년
- 강낭콩 : 3년
- 땅콩, 잠두 : 2년
- 콩 : 1년

16 병해충의 물리적 방제법을 3가지 이상 쓰시오.

정답
봉지씌우기, 유황훈증기, 방조망, 유충포살법 등

해설
병해충의 물리적 방제는 자연의 물리적 요인을 활용하여 해충의 생존을 억제하거나 제거하는 방법이다.

17 식물에서 일정한 화학물질이 생성되어 다른 식물의 생존을 막거나 성장을 저해하는 작용을 무엇이라 하는지 쓰시오.

정답
타감작용

해설
타감작용(allelopathy)
식물이 성장하면서 일정한 화학물질이 분비되어 경쟁되는 주변의 식물의 성장이나 발아를 억제하는 작용을 말한다. 이 억제를 통하여 자신의 생존을 확보하고 성장을 촉진하는 결과를 얻게 되는 작용이다.

CHAPTER 02 과년도 + 최근 기출복원문제 | **617**

18 다음은 퇴비 부숙도 관능검사에 대한 설명이다. ( ) 안에 옳은 것은 ○, 틀린 것은 × 표시하시오.

1) 부숙된 퇴비는 황갈색이다.	( )
2) 부숙된 퇴비를 손으로 움켜쥐고 난 다음 모양이 잘 유지된다.	( )
3) 부숙된 퇴비는 강한 축분의 냄새가 그대로 남아있다.	( )
4) 부숙된 퇴비의 수분 함량은 40~50% 정도이다.	( )

정답

1) ×, 2) ×, 3) ×, 4) ○

해설

1) 퇴비는 부숙될 때 황갈색에서 흑색에 가까워진다.
2) 부숙된 퇴비는 손으로 움켜지면 물기가 스미지 않고, 모양이 잘 유지 되지 않으며 부스러기가 떨어질 정도이다.
3) 부숙되기 전에는 냄새가 그대로 남아있으나 부숙된 후에는 축분냄새는 완전히 소멸되고 흙냄새와 퇴비냄새만 남는다.
4) 부숙되기 전에는 수분이 많이 남아있어 움켜쥐면 모양이 잘 유지되었으나, 부숙된 후에는 수분이 40%이하로 떨어져 손으로 쥐고난 다음 모양이 잘 유지되지 않는다.
※ 퇴비 부숙도 관능검사 항목 : 색깔, 형태, 냄새, 수분 등

19 퇴비화 작용 시 퇴비 온도가 잘 올라가지 않을 때의 문제점과 원인 그리고 해결법을 1가지씩 서술하시오.

정답

• 문제점 : 발열단계에서 박테리아의 활동이 왕성하지 못해 유기물의 분해가 제대로 이루어지지 않는다.
• 원인 : 수분 부족
• 해결법 : 발열과정 전반에 수분요구량이 매우 높으므로 물을 끼얹는 작업을 반복한다.

20 유기식품 및 무농약농산물 등의 인증에 관한 세부실시요령에 따라 유기축산 인증심사원이 유기가축 환경의 현장 감독 및 방문할 수 있는 시기는 언제인지 쓰시오.

정답

가축이 사육 중인 시기

해설

인증심사의 절차 및 방법(유기식품 및 무농약농산물 등의 인증에 관한 세부실시요령 [별표 2])
현장심사는 작물이 생육 중인 시기, 가축이 사육 중인 시기, 인증품을 제조, 가공 또는 취급 중인 시기(시제품 생산을 포함)에 실시하고 신청한 농산물, 축산물, 가공품의 생산이 완료되는 시기에는 현장심사를 할 수 없다.

CHAPTER 02

과년도 + 최근 기출복원문제

2023년 제1회 과년도 기출복원문제

01 다음은 탄질비에 대한 설명이다. (　) 안에 옳은 것은 ○, 틀린 것은 × 표시하시오.

1) C는 탄소, N은 질소이다.	(　)
2) 톱밥은 탄질비가 높은 유기물이다.	(　)
3) 탄질비가 높은 유기물이 낮은 유기물보다 분해가 빠르다.	(　)
4) 화본과 작물이 두과 작물보다 탄질비가 낮다.	(　)
5) 일반 토양의 탄질비는 10이며 그 이상의 높은 탄질비를 가지면 일시적인 질소기아현상이 나타난다.	(　)

정답

1) ○, 2) ○, 3) ×, 4) ×, 5) ×

해설

탄질비(C/N율)

• 유기물 중 탄소(C)와 질소(N)의 함량비로, 토양은 유기물의 탄질비에 따라 식물의 생장이 달라지기 때문에 작물별 시비량 결정에 중요한 기준이 된다. 작물에 적당한 탄질비는 평균 12 정도이고, 30보다 높은 경우 유기물 분해에 필요한 질소가 부족해 작물은 질소기아현상이 발생할 수 있다.

• 질소기아현상이란 탄질비가 높은 유기물을 비료로 사용했을 때, 이를 분해하려는 토양미생물이 토양 내 기존의 질소를 흡수하게 되고, 작물이 이용할 수 있는 질소가 부족해져 일시적인 질소 결핍 증상이 나타나는 것이다.

• 탄질비가 높은 것부터 톱밥 > 쌀보리짚 > 밀짚 > 볏짚 > 옥수수대 > 콩대 > 퇴비 = 클로버 > 사상균 > 방선균 > 세균 순이다.

• 두과 작물이 화본과 작물보다 탄질비가 낮은 이유는 두과 작물의 질소고정능력 덕분에 질소 함량이 많기 때문이다.

• 탄질비가 낮은 유기물은 분해 속도가 빠르고, 질소의 무기화로 생성된 암모늄이온(NH_4^+)은 식물의 양분으로 이용된다.

02 다음은 부식에 대한 설명이다. ( ) 안에 들어갈 알맞은 말을 골라 쓰시오.

> 1) 부식물질은 비부식물질보다 (간단 / 복잡) 하다.
> 2) 부식물질은 비부식물질보다 (정형 / 무정형) 이다.
> 3) (부식 / 비부식)물질은 부식산, 부식탄, 풀빅산 등의 물질이 있다.

정답

1) 복잡, 2) 무정형, 3) 부식

해설

부식물질과 비부식물질

- 부식물질 : 2차적으로 토양에서 합성된 암색의 고분자화합물로 토양유기물의 60~80%를 차지한다. 리그닌과 단백질의 중합 및 축합 반응 등에 의해 생성되며 무정형으로 분자량이 다양하고, 분해 저항성이 강하다. 부식산(humic acid), 부식탄(humin), 풀빅산(fulvic acid) 등의 물질이 있다.
- 비부식물질 : 미생물에 의해 단당류, 단백질, 지방 등이 변형되어 합성된 유기물로서 전분, 당, 아미노산, 지방, 왁스, 수지, 유기산 등이 있다. 토양유기물의 12~24%를 차지하고 있으며, 부식물질에 비해 구조가 간단하고 원래 형태를 거의 유지하고 있는 것이 특징이다. 부식물질에 비해 분해가 쉽다.

03 탄질비가 높은 순서대로 나열하시오.

> 토양부식, 옥수수잎, 톱밥

정답

톱밥 > 옥수수잎 > 토양부식

해설

톱밥(400 이상) > 옥수수잎(20~40) > 토양부식(10~12)

04 다음은 퇴비화 과정에 대한 설명이다. 각 과정에 알맞은 단계를 쓰시오.

> 1) 박테리아에 의해 유기물 분해가 활성화되며 분해 과정의 대부분이 이 시기에 이루어진다.
> 2) 곰팡이가 정착하기 시작하면 줄기, 섬유질, 목질부와 같은 분해되기 어려운 물질들의 분해가 시작된다.
> 3) 원래 부피에서 반으로 줄어들게 되고 어두운 빛깔을 띤다.

정답

1) 발열단계, 2) 감열단계, 3) 숙성단계

05 퇴비 부숙도 검사 중 생물적인 방법을 2가지 쓰시오.

> 정답

지렁이를 넣어보는 방법, 종자 발아 시험법

> 해설

퇴비의 부숙도 검사에는 수분검사, 관능검사, 자가 퇴비부숙평가 기준 이용하기, 화학적 방법, 생물적 방법이 있다.

퇴비 부숙도 검사 중 생물적 방법

• 지렁이 독성 시험 : 지렁이는 단백질이나 당류가 많은 것을 선호하고, 페놀류나 암모니아 등을 싫어한다. 유기물의 퇴비화 과정에서 부숙이 진행되지 않으면 지렁이가 자리 잡고 살아가는 환경이 되지 않는다. 따라서 퇴비 속에 지렁이가 발견되면 잘 부숙된 퇴비라고 판정한다.

• 종자 발아 시험법 : 퇴비의 수추출액에 직접 종자를 뿌려 발아 상황을 보는 방법으로 가장 민감하게 반응하는 것은 오이나 배추, 토마토이다. 미숙한 퇴비에 종자를 파종하면 발아장해가 나타난다.

• 유식물 시험법 : 미숙한 퇴비를 사용하면 유기물 분해에 의하여 작물에 장해가 생기는데, 해작용에 예민한 식물의 생육상황을 관찰함으로써 부숙도를 판정하는 방법이다.

06 다음에 목적에 해당하는 유기농법을 [보기]에서 1가지씩 골라 쓰시오.

> 1) 병해충 방제
> 2) 토양 지력 유지

┤보기├
쌀겨농법, 우렁이농법, 오리농법, 녹비작물 재배

> 정답

1) 오리농법, 2) 녹비작물 재배

> 해설

1) 오리농법의 효과 : 써레질의 효과(부리와 갈퀴 및 온몸으로 논바닥을 헤집고 다녀 탁수, 중경의 효과), 배설물로 인한 유기질 비료의 효과(화학비료의 1/3 절감), 잡초 방제, 해충 제거(이화명충, 측명나방 등 각종 해충을 잡아먹음)

2) 녹비작물 재배 : 녹색식물의 줄기와 잎을 비료로 사용하는 작물로 대기의 질소를 고정시켜 지력을 증진시킨다. 콩과 작물(자운영, 토끼풀, 베치, 자주개자리, 풋베기콩, 풋베기완두, 루핀 등), 유채, 풋베기귀리, 풋베기옥수수, 풋베기쌀보리, 메밀 등이 있다.

※ 쌀겨농법과 우렁이농법은 벼재배 시, 잡초 방제를 위한 유기농법이다.

07 다음 중 유기농업에서 병해충 관리를 위해 사용 가능한 물질을 3가지 골라 쓰시오.

쿠아시아 추출물, 오줌, 구아노, 목초액, 규조토, 톱밥

정답

쿠아시아 추출물, 목초액, 규조토

해설

허용물질(친환경농어업 육성 및 유기식품 등의 관리·지원에 관한 법률 시행규칙 [별표 1])
• 토양개량 및 작물생육을 위해 사용 가능한 물질 : 오줌, 톱밥, 구아노, 목초액
• 병해충 관리에 사용 가능한 물질 : 쿠아시아 추출물, 목초액, 규조토
• 토양개량 및 작물생육과 병해충 관리 모두에 사용 가능한 물질 : 목초액

08 유기물이나 폴리에틸렌필름 등을 이용하여 지면을 덮는 방법을 무엇이라 하는지 쓰시오.

정답

피복(멀칭)

해설

토양피복(멀칭)이란 토양 표면을 덮는 것으로 피복자재로는 풀, 볏짚, 왕겨, 비닐 등이 있다.

09 다음 (   ) 안에 들어갈 알맞은 내용을 쓰시오.

자재나 식물체에서 나온 물질 등으로 인해 다른 작물의 생육과 발육이 저하되는 현상을 (①)(이)라고 하며, 이때 (②)이/가 방출되어 다른 생물의 활동에 직·간접적으로 생육을 저해한다.

정답

① 타감작용, ② 타감물질

해설

① 타감작용(allelopathy)이란 식물이 성장하면서 일정한 화학물질이 분비되어 경쟁되는 주변의 식물의 성장이나 발아를 억제하는 작용을 말한다. 이 억제를 통하여 자신의 생존을 확보하고 성장을 촉진하는 결과를 얻게 되는 작용이다.
② 타감물질이란 자신을 방어하거나 주변의 생물을 공격하고자 분비하는 화학 물질. 식물의 경우 다른 식물의 생장과 발달을 저해한다. 예를 들면 침엽수의 뿌리에서 분비되는 물질은 초본류의 생육을 억제하고, 국화과 식물은 폴리아세틸렌과 같은 물질을 분비하여 주변 식물의 생육을 억제한다.

10 개간지 토양의 일반적인 특징을 3가지 쓰시오.

정답

• pH가 낮다.
• 유효인산과 염기(Ca, Mg, K)의 함량이 적다.
• 유기물 함량이 적다.

해설

개간지 토양은 본래 자연상태에서 인간이 개간(개척하여 농사를 짓거나 사용하게 만든)하여 농업이나 기타 용도로 변형된 토양을 말한다.

개간지 토양의 특징

• 물리적 특징 : 토양침식으로 토심이 얇고, 구조 미발달 및 보수력이 약하여 한발 피해가 있다.
• 화학적 특징 : 화학성이 극히 미약하고, pH(강산성), CEC, 유기물, 유효인산, 염기 함량이 아주 낮다.

11 다음 친환경 병해충 방제 방법 중 물리적 방제 방법을 골라 쓰시오.

토양개량, 혼식재배, 유살, 소각, 타감작용

정답

유살, 소각

해설

• 친환경 병해충 방제 방법 중 물리적 방제 방법은 포살, 소각, 담수, 차단, 유살, 온도 처리, 봉지씌우기, 비가림 시설, 유황 훈증기, 방조망·방충망, 솔라 경고등, 태양 전기용 목책기 등이 있으며 유살이란 해충의 특수한 습성 및 주성 등을 이용하거나 유살 물질(유인 미끼), 유살 기구 등에 의하여 해충을 방제하는 방법이며 소각이란 태워서 방제하는 방법을 뜻한다.
• 토양개량, 혼식재배를 이용한 방제는 경종적 방제에 해당된다.
• 타감작용을 이용한 방제는 생물적 방제이다.

12 다음은 유기식품 및 무농약농산물 등의 인증에 관한 세부실시요령상 인증기준의 세부사항에 대한 내용이다. ( ) 안에 옳은 것은 ○, 틀린 것은 × 표시하시오.

> 1) 유기축산은 유기사료를 100% 급여한다. ( )
> 2) 유기농산물의 저장구역 및 수송 컨테이너에 병해충 관리의 목적으로 페로몬을 사용할 수 있다. ( )
> 3) 유기식품 등의 저장이나 위생의 목적으로 방사선을 사용할 수 있다. ( )
> 4) 유기농산물의 포장재는 식품위생법의 관리 규정에 따라 적합하고 가급적 생물 분해성, 재생품 또는 ( ) 재생이 가능한 자재를 사용한다.
> 5) 인증 표시를 하지 않은 농산물을 인증품으로 판매하여서는 아니 된다. 단 포장하지 않고 판매하는 경우는 ( ) 납품서, 거래명세서, 보증서 등에 표시 사항을 기재하여야 한다.

정답

1) ○, 2) ○, 3) ×, 4) ○, 5) ○

해설

3) 방사선은 해충방제, 식품보존, 병원의 제거 또는 위생의 목적으로 사용할 수 없다. 다만, 이물탐지용 방사선(X선)은 제외한다(친환경 농어업 육성 및 유기식품 등의 관리·지원에 관한 법률 세부실시요령 [별표 1]).

13 과실 및 채소를 플라스틱 비닐로 덮어 신선도를 유지하며 저장하는 방법을 무엇이라 하는지 쓰시오.

정답

MA 저장

해설

MA(modified atmosphere)저장

플라스틱필름(PE), PVC 필름 등을 이용하여 밀봉 후 저장하면 작물의 호흡으로 인해 이산화탄소 농도는 증가하고 산소는 감소하며, 내부 습도가 높아져 증산이 억제됨으로써 저장성이 개선된다.

14 병원체와 관련 있는 식물병을 바르게 연결하시오.

〈병원체〉	〈식물병〉
㉠ 곰팡이	ⓐ 오이모자이크병
㉡ 세균	ⓑ 감자더뎅이병
㉢ 바이러스	ⓒ 고추탄저병

정답

㉠ – ⓒ, ㉡ – ⓑ, ㉢ – ⓐ

해설

• 곰팡이(진균)에 의한 병해 : 모잘록병, 역병, 시들음병, 덩굴쪼김병, 균핵병, 노균병, 탄저병, 흰가루병, 잿빛곰팡이병, 흑반병 등
• 세균에 의한 병해 : 세균성 반점병, 세균성 마름병, 세균성 시들음병, 궤양병, 들불병, 근두암종병, 무름병, 감자더뎅이병 등
• 바이러스에 의한 병해 : 담배모자이크바이러스(TMV), 오이모자이크바이러스(CMV), 순무모자이크바이러스(TuMV), 감자X・Y바이러스(PVX, PVY), 마늘모자이크바이러스, PNRV 등

15 미숙논 개량 방법을 3가지 쓰시오.

정답

• 유기물을 다량 시비한다.
• 깊이갈이 한다.
• 인산과 염기성 물질인 석회고토, 가리 등을 증시한다.

해설

미숙논이란 유기물 함량이 매우 낮은 식양질 또는 식질 토양으로 대체로 투수력이 낮고, 치밀한 조직을 갖는 토양이다. 미숙논은 전체 논 면적의 약 23%에 달하며, 개량을 위해서는 다량의 퇴비 등의 유기물 사용과 깊이갈이에 의한 물리성 개선이 필요하다.

16 유기가축과 비유기가축을 병행 사육 시 준수사항을 1가지 쓰시오.

정답

• 유기가축과 비유기가축은 서로 독립된 축사(건축물)에서 사육하고 구별이 가능하도록 각 축사 입구에 표지판을 설치하고, 유기가축과 비유기가축은 성장단계 또는 색깔 등 외관상 명확하게 구분될 수 있도록 하여야 한다.
• 일반 가축을 유기가축 축사로 입식하여서는 아니 된다. 다만, 입식 시기가 경과하지 않은 어린 가축은 예외를 인정한다.
• 유기가축과 비유기가축의 생산부터 출하까지 구분관리 계획을 마련하여 이행하여야 한다.
• 유기가축, 사료 취급, 약품 투여 등은 비유기가축과 구분하여 정확히 기록 관리하고 보관하여야 한다.
• 인증가축은 비유기가축 사료, 금지 물질 저장, 사료 공급・혼합 및 취급 지역에서 안전하게 격리되어야 한다.

해설

유기축산물의 사육장 및 사육조건(유기식품 및 무농약농산물 등의 인증에 관한 세부실시요령 [별표 1])

17 다음 유기가공식품의 가공 방법 중 생물학적인 방법을 골라 쓰시오.

> 절단, 분쇄, 발효, 혼합, 성형, 가열, 냉각 가압, 건조 분리, 숙성

정답

발효, 숙성

해설

유기가공식품 인증기준 – 가공방법(친환경농어업 육성 및 유기식품 등의 관리·지원에 관한 법률 세부실시요령 [별표 1])

기계적·물리적 방법은 절단, 분쇄, 혼합, 성형, 가열, 냉각 가압, 감압, 건조 분리(여과, 원심분리, 압착, 증류), 절임, 훈연 등을 말하며, 생물학적 방법은 발효, 숙성 등을 말한다.

18 유기가공식품에서 식품첨가물 또는 가공보조제로 사용이 허용된 물질 중 과산화수소의 사용 가능한 범위를 쓰시오.

정답

가공보조제로 사용이 가능하며 식품 표면의 세척 및 소독제로 사용된다.

해설

식품첨가물 또는 가공보조제로 사용이 허용된 물질(친환경농어업 육성 및 유기식품 등의 관리·지원에 관한 법률 시행규칙 [별표 1])

19 다음 제시된 작물에서 혼작재배 시 효과가 큰 작물을 바르게 연결하시오.

㉠ 토마토	ⓐ 당근
㉡ 콩	ⓑ 근대
㉢ 상추	ⓒ 감자

정답

㉠ – ⓑ, ㉡ – ⓒ, ㉢ – ⓐ

해설

혼작 : 두 종류의 식물을 같이 심으면 서로 보합하는 역할을 하게 되어 병해충의 발생도 줄이는 목적이다.

혼작 작물 선택 시 고려사항

• 수분 : 토마토와 미나리를 같이 심으면 수분 요구 조건이 서로 맞지 않는다.

• 빛 : 고추와 시금치처럼 서로 다른 빛 요구량을 가진 식물을 심는다.

• 비료 : 셀러리와 부추는 모두 칼륨 흡수율이 높은 작물로 칼륨 비료를 최대한 이용한다.

• 수확기 : 상추와 콜라비처럼 일찍 수확하는 식물과 늦게 수확되는 식물을 함께 심어서 포장의 이용률을 높인다.

• 뿌리 깊이 : 근대와 토마토, 콩과 감자처럼 뿌리 깊이가 다르다면 양·수분 흡수에 서로 도움이 된다.

• 해충 방제 : 진딧물의 밀도를 줄이기 위해 백합과 식물인 마늘, 파 등과 당근을 같이 심는다.

• 식물 그룹 : 같은 과의 식물은 동일한 병에 노출되기 쉬우므로 혼작에 사용하지 않는다.

20 다음 중 윤작에 대한 설명으로 옳은 것을 골라 기호를 쓰시오.

> ㉠ 지력 유지를 위해 콩과 작물이나 다비성 작물을 반드시 포함시킨다.
> ㉡ 토지 이용도를 높이기 위해 여름작물을 재배한다.
> ㉢ 잡초 경감을 위해 중경 작물이나 피복작물을 포함한다.
> ㉣ 균형 잡힌 재배를 위해 식량과 사료작물을 함께 재배한다.
> ㉤ 토양보호를 위해 피복작물을 포함시킨다.

정답

㉠, ㉢, ㉣, ㉤

해설

윤작에서의 작물 선택 시 고려 사항

• 주 작물은 지역 사정에 따라 선택한다.
• 용도의 균형을 위해 주 작물이 특수하더라도 식량과 사료의 생산이 병행되는 것이 좋다.
• 지력 유지를 위하여 콩과 작물이나 다비작물을 반드시 포함시킨다.
• 잡초 경감을 위해 중경 작물이나 피복작물을 포함하는 것이 좋다.
• 토지 이용도를 높이기 위해 여름 작물과 겨울 작물을 결합한다.
• 토양 보호를 위해 피복작물이 포함되도록 한다.
• 이용성과 수익성이 높은 작물을 선택한다.
• 기지현상을 회피하도록 작물을 배치한다(벼과 작물–콩과 작물, 근경 작물의 교대 배치).

CHAPTER 02 과년도 + 최근 기출복원문제

2023년 제2회 과년도 기출복원문제

01 다음 중 유기농업에서 병해충 관리를 위해 사용 가능한 물질을 2가지 골라 쓰시오.

제충국, 이탄, 오줌, 버미큘라이트, 키토산, 구아노

정답

제충국, 키토산

해설

허용물질(친환경농어업 육성 및 유기식품 등의 관리·지원에 관한 법률 시행규칙 [별표 1])
• 병해충 관리에 사용 가능한 물질 : 제충국, 키토산
• 토양개량과 작물생육을 위해 사용 가능한 물질 : 이탄, 오줌, 버미큘라이트, 구아노

02 [보기]를 다음과 같이 분류하시오.

1) 기생성 천적(1가지)
2) 포식성 천적(2가지)
3) 병원성 미생물(2가지)

┤보기├

기생파리, 풀잠자리, 무당벌레, 세균, 바이러스

정답

1) 기생성 천적(1가지) : 기생파리
2) 포식성 천적(2가지) : 풀잠자리, 무당벌레
3) 병원성 미생물(2가지) : 세균, 바이러스

해설

• 기생성 천적 : 침파리, 고치벌, 맵시벌, 꼬마벌 등
• 포식성 천적 : 무당벌레, 풀잠자리, 꽃등에, 됫박벌레, 딱정벌레, 팔라시스이리응애 등
• 병원성 미생물 : 세균류, 곰팡이류, 백강균

628 | PART 03 실기(필답형)

03 다음은 유기축산물의 사료 및 영양관리에 대한 내용이다. (   ) 안에 들어갈 알맞은 말을 골라 순서대로 쓰시오.

> 유기축산물의 생산을 위한 가축에게는 (100 / 80 / 50)% 유기사료를 급여하여야 한다. 유기축산물 생산과정 중 심각한 천재지변, 극한 기후조건 등으로 인하여 유기사료 급여가 어려운 경우는 (국립농산물품질관리원장 / 농림축산식품부장관) 또는 인증기관의 장은 일정기간 동안 유기사료가 아닌 사료를 일정 비율로 급여하는 것을 허용할 수 있다. 또한 (단일 / 반추)가축에게 사일리지만 급여해서는 아니 된다.

정답
100, 국립농산물품질관리원장, 반추

해설
유기축산물 인증기준 – 사료 및 영양 관리(유기식품 및 무농약농산물 등의 인증에 관한 세부실시요령 [별표 1])
유기축산물의 생산을 위한 가축에게는 100% 유기사료를 급여하여야 하며, 유기사료 여부를 확인하여야 한다. 유기축산물 생산과정 중 심각한 천재·지변, 극한 기후조건 등으로 인하여 사료급여가 어려운 경우 국립농산물품질관리원장 또는 인증기관은 일정기간 동안 유기사료가 아닌 사료를 일정 비율로 급여하는 것을 허용할 수 있다. 반추 가축에게 담근먹이(사일리지)만 급여해서는 아니 되며, 생초나 건초 등 조사료도 급여하여야 한다. 또한 비반추 가축에게도 가능한 조사료 급여를 권장한다.

04 다음 중 엽록소 분해, 착색 증진, 연화 등을 촉진시켜 덜 익은 바나나, 떫은 감 등의 상품가치를 향상시키고 후숙 및 생리작용에 관여하는 물질을 골라 쓰시오.

> 에틸렌, ABA, 티오황산, 아이오딘

정답
에틸렌

해설
- ABA(Abscisic acid) : 식물 호르몬의 일종으로 미숙과와 휴면종자에 많으며 낙엽 등의 기관 탈리, 종자, 구근, 수목의 눈 등에서의 발아 억제 작용을 지배하며 각종 휴면에 관여하는 중심적인 물질이며 식물이 수분결핍 등 환경적인 스트레스를 받으면 ABA가 증가한다.
- 티오황산 : 하이포라고도 하며 시판되고 있는 것은 5수화물. 수돗물의 염소분인 클로르칼키(살균제)의 제거, 중금속이나 사이안화수소의 해독제, 사진의 정착(할로겐화은을 녹인다), 아이오딘 적정 등에 사용된다.
- 아이오딘(요오드) : 비금속 할로겐족원소의 하나이다. 상온에서는 회흑색의 결정, 가열하면 짙은 보라색의 증기가 되어 승화되며 소독용 약품으로 쓰인다.

CHAPTER 02 과년도 + 최근 기출복원문제 | **629**

05 다음 중 유기농산물의 생산·제조·가공 또는 취급하는 과정에서 사용할 수 있는 허용물질을 원료 또는 재료로 하여 만든 제품을 무엇이라 하는지 골라 쓰시오.

> 유기농업자재, 유기농산물, 무농약농산물, 유기가공식품

정답

유기농업자재

해설

정의(친환경농어업 육성 및 유기식품 등의 관리·지원에 관한 법률 시행규칙 제2조 제5호)

'유기농업자재'란 유기농축산물을 생산, 제조·가공 또는 취급하는 과정에서 사용할 수 있는 허용물질을 원료 또는 재료로 하여 만든 제품을 말한다.

06 다음 중 유기농산물 생산 시 토양개량 및 작물생육을 위해 사용 가능한 물질을 골라 쓰시오.

> 톱밥, 젤라틴, 밀랍, 파라핀오일, DL−알라닌

정답

톱밥

해설

허용물질(친환경농어업 육성 및 유기식품 등의 관리·지원에 관한 법률 시행규칙 [별표 1])

• 병해충 관리를 위해 사용 가능한 물질 : 젤라틴(동물의 연골, 힘줄, 가죽 등을 구성하는 단백질인 콜라겐에 산이나 알칼리로 처리한 후 끓이면 젤라틴이 된다), 밀랍(beeswax 및 프로폴리스), 파라핀오일(불에 잘 타는 탄화수소 액체로 영국에서는 파라핀, 미국에서는 케러신이라 한다. 인화점은 37~65℃이며, 파라핀 오일을 기화기에서 기화시켜 연막 분무로 응애, 진드기 등 해충을 구제하는데, 분무 시 흡입하게 되면 인체에 치명적이므로 특수 마스크를 써야 한다)

• 사료의 품질저하 방지 또는 사료의 효용을 높이기 위해 사료에 첨가하여 사용 가능한 물질 : DL−알라닌

07 토양유기물의 주요 기능을 3가지 서술하시오.

정답

양분의 공급, 토양 물리성 개선, 생물성 개선, 지온 상승, 수분의 흡수 및 유지, 토양의 완충작용, 통기성 증대 등

해설

토양 온도 상승, 미생물의 활동을 도와 유용한 양분의 이용성 촉진, 토양유기물의 분해로 질소, 인산, 칼리, 규산, 석회, 황 등 작물 이용 도움, 유기물이 분해되어 생성되는 이산화탄소(CO_2), 유기산, 무기산 등은 토양 중의 광물질과 화학반응을 일으켜 식물에 필요한 양분의 이용성 촉진, 치환성 양이온 생성 등

08 퇴비화 과정의 각 단계와 알맞은 설명을 바르게 연결하시오.

㉠ 발열단계	ⓐ 유기물 분해가 완료되고 곰팡이의 정착
㉡ 감열단계	ⓑ 박테리아에 의한 유기물 분해
㉢ 숙성단계	ⓒ 다양한 생물들의 서식

정답

㉠ – ⓑ, ㉡ – ⓐ, ㉢ – ⓒ

해설

퇴비화 과정

발열단계	• 퇴비더미를 쌓은 후 박테리아에 의하여 유기물 분해가 시작되고, 그 과정에서 방출되는 에너지로 온도가 상승하게 된다. • 온도가 60~70℃까지 상승하면 2~3주 지속되며, 이때 저온성균은 죽고, 고온성균인 방선균과 바실러스가 관여한다. • 고온성균에 의해 셀룰로스 일부, 헤미셀룰로스, 펙틴 등이 분해되며, 탄질비가 낮아진다. • 분해 과정의 대부분이 이 시기에 이루어지며, 고온에 의하여 병원균과 잡초 뿌리, 종자가 사멸한다. • 산소가 충분히 공급되어야 박테리아가 증식하고, 부족하면 악취가 난다. • 발열 과정 전반에 걸쳐 수분 요구량이 매우 높고, 온도가 높아질수록 pH가 증가한다.
감열단계	• 유기물의 분해가 어느 정도 진행되면 퇴비더미의 온도는 서서히 낮아져 25~45℃를 유지하게 된다. • 리그닌과 같은 난분해성 유기물만 남게 되어 분해 속도가 느려지고 온도는 더이상 올라가지 않는다. • 온도가 낮아져 곰팡이가 정착하기 시작하면 줄기, 섬유질, 목질부와 같은 분해되기 어려운 물질들의 분해가 시작된다.
숙성단계	• 무기물과 부식산, 항생물질로 구성되며, 부숙이 진행됨에 따라 퇴비 고유의 냄새가 나고, 붉은두엄벌레 등의 토양생물이 서식하게 된다. • 퇴비화가 완료되면 퇴비는 처음 부피의 반으로 줄어들고 어두운 빛깔(암갈색 또는 흑갈색)을 띤다. • 장기간 숙성 과정에서 적은 양의 수분을 요구한다.

09 식품의 가스치환포장에 사용되는 기체에 대한 설명이다. 각각 어떤 기체에 대한 설명인지 [보기]에서 골라 쓰시오.

1) 작물의 호흡에 필요하며, 육색을 선홍색으로 유지하는 데 사용되지만 농도가 높아지면 식품의 산화를 유발하여 유해한 가스
2) 작물의 호흡작용을 억제하며, 농도가 높아지면 이취를 유발하는 가스
3) 주로 과자나 식품 포장 시 충전재로 사용하는 무색무취의 가스

┤보기├

이산화탄소, 질소, 산소

정답

1) 산소, 2) 이산화탄소, 3) 질소

해설

1) 산소(O_2) : 작물의 호흡에 필요하며, 육색을 선홍색으로 유지하는 데 사용되지만 농도가 높으면 식품의 산화를 유발한다.
2) 이산화탄소(CO_2) : 작물의 호흡작용을 억제하여 식품의 소비기한 연장을 위해 사용되며, 농도가 높아지면 이취를 유발한다.
3) 질소(N_2) : 순도 높은 불활성 가스로 식품 포장 내부의 공기를 질소로 치환하여 제품의 완충 및 산소(O_2)를 대체한다.

10 다음 중 포복경인 녹비작물을 골라 쓰시오.

자운영, 헤어리베치, 호밀, 수단그라스

정답

헤어리베치

해설

• 헤어리베치는 추위에 잘 견디는 포복성 작물로 경작지 표면에 두꺼운 식물체 매트를 형성해 토양을 피복함으로써 겨울철이나 월동 후 강우·바람으로부터 토양을 보호하는 역할을 한다.
• 자운영, 호밀, 수단그라스는 직립형에 속한다.

11 토양의 염류집적을 측정하는 방법과 표준단위를 쓰시오.

정답

전기전도도(EC), dS/m

해설

토양의 염류 농도는 전기전도도(EC ; electrical conductivity)로 측정할 수 있으며 표준단위는 dS/m을 사용한다.

12 다음 중 토양의 용적밀도가 가장 높은 것을 1가지 골라 쓰시오.

식토, 식양토, 미사질 양토, 사양토

정답

사양토

해설

용적밀도는 토양의 질량을 그 토양이 차지하는 부피로 나눈 값으로 점토 함량이 증가하면 감소하고 모래 함량이 증가하면 증가한다.

토성별 용적밀도 및 공극량

토성	사토	사양토	양토	미사질 양토	식양토	식토
용적밀도	1.6	1.5	1.4	1.3	1.2	1.1
공극량(%)	40	43	47	50	55	58

632 | PART 03 실기(필답형)

13 친환경농어업 육성 및 유기식품 등의 관리·지원에 관한 법률 시행규칙상 유기가공식품의 식품첨가물 또는 가공보조제로 사용 시 ( ) 안에 사용 가능한 것은 ○, 그렇지 않으면 × 표시를 하시오.

명칭	식품첨가물로 사용 시	가공보조제로 사용 시
과산화수소	( )	( )
규조토	( )	( )

정답

명칭	식품첨가물로 사용 시	가공보조제로 사용 시
과산화수소	×	○
규조토	×	○

해설

식품첨가물 또는 가공보조제로 사용 가능한 물질(친환경농어업 육성 및 유기식품 등의 관리·지원에 관한 법률 시행규칙 [별표 1])

명칭	식품첨가물로 사용 시		가공보조제로 사용 시	
	사용 가능 여부	사용 가능 범위	사용 가능 여부	사용 가능 범위
과산화수소	×	–	○	식품 표면의 세척·소독제
규조토	×	–	○	여과보조제

14 한우와 돼지를 사육하는 일반 농가가 유기축산물을 생산하는 농가로 전환하고자 할 때 한우와 돼지의 최소사육기간을 쓰시오.

정답

한우 : 입식 후 12개월, 돼지 : 입식 후 5개월

해설

유기축산물의 전환기간(친환경농어업 육성 및 유기식품 등의 관리·지원에 관한 법률 시행규칙 [별표 4])

가축의 종류	생산물	전환기간(최소사육기간)
한우·육우	식육	입식 후 12개월
젖소	시유(시판우유)	• 착유우는 입식 후 3개월 • 새끼를 낳지 않은 암소는 입식 후 6개월
면양·염소	식육	입식 후 5개월
	시유(시판우유)	• 착유양은 입식 후 3개월 • 새끼를 낳지 않은 암양은 입식 후 6개월
돼지	식육	입식 후 5개월
육계	식육	입식 후 3주
산란계	알	입식 후 3개월
오리	식육	입식 후 6주
	알	입식 후 3개월
메추리	알	입식 후 3개월
사슴	식육	입식 후 12개월

CHAPTER 02 과년도 + 최근 기출복원문제 | **633**

15 천적을 증식하고 유지하는 데 이용되는 식물을 무엇이라 하는지 쓰시오.

정답

뱅커플랜트(banker plant)

해설

'천적 유지 식물'이라고 하는 뱅커플랜트는 해충이 사라졌을 때 천적이 살아남을 수 있도록 먹이를 제공하는 역할을 한다. 대표적인 예로 진딧물의 천적 유지 식물에 가장 많이 쓰이는 것이 보리이다. 보리는 딸기, 고추, 파프리카 등 대부분의 시설재배 작물과 유연관계가 멀어 여기서 발생하는 진딧물은 시설재배 작물에 피해를 주지 않는다. 진딧물류의 천적인 진디벌은 많은 종류의 진딧물에 기생하기 때문에 작물에 진딧물이 발생하지 않는 동안에는 보리에 있는 진딧물에 기생하여 살고 있다가 작물에 진딧물이 생기면 이동하여 작물에 발생하는 진딧물을 방제해 줄 수 있게 되는 원리이다.

16 유기농업에 사용되는 녹비작물의 장점을 1가지 쓰시오.

정답

• 유기물 공급 기능(유기물의 대체자원으로 최적화되어 있다.)
• 토양 물리성 개선
• 토양 미생물 상 개선 효과
• 양분 공급 효과(비료 절감 기대)
• 토양 부식의 함량을 증대시켜 보수력, 보비력이 높다.
• 통기성을 양호하게 한다.
• 병해충 및 잡초 발생 경감

17 탄질비가 높은 것부터 순서대로 나열하시오.

왕겨, 톱밥, 볏짚, 부식, 발효우분

정답

톱밥 > 왕겨 > 볏짚 > 발효우분 > 부식

해설

탄질비(C/N율)란 유기물 중 탄소와 질소의 함량비를 의미하며 토양은 유기물의 탄질비에 따라 식물의 생장이 달라지기 때문에 작물별 시비량 결정에 중요한 기준이 된다. 톱밥(500 이상), 왕겨(60~100), 볏짚(60~70), 분뇨(18~20), 부식(12) 순이다.

634 | PART 03 실기(필답형)

18 다음 중 유기배합사료 제조용으로 사용 가능한 물질을 골라 쓰시오.

견과류, 생장촉진제, 항생제, 유전자변형식품, 낙농가공부산물

정답

견과류, 낙농가공부산물

해설

사료의 품질 저하 방지 또는 사료의 효용을 높이기 위해 사료에 첨가하여 사용 가능한 물질(친환경농어업 육성 및 유기식품 등의 관리·지원에 관한 법률 시행규칙 [별표 1])

- 식물성 : 곡류, 곡물부산물류, 박류, 서류, 유지류, 전분, 콩류, 견과류, 과실류, 채소류, 버섯류 등
- 동물성 : 단백질류, 낙농가공부산물류, 곤충류, 플랑크톤류, 무기물류, 유지류
- 광물성 : 식염류, 인산염류 및 칼슘염류, 다량광물질류, 혼합광물질류

19 다음은 유기식품 및 무농약농산물 등의 인증에 관한 세부실시요령상 유기농산물의 인증기준에 대한 내용이다. ( ) 안에 옳은 것은 ○, 틀린 것은 × 표시하시오.

1) 토양을 기반으로 하지 않는 유기농산물은 수분공급 외에는 어떠한 외부 투입 물질도 허용이 금지된다. (　)
2) 유기농산물을 세척하거나 소독하는 경우 과산화수소, 오존수, 이산화염소수, 차아염소산수를 사용할 (　)
수 없다.
3) 저장 구역 또는 수송 컨테이너에 대한 병해충 관리 방법으로 물리적 장벽, 소리·초음파, 빛·자외선, (　)
덫(페로몬 및 전기유혹 덫을 말한다), 온도조절, 대기 조절(탄산가스·산소·질소의 조절을 말한다) 및
규조토를 이용할 수 있다.
4) 방사선은 해충방제, 식품 보존, 병원의 제거 또는 위생의 목적으로 사용할 수 없다. (　)
5) 인증 표시를 하지 않은 농산물을 인증품으로 판매하여서는 아니 된다. 다만, 포장하지 않고 판매하는 (　)
경우에 납품서, 거래명세서 또는 보증서 등에 표시사항을 기재하여야 한다.

정답

1) ○, 2) ×, 3) ○, 4) ○, 5) ○

해설

2) 유기농산물을 세척하거나 소독하는 경우 과산화수소, 오존수, 이산화염소수, 차아염소산수를 사용 할 수 있으나, 유기농산물에
잔류되지 않도록 관리계획을 수립하고 이행하여야 한다(유기식품 및 무농약농산물 등의 인증에 관한 세부실시요령 [별표 1]).

20 다음은 인증심사원이 현장심사에서 실시하는 시료 수거 방법에 대한 설명이다. (   ) 안에 옳은 것은 ○, 틀린 것은 × 표시하시오.

---

1) 대표성을 위해 한 곳에서만 시료를 채취한다. ( )
2) 시료양은 전문시험연구기관이 필요로 하는 양만 채취한다. ( )
3) 원칙적으로 시료를 채취할 때는 신청인 또는 그 대리인이 있을 때 인증심사원이 직접 채취한다. ( )
4) 시료 수거 과정에서 시료가 오염되지 않도록 적정한 시료 수거 기구 및 용기를 사용한다. ( )
5) 채취한 시료는 신청인이 없어도 봉인 조치한 후 검사의뢰서를 작성하여 지체 없이 시험연구기관에 송부한다. ( )

정답

1) ×, 2) ○, 3) ○, 4) ○, 5) ×

해설

인증심사의 절차 및 방법의 세부사항(유기식품 및 무농약농산물 등의 인증에 관한 세부실시요령 [별표 2])

1) 재배포장의 토양은 대상 모집단의 대표성이 확보될 수 있도록 Z자형 또는 W자형으로 최소한 10개소 이상의 수거 지점을 선정하여 채취한다.
2) 시료 수거량은 시험연구기관이 검사에 필요한 수량으로 한다.
3) 시료 수거는 신청인, 신청인 가족(단체인 경우에는 대표자나 생산관리자, 업체인 경우에는 근무하는 정규직원을 포함) 참여하에 인증 심사원이 채취하고, 시료 수거 확인서를 작성하여 인증심사보고서에 첨부한다.
4) 시료 수거 과정에서 시료가 오염되지 않도록 적정한 시료 수거 기구 및 용기를 사용한다.
5) 채취한 시료는 신청인, 신청인 가족(단체인 경우에는 대표자나 생산관리자, 업체인 경우에는 근무하는 정규직원을 포함) 참여하에 봉인 조치한 후 검사의뢰서를 작성하여 지체없이 시험연구기관에 송부한다.

| CHAPTER | 02 | 과년도 + 최근 기출복원문제 |

2023년 제3회 과년도 기출복원문제

01 다음 유기농업에 사용 가능한 허용물질 중 동물에서 유래한 물질로 적합한 것을 2가지 골라 쓰시오.

레시틴, 키토산, 고초산, 유산균, 폴리라이신, 코니산

정답

키토산, 레시틴

해설

허용물질(친환경농어업 육성 및 유기식품 등의 관리·지원에 관한 법률 시행규칙 [별표 1])
- 키토산 : 토양개량 및 작물생육용, 병해충 관리용
- 레시틴 : 병해충 관리용, 유기가공식품의 첨가물
※ 키토산은 대게, 새우와 갑각류 껍데기를 수산화나트륨 염기로 처리하면 얻을 수 있고 레시틴은 달걀 노른자나 동물성 지방에서 얻을 수 있다.

02 천적과 관련있는 해충을 바르게 연결하시오.

〈천적〉	〈해충〉
㉠ 진디혹파리	ⓐ 응애
㉡ 애꽃노린재	ⓑ 총채벌레
㉢ 칠레이리응애	ⓒ 진딧물

정답

㉠ – ⓒ, ㉡ – ⓑ, ㉢ – ⓐ

해설

진딧물류	콜레마니진디벌, 진디벌, 진디혹파리, 풀잠자리, 꽃등에류, 무당벌레
잎굴파리류	잎굴파리고치벌, 굴파리좀벌
응애류	칠레이리응애, 응애혹파리, 꼬마무당벌레
가루이	온실가루이좀벌, 황온좀벌, 버티실리움레카니(병원성 곰팡이)
총채벌레류	으뜸애꽃노린재, 유럽애꽃노린재, 오이이리응애, 아큐레이퍼응애

CHAPTER 02 과년도 + 최근 기출복원문제 | **637**

03 흡수성, 통기성이 좋기 때문에 함수율이 높은 재료의 퇴비화 보조제로 활용되고 탄질율이 500~1,000 정도로 높은 임산부산물의 대표적인 퇴비 원료를 [보기]에서 골라 쓰시오.

┤보기├
왕겨, 볏짚, 톱밥, 산야초

정답
톱밥

해설
톱밥은 임산부산물에 포함되는 퇴비 재료로서 이용되며 탄질율이 높아 분해가 늦고 퇴비의 수분 흡습제로 사용하는 퇴비 원료이다.
• 볏짚 : 농산부산물로 칼륨 함량이 비교적 높아 1.84%이며 탄질률은 66~80 정도이다.
• 왕겨 : 곡물의 도정 과정에서 나오는 것으로 비료 가치는 낮고 유기물 함량이 높은 것이 특징이다. 3요소 성분이 모두 낮고 미생물 분해에 저항성을 갖고 있어 가공 과정을 거치면 퇴비로서의 가치가 높아진다.
• 산야초 : 산과 들에 자생하는 풀들을 청초라 부르며 청초 속에 있는 각종 영양원을 작물생육용 자재에 이용하는 것으로 꽃, 줄기, 뿌리 및 열매 등 여러 부위를 한꺼번에 사용할 수 있다.

04 다음은 유기식품 및 무농약농산물 등의 인증에 관한 세부실시요령상 유기축산물 인증기준에 대한 내용이다. ( ) 안에 들어갈 알맞은 숫자를 [보기]에서 골라 쓰시오.

유기축산물로 출하되는 축산물에 동물용의약품 성분이 잔류되어서는 아니 된다. 다만, 동물용의약품을 사용한 경우 이를 허용하되, 식품위생법에 따라 식품의약품안전처장이 고시한 동물용의약품 잔류허용기준의 ( )분의 1을 초과하여 검출되지 아니하여야 한다.

┤보기├
10, 20, 100, 200, 500

정답
10

해설
유기축산물 인증기준 – 운송 · 도축 · 가공 과정의 품질관리(유기식품 및 무농약농산물 등의 인증에 관한 세부실시요령 [별표 1])
유기축산물로 출하되는 축산물에 동물용의약품 성분이 잔류되어서는 아니 된다. 다만, 동물용의약품을 사용한 경우 이를 허용하되, 식품위생법에 따라 식품의약품안전처장이 고시한 동물용의약품 잔류허용기준의 10분의 1을 초과하여 검출되지 아니하여야 한다.

05 유기농업에서 토양개량과 작물생육을 위하여 '사람의 배설물'을 사용할 때 사용 가능 조건(오줌만인 경우 제외)을 1가지 쓰시오.

정답

• 완전히 발효되어 부숙된 것일 것
• 고온발효 : 50℃ 이상에서 7일 이상 발효된 것
• 저온발효 : 6개월 이상 발효된 것일 것
• 엽채류 등 농산물·임산물 중 사람이 직접 먹는 부위에는 사용하지 않을 것

해설

허용물질 – 사람의 배설물 사용 가능 조건(친환경농어업 육성 및 유기식품 등의 관리·지원에 관한 법률 시행규칙 [별표 1])

06 다음은 필수원소에 대한 설명이다. 각 설명에 해당하는 필수원소를 [보기]에서 골라 쓰시오.

> 1) 광합성 작용을 도맡아 하는 엽록소에 관여하며 잎을 초록색으로 만든다.
> 2) 뿌리와 어린싹의 생장, 개화 및 결실에 영향을 주며 에너지 대사가 있는 모든 식물에게 영향을 준다.

┤보기├
질소, 인, 칼슘

정답

1) 질소, 2) 인

해설

칼슘(Ca)

• 세포막 중 중간막(pectin과 결합 형태)의 주성분
• 분열조직의 생장과 뿌리 끝 발육에 반드시 필요함
• 단백질의 합성과 물질 전류에 관여, NO_3^-의 흡수·이용을 촉진함
• 체내 유기산(독성)을 중화, 알루미늄(Al)의 과잉흡수 억제
• 결핍 : 체내 이동이 어려워 뿌리나 눈의 생장점 붉게 변해 고사
• 과잉 : 다른 양이온과 길항 작용(Mg, Fe, Zn, Co, B 등의 흡수 억제)

07 다음 중 유인이 필요 없는 작물을 골라 쓰시오.

수박, 토마토, 오이, 양파

정답

양파

해설

양파는 백합과(파속 작물)로서 구를 형성하는 작물 중의 하나이며 생육 형태에 따라 직립형 작물이므로 유인이 필요 없다.

08 다음은 밭 토양의 검정 결과이다. 토양 검정 결과를 통해 보충해야 하는 성분을 [보기]에서 골라 쓰시오.

※ 검정일자별 화학성분 데이터 (번호를 클릭하시면 해당 검정일자의 상세정보를 보실 수 있습니다.)

번호	검정일자	pH (1:5)	유기물 (g/kg)	유효인산 (mg/kg)	치환성 양이온(cmol⁺/kg)			전기전도도	유효규산 (mg/kg)	처방서 보기	비료사용 처방메뉴
					칼륨	칼슘	마그네슘				
1	2021.03.01	6.2	20.0	458	0.8	0.0	0.0	0.9	–	처방서	바로가기

※ 화학성분 적정범위

구분	pH (1:5)	유기물 (g/kg)	유효인산 (mg/kg)	치환성 양이온(cmol⁺/kg)			전기전도도	유효규산 (mg/kg)
				칼륨	칼슘	마그네슘		
적정범위(논)	5.5-6.5	20-30	80-120	0.20-0.30	5.0-6.0	1.5-2.0	2이하	157이상
적정범위(밭)	6.0-7.0	20-30	300-500	0.50-0.80	5.0-6.0	1.5-2.0	2이하	–
적정범위(과수)	6.0-7.0	20-30	300-550	0.50-0.80	5.0-6.0	1.5-2.0	2이하	–
적정범위(시설)	6.0-7.0	25-35	300-550	0.50-0.80	5.0-6.0	1.5-2.5	2이하	–

┤보기├

석회고토, 요소, 용성인비, 황산칼륨

정답

석회고토

해설

토양 검정 결과를 통해 부족한 비료 성분을 찾는 문제이다. 석회고토는 칼슘과 마그네슘이 함유되어 있어 두 가지 비료 성분을 모두 기대할 수 있다.

09 유기농산물을 생산하는 시설재배지 토양 내 염류 함량이 기준 초과 시 대처 방법을 3가지 쓰시오.

정답

담수 및 물 흘려보내기, 객토 및 환토, 심경(깊이갈이), 내염성·심근성(흡비성) 작물의 재배, 돌려짓기, 퇴비·녹비 등의 적정 사용, 하우스 피복 제거, 유기물 사용 등

해설

시설재배지에는 한 두 종류의 작물만 계속하여 연작함으로써 사용하는 비료량에 비하여 작물에 흡수 또는 세탈되는 비료량이 적거나 수분 침투량보다 증발량이 많아 염류가 과잉 집적된다.

10 유기재배 시 종자 코팅이나 냉온침탕법을 하는 주된 이유를 1가지만 쓰시오.

정답

종자로 인한 병해 방제를 위해

해설

종자로 전염하는 키다리병, 도열병, 모잘록병, 깨씨무늬병 등의 병해를 예방하기 위해 볍씨를 소독하는 방법이다.

11 녹비작물의 재배 시 장단점에 대한 내용이다. ( ) 안에 옳은 것은 ○, 틀린 것은 × 표시하시오.

1) 작물이 성숙되지 않고 수분함량이 높은 시기에 그대로 갈아엎는 것을 뜻한다. ( )
2) 녹비작물 중 두과 작물에는 자운영, 알팔파, 완두, 헤어리베치, 호밀, 유채 등이 있다. ( )
3) 토양 부식의 함량을 증대시켜 보수력, 보비력이 높다. ( )
4) 간작으로 재배하면 주 작물과 양분 경합이 나타날 수 있다. ( )
5) 토양침식 방지 효과가 있다. ( )

정답

1) ○, 2) ×, 3) ○, 4) ○, 5) ○

해설

녹비작물의 종류
• 콩과 작물 : 자운영, 잠두, 콩, 녹두, 알팔파, 완두, 헤어리베치, 싸리 등
• 비콩과 작물 : 호밀, 유채, 청예귀리, 청예옥수수, 라이밀, 메밀, 활엽수의 어린잎, 산야초 등

CHAPTER 02 과년도 + 최근 기출복원문제 | **641**

12 천적을 이용하여 해충을 방제할 경우 발생하는 문제점을 2가지 쓰시오.

정답

• 방제 시간이 오래 걸린다.
• 생태계 균형이 파괴될 수 있다.
• 경비가 과다하게 소요된다.
• 유력한 천적의 선발과 도입 및 대량 사육에 어려움이 따른다.

해설

생태계 내에서 먹이사슬이라는 원칙이 적용되어 해충이 있다면 반드시 천적이 존재한다. 생물학적 방제는 대상 해충에 기생하거나 포식하는 천적 생물을 방사하여 경제적 피해를 입히지 않는 저밀도 수준 이하로 떨어뜨리게 하는 것이다. 천적을 이용한 방제 시 방제 시간이 오래 걸리고, 생태계 균형이 파괴될 수 있다. 경비가 과다하게 소요되며, 유력한 천적의 선발과 도입 및 대량 사육에 어려움이 따른다는 단점이 있다.

13 퇴비화 과정의 3단계를 서술하시오.

정답

발열단계 – 감열단계 – 숙성단계

해설

퇴비화 과정

발열단계	• 퇴비더미를 쌓은 후 박테리아에 의하여 유기물 분해가 시작되고, 그 과정에서 방출되는 에너지로 온도가 상승하게 된다. • 온도가 60~70℃까지 상승하면 2~3주 지속되며, 이때 저온성균은 죽고, 고온성균인 방선균과 바실러스가 관여한다. • 고온성균에 의해 셀룰로스 일부, 헤미셀룰로스, 펙틴 등이 분해되며, 탄질비가 낮아진다. • 분해 과정의 대부분이 이 시기에 이루어지며, 고온에 의하여 병원균과 잡초 뿌리, 종자가 사멸한다. • 산소가 충분히 공급되어야 박테리아가 증식하고, 부족하면 악취가 난다. • 발열 과정 전반에 걸쳐 수분 요구량이 매우 높고, 온도가 높아질수록 pH가 증가한다.
감열단계	• 유기물의 분해가 어느 정도 진행되면 퇴비더미의 온도는 서서히 낮아져 25~45℃를 유지하게 된다. • 리그닌과 같은 난분해성 유기물만 남게 되어 분해 속도가 느려지고 온도는 더이상 올라가지 않는다. • 온도가 낮아져 곰팡이가 정착하기 시작하면 줄기, 섬유질, 목질부와 같은 분해되기 어려운 물질들의 분해가 시작된다.
숙성단계	• 무기물과 부식산, 항생물질로 구성되며, 부숙이 진행됨에 따라 퇴비 고유의 냄새가 나고, 붉은두엄벌레 등의 토양생물이 서식하게 된다. • 퇴비화가 완료되면 퇴비는 처음 부피의 반으로 줄어들고 어두운 빛깔(암갈색 또는 흑갈색)을 띤다. • 장기간 숙성 과정에서 적은 양의 수분을 요구한다.

14 다음은 유기식품 및 무농약농산물 등의 인증에 관한 세부실시요령상 용어의 정의이다. 각 설명에 해당하는 용어를 쓰시오.

> 1) 사육되는 가축에 대하여 그 생산물이 식용으로 사용하기 전에 동물용 의약품의 사용을 제한하는 일정기간을 말한다.
> 2) 토양을 이용하지 않고 통제된 시설 공간에서 빛(LED, 형광등), 온도, 수분, 양분 등을 인공적으로 투입하여 작물을 재배하는 시설을 말한다.
> 3) 유기농산물 및 비식용유기가공품 인증기준에 맞게 재배·생산된 사료를 말한다.

정답

1) 휴약기간, 2) 식물공장, 3) 유기사료

해설

인증기준의 세부사항(유기식품 및 무농약농산물 등의 인증에 관한 세부실시요령 [별표 1])

15 오리농법의 장점을 2가지 서술하시오.

정답

써레질 효과, 배설물의 천연 유기질 비료로 전환, 잡초 방제 등

해설

오리농법이란 오리가 좋아하는 잎이 부드럽고 둥글며 다육질인 잡초 방제를 위해 오리를 이용하는 농법을 뜻한다.
- 써레질의 효과 : 부리와 갈퀴 및 온몸으로 논바닥을 헤집고 다녀 탁수, 중경의 효과
- 배설물로 인한 유기질 비료의 효과(화학비료의 1/3 절감)
- 잡초 방제
- 해충 제거(이화명충, 측명나방 등 각종 해충을 잡아먹음)

CHAPTER 02 과년도 + 최근 기출복원문제 | **643**

16 토양의 유기물 함량을 높이기 위한 방법을 3가지 쓰시오.

정답

유기물 공급, 녹비작물의 이용, 필요 이상의 경운 자제, 다년생 작물 재배 등

해설

토양의 유기물 유지 및 증진 방안
- 유기물 지속적 공급 : 토양의 유기물 함량을 적정하게 유지하기 위해서는 유기물을 지속적으로 공급한다. 토양으로부터 식물의 유체를 제거하지 않아야 하며, 동물의 분뇨나 퇴비 등을 꾸준히 토양에 첨가해야 한다.
- 녹비작물의 이용 : 토양 표면은 특히 녹비작물로 덮여 있어야 한다. 이는 토양침식을 통한 유기물의 손실을 막아줄 뿐만 아니라, 식물의 유체를 계속해서 토양에 공급할 수 있기 때문이다.
- 잦은 경운은 피한다 : 토양을 자주 갈면 산소의 공급이 원활해져 유기물의 분해가 촉진된다. 경운을 최소화하면 유기물을 적절히 보존할 수 있을 뿐만 아니라 토양의 침식을 방지할 수 있다.
- 일정기간 윤작 : 밭토양은 논토양에 비해 산소의 유통이 원활하여 유기물이 빨리 분해되므로 밭토양에는 보다 많은 양의 유기물을 투입하여야 한다.
- 다년생 작물재배
- 객토

17 유기농산물의 인증 신청 과정에서 현장심사 시 재배포장에 인증을 받지 않은 농장에서 유래된 퇴비를 사용하는 경우 실시하는 중금속 검사 성분을 3가지 이상 쓰시오.

정답

비소, 수은, 납, 카드뮴, 6가크로뮴, 구리, 아연, 니켈

해설

인증심사의 절차 및 방법의 세부 사항(유기식품 및 무농약농산물 등의 인증에 관한 세부실시요령 [별표 2])
- 인증심사원은 인증기준의 적합 여부를 확인하기 위해 필요한 경우 토양, 용수, 생산물 등에 대한 조사·분석을 실시한다.
- 검사항목

농림산물	• 토양
	  - 토양오염 특정 성분(특정 성분을 한정할 수 없는 경우 카드뮴, 구리, 비소, 수은, 납, 6가크로뮴, 아연, 니켈을 검정함)
	  - 토양에 잔류하는 합성농약 성분
	• 용수 : 농업용수(IV등급) 또는 먹는물 기준 성분
	• 생산물 : 합성농약 성분, GMO
	• 퇴비
	  - 합성농약 및 잔류 항생물질
	  - 중금속 검사 성분(카드뮴, 구리, 비소, 수은, 납, 6가크로뮴, 아연, 니켈)

축산물	• 토양 : 토양은 농림산물의 기준
	• 용수 : 생활용수 기준 성분
	• 사료·축산물·가축분뇨·털
	  - 합성농약 및 동물용의약품 성분
	  - GMO

18 pH 7 이하의 토양을 무엇이라 하는지 [보기]에서 골라 쓰시오.

┌─ 보기 ───┐

산성토양, 염기성토양, 중성토양

└──┘

정답

산성토양

해설

pH 7을 기준으로 7 이하면 산성, 7이면 중성, 7 이상이면 염기성이다.

19 다음 중 토양의 양분관리를 위해 윤작에 이용되는 작물이 아닌 것을 골라 쓰시오.

┌──┐

콩, 심근성 작물, 백합과 작물, 중경작물

└──┘

정답

백합과 작물

해설

윤작에서의 작물 선택 시 고려 사항

• 주 작물은 지역 사정에 따라 선택한다.
• 용도의 균형을 위해 주 작물이 특수하더라도 식량과 사료의 생산이 병행되는 것이 좋다.
• 지력 유지를 위하여 콩과 작물이나 다비 작물을 반드시 포함시킨다.
• 잡초 경감을 위해 중경 작물이나 피복작물을 포함하는 것이 좋다.
• 토지 이용도를 높이기 위해 여름 작물과 겨울 작물을 결합한다.
• 토양보호를 위해 피복작물이 포함되도록 한다.
• 이용성과 수익성이 높은 작물을 선택한다.
• 기지현상을 회피하도록 작물을 배치한다(벼과 작물−콩과 작물, 근경작물의 교대 배치).
• 토양 물리성 개량 및 토양 중 양분의 이용 효율을 높이기 위해 심근성 작물을 재배한다.

20 퇴비의 부숙도 검사를 실시할 때 완숙에 적합한 것을 골라 쓰시오.

---

1) 색 : (갈색 / 흑갈색~흑색 / 회색)
2) 냄새 : (심함 / 약하게 남 / 거의 안 남)
3) 수분 : (많이 느껴짐 / 약하게 느껴짐 / 거의 안 느껴짐)

정답

1) 흑갈색~흑색, 2) 거의 안 남, 3) 거의 안 느껴짐

해설

퇴비 부숙도 관능검사

평가항목	평가내용		
색깔 &형상 (20점)	축분과 유사한 색깔 및 형상 (2점)	축분과 퇴비의 중간 색깔 및 형상 (3~11점)	갈색 또는 흑색을 띠고 축분의 형상이 완전 소멸(12~20점)
		5점　　8점　　11점 부숙완료 퇴비와 비슷한 정도에 따라 점수 배정	색과 입자가 고르고 균일한 정도에 따라 점수 배정
냄새 (20점)	아주 강한 축분냄새를 느낄 정도(2점)	축분냄새를 알 수 있는 정도(3~11점) • (5점) 축분냄새 식별 • (8점) 약간의 축분냄새 • (11점) 미세한 축분냄새	축분냄새 완전 소멸 및 흙 냄새 등 퇴비냄새(12~20점)
수분 (15점)	70% 이상(2점)	60% 전후(3~9점)	50% 전후(10~15점)
	손으로 움켜쥐면 손가락사이로 물기가 많이 나옴	손으로 움켜쥐면 손가락사이로 물기가 약간 나옴	손으로 움켜쥐면 손가락사이로 물기가 스미지 않음, 부스러기가 털어질 정도

CHAPTER 02 과년도 + 최근 기출복원문제

2023년 제4회 과년도 기출복원문제

01 토양 피복의 효과를 2가지 쓰시오.

정답

- 잡초 발생 억제(흑색 > 녹색 > 투명)
- 보온(투명 > 흑색)
- 수분 유지
- 토양 침식 방지
- 지온 조절
- 토양오염의 방지
- 토양 전염성 병균의 감염 방지

해설

피복의 효과	비닐 피복의 문제점
• 잡초 발생 억제(흑색 비닐 > 녹색 비닐 > 투명 비닐) • 보온(투명 비닐 > 흑색 비닐) • 수분 유지 • 토양 침식 방지 • 지온 조절 • 토양오염의 방지 • 토양 전염성 병균의 감염 방지	• 한여름철 과도한 온도 상승 • 장마철 토양의 과습 현상 • 작물 뿌리와 토양 미생물 생육 저해 • 수거되지 못한 비닐로 인한 토양과 대기 환경 오염 등

02 답전윤환의 효과를 2가지 쓰시오.

정답

지력 증진, 기지 회피, 잡초 감소, 벼 수량의 증가, 노력의 절감

해설

답전윤환이란 논 또는 밭을 논 상태와 밭 상태로 몇 해씩 돌려가면서 벼와 밭작물을 재배하는 방식을 뜻한다.

CHAPTER 02 과년도 + 최근 기출복원문제 | **647**

03 다음 유기농업자재 중 질소 함량(%)이 많은 것부터 순서대로 나열하시오.

톱밥, 계분, 땅콩, 짚, 낙엽

정답

계분 > 땅콩 > 짚 > 낙엽 > 톱밥

해설

질소 함량이 많다는 것은 탄질비(C/N율)가 낮다는 의미이다.

탄질비가 높은 순서

톱밥(400 이상) > 낙엽(50~80) > 짚(볏짚 60~70) > 땅콩(콩과 16) > 계분(13)

04 다음 (   ) 안에 들어갈 알맞은 말을 쓰시오.

토양은 광물입자인 무기물과 유기물로 구성된 (①), 액체로 채워진 (②), 액체로 채워지지 않은 (③)상태로 이루어져 있다.

정답

① 고상, ② 액상, ③ 기상

해설

토양의 3상이란 토양을 구성하는 물질의 상태를 의미하며 고체 상태인 고상, 액체 상태인 액상, 기체 상태인 기상을 말한다.

05 친환경농업을 실천하는 자가 경종과 축산을 겸업하면서 각각의 부산물을 작물 재배 및 가축사육에 활용하고, 경종작물의 퇴비 소요량에 맞게 가축사육 마리수를 유지하는 형태의 농법은 무엇인지 쓰시오.

정답

경축순환농법

해설

인증기준의 세부사항(유기식품 및 무농약농산물 등의 인증에 관한 세부실시요령 [별표 1])

'경축순환농법(耕畜循環農法)'이란 친환경농업을 실천하는 자가 경종과 축산을 겸업하면서 각각의 부산물을 작물재배 및 가축사육에 활용하고, 경종작물의 퇴비소요량에 맞게 가축사육 마리수를 유지하는 형태의 농법을 말한다.

06 다음은 유기식품 및 무농약농산물 등의 인증에 관한 세부실시요령상 용어의 정의에 대한 내용이다. (   ) 안에 들어갈 알맞은 말을 쓰시오.

( )란 인접 지역에서 사용한 금지 물질이 인증을 받은 지역으로 유입되지 않도록 인증을 받은 지역을 두르는 일정한 구역이다.

정답

완충지대

해설

용어의 정의(유기식품 및 무농약농산물 등의 인증에 관한 세부실시요령 [별표 1])

07 다음 작용에 알맞은 설명을 바르게 연결하시오.

㉠ 포드졸화 작용	ⓐ 한랭습윤지역 회백색 토양층
㉡ 글레이화 작용	ⓑ 배수가 불량한 회색 또는 청회색 토양층
㉢ 이탄집적 작용	ⓒ 습지나 얕은 호수지역

정답

㉠ - ⓐ, ㉡ - ⓑ, ㉢ - ⓒ

해설

• 포드졸화 작용 : 한랭습윤지대(침엽수림), 회백토
• 글레이화 작용 : 한랭습윤지역 중에서 지하 수위가 높은 저수지나 배수가 불량한 곳, 청회색, 회녹색

08 다음은 퇴비화 과정에 대한 설명이다. 각 과정에 알맞은 단계를 쓰시오.

1) 박테리아에 의해 유기물 분해가 활성화되며 분해 과정의 대부분이 이 시기에 이루어진다.
2) 곰팡이가 정착하기 시작하면 줄기, 섬유질, 목질부와 같은 분해되기 어려운 물질들의 분해가 시작된다.
3) 원래 부피에서 반으로 줄어들게 되고 어두운 빛깔을 띤다.

정답

1) 발열단계, 2) 감열단계, 3) 숙성단계

CHAPTER 02 과년도 + 최근 기출복원문제 | **649**

09 다음 유기재배에 사용되는 허용물질과 알맞은 설명을 바르게 연결하시오.

> ㉠ 식물의 재
> ㉡ 석회
> ㉢ 돌가루
>
> ⓐ 토양의 pH 조절
> ⓑ 미네랄 등 미량원소 공급
> ⓒ 무기양분의 공급 및 토양개량

정답

㉠ – ⓒ, ㉡ – ⓐ, ㉢ – ⓑ

해설

- 식물의 재 : 칼륨(K)과 칼슘(Ca) 함량이 높아 토양의 산성도를 중화시키고 영양 공급원으로 사용되며 무기질 공급 및 토양개량에 효과가 있다.
- 석회 : 칼슘을 포함하여 토양의 산성도를 완화하고 작물의 생육 환경을 개선한다.
- 돌가루 : 다양한 미네랄(주로 규소, 칼륨 등)을 함유하여 토양의 무기질 보충에 도움을 주어 토양의 비옥도를 증진한다.

10 다음의 토성과 벼의 생육 단계에서 한발(旱魃)피해 발생이 높은 것부터 낮은 순서대로 나열하시오.

> 1) 식양토, 양토, 미사질양토
> 2) 분얼기, 수잉기, 유수형성기

정답

1) 미사질양토 > 양토 > 식양토
2) 수잉기 > 유수형성기 > 분얼기

해설

1) 한발피해는 토양의 수분 보유 능력과 배수성에 따라 결정되는데 모래 함량이 많을수록 피해가 크고 점토 함량이 높을수록 한발 피해가 작다. 미사질양토는 식양토, 양토에 비해 미사가 많아 보수력이 약하고 물을 쉽게 잃게 되어 한발 피해가 가장 크다.
2) 벼의 생육단계
   - 수잉기 : 작물이 이삭을 형성하는 시기로, 가장 많은 수분이 필요하여 수분 부족 시 이삭 발육 저해 및 수확량이 감소한다. 따라서 한발의 피해가 가장 크고 회복이 어려운 단계이다.
   - 유수형성기 : 이삭 초기 형성 단계로, 가뭄 시 이삭이 제대로 발달하지 못해 품질 저하와 수확량이 감소하며 수잉기보다 약간 덜 하지만 여전히 치명적이다.
   - 분얼기 : 분얼 수가 줄어드는 등 생장 초기에 영향을 미치지만, 이 단계에서의 한발피해는 적절한 관리로 어느 정도 회복이 가능하다.

11 다음 ( )에 들어갈 알맞은 말을 골라 순서대로 쓰시오.

> 바나나, 사과 등을 장기 보관하기 위해서 이산화탄소 농도는 (높게 / 낮게), 산소 농도는 (높게 / 낮게)해야 과일을 신선하게 유지할 수 있다.

정답

높게, 낮게

해설

CA(controlled atmosphere)저장

호흡작용을 억제하기 위해 0~3℃의 저온 창고 내 이산화탄소 농도는 높게(2~5% 정도), 산소는 낮게(2~3% 정도) 설정하여 작물의 호흡작용을 억제함으로써 저장성을 개선하는 방법으로, 저온 시설과 가스 공급 조절을 위한 각종 센서 등의 고가 장비가 필요하다.

12 다음은 페로몬에 대한 설명이다. ( )에 들어갈 알맞은 말을 쓰시오.

> 페로몬의 종류 중 성페로몬은 나방류 등에서 반대의 성을 유인하는 물질이고, ( )는(은) 집단으로 생활하는 개미, 좀벌레 등에서 먹이나 서식지를 발견했을 때 분비하여 암수 모두를 유인하는 화합물이다.

정답

집합페로몬

해설

• 집합페로몬이란 특정 종의 개체들이 특정 장소에 모이도록 유도하는 화학 신호로 주로 곤충의 암수 모두를 끌어모으기 위해 방출되며, 번식, 먹이 탐색, 서식지 선택에 도움을 준다.
• 집합페로몬의 농업적 이용
 - 해충 모니터링 : 집합페로몬을 이용한 트랩(덫)을 설치해 특정 해충의 발생 여부와 밀도를 확인하여 피해를 예측하고, 방제 시기를 판단할 수 있다.
 - 대량 포획 : 해충을 한곳에 모아 대량으로 포획하는 것으로 해충 밀도를 낮추어 농작물 피해를 줄이고, 화학 살충제 사용량을 줄이는 친환경적 방법이다.
 - 교란 방제 : 집합페로몬을 방출하여 해충을 작물에서 멀리 유인하고 해충이 작물에 접근하지 못하게 하여 피해를 줄일 수 있다.

13 유기식품 및 무농약농산물 등의 인증에 관한 세부실시요령상 인증심사의 절차 및 방법의 세부 사항 중 작물의 현장심사 시기를 쓰시오.

정답

작물이 생육 중인 시기

해설

인증심사의 절차 및 방법의 세부 사항(유기식품 및 무농약농산물 등의 인증에 관한 세부실시요령 [별표 2])

현장심사는 작물이 생육 중인 시기, 가축이 사육 중인 시기, 인증품을 제조 · 가공 또는 취급 중인 시기(시제품 생산을 포함한다)에 실시하고 신청한 농산물, 축산물, 가공품의 생산이 완료되는 시기에는 현장심사를 할 수 없다.

14 다음 중 유기재배에서 병해충 관리를 위해 사용이 가능한 물질을 4가지 골라 쓰시오.

버섯 추출액, 키토산, 대두박, 규조토, 가축분퇴비, 에틸렌

정답

버섯 추출액, 키토산, 규조토, 에틸렌

해설

허용물질(친환경농어업 육성 및 유기식품 등의 관리 · 지원에 관한 법률 시행규칙 [별표 1])
• 병해충 관리를 위해 사용 가능한 물질 : 버섯 추출액, 키토산, 규조토, 에틸렌
• 토양개량 및 작물생육을 위해 사용 가능한 물질 : 대두박, 퇴비화된 가축배설물

15 유기농업에서 병해충 관리를 위해 사용 가능한 물질 중 '달팽이 관리용'으로만 사용 가능한 물질을 쓰시오.

정답

인산철

해설

허용물질(친환경농어업 육성 및 유기식품 등의 관리 · 지원에 관한 법률 시행규칙 [별표 1])

인산철은 달팽이가 먹으면 소화기관을 마비시켜 방제를 할 수 있는데 다른 생물체에는 영향을 주지 않는다. 다만, 인산철은 화학비료 형태로 작물에게 공급될 수 있기 때문에 유기재배 시 다른 용도로 사용할 수 없다.

16 다음 중 유기재배에서 잡초의 예방적 방제에 대한 설명으로 옳은 것을 3가지 골라 기호를 쓰시오.

> ㉠ 잡초 제거에 사용한 농기구는 매사용마다 청소를 철저히 할 필요는 없다.
> ㉡ 윤작보다 연작을 하는 것이 잡초 방제에 효과적이다.
> ㉢ 잡초 발생지역에 가축을 방목하여 먹게 한다.
> ㉣ 완숙퇴비를 사용한다.
> ㉤ 종자의 비산 방지를 위하여 개화하기 전 잡초를 제거한다.

정답

㉢, ㉣, ㉤

해설

㉢ 가축 방목은 잡초를 물리적으로 제거하는 자연적인 방법으로 잡초 생장 억제와 동시에 가축 사육에 도움이 된다.

㉣ 완숙퇴비는 퇴비화가 정상적으로 완료된 것으로, 퇴비화 과정 중 잡초 종자는 고온에서 사멸하여 잡초의 예방적 방제가 가능하다.

㉤ 잡초의 개화가 이뤄지지 않도록 제때에 잡초 제거를 수행한다.

㉠ 파종, 경운, 수확 및 수확물 조제에 사용되는 농기계를 통해 여러 종류의 잡초 종자가 전염될 수 있으므로 매사용마다 청소를 철저히 해 잡초 종자가 섞이지 않도록 관리하여야 한다.

㉡ 동일한 작목을 동일한 방법으로 계속해서 연작하면 각종 병해충 및 잡초가 우점해서 발생할 수 있으므로 윤작을 도입하여 잡초와 병해충의 발생을 억제한다.

17 다음은 퇴비의 부숙도 판별에 대한 설명이다. ( ) 안에 옳은 것은 ○, 틀린 것은 × 표시하시오.

1) 흑색보다 갈색에 가까우면 부숙도가 높다.	( )
2) 강제 통기를 많이 시키면 부숙도가 높다.	( )
3) 악취가 나면 부숙도가 높다.	( )
4) 원래의 형태를 유지하면 부숙도가 낮다.	( )

정답

1) ×, 2) ○, 3) ×, 4) ○

해설

1) 퇴비는 부숙될 때 황갈색에서 흑색에 가까워진다.

2) 강제 통기는 산소를 공급하여 미생물 활동을 촉진시켜 유기물의 분해를 가속화하여 퇴비의 부숙도를 높이는 데 효과적이다.

3) 악취는 퇴비가 부숙되지 않았거나 산소 부족으로 인해 혐기성 발효가 진행되고 있다는 신호이다. 부숙이 완료된 퇴비는 냄새가 거의 없거나 흙과 비슷한 향이 난다.

4) 부숙이 진행되면 원래의 유기물 형태(예 잎, 가지 등)가 분해되어 알아보기 어려운 상태가 된다.

CHAPTER 02 과년도 + 최근 기출복원문제 | **653**

18 다음은 친환경농어업 육성 및 유기식품 등의 관리 · 지원에 관한 법률 시행규칙상 토양개량과 작물생육을 위하여 '사람의 배설물'을 사용할 때 사용 가능 조건(오줌만인 경우는 제외)이다. (   ) 안에 들어갈 알맞은 내용을 쓰시오.

> 고온발효의 경우 (①)℃ 이상에서 (②)일 이상 발효된 것, 또는 저온발효의 경우 (③)개월 이상 발효된 것

정답

① 50, ② 7, ③ 6

해설

허용물질 – 사람의 배설물 사용 가능 조건(친환경농어업 육성 및 유기식품 등의 관리 · 지원에 관한 법률 시행규칙 [별표 1])
(1) 완전히 발효되어 부숙된 것일 것
(2) 고온발효 : 50℃ 이상에서 7일 이상 발효된 것
(3) 저온발효 : 6개월 이상 발효된 것일 것
(4) 엽채류 등 농산물 · 임산물 중 사람이 직접 먹는 부위에는 사용하지 않을 것

19 다음은 유기축산물 인증기준에 대한 설명이다. (   ) 안에 옳은 것은 ○, 틀린 것은 × 표시하시오.

> 1) 교배는 자연교배보다 인공수정을 권장한다.   (   )
> 2) 수정란 이식기법이나 번식 호르몬 처리는 허용되지 아니한다.   (   )
> 3) 유전공학을 이용한 번식기법은 기관장의 승인하에 허용된다.   (   )
> 4) 번식용 수컷이 필요한 경우 승인을 받지 않아도 일반 가축을 입식할 수 있다.   (   )
> 5) 가축은 농가의 여건 및 지역적 조건을 고려하여 사육하기 적합한 품종 및 혈통을 골라야 한다.   (   )

정답

1) ×, 2) ○, 3) ×, 4) ×, 5) ○

해설

유기축산물 인증기준(유기식품 및 무농약농산물 등의 인증에 관한 세부실시요령 [별표 1])
• 교배는 종축을 사용한 자연교배를 권장하되, 인공수정을 허용할 수 있다.
• 수정란 이식기법이나 번식 호르몬 처리, 유전공학을 이용한 번식기법은 허용되지 아니한다.
• 번식용 수컷이 필요한 경우 인증기관의 승인을 받아 일반 가축을 입식할 수 있다.

20 다음은 토양개량과 작물생육을 위해 사용 가능한 물질이다. ( ) 안에 옳은 것은 ○, 틀린 것은 × 표시하시오.

1) 충분히 부숙된 식물 퇴비	( )
2) 화학물질을 첨가한 유기농장 부산물 비료	( )
3) 항생물질이 검출된 혈분	( )
4) 유전자를 변형 콩에서 기름을 짜고 남은 대두박	( )

정답

1) ○, 2) ×, 3) ×, 4) ×

해설

허용물질(친환경농어업 육성 및 유기식품 등의 관리·지원에 관한 법률 시행규칙 [별표 1])

- 유기농장 부산물로 만든 비료는 화학물질의 첨가나 화학적 제조공정을 거치지 않을 것
- 혈분·육분·골분·깃털분 등 도축장과 수산물 가공공장에서 나온 동물부산물은 화학물질의 첨가나 화학적 제조공정을 거치지 않아야 하고, 항생물질이 검출되지 않을 것
- 대두박(콩에서 기름을 짜고 남은 찌꺼기), 쌀겨 유박(油粕 : 식물성 원료에서 원하는 물질을 짜고 남은 찌꺼기), 깻묵 등 식물성 유박류는 유전자를 변형한 물질이 포함되지 않을 것, 최종제품에 화학물질이 남지 않을 것, 아주까리 및 아주까리 유박을 사용한 자재는 비료관리법에 따른 공정규격설정 등의 고시에서 정한 리친(ricin)의 유해성분 최대량을 초과하지 않을 것

CHAPTER 02 과년도 + 최근 기출복원문제

2024년 제1회 과년도 기출복원문제

01 다음 중 친환경농어업 육성 및 유기식품 등의 관리·지원에 관한 법률에서 정의하는 '친환경농축산물'을 골라 쓰시오.

> 유기농산물, 유기축산물, 무농약농산물, 유기농어업자재, 유기가공식품

정답

유기농산물, 유기축산물, 무농약농산물

해설

정의(친환경농어업 육성 및 유기식품 등의 관리·지원에 관한 법률 시행규칙 제2조 제2호)

'친환경농축산물'이란 친환경농업을 통해 얻는 것으로서 다음의 어느 하나에 해당하는 것을 말한다.

가. 유기농산물·유기축산물 및 유기임산물(이하 '유기농축산물')

나. 무농약농산물

02 유기농산물 생산에 필요한 인증기준 중 재배포장의 전환기간을 적용하지 않는 작물을 쓰시오.

정답

싹을 틔워 직접 먹는 농산물, 어린잎채소 또는 버섯류

해설

유기농산물 인증기준 – 재배포장, 용수, 종자(유기식품 및 무농약농산물 등의 인증에 관한 세부실시요령 [별표 1])

재배포장은 유기농산물을 처음 수확하기 전 3년 이상의 전환기간 동안 다목에 따른 재배 방법을 준수한 구역이어야 한다. 다만, 토양에 직접 심지 않는 작물(싹을 틔워 직접 먹는 농산물, 어린잎채소 또는 버섯류)의 재배포장은 전환기간을 적용하지 아니한다.

03 다음 중 콩과 작물이 아닌 것을 2가지 골라 쓰시오.

> 옥수수, 콩, 자운영, 알팔파, 귀리, 클로버

정답

옥수수, 귀리

해설

콩과 작물에 해당하는 것은 콩, 자운영, 알팔파, 클로버이다.

656 | PART 03 실기(필답형)

04 다음 설명에 알맞은 용어를 [보기]에서 골라 쓰시오.

---

1) 유기물 분해 능력 우수, 살균·살충 작용을 하여 고온에서 스스로 보호막을 만든다. 30~70℃에서 가장 잘 증식하여 고온에서도 잘 발육하지만, 120℃의 증기 속에서 15분이면 사멸한다.
2) 유기물을 분해하여 젖산, 각종 효소, 비타민, 핵산 등을 분비, 토양개량 및 작물생육 효과가 있다.
3) 빛에너지를 이용하여 동화작용을 하는 세균으로 광합성균의 광합성 색소는 식물 클로로필과 동일한 마그네슘 포르피린 구조를 가진다. 또한 유해가스를 유용물질로 전환하고 악취제거에 탁월하다.

┌보기┐

고초균, 광합성균, 유산균

정답

1) 고초균, 2) 유산균, 3) 광합성균

해설

1) 고초균(*Bacillus subtillis*) : 유기물 분해 능력 우수, 살균·살충 작용을 하고, 고온에서 스스로 보호막을 만든다. 30~70℃에서 가장 잘 증식하여 고온에서도 잘 발육하지만, 120℃의 증기 속에서 15분이면 사멸한다.
2) 유산균(lactic acid bacteria) : 근권 병원균 억제, 토양 유기산 생성, 유기물의 부식을 통해 젖산, 각종 효소, 비타민, 핵산 등을 분비, 토양개량 및 작물 생육에 효과, 칼슘과 인의 가용화 등의 효과가 있다.
3) 광합성 세균 : 뿌리 건강 유지, 질소 고정, 방선균 증식, 선충 사멸에 효과적. 빛에너지를 이용하여 동화 작용을 하는 세균으로 유해가스를 유용 물질로 전환하고 악취제거에 탁월하다.

05 잡초 방제법 중 기계적 방제법으론 멀칭, 예초 등이 있다. 화학적 방제, 생물적 방제와 비교하여 기계적 방제의 특징으로 옳은 것을 모두 골라 기호를 쓰시오.

ㄱ 비용이 적게 든다.
ㄴ 생태계 교란을 조장한다.
ㄷ 잡초 방제 효과가 오래 지속된다.
ㄹ 잡초 제거의 즉각적인 효과를 보긴 어렵다.
ㅁ 잔류 독성 및 환경오염이 심해진다.

정답

ㄱ, ㄷ

해설

물리적(기계적) 방제의 장점
• 환경친화적이다.
• 저항성에 문제를 해결한다.
• 지속적이고 안정적이다.
• 잡초 제거의 즉각적인 효과를 보인다.

CHAPTER 02 과년도 + 최근 기출복원문제 | **657**

06 배수성과 통기성이 높은 것부터 낮은 순서대로 나열하시오.

식토, 식양토, 양토, 사양토, 사토

정답

사토 – 사양토 – 양토 – 식양토 – 식토

해설

물 빠짐을 나타내는 배수성과 토양 속 공기 유동을 나타내는 통기성은 토양의 입자 크기와 구조에 따라 결정된다. 일반적으로 입자 크기가 클수록 배수성과 통기성이 높아지고, 입자 크기가 작을수록 배수성과 통기성이 낮아진다.

07 다음은 유기식품 및 무농약농산물 등의 인증에 관한 세부실시요령상 유기축산물 인증기준에 대한 설명이다. ( ) 안에 옳은 것은 ○, 틀린 것은 × 표시하시오.

1) 축사의 바닥은 부드러우면서도 미끄럽지 아니하고, 휴식 공간에서는 건조 깔짚을 깔아 줄 것 ( )
2) 번식돈은 임신 말기 또는 포유기간에는 군사를 하여야 한다. ( )
3) 수정란 이식기법은 허용되나 번식 호르몬 처리, 유전공학을 이용한 번식기법은 허용되지 아니한다. ( )
4) 동물용 의약품을 사용한 가축은 전환기간이 지나야 유기축산물로 출하할 수 있다. ( )
5) 반추 가축에게 담근먹이(사일리지)만 급여해서는 안 된다. ( )

정답

1) ○, 2) ×, 3) ×, 4) ○, 5) ○

해설

유기축산물 인증기준(유기식품 및 무농약농산물 등의 인증에 관한 세부실시요령 [별표 1])

2) 번식돈은 임신 말기 또는 포유기간을 제외하고는 군사를 하여야 한다.

3) 수정란 이식기법이나 번식 호르몬 처리, 유전공학을 이용한 번식기법은 허용되지 아니한다.

08 콩과 작물은 뿌리혹박테리아와 공생으로 대기 중의 질소를 고정한다. 뿌리혹세균의 뿌리혹박테리아 형성을 저해하는 물질을 [보기]에서 골라 쓰시오.

┤보기├

lupin, cyanobacteria, allelopathy, tricin

정답

allelopathy

해설

allelopathy(타감작용)

식물이 성장하면서 일정한 화학 물질이 분비되어 경쟁하는 주변의 식물의 성장이나 발아를 억제하는 작용을 말한다. 이를 통해 자신의 생존을 확보하고 성장을 촉진하는 결과를 얻게 되는 작용이다.

09 퇴비의 부숙도 검사 중 생물학적 방법인 지렁이를 이용하는 방법에 대해 서술하시오.

정답

• 수분함량이 65% 되는 퇴비를 비커에 1/3정도 담는다.

• 줄지렁이 5~6마리를 넣은 후 검은 천으로 싸서 어두운 환경을 조성한다.

• 약 1시간 후에 검은 천을 벗겨 밝게 한 후 행동을 관찰한다.

• 판정한다.

해설

• 지렁이는 단백질이나 당류가 많은 것을 선호하고, 페놀류나 암모니아 등을 싫어한다. 유기물의 퇴비화 과정에서 부숙이 진행되지 않으면 지렁이가 자리 잡고 살아가는 환경이 되지 않는다. 따라서 퇴비 속에 지렁이가 발견되면 잘 부숙된 퇴비라고 판정한다.

• 판정 방법

아주 미숙한 퇴비	지렁이가 부분적으로 녹기 시작한다.
약간 미숙한 퇴비	지렁이가 움직이지 않고 몸체가 백색 또는 암갈색으로 변한다.
완숙퇴비	지렁이 활동이 활발하다.

10 토양유기물의 분해가 빠른 것부터 순서대로 나열하시오.

헤미셀룰로스, 셀룰로스, 리그닌, 전분

정답

전분 – 헤미셀룰로스 – 셀룰로스 – 리그닌

해설

토양유기물의 구성

• 식물체를 조성하고 있는 유기물은 용해성 화합물(당, 아미노산), 단백질, 펙틴, 헤미셀룰로스, 셀룰로스, 리그닌 등의 형태로 구성되어 있다.

• 미생물에 의해 이산화탄소, 암모니아, 물 등 최종산물로 변화된다.

• 유기물의 분해는 전분→헤미셀룰로스→셀룰로스→리그닌 순으로 리그닌이 가장 분해가 어려우며, 단백질은 분해되기 쉽다.

• 유박, 계분 등과 같이 주로 단백질로 구성된 것은 질소 함량이 높으며 토양에 사용하면 분해가 빨라 양분적 효과가 높고 볏짚류는 셀룰로스, 헤미셀룰로스, 전분 등이 주성분이기 때문에 온도와 수분이 미생물 활동에 적당할 때 빠른 속도로 분해가 진행된다.

CHAPTER 02 과년도 + 최근 기출복원문제 | **659**

11 다음은 친환경농어업 육성 및 유기식품 등의 관리·지원에 관한 법률상 인증의 유효기간에 대한 설명이다. (　) 안에 들어갈 알맞은 내용을 쓰시오.

> 유기식품 등의 인증 신청 및 심사 등에 따른 인증의 유효기간은 인증을 받은 날부터 (　)년으로 한다.

정답

1

해설

인증의 유효기간 등(친환경농어업 육성 및 유기식품 등의 관리·지원에 관한 법률 제21조 제1항)
제20조에 따른 인증의 유효기간은 인증을 받은 날부터 1년으로 한다.

12 유인물질(페로몬)의 특징을 2가지 쓰시오.

정답

- 종 특이성이 매우 높아서 대상종 이외의 곤충에는 영향이 적다.
- 미량으로도 효과가 높다.
- 독성이 거의 없다. 분해가 빠르다.
- 농작물에 잔류나 환경오염의 가능성이 거의 없다.
- 해충의 발생 시기와 발생량 예찰에 이용되어 방제 적기 파악과 방제 여부 판정에 활용된다.

해설

페로몬(pheromone)
곤충 및 응애 등의 체내에 특정한 기관에서 만들어져 체외에 분비됨으로써 극히 미량으로 동종의 다른 개체에 특유한 생리적, 행동적 또는 형태적으로 반응을 일으키는 자극원이 되는 물질을 뜻한다.

13 다음 중 유기농업에서 병해충 관리를 위해 사용 가능한 물질을 3가지 골라 쓰시오.

> 데리스(derris) 추출물, 님(neem) 추출물, 제충국 추출물, 톱밥

정답

데리스 추출물, 님 추출물, 제충국 추출물

해설

허용물질(친환경농어업 육성 및 유기식품 등의 관리·지원에 관한 법률 시행규칙 [별표 1])
- 병해충 관리를 위해 사용 가능한 물질 : 제충국 추출물, 데리스 추출물, 님 추출물
- 토양개량 및 작물생육을 위해 사용 가능한 물질 : 톱밥

14 다음 중 유기농업에서 토양개량 및 작물생육을 위해 사용 가능한 물질이 아닌 것을 골라 쓰시오.

목초액, 밀짚, 난황, 염화마그네슘, 가축의 분뇨

정답

난황, 염화마그네슘

해설

허용물질(친환경농어업 육성 및 유기식품 등의 관리·지원에 관한 법률 시행규칙 [별표 1])
• 난황 : 병해충 관리를 위해 사용 가능한 물질
• 염화마그네슘 : 식품첨가물 또는 가공보조제로 사용 가능한 물질

15 산림 등 자연 상태에서 자생하는 식용식물을 굴취·채취하는 경우 충족해야 하는 조건을 2가지 쓰시오.

정답

• 채취 지역은 뚜렷이 구분될 수 있도록 채취 예정 구역도(축척 6천분의 1부터 1천200분의 1까지의 임야도 또는 위성항법장치에 채취 예정 면적을 표시한 것을 말함)를 작성하여 해당 지역에서 채취하여야 한다.
• 채취예정량을 산정할 수 있도록 채취 예정 수량 조사서를 제시하여야 한다.
• 채취는 산림자원의 조성 및 관리에 관한 법률 등 관련 법령을 준수하여야 한다.
• 채취 과정에서 해당 지역 내 자생환경의 안정이 침해받지 않도록 하고 종의 유지에 문제가 없을 정도로 채취한다.
• 채취 지역 이외의 지역에서 같은 품목을 채취하거나 취급하여서는 아니 된다.

해설

유기농산물 인증기준(유기식품 및 무농약농산물 등의 인증에 관한 세부실시요령 [별표 1])

16 탄질률이 높은 것부터 순서대로 나열하시오.

사탕수수 찌꺼기, 활엽수의 톱밥, 가축의 분뇨

정답

활엽수의 톱밥 – 사탕수수 찌꺼기 – 가축의 분뇨

해설

활엽수의 톱밥(400 이상) > 사탕수수 찌꺼기(벼과 식물체 20~40) > 가축의 분뇨(8~20)

17 유기가공식품의 허용물질 중 가공보조제로 사용 시 설탕 가공 중의 산도조절제, 유지 가공에 사용 가능한 물질을 쓰시오.

정답

수산화나트륨

해설

식품첨가물 또는 가공보조제로 사용 가능한 물질 – 수산화나트륨 사용 가능 범위(친환경농어업 육성 및 유기식품 등의 관리 · 지원에 관한 법률 시행규칙 [별표 1])
- 식품첨가물로 사용 시 : 곡류 제품
- 가공보조제로 사용 시 : 설탕 가공 중의 산도 조절제, 유지 가공

18 다음은 퇴비화에 대한 설명이다. (   ) 안에 들어갈 알맞은 말을 골라 쓰시오.

> 1) 퇴비화의 발열단계에서 pH를 (중성 / 염기성)으로 맞춘다.
> 2) 퇴비화 과정 중 병원균과 잡초 종자가 죽고 더 빠른 유기물 분해가 이루어지는 것은 (고온성 / 저온성) 단계이다.
> 3) 토양유기물은 (호기성 / 혐기성) 미생물에 의해 분해된다.
> 4) 퇴비의 탄질비가 30 이상일 경우 질소를 외부로부터 (공급 / 차단)한다.

정답

1) 염기성, 2) 고온성, 3) 호기성, 4) 공급

해설

1) 발열단계는 미생물 활동이 활발하게 일어나 유기물이 분해되는 시기로, pH가 염기성으로 유지되면 미생물의 활동이 최적화되며, 이상적인 pH 범위는 7.5~8.5이다.
2) 박테리아에 의하여 유기물 분해가 시작되고 그 과정에서 방출되는 에너지로 온도가 상승하게 되는데 이때 발생한 고온에 의하여 병원균과 잡초 뿌리, 종자가 사멸한다.
3) 퇴비화 과정에서 토양유기물은 호기성 미생물에 의해 분해되어 이산화탄소, 물, 열, 부식질을 생성한다.
4) 퇴비화에 적합한 탄질비는 약 30 정도이다. 탄질비가 너무 높으면 퇴비화가 늦어지고 질소 손실이 발생하므로 외부로부터 질소를 적절하게 공급해주어야 한다.

19 다음에서 설명하는 배수 방법을 쓰시오.

습지의 배수를 개선하기 위해 지하에 고랑을 파고 토관 따위를 묻어 배수하는 일

정답

암거배수

해설

암거배수는 토양수분의 조절로 작물의 생육환경을 개선하고 지온 조절 및 토양 제염뿐만 아니라 동상해를 방지해주며 농기계의 작업능률을 향상시켜 준다.

20 윤작의 1) <u>정의</u>와 2) <u>효과 1가지</u>를 쓰시오.

정답

1) 정의 : 한 토지에 두 가지 이상의 다른 작물을 순서에 따라 재배하는 것
2) 효과 : 기지를 회피한다.

해설

윤작의 정의와 효과
- 정의 : 한 토지에 두 가지 이상의 다른 작물을 순서에 따라 재배하는 것
- 효과 : 지력 유지 및 증강, 토양보호, 기지 회피, 병해충 및 잡초 경감, 수량물 증대, 토지 이용도 향상, 노력 분배의 합리화, 농업경영 안정성 증대 등

CHAPTER 02 과년도 + 최근 기출복원문제 | **663**

CHAPTER **02** 과년도 + 최근 기출복원문제

2024년 제2회 과년도 기출복원문제

01 다음 중 환경농어업 육성 및 유기식품 등의 관리·지원에 관한 법률에서 정의하는 '친환경농축산물'에 해당하지 않는 것을 골라 쓰시오.

> 유기농수산물, 무항생제축산물, 무농약농산물, 기능성농산물

정답

기능성농산물, 무항생제축산물

해설

정의(친환경농어업 육성 및 유기식품 등의 관리·지원에 관한 법률 시행규칙 제2조 제2호)
'친환경농축산물'이란 친환경농업을 통해 얻는 것으로서 다음의 어느 하나에 해당하는 것을 말한다.
가. 유기농산물·유기축산물 및 유기임산물(이하 '유기농축산물')
나. 무농약농산물

02 다음은 친환경농어업 육성 및 유기식품 등의 관리·지원에 관한 법률상 인증의 유효기간에 대한 설명이다. (   ) 안에 들어갈 알맞은 내용을 쓰시오.

> 유기식품 등의 인증 신청 및 심사 등에 따른 인증의 유효기간은 인증을 받은 날부터 (   )년으로 한다.

정답

1

해설

인증의 유효기간 등(친환경농어업 육성 및 유기식품 등의 관리·지원에 관한 법률 제21조 제1항)
제20조에 따른 인증의 유효기간은 인증을 받은 날부터 1년으로 한다.

664 | PART 03 실기(필답형)

03 다음은 유기식품 및 무농약농산물 등의 인증에 관한 세부실시요령상 용어의 정의이다. 각 설명에 해당하는 용어를 쓰시오.

> 1) 버섯류, 양액재배 농산물 등의 생육에 필요한 양분의 전부 또는 일부를 공급하거나 작물체가 자랄 수 있도록 하기 위해 조성된 토양 이외의 물질을 말한다.
> 2) 생육기간(15일 내외)이 짧아 본엽이 4엽 내외로 재배되어 주로 생식용으로 이용되는 어린 채소류를 말한다.
> 3) 사육되는 가축에 대하여 그 생산물이 식용으로 사용하기 전에 동물용의약품의 사용을 제한하는 일정기간을 말한다.

[정답]

1) 배지, 2) 어린잎채소, 3) 휴약기간

[해설]

인증기준의 세부사항(유기식품 및 무농약농산물 등의 인증에 관한 세부실시요령 [별표 1])

04 유기식품 등의 인증 신청 시 1) <u>농산물 생산자가 제출해야 하는 경영 관련 자료 2가지</u>와 2) <u>자료의 보관 기간</u>을 쓰시오.

[정답]

1) 재배포장의 재배 사항을 기록한 자료, 농자재 사용 내용을 기록한 자료, 농산물·임산물의 생산량 및 출하처별 판매량을 기록한 자료, 합성농약 및 화학 비료의 구매·사용·보관에 관한 사항을 기록한 자료
2) 2년간

[해설]

경영 관련 자료 – 생산자(친환경농어업 육성 및 유기식품 등의 관리·지원에 관한 법률 시행규칙 [별표 5])

가. 농산물·임산물

1) 재배포장의 재배 사항을 기록한 자료 : 품목명, 파종·식재일, 수확일
2) 농산물·임산물 재배포장에 투입된 토양 개량용 자재, 작물 생육용 자재, 병해충 관리용 자재 등 농자재 사용 내용을 기록한 자료 : 자재명, 일자별 사용량, 사용 목적, 사용 가능한 자재임을 증명하는 서류
3) 농산물·임산물의 생산량 및 출하처별 판매량을 기록한 자료 : 품목명, 생산량, 출하처별 판매량
4) 합성농약 및 화학 비료의 구매·사용·보관에 관한 사항을 기록한 자료 : 자재명, 일자별 구매량, 사용처별 사용량·보관량, 구매 영수증
5) 1)부터 4)까지의 규정에 따른 자료의 기록 기간은 최근 2년간(무농약농산물의 경우에는 최근 1년간)으로 하되, 재배 품목과 재배포장의 특성 등을 고려하여 국립농산물품질관리원장이 정하는 바에 따라 3개월 이상 3년 이하의 범위에서 그 기간을 단축하거나 연장할 수 있다.

05 인증받은 유기제품의 포장, 용기에 표기하여야 하는 내용을 3가지 쓰시오(단, 생산자와 취급자가 동일한 경우에 한정한다).

정답

인증 번호, 인증 사업자의 성명 또는 업체명, 생산지, 사업장소재지, 전화번호

해설

유기식품 등의 인증정보 표시 방법(친환경농어업 육성 및 유기식품 등의 관리·지원에 관한 법률 시행규칙 [별표 7])
1. 인증사업자의 성명 또는 업체명 : 인증서에 기재된 명칭(단체로 인증받은 경우에는 단체명)을 표시하되, 단체로 인증받은 경우로서 개별 생산자명을 표시하려는 경우에는 단체명 뒤에 개별 생산자명을 괄호로 표시할 수 있다.
2. 전화번호 : 해당 제품의 품질관리와 관련하여 소비자 상담이 가능한 판매원의 전화번호를 표시한다.
3. 사업장소재지 : 해당 제품을 포장한 작업장의 주소를 번지까지 표시한다.
4. 인증 번호 : 해당 사업자의 인증서에 기재된 인증 번호를 표시한다.
5. 생산지 : 농수산물의 원산지 표시에 관한 법률에 따른 원산지 표시 방법에 따라 표시한다.

06 석회질이 많은 사질 토양에서 결핍 증상이 나타나고 작물의 오래된 하부 잎의 엽맥 사이가 퇴색을 나타내는 필수원소를 쓰시오.

정답

마그네슘(Mg)

해설

마그네슘은 석회질이 많은 사질 토양에서 일반적으로 pH가 높아, 가용성이 낮아져 식물이 충분한 양을 흡수하지 못할 수 있다. 마그네슘의 결핍은 엽맥 간 황화(엽록소 부족) 현상으로 잎의 엽맥 사이가 노랗게 변하는데 주로 오래된 잎에서 먼저 나타난다. 철 결핍 역시 잎의 엽맥 사이가 노랗게 변하며, 엽맥은 녹색을 유지한다. 하지만 차이점은 어린잎에서 두드러진다는 것이다.

07 답전윤환의 효과를 2가지 쓰시오.

정답

지력의 유지 및 증진, 기지의 회피, 잡초 발생 억제, 수량 증가, 노력의 절감 등

해설

답전윤환 : 논 또는 밭을 논 상태와 밭 상태로 몇 해씩 돌려가면서 벼와 밭작물을 재배하는 방식

08 토양부식 중 NaOH에서 용해되지 않고 남아있는 물질로 알칼리 불용부로서 전체 부식의 20~30%를 차지하고 무기성분과 매우 강하게 결합되어 분해되지 않는 물질을 [보기]에서 골라 쓰시오.

┌─ 보기 ┐
lignin, humin, humic acid, fulvic acid
└─────┘

정답

humin

해설

• humin(부식탄) : NaOH 또는 다른 알칼리성 용액에서 용해되지 않는 유기 물질. 주로 매우 안정적이고 분해가 어려운 고분자 화합물로 구성
• humic acid(부식산) : 흙 속 유기물이 미생물에 의해 분해되어 생긴 산성의 고분자 유기물로, 알칼리에는 잘 녹고 산에는 녹지 않으며, 토양의 영양분 저장력과 비옥도 유지에 중요한 역할
• fulvic acid(풀빅산) : 부식 중 분자량이 작고 산·알칼리 모두에 잘 녹는 황갈색 유기산으로, 토양에서 양이온을 붙잡고 이동시키며, 미량원소의 흡수를 촉진하고 토양구조를 안정화하는 역할

09 볍씨의 염수선 시 소금물 비중에 따른 달걀의 모양을 순서대로 나열하시오(단, 소금물 비중이 낮은 것부터 높은 순서로 쓰시오).

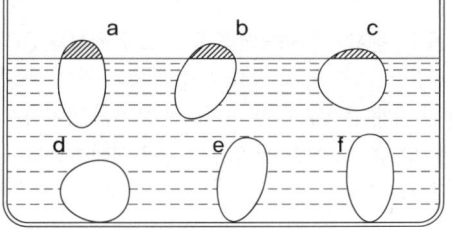

정답

d-e-f-a-b-c

해설

해설

• 염수선이란 건강한 볍씨 선별을 위해 소금물을 사용해 가벼운 볍씨(불량볍씨)를 골라내는 과정으로 발아율 향상과 도열병, 키다리병, 깨씨무늬병 등과 같은 병해 예방에 효과적이다.
• 볍씨를 선별하기 위해서는 소금물의 비중을 측정해야 하는데, 비중 측정은 달걀을 소금물에 넣어서 확인하며 메벼는 1.13, 찰벼는 1.04에 맞춘다. 즉, 메벼는 달걀 C의 비중에 맞춰 선종한다.
• 볍씨가 가라앉으면 건강한 볍씨이고 비중이 작아 뜨는 볍씨는 발아능력이 떨어지거나 병해충에 감염된 볍씨이다.
• 염수선 후 가라앉은 볍씨는 깨끗한 물로 여러 번 씻어 소금을 완전히 제거한다.

10 다음 중 유기가공식품에서 식품첨가물로 사용이 가능한 물질을 3가지 골라 쓰시오.

> 과산화수소, 구아검, 구연산, 규조토, 글리세린

정답

구연산, 구아검, 글리세린

해설

식품첨가물 또는 가공보조제로 사용 가능한 물질(친환경농어업 육성 및 유기식품 등의 관리·지원에 관한 법률 시행규칙 [별표 1])

11 재배포장 주변에 공동방제구역 등 오염원이 있는 경우 조치해야 할 일을 2가지 쓰시오.

정답

• 적절한 완충 지대나 보호시설 확보한다.
• 해당 구역에서 생산된 농산물에 대한 구분관리 계획을 세워 이행한다.
• 배 포장 입구나 인근 재배포장과의 경계지 등의 잘 보이는 곳에 유기농산물, 유기임산물 재배지임을 알리는 표지판 설치한다.

해설

유기농산물 인증기준 – 재배포장, 용수, 종자(친환경농어업 육성 및 유기식품 등의 관리·지원에 관한 법률 세부실시요령 [별표 1])
재배포장 주변에 관행 재배 농지, 공동 방제 구역 등 오염 우려가 있는 경우 이들로부터 적절한 완충 지대나 보호시설을 확보하는 등 농약 흩날림, 농업용수, 기타 농업 자재 등으로 인한 비의도적 오염을 방지하기 위한 조치를 취해야 하며, 해당 구역에서 생산된 농산물에 대한 구분관리 계획을 세워 이행하고, 재배포장 입구나 인근 재배포장과의 경계지 등의 잘 보이는 곳에 유기농산물·유기임산물 재배지임을 알리는 표지판을 설치하여야 한다.

12 다음 중 타감작용을 이용해 잡초 발생을 억제할 수 있는 작물을 3가지 골라 쓰시오.

> 메밀, 담배, 감자, 완두, 고추, 오이, 헤어리베치

정답

메밀, 완두, 헤어리베치

해설

타감작용으로 인해 잡초발생이 억제되는 작물 : 콩, 메밀, 헤어리베치, 호밀, 팥, 완두, 땅콩, 클로버, 귀리, 보리 등

13 질소고정력(kg/10a)이 큰 순서대로 나열하시오.

> 스위트클로버, 알팔파, 콩(대두)

정답

알팔파 > 스위트클로버 > 콩(대두)

해설

평균질소고정력

알팔파	스위트클로버	콩(대두)
22.0kg/10a	14kg/10a	11.3kg/10a

14 다음 중 윤작에 적합한 작물 분류 중 뿌리혹박테리아를 통하여 공중질소를 고정하는 것을 1가지 골라 쓰시오.

> 두과, 화본과, 엽채류, 심근류, 과채류, 서류

정답

두과

해설

- 벼과(화본과) 작물 : 콩과 작물보다 건물 생산량이 많고 뿌리가 깊게 뻗는 특징이 있어 토양의 유기물 유지에 유리하고, 양분 흡수 능력이 우수하여 돌려짓기 구성에 필수적인 작물이다.
- 콩과(두과) 작물 : 건물 생산은 벼과 작물보다 적지만 탄질비가 낮고 분해가 빠르며 뿌리혹박테리아를 통하여 공중질소를 고정하여 작물에게 질소를 공급해 준다.
- 근채류(감자, 고구마, 무 등) : 식물체가 분해되기 쉬워서 토양유기물 축적 효과가 있고 뿌리가 깊게 뻗어 심경 효과가 있다.

CHAPTER 02 과년도 + 최근 기출복원문제 | **669**

15 다음은 촉감을 이용한 토성 간이 측정법에 대한 설명이다. ( ) 안에 옳은 것은 ○, 틀린 것은 × 표시하시오.

---

1) 사토는 흙이 뭉쳐지지 않고 그대로 부서진다. ( )
2) 양토는 띠의 길이가 2.5cm 이하이며 거칠지도 부드럽지도 않다. ( )
3) 식양토 띠의 길이가 2.5~5cm이며 다소 거칠다. ( )
4) 식토는 띠의 길이가 5cm 이상이며 매우 부드럽다. ( )

정답

1) ×, 2) ○, 3) ×, 4) ×

해설

촉감법을 이용한 토성판정

순서	기준		토성
	탁구공만큼의 흙을 떼어서 손바닥에 올려놓고 물 몇 방울을 더해 토양입자를 부숴 가며 움켜쥔다.		
ⓐ	흙이 탁구공 모양으로 뭉쳐진다.		사토(S)
	흙이 탁구공 모양으로 뭉쳐지지 않는다.		→ ⓑ
ⓑ	엄지와 검지로 문질러도 띠가 생기지 않는다.		양질사토(LS)
	엄지와 검지로 문지르면 띠가 생긴다.		→ ⓒ
ⓒ	띠의 길이가 2.5cm 이하이다.	매우 거칠다.	사질양토(SL)
		거칠지도 부드럽지도 않다.	양토(L)
		매우 부드럽다.	미사질양토(SiL)
	띠의 길이가 2.5~5.0cm이다.	매우 거칠다.	사질식양토(SCL)
		거칠지도 부드럽지도 않다.	식양토(CL)
		매우 부드럽다.	미사질식양토(SiCL)
	띠의 길이가 5.0cm 이상이다.	매우 거칠다.	사질식토(SC)
		거칠지도 부드럽지도 않다.	식토(C)
		매우 부드럽다.	미사질식토(SiC)

※ 현지 토양단면조사에서 주로 손가락의 촉감으로 모래, 미사, 점토의 많고 적음을 알아내는 촉감법을 이용하여 토성을 판별한다. 일반적으로 모래는 까칠한 촉감, 미사는 미끈한 촉감, 점토는 끈적한 촉감을 가지므로 이를 이용하면 토성구분이 보다 쉽다.

16 일반 농가가 유기축산물을 생산하는 농가로 전환하고자 할 때 가축의 종류와 알맞은 전환기간을 연결하시오.

〈가축의 종류〉	〈전환기간〉
㉠ 한우·육우 (식육)	ⓐ 3개월
㉡ 돼지(식육)	ⓑ 12개월
㉢ 오리(식육)	ⓒ 5개월
㉣ 닭(알)	ⓓ 6주

정답

㉠ – ⓑ, ㉡ – ⓒ, ㉢ – ⓓ, ㉣ – ⓐ

해설

유기축산물의 전환기간(친환경농어업 육성 및 유기식품 등의 관리·지원에 관한 법률 시행규칙 [별표 4])

가축의 종류	생산물	전환기간(최소사육기간)
한우·육우	식육	입식 후 12개월
젖소	시유(시판우유)	• 착유우는 입식 후 3개월 • 새끼를 낳지 않은 암소는 입식 후 6개월
면양·염소	식육	입식 후 5개월
면양·염소	시유(시판우유)	• 착유양은 입식 후 3개월 • 새끼를 낳지 않은 암양은 입식 후 6개월
돼지	식육	입식 후 5개월
육계	식육	입식 후 3주
산란계	알	입식 후 3개월
오리	식육	입식 후 6주
오리	알	입식 후 3개월
메추리	알	입식 후 3개월
사슴	식육	입식 후 12개월

17 다음 중 유기농업에서 병해충 관리를 위해 사용 가능한 물질을 3가지 골라 쓰시오.

난황, 클로렐라, 키토산, 지렁이, 구아노, 랑베나이트

정답

난황, 클로렐라, 키토산

해설

허용물질(친환경농어업 육성 및 유기식품 등의 관리·지원에 관한 법률 시행규칙 [별표 1])
• 병해충 관리를 위해 사용 가능한 물질 : 난황, 클로렐라, 키토산
• 토양개량 및 작물생육에 사용 가능한 물질 : 구아노, 랑베나이트, 키토산, 지렁이, 클로렐라

CHAPTER 02 과년도 + 최근 기출복원문제 | **671**

18 종자소독 방법과 내용을 바르게 연결하시오.

> ㉠ 50~60℃에 종자를 담근다.   ⓐ 물리적 소독
> ㉡ 식물즙을 도포한다.   ⓑ 생물적 방제
> ㉢ 곰팡이를 사용한다.   ⓒ 식물적 방제

정답

㉠ – ⓐ, ㉡ – ⓒ, ㉢ – ⓑ

해설

볍씨 종자소독 방법
• 소독 목적 : 종자로 전염하는 키다리병, 도열병, 모잘록병, 깨씨무늬병 등의 병해를 예방
• 소독 방법 : 온탕침법, 냉온탕법, 곰팡이 분의 종자 처리, 마늘 가루 종자 처리

19 다음은 토양의 유기물 함량 검사 방법이다. 1) <u>유기물 함량 검사의 순서대로 기호를 바르게 나열하고</u>, 2) <u>유기물 함량을 구하는 공식을 쓰시오.</u>

> ㉠ 시료를 식힌 다음 무게를 측정한다.
> ㉡ 시료를 550~600℃ 전기로에 넣어 완전히 태운다.
> ㉢ 유기물 함량을 구한다.
> ㉣ 토양시료의 무게를 측정한다.

정답

1) ㉣ – ㉡ – ㉠ – ㉢
2) 유기물 함량은 소수점 2자리까지 표기하고, 단위를 쓴다.

$$유기물의\ 함량(\%) = \frac{준비된\ 토양\ 무게 - 유기물을\ 태운\ 후의\ 토양\ 무게}{준비된\ 토양\ 무게} \times 100$$

20 해충 방제를 위한 천적 중 기생성 곤충을 2가지 쓰시오.

정답

기생벌, 기생파리

해설

천적의 종류 : 천적의 종류에는 해충을 잡아먹는 포식성 곤충, 해충의 알이나 유충에 기생하는 기생성 곤충, 병들어 죽게 하는 병원성 미생물이 있다.
• 포식성 곤충 : 풀잠자리류, 무당벌레류, 노린재류, 딱정벌레류, 거미류(절지류)
• 기생성 곤충 : 기생벌, 기생파리
• 병원성 미생물 : 세균류(박테리아), 곰팡이류, 백강균

CHAPTER 02 과년도 + 최근 기출복원문제

2024년 제3회 과년도 기출복원문제

01 답전윤환의 1) 정의와 2) 효과를 1가지 쓰시오.

정답

1) 정의 : 논 또는 밭을 논 상태와 밭 상태로 몇 해씩 돌려가면서 벼와 밭작물을 재배하는 방식
2) 효과
- 지력 유지
- 기지현상 회피
- 잡초 및 병해충 경감
- 토지 이용도 증대
- 노력 분배의 합리화
- 수량 증대
- 피복작물의 토양 침식 방지를 통한 토양 보호

02 다음 중 우리나라에 없는 토양을 골라 쓰시오.

인셉티솔, 엔티솔, 안디솔, 옥시솔

정답

옥시솔

해설

미국농무성(USDA)의 토양 분류 체계(soil taxonomy)
- 토양의 형성 과정, 화학적·물리적 특성, 환경적 요인 등을 기반으로 토양의 종류와 특징을 세밀하게 구분하는 토양 분류 체계이다. 6단계의 계층으로 구성되고 각 단계는 더 세부적인 특성을 나타낸다.
- 6단계의 구분 : 목(order), 아목(suborder), 대군(great group), 아군(subgroup), 속(family), 통(series)
- 12가지 최상위 목의 분류 : 알피졸, 안디졸, 아리디졸, 엔티졸, 젤리졸, 히스토졸, 인셉티졸, 몰리졸, 옥시졸, 스포도졸, 올티졸, 버티졸
- ※ 우리나라 토양에 존재하지 않는 목(5가지) : 아리디졸, 젤리졸, 옥시졸, 스포도졸, 버티졸

CHAPTER 02 과년도 + 최근 기출복원문제 | **673**

03 토양에는 자갈, 모래, 미사, 점토가 있다. 이 중 점토의 특징을 2가지 쓰시오.

정답

• 보수성, 보비력이 크다.

• 점착성이 크다.

• 입자가 미세하여 공기의 이동이 어려워 배수성과 통기성이 부족하다.

해설

• 자갈 : 암석의 굵은 부스러기로 2.0mm 이상의 토양입자를 뜻한다.

• 모래 : 0.05~2mm 크기의 토양입자로 모래가 많은 토양은 큰 공극을 갖게 되지만 전 공극량은 비교적 낮다. 모래 입자가 많은 토양은 배수가 지나치게 되고 통기성이 좋아 산화작용이 잘 일어나며 유기물 분해가 쉽게 이뤄져 유기물 함량이 낮다. 또한 점착성이 낮아 경운하기가 쉽다.

• 미사 : 모래에 비해서 큰 비표면적을 갖지만 점토보다 낮으며 작물 생육에 대해서 이상적인 물리적 성질을 갖는다.

04 다음 병해충 관리를 위한 물질 중 과수의 병해 관리용으로만 사용이 가능한 물질을 골라 쓰시오.

> 메타알데하이드, 기계유, 과망가니즈산칼륨, 에틸렌, 황

정답

과망가니즈산칼륨

해설

과망가니즈산칼륨은 강력한 산화제로서 유기농업에서 살균이나 병해충 방제를 위해 제한적으로 사용된다. 특히 과수 재배에만 사용이 허용되는 이유는 채소작물이나 벼작물에 비해 과망가니즈산칼륨의 강한 산화력으로 인한 작물 손상이 상대적으로 적기 때문이다.

허용물질(친환경농어업 육성 및 유기식품 등의 관리·지원에 관한 법률 시행규칙 [별표 1])

사용 가능 물질	사용 가능 조건
에틸렌	키위, 바나나와 감의 숙성을 위해 사용할 것
메타알데하이드	(1) 별도 용기에 담아서 사용할 것 (2) 토양이나 작물에 직접 처리하지 않을 것 (3) 덫에만 사용할 것
기계유	(1) 과수농가의 월동 해충 제거용으로만 사용할 것 (2) 수확기 과실에 직접 사용하지 않을 것
과망가니즈산칼륨	과수의 병해관리용으로만 사용할 것
황	액상화할 경우에만 수산화나트륨을 황 사용량 이하로 최소화하여 사용할 것. 이 경우 인증품 생산계획서에 기록·관리하고 사용해야 한다.

05 유기가공식품의 식품첨가물과 알맞은 사용 가능 범위를 연결하시오.

〈식품첨가물〉	〈사용 가능 범위〉
㉠ 조제해수, 염화마그네슘	ⓐ 용도 제한 없음
㉡ 젖산	ⓑ 유제품, 발효채소제품
㉢ 천연향료	ⓒ 두부 응고제

정답

㉠ - ⓒ, ㉡ - ⓑ, ㉢ - ⓐ

해설

식품첨가물 또는 가공보조제로 사용 가능한 물질(친환경농어업 육성 및 유기식품 등의 관리·지원에 관한 법률 시행규칙 [별표 1])

명칭(한)	식품첨가물로 사용 시 사용 가능 범위	가공보조제로 사용 시 사용 가능 범위
조제해수, 염화마그네슘	두류 제품	응고제
젖산	발효채소제품, 유제품, 식용 케이싱	유제품의 응고제 및 치즈 가공 중 염수의 산도 조절제
천연향료	사용 가능 용도 제한 없음. 다만, 식품위생법에 따라 식품첨가물의 기준 및 규격이 고시된 천연향료로서 물, 발효주정, 이산화탄소 및 물리적 방법으로 추출한 것만 사용할 것	×

06 시설토양 내 염류집적을 해결하는 방법을 2가지 쓰시오.

정답

- 담수 및 물 흘려보내기
- 객토 및 깊이갈이
- 돌려짓기(윤작)
- 유기물 시용
- 흡비 작물 재배

해설

염류집적이란 토양용액의 염류 농도가 높아서 작물의 수분 및 양분 흡수가 어려워지는 것으로 시설토양에서 자주 발생한다.

07 일반 농가가 유기축산물을 생산하는 농가로 전환하고자 할 때 가축의 종류와 알맞은 전환기간을 연결하시오.

<가축의 종류>
ㄱ 한우, 육우(식육)
ㄴ 돼지(식육)
ㄷ 오리(식육)
ㄹ 육계
ㅁ 젖소(착유우)

<전환기간>
ⓐ 3개월
ⓑ 12개월
ⓒ 5개월
ⓓ 6주
ⓔ 3주

정답

ㄱ-ⓑ, ㄴ-ⓒ, ㄷ-ⓓ, ㄹ-ⓔ, ㅁ-ⓐ

해설

유기축산물의 전환기간(친환경농어업 육성 및 유기식품 등의 관리·지원에 관한 법률 시행규칙 [별표 4])

가축의 종류	생산물	전환기간(최소사육기간)
한우·육우	식육	입식 후 12개월
젖소	시유(시판우유)	• 착유우는 입식 후 3개월 • 새끼를 낳지 않은 암소는 입식 후 6개월
면양·염소	식육	입식 후 5개월
	시유(시판우유)	• 착유양은 입식 후 3개월 • 새끼를 낳지 않은 암양은 입식 후 6개월
돼지	식육	입식 후 5개월
육계	식육	입식 후 3주
산란계	알	입식 후 3개월
오리	식육	입식 후 6주
	알	입식 후 3개월
메추리	알	입식 후 3개월
사슴	식육	입식 후 12개월

08 퇴비의 시용 효과 3가지를 쓰시오.

정답

• 토양 구조의 개선(토양의 입단화)
• 수분 유지
• 배수성 향상을 통한 습해 방지
• 토양 구조 개선을 통한 완충 능력 향상
• 작물에 영양분을 직접 공급
• 작물의 증수
• 화학비료 및 농약 사용 절감

09 다음 중 토양개량과 작물생육을 위해 사용이 가능한 물질을 모두 고르시오.

> 염화나트륨 및 해수, 목초액, 식초, 난황, 천적, 황, 해조류, 버섯 추출물, 광물 찌꺼기

정답

염화나트륨 및 해수, 목초액, 황, 해조류, 광물 찌꺼기

해설

허용물질(친환경농어업 육성 및 유기식품 등의 관리·지원에 관한 법률 시행규칙 [별표 1])

토양개량과 작물생육을 위해 사용 가능한 물질	농장 및 가금류의 퇴구비, 퇴비화된 가축 배설물, 건조된 농장 퇴구비 및 탈수한 가금류의 퇴구비, 가축분뇨를 발효시킨 액상의 물질, 식물 또는 식물 잔류물로 만든 퇴비, 버섯재배 및 지렁이 양식에서 생긴 퇴비, 지렁이 또는 곤충으로부터 온 부식토, 식품 및 섬유 공장의 유기적 부산물, 유기 농장 부산물로 만든 비료, 혈분·육분·골분·깃털분 등 도축장과 수산물 가공공장에서 나온 동물부산물, 대두박, 쌀겨 유박, 깻묵 등 식물성 유박류, 제당산업의 부산물, 유기농업에서 유래한 재료를 가공하는 산업의 부산물, 오줌, 사람의 배설물(오줌만인 경우는 제외), 벌레 등 자연적으로 생긴 유기체, 구아노, 짚, 왕겨, 쌀겨 및 산야초, 톱밥, 나무껍질 및 목재 부스러기, 나무 숯 및 나뭇재, 황산칼륨, 랑베나이트 또는 광물염, 석회소다 염화물, 석회질 마그네슘 암석, 마그네슘 암석, 사리염(황산마그네슘) 및 천연석고(황산칼슘), 석회석 등 자연에서 유래한 탄산칼슘, 점토광물(벤토나이트·펄라이트·제올라이트·일라이트 등), 질석, 붕소·철·망간·구리·몰리브덴 및 아연 등 미량원소, 칼륨암석 및 채굴된 칼륨염, 천연 인광석 및 인산알루미늄칼슘, 자연암석분말·분쇄석 또는 그 용액, 광물을 제련하고 남은 찌꺼기(베이직 슬래그), 염화나트륨(소금) 및 해수, 목초액, 키토산, 미생물 및 미생물 추출물, 이탄(Peat), 토탄(Peat moss), 토탄 추출물, 해조류, 해조류 추출물, 해조류 퇴적물, 황, 주정 찌꺼기 및 그 추출물(암모니아 주정 찌꺼기는 제외한다), 클로렐라(담수녹조) 및 그 추출물
병해충 관리를 위해 사용 가능한 물질	식물 추출물(제충국, 데리스, 쿠아시아, 라이아니아, 님), 해수 및 천일염, 젤라틴, 난황, 식초 등 천연산, 누룩곰팡이속(*Aspergillus* spp.)의 발효 생산물, 목초액, 담배잎차(순수 니코틴은 제외), 키토산, 밀랍 및 프로폴리스, 동·식물성 오일, 해조류·해조류 가루·추출액, 인지질(lecithin), 카제인(유단백질), 버섯 추출액, 클로렐라(담수녹조) 및 그 추출물, 천연식물(약초 등)에서 추출한 제재(담배는 제외), 식물성 퇴비 발효 추출액, 구리염, 보르도액, 수산화동, 산염화동, 부르고뉴액, 생석회(산화칼슘) 및 소석회(수산화칼슘), 석회보르도액 및 석회유황합제, 에틸렌, 규산염 및 벤토나이트, 규산나트륨, 규조토, 맥반석 등 광물질 가루

10 다음은 퇴비화에 대한 설명이다. ( ) 안에 들어갈 알맞은 내용을 쓰시오.

> • 퇴비화 과정 중 (①)은/는 미생물의 에너지원으로, (②)은/는 영양원으로 사용된다.
> • 퇴비화에 적합한 (③)이/가 낮은 경우에는 퇴비화가 느려진다.

정답

① 탄소, ② 질소, ③ 탄질비

해설

① 탄소 : 퇴비화 과정에서 미생물은 탄소(유기물)를 에너지원으로 사용한다. 탄소(유기물)을 분해하여 활동하고 증식하는 데 필요한 에너지를 얻는다.

② 질소 : 미생물의 성장하는데 필요한 영양원으로 질소가 사용되며, 세포 증식과 단백질 합성 등에 필수적이다.

③ 탄질비(C/N율) : 퇴비화에 적합한 탄질비는 약 30 정도이다. 이보다 낮으면 탄소원이 제한요인이 되어 퇴비화가 늦어지고 질소 손실을 유발하고, 이보다 높은 경우는 질소 부족으로 퇴비화가 진행되지 못하거나 늦어진다.

※ 퇴비화에 영향을 미치는 5가지 요인 : 탄질비, pH, 수분함량, 통기성, 온도

11 다음은 유기식품 및 무농약농산물 등의 인증에 관한 세부실시요령상 유기농산물의 인증기준에서 재배포장에 대한 내용이다. (   ) 안에 들어갈 알맞은 말을 쓰시오.

> 재배포장의 토양은 (①) 성분이 검출되어서는 아니 된다. 다만, 관행농업 과정에서 토양에 축적된 (①) 성분의 검출량이 (②)mg/kg 이하인 경우에는 예외를 인정한다.

정답

① 합성농약, ② 0.01

해설

유기농산물의 세척·소독에 사용 가능 물질(유기식품 및 무농약농산물 등의 인증에 관한 세부실시요령 [별표 1])

과산화수소, 오존수, 이산화염소수, 차아염소산수를 사용할 수 있으나, 유기농산물에 잔류되지 않도록 관리 계획을 수립하고 이행하여야 한다.

12 퇴비 제조 과정을 순서대로 나열하시오.

> 혼합 및 야적, 퇴적 및 뒤집기, 원료 준비, 후숙

정답

원료 준비 - 혼합 및 야적 - 퇴적 및 뒤집기 - 후숙

해설

• 유기물원 수집 : 퇴비 제조량에 맞게 볏짚과 질소원 재료(가축 똥 또는 깻묵류, 쌀겨 등)를 준비한다. 질소원 재료는 탄질비 조절을 위하여 사용하는 것으로 볏짚 소요량을 계산하여 준비한다.

• 혼합 및 야적

  - 준비된 볏짚과 부재료를 미리 잘 섞은 후 밟아 가면서 쌓는다. 혼합된 재료는 30cm를 쌓고 장화를 신고 퇴비더미 위에서 수분 조절을 위하여 물을 적절히 뿌리면서 고루 밟아 주어야 한다.

  - 퇴비량에 맞게 원형으로 퇴비더미를 만든다. 제조할 퇴비량이 많을 경우는 직사각 형태로 길게 쌓는다.

  - 퇴비 쌓기를 마치면 비닐 등으로 덮어 온도 상승효과 및 빗물 침투 방지를 방지한다.

• 퇴적 및 뒤집기 : 퇴비를 쌓은 후 5~7일이 지나면 온도가 50~60℃ 올라간 뒤 3~4주가 지나면 열이 떨어진다. 이때 뒤집기를 하여 적절히 공기가 통하도록 하고, 퇴비더미의 수분함량이 60% 정도가 되도록 한다.

• 후숙 : 퇴비화 소요 기간은 퇴적 재료, 방법, 퇴비더미 크기, 계절 등에 따라 다르며 볏짚 퇴비는 약 6~12개월 정도 소요된다.

13 다음 중 유기농산물 표면의 세척·소독제로 사용 가능한 물질이 아닌 것을 1가지 골라 쓰시오.

> 오존수, 과산화수소, 차아염소산수, 요소수

정답

요소수

해설

유기농산물의 세척·소독에 사용 가능 물질(유기식품 및 무농약농산물 등의 인증에 관한 세부실시요령 [별표 1])

과산화수소, 오존수, 이산화염소수, 차아염소산수를 사용할 수 있으나, 유기농산물에 잔류되지 않도록 관리 계획을 수립하고 이행하여야 한다.

14 다음은 과수원에서의 유기재배 시 토양의 관리 방법에 대한 내용이다. ( ) 안에 들어갈 알맞은 말을 [보기]에서 골라 쓰시오.

> 과수원에서 유기재배를 성공적으로 실천하기 위해서는 (①)의 발달을 돕는 것이 중요한데 (②)을/를 충분히 공급하여 토양의 비옥도를 높이고, 뿌리가 깊고 건강하게 자랄 수 있도록 해야 한다. 논을 과수원으로 전환할 경우, 이러한 과정은 더욱 중요하다. 건강한 뿌리 발달을 위해 (③)을/를 적절히 조절하여 뿌리가 잘 퍼지도록 도우면 유기물에서 제공하는 영양을 잘 흡수할 수 있게 된다. 또한 (④)을/를 통해 과도한 수분을 제거하여 물빠짐을 개선하면 뿌리 호흡이 원활하게 된다.

┌─보기───
│ 유기물, 근권, 암거배수, 경운 깊이

정답

① 근권, ② 유기물, ③ 경운 깊이, ④ 암거배수

15 다음 중 친환경 잡초 방제 방법에 대한 설명으로 옳은 것을 골라 기호를 쓰시오.

> ㉠ 쌀겨농법의 원리는 쌀겨의 지방 성분으로 잡초가 억제되는 것이다.
> ㉡ 쌀겨를 뿌릴 때는 이슬이 있을 때 뿌리는 것이 좋다.
> ㉢ 오리농법에서 오리 방사 시기는 이앙 후 바로 실시한다.
> ㉣ 벼 이삭이 패고 나면 잎이 우거져 더 이상 풀이 자랄 수 없게 되므로 전체가 출수하면 오리를 꺼낸다.
> ㉤ 우렁이는 온도가 너무 낮거나 높으면 먹이를 먹지 못하므로 온도관리에 힘써야 한다.

정답

㉣, ㉤

해설

㉠ 쌀겨를 뿌리면 논은 쌀겨가 분해될 때 발생하는 유기산에 의해 잡초의 발아가 억제되며 또 환원 환경이 조성되어 산소가 고갈되므로 잡초 종자의 발아가 억제된다.

㉡ 쌀겨를 뿌릴 때는 바람이 없고 이슬이 없을 때 뿌리는 것이 좋다.

㉢ 이앙 14일 후 모가 활착되고 잡초도 자라므로 이때 2주간 기른 새끼 오리를 맑고 따뜻한 오전에 300평(10a)당 25~30마리 정도 방사한다.

CHAPTER 02 과년도 + 최근 기출복원문제 | **679**

16 다음은 친환경농어업 육성 및 유기식품 등의 관리·지원에 관한 법률 시행규칙상 유기농산물 및 유기임산물의 재배포장, 용수 및 종자에 관한 내용이다. (   ) 안에 들어갈 알맞은 말을 쓰시오.

> 재배용수는 (①) 이상의 수질이어야 하며 농산물의 세척 등에 사용되는 용수는 (②)의 수질 기준에 적합해야 한다.

정답

① 농업용수, ② 먹는 물

해설

유기농산물 및 유기임산물 인증기준(친환경농어업 육성 및 유기식품 등의 관리·지원에 관한 법률 시행규칙 [별표 4])

17 다음은 유기재배에 대한 내용이다. (   ) 안에 들어갈 알맞은 말을 [보기]에서 골라 쓰시오.

> 유기재배에서 작물의 질소가 부족할 때 토양에 (   ) 시비를 통해 부족한 질소질 성분을 보충해 준다.

┌ 보기 ────────────────────────────────────
│ 　　　　　　　　　가축분, 요소, 석회석
└──────────────────────────────────────

정답

가축분

해설

유기재배에서 가축분뇨(돼지똥, 닭똥, 소똥 등)는 유기물과 함께 천연질소를 다량 포함하고 있는데 유기태 질소는 미생물의 작용으로 서서히 분해되어 작물이 이용 가능한 무기태 질소(암모늄태질소, 질산태질소)로 변하게 된다. 요소[$CO(NH_2)_2$]는 합성화학비료로 유기재배 시 사용이 금지되며, 석회석은 산성토양의 중화를 목적으로 사용되며, 질소 성분이 없다.

18 다음은 유기식품 및 무농약농산물 등의 인증에 관한 세부실시요령상 유기농산물의 인증기준에 대한 설명이다. ( )안에 옳은 것은 ○, 틀린 것은 × 표시를 하시오.

> 1) 유기농산물을 일반농산물과 함께 저장 또는 수송하는 경우에는 칸막이를 설치하는 등 다른 농산물과의 ( )
>   혼합 또는 오염을 방지하기 위한 조치를 하여야 한다.
> 2) 저장 중 병해충 예방조치로 부족한 경우 기계적·물리적 및 생물학적 방법을 사용한다. ( )
> 3) 방사선은 해충 방제, 식품 보존, 병원의 제거 또는 위생의 목적으로 사용할 수 있다. ( )
> 4) 싹을 틔워 직접 먹는 농산물은 그 원료가 유기농산물이 아니어도 된다. ( )

정답

1) ○, 2) ○, 3) ×, 4) ×

해설

유기농산물의 인증기준 – 생산물의 품질관리 등(유기식품 및 무농약농산물 등의 인증에 관한 세부실시요령 [별표 1])

3) 방사선은 해충 방제, 식품 보존, 병원의 제거 또는 위생의 목적으로 사용할 수 없다. 다만, 이물 탐지용 방사선(X선)은 제외한다.

4) 콩나물, 숙주나물 등 싹을 틔워 직접 먹는 농산물과 어린잎채소는 그 원료(또는 종자)가 유기농산물이어야 한다. 다만, 토양에 재배하면서 생육 중인 어린 작물체를 부분적으로 수확하여 보리순 등 어린잎채소로 출하하는 경우는 단서 조항을 적용할 수 있다.

19 다음 표시 도형이 나타내는 것을 쓰시오.

1)

2)

정답

1) 유기 : 유기농산물, 유기축산물, 유기임산물, 유기가공식품 및 비식용유기가공품
2) 유기농업자재 : 토양개량용 또는 작물생육용 유기농업자재, 병해충 관리용 유기농업자재

해설

1) 유기표시 도형(친환경농어업 육성 및 유기식품 등의 관리·지원에 관한 법률 시행규칙 [별표 6]) : 유기농산물, 유기축산물, 유기임산물, 유기가공식품 및 비식용유기가공품에 다음의 도형을 표시하되, 유기 70%로 표시하는 제품에는 다음의 유기표시 도형을 사용할 수 없다.

2) 유기농업자재 공시의 대상(친환경농어업 육성 및 유기식품 등의 관리·지원에 관한 법률 시행규칙 제60조) : 법에 따른 유기농업자재의 공시 대상은 다음과 같다.
   1. 토양개량용 또는 작물생육용 유기농업자재
   2. 병해충 관리용 유기농업자재

20 다음은 유기식품 및 무농약농산물 등의 인증에 관한 세부실시요령상 유기축산물의 인증기준에 대한 설명이다.
( ) 안에 옳은 것은 ○, 틀린 것은 × 표시하시오.

> 1) 생산물의 품질향상과 전통적인 생산방법의 유지를 위하여 물리적 거세를 할 수 있다. ( )
> 2) 가축의 꼬리 부분에 접착밴드를 붙이거나 꼬리, 이빨, 부리 또는 뿔을 자르는 등의 행위를 할 수 있다. ( )
> 3) 가축의 질병 예방을 위한 비타민 급여는 수의사의 처방이 있어야 가능하다. ( )

정답

1) ○, 2) ×, 3) ×

해설

유기축산물의 인증기준 – 동물복지 및 질병관리(유기식품 및 무농약농산물 등의 인증에 관한 세부실시요령 [별표 1])

2) 가축에 있어 꼬리 부분에 접착밴드 붙이기, 꼬리 자르기, 이빨 자르기, 부리 자르기 및 뿔 자르기와 같은 행위는 일반적으로 해서는 아니 된다.

3) 가축의 질병은 다음과 같은 조치를 통하여 예방하여야 한다.

　가) 가축의 품종과 계통의 적절한 선택

　나) 질병 발생 및 확산 방지를 위한 사육장 위생 관리

　다) 생균제(효소제 포함), 비타민 및 무기물 급여를 통한 면역기능 증진

　라) 지역적으로 발생되는 질병이나 기생충에 저항력이 있는 종 또는 품종의 선택

| CHAPTER **02** | 과년도 + 최근 기출복원문제 |

2024년 제4회 과년도 기출복원문제

01 병해충 방제를 위해 계란노른자와 식용유를 섞어 만든 물질을 쓰시오.

정답

난황유

해설

- 난황(계란노른자 포함)은 화학 물질이나 화학적 제조 공정을 거치지 않은 조건에서 병해충 방제를 위해 사용이 가능하다(친환경 농어업 육성 및 유기식품 등의 관리·지원에 관한 법률 시행규칙 [별표 1]).
- 계란노른자와 혼합시킨 식용유를 물에 희석하여 작물과 해충에 분사하면 흰가루병, 노균병 등 병원성 세균의 세포벽과 진딧물(응애)처럼 피부 호흡을 하는 해충의 호흡기를 막아서 질식시킨다.
- 계란노른자는 유화제(물과 기름을 혼합)의 기능을 하고 실제 효과를 나타내는 것은 식용유이다.

02 다음 해충과 천적을 바르게 연결하시오.

〈해충〉	〈천적〉
㉠ 응애류	ⓐ 애꽃노린재
㉡ 진딧물	ⓑ 칠레이리응애
㉢ 총채벌레	ⓒ 풀잠자리
㉣ 굴파리	ⓓ 굴파리좀벌

정답

㉠ – ⓑ, ㉡ – ⓒ, ㉢ – ⓐ, ㉣ – ⓓ

해설

주요 해충	작물 피해	천적 종류	
응애류	잎 조직을 빨아먹어 광합성 능력을 떨어뜨리고, 작물을 고사	• 칠레이리응애 • 꼬마무당벌레	• 응애혹파리
진딧물류	• 생육저해 • 바이러스병 매개 • 그을음병 유발(광합성 능력 저하)	• 콜레마니진디벌 • 진디혹파리 • 꽃등에류	• 진디벌 • 풀잠자리 • 무당벌레
총채벌레류	• 작물의 표피조직, 꽃, 생장점 등을 가해(변색, 과실 기형, 고사) • 바이러스 매개	• 으뜸애꽃노린재 • 오이이리응애	• 유럽애꽃노린재 • 아큐레이퍼응애
굴파리류	• 잎에 굴을 형성하여 조직을 파괴, 광합성 능력 저하 • 식흔 또는 산란 흔적을 통하여 바이러스 침투하는 원인	• 잎굴파리고치벌	• 굴파리좀벌

CHAPTER 02 과년도 + 최근 기출복원문제 | **683**

03 유기축산에서 가축의 질병 예방 및 치료를 위해 가축의 면역기능 증진을 목적으로 사용 가능한 물질을 1가지 쓰시오.

정답

생균제, 효소제, 무기물, 비타민

해설

가축의 질병 예방 및 치료를 위해 사용 가능한 물질(친환경농어업 육성 및 유기식품 등의 관리·지원에 관한 법률 시행규칙 [별표 1])

사용 가능 물질	사용 가능 조건
생균제, 효소제, 비타민, 무기물	가) 합성농약, 항생제, 항균제, 호르몬제 성분을 함유하지 않을 것 나) 가축의 면역기능 증진을 목적으로 사용할 것

04 유기채소 재배 시 작물의 고온 피해 대책을 3가지 쓰시오.

정답

적절한 관수, 멀칭으로 인한 지온 상승 및 수분 증발 억제, 고온에 강한 품종 재배

해설

고온 피해의 대책
- 내열성이 강한 작물을 선택한다.
- 재배 시기를 조절하여 혹서기의 위험을 회피한다.
- 그늘을 만들어 준다.
- 관개를 해서 지온을 낮춘다.
- 비닐 터널이나 하우스재배에서 환기를 조절하여 지나친 고온을 회피한다.
- 밀식과 질소 과용을 피한다.

05 다음에서 설명하는 토양의 구조를 쓰시오.

- 토양의 물리적 성질 중 모양에 따른 분류이다.
- 접시 모양 또는 수평 배열의 구조이다.
- 오랫동안 토양을 얕게 경운하는 경우 점토 입자가 작토층 밑으로 이동, 집적되어 다져지면서 수분이 하향 이동하여 벼의 뿌리 생장을 불량하게 한다.
- 투수성이 불량하여 논토양의 하층토에서 흔히 발견할 수 있다.

정답

판상구조

해설

판상구조
- 표층토에 발달하며 토양 생성 과정 또는 인위적 요인으로 형성된다.
- 논토양 하층으로 접시 모양 또는 수평 배열의 구조이다.
- 모재의 특성이 그대로 유지되며 오랜 경운으로 특정 깊이에 점토가 집적되고 다져져 생성된다.
- 용적밀도가 크고 공극률이 매우 낮으며 수분 침투 및 배수성과 통기성 모두 불량하여 뿌리의 생장에 불리하다.

06 다음은 유기식품 및 무농약농산물 등의 인증에 관한 세부실시요령상 유기가공식품의 인증기준 중 가공원료에 대한 설명이다. ( ) 안에 들어갈 알맞은 말을 골라 순서대로 쓰시오.

> 유기로 표시하는 유기가공식품은 유기원료 함량이 인위적으로 첨가한 물과 소금을 제외한 제품 중량의 (70 / 95)% 이상 되어야 하며 합성농약 성분이 검출되지 않아야 한다. 다만, 비유기 원료 또는 재료의 오염 등 비의도적인 요인으로 합성농약 성분이 검출된 것으로 입증되는 경우에는 (0.01 / 0.1)mg/kg 이하까지만 허용한다.

정답

95, 0.01

해설

유기가공식품 인증기준 – 가공원료(유기식품 및 무농약농산물 등의 인증에 관한 세부실시요령 [별표 1])
1) 유기가공에 사용할 수 있는 원료, 식품첨가물, 가공보조제 등은 모두 유기적으로 생산된 것으로 다음의 어느 하나에 해당되어야 한다.
   가) 법에 따라 인증을 받은 유기식품
   나) 법에 따라 동등성 인정을 받은 유기가공식품
2) 1)에도 불구하고 다음의 요건에 따라 비유기원료를 사용할 수 있다. 다만, 유기원료와 같은 품목의 비유기 원료는 사용할 수 없다.
   가) 95% 유기가공식품 : 상업적으로 유기원료를 조달할 수 없는 경우 제품에 인위적으로 첨가하는 소금과 물을 제외한 제품 중량의 5% 비율 내에서 비유기 원료(시행규칙 [별표 1]에 따른 식품첨가물을 포함)의 사용
   나) 70% 유기가공식품 : 제품에 인위적으로 첨가하는 물과 소금을 제외한 제품 중량의 30% 비율 내에서 비유기원료(시행규칙 [별표 1]에 따른 식품첨가물을 포함)의 사용

07 다음 중 친환경농어업 육성 및 유기식품 등의 관리·지원에 관한 법률 시행규칙상 인증사업자가 인증품의 생산, 제조·가공자가 인증품 또는 인증품의 포장·용기에 표시하여야 하는 항목을 2가지 골라 쓰시오.

> 인증 사업자의 성명, 생산 연도, 인증기관 전화번호, 사업장소재지

정답

인증 사업자의 성명, 사업장소재지

해설

인증품 또는 인증품의 포장·용기에 표시하는 방법(친환경농어업 육성 및 유기식품 등의 관리·지원에 관한 법률 시행규칙 [별표 7])
1. 인증 사업자의 성명 또는 업체명 : 인증서에 기재된 명칭(단체로 인증받은 경우에는 단체명)을 표시하되, 단체로 인증받은 경우로서 개별 생산자명을 표시하려는 경우에는 단체명 뒤에 개별 생산자명을 괄호로 표시할 수 있다.
2. 전화번호 : 해당 제품의 품질관리와 관련하여 소비자 상담이 가능한 판매원의 전화번호를 표시한다.
3. 사업장소재지 : 해당 제품을 포장한 작업장의 주소를 번지까지 표시한다.
4. 인증 번호 : 해당 사업자의 인증서에 기재된 인증 번호를 표시한다.
5. 생산지 : 농수산물의 원산지 표시에 관한 법률에 따른 원산지 표시 방법에 따라 표시한다.

08 다음 작물을 장일식물, 중성식물, 단일식물로 분류하시오.

담배, 상추, 당근, 토마토, 목화, 시금치

정답

• 장일식물 : 상추, 시금치
• 단일식물 : 담배, 목화
• 중성식물 : 토마토, 당근

해설

장일식물	장일상태(16~18시간 조명)에서 화성이 유도·촉진되는 식물 예 가을보리, 가을밀, 양귀비, 시금치, 양파, 상추, 아주까리, 감자 등
단일식물	단일상태(8~10시간 조명)에서 화성이 유도·촉진되는 식물 예 국화, 벼, 콩, 수수, 옥수수, 담배, 목화 등
중성식물(= 중일성식물)	중성식물(중일성식물)은 낮과 밤의 길이에 관계없이 일정기간 생장하여야 유도·촉진되는 식물(일정한 한계일장이 없고 화성이 일장에 영향을 받지 않는다) 예 강낭콩, 고추, 토마토, 당근, 가지 등
정일성식물	어떤 좁은 범위의 특정한 일장에서만 화성이 유도, 촉진되는 식물 예 사탕수수 등

09 우수한 퇴비를 만들기 위한 요인을 3가지 쓰시오.

정답

탄질비, pH, 수분함량, 온도, 통기성

해설

퇴비 제조에서 중요한 인자 : 탄질비, pH, 통기성, 수분 함량, 온도
• 탄질비(30 전후) : 퇴비화 과정 중 탄소는 미생물의 에너지원으로, 질소는 영양원으로 사용된다. 퇴비화에 적합한 탄질비는 30 전후이며, 30보다 낮으면 탄소원이 제한요인이 되어 퇴비화가 늦어지고 질소 손실을 유발한다. 이보다 높은 경우는 질소 부족으로 퇴비화가 진행되지 못하거나 늦어진다.
• pH(6.5~8.0) : 퇴비화 초기에 유기산의 영향으로 pH가 낮아진다. 또한 pH가 높게 유지되면 암모니아 가스 발생량이 많아져 질소가 손실된다.
• 통기성 : 퇴비더미에 산소 공급은 호기성 미생물이 살도록 하는데 필수적이며 지나친 온도 상승을 억제하는 역할도 한다. 통기성은 퇴비 입자가 작고 수분이 많은 재료인 톱밥을 사용하여 수분 조절을 할 수 있다.
• 수분 함량(60% 전후) : 수분은 퇴비화 속도를 지배하며 40% 미만인 경우 분해 속도가 늦어지고 70% 이상의 경우 호기성 미생물의 활성이 저하되어 퇴비화가 지연되고 악취가 난다.
• 온도(45~65℃) : 퇴비화 과정 중 온도는 40℃ 이하의 중온대와 40℃ 이상의 고온대로 구분된다.

10 다음 중 온실 내에서 퇴비를 속성으로 제조할 때 퇴비의 부숙이 진행되는 온도(℃)를 골라 쓰시오.

> 5~10℃, 10~20℃, 35~40℃, 100~120℃

정답

35~40℃

해설

퇴비를 속성으로 제조할 때도 부숙 단계는 발열→감열→숙성단계를 거친다. 온도가 35~40℃로 유지되면 미생물의 활동이 활발해지고, 퇴비의 발효 속도가 빨라진다.

11 다음은 농업인 A씨가 퇴비를 만드는 도중 발생한 상황이다. 발생한 상황에 대한 1) 원인, 2) 증상, 3) 해결 방안을 [보기]에서 1가지씩 골라 쓰시오.

> 퇴비를 부숙할 때 온도가 올라가지 않았다.

┤보기├

- 곰팡이가 다수 발생하였다.
- 퇴비가 너무 건조하거나 수분이 지나치게 많다.
- 퇴비를 밀도있게 쌓아두도록 한다.
- 물이나 오줌을 넣어준다.
- 미생물의 번식 활동이 적어진다.
- 흙을 보충한다.
- 퇴비를 자주 뒤적거려 준다.

정답

1) 원인 : 퇴비가 너무 건조하거나 수분이 지나치게 많다.
2) 증상 : 미생물의 번식 활동이 적어진다.
3) 해결 방안 : 물이나 오줌을 넣어준다.

해설

퇴비를 부숙할 때 수분이 부족하면 온도가 올라가지 않는 이유는 미생물 활동과 관련이 있다. 미생물은 유기물을 분해하여 에너지를 얻는데, 이때 수분이 필요하며 미생물이 영양소를 흡수하고 대사산물을 배출하는 데 중요한 역할을 한다. 수분이 부족하면 미생물의 대사 활동이 둔화하거나 멈추게 되는데, 이는 온도 상승이 지연되거나 멈추는 주요 원인이 된다. 이때 물이나 오줌을 추가하면 적절한 수분 환경이 조성되면서 미생물의 대사가 재개된다. 오줌은 수분뿐만 아니라 질소를 포함한 영양소도 공급한다. 질소는 미생물 번식을 촉진하는데 중요한 요소이므로 오줌을 적절히 사용하면 퇴비 부숙 과정이 더욱 활발해질 수 있다.

12 다음 중 유기농업에서 토양개량 및 병해충 관리를 위해 모두 사용 가능한 물질을 3가지 골라 쓰시오.

> 클로렐라, 키토산, 식초, 님 추출물, 해조류, 이탄

정답

클로렐라, 키토산, 해조류

해설

허용물질(친환경농어업 육성 및 유기식품 등의 관리·지원에 관한 법률 시행규칙 [별표 1])
• 토양개량 및 작물생육을 위해 사용 가능한 물질 : 클로렐라, 키토산, 해조류, 이탄
• 병해충 관리를 위해 사용 가능한 물질 : 클로렐라, 키토산, 식초, 님 추출물, 해조류

13 다음은 유기식품 및 무농약농산물 등의 인증에 관한 세부실시요령상 용어의 정의이다. (　) 안에 들어갈 알맞은 말을 쓰시오.

> • (①)(이)란 작물을 재배하는 일정구역을 말하며, (②)(이)란 동일한 경작지에서 동일한 작물을 연이어 재배하지 아니하고, 서로 다른 종류의 작물을 순차적으로 조합·배열하는 방식의 작부체계를 말한다.
> • (③)(이)란 통제된 환경에서 빛(LED, 형광등) 온도, 수분 및 양분 등을 인공적으로 투입해 작물을 재배하는 시설을 말한다.

정답

① 재배포장, ② 돌려짓기(윤작), ③ 식물공장

해설

인증기준의 세부사항(유기식품 및 무농약농산물 등의 인증에 관한 세부실시요령 [별표 1])
• '재배포장'이란 작물을 재배하는 일정구역을 말한다.
• '돌려짓기(윤작)'란 동일한 재배포장에서 동일한 작물을 연이어 재배하지 아니하고, 서로 다른 종류의 작물을 순차적으로 조합·배열하는 방식의 작부체계를 말한다.
• '식물공장(vertical farm)'이란 토양을 이용하지 않고 통제된 시설공간에서 빛(LED, 형광등) 온도, 수분 및 양분 등을 인공적으로 투입해 작물을 재배하는 시설을 말한다.

14 유기농산물·무농약농산물 인증기준에 따라 재배하는 농산물 중 3년생 미만 작물의 생육기간을 쓰시오.

정답

파종일부터 첫 수확일까지

해설

작물별 생육기간(유기식품 및 무농약농산물 등의 인증에 관한 세부실시요령 [별표 1의2])
• 3년생 미만 작물 : 파종일부터 첫 수확일까지
• 3년 이상 다년생 작물(인삼, 더덕 등) : 파종일부터 3년의 기간을 생육기간으로 적용
• 낙엽수(사과, 배, 감 등) : 생장(개엽 또는 개화) 개시기부터 첫 수확일까지
• 상록수(감귤, 녹차 등) : 직전 수확이 완료된 날부터 다음 첫 수확일까지

15 다음은 친환경농어업 육성 및 유기식품 등의 관리·지원에 관한 법률상 인증의 유효기간에 대한 설명이다. (   ) 안에 들어갈 알맞은 내용을 쓰시오.

> 유기식품 등의 인증 신청 및 심사 등에 따른 인증의 유효기간은 인증을 받은 날부터 (   )년으로 한다.

정답

1

해설

인증의 유효기간 등(친환경농어업 육성 및 유기식품 등의 관리·지원에 관한 법률 제21조 제1항)
제20조에 따른 인증의 유효기간은 인증을 받은 날부터 1년으로 한다.

16 다음은 노지와 비교했을 때 시설재배지의 염류집적에 대한 설명이다. (   ) 안에 들어갈 알맞은 말을 골라 순서대로 쓰시오.

> • 시설재배지 토양의 염류 농도는 (높고 / 낮고), pH는 (높다 / 낮다).
> • 토양의 공극률은 (높다 / 낮다).

정답

높고, 높다, 낮다

해설

시설재배지 내 염류가 집적된 토양의 특징
• 시설 내에는 강우가 전혀 없어 인공 관수에 의존하며, 온도가 높아 건조하기 쉽다.
• 뿌리의 수분 흡수 범위가 좁고 얕으며 지하수의 이동을 제한한다.
• 토양이 굳게 다져져 경반층이 생기고 공극량이 적어지며 토양의 공기 함량이 줄어든다.
• 염류가 집적된 시설재배지 토양은 화학비료와 잦은 관수로 양이온(K^+, Na^+, Ca^{2+}, Mg^{2+} 등)이 토양에 축적되는데 나트륨(Na^+)과 같은 양이온이 토양의 교환 가능한 양이온 자리(CEC)에 수소이온(H^+)을 대체한다. 수소이온(H^+) 농도가 감소하면 pH가 높아져 토양이 알칼리성이 된다.

17 염류집적의 원인을 3가지 쓰시오.

정답

- 비료의 과잉 시비
- 특정 작물의 반복 재배로 인한 동일한 비료 성분의 소모와 축적
- 시설재배지와 같이 강우량이 적고 증발산이 많은 환경
- 유독물질의 축적

해설

염류집적(soil salinization)은 토양 내 염분이 과도하게 축적되어 작물 생육에 부정적인 영향을 미치는 현상을 의미한다.

18 다음은 퇴비의 어떤 규격을 검사하기 위한 방법인지 쓰시오.

> 상온(25℃)의 퇴비에서 발생하는 이산화탄소 및 암모니아 가스의 농도를 측정하여 판정한다. 측정 방법으로는 콤백 측정법, 솔비타 측정법 등이 있으며, 가스 발생량의 많고 적음에 따라 결과를 평가한다.

정답

퇴비 부숙도

해설

퇴비 부숙도 검사 중 기계적 측정 방법

- 콤백(CoMMe-100) 측정법 : 미부숙 퇴비 등에 적합한 수분 함량을 유지하면 미생물의 활성에 의해 이산화탄소(CO_2) 및 암모니아(NH_3) 가스가 발생하면 이를 측정하기 위해 콤백 기기 안에 넣어 젤 상태의 패들과 반응시켜 변화되는 패들의 색 변화를 기계적으로 측정하여 부숙도를 판정하는 방법이다.
- 솔비타(solvita) 측정법 : 퇴비를 솔비타 장비의 반응 패드에 넣어 일정 시간 후 발생하는 가스 농도에 따라 색상 변화를 표준 컬러차트와 비교하여 퇴비의 부숙도를 판정하는 방법이다.
  - CO_2 발생량 : 유기물이 분해되면서 미생물이 생성하는 이산화탄소의 양으로, 발생량이 많을수록 퇴비가 아직 미숙한 상태임을 의미한다.
  - NH_3 발생량 : 암모니아는 질소 성분의 분해 과정에서 발생하며 발생량이 많을수록 퇴비의 안정성이 낮거나 비료화 과정에서 문제가 있음을 의미한다.

19 다음은 유기식품 및 무농약농산물 등의 인증에 관한 세부실시요령상 유기축산물의 인증기준에 대한 설명이다. ( ) 안에 옳은 것은 ○, 틀린 것은 × 표시하시오.

---

1) 유기축산물의 생산을 위한 가축에게는 100% 유기사료를 공급하는 것을 원칙으로 할 것 ( )
2) 반추가축에게 사일리지만을 공급하지 않으며, 비반추가축에게도 가능한 조사료를 공급할 것 ( )
3) 교배는 종축을 사용한 자연교배가 원칙이나 수정란 이식을 허용함 ( )
4) 지하수의 수질보전 등에 관한 규칙에 따른 생활용수 수질기준에 적합한 신선한 음수를 상시 급여할 ( )
   수 있어야 함
5) 유기합성농약 또는 유기합성농약 성분이 함유된 동물용의약외품 등의 자재를 축사 및 축사 주변에 사용하 ( )
   지 아니할 것

정답
1) ○, 2) ○, 3) ×, 4) ○, 5) ○

해설
3) 교배는 종축을 사용한 자연교배가 원칙이나 인공수정을 허용함(유기식품 및 무농약농산물 등의 인증에 관한 세부실시요령 [별표 1])

20 다음은 토양유기물의 기능에 대한 설명이다. ( ) 안에 옳은 것은 ○, 틀린 것은 × 표시하시오.

---

1) 각종 산을 생성하여 광물질을 분해한다. ( )
2) 토양의 입단구조를 형성한다. ( )
3) 토양 완충능을 저하시킨다. ( )
4) 식물의 생장을 촉진하고, 양분을 제공한다. ( )
5) 토양 내 미생물 활성을 증진한다. ( )

정답
1) ○, 2) ○, 3) ×, 4) ○, 5) ○

해설
토양유기물의 기능(부식의 효과)
- 토양유기물은 음(−)전하를 띠어 카드뮴(Cd^{2+}), 납(Pb^{2+}), 구리(Cu^{2+})와 같은 중금속 이온과 결합하여 이온의 이동성과 독성을 감소시킨다.
- 알루미늄(Al^{3+}), 철(Fe^{3+})과 결합하면 불용화되거나 킬레이트화되어 산성토양에서 작물에게 알루미늄 독성과 철의 과잉 흡수를 완화한다.
- 부식이 만들어지는 과정에서 생성된 점질물은 토양 입단을 형성하여 투수성, 보수성, 통기성을 높여 토양의 물리성을 개선한다.
- 토양유기물이 분해될 때 미생물의 대사열로 토양온도가 상승하고, 부식은 어두운 암갈색이어서 태양의 복사열 흡수율을 높인다.
- 토양유기물을 시용하면 토양을 부드럽고 통기성을 좋게 만들어 용적밀도를 낮춘다.

CHAPTER 02 과년도 + 최근 기출복원문제

2025년 제1회 최근 기출복원문제

01 유기식품 및 무농약농산물 등의 인증에 관한 세부실시요령상 유기농산물 표면의 세척·소독제로 사용 가능한 물질을 2가지 쓰시오.

정답

과산화수소, 오존수, 이산화염소(수), 차아염소산수

해설

유기농산물 표면의 세척·소독제로 사용 가능한 물질(유기식품 및 무농약농산물 등의 인증에 관한 세부실시요령 [별표 1])

과산화수소, 오존수, 이산화염소(수), 차아염소산수

02 다음에서 설명하는 재배법을 쓰시오.

과수원 같은 곳에서 목초, 녹비 등을 나무 밑에 가꾸는 재배법을 말한다.

정답

초생재배(초생법)

해설

토양표면관리

- 청경재배(청경법) : 잡초, 풀이 없이 깨끗한 상태로 토양을 관리하는 방법
- 초생재배(초생법) : 경사지나 과수원에서 풀을 재배하는 방법
- 멀칭재배(부초법) : 토양 표면에 비닐, 짚 등 다양한 멀칭재료로 표면을 덮어서 관리하는 방법

03 윤작의 효과를 3가지 쓰시오.

정답

지력 유지 및 증강, 토양보호, 기지 회피, 병해충 및 잡초 경감, 수량물 증대, 토지 이용도 향상, 노력 분배의 합리화, 농업경영 안정성 증대 등

692 | PART 03 실기(필답형)

04 다음은 미국농무성법 토성삼각도이다. ( ) 안에 들어갈 알맞은 내용을 쓰시오.

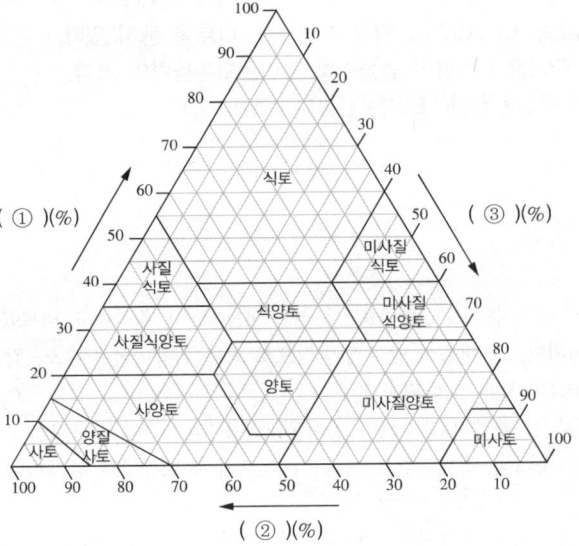

정답

① 점토 함량, ② 모래 함량, ③ 미사 함량

해설

토성삼각도(미국농무성법)
자갈을 제외한 입자의 지름이 2mm 이하로 된 무기 입자인 모래, 미사, 점토의 함량이 토성삼각도표에서 만나는 점으로 토성명이 결정된다.

05 토양유기물 중 분해가 가장 느린 것을 [보기]에서 골라 쓰시오.

┌ 보기 ┐

당·전분, 리그닌, 헤미셀룰로스, 셀룰로스

정답

리그닌

해설

리그닌은 식물 세포벽의 주요 성분으로, 대부분의 세균이나 곰팡이 효소에 의해 쉽게 분해되지 않는 난분해성 물질이다. 리그닌이 분해되기 위해서는 온도가 적당해야 하고 산소가 풍부해야 하며, pH가 중성에서 약산성 범위일 때 효소 활성이 극대화되어 분해가 활발하게 이루어진다. 토양 내에서는 이러한 최적 조건이 제한적이므로 분해 속도가 매우 느리고, 퇴비화 과정에서는 가장 마지막 숙성단계가 되어야 천천히 분해된다.
※ 토양유기물 분해 순서 : 전분 → 헤미셀룰로스 → 셀룰로스 → 리그닌

06 다음은 양이온교환용량에 대한 설명이다. (   ) 안에 들어갈 알맞은 말을 골라 순서대로 쓰시오.

> • 교환성 양이온에는 칼슘, 마그네슘, (칼륨 / 염소), 나트륨 등이 있다.
> • 토양 중 (유기물 / 무기물) 함량이 높을수록 양이온교환용량이 크다.
> • 우리나라 토양의 양이온교환용량(CEC)은 (높다 / 낮다).

정답

칼륨, 유기물, 낮다

해설

• 토양에 흡착되는 양이온은 주로 수소(H^+), 칼슘(Ca^{2+}), 마그네슘(Mg^{2+}), 칼륨(K^+), 나트륨(Na^+)이다. 그 외 다른 양이온들도 콜로이드 입자 표면에 흡착되어 있지만, 그 비율이 낮아 일반적으로 교환성 양이온은 수소, 칼슘, 마그네슘, 칼륨, 나트륨 등의 이온들을 말한다. 염소(Cl^-)는 음이온이므로 포함되지 않는다.
• 토양 중 점토나 유기물(부식) 함량이 증가하면 양이온교환용량(CEC)이 높아져 교환성 양이온을 더 많이 보유할 수 있다.
• 우리나라 토양은 유기물 함량이 적고, 주로 카올리나이트가 점토광물로 존재하여 양이온교환용량(CEC)이 낮은 편으로 약 $10cmol_c/100g$ 정도이다.

07 뱅커플랜트(banker plant)의 정의를 쓰시오.

정답

천적을 증식하고 유지하는 데 이용되는 식물

해설

'천적 유지 식물'이라고 하는 뱅커플랜트는 해충이 사라졌을 때 천적이 살아남을 수 있도록 먹이를 제공하는 역할을 한다. 대표적인 예로 진딧물의 천적 유지 식물에 가장 많이 쓰이는 것이 보리이다. 보리는 딸기, 고추, 파프리카 등 대부분의 시설재배 작물과 유연관계가 멀어 여기서 발생하는 진딧물은 시설재배 작물에 피해를 주지 않는다. 진딧물류의 천적인 진디벌은 많은 종류의 진딧물에 기생하기 때문에 작물에 진딧물이 발생하지 않는 동안에는 보리에 있는 진딧물에 기생하여 살고 있다가 작물에 진딧물이 생기면 이동하여 작물에 발생하는 진딧물을 방제해 줄 수 있게 되는 원리이다.

08 유기식품 및 무농약농산물 등의 인증에 관한 세부실시요령에 따라 인증심사원이 현장감독 및 방문할 수 있는 시기는 언제인지 쓰시오(단, 유기농산물, 유기축산물, 유기가공품 중 1가지).

정답

• 유기농산물 : 작물이 생육 중인 시기
• 유기축산물 : 가축이 사육 중인 시기
• 유기가공품 : 인증품을 제조·가공 또는 취급 중인 시기(시제품 생산을 포함)

해설

인증심사의 절차 및 방법(유기식품 및 무농약농산물 등의 인증에 관한 세부실시요령 [별표 2])
현장심사는 작물이 생육 중인 시기, 가축이 사육 중인 시기, 인증품을 제조·가공 또는 취급 중인 시기(시제품 생산을 포함)에 실시하고 신청한 농산물, 축산물, 가공품의 생산이 완료되는 시기에는 현장심사를 할 수 없다.

09 다음은 부식의 용해성에 대한 설명이다. 각 설명에 해당하는 부식물질의 종류를 쓰시오.

> 1) 알칼리에는 잘 녹지만 산에는 잘 녹지 않는 큰 분자량을 지닌 산성 유기물의 복합체이다.
> 2) 산과 알칼리 모두에 용해되며 산소가 충분히 공급될 수 있는 토양 환경에서 식물체의 유기성분 등이 미생물 군집에 의해 생분해되는 과정을 통해 생성된다.

정답

1) 부식산(humic acid), 2) 풀빅산(fulvic acid)

해설

1) 부식산(humic acid) : 흙 속 유기물이 미생물에 의해 분해되어 생긴 산성의 고분자 유기물로, 알칼리에는 잘 녹고 산에는 녹지 않으며, 토양의 영양분 저장력과 비옥도 유지에 중요한 역할
2) 풀빅산(fulvic acid) : 부식 중 분자량이 작고 산·알칼리 모두에 잘 녹는 황갈색 유기산으로, 토양에서 양이온을 붙잡고 이동시키며, 미량원소의 흡수를 촉진하고 토양구조를 안정화하는 역할

10 토양의 염류(염분)를 제거하기 위해 재배할 수 있는 청예작물을 2가지 쓰시오.

정답

옥수수, 귀리

해설

- 청예작물 : 곡식의 줄기나 잎을 사료로 사용할 목적으로 재배하고 곡식이 익기 전에 베어서 생초를 그대로 또는 건초나 사일리지 형태로 이용하는 작물로 옥수수, 귀리, 호밀, 청보리 등이 있다.
- 제염작물 : 토양에 축적된 염류(소금기)를 흡수해 토양의 염분 농도를 낮추는 데 도움을 주는 작물로 옥수수, 수수, 피, 귀리 등이 있다.

11 다음 중 유기가공식품에서 가공보조제 중 응고제로 사용 가능한 물질을 2가지 골라 쓰시오.

> 규조토, 염화마그네슘, 황산칼슘, d-토코페롤

정답

염화마그네슘, 황산칼슘

해설

식품첨가물 또는 가공보조제로 사용 가능한 물질(친환경농어업 육성 및 유기식품 등의 관리·지원에 관한 법률 시행규칙 [별표 1])

명칭	식품첨가물로 사용 시 사용 가능 범위	가공보조제로 사용 시 사용 가능 범위
규조토	×	여과보조제
염화마그네슘	두류제품	응고제
황산칼슘	케이크, 과자, 두류제품, 효모제품	응고제
d-토코페롤(혼합형)	유지류(산화방지제로만 사용할 것)	×

12 아열대 및 열대 지방의 상록수에서 추출되며 아자디라크틴(azadirachtin)을 함유한 물질로, 독성과 어독성이 낮고 진딧물에 대한 살충 효과가 높아 유기농업에서 병해충 관리용으로 사용되는 이 물질을 [보기]에서 골라 쓰시오.

┌ 보기 ┐

데리스 추출물, 님 추출물, 제충국 추출물, 쿠아시아 추출물

정답

님 추출물

해설

님 추출물은 열대 및 아열대 지방의 상록수인 님(neem)나무에서 얻으며, 주요 유효성분은 아자디라크틴(azadirachtin)으로, 곤충의 섭식 억제와 탈피·번식 저해 작용을 한다. 독성과 어독성(물고기에 대한 독성)이 낮고 인체 및 가축에 대한 안전성이 높아 환경친화적이며, 진딧물, 총채벌레, 흰가루병 등 다양한 해충에 효과가 있다.

※ 식물에서 추출한 병해충 방제용 허용물질의 주요 성분과 특징

물질	주요 성분	특징
데리스 추출물	로테논(rotenone)	살충력은 강하나 어독성이 크다.
제충국 추출물	피레트린(pyrethrin)	살충 성분이 불안정해서 휘발유 침출액 형태로 보관하는 것이 좋다.
쿠아시아 추출물	쿠아신(quassin)	쿠아시아나무의 껍질에서 추출한다.

13 퇴비화 과정의 각 단계와 알맞은 설명을 바르게 연결하시오.

㉠ 발열단계	ⓐ 퇴비더미의 온도가 서서히 낮아져 25~45℃로 유지된다.
㉡ 숙성단계	ⓑ 박테리아에 의해 유기물이 분해되는 과정이다.
㉢ 감열단계	ⓒ 붉은두엄벌레와 그 밖의 생물들이 서식한다.

정답

㉠ – ⓑ, ㉡ – ⓒ, ㉢ – ⓐ

해설

퇴비화 과정

발열단계	• 퇴비더미를 쌓은 후 박테리아에 의하여 유기물 분해가 시작되고, 그 과정에서 방출되는 에너지로 온도가 상승하게 된다. • 온도가 60~70℃까지 상승하면 2~3주 지속되며, 이때 저온성균은 죽고, 고온성균인 방선균과 바실러스가 관여한다. • 고온성균에 의해 셀룰로스 일부, 헤미셀룰로스, 펙틴 등이 분해되며, 탄질비가 낮아진다. • 분해 과정의 대부분이 이 시기에 이루어지며, 고온에 의하여 병원균과 잡초 뿌리, 종자가 사멸한다. • 산소가 충분히 공급되어야 박테리아가 증식하고, 부족하면 악취가 난다. • 발열 과정 전반에 걸쳐 수분 요구량이 매우 높고, 온도가 높아질수록 pH가 증가한다.
감열단계	• 유기물의 분해가 어느 정도 진행되면 퇴비더미의 온도는 서서히 낮아져 25~45℃를 유지하게 된다. • 리그닌과 같은 난분해성 유기물만 남게 되어 분해 속도가 느려지고 온도는 더이상 올라가지 않는다. • 온도가 낮아져 곰팡이가 정착하기 시작하면 줄기, 섬유질, 목질부와 같은 분해되기 어려운 물질들의 분해가 시작된다.
숙성단계	• 무기물과 부식산, 항생물질로 구성되며, 부숙이 진행됨에 따라 퇴비 고유의 냄새가 나고, 붉은두엄벌레 등의 토양생물이 서식하게 된다. • 퇴비화가 완료되면 퇴비는 처음 부피의 반으로 줄어들고 어두운 빛깔(암갈색 또는 흑갈색)을 띤다. • 장기간 숙성 과정에서 적은 양의 수분을 요구한다.

14 다음은 유기식품 및 무농약농산물 등의 인증에 관한 세부실시요령상 재배포장의 시료 수거 방법에 대한 설명이다. ( ) 안에 들어갈 알맞은 말을 순서대로 쓰시오.

> 재배포장의 토양은 대상 모집단의 대표성이 확보될 수 있도록 ( )자형 또는 W자형으로 최소한 ( )개소 이상의 수거 지점을 선정하여 채취한다.

정답

Z, 10

해설

인증심사의 절차 및 방법의 세부사항(유기식품 및 무농약농산물 등의 인증에 관한 세부실시요령상 [별표 2])
재배포장의 토양은 대상 모집단의 대표성이 확보될 수 있도록 Z자형 또는 W자형으로 최소한 10개소 이상의 수거 지점을 선정하여 채취한다.

15 다음은 유기식품 및 무농약농산물 등의 인증에 관한 세부실시요령상 유기농산물의 품질관리에 관한 내용이다. ( ) 안에 들어갈 알맞은 말을 골라 순서대로 쓰시오.

> 합성농약 검출 원인이 비의도적 오염으로 확인된 경우, 합성농약 검출량은 식품위생법에 따라 식품의약품안전처장이 고시한 농약잔류 허용기준의 (10분의 1 / 20분의 1) 이하이어야 하고, 같은 고시에서 잔류허용기준을 정하지 않은 경우에는 (0.01 / 0.001)mg/kg 이하이어야 한다.

정답

20분의 1, 0.01

해설

유기농산물의 인증기준 – 생산물의 품질관리 등(유기식품 및 무농약농산물 등의 인증에 관한 세부실시요령 [별표 1])

16 친환경농어업 육성 및 유기식품 등의 관리·지원에 관한 법률 시행규칙에 따른 사용 가능 물질과 사용 용도를 바르게 연결하시오(단, 사용 가능 조건을 모두 만족한다).

〈사용 가능 물질〉	〈사용 용도〉
㉠ 쌀겨	ⓐ 병해충 방제용
㉡ 데리스 추출물	ⓑ 토양개량 및 작물생육용
㉢ 초목 추출물, 비타민 A	ⓒ 유기축산물 및 비식용유기가공품

정답

㉠ – ⓑ, ㉡ – ⓐ, ㉢ – ⓒ

해설

허용물질(농림축산식품부 소관 친환경농어업 육성 및 유기식품 등의 관리·지원에 관한 법률 시행규칙 [별표 1])

17 다음 중 유기농업에서 토양개량 및 작물생육용으로 사용할 수 없는 것을 골라 기호를 쓰시오.

> ㉠ 벌레 등 자연적으로 생긴 유기체
> ㉡ 요소를 투입하여 발효시킨 짚·왕겨
> ㉢ 자연에서 유래한 탄산칼슘
> ㉣ 잔류농약이 검출되지 않은 천일염

정답

㉡

해설

허용물질 - 짚, 왕겨, 쌀겨 및 산야초 사용 가능 조건(농림축산식품부 소관 친환경농어업 육성 및 유기식품 등의 관리·지원에 관한 법률 시행규칙 [별표 1])
비료화하여 사용할 경우 화학물질 첨가나 화학적 제조공정을 거치지 않아야 한다. 요소[$CO(NH_2)_2$]는 합성화학비료로 유기재배 시 사용이 금지된다.

18 다음은 유기농업자재에 대한 설명이다. 옳은 것을 골라 기호를 쓰시오.

> ㉠ 유기농업자재는 자연에서 얻은 물질만을 가공 없이 그대로 이용해야 한다.
> ㉡ 제조 시 물리적·생물학적 방법을 사용한다.
> ㉢ 토양의 미생물 활성을 높여 작물의 생육 환경을 개선한다.
> ㉣ 합성농약에 비해 제조 과정에서 많은 에너지가 소요되지 않는다.
> ㉤ 관행농업자재에 비해 가격이 저렴하거나 제조 비용이 거의 들지 않는다.
> ㉥ 농약의 효과를 빠르게 얻기 위해 합성화학물질을 첨가할 수 있다.

정답

㉡, ㉢, ㉣

해설

㉠·㉡ 유기농업자재는 자연에서 얻은 물질을 그대로 이용하거나 물리적·생물학적 방법으로 제조하여 사용하기도 한다.
㉢ 퇴비, 액비, 미생물제 등 대부분의 유기농업자재는 토양 내 미생물의 활성을 촉진하고, 작물의 생육 환경을 개선하는 역할을 한다.
㉣·㉤ 합성농약이나 화학비료에 비해 에너지를 많이 소모하지 않고 상대적으로 제조 과정이 단순하지만, 엄격한 관리 기준과 생산비 부담 때문에 관행농업자재에 비해 가격이 2배 이상 비싸다.
㉥ 유기농업에서는 합성화학물질의 첨가가 금지되어 있으며, 자연 유래 성분만 사용해야 한다.

19 다음에서 설명하는 농산물의 포장 방법을 쓰시오.

> 농산물 포장 내부의 공기를 제거한 뒤 질소, 탄산가스, 산소 등의 기체를 농산물별 수명에 맞게 특정 비율로 조절하여 주입한 다음 밀봉하는 방법이다.

정답

MAP(MA포장)

해설

MAP(modified atmosphere packaging, MA포장)
- 가스 치환 포장 기법 중 한 가지로, 식품의 보존 기간을 늘리고 신선도를 유지하기 위해 포장 내부의 공기 조성을 인위적으로 조절하는 방법이다.
- 일반적으로 포장 내부의 공기를 제거한 뒤 산소(O_2), 이산화탄소(CO_2), 질소(N_2) 등의 가스를 특정 비율로 혼합하여 주입한 다음 밀봉한다. 농산물의 경우 낮은 산소와 높은 이산화탄소 환경을 조성해 호흡 속도를 늦추고 숙성 및 노화를 지연시켜 신선도 유지한다.
- 특정 온도에서의 호흡률과 투과성 필름을 이용해 포장 내부의 산소와 이산화탄소 농도를 조절하기도 한다.

20 다음은 퇴비 모재료에 대한 설명이다. ( ) 안에 옳은 것은 ○, 틀린 것은 × 표시하시오.

> 1) 퇴비 모재료에서 탄질비는 가장 중요한 요소이다. ( )
> 2) 계분이 우분보다 인산 함량이 더 많다. ( )
> 3) 퇴비 모재료는 질산 함량이 낮은 것일수록 좋다. ( )
> 4) 병원성이 있는 모재료인 것이 좋다. ( )
> 5) 단단한 가시를 퇴비 모재료로 사용할 수 있다. ( )

정답

1) ○, 2) ○, 3) ×, 4) ×, 5) ×

해설

퇴비의 원료 선택 시 고려사항
- 퇴비의 품질과 분해 속도를 결정하는데 탄질비는 미생물이 유기물을 분해하면서 탄소를 에너지원으로 사용하고 질소를 생육에 이용한다.
- 퇴비의 모재료 중 계분은 N, P, K 모든 함량이 우분보다 많다.
- 질소 함량이 너무 높으면 초기 분해 과정에서 질소 손실이 있을 수 있지만 질소 함량이 너무 낮으면 미생물 활동이 둔화하여 분해 속도가 늦어지면서 퇴비화 진행이 어려울 수 있으므로 적절한 탄질비가 중요하다.
- 병원성 미생물이나 유해물질이 포함된 모재료는 퇴비의 품질을 저하하여 퇴비로 적합하지 않다.
- 단단한 가시 같은 퇴비 재료는 분해 속도가 매우 느리기 때문에 퇴비화에 적합하지 않다.

CHAPTER 02 과년도 + 최근 기출복원문제

2025년 제2회 최근 기출복원문제

01 다음은 퇴비 부숙도 검사 시 관능 평가항목이다. 각 항목별로 잘 부숙된 퇴비에 해당하는 것의 기호를 골라 쓰시오.

1) 색깔	㉠ 흑색	㉡ 갈색	㉢ 황색
2) 냄새	㉠ 아주 강한 원료 냄새	㉡ 원료 냄새를 알 수 있는 정도	㉢ 원료 냄새 완전 소멸
3) 형태	㉠ 원료의 형태를 유지	㉡ 원료의 형태가 상당히 붕괴	㉢ 원료의 형태를 알 수 없음
4) 수분	㉠ 50% 전후(손으로 움켜쥐면 손가락사이로 물기가 스미지 않음, 부스러기가 털어질 정도)	㉡ 60% 전후(손으로 움켜쥐면 손가락사이로 물기가 약간 나옴)	㉢ 70% 이상(손으로 움켜쥐면 손가락사이로 물기가 많이 나옴)

정답

1) ㉠, 2) ㉢, 3) ㉢, 4) ㉠

해설

퇴비 부숙도 관능검사

1), 3) 색깔 및 형상 : 갈색 또는 흑색을 띠고 축분의 형상이 완전히 소멸된 것으로 색과 입자가 고르고 균일해야 한다.

2) 냄새 : 축분 냄새가 완전히 소멸되고 흙냄새 등 퇴비 냄새가 나야 한다.

4) 수분 : 손으로 움켜쥐면 손가락사이로 물기가 스미지 않고 부스러기가 털어질 정도로 50% 전후의 수분이어야 한다.

02 화본과 작물이 두과 작물보다 분해가 느린 이유를 2가지 쓰시오.

정답

• 화본과 작물은 두과 작물에 비해 세포벽 구성 물질이 많다.

• 화본과 작물이 두과 작물보다 탄질비가 높다.

해설

화본과 작물은 두과 작물에 비해 리그닌과 같은 탄소 함량이 높은 난분해성 물질을 더 많이 포함한다. 리그닌은 세포벽을 단단하게 만들고 미생물에 의한 분해를 어렵게 한다. 또한 두과 작물은 공기 중의 질소(N_2)를 암모늄(NH_4^+) 형태로 고정하여 체내에 질소 함량이 높아 단백질이 풍부하지만, 화본과 작물은 질소고정 능력이 없어, 질소 함량이 낮고 단백질 비율도 낮다. 따라서 화본과 작물은 탄소 함량이 높고 질소 함량이 낮아 탄질비가 높으며, 미생물이 분해하는 데 필요한 질소가 상대적으로 부족하여 분해 속도가 느리다.

03 다음 중 작물의 재배 후 10년 이상 휴작이 필요한 작물을 골라 쓰시오.

담배, 당근, 아마, 강낭콩, 감자, 인삼, 호박

정답

아마, 인삼

해설

• 연작의 피해가 적은 작물 : 호박, 당근, 담배
• 2년 휴작이 필요한 작물 : 감자
• 3년 휴작이 필요한 작물 : 강낭콩

04 바이오매스 생산이 우수하고, 늦가을에 파종하여 월동이 가능한 내동성 작물로서, 월동 후에 강우나 비바람으로부터 토양을 보호하는 포복형 녹비작물을 [보기]에서 골라 쓰시오.

┤보기├

헤어리베치, 알팔파, 호밀, 메밀

정답

헤어리베치

해설

헤어리베치

• 녹비작물 중 비교적 내동성이 강하며 가을에 파종하여 싹이 난 후 초기 생육에서 추운 겨울을 잘 견뎌내고, 월동 후 다시 잘 자라기 때문에 우리나라 중북부 지방에서도 재배 가능한 두과 녹비작물이다.
• 월동 후 4월 중순부터 왕성하게 자라는데, 특히 5월에 빠른 성장을 보여 5월 말에 생육 최성기를 맞고 6월 중순에 이르면 말라 죽는 하고현상을 보인다.
• 덩굴성으로 토양의 피복률을 높일 뿐만 아니라 콩과 작물로 지하부의 뿌리혹박테리아가 공중질소를 고정하여 지력 증진에도 유용하다.
• 질소 함량이 높아 조단백질을 많이 함유하고, 분해 속도가 빨라 사료작물로도 활용할 수 있다.
※ 바이오매스(biomass) : 식물, 동물, 미생물 등 생물체에서 유래한 유기성 자원으로, 에너지나 자원으로 활용할 수 있는 물질을 말한다. 헤어리베치, 볏짚, 왕겨, 톱밥, 옥수수대, 사탕수수 찌꺼기 등이 있다.

05 탄질비가 20~30 정도인 유기물을 비료로 사용했을 때 이를 분해하려는 토양미생물이 토양 내 기존의 질소를 흡수하게 되고, 작물이 이용할 수 있는 질소가 부족해져 발생하는 현상은 무엇인지 쓰시오.

정답

질소기아현상

해설

질소기아현상이란 탄질비가 높은 유기물을 비료로 사용했을 때 토양에 들어있는 미생물과의 질소 경합으로 작물이 이용할 수 있는 질소가 부족해지는 현상이다.

CHAPTER 02 과년도 + 최근 기출복원문제 | **701**

06 나무를 숯으로 만드는 과정에서 발생한 연기를 액화시킨 후 숙성 과정을 거쳐 유해물질을 제거하여 얻은 액체로, 주요 성분은 초산(3~7%)이다. 옅은 붉은색을 띠고 특유의 강한 냄새가 나며, 발근과 토양미생물의 활성화 효과가 있어 유기농업에서 작물생육용으로 사용 가능한 물질을 쓰시오.

정답

목초액

07 유기재배 시 병원균의 침입을 예방하는 보호용 살균제로, 황산구리와 석회를 섞은 혼합액인 병해충 관리용 물질을 쓰시오.

정답

석회보르도액

해설

보르도액은 포도의 병을 막기 위하여 프랑스에서 처음 개발한 살진균제이다. 이미 발생한 병원균의 치료에는 효과가 없으나 병원균이 전파되는 것을 방제하는 힘은 매우 강하여 보호용 살균제로 사용된다. 주로 갈색무늬병을 비롯하여 노균병, 녹병 등의 예방을 위해 사용한다.

08 다음은 유기식품 및 무농약농산물 등의 인증에 관한 세부실시요령상 용어의 정의이다. 각 설명에 해당하는 용어를 쓰시오.

> 1) 동일한 재배포장에서 동일한 작물을 연이어 재배하지 아니하고, 서로 다른 종류의 작물을 순차적으로 조합·배열하는 방식을 말한다.
> 2) 인증을 받은 자가 인증받은 품목과 같은 품목의 일반농산물가공품 또는 인증 종류가 다른 인증품을 생산하거나 취급하는 것을 말한다.
> 3) 토양을 이용하지 않고 통제된 시설 공간에서 빛(LED, 형광등), 온도, 수분, 양분 등을 인공적으로 투입하여 작물을 재배하는 시설을 말한다.

정답

1) 돌려짓기(윤작), 2) 병행생산, 3) 식물공장

해설

인증기준의 세부사항(유기식품 및 무농약농산물 등의 인증에 관한 세부실시요령 [별표 1])

09 유기농산물·무농약농산물 인증기준에 따라 재배하는 농산물 중 사과, 배, 감 등 낙엽수의 생육기간을 쓰시오.

정답

생장(개엽 또는 개화) 개시기부터 첫 수확일까지

해설

작물별 생육기간(유기식품 및 무농약농산물 등의 인증에 관한 세부실시요령 [별표 1의2])

가. 3년생 미만 작물 : 파종일부터 첫 수확일까지

나. 3년 이상 다년생 작물(인삼, 더덕 등) : 파종일부터 3년의 기간을 생육기간으로 적용

다. 낙엽수(사과, 배, 감 등) : 생장(개엽 또는 개화) 개시기부터 첫 수확일까지

라. 상록수(감귤, 녹차 등) : 직전 수확이 완료된 날부터 다음 첫 수확일까지

10 다음은 친환경농어업 육성 및 유기식품 등의 관리·지원에 관한 법률 시행규칙상 토양개량과 작물생육을 위하여 '사람의 배설물'을 사용할 때 사용 가능 조건(오줌만인 경우는 제외)이다. ( ) 안에 들어갈 알맞은 내용을 쓰시오.

> 고온발효의 경우 (①)℃ 이상에서 (②)일 이상 발효된 것, 또는 저온발효의 경우 (③)개월 이상 발효된 것

정답

① 50, ② 7, ③ 6

해설

허용물질 - 사람의 배설물 사용 가능 조건(친환경농어업 육성 및 유기식품 등의 관리·지원에 관한 법률 시행규칙 [별표 1])

(1) 완전히 발효되어 부숙된 것일 것

(2) 고온발효 : 50℃ 이상에서 7일 이상 발효된 것

(3) 저온발효 : 6개월 이상 발효된 것일 것

(4) 엽채류 등 농산물·임산물 중 사람이 직접 먹는 부위에는 사용하지 않을 것

11 유기농업에서 병해충 관리를 위해 사용 가능한 물질 중 '달팽이 관리용'으로만 사용 가능한 물질을 쓰시오.

정답

인산철

해설

허용물질(친환경농어업 육성 및 유기식품 등의 관리·지원에 관한 법률 시행규칙 [별표 1])

인산철은 달팽이가 먹으면 소화기관을 마비시켜 방제를 할 수 있는데 다른 생물체에는 영향을 주지 않는다. 다만, 인산철은 화학비료 형태로 작물에게 공급될 수 있기 때문에 유기재배 시 다른 용도로 사용할 수 없다.

CHAPTER 02 과년도 + 최근 기출복원문제 | **703**

12 다음의 목적에 맞는 유기농법을 [보기]에서 2가지씩 골라 쓰시오.

---

1) 생물학적 잡초 방제
2) 비료 대체 효과
3) 배설물의 유기물 순환

┤보기├──────────────────────────────

쌀겨농법, 우렁이농법, 오리농법

──────────────────────────────

정답

1) 오리농법, 우렁이농법
2) 오리농법, 쌀겨농법
3) 오리농법, 우렁이농법

해설

• 쌀겨농법 : 쌀겨를 논에 뿌려 유효 미생물을 증식시킴으로써 비료의 효과를 높이고 잡초의 발생도 억제하는 농법으로 밑거름 역할 및 미생물 활동으로 지력이 증진되나 살포 시 노동력이 필요하다.
• 우렁이농법 : 우렁이의 잡식성 특성을 활용해 논에서 발생하는 잡초를 효과적으로 방제하는 생물학적 잡초 방제법으로, 배설물로 인한 유기물 순환 등 토양 생태계 보전 및 수질오염을 방지한다.
• 오리농법 : 벼재배 논에 오리를 방사하여 잡초와 해충을 방제하고, 배설물의 비료 효과와 써레질 효과를 통해 토양 비옥도 유지 및 환경오염을 줄이는 유기농법이다.

13 다음 중 유기농업에서 병해충 관리를 위해 사용 가능한 물질을 골라 쓰시오.

혈분, 구아노, 난황, 사람의 배설물, 랑베나이트

정답

난황

해설

허용물질(친환경농어업 육성 및 유기식품 등의 관리ㆍ지원에 관한 법률 시행규칙 [별표 1])
• 토양개량 및 작물생육용 : 혈분, 구아노, 사람의 배설물, 랑베나이트
• 병해충 관리용 : 난황

14 유기농축산물을 주원료로 하여 가공·제조한 식품으로 유기원료 함량이 기준에 적합한 식품을 무엇이라 하는지 쓰시오.

정답

유기가공식품

해설

정의(친환경농어업 육성 및 유기식품 등의 관리·지원에 관한 법률 제2조 제4호)

'유기식품'이란 농업·농촌 및 식품산업 기본법의 식품과 수산식품산업의 육성 및 지원에 관한 법률의 수산식품 중에서 유기적인 방법으로 생산된 유기농수산물과 유기가공식품(유기농수산물을 원료 또는 재료로 하여 제조·가공·유통되는 식품 및 수산식품)을 말한다.

15 다음 중 왕우렁이농법을 활용한 유기벼재배 시 왕우렁이가 월동하지 못하게 하는 방법으로 옳은 것을 골라 쓰시오.

논에 물 대기, 논물 마르게 하기, 심경, 배수구에 철조망 치기

정답

논물 마르게 하기, 심경, 배수구에 철조망 치기

해설

왕우렁이농법에 사용하는 왕우렁이는 열대성으로, 생존 가능한 한계 저온은 2℃이다. 토종우렁이와는 달리 겨울잠을 자지 않고 먹이를 계속해서 먹어야만 생존할 수 있는데, 이러한 왕우렁이가 월동하면 다음 해에 대량 증식하여 작물에 피해를 준다. 따라서 왕우렁이가 월동하지 못하게 논물을 말리거나 깊이갈이를 하거나 배수구에 철조망을 쳐 밖으로 이동하지 못하도록 관리하는 것이 중요하다.

- 논물 마르게 하기 : 왕우렁이는 물속의 먹이를 먹어 논이 마르면 왕우렁이의 먹이가 수면 위로 드러나게 되어 먹이를 먹을 수 없게 된다.
- 심경 : 깊이갈이를 통해 왕우렁이가 월동하는 은신처를 제거한다.
- 배수구 철조망 치기 : 부화된 새끼와 성체가 탈출하는 것을 방지하기 위하여 관개용수 유입구와 배출구에 철망이나 대나무로 엮은 망을 설치하여 밖으로 이동하지 못하도록 한다. 특히 벼 담수 직파재배 논이 인근에 있으면 관리를 철저히 해야 한다.

16 다음은 토양유기물의 기능에 대한 설명이다. (   ) 안에 옳은 것은 ○, 틀린 것은 × 표시하시오.

1) 중금속과 결합한다.	( )
2) 알루미늄, 철의 유효도를 증진한다.	( )
3) 토성의 물리성을 개선한다.	( )
4) 토양의 온도가 상승한다.	( )
5) 토양의 용적밀도가 높아진다.	( )

정답

1) ○, 2) ×, 3) ○, 4) ○, 5) ×

해설

토양유기물의 기능(부식의 효과)

- 토양유기물은 음(−)전하를 띠어 카드뮴(Cd^{2+}), 납(Pb^{2+}), 구리(Cu^{2+})와 같은 중금속 이온과 결합하여 이온의 이동성과 독성을 감소시킨다.
- 알루미늄(Al^{3+}), 철(Fe^{3+})과 결합하면 불용화되거나 킬레이트화되어 산성토양에서 작물에게 알루미늄 독성과 철의 과잉 흡수를 완화한다.
- 부식이 만들어지는 과정에서 생성된 점질물은 토양 입단을 형성하여 투수성, 보수성, 통기성을 높여 토양의 물리성을 개선한다.
- 토양유기물이 분해될 때 미생물의 대사열로 토양온도가 상승하고, 부식은 어두운 암갈색이어서 태양의 복사열 흡수율을 높인다.
- 토양유기물을 시용하면 토양을 부드럽고 통기성을 좋게 만들어 용적밀도를 낮춘다.

17 다음 중 퇴비화 과정의 발열단계에서 분해되는 물질을 골라 쓰시오.

헤미셀룰로스, 리그닌, 펙틴

정답

헤미셀룰로스, 펙틴

해설

발열단계

- 고온성균에 의해 일부 셀룰로스, 헤미셀룰로스, 펙틴 등이 분해되며, 탄질비가 낮아진다.
- 분해 과정의 대부분이 이 시기에 이루어지며, 고온에 의하여 병원균과 잡초 뿌리, 종자가 사멸한다.
- 산소가 충분히 공급되어야 박테리아가 증식하고, 부족하면 악취가 난다.
- 발열 과정 전반에 걸쳐 수분 요구량이 매우 높고, 온도가 높아질수록 pH가 증가한다.

18 다음 중 유기농업자재의 사용 목적으로 옳은 것을 2가지 골라 기호를 쓰시오.

ⓐ 유기농식품의 생산
ⓑ 유기농식품의 가공
ⓒ 농업 생산비 절감
ⓓ 유기농산물의 저장성과 외관 품질을 향상

정답

ⓐ, ⓑ

해설

정의(친환경농어업 육성 및 유기식품 등의 관리·지원에 관한 법률 시행규칙 제2조 제5호)
'유기농업자재'란 유기농축산물을 생산, 제조·가공 또는 취급하는 과정에서 사용할 수 있는 허용물질을 원료 또는 재료로 하여 만든 제품을 말한다.
※ 비료 및 농약으로 등록된 자재도 친환경농어업법에 따른 공시기준에 충족할 경우 유기농업자재로 공시 가능하다.

19 유기농업에서 '구연산삼나트륨'을 유기가공식품의 식품첨가물로 사용 시 사용 가능 범위를 쓰시오.

정답

소시지, 난백의 저온살균, 유제품, 과립음료

해설

식품첨가물 또는 가공보조제로 사용이 허용된 물질(친환경농어업 육성 및 유기식품 등의 관리·지원에 관한 법률 시행규칙 [별표 1])

명칭	식품첨가물로 사용 시 사용 가능 범위	가공보조제로 사용 시 사용 가능 범위
구연산삼나트륨	소시지, 난백의 저온살균, 유제품, 과립음료	×

20 유기가축과 비유기가축을 동시 사육할 때 주의사항을 2가지 쓰시오.

정답

• 서로 독립된 축사에서 사육하고 구별이 가능하도록 각 축사 입구에 표지판을 설치한다.
• 가축의 생산부터 출하까지 구분관리 계획을 세운다.
• 사료취급, 약품투여 등은 비유기가축과 구분하여 정확히 기록 관리 보관하여야 한다.

해설

유기축산물의 사육장 및 사육조건(유기식품 및 무농약농산물 등의 인증에 관한 세부실시요령 [별표 1])

| CHAPTER 02 | 과년도 + 최근 기출복원문제 |

2025년 제3회 최근 기출복원문제

01 논 또는 밭을 논 상태와 밭 상태로 몇 해씩 돌려가면서 벼와 밭작물을 재배하는 방법을 무엇이라 하는지 쓰시오.

정답

답전윤환

02 식물에서 일정한 화학물질이 생성되어 다른 식물의 생존을 막거나 성장을 저해하는 작용을 무엇이라 하는지 쓰시오.

정답

타감작용

해설

타감작용(allelopathy)

식물이 성장하면서 일정한 화학물질이 분비되어 경쟁되는 주변의 식물의 성장이나 발아를 억제하는 작용을 말한다. 이 억제를 통하여 자신의 생존을 확보하고 성장을 촉진하는 결과를 얻게 되는 작용이다.

03 친환경농업을 실천하는 자가 경종과 축산을 겸업하면서 각각의 부산물을 작물재배 및 가축사육에 활용하고, 경종작물의 퇴비소요량에 맞게 가축사육 마리수를 유지하는 형태의 농법은 무엇인지 쓰시오.

정답

경축순환농법

해설

인증기준의 세부사항(유기식품 및 무농약농산물 등의 인증에 관한 세부실시요령 [별표 1])

'경축순환농법(耕畜循環農法)'이란 친환경농업을 실천하는 자가 경종과 축산을 겸업하면서 각각의 부산물을 작물재배 및 가축사육에 활용하고, 경종작물의 퇴비소요량에 맞게 가축사육 마리수를 유지하는 형태의 농법을 말한다.

04 토양의 유기물 함량을 높이기 위한 방법을 3가지 쓰시오.

정답

유기물 공급, 녹비작물의 이용, 필요 이상의 경운 자제, 다년생 작물 재배 등

해설

토양의 유기물 유지 및 증진 방안

• 유기물 지속적 공급 : 토양의 유기물 함량을 적정하게 유지하기 위해서는 유기물을 지속적으로 공급한다. 토양으로부터 식물의 유체를 제거하지 않아야 하며, 동물의 분뇨나 퇴비 등을 꾸준히 토양에 첨가해야 한다.

• 녹비작물의 이용 : 토양 표면은 특히 녹비작물로 덮여 있어야 한다. 이는 토양침식을 통한 유기물의 손실을 막아줄 뿐만 아니라, 식물의 유체를 계속해서 토양에 공급할 수 있기 때문이다.

• 잦은 경운은 피한다 : 토양을 자주 갈면 산소의 공급이 원활해져 유기물의 분해가 촉진된다. 경운을 최소화하면 유기물을 적절히 보존할 수 있을 뿐만 아니라 토양의 침식을 방지할 수 있다.

• 일정기간 윤작 : 밭토양은 논토양에 비해 산소의 유통이 원활하여 유기물이 빨리 분해되므로 밭토양에는 보다 많은 양의 유기물을 투입하여야 한다.

• 다년생 작물재배

• 객토

05 준비된 토양 무게 50g, 태운 후 토양 무게 47.5g일 때 유기물 함량(%)을 계산하시오.

정답

5%

해설

$$\left(\frac{\text{준비된 토양 무게} - \text{태운 후 토양 무게}}{\text{준비된 토양 무게}} \right) \times 100$$

$$= \left(\frac{50 - 47.5}{50} \right) \times 100 = 0.05 \times 100 = 5\%$$

06 볍씨 종자소독 방법 중, 마른 볍씨를 50~60℃의 온수에 10~30분간 담가 소독하는 방법을 무엇이라 하는지 쓰시오.

정답

온탕침법

해설

온탕침법

소독약을 사용하지 않고 온수의 열을 이용하여 병원균을 제거하는 친환경 종자소독법으로, 마른 볍씨를 그대로 60℃ 온수에 10분간 또는 65℃ 온수에 7분간 담가 소독하는 방법이다. 온탕 소독이 끝나자마자 찬물에 넣어서 모든 종자의 열을 제거해 주어야 볍씨가 열상을 입지 않는다.

07 퇴비의 부숙도 검사 중 이화학적 방법을 3가지 쓰시오.

정답

탄질비 측정, pH 측정, 질산태질소 간이 시험법

해설

퇴비 부숙도 검사 중 이화학적 측정 방법

• 탄질비 측정법 : 유기물이 퇴비화되면 탄산가스와 물이 되는데 탄소량은 서서히 감소되고 질소는 상대적으로 증가하여 완숙에 이르면 일정하게 된다. 이러한 변화를 이용하여 부숙도를 판정하는 방법으로, 탄질비가 20 이하이면 질소 유기화가 일어나지 않으므로 부숙도 기준으로 이용된다.

• pH 측정법 : 부숙하는 동안 암모니아의 발생으로 pH가 상승하다가 암모니아태질소 함량이 감소하고 질산태질소가 증가하면서 pH는 감소한다. 이러한 원리를 이용하여 측정하며, 퇴비의 적정 pH는 6~8 정도이다.

• 질산태질소 간이 시험법 : 분해가 어느 정도 진전되면 암모니아태질소가 아질산을 경과하여 질산으로 되는데 이러한 원리를 이용하여 질산태질소 함유량을 측정하여 퇴비의 부숙도를 판정하는 방법이다.

08 다음에 제시된 작물에서 혼작 재배 시 효과가 큰 작물을 바르게 연결하시오.

㉠ 감자		ⓐ 당근
㉡ 무		ⓑ 근대
㉢ 상추		ⓒ 콩

정답

㉠ – ⓒ, ㉡ – ⓑ, ㉢ – ⓐ

해설

혼작 : 두 종류의 식물을 같이 심으면 서로 보합하는 역할을 하게 되어 병해충의 발생도 줄이는 목적이다.

혼작 작물 선택 시 고려 사항

• 수분 : 토마토와 미나리를 같이 심으면 수분 요구 조건이 서로 맞지 않는다.

• 빛 : 고추와 시금치처럼 서로 다른 빛 요구량을 가진 식물을 심는다.

• 비료 : 셀러리와 부추는 모두 칼륨 흡수율이 높은 작물로 칼륨 비료를 최대한 이용한다.

• 수확기 : 상추와 콜라비처럼 일찍 수확하는 식물과 늦게 수확되는 식물을 함께 심어서 포장의 이용률을 높인다.

• 뿌리 깊이 : 근대와 토마토, 콩과 감자처럼 뿌리 깊이가 다르다면 양·수분 흡수에 서로 도움이 된다.

• 해충방제 : 진딧물의 밀도를 줄이기 위해 백합과 식물인 마늘, 파 등과 당근을 같이 심는다.

• 식물 그룹 : 같은 과의 식물은 동일한 병에 노출되기 쉬우므로 혼작에 사용하지 않는다.

09 다음은 탄질비에 관한 내용이다. 각 물음에 답하시오.

> 1) 탄질비가 높은 볏짚과 같은 유기물을 토양에 시용했을 때 작물생육 초기에 일시적으로 질소가 부족해지는 현상을 무엇이라 하는지 쓰시오.
> 2) 탄소 함량이 42%, 질소 함량이 0.65%일 때의 탄질비를 계산하시오.
> 3) 톱밥, 알팔파, 밀짚, 호밀을 탄질비가 높은 것부터 순서대로 나열하시오.

정답

1) 질소기아현상, 2) 65, 3) 톱밥 – 밀짚 – 호밀 – 알팔파

해설

1) 질소기아현상이란 탄질비가 높은 유기물을 비료로 사용했을 때 이를 분해하려는 토양미생물이 토양 내 기존의 질소를 흡수하게 되고, 작물이 이용할 수 있는 질소가 부족해져 일시적인 질소 결핍 증상이 나타나는 것이다.
2) 탄질비(C/N비) = 탄소(C) 함량/질소(N) 함량 = 42%/0.65% = 약 64.6 = 65
3) 탄질비가 높은 것부터 톱밥 > 쌀보리짚 > 밀짚 > 볏짚 > 옥수수대 > 콩대 > 퇴비 = 클로버 > 사상균 > 방선균 > 세균 순이다.

10 퇴비화 과정 중 유기물의 분해가 어느 정도 진행되어 퇴비더미의 온도가 서서히 낮아져 약 40℃를 유지하게 되는 단계를 쓰시오.

정답

감열단계

해설

감열단계

• 유기물의 분해가 어느 정도 진행되면 퇴비더미의 온도는 서서히 낮아져 25~45℃를 유지하게 된다.
• 리그닌과 같은 난분해성 유기물만 남게 되어 분해 속도가 느려지고 온도는 더이상 올라가지 않는다.
• 온도가 낮아져 곰팡이가 정착하기 시작하면 줄기, 섬유질, 목질부와 같은 분해되기 어려운 물질들의 분해가 시작된다.

11 다음 과수를 기지현상이 문제 되는 것과 문제 되지 않는 것으로 분류하시오.

> 복숭아, 포도, 무화과, 자두, 살구, 앵두

정답

• 기지현상이 문제 되는 것 : 복숭아, 무화과, 앵두
• 기지현상이 문제 되지 않는 것 : 포도, 자두, 살구

12 다음의 목적에 맞는 유기농법을 [보기]에서 1가지씩 골라 쓰시오.

> 1) 병해충 방제
> 2) 토양 지력 유지

> ┤보기├
>
> 쌀겨농법, 우렁이농법, 오리농법, 녹비작물 재배

정답

1) 오리농법, 2) 녹비작물 재배

해설

1) 오리농법의 효과 : 써레질의 효과(부리와 갈퀴 및 온몸으로 논바닥을 헤집고 다녀 탁수, 중경의 효과), 배설물로 인한 유기질 비료의 효과(화학비료의 1/3 절감), 잡초 방제, 해충 제거(이화명충, 측명나방 등 각종 해충을 잡아먹음)
2) 녹비작물 재배 : 녹색식물의 줄기와 잎을 비료로 사용하는 작물로 대기의 질소를 고정시켜 지력을 증진시킨다. 콩과 작물(자운영, 토끼풀, 베치, 자주개자리, 풋베기콩, 풋베기완두, 루핀 등), 유채, 풋베기귀리, 풋베기옥수수, 풋베기쌀보리, 메밀 등이 있다.
※ 쌀겨농법과 우렁이농법은 벼재배 시, 잡초 방제를 위한 유기농법이다.

13 유기농업의 병해충 방제에 이용되는 천적 중 포식성 곤충을 [보기]에서 골라 쓰시오.

> ┤보기├
>
> 풀잠자리, 무당벌레, 바이러스, 세균, 기생벌, 기생파리

정답

풀잠자리, 무당벌레

해설

• 포식성 곤충 : 풀잠자리류, 무당벌레류, 노린재류, 딱정벌레류, 거미류(절지류) 등
• 기생성 곤충 : 기생벌, 기생파리 등
• 병원성 미생물 : 세균류(박테리아), 곰팡이류, 백강균 등

14 다음은 유기식품 및 무농약농산물 등의 인증에 관한 세부실시요령상 유기농산물 생산물의 품질관리 등에 대한 내용이다. ( ) 안에 들어갈 알맞은 말을 쓰시오.

> 방사선은 해충 방제, 식품 보존, 병원의 제거 또는 위생의 목적으로 사용할 수 없다. 다만, ( ) 방사선(X선)은 제외한다.

정답

이물탐지용

해설

유기농산물의 세척·소독에 사용 가능 물질(유기식품 및 무농약농산물 등의 인증에 관한 세부실시요령 [별표 1])
방사선은 해충 방제, 식품 보존, 병원의 제거 또는 위생의 목적으로 사용할 수 없다. 다만, 이물탐지용 방사선(X선)은 제외한다.

15 다음은 유기식품 및 무농약농산물 등의 인증에 관한 세부실시요령상 용어의 정의에 대한 내용이다. (   ) 안에 들어갈 알맞은 말을 [보기]에서 골라 쓰시오.

(①)이란 화학비료와 (②)을(를) 사용하여 작물을 재배하는 일반 관행적인 농업형태를 말한다.

┤보기├
유기비료, 관행농업, 친환경농업, 유기농업, 합성농약, 가축분뇨

정답
① 관행농업, ② 합성농약

해설
용어의 정의(유기식품 및 무농약농산물 등의 인증에 관한 세부실시요령 [별표 1])

16 유기식품 및 무농약농산물 등의 인증에 관한 세부실시요령에 따라 유기축산 인증심사원이 유기가축 환경의 현장 감독 및 방문할 수 있는 시기는 언제인지 쓰시오.

정답
가축이 사육 중인 시기

해설
인증심사의 절차 및 방법(유기식품 및 무농약농산물 등의 인증에 관한 세부실시요령 [별표 2]
현장심사는 작물이 생육 중인 시기, 가축이 사육 중인 시기, 인증품을 제조, 가공 또는 취급 중인 시기(시제품 생산을 포함)에 실시하고 신청한 농산물, 축산물, 가공품의 생산이 완료되는 시기에는 현장심사를 할 수 없다.

17 다음 중 유기농업에서 병해충 관리를 위해 사용 가능한 물질을 3가지 골라 쓰시오.

제충국, 크로뮴(Cr) 처리된 젤라틴, 천연 해수, 구아노, 규조토, 완전히 발효되어 부숙된 사람의 배설물

정답
제충국, 천연 해수, 규조토

해설
허용물질(친환경농어업 육성 및 유기식품 등의 관리·지원에 관한 법률 시행규칙 [별표 1])
• 병해충 관리를 위해 사용 가능한 물질 : 제충국(제충국에서 추출된 천연물질일 것), 천연 해수(잔류 농약이 검출되지 않을 것), 규조토(천연에서 유래하고 단순 물리적으로 가공한 것일 것), 젤라틴(크로뮴(Cr) 처리 등 화학적 제조공정을 거치지 않은 것)
• 토양개량 및 작물생육을 위해 사용 가능한 물질 : 구아노(화학물질 첨가나 화학적 제조공정을 거치지 않을 것), 사람의 배설물(완전히 발효되어 부숙된 것)

CHAPTER 02 과년도 + 최근 기출복원문제 | **713**

18 친환경농어업 육성 및 유기식품 등의 관리·지원에 관한 법률 시행규칙상 토양개량 및 작물생육용 허용물질의 사용 가능 조건이 다음과 같은 물질을 2가지 쓰시오.

> • 유전자를 변형한 물질이 포함되지 않을 것
> • 최종제품에 화학물질이 남지 않을 것
> • 아주까리 및 아주까리 유박을 사용한 자재는 비료관리법에 따른 공정규격설정 등의 고시에서 정한 리친(ricin)의 유해성분 최대량을 초과하지 않을 것

정답

대두박, 쌀겨유박, 깻묵 등 식물성 유박류

해설

허용물질(친환경농어업 육성 및 유기식품 등의 관리·지원에 관한 법률 시행규칙 [별표 1])
• 대두박(콩에서 기름을 짜고 남은 찌꺼기)
• 쌀겨 유박(油粕 : 식물성 원료에서 원하는 물질을 짜고 남은 찌꺼기)
• 깻묵 등 식물성 유박류

19 축분을 퇴비로 사용할 때 완전히 부숙하여 사용해야 하는 이유를 3가지 쓰시오.

정답

• 유해 미생물로부터 작물과 토양을 보호하기 위해
• 작물에 가스 피해를 주지 않기 위해
• 퇴비로서 영양분 이용 효율을 높이기 위해

해설

축분을 퇴비로 사용할 때 완전히 부숙해야 하는 이유
• 미부숙 퇴비에는 대장균 등 유해균이 살아남아 작물에 오염을 일으킬 수 있다.
• 미부숙 퇴비에서 발생하는 암모니아 등의 가스는 식물 성장을 저해하고 가스 피해를 유발한다.
즉, 축분을 퇴비로 사용할 때는 유해 미생물로부터 작물과 토양을 보호하고, 작물에 가스 피해 없이 영양분 이용 효율을 높이기 위해 완전히 부숙해서 사용해야 한다.

20 유기가축과 비유기가축을 동시 사육할 때 주의사항을 2가지 쓰시오.

정답

• 서로 독립된 축사에서 사육하고 구별이 가능하도록 각 축사 입구에 표지판을 설치한다.
• 가축의 생산부터 출하까지 구분관리 계획을 세운다.
• 사료취급, 약품투여 등은 비유기가축과 구분하여 정확히 기록 관리 보관하여야 한다.

해설

유기축산물의 사육장 및 사육조건(유기식품 및 무농약농산물 등의 인증에 관한 세부실시요령 [별표 1])

714 | PART 03 실기(필답형)

CHAPTER	02

과년도 + 최근 기출복원문제

2025년 제4회 최근 기출복원문제

01 벼의 품종과 숙기에 따른 품종의 분류를 바르게 연결하시오.

〈벼 품종〉	〈숙기에 따른 품종〉
㉠ 조령벼	ⓐ 조생종
㉡ 대산벼	ⓑ 중생종
㉢ 광안벼	ⓒ 만생종

정답

㉠ – ⓐ, ㉡ – ⓒ, ㉢ – ⓑ

해설

숙기에 따른 품종

벼의 품종은 숙기에 따라 다른 품종보다 일찍 성숙하는 조생종, 성숙 기간이 중간 정도인 중생종, 늦게 성숙하는 품종인 만생종으로 분류한다. 조생종은 빨리 자라고 빨리 성숙하여 빠른 출수와 빠른 수확을 할 수 있으며, 만생종은 성숙이 늦고 재배 기간이 길어 늦은 출수와 늦은 수확을 하여 일반적으로 수량이 가장 많지만, 장마와 태풍 등 기상재해의 위험이 크다. 중생종은 조생종과 만생종의 중간 정도 성숙까지 생육 일수가 필요하다.
• 조생종 : 소백벼, 오대벼, 진부벼, 조령벼 등
• 중생종 : 화성벼, 팔공벼, 청명벼, 광안벼 등
• 만생종 : 일품벼, 금남벼, 대산벼 등

02 다음은 친환경농어업 육성 및 유기식품 등의 관리·지원에 관한 법률 시행규칙상 유기축산물의 인증기준에 대한 내용이다. ( ) 안에 들어갈 알맞은 말을 골라 쓰시오.

1) 유기축산물의 생산을 위한 가축에게는 (100% / 50%) 유기사료를 급여하고 천재지변 또는 극한 상황으로 유기사료를 급여하기 어려운 경우에는 (국립농산물품질관리원 / 농림축산식품부)(은)는 일정기간 동안 유기사료가 아닌 사료를 일정비율로 급여하는 것을 허용할 수 있다.
2) (단위동물 / 반추가축)에게 사일리지만 급여해서는 안 된다.

정답

1) 100%, 국립농산물품질관리원, 2) 반추가축

해설

유기축산물 인증기준 – 사료 및 영양관리(친환경농어업 육성 및 유기식품 등의 관리·지원에 관한 법률 시행규칙 [별표 4])

CHAPTER 02 과년도 + 최근 기출복원문제 | **715**

03 다음 해충에 알맞은 천적을 [보기]에서 1가지씩 골라 쓰시오.

> 1) 점박이응애
> 2) 진딧물

| 보기 |

굴파리좀벌, 칠레이리응애, 콜레마니진디벌, 으뜸애꽃노린재, 잎굴파리고치벌

정답

1) 점박이응애 : 칠레이리응애
2) 진딧물 : 콜레마니진디벌

해설

주요 해충	작물 피해	천적 종류	
응애류	잎 조직을 빨아먹어 광합성 능력을 떨어뜨리고, 작물을 고사	• 칠레이리응애 • 꼬마무당벌레	• 응애혹파리
진딧물류	• 생육저해 • 바이러스병 매개 • 그을음병 유발(광합성 능력 저하)	• 콜레마니진디벌 • 진디혹파리 • 꽃등에류	• 진디벌 • 풀잠자리 • 무당벌레
총채벌레류	• 작물의 표피조직, 꽃, 생장점 등을 가해(변색, 과실 기형, 고사) • 바이러스 매개	• 으뜸애꽃노린재 • 오이이리응애	• 유럽애꽃노린재 • 아큐레이퍼응애
굴파리류	• 잎에 굴을 형성하여 조직을 파괴, 광합성 능력 저하 • 식흔 또는 산란 흔적을 통하여 바이러스 침투하는 원인	• 잎굴파리고치벌	• 굴파리좀벌

04 유기재배 시 다음의 목적에 맞게 사용 가능한 허용물질을 [보기]에서 2가지씩 골라 쓰시오.

> 1) 토양 개량 및 작물 생육용 자재
> 2) 병해충 관리용 자재

| 보기 |

제충국, 대두박, 구아노, 보르도액

정답

1) 토양 개량 및 작물 생육용 자재 : 구아노, 대두박
2) 병해충 관리용 자재 : 제충국, 보르도액

05 친환경농어업 육성 및 유기식품 등의 관리·지원에 관한 법률 시행규칙상 유기가공식품의 식품첨가물 또는 가공보조제로 사용 시 (   ) 안에 사용 가능한 것은 ○, 그렇지 않으면 × 표시를 하시오.

명칭	식품첨가물로 사용 시	가공보조제로 사용 시
과산화수소	( )	( )
규조토	( )	( )

정답

명칭	식품첨가물로 사용 시	가공보조제로 사용 시
과산화수소	×	○
규조토	×	○

해설

식품첨가물 또는 가공보조제로 사용 가능한 물질(친환경농어업 육성 및 유기식품 등의 관리·지원에 관한 법률 시행규칙 [별표 1])

명칭	식품첨가물로 사용 시		가공보조제로 사용 시	
	사용 가능 여부	사용 가능 범위	사용 가능 여부	사용 가능 범위
과산화수소	×	–	○	식품 표면의 세척·소독제
규조토	×	–	○	여과보조제

06 한우를 사육하는 일반 농가가 유기축산물을 생산하는 농가로 전환하고자 할 때 한우의 최소사육기간을 쓰시오.

정답

입식 후 12개월

해설

유기축산물의 전환기간(친환경농어업 육성 및 유기식품 등의 관리·지원에 관한 법률 시행규칙 [별표 4])

가축의 종류	생산물	전환기간(최소사육기간)
한우·육우	식육	입식 후 12개월
젖소	시유(시판우유)	• 착유우는 입식 후 3개월 • 새끼를 낳지 않은 암소는 입식 후 6개월
면양·염소	식육	입식 후 5개월
	시유(시판우유)	• 착유양은 입식 후 3개월 • 새끼를 낳지 않은 암양은 입식 후 6개월
돼지	식육	입식 후 5개월
육계	식육	입식 후 3주
산란계	알	입식 후 3개월
오리	식육	입식 후 6주
	알	입식 후 3개월
메추리	알	입식 후 3개월
사슴	식육	입식 후 12개월

CHAPTER 02 과년도 + 최근 기출복원문제 | **717**

07 다음 (   ) 안에 들어갈 알맞은 말을 [보기]에서 골라 쓰시오.

> 퇴비 재료 중 (①)은/는 질소, 인산, 칼륨이 높은 비율로 함유된 유기물로, 해외 수입에 의존을 많이 한다. 한편, 질소함량은 0.1%로 낮지만, 탄질비가 높고 수분 흡수율이 커서 축사에서 건조용으로 사용하는 (②)도 있다.

┌ 보기 ───
  볏짚, 파쇄목, 유박, 돈분, 톱밥
└───

정답

① 유박, ② 톱밥

해설

① 유박 : 식물성 종자에서 기름을 추출하고 남은 찌꺼기로, 영양 성분이 우수해서 작물 생육 촉진에도 효과가 크지만, 해외 수입 비중이 높아 가격변동이 크고 다량 시비 시 가스 장해가 발생한다. 대두박, 유채박, 면실박 등이 있다.

② 톱밥 : 국내에서 가축분 퇴비의 수분 조절용 재료 및 팽화제로 가장 많이 사용되는 재료로 탄질비가 높고 수분 흡수율이 높아 퇴비화를 위한 부자재로 적합하다.

08 다음은 작물 재배 시 고려해야 할 병해에 대한 설명이다. (   ) 안에 들어갈 알맞은 병해를 쓰시오.

> 옥수수를 재배한 포장에 연작하면 잎이나 줄기에 작은 혹이 생기고 성숙하면 막이 터져 흑색 곰팡이가 분출되는 (①) 이 발생하고, 전작으로 옥수수를 재배한 다음 후작으로 밀과 보리를 재배하면 이삭에 분홍색 곰팡이로 덮이는 (②)이 발생하며, 전작으로 귀리를 재배한 다음 후작으로 밀과 보리를 재배하면 근부가 흑갈색으로 변하고 출수 전에 포기 전체가 시들어 말라 죽는 (③)이 걸리기 쉽다.

정답

① 깜부기병, ② 붉은곰팡이병, ③ 뿌리썩음병

해설

① 깜부기병 : 옥수수 재배 전 지역에서 발생하고, 이어짓기(연작)할 경우 많이 발병한다. 이삭, 줄기, 잎, 드물게 뿌리에도 발생한다. 병든 부위는 이상 비대하여 혹으로 변하고, 광택이 있는 하얀 막에 싸여 있으나 후에 이 막이 터져 속에서 검은 가루 모양의 후벽포자가 나온다. 주로 토양 전염을 하며 공기나 종자 전염도 한다.

② 붉은곰팡이병 : 푸사리움이삭마름병이라고도 하며, 전작의 옥수수 잔류물에 균류가 남아있다가 후작에 영향을 미친다. 보통 감염된 이삭은 조기에 죽어 부분적으로 탈색되며 보리의 경우 이삭에 갈색의 물에 젖은 병반으로 시작하여 주황색의 포자 덩어리 형태로 나타난다.

③ 뿌리썩음병 : 주로 맥류를 연작하면 발생하며, 토양 표면에서 곡물 이삭까지 줄기가 모두 탈색되고 뿌리 체계가 발달하지 못해 토양에서 쉽게 뽑힌다. 심하면 재배지 전체가 고사하며, 겨울철 저온과 토양 수분 부족은 병의 발생을 일으키기 쉽게 하는 요인이 된다.

09 시설토양 내 염류집적을 완화할 수 있는 재배적 방법을 3가지 쓰시오.

정답
- 담수 및 물 흘려보내기
- 객토 및 깊이갈이
- 돌려짓기(윤작)
- 유기물 시용
- 흡비 작물 재배

해설
염류집적이란 토양용액의 염류 농도가 높아서 작물의 수분 및 양분 흡수가 어려워지는 것으로 시설토양에서 자주 발생한다.

10 다음은 미국농무성(USDA)의 토성삼각도에 대한 설명이다. ( ) 안에 들어갈 알맞은 말을 쓰시오.

사토, 사양토, 식토 등의 토성은 자갈을 제외한 입자의 지름이 2mm 이하로 된 무기 입자인 ( ), ( ), ( )의 상대적 비율에 따라 결정된다.

정답
모래, 미사, 점토

해설
토성의 분류(미국농무성법)
자갈을 제외한 입자의 지름이 2mm 이하인 모래, 미사, 점토의 함량이 토성삼각도표에서 만나는 점으로 토성명이 결정된다.

11 다음은 유기식품 및 무농약농산물 등의 인증에 관한 세부실시요령상 유기농산물의 품질관리에 관한 내용이다. ( ) 안에 들어갈 알맞은 말을 골라 순서대로 쓰시오.

합성농약 검출 원인이 비의도적 오염으로 확인된 경우, 합성농약 검출량은 식품위생법에 따라 식품의약품안전처장이 고시한 농약잔류 허용기준의 (10분의 1 / 20분의 1) 이하이어야 하고, 같은 고시에서 잔류허용기준을 정하지 않은 경우에는 (0.01 / 0.001)mg/kg 이하이어야 한다.

정답
20분의 1, 0.01

해설
유기농산물의 인증기준 – 생산물의 품질관리 등(유기식품 및 무농약농산물 등의 인증에 관한 세부실시요령 [별표 1])

12 탄질비가 높은 것부터 순서대로 나열하시오.

> 호밀, 톱밥, 밀짚, 볏짚

정답

톱밥 > 밀짚 > 볏짚 > 호밀

해설

탄질률(C/N율)이란 유기물 중 탄소와 질소의 함량비를 의미하며 토양은 유기물의 탄질률에 따라 식물의 생장이 달라지기 때문에 작물별 시비량 결정에 중요한 기준이 된다. 톱밥 > 쌀보리짚 > 밀짚 > 볏짚 > 옥수수대 > 콩대 > 퇴비 = 클로버 > 사상균 > 방선균 > 세균 순이다.

13 분해되기 어려워 질소기아현상이 일어나기 쉬운 것부터 순서대로 나열하시오.

> 활엽수의 톱밥, 계분, 밀짚, 낙엽

정답

활엽수의 톱밥 > 밀짚 > 낙엽 > 계분

해설

질소기아현상

탄질비가 높은 유기물을 비료로 사용했을 때 토양에 들어있는 미생물과의 질소 경합으로 작물이 이용할 수 있는 질소가 부족해지는 현상으로, 탄질비가 높을수록 질소기아현상이 나타나기 쉽다. 탄질비는 퇴비의 제조 상황에 따라 다르게 나타나며, 특히 밀짚은 100~130, 낙엽은 50~80로 광범위하다.

14 다음 중 토양시비처방을 위한 토양 검정을 목적으로 할 때, 토양시료를 채취하기에 적절한 시기를 골라 쓰시오.

> 토양 시비 직후, 파종·정식 후, 꽃이 필 시기, 작물 수확 후

정답

작물 수확 후

해설

토양시료 채취 시기

- 시비량 결정을 위한 토양검정 : 작물 수확 후부터 다음 작물 재배 전에 퇴비, 토양 개량제 및 비료를 시용하지 않은 상태에서 토양시료를 채취한다.
- 토양양분 함량의 연차 간 변화 비교 : 매년 토양 분석 결과를 비교하고자 할 경우 몇몇 분석 항목은 시기에 따라 달라지기 때문에 매년 같은 시기에 시료를 채취해야 한다.

720 | PART 03 실기(필답형)

15 톱밥, 볏짚 등의 유기물이나 비닐, 보온자재 등을 사용해서 토양을 덮어 관리하는 방법의 1) 명칭과 2) 효과 2가지를 쓰시오.

정답

1) 멀칭(피복)
2) 잡초 발생 억제, 보온 및 수분 유지, 토양 침식 방지, 지온 조절, 토양오염의 방지, 토양 전염성 병균의 감염 방지

16 다음은 시비에 대한 설명이다. ( ) 안에 옳은 것은 ○, 틀린 것은 × 표시하시오.

1) 탄질비가 높은 유기물 자원을 시비하면 유기물의 분해가 느려진다.	( )
2) 미부숙 퇴비는 뿌려도 된다.	( )
3) 톱밥을 작물 위에 뿌리면 유기물 분해가 느려진다.	( )
4) 유기벼 재배에서는 규산질 비료가 일반 화학비료로 분류되므로 도복 예방을 위해 사용할 수 없다.	( )

정답

1) ○, 2) ×, 3) ○, 4) ×

해설

1) 탄질비가 높은 유기물은 탄소에 비해 질소가 부족하여 미생물이 분해 과정에서 사용할 질소가 모자라게 된다. 이 때문에 미생물의 증식과 활동이 저하되어, 토양에 시비해도 유기물 분해가 매우 느리게 진행된다.
2) 미부숙된 퇴비는 대장균 등 유해균이 살아남아 작물에 오염을 일으킬 수 있으며, 가스 장해를 유발하므로 완전히 부숙해서 사용해야 한다.
3) 톱밥은 가축분 퇴비의 수분 조절용 재료로 가장 많이 사용되는 재료로 탄질비가 높고 수분흡수율이 높아 퇴비화를 위한 부자재로 적합하다. 하지만 리그닌 함량이 높아 잘 분해되지 않는 특성이 있어 톱밥을 퇴비 원료로 다량 혼합하거나 단독으로 사용하는 것은 좋지 않다.
4) 모든 규산질 비료가 화학비료가 아니므로 천연 광물 기반의 공시된 규산질 비료는 유기재배에 사용이 가능하다.

17 다음 중 휴지기간이 가장 작물을 골라 쓰시오.

콩, 완두, 잠두, 땅콩

정답

완두

해설

작물의 기지 정도

- 연작의 해가 적은 작물 : 벼, 맥류, 조, 수수, 옥수수, 고구마, 무, 당근, 연, 순무, 뽕나무, 아스파라거스, 토당귀, 미나리, 딸기, 양배추, 꽃양배추, 목화, 삼, 양파, 담배, 사탕수수, 호박 등
- 1년 휴작이 필요한 작물 : 쪽파, 시금치, 콩, 파, 생강 등
- 2년 휴작이 필요한 작물 : 마, 감자, 잠두, 오이, 땅콩 등
- 3년 휴작이 필요한 작물 : 쑥갓, 토란, 참외, 강낭콩 등
- 5~7년 휴작이 필요한 작물 : 수박, 가지, 완두, 우엉, 고추, 토마토, 레드클로버, 사탕무 등
- 10년 이상 휴작이 필요한 작물 : 아마, 인삼 등

18 다음은 퇴비의 부숙도 검사 중 하나이다. (   ) 안에 들어갈 알맞은 말을 쓰시오.

퇴비의 부숙도 검사 중 기계적 측정법인 솔비타 측정법과 콤백(CoMMe-100) 측정법은 퇴비화 과정에서 유기물이 분해되면 서 미생물이 생성하는 (①)와/과 질소 성분의 분해 과정에서 발생하는 (②)의 가스 농도에 따라 부숙도를 판정하는 방법이다.

정답

① 이산화탄소, ② 암모니아

해설

퇴비 부숙도 검사 중 기계적 측정 방법

- 콤백(CoMMe-100) 측정법 : 미부숙 퇴비 등에 적합한 수분 함량을 유지하면 미생물의 활성에 의해 이산화탄소(CO_2) 및 암모니아(NH_3) 가스가 발생하면 이를 측정하기 위해 콤백 기기 안에 넣어 젤 상태의 패들과 반응시켜 변화되는 패들의 색 변화를 기계적으로 측정하여 부숙도를 판정하는 방법이다.
- 솔비타(solvita) 측정법 : 퇴비를 솔비타 장비의 반응 패드에 넣어 일정 시간 후 발생하는 가스 농도에 따라 색상 변화를 표준 컬러차트와 비교하여 퇴비의 부숙도를 판정하는 방법이다.
  - CO_2 발생량 : 유기물이 분해되면서 미생물이 생성하는 이산화탄소의 양으로, 발생량이 많을수록 퇴비가 아직 미숙한 상태임을 의미한다.
  - NH_3 발생량 : 암모니아는 질소 성분의 분해 과정에서 발생하며 발생량이 많을수록 퇴비의 안정성이 낮거나 비료화 과정에서 문제가 있음을 의미한다.

19 다음은 토양의 입경 구분에 대한 설명이다. ( ) 안에 들어갈 알맞은 말을 [보기]에서 골라 쓰시오.

> 토양의 무기질 입자는 크기에 따라 구분한다. 토양 입자의 지름이 (①)이면 자갈, 바위 등으로 분류하고, (②)이면 토양 입자로 분류된다.

보기

2mm 이하, 2mm 이상, 20mm 이상, 0.002mm 이하

정답

① 2mm 이상, ② 2mm 이하

해설

토양 입자

토양을 구성하는 입자는 광질 입자와 무기 입자가 있으며, 2mm 이하의 입자를 토양 입자라 하고, 광질 입자는 크기에 따라 모래, 미사, 점토로 구분하며, 2mm 이상의 입자는 석편으로 자갈, 돌, 바위 등으로 구분한다.

20 유기농업의 관점에서 잡초의 장점을 3가지 쓰시오.

정답

- 토양 침식 방지 및 피복 효과
- 토양 미생물 활동 증진
- 토양의 구조 개선
- 토양 생물의 다양성 증가
- 토양 유기물 공급

해설

잡초의 장점	잡초의 단점
• 토양 침식 방지 및 피복 효과 • 토양 미생물 활동 증진 • 토양의 구조 개선 • 토양 생물의 다양성 증가 • 토양 유기물 공급	• 작물과의 경합에 의한 생육 감소 • 병해충의 매개체 및 서식처 제공 • 작업 수확의 방해 및 방제 등 관리 비용 증가

무단뽀 유기농업기능사 필기+실기

부록

유기농업 관련 법령

CHAPTER 01	허용물질
CHAPTER 02	인증기준의 세부사항

CHAPTER
01

허용물질(농림축산식품부 소관 친환경농어업 육성 및
유기식품 등의 관리·지원에 관한 법률 시행규칙 [별표 1])

1. 유기식품 등에 사용 가능한 물질

① 유기농산물 및 유기임산물

㉠ 토양개량과 작물생육을 위해 사용 가능한 물질

사용 가능 물질	사용 가능 조건
• 농장 및 가금류의 퇴구비[堆廏肥 : 볏짚, 낙엽 등 부산물을 부숙(썩혀서 익히는 것)하여 만든 퇴비와 축사에서 나오는 두엄] • 퇴비화된 가축배설물 • 건조된 농장 퇴구비 및 탈수한 가금류의 퇴구비 • 가축분뇨를 발효시킨 액상의 물질	• 국립농산물품질관리원장이 정하여 고시하는 유기농산물 및 유기임산물 인증기준의 재배 방법 중 가축분뇨를 원료로 하는 퇴비·액비의 기준에 적합할 것 • 가축분뇨를 발효시킨 액상의 물질은 유기축산물 또는 무항생제축산물 인증농장, 경축순환 농법(친환경농업을 실천하는 자가 경종과 축산을 겸업하면서 각각의 부산물을 작물재배 및 가축사육에 활용하고, 경종작물의 퇴비소요량에 맞게 가축사육 마릿수를 유지하는 형태의 농법) 등 친환경 농법으로 가축을 사육하는 농장 또는 동물보호법에 따른 동물복지 축산농장 인증을 받은 농장에서 유래한 것만 사용하고, 비료관리법에 따른 공정규격설정 등의 고시에서 정한 가축분뇨발효액의 기준에 적합할 것
식물 또는 식물 잔류물로 만든 퇴비	충분히 부숙된 것일 것
버섯재배 및 지렁이 양식에서 생긴 퇴비	버섯재배 및 지렁이 양식에 사용되는 자재는 이 표에서 사용 가능한 것으로 규정된 물질만을 사용할 것
지렁이 또는 곤충으로부터 온 부식토	부식토의 생성에 사용되는 지렁이 및 곤충의 먹이는 이 표에서 사용 가능한 것으로 규정된 물질만을 사용할 것
식품 및 섬유공장의 유기적 부산물	합성첨가물이 포함되어 있지 않을 것
유기농장 부산물로 만든 비료	화학물질의 첨가나 화학적 제조공정을 거치지 않을 것
혈분·육분·골분·깃털분 등 도축장과 수산물 가공공장에서 나온 동물부산물	화학물질의 첨가나 화학적 제조공정을 거치지 않아야 하고, 항생물질이 검출되지 않을 것
대두박(콩에서 기름을 짜고 남은 찌꺼기), 쌀겨 유박(油粕 : 식물성 원료에서 원하는 물질을 짜고 남은 찌꺼기), 깻묵 등 식물성 유박류	• 유전자를 변형한 물질이 포함되지 않을 것 • 최종제품에 화학물질이 남지 않을 것 • 아주까리 및 아주까리 유박을 사용한 자재는 비료관리법에 따른 공정규격설정 등의 고시에서 정한 리친(ricin)의 유해성분 최대량을 초과하지 않을 것
제당산업의 부산물[당밀, 비나스(vinasse : 사탕수수나 사탕무에서 알코올을 생산한 후 남은 찌꺼기), 식품등급의 설탕, 포도당을 포함]	유해 화학물질로 처리되지 않을 것
유기농업에서 유래한 재료를 가공하는 산업의 부산물	합성첨가물이 포함되어 있지 않을 것
오줌	충분한 발효와 희석을 거쳐 사용할 것
사람의 배설물(오줌만인 경우는 제외)	• 완전히 발효되어 부숙된 것일 것 • 고온발효 : 50℃ 이상에서 7일 이상 발효된 것 • 저온발효 : 6개월 이상 발효된 것일 것 • 엽채류 등 농산물·임산물 중 사람이 직접 먹는 부위에는 사용하지 않을 것
벌레 등 자연적으로 생긴 유기체	
구아노(guano : 바닷새, 박쥐 등의 배설물)	화학물질 첨가나 화학적 제조공정을 거치지 않을 것
짚, 왕겨, 쌀겨 및 산야초	비료화하여 사용할 경우에는 화학물질 첨가나 화학적 제조공정을 거치지 않을 것

726 | 부록 유기농업 관련 법령

사용 가능 물질	사용 가능 조건
• 톱밥, 나무껍질 및 목재 부스러기 • 나무 숯 및 나뭇재	원목상태 그대로이거나 원목을 기계적으로 가공·처리한 상태의 것으로서 가공·처리과정에서 페인트·기름·방부제 등이 묻지 않은 폐목재 또는 그 목재의 부산물을 원료로 하여 생산한 것일 것
• 황산칼륨, 랑베나이트(해수의 증발로 생성된 암염) 또는 광물염 • 석회소다 염화물 • 석회질 마그네슘 암석 • 마그네슘 암석 • 사리염(황산마그네슘) 및 천연석고(황산칼슘) • 석회석 등 자연에서 유래한 탄산칼슘 • 점토광물(벤토나이트·펄라이트·제올라이트·일라이트 등) • 질석(vermiculite : 풍화한 흑운모) • 붕소·철·망간·구리·몰리브덴 및 아연 등 미량원소	• 천연에서 유래하고, 단순 물리적으로 가공한 것일 것 • 사람의 건강 또는 농업환경에 위해(危害)요소로 작용하는 광물질(예 석면광, 수은광 등)은 사용하지 않을 것
칼륨암석 및 채굴된 칼륨염	천연에서 유래하고 단순 물리적으로 가공한 것으로 염소함량이 60% 미만일 것
천연 인광석 및 인산알루미늄칼슘	천연에서 유래하고 단순 물리적 공정으로 가공된 것이어야 하며, 인을 오산화인(P_2O_5)으로 환산하여 1kg 중 카드뮴이 90mg/kg 이하일 것
자연암석분말·분쇄석 또는 그 용액	• 화학물질의 첨가나 화학적 제조공정을 거치지 않을 것 • 사람의 건강 또는 농업환경에 위해요소로 작용하는 광물질이 포함된 암석은 사용하지 않을 것
광물을 제련하고 남은 찌꺼기[광재(鑛滓) : 베이직 슬래그]	광물의 제련과정에서 나온 것으로서 화학물질이 포함되지 않을 것(예 제조 시 화학물질이 포함되지 않은 규산질 비료)
염화나트륨(소금) 및 해수	• 염화나트륨(소금)은 채굴한 암염 및 천일염(잔류농약이 검출되지 않아야 함)일 것 • 해수는 다음 조건에 따라 사용할 것 　– 천연에서 유래할 것 　– 엽면시비용으로 사용할 것 　– 토양에 염류가 쌓이지 않도록 필요한 최소량만을 사용할 것
목초액	산업표준화법에 따른 한국산업표준의 목초액(KS M 3939) 기준에 적합할 것
키토산	국립농산물품질관리원장이 정하여 고시하는 품질규격에 적합할 것
미생물 및 미생물 추출물	미생물의 배양과정이 끝난 후에 화학물질의 첨가나 화학적 제조공정을 거치지 않을 것
이탄(泥炭, peat), 토탄(土炭, peat moss), 토탄 추출물	
해조류, 해조류 추출물, 해조류 퇴적물	
황	
주정 찌꺼기(stillage) 및 그 추출물(암모니아 주정 찌꺼기는 제외)	
클로렐라(담수녹조) 및 그 추출물	클로렐라 배양과정이 끝난 후에 화학물질의 첨가나 화학적 제조공정을 거치지 않을 것

ⓒ 병해충 관리를 위해 사용 가능한 물질

사용 가능 물질	사용 가능 조건
제충국 추출물	제충국(*Chrysanthemum cinerariaefolium*)에서 추출된 천연물질일 것
데리스(derris) 추출물	데리스(*Derris* spp., *Lonchocarpus* spp. 및 *Tephrosia* spp.)에서 추출된 천연물질일 것
쿠아시아(quassia) 추출물	쿠아시아(*Quassia amara*)에서 추출된 천연물질일 것
라이아니아(ryania) 추출물	라이아니아(*Ryania speciosa*)에서 추출된 천연물질일 것
님(neem) 추출물	님(*Azadirachta indica*)에서 추출된 천연물질일 것
해수 및 천일염	잔류농약이 검출되지 않을 것
젤라틴(gelatine)	크롬(Cr)처리 등 화학적 제조공정을 거치지 않을 것
난황(卵黃, 계란노른자 포함)	화학물질의 첨가나 화학적 제조공정을 거치지 않을 것
식초 등 천연산	화학물질의 첨가나 화학적 제조공정을 거치지 않을 것
누룩곰팡이속(*Aspergillus* spp.)의 발효 생산물	미생물의 배양과정이 끝난 후에 화학물질의 첨가나 화학적 제조공정을 거치지 않을 것
목초액	산업표준화법에 따른 한국산업표준의 목초액(KS M 3939) 기준에 적합할 것
담배잎차(순수 니코틴은 제외)	물로 추출한 것일 것
키토산	국립농산물품질관리원장이 정하여 고시하는 품질규격에 적합할 것
밀랍(beeswax) 및 프로폴리스(propolis)	
동·식물성 오일	천연유화제로 제조할 경우만 수산화칼륨을 동물성·식물성 오일 사용량 이하로 최소화하여 사용할 것. 이 경우 인증품 생산계획서에 기록·관리하고 사용해야 한다.
해조류·해조류 가루·해조류 추출액	
인지질(lecithin)	
카세인(유단백질)	
버섯 추출액	
클로렐라(담수녹조) 및 그 추출물	클로렐라 배양과정이 끝난 후에 화학물질의 첨가나 화학적 제조공정을 거치지 않을 것
천연식물(약초 등)에서 추출한 제재(담배는 제외)	
식물성 퇴비발효 추출액	• ①의 ㉠에서 정한 허용물질 중 식물성 원료를 충분히 부숙시킨 퇴비로 제조할 것 • 물로만 추출할 것
• 구리염 • 보르도액 • 수산화동 • 산염화동 • 부르고뉴액	토양에 구리가 축적되지 않도록 필요한 최소량만을 사용할 것
생석회(산화칼슘) 및 소석회(수산화칼슘)	토양에 직접 살포하지 않을 것
석회보르도액 및 석회유황합제	
에틸렌	키위, 바나나와 감의 숙성을 위해 사용할 것
규산염 및 벤토나이트	천연에서 유래하고 단순 물리적으로 가공한 것만 사용할 것
규산나트륨	천연규사와 탄산나트륨을 이용하여 제조한 것일 것
규조토	천연에서 유래하고 단순 물리적으로 가공한 것일 것
맥반석 등 광물질 가루	• 천연에서 유래하고 단순 물리적으로 가공한 것일 것 • 사람의 건강 또는 농업환경에 위해요소로 작용하는 광물질(예 석면광 및 수은광 등)은 사용하지 않을 것

사용 가능 물질	사용 가능 조건
인산철	달팽이 관리용으로만 사용할 것
파라핀 오일	
중탄산나트륨 및 중탄산칼륨	
과망가니즈산칼륨	과수의 병해관리용으로만 사용할 것
황	액상화할 경우에만 수산화나트륨을 황 사용량 이하로 최소화하여 사용할 것. 이 경우 인증품 생산계획서에 기록·관리하고 사용해야 한다.
미생물 및 미생물 추출물	미생물의 배양과정이 끝난 후에 화학물질의 첨가나 화학적 제조공정을 거치지 않을 것
천적	생태계 교란종이 아닐 것
성 유인물질(페로몬)	• 작물에 직접 처리하지 않을 것 • 덫에만 사용할 것
메타알데하이드	• 별도 용기에 담아서 사용할 것 • 토양이나 작물에 직접 처리하지 않을 것 • 덫에만 사용할 것
이산화탄소 및 질소가스	과실 창고의 대기 농도 조정용으로만 사용할 것
비누(potassium soaps)	
에틸알코올	발효주정일 것
허브식물 및 기피식물	생태계 교란종이 아닐 것
기계유	• 과수농가의 월동 해충 제거용으로만 사용할 것 • 수확기 과실에 직접 사용하지 않을 것
웅성불임곤충	

② 유기축산물 및 비식용유기가공품

㉠ 사료로 직접 사용되거나 배합사료의 원료로 사용 가능한 물질(사료관리법에 따라 고시된 사료공정을 준수한 원료로 한정)

구분		사용 가능 물질	사용 가능 조건
식물성		곡류(곡물), 곡물부산물류(강피류), 박류(단백질류), 서류, 식품가공부산물류, 조류(藻類), 섬유질류, 제약부산물류, 유지류, 전분류, 콩류, 견과·종실류, 과실류, 채소류, 버섯류, 그 밖의 식물류	• 유기농산물(유기수산물을 포함) 인증을 받거나 유기농산물의 부산물로 만들어진 것일 것 • 천연에서 유래한 것은 잔류농약이 검출되지 않을 것
동물성		단백질류, 낙농가공부산물류	• 수산물(골뱅이분을 포함)은 양식하지 않은 것일 것 • 포유동물에서 유래된 사료(우유 및 유제품은 제외)는 반추가축[소·양 등 반추(反芻)류 가축을 말함]에 사용하지 않을 것
		곤충류, 플랑크톤류	• 사육이나 양식과정에서 합성농약이나 동물용의약품을 사용하지 않은 것일 것 • 야생의 것은 잔류농약이 검출되지 않은 것일 것
		무기물류	사료관리법에 따라 농림축산식품부장관이 정하여 고시하는 기준에 적합할 것
		유지류	• 사료관리법에 따라 농림축산식품부장관이 정하여 고시하는 기준에 적합할 것 • 반추가축에 사용하지 않을 것
광물성		식염류, 인산염류 및 칼슘염류, 다량광물질류, 혼합광물질류	• 천연의 것일 것 • 천연물질을 상업적으로 조달할 수 없는 경우에는 화학적으로 충분히 정제된 유사물질 사용 가능

비고 : 이 표의 사용 가능 물질의 구체적인 범위는 사료관리법에 따라 농림축산식품부장관이 정하여 고시하는 단미사료의 범위에 따른다.

ⓛ 사료의 품질저하 방지 또는 사료의 효용을 높이기 위해 사료에 첨가하여 사용 가능한 물질

구분	사용 가능 물질	사용 가능 조건
천연 결착제		천연의 것이거나 천연에서 유래한 것일 것 • 합성농약 성분 또는 동물용의약품 성분을 함유하지 않을 것 • 유전자변형생물체의 국가간이동 등에 관한 법에 따른 유전자변형생물체(이하 '유전자변형생물체') 및 유전자변형생물체에서 유래한 물질을 함유하지 않을 것
천연 유화제		
천연 보존제	산미제, 항응고제, 항산화제, 항곰팡이제	
효소제	당분해효소, 지방분해효소, 인분해효소, 단백질분해효소	
미생물제제	유익균, 유익곰팡이, 유익효모, 박테리오파지	
천연 향미제		
천연 착색제		
천연 추출제	초목 추출물, 종자 추출물, 세포벽 추출물, 동물 추출물, 그 밖의 추출물	
올리고당		
규산염제		
아미노산제	아민초산, DL-알라닌, 염산L-라이신, 황산L-라이신, L-글루탐산나트륨, 2-디아미노-2-하이드록시메티오닌, DL-트립토판, L-트립토판, DL메티오닌 및 L-트레오닌과 그 혼합물	• 천연의 것일 것 • 천연물질을 상업적으로 조달할 수 없는 경우에는 화학적으로 충분히 정제된 유사물질 사용 가능 • 합성농약 성분 또는 동물용의약품 성분을 함유하지 않을 것 • 유전자변형생물체 및 유전자변형생물체에서 유래한 물질을 함유하지 않을 것
비타민제 (프로비타민 포함)	비타민 A, 프로비타민 A, 비타민 B_1, 비타민 B_2, 비타민 B_6, 비타민 B_{12}, 비타민 C, 비타민 D, 비타민 D_2, 비타민 D_3, 비타민 E, 비타민 K, 판토텐산, 이노시톨, 콜린, 나이아신, 바이오틴, 엽산과 그 유사체 및 혼합물	
완충제	산화마그네슘, 탄산나트륨(소다회), 중조(탄산수소나트륨·중탄산나트륨)	

비고 : 이 표의 사용 가능 물질의 구체적인 범위는 사료관리법에 따라 농림축산식품부장관이 정하여 고시하는 보조사료의 범위에 따른다.

ⓒ 축사 및 축사 주변, 농기계 및 기구의 소독제로 사용 가능한 물질 : 동물용의약품 등 취급규칙에 따라 제조품목허가 또는 제조품목신고된 동물용의약외품 중 [별표 4]의 인증기준에서 사용이 금지된 성분을 포함하지 않은 물질을 사용할 것. 이 경우 가축 또는 사료에 접촉되지 않도록 사용해야 한다.

ⓔ 비식용유기가공품에 사용 가능한 물질 : ③의 ㉠에 따른 식품첨가물 또는 가공보조제로 사용 가능한 물질. 이 경우 허용범위는 국립농산물품질관리원장이 정하여 고시한다.

ⓜ 가축의 질병 예방 및 치료를 위해 사용 가능한 물질

• 공통조건

 – 유전자변형생물체 및 유전자변형생물체에서 유래한 원료는 사용하지 않을 것

 – 약사법에 따른 동물용의약품을 사용할 경우에는 수의사의 처방전을 갖추어 둘 것

 – 동물용의약품을 사용한 경우 휴약기간의 2배의 기간이 지난 후에 가축을 출하할 것

• 개별조건

사용 가능 물질	사용 가능 조건
생균제, 효소제, 비타민, 무기물	• 합성농약, 항생제, 항균제, 호르몬제 성분을 함유하지 않을 것 • 가축의 면역기능 증진을 목적으로 사용할 것
예방백신	가축전염병 예방법에 따른 가축전염병을 예방하거나 퍼지는 것을 막기 위한 목적으로만 사용할 것
구충제	가축의 기생충 감염 예방을 목적으로만 사용할 것
포도당	• 분만한 가축 등 영양보급이 필요한 가축에 대해서만 사용할 것 • 합성농약 성분은 함유하지 않을 것
외용 소독제	상처의 치료가 필요한 가축에 대해서만 사용할 것
국부 마취제	외과적 치료가 필요한 가축에 대해서만 사용할 것
약초 등 천연유래 물질	• 가축의 면역기능의 증진 또는 치료 목적으로만 사용할 것 • 합성농약 성분은 함유하지 않을 것 • 인증품 생산계획서에 기록·관리하고 사용할 것

③ 유기가공식품

㉠ 식품첨가물 또는 가공보조제로 사용 가능한 물질

명칭(한)	명칭(영)	국제 분류 번호(INS)	식품첨가물로 사용 시 사용 가능 범위	가공보조제로 사용 시 사용 가능 범위
과산화수소	Hydrogen peroxide		×	식품 표면의 세척·소독제
구아검	Guar gum	412	제한 없음	
구연산	Citric acid	330	제한 없음	제한 없음
구연산삼나트륨	Trisodium citrate	331(iii)	소시지, 난백의 저온살균, 유제품, 과립음료	×
구연산칼륨	Potassium citrate	332	제한 없음	
구연산칼슘	Calcium citrate	333	제한 없음	
규조토	Diatomaceous earth		×	여과보조제
글리세린	Glycerin	422	사용 가능 용도 제한 없음. 다만, 가수분해로 얻어진 식물 유래의 글리세린만 사용 가능	×
퀼라야 추출물	Quillaia extract	999	×	설탕 가공
레시틴	Lecithin	322	사용 가능 용도 제한 없음. 다만, 표백제 및 유기용매를 사용하지 않고 얻은 레시틴만 사용 가능	×
로커스트콩검	Locust bean gum	410	식물성 제품, 유제품, 육제품	×
무수아황산	Sulfur dioxide	220	과일주	×
밀납	Beeswax	901	×	이형제
백도토	Kaolin	559	×	청징(clarification) 또는 여과보조제
벤토나이트	Bentonite	558	×	청징(clarification) 또는 여과보조제
비타민 C	Vitamin C	300	제한 없음	×
DL-사과산	DL-Malic acid	296	제한 없음	×
산소	Oxygen	948	제한 없음	제한 없음
산탄검	Xanthan gum	415	지방제품, 과일 및 채소제품, 케이크, 과자, 샐러드류	×
수산화나트륨	Sodium hydroxide	524	곡류 제품	설탕 가공 중의 산도 조절제, 유지 가공

명칭(한)	명칭(영)	국제 분류 번호(INS)	식품첨가물로 사용 시 사용 가능 범위	가공보조제로 사용 시 사용 가능 범위
수산화칼륨	Potassium hydroxide	525	×	설탕 및 분리대두단백 가공 중의 산도 조절제
수산화칼슘	Calcium hydroxide	526	토르티야	산도 조절제
아라비아검	Arabic gum	414	식물성 제품, 유제품, 지방제품	×
알긴산	Alginic acid	400	제한 없음	×
알긴산나트륨	Sodium alginate	401	제한 없음	×
알긴산칼륨	Potassium alginate	402	제한 없음	×
염화마그네슘	Magnesium chloride	511	두류 제품	응고제
염화칼륨	Potassium chloride	508	과일 및 채소제품, 비유화소스류, 겨자제품	×
염화칼슘	Calcium chloride	509	과일 및 채소제품, 두류 제품, 지방제품, 유제품, 육제품	응고제
오존수	Ozone water		×	식품 표면의 세척·소독제
이산화규소	Silicon dioxide	551	허브, 향신료, 양념류 및 조미료	겔 또는 콜로이드 용액제
이산화염소(수)	Chlorine dioxide	926		식품 표면의 세척·소독제
차아염소산수	Hypochlorous acid water		×	식품 표면의 세척·소독제
이산화탄소	Carbon dioxide	290	제한 없음	제한 없음
인산나트륨	Sodium phosphate (Mono-,Di-,Tribasic)	339(i)(ii) (iii)	가공치즈	×
젖산	Lactic acid	270	발효채소제품, 유제품, 식용케이싱	유제품의 응고제 및 치즈 가공 중 염수의 산도 조절제
젖산칼슘	Calcium lactate	327	과립음료	×
제일인산칼슘	Calcium phosphate, monobasic	341(i)	밀가루	×
제이인산칼륨	Potassium Phosphate, Dibasic	340(ii)	커피화이트너	×
조제해수염화마그네슘	Crude Magnessium Chloride(Sea Water)		두류 제품	응고제
젤라틴	Gelatin		×	포도주, 과일 및 채소 가공
젤란검	Gellan gum	418	과립음료	
L-주석산	L-Tartaric acid	334	포도주	포도주 가공
L-주석산나트륨	Disodium L-tartrate	335	케이크, 과자	제한 없음
L-주석산 수소칼륨	Potassium L-bitartrate	336	곡물제품, 케이크, 과자	제한 없음
주정(발효주정)	Ethanol(fermented)		×	제한 없음
질소	Nitrogen	941	제한 없음	제한 없음
카나우바왁스	Carnauba wax	903	×	이형제
카라기난	Carrageenan	407	식물성 제품, 유제품	×
카라야검	Karaya gum	416	제한 없음	×
카제인	Casein		×	포도주 가공
탄닌산	Tannic acid	181	×	여과보조제
탄산나트륨	Sodium carbonate	500(i)	케이크, 과자	설탕 가공 및 유제품의 중화제

명칭(한)	명칭(영)	국제 분류 번호(INS)	식품첨가물로 사용 시 사용 가능 범위	가공보조제로 사용 시 사용 가능 범위
탄산수소나트륨	Sodium bicarbonate	500(ii)	케이크, 과자, 액상 차류	×
세스퀴탄산나트륨	Sodium sesquicarbonate	500(iii)	케이크, 과자	×
탄산마그네슘	Magnesium carbonate	504(i)	제한 없음	×
탄산암모늄	Ammonium carbonate	503(i)	곡류 제품, 케이크, 과자	×
탄산수소암모늄	Ammonium bicarbonate	503 (ii)	곡류 제품, 케이크, 과자	×
탄산칼륨	Potassium carbonate	501(i)	곡류 제품, 케이크, 과자	포도 건조
탄산칼슘	Calcium carbonate	170(i)	식물성 제품, 유제품 (착색료로는 사용하지 말 것)	제한 없음
d-토코페롤(혼합형)	d-Tocopherol concentrate, mixed	306	유지류(산화방지제로만 사용할 것)	×
트라가칸스검	Tragacanth gum	413	제한 없음	×
펄라이트	Perlite		×	여과보조제
펙틴	Pectin	440	식물성 제품, 유제품	×
활성탄	Activated carbon		×	여과보조제
황산	Sulfuric acid	513	×	설탕 가공 중의 산도 조절제
황산칼슘	Calcium sulphate	516	케이크, 과자, 두류 제품, 효모제품	응고제
천연향료	Natural flavoring substances and preparations		사용 가능 용도 제한 없음. 다만, 식품위생법에 따라 식품첨가물의 기준 및 규격이 고시된 천연향료로서 물, 발효주정, 이산화탄소 및 물리적 방법으로 추출한 것만 사용할 것	×
효소제	Preparations of Microorganisms and Enzymes		사용 가능 용도 제한 없음. 다만, 식품위생법에 따라 식품첨가물의 기준 및 규격이 고시된 효소제만 사용할 수 있다.	사용 가능 용도 제한 없음. 다만, 식품위생법에 따라 식품첨가물의 기준 및 규격이 고시된 효소제만 사용할 수 있다.
영양강화제 및 강화제	Fortifying nutrients		식품위생법 및 축산물위생관리에 따라 식품의약품안전처장이 고시하는 식품의 기준에 따라 사용 가능한 제품	×

ⓛ 기구·설비의 세척·살균소독제로 사용 가능한 물질 : 1.-③-㉠에 따른 식품첨가물 또는 가공보조제로 사용 가능한 물질 중 사용 가능 범위가 식품 표면의 세척·소독제인 물질, 식품위생법에 따라 식품첨가물의 기준 및 규격이 고시된 기구 등의 살균소독제 및 위생용품 관리법에 따라 고시된 위생용품의 기준 및 규격에서 정한 1·2·3종 세척제를 사용할 수 있다.

④ 그 밖에 법에 따라 국립농산물품질관리원장이 [별표 2]의 허용물질 선정 기준 및 절차에 따라 추가로 선정하여 고시한 허용물질

CHAPTER 02 인증기준의 세부사항
(유기식품 및 무농약농산물 등의 인증에 관한 세부실시요령 [별표 1])

1. 용어의 정의

① 재배포장 : 작물을 재배하는 일정구역을 말한다.

② 화학비료 : 비료관리법에 따른 비료 중 화학적인 과정을 거쳐 제조된 것을 말한다.

③ 합성농약 : 화학물질을 원료·재료로 사용하거나 화학적 과정으로 만들어진 살균제, 살충제, 제초제, 생장조절제, 기피제, 유인제, 전착제 등의 농약으로 친환경농업에 사용이 금지된 농약을 말한다. 다만, 시행규칙 [별표 1]의 병해충 관리를 위하여 사용이 가능한 물질로 만들어진 농약은 제외한다.

④ 돌려짓기(윤작) : 동일한 재배포장에서 동일한 작물을 연이어 재배하지 아니하고, 서로 다른 종류의 작물을 순차적으로 조합·배열하는 방식을 말한다.

⑤ 관행농업 : 화학비료와 합성농약을 사용하여 작물을 재배하는 일반 관행적인 농업형태를 말한다.

⑥ 일반농산물 : 관행농업을 영위하는 과정에서 생산된 것으로 이 법에 따라 인증받지 않은 농산물을 말한다.

⑦ 병행생산 : 인증을 받은 자가 인증받은 품목과 같은 품목의 일반농산물·가공품 또는 인증종류가 다른 인증품을 생산하거나 취급하는 것을 말한다.

⑧ 합성농약으로 처리된 종자 : 종자를 소독하기 위해 합성농약으로 분의(粉依 : 가루묻힘), 도포(塗布), 침지(浸漬 : 약재에 담금) 등의 처리를 한 종자를 말한다.

⑨ 배지(培地) : 버섯류, 양액재배농산물 등의 생육에 필요한 양분의 전부 또는 일부를 공급하거나 작물체가 자랄 수 있도록 하기 위해 조성된 토양 이외의 물질을 말한다.

⑩ 싹을 틔워 직접 먹는 농산물 : 물을 이용한 온·습도 관리로 종실(種實)의 싹을 틔워 종실·싹·줄기·뿌리를 먹는 농산물(본잎이 전개된 것 제외)을 말한다. 예 발아농산물, 콩나물, 숙주나물 등

⑪ 어린잎채소 : 생육기간(15일 내외)이 짧아 본잎이 4엽 내외로 재배되어 주로 생식용으로 이용되는 어린 채소류를 말한다.

⑫ 유전자변형농산물 : 인공적으로 유전자를 분리 또는 재조합하여 의도한 특성을 갖도록 한 농산물을 말한다.

⑬ 식물공장(vertical farm) : 토양을 이용하지 않고 통제된 시설공간에서 빛(LED, 형광등), 온도, 수분, 양분 등을 인공적으로 투입하여 작물을 재배하는 시설을 말한다.

⑭ 가축 : 축산법에 따른 가축을 말한다.

⑮ 유기사료 : 유기농산물 및 비식용유기가공품 인증기준에 맞게 재배·생산된 사료를 말한다.

⑯ 동물용의약품 : 동물질병의 예방·치료 및 진단을 위하여 사용하는 의약품을 말한다.

⑰ 유기축산물 질병 예방·관리 프로그램 : 가축의 사육 과정에서 인증기준에 따라 사용하는 예방백신, 구충제 및 치료용으로 사용하는 동물용의약품의 명칭, 사용 시기와 조건 및 사용 후 휴약기간 등에 대해 작성된 문서를 말한다.

⑱ 사육장 : 가축사육을 목적으로 하는 축사시설이나 방목, 운동장을 말한다.

⑲ 방사 : 축사 외의 공간에 방목장을 갖추고 방목장에서 가축이 자유롭게 돌아다닐 수 있는 것을 말한다.

⑳ 휴약기간 : 사육되는 가축에 대하여 그 생산물이 식용으로 사용하기 전에 동물용의약품의 사용을 제한하는 일정기간을 말한다.

㉑ 경축순환농법(耕畜循環農法) : 친환경농업을 실천하는 자가 경종과 축산을 겸업하면서 각각의 부산물을 작물재배 및 가축사육에 활용하고, 경종작물의 퇴비소요량에 맞게 가축사육 마리수를 유지하는 형태의 농법을 말한다.

㉒ 시유(시판우유) : 원유를 소비자가 안전하게 음용할 수 있도록 단순 살균처리한 것을 말한다.

㉓ 유해잔류물질 : 인증품에 잔류하여서는 아니되는 합성농약, 항생제, 합성항균제, 호르몬, 유해중금속 등의 금지물질로 인위적인 사용 또는 환경적인 요소에 의한 오염으로 인하여 인증품에 잔류되는 물질과 그 대사산물을 말한다.

㉔ 생산자단체 : 5명 이상의 생산자로 구성된 작목반, 작목회 등 영농 조직, 협동조합 또는 영농 단체를 말한다.

㉕ 생산지침서 : 인증품을 생산하는 전체 과정에 대해 구체적인 영농방법을 상세히 기술한 문서를 의미한다.

㉖ 생산관리자 : 생산자단체 소속 농가의 생산지침서 작성 및 관리, 영농 관련 자료의 기록 및 관리, 인증을 받으려는 신청인에 대한 인증기준 준수 교육 및 지도, 인증기준에 적합한지를 확인하기 위한 예비심사 등을 담당하는 자를 말한다. 다만, 농자재의 제조·유통·판매를 업으로 하는 자는 제외한다.

㉗ 계획(개선대책)을 세워 이행하여야 한다 : 해당 사항에 대한 문서화된 이행계획서를 세우고 이행계획에 따라 실천함을 의미한다.

㉘ 완충지대 : 인접지역에서 사용한 금지물질이 인증을 받은 지역으로 유입되지 않도록 인증을 받은 지역을 두르는 일정한 구역을 말한다.

㉙ 인증품의 표시기준 : 시행규칙에 따른 유기식품 등 및 무농약농산물·무농약원료가공식품의 표시기준을 말한다.

㉚ '인증을 받으려는~'으로 규정된 요건 : 인증을 받은 이후에는 '인증을 받은~'을 의미한다.

㉛ 비의도적 오염 : 인증사업자의 행위 및 의도와 무관하게 인증기준에 부적합한 물질이 유입되는 것을 말한다.

2. 유기농산물 생산에 필요한 인증기준

심사 사항	인증기준
일반	① 농업생태계 유지와 환경보전 역할 수행을 위한 경작원칙을 적용하기 위해서 재배포장조건, 재배방식 및 품질관리 등 모든 과정에 대한 기준을 준수해야 한다. ② 경영 관련 자료와 농산물의 생산과정 등을 기록한 인증품 생산계획서 및 필요한 관련 정보는 국립농산물품질관리원장 또는 인증기관이 심사 등을 위하여 제출 또는 열람을 요구하는 때에는 이를 제공하여야 한다. ③ 농산물 중 일부만을 인증 받으려고 하는 경우 인증을 신청하지 않은 농산물의 재배과정에서 사용한 합성농약 및 화학비료의 사용량과 해당 농산물의 생산량 및 출하처별 판매량(병행생산에 한함)에 관한 자료를 기록·보관하되 그 기간은 최근 2년 이상으로 한다. ④ 재배포장에 관행농업을 번갈아 하여서는 아니 된다. ⑤ 생산자단체로 인증 받으려는 경우 인증신청서를 제출하기 이전에 다음의 요건을 모두 이행하고 관련 증명자료를 보관하여야 한다. 　㉠ 생산관리자는 소속 농가에게 인증기준에 적합하게 작성된 생산지침서를 제공하고, 이에 대한 교육을 실시하여야 한다. 　㉡ 생산관리자는 소속 농가의 인증품 생산과정이 인증기준에 적합한 지에 대한 예비심사를 하고 심사한 결과를 서식에 기록하여야 하며, 인증기준에 적합하지 않은 농가는 인증신청에서 제외하여야 한다. 　㉢ ㉠부터 ㉡까지의 업무를 수행하기 위해 국립농산물품질관리원장이 정하는 바에 따라 생산관리자를 1명 이상 지정하여야 한다. ⑥ 친환경농업에 관한 교육이수 증명자료는 인증을 신청한 날로부터 기산하여 최근 2년 이내에 이수한 것이어야 한다. 다만, 5년 이상 인증을 연속하여 유지하거나 최근 2년 이내에 친환경농업 교육 강사로 활동한 경력이 있는 경우에는 최근 4년 이내에 이수한 교육이수 증명자료를 인정한다.

CHAPTER 02 인증기준의 세부사항 | **735**

검사 사항	인증기준
재배포장, 용수, 종자	① 재배포장의 토양은 주변으로부터 오염 우려가 없거나 오염을 방지할 수 있어야 하며, 토양환경보전법 시행규칙에 따른 토양오염우려기준을 초과하지 아니하여야 하고, 유기합성농약 성분의 검출량이 0.01mg/kg 이하이어야 한다. ② 재배포장은 최근 1년간 이 고시에 따른 금지물질을 사용하지 아니하여야 하고, 토양비옥도는 농촌진흥청장이 고시한 토양환경정보시스템(http://soil.rda.go.kr)에서 재배 포장의 해당 토양에 대하여 검색한 유기물 함량 범위보다 낮지 아니하여야 한다. ③ 이 외에 토양 특성 검정 결과 정상적 영농 활동(관개, 경운, 시비 등)을 통한 작물 재배가 가능한 수준이어야 한다. ④ 재배포장 주위에 공장폐수, 가축분뇨 등 유기농산물의 오염원이 되는 오염물질의 유입요소가 없어야 하며, 주위에 독립된 관리가 되어있고, 이 고시에 따른 금지물질의 비산 · 유입 등 교차오염 우려가 있는 경우에는 담장, 울타리 또는 경계 구분 등을 통하여 교차오염 방지 대책을 마련하여야 한다. ⑤ 재배용수는 농업용수 이상이어야 한다. ⑥ 종자는 최소한 1세대 이상 인증기준에 맞게 생산된 유기종자를 사용하여야 하며, 유전자변형농산물인 종자는 사용할 수 없다. 다만, 유기종자를 구입할 수 없는 경우에는 일반 종자를 사용할 수 있다. ⑦ 토양을 기반으로 하지 아니하는 농업방식(양액재배 또는 수경재배 등)은 허용되지 아니한다. 다만, auxiliary(아쿠아포닉)의 경우 토양을 기반으로 한 작물재배의 하나로 인정한다. ⑧ 해당되는 종자 등 유기종자 · 묘를 사용: 시판중인 금지물질 등 유기농업에 허용되지 아니한 물질이 묻은 종자를 사용하지 아니하여야 한다. ⑨ 재배에 사용하는 용수는 농업용수 이상의 수질이어야 하고, 아상(아이오딘 등 불필요한 오염원이 포함되지 않아야 한다. 다만, 방사성물질이 자연 상태에서 검출되는 수준을 벗어나지 아니하여야 한다. ⑩ 중요한 용수의 조건수준에 금지물질이 들어있지 아니하여야 한다. ⑪ 유기농산물의 재배포장에는 천연・유기합성화학물질이 혼합된 자재 및 토양개량, 종자 처리, 농약 등 용도로 사용하는 자재 등 비재배용도로 사용되는 경우: 농약, 비료 등은 종자 처리 등 유기농산물 종자에 사용되는 자재는 기술되어 따른 허용물질을 사용할 수 있다. ⑫ ⑩・⑪의 용도로 사용할 수 있는 허용물질은 이 고시에 따른 허용물질로 하고, 모든 종류의 자재에 적용된다. 중 자생하는 야생식물, 인공조성된 초・목 등 야생물, 낙엽 등 자재에 사용할 수 있다. ⑬ 자가채종을 원칙으로 한다. 다만, 자가채종이 어려운 경우 유기종자를 사용하여 사용할 수 없는 경우 일반 종자를 사용할 수 있다. 이 경우 인증기관 책임자의 확인을 받아 사용하여야 한다. ⑭ 종자・묘는 유기적으로 재배되어야 하며, 재배방법에 따른 관리가 불가능하거나 국내에서 생산되지 않는 등 구득이 어려운 경우에 한정하여 사용할 수 있다. ⑮ 유전자변형농산물로부터 유래한 종자 또는 묘(苗)는 사용할 수 없다.
재배 방법	① 화학비료・합성농약 또는 합성농약 성분이 함유된 자재를 전혀 사용하지 아니하여야 한다. ② 장기간 ·독성 및 유기합성농약(유기합성농약 등) 등 이용하는 금지물질을 사용하여 재배할 수 있다. 다만, ⑧의 해당하는 타인 경영도 · 근원이 계발되고 이용되어야 한다. ㉠ 3년 이내에 자가포장, 농자자재 등 이전의 포장에 재배하여 등 외에 재배되지 아니하기에 어려움 있다. ㉡ 2년 이내에 자가퇴비화 및 다른 재배포장에서 재배하고 있는 경우는 재배지를 교체한다. ㉢ 2년 이내에 유기농재배자의 경(耕)가 유기합성농약을 조경자원(傳染輪換: 유기자원을 조성하기)을 갖는다. ㉣ 매년 토양 자원, 농자자원, 자기자원을 이용하여 조성대책(存種推進)을 한다.

심사 사항	인증기준
재배 방법	③ 토양에 투입하는 유기물은 유기농산물의 인증기준에 맞게 생산된 것이어야 한다. ④ ② 및 ③에 따른 방법으로 작물의 적정한 영양공급 또는 토양의 영양상태 조절이 불가능한 경우에 시행규칙 [별표 1]의 물질이나 법에 따라 공시된 유기농업자재를 사용할 수 있으나, 그 용도 및 사용 조건·방법에 적합하게 사용하여야 한다. ⑤ 가축분뇨를 원료로 하는 퇴비·액비(이하 '가축분뇨 퇴·액비')는 법에 따른 유기농축산물 인증농장, 경축순환농법 실천 농장, 축산법에 따른 무항생제축산물 인증농장 또는 동물보호법에 따른 동물복지축산농장 인증을 받은 농장에서 유래된 것만 사용할 수 있으며, 완전히 부숙(썩혀서 익히는 것)시켜서 사용하되, 과다한 사용, 유실 및 용탈(녹아서 빠짐) 등으로 인하여 환경오염을 유발하지 아니하도록 하여야 한다. 다만, 유기농축산물 인증농장, 경축순환농법 실천 농장, 무항생제축산물 인증농장 또는 동물복지축산농장 인증을 받지 아니한 농장에서 유래된 가축분뇨로 제조된 퇴비는 다음을 모두 충족할 경우 사용할 수 있다. 　㉠ 항생물질이 포함되지 아니할 것 　㉡ 유해성분 함량은 비료관리법에 따라 농촌진흥청장이 비료 공정규격설정 및 지정에 관한 고시에서 정한 퇴비규격에 적합할 것 ⑥ 병해충 및 잡초는 다음의 방법으로 방제·조절하여야 한다. 　㉠ 적합한 작물과 품종의 선택 　㉡ 적합한 돌려짓기(윤작) 체계 　㉢ 기계적 경운 　㉣ 재배포장 내의 혼작·간작 및 공생식물의 재배 등 작물체 주변의 천적활동을 조장하는 생태계의 조성 　㉤ 멀칭·예취 및 화염제초 　㉥ 포식자와 기생동물의 방사 등 천적의 활용 　㉦ 식물·농장퇴비 및 돌가루 등에 의한 병해충 예방 수단 　㉧ 동물의 방사 　㉨ 덫·울타리·빛 및 소리와 같은 기계적 통제 ⑦ 병해충이 ⑥에 따른 기계적·물리적 및 생물학적인 방법으로 적절하게 방제되지 아니하는 경우에 시행규칙 [별표 1]의 물질이나 법에 따라 공시된 유기농업자재를 사용할 수 있으나, 그 용도 및 사용 조건·방법에 적합하게 사용하여야 한다.
생산물의 품질관리 등	① 유기농산물의 저장, 수송 및 포장 시 저장·포장장소와 수송수단의 청결을 유지하고, 외부로부터의 오염을 방지하여야 한다. 특히 유기농산물을 포장하지 아니한 상태로 일반농산물과 함께 저장 또는 수송하는 경우에는 그 구별을 위하여 칸막이를 설치하는 등 다른 농산물과의 혼합 또는 오염을 방지하기 위한 조치를 하여야 한다. ② 병해충 관리 및 방제를 위하여 다음 사항을 우선적으로 조치하여야 한다. 　㉠ 병해충 서식처의 제거, 시설에의 접근방지 등 예방조치 　㉡ ㉠의 예방조치로 부족한 경우 기계적·물리적 및 생물학적 방법을 사용 　㉢ ㉡의 기계적·물리적 및 생물학적인 방법으로 적절하게 방제되지 아니하는 경우에 시행규칙 [별표 1]의 물질을 사용할 수 있으나 유기농산물에는 직접 접촉되지 아니하도록 사용 ③ 저장구역 또는 수송컨테이너에 대한 병해충 관리방법으로 물리적 장벽, 소리·초음파, 빛·자외선, 덫(페로몬 및 전기유혹 덫), 온도조절, 대기조절(탄산가스·산소·질소의 조절) 및 규조토를 이용할 수 있다. ④ 저장장소와 컨테이너가 유기농산물만을 취급하지 아니하는 경우에는 그 사용 전에 시행규칙 [별표 1]에 해당하지 아니하는 농약이나 다른 처방으로부터의 잠재적인 오염을 방지하여야 한다. ⑤ 유기농산물을 세척하거나 소독하는 경우 시행규칙 [별표 1]의 허용물질 중 과산화수소, 오존수, 이산화염소수, 차아염소산수를 사용할 수 있으나, 유기농산물에 잔류되지 않도록 관리계획을 수립하고 이행하여야 한다. ⑥ 방사선은 해충방제, 식품보존, 병원의 제거 또는 위생의 목적으로 사용할 수 없다. 다만, 이물탐지용 방사선(X선)은 제외한다. ⑦ 유기농산물 포장재는 식품위생법의 관련 규정에 적합하고, 가급적 생물분해성, 재생품 또는 재생이 가능한 자재를 사용하여 제작된 것을 사용하여야 한다. ⑧ 합성농약 검출원인이 비의도적 오염으로 확인된 경우, 합성농약 검출량은 식품위생법에 따라 식품의약품안전처장이 고시한 농약잔류 허용기준의 20분의 1 이하이어야 하고, 같은 고시에서 잔류허용기준을 정하지 않은 경우에는 0.01mg/kg 이하이어야 한다. ⑨ 인증품 출하 시 인증품의 표시기준에 따라 표시하여야 하며, 포장재의 제작 및 사용량에 관한 자료를 보관하여야 한다. ⑩ 인증표시를 하지 않은 농산물을 인증품으로 판매하여서는 아니 된다. 다만, 포장하지 않고 판매하는 경우에는 납품서, 거래명세서 또는 보증서 등에 표시사항을 기재하여야 한다. ⑪ 인증품에 인증품이 아닌 제품을 혼합하거나 인증품이 아닌 제품을 인증품으로 광고하거나 판매하여서는 아니 된다. ⑫ 수확 및 수확 후 관리를 수행하는 모든 작업자는 품목의 특성에 따라 적절한 위생조치를 취하여야 하며, 싹을 틔워 직접 먹는 농산물, 어린잎채소, 버섯류 등을 취급하는 작업자는 위생복·위생모·위생화·위생 마스크·위생장갑을 착용하여야 한다. ⑬ 수확 후 관리 시설은 주기적으로 청소하고 사용하는 도구와 설비는 위생적으로 관리하여야 하며, 싹을 틔워 직접 먹는 농산물, 어린잎채소, 버섯류 등을 취급하는 작업장 바닥과 통로는 작업 시작 전에 세척·소독하여야 한다.

CHAPTER 02 인증기준의 세부사항 | **737**

3. 유기농축산물 생산에 필요한 인증기준

검사 사항	인증기준
가금	① 재배포장, 용수, 종자, 사용자재 등이 유기농산물의 재배에 적합하게 관리되어야 한다. 다만, 유기농산물을 생산하기 위한 재배포장은 다음의 어느 하나에 해당하여야 하며, 그 경계선은 주변의 오염원으로부터 적절한 완충지대나 보호시설을 확보하여야 한다. ② 토양의 유기물 함량을 증진시키고 양분의 순환을 촉진하며 토양의 보수력과 배수력이 향상되도록 노력하여야 한다. ③ 토양의 비옥도 유지·증진을 위하여 사용할 수 있는 자재 및 허용물질의 범위는 [별표 1]에 따른다. ④ 유기농산물의 품질 향상 및 병해충·잡초 관리를 위하여 사용할 수 있는 자재의 범위는 [별표 1]에 따른다. ⑤ 재배용수는 농업용수 수질기준에 적합하여야 하며, 재배 중에는 다음의 요건에 중족하여야 한다. ⓛ 재배포장의 토양은 염류염적 등으로 인한 오염이 발생하지 아니하도록 재배하여야 한다. ⓔ 재배포장의 해당 작물에 대하여 경영 관련 자료를 기록하고 보관하여야 한다. ⓒ 재배포장의 흙으로부터 해당 토양의 물리적·화학적 검사를 받은 결과 토양환경보전법에 따른 토양오염우려기준을 초과하지 아니하여야 한다. ⑥ 병해충 및 잡초는 다음 각 호의 방법으로 방제·조절하여야 하며, 이를 이용하여야 한다. ⑦ 동물(표기) 유래 퇴비를 완숙하여 사용하여야 한다. ⑧ 가축분뇨 유래 퇴비 및 유기농업자재는 유기농산물 인증 또는 자재 사용이 허용되어야 하며, 이를 증빙하여야 한다. ⑨ 유기농산물의 생산 및 작물 수확 후 분리·저장·포장·유통·판매되기까지의 과정에서 유기농산물의 순수성이 유지될 수 있도록 이용하여야 한다. ⑩ 농산물에 대한 품질관리, 사용물질 기록 등의 경영관련 자료와 인증농산물 및 인증품은 이력추적이 가능하도록 관리하고 보관하여야 한다.

3. 유기축산물 생산에 필요한 인증기준

검사 사항	인증기준
일반	① 경영 관련 자료(사이다자 포함)는 유기축산물의 생산을 위하여 사육시작일 또는 사육시설 입식일 등 인증기준에 따라 2년 이상 기록·관리되어야 한다. ② 사용자재 기록은 축종 및 사료 등 생산 관련 모든 사용자재의 구입·사용·생산량 등을 사용자재별로 작성하여야 한다. 사용자재의 사용내역은 해당 가축사육(사육장 포함) 및 유기사료 포장에 사용한 것과 구분하여 기록하여야 한다. ③ 초지 및 사료작물재배지는 유기농산물의 인증기준에 따라 관리되어야 한다. 그 외의 기타 사료는 사료관리법에 따른 자가품질검사를 수행하여야 한다. ④ 초지 및 사료작물재배지는 유기농산물의 인증기준에 따라 관리되어야 한다. ⑤ 가축을 사육하기 위한 축사는 쾌적한 환경조건을 유지하고, 청결하게 관리하여 질병예방과 건강유지를 할 수 있도록 하여야 한다. ⑥ 가축의 복지와 수의학적 조치에도 불구하고 부상이나 질병으로 인한 불필요한 고통을 방지하기 위하여 필요한 경우 수의사의 처방과 감독 하에 예외적으로 동물의약품을 사용할 수 있다. ⑦ 동물용의약품·동물용의약외품을 사용하는 경우 휴약기간의 2배를 준수하여야 한다. ⓛ 생산자단체는 국립축산물품질평가원장이 정하여 고시하는 인증기준에 대하여 소속 생산자 중에서 생산지를 결정하여 기록하여야 한다. ⓒ 생산자단체는 소속 생산지의 인증기준에 적합하지 생산지 내에 대한 지도·감독과 인증기준 위반 시 조치를 취하여야 한다. ⓔ 인증기준에 적합하지 않는 경우는 인증심사원에게 재조사하여야 한다. ⑧ 인증사업자가 신청서 및 첨부서류 기재사항에 따라 이행하고 있는 경우에는 최초 4년 이상 이수한 인증사업자는 교육이수가 없이 갱신할 수 있다.

심사 사항	인증기준
사육장 및 사육조건	① 사육장(방목지를 포함), 목초지 및 사료작물 재배지는 주변으로부터의 오염우려가 없거나 오염을 방지할 수 있는 지역이어야 하고, 토양환경보전법에 따른 1지역의 토양오염 우려기준을 초과하지 아니하여야 하며, 방사형 사육장의 토양에서는 합성농약 성분이 검출되어서는 아니 된다. 다만, 관행농업 과정에서 토양에 축적된 합성농약 성분의 검출량이 0.01mg/kg 이하인 경우에는 예외를 인정한다. ② 축사 및 방목에 대한 세부요건은 다음과 같다. 　㉠ 축사조건 　　• 축사는 다음과 같이 가축의 생물적 및 행동적 욕구를 만족시킬 수 있어야 한다. 　　　– 사료와 음수는 접근이 용이할 것 　　　– 공기순환, 온도·습도, 먼지 및 가스농도가 가축건강에 유해하지 아니한 수준 이내로 유지되어야 하고, 건축물은 적절한 단열·환기시설을 갖출 것 　　　– 충분한 자연환기와 햇빛이 제공될 수 있을 것 　　• 축사의 밀도조건은 다음 사항을 고려하여 다음에서 정하는 가축의 종류별 면적당 사육두수를 유지하여야 한다. 　　　– 가축의 품종·계통 및 연령을 고려하여 편안함과 복지를 제공할 수 있을 것 　　　– 축군의 크기와 성에 관한 가축의 행동적 욕구를 고려할 것 　　　– 자연스럽게 일어서서 앉고 돌고 활개 칠 수 있는 등 충분한 활동공간이 확보될 것 　　• 유기가축 1마리당 갖추어야 하는 가축사육시설의 소요면적(단위 : m^2)은 다음과 같다. 　　　– 한우·육우

– 한우·육우

시설형태	번식우	비육우	송아지
방사식	10m^2/마리	7.1m^2/마리	2.5m^2/마리

ⓐ 성우 1마리 = 육성우 2마리
ⓑ 성우(14개월령 이상), 육성우(6개월~14개월 미만), 송아지(6개월령 미만)
ⓒ 포유 중인 송아지는 마리수에서 제외

– 젖소

(m^2/마리)

시설형태	경산우		초임우 (13~24월령)	육성우 (7~12월령)	송아지 (3~6월령)
	착유우	건유우			
깔짚	17.3	17.3	10.9	6.4	4.3
프리스톨	9.5	9.5	8.3	6.4	4.3

– 돼지

(m^2/마리)

구분	웅돈	번식돈				비육돈			
		임신돈	분만돈	종부 대기돈	후보돈	자돈		육성돈	비육돈
						초기	후기		
소요면적	10.4	3.1	4.0	3.1	3.1	0.2	0.3	1.0	1.5

ⓐ 자돈초기(20kg 미만), 자돈중기(20~30kg 미만), 육성돈(30~60kg 미만), 비육돈(60kg 이상)
ⓑ 포유 중인 자돈은 마리수에서 제외

– 닭

구분	소요면적
산란 성계, 종계	0.22m^2/마리
산란 육성계	0.16m^2/마리
육계	0.1m^2/마리

ⓐ 성계 1마리 = 육성계 2마리 = 병아리 4마리
ⓑ 병아리(3주령 미만), 육성계(3주령~18주령 미만), 성계(18주령 이상)

심사 사항	인증기준

- 오리

구분	소요면적
산란용 오리	0.55m²/마리
육용 오리	0.3m²/마리

ⓐ 성오리 1마리 = 육성오리 2마리 = 새끼오리 4마리
ⓑ 산란용 : 성오리(18주령 이상), 육성오리(3주령~18주령 미만), 새끼오리(3주령 미만)
ⓒ 육용오리 : 성오리(6주령 이상), 육성오리 : 3주령~6주령 미만, 새끼오리 : 3주령 미만

- 면양·염소[(유산양(乳山羊 : 젖을 생산하기 위해 사육하는 염소)을 포함]

구분	소요면적
면양, 염소	1.3m²/마리

- 사슴

구분	소요면적
꽃사슴	2.3m²/마리
레드디어	4.6m²/마리
엘크	9.2m²/마리

사육장 및 사육조건

- 축사·농기계 및 기구 등은 청결하게 유지하고 소독함으로써 교차감염과 질병감염체의 증식을 억제하여야 한다.
- 축사의 바닥은 부드러우면서도 미끄럽지 아니하고, 청결 및 건조하여야 하며, 충분한 휴식공간을 확보하여야 하고, 휴식공간에서는 건조깔짚을 깔아 줄 것
- 번식돈은 임신 말기 또는 포유기간을 제외하고는 군사를 하여야 하고, 자돈 및 육성돈은 케이지에서 사육하지 아니할 것. 다만, 자돈 압사 방지를 위하여 포유기간에는 모돈과 조기에 젖을 뗀 자돈의 생체중이 25kg까지는 케이지에서 사육할 수 있다.
- 가금류의 축사는 짚·톱밥·모래 또는 야초와 같은 깔짚으로 채워진 건축공간이 제공되어야 하고, 가금의 크기와 수에 적합한 홰의 크기 및 높은 수면공간을 확보하여야 하며, 산란계는 산란상자를 설치하여야 한다.
- 산란계의 경우 자연일조시간을 포함하여 총 14시간을 넘지 않는 범위 내에서 인공광으로 일조시간을 연장할 수 있다.

ⓒ 방목조건
- 포유동물의 경우에는 가축의 생리적 조건·기후조건 및 지면조건이 허용하는 한 언제든지 방목지 또는 운동장에 접근할 수 있어야 한다. 다만, 수소의 방목지 접근, 암소의 겨울철 운동장 접근 및 비육 말기에는 예외로 할 수 있다.
- 반추가축은 가축의 종류별 생리 상태를 고려하여 ㉠의 축사면적 2배 이상의 방목지 또는 운동장을 확보해야 한다. 다만, 충분한 자연환기와 햇빛이 제공되는 축사구조의 경우 축사시설면적의 2배 이상을 축사 내에 추가 확보하여 방목지 또는 운동장을 대신할 수 있다.
- 가금류의 경우에는 다음 조건을 준수하여야 한다.
  - 가금은 개방조건에서 사육되어야 하고, 기후조건이 허용하는 한 야외 방목장에 접근이 가능하여야 하며, 케이지에서 사육하지 아니할 것
  - 물오리류는 기후조건에 따라 가능한 시냇물·연못 또는 호수에 접근이 가능할 것

③ 합성농약 또는 합성농약 성분이 함유된 동물용의약외품 등의 자재는 축사 및 축사의 주변에 사용하지 아니하여야 한다.
④ 같은 축사 내에서 유기가축과 비유기가축을 번갈아 사육하여서는 아니 된다.
⑤ 유기가축과 비유기가축의 병행사육 시 다음의 사항을 준수하여야 한다.
  ㉠ 유기가축과 비유기가축은 서로 독립된 축사(건축물)에서 사육하고 구별이 가능하도록 각 축사 입구에 표지판을 설치하고, 유기가축과 비유기가축은 성장단계 또는 색깔 등 외관상 명확하게 구분될 수 있도록 하여야 한다.
  ㉡ 일반 가축을 유기가축 축사로 입식(사육시설에 새로운 가축을 들여 옴)하여서는 아니 된다. 다만, 입식시기가 경과하지 않은 어린 가축은 예외를 인정한다.
  ㉢ 유기가축과 비유기가축의 생산부터 출하까지 구분관리 계획을 마련하여 이행하여야 한다.
  ㉣ 유기가축, 사료취급, 약품투여 등은 비유기가축과 구분하여 정확히 기록 관리하고 보관하여야 한다.
  ㉤ 인증가축은 비유기가축사료, 금지물질 저장, 사료공급·혼합 및 취급 지역에서 안전하게 격리되어야 한다.
⑥ 사육 관련 업무를 수행하는 모든 작업자는 가축의 종류별 특성에 따라 적절한 위생조치를 취하여야 한다.
  ㉠ 사육장 입구의 발판 소독조에 대하여 정기적으로 관리하여야 한다.
  ㉡ 관리인에 대한 주기적인 위생 및 방역교육을 실시하도록 노력하여야 한다.
  ㉢ 젖소일 경우 출입 전후 착유자에 대한 위생관리를 하여야 한다.

심사 사항	인증기준
사육장 및 사육조건	⑦ 농장에서 사용하는 도구와 설비를 위생적으로 관리하여야 한다. 　㉠ 사료 보관장소는 정기적인 청소·소독을 하고, 사료저장용 용기, 자동먹이공급기 및 운반용 도구는 청결하게 관리하여야 　　한다. 　㉡ 음수조 및 급수라인은 항상 청결하게 유지하고, 정기적으로 소독·관리하여야 한다. 　㉢ 젖소의 경우 착유실은 해충, 쥐 등의 침입을 방지하는 시설을 갖추고, 환기, 급수시설 및 수세시설 등은 청결하게 관리하여야 　　하며, 착유실·원유냉각기는 주기적으로 세척·소독하는 등 위생적으로 관리하여야 한다. 　㉣ 산란계의 경우 집란실은 해충, 쥐 등의 침입을 방지하는 시설을 갖추고, 환기시설 등은 청결하게 관리하여야 하며, 집란기·집란 　　라인은 주기적으로 세척·소독하는 등 위생적으로 관리하여야 한다. ⑧ 쥐 등 설치류로부터 가축이 피해를 입지 않도록 방제하는 경우 물리적 장치 또는 관련 법령에 따라 허가받은 제재를 사용하되 　가축이나 사료에 접촉되지 않도록 관리하여야 한다.
자급 사료 기반	① 초식가축의 경우에는 가축 1마리당 목초지 또는 사료작물 재배지 면적을 확보하여야 한다. 이 경우 사료작물 재배지는 답리작 　재배 및 임차·계약재배가 가능하다. 　㉠ 한·육우 : 목초지 2,475m^2 또는 사료작물 재배지 825m^2 　㉡ 젖소 : 목초지 3,960m^2 또는 사료작물 재배지 1,320m^2 　㉢ 면·산양 : 목초지 198m^2 또는 사료작물 재배지 66m^2 　㉣ 사슴 : 목초지 660m^2 또는 사료작물 재배지 220m^2 　다만, 가축의 종류별 가축의 생리적 상태, 지역 기상조건의 특수성 및 토양의 상태 등을 고려하여 외부에서 유기적으로 생산된 　조사료(粗飼料, 생초나 건초 등의 거친 먹이)를 도입할 경우, 목초지 또는 사료작물 재배지 면적을 일부 감할 수 있다. 이 경우 　한·육우는 374m^2/마리, 젖소는 916m^2/마리 이상의 목초지 또는 사료작물 재배지를 확보하여야 한다. ② 국립농산물품질관리원장 또는 인증기관은 가축의 종류별 가축의 생리적 상태, 지역 기상조건의 특수성 및 토양의 상태 등을 　고려하여 유기적으로 재배·생산된 조사료를 구입하여 급여하는 것을 인정할 수 있다. ③ 목초지 및 사료작물 재배지는 유기농산물의 재배·생산기준에 맞게 생산하여야 한다. 다만, 멸강충 등 긴급 병충해 방제를 위하여 　일시적으로 합성농약을 사용할 수 있으며, 이 경우 국립농산물품질관리원장 또는 인증기관의 사전승인 또는 사후보고 등의 조치를 　취하여야 한다. ④ 가축분뇨 퇴·액비를 사용하는 경우에는 완전히 부숙시켜서 사용하여야 하며, 이의 과다한 사용, 유실 및 용탈(녹아서 빠짐) 　등으로 인하여 환경오염을 유발하지 아니하도록 하여야 한다. ⑤ 산림 등 자연상태에서 자생하는 사료작물은 유기농산물 허용물질 외의 물질이 3년 이상 사용되지 아니한 것이 확인되고, 비식용유기가 　공품(유기사료)의 기준을 충족할 경우 유기사료작물로 인정할 수 있다.
가축의 선택, 번식 방법 및 입식	① 가축은 유기축산 농가의 여건 및 다음 사항을 고려하여 사육하기 적합한 품종 및 혈통을 골라야 한다. 　㉠ 산간지역·평야지역 및 해안지역 등 지역적인 조건에 적합할 것 　㉡ 가축의 종류별로 주요 가축전염병에 감염되지 아니하여야 하고, 특정 품종 및 계통에서 발견되는 스트레스증후군 및 습관성 　　유산 등의 건강상 문제점이 없을 것 　㉢ 품종별 특성을 유지하여야 하고, 내병성(병에 견디는 성질)이 있을 것 ② 교배는 종축을 사용한 자연교배를 권장하되, 인공수정을 허용할 수 있다. ③ 수정란 이식기법이나 번식호르몬 처리, 유전공학을 이용한 번식기법은 허용되지 아니한다. ④ 다른 농장에서 가축을 입식하려는 경우 해당 가축의 입식조건(입식시기 등)이 유기축산의 기준에 맞게 사육된 가축이어야 하며, 　이를 입증할 자료를 인증기관에 제출하여 승인을 받아야 한다. 다만, 유기가축을 확보할 수 없는 경우에는 다음의 어느 하나의 　방법으로 인증기관의 승인을 받아 일반 가축을 입식할 수 있다. 　㉠ 부화 직후의 가축 또는 젖을 뗀 직후의 가축인 경우(소를 가축 시장 등에서 입식하는 경우 출생 후 10개월 이내만 인정함) 　㉡ 원유 생산용, 알 생산용 또는 녹용 생산용으로 육성축 또는 성축이 필요한 경우 　㉢ 번식용 수컷이 필요한 경우 　㉣ 가축전염병 발생에 따른 폐사로 새로운 가축을 입식하려는 경우 　㉤ 신규 인증을 신청한 농장(신청서를 제출한 날로부터 1년 이내에 인증을 유지한 농장은 제외)에서 인증신청 당시 사육하고 　　있는 전체 가축을 전환하려는 경우

심사 사항	인증기준
전환기간	① 일반농가가 유기축산으로 전환하거나 유기가축을 확보할 수 없는 경우 유기가축이 아닌 가축을 유기농장으로 입식하여 유기축산물을 생산·판매하려는 경우에는 시행규칙 [별표 4]에서 정하고 있는 가축의 종류별 전환기간(최소사육기간) 이상을 유기축산물 인증기준에 따라 사육하여야 한다. ※ 유기축산물의 전환기간(친환경농어업 육성 및 유기식품 등의 관리·지원에 관한 법률 시행규칙 [별표 4]) ② 전환기간은 인증기관의 감독이 시작된 시점부터 기산하며, 방목지·노천구역 및 운동장 등의 사육여건이 잘 갖추어지고 유기사료의 급여가 100% 가능하여 유기축산물 인증기준에 맞게 사육한 사실이 객관적인 자료를 통해 인정되는 경우 ①의 전환기간 2/3 범위 내에서 유기사육기간으로 인정할 수 있다. ③ 전환기간의 시작일은 사육형태에 따라 가축 개체별 또는 개체군별 또는 축사별로 기록 관리하여야 한다. ④ 전환기간이 충족되지 아니한 가축을 인증품으로 판매하여서는 아니 된다. ⑤ ①에 전환기간이 설정되어 있지 아니한 가축은 해당 가축과 생육기간 및 사육방법이 비슷한 가축의 전환기간을 적용한다. 다만, 생육기간 및 사육방법이 비슷한 가축을 적용할 수 없을 경우 국립농산물품질관리원장이 별도 전환기간을 설정한다. ⑥ 동일 농장에서 가축·목초지 및 사료작물 재배지가 동시에 전환하는 경우에는 현재 사육되고 있는 가축에게 자체 농장에서 생산된 사료를 급여하는 조건하에서 목초지 및 사료작물 재배지의 전환기간은 1년으로 한다.
사료 및 영양관리	① 유기축산물의 생산을 위한 가축에게는 100% 유기사료를 급여하여야 하며, 유기사료 여부를 확인하여야 한다. ② 유기축산물 생산과정 중 심각한 천재·지변, 극한 기후조건 등으로 인하여 ①에 따른 사료급여가 어려운 경우 국립농산물품질관리원장 또는 인증기관은 일정기간 동안 유기사료가 아닌 사료를 일정 비율로 급여하는 것을 허용할 수 있다. ③ 반추가축에게 담근먹이(사일리지)만 급여해서는 아니 되며, 생초나 건초 등 조사료도 급여하여야 한다. 또한 비반추가축에게도 가능한 조사료 급여를 권장한다. ④ 유전자변형농산물 또는 유전자변형농산물로부터 유래한 것이 함유되지 아니하여야 하나, 비의도적인 혼입은 식품위생법에 따라 식품의약품안전처장이 고시한 유전자변형식품 등의 표시기준에 따라 유전자변형농산물로 표시하지 아니할 수 있는 함량의 1/10 이하여야 한다. 이 경우 '유전자변형농산물이 아닌 농산물을 구분 관리하였다'는 구분유통증명서류·정부증명서 또는 검사성적서를 갖추어야 한다. ⑤ 유기배합사료 제조용 단미사료 및 보조사료는 시행규칙 [별표 1]의 자재에 한해 사용하되 사용가능한 자재임을 입증할 수 있는 자료를 구비하고 사용하여야 한다. ⑥ 다음에 해당되는 물질을 사료에 첨가해서는 아니 된다. 　㉠ 가축의 대사기능 촉진을 위한 합성화합물 　㉡ 반추가축에게 포유동물에서 유래한 사료(우유 및 유제품을 제외)는 어떠한 경우에도 첨가해서는 아니 된다. 　㉢ 합성질소 또는 비단백태질소화합물 　㉣ 항생제·합성항균제·성장촉진제, 구충제, 항콕시듐제 및 호르몬제 　㉤ 그 밖에 인위적인 합성 및 유전자조작에 의해 제조·변형된 물질 ⑦ 지하수의 수질보전 등에 관한 규칙에 따른 생활용수 수질기준에 적합한 신선한 음수를 상시 급여할 수 있어야 한다. ⑧ 합성농약 또는 합성농약 성분이 함유된 동물용의약외품 등의 자재를 사용하지 아니하여야 한다.

표 내 유기축산물의 전환기간:

가축의 종류	생산물	전환기간(최소사육기간)
한우·육우	식육	입식 후 12개월
젖소	시유 (시판우유)	1) 착유우는 입식 후 3개월 2) 새끼를 낳지 않은 암소는 입식 후 6개월
면양·염소	식육	입식 후 5개월
	시유 (시판우유)	1) 착유양은 입식 후 3개월 2) 새끼를 낳지 않은 암양은 입식 후 6개월
돼지	식육	입식 후 5개월
육계	식육	입식 후 3주
산란계	알	입식 후 3개월
오리	식육	입식 후 6주
	알	입식 후 3개월
메추리	알	입식 후 3개월
사슴	식육	입식 후 12개월

사용 시설	인증기준
동물복지 및 질병관리	① 가축의 질병을 예방하고 질병이 발생한 경우 수의사의 처방에 따라 질병을 치료할 수 있다. 이 경우 동물용의약품을 사용한 가축은 휴약기간의 2배가 지나야 인증품으로 판매할 수 있다.
	② 가축의 질병을 예방하기 위하여 [표 4]에서 정한 물질, 생균제(프로바이오틱스), 효소제, 비타민, 무기물 등의 사용이 허용된 자재만을 사용할 수 있다.
	③ 가축에 있어 접종이 필요하다고 판단되는 경우 예방백신을 사용할 수 있다. 다만, 백신은 다른 방법으로 질병을 예방하거나 치료할 수 없는 경우에만 사용하여야 한다.
	④ 가축의 질병을 진단하기 위해 동물용의약품을 사용할 수 있다.
	⑤ 법정전염병의 발생이 우려되거나 정부의 명령이 있는 경우 공인된 예방백신을 사용할 수 있다.
	⑥ 기생충 감염예방을 위한 구충제 사용과 특정 질병 발생 시 질병치료를 위한 예방약품으로 인정된 인증품이 아닌 동물용의약품을 사용할 수 있다. 이 경우 동물용의약품을 사용한 시점부터 전환기간(해당 축종의 인증기준에서 정함) 이상이 지나야 인증품으로 판매할 수 있다.
	⑦ 동물용의약품을 사용하는 경우 그 수의사 처방전 또는 관련 자료를 기록·보관하여야 한다. 다만, 「수의사법」에 따라 수의사 처방대상이 아닌 동물용의약품을 사용한 경우에는 자가 처방에 따라 동물용의약품을 사용할 수 있다.
	⑧ 동물용의약품이나 동물용의약외품을 사용하는 경우 용법, 용량, 주의사항 등을 준수하여야 하며, 구토·유루·경련·호흡곤란 등이 사용할 수 없다.
운송·도축·가공과정의 품질관리	① 살아있는 가축의 수송은 품질의 저하와 건강상의 문제를 유발할 수 있는 스트레스를 최소화하는 방법으로 이루어져야 하며, 대중에게 공개되는 인증품에는 사용해서는 안 된다.
	② 수송, 도축, 가공 및 저장 과정에서 가축 및 그 가축으로부터 얻어진 가공품, 인증품을 표시한다.
	③ 가축의 도살 및 고기의 저장, 유통에 필요한 시설·설비는 「축산물위생관리법」에 따라 위생적으로 관리되어야 하고, 식품의약품안전처의 식품안전관리인증기준(HACCP) 등 가축을 위생적으로 도축할 수 있어야 한다.
	④ 동물 상태의 가축은 의식이 있는 상태에서 도살되어서는 아니 되며, 도살은 가능한 한 고통과 공포, 스트레스를 최소화하는 방식으로 이루어져야 한다.
	⑤ 유기가축은 비유기가축과 구분하여 수송, 도축, 가공하여야 한다.
	⑥ 동물용의약품을 사용한 가축은 동물용의약품이 전혀 남아 있지 아니하거나 식품위생법에서 정하는 잔류허용기준의 1/10을 초과하여 검출되지 아니하여야 한다. ④ 다만, ②의 규정에 의한 잔류물질 검사결과 허용기준 이상의 동물용의약품이 검출된 경우에는 인증품으로 판매할 수 없다.
	⑦ 기생충 구제, 질병 치료 등 기타 가축의 건강관리를 위해 동물용의약품을 사용할 수 있다. 다만, 이를 사용할 경우 (가)의 동물용의약품 관리기준을 준수하여야 한다.
	⑧ 가축질병 예방을 위해 각종 법정전염병, 방역 또는 질병예방 등을 위하여 불가피할 경우 인증기관의 승인을 받아 가축에 예방접종을 할 수 있다.
	⑨ 생산성 촉진 등을 위해 성장촉진제, 호르몬제의 사용을 금지한다. 다만, 치료목적으로 사용할 경우 수의사 처방에 따라 사용할 수 있다.
	⑩ 생식기능의 인위적 촉진을 위해 호르몬을 사용하여서는 아니 되나 치료목적으로 사용할 경우 수의사 처방에 따라 사용할 수 있다.
	⑪ 인증을 받은 사료 인증기준에 따라 생산하여 사용하며, 생산여건 상 인증 사료 사용이 어려운 경우 비인증 사료를 허용하여 사용할 수 있다.
	⑫ 인증을 받지 않은 사료의 동물용의약품 사용이 허용된다. 다만, ②의 규정에 의한 잔류물질 검사결과 허용기준 이상의 사료가 검출된 경우에는 인증품으로 판매할 수 없다.
	⑬ 인증품이나 인증품이 아닌 재료를 인증받지 않은 사료로 가공하거나 재포장해서는 아니 되는 인증품은 인증품이 아닌 제품과 구분하여 관리하여야 한다.
	⑭ 인증품의 저장 및 운송과정에서 가축·축산·축산물·식품이 사용되어 품질적으로 손상되지 아니하도록 하여야 하며, 축산물이 수송과정에서 적절하게 관리되어야 한다.

심사 사항	인증기준

운송·도축·가공과정의 품질관리	⑮ 합성농약 성분은 검출되지 아니하여야 한다.
	⑯ 다음에 해당하는 경우 유기축산물로 출하하기 전에 동물용의약품 성분 또는 농약성분의 잔류량 검사를 하고 그 검사결과를 인증기관에 제출하여야 한다.
	  ㉠ 가축의 털, 가축분뇨, 사료통 등에서 농약성분 또는 동물용의약품 성분이 검출된 경우
	  ㉡ 축산물 위생관리법에 따른 축산물 수거·검사 결과 동물용의약품 성분 또는 농약성분이 검출된 사실을 통보 받은 경우

가축분뇨의 처리	① 가축분뇨의 관리 및 이용에 관한 법률(이하 '가축분뇨법')에 따른 다음의 사항을 준수하여야 한다.
	  ㉠ 가축분뇨법을 준수하여 환경오염을 방지하고, 가축사육 시 발생하는 가축분뇨는 완전히 부숙시킨 퇴비 또는 액비로 자원화하여 초지나 농경지에 환원함으로써 토양 및 식물과의 유기적 순환관계를 유지하여야 한다.
	  ㉡ 가축분뇨법에 따른 가축분뇨배출시설 설치허가증 또는 가축분뇨배출시설 설치신고증명서를 구비하여야 한다. 다만, 사육시설이 동 법령의 허가 또는 신고 대상이 아닌 경우에는 적용하지 아니한다.
	② 가축의 운동장에서는 가축의 분뇨가 외부로 배출되지 아니하도록 청결히 유지·관리하여야 한다.
	③ 가축분뇨 퇴·액비는 표면수 오염을 일으키지 아니하는 수준으로 사용하되, 장마철에는 사용하지 아니하여야 한다.

기타	규칙 및 이 고시에서 정한 유기축산물의 인증기준은 인증 유효기간 동안 상시적으로 준수하여야 하며, 이를 증명할 수 있는 자료를 구비하고, 국립농산물품질관리원장 또는 인증기관이 요구하는 때에는 관련 자료 제출 및 시료수거, 현장 확인, 정보의 제공(수의사법에 따른 수의사처방관리시스템에 등록된 정보의 제공에 동의하는 것을 포함)에 협조하여야 한다.

4. 유기축산물 중 유기양봉의 산물·부산물 생산에 필요한 인증기준

심사 사항	인증기준
일반	① 경영 관련 자료와 꿀벌의 사육 및 양봉의 산물·부산물(양봉산업의 육성 및 지원에 관한 법률에 따른 양봉의 산물 또는 부산물. 이하 '양봉 산물 등')의 생산과정 등을 기록한 인증품 생산계획서 및 필요한 관련 정보는 국립농산물품질관리원장 또는 인증기관이 심사 등을 위하여 요구하는 때에는 이를 제공하여야 한다. ② 꿀벌의 사육은 꿀벌의 수분활동을 통하여 환경 보호와 농림업 생산에 기여해야 하며, 꿀벌과 벌통의 관리는 유기농업의 원칙에 따라 이루어져야 한다. ③ 꿀벌의 건강은 적합한 품종의 선택, 양호한 환경, 균형 잡힌 먹이와 적절한 사육방식과 같은 예방적 조치에 기반을 두어야 한다. ④ 벌통과 벌집은 천연재료를 사용하여 만들어야 하고, 환경이나 양봉의 산물 등에 오염의 위험을 주지 않아야 한다. ⑤ 벌집은 유기적으로 생산된 밀랍, 프로폴리스, 식물성 기름 등을 소재로 한 제품만 사용할 수 있다. ⑥ 벌통은 유기농산물 인증기준에 적합하게 관리된 곳에 놓여져야 한다. ⑦ 벌통은 관행농업지역(유기양봉 산물 등의 품질에 영향을 미치지 않을 정도로 관리가 가능한 지역의 경우는 제외), 오염된 비농업지역(국토계획법에 따른 도시지역, 쓰레기 및 하수 처리시설 등), 골프장, 축사와 GMO 또는 환경 오염물질에 의한 잠재적인 오염 가능성이 있는 지역으로부터 반경 3km 이내의 지역에는 놓을 수 없다(단, 꿀벌이 휴면상태일 때는 적용하지 않는다). ⑧ 친환경농업에 관한 교육이수 증명자료는 인증을 신청한 날로부터 기산하여 최근 2년 이내에 이수한 것이어야 한다. 다만, 5년 이상 인증을 유지하였거나 최근 2년 이내에 친환경농업 교육 강사로 활동한 경력이 있는 경우에는 최근 4년 이내에 이수한 교육이수 증명자료를 인정한다.
꿀벌의 선택, 번식 방법 및 입식	① 꿀벌의 품종은 지역조건에 대한 적응력, 활동력, 질병저항성 등을 고려하여 선택하여야 한다. ② 처음 도입된 벌은 유기생산 농장으로부터 유래된 것이어야 한다. 다만, 이를 확보할 수 없는 경우에는 인증기관의 승인을 받아 일반 벌을 입식하여 유기생산으로 전환할 수 있다.
전환기간	① 유기양봉의 산물·부산물은 유기양봉의 인증기준을 적어도 1년 동안 준수하였을 때 유기양봉 산물 등으로 판매할 수 있다. ② 전환기간(1년) 동안에 밀랍은 유기적으로 생산된 밀랍으로 모두 교체되어야 한다. 인증기관은 전환기간 동안에 모든 밀랍이 교체되지 않은 경우 전환기간을 연장할 수 있다. ③ 전환기간 동안 밀랍의 교체 과정에서 비허용물질이 사용되지 않아야 하고, 밀랍의 오염 위험이 없어야 한다. ④ 인증기관은 전환기간 중에 유기적으로 생산된 밀랍을 확보할 수 없는 경우 일반 양봉장으로부터 나온 밀랍을 허용할 수 있다. 다만, 그 밀랍은 비허용물질(파라핀 등)로 처리되거나, 비허용물질이 사용된 지역에서 생산된 것이 아니어야 한다.
먹이 및 영양관리	① 자연 밀원, 단물, 꽃가루는 유기적으로 생산된 식물 또는 자연(야생) 식물에서 유래되어야 한다. ② 꿀벌에게는 유기적으로 생산된 먹이를 제공해야 한다. ③ 생산시기 말기에는 꿀벌의 휴면기에 생존할 수 있도록 충분한 양의 유기적으로 생산된 꿀과 꽃가루를 벌통에 남겨두어야 한다. ④ 꿀벌의 생존에 필요한 임시 먹이는 기후 또는 기타 예외적인 환경으로 인해 일시적으로 먹이가 부족한 경우인 최종 꿀 수확 후부터 다음 밀원 또는 유밀기(꽃에서 꿀이 나오는 시기)의 시작 사이에만 공급할 수 있다. 이러한 경우 유기적으로 생산된 꿀이나 설탕이 사용되어야 하며, 유기양봉 이전의 비유기양봉의 물질이 유기양봉 산물 등에 혼입되지 않아야 한다.

744 | 부록 유기농업 관련 법령

심사 사항	인증기준
동물복지 및 질병관리	① 양봉 산물 등을 수확하기 위하여 벌통 내 꿀벌을 죽이거나 여왕벌의 날개를 자르지 아니하여야 한다. ② 합성농약이나 동물용의약품, 화학합성물질로 제조된 기피제를 사용하는 행위를 하지 아니하여야 한다. ③ 꿀벌의 질병은 다음과 같은 조치를 통해 사전 예방하여야 한다. 　㉠ 지역 조건에 잘 적응할 수 있는 튼튼한 품종의 선택 　㉡ 필요한 경우 여왕벌의 갱신 　㉢ 정기적인 청소 및 시설·장비의 소독 　㉣ 밀랍의 정기적 교체 　㉤ 충분한 화분과 꿀이 수집될 수 있는 벌통의 크기 　㉥ 이상을 탐지하기 위한 벌통의 정기적이고 체계적인 검사 　㉦ 벌통의 크기에 적합한 수벌 무리의 조절 　㉧ 질병에 감염된 벌통의 격리지역으로 이동 　㉨ 오염된 벌통과 재료의 폐기 ④ 병해충 관리를 위해 젖산, 옥살산, 초산, 개미산, 황, 자연산 에테르 기름[멘톨, 유칼립톨(eucalyptol), 캠퍼(camphor)], 바실루스 튜린겐시스(*Bacillus thuringiensis*), 증기 및 직사 화염을 사용할 수 있다. ⑤ ③·④의 병해충 예방 및 관리 방법으로도 효과가 없을 경우 다음의 조건에 따라 동물용의약품을 사용할 수 있다. 　㉠ 우선적으로 식물성 치료와 동종요법의 치료를 선택한다. 　㉡ 부득이하게 화학적으로 합성된 동물용의약품을 사용하는 경우 그 양봉 산물등은 유기양봉 산물 등으로 판매하지 않아야 한다. 처리된 벌통은 격리된 곳에 두어야 하고, 1년의 전환기간을 다시 거쳐야 한다. 이 경우 모든 밀랍은 유기적으로 생산된 밀랍으로 교체되어야 한다. 　㉢ 이러한 처리에 대해 그 분명한 기록을 모두 남겨야 한다. ⑥ 훈연은 최소로 유지되어야 한다. 훈연재료는 자연적이거나 유기양봉의 산물·부산물 인증기준을 만족하는 재료에서 나온 것이어야 한다.
생산물의 품질관리	① 가공, 저장, 포장과 수송 및 취급과정에서 생산물의 유기적 순수성은 다음의 예방책으로 유지되어야 한다. 　㉠ 유기양봉 산물 등은 비유기양봉 산물 등과 혼합되지 않도록 구분하여 관리할 것 　㉡ 유기제품은 유기농업과 취급에 사용이 허용되지 않은 재료와 물질의 접촉으로부터 항상 보호할 것 　㉢ 유기양봉 산물 등과 비유기양봉 산물 등은 구분하여 저장하거나 취급할 것 ② 유기양봉 산물 등의 채취 과정에서 화학합성 방충제를 사용하지 않아야 한다. ③ 훈연은 최소화하여야 한다. 훈연에 이용되는 물질은 천연물질이거나 허용된 물질이어야 한다. ④ 벌꿀은 제품의 품질에 영향을 주지 않도록 가능한 낮은 온도를 유지하여야 하고, 양봉으로부터 나온 산물·부산물의 추출과 가공 과정에서 가열하여 농축해서는 아니 된다. ⑤ 유기 생산물을 위한 저장구역과 수송수단은 유기생산에 허용된 방법과 재료를 사용하여 청결하게 하여야 하며 허용되지 않은 살충제 또는 기타 처리로부터 오염을 방지하여야 한다. ⑥ 이온화 방사선은 해충방제, 식품보전, 병원의 제거 또는 위생의 목적으로 사용할 수 없다. 다만, 이물탐지용 방사선(X선)은 제외한다. ⑦ 가공방법은 기계적, 물리적 또는 생물학적(발효 포함)인 방법이어야 하며, 유기양봉 산물 등이 오염되지 아니하여야 한다. ⑧ 가공, 저장 및 수송장비의 세척, 소독을 위하여 허용되지 않은 물질을 사용할 수 없다. 저장지역(시설) 또는 수송시설 내의 해충방제는 소리, 초음파, 빛, 자외선, 트랩, 온도관리, 제어된 기체[이산화탄소(CO_2), 산소(O_2), 질소(N_2)] 및 규조토와 같은 물리적 방어망 또는 기타 오염의 우려가 없는 처리장치와 방법을 이용하여야 한다. ⑨ 유통과정에서 발생할 수 있는 유기양봉 산물 등의 변성이나 부패방지를 위하여 임의로 합성물질을 첨가할 수 없다. ⑩ 유기 양봉과 관련하여 다음 사항에 해당하는 경영 관련 자료를 기록·보관하여야 하며, 국립농산물품질관리원장 또는 인증기관의 장이 요구하는 때에는 관련 자료 제출 및 시료수거, 현장 확인에 협조하여야 한다. 　㉠ 벌의 품종과 원산지 　㉡ 질병, 번식 상의 문제점 예방 및 관리계획서 　㉢ 질병 예방·치료를 위해 사용되는 물질이나 동물용의약품 　㉣ 먹이 및 원료의 출처 　㉤ 양봉 산물 등의 수확·가공·저장·판매 ⑪ 동물용의약품 성분은 식품위생법에 따라 식품의약품안전처장이 고시한 동물용의약품 잔류허용기준의 10분의 1을 초과하여 검출되지 아니하여야 한다. ⑫ 합성농약 성분은 검출되지 아니하여야 한다. ⑬ 인증품에 인증품이 아닌 제품을 혼합하거나 인증품이 아닌 제품을 인증품으로 광고하거나 판매하여서는 아니 된다.

참 / 고 / 문 / 헌

- 강창용, 최진용(2016). 농촌지역 오염원 실태조사 연구. 한국농촌경제연구원.
- 교육부(2019). NCS 학습모듈(유기재배). 한국직업능력개발원.
- 국립농업과학원 유기농업과(2020). 농업기술길잡이 205 유기농쌀생산). 농촌진흥청.
- 국립농업과학원 토양비료과(2015). 농업기술길잡이 78 농경지토양관리 기술. 농촌진흥청.
- 김계훈 외(2006). 토양학. 향문사.
- 김유학 외(2017). 흙토람을 활용한 토양 및 양분관리. 국립농업과학원.
- 김지강 외(2015). 농업기술보급 기본서 원예산물 수확 후 관리. 농촌진흥청.
- 농촌진흥청(2015). 농업미생물. 농촌진흥청.
- 손상목(2007). 유기농업. 향문사.
- 이효원(2004). 생태유기농업. 한국방송통신대학교.
- 정영상 외(2013). 토양학. 강원대학교출판부. 2013
- 한국농수산식품유통공사(2022). 2022 친환경농산물 소비자 인식 및 판매장 현황조사 보고서. 한국농수산식품유통공사.
- 홍승길 외(2017). 유기농재배환경관리. 국립농업과학원.

참 / 고 / 사 / 이 / 트

- 국립농산물품질관리원 친환경인증관리정보시스템 https://www.enviagro.go.kr
- 국립농업과학원 http://www.naas.go.kr
- 농촌진흥청 http://www.rda.go.kr
- 농촌진흥청 농업기술포털 농사로 https://www.nongsaro.go.kr
- 농촌진흥청 토양환경정보시스템 흙토람 http://soil.rda.go.kr

무단뽀 유기농업기능사 필기 + 실기 + 무료동영상

개정3판1쇄 발행	2026년 01월 05일 (인쇄 2025년 11월 26일)
초 판 발 행	2023년 04월 05일 (인쇄 2023년 02월 15일)
발 행 인	박영일
책 임 편 집	이해욱
편 저	김현민
편 집 진 행	윤진영 · 장윤경
표지디자인	권은경 · 길전홍선
편집디자인	정경일 · 심혜림
발 행 처	(주)시대고시기획
출 판 등 록	제10-1521호
주 소	서울시 마포구 큰우물로 75 [도화동 538 성지 B/D] 9F
전 화	1600-3600
팩 스	02-701-8823
홈 페 이 지	www.sdedu.co.kr

I S B N	979-11-434-0180-9(13520)
정 가	32,000원

※ 저자와의 협의에 의해 인지를 생략합니다.
※ 이 책은 저작권법의 보호를 받는 저작물이므로 동영상 제작 및 무단전재와 배포를 금합니다.
※ 잘못된 책은 구입하신 서점에서 바꾸어 드립니다.

기출분석에 집중하여
합격을 현실로!

무조건 단기에 뽀개기

이런 분들에게 추천해요!

이론도, 문제 풀이도 막막해서 **책 한 권으로** **해결**하고 싶은 분들	노베이스에 혼자 공부하기 어려워 **동영상 강의 도움**이 필요하신 분들	CBT 시험이 처음이라 시험 전 실전처럼 **온라인 모의고사**를 경험해 보고 싶은 분들

무단뽀 한권으로 한번에! 초단기 합격전략!
무단뽀가 곧 합격이다!

산림 · 조경 국가자격 시리즈

합격을 위한 모든 전략! 시대에듀와 함께 맞춤형 학습으로 빠르게 합격하세요!

산림기능사 필기 한권으로 끝내기
최근 기출복원문제 및 해설 수록

- 빨리보는 간단한 키워드 : 시험 전 필수 핵심 키워드
- 최고의 산림전문가가 되기 위한 필수 핵심이론
- 적중예상문제와 기출복원문제를 자세한 해설과 함께 수록
- 4×6배판 / 620p / 28,000원

산림기사 · 산업기사 필기 한권으로 끝내기
최근 기출복원문제 및 해설 수록

- 핵심이론 + 기출문제 무료 특강 제공
- 〈핵심이론 + 적중예상문제 + 과년도, 최근 기출복원문제〉의 이상적인 구성
- 농업직 · 환경직 · 임업직 공무원 특채 응시자격 및 공채시험 가산점 인정
- 기사 20학점, 산업기사 16학점 인정
- 4×6배판 / 1,116p / 45,000원

식물보호기사 · 산업기사 필기 한권으로 끝내기
최근 기출복원문제 및 해설 수록

- 한권으로 식물보호기사 · 산업기사 필기시험 대비
- 〈핵심이론 + 적중예상문제 + 과년도, 최근 기출복원문제〉의 최적화 구성
- 농업직 · 환경직 · 임업직 공무원 특채 응시자격 및 공채시험 가산점 인정
- 기사 20학점, 산업기사 16학점 인정
- 4×6배판 / 1,020p / 37,000원

도서구입 및 내용문의 1600-3600

전문 저자진과 **시대에듀**가 제시하는
합격전략 코디네이트

조경기능사 필기 한권으로 끝내기
최근 기출복원문제 및 해설 수록
· 빨리보는 간단한 키워드 : 시험 전 필수 핵심 키워드
· 중요 핵심이론 + 출제 가능성 높은 적중예상문제 수록
· 각 문제별 상세한 해설을 통한 고득점 전략 제시
· 조경의 이해를 돕는 사진과 이미지 수록
· 4×6배판 / 852p / 29,000원

유튜브 무료 특강이 있는
조경기사 · 산업기사 필기 한권으로 합격하기
최근 기출복원문제 및 해설 수록
· 중요 핵심이론 + 적중예상문제 수록
· '기출 Point', '시험에 이렇게 나왔다'로 전략적 학습방향 제시
· 저자 유튜브 채널(홍선생 학교가자) 무료 특강 제공
· 4×6배판 / 1,304p / 42,000원

조경기사 · 산업기사 실기 한권으로 끝내기
도면작업 + 필답형 대비
· 사진과 그림, 예제를 통한 쉬운 설명
· 각종 표현기법과 설계에 필요한 테크닉 수록
· 최근 기출복원도면 + 필답형 기출복원문제 수록
· 저자가 직접 작도한 도면 다수 포함
· 국배판 / 1,020p / 41,000원

※ 도서의 구성 및 가격은 변동될 수 있습니다.

산림 · 조경 · 농림
국가자격 시리즈

합격을 위한 바른 선택!

산림기사 · 산업기사 필기 한권으로 끝내기	4×6배판 / 45,000원
산림기사 필기 기출문제해설	4×6배판 / 24,000원
산림기사 · 산업기사 실기 한권으로 끝내기	4×6배판 / 25,000원
산림기능사 필기 한권으로 끝내기	4×6배판 / 28,000원
산림기능사 필기 기출문제집	4×6배판 / 25,000원
조경기사 · 산업기사 필기 한권으로 합격하기	4×6배판 / 42,000원
조경기사 필기 기출문제해설	4×6배판 / 37,000원
조경기사 · 산업기사 실기 한권으로 끝내기	국배판 / 41,000원
조경기능사 필기 한권으로 끝내기	4×6배판 / 29,000원
조경기능사 필기 기출문제집	4×6배판 / 27,000원
조경기능사 실기 [조경작업]	8절 / 27,000원
식물보호기사 · 산업기사 필기 한권으로 끝내기	4×6배판 / 37,000원
식물보호기사 · 산업기사 실기 한권으로 끝내기	4×6배판 / 21,000원
농산물품질관리사 1차 한권으로 끝내기	4×6배판 / 40,000원
농산물품질관리사 2차 필답형 실기	4×6배판 / 32,000원
농 · 축 · 수산물 경매사 한권으로 끝내기	4×6배판 / 40,000원
축산기사 · 산업기사 필기 한권으로 끝내기	4×6배판 / 36,000원
축산기사 · 산업기사 실기 한권으로 끝내기	4×6배판 / 28,000원
Win-Q(윙크) 화훼장식기능사 필기	별판 / 23,000원
Win-Q(윙크) 원예기능사 필기	별판 / 25,000원
Win-Q(윙크) 버섯종균기능사 필기	별판 / 22,000원
Win-Q(윙크) 축산기능사 필기+실기	별판 / 25,000원
무단뽀 조경기능사 필기+무료 동영상	별판 / 26,000원
무단뽀 유기농업기능사 필기+실기+무료 동영상	별판 / 32,000원
기출이 답이다 종자기사 필기 [최빈출 기출 1000제 + 최근 기출복원문제 3개년]	별판 / 28,000원
기출이 답이다 유기농업기사 필기 [최빈출 기출 1000제 + 최근 기출복원문제 2개년]	별판 / 34,000원